R 28351

Paris
1861-1870

Beron, Pierre

Panépistème, ou ensemble des sciences physiques et naturelles et des sciences métaphysiques et morales, devenu possible

Tome 3

TROISIÈME ANNÉE

RÉFORME FONDAMENTALE

DES

SCIENCES PHYSIQUES

PRODUITE

PAR LA DÉCOUVERTE DE L'ORIGINE DES FAITS COSMIQUES,

I

RÉFORME PRODUITE PAR L'ARRANGEMENT DE FAITS COSMIQUES
EN ORDRE CHRONOLOGIQUE,

PAR

PIERRE BÉRON.

Cet ouvrage paraît chaque mois par livraison de 3 à 5 feuilles.
Prix de l'abonnement par an pour la France : 12 fr.

JANVIER 1862.

PARIS,
MALLET-BACHELIER, GENDRE ET SUCCESSEUR DE BACHELIER,
IMPRIMEUR-LIBRAIRE DU BUREAU DES LONGITUDES ET DE L'ÉCOLE IMPÉRIALE POLYTECHNIQUE,
Quai des Augustins, 55.

RÉFORME FONDAMENTALE

DES

SCIENCES PHYSIQUES

CONDUITE

PAR LA DÉCOUVERTE DE L'ORIGINE DES FAITS COSMIQUES,

II

RÉFORME PRODUITE PAR L'ARRANGEMENT DES FAITS THERMOMÉTRIQUES DE TOUTES LES ESPÈCES EN ORDRE DE LA LOI THERMOSTATIQUE.

PAR

PIERRE BÉRON

CET OUVRAGE PARAIT CHAQUE MOIS PAR LIVRAISON DE 3 A 5 FEUILLES.
Prix de l'abonnement par an pour la France : 12 fr.

FÉVRIER, MARS, AVRIL 1862.

PARIS.

MALLET-BACHELIER, GENDRE ET SUCCESSEUR DE BACHELIER,

IMPRIMEUR-LIBRAIRE DU BUREAU DES LONGITUDES ET DE L'ÉCOLE IMPÉRIALE POLYTECHNIQUE,

Quai des Augustins, 55.

RÉFORME FONDAMENTALE

DES

SCIENCES PHYSIQUES

PRODUITE

PAR LA DÉCOUVERTE DE L'ORIGINE DES FAITS COSMIQUES.

III

RÉFORME

PRODUITE PAR LA DÉCOUVERTE DES RAPPORTS ENTRE LA CHALEUR LATENTE,
LES TROIS ÉTATS DES CORPS ET LA CAUSE DE LA PESANTEUR,

PAR

PIERRE BÉRON.

CET OUVRAGE PARAÎT CHAQUE MOIS PAR LIVRAISON DE 4 A 5 FEUILLES.

Prix de l'abonnement par an pour la France, 12 fr.

MAI ET JUIN. 1862.

PARIS.

MALLET-BACHELIER, GENDRE ET SUCCESSEUR DE BACHELIER,

IMPRIMEUR-LIBRAIRE DU BUREAU DES LONGITUDES ET DE L'ÉCOLE IMPÉRIALE POLYTECHNIQUE,

Quai des Augustins, 55.

RÉFORME FONDAMENTALE
DES
SCIENCES PHYSIQUES
PRODUITE
PAR LA DÉCOUVERTE DE L'ORIGINE DES FAITS COSMIQUES,

IV

RÉFORME
PRODUITE PAR LA DÉCOUVERTE DU MODE DE LA PRODUCTION STOECHIOMÉTRIQUE
DE LA CHALEUR ANALOGUE A CELLE DE L'EAU.
INFLUENCE DE L'APPAREIL DE M. DESPRETZ SUR LA PRODUCTION
DES CALORIES 2e, ET DE CELUI DE MM. SILBERMANN ET FAVRE
SUR LA PRODUCTION DES CALORIES 3e PAR LA COMBUSTION
D'UNE ÉGALE QUANTITÉ D'HYDROGÈNE.

PAR
PIERRE BÉRON.

CET OUVRAGE PARAIT CHAQUE MOIS PAR LIVRAISON DE 3 A 5 FEUILLES.
Prix de l'abonnement par an, pour la France, 12 fr.

JUILLET ET AOUT 1862.

PARIS.
MALLET-BACHELIER, GENDRE ET SUCCESSEUR DE BACHELIER,
IMPRIMEUR-LIBRAIRE DU BUREAU DES LONGITUDES ET DE L'ÉCOLE IMPÉRIALE POLYTECHNIQUE,
Quai des Augustins, 55.

RÉFORME FONDAMENTALE

DES

SCIENCES-PHYSIQUES

PRODUITE

PAR LA DÉCOUVERTE DE L'ORIGINE DES FAITS COSMIQUES.

V

RÉFORME

PRODUITE PAR LA DÉCOUVERTE

1° DE LA DILATATION DES CORPS PAR LES ÉLÉMENTS ÉLECTRIQUES DE LA CHALEUR,

ET 2° DU NOUVEAU SYSTÈME DE MACHINES A VAPEUR.

PAR

PIERRE RÉRON.

CET OUVRAGE PARAÎT CHAQUE MOIS PAR LIVRAISON DE 3 A 5 FEUILLES.

Prix de l'abonnement par an pour la France : 12 fr.

SEPTEMBRE ET OCTOBRE 1862.

PARIS.

MALLET-BACHELIER, GENDRE ET SUCCESSEUR DE BACHELIER,

IMPRIMEUR-LIBRAIRE DU BUREAU DES LONGITUDES ET DE L'ÉCOLE IMPÉRIALE POLYTECHNIQUE,

Quai des Augustins, 55.

RÉFORME FONDAMENTALE
DES
SCIENCES PHYSIQUES
PRODUITE
PAR LA DÉCOUVERTE DE L'ORIGINE DES FAITS COSMIQUES.

VI

RÉFORME
PRODUITE
1° PAR LA MÉTÉOROLOGIE SIMPLIFIÉE,

ET 2° PAR LES TÉLÉGRAPHES SANS FILS ET SANS CABLES.

PAR
PIERRE BÉRON.

CET OUVRAGE PARAÎT CHAQUE MOIS, PAR LIVRAISON DE 3 A 5 FEUILLES.

Prix de l'abonnement par an pour la France, 12 fr.

NOVEMBRE ET DÉCEMBRE 1862.

PARIS.
MALLET-BACHELIER, GENDRE ET SUCCESSEUR DE BACHELIER,

IMPRIMEUR-LIBRAIRE DU BUREAU DES LONGITUDES ET DE L'ÉCOLE IMPÉRIALE POLYTECHNIQUE,

Quai des Augustins, 55.

PANÉPISTÈME

OU ENSEMBLE

DES SCIENCES PHYSIQUES ET NATURELLES

ET

DES SCIENCES MÉTAPHYSIQUES ET MORALES,

DEVENU POSSIBLE

PAR LA DÉCOUVERTE DE L'ORIGINE DU MOUVEMENT ET DE L'AFFINITÉ.

III

PHYSIQUE SIMPLIFIÉE

PAR LA DÉCOUVERTE

DE L'ORIGINE DU MOUVEMENT ET DE L'AFFINITÉ.

THERMOSTATIQUE

CONTENANT

L'EXPLICATION DE LA NATURE DE LA CHALEUR, DE SES PROPRIÉTÉS
MÉCANIQUES ET CHIMIQUES
PAR L'APPLICATION DE LA STOECHIOMÉTRIE ÉLECTRIQUE,

PAR

PIERRE BÉRON.

TOME III.

PARIS.

MALLET-BACHELIER, GENDRE ET SUCCESSEUR DE BACHELIER,
IMPRIMEUR-LIBRAIRE DU BUREAU DES LONGITUDES ET DE L'ÉCOLE IMPÉRIALE POLYTECHNIQUE,
55, quai des Augustins, 55.

1868

PANÉPISTÈME

ou

SCIENCES PHYSIQUES ET NATURELLES

et

SCIENCES MÉTAPHYSIQUES ET MORALES.

PARIS. — IMPRIMÉ PAR E. THUNOT et Cᵉ,
rue Racine, 26, près de l'Odéon.

FLUIDE DE CHALEUR

RAMENÉ

COMME LES GAZ, AUX CALCULS STŒCHIOMÉTRIQUES ET AUX LOIS AÉROSTATIQUES.

THERMOSTATIQUE,

MÉTÉOROLOGIE SIMPLIFIÉE,

NOUVEAU SYSTÈME DE MACHINES A VAPEUR,

TÉLÉGRAPHES SANS FILS ET SANS CABLES,

PAR

PIERRE BÉRON.

PARIS.

MALLET-BACHELIER, GENDRE ET SUCCESSEUR DE BACHELIER,

IMPRIMEUR-LIBRAIRE DU BUREAU DES LONGITUDES ET DE L'ÉCOLE IMPÉRIALE POLYTECHNIQUE,

55, quai des Augustins, 55.

1863

LIVRE TROISIÈME.

THERMOSTATIQUE

ou

LA CHALEUR RAMENÉE, COMME LES GAZ, AUX CALCULS STŒCHIOMÉTRIQUES ET AUX LOIS AÉROSTATIQUES.

INTRODUCTION

BASÉE SUR L'ARRANGEMENT PAR ORDRE CHRONOLOGIQUE DES FAITS PRODUITS DANS LA TERRE, DANS L'ESPACE ÉNASTRE ET DANS L'ESPACE CÉLESTE.

L'étude complète des sciences physiques et naturelles, ainsi que celle des sciences métaphysiques et morales, ne peut pas se faire séparément, parce que tous les faits dont traitent ces sciences s'opèrent au moyen du mouvement des fluides quelconques : dans ce mouvement est donc l'origine commune de tous les faits.

Le mouvement se manifestant en quantité indéfinie dans l'expansion de la lumière et de la chaleur, il s'ensuit que ce mouvement y a été déposé depuis une époque limitée, parce que, si l'on reporte cette époque dans un passé indéterminé, tout le mouvement eût naturellement dû être consommé, comme cela a lieu pour les gaz comprimés et pour les ressorts montés, dont le mouvement a toujours un com-

1

mencement à une époque limitée, mais où la consumation de ce mouvement déposé s'opère en un espace de temps qui peut être indéfiniment prolongé par la diminution de la vitesse.

Les physiciens modernes, guidés par les faits, n'ont pas manqué de constater l'identité du fluide dans la lumière, la chaleur et la pesanteur; il n'y a que le mouvement dont ils n'ont pu découvrir l'origine, et cela seul a suffi pour les empêcher de connaître le mode de la production des faits, dont ils ne donnent et n'ont pu donner qu'une simple description.

Au moyen de la loi physique découverte, nous avons pu ici déterminer les actions qui ont eu lieu au moment où les faits observés ont été produits; cette voie analytique apporte une grande clarté et une facilité non moins grande à l'étude de faits cosmiques. Cette loi indique en même temps l'ordre chronologique de la production de chaque série de faits.

1° Les faits terrestres ont été produits soit après le Déluge ou avant ce grand événement; 2° les faits de l'espace énastre se sont montrés depuis la production des éléments de l'eau; 3° les faits de l'espace central ont apparu depuis la production des fluides impondérables. Les faits de ce genre consistent en mouvements des corps célestes, tous liés entre eux par la loi physique, laquelle ne souffre aucun dérangement dans leur ordre chronologique; quant à l'origine du mouvement des corps célestes, elle se trouve dans l'expansion de la chaleur qui est un fluide impondérable.

Par la voie synthétique, au moyen de la même loi physique, et en suivant toujours l'ordre chronologique, on passe des actions aux faits. Ainsi nous exposons dans cet ouvrage l'ordre chronologique des faits cosmiques sous ces deux faces, dans le but de mettre le lecteur à même de connaître l'origine commune des faits et le mode de leur production.

La production des combinés est attribuée par les chi-

mistes à deux éléments qui jouiraient, disent-ils, de la singulière propriété qui les porte à s'unir. Cette propriété
inconnue est exprimée par le mot *affinité*. Nous avons au
contraire constaté ici que les éléments des combinés primitifs ne sont qu'un seul et même fluide, et qu'ils sont du
même volume; cependant le volume v de l'un des éléments
contient la masse plus grande $m + m'$ du fluide, tandis que
le volume v' de l'autre élément en contient la masse m plus
petite. C'est donc les densités $\delta + \delta'$ et δ qui diffèrent; et c'est
cette différence δ' des densités qui détermine la pénétration
de la masse $\frac{1}{2} m'$ du volume v dans la masse m de l'autre
volume v' afin d'y rétablir l'équilibre.

Il faut donc rejeter parmi les hypothèses hasardées cette
prétendue propriété dont les chimistes ont gratifié les éléments des combinés primitifs; tout ce qu'il y a entre eux,
c'est une inégalité entre les densités, une *anisopycnie*
(ἄνισος, inégale; πυκνός, dense) qui tend à ramener l'équilibre
entre les masses $m + m'$ et m du même fluide dont l'une m
offre la densité inférieure δ, et l'autre $m + m'$ offre la densité
supérieure. Au lieu d'employer le mot *affinité* qui n'est pas
propre à indiquer le fait que nous venons d'exprimer, il
convient donc de le remplacer par le mot *anisopycnie*; si
pourtant on tient à conserver un mot qui, quoique abusi-
vement, est devenu d'un usage presque général, il faut
alors lui attribuer une signification plus restreinte, car cette
tendance que possède la masse $\frac{1}{2} m'$ à pénétrer dans
l'espace occupé par la masse m ne résulte absolument que
de la densité $\delta + \delta'$ supérieure de la masse $m + m'$.

I. — ARRANGEMENT CHRONOLOGIQUE DES FAITS COSMIQUES DANS LEUR ORDRE ANALYTIQUE.

Les faits dont il s'agit ici ont été produits : 1° dans la
Terre; 2° dans l'espace énastre, et 3° dans l'espace céleste.

C'est à l'époque la moins reculée qu'ont eu lieu les faits
terrestres; ceux de l'espace énastre sont d'une époque antérieure à ceux-ci, tandis que les faits de l'espace céleste
sont les plus reculés de tous.

Les actions dont les faits ont été produits cessaient chaque fois que les faits apparaissaient; elles peuvent cependant être toujours déterminées par la loi physique et par les
faits; il suffit de suivre en cela l'ordre chronologique qui
est également déterminé par la loi physique.

A. Chronologie géologique post-diluvienne.

La Terre a eu plusieurs périodes dont chacune se termina
par un déluge, dont le dernier a eu lieu à la fin de la période qui l'a précédé : c'est de ce dernier déluge que date
la période actuelle, nommée alluvienne, qui se terminera,
non plus par un déluge, mais par la totale disparition de
l'eau. Nous exposerons, dans leur ordre chronologique, les
faits de ces deux dernières périodes, parce que ces faits
très-nombreux se présentent comme des monuments archéologiques dont les géologues se sont beaucoup occupés; mais
plusieurs connaissances leur faisaient défaut, ils n'ont pas
réussi à constater l'ordre exposé ici d'une manière qui ne
permet pas de méconnaître la véritable place qu'occupe
chaque fait dans la série chronologique.

**Diminution de l'eau et augmentation de la
couche de l'alluvion.** Les eaux pluviales sont conduites
par les fleuves dans la mer, non pas dans l'état de pureté
où ils les ont reçues, mais toujours chargées de sels dont
l'eau claire contient au moins 3 parties sur 10,000, et l'eau
trouble bien davantage. A cause du poids spécifique supérieur des sels, nous pouvons admettre approximativement
un tonneau de sable pour 10,000 tonneaux d'eau fluviale.

Le fond de la mer, recevant continuellement ce sable,

s'élève, et son niveau reste invariable, comme on peut le constater au moyen des *thalassimètres;* il n'est pas donc possible de nier la diminution de la profondeur de la mer. Les continents qui perdent continuellement de leur masse solide charriée dans la mer, n'éprouvent pas pour cela un abaissement de niveau, mais au contraire une élévation opérée par l'augmentation de l'épaisseur de la couche de l'alluvion, comme cela ressort manifestement à l'inspection des fondations sur lesquelles reposent les monuments anciens en Asie, en Afrique et en Europe.

La couche de l'alluvion n'existe pas à la surface des roches, aux sommets des montagnes, où manque aussi la végétation; avec celle-ci reparaît l'alluvion dont l'épaisseur croît vers les vallées et leurs embouchures, et atteint son maximum autour des embouchures des grands fleuves où les continents s'avancent insensiblement vers la mer, non pas par l'abaissement de niveau de celle-ci, mais par l'élévation de son fond.

Cause physique de la diminution de l'eau et l'augmentation de la masse solide. Le carbone des plantes est produit de l'eau et de la lumière. Ces deux éléments sont indispensables à la végétation. Les débris des plantes, soumis à la fermentation séculaire indiquée dans le *Photostatique,* page 704, donnent naissance à la *silica* et aux autres espèces de minerais mélés avec elle dans l'alluvion; c'est pour cette raison que celle-ci manque sur les hauteurs où n'existent pas les plantes.

B. Habitants de la Terre.

Tout prouve que les habitants actuels des zones tempérées et des zones glaciales n'y existaient pas il y a cinquante à soixante siècles, alors qu'y manquait la couche d'alluvion, parce que au-dessous de cette couche se trou-

vent les restes des habitants primitifs, parmi lesquels on ne
trouve pas de trace des habitants actuels, qui vivaient alors
sous la zone torride et qui ne s'en éloignèrent que lorsqu'à
cessèrent d'exister sous les zones latérales les anciens habitants, dont plusieurs espèces manquaient sous la zone torride.

En s'éloignant de la zone torride pour chercher leur
nourriture dans les zones latérales, chaque race d'hommes
ne pouvait pas dévier à l'est ou à l'ouest où se trouvaient
les races voisines ; chacune d'elles suivait ainsi la longitude
géographique quand l'absence d'une mer le permettait.

Habitants primitifs de la zone torride de l'Asie.
I. La partie occidentale était occupée par les Chinois et les
Japonais, qui de là se répandirent sur les pays voisins.
II. La partie du milieu était occupée par la race mongole,
qui se répandit également sur les régions limitrophes.
III. La moitié occidentale était occupée par la race indienne,
qui durant sa migration ou exode, se forma pour ainsi dire
sur trois colonnes : 1° la colonne occidentale était composée
des Helléno-Slaves ; 2° celle du milieu des Latins, et 3° la
colonne germanique occupait la partie orientale.

La colonne helléno-slave avait du côté occidental la colonne assyrienne qui passa le détroit de la mer Rouge en
venant de l'Abyssinie et se répandit dans l'Arabie, puis
franchissant la Mésopotanie, arriva à Suez, d'où elle dévia
vers l'Égypte. La colonne helléno-slave vint aussi en contact
avec la Méditerranée. Les premiers arrivés de la colonne
occupèrent l'Asie Mineure et frayèrent le passage au reste
qui se trouva arrêté par le détroit de mer auquel ils donnèrent le nom de *Vospore* qui signifie en langue thrace *barrière ;*
le côté au delà du Vospore a été nommée *Vyzad* qui signifie
par derrière et se prononce *Youzad ;* enfin le détroit où s'o-
péra le passage, prit le nom poétique de *Dardan* qui signifie
dans donc dans donné.

La colonne latine passa le Caucasse et les peuplades qui
tenaient la tête occupèrent les plaines de la rive gauche du

Danube inférieur qui ont été nommées *Daces*, du mot *sad*
renversé, qui, en langue dace, signifie *pépinière*. Les Daces
livrèrent passage aux parties suivantes de la colonne dont
la première occupa l'Italie, la suivante s'avança le long
de la Méditerranée jusqu'aux extrémités de l'Ibérie, tandis
que la peuplade postérieure de la colonne dévia vers le
nord, jusqu'à l'Atlantique : de cette peuplade descendent les
Français.

La *colonne germanique* avançait, pendant ce temps, à la
droite de la colonne latine, et ne s'arrêta que sur les bords
de la mer du Nord et de la Baltique.

Confusion des langues. Quand la colonne helléno-slave
ne put plus avancer au delà de l'Adriatique, ceux qui sui-
vaient furent forcés de dévier à l'est, et cette déviation a eu
lieu en Asie, où il leur fallut couper d'abord la colonne latine et puis la colonne germanique ; ainsi se trouvèrent en
contact des peuples parlant des langues différentes, ce que
l'on a attribué ensuite à une confusion des langues qui se
serait opérée en Mésopotamie.

La communication des deux colonnes latine et germanique avec les Indes se trouva interrompue et il ne resta que
celle de la colonne helléno-slave.

Habitants primitifs de la zone torride de l'Afrique.
Il s'était conservé dans ce continent, trois races comme
en Asie ; 1° Les Abyssiniens se propagèrent par trois colonnes vers la Méditerranée par la vallée du Nil, par l'Arabie
et par les côtes du golfe Persique. 2° Les Éthiopiens, comme
les Mongols en Asie, occupèrent les pays entre la Méditerranée et l'équateur, et 3° les Sénégambiens se propagèrent
vers le Maroc, tandis que les races qui peuplaient la Guinée
se répandirent au sud de l'équateur.

Mode de l'exode. Ainsi que les hommes, les animaux
s'éloignaient de même de la zone torride pour chercher
leur nourriture dans les pays voisins des zones tempérées.
Ainsi pendant l'exode on avait pour nourriture le lait, les

œufs et la chair des animaux conservés par les nomades;
ceux-ci étaient précédés des chasseurs qui se nourrissaient
des animaux sauvages.

C. CHRONOLOGIE GÉOLOGIQUE DILUVIENNE.

A cette époque n'existait pas encore la couche d'alluvion
au-dessous de laquelle se trouvent en plusieurs endroits les
fossiles des animaux qui habitaient les zones tempérées et
les zones glaciales; ces fossiles et les laves d'un grand
nombre de volcans se trouvent ensevelis dans une couche
d'argile rougeâtre, qui servit aux géologues pour reconnaître que la même cause occasionna du même coup l'interruption de la vie des animaux et les éruptions de ces
milliers de volcans dont les colonnes de flamme formèrent
comme un immense bûcher, où gisaient confondus les corps
de tous les habitants qui avaient instantanément et sans
souffrance passé de la vie à la mort.

Néanmoins les géologues n'ont pas remarqué que tous ces
cadavres auraient dû tomber en putréfaction, si la température fût restée pareille à celle qui régnait au moment où
ces animaux étaient en vie; cela prouve qu'il s'opéra un
abaissement subit de température de plusieurs degrés au-
dessous de zéro. Mais d'un autre côté il n'est pas moins
prouvé que l'argile rougeâtre, répandue comme un voile
sur les fossiles et les laves, a été portée par les eaux qui
vinrent des latitudes inférieures où n'a pas eu lieu un pareil
abaissement de température, car, dans ce cas, elle aurait
produit la congélation des eaux.

Les géologues ne pourraient pas comprendre: 1° comment
les os brisés et charriés par les eaux ont pu conserver leurs
vives arêtes, et 2° pourquoi l'on ne rencontre point d'oiseaux fossiles. Ces deux faits sont précisément ceux qui
nous serviront ici à mieux préciser, dans le détail, les phénomènes qui ont eu lieu au moment du Déluge.

1° **Os fossiles à brisures pointues.** Immédiatement après l'interruption de la vie les cadavres gelèrent, et ils se trouvaient depuis un certain temps dans cet état quand arrivèrent les torrents où les cadavres se sont trouvés agités, roulés, et les os brisés, sans cependant qu'ils eussent à souffrir de ces frottements multipliés qui épuisaient leur action sur la peau et la chair gelées.

2 **Absence des oiseaux fossiles.** Les cadavres des oiseaux étant d'un poids spécifique inférieur à celui de l'eau s'élevèrent à sa surface sans pouvoir être engloutis, et tombèrent en putréfaction quand, plus tard, s'éleva la température; il n'en fut pas de même pour certaines espèces d'insectes qui restèrent conservés dans les masses de l'argile rougeâtre.

Cause physique du Déluge. Les espèces des animaux et des plantes qui vivaient dans les zones tempérées et surtout dans les zones glaciales ont conduit les géologues à reconnaître l'existence d'une température autrefois élevée sous ces grandes latitudes. On sait que le froid sur les hautes montagnes de la zone torride résulte de l'épaisseur moindre de l'atmosphère ambiante, parce qu'elle permet à la chaleur solaire de s'éloigner facilement. Cet éloignement de la chaleur diminue quand l'épaisseur de la couche d'air augmente. Il devient ainsi évident que la température était jadis élevée aux grandes latitudes de la Terre parce que l'épaisseur de l'atmosphère y était plus grande alors; de sorte que la consommation de chaleur diminuait à mesure que s'élevait la température avec l'arrivée des rayons solaires. Il en résultait ainsi une température peu différence dans les zones tempérées et les zones glaciales. De cette manière on sut que l'atmosphère formait à cette époque deux aérocônes ayant le sommet dans les deux prolongements de l'axe terrestre et la base dans le plan de l'équateur. Cette distribution de l'air exerçait une pression analogue sur la mer dont le niveau baissa beaucoup aux deux pôles et s'éleva sur les trois océans dans la zone torride où ont été ainsi produites trois grandes montagnes aquatiques.

La couche solide de la Terre éprouvait : 1° la pression P des aérocônes aux latitudes supérieures, et 2° la pression P' des montagnes aquatiques dans la zone torride ; la même couche terrestre éprouvait une répulsion R de la part des vapeurs brûlantes des foyers volcaniques. La pression P de la part des aérocônes provenait de la pesanteur, qui diminua à un degré tel, à cause de la hauteur excessive des aérocônes, qu'enfin la répulsion entre les masses d'air de ces cônes et de leur base détermina leur séparation.

La répulsion contre les deux aérocônes surmonta la pression P de la pesanteur ; ils s'éloignèrent en directions divergentes du plan de l'écliptique, sans pour cela perdre leur mouvement autour du Soleil, mouvement qui commença à s'opérer dans un autre espace et sous une autre courbe orbiculaire. En même temps fut conservé le mouvement rotatoire ; il n'y eut que le volume des aérocônes qui changea, parce que se trouvant séparé de la Terre, disparut la pression P de la part de la pesanteur qui résistait à la répulsion qu'exerçaient les atomes de l'air entre eux. Nous laisserons pour le moment ces aérocônes dans l'espace planétaire pour exposer les faits produits sur la Terre par suite de leur séparation.

Interruption de la vie animale ; éruptions volcaniques et abaissement de température. Ainsi que nous l'avons dit, les animaux moururent asphyxiés sans avoir d'abord souffert. Le froid de l'espace se répandit sur les zones tempérées et glaciales ; les vapeurs brûlantes parvinrent à briser la croûte solide de la Terre qui couvrait les foyers volcaniques, quand cette croûte n'éprouvait plus la pression P de la part de l'atmosphère. Voilà l'état où se trouva la surface des zones tempérées et glaciales après la séparation des aérocônes et avant l'arrivée des torrents cataclystiques déchaînés des montagnes aquatiques sur les trois océans.

Torrents cataclystiques et argile rougeâtre. Le niveau de la mer d'abord détruit se rétablit spontanément après la séparation des deux aérocônes. Du milieu de chacun des trois océans partirent deux torrents cataclystiques en directions divergentes vers les deux pôles. L'oxyde de fer de ces eaux produisait une couleur rouge qui était communiquée à l'argile entraînée dans laquelle ont été ensevelis les cadavres et les laves.

La température alors fort basse fit que les torrents se couvrirent de glaçons épais qui exerçaient sur les côtes opposées des érosions trop profondes pour être ensuite effacées : il suffit pour cela de comparer les côtes sud de l'Europe avec les côtes nord de l'Afrique; de même les côtes sud-ouest des îles britanniques avec leurs côtes orientales et boréales.

Les torrents de l'océan Pacifique surpassaient de beaucoup ceux des deux autres océans; dans l'hémisphère sud les extrémités des continents éprouvèrent le choc du torrent en directions divergentes. Leur violence était plus grande sur les côtes d'Amérique et d'Australie que sur celles de l'Afrique. Cette symétrie entre les contours des continents a été remarquée des géographes, mais son explication n'était pas à leur portée.

Blocs erratiques. Ces monuments archéologiques occupèrent beaucoup les géologues de tous les temps; ici ils ne servent que comme exemples des déchirures produites sur les roches des versants des montagnes qui reçurent le choc des torrents déjà couverts de glaçons épais. Ceux-ci ont été arrêtés par les versants des montagnes et ainsi s'opéra une accumulation de glaçons sur lesquels se précipitèrent les roches détachées. Celles-ci y restèrent tant que la température se maintint au-dessous de zéro. Quand elle s'éleva, les glaçons accumulés commencèrent à baisser en reculant et déposèrent les roches qu'ils portaient aux endroits où leur face inférieure toucha le sol ou le fond de la mer.

Habitants actuels de la Terre et habitants diluviens. La pression des aérocônes ne permettait pas aux habitants actuels de s'éloigner de la zone torride, de même que ceux qui vivaient sous cette pression supérieure ne pouvaient pas vivre dans la zone torride. Dans cette zone les habitants des versants des montagnes occupaient les parties dont les analogues se trouvent actuellement dans les latitudes différentes. Les hommes donc, comme les animaux actuels, existaient avant le Déluge et vivaient sur les hauteurs différentes des versants des montagnes de la zone torride et non pas dans les autres parties de la Terre.

Après l'éloignement des aérocônes et l'écoulement des eaux, les masses d'air commencèrent successivement à s'éloigner de la zone torride. La température τ baissait ainsi graduellement sur les montagnes, dont les habitants durent descendre pour trouver une température pareille à celle dans laquelle ils vivaient. L'air qui se dispersait vers les zones tempérées y produisait une élévation de température.

D. CHRONOLOGIE DE LA PRODUCTION DES CORPS ORGANISÉS ET DE L'HOMME.

Outre le langage qui rend l'homme en état de former un règne particulier, il y a en même temps plusieurs particularités anatomiques qui se rencontrent exclusivement chez lui. Nous exposerons ici, dans leur ordre chronologique, les organes de la voix, de l'ouïe, de la vision, de l'odorat, du goût et du tact.

Homme. L'existence préalable des oiseaux était nécessaire pour produire les ondes sonores de chaque espèce, car ces ondes devaient pénétrer dans toutes les autres produites des autres espèces de fluides, afin qu'il se formât dans l'air un germe dont l'*ensarcose* produisît la naissance de l'homme.

Oiseaux. Devaient également exister d'abord les animaux terrestres, les amphibies et les insectes qui produisent chaque espèce des ondes sonores qui pénétrèrent dans celles des autres fluides impondérables dont naquirent les germes des espèces des oiseaux.

Animaux possédant l'organe de l'ouïe. Il était nécessaire que les ondes sonores pénétrassent dans celles des autres fluides impondérables pour produire les germes des amphibies et les poissons; ces ondes sonores apparurent avec les insectes bourdonnants.

Animaux sans l'organe de l'ouïe. Cette classe animale apparut immédiatement après les plantes; les familles et les genres se multipliaient aux époques où, en même temps que se modifiait l'épaisseur de l'atmosphère, changeaient aussi la température et ces espèces des plantes. Cet état de la Terre a été d'une longue durée, comme cela devient évident si l'on considère les terrains stratifiés et les roches sédimentaires qui contiennent les restes des animaux privés de l'organe de l'ouïe; car les restes des poissons n'apparaissent que dans les couches de terrains d'une profondeur médiocre.

Les plantes ont été produites avant les animaux; parmi ceux-ci : 1° se formèrent premièrement les *monades* qui ne possèdent que l'organe du tact et sont pour cette raison nommés *monoesthématiques;* 2° les animaux *diesthématiques* ont l'organe du tact et celui du goût; 3° les *triesthématiques* sont les animaux qui ont l'organe du tact, du goût et de l'odorat; 4° chez les animaux *tétresthématiques,* enfin, on trouve réunis les trois organes des animaux précédents et celui de la vision; telle est la classe des animaux privés de l'organe de l'ouïe.

Les restes de cette classe animale se trouvent à toutes les profondeurs de la couche terrestre qui a sa surface supérieure au-dessous de l'alluvion et sa surface inférieure sur la face externe des *lithopyramides* composées de masses ignées, telles que le basalte, le granite et le porphyre.

Production des animaux avec l'organe de l'ouïe. Cet organe ne pouvait pas être produit lorsque les ondes sonores n'existaient pas dans l'air, pas plus qu'il ne pouvait faire défaut chez les animaux produits plus tard par la génération primitive, car celle-ci n'exclut pas la *reproduction* des animaux déjà existants. Dans chaque production primitive, il s'opéra dans les rencontres des ondes des fluides impondérables, un état qui permet à chaque espèce d'onde de s'écouler en éprouvant un minimum de résistance. Cet état ne diffère pas de celui produit de la même manière dans les localités marécageuses et qui donne naissance aux *miasmes;* cette espèce de combinés entre les ondes des fluides est ce qu'on exprime par le mot *germe.* C'est au moyen de germes semblables que s'opère la reproduction, comme cela a été indiqué dans le traité du Déluge et de la vie des plantes, et dans l'*Électrostatique*, page 787.

Les ondes sonores ont été produites par les vibrations des ailes des insectes dont l'existence antérieure à celle des poissons est constatée parce que les premiers se trouvent dans des couches de terrains plus profondes que celles où apparaissent les restes des poissons. Ainsi l'organe de l'ouïe manque aux insectes qui ont été produits alors que manquaient les ondes sonores dans les germes produits des ondes des autres fluides. Dans les germes où entrèrent les ondes sonores devaient s'accommoder celles des autres fluides : pour cette raison, il n'était pas possible qu'eût lieu la formation d'individus pareils aux précédents, avec la seule différence de ce nouvel organe. Les poissons reçurent en conséquence, une organisation tout à fait différente de celle des animaux tétresthématiques. Les différentes familles, genres et espèces prirent naissance dans les germes produits des ondes sonores provenant des espèces différentes d'insectes, et en même temps des ondes modifiées des autres fluides impondérables.

Production des animaux avec l'organe de la voix. Les insectes bourdonnants vivent dans l'air; les poissons, qui vivent dans l'eau, ne pouvaient recevoir l'organe de la voix : celui-ci a été produit cependant dans les germes des grenouilles et dans ceux de plusieurs autres genres d'amphibies, mais il est vrai de dire qu'ils ont paru à une époque où baissait déjà le niveau de la mer pour laisser surgir les continents; enfin les amphibies vivent dans l'air comme les insectes.

Production des animaux terrestres. Avant l'apparition des pluies, les continents étaient déserts; il a donc fallu que les pluies se montrassent, puis les plantes et ensuite les animaux. Donc les germes de ces animaux ont été produits à des distances différentes des côtes où les ondes sonores n'avaient pas partout une intensité égale; cela fut cause que les animaux terrestres ne reçurent pas l'organe de la voix à un degré plus marqué que celui des amphibies.

Production des oiseaux. Les ondes sonores des insectes contribuèrent à la formation des germes des oiseaux qui, d'une part, volent comme les insectes, et, de l'autre, marchent comme les animaux terrestres, mais à deux pieds. L'organe de la voix surpasse celui des insectes, des amphibies et des animaux terrestres, parce qu'il a été formé des ondes sonores produites par toutes ces espèces animales.

Production de l'homme. Dans les germes dont l'homme a été produit, pénétrèrent les ondes sonores des oiseaux et celles des insectes et des animaux terrestres. Les ondes venant des oiseaux donnèrent à l'organe de la voix le plus haut degré de perfectionnement et déterminèrent la marche à deux pieds qui n'existe pas chez les animaux terrestres.

Les germes de l'homme, formés dans l'air comme ceux des miasmes, ne restèrent pas limités à l'endroit où ils prirent naissance; de l'Asie, ils se propagèrent en Afrique, et de ces deux continents en Amérique. Cette propagation cependant ne doit pas être comparée à celle des atomes d'air ou des graines des substances emportées par les vents. Les atomes des fluides impondérables n'ont jamais un volume limité, mais ils sont susceptibles d'une expansion continuelle; de sorte que les atomes d'un germe produit dans un lieu quelconque s'étendent, et occupant bientôt toute la surface de la Terre, pénètrent jusqu'aux germes produits dans les autres pays.

L'origine du germe primitif fut donc ainsi l'origine commune de tous les germes formés dans les autres continents, dont chacun a les mêmes espèces de fluides, mais en différentes densités. Donc les localités ne produisirent que des modifications secondaires chez les germes qui étaient de la même espèce dans chaque pays.

Interruption de la production primitive et apparition de la reproduction. Les parties génitales manquaient aux individus de la production primitive, comme cela a lieu pour les abeilles nommées *ouvrières*. Il manquait aussi le *cervelet* qui n'est qu'un appendice de la cervelle produit d'une manière qui sera expliquée dans le *Traité de la Physiologie*. Du cervelet s'épanouissent les nerfs qui ont produit chez les individus mâles les parties génitales.

Par l'*expermatose* qui arriva, comme cela est indiqué même dans l'Écriture, à Adam pendant son sommeil, a été produite une nouvelle espèce de germes qui ne différait de celui d'où était sorti l'individu mâle, que par les parties génitales dont la forme est tout à fait différente, car elle est dans l'un et l'autre sexe en directions renversées.

Les masses d'électricité positive qui ont produit le cervelet se propagent aux parties génitales, où est le liquide électro-négatif qui entretient cette électricité; les ovaires électro-positifs se chargent d'électricité négative. Ainsi s'opère une diminution de résistance entre les individus des deux sexes, dont chacune éprouve un soulagement dans l'écoulement des masses électriques. Celle de l'individu mâle entraîne une partie du liquide, et l'électricité négative de l'individu femelle entraîne un certain nombre d'œufs qui viennent en contact avec le liquide, comme cela a été exposé dans l'*Électrostatique*, page 707, et dans le traité de la *Vie des plantes*.

Les individus produits par les germes étaient en nombre limité, parce que l'apparition de nouveaux individus était impossible dans les cas où il n'y avait pas un excédant de nourriture; cette relation nécessaire entre les dépôts de nourriture et le nombre des individus a cessé depuis l'apparition de la reproduction; car les individus devinrent en état de chercher leur nourriture au loin et de se produire là même où la nourriture peut être transportée.

Cette accumulation de nourriture propre à servir aux *ensarcoses* des germes se trouve dans les œufs et dans les semences. Comme les oiseaux vierges pondent, les œufs qui sont en cet état peuvent servir comme éléments à l'ensarcose d'un germe externe, comme cela est directement prouvé dans la production des *infusoires;* en effet il n'est besoin que d'aliments, les germes existant déjà.

La production des combinés entre les ondes de la lumière et l'électricité de la rétine se manifeste comme *sentiment de la vision* dont il est impossible de nier l'existence et la conservation. Dans les germes des classes inférieures des animaux, il entre un nombre restreint d'ondes de fluides impondérables. Ces ondes déterminent dans les aliments l'arrangement qui est nommé *ensarcose* (ἐν, au milieu; σάρξ, chair); c'est cet arrangement matériel qui se présente comme individus microscopiques, comme infusoires.

E. CHRONOLOGIE DES SOULÈVEMENTS DES LITHOPYRAMIDES ET DE L'ABAISSEMENT DU NIVEAU DE LA MER.

Ces faits, opérés il y a des centaines de siècles, se trouvent liés entre eux par les terrains stratifiés d'une manière telle qu'il devient aisé de connaître l'ordre chronologique du soulèvement de chaque système de lithopyramides. On remarquera que nous ne disons pas chaque système de montagnes, comme le font des géologues, parce que celles-ci ont pour support seulement les lithopyramides composées de masses ignées, telles que le basalte, le granite et le porphyre. **Ordre chronologique des soulèvements des lithopyramides.** Dans le texte de l'*Atlas cosmobiographique* a été traitée la cause de ces soulèvements; il ne s'agit ici que de l'ordre chronologique qui est bien indiqué par la hauteur H où commencent les bords des couches de terrains en contact avec la face externe des lithopyramides; de ces bords les couches descendent à de grandes profondeurs qui sont les intervalles qui séparent les bases des lithopyramides.

La hauteur H des bords des couches indique le niveau de la mer à l'époque du soulèvement de chaque système de lithopyramides; celles de ces lithopyramides qui ont été soulevées à une époque moins reculée sont celles où est la plus faible, la hauteur H des bords des couches des terrains de sorte que cette hauteur H fait en quelque sorte l'office d'un registre où seraient indiquées les dates des faits géologiques. 1° Les soulèvements des lithopyramides; 2° les dépôts des terrains; 3° les espèces animales de chaque époque; 4° le niveau et la profondeur de la mer; 5° la masse d'eau, et 6° l'épaisseur de l'atmosphère qui augmentait à mesure que descendait le niveau de la mer.

F. APPARITION DES PLUIES ET CHANGEMENT DE LA SURFACE DES CONTINENTS.

Les géologues, s'appuyant sur les reliefs symétriques des continents, ont prouvé que les vallées ont été produites suivant la loi hydraulique, par des masses d'eaux provenant non pas de sources, mais d'averses, mille fois plus abondantes que celles que nous voyons aujourd'hui. On ne peut en douter, parce que les géologues rapportent comme preuves évidentes les détritus ou les *potamolithes* (ποταμός, fleuve; λίθος, pierre) arrondis et déposés à de grandes profondeurs au devant des embouchures des vallées principales. Ces détritus ont été enlevés des roches, des versants, des vallées, car ils sont formés des mêmes minerais, et, s'il était possible de les remettre à la place indiquée par leurs éléments chimiques, on reproduirait la forme primitive des continents.

De plus les géologues ont découvert les traces de la foudre élaborée dans l'atmosphère épaisse d'où se précipitaient les masses énormes d'eau. Ces traces se retrouvent sur les grandes surfaces vitrifiées des roches dans les grandes élévations des montagnes où sont actuellement les neiges perpétuelles déposées dans les vallées produites des eaux pluviales; ce qui prouve l'état primitif de la température élevée de ces hauteurs.

Époque du commencement des pluies. Les météorologistes savent aujourd'hui que l'eau de la mer ne se vaporise pas, mais qu'elle s'*exaérose*, c'est-à-dire se transforme en air comme cela a été constaté au moyen de la photochimie dans la *Photostatique*, page 781. Les vents conduisent dans les continents l'air sec de la mer qui s'*exhydalose*, c'est-à-dire se transforme en eau pour retomber sous forme de pluies. L'exhydalose de l'air s'opère par les courants thermo-électriques précisément comme s'opère celle de l'oxygène mêlé avec l'hydrogène. Les courants thermo-électriques prennent naissance dans les régions de l'atmosphère où viennent en contact les masses d'air de températures différentes, qui y sont produites de manières très-différentes : 1° autour des versants des montagnes, et 2° aux régions des calmes.

Production des pluies autour des montagnes. Pendant la nuit baisse la température de la couche inférieure de l'atmosphère, et elle s'élève le lendemain par les rayons solaires sur la mer et sur les plaines : mais dans les montagnes la couche d'air du versant exposé au soleil est échauffée et la température nocturne se conserve dans la couche d'air du versant ombragé. C'est du contact de pareilles masses d'air chaud et froid que proviennent les courants thermo-électriques qui exhydatosent l'air et font apparaître de grands espaces raréfiés dont, 1° la partie inférieure reçoit l'air chaud qui forme un courant ascendant, et 2° la partie supérieure reçoit l'air froid qui descend des couches supérieures. Ces masses d'air en se rencontrant s'exhydatosent par les courants thermo-électriques et l'eau produite se précipite en forme de pluie.

L'abaissement du baromètre résulte de la diminution de la pression, non pas à cause d'une diminution de la colonne atmosphérique, mais à cause du courant ascendant dirigé vers les espaces raréfiés. Donc le vent et l'abaissement barométriques précèdent les orages et les accompagnent. Le calme apparaît et le baromètre remonte quand il n'y a plus combinaison d'air dans l'atmosphère.

Hauteurs des montagnes à des époques géologiques différentes. Les niveaux des sommets des montagnes actuelles n'éprouvèrent aucun changement, et cependant leur hauteur h augmentait à cause de l'abaissement du niveau de la mer. Quand au-dessus du niveau de la mer la hauteur h était médiocre, étaient également médiocres les masses d'air de la couche qui couvrait le versant exposé au soleil et de celle qui couvrait le versant ombragé. Il a donc fallu que le niveau de la mer s'abaissât beaucoup pour que la combinaison de l'air et la production des pluies devinssent possibles ; mais alors une très-grande partie de l'eau de la mer se trouva transformée en air qui formait les deux aérocônes.

A partir de l'apparition des pluies le niveau de la mer n'éprouva plus d'abaissement ; il resta tel qu'il est aujourd'hui, quoique l'eau diminuât, mais par contre augmenta la masse solide conservée comme couche d'alluvion.

Calmes et leurs orages. Quand les consommations de l'air s'opèrent sur les continents, l'air produit sur la mer se divise suivant les lois aérostatiques pour s'écouler vers les régions des espaces raréfiés. Entre ces espaces et la région de la séparation des masses d'air, il n'y a un vent qui disparaît pour apparaître au delà de cette limite en direction divergente. Les calmes sont donc les points de séparation des directions des vents; ils occupent la même région tant que les pluies durent sur les deux continents; mais si elles s'interrompent, par exemple, dans le continent oriental, l'air de la région du calme se trouve alors sollicité vers l'ouest, et il doit être remplacé par une masse d'air froid qui descend de la couche supérieure, parce que l'air de la couche inférieure continue encore sa direction vers l'est. De cette manière les calmes se montrent dans les régions où apparaissent de fréquents orages.

Résumé. Tous les faits géologiques se laissent ainsi disposer d'après un ordre chronologique qui sert à constater le mode de leur production suivant la loi physique. Une *géochronologie* pareille n'eût pu être établie par les géologues qui nous ont précédés, parce qu'ils manquaient des connaissances météorolgiques, physiologiques, chimiques et astronomiques indispensables. Les savants d'aujourd'hui, renfermés dans la spécialité d'une branche des sciences naturelles ou des sciences physiques, n'ont pu recueillir la somme de matériaux nécessaire à la composition d'une *géochronologie*, et encore moins d'une *cosmochronologie*.

Bien plus, les savants ont été eux-mêmes le plus grand obstacle qui ait retardé la propagation de la science universelle nommée *Panépistème*, parce que, non contents de critiquer tout ce qu'ils ignorent, ils mettent encore leur honneur à ne s'en pas occuper, disant que c'est une affaire qui ne le concerne en rien, absolument comme des ouvriers qui,

adonnés à un métier, refusent de mettre la main à des ouvrages qui ne rentrent pas dans leur profession.

G. Uranochronologie ou ordre chronologique de la production des corps célestes et de leurs mouvements.

L'ordre chronologique, comme celui des faits géologiques, existe également pour les corps célestes, car les directions des mouvements et les plans orbiculaires sont tellement liés entre eux par la loi physique qu'il est impossible
de s'écarter de l'ordre chronologique qui a eu lieu dans leur
production.

Mouvement orbiculaire. Tous les corps célestes sont
périphériques, parce que chacun d'eux circule autour d'un
autre ; ainsi il n'existe au centre de l'*espace énastre* qu'un
seul corps qui n'est pas périphérique : ce corps central est
nommé *Archégète*. Le mouvement orbiculaire des corps
périphériques résulte de deux facteurs : 1° un permanent
qui est la pesanteur, et 2° un temporaire qui a été produit
au moyen d'un choc en direction tangentielle sur la surface
du corps central passant par le plan de l'orbite du corps
périphérique et formant un petit angle avec le plan équatorial du corps central.

Mouvement axial. Le plan équatorial peut former chaque angle avec le plan orbiculaire du même corps, mais il
forme toujours des petits angles avec les plans orbiculaires
de ses corps périphériques ; de même le sens du mouvement axial du corps central est le même que celui des mouvements orbiculaires de ses corps périphériques. Chaque
corps central a un ou plusieurs corps périphériques, mais
aucun corps périphérique ne peut avoir plus d'un corps
central.

Les éléments du mouvement axial sont au nombre de
deux comme les mouvements orbiculaires, mais ils ne sont

pas pour cela les mêmes : 1° l'un des facteurs du mouvement axial est le mouvement orbiculaire qui existait avant la production du mouvement axial; 2° l'autre facteur est une poussée centripète passant par le plan équaterial. Cette poussée n'a pas été un choc temporaire ni d'une intensité égale pendant toute sa durée, car alors il se serait produit un déplacement orbiculaire et nou pas une rotation axiale.

Mécanisme de la production simultanée du mouvement axial du corps central et du mouvement orbiculaire des corps périphériques. Rien n'est plus instructif que la découverte de ce mécanisme qui ne peut être méconnu que par ceux qui ignorent les lois de la mécanique, quoiqu'il n'ait pas été suivi par l'auteur de la *Mécanique céleste*. Un corps central qui n'a qu'un mouvement orbiculaire en expulsant d'un cratère K une masse M considérable de matières, reçoit une poussée P ou une contre-répulsion centripète dirigée du cratère K vers le centre C. L'éruption commençant d'abord avec un maximum de violence, diminue graduellement jusqu'à la fin; de même la poussée P commence avec un maximum et va en diminuant jusqu'à la fin.

Mouvement axial de vitesse croissante. Les deux facteurs étant : 1° le mouvement orbiculaire p, et 2° la poussée centripète P, la masse totale du corps central reçut un mouvement axial dont la vitesse était au commencement à son minimum, mais croissait pendant toute la durée de l'expulsion de la matière pour rester enfin à son maximum qui s'établit quand la poussée s'interrompit; ce qui eut lieu à la fin de l'expulsion.

Chocs et vitesse croissants communiqués aux portions de la matière expulsée à des moments différents. Les portions m, m', m'', ...m^n de la masse M expulsée du corps central pendant la 1re, 2e, 3e, ...$n^{ième}$ unité de temps éprouvèrent de la part du bord postérieur du cratère un choc dont la poussée allait en augmentant parce qu'elle résultait de la vitesse du mouvement rotatoire qui était croissante pendant toute la durée de l'éruption. Les portions m, m', m'', m''', ...m^n des masses en chaque unité de temps allaient en diminuant; de même pour les distances parcourues par chacune de ces portions en directions centrifuges.

La portion primitive m s'arrêta à la distance D; la portion m' de matière expulsée pendant la 2ᵉ unité de temps par la poussée centrifuge égale à la poussée P centripète, parcourut la moitié $\frac{1}{2}$ D de la distance; la portion m'' parcourut la distance $\frac{1}{4}$ D, et enfin la portion m^n parcourut, pendant la $n^{ième}$ unité de temps, la distance $\frac{1}{2^n}$ D.

Les portions m, m', m'', ...m^n de matière expulsée se trouvèrent arrêtées à des distances décroissantes suivant la

progression géométrique $\div$ D : $\frac{1}{2}$ D : $\frac{1}{4}$ D : $\frac{1}{8}$ D...; le choc ou la poussée p que reçut chacune de ces portions de la part du bord postérieur du cratère, croissait suivant la même progression dans les portions m', m''... m^n.

Donc chacune des portions, en s'accumulant par la pesanteur de la matière, produisit un corps périphérique dont le mouvement orbiculaire résulte : 1° de la pression centripète de la pesanteur p' qui est en raison inverse du carré des distances ou $p' = \frac{1}{D^2}$, et 2° de la poussée p, ou du choc tangentiel qui est en raison inverse des distances, ou $p = \frac{1}{D}$; l'éloignement ainsi produit est appelé *cratérofuge*.

La distance mc (fig. 1) parcourue par la masse m, recevant la poussée p, est proportionnelle à cette poussée $p = \frac{1}{D}$ et à la vitesse v qui est en raison inverse avec le temps ou $v = \frac{1}{T}$. De même la distance mk parcourue par la même masse *m* en direction centripète par la poussée p' de la pesanteur, est proportionnelle à cette poussée $p' = \frac{1}{D^2}$ et à la vitesse v' qui est en raison inverse avec le temps ou $v' = \frac{1}{T}$. Le temps étant le même quand le corps parcourt la diagonale mm' par les deux poussées p et p', on a

$$v \times v' = \frac{1}{D} \times \frac{1}{D^3} = \frac{1}{T} \times \frac{1}{T} \text{ ou } T^2 = D^3.$$

Képler a découvert ce rapport par les observations directes; il résulte ici des facteurs du mouvement orbiculaire et sert en même temps comme preuve de l'origine de la matière qui constitue les corps périphériques. On peut par suite en déduire la généalogie suivante : 1° la Lune a été produite de la Terre; 2° la Terre a été produite du Soleil; 3° le Soleil a été produit de l'astre Alcyon, et 4° cet astre a été produit de l'Archégète.

Il n'y a que les comètes qui n'entrent pas dans cette généalogie, car le plan de leur orbite coupe ceux des planètes, et sans avoir été produites du Soleil, elles circulent autour de lui. Ce n'est pas tout : les comètes ont le mouvement axial sans avoir produit aucune éruption et expulsion des masses. Il reste à connaître s'il ne se trouve pas dans le noyau des comètes les cadavres des oiseaux qui ont pu être éloignés de la Terre lorsque les deux aérocônes ont été détachés de celle-ci.

Le nombre des comètes sert à constater les périodes géologiques qui ont eu lieu dans la Terre et dans les autres planètes; cet objet a été traité en détail dans le texte de l'*Atlas cosmobiographique*. Il ne reste aucun doute que, de tout le système planétaire, ce sont les comètes qui ont été produites aux époques les moins éloignées.

Par le mouvement orbiculaire des corps périphériques, il a été constaté que le corps central de l'espace énastre nommé Archégète possédait un mouvement linéaire quand il expulsa la matière dont ont été formés les astres périphériques. Ce mouvement initial nous permet de franchir l'espace énastre et d'aller chercher l'origine des éléments de la matière et de son mouvement dans les fluides impondérables, qui ont tous une origine commune.

Tout ce qui a pu être constaté par rapport à la matière ne consiste qu'en ce que les corps terrestres sont produits des éléments de l'eau et de ceux des rayons solaires, de sorte qu'au commencement la Terre ne possédait que de l'eau, et cela a lieu pour le Soleil et pour tous les corps célestes, de sorte que l'Archégète n'expulsa que des vapeurs d'eau dont ont été produits tous les astres; des vapeurs expulsées des astres ont été produites les étoiles et le Soleil; des vapeurs expulsées du Soleil ont été produites les planètes et la Terre, et celle-ci expulsa les vapeurs, dont a été produite la Lune, qui n'est actuellement qu'une croûte épaisse de glace vide au milieu et de forme non pas sphérique, mais ovale très-prolongée, comme cela a été prouvé dans le texte de l'*Atlas cosmobiographique.*

II. ORDRE CHRONOLOGIQUE DE LA PRODUCTION DES ÉLÉMENTS PRIMITIFS DES CORPS ET DES FLUIDES IMPONDÉRABLES.

La lumière incolore du Soleil consiste en sept couleurs; dans la chaleur est constatée l'existence des couleurs; les corps colorés sont constitués par des équivalents en sept rapports différents; enfin, ces sept mêmes rapports sont constatés dans les ondes sonores qui proviennent spontanément des corps vibrants. Telles sont les données qui conduisent à connaître: 1° les sept espèces d'éléments primitifs, et 2° leur existence aussi bien dans la chaleur et la lumière que dans les corps sonores et les corps colorés, et même dans les corps non colorés.

Il a donc dû se produire dès l'origine ces sept espèces d'éléments, ensuite la lumière et la chaleur, et enfin l'hydrogène et l'oxygène. Mais chaque des sept espèces d'éléments primitifs a été également produite au moins de deux autres qui ne pouvaient être ni parfaitement identiques ni parfaitement différentes. On reconnut ainsi que les sept éléments primitifs ont été produits dans les rencontres des ondes du même fluide; mais ce fluide s'y trouva en densités différentes, car les rencontres des surfaces sphériques des ondes sont des périphéries dans lesquelles entra le même fluide en densité $\delta + \delta'$ supérieure et en densité δ inférieure. La combinaison entre les fluides pareils est donc inévitable, et elle ne consiste que dans le rétablissement de l'équilibre entre deux masses $\mu + \mu'$ et μ du même fluide, mais de densités inégales.

Les chimistes attribuaient chaque espèce de combinaison à une propriété étrange et inconnue qu'ils nomment *affinité*. Nous prouvons ici que le même fluide, en densités différentes, produit toujours des mélanges ou des combinés quand ses ondes, suivant des directions centrifuges de la part des deux globes, viennent en rencontre.

Mais le fluide ne peut pas avoir des densités différentes dans les surfaces sphériques des ondes, si en même temps sa densité n'est pas différente même dans les globes dont il est répandu. Donc, au moyen des sept espèces d'éléments primitifs, on a pu constater l'existence de deux globes contenant le même fluide en densités différentes.

Il ne reste plus maintenant qu'à connaître pourquoi le fluide ne reste pas dans les globes, et comment il se subdivise en couches minces sphériques qui forment des ondes et qui, sans éprouver de poussée de quelque part que ce soit, s'éloignent en directions centrifuges, comme cela a lieu pour les ondes des atomes de lumière qui s'éloignent du Soleil.

D'après la détente d'un ressort ou l'expansion d'un gaz, on conclut qu'on y a déposé une quantité de mouvement, soit en montant le ressort, soit en comprimant le gaz; c'est

par le même raisonnement que nous avons été porté à
attribuer le mouvement constaté dans le fluide des deux
globes à une action suprême. Le fluide a reçu le mouvement de cette action, de la même manière qu'on le communique aux gaz dilatés en les comprimant.

Le fluide contenu dans les deux globes devrait donc
s'être trouvé d'abord répandu dans tout l'espace céleste
dans un état dilaté, pour y rétablir l'équilibre et être ramené
à l'état d'inertie. Les physiciens partisans du système des
ondulations, guidés par les faits de la lumière, de la chaleur et de la pesanteur, ont été convaincus de leur origine
commune, et ils ont pour cela admis un fluide universel,
qu'ils nommèrent *éther*, et auquel ils attribuèrent l'origine
commune de tous les faits cosmiques. Un pas encore et ils
trouvaient le mouvement; mais ce pas, ils ne purent pas le
faire.

Aucune action, soit physique, soit intellectuelle, n'est
possible sans le mouvement : aussi les physiciens sont-ils
jusqu'aujourd'hui restés dans l'ignorance la plus absolue
touchant le mode de production des faits, en même temps
qu'ils demeuraient incapables de constater, au moyen de
la physique, l'existence d'une action qui agit en dehors des
limites des lois qui régissent cette science, parce que ces
lois elles-mêmes procèdent de cette action.

La connaissance positive et directe d'une action suprême
est considérée par les physiciens comme dépassant les bor-
nes de l'intelligence humaine; et comme cet objet forme
généralement un dogme dans toutes les religions, personne
n'hésitera à admettre, après un mûr examen, que cette
action suprême entre ici comme un *dogme* et non pas comme
une vérité servant de base à tout ce que nous pouvons considérer comme véritable.

Le fluide primitif, perpétuel et universel ne fit pas défaut,
mais cessa de se trouver en équilibre, c'est-à-dire à l'état
d'inertie, parce qu'il se trouva dans deux globes avec des

densités différentes, ce qui amène à connaître que les volumes des globes étant égaux, les masses qui y sont contenues sont inégales; la masse supérieure $M + M'$ est contenue dans l'un des globes ϵ (fig. 2), et la masse inférieure M est contenue dans l'autre globe ϵ

Figure 2.

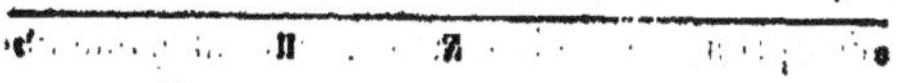

L'espace z est à égale distance des deux globes ϵ, ϵ' dont les ondes A, B, C, D..., A', B', C', D'... s'éloignent avec la même vitesse, d'où il suit que les sept espèces de combinés primitifs ont été produits dans l'espace z nommé *central*, parce qu'il est à égale distance des deux globes.

Les ondes O^{vn} de ces combinés primitifs commencèrent à se répandre de l'espace central z, et elles venaient d'un côté en rencontre avec les ondes O, O, O... arrivant de la part du globe ϵ et contenant le fluide en densité supérieure. Les mêmes ondes centrales se rencontraient de l'autre côté avec les ondes O', O', O'... du globe ϵ, contenant le fluide en densité inférieure. Ainsi ont été produits les atomes constituant la *lumière* et la *chaleur*; dans les deux espèces entrent les sept espèces d'éléments primitifs, et la différence entre la lumière et la chaleur ne résulte que : 1° de la densité supérieure du fluide qui entre dans les atomes de lumière, et 2° de la densité inférieure du même fluide contenu dans les atomes de chaleur.

Mais à cause de la pression supérieure $p + p'$ exercée dans l'espace central z de la part du globe ϵ sur les masses de chaleur θ et de lumière φ, ces masses s'y trouvèrent en équilibre détruit et furent sollicitées à s'éloigner de l'espace z et à avancer vers le globe ϵ', où elles ne pouvaient pas arriver, parce que le rayon $\epsilon z + y$ des ondes O, O, O... augmentait tandis que celui $\epsilon z - y$ des ondes O', O', O'... diminuait, de sorte que dans l'espace π le fluide se trouva en égale densité dans les ondes venant des deux globes aux distances inégales $\kappa z + z i$ et $z i' + \kappa z$.

Sauf cet espace π il n'en existe aucun autre dans l'univers qui jouisse de cette propriété singulière d'être parcouru par les ondes en directions opposées ayant le fluide en égale densité, et pour cela en densités inégales relativement au fluide contenu dans les ondes produites de la lumière et dans celles produites de la chaleur. Cette inégalité entre les densités donna naissance aux deux nouvelles espèces de combinés l'*hydrogène* et l'*oxygène*, les éléments de l'eau. Des vapeurs Y résulta l'Archégète donc, après qu'en eut été expulsée une partie M dont ont été produits tous les corps célestes. Les vapeurs résultent de la masse d'eau Y mêlée avec la lumière φ et la chaleur θ.

Le mouvement linéaire, qui a été trouvé de la manière indiquée dans le corps central non périphérique, est un reste du mouvement de la translation des masses $\theta \varphi$ de rayons de l'espace central z vers l'espace π nommé *espace enistre*; il dure encore parce que la vitesse de la translation diminue indéfiniment et fait que ce mouvement ne se termine jamais.

II.—ARRANGEMENT CHRONOLOGIQUE DES FAITS COSMIQUES DANS LEUR ORDRE SYNTHÉTIQUE, EN PASSANT DES ACTIONS AUX FAITS.

Le mot *action* exprime seulement ici l'écoulement ou le mouvement d'un fluide, et le mot *production* n'indique que le mélange de deux masses inégales $m + m'$ et m du même fluide contenues sous un volume égal, mais en densités différentes $\vartheta + \delta'$ et δ. La tendance des fluides à augmenter de volume prouve que le mouvement y a été déposé au moyen d'une compression. Avant l'existence de cette compression, ladite tendance manquait au fluide qui se trouvait en équilibre et répandu dans tout l'espace; c'est dans cet état que les physiciens qui ont adopté le système des on-

dulations admettent un fluide universel qu'ils nomment
éther.

Ces mêmes physiciens n'ont pu parvenir pourtant à connaître le mode de la production des faits où le mouvement
et le mélange sont indispensables; ils déclarent que le mouvement provient des *forces* et le mélange de l'*affinité*; nous
avons déjà bien des fois prouvé que ces deux mots n'ont
aucune signification réelle, et cela parce que ceux qui s'en
servent ignoraient: 1° que le mouvement a été déposé dans les
molécules μ du fluide universel par une action suprême qui
exerça sur ces molécules une compression indéfinie en les
faisant parcourir l'espace indéfini, et 2° que l'*affinité* ou ce
qu'ils entendent par ce mot n'est que le résultat de l'inégale densité des molécules μ qui se mêlent quand elles viennent en contact pour rétablir l'équilibre.

A. Mouvement et affinité déposés dans l'éther par l'action suprême.

Le Monde commença au moment où l'action suprême ti-
rait à sa fin; cette fin de l'action suprême conduit à connaître qu'elle a eu un commencement, alors que l'espace
indéfini était occupé par la masse des molécules μ d'éther
en équilibre et à l'état d'inertie, où tout manquait à la fois,
le changement, le *temps* (χρόνος), et même la *place* (χῶρος).

L'action suprême, faisant parcourir aux molécules μ tout
l'espace avec une vitesse indéfinie, les comprima et leur fit
occuper deux volumes égaux v et v', dont l'un v contient la
masse $M + M'$ supérieure de molécules, et l'autre v' en
contient la masse inférieure M. De sorte que les mêmes molécules μ se trouvent dans le volume v en densité supérieure
$\delta + \delta'$, et dans le volume v' en densité inférieure δ.

Le volume v occupa la place ε et l'autre volume v' occupa
la place ε' (fig. 3); c'est ainsi qu'apparut la *place* (χῶρος)
dans l'espace indéfini, et le *temps* (χρόνος) dans la perpétuité.

La *force* ou le mouvement se trouva au commencement du
temps déposé dans les molécules μ de l'éther; l'*affinité* ou
la production des combinés se trouva dans les masses inégales M + M′ et M de molécules occupant deux places égales
de la plus petite dimension.

Figure 3.

Z

ε ——————————————————————————————— ε′

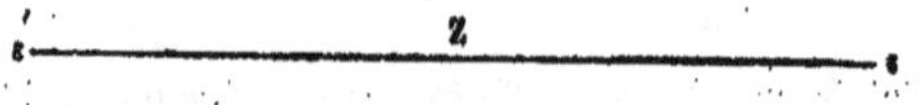

Pour distinguer les molécules μ de l'état d'équilibre où
elles sont indiquées par le mot *éther*, et de l'état où elles
furent quand elles reçurent le mouvement indéfini, il a fallu
leur donner un autre nom; elles ont été nommées *électre*; les
volumes égaux v et v' sont deux *électrosphères* indiquées
par ε et ε′; celle ε qui contient la masse M + M′ de molécules
en densité $\delta + \delta'$ supérieure est une *pycnosphère* (πυκνός,
dense); celle ε′ qui contient les molécules M en densité inférieure δ, est une *aréosphère* (ἀραιός, raréfié). Les molécules
μ de densité $\delta + \delta'$ supérieure sont un *électre dense* ou *pyc-
noélectre*; les mêmes molécules de densité inférieure sont
un *électre moins dense* ou *aréoélectre*.

L'action suprême se termina par l'apparition des *pycno-
électre, aréoélectre, affinité*; TRINITÉ indispensable pour la
production du Monde, reconnue jusqu'à présent comme un
dogme, et que nous obtenons ici par la seule voie de la loi
physique; de sorte qu'il devint possible d'élever ce dogme
à une réalité incontestable, qui ne permette plus la moindre
objection à nos adversaires.

B. Production de sept espèces de combinés primitifs.

Le mouvement déposé dans les molécules μ et l'affinité
obtenue par leurs densités inégales résultèrent de l'action
suprême. Le mouvement, déposé par une compression, se
manifeste sous forme d'expansion; l'inégalité des densités

ou *anisopycnie* (ἄνισος, inégal, πυκνός, dense), déposée par une compression de la masse M + M′ de molécules μ, se manifeste par une tendance à rétablir l'équilibre entre les molécules μ homonymes ; ce qui ne peut avoir lieu que dans les cas où les ondes des deux électrosphères viennent en rencontre.

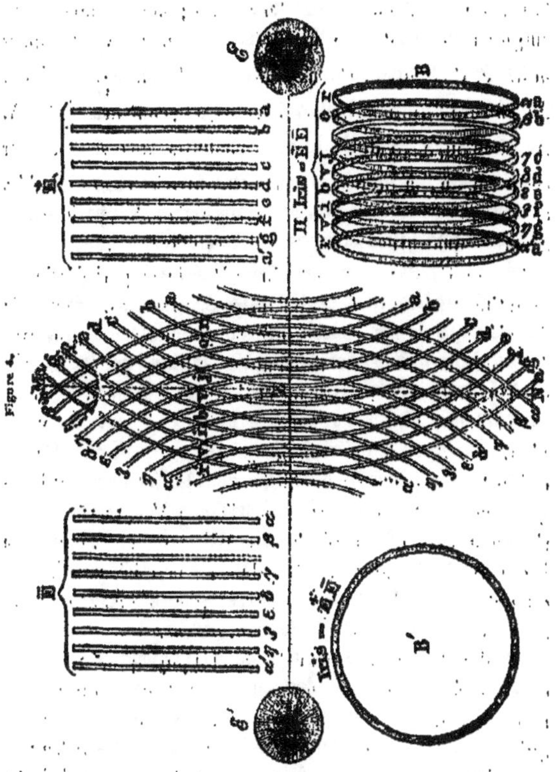

Il a fallu que les ondes A, B, C, D... de la pycnosphère (fig. 4) parcourussent la distance *cz*, et les ondes A′, B′, C′

D... de l'aréosphère ε' l'autre distance égale $\varepsilon'z$ avec une égale vitesse, pour arriver à *l'espace central* z. Pendant ce laps de temps *expectatif*, il n'y a eu nulle part de production ; chacune des ondes des électrosphères fait en chaque unité ι de temps un pas de la longueur invariable λ. Si la distance ε ε' était exactement $2n\lambda$ après $n\iota$ unités de temps, la rencontre eût eu lieu exactement au point z ; mais ce cas singulier ne s'est pas rencontré, et les ondes A, A', après $n\iota$ unités de temps, se trouvèrent à une distance $\frac{\lambda}{\iota}$ du point z, à la fin de l'unité suivante de temps, chacune des ondes A, A', se trouva au delà du point z à la distance $\lambda - \frac{\lambda}{\iota}$. Pour cette raison, la première rencontre entre les ondes A, A' a été une périphérie π^{iv} produite dans le plan MN par les deux surfaces sphériques composées des molécules μ.

Ces molécules μ étaient d'un côté de la périphérie en quantité supérieure d, et de l'autre en quantité inférieure δ ; du mélange de ces masses inégales de molécules μ a donc été produite une espèce de combiné indiqué par les facteurs $d\delta$. 1° L'onde A, en avançant et s'éloignant du côté gauche du plan MN vint en rencontre en b, l, v' avec les ondes B', C', D', dans les périphéries π^{v}, π^{vi}, π^{vii}, où ont été produites trois espèces de combinés dont les facteurs sont indiqués par $e\iota$, $f\zeta$, $g\eta$. 2° De même l'onde A', en avançant et s'éloignant du côté droit du plan MN, vint en rencontre en j, o, v avec les ondes B, C, D... dans les périphéries π^{iv}, π'', π' où ont été produites trois autres espèces de combinés qui sont indiqués par leurs facteurs $c\gamma$, $b\beta$, $a\alpha$.

Ces détails ont été obtenus 1° de la loi physique, 2° des sept espèces de couleurs et des sept sons ; Newton en expérimentant constata également une symétrie entre les volumes qu'occupent les trois couleurs de chaque demi-spectre non pas prismatique mais matériel (*Photostatique*, page 447). En représentant par 80 l'espace occupé par le vert, il trouva pour le jaune et le bleu le nombre 72 ; pour l'orangé et

l'indigo le nombre 45, pour le rouge et le violet le nombre
2×40.

Les molécules μ contenues dans chacune des sept espèces
$a\alpha, b\beta, c\gamma, d\delta, e\epsilon, f\zeta, g\eta$ de combinés ont été séparées des
deux ondes dont le contact s'opéra par une face qui se pré-
sente comme un *pli*; pour cette raison ces espèces de combinés ont été nommées *monoptyques* (μόνος, un seul; πτυχή,
pli).

Les facteurs a, b, c, d, e, f, g composés de molécules
$\mu + \mu'$ en densité $\delta + \delta'$, forment ensemble un équivalent
électrique *dense* ou *positif* indiqué par le signe $\bar{E}$; de
même les facteurs $\alpha, \beta, \gamma, \delta, \epsilon, \zeta, \eta$ contenant les molécules μ en densité δ inférieure, forment ensemble un
équivalent électrique *raréfié* ou *négatif* indiqué par le
signe $\bar{E}$.

Les sept espèces de monoptyques $a\alpha + b\beta + c\gamma + d\delta +$
$e\epsilon + f\zeta + g\eta$ forment toutes ensemble le *fluide monoptique*
dont l'expansion se manifesta immédiatement après sa production. Ses ondes centrifuges O^{vu} se composaient de sept
couches dont chacune était produite d'une espèce des sept
monoptyques. Ces ondes vinrent ainsi en rencontre du côté
droit du plan MN avec les ondes O, O, O... de la pycnosphère ϵ, et du côté gauche du même plan avec les ondes
O', O', O' de l'aréosphère ϵ'.

C. ORDRE CHRONOLOGIQUE DE LA PRODUCTION DE LA LUMIÈRE
ET DE LA CHALEUR.

Le fluide des sept espèces de monoptyques contenait les
molécules μ d'électre en une densité $\delta + \frac{1}{2}\delta'$. 1° inférieure à
celle $\delta + \delta'$ de ces molécules contenues dans les ondes O,
O, O... de la pycnosphère ϵ, et 2° supérieure à celle δ de ces
mêmes molécules contenues dans les ondes O', O', O'... de
l'aréosphère ϵ'. Ainsi les molécules μ des ondes O^{vu} mono-

ptyques devaient se mêler avec celles des ondes O, O, O...
parce que dans celles-ci elles étaient en densité $\delta + \delta'$ supérieure; elles devaient également se mêler avec les ondes
O', O', O'... où ces mêmes molécules étaient en densité inférieure δ.

Chacune des sept espèces $a\alpha$, $b\beta$, $c\gamma$, $d\delta$, $e\epsilon$, $f\zeta$, $g\eta$ de monoptyques a reçu de l'onde O les molécules μ denses en quantité a, b, c, d, e, f, g, et il s'est produit sept espèces de lumière qui sont les sept couleurs des facteurs suivants :

$$a\alpha a + b\beta b + c\gamma c + d\delta d + e\epsilon e + f\zeta f + g\eta g =$$
$$\bar{E}\bar{E}\bar{E} = \varphi = atome\ de\ lumière.$$

De même chacune des sept espèces de ces mêmes monoptyques a reçu de l'onde O' de l'aréosphère ϵ' les molécules μ moins denses en quantités α, β, γ, δ, ϵ, ζ, η, et il s'est produit sept espèces de chaleurs qui sont ses sept couleurs dont les facteurs sont

$$\alpha a\alpha + \beta b\beta + \gamma c\gamma + \delta d\delta + \epsilon e\epsilon + \zeta f\zeta + \eta g\eta =$$
$$\bar{E}\bar{E}\bar{E} = \theta = atome\ de\ chaleur.$$

Les ondes O^m du fluide monoptyque ont été consumées dans la production des deux espèces de fluides composés chacun de sept combinés *diptyques*, dont : 1° ceux qui constituent la lumière étaient à la droite du plan MN d'où viennent les ondes de la pycnosphère ϵ, et 2° ceux qui constituent la chaleur étaient à la gauche du même plan d'où viennent les ondes l'aréosphère ϵ. Les masses Θ de chaleur et Φ de lumière éprouvaient de la part de celle-ci une pression P inférieure à celle P + P' qu'elles éprouvaient de la part de la pycnosphère ϵ. Cette destruction d'équilibre occasionna un déplacement de la masse $\Phi\Theta$ des diptypes de l'espace central z vers l'aréosphère ϵ'.

L'*exode* ou le déplacement commença avec un maximum de vitesse qui diminuait avec l'éloignement de l'espace central z, parce que le rayon $\varepsilon z + y$ des ondes de la pycnosphère augmentait tandis que diminuait celui $\varepsilon z - y$ de l'aréosphère. Cela a rendu indéfinie la durée de cette exode.

Les molécules μ des ondes des deux électrosphères acquirent dans l'espace Π une densité égale $\delta + \frac{1}{2}\delta'$ dans les ondes des deux électrosphères, parce que celles O, O, O... de la pycnosphère ε y ont un rayon $z\varepsilon + z\Pi$, et celles O', O', O'... de l'aréosphère ε' y ont le petit rayon $\varepsilon z - z\Pi$. Sauf dans cet espace Π, il n'en existe pas d'autre où la densité $\delta + \frac{1}{2}\delta'$ des molécules μ soit égale entre les ondes des deux électrosphères. Les molécules μ ou l'*électre* en densité égale dans les ondes des deux globes est nommé *barogène*, et il est indiqué par le signe β.

D. ORDRE CHRONOLOGIQUE DE LA PRODUCTION DE L'HYDROGÈNE ET DE L'OXYGÈNE.

Dans l'espace central z ont été produites la chaleur et la lumière, parce que les ondes O^m centrifuges du fluide des monoptyques se rencontraient d'un côté avec les ondes de la pycnosphère et de l'autre avec celles de l'aréosphère; dans l'espace Π affluent les ondes des deux électrosphères avec les molécules μ en densité presque égale, tandis que c'étaient les ondes centrifuges qui contenaient les molécules en densités inégales.

1° Du côté antérieur, dans le déplacement, les ondes centrifuges, composées d'atomes θ de chaleur, vinrent en rencontre avec les ondes de l'aréosphère dont les molécules μ avaient la densité $\delta + \frac{1}{2}\delta'$ supérieure, et ainsi ont été produits les combinés à trois plis ou *triptyques* des facteurs $\theta\beta$, parce que le barogène β est le facteur séparé de l'onde de l'aréosphère. Ce combiné triptyque est l'*hydrogène* $H = \theta\beta$.

2° Du côté postérieur, dans le même déplacement, se

mêlèrent les atomes θ de la chaleur avec les sept facteurs chromatiques $a\varkappa a$, $b\beta b$, $c\gamma c$, $d\delta d$, $e\iota e$, $f\zeta f$, $g\varkappa g$ de la lumière; d'où provint ainsi le fluide nommé *thermophote* $\varphi\theta^7$, composé d'un atome de lumière et de sept atomes de chaleur dont les éléments avaient la forme suivante :

$$\varphi\vartheta^7 = a\varkappa a\vartheta + b\beta b\vartheta + c\gamma c\vartheta + d\delta d\theta + e\iota e\vartheta + f\zeta f +$$
$$g\varkappa g = \textit{atome de thermophote.}$$

Les ondes O^{vm} à huit couches du thermophothe $\varphi\theta^7$ contenaient les molécules μ en densité $\delta + \frac{1}{3}\delta' + u$ supérieure à celle $\delta + \frac{1}{3}\delta'$ des mêmes molécules μ contenues dans les ondes des deux électrosphères, et pour cela nommées *barogène*. Ainsi chacune des huit couches des ondes du thermophote se mêla avec l'onde de l'électrosphère ε et produisit le combiné $\varphi\overline{\beta\vartheta\beta}^7$ qui est l'*oxygène* $O = \varphi\overline{\beta\theta\beta}^7$; celui-ci est comme l'hydrogène à trois plis ou *triptyque*.

Pondérabilité. Le facteur β consiste en molécules μ d'électro dont la densité est $\delta + \frac{1}{3}\delta'$ aussi bien dans les ondes affluentes dans l'espace Π de la part des deux électrosphères ε et ε' que dans les combinés $\theta\beta$ de l'hydrogène et $\varphi\overline{\beta\theta\beta}^7$ de l'oxygène. Cela fait que de l'espace Π peuvent s'éloigner les ondes de la chaleur θ, et celles de la lumière φ où n'entre pas le barogène β; mais les ondes de l'hydrogène $\theta\beta$ et de l'oxygène $\varphi\overline{\beta\theta\beta}^7$ ne peuvent pas s'éloigner de cet espace à cause de la résistance qu'elles éprouvent de la part des ondes des deux électrosphères ε et ε' où les molécules μ ont la densité $\delta + \frac{1}{3}\delta'$, comme elles l'ont dans le facteur β contenu dans les deux combinés ci-dessus nommés. Cet empêchement qu'éprouvent les deux éléments de l'eau est ce qu'on doit entendre par le mot *pondérabilité*.

Pesanteur. Les molécules μ affluentes de la part des deux globes ε et ε' dans l'espace Π en densité $\delta + \frac{1}{3}\delta'$ exercent une pression P sur les molécules homonymes μ d'égale densité contenues comme barogène β dans l'hydrogène $= \theta\beta$ et dans l'oxygène $= \varphi\overline{\beta\theta\beta}^7$; cette pression P, en éprouvant la résistance R de la part de la masse totale b de barogène contenu dans l'espace qu'occupent l'hydrogène et l'oxygène, en émerge comme pression inférieure P — P'. La pression P résultant de la masse B de barogène, celle P — P' résulte de la différence B — b; de sorte que la différence P' de pression est proportionnelle à la quantité b de barogène contenu dans la masse totale des éléments de l'eau produits dans l'espace Π.

Les atomes HO de l'eau contenus dans la couche superficielle A de la masse totale Y, éprouvent : 1° la pression P de la part des ondes incidentes contenant la masse B de molécules μ en densité $\delta + \frac{1}{2}\delta'$ qui en fait du *barogène*; 2° la pression inférieure P — P' de la part des ondes émergentes contenant la masse inférieure B — b de molécules μ en densité $\delta + \frac{1}{2}\delta'$, et cela à cause de la quantité b de barogène supprimée par la quantité égale contenue dans la masse totale Y d'eau.

On doit entendre par le mot *pesanteur* la destruction d'équilibre dans laquelle se trouvent les atomes d'eau dans la couche superficielle A de la masse totale Y; car ces atomes ou cette couche A éprouvent une pression centripète P et une pression centrifuge inférieure P — P'. Ainsi dans chaque corps céleste ladite destruction d'équilibre résulte de la quantité b de barogène contenu dans ses atomes d'eau; car cette quantité b détermine la différence P' de pression qui est à son maximum à la surface des corps célestes, tandis qu'elle est nulle à leur centre.

II. Genèse de la production de l'eau, de ses poids...

E. DE L'ORDRE CHRONOLOGIQUE DE LA PRODUCTION DE L'EAU, DE SES DEUX ÉLÉMENTS ET DE SES TROIS ÉTATS.

I. Les deux éléments de l'eau séparés ne possèdent que l'état gazeux, car : 1° l'*hydrogène* matériel étant électropositif se combine avec l'*électricité négative*, et l'*oxygène* maté-

riel étant électronégatif se combine avec l'*électricité positive*;
2° le volume d'un atome chimique d'hydrogène occupe un
espace double de celui d'un atome chimique d'oxygène;
3° le poids atomique de l'oxygène est huit fois celui de
l'hydrogène.

II. L'eau à une température au-dessous de zéro est sous
forme de glace solide; celle-ci en recevant une quantité de
chaleur Θ' qui devient latente, prend l'état liquide; l'eau
en recevant également une autre quantité Θ'' de chaleur à
l'état latent, se change en vapeur. Tous ces faits, de nature
si différente, trouvent ici leur explication en s'arrangeant
comme causes et effets liés entre eux par la loi physique;
ils servent en même temps comme preuve de tout ce qui
vient d'être dit.

I. **Cause de l'état électrique de chacun des deux
éléments de l'eau.** Dans les atomes d'hydrogène $H = \theta\beta$
et d'oxygène $O = \varphi\beta\theta\overline{\beta}^7$, c'est le *barogène* β qui est le facteur commun par lequel est déterminé le rapport entre les
densités $\partial + \frac{1}{2}\delta' + v$ et $\partial + \frac{1}{2}\delta' - v$ des molécules β qui
entrent dans l'hydrogène $H = \theta\beta$ et dans l'oxygène
$O = \varphi\beta\theta\overline{\beta}^7$: 1° Le *barogène* β a une densité de molécules μ
supérieure à celle $\partial + \frac{1}{2}\delta' - v$ de la chaleur θ, ainsi il est
le facteur dense ou positif dans le combiné $\theta\beta$ d'*hydrogène*.
2° Le même *barogène* β a une densité de molécules μ inférieure à celle $\partial + \frac{1}{2}\delta' + v$ du *thermophote* $\varphi\theta^7$; ainsi il est le
facteur moins dense ou négatif dans le combiné $\varphi\beta\theta\overline{\beta}^7$ d'*oxygène*.

II. **Cause du rapport 1 : 8 entre les poids atomiques des éléments de l'eau.** Le degré de la destruction d'équilibre dont résulte le poids des atomes matériels,
correspond à la quantité de barogène contenue dans ces
atomes; cette quantité de barogène se trouve habituellement exprimée par le mot *masse*. Dans l'atome chimique
d'oxygène cette masse, ou le *barogène*, est huit fois celle
contenue dans l'atome chimique d'hydrogène.

III. Cause du rapport 1 : 2 entre les volumes des deux éléments de l'eau. Ce rapport résulte de celui $\beta : 8\beta$ entre les quantités de barogène qui entrent dans ces deux éléments; car les ondes affluentes de la part des deux globes ι et ι' exercent en directions linéaires opposées, sur les atomes $\varphi\beta\overline{\theta\beta'}$ d'oxygène, une pression $2p$ double de celle p qu'elles exercent en cette même direction sur les atomes $\theta\beta$ d'hydrogène.

IV. Cause de l'état solide de l'eau. Les atomes θ de chaleur ne peuvent pas se séparer du barogène β; ils restent combinés avec celui-ci dans l'hydrogène $\theta\beta$ et l'oxygène $\varphi\beta\overline{\theta\beta'}$: aussi leur volume se trouve-t-il limité à cause de celui du barogène, tandis qu'à l'état libre les atomes θ de chaleur se dilatent et acquièrent un volume indéfiniment grand. Sous ces deux états, les atomes de chaleur se distinguent : 1° en atomes faisant partie intégrante des corps et qui alors s'appellent *chaleur spécifique*, et 2° en atomes qui sont à l'état libre. Cette chaleur libre se répand également dans le vide et dans le milieu des corps; elle n'éprouve dans le vide aucune résistance, mais elle exerce dans le milieu des corps une répulsion R sur les atomes homonymes de chaleur spécifique, et en éprouve à son tour une contre-répulsion ou une résistance.

Le barogène β^0 de chaque atome d'eau, 1° éprouve la pression P de la part des ondes centripètes affluentes avec la masse B de barogène; 2° il éprouve en même temps la pression P — P' de la part des ondes centrifuges contenant la masse inférieure B — b de barogène.

L'état solide résulte d'une répulsion R — r moindre que la pression P — P' centrifuge et encore moindre que celle P centripète; alors les atomes de l'eau HO, obéissent à ces pressions externes, et ainsi aucun d'eux ne peut changer de place par rapport à ses homonymes ambiants.

V. Cause de l'état liquide de l'eau. Quand la densité des atomes libres θ de chaleur est grande, leur répul-

sion augmente et devient R : elle peut être alors supérieure
à la pression centrifuge P — P' et inférieure à l'autre pression centripète P ; les atomes d'eau HO sont en ce moment
sollicités à n'obéir qu'à la pression centripète P qui les force
à s'arranger de manière à former un niveau.

VI. **Cause de l'état élastique de l'eau.** Si la densité des atomes θ de chaleur libre augmente davantage,
jusqu'à ce que leur répulsion devienne R + r, c'est-à-dire
supérieure à la pression centripède P et plus supérieure à
la pression P — P' centrifuge, les atomes HO de l'eau
n'obéissent qu'à la répulsion expansive R + r de la chaleur
libre ; leur volume augmente proportionnellement à la répulsion R + r.

VII. **Cause de la chaleur latente des liquides.**
Dans la fusion de la glace il passe à l'état latent une quantité de chaleur Θ' qui ne peut pas se dilater à cause de la
résistance r qu'elle éprouve dans les atomes homonymes à
l'état spécifique θ''. Ces atomes $\theta\theta''$, étant inséparables du
barogène $\theta\beta$ de l'atome d'eau HO $=\theta\beta_\varphi\beta\theta\beta^7$, éprouvent, au
moyen de ce barogène $\theta\beta$, la pression P — P', et il leur
faut une répulsion R pour se mettre en équilibre avec cette
pression P — P'; c'est cette répulsion qui résulte d'une
quantité Θ' de chaleur dont l'expansion se trouve arrêtée.

VIII. **Cause de la chaleur latente des vapeurs.**
Dans la vaporisation de l'eau bouillante, il passe à l'état
latent une quantité Θ'' de chaleur; car ni celle-ci ni ses
atomes θ ne peuvent pas se dilater à cause de la pression
centripète P; alors les atomes HO $=\theta\beta_\varphi\beta\theta\beta^7$ d'eau ne peuvent être maintenus en équilibre que par une répulsion
R + r provenant des atomes Θ'' de chaleur, répulsion égale
à la pression P provenant de la masse B de barogène affluent. Les atomes d'eau éprouvent cette pression P au
moyen de leur barogène $\theta\beta$; en même temps ils éprouvent
la répulsion R + r au moyen de leur chaleur spécifique $\theta\theta''$.
L'eau liquide ne prend la forme de vapeur que quand la

répulsion R+r devient égale à la pression P. La chaleur Θ″ qui exerce la répulsion R+r pour maintenir la pression P, devient latente.

Après avoir ainsi contrôlé tous les faits produits il y a des siècles avec les faits conservés, pour être certain de ne point nous être écarté de la voie tracée par la loi physique, nous allons exposer succinctement l'ordre chronologique et le mode de production des corps célestes et de leur mouvement au moyen de l'expulsion des masses de vapeurs.

F. PRODUCTION DES CORPS CÉLESTES ET DE LEURS MOUVEMENTS EN ORDRE CHRONOLOGIQUE PAR UN SEUL CORPS CENTRAL.

Le mouvement communiqué aux masses M de vapeurs expulsées résulte, comme celui qui se manifeste dans les explosions des chaudières, d'une suppression de l'expansion des atomes de chaleur. Les astronomes seraient facilement parvenus à connaître cette vérité, si les erreurs des chimistes ne les avaient induits en erreur ; en effet, ceux-ci prétendent encore que les corps indécomposables ont toujours existé dans leur état actuel.

Volume du corps central nommé Archégète. La masse totale Y d'eau éprouvait : 1° une répulsion R + r de la part des atomes denses de chaleur ; et 2° une pression centripète P de la part de la masse B de barogène des ondes affluentes des deux globes ε et ε′. Les atomes HO d'eau ne pouvaient ni se dilater trop et se répandre dans l'espace céleste ni être indéfiniment comprimées. De ces deux poussées opposées il résulta un équilibre qui détermina le volume V des vapeurs.

Production d'une enveloppe solide. La chaleur éloignée de la couche superficielle A de vapeurs était remplacée par d'autres qui provenaient des couches inférieures B, C, D.. Z. Le rapport entre la quantité de chaleur éloignée de la couche A et celle qui y arrive, change avec l'état de cette couche.

1° Si cette couche A est composée de vapeurs, il s'éloigne en chaque unité de temps la quantité $\Theta + \theta$ supérieure de chaleur, et il arrive une quantité Θ inférieure; ainsi la température baisse et la congélation est inévitable; il provient de là une enveloppe solide, une *pagosphère* ($\pi\acute{\alpha}\gamma o\varsigma$, glace).

2° Quand la couche A est ainsi devenue solide, il se trouve d'un côté le froid de l'espace et de l'autre la couche B de vapeurs; alors diminue l'éloignement de chaleur; elle se réduit à $\Theta - \theta$ en chaque unité de temps, tandis que celle Θ qui arrive reste la même que précédemment; il résulte donc de là une élévation de température dans la couche B.

Mode de l'augmentation de l'épaisseur et de la solidité de la pagosphère. L'élévation de température que nous avons montrée dans les vapeurs de la couche B, fait augmenter la répulsion $R + r$ contre la croûte solide qui éprouva dans le corps central des brisures analogues : 1° à celles qu'éprouva la pagosphère de la Lune et dont les traces subsistèrent, et 2° analogues à celles qu'éprouve actuellement la croûte glaciale du Soleil. Cette croûte, constamment repoussée par les vapeurs, se brise; les fragments de glaçons sont soulevés par la vapeur et renversés autour du cratère K en directions divergentes. Au-dessus de ces fragments se répandent les bords des vapeurs expulsées qui figurent comme une *pénombre*, parce que le milieu qui couvre le cratère K est le *noyau* de la tache dont les bords irréguliers restent parallèles à ceux de la pénombre.

Les vapeurs expulsées se refroidissent dans l'espace, gèlent et forment une couche épaisse de flocons de neige qui se dépose sur le cratère K et le fait fermer, après que les vapeurs de la pénombre se sont déposées sur les fragments renversés qui deviennent ainsi soudés entre eux et avec la surface externe de la croûte dont ces *éruptions partielles* font augmenter ainsi l'épaisseur et la solidité.

Éruption finale, séparation des masses de vapeurs, étoiles temporaires. La résistance de la croûte glaciale augmente de la manière indiquée plus haut, et fait s'interrompre les éruptions partielles pour un espace de temps très-long, pendant lequel s'élève la température T des vapeurs de la couche B; la répulsion croît toujours et parvient enfin à briser l'enveloppe ou la croûte glaciale au point K le plus faible où s'ouvre un cratère d'où s'échappe une grande masse M de vapeur avec une poussée décroissante p qui fait parcourir à chaque portion suivante v', v'', v''', ...v^n, de vapeur, une distance qui va toujours en décroissant.

Ces éruptions finales ont lieu à des intervalles très-grands dans les étoiles et les astres; en pareils cas, une lumière se présente dans un point où elle n'existait pas, et en quelques heures elle atteint presque un maximum qui, après s'être soutenu quelques semaines, commence à diminuer; mais quand la clarté est déjà notablement affaiblie, elle augmente encore durant quelques jours ou pour quelques semaines, puis s'affaiblit encore et disparaît : quelquefois elle éprouve une deuxième recrudescence avant de disparaître.

Ces phénomènes qu'on nomme *étoiles temporaires*, sont des vapeurs brûlantes d'éruption finale; une semblable éruption a eu lieu lorsque la masse M de vapeur a été expulsée du corps central de l'espace π énastre.

C. MODE DE LA PRODUCTION DU MOUVEMENT AXIAL ET DU MOUVEMENT ORBICULAIRE.

Les vapeurs de la couche B, acquérant une élévation continuelle de température, exercent entre elles une répulsion croissante R + r supprimée par la croûte solide. Au moment de l'éruption, on voit s'accomplir, pour ainsi dire en un instant, tous les mouvements qui eussent dû avoir lieu en détail pendant la suite des siècles, sous forme d'éruptions partielles. Cette origine du mouvement une fois connue, il ne reste plus qu'à indiquer comment, 1° le corps central obtient un mouvement axial ou rotatoire, et 2° les vapeurs expulsées, un mouvement orbiculaire.

Mode de la production du mouvement axial. Du cratère K provient une répulsion mutuelle entre les vapeurs; une poussée centrifuge p chasse les vapeurs V qui s'échappent et une autre pression égale centripète p' chasse vers le centre les vapeurs Y—V qui restent. Si le corps central est en repos, les vapeurs qui éprouvent la poussée p' du cratère K vers le centre c n'en peuvent pas dévier; mais si le corps central possède déjà un mouvement linéaire, comme cela a eu lieu pour l'Archégète, les vapeurs repoussées du cratère K ont déjà un mouvement progressif, et ainsi elles avancent en s'approchant de la ligne où se trouvera le centre. Ainsi les vapeurs reçoivent un mouvement axial de la somme : 1° du mouvement linéaire précédent, et 2° de la poussée p' centripète; le sens du mouvement axial est déterminé de celui du mouvement linéaire précédent.

Vitesse du mouvement axial. La masse Y—M de vapeurs qui restent éprouve la poussée p' depuis le commencement jusqu'à la fin de l'éruption; pour cette raison, au commencement de l'éruption la vitesse est à son minimum et elle croît graduellement pour atteindre un maximum permanent au moment de la fin de l'éruption.

Si la vitesse linéaire précédente est petite, la vitesse de la rotation devient grande, parce que la poussée centripète p' se consomme en grande partie pour produire une *cycloïde* en pas très-petits; si au contraire la vitesse linéaire est grande, celle de la rotation est petite.

Rapport entre le plan équatorial et la direction du mouvement précédent. La direction Kc de la poussée centripète *p'* se rencontre au centre *c* avec celle *cl* du mouvement linéaire; le plan équatorial ne peut se trouver ni sur l'une ni sur l'autre de ces deux directions, mais il formera un angle Γ avec le plan K*pl* déterminé par K*c* et *cl*, qui est sur le plan orbiculaire du corps central; de sorte que l'angle Γ entre ce plan et celui de l'équateur peut avoir toutes les grandeurs.

Mode de la production du mouvement orbiculaire. Les vapeurs M expulsées possédaient dans le corps central le mouvement linéaire de celui-ci; elles reçoivent la poussée centrifuge *p* au moment de leur expulsion; mais en passant par le cratère K, elles reçoivent toutes une autre poussée *p''* de la part de la partie postérieure du bord du cratère K. Cette poussée *p''* a une direction tangentielle du cratère K et elle dévie peu à gauche ou à droite du plan équatorial. La durée de la poussée n'est que d'un moment, aussi est-elle plutôt considérée comme un choc, et le mouvement tangentiel produit s'appelle *cratérofuge*.

La masse M de vapeur est arrêtée à la distance D de la part de la pesanteur P qui la sollicite en direction centripète à rebrousser chemin pour reculer au corps central; mais le choc ou la poussée *p''* tangentielle et *cratérofuge* sollicite cette même masse à parcourir la distance *e'l'* parallèle à *cl* du mouvement linéaire. Les deux poussées P et *p''* sont de nature différente et la masse M de vapeur est forcée de prendre la diagonale provenant des deux poussées.

La pesanteur P est en raison inverse des carrés des distances D ou $P = \frac{1}{D^2}$; la poussée *p''* cratérofuge est en raison inverse de la distance D ou $p'' = \frac{1}{D}$, et cela parce que la portion *v'* de vapeur expulsée durant la première unité de temps éprouva le maximum de la poussée *p* centrifuge et parcourut la grande distance D; mais alors la vitesse de la rotation était petite, ce qui fait que la poussée *p''* cratérofuge trouva à son minimum.

Rapport entre les cubes des distances et les carrés des temps. La vitesse V du mouvement centripète produite par la pesanteur P est en raison directe de celle-ci et en raison inverse du temps T. La vitesse V′ du mouvement cratérofuge est en raison directe de la poussée p'' du choc et elle est en raison inverse du temps, d'où il résulte

$$V \times V' = P \times p'' = \frac{1}{D^2} \times \frac{1}{D} = \frac{1}{T} \times \frac{1}{T}, \text{ et } D^3 = T^2,\; D'^3 = T'^2,\; D^3 : D'^3 = T^2 : T'^2.$$

Rapport entre les plans orbiculaires des corps périphériques avec le plan équatorial du corps central. Ces plans résultent : 1° de la direction centripète produite de la pression P de la pesanteur, et 2° de la direction *cratérofuge* produite de la poussée ou le choc p'' qui dévie peu à gauche ou à droite du plan équatorial du corps central.

Ordre chronologique des rapports des distances entre les corps périphériques et leur corps central. Les portions de vapeurs v', v'', v'''... v^n expulsées durant la 1°, 2°, 3°... $n^{ième}$ unité de temps, depuis le commencement de l'éruption, reçoivent des poussées centrifuges formant une progression géométrique décroissante $p : \frac{1}{2}p : \frac{1}{4}p... \frac{1}{2n}p$; suivant la même progression diminuent les distances parcourues par chaque portion v', v'', v'''... de vapeurs; ainsi celles-ci se trouvent au commencement dans les distances $D : \frac{1}{2}D : \frac{1}{4}D... \frac{1}{2n}D$.

Déplacement des portions de vapeurs. De ces portions une seule conserve sa place primitive; c'est celle qui excède en masse toutes les autres, car celles-ci éprouvent ensuite de la part de la pesanteur une poussée P′ qui les fait se déplacer pour se rapprocher de la portion la plus grosse; et les portions déplacées restent ensuite à cette distance. Comme exemple on pourra prendre les distances entre les planètes et le Soleil, où Jupiter est la plus grosse planète.

En représentant par d la distance entre le Soleil et Jupiter qui n'éprouva aucun changement; celles entre les autres planètes et le Soleil sont dans l'ordre suivant :

$$\text{Distance de Saturne} = 2d - \chi.$$
$$\text{—} \quad \text{d'Uranus} = 4d - \chi - \chi'.$$
$$\text{—} \quad \text{de Neptune} = 8d - \chi - \chi' - \chi''.$$

$$\text{Distance :}$$
$$\text{des Microplanètes} = \tfrac{1}{2}d + y.$$
$$\text{de Mars} = \tfrac{1}{4}d + y + y'.$$
$$\text{de la Terre} = \tfrac{1}{8}d + y + y' + y''.$$
$$\text{de Vénus} = \tfrac{1}{16}d + y + y' + y'' + y'''.$$
$$\text{de Mercure} = \tfrac{1}{32}d + y + y' + y'' + y''' - v.$$

Cet objet a été discuté dans la *Photostatique*, page 69.

H. GÉNÉALOGIE CHRONOLOGIQUE DES CORPS CÉLESTES.

I. Le mouvement orbiculaire des corps périphériques nous mène d'un pas sûr à connaître non-seulement l'existence d'un corps central de l'espace π énastre, mais encore un reste de mouvement linéaire, qui occasionna le mouvement axial de ce corps et ce mouvement axial donna naissance au mouvement orbiculaire des masses M de vapeurs expulsées. La portion V' expulsée la 1ᵉ unité de temps parcourut le rayon de tout l'espace énastre π et s'arrêta à ses limites où elle circule actuellement avec une vitesse extrêmement petite. Elle est encore à l'état vaporeux et se montre aux plus grandes profondeurs télescopiques de l'espace.

II. D'une portion V'' de vapeur beaucoup moins éloignée d'Archégète que la portion V' a été produit l'astre *Alcyon* et des millions d'autres. Alcyon expulsa une masse M' de vapeurs dont la portion V' lancée dans la 1ᵉ unité de temps depuis le commencement de l'éruption, parcourut tout l'espace qui sépare cet astre de la *voie lactée* ou Galaxias où les vapeurs de cette portion V' circulent avec une vitesse extrêmement petite et occupent un très-grand espace.

Des portions Vᵖ de vapeurs moins éloignées d'Alcyon qui circulent avec une grande vitesse autour de lui ont été produites les étoiles et le Soleil. De ces millions d'étoiles une petite quantité seule est visible; ce sont celles qui sont les moins éloignées de la Terre. Les nébuleuses télescopiques qui apparaissent comme des petits points sont *Galaxias* des astres les moins éloignés de la Terre.

III. Le Soleil expulsa une masse m de vapeur dont ont été produites neuf grosses portions; dans la 1ʳᵉ unité de temps a été expulsée la portion v' dont a été formé Neptune; de la portion v'' de vapeurs expulsée durant la 2ᵉ unité de temps a été produite la planète Uranus, et enfin de la portion v^{ix} de vapeurs expulsées durant la 9ᵉ unité de temps a été produite la planète Mercure.

IV. La Terre et les sept autres grosses planètes ont eu une éruption finale; chacune d'elles a expulsé une masse de vapeurs dont ont été produits les satellites et la Lune. Ces satellites ne sont pas visibles autour de Mercure, de Vénus et de Mars, dont le mouvement axial est incontestable, et c'est ce mouvement qui prouve l'existence des satellites, dont l'invisibilité ne résulte pas seulement de leur petite dimension, mais aussi d'un manque total de lumière propre; car c'est un petit reste de la lumière primitive qui rend visibles les satellites les plus éloignés qui sont beaucoup moins éclairés du Soleil. Herschel a reconnu l'existence de cette lumière dans les satellites des planètes; mais comme il en ignorait la cause, il l'a admise comme existant dans toutes les planètes, et même dans la Lune; Arago prouva que la lumière propre manque dans la Lune, sans cependant aller jusqu'à dire la même chose pour les satellites des planètes éloignées et pour ces mêmes planètes.

I. Ordre chronologique du partage de l'espace sidéral.

I. La portion V de vapeurs dont chaque corps a été produit circule autour de ce corps central dans un espace annulaire qu'on pourrait nommer le *domicile* du corps. Ces domiciles annulaires sont ceux des millions d'astres qui ont Archégète, non pas à leur centre, mais à leur foyer, parce que leur forme est elliptique et que les plans de leurs orbites sont un peu inclinés l'un sur l'autre.

II. Un de ces astres innombrables est Alcyon qui a pour domicile un anneau dont la largeur, mais non pas le diamètre, est aussi grande que le diamètre de la voie lactée, dont le centre ou le foyer est occupé par Alcyon; tous les autres astres, surtout ceux qui sont plus éloignés d'Archégète qu'Alcyon, ont pour domicile des espaces annulaires de largeurs pareilles même et supérieures.

Le Soleil circule autour d'Alcyon dans un espace annulaire dont la largeur est deux fois plus grande que la distance entre le Soleil et Neptune; le rayon de ce gros anneau égale la distance entre le Soleil et Alcyon.

La Terre et chacune des huit autres portions de vapeurs circulent autour du Soleil dans des anneaux très-larges séparés les uns des autres.

La Lune circule dans un espace annulaire autour de la Terre; de même les satellites circulent chacun dans un espace annulaire de forme elliptique dont la planète centrale occupe le foyer.

Comme l'espace annulaire dans lequel circule le Soleil a l'épaisseur subdivisée en espaces annulaires dans lesquels circulent les planètes, et en espaces annulaires dans lesquels circulent les satellites, il en est de même pour l'espace annulaire de chaque étoile, dont chacune occupe un espace annulaire dont la grosseur surpasse du double la distance entre le Soleil et Neptune, et chacun de ces espaces annulaires est subdivisé en d'autres dans lesquels circulent des planètes et des satellites.

Comètes et leur orbite. Nous avons fait voir de quelle manière la terre expulsa les vapeurs dont a été formée la Lune, et de quelle manière ont été séparés les deux *aérocônes* qui occasionnèrent le Déluge au moment de leur éloignement de la Terre sans pour cela cesser de circuler autour du Soleil non plus cependant dans le même espace annulaire où circule la Terre, mais dans un autre toujours de la forme d'une ellipse, mais d'une *excentricité* beaucoup plus grande que celle de l'écliptique.

Dans les comètes on retrouve les deux mouvements axial et orbiculaire que leurs molécules possédaient avant de se séparer de la Terre; leur différence ne résulte que de l'excentricité qui indique une répulsion centrifuge exercée, sur les molécules qui constituent les comètes, de la part de la Terre ou d'une autre planète dont ces molécules ont été séparées.

Changements des orbites des comètes. Dans le texte de l'*Atlas cosmobiographique*, page 46, nous avons prouvé l'existence de *microsomes* ou petits corps célestes qui circulent, 1° sous forme d'étoiles filantes avec la Terre autour du Soleil, et 2° sous forme de bolides avec la Lune autour de la Terre; de semblables microsomes existent également autour de toutes les autres planètes et dans leurs orbites; M. le Verrier constata en 1861, au moyen des effets de la pesanteur, l'existence de ces microsomes; mais cet astronome n'alla pas plus loin et ne reconnut pas la résistance qu'exercent ces microsomes sur les comètes.

Les comètes viennent en rencontre avec ces microsomes surtout dans leur *périhélie*, et, par suite de leur résistance, leur orbite éprouve un déplacement; les temps d'évolutions deviennent plus courts. Les astronomes attribuaient d'abord cette résistance à l'existence d'un fluide nommé éther, mais depuis la découverte des microsomes, cette hypothèse ne peut plus se soutenir; elle n'avait même à l'origine qu'une valeur assez médiocre, parce que les changements du temps d'évolution de la comète d'Encke diffèrent à chaque période, ce qui prouve bien que cela résulte des microsomes et non pas de l'éther.

J. Ordre chronologique des faits produits chez chaque planète.

La masse M de vapeurs dont ont été produites les planètes a été expulsée au même instant; cependant chacune des portions v', v''... v''^x de vapeurs expulsées a reçu en raison inverse la poussée centrifuge p et la poussée cratérofuge p'; de sorte que dans la portion v' expulsée durant la première unité de temps, la poussée centrifuge p était grande et la poussée cratérofuge p' petite; au contraire, dans la portion v''^x expulsée durant la 9ᵉ unité de temps, la poussée centrifuge p était petite, et la poussée cratérofuge ou tangentielle p' grande.

Chacune des planètes produites de ces portions de vapeurs reçoit du Soleil ses rayons en densité d'autant plus grande que la distance est moindre entre elle et le Soleil. La vitesse du mouvement orbiculaire est donc en raison directe de la densité des rayons solaires pour chaque planète, tandis que le mouvement axial a subi une diminution de vitesse par la grande vitesse orbiculaire des planètes inférieures, et que sa vitesse a augmenté dans les planètes éloignées dont la vitesse orbiculaire est petite. Ces rapports résultent de la cause du mouvement axial déjà indiqué, et servent à mieux constater cette origine des mouvements planétaires et de leur vitesse.

Augmentation du poids spécifique des planètes. Tous les changements opérés dans la Terre sont analogues à ceux opérés dans les autres planètes; ils ont pour cause les rayons solaires dont les atomes de lumière se combinent avec les atomes de l'eau pour produire les corps organisés et les substances végétales dont, par suite de leur fermentation séculaire, résultent les minerais.

I. *Mercure* en recevant les rayons solaires en densité supérieure éprouva la plus rapide consommation de toute sa masse d'eau, qui se trouve actuellement réduite en masses minérales d'un poids spécifique cinq fois plus grand; et cela à cause de la masse d'atomes de lumière combinés avec ceux de l'eau.

II. *Vénus* se trouva plus tard au même état où avait d'abord été réduit Mercure, et ainsi son poids spécifique augmenta comme celui de la masse de Mercure, toujours à cause de la masse de lumière combinée avec les atomes de l'eau.

III. *La Terre* ne contient qu'un petit reste de sa masse d'eau primitive, laquelle diminue rapidement et disparaîtra dans moins de cinquante siècles, de sorte qu'on peut considérer le siècle actuel comme également éloigné des deux extrémités de la période alluvienne. A la fin de cette période, la Terre se trouvera dans l'état où est actuellement Vénus, à laquelle il reste encore quelque peu de son atmosphère sous forme sphérique comme celle de la Terre, et non pas sous forme conique comme celles de Mars, Jupiter et Saturne.

IV. *Mars* se trouve dans la période diluvienne comme l'était la Terre avant le Déluge; deux aérocônes analogues à ceux qui produisirent le Déluge sur la Terre sont visibles actuellement dans les deux hémisphères de Mars; car c'est de cette forme d'atmosphère que résulte la couleur rouge suivant les lois optiques, de même que les taches incolores, qui, contre toute raison météorologique, sont considérées comme le résultat des neiges. Les changements observés dans les bandes correspondent exactement aux saisons; cela a été prouvé dans le texte de l'*Atlas cosmobiographique*, page 69.

V. La masse centrale de la portion V" de vapeurs a été repoussée par la pesanteur dans la masse de la portion V" dont a été formé Jupiter, et d'un petit reste qui subsistait encore ont été formées les *microplanètes*.

VI. *Jupiter* a une atmosphère composée de deux aéro-

cônes moins prolongés que ceux de Mars, sa couleur résulte de ces aérocônes. Les bandes parallèles à l'équateur
résultent de la *flore*, comme cela est constaté par les périodes de changements observés dans les bandes qui correspondent aux saisons de Jupiter, précisément comme cela
a lieu pour les bandes de Mars. Le poids spécifique de Jupiter surpasse peu celui de l'eau, et sert à prouver qu'une
petite partie de sa masse d'eau a été réduite en masse minérale; on connaît ainsi l'état où était la Terre avant qu'elle
arrivât à la période diluvienne dans laquelle Mars est actuellement.

VII. *Saturne* est une croûte de glace très-épaisse et vide
au milieu, ce qui fait que son poids spécifique est inférieur
à celui de l'eau. L'atmosphère est dans cette planète,
comme celles de Jupiter et de Mars, composée des deux
aérocônes dont provient sa couleur. Les bandes parallèles à
l'équateur résultent de la *flore* de cette planète qui se trouve
au commencement de sa période géologique.

La zone torride de Saturne est composée de glace creusée
en forme d'une vallée divisée au milieu par l'équateur; les
flores n'occupent que les latitudes supérieures où la température est élevée à cause de l'épaisseur de l'atmosphère
provenant de sa forme conique. Les masses d'air que cette
atmosphère sont celles de la glace enlevée de la zone torride où se trouve actuellement la vallée glaciale qui produit l'illusion optique des anneaux, illusion déjà expliquée
dans tous ses détails dans la *Photostatique*, page 682.

VIII et IX. Les planètes Uranus et Neptune se trouvent encore dans l'état où étaient les autres planètes
avant qu'elles subissent les changements produits par
les combinaisons des atomes de lumière avec ceux de
l'eau.

Diminution de l'aplatissement des planètes. La
forme primitive est ovale dans tous les corps périphériques,
telle est aussi celle de la Terre; son sommet est en Nubie

et sa base au milieu du grand Océan dans l'archipel de *Pomotou*; cette forme a été déterminée mathématiquement par les longueurs des degrés trouvées en toutes les parties de la surface de la Terre. (Voir le texte de l'*Atlas cosmobiographique*, page 100.)

Cette forme ovale primitive éprouve des changements analogues à ceux du poids spécifique; car par la fusion de la glace l'eau prend un niveau qui dépend de la pesanteur et fait graduellement disparaître la forme ovoïde dont les traces restent conservées dans la distribution de la surface en océans et continents. Ainsi l'aplatissement, la forme ovoïde et la distribution de la surface en océans et en continents sont des faits liés entre eux dans l'ordre chronologique par la loi physique.

Cet aplatissement n'existe pas dans les planètes Mercure et Vénus; il est très-faible pour la Terre; celui de Mars est déjà plus grand et atteint $\frac{1}{20}$; plus grand encore pour la planète Jupiter, il arrive à $\frac{1}{17}$, et enfin à $\frac{1}{11}$ pour Saturne. Ainsi la diminution d'aplatissement se trouve proportionnelle à l'augmentation du poids spécifique. Ces deux espèces de changements s'opèrent d'après l'ordre chronologique suivant une loi physique bien constatée.

Le partage de la surface de la Terre en mers et en continents basés sur sa forme ovale. Les parties de la surface les moins éloignées du centre de gravité formèrent le fond des mers, et les parties les plus éloignées de ce centre formèrent les continents. Dans un corps ovale, 1° la base est la surface la plus grande et la moins éloignée du centre de gravité, ensuite 2° vient la zone qui sépare la périphérie de la base du sommet.

Océans. L'océan Pacifique a pour fond la base de l'ovoïde; l'océan Indien, l'Atlantique et l'affaissement du récipient Caspien ont pour fond la zone de l'ovoïde qui sépare son sommet de la périphérie de la base.

Continents. Cette périphérie éloignée du centre de gravité donna naissance aux continents qui séparent l'océan Pacifique des deux autres océans et de l'affaissement du récipient Caspien; ces continents sont : l'Amérique du Sud, l'Amérique du Nord, l'Asie et l'Australie. Les deux océans Indien et Atlantique avec l'affaissement Caspien séparent entre eux ces quatre continents de l'Europe et de l'Afrique qui composent la partie du sommet de l'ovoïde.

Rapport entre le cratère *k* de l'éruption finale et le sommet *s* de l'ovoïde. Le cratère *k* détermina la rotation de la Terre; pour cette raison il ne pouvait être qu'à une égale distance des deux pôles ou sur l'équateur; de sorte que le sommet de l'ovoïde se trouva dans l'hémisphère nord et donna naissance à des surfaces de continents qui surpassent de beaucoup celles des continents de l'hémisphère sud.

Partage de la surface de Mars en mers et en continents. La cause qui a produit le partage de la surface de la Terre en océans et en continents ne pouvait pas manquer de se rencontrer dans le partage opéré à la surface de Mars; nous y trouvons en effet une distribution qui ne permet pas de douter que la surface de cette planète ne soit représentée par la même mappemonde que la Terre.

Poids spécifique de la Lune et sa forme ovale. Une erreur isolée se découvre aisément; mais généralement il s'en présente deux dont l'une cache l'autre : tel est le cas suivant. Les astronomes admettent pour la Lune une forme sphérique au lieu de sa forme ovale dont l'axe est plus de trois fois le diamètre de son disque; par suite ils sont nécessairement conduits à attribuer à sa masse une densité trois fois plus grande que celle de l'eau, tandis que son poids spécifique est inférieur à celui de l'eau, parce que la Lune est une masse de glace vide au milieu, de forme ovale, et d'un volume presque quatre fois plus grand que celui qu'on lui attribue.

Il y a des erreurs d'une autre espèce : ce sont celles provenant des mesures trigonométriques des élévations des montagnes de la Lune, qu'Herschel déclara ne pas dépasser 800 *mètres*, tandis qu'aujourd'hui les astronomes, en employant également des méthodes trigonométriques analogues, trouvent des altitudes de 7603, différence 7603 — 800 = 6803, ce qui, certes, ne peut pas résulter des erreurs des observations ; cette différence énorme a déjà servi à quelques astronomes à reconnaître que la forme véritable de la Lune est un ovale très-prolongé. En même temps, ces mêmes astronomes ont reconnu que si la Lune ayant une forme pareille avait un mouvement axial, elle devrait paraître aplatie, tandis que dans l'état présent on n'y remarque aucun aplatissement ; et cela parce qu'il manque la cause de l'illusion optique.

§ . ORDRE CHRONOLOGIQUE DE LA PRODUCTION DES CORPS ORGANISÉS ET DE L'HOMME.

Dans le traité de la *Vie des plantes*, il a été exposé comment s'opère la *reproduction* des plantes ; dans la *Photostatique*, il a été prouvé comment sont produites les substances végétales de l'eau et de la lumière solaire. On a également indiqué, dans l'appendice de l'*Électrostatique*, le mode de la production des germes des miasmes et le mode de leur *ensarcose* et de la reproduction. Il y a donc à distinguer l'ordre chronologique, 1° de la *production primitive* des plantes ainsi que celui des animaux, et puis 2° celui de la *reproduction*.

Production primitive des plantes et leur reproduction. Les courants thermoélectriques ont dans la Terre deux directions : l'une horizontale et l'autre verticale, et cela parce que, 1° les régions équatoriales sont plus chaudes que les régions polaires, et 2° la couche de terre exposée au Soleil est plus chaude que la couche inférieure de terre et la couche supérieure d'air. De ces courants thermoélectriques naissent des *combinés électriques impondérables*, qui se répandent dans le sol ambiant et sollicitent les atomes à prendre un arrangement propre à exercer le minimum de résistance; et cela s'opère par la séparation des atomes d'oxygène et leur remplacement par des atomes de lumière. L'arrangement matériel des atomes s'appelle *ensarcose* (ἐν, au milieu; σάρκωσις, excroissance de chair) de l'arrangement immatériel des écoulements des équivalents électriques qui entrent comme éléments dans les combinés immatériels, lesquels reçoivent le nom de *germe* dont l'existence ne devient sensible qu'au moyen de leur *ensarcose*.

Reproduction des plantes. Chaque individu végétal est parcouru dans toutes les parties par les courants contenus dans le germe; ces courants deviennent inverses dans la face de la bouture séparée de la plante. Quand ensuite cette bouture est plantée dans le sol, les courants thermoélectriques de celui-ci prennent les directions déterminées par la bouture qui représentent le minimum de résistance; et c'est ainsi que les atomes d'eau sont sollicités à prendre, comme nous l'avons dit plus haut, un arrangement, grâce auquel ils exercent le minimum de résistance, de manière que la bouture reproduit une plante identique à celle dont elle a été séparée.

Production primitive des animaux. Les ondes de la chaleur, seules ou réunies avec celles de la lumière, se rencontrent avec celles de la thermoélectricité du sol et en même temps avec les ondes électriques des plantes ou de leurs restes. Dans les rencontres de cette nature il se produit des combinés impondérables nommés *germes*, dont les ondes, en se propageant dans la substance végétale, ramènent les éléments matériels de celle-ci en un arrangement tel qu'ils exercent le minimum de résistance; c'est donc cet arrangement qui constitue l'*ensarcose* du germe qui apparaît sous la forme d'un individu animal. Les infusoires ne sont que des germes déjà produits par les rencontres des ondes et qui ne peuvent recevoir l'ensarcose que dans le cas où la substance végétale est devenue mobile par sa dissolution dans l'eau.

Une température très-basse n'est pas moins nuisible à l'ensarcose des germes que ne l'est une température très-élevée, et cela, dans un cas, à cause de la très-grande diminution de la poussée de la part des germes opérée au moyen des atomes de chaleur et de l'électricité négative qui prédomine dans les substances végétales et animales. Si la température est très-élevée, ce sont ses ondes qui prédominent, et sont alors supprimées les ondes du germe; ainsi une liaison intime existe entre l'état ozoné ou puant des substances animales et l'ensarcose des germes qui n'y fait jamais défaut.

Il n'y a donc pas ensarcose des germes dans les températures très-basses ou très-élevées; il n'y en a pas non plus dans l'eau pure ni dans les substances sèches, végétales ou animales. Ces substances renfermées dans des boîtes métalliques, et soumises ainsi à une température de 100°, ne produisent plus d'ensarcoses, et cela parce que les germes y ont été détruits, et qu'au moyen de la séparation de la communication des ondes de la part des germes externes toute ensarcose est rendue impossible.

Ce fait devient plus évident dans l'expérience suivante : on remplit aux deux tiers deux bouteilles avec du lait bouillant ; la bouteille *b* est fermée hermétiquement tout en conservant un reste d'air, tandis que dans l'autre *b'* on chasse l'air qui y est contenu en y faisant passer un courant d'air qui vient de traverser un tube incandescent, et immédiatement après on bouche cette bouteille comme la précédente. Au bout de quelques semaines on trouve le lait gâté dans la bouteille *b* et bien conservé dans l'autre *b'*.

Par l'ensarcose il ne s'opère que l'arrangement provenant des ondes des fluides contenus dans les combinés; un cas particulier mettra cette liaison en évidence : au commencement, il n'existait pas d'ondes sonores; pour cette raison cette espèce d'ondes ne pouvait pas entrer dans les combinés dont provenaient les germes et leur *ensarcose;* ainsi ne se montra-t-il durant cette période que des animaux privés de l'organe de l'ouïe et nommés pour cela *lipacoustiques* (λείπειν, être privé; ἀκουστικός, qui entend); plus tard, quand apparurent les insectes, les ondes acoustiques ont commencé à pénétrer dans celles dont étaient composés les germes primitifs.

Production des animaux privés de l'organe de l'ouïe. Les germes produits des ondes où manquaient celles des sons étaient simples, et l'ensarcose s'opérait chez eux ainsi que nous le voyons actuellement chez les infusoires. Les animaux dont la vie se passe sous terre sont privés de l'organe de la vision; et une espèce de canards même, qui vivent dans les lacs souterrains, ont une membrane sur les yeux. Les ondes sonores ont été produites au moyen des vibrations des ailes des insectes, qui, grâce à ces organes de translation, surpassèrent de beaucoup en perfection les animaux aquatiques, qui avaient été produits avant eux.

Cet ordre chronologique entre les animaux aquatiques et les insectes se trouve constaté par leurs débris que l'on retrouve dans les profondeurs de la couche solide des terrains sédimentaires qui occupe l'espace entre les lithopyramides et la couche de l'alluvion. La masse ignée des lithopyramides est formée de silice; dans les couches sédimentaires et statifiées apparaissent les restes des monades, des animaux irréguliers, d'un grand nombre d'espèces, de genres et de familles d'animaux aquatiques. Les restes des insectes ne se trouvent qu'à des profondeurs médiocres des couches stratifiées, et immédiatement après suivent les restes des poissons. Telles sont les preuves de l'ordre chronologique de la production des insectes en même temps que des ondes sonores qui donnèrent naissance aux germes doués de l'organe de l'ouïe qui se présente chez les poissons.

Ordre de la production des animaux ayant l'organe de l'ouïe et celui de la voix. Quand les ondes sonores commencèrent à entrer dans les germes, celles des autres espèces de fluides reçurent des arrangements tels qu'ils exerçassent le minimum de résistance; de sorte qu'il y eut lieu à une réforme fondamentale dans les germes, comme elle se manifeste dans les animaux produits au moyen de leur ensarcose. Les poissons ne sont pas comme les échinodermes, les polypes ou les écrevisses auxquels l'organe de l'ouïe a été attaché comme une sorte d'appendice; mais pour que cet organe fût réalisé chez eux, il a fallu que chacun des autres organes éprouvât une modification, et même ceux de la digestion, de la circulation et de la translation dans l'eau pour les poissons, dans l'eau et la terre pour les amphibies qui furent produits dès que les continents eurent acquis une certaine étendue. Plusieurs espèces d'amphibies reçurent l'organe de la voix, qui se trouva en liaison directe avec l'organe de la respiration.

Les vibrations des ailes des insectes se trouvèrent représentées par celles des cordes vitales placées aux deux bords de la *glotte*, comme cela sera plus tard expliqué dans l'*Acoustique*. Avec l'apparition des amphibies doués de la voix, se multiplièrent les ondes sonores; cependant les animaux terrestres ont été produits comme les amphibies, et ce sont les oiseaux qui ont été produits de nouveaux germes, comme cela paraît, 1° dans leur organe de la voix qui surpasse celui des amphibies et des quadrupèdes terrestres, et 2° dans leurs organes de translation où les extrémités antérieures de ces quadrupèdes ou quadrumanes sont remplacées par deux ailes garnies de plumes et non par des membranes comme celles de chauves-souris qui étaient produites avant les oiseaux, ainsi que l'indique

luer organe vocal peu développé; on remarque encore que
chez les oiseaux, les deux pieds remplissent le même office
que les quatre des quadrupèdes; les oiseaux sont oxipares
et les chauves-souris sont vivapares.

Tout changea à cause de l'apparition des oiseaux, et il
s'opéra alors un changement analogue à celui qui, dans les
siècles précédents, avait signalé l'apparition des insectes.
Le mode de la reproduction acquit même chez les oiseaux
un développement supérieur, parce que dans l'œuf se trouve
le germe et la nourriture nécessaire pour le nouvel être
animal, précisément comme cela a lieu pour les graines ou
les semences dont sont produits les êtres végétaux.

**Ordre de la production de l'homme et des races
humaines.** Les voix des oiseaux jointes aux cris des amphibies et des animaux terrestres et aux bourdonnements
des insectes entraînèrent des variations analogues aux
ondes sonores, tandis que celles de la lumière, de la chaleur,
des deux électricités restèrent invariables à toutes les
époques. Ainsi l'espèce nouvelle de germe devint différente
de toutes les espèces précédentes, et cela à cause de l'organe de la voix et de l'organe de l'ouïe; car ces deux organes donnèrent naissance à la *langue* au moyen de laquelle
l'homme acquit une âme composée de sentiments acoustiques représentant les objets du Monde.

Races humaines. Le germe dont l'homme a été produit
tire son origine d'une supériorité des ondes sonores, et cette
supériorité ne se réalise que dans la *langue*. L'ensarcose de
germes humains dépendait des espèces de substances végétales et animales qui n'étaient pas les mêmes en chaque pays.
La même espèce de germe se propagea dans la zone torride
et dans les autres zones, mais la grande pression atmosphérique produite par les deux aérocônes aux latitudes supérieures ne permit pas que l'ensarcose des germes humains
s'opérât au delà des limites de la zone torride.

Dans cette zone, la pression atmosphérique était moins

grande que dans les autres, et celle des élévations différentes des versants des montagnes différait peu de la pression atmosphérique actuelle. Autour des rivières, dans les masses des substances végétales et animales, pénétrèrent les ondes des germes homoïdes et elles déterminèrent un arrangement des molécules matérielles, capable d'exercer le minimum de résistance, comme cela a lieu dans les incubations des œufs et des semences; la seule différence ne consiste que dans la position du germe, 1° qui est contenu dans l'œuf même ou dans la semence quand ce germe est obtenu par la reproduction, et 2° qui est extérieur quand il est produit directement par les ondes des sons et celles des autres fluides impondérables.

L. ORDRE CHRONOLOGIQUE DE LA CRÉATION DES PARTIES SEXUELLES ET DU COMMENCEMENT DE LA REPRODUCTION.

La reproduction s'opère entre les deux sexes humains croisés entre eux, et à quelque race qu'ils appartiennent; c'est pourquoi nous sommes parvenu à y trouver une preuve directe de l'identité du germe de ces races dont les différences ne résultèrent que des substances locales dans lesquelles s'opéra l'ensarcose du germe homoïde dont les ondes se répandant venaient en contact, en chacun des continents, avec les substances locales, dont pouvaient seules procurer l'*ensarcose* aux germes communs celles qui se trouvaient en un état d'humidité et qui étaient parcourues par des courants thermoélectriques terrestres.

La masse formant un essaim d'abeilles se compose: 1° des *abeilles ouvrières*, qui sont du genre neutre, car il leur manque les parties sexuelles; 2° de la *reine*, qui est femelle, et 3° des *bourdons*, qui sont les mâles. Dans les premières générations il ne se produit que des individus du genre neutre, et c'est plus tard que naît dans ceux-ci le cervelet qui est un appendice du cerveau dont les nerfs émanés donnent naissance aux parties propres à donner écoulement au liquide chargé d'électricité positive. Dans ce liquide électronégatif se trouve le germe primitif de l'individu neutre, tandis que les parties postérieures y sont représentées en un état renversé, à cause des courants électriques qui prennent la direction inverse après leur interruption.

ADAM. Tel est le nom de l'individu humain dont le cerveau reçut le premier un cervelet qui n'est qu'un appendice produit au moyen des ondes de fluides impondérables propagés par les nerfs venant des organes de sensation, surtout de ceux de l'odorat, de la vision et de l'ouïe. Du cervelet ces ondes ont fait partir les nerfs qui conduisent les ondes électriques aux parties du corps où les liquides électronégatifs sont en quantité supérieure. De ces parties naquit un nouvel appendice servant à donner passage au liquide chargé de trop d'électricité; ainsi d'abord individu du genre neutre, Adam devint ensuite un individu mâle. Chaque continent et plusieurs parties d'un même continent situées sur la zone torride ont eu ainsi plusieurs individus qui, d'abord du genre neutre comme Adam, sont devenus ensuite des individus du genre mâle, et dont les parties génitales ne diffèrent que suivant les dimensions conservées jusqu'à présent dans chacune des races.

ÈVE. Dans le liquide émané d'Adam se trouva le germe dont Ève a été produite; la seule différence qui se présentait était dans les courants que suivirent les parties génitales, courants qui, après leur interruption, affectèrent des directions inverses; de sorte que, dans l'*ensarcose* du germe, ces parties prirent une forme renversée relativement à celle qu'Adam possédait en quittant le genre neutre pour devenir individu mâle.

Dans l'Écriture, on voit qu'Adam a été fait simplement de l'argile ou de la terre, tandis que, pour la production d'Ève, Adam dut être endormi, et que d'une de ses côtes,

par un moyen qu'on ne nous dit pas, prit naissance un
nouvel individu parfaitement semblable, et dont la différence ne consistait précisément que dans les parties qui deviennent moins gênantes, grâce à la position qu'elles occupent, quand elles sont en contact parfait entre les individus
des deux sexes, contact indispensable pour la reproduction.

Chacun des individus du genre neutre des continents
différents pareils à Adam, obtint, de la manière que nous
avons indiquée, les parties génitales desquelles se produisit
un éloignement de liquide qui donna naissance à un individu semblable mais femelle; de sorte que la race resta la
même et ne changea pas avec l'apparition des sexes chez
l'homme et chez la femme, et cela dans toutes les parties
des continents qui étaient sous la zone torride.

Reproduction. Le liquide émané de l'homme ne donne
naissance qu'aux individus *femelles*, mais quand ce liquide,
pénétrant dans la femme, en détache les œufs des ovaires
et y fait apparaître également des courants inverses, ce
sont ces courants qui donnent naissance aux individus
mâles; l'homme produit les filles et la femme les sons.

L'ensarcose des *ovipares* ne commence pas immédiatement après l'apparition du germe et de la substance nécessaire pour cela, qui a été préparée dans la mère indépendamment de la présence du germe. Dans les vivipares,
l'ensarcose s'opère dans la matrice dont se sépare graduellement la substance nécessaire pour l'ensarcose du
germe. Le manque des nerfs dans la matrice trouve ici son
explication, car ce seul organe n'est qu'un résultat provenant
du liquide externe et non pas du cerveau.

La reproduction opère facilement la multiplication des
individus qui consomment les masses des substances végétales ou animales dans lesquelles trouvaient les germes
ambiants antérieurement leur ensarcose. De cette manière,
peu après l'apparition de la reproduction, disparut spontanément la production primitive, qui était devenue inutile.

M. Ordre chronologique de la production de l'âme.

De tout ce qui précède il résulte que la supériorité du dernier germe, dont l'ensarcose est l'*homme*, a son origine dans les ondes sonores de toutes les variations qui manquaient quand se produisaient les animaux privés de l'organe de l'ouïe; après l'apparition des insectes apparut le germe des poissons, puis celui des amphibies et des quadrupèdes qui possèdent, comme les poissons, l'organe de l'ouïe et, de plus, celui de la voix; les oiseaux, de leur côté, jouirent, grâce à l'organe de la voix, admirablement développé chez eux, d'une supériorité relative sur les animaux précédents.

Identité entre l'homme et l'animal. La *faim*, le *penchant sexuel* et l'*amour maternel* sont trois stimulants communs aux hommes et aux animaux; il en est de même pour les sentiments obtenus au moyen des organes de sensation. Sous ces rapports l'homme n'éprouva dans tous les siècles aucun changement, comme cela a lieu dans toutes les autres relations chez les animaux qui n'ont fait aucun progrès depuis leur apparition.

Origine de la langue. Chez les animaux, les sentiments sont produits au moyen de fluides, que les objets répandent et qui pénètrent dans les organes de sensations où leur combinaison s'opère avec les ondes électriques; les combinaisons pareilles sont les *sensations*, et les combinés produits sont les *sentiments*. Les sensations sont les mêmes chez l'homme et chez les animaux; quant aux sentiments on remarque chez l'homme une différence, qui fait que chacun d'eux est accompagné par un sentiment acoustique obtenu par les ondes sonores provenant de l'organe de la voix; ce sentiment acoustique n'est autre que le mot *parole* (ou parabole, placement de l'un à côté de l'autre), λόγος,

Le sentiment obtenu directement du fluide répandu de l'objet et le sentiment acoustique obtenu simultanément par le mot ou la parole dans la présence de l'objet sont une espèce de *duplicature*, employée 1° pour rappeler le sentiment acoustique qui est la parole par la présence de l'objet, ou 2° pour rappeler le sentiment externe ou celui de l'objet par la présence de la parole. Les sentiments deviennent *logiques* au moyen de cette duplicature, et sans celle-ci ils sont *alogues*; chez l'homme sont logiqués les sentiments des objets, tandis qu'ils sont alogues chez les animaux. Cette différence résulte directement de celle entre les germes dont ont été produits les animaux et l'homme; car les ondes sonores entrèrent à un bien moindre degré dans les combinés des germes des animaux, tandis qu'elles entrèrent avec toutes les variétés possibles dans les combinés de l'espèce de germes dont l'homme a été produit.

En l'absence des objets, leurs sentiments sont rappelés aux organes de sensation au moyen de leurs noms qui sont leur duplicature vocale, dont on dispose sans avoir besoin de l'objet. En prononçant les noms des objets connus mais absents en présence des animaux, ceux-ci reçoivent quelquefois une sensation pareille à celle qu'ils reçoivent de la part des objets eux-mêmes. Cela prouve que la duplicature des sentiments, au moyen des mots, est un fait physique dont les animaux ne sont pas entièrement privés; seulement il leur manque le moyen vocal de former les paroles; car les sentiments de celles-ci doivent rappeler ceux des objets cherchés.

Actions libres et actions spontanées. La *faim*, le *penchant sexuel*, nommés souvent *instincts*, et l'*amour maternel*, déterminent les actions animales qui paraissent être *conscienciuses* ou préméditées chez les animaux, parce qu'elles ne diffèrent pas de celles de l'homme. Cependant ces actions n'éprouvent aucun changement, mais restent absolument les mêmes dans tous les siècles, ce qui fait bien voir qu'elles sont *spontanées* et non pas préméditées, libres ou consciencieuses, comme le sont celles de l'homme.

Les enfants, les aliénés, les gens ivres, etc., n'agissent pas sans avoir tout à fait la conscience de leurs actes; seulement, en cet état, ils ne sont pas capables de coordonner les résultats éloignés qui se produiront après la réalisation du projet ou du plan idéal, lequel est déjà un combiné qui va être bientôt réalisé par une espèce d'ensarcose analogue à celle des germes. Ainsi la réalisation des pensées au moyen des actions, et l'ensarcose des germes au moyen de l'apparition de nouveaux individus, s'opèrent suivant la même loi physique.

Ame et son état éternel. Cet objet, quoique de la plus haute importance, se trouve aujourd'hui exclu des sciences physiques et naturelles, et cela parce que l'étude est dégénérée à un tel point que la recherche d'une loi générale et d'une origine commune des faits cosmiques s'est trouvée entièrement abandonnée; et comme on concentre tous ses soins à la seule découverte de faits nouveaux, on se borne à faire des expériences avec la pleine certitude d'en obtenir de nouveaux, en opérant d'une manière différente de celle que d'autres expérimentateurs ont déjà suivie. Ainsi, par exemple, au lieu d'élever l'industrie jusqu'à la science, les physiciens sont descendus jusqu'à l'industrie; et souvent ils ont obtenu de grands avantages pour leurs travaux industriels qui n'ont pourtant pas divorcé complétement avec les travaux plus nobles de l'intelligence; c'est précisément du reste ce rapport avec l'intelligence qui revêt ces faits purement industriels d'une apparence de science.

Les théologiens admettent avec raison pour l'âme un état éternel, comme le font aussi les législateurs; mais ils se trouvent en un grand embarras quand il s'agit de l'origine de l'âme et de la différence entre l'homme et l'animal. Ce sont ces embarras qui ont fini par amener les matérialistes

à traiter de chimère l'éternité de l'âme. Les matérialistes
font ressortir d'un côté l'absurdité qui résulte de l'hypothèse de l'existence de l'âme avant la vie; les théologiens
et les législateurs, d'un autre côté, montrent le vice de l'hypothèse du néant où l'on tomberait après une courte vie
dans ce Monde. Toutes ces discussions ne finissaient pas,
parce que chaque système avait sa part de vérité et d'erreur.

Nature de l'âme. Sans perdre le temps à discuter sur
les facultés de l'âme, une seule chose importe, c'est de s'occuper à en connaître la nature, chose qui devient ici des
plus faciles, grâce à la connaissance des propriétés du langage qui n'existe pas chez les animaux; et c'est au moyen
du langage qu'il devient possible de s'approprier tous les
objets cosmiques qui peuvent être combinés et maniés
indépendamment du *temps* et de l'*espace*, tandis que la
production cosmique de ces faits s'opère suivant la loi
physique dans une place limitée (χῶρος) et dans une époque
(χρόνος).

Les sentiments logiques qui constituent le langage ont
leur origine chronologique dans les organes de sensation;
l'homme vient au monde avec ces organes, et il se crée ses
propres sentiments logiques pendant qu'il possède cet appareil vocal. Les sentiments logiques ne sont pas des combinés inertes comme pourraient l'être les grains de sable,
par exemple; mais les molécules μ d'électre dont ils sont
formés se répandent comme elles se répandent avec les
rayons solaires et avec ceux des électricités, parce que
c'est de ces molécules que sont formés les sentiments qui
sont des combinés engendrés dans les organes de sensation.

L'ensemble des sentiments logiques diffère en quantité et
en qualité dans chaque individu; il diffère même chez le
même individu d'un jour à l'autre, et cela non pas à cause
d'une disparition de quelques sentiments, ce qui est impossible, mais plutôt à cause d'une augmentation par la créa-

tion de nouveaux sentiments. Cet ensemble de sentiments logiques est donc ce qu'on doit entendre par le mot *âme*.

L'âme prend naissance pendant la vie de chaque individu; elle n'existait pas antérieurement, parce que les molécules μ d'électre dont les sentiments logiques ont été produits se trouvaient à l'origine dans le Soleil.

L'âme n'est jamais, à un moment donné, composée du même nombre de sentiments, parce que l'appareil est toujours atteint par des masses nouvelles de molécules μ d'électre en combinés différents. Cette multiplication de combinés ou de sentiments logiques ne s'interrompt qu'au moment de la destruction de l'appareil dans lequel ils deviennent engendrés.

L'âme ou les combinés des molécules μ qui sont les sentiments logiques ne restent pas confinés, comme les grains de sable, dans une place unique, mais ils se répandent dès le moment de leur production dans toutes les directions avec la vitesse de la lumière. Cette expansion de l'âme ou des combinés logiques est tout à fait indépendante de l'appareil dans lequel les sentiments ont été produits.

L'âme après ce Monde. Le Monde est unique et, par rapport à l'âme, il n'y a à distinguer qu'une durée pendant laquelle s'opéra dans le corps, comme dans un appareil, la production d'une quantité de sentiments logiques dont les molécules μ d'électre se répandent dans l'espace énastre, dont elles franchissent les limites pour passer dans l'espace céleste. Cette expansion commence au moment de la production de chaque sentiment et se soutient éternellement; donc l'âme est *éternelle*, parce qu'elle a un commencement et n'a aucune fin; *perpétuel* est le fluide primitif *éther* ou *électre* qui n'a ni commencement ni fin.

III. — PARTIES DE LA THERMOSTATIQUE.

L'expansion de la chaleur dans le vide ne diffère en rien de celle de la lumière ; les différences ne commencent à se prononcer que quand l'expansion se fait dans les milieux de corps différents, dans lesquels il faut distinguer : 1° les faits observés dans la chaleur libre ; 2° ceux qui sont observés dans les corps et qui se présentent comme changement d'état, de volume et de température, et 3° les sources différentes de la chaleur.

Les faits que produit la chaleur sur les corps sont déterminés au moyen d'appareils physiques et non pas au moyen des sentiments physiologiques, comme ceux de la lumière ; de là résulte une liaison bien déterminée entre l'expansion des atomes de chaleur et le mouvement des corps ; cette liaison est pour les physiciens une cause très-grande d'embarras, car ils ne peuvent concevoir comment une communication peut s'établir entre les corps et un fluide impondérable.

PREMIÈRE PARTIE.

§ 1. L'expansion d'un ressort ou d'un gaz fait connaître que
le mouvement y a été introduit soit lorsque le ressort a été
monté, soit quand le gaz a été comprimé. On est amené de
la même manière, par l'expansion de la lumière et de la
chaleur, à connaître que le mouvement y a été introduit au
moyen d'une compression exercée sur les molécules μ d'un
fluide primitif qui constitue les éléments de la lumière et de
la chaleur.

§ 2. Ces deux fluides ne possèdent que le mouvement déposé
par la compression dans les molécules qui les constituent :
ce mouvement se manifeste comme une expansion libre et
d'égale intensité pour la lumière et la chaleur quand elle
s'opère dans le vide ; cette égalité d'intensité de l'expansion
des deux fluides se trouve constatée par leur égale vitesse
qu'on peut observer dans les éclipses totales du Soleil ; en
effet, en cas pareil, à la fin de l'éclipse, arrivent simultanément la lumière et la chaleur, comme elles s'étaient interrompues simultanément au commencement de l'éclipse.

§ 3. Cela n'a pas lieu dans les cas où l'expansion des deux
fluides s'opère au milieu des corps, et cela fait ainsi connaître que les atomes chimiques qui constituent les corps

.5

exercent des résistances qui sont différentes pour chaque corps et en différents degrés pour la lumière et la chaleur. Les atomes de lumière et de chaleur se trouvent donc en quantités différentes comme parties intégrantes dans les atomes chimiqués des corps.

Pour distinguer ces deux états des fluides, ceux-ci sont nommés *libres* dans les cas où leur expansion n'est ni supprimée ni ralentie; alors, ils sont indiqués par les signes φ, θ. Ces mêmes fluides, combinés avec le barogène β des corps, deviennent limités comme celui-ci; en cet état ils sont nommés *spécifiques* et sont indiqués par les signes φ'', θ''. Par exemple, dans un atome σ d'eau entrent : 1° neuf unités de barogène ou 9β; 2° huit atomes de chaleur ou $8\theta''$, et 3° un atome de lumière ou φ''; l'atome d'eau est ainsi composé de $HO = 9\beta\, 8\theta''\, \varphi''$.

§ 4. **État d'imbibition.** Ce troisième état de la lumière et de la chaleur est commun aux gaz, et il se présente sous la même loi physique; il résulte de la résistance exercée de la part des atomes spécifiques θ'', φ'' qui, étant immobilisés, ne laissent pas les atomes libres de se répandre et de se propager avec la même facilité et en égales quantités, comme dans le cas où ils se trouvent dans le vide. 1° Par l'*insolation*, les phosphores arrêtent en état d'*imbibition* une quantité d'atomes de lumière qui s'en éloignent quand les phosphores sont introduits dans un espace obscur; 2° par l'*échauffement* s'arrêtent en état d'*imbibition* les atomes de chaleur qui s'éloignent quand les corps sont introduits dans un espace moins chaud; en cet état d'*imbibition* les atomes de lumière et de chaleur sont indiqués par les signes φ', θ'.

L'*imbibition* résulte des atomes spécifiques, et c'est pour cela que ceux-ci sont, dans les corps, en densités proportionnelles à celles des atomes homonymes contenus en état d'imbibition quand la pression externe est égale; par exemple, en exposant au Soleil un diamant et un autre phosphore, les atomes de lumière $(\varphi + \varphi')\varphi'$ s'arrêtent dans le diamant, tandis que, dans l'autre phosphore s'arrêtent, les atomes qq' en quantité inférieure. De même, en exposant à la même température deux masses égales, dont l'une est l'eau et l'autre un corps quelconque, les atomes de chaleur, s'arrêtent dans l'eau en quantités supérieure $(q + q')\theta'$, et dans l'autre corps en quantité inférieure $q\theta'$.

§ 5. Comme des corps différents arrêtent des quantités différentes du même gaz sous la même pression, de même plusieurs corps différents introduits dans une enceinte d'une température supérieure arrêtent des quantités d'atomes θ' de chaleur qui correspondent aux quantités d'atomes θ'' de chaleur spécifique contenus dans les atomes chimiques a de chacun des corps.

§ 6. Outre les atomes θ'' de chaleur spécifique contenue dans les atomes chimiques des corps, on y trouve aussi la chaleur latente qui est indiquée par le signe $''\theta$ et qui exerce également une résistance sur les atomes θ de chaleur libre; la glace, par exemple, arrête en état d'imbibition la quantité $q\theta'$ de chaleur moindre que celle $(q + q')\theta$ qui est arrêtée de l'eau.

§ 7. Les corps liquides diffèrent des solides par leur chaleur latente qui manque dans les seconds; mais ceux-ci ont une structure qui manque aux liquides, et cette structure résulte de l'électricité contenue à l'état *spécifique* dans les corps solides; ainsi, à la place d'une chaleur latente, les solides contiennent les deux espèces d'équivalents électriques à l'état latent ou *dissimulé*, d'où résulte leur structure. Celle-ci a un rapport, 1° avec les éléments des atomes chimiques a et, en même temps, 2° avec les densités des atomes θ' de chaleur à l'état d'imbibition.

§ 8. La résistance exercée de la part des corps solides à la propagation des atomes de chaleur ou de lumière résulte; 1° des atomes homonymes θ'', q'' à l'état spécifique, et 2° des équivalents électriques $''E$, $''\bar{E}$ à l'état dissimulé ou latent. Ces équivalents déterminent la structure des corps solides qui est *primitive* ou *secondaire*. Dans la *structure primitive*, les atomes chimiques sont arrangés suivant les trois dimensions pour former trois systèmes de couches c, c, c… c', c', c'… c'', c'', c''… verticales les unes sur celles des deux autres systèmes. Dans la structure secondaire ou irrégulière, les grains sont agglomérés et soudés soit par une autre substance, soit par la même substance en poudre impalpable. La structure de chaque grain est cristalline; de même que celle des particules constituant les précipités qui se forment lorsqu'on mélange certaines dissolutions. Au moyen du microscope, la même structure cristalline a été découverte aussi dans les tissus des substances végétales, de sorte que la solidité des corps résulte à la fois du manque de chaleur latente et d'un arrangement particulier des atomes chimiques qui fait qu'ils exercent entre eux un minimum de résistance.

I. — STRUCTURE CRISTALLINE DES CORPS SOLIDES ET ÉLECTRICITÉ
A L'ÉTAT SPÉCIFIQUE.

§9. Après avoir constaté la liaison intime entre la solidification et l'arrangement symétrique des atomes matériels ou chimiques σ, il reste à constater la cause de cette liaison. Toutes les formes polyédriques ne sont pas représentées par celles des cristaux, car ceux-ci ne peuvent avoir que des faces parallèles deux à deux et de même forme, de sorte qu'un cristal peut être coupé en deux parties symétriques par un plan pris à égale distance des deux faces parallèles. Cela conduit à connaître que le cristal est régulièrement formé dans trois sens suivant les trois dimensions et non pas en sens divergent centrifuge. Avant de rapporter les hypothèses admises dans la solidification des corps, nous devons faire connaître au lecteur l'arrangement des atomes chimiques σ obtenus de l'éloignement de la chaleur θ'' spécifique, θ latente ou θ' à l'état d'imbibition, éloignement toujours indispensable quand doivent apparaître les cristaux. 1° La chaleur θ'' est éloignée avec l'eau où elle se trouve en plus grande densité; 2° la chaleur θ' à l'état d'imbibition est éloignée au moyen d'un abaissement de température; 3° l'éloignement de la chaleur latente $''\theta$ s'opère enfin et apparaît alors la solidification. Quand la chaleur s'éloigne des corps, elle éprouve une résistance dans l'air; ses atomes se décomposent en équivalents négatifs $\bar{E}^2$ qui s'éloignent, et en équivalents $\bar{E}$ qui restent. Ces équivalents commencent à s'accumuler dans l'eau quand sa température s'abaisse au-dessous de 4°; leur densité croît avec l'abaissement de la température, et si l'eau est en repos cet état se soutient jusqu'à 10° au-dessous de zéro. Alors l'électricité acquiert un maximum de densité, de sorte qu'au moyen d'un métal on peut en tirer une étincelle, et la solidification commence immédiatement; ainsi donc de même qu'il a fallu l'éloignement de la chaleur d'imbibition ou latente, de même il faut celui de l'électricité pour que l'état solide apparaisse.

§10. Si l'eau n'est pas en repos l'électricité s'éloigne quand la température est à zéro; alors la solidification apparaît aussi et continue avec l'éloignement de la chaleur latente qui s'opère quand la température ambiante est inférieure à celle de l'eau liquide. Nous avons indiqué de quelle manière la chaleur est entretenue à l'état latent dans les liquides; nous allons ici expliquer l'état de l'électricité dissimulée dans les solides, et comment, en cet état, sa densité produit une diminution du poids spécifique.

§11. **Rapport entre le poids spécifique des corps et leur électricité dissimulée.** Les éléments de l'eau en se combinant avec les équivalents électriques $\overset{\text{=}}{E}$ et $\bar{E}$, prennent la forme de gaz d'un grand volume et d'un faible poids spécifique. Les équivalents négatifs $\bar{E}$ contenus à l'état latent dans l'hydrogène de l'alcool $= C^8 \overline{H9}^6 \overline{HO9}^4 H^2\bar{E}^4$ et dans celui de l'éther $= C^8 \overline{H9}^6 \overline{HO9}^2 H^2\bar{E}^4$ y produisent une diminution du poids spécifique. De la même manière l'eau reçoit en même temps 1° une quantité supérieure d'électricité quand sa température s'abaisse au-dessous de 4° ; et 2° une diminution du poids spécifique qui résulte de la répulsion exercée entre les équivalents électriques qui est communiquée aux atomes σ chimiques de l'eau. Nous traiterons plus loin cet objet dont nous faisons mention ici seulement que pour rendre évidente la liaison entre les états différents des corps et leurs électricités libres E, ou à l'état dissimulé "E.

§ 12. Origine de la symétrie entre les atomes chimiques des cristaux. Dans la *Photostatique*, page 257, on a exposé la relation entre la structure des cristaux et les déviations des atomes de lumière avec les plans de leur polarisation ; il s'agit ici de constater le mode de l'arrangement des atomes chimiques σ et la cause qui produit cet arrangement sans nous écarter de la loi physique ou des faits constatés dans les cristaux 1° par le clivage, 2° par les faces opposées, parallèles et de la même forme, et 3° par les directions des courants thermoélectriques quand on élève la température du cristal dans toute sa surface ou dans l'une de ses extrémités, comme cela a été indiqué pour la tourmaline dans l'*Électrostatique*, page 40.

§ 13. Mode de l'arrangement des atomes dans les cristaux. L'éloignement de chaleur θ' est la cause de la diminution de la répulsion R exercée entre ces atomes θ' d'imbibition et les atomes θ'' de chaleur spécifique. Quand les atomes chimiques σ des corps sont composés de plusieurs autres, l'écoulement de la chaleur dans les trois dimensions est déterminé par chacun de ces atomes élémentaires. Dans la direction que suivent les atomes de chaleur apparaît aussi un écoulement d'électricité négative $\bar{E}$ qui a son origine dans la décomposition des atomes de chaleur dont les équivalents positifs $\bar{E}$ restent et se dirigent en directions opposées *thermopète* ou *thermomole*.

En admettant deux faces f, f' des couches c, c en contact, dont l'une f est couverte d'équivalents électriques E positifs et l'autre f' d'équivalents négatifs E; il en résulte une diminution de résistance, et par suite, une cohésion de ces couches c, c' par leurs faces hétéroélectriques f, f'; précisément comme cela se manifeste dans les cas de l'électricité dissimulée, où il a été prouvé que les deux électricités restent soutenues au moyen d'une face isolante, qui est ici la couche c d'atomes σ dont une face f' est chargée d'électricité E positive et l'autre face f d'électricité E négative.

§ 14. Les atomes chimiques reçoivent, au moyen de leur barogène β, deux pressions inégales et opposées : 1° l'une centripète P produite de la part du barogène B affluent, et 2° l'autre P—P' inférieure produite de la part du barogène B—b émergent en direction centrifuge de la Terre. Ces mêmes atomes σ reçoivent, au moyen de leurs atomes θ'', φ'' de chaleur et de lumière spécifique, une répulsion R de la part de leurs homonymies θ' à l'état d'imbibition. 1^d L'état du corps est liquide quand cette répulsion R est supérieure à la pression centrifuge P—P', et inférieure à la pression P centripète. 2° L'état du corps devient solide quand la répulsion R diminue et devient R — r, c'est-à-dire inférieure à la pression P—P' centrifuge. Une telle diminution de la répulsion R n'est obtenue que 1° par l'éloignement des atomes de chaleur, 2° par l'accumulation des deux électricités sur les deux faces f, f' des couches c, c, c... d'atomes matériels σ, ou 3° par ces deux moyens à la fois, comme cela a lieu le plus souvent.

§ 15. **Clivage, forme primitive et forme secondaire.** Les cristaux laissent se séparer des lames minces d'atomes σ parallèles à chacune de leurs faces; Haüy a reconnu par l'expérience que, pour une même substance, les plans de clivage se coupent toujours suivant les mêmes angles, et que en faisant des coupes de clivage, qui se correspondent sur toutes les parties semblablement situées, on parvient à un solide de forme simple, c'est-à-dire à faces opposées égales, et qui est le même pour une même substance, quelle que soit la forme d'où l'on est parti, par exemple, de soixante formes différentes des cristaux de carbonate de chaux, on obtient par le clivage un rhomboèdre à six faces rhomboïdales dont les angles sont de 75° et 105°; de même les cristaux de galène conduisent à un cube.

Cette espèce de noyau constant dans une même substance a été appelée *forme primitive*, et les cristaux qui y conduisent par clivage *formes secondaires*. Ainsi Haüy a admis pour les corps solides des éléments solides de la forme primitive qu'il appela *molécules intégrantes*, arrangées symétriquement, mais en nombre de couches différent, dont résulte une forme extérieure différente de celle du noyau.

Delafosse a plus approché de la vérité que Haüy en prouvant que les molécules intégrantes ont pour élément primitif un plan touché par toutes les molécules σ d'une même tranche, par des pointes homologues déterminant le même degré de cohérence avec la couche juxtaposée. Le clivage résulte des résistances inégales entre les couches pareilles où est indifférente la direction linéaire dont le sens n'y est pas considéré, comme cela a lieu dans les expériences de Haüy, où l'on ne considère que le parallélisme des lames.

§ 16. **Trois directions des faces homologues des couches juxtaposées.** Pour fixer les trois systèmes de couches, nous admettrons un cristal *ab* (fig. 5)

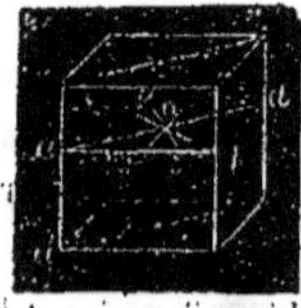

Figure 5.

de sulfate de chaux ayant pour base le parallélogramme *ad* et pour hauteur $h = a'a$.

1° Les couches verticales qui passent par *bd* ou *ac* indiquées par *c, c, c*... sont admises dans le plan du méridien; 2° les couches également verticales à l'horizon ou à la base qui passent par *ab*, *cd*, indiquées par *c', c', c'*... sont supposées dirigées de l'est à l'ouest; enfin 3° les couches des

deux bases et leurs parallèles *ad* indiquées par c'', c'', c''...
sont admises comme étant horizontales.

Chaque couche d'atomes *σ* de ces trois systèmes a une
face *f* électropositive et l'autre *f'* électronégative, de sorte
que les faces en contact sont hétéroélectriques, et les cou-
ches c, c, c... c', c', c'... c'', c'', c''... maintiennent ces
électricités à l'état latent ou dissimulé.

Les faces *f*, *f*, *f*... des couches c, c, c... sont supposées
dirigées du nord au sud et regardant vers l'ouest; celles
f, *f*, *f*... des couches c', c', c'... sont supposées regarder au
sud, et celles *f*, *f*, *f*... des couches c'', c'', c''... regarder
vers le ciel; les faces *f'*, *f'*, *f'*... sont supposées en sens
opposé dans chaque système des couches.

En opérant le clivage il ne se présente nulle part de différence provenant de la position des faces, mais tout change
quand on fait la comparaison entre les effets obtenus des
deux extrémités d'une ligne quelconque qui passe par
deux faces parallèles, ou par deux angles d'une face, ou par
deux sommets du cristal. Si la ligne *ff'* est sur le méridien, elle aura dans son extrémité nord une face négative
f' et dans son extrémité sud une face positive *f*.

La ligne qui unit deux sommets *s*, *s'* opposés est parcourue
par la lumière de la même manière dans l'un et dans l'autre
sens, c'est-à-dire que la lumière n'est pas divisée en deux
faisceaux; tandis qu'en chauffant l'une des extrémités de
cette ligne où est le sommet *s* du cristal, on obtient l'une
des électricités; mais c'est son hétéronyme qui apparaît
quand on chauffe le sommet *s'* opposé.

§ 17. **Explication des faits observés dans les cristaux.** Ces faits sont de trois genres, parce qu'ils résultent de
la lumière, de la chaleur ou de la thermoélectricité, quand les
atomes de la lumière ou ceux de la chaleur s'écoulent par
le milieu des cristaux. Premièrement il faut remarquer que
la transmission de la lumière s'opère par le rayonnement
sans rien perdre de sa vitesse, tandis que la propagation

de la chaleur, n'est rayonnante que dans le cas où elle est
transmise, tandis qu'elle est rampante quand elle est introduite par l'un des sommets du cristal.

§ 18. Huyghens a découvert que la résistance à l'action
d'une pointe avec laquelle on cherche à rayer un cristal té-
traédrique n'est pas la même suivant les directions des deux
diagonales d'une même face. Il a surtout constaté une différence dans chacune des lignes, selon que la pointe les
parcourt dans un sens ou dans l'autre. Ces faits *mécaniques*
observés dans les cristaux, comme les précédents nommés
dynamiques, résultent de la structure des cristaux dont les
trois systèmes de couches juxtaposées sont soutenus par
leur électricité dissimulée.

§ 19. Dans le cristal de sulfate de chaux, en admettant *abcd*
comme base B supérieure des quatre sommets, il n'y en a
qu'un seul, par exemple *d*, dont les couches *c*, *cc'*, *ta'*, des
trois systèmes aient la face *f* électronégative du côté intérieur qui regarde vers la diagonale interne ou vers l'axe
da', dont l'une des extrémités est au sommet *d* et l'autre au
sommet *a'* de la base inférieure B'. Ce sommet *a'*, formé
des couches homologues *c*, *c'*, *b''*, a les faces *f* positives qui
regardent vers l'axe *a'd*. En parcourant cet axe *a'd* de *d*
vers *d*, on aura ou rencontre des faces *f'*, *f'*, *f'*... électronégatives; au contraire, on rencontre les faces *f*, *f*, *f*...
électropositives quand on va de l'extrémité *d* vers *a'*.

A l'exception de cette paire de sommets homologues *d*
et *a'*, il n'y a aucune autre paire qui jouisse de cette propriété singulière; car en tirant la diagonale *da* dans la base
B, on arrive à un sommet *a* qui a dans ses couches *c*, *c'* la
face *f* électropositive, et sur la couche *c''* qui est la même
au sommet *d* est la face *f'* électronégative qui regarde vers
l'axe.

Les deux autres sommets *c*, *b* ont, dans la couche *c''* et
dans l'une des couches latérales *c* ou *c'*, la face *f* électronégative qui regarde vers l'axe. En tirant trois axes des

sommets a, b, c de la base B supérieure aux sommets opposés de la base inférieure B', chacun des axes aura différentes faces électriques qui regardent vers le sommet du départ et vers celui où les axes aboutissent.

§ 20. Le clivage n'est pas également facile dans tous les trois sens, ce qui fait voir que chacun des trois systèmes de couches c, c, c..., c', c', c', c'', c'', c'', c''..., a les faces hétéroélectriques chargées d'électricité de densités différentes; les faces f, f' des couches c, c, c ont les deux électricités E, E en densité différente de celle des faces F, F ou f, f des couches c', c', c'..., ou c'', c'', c''... Telle est l'origine de tous les faits d'espèces différentes observés dans les cristaux, dont on distingue six systèmes; cependant ils se réduisent à trois seulement : 1° les bases B, B' et les quatre côtés sont égaux; 2° les bases B, B' sont carrées et la hauteur différente; et 3° les bases B, B' sont parallélogrammiques et la hauteur différente.

I. *Trois dimensions égales.* Le cube est la forme fondamentale qui donne naissance à l'hexaèdre régulier, le tétraèdre, l'octaèdre régulier, qu'on peut considérer comme formé par deux pyramides droites à base carrée appuyées l'une sur l'autre par cette base.

II. *Deux dimensions égales.* La forme fondamentale est celle des prismes à base carrée qui donnent naissance aux octaèdres à base carrée ou hexagone régulier.

III. *Trois dimensions inégales.* La forme fondamentale est celle des prismes à base parallélogrammique qui donnent naissance : 1° aux octaèdres à base rhombe formés des deux pyramides droites dont la base commune est un losange; 2° aux octaèdres droits à base parallélogrammique quelconque.

§ 21. *Dimorphisme.* Le soufre, le carbonate de chaux et plusieurs autres substances produisent des cristaux de systèmes différents, et cela quand la cristallisation s'opère à des températures différentes. 1° Le soufre cristallise par la voie sèche à 111° sous la forme d'un prisme oblique à base rhombe; tandis que les cristaux de soufre que l'on trouve dans la nature ont la forme d'octaèdres. Or on peut obtenir des cristaux dans le même système que les cristaux naturels en opérant à la température ordinaire. Pour cela il faut faire cristalliser le soufre par la voie humide, en le dissolvant dans un liquide volatil, comme le sulfure de carbone ou l'essence de térébenthine. Mais les prismes formés à 111° ne se conservent pas, car après s'être refroidis, ils deviennent peu à peu opaques, tombent en poussière au moindre contact, et chaque parcelle vue au microscope, se présente sous la forme d'un petit octaèdre appartenant aux cristaux du soufre naturel.

Le carbonate de chaux est en rhomboèdre dans le spath d'Islande et en prisme rhomboïdal dans l'arragonite; on a remarqué, avec raison, que ces deux formes naturelles doivent s'être formées à des températures différentes; car si l'on mélange une dissolution de chlorure de calcium avec une dissolution de carbonate d'ammoniaque, il se forme, à la température de 66°, un précipité de carbonate de chaux en cristaux rhomboédriques. Si, au contraire, les dissolutions sont froides, les cristaux microscopiques appartiennent au système de l'arragonite. De plus, si l'on chauffe fortement un cristal d'arragonite, il se brise en fragments très-petits qui ont la forme de rhomboèdre.

II. — ÉCOULEMENT DE LA CHALEUR ET DE LA LUMIÈRE LIBRE
OU A L'ÉTAT D'IMBIBITION.

§ 22. Les atomes φ', θ' de lumière et de chaleur à l'état d'imbibition sont maintenus en équilibre avec leurs homonymes de l'espace ambiant sans être avec eux en densité égale, et cela à cause de la résistance R exercée contre eux de la part de leurs homonymes contenus dans les atomes chimiques.

Cet équilibre éprouve une destruction dans les cas où arrive du dehors une nouvelle quantité d'atomes de lumière et de chaleur, ou dans les cas où des quantités de ces atomes s'éloignent.

§23. Pour que les atomes imbibés φ', θ' de lumière ou de chaleur s'écoulent d'un corps quand leurs homonymes φ θ à l'état libre sont en incidence par la face f antérieure, il faut une pression p suffisante pour vaincre la résistance r. Ainsi, au moment qu'un atome libre φ ou θ pénètre par la face f antérieure, il émerge un atome homonyme par la face postérieure f', et l'état d'imbibition n'éprouve aucun changement.

§24. **Changement de l'état d'imbibition.** Le diamant et les autres phosphores contiennent en densité médiocre les atomes de lumière φ' imbibés, mais par une exposition au Soleil, il en pénètre une quantité nouvelle $q\varphi'$, qui se disperse quand les phosphores sont introduits dans un espace obscur où est médiocre la densité des atomes de lumière, et ainsi est grand l'*excès* ou la différence δ' entre la densité $\delta + \delta'$ des atomes φ' de lumière d'imbibition dans les phosphores, et celle δ des atomes φ' d'imbibition de l'espace obscur.

En appelant *obscurcissement* des phosphores l'effet produit par la dispersion de leurs atomes $q\varphi'$ de lumière d'imbibition, l'effet analogue obtenu par la dispersion des atomes $q\theta'$ de chaleur d'imbibition est le *refroidissement* du corps, qui résulte de l'introduction des corps dans un espace moins chaud. En ce cas se trouve en excès la différence T' entre la température $T + T'$ du corps et celle T de l'espace ambiant. L'éloignement des atomes d'imbibition cesse quand l'équilibre est rétabli entre les atomes θ' d'imbibition dans le milieu du corps et dans l'espace ambiant.

§25. **Deux espèces d'écoulement de la chaleur et de la lumière dans les corps.** Quand de la face postérieure f' s'écoule la même quantité d'atomes φ' θ' que celle qui

pénètre par la face f antérieure, sans que change l'état
d'imbibition, on dit que la chaleur et la lumière sont *rayon-
nantes.* Mais elles sont nommées *rampantes* quand il en
résulte insolation ou échauffement, obscurcissement ou refroidissement. Ainsi les physiciens considèrent souvent
comme des objets différents, ce qui n'est que de simples
cas différents du même objet, quand ils ne peuvent pas en
trouver une explication satisfaisante.

Remarque sur les instruments optiques sans production de couleur.

§ 26. Dans la *Photostatique*, page 686, on a indiqué le
moyen d'obtenir des instruments optiques sans production
de couleur, quand les rayons sont conduits de manière à
n'éprouver dans chaque lentille qu'une seule réfraction
dans son émergence, où l'on ne peut découvrir aucune
couleur. Il vient d'être prouvé ici que tous les corps solides
composés d'atomes chimiques différents ont une structure
qui dépend de l'arrangement des faces de ces atomes ; et
ce sont les faces électropositives et électronégatives f, f' qui
exercent des répulsions différentes aux rayons de lumière
et de chaleur.

En effet, dans la pratique, les couleurs ne peuvent pas
être parfaitement éliminées, et c'est pour cela qu'on est forcé
d'employer des lentilles à longs foyers. Dans les observations microscopiques, Brewster évita la production des contours au moyen de la lumière jaune ; il est possible d'obtenir
le même effet dans les lunettes en faisant pénétrer la lumière
incidente dans une lame mince jaune monochromatique,
surtout quand l'ouverture de l'objectif est considérable et
que la lumière n'est pas très-faible, comme cela est déjà en
usage dans les télescopes solaires employés pour les observations des taches de cet astre.

SECTION I.

DE L'EXPANSION ET DE L'ÉCOULEMENT DE LA CHALEUR LIBRE COLORÉE ET INCOLORE DANS LE VIDE ET DANS LES CORPS.

§ 27. La chaleur, comme la lumière, est incolore dans les rayons solaires, car les couleurs n'y étant pas séparées produisent un sentiment qui résulte de leur ensemble et non pas de l'une quelconque des sept espèces. À défaut d'un organe particulier de sensation pour distinguer les couleurs de la chaleur, nous employons les thermomètres dont le liquide augmente de volume dans les cas où augmente la densité des atomes de chaleur, sans cependant qu'il soit indiqué en même temps si l'augmentation du volume du liquide résulte d'une chaleur incolore ou d'une chaleur colorée, ou d'un mélange de plusieurs couleurs de chaleur.

§ 28. Au moyen de l'organe de la vision il est facile de connaître avec quelle espèce de lumière est senti chacun des corps ambiants; mais quand nous sentons une élévation de température de la part d'un corps, nous sommes loin de pouvoir reconnaître de quelle espèce est la chaleur qui arrive à l'organe de sensation.

§ 29. **Noir et froid.** La partie *p* d'un corps qui ne répand par lui-même aucune espèce de lumière, en reçoit un écoulement de la part du *pigmentum* de l'œil qui s'écoule à travers de la rétine vers la partie *p* du corps; cet écoulement inverse de la lumière par la rétine en dehors produit le sentiment du *noir*, comme cela se trouve exposé en tous ses détails dans la *Photostatique*, page 327. Le noir résulte d'un écoulement de lumière par la rétine, et en cela il diffère des *ténèbres*, où il n'existe aucun écoulement pareil et où ainsi ne peuvent pas être senties les formes des corps.

§ 30. L'organe de sensation pour la chaleur est également une *rétine* ou un *névroplegme* répandu au-dessous de l'*épiderme;* il s'y produit une sensation de *chaud* quand il y a un écoulement de chaleur de dehors en dedans, et il s'y produit une sensation de *froid* quand il y a un écoulement de chaleur de dedans en dehors. De sorte que le *noir* pour l'organe de la lumière correspond au *froid* pour l'organe de la chaleur.

Au moyen de l'organe de la vision est également déterminée la direction dans laquelle se trouve l'objet dont arrive la lumière; de même, au moyen de l'organe de sensation pour la chaleur est déterminée la direction d'où les atomes de chaleur arrivent au névroplegme, ou celle suivant laquelle ces atomes de chaleur s'écoulent du corps vers l'objet ambiant qui les reçoit.

§ 31. Dans la *Photostatique* nous avons traité, page 570, de l'*achromatopsie*, qui est un défaut de la rétine chez quelques individus, lesquels voient tous les objets gris, jaunes, bruns ou bleus sans pouvoir distinguer aucune des sept couleurs, comme plusieurs individus connaissent les octaves supérieures et inférieures de la musique, mais ne peuvent distinguer les sept sons; c'est dans un état pareil que nous nous trouvons par rapport aux sept couleurs de chaleur dont nous ne sentons qu'un changement de température indiqué même par le thermomètre, sans cependant pouvoir distinguer de quelle espèce ou de quelle couleur sont les atomes de chaleur qui produisent ces effets en directions déterminées.

§ 32. **Corps diathermanes et athermochroïques.** Les

corps *diathermanes* correspondent aux corps *diaphanes*, et les corps *athermochroïques* correspondent aux corps non colorés, parce qu'ils livrent passage également à la chaleur incolore et à la chaleur colorée. Les corps *thermochroïques*, au contraire, ne livrent passage qu'aux atomes homonymes de ceux qui y sont contenus à l'état d'imbibition. On a trouvé que des quantités différentes de la chaleur provenant de sources différentes sont interceptées par les autres corps, tandis que le noir de fumée et le sel gemme sont les seuls corps qui livrent passage à la chaleur de quelque source qu'elle vienne, et c'est ainsi qu'on a pu constater que ces deux corps contiennent la chaleur incolore à l'état d'imbibition ; le même a lieu pour les poudres impalpables.

§ 33. **Spectre thermochromatique.** Au moyen d'un prisme de sel gemme on obtient deux spectres : l'un *photochromatique* sensible aux yeux, et l'autre *thermochromatique* observé au moyen du thermomètre, où les degrés de dilatation du liquide se trouvent dans les rapports suivants avec les couleurs :

SPECTRE DU PRISME en crown-glass.	Violet.	Indigo.	Bleu.	Vert.	Jaune.	Orangé.	Rouge.	ZONES.						
								1	2	3	4	5	6	A
Sans couche d'eau.	2 (v)	5	9	12	25	29	32 (r)	29	25	19	9	5	2	
Avec couche d'eau.	2	4,5	8	10	20	21	20	14	9	5	1	0,5	0	

En faisant passer le rayon solaire par une très-petite épaisseur du prisme, le thermomètre accuse un maximum dans une distance rA au delà du rouge r égale presque à celle rv entre le rouge et le violet. Cette distance rA diminue quand le rayon passe par une épaisseur supérieure du prisme. Au moyen d'un prisme d'eau on obtient un spectre dont le maximum r de chaleur est dans le jaune, et au moyen d'un prisme d'acide sulfurique le spectre obtenu a son maximum de chaleur dans l'orangé ; le spectre du prisme du crown-glass a le maximum de chaleur dans le rouge, et au delà du rouge le maximum de chaleur du spectre est obtenu d'un prisme en flint.

Dans le spectre indiqué ci-dessus le maximum de chaleur est au rouge, dont elle va en décroissant dans la distance r′A, qui est presque égale à celle re, où elle est dans son minimum; les intervalles des six zones correspondent à ceux des sept couleurs du spectre.

Si les couleurs en sortant du prisme passent par une couche d'eau de 1 millimètre d'épaisseur ou par une lame de gypse, d'alun (le verre agit moins fort), la chaleur éprouve d'inégales diminutions : dans les rayons les plus réfrangibles l'abaissement de température est moins rapide que dans les rayons les moins réfrangibles. En faisant passer les couleurs par une couche d'eau d'une épaisseur de 3 décimètres, le maximum de température avance jusqu'aux limites entre le jaune et le vert. En ce cas le spectre thermochromatique coïncide presque avec le spectre photochromatique, mais en même temps le maximum de température est réduit à un degré très-faible.

§ 34. Comparaison des corps diaphanes et des corps diathermanes. Les corps opaques deviennent transparents quand leur épaisseur diminue beaucoup, et les corps transparents deviennent opaques quand leur épaisseur augmente. Les corps transparents sous une grande intensité de lumière sont opaques quand la lumière est faible; le fond de la mer, par exemple, visible par la lumière du Soleil, ne l'est pas par celle de la Lune.

Le même effet a lieu pour les corps diathermanes qui livrent passage à la chaleur : 1° quand la couche est d'une très-faible épaisseur, et 2° quand la densité des atomes de chaleur est d'un degré assez élevé; au contraire, les corps, sauf le sel gemme et le noir de fumée, ne livrent pas passage à la chaleur : 1° quand sa densité est d'un faible degré; 2° quand est grande l'épaisseur de la couche, ou

3° quand sont hétéronymes les espèces des atomes d'inhibition et celles des atomes incidents.

Ainsi l'on reconnaît qu'il y a opacité des corps pour la chaleur, comme il y en a pour la lumière; l'eau est transparente pour la lumière et elle est peu transparente pour la chaleur ou peu diathermane; les rayons de la chaleur émergeant du prisme éprouvent dans l'eau la même résistance, parce qu'elle n'est pas *thermochroïque*, mais il y est supprimé une quantité supérieure des rayons qui ont un angle d'incidence supérieure, parce que leur pression est inférieure et non pas à cause de leur thermochroïsme, comme cela a lieu quand la couche est thermochroïque.

Comme certains corps, l'opale, par exemple, sont translucides et incolores pour la lumière, ainsi est l'eau pour la chaleur; et cela provient des atomes 80 et y contenus dans les atomes chimiques, où HO de l'eau comme chaleur et lumière spécifique. Ces notions préliminaires sont nécessaires dans l'explication des appareils thermométriques qui sont employés dans les observations des températures; on doit d'abord bien connaître les rapports entre eux et la chaleur pour savoir juger des résultats qui en sont obtenus.

CHAPITRE PREMIER.

EXPLICATION DU RAPPORT ENTRE LES DEGRÉS DE DENSITÉ DES ATOMES DE CHALEUR ET DES RÉSULTATS THERMOMÉTRIQUES.

§ 35. Nous sentons les températures de l'air, et même celle du vide, sans avoir pourtant le sentiment de la présence ou de l'absence des gaz; mais nous ne pouvons pas sentir les corps liquides ou solides sans en connaître en même temps la température; cela provient de ce que l'organe du tact n'est pas simple comme le sont les quatre autres. Par cet organe nous éprouvons une sensation, 1° de *chaud* quand il y a pénétration d'atomes de chaleur du dehors vers les nerfs; 2° de *froid* quand il y a écoulement d'atomes de chaleur du dedans en dehors, et 3° nous sentons de plus encore la direction de l'écoulement des atomes de chaleur.

Il est constaté par les observations que les atomes de chaleur ⊙ introduits dans les corps font augmenter leur volume; celui-ci diminue, au contraire, quand il y a un écoulement de chaleur du milieu des corps en dehors. La sensation du chaud et l'accroissement du volume des corps sont donc deux faits qui se correspondent, quoique l'un soit physiologique et l'autre physique. De même la sensation du froid correspond aux rétrécissements du volume des corps. En effet, les corps qui viennent d'obtenir un volume supérieur $v + v'$ paraissent chauds au contact, tandis que ceux qui viennent d'obtenir un volume inférieur $v - v'$ paraissent froids.

§ 36. **Illusion thermoscopique.** En observant, au moyen du thermomètre, la température de l'intérieur des meubles garnissant un appartement, on n'y remarque aucune différence; cependant que l'on mette la main sur une plaque ou une statue en marbre, on la trouvera froide, et plus froids encore paraîtront les objets fabriqués d'un métal quelconque, tandis que les étoffes des meubles en laine ou en soie ne présentent, pour ainsi dire, aucune différence de température.

Les sensations, cependant, sont incontestables et de même degré chez chaque individu, de sorte qu'elles ne peuvent être considérées comme illusoires que sous le rapport thermométrique, et non sous le rapport physiologique. En effet, les corps dans l'appartement sont tous de la même température; mais pour se mettre en équilibre avec la température de la main, il faut que, pour chaque corps, il s'écoule de la main une quantité différente $q\theta$, $q'\theta$, $q''\theta$ d'atomes de chaleur, et encore il faut remarquer qu'il s'opère, dans une même unité de temps, le passage des différentes quantités d'atomes de chaleur de la main aux différents meubles. Si donc les marbres sont trouvés plus froids que les étoffes et moins froids que les métaux, cela résulte de la quantité supérieure $(q + q')\theta$ d'atomes de chaleur qui s'écoule de la main durant la première unité de temps au métal, et de la quantité inférieure $(q - q')\theta$ d'atomes de chaleur qui s'écoulent aussi dans la première unité de temps de la main dans les étoffes.

Outre cette différence, il y en a une autre qui résulte de la durée t de chacune des sensations, qui est courte, $t - t'$ pour le froid senti dans le métal, et longue pour celui senti dans le marbre, et encore plus pour celui senti dans les étoffes.

§ 37. **Illusion thermochromatique.** Au moyen d'une

pile métallique on obtient une augmentation de déviation
$\iota' + \iota''$ de l'aiguille, quand il y aurait une quantité de chaleur
Θ; cette déviation diminue quand il s'en éloigne une quantité
$\Theta + \Theta'$ de chaleur. De semblables déviations de l'aiguille
sont produites également par les atomes chromatiques de
lumière et par ceux de chaleur obtenus au moyen d'un
prisme. En cas pareils les déviations correspondent aux
augmentations ou diminutions de volume, sans qu'on sache
pour cela si les poussées sont un effet des nombres différents d'atomes chromatiques, ou si le nombre de ces
atomes $'\chi, ''\chi \dots '''\chi$ thermochromatiques est le même, et s'ils
ne diffèrent que par la densité des molécules μ d'électre
qui y entre en quantités différentes.

Les appareils employés à déterminer les températures
sont de deux genres : 1° les uns sont basés sur les changements du volume des corps par la chaleur, et 2° les autres
sur l'apparition des courants thermoélectriques par la chaleur incidente.

I. — THERMOMÉTRIE BASÉE SUR LA DILATATION DES CORPS.

§38. La dilatation des corps et l'augmentation de leur volume par la chaleur est attribuée avec raison à la répulsion
ρ, exercée de la part des atomes θ de chaleur contre les
atomes ρ' chimiques ou somatiques des corps; car les
atomes θ de chaleur ne restent pas sous un volume v limité
comme les grains de sable, mais ils se répandent spontanément comme le font les atomes des gaz. Donc l'expansion e de la part des atomes θ de chaleur et le volume v des
corps composés d'atomes σ chimiques, sont liés entre eux
de telle manière qu'ils font apparaître au volume $v + v'$ des
corps la densité δ des atomes θ de chaleur; parce que les
degrés de l'expansion e sont proportionnels aux densités δ
de chaleur. Jusqu'à présent les physiciens ignoraient le

mode par lequel se communique la répulsion v venant de la part des atomes de chaleur qui sont impondérables, contre les atomes σ matériels des corps qui sont de nature différente. Cette ignorance a cessé depuis la découverte des éléments primitifs qui entrent dans l'hydrogène et l'oxygène dont sont composés tous les corps indécomposables, comme nous l'avons prouvé dans nos deux premiers volumes. Nous allons d'abord indiquer ici la cause des volumes des corps, et puis le mode de leur application comme thermomètres.

§ 89. **Volume des corps.** Les atomes σ matériels sont composés de mêmes espèces d'éléments primitifs que les atomes de l'eau $HO = 13,500$; leur volume v résulte de l'équilibre établi 1° entre la pression P exercée de la part du barogène B agissant contre le barogène $v\beta$ contenu dans chaque atome σ matériel; et 2° entre la répulsion R exercée de la part des atomes Θ de chaleur libre contre la chaleur spécifique θ' contenue dans les atomes σ matériels.

La pression P tend à faire diminuer indéfiniment le volume v par la compression des atomes $v\beta$ de barogène; au contraire la répulsion R tend à faire augmenter indéfiniment le même volume v par l'expansion de la part des atomes de chaleur Θ communiquée aux atomes $q\theta''$ de chaleur spécifique inséparables du barogène β. Ainsi de la pression P et de la répulsion R résulte un équilibre qui se manifeste dans les corps comme un volume limité v.

La pression P de la part du barogène B agissant est invariable, par suite le volume v des corps ne peut éprouver de changement qu'au moyen de la répulsion R qui résulte de l'expansion e opérée spontanément aux atomes de chaleur Θ; l'expansion e est d'une part proportionnelle à la densité ϑ des atomes de la chaleur Θ, et, de l'autre, proportionnelle à la répulsion R qui elle-même est aussi proportionnelle elle-même au volume v du corps dont les atomes σ éprouvent cette répulsion.

§ 40. Si dans le même volume v était contenue la même quantité $n\beta$ de barogène et $q\theta''$ de chaleur spécifique pour toutes les espèces des corps, leur *poids spécifique* aurait dû éprouver d'égales variations à toutes les températures. Le poids spécifique diffère, dans les corps composés d'atomes $\sigma = \beta''\theta'$, parce que dans le même volume v 1° la quantité $n\beta$ de barogène produit un poids np, et 2° la quantité $q\theta''$ de chaleur spécifique exerce sur les atomes de chaleur une résistance qr et réduit à l'état d'imbibition la quantité $q\theta'$ d'atomes de chaleur.

Les thermomètres en usage diffèrent 1° par les degrés dont les uns indiquent une plus grande quantité d'atomes de chaleur $(q+q')\theta'$, et les autres une quantité inférieure $(q-q')\theta'$; 2° ils diffèrent par les espèces des corps dont les changements de volumes indiquent ceux des densités d'atomes de chaleur à l'état d'imbibition. On nomme *thermoscopes* les appareils qui indiquent, comme les thermomètres, le changement du volume des gaz ou de l'air et le degré du changement de température.

§ 41. **Thermomètres.** Quatre espèces de thermomètres sont en usage : 1° chez les Anglais celui de Fahreinheit; 2° chez les Allemands celui de Réaumur, et 3° chez les Français celui de Celsius; 4° en Russie on trouve encore une autre échelle, celle du thermomètre de Delisle. Tous ces thermomètres ont deux points fixes : 1° celui de la température de la glace fondante, et 2° celui de la température de l'eau bouillante. Le volume du corps étant v dans la glace fondante, devient $v+v'$ dans l'eau bouillante.

Les quatre espèces de thermomètres nommés ci-dessus ne se distinguent que par le diviseur employé dans la subdivision du volume v' qui peut être représenté sur une ligne d'autant plus longue que son épaisseur est plus petite. 1° Fahrenheit divisa en 180 parties, comme on le fait pour la demi-circonférence, la somme de chaleur $\lambda\theta$ nécessaire pour augmenter le volume du liquide thermométrique et l'amener à $r + r'$. 2° Réaumur divisa la même quantité $\lambda\theta$ en 80 parties, nombre qui se laisse aisément subdiviser par plusieurs autres. 3° Delisle divisa pour la même raison cette quantité en 150 parties, tandis que Celsius préféra le nombre de 100 pour faciliter les calculs thermométriques; c'est ce dernier système que nous emploierons dans cet ouvrage; ainsi l'on a, pour un degré de chacune de ces quatre espèces de thermomètres, différentes quantités d'atomes $q\theta'$ de chaleur d'imbibition.

En représentant par $18000 = q$ la quantité $\lambda\theta$ d'atomes de chaleur d'imbibition qui produit l'augmentation v' du volume, on trouve respectivement, dans chacun des degrés des thermomètres nommés plus haut, les quantités suivantes de ces atomes :

$$F = \tfrac{18000}{180} = 1000, \quad R = \tfrac{18000}{80} = 2250, \quad C = \tfrac{18000}{100} = 1800, \quad D = \tfrac{18000}{150} = 1250.$$

En divisant par 10 le volume v' ou l'espace qu'il occupe, dans chacune des dix portions sont contenus 18 degrés F, 8 degrés R, 10 degrés C, 15 degrés D.

Dans les thermomètres de Réaumur, Celsius et Delisle, la température de la glace fondante est indiquée par zéro ou 0°, mais Fahrenheit, dans son temps, obtint le plus grand froid dans un mélange de glace et de sel ammoniac; il en conclut que ce froid résulte du manque total de chaleur, et crut avoir trouvé le minimum de dilatation des corps; pour cette raison, il plaça le zéro en ce point de température qui se trouve à 32 degrés au-dessous de celle de la glace fondante, admettant 180 degrés entre cette température et celle de l'ébullition de l'eau, qui est indiquée par $180 + 32 = 212$ dans le thermomètre de Fahrenheit.

§ 42. Appareils thermométriques des observations scientifiques. Dans les thermomètres que nous avons cités, les changements du volume du liquide restent proportionnels aux densités des atomes θ' de chaleur d'imbibition, tant que le liquide ne gèle pas, ce qui arrive pour le mercure aux basses températures, ou il ne bout pas, ce qui a lieu aux températures élevées pour l'alcool. Ainsi les thermomètres sont généralement à l'alcool, en Sibérie, tandis que sous les latitudes tropicales c'est plutôt le mercure qui en est la base.

§ 43. *Pyromètres métalliques.* Pour observer les températures que produisent les grandes densités d'atomes de chaleur θ' à l'état d'imbibition où bout le mercure, on emploie les métaux qui résistent à la fusion sans cesser pour cela d'augmenter de volume, augmentation qui sert à déterminer les températures élevées.

§ 44. **Thermomètres micrométriques.** Très-souvent il s'agit de déterminer les plus petites quantités d'atomes de chaleur arrivés ou éloignés du milieu d'un corps; ces changements ne peuvent être indiqués qu'au moyen de changements du volume de l'air; pour cette raison, c'est l'air qui remplace les liquides dans les appareils de ce genre.

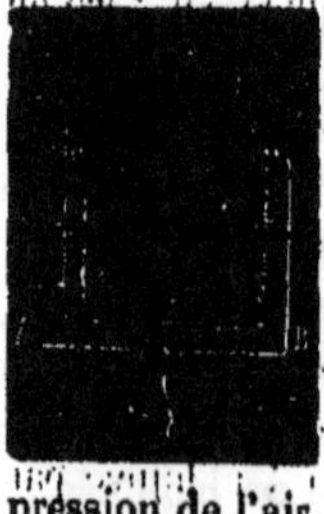

Thermomètre à air. Un réservoir rempli d'air ou d'autre gaz communique avec un tube capillaire, dans lequel se trouve, comme *index*, une petite goutte d'acide sulfurique concentré et coloré qui sert à séparer le gaz intérieur de l'air. Les mouvements de l'index indiquent les variations de volume du gaz provenant de la part des atomes de chaleur qui y pénètrent en faisant augmenter le volume, ou qui s'en éloignent en faisant diminuer ce même volume, et l'index, cédant à la pression de l'air, se dirige vers le réservoir du gaz.

Figure 6.

Thermomètres différentiels et thermoscopes. Cet appareil consiste en un tube recourbé *nqn'* (fig. 6) dont les deux branches *n*, *n'* sont surmontées de deux boules égales séparées par un liquide introduit dans le tube; on préfère l'acide sulfurique concentré qui ne donne pas de vapeurs à la température ordinaire. On introduit ce liquide quand les deux branches sont séparées et on les réunit ensuite; 1° le liquide peut occuper un espace plus grand que la partie horizontale AB du tube et alors l'appareil s'appelle *thermomètre différentiel*; ou 2° il peut occuper un point *a* dans la partie AB horizontale, et alors il s'appelle *thermoscope de Rumfort*.

Thermomètre différentiel. En chauffant l'une des boules l'air s'y dilate et pousse la colonne de liquide du côté opposé, et cela se fait autant de fois qu'il est nécessaire pour arriver à obtenir la même masse d'air dans les deux boules; résultat qui est atteint quand les niveaux *n* et *n* se trouvent sur une même ligne horizontale, et alors les températures des deux boules sont les mêmes. On marque zéro à ce niveau commun. On porte ensuite l'une des boules à une température $T + T'$ supérieure à celle T de l'autre, en l'enveloppant d'un vase qu'on remplit d'eau chaude, dont on détermine avec soin la température. Supposons que cette température $T + T'$ de l'eau dépasse celle T de l'air de $T' = 10°$, on marquera 10 aux niveaux du liquide dans les deux branches, dont l'un *n'* est au-dessus et l'autre *n* au-dessous du zéro. Les intervalles égaux *no* et *n'o* sont divisés chacun en 10 parties qui sont portées en haut et en bas dans chaque branche, comme cela s'opère dans les tubes des thermomètres.

Tant que les niveaux ne quittent pas les parties verticales *n*, *n'* du tube, les indicateurs sont d'accord avec ceux du thermomètre à mercure, car cela résulte de la dilatation produite sur d'égales quantités ou d'égales densités d'atomes de chaleur ou d'imbibition dans l'air et dans le mercure. De sorte que les résultats sont identiques dans les deux espèces de thermomètres.

Thermoscope de Rumfort. L'index se trouvant en *a*, on marque zéro à ces deux extrémités; on élève, comme dans le cas précédent, la température dans l'une des boules, par exemple de 5°, et l'index a repoussé par l'air chauffé du côté A, va vers l'angle B où l'on marque 5, qui est subdivisé en 5 parties égales qu'on porte de l'un et de l'autre côté des deux points de zéro ; on obtient ainsi une division thermométrique dans la partie horizontale AB du tube, où l'index marque directement les degrés indiqués par le thermomètre à mercure.

§ 45. **Remarque.** Les appareils indiqués et leurs analogues ne servent qu'à déterminer le volume v des corps qui peuvent être indifféremment à l'état solide, liquide ou gazeux. Quand le volume croît et devient $v + v'$, l'excès v' indique la quantité $q\theta'$ d'atomes de chaleur introduits pour obtenir l'état d'imbibition dans le corps, ou cet excès v' de volume indique l'excès δ' de la densité $\delta + \delta'$ des atomes θ' imbibés dans le milieu du corps. Le volume v' des corps et la densité δ' d'atomes de chaleur se trouvent en relation directe par suite de l'explication que nous avons déjà donnée.

II. — THERMOMÉTRIE BASÉE SUR LES CHANGEMENTS OU SUR LES INÉGALITÉS DE TEMPÉRATURE.

§ 46. La température d'un corps ne change qu'au moyen de ses atomes de chaleur à l'état d'imbibition θ' ; la quantité $q\theta'$ de ces atomes ou leur densité δ peut augmenter et devenir $(q + q')\theta'$, $\delta + \delta'$, ou diminuer et devenir $(q - q')\theta'$, $\delta - \delta'$. Ces changements ne résultent pas simplement du contact d'une quantité $q\theta'$ d'atomes de chaleur ou de leur éloignement, mais il faut qu'il s'établisse en même temps un équilibre entre tous les atomes $(q + q')\theta'$ ou $(q - q')\theta'$, lequel a lieu spontanément par un déplacement général de tous les atomes de chaleur d'imbibition.

C'est donc ce déplacement d' des atomes $q'\theta'$ de chaleur qui occasionne un déplacement d aux atomes $q\theta'$ d'imbibition; ainsi la quantité $q'\theta'$ d'atomes de chaleur et le déplacement général d ont entre eux un rapport direct qui correspond à la répulsion $R + r$ exercée de la part des atomes $(q + q')\theta'$ de chaleur contre les atomes σ matériels du corps, répulsion qui donne naissance à une augmentation de volume qui devient $v + v'$.

Nobili et Melloni, guidés par l'apparition des courants thermoélectriques dans chaque changement de température, ont utilisé les déviations analogues Γ, Γ', Γ''... de l'aiguille magnétique pour déterminer ces changements de température; ils partirent de ces faits donnés par l'expérience sans remonter à l'origine des courants et encore moins à leur liaison avec les déviations Γ de l'aiguille et avec les élévations ou les abaissements de température.

L. Gmelin, Grotthus et plusieurs autres chimistes et physiciens allemands guidés 1° par les productions des courants thermoélectriques au moyen de la consommation de la chaleur, et 2° par la production de chaleur au moyen de la consommation des deux électricités, ont considéré les atomes θ de chaleur comme composés d'équivalents élec-

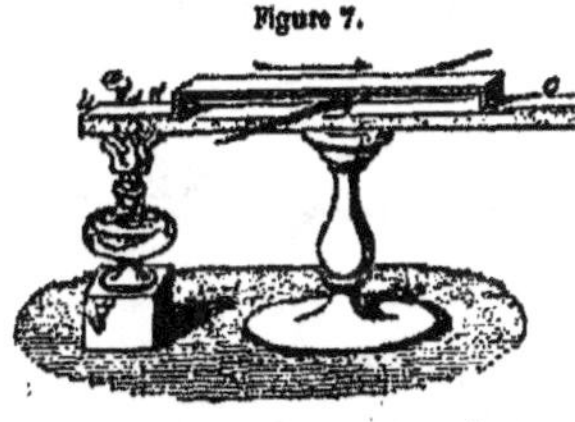

triques $\overset{+}{E}$ positifs et d'équivalents électriques $\overset{-}{E}$ négatifs; ils ont ainsi réduit à néant l'hypothèse d'un état neutre des deux électricités. Un pas encore, et Gmelin, complétant cette grande découverte, serait arrivé à constater que les mêmes éléments électriques $\overset{+}{E}$, $\overset{-}{E}$ se trouvent à la fois dans la chaleur et la lumière, ainsi que dans les atomes σ chimiques des corps.

§ 47. Origine de la thermoélectricité. Sur une barre ac (fig. 7) de bismuth, on soude en a et c une lame de cuivre ou d'antimoine, et l'on place sur la barre du bismuth le pivot d'une aiguille magnétique qui reste parallèle aux deux barres métalliques quand celles-ci se trouvent dans le méridien magnétique. Si la soudure c conserve sa température T et qu'on élève celle en a jusqu'à ce qu'elle devienne $T + T'$, l'aiguille dévie et n'est plus parallèle aux barres métalliques ; elle tourne son extrémité nord vers l'ouest si la soudure chauffée a est au sud de la soudure c. L'aiguille tourne à l'est si la température T baisse en c pour devenir $T - T'$.

Au lieu d'un circuit des deux soudures, on peut laisser les deux métaux unis par une soudure S (fig. 8) où se rencontrent les équivalents électriques dont les positifs $\bar{E}$ arrivent par l'extrémité a de l'antimoine et les négatifs par l'extrémité b du bismuth. Il se produit ainsi dans la soudure S (fig. 8 A) une élévation de température, précisément comme cela a lieu dans la soudure c (fig. 7) quand est chauffée la soudure a qui fait apparaître le courant allant de la soudure a par l'antimoine à la soudure c.

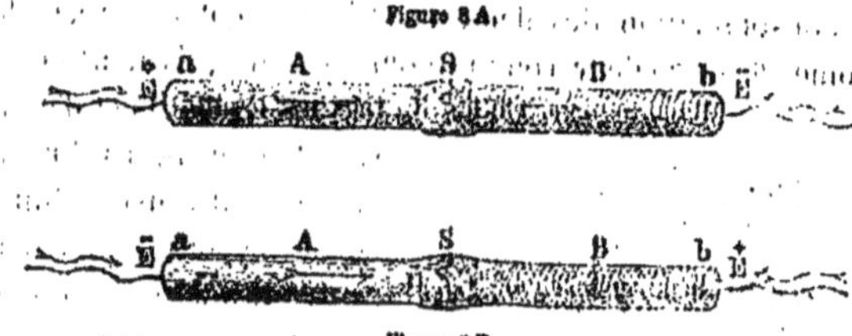

Figure 8 A.

Figure 8 B.

Si l'on fait arriver à la soudure S (fig. 8 B) l'électricité positive $\bar{E}$ par l'extrémité b du bismuth, et l'extrémité négative $\bar{E}$ par l'extrémité a de l'antimoine, au lieu d'une élévation de température dans la soudure S, il se produit un abaissement. Peltier, qui a fait cette découverte, a même réussi à faire geler l'eau dans la soudure S.

§ 48. **Explication des faits observés par la décomposition des atomes de chaleur.** Parmi tous les corps indécomposables qu'on nomme simples, c'est le bismuth qui a le minimum de chaleur spécifique = 0,03084, et qui pour cette raison exerce le minimum de résistance aux équivalents négatifs $\bar{E}^a$ des atomes de chaleur accumulés, et repoussés entre eux dans la soudure a (fig. 7); les équivalents positifs $\bar{E}$ séparés s'écoulent par l'antimoine qui exerce alors une répulsion moindre que le bismuth, et qui, par sa chaleur spécifique = 0,05077 supérieure, repousse avec un degré supérieur l'électricité négative $\bar{E}$; de même que de la part du bismuth, est repoussée l'électricité positive $\bar{E}$ à cause de la lumière spécifique qui y est en quantité plus grande $(q + q')\varphi$ que celle $q\varphi$ contenue dans l'antimoine.

Donc, pour être décomposés, les atomes θ' de chaleur exigent nécessairement les deux conditions suivantes : 1° une inégalité des températures qui n'est qu'une destruction de l'équilibre thermostatique, lequel occasionne un déplacement d des atomes de chaleur θ'; 2° une différence dans les métaux pour que, au moyen de leur chaleur spécifique et de leur lumière spécifique, ils opposent des résistances différentes aux équivalents électriques $\bar{E}$ et $\bar{E}^a$ contenus dans la chaleur, amenant ainsi leur séparation, ce qui permet à chaque espèce de s'écouler par le milieu du métal où est moindre la résistance pour chaque espèce de ces équivalents électriques.

§ 49. **Rapport entre la déviation Γ de l'aiguille et l'excédant T' de température entre celle $T + T'$ de la soudure a et celle T de la soudure c.** Le degré D de la destruction d'équilibre est proportionnel à l'excès T' entre les températures $T + T'$ de la soudure a et T de la soudure c; la répulsion exercée entre les atomes θ' de chaleur et communiquée aux atomes homonymes à l'état spécifique dans les métaux est proportionnelle au degré D de cette destruction d'équilibre, et donne naissance à des décompositions d'atomes de chaleur en égale quantité, dans chaque unité de temps, quand le degré D ne change pas. Les éléments électriques, par leur écoulement, entraînent donc l'aiguille et sont ainsi la cause par laquelle les sinus de ces déviations Γ, Γ', Γ''... correspondent à l'excès T' de température dans la soudure a.

Élévation de température dans la soudure S. Cela a lieu quand y arrivent les equivalents négatifs $\bar{E}$ par le bismuth et les positifs $\bar{E}$ par l'autre métal, soit antimoine, cuivre, etc.; car de la quantité $3q\bar{E}$ $3q\bar{E}$ qui arrive de chaque espèce en une unité de temps, à cause de la grande résistance rencontrée en S, il ne peut pas s'écouler les mêmes quantités au delà de la soudure S, mais de $3q\bar{E}$ et $3q\bar{E}$ proviennent $q\bar{E}\bar{E}$ atomes de lumière qui restent inaperçus, et $q\bar{E}\bar{E}$ atomes de chaleur qui font s'élever la température en S au-dessus de celle des deux métaux.

Abaissement de température dans la soudure. Cela a lieu quand l'éloignement des équivalents électriques de la soudure S est devenu plus facile que leur arrivée de la part des deux extrémités. L'abaissement de la température en ce cas résulte donc de la décomposition d'une quantité d'atomes de chaleur dans la soudure S, et cela à cause de la résistance médiocre qu'éprouvent les équivalents électriques $\bar{E}$, $\bar{E}$ dans les métaux qui les mènent de la soudure vers les deux extrémités en directions divergentes.

§ 50. **Description de l'appareil thermoanisométrique.** Après avoir prouvé que la déviation Γ de l'aiguille indique la quantité d'équivalents électriques qui s'écoulent en chaque unité de temps, et que ces équivalents $q\bar{E}$, $q\bar{E}^a$ sont les éléments de la quantité $q\vartheta'$ d'atomes de chaleur décomposés à cause de l'excès T' de température dans la soudure a, nous pouvons en conclure que la déviation Γ et l'excès T' de température sont en rapport direct entre eux; pour cette raison l'appareil a reçu le nom suivant qui correspond à son action : le *thermoanisomètre* (ἄνισος, inégal; μετρεῖν, mesurer) est un appareil qui sert à indiquer l'inégalité ou la différence entre les températures. Cet appareil est composé de deux parties : 1° la pile thermoélectrique, et 2° le rhéomètre, dont chacun sert à faire dévier l'aiguille quand l'excès T' est une quantité extrêmement petite.

§ 54. **Pile thermoélectrique.** Dans un circuit simple formé de deux barres métalliques, comme par exemple celui ac (fig. 7), on ne peut obtenir une déviation I' de l'aiguille qu'au moyen d'un excès T' considérable entre les températures $T + T'$ et T des deux soudures a et c. Il y a deux moyens pour faire augmenter la déviation I' sans changer l'excès T', de sorte que la déviation I' peut devenir capable d'indiquer les excès même les moins appréciables.

Au lieu d'une paire de barres métalliques, on peut en prendre une n de bismuth et d'antimoine soudés entre eux, de 2 à 3 centimètres et repliés, comme on le voit, en ab' (fig. 9), de manière à former un parallélipipède rectangle cd, toutes les soudures paires étant à l'une des bases

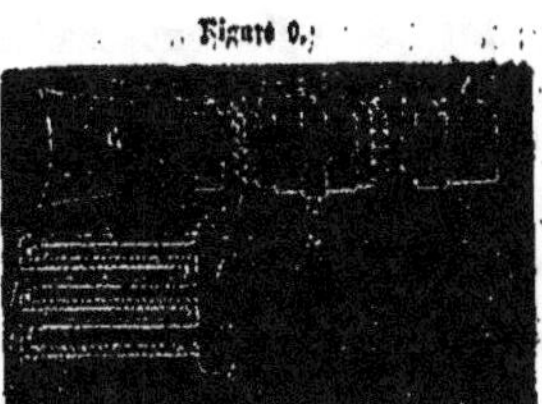

Figure 9.

$a'b'$ et toutes les soudures impaires à l'autre ab. En cd est représenté l'ensemble de la pile et sa position dans l'appareil.

Figure 10.

Les deux extrémités $a'o'$, $b'o'$ du fil métallique de la pile arrivent jusqu'aux chevilles o, o', auxquelles sont adaptés les fils de cuivre $o'm$, on (fig. 10) que l'on met en communication avec les deux extrémités m, n du long fil qui est plié de manière à faire un grand nombre et souvent plusieurs milliers de tours autour de l'aiguille i, qui forme ainsi le *rhéomètre multiplicateur*. Les deux faces *ab*, *a'b'* (fig. 9) ou *c*, *d* de la pile sont recouvertes d'une légère couche de noir de fumée, qui a la propriété de livrer passage à la chaleur incidente plus complétement que toute autre substance; car ce noir de fumée ne réfléchit rien de la chaleur qu'il reçoit. Un tube *t*, noirci en dedans et muni d'un écrou mobile, peut s'adapter à chaque extrémité pour abriter les faces de la pile de la chaleur qui peut venir latéralement. Un cône poli en dedans C est destiné à rassembler une plus grande quantité de chaleur d'un objet éloigné.

L'appareil décrit ici est précieux, surtout pour constater les effets de la chaleur rayonnante; il est tellement sensible qu'il est affecté par la chaleur naturelle d'une personne placée à une distance de 8 à 10 mètres; mais en hiver cette distance est beaucoup plus grande, surtout quand on garnit la face qui reçoit la chaleur du cône C destiné à rassembler une plus grande quantité de chaleur incidente. Au moyen de cet appareil, Nobili et Melloni ont constaté que les insectes dégagent de la chaleur; ils ont reconnu que la faible lueur du phosphore est accompagnée d'écoulement ou de déplacement de chaleur. En concentrant sur une des faces de la pile les rayons de la Lune, au moyen d'une lentille de 1 mètre de diamètre, l'aiguille du rhéomètre se déplace de 8° environ; cela prouve le grand froid de la surface glaciale de la Lune dans laquelle pénètre la chaleur de la lumière solaire.

§ 52. **Rhéomètre multiplicateur.** Cet appareil constitue la partie essentielle du thermoanisomètre, car il sert à multiplier les poussées exercées de la part des équivalents électriques, exercées dans le même sens par le circuit sur les deux moitiés de l'aiguille contenue au milieu. Dans l'appareil simple composé d'un circuit *ab* (fig. 7), la déviation Γ de l'aiguille résulte de la double poussée $2p$ exercée sur ses deux moitiés dans le même sens, de la part des équivalents électriques positifs $q\breve{E}$ qui s'écoulent, 1° de la soudure *a* par l'antimoine pour arriver à la soudure c; 2° dont une partie $(q-q')\mathcal{E}$ retourne par la barre cb de bismuth dans la soudure a. Ainsi, pour faire augmenter le nombre do ces doubles poussées $2p$ exercées sur les deux moitiés de l'aiguille, il suffit d'augmenter le nombre des circuits au moyen d'un fil couvert de soie et replié pour former n plis ou tours qui, tous ensemble, forment une bobine dont le milieu est occupé par l'aiguille I (fig. 10) suspendue et abritée au moyen d'une cloche, de manière à n'être soumise qu'aux poussées $2np$ exercées sur elle de la part des équivalents électriques $q\mathcal{E}$ qui parcourent tous les plis du fil dans le même sens.

Une seconde aiguille soutenue par une tige fixée sur le cadre reste parallèle à l'aiguille I suspendue ; les déviations sont observées sur un limbe horizontal. On commence par orienter le rhéomètre de manière que les deux aiguilles aimantées se trouvent dans le plan du cadre; alors l'aiguille soutenue par la tige correspond au zéro du limbe. Si maintenant, après avoir fait communiquer les fils om, $o'n$ (fig. 10) avec les extrémités m, n du fil du rhéomètre, on vient à chauffer l'une des faces b, b' de la pile P, cette élévation T' de température déterminera une déviation Γ dans les aiguilles. Si, au contraire, on refroidit cette face b pour avoir un abaissement —T' de température, ou ce qui revient au même, si l'on chauffe l'autre base b', l'aiguille sera encore déviée, mais en sens contraire.

Pour pouvoir conclure de la déviation de l'aiguille l'intensité de l'effet calorifique ou la densité des atomes de chaleur de l'anisothermie T', produit sur l'une des faces b ou b' de la pile, on construit des tables dans lesquelles, pour chaque degré de déviation, sont inscrits les nombres qui représentent l'anisothermie T' qui est la différence de température des deux faces b, b'. Melloni n'étend pas ces tables au delà de 35° ou de 20° de déviation Γ, parce que, plus loin, le moindre déplacement dans la position de l'axe

de suspension de l'aiguille apporte des changements no-
tables dans les indications de l'instrument ; et cela à cause
des poussées *p* qui ne sont pas limitées aux deux extrémités
de l'aiguille, mais sont dirigées vers ses deux moitiés pour
être représentées, non pas par les arcs des angles, mais par
leur sinus, que Melloni n'a pas connu, et cela parce qu'il
ignorait le cause qui soutient l'aiguille dans le méridien
magnétique.

§ 53. **Banque de Melloni.** C'est ainsi qu'on nomme l'ensemble des appareils réprésentés dans la figure 10. 1° La
règle LD supporte différentes pièces que l'on peut déplacer
et fixer. 2° P est la pile thermoélectrique. 3° *r* est le rhéomètre. 4° *a*, *a'* sont deux écrans formés de deux ou trois
lames de laiton, et pouvant tourner dans leur propre plan,
de manière à s'abattre latéralement quand on veut découvrir la pile. 5° *l*, *p*, *c* sont différentes sources de chaleur
que l'on emploie alternativement : *l* est une lampe de Locatelli à un seul courant d'air et sans cheminée de verre ; la
mèche n'est pas creuse au milieu et elle présente une section carrée ; un niveau constant d'huile est entretenu dans le
bec par le même artifice que dans la lampe d'Argand ; *c* est
un cube plein d'eau chaude dont on entretient la température en plaçant au-dessous une lampe à alcool ; *p* est une
hélice en platine, que l'on rend incandescente dans la
flamme d'une lampe à alcool. 6° L'écran *e* est à ouverture
variable ; on fait varier la grandeur de cette ouverture au
moyen d'un disque S qui porte sur son pourtour des trous
circulaires de grandeurs différentes, que l'on amène successivement au milieu de l'ouverture de l'écran pour déterminer le faisceau qui tombe sur la pile. Enfin 7° le support *t*
sert à soutenir les corps que l'on veut faire traverser par
la chaleur rayonnante.

§ 54. **Mode des observations.** Pour évaluer la densité
d'atomes de chaleur transmis à travers un corps placé à
l'ouverture de l'écran *e*, on commence par disposer la

source de chaleur à une distance telle que la déviation Γ de l'aiguille du rhéomètre soit de 30°, quand ses rayons tombent librement sur la face b de la pile. On interpose ensuite l'écran a', et l'on place la lame à l'ouverture de l'écran e. Quand la pile s'est complétement refroidie, ce que l'on reconnaît à ce que l'aiguille du rhéomètre est revenue au zéro, on abat l'écran a' et l'on voit alors l'aiguille du rhéomètre s'avancer graduellement, atteindre bientôt un arc maximum que Melloni nomme *arc d'impulsion*, puis revenir sur ses pas, et finir par se fixer, après un certain nombre d'oscillations. Pour abréger le temps de ces oscillations, on place au-dessous de l'aiguille un disque de cuivre sur lequel est tracée la division.

Melloni a reconnu par l'expérience que la déviation Γ a toujours le même rapport avec l'arc d'impulsion qui lui correspond; on peut donc construire des tables dans lesquelles on inscrit, pour l'instrument dont on se sert, les déviations stables Γ, Γ', Γ''... qui ont lieu après chaque déviation maximum $\Gamma+\frac{1}{n}\Gamma$, $\Gamma'+\frac{1}{n}\Gamma'$, $\Gamma''+\frac{1}{n}\Gamma''$... de sorte qu'il suffit d'observer ces déviations maxima pour connaître les déviations stables Γ, Γ', Γ''.... En suite de ces déviations on cherche, au moyen de tables construites *ad hoc*, les augmentations T' de température subies par la face b ou b' de la pile; et en comparant ces températures $T+T'$ et T, on en conclut la quantité $q\theta = T'$ d'atomes de chaleur qui a traversé la lame placée dans l'écran e.

On représente ordinairement par 100 la quantité Θ de chaleur que reçoit directement la pile, et l'on y rapporte la quantité $q'\theta$ de chaleur transmise, au moyen d'une proportion. Par exemple, si la température $T+T'$, communiquée directement à la face b de la pile, est de 35° centigrades et si cette température est seulement de 14°, quand on interpose la lame, on écrira $35 : 14 = 100 : X = 40$; ce résultat est exprimé en disant que sur 100 rayons ou atomes de chaleur la lame en a laissé passer 40 et en a arrêté 60.

Construction des tables de gradation. Melloni faisant la comparaison entre les déviations Γ, Γ', Γ'''... de l'aiguille et les anisothermies T', T'', T'''... des deux faces b, b' de la pile, ne trouva pas un rapport constant; quand la déviation est de 35°, la différence T' de température $T + T'$ et T des deux faces b, b' varie entre 6° et 8°; pour cette raison il tenta de ne pas obtenir de déviations Γ au delà de 20°; il a employé pour cela deux méthodes différentes.

Première méthode. Melloni a conduit la chaleur des deux sources constantes aux deux faces b, b' de la pile, qu'il déplaça vers l'une ou vers l'autre des sources pour que l'aiguille du rhéomètre restât au zéro. Il éloigne alors un peu la source s du côté de la face b, de manière à obtenir un écart de 5 à 6 degrés. On intercepte alors avec un écran les rayons venant d'une des sources s et l'on observe la déviation produite par l'autre s' agissant seule ; on cherche de même la déviation en sens opposé quand est masquée la source s' et que l'autre s reste, et la différence de ces deux déviations doit être égale à la déviation Γ observée sous l'influence des deux sources agissant simultanément; cela n'a lieu cependant que pour les petits angles où l'on peut remplacer le sinus par son arc. Par exemple, si l'une des sources s produit seule une déviation de 15° et l'autre une déviation en sens contraire de 5°, la différence sera de 10°; et les deux sources agissant simultanément donneront une déviation égale à cette différence 10°.

Mais si les déviations sont plus grandes que 20° où le sinus ne peut pas être remplacé par son arc, il n'en sera plus ainsi. Par exemple, si elles sont de 42° et 44° dont la différence est 2°, la déviation sera de 8°, les deux sources agissant ensemble. Melloni trouva empiriquement, par le moyen indiqué, que les arcs de 4° compris entre 20° et 24°, 24° et 28°... équivalent à 5°,12, 6°,44... pris à partir du zéro.

Deuxième méthode. Elle consiste à faire agir sur la pile

une source qui produise une petite déviation de 10°, par exemple. On interpose ensuite une lame de verre ; la déviation est moindre, par exemple, de 5° ; Melloni conclut que la lame de verre intercepte la moitié du rayon, en attribuant la poussée suivant les arcs et non pas suivant leurs sinus. Quand on rapproche la source de manière à obtenir une déviation, par exemple, de 30°, si l'on interpose la lame, la déviation n'est plus de 15°, mais de 17°,6 dont le double 35°,2 est admis comme véritable valeur qui correspond à la déviation 30° observée.

III. — COMPARAISON ENTRE LES ESPÈCES D'APPAREILS THERMOMÉTRIQUES.

§ 55. Les faits exposés ne laissent pas l'ombre d'un doute sur l'accord des résultats thermométriques obtenus au moyen des changements de la température correspondant : 1° à ceux observés dans les volumes des corps, et 2° à ceux observés aux déviations de l'aiguille. Pour remonter à l'origine commune de ces deux résultats de nature différente, il faut déterminer d'abord : 1° la cause du volume des corps, et 2° celle de la position de l'aiguille dans le plan du méridien magnétique.

§ 56. **Volume des corps.** La pression P de la part de la pesanteur sur les corps et la répulsion R qu'éprouvent leurs atomes σ de la part de la chaleur sont deux facteurs ou écoulements des deux espèces de fluides qui viennent en rencontre aux atomes q chimiques des corps dont l'ensemble constitue le volume v ou l'espace dans lequel sont contenus ces atomes σ.

Diminution du volume. 1° Si la répulsion R de la part de la chaleur $q\theta'$ reste la même, comme cela a lieu quand la température n'éprouve aucun changement, le volume v des corps diminue et devient $v - v'$ quand on augmente la pression normale P de la pesanteur qui pousse les corps vers la surface de la Terre et fait devenir cette pression $P + P' + P''$. De même 2° si la pression P reste en son état normal et que l'on éloigne du corps une quantité $q'\theta$ de la chaleur d'imbibition $q\theta'$ pour la faire diminuer et rester $(q - q')\theta'$, le volume v du corps diminue également et devient $v - v'$.

Augmentation du volume. 1° Nous ne pouvons pas faire disparaître ou diminuer la pression normale P qu'éprouvent les corps vers la surface de la Terre, mais dans les cas où l'on a fait augmenter cette pression et qu'elle est devenue $P + P' + P''$ au moyen des poids $p' + p''$, on peut, en éloignant successivement les poids p', p'', faire diminuer la pression qui devient alors $P + P'$ ou P. En pareil cas, on voit augmenter le volume du corps qui éprouve cette diminution de pression, et il devient $v + v'$ sans que la température change. De même 2° le volume v des corps augmente et devient $v + v'$ quand la pression P de la pesanteur reste la même et que la répulsion R augmente et devient $R + R'$, ce que l'on obtient au moyen d'une augmentation de la quantité $q\theta'$ ou de leur densité δ opérée par l'introduction d'une nouvelle quantité $q'\theta'$ d'atomes de chaleur ou par l'élévation de la température.

§ 57. **Déviation de l'aiguille magnétique de sa position.** Avant d'indiquer les modes de ces déviations, il est nécessaire de prouver l'existence d'une pression qui sollicite les magnètes à se tenir instamment, comme les bateaux flottants, non-seulement dans la direction du courant, mais elle les empêche encore de tourner et les force à rester dans la même direction sans renverser les extrémités. Le magnète prouve par ces deux faits : I, l'existence d'un fluide dont l'origine ou la source est dans les régions froides de la Terre et qui s'écoule vers les régions les plus chaudes et les moins éloignées, précisément comme cela a lieu pour la thermoélectricité de la pile ; II, l'existence d'une direction héliçoïdale : 1° dans l'écoulement d'un fluide, et 2° dans l'arrangement des couches c, c, c... des atomes δ du ma-

guète, de manière qu'ils aient les faces f, f', f'', d'électricité négative arrangées en direction hélicoïdale pour laisser
s'écouler les équivalents $\bar{E}$ de la thermoélectricité terrestre
en y exerçant le minimum de résistance.

§ 58. L'aiguille magnétique indique par sa position l'équilibre entre les poussées latérales qu'elle éprouve de la part des
courants thermoélectriques dirigés des régions froides vers
les régions chaudes les moins éloignées ; pour que l'aiguille
quitte cette direction, il suffit d'un courant du fluide de
même nature qui détermine la déviation du courant ter—
restre, et ainsi résulte une déviation analogue de l'aiguille
qui peut être observée, comme cela se trouve expliqué en
détail dans l'*Electrostatique*, page 285.

§ 59. **Comparaison entre l'électricité de la pile métallique et de la Terre.** La *face* b de la pile (fig. 9) ou la
soudure a (fig. 7) chaude du circuit correspondent aux pays
tropicaux fortement échauffés par le Soleil ; la *face* b' de la
pile ou la soudure o du circuit correspondent aux régions
froides polaires de la Terre. Comme dans la soudure a ou
dans la face b de la pile la chaleur se décompose, afin que
l'électricité négative $\bar{E}$ s'éloigne par le bismuth, pour faire
venir en direction opposée l'électricité positive $\bar{E}$ de la soudure a ou de la face b' froide de la pile par le même bismuth, de même l'électricité négative s'écoule dans la Terre
des régions tropicales vers les régions froides pour que l'électricité positive $\bar{E}$ de ces régions s'écoule vers l'équateur.

L'électricité positive $\bar{E}$ s'écoule par l'antimoine ou tout
autre métal dont la chaleur spécifique est supérieure et l'électricité positive spécifique inférieure. Une telle chaleur existe
dans l'intérieur de la Terre; ainsi les couches souterraines
de température supérieure opposent moins de résistance
aux équivalents de l'électricité positive $\bar{E}$ et elles leur livrent passage en les laissant s'écouler vers les régions les
moins chaudes. De sorte que, dans la pile et dans la Terre,
il y a des écoulements électriques de même nature, il ne reste

8

plus qu'à déterminer les rapports entre les poussées où est
grande la déviation, soit $\Gamma+\Gamma'$, si celle où elle est petite, soit Γ.

§ 60. **Rapport entre les poussées du rhéomètre et
les déviations de l'aiguille.** Les courants terrestres rectilignes peuvent être nommés méridionaux parce qu'ils dévient peu du méridien géographique de chaque pays; ainsi
il ne faut pas un courant d'une bien grande densité pour
affecter d'une petite déviation le courant méridional et produire en même temps une déviation de l'aiguille, car celle-ci
obéit alors à la poussée venant du côté du thermomultiplicateur. Pour que l'extrémité nord n de l'aiguille dévie
vers l'ouest, il faut, au moyen de ce multiplicateur, repousser le courant méridional du côté nord n (fig. 11) de
l'aiguille vers l'ouest et du côté sud s vers l'est; alors,
1° l'extrémité n nord de l'aiguille obéira à la poussée p
orientale de la part du courant du multiplicateur, et 2° son
extrémité s sud obéira à la poussée $-p$ occidentale du
même courant dont la direction est indiquée par les flèches
fn, ns, p, np.

La déviation Γ résulte : 1° de la différence entre la poussée
immédiate de la part du courant méridional, et 2° des poussées p, p' de la part du multiplicateur; celle-ci reste dans
la même périphérie, tandis qu'augmente la distance $a'd'$,
$d'a'e'$ indiquée par le sin Γ de la déviation.

Figure 11.

Nord.

Ouest.   Est.

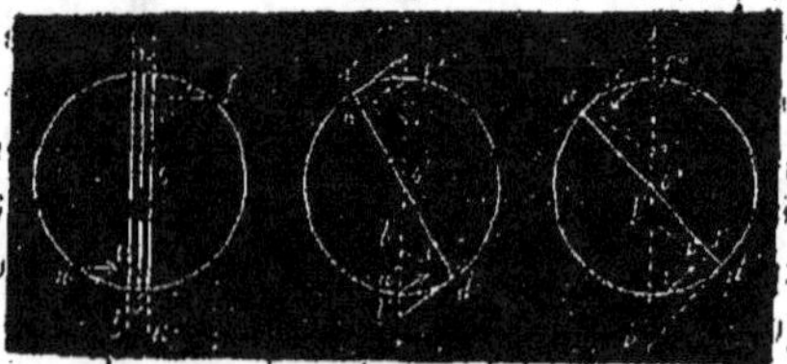

Sud.

Soit $fn ns$ (fig. 11) la bobine formée du fil du multiplicateur parcouru par le courant électrique dans le sens indiqué

par les flèches fe, nt, ab, cd sont les courants thermoélectriques terrestres qui maintiennent l'aiguille ns du rhéomètre dans sa direction méridionale, quand le multiplicateur n'est pas parcouru par le courant également thermoélectrique venant de la pile. Dès que ce courant arrive, ses équivalents électriques $\tilde{E}$ repoussent leurs homonymes méridionaux et les font dévier pour prendre les positions $e'a'e'$ et $b'd'b'$ ou celles $e''a'e''$ et $b''d''b''$; les mêmes déviations ont lieu pour l'aiguille $a'd'$ ou $a''d''$.

La poussée p de la part des équivalents électriques du multiplicateur se maintient dans le même degré quand la même source de chaleur incidente reste sur la pile. La déviation $b'd'b'$, $e'a'e'$ correspond à la poussée p, car ce courant méridional $e'a'e'$, $b'd'b'$ tend à revenir à sa position normale ab, cd; ainsi résulte un état d'équilibre après les oscillations qui suivent la première répulsion; celle-ci résulte de l'accumulation d'équivalents électriques $(q'' + q')\tilde{E}$ entre le multiplicateur et le courant méridional avant que la direction de son écoulement soit interrompue. Ces équivalents électriques $(q'' + q')\tilde{E}$ se consomment pendant les oscillations, et l'équilibre s'établit quand il n'en reste plus que la quantité $q\tilde{E}$.

§ 61. **Pourquoi les déviations r ne sont-elles pas analogues aux poussées p?** Melloni trouva par l'expérience que 2 degrés entre 44° et 42° de déviations divergentes sont produits d'une poussée égale à celle qui produit une déviation de 8° à partir de zéro. Les 4 degrés entre 28° et 24° ont la valeur de 6°,84, et ceux entre 24° et 20° ont la valeur de 5°,12. Melloni se trouvant hors d'état de constater la cause de cette apparente anomalie, se borna aux résultats exacts obtenus par l'expérience, résultats dont l'origine se présente ici tout naturellement.

Si la déviation $a'b'e'$ est de 22° et celle $a''b''e''$ de 44°, la résistance R de la part du courant méridional en $e''a'e''$ n'est pas le double de celle R dans la déviation en $e'a'e'$, mais elle est plus grande, parce qu'elle résulte, non pas des équivalents déplacés contenus dans une ligne, mais de ceux qui sont contenus dans l'espace d'un cône; de sorte que ces résistances R, R'... augmentent suivant les volumes de ces cônes, tandis que les poussées p de la part du courant du multiplicateur augmentent suivant les directions linéaires fe, $f'e'$, $f''e''$...

On peut prendre pour exemple, si l'on veut, des courants d'air à la place des courants thermoélectriques; l'aiguille magnétique ns sera alors représentée par la girouette : l'air du courant méridional éprouvera une déviation par la poussée p qui arrive dans la direction fe ou $f'e'$ et la girouette prendra la direction $a'd'$. Il résulte de là, suivant les lois aérostatiques, que pour obtenir une déviation $e''o''a''$ double de celle $e'o'a'$, il ne suffit pas d'une poussée double $2p$, mais qu'une beaucoup plus forte est nécessaire, et cela parce que la résistance R dans la grande déviation résulte de la masse d'air qui occupe tout l'espace ambiant en forme d'un cône.

§ 62. **Thermométrie électrique.** Il a été indiqué déjà que l'une des faces b (fig. 10) de la pile P doit être exposée à la chaleur de la source constante, et que l'autre face b' doit rester en son état normal; il en résulte une inégalité de température entre les deux faces et par suite une destruction D d'équilibre qui correspond à la différence T' entre la température $T + T'$ de la face b et celle T de la face b'. L'équilibre thermostatique s'établit dans les corps homoïdes par la dispersion de la chaleur dans toutes les directions; on obtient alors une élévation de température qui commence à se propager par la partie la plus prochaine.

Dans la pile métallique cela s'opère différemment : ce n'est pas la chaleur qui se répand de la face b, elle y disparaît au contraire et donne naissance aux équivalents électriques qui se propagent dans toute la longueur du fil du thermomultiplicateur.

Ainsi donc, la quantité de chaleur Θ qui arrive en chaque unité de temps à la face b de la pile détermine, 1° l'anisothermie T', 2° le degré de la destruction D d'équilibre ther-mostatique, 3° la quantité $q\ddot{E}$ d'équivalents électriques écoulés en chaque unité de temps, 4° la poussée p exercée de la part de ces équivalents contre leurs homonymes du courant méridional, et 5° c'est ainsi qu'il en résulte la dé-viation Γ de l'aiguille.

§ 63. Si Melloni ne s'était pas assuré de l'état constant de température dans la face b' de la pile, on serait conduit à y admettre une élévation de température analogue à celle T' produite à la face b qui reçoit la chaleur incidente Θ, car en pareils cas, il résulte une diminution de la différence $T'-T$ entre la température $T+T'$ de la face b et celle $T+T$ de la face b'.

§ 64. **Résumé.** Les résultats thermoélectriques obtenus, 1° au moyen des changements du volume, ou 2° au moyen de la destruction de l'équilibre thermométrique et de la quantité d'atomes de chaleur décomposés en chaque unité de temps correspondent en effet aux densités ∂ des atomes ϑ' de chaleur contenus dans le milieu des corps en état d'imbibi-tion, et cela toujours quand la chaleur comparée ou ob-servée provient de la même source, parce que des atomes de chaleur d'une espèce n'exercent pas sur les atomes σ chimiques la même répulsion R qu'exerce sur ces mêmes atomes une égale densité d'atomes d'une autre espèce de chaleur, comme cela va être démontré.

Il a été prouvé qu'il y a sept espèces de chaleur dont chacune produit le sentiment de chaud, comme il y a sept espèces de lumière dont chacune fait apparaître la forme des objets; nous distinguons les espèces de lumière dont les unes font apparaître les formes des objets plus nette-ment que les autres; le même effet a lieu pour les espèces de chaleur; les unes exercent sur les atomes σ chimiques une répulsion qui est différente de celle R' qu'exercent sur les mêmes atomes σ les autres espèces de chaleur quoiqu'il n'y ait aucune différence entre la densité de leurs atomes.

CHAPITRE II.

DE L'EXPANSION DE LA CHALEUR ET DE SA PROPAGATION DANS LES CORPS.

§ 65. La chaleur venant en contact avec la surface d'un corps se divise en deux parties inégales $q\theta$, $q'\theta$, dont l'une $q\theta$ est réfléchie et dont l'autre $q'\theta$ pénètre la surface en y éprouvant une réfraction. Cette pénétration s'opère de la part du milieu du corps en dehors, quand le corps est plus chaud que l'espace environnant ; au contraire, s'il est moins chaud, la chaleur pénètre du dehors dans son milieu. Ainsi trois espèces de faits résultent de là : 1° la réflexion de chaleur, 2° son émergence des corps, appelée par les physiciens *pouvoir émissif*, et 3° son immergence dans les corps, nommée *pouvoir absorbant*. Ces trois cas de déplacements de chaleur diffèrent de celui de la comparaison entre 1° les températures $T+T'$ et T, ou 2° les densités des atomes d'imbibition θ' dans le milieu des corps et dans l'espace qui les circonscrit.

§ 66. Les corps peuvent avoir la surface solide, polie ou couverte de poudre impalpable ; les métaux peuvent être coulés et avoir ainsi une structure déterminée par la chaleur écoulée pendant leur solidification, quand en même temps il existe une production de thermoélectricité dont les équivalents restent à l'état latent et dissimulé ou comme *électricité d'imbibition*. La surface d'un corps peut recevoir de très-minces couches de vernis dont l'épaisseur différente modifie les quantités de chaleur émergente ou immergente.

La quantité de chaleur qui pénètre la couche d'un corps dans l'un ou dans l'autre sens n'est égale que, 1° dans les cas où la chaleur est séparée de la lumière; 2° dans les cas où la surface de cette couche se trouve dans le même état sur l'une et l'autre. Par suite d'oubli, sans doute, les physiciens n'ont pas fait cette remarque, et ainsi ils ont rencontré plusieurs anomalies.

§ 67. Les métaux réfléchissent la chaleur incidente et n'en retiennent qu'une très-petite partie; mais réduits à l'état de poudre impalpable, ils laissent pénétrer toute la chaleur quand elle est seule ou unie avec la lumière. Le verre réfléchit une partie de la chaleur incidente et livre passage à l'autre; mais à l'état de poudre impalpable il ne réfléchit rien et livre passage à toute la chaleur incidente. Il y a une distinction à faire entre cet état de poudre impalpable et celui où les surfaces sont simplement inégales, parce que, dans ce dernier cas, il se produit une diffusion de chaleur dans toutes les directions.

§ 68. Il y a deux réflexions $q\theta$ et $q'\theta$ dans les métaux : 1° une simple, opérée sur la surface, et 2° une opérée au-dessous d'une couche c très-mince. Dans les verres, la deuxième réflexion $q'\theta$ manque. Cette différence est constatée dans la quantité de chaleur réfléchie qui augmente dans les verres avec l'angle d'incidence, car alors diminue la chaleur $q\theta$ qui pénètre; mais comme celle-ci est aussi réfléchie dans les métaux, elle se mêle avec celle $q\theta$ réfléchie sur la surface, et ainsi il ne se montre aucun changement entre la somme de ces deux portions $(q+q')\theta$ de chaleur et l'angle γ d'incidence, comme cela a lieu pour la réflexion opérée dans le verre.

Il n'est pas permis de douter ici, parce que quand l'incidence augmente jusqu'à devenir $\gamma = 80°$ la quantité $q\theta$ réfléchie dans le verre est supérieure à celle réfléchie dans

dans l'incidence inférieure $\gamma - \alpha$; la quantité $q'\theta$ de chaleur réfractée est alors inférieure. Dans les métaux, où cette quantité $q'\theta$ éprouve aussi une réflexion, mais sous un angle γ' d'incidence assez différent de celui γ, les deux quantités $q\theta$ et $q'\theta$ ne coïncident pas bien comme précédemment, et ainsi il se montre une diminution dans la chaleur réfléchie sous l'incidence 80°; cette diminution devient plus grande sous les incidences $80° + \alpha'$.

I. — RÉFLEXION DE LA CHALEUR ET MIROIR D'ARCHIMÈDE.

§ 69. Lorsque les atomes de chaleur θ en expansion rencontrent la surface de séparation du milieu dans lequel ils sont et d'un autre milieu dans lequel ils pénètrent, l'expérience montre qu'ils se divisent en deux parties $q\theta$, $q'\theta = (q + \alpha)\theta$, dont l'une $q\theta$ revient dans le premier milieu et constitue *la réflexion*, l'autre $(q + \alpha)\theta$ passe au delà de la face f de séparation, et, 1° si le corps est un métal, elle éprouve aussi une réflexion dans la face f' postérieure de la couche superficielle c et se mêle avec la partie $q\theta$; 2° dans les autres corps, la partie $(q + \alpha)\theta$ n'éprouve pas de réflexion, mais pénètre dans leur milieu.

Sans un changement du milieu dans lequel la chaleur se propage par le rayonnement, il n'y a pas apparition de réflexion; un nouveau milieu se distingue par les atomes matériels σ qui l'occupent, ces atomes σ, étant composés de barogène β sans expansion et de chaleur spécifique θ'' seule ou avec lumière φ'', exercent une résistance r sur les atomes de chaleur libres, et ainsi ils en arrêtent une quantité θ' et la réduisent à l'état d'*imbibition*. Ce sont donc ces atomes θ' d'imbibition qui éprouvent une pression p de la part des atomes incidents θ et une résistance r de la part des atomes spécifiques θ'' contenus dans les atomes σ matériels ou chimiques.

§ 70. Si la pression p est supérieure à la résistance r, il y aura de la face postérieure du corps un écoulement d'atomes θ' de chaleur d'imbibition qui sont remplacés dans la face antérieure f par une égale quantité $q'\theta$ d'atomes de chaleur incidents ; de sorte que l'état thermostatique du corps n'éprouve pendant ce passage aucun changement ; le passage de la lumière par le milieu des corps s'opère de la même manière, et cela a lieu également pour le passage de l'électricité ; les gaz mêmes et les liquides ne s'écoulent par le milieu des corps qu'au moyen de leurs homonymes contenus dans le milieu des corps à l'état d'*imbibition*.

Pour rendre ce mode de passage des fluides plus évident, on peut considérer le milieu des corps comme composé de petits tuyaux o, o, o... dont l'ouverture o est différente dans chaque corps, et qui sont remplis du fluide d'imbibition ou même de plusieurs espèces de fluides. Chaque fois qu'il se présente de nouveaux atomes dans l'ouverture antérieure o, leurs homonymes ne peuvent commencer à s'écouler par l'ouverture postérieure o' que dans les cas où la pression p est supérieure à la résistance r.

Si les ouvertures o sont petites, elles occupent dans la surface S la partie s qui est supérieure à celle $S - s'$ qu'occupent, dans la même surface S, les grandes ouvertures O des tuyaux larges ; des atomes Θ de chaleur incidents sur la surface S il pénètre dans le corps par les grandes ouvertures O une quantité $(q' + \alpha)\theta$ plus grande que celle $q'\theta$ qui pénètre par les petites ouvertures o. Pour cette raison la quantité $\Theta - (q' + \alpha)\theta$ de chaleur réfléchie dans un cas est inférieure, tandis qu'est plus grande celle $\Theta - q'\theta$ qui est réfléchie de la même surface S contenant les petites ouvertures des tuyaux. Cet exemple et cette comparaison ne servent qu'à indiquer comment les atomes d'imbibition font en même temps apparaître : 1° la transmission de la partie $q'\theta$ de chaleur et 2° la réflexion d'une autre partie $q\theta$. Dans les métaux est réfléchie aussi la partie $q'\theta$, sur la face f' séparément de la partie $q\theta$ réfléchie sur la face antérieure f de la couche superficielle c.

§ 71. **Mode de la réflexion.** Toutes les espèces de fluides sont soumises à la même loi de réflexion qui dépend de leur propagation, dans laquelle la pression verticale centripète éprouve une répulsion égale centrifuge sans qu'aucun changement ait lieu quant à la pression horizontale. Soit ik (fig. 12) la direction des atomes Θ de chaleur incidente qui peut être considérée comme résultante d'une pression p verticale dans le sens pi, et d'une autre p' horizontale dans le sens $m'i$. Ces atomes Θ arrivent en i : 1° l'une partie $q\theta$ est en contact avec les atomes ϑ d'imbibition contenus dans les ouvertures o ou O des tuyaux admis pour faciliter l'explication, et 2° l'autre partie $q\theta$ reste en contact avec les parois des ouvertures. Cette partie $q\theta$ est celle qui éprouve une contrerépulsion $-p$ centrifuge égale à la pression p centripète, de sorte que les composants ou les facteurs du mouvement deviennent $-p$ qui est la poussée centrifuge dans la direction ip, et la poussée horizontale p' reste dans la direction im. Les atomes $q\theta$ prennent une direction ir qui forme avec la normale ip le même angle $r'ip$ que l'angle d'incidence $\gamma = pil$.

Pour que l'angle d'incidence augmente, la poussée p' horizontale doit augmenter aussi ; alors augmente la partie $q\theta$ d'atomes réfléchis, et diminue la partie $q'\theta$ d'atomes réfractés, parce qu'en cas pareils diminue la pression p centripète qui est exercée sur les ouvertures o ou O des tuyaux admis. Cette pression p augmente quand diminue l'angle γ d'incidence $\gamma = d'ip$, $d''ip$, et c'est alors qu'augmente la partie $q'\theta$ de chaleur qui pénètre.

§ 72. **Mode de réflexion sur les métaux.** La partie réfractée $q'\theta = (q + u)\theta$ du rayon i n'émerge pas de la surface postérieure du métal, mais après avoir parcouru une couche c très-mince, elle éprouve dans la face postérieure f de cette couche une réflexion presque totale, et revient dans la couche c dont elle émerge en éprouvant une seconde réfraction en sens divergent de celui de la réfraction précédente; celle-ci a fait approcher le rayon $i'i$ de la normale ip en prenant la direction $d'i$, et la seconde réfraction fait disparaître ce rapprochement et ainsi coïncident, parce que les rayons ir, ir' réfléchis sont presque parallèles et très-peu éloignés l'un de l'autre.

§ 73. En opérant avec les rayons solaires il est possible, au moyen des plans de polarisation, de connaître: 1° la partie $q\theta$ réfléchie dans la face antérieure f qui a son plan de polarisation dans le plan d'incidence, et 2° la partie $q'\theta$ réfléchie dans la face f' postérieure de la couche c qui a son plan de polarisation dans le second azimut, et cela à cause des réfractions. Pour la chaleur nous ne pouvons pas faire les mêmes observations avec une exactitude aussi rigoureuse que pour la lumière; mais, comme il vient d'être indiqué, elle commence à diminuer quand l'angle χ d'incidence devient supérieur de 80°, car alors augmente l'angle $'$ de réfraction, et cela fait augmenter l'intervalle entre les rayons réfléchis ir, ir' où sont contenues les portions $q\theta$ et $q'\theta$ de chaleur.

Après avoir ainsi constaté l'identité entre la réflexion du faisceau de chaleur et celle de la lumière, il s'ensuit qu'au moyen des lentilles ou des miroirs concaves, les rayons peuvent être réfléchis en directions convergentes pour se croiser en un seul point f, qui obtient pour cela une grande densité d'atomes θ de chaleur, et aussi une température élevée $T+T'$. Ce point f est pour cela nommé *foyer du miroir*, et l'on nomme *ardents* les miroirs qui ont un foyer pareil. Le foyer peut se trouver à une petite ou à une grande distance de la surface du miroir, et sous ce rapport on distingue les miroirs ardents en *anchicaustiques* ou ardents à petite distance, et en *télécaustiques* ou ardents de loin. Archimède paraît avoir connu la construction de ces deux espèces de miroirs; quant aux physiciens modernes, ils n'ont pu parvenir à connaître la construction des miroirs *télécaustiques*, non pas par suite d'un manque de connaissances nécessaires, mais par un léger oubli, comme nous allons le prouver.

A. Miroirs ardents anchicaustiques ou de petite distance.

§ 74. Pour que les rayons parallèles incidents de lumière ou de chaleur se croisent en un point, il faut une surface *mod* (fig. 13) d'un paraboloïde de révolution. Or, d'après les propriétés de la parabole, si l'on mène par un point m de la courbe une parallèle ms à l'axe of et une droite mf passant par le foyer de la courbe, l'angle smf de ces deux droites sera partagé en deux parties égales par la normale mn élevée en ce point m; et réciproquement si, ayant mené une droite fm du foyer f à un point m de la courbe, on mène de ce point m une parallèle mS à l'axe of du paraboloïde, l'angle Smn sera égale à fmn, et cette droite sera dans le plan de l'angle fmS.

Figure 13.

Figure 14.

Il en résulte que : 1° si nous plaçons un corps rayonnant au foyer f de ce miroir, les rayons, après s'être réfléchis sur sa surface, prendront une direction parallèle à l'axe of et par suite parallèle entre eux; et 2° si les rayons parallèles pa, Sm, sm'... incident au miroir parallèlement à son axe of, après leur réflexion ils vont se croiser au foyer *f.* Les expériences suivantes s'opèrent au moyen des deux miroirs paraboliques *m* et *n* (fig. 14) placés en face l'un de l'autre à une distance de 10 à 15 mètres, de manière que leurs axes coïncident.

§ 75. Au foyer du miroir *n* on dispose des charbons ardents, et au foyer F′ du miroir *m* on met de l'amadou ou du fulmi-coton. Au bout de quelques instants l'inflammation se produit, mais elle n'a pas lieu si l'on éloigne le corps inflammable du foyer F′. De même si l'on met au foyer du miroir *n* une petite boule incandescente et au foyer F′ le réservoir d'un petit thermomètre, on remarque qu'il ne monte que lorsqu'on le place très-exactement au foyer. Enfin, en plaçant une bougie au foyer du miroir *n*, les rayons de lumière et de chaleur coïncident au point F′.

§ 76. **Miroirs ardents sphériques.** Si la surface du miroir *moa* est sphérique (fig. 13), les rayons parallèles incidents S*m*, *pa*, *p′e* ne se croisent pas en un point *f* après leur réflexion, mais en une ligne d'une longueur λ; cette longueur cependant diminue jusqu'à devenir presqu'un point quand la surface du miroir *eae′* contient un petit nombre de degrés ; alors R étant la longueur du rayon sphérique, la distance *of* entre la surface et le foyer est ½ R. Comme nous l'avons vu pour les miroirs paraboliques, de même ici pour les miroirs sphériques de cette espèce les rayons parallèles incident après leur réflexion vont se croiser au foyer *f* principal, et il suffit que l'ouverture *ee′* du miroir soit de 20 à 30 centimètres pour allumer les matières inflammables placées au foyer. Les miroirs de glace étamée réfléchissent de leur surface *s* de chaleur en quantité supérieure et produisent des effets bien plus énergiques que les miroirs métalliques, car ceux-ci réfléchissent de leur surface S la partie *qθ* d'atomes, et de la face *f* de la couche *c* est produite la réflexion de la partie *qθ* qui ne se croisent pas au même point *f* avec les atomes *qθ* réfléchis de la face *f* antérieure de la couche *c*.

§ 77. Quand le miroir a une grande ouverture pont recevoir une grande quantité de rayons et en même temps un grand rayon R pour qu'il satisfasse à la condition de ne comprendre qu'un petit nombre de degrés, il peut fondre des métaux, les matières terreuses, etc. En 1687, Tchirnhausen a construit en cuivre mince un miroir dont le rayon R était de 2^m,32 et l'ouverture de 1^m,72; le bois s'y enflammait, l'eau bouillait, le cuivre et l'argent fondaient dans son foyer. En 1757, Bernier a construit à Paris pour le roi un miroir en verre étamé de 1^m,16 d'ouverture, au foyer duquel l'argent et même le fer fondaient en quelques secondes. Les miroirs sphériques, qui produisent presque le même effet que les miroirs paraboliques, ont l'avantage d'avoir facilement l'axe en direction parallèle aux rayons incidents.

B. MIROIRS TÉLÉCAUSTIQUES OU ARDENTS AP. LOIN.

§ 78. Cette espèce de miroir a été employée par Archimède pour brûler les vaisseaux des Romains qui assiégeaient Syracuse. Galien, presque contemporain de cette époque, dit que ce grand géomètre brûla les vaisseaux de l'ennemi au moyen de pyria. Zonaras explique plus clairement cette opération : *Archimède, dit-il, ayant reçu les rayons du Soleil sur un miroir, à l'aide de ces rayons rassemblés et réfléchis par l'ouverture et le poli du miroir, embrasa l'air et alluma une grande flamme qu'il lança tout entière sur les vaisseaux qui mouillaient dans la sphère de son activité.* En 514, quand Vitalien assiégeait Byzance, il fut également fait un essai pour brûler les vaisseaux au moyen des miroirs télécaustiques; telles sont les mentions historiques de cet appareil qu'on n'a pas réussi à reproduire jusqu'à présent, malgré la grande supériorité des moyens dont on dispose aujourd'hui et qui manquaient à l'époque d'Archimède.

Pour se débarrasser de pareilles difficultés, certains physiciens modernes, parmi lesquels Descartes tout le premier, ont révoqué en doute ce fait, en donnant pour raison que Polybe, Tite-Live, Plutarque, etc., n'ont pas fait mention de cette circonstance dans les ouvrages qui ont été conservés. D'autres physiciens ont essayé, au moyen d'un grand nombre de miroirs plans, d'amener les rayons réfléchis à se croiser, non pas en un point, mais en un espace, pour y produire une élévation de température.

Anthémius, architecte de l'église de Sainte-Sophie, construite sous l'empereur Justinien, en discutant sur l'histoire des miroirs d'Archimède, fut amené à construire un appareil composé de vingt-quatre miroirs plans que l'on pouvait disposer de manière que les rayons réfléchis, se croisant au même espace, pouvaient enflammer du bois; ces miroirs étaient portés par des hommes qu'Anthémius dirigeait à volonté.

Longtemps après, Buffon imitant Anthémius, a construit une machine composée de cent miroirs plans en verre étamé d'un demi-pied carré ajusté à charnière sur un châssis, de manière que l'ensemble eût la forme d'une surface sphérique. Cette machine constituait un miroir concave dont on pouvait faire varier à volonté la distance du foyer. Avec cet appareil, Buffon fit fondre du plomb à 50 mètres, de l'argent à 33 mètres et le bois s'enflammait à 60 mètres....

D'après tous ces faits historiques, il devient clair que les *pyria* d'Archimède n'étaient, 1° ni des miroirs concaves comme ceux de Tchirnhausen et Bernier qui agissaient à de petites distances; 2° ni des miroirs plans comme ceux d'Anthémius et de Buffon; les *pyria* embrasaient l'un et l'autre formaient une grande flamme qu'Archimède lançait ensuite tout entière sur les vaisseaux qui mouillaient dans la sphère de son activité.

§ 379. *Description des pyria et leur application.* — La première condition est que la flamme des *pyria* devant être lancée plus loin que la distance que pouvaient atteindre les projectiles en usage à l'époque d'Archimède; 2° ensuite l'objet à détruire par la combustion devait nécessairement n'être pas mobile, mais fixe comme l'étaient les vaisseaux qui mouillaient dans le port; 3° les *pyria* pouvaient agir seulement du nord vers le sud, parce qu'à Syracuse, le Soleil reste suffisamment élevé du côté du port où étaient les vaisseaux, et Archimède, se trouvant du côté nord du port, pouvait faire usage de ses *pyria*.

Les *pyria* étaient des miroirs sphériques concaves d'environ 2 mètres d'ouverture et d'une très-légère courbure, qui ne devait pas atteindre même un degré. Soit mm (fig. 13) une telle partie de la grande surface sphérique d'un rayon $R = 200$ mètres; cette partie mm' est un miroir qui représente les *pyria*; l'arc mm' est inférieur à un degré et son ouverture mm' est de 2 mètres, de sorte qu'il reçoit autant de rayons solaires Θ que les deux miroirs ardents mentionnés et agissant à de petites distances. Si ces rayons Θ réfléchis des miroirs ou des *pyria* se croisent en un foyer f à une distance de 1 mètre ou dans un foyer F à une distance de 100, 200... 1000 mètres, la densité des atomes θ ne peut pas différer; il y aura cependant la différence suivante.

Dans les miroirs anchicaustiques l'angle Γ focal mfm' est grand et cet angle mFm' devient 100, 200..., 1000 fois moindre quand le rayon R de la sphère des *pyria* est 100, 200..., 1000 fois supérieur à celui r des miroirs anchicaustiques. Il s'ensuit qu'en partant du foyer f voisin, en suivant l'axe du cône mfm' des rayons réfléchis la température baisse dans un décimètre de distance et l'effet disparaît, tandis qu'en partant du foyer F éloigné, toujours en suivant l'axe du cône des rayons réfléchis, on se trouvera des deux côtés de ce foyer dans une *ligne caustique* qui peut atteindre à plusieurs centaines de mètres quand le rayon R a une longueur considérable. Donc les *pyria* n'avaient pas un seul point comme foyer, mais ils produisaient une *ligne caustique* d'une longueur considérable.

A l'extrémité *m* des *pyria* se trouvaient trois visières dans les directions *mf*, *mn* et *mS*; à l'autre extrémité *m'* était une seule visière dans la direction *m'f*. En tenant ces pyria, on vise le vaisseau *f* de *m* et de *m'*, et l'on s'en éloigne ou s'en rapproche jusqu'à ce qu'on ait trouvé une distance D qui permette de voir le vaisseau par les deux visières *mf*, *m'f*, et on marque ce point *p* de la station. Ensuite on va à gauche et à droite pour marquer une série de points pareils qui sont dans l'arc *p*, *p*, *p*... d'une périphérie π dont le centre est le vaisseau *f*, car le plan de l'angle *mfm'* doit passer par *f* et par le Soleil.

Au moyen de l'angle *fmn* de réflexion on détermine l'angle S*mn* d'incidence, et en passant d'un point *p*, *p*, *p*... à l'autre de l'arc des stations, on détermine une série de directions *mS* vers le ciel. L'ensemble de ces directions forme un arc *p'*, *p'*, *p'*... qui coupe en deux points *e* et *o* la périphérie que le Soleil doit décrire le lendemain. Archimède parvenait ainsi, pendant la nuit, à déterminer deux directions *d*, *d'*, vers ces points *e* et *o*, où, avant et après midi, devait se trouver le Soleil, pour que ses rayons pussent être reçus par les pyria, et réfléchis ensuite, aller se croiser en *f* où était le vaisseau.

Les rayons réfléchis, se croisant au foyer F éloigné, embrasent l'air, non pas dans un point restreint, mais dans l'étendue considérable d'une ligne caustique semblable à une longue flamme s'élançant tout entière sur les vaisseaux qui se trouvaient dans le rayon de son activité. Sans cette description si claire de Zonaras, on aurait pu révoquer en doute les profondes connaissances du célèbre géomètre de l'antiquité, qui sans doute laissa des successeurs dignes de lui, et qui tirèrent ces connaissances des ouvrages d'Archimède sur différentes applications de la géométrie à la physique : preuve évidente de l'ignorance des physiciens modernes.

Un miroir ne pouvait être employé qu'une fois avant midi et une fois après midi, quand le Soleil était également éloigné du méridien de l'un et de l'autre côté, et l'action ne pouvait pas être de longue durée, car elle était limitée à quelques minutes quand le Soleil passait par le plan déterminé de l'angle *fmn*. Donc un miroir ne pouvait être employé que pendant quelques minutes le matin et le soir, et cela sur un nombre de vaisseaux qui devaient se trouver dans le même plan. Pour opérer sur d'autres vaisseaux et pendant deux autres époques de la journée, il fallait un autre miroir qui ne différait du précédent que par la longueur du rayon R. Pour cette raison Archimède avait un grand nombre de miroirs, et c'est ainsi qu'Anthémius a cru avoir découvert les miroirs d'Archimède en remplaçant leur nombre par des miroirs plans.

Outre le nombre des miroirs il fallait encore en même temps tenir compte de leur déplacement; avant midi Archimède se trouvait au nord-ouest de la flotte, et dès qu'un miroir avait produit son effet il était transporté au point correspondant du côté nord-est de la flotte, tandis qu'Archimède passait au miroir suivant le plus approché du méridien qui passait par le milieu de la flotte. Ainsi les actions s'opéraient le matin du côté nord-ouest et le soir du côté nord-est.

C. APPLICATION DES MIROIRS TÉLÉCAUSTIQUES.

§ 80. Il y aurait aujourd'hui peu d'utilité à retrouver le secret de ces miroirs, qui ne peuvent plus servir au but que se proposait Archimède. Les moyens dont nous disposons permettent de construire des miroirs dont le foyer porte à une distance de plusieurs lieues et réfléchir une lumière artificielle qui peut être dirigée à volonté sur le miroir. Nous sommes donc devenus en état de faire parvenir au loin une ligne caustique d'une longueur considérable composée de lumière dense et de chaleur, effet qui jusqu'à présent ne pouvait guère être produit qu'à la distance d'un seul mètre, et cela non pas dans une ligne d'une longueur quelconque, mais seulement en un très-petit espace.

Ce n'est pas tout : la ligne caustique peut osciller avec une vitesse telle qu'elle fait apparaître une surface lumineuse, comme cela a lieu pour le charbon allumé qu'on agite vivement à gauche et à droite. Les nuages, les brouillards, les orages les plus forts qui interrompent la propagation de la lumière centrifuge doivent livrer passage aux rayons de lumière et de chaleur centripètes vers le foyer F éloigné. C'est donc en cela que consiste tout l'avantage qu'on retire des miroirs télécaustiques.

§ 81. I. **Phares.** La densité de la lumière répandue des phares actuels va en diminuant parce qu'elle est presque en rapport inverse avec les carrés des distances; cela fait qu'ils ne sont perceptibles de loin par les voyageurs que durant un temps clair, et qu'ils restent généralement sans utilité pendant les orages. Au moyen de lignes télécaustiques on peut transmettre des signaux à de grandes distances des côtes, quel que soit l'état atmosphérique. Les oscillations de cette ligne décrivent une bande périphérique dans tout l'intervalle que doivent traverser les voyageurs dirigés vers le port.

Un nouvel avantage qui manquait jusqu'à présent est l'indication géographique du point p où les voyageurs se trouvent. Ce point p est déterminé : I, au moyen de sa distance D du phare qui est la limite de la ligne caustique où la distance du foyer F du miroir qui est connu et invariable; II, au moyen de la durée de chaque oscillation ; en admettant cette durée de 30″; 1° si les voyageurs se trouvent dans une direction centrale également éloignée des deux extrémités N et S où sont les côtes, ils auront la ligne caustique toutes les 30″; 2° s'ils se trouvent à droite de cette direc-

tion centrale au milieu entre celle-ci et les côtés S, ils ob-
tiendront le passage de la ligne caustique en deux intervalles inégaux dont l'un sera de 7″,5 et l'autre de 22″,5;
l'intervalle court se trouvera du côté des côtes S, et il servira à déterminer la distance D′ entre le point p et la ligne
centrale; de ces deux distances D et D′ est déterminé le
point p.

§ 82. **Télégraphes télécaustiques.** Les vaisseaux de
guerre et même les navires marchands peuvent correspondre
entre eux ou avec les côtes au moyen des oscillations des
lignes télécaustiques, et cela toujours quand ils sont au-
dessus de l'horizon; et même, quand les vaisseaux sont au-
dessous de l'horizon, les voyageurs peuvent apercevoir dans
l'atmosphère les lignes caustiques lancées des côtes ou de la
part d'autres vaisseaux. Dans les oscillations de ces lignes
on lira les chiffres de dépêches télégraphiques. De pareils
télégraphes pourraient facilement être employés sur les continents et surtout en état de guerre.

§ 83. **Préservation de la vie des ouvriers dans les
mines.** Les lignes télécaustiques peuvent être employées
pour brûler les gaz combustibles dans les mines et pour
éclairer suffisamment l'espace où se trouvent les ouvriers,
parce qu'il est possible de faire augmenter le nombre de miroirs, l'intensité de la lumière qu'ils reçoivent et la vitesse
de leurs oscillations.

§ 84. **Observations météorologiques au moyen des
miroirs télécaustiques.** On peut exposer le miroir de
manière à ne pas avoir communication latéralement avec
la chaleur ambiante pour renvoyer sa chaleur au foyer F,
qui peut se trouver en une élévation H déterminée. L'abaissement de température dans la face du miroir indiquera la
température de la hauteur H de l'atmosphère.

§ 85. **Changement de l'état atmosphérique au
moyen des lignes caustiques.** Tous les météorologistes
savent qu'il faut un contact de masses d'air froid avec d'au-

tres d'air chaud pour qu'il se manifeste un changement dans
l'état de l'atmosphère. Ces changements peuvent être obtenus au moyen des lignes télécaustiques lancées dans les
élévations ou la température est à zéro ou même inférieure;
car l'air embrasé se trouvera en contact avec l'air froid.

§86. **Éclairage des villes au moyen des lignes caustiques.** Comme nous l'avons vu pour les mines, de même
les lignes caustiques peuvent être maintenues en mouvement oscillatoire très-rapide pour produire des surfaces
lumineuses séparées entre elles par de petits intervalles, de
sorte que, d'un seul endroit, la lumière puisse être lancée
sur une surface très-grande; l'intensité de la lumière augmente avec celle que reçoivent les miroirs.

Ce n'est pas ici le lieu de détailler les nombreuses applications qu'on peut faire des lignes télécaustiques, qu'on
pourrait, par exemple, utiliser pour éclairer l'intérieur de la
mer, et dévoiler les secrets de cet élément, où l'on peut ex-
périmenter avec les lignes lumineuses sur les habitants en
facilitant les opérations des plongeurs.

Dans l'*Acoustique*, nous prouverons que les lignes télécaustiques peuvent être employées comme porte-voix à
des distances considérables; mais quand aux décharges
électriques de la surface des miroirs vers leur foyer, nous
ne possédons encore aucune connaissance à ce sujet;
l'avenir nous l'apprendra peut-être.

II. — DIVISION DE LA CHALEUR INCIDENTE EN PARTIE RÉFLÉCHIE ET RÉFRACTÉE PAR LES CORPS DIFFÉRENTS.

§87. Au moyen des miroirs ardents on a pu constater l'existence d'une réflexion de chaleur pareille à celle qui a lieu
pour la lumière, mais on a remarqué aussi que des miroirs
égaux en glace étamée et en métaux ne produisent pas le
même effet, car la chaleur incidente Θ réfléchie sur le miroir

de glace accusé au foyer une température $T + T'$ supérieure
à celle T obtenue dans le foyer du miroir métallique.

On croit que le métal retient une partie $(a + a')\theta$ de chaleur supérieure à celle $a\theta$ retenue par la glace; mais tel excédant $a'\theta$ de chaleur ne se trouve pas dans le miroir métallique, comme on peut s'en convaincre directement en le tenant au devant de la bouche d'un poêle allumé. Cette remarque prouve que les métaux réfléchissent la chaleur en deux portions $q\theta$ et $q'\theta$: 1° la portion $q\theta$ est réfléchie dans la face antérieure f de la couche superficielle σ qui peut être considéré comme l'*épiderme métallique*; 2° la portion $q'\theta$ est réfléchie dans la face postérieure f' de cette couche σ ou de cet épiderme : Melloni soupçonna ce cas particulier.

Les foyers f et f' des deux portions ne coïncident pas, et pour cette raison le maximum de température de chacun d'eux est inférieur à celui obtenu dans le foyer unique F du miroir de glace. Ainsi les miroirs métalliques produisent des faits thermométriques différents de ceux obtenus par la glace ou par le verre ordinaire. Une série de faits de nature différente va être exposée, et ensuite sera indiquée la liaison qu'établit entre eux la loi thermostatique.

§ 88. **Quantités de chaleur réfléchie par les corps différents.** Les substances qui réfléchissent la chaleur sont appliquées sur un disque ab (fig. 15) que l'on dispose perpendiculairement à l'axe du miroir m qui passe par ff'.

Figure 15.

D'après la loi de réflexion, les rayons qui se réfléchissent sur la surface ab vont se croiser en un point f symétrique du point f' par rapport à la surface ab. On place en f la boule σ d'un thermoscope, et l'excès de température sur celle de l'autre boule σ' est proportionnel à la quantité de chaleur reçue par la boule σ et par conséquent à celle que réfléchit la plaque ab. Les excédants t', T', obtenus des plaques ab, $a'b'$, seront donc entre eux comme les quantités $q\theta$, $Q\theta$ de chaleur réfléchies de deux plaques, en supposant que la température de la source et les conditions des différentes parties de l'appareil restent les mêmes dans toutes les expériences. En représentant par 100 la quantité $Q\theta$ de chaleur que réfléchit le laiton poli, Leslie a trouvé les résultats suivants pour les autres substances :

Laiton	100	Plomb	20
Argent	90	Étain mouillé de mercure	10
Étain en feuille	85	Verre	10
Étain plané	80	Verre enduit de cire ou d'huile	5
Acier	70	Noir de fumée	0

§ 89. Outre ces rapports entre les quantités de chaleur réfléchie par les corps ici nommés, Leslie a reconnu que la quantité $q\theta$ de chaleur réfléchie du miroir m au foyer f, en l'absence de la plaque ab, diminue et devient $(q-\alpha)\theta$, $(q-\alpha-\beta)\theta$, $(q-\alpha+\beta-\gamma)\theta$... quand on applique sur la surface du miroir 1, 2, 3... n couches de vernis de colle de poisson, et cela jusqu'à ce que l'épaisseur atteigne par les n couches 25 millièmes de millimètre ($0^{mm},025$). L'épaisseur des couches a produit la diminution de chaleur réfléchie dans les rapports suivant où l'épaisseur est représentée en millièmes de millimètre :

Épaisseur des couches.	0	0,06	0,25	0,50	1,55	2,7	5,1	15,5	2,5
Chaleur réfléchie.	127°	98°	93°	87°	61°	58°	30°	21°	15°

De leur côté Melloni et Nobili ont observé la quantité $q\theta$ de chaleur réfléchie de corps au moyen du thermomultiplicateur ; comme source de chaleur, on a employé celle de la main qui offre l'avantage de rester constante pendant plusieurs heures. Par les déviations r de l'aiguille du théomètre ont été obtenus, sur les lames des corps ci-dessus nommés, les mêmes rapports entre la chaleur $q\theta$ réfléchie ;

de plus, il a été constaté que le mercure est le meilleur réflecteur pour la chaleur.

§ 90. **Rapport entre les quantités de chaleur incidente Θ et réfléchie $q\theta$.** Les expériences qui précèdent ne donnent que les rapports entre les quantités de chaleur réfléchie par les corps différents; il s'agit ici d'indiquer des rapports entre la chaleur incidente Θ et la chaleur réfléchie $q\theta$; ces rapports ont été obtenus pour un certain nombre de métaux par P. Desaine et de la Provostaye qui opérèrent avec l'appareil figure 16.

La lame réfléchissante m est disposée verticalement sur un disque horizontal o divisé et soutenu par une colonne

Figure 16.

verticale c portée à l'articulation des deux règles horizontales. I. La grande règle LL soutient : 1° un écran e portant une ouverture verticale, dont on peut faire varier la largeur, et 2° une lampe S de Locatelli déjà décrite. II. La petite règle porte : 1° une pile thermoélectrique p; 2° un écran e' percé d'une ouverture égale à la face b de la pile qui doit recevoir la chaleur $q\theta$ réfléchie dans la lame m.

Après avoir d'abord enlevé la lame m, on place les deux règles dans la même direction LL pour faire tomber la chaleur Θ de la lampe S sur la face p de la pile; la déviation $\Gamma + \Gamma'$ de l'aiguille indique le courant thermoélectrique produit par l'inégalité T' de température entre cette face p de la pile et l'autre b qui reste à sa température T ordinaire quand celle en p est $T + T' + \tau'$.

On place ensuite la lame m et au moyen de l'index i en l'éloignant avec la petite règle qui le porte, il va dans la division du disque indiquer l'angle y de réflexion du rayon obtenu par la direction ob qui passe par le centre a du disque, par le sommet de l'index i et va à la face b de la pile après avoir traversé l'ouverture égale de l'écran e'. La chaleur $q\theta$ réfléchie produit une inégalité t' de température parce que celle de la face p reste T et celle de la face b devient $T+t'$; la différence Γ' de la déviation de l'aiguille correspond à la différence $T' - t'$ entre les deux inégalités de température. Le rapport entre la chaleur Θ incidente et la chaleur $q\theta$ réfléchie est indiqué par celui entre la déviation $\Gamma+\Gamma'$ et Γ; ainsi l'on a $\Theta : q\theta = \Gamma+\Gamma' : \Gamma$; sous une incidence de 50° ont été obtenus les résultats suivants :

Plaque d'argent poli.	0,97	Métal des miroirs un peu altéré.	0,825
Or.	0,95	Acier.	0,825
Laiton, cuivre rouge.	0,93	Zinc.	0,81
Cuivre rouge verni.	0,80	Fer.	0,77
Métal des miroirs bien poli.	0,855	Fonte de fer.	de 0,75 à 0,76
Platine.	0,85		

Tous ces métaux avaient reçu l'action du marteau. Des expériences ont été faites : 1° sur l'or poli au marteau ou déposé chimiquement sur une plaque d'acier; 2° sur l'argent fondu puis poli au martelet ou déposé chimiquement sur du cuivre; 3° sur du cuivre martelé ou déposé chimiquement sur du fer; 4° sur du laiton écroui ou coulé; 5° enfin sur du platine en lame épaisse ou déposé chimiquement. Ces expériences ont prouvé que la quantité $q\theta$ de chaleur réfléchie des métaux d'un degré de poli sensiblement égal ne dépend que très-peu de la manière dont on les a travaillés.

§ 94. **Rapport entre la chaleur** $q\theta$ **réfléchie et l'angle** γ **d'incidence.** Au moyen du même appareil, il a été constaté que la chaleur $q\theta$ réfléchie reste invariable quand l'incidence croît de $\gamma=0$ jusqu'à $\gamma=70°$, alors elle commence à diminuer et elle est $0,94 \times q\theta$ quand l'incidence est 80°. La quantité $q\theta$ de chaleur réfléchie sur le verre augmente comme la lumière avec l'angle γ d'incidence; et ainsi se trouve constatée la différence exercée sur la chaleur réfléchie de la part des métaux et de la part de verre.

§ 92. **Diffusion de la chaleur incidente.** Quand on détruit le poli d'un miroir concave, la proportion de chaleur $q9$ réfléchie à son foyer diminue considérablement, et cela par une *diffusion* de la chaleur sur la surface dépolie précisément comme cela a lieu pour la lumière. Mais si la surface du miroir vient à être recouverte du même métal réduit en poudre impalpable, la diffusion disparaît et toute la chaleur incidente Θ pénètre dans le métal; alors le thermomètre reste immobile dans son foyer.

§ 93. **Discussion et explication des faits observés.** Il résulte des faits obtenus par Leslie, Melloni et Nobili : 1° des différences essentielles entre les quantités de chaleur réfléchie par les métaux ou par le verre; 2° des différences dans les rapports entre la chaleur $q9$ réfléchie et l'angle γ de la chaleur Θ incidente; 3° la diminution de la chaleur réfléchie produite par l'augmentation de l'épaisseur de la couche de vernis, et 4° la pénétration de toute la chaleur par les surfaces recouvertes du noir de fumée ou de la poudre impalpable de ces mêmes substances dont les miroirs sont constitués.

§ 94. I. *Réflexion de la lumière et de la chaleur par les métaux.* Brewster trouva que quand les rayons de lumière sont polarisés dans l'azimut de 45° il y a une incidence γ variable avec les métaux, pour laquelle les rayons réfléchis un nombre n de fois présentent tous les caractères de ceux qui sont polarisés, les uns $q9$ dans un plan et les autres $q9$ dans un autre qui est vertical au premier. 1° Cet angle γ d'incidence déterminé par Brewster pour un nombre de métaux; et 2° la quantité $q9$ de chaleur réfléchie par chacun des mêmes métaux sont représentés dans les deux séries suivantes dont on ne saurait méconnaître la relation évidente.

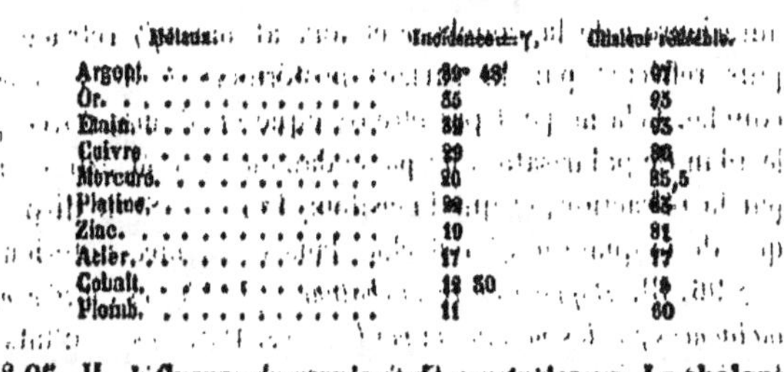

Métaux	Incidence γ.	Chaleur réfléchie.
Argent	39° 48'	97
Or	35	95
Étain	31	93
Cuivre	29	90
Mercure	20	85,5
Platine	22	85
Zinc	19	81
Acier	17	17
Cobalt	18 30	9
Plomb	11	80

§ 95. II. *Influence du vernis et de son épaisseur.* La chaleur $q\theta = 127°$ réfléchie par la surface métallique du miroir est réduite à 98° par une couche de vernis d'une épaisseur de $0^m,0006$, c'est-à-dire extrêmement petite ; la différence $127° - 98° = 29°$ indique la différence $q\theta - \alpha\theta$ entre la chaleur $q\theta$ réfléchie sur la face f antérieure de la couche c et la chaleur $\alpha\theta$ réfléchie par le vernis : cette chaleur est $\alpha\theta = 15°$ qui est réfléchie de chaque couche de vernis, laquelle n'est pas influencée du métal ; par suite il en résulte que la chaleur réfléchie par la face antérieure f de la couche c est $q\theta = 29° + 15° = 44°$, et que $q'\theta = 127° - q\theta = 127° - 44° = 83°$ est la chaleur réfléchie par la face f'' postérieure de la couche c. La chaleur réfléchie par les métaux est composée de $q\theta + q'\theta = (2q + q'')\theta$, car il est $q' = q + q''$; le même effet a lieu pour la lumière.

En présence de la couche de vernis, la première réflexion ne s'opère plus dans la face antérieure f de la couche métallique ; pour la même raison la deuxième ne s'opère pas non plus dans sa face postérieure f' : donc reste invariable l'intervalle λ entre les faces f, f' où les deux réflexions s'opèrent ; cet intervalle λ ou l'épaisseur de la couche superficielle c est trouvée égale à l'épaisseur $0^m,025$ de la couche de vernis où la chaleur réfléchie devient constante.

Résumés des deux espèces de faits indiqués. Les deux plans de polarisation, constatés aux atomes $q\varphi$ dans le plan de l'incidence et aux atomes $q'\varphi$ dans le second azimut correspondent aux atomes $q\theta$ de chaleur réfléchis par la surface antérieure f de la couche c et aux atomes $q'\theta$ réfractés et puis réfléchis par la surface postérieure f' de la même couche. Cela ne peut pas être révoqué en doute, parce que le plan de polarisation ne passe dans le second azimut que par la réfraction, et que la chaleur 127° — 98° ne disparaît que de la quantité $q\theta$ réfléchie dans la surface antérieure.

§ 96. III. *Rapport entre la chaleur réfléchie sous différentes incidences par les métaux et par le verre.* Dans les résultats de Leslie tous les métaux réfléchissent une quantité de chaleur plus grande que le verre, et cela parce que celui-ci ne possède pas la deuxième réflexion des atomes $q'\theta$; la quantité de ceux-ci diminue en effet quand augmente celle des atomes $q\theta$, comme cela a lieu quand l'incidence croît. Dans les métaux les deux quantités $q\theta + q'\theta$ réfléchies se mêlent; aussi n'apparaît-il aucune variation avec les changements de l'angle γ d'incidence; mais ces deux quantités restent séparées dans les atomes $q\theta$ réfléchis par le verre et les atomes $q'\theta$ réfractés.

Dans les incidences au-dessus de 70° apparaît une diminution de la somme $(q + q')\theta$ de chaleur réfléchie par les métaux, quand celle $q\theta$ réfléchie par le verre continue d'augmenter. Cette diminution de la somme $(q + q')\theta$ de chaleur ne résulte pas de la partie $q\theta$ qui continue d'augmenter, comme cela a lieu pour la chaleur $q\theta$ réfléchie par le verre; elle ne résulte pas non plus de l'autre partie $q'\theta$ qui diminue quand la quantité $q\theta$ croît sans que change la somme $(q + q')\theta = \Theta$. La diminution de cette somme n'est qu'apparente, et cela parce que dans les grandes incidences les rayons réfléchis in, ir' (fig. 12) ne coïncident pas.

§ 97. IV. *Surfaces dépolies ou recouvertes de poudre impalpable.* En détruisant le poli d'un miroir, on fait se disperser les rayons incidents dans toutes les directions, et il en arrive ainsi au foyer une quantité inférieure, comme cela est prouvé par la médiocre élévation du thermomètre qui y est placé. Mais si le miroir est recouvert de poudre impalpable du même métal, il y pénètre toute la chaleur incidente Θ, et aucune diffusion ne se manifeste dans ce cas de la surface dépolie. La poudre impalpable forme une couche c'' différente de celle c' obtenue de l'épaisseur du vernis, à cause de la structure qui y existe : la chaleur réfléchie $q\theta$ en a été réduite à 15°, et tout le reste de la chaleur Θ incidente pénètre dans le corps. La poudre impalpable contient la chaleur θ' à l'état d'imbibition sans exercer aucune résistance. Cette chaleur se propage dans le métal quand elle éprouve du dehors une poussée p, et cède sa place à la chaleur incidente Θ sans qu'aucune réflexion sensible se montre.

§ 98. V. Les physiciens ne pouvaient pas se rendre un compte certain de la température supérieure produite au foyer des miroirs en verre terni, quand ils trouvaient que la chaleur réfléchie par le verre est beaucoup inférieure à celle réfléchie des métaux. Ici ce fait trouve spontanément son explication, car le foyer F de rayon $q\theta$ de chaleur réfléchie dans la face antérieure f de la couche c est moins éloignée du miroir que le foyer F' des rayons $q'\theta$ réfléchi dans la face postérieure f de la couche c.

En outre de ce partage de la chaleur en deux foyers F, F' des miroirs métalliques, 1° les rayons $q\theta$ du foyer F sont polarisés dans des plans qui passent par l'axe du miroir verticalement à l'ouverture de ce miroir, et les rayons $q'\theta$ du foyer F' sont polarisés dans le second azimut.

III. — DU PASSAGE DE LA CHALEUR PAR LA SURFACE DANS LE MILIEU DES CORPS OU DE LEUR MILIEU EN DEHORS, OU CHALEUR CENTRIPÈTE ET CHALEUR CENTRIFUGE.

§ 99. Tous les raisonnements logiques conduisaient les physiciens à admettre en égale quantité le passage de la chaleur en direction centrifuge ou en direction centripète par la surface des corps; ces raisonnements étaient même d'accord avec un certain nombre d'expériences; cependant d'autres espèces d'expériences du même genre ne permettent pas de douter qu'il n'y ait une différence entre les quantités de chaleur écoulée dans l'un ou dans l'autre sens. Pour rendre évidente cette différence et les causes qui, en certains cas singuliers, lui donnent naissance; il suffit d'un avancement de faits observés suivant la loi thermostatique.

§ 100. I. Du côté de la chaleur θ libre, il faut distinguer 1° l'état où elle est seule, et 2° l'état où elle est mêlée avec la lumière dont elle ne se sépare pas sans une inégale répulsion r, r' exercée de la part des corps contre ces deux fluides mêlés; la différence $r - r'$ entre ces répulsions doit être suffisante ou supérieure à la poussée p qui entretient à l'état de mélange la lumière avec la chaleur.

§ 101. II. Du côté de la surface des corps, une différence n'existe pas dans l'écoulement de la chaleur dans un ou dans l'autre sens, quand les deux faces sont parfaitement égales; mais tel n'est plus le cas quand cette égalité disparaît. L'écoulement de la chaleur s'opère comme celui de l'électricité, et il est facile de le déterminer dans les cas où est connue la structure des corps qui est en état normal chez les métaux coulés et détruit chez les métaux écrouis ou martelés.

Les mêmes raies facilitent l'émergence de rayons de chaleur des lames écrouies et font diminuer leur immergence; les raies empêchent l'écoulement de chaleur quand les lames restent en leur état normal produit par l'écoulement de la chaleur pendant leur solidification, comme cela résulte des expériences directes. Ces faits ne pouvaient trouver aucune explication parmi les expérimentateurs.

§ 102. III. Quant à la chaleur θ' à l'état d'imbibition, il y a à distinguer sa densité δ qui augmente ou diminue et devient $\delta \pm \delta'$ avec l'élévation ou l'abaissement de température. En une unité t de temps la température T devient $T + T'$, T' par quantité $q\theta$ de chaleur libre qui passe à l'état d'imbibition pour faire augmenter la densité δ qui devient $\delta + \delta'$;

ou 2° par la quantité $q'\theta'$ de chaleur d'imbibition qui émerge et passe à l'état libre pour faire diminuer la densité ∂ qui devient $\partial - \partial'$.

La chaleur θ' d'imbibition se trouve à la fois dans le milieu des corps et dans celui de l'espace qui les entoure; si la densité ∂ des atomes θ' dans le milieu des corps et des atomes Θ' dans l'espace renfermant celui-ci ou dans son enceinte, est la même, il y a un équilibre: 1° l'écoulement centrifuge des atomes θ' vers l'enceinte apparaît quand la densité est $\partial + \partial'$ dans le milieu du corps et $\partial - \partial'$ dans son enceinte; 2° l'écoulement est centripète quand les atomes Θ' de chaleur de l'enceinte ont la densité supérieure $\partial + \partial'$ et que la densité $\partial - \partial'$ des atomes θ' du milieu du corps est inférieure.

La quantité $q\theta$ de chaleur écoulée dans l'un ou l'autre sens est proportionnelle à la différence $2\partial'$ entre les densités $\partial + \partial'$ et $\partial - \partial'$ des atomes de chaleur. Cette quantité $q\theta$ de chaleur, produit de l'excédant $2\partial'$, diffère de celles $q\theta$, $q'\theta$ qui ne dépendent pas des densités $\partial + \partial'$ et $\partial - \partial'$, mais des résistances éprouvées de la part de la surface des corps différents. Pour que la chaleur rayonnante soit centrifuge, il faut une densité $\partial + \partial'$ d'atomes plus grande dans le corps que dans l'enceinte; cependant la quantité $q\theta$ de chaleur écoulée en une unité de temps par la surface du corps, ne dépend pas simplement de l'excès T' ou $2\partial'$ entre la température $T + T'$ du milieu du corps et celle T de son enceinte, mais elle dépend aussi de l'état de la surface du corps.

Le refroidissement et l'échauffement des corps sont observés quand la surface du corps ne change pas d'état, et alors les quantités $q\theta$ de chaleur écoulées sont proportionnelles avec les excès T' entre les températures $T + T'$ et T. On nomme *vitesse* les degrés $d°$ de variation de température opérée en une unité t de temps. Nous ferons voir tout à l'heure que cette loi de Newton n'est pas exacte même pour des températures qui ne dépassent pas la valeur $T + T' = 40°$ et

T = 20°. Toutes les espèces de faits indiqués vont être exposées et discutées séparément.

A. RAYONNEMENT CENTRIFUGE DE LA CHALEUR DES CORPS OU POUVOIR ÉMISSIF.

§ 103. La quantité de chaleur rayonnée d'un corps (fig. 17) a été déterminée par Leslie au moyen d'un miroir m destiné à concentrer cette chaleur sur l'une des boules f d'un thermomètre différentiel ou d'un thermoscope placé au foyer conjugué du miroir; l'autre boule o est abritée par un écran

e. Le miroir reçoit la portion $nq\vartheta$ de chaleur $q\vartheta$ émise par le corps S; cette portion $nq\vartheta$ dépend de l'ouverture du miroir et de sa distance mS au corps S. Le miroir réfléchit une fraction m de la chaleur $nq\vartheta$ qui est indiquée par $mnq\vartheta$; c'est cette quantité qui tombe sur la boule f du thermomètre dont elle absorbe la fraction p indiquée par $pmnq\vartheta$, où sont constants les nombres p, m, n pour le même appareil.

La température de la boule focale s'élèvera donc; mais comme elle rayonne elle-même et se refroidit avec une vitesse proportionnelle à l'excès T' qu'elle indique sur le milieu ambiant ou sur l'autre boule o, ce qu'elle perd va en augmentant et finit par égaler ce qu'elle reçoit. Alors la température est stationnaire et l'excès T' indiqué est proportionnel à la quantité $a\vartheta$ de chaleur perdue, qui est elle-même égale à la quantité $pmnq\vartheta$ reçue ou à la quantité $q\vartheta$ que rayonne la face S du cube, puisque pmn sont constants.

Delaroche a confirmé ce raisonnement par l'expérience : ayant pris deux miroirs conjugués comme ceux m, n (fig. 13)

et les ayant noircis à la moitié ou aux trois quarts, etc., celui *m*, dont le foyer F′ recevait la boule du thermoscope, il reconnut que les différences de température des deux boules étaient la moitié, le quart, etc., de celle indiquée lorsque le miroir était entièrement brillant. Or, comme nous le verrons, les parties noircies ne réfléchissent pas la chaleur.

§ 104. Rapports entre les quantités de chaleur émergeant des corps différents. Le vase cubique S ayant été placé de manière que l'une S de ses faces fût perpendiculaire à la droite S*f* qui passe par son centre de figure et par le centre de courbure du miroir, Leslie recouvrit cette face S successivement avec différentes substances, et put, au moyen des indications du thermoscope, comparer les pouvoirs rayonnants de ces différentes substances. Chaque série d'expériences fut répétée en remplissant le cube d'eau à différentes températures et en plaçant les lames dont on voulait comparer le pouvoir, tantôt sur une face du cube, tantôt sur une autre. Il fut constaté aussi que les faits produits ne dépendent que de la couche superficielle du corps rayonnant.

Voici le tableau des principaux résultats obtenus par Leslie. On a représenté par 100 la quantité *q*θ de chaleur qui s'éloigne par le noir de fumée ou par la poudre impalpable d'autres substances, chaleur qui est plus grande que celle qui s'écoule des corps d'une structure quelconque :

Noir de fumée	100	Minium	80
Eau (par évaluation)	100	Plombagine	75
Papier à écrire	98	Plomb terne	45
Cire à cacheter	95	Plomb brillant	19
Verre (crown-glass)	90	Mercure	20
Encre de Chine	88	Fer poli	15
Glace	85	Étain, cuivre, or, argent	12

§ 105. Le thermomultiplicateur de Melloni peut servir aussi à comparer les pouvoirs émissifs ; on place en présence d'une des bases *b* ou *b′* (fig. 10) de la pile P thermoélectrique le cube *c* plein d'eau bouillante, dont les faces sont recouvertes des substances différentes que l'on veut comparer. Les déviations r indiquées par l'aiguille du rhéomètre font connaître l'augmentation de température éprouvée par la base b de la pile. On a trouvé par ce moyen les résultats suivants :

Noir de fumée.	108	Encre de Chine.	85
Blanc de céruse.	100	Gomme laque.	78
Colle de poisson.	91		

Ces résultats ont été obtenus dans les deux cas par la chaleur centrifuge séparée de la lumière, de même qu'ont été obtenus ceux par la réflexion de la chaleur ; la chaleur qui émergeant de la face externe du cube est celle qui n'a pas été réfléchie dans la face interne ; pour cette raison les séries de chaleurs de mêmes substances sont en relations inverses. Le noir de fumée, par exemple, qui ne réfléchit point, laisse ici pénétrer toute la chaleur incidente représentée par 100 ; au contraire les métaux qui réfléchissent beaucoup ne laissent pénétrer qu'une petite quantité de chaleur. Le verre réfléchit peu dans l'incidence normale ; pour cette raison, il laisse pénétrer une grande quantité. Le plomb est parmi les métaux celui qui réfléchit très-peu, et c'est ce métal qui laisse pénétrer la chaleur en grande quantité.

Les métaux ternis, comme le plomb dont il vient d'être question, rayonnent par l'action de l'air plus que les mêmes métaux à l'état brillant ; car la radiation de la chaleur résulte immédiatement de l'état de la surface en contact avec l'air ; la structure des corps en est la cause principale, parce que toutes les substances réduites en poudre impalpable ne réfléchissent pas la chaleur, mais la laissent s'écouler tout entière, comme le fait le noir de fumée.

§ 106. **Rapports entre les quantités de chaleur émergeant des métaux.** Desains et de la Provostaye, opérant avec le thermomultiplicateur, ont reconnu d'abord qu'une surface argentée ne déviait qu'à peine l'aiguille du rhéomètre tandis qu'une surface noircie à la même température la déviait de 60°; donc, pour obtenir la valeur qui correspond aux faces métalliques, ils employèrent les deux méthodes suivantes :

1° Les rayons de la chaleur ⊙ ont été conduits à la face b (fig. 10) de la pile P par l'ouverture variable s de l'écran e, et il a été constaté dans quelle proportion se trouve diminuée la déviation Γ du rhéomètre pour devenir Γ', quand cette ouverture devient n fois inférieure; si cette proportion $\Gamma : \Gamma'$ est égale à m, la surface noire qui produit une déviation Γ' en rayonnant par l'ouverture $\frac{s}{n}$, rendue n fois inférieure, aurait produit une déviation $n\Gamma'$ par l'ouverture entière s, par laquelle rayonne la face métallique en produisant la déviation Γ' qu'on peut comparer à celle $n\Gamma'$.

2° Soit Γ et Γ', les déviations produites par une même face noircie portée successivement aux températures t et t' dans une enceinte de température t'', l'expérience prouve qu'on a sensiblement

$$\Gamma : \Gamma' = a^{t-t''} - 1 : a^{t'-t''} - 1,$$

en prenant $a = 1,009$, pourvu que les températures soient au-dessous de 160°. On peut donc observer la déviation Γ produite par le noir de fumée à une température t peu élevée, et passer de cette déviation, au moyen de la proportion indiquée, à celle qui en est donnée à la température t' que possède la surface métallique.

Les résultats trouvés par ces deux méthodes pour les pouvoirs émissifs des métaux, rapportés à celui du noir de fumée représenté par 100, sont les suivants :

Argent vierge laminé	8,00	Argent argenté	2,05
Argent mat chimiquement déposé sur le cuivre	5,50	Platine laminé	10,80
		Platine bruni	0,50
Argent pur bruni	2,50	Or en feuilles	1,28
Argent déposé chimiquement et bruni	2,25	Cuivre en lames	4,00

Melloni est arrivé sensiblement au même résultat en comparant les températures stationnaires indiquées par deux thermomètres, l'un noirci et l'autre enveloppé d'une lame d'argent, lorsque ces instruments rayonnaient vers l'espace pendant une nuit sereine.

§ 107. **Influences de l'état de la surface des métaux sur l'émission de leur chaleur.** Les métaux solides affectent trois états différents relativement à leur structure : 1° les métaux en plaques fondues, 2° les métaux écrouis, et 3° la poudre impalpable de ces corps simples ou oxydés. Chacune de ces trois structures diffère relativement aux équivalents électriques latents ou dissimulés contenus dans les métaux. Ces équivalents électriques $\overset{.}{E}$ et $\overline{E}$ sont disposés symétriquement entre les minces lames produites par l'écoulement de la chaleur pendant la solidification des métaux et l'apparition des *plaques fondues*. L'écrouissage ou le marteau détruit cette symétrie des lames et fait s'éloigner une quantité d'équivalents électriques dissimulés, de sorte que les métaux *écrouis* ont dans leur intérieur moins d'électricité que les plaques fondues. À l'état de *poudre impalpable*, les corps ne produisent aucune réflexion de chaleur parce qu'ils ne possèdent, en cet état, aucune électricité dissimulée, et que la résistance de la part de la chaleur θ d'imbibition est faible.

Les résultats suivants obtenus par les expériences prouvent les effets produits de chacun de ces états des corps, et encore ceux produits des épaisseurs des couches des substances étendues sur les métaux, ou l'éloignement des couches de chaleur avec celles de l'air qui les porte.

§ 108. I. **Influence du poli.** Leslie, opérant sur des plaques écrouies, polies ou rayées, trouva la quantité $(q+q')\theta$ de chaleur centrifuge écoulée par la surface rayée, quand celle écoulée par la surface polie n'était que $q\theta$. Melloni trouva le même résultat pour les plaques écrouies, mais en opérant avec les plaques fondues, il obtint un résultat inverse, c'est en ce cas la surface polie qui laisse s'écouler la plus grande quantité de chaleur $(m+m')\theta$, tandis que la surface rayée ne laisse s'écouler que la quantité $m\theta$. Les déviations Γ obtenues ont été

Plaque écrouie $\begin{cases} \text{polie.} \dots \dots 10^{\circ} \\ \text{rayée.} \dots \dots 18^{\circ} \end{cases}$ | Plaque fondue $\begin{cases} \text{polie.} \dots \dots 15^{\circ},7 \\ \text{rayée.} \dots \dots 11^{\circ},5 \end{cases}$

Pour se convaincre que cette différence résulte de la structure cristalline et de l'électricité dissimulée contenue dans les plaques fondues, on n'a qu'à observer les résultats obtenus des substances non métalliques, comme l'ivoire, le jayet, le marbre, etc., dont les surfaces polies ou rayées ne présentent aucune différence. 1° L'écrouissage donne à la masse de structure cristalline l'état homogène, et les arrêts des sillons facilitent la séparation des atomes de chaleur centrifuge. 2° Dans les lames coulées, les sillons produisent des arrêts avec les lames ont les directions inverses, de sorte qu'au lieu de faciliter, ils empéchent l'avancement des atomes de chaleur. Ce fait est constaté par une expérience où l'on fait pénétrer la chaleur du dehors dans les plaques écrouies polies ou rayées; alors il pénètre une quantité supérieure $(q+q')\theta$ de chaleur par la surface polie et une quantité inférieure $q\theta$ par la surface rayée. Quand les plaques sont coulées, la chaleur centripète pénètre en quantité supérieure par la face polie et en quantité inférieure par la face rayée.

§ 109. II. **Influence de l'épaisseur.** Nous avons prouvé qu'une couche de colle de poisson étendue sur le miroir fait diminuer la chaleur réfléchie jusqu'à 15° qui est la chaleur $q\theta$ réfléchie de la colle lorsqu'il n'y entre plus rien de la chaleur $q'\theta$ réfléchie par la couche c superficielle du métal, et cela n'apparaît que quand l'épaisseur e de la couche de la colle devient égale à celle de la couche c métallique; l'épaisseur e a été trouvée de $0^{mm},025$. Si cette épaisseur est inférieure $e - e'$, il y a une réflexion de chaleur $q\theta$ dans la couche c métallique, car alors cette chaleur $q'\theta$ et celle $q\theta$ réfléchie dans la surface de la colle produisent ensemble une déviation de $15° + \gamma$ qui croît quand l'épaisseur e diminue.

Leslie étendit sur la face f d'un vase cubique S une seule couche de colle et quatre sur la face f'; la face f fit marcher le thermomètre placé au foyer du miroir m (fig. 11) de $21°,11$ et la face f' le fit marcher de $30°$. En augmentant le nombre des couches, le rayonnement augmenta encore jusqu'à ce que l'épaisseur de la couche totale fût de $0^{mm},025$, comme dans le cas de la réflexion par le miroir m; alors un plus grand nombre de couches ne change plus rien au résultat. Une légère couche d'huile d'olive fit marcher le thermomètre focal de $28°$, et en augmentant le nombre des couches l'effet augmenta aussi jusqu'à $32°,77$. La gomme, la résine, que l'on peut dissoudre dans l'alcool de manière à les appliquer en couches extrêmement minces, donnent des résultats semblables.

Molloni a confirmé ces résultats au moyen du thermo-multiplicateur. Il disposait en présence de l'une des bases b, b' (fig. 10) de la pile P, le cube o plein d'eau chaude dont l'une des faces f était recouverte successivement de plusieurs couches de vernis. Le pouvoir émissif ou la quantité $(q + q')9$ de chaleur allait en augmentant jusqu'à ce que la couche eût atteint une épaisseur de $0,0434$ déterminée par son poids. Il confirma aussi que les feuilles d'or d'épaisseur différente appliquées sur la face f d'un cube de verre diminuent la quantité de chaleur émergente de la même quantité que la plaque d'or.

§ 110. III. *Influence de la pulvérisation des substances.* Masson et Courtépée ont prouvé que les substances différentes réduites en poudre fine laissent passer la chaleur comme le fait le noir de fumée, sans exercer aucune résistance. Les mêmes physiciens obtinrent la poudre impalpable par précipitation chimique; elle a été délayée dans l'eau contenant un peu de colle de peau et appliquée ainsi sur une des faces f du vase cubique plein d'eau bouillante; ce présence de la face f était la pile P (fig. 10) thermoélectrique. Ainsi il a été constaté que la quantité de chaleur $q\theta$ qui pénètre par la face f recouverte de noir de fumée est la même que celle qui pénètre quand cette face est recouverte de la poudre impalpable de noir d'ivoire, oxyde de cobalt, sulfate de plomb, oxychlorure d'antimoine, céruse, sulfate de baryte, platine, chromate de plomb, sulfate de chaux, alumine, silice, bleu de Prusse, carbonate de baryte, carbonate de zinc et phosphate de chaux.

Les quatre substances suivantes, vermillon, sulfure de cadmium, argent et oxyde vert de chrome, ont donné une quantité plus faible de chaleur ; cependant chacune de ces substances se trouva en un état particulier : 1° le vermillon n'est pas un précipité chimique ; 2° le sulfure de cadmium et l'oxyde de chrome ont été calcinés pour leur donner de la cohésion., et 3° l'argent conserve son éclat métallique et, par suite, sa structure. Ainsi il a pu être démontré que la propriété du passage de la chaleur par le noir de fumée résulte de l'état pulvérulent et non pas des atomes δ chimiques du carbone.

§ 111. IV. **Influence du contact.** Les atomes θ de chaleur ne s'éloignent pas de la surface des corps, comme le feraient des grains de sable ; mais par suite de systoles et de diastoles, comme cela a lieu pour les atomes de lumière seuls ou mêlés avec ceux de la chaleur. Dans les cas où s'éloignent les gaz contenant les atomes de chaleur, les diastoles ne s'opèrent plus dans la direction centrifuge rectiligne, et cela fait disparaître la résistance r exercée sur les atomes qui suivent, comme cela a été déduit de l'observation faite par Leslie et Rumfort de la manière suivante :

Deux bouteilles b, b' d'étain, de forme aplatie, remplies d'eau bouillante, l'une b nue et l'autre recouverte de noir de fumée, exigèrent chacune le laps de temps suivant pour s'abaisser de la moitié de l'excès T' de leur température $T + T'$ sur celle T du milieu ambiant :

	Boule nue *b*.	Boule noircie *b'*.
Par un vent modéré.	11'	35'
Par une brise assez forte.	23'	20',35
Par un vent violent.	9',5	9'

Le vent violent, en éloignant de la surface de la boule nue les atomes d'air avec ceux de chaleur, y produit presque le même effet que le noir de fumée, qui ne maintient presque point les atomes θ' de chaleur en imbibition, mais livre passage aux atomes émergeants sans exercer aucune résistance sensible.

§ 142. V. **Influence de la source de la chaleur.** Nous discuterons plus bas cet objet dans tous ses détails; nous en faisons ici mention seulement pour indiquer la liaison entre le rayonnement de chaleur et l'état solide ou vaporeux des atomes σ chimiques desquels s'opère la dispersion de la chaleur et de la lumière. Par exemple : 1° dans la combustion de l'alcool, l'éther, les huiles, le gaz oléfiant, etc., la flamme contient, à l'état de poudre impalpable, le charbon, qui se dépose sur la surface des corps froids tenus dans la flamme ou au-dessus d'elle; 2° dans la combustion de l'hydrogène il se produit de la vapeur d'eau qui se dépose également sur la surface des corps froids. Cependant la flamme de l'hydrogène ne rayonne pas comme celle qui contient la poudre impalpable de charbon.

§ 143. **Flamme d'hydrogène et absence chez elle de rayonnement.** La chaleur produite n'éprouve presque aucune répulsion de la part des atomes σ de la vapeur, car elle y reste en état d'imbibition et en fait augmenter le volume, qui s'éloigne en s'élevant sans produire de dispersion latérale de chaleur, ce qui fait clairement voir l'absence de tout rayonnement. Celui-ci n'apparaît que lorsqu'on plonge dans la flamme une spirale de fil de platine, qui devient incandescent au moyen des atomes φ' θ' de lumière et de chaleur qui y restent en état d'imbibition et qui, exerçant une répulsion contre leurs homonymes, les font se répandre dans toutes les directions, et c'est ainsi qu'apparaît le rayonnement, qui ne diffère pas de celui obtenu par les combustibles contenant du carbone.

§ 114. Changement des quantités du noir de fumée dans les flammes. Si l'on brûle les mêmes combustibles avec un excès d'oxygène, la combustion est rapide; il se produit peu de noir de fumée, mais 1° beaucoup de vapeur d'acide carbonique qui enlève la chaleur, et 2° beaucoup de lumière. Si au contraire la combustion s'opère avec peu d'oxygène, elle est lente; il se produit beaucoup de noir de fumée, peu de lumière et peu de vapeur d'acide carbonique; il y a par suite faible consommation de chaleur, ce qui fait apparaître un excédant de chaleur sur celle obtenue par la combustion rapide avec un excédant d'oxygène.

Le même gaz d'éclairage produit beaucoup de lumière quand il brûle avec un excédant d'air et peu de chaleur; au contraire ce même gaz, employé pour chauffer, doit brûler avec une quantité inférieure d'air pour produire moins de vapeur d'acide carbonique et une quantité supérieure de chaleur; alors se perd la lumière qui devait être produite du charbon, lequel reste sous forme de noir de fumée. Ce fait est connu dans l'industrie où l'on chauffe avec le charbon ou avec le gaz d'éclairage. Les physiciens se gardent bien d'en faire mention, car ils seraient forcés de se lancer dans de nouvelles hypothèses, ou de se réfugier une fois de plus dans un inévitable *non possumus.*

B. RAYONNEMENT CENTRIPÈTE DE LA CHALEUR OU POUVOIR ABSORBANT.

§ 115. Le même corps ne peut pas produire deux effets différents sur l'écoulement de la chaleur, quand il s'opère dans l'un ou dans l'autre sens; mais cela suppose que les deux faces du corps sont parfaitement égales, et il est naturel qu'avec le changement de l'état de l'une des deux faces l'écoulement ne peut plus être le même dans l'un ou dans l'autre sens. Il a été constaté que de deux faces égales écrouies, l'une f polie et l'autre f' rayée, il émerge plus de chaleur par la face f' rayée que par la face f polie; au contraire, il pénètre du dehors par la face f polie une plus grande quantité $q\theta$ de chaleur que celle $(q - q')\,\theta$ qui pénètre par la face rayée.

La chaleur centrifuge du vase cubique S (fig. 17) a été observée au moyen de la boule o du thermomètre placé au foyer du miroir m, qui reçoit la chaleur de la face S et la réfléchit au foyer pour pénétrer dans l'air contenu dans la boule. On obtient ainsi la même quantité $q\theta$ de chaleur qui est : 1° émergente ou centrifuge dans la face S, et 2° immergente ou centripète dans la boule o. Celle-ci croît quand augmente la chaleur centrifuge $q\theta$ dans la face S, comme cela a lieu quand celle-ci est recouverte de noir de fumée. En ce cas si la distance Sm diminue, on peut obtenir une température de 100°.

§ 116. Pour faire abaisser cette température il y a trois moyens : 1° éloigner le noir de fumée de la face S; 2° couvrir la boule o du thermomètre avec une feuille métallique, ou 3° employer les deux moyens à la fois. 1° Si la face S reste recouverte de noir de fumée et si la boule o est recouverte d'une feuille d'étain, la chaleur $q\theta$ centrifuge reste la même, mais alors diminue la chaleur centripète qui devient $(q - q')\,\theta$, car la partie $q'\theta$ est réfléchie par l'étain, et le reste $(q - q')\,\theta$ ne produit qu'une élévation de température de 20°. 2° Si le noir de fumée est éloigné de la face S en même temps que la feuille d'étain de la boule o du thermomètre, celui-ci est de 12°. 3° Le thermomètre n'est que de 2°,5 quand le noir de fumée est éloigné de la face S, et que la boule o est recouverte avec l'étain.

§ 117. Melloni détermina les quantités de chaleur qui pénètrent les substances de la manière suivante : ces substances ont été appliquées sur l'une des faces f de disques minces de cuivre dont l'autre face f' a été noircie et placée en face de la base b (fig. 10) de la pile P. La quantité $q\theta$ de chaleur qui pénètre les substances de la face f s'écoule de la face f' noircie et arrive à la base b de la pile pour être indiquée par la déviation Γ de l'aiguille de rhéomètre. Au moyen de ces déviations sont déterminées les quantités de chaleur $q\theta$ qui, se séparant de la chaleur incidente Θ, pénètrent les substances et arrivent à la base b de la pile. Les résultats ainsi obtenus sont les suivants, qui ne changent que quand la chaleur incidente Θ augmente ou diminue.

Noir de fumée.	100	Encre de Chine.	85
Céruse.	100	Gomme laque.	75
Colle de poisson.	91	Métaux.	15

§ 118. Le noir de fumée et le blanc de céruse appliqués à la face f qui reçoit la chaleur incidente Θ laissent pénétrer toute cette chaleur; en appliquant sur la même face f différents tissus blancs collés, on trouva l'ordre suivant : soie, laine, coton, lin et chanvre; pour les métaux, voici l'ordre trouvé : plomb, étain, fer, acier, or, argent, cuivre.

§ 119. La soie et le plomb sont les substances qui réfléchissent respectivement, dans les deux séries, la moindre quantité de chaleur; le lin, le chanvre sont les substances végétales qui en réfléchissent la plus grande quantité, et correspondent au cuivre et à l'argent de la série de métaux, comme cela est ressorti directement des observations indiquées ci-dessus.

§ 120. **Influence du poli.** En opérant avec les lames écrouies, l'une ayant la face externe polie et l'autre rayée, Melloni constata comme Leslie que de la chaleur centripète il pénètre une quantité $(q+q')\theta$ par la face rayée f' supérieure à celle $q\theta$ qui pénètre par la face polie f. Melloni a fait un petit disque d en fer blanc qu'il avait battu à petits coups avec un marteau, de manière à le couvrir de bosselures; l'autre face f du disque d a été noircie. Un autre disque d',

égal au premier, tiré du même fer blanc, mais non marﬞ
telé, a été aussi noirci sur sa face f.

La face f noircie de ces deux disques d, d' restait en face
de la base b de la pile P (fig. 10), de sorte que le disque d'
recevait du vase S la même quantité de chaleur par sa face
polie f, que recevait le disque d par sa face f'' couverte de
bosselures, qui sont une espèce de raies contraires à celles que
produit le diamant sur une surface polie ; les bosselures ont
les arêtes en dehors tandis que les raies les ont en dedans.
La quantité de chaleur $q\theta$ qui pénétra par la face f'' couverte
de bosselures a été trouvée inférieure à celle $(q + q')\theta$ qui
pénétra par la face f' polie du disque d'.

Dulong est arrivé à produire le même effet de la manière
suivante : ayant fait construire des miroirs conjugués travaillés au tour, il leur trouva beaucoup moins de chaleur
réfléchie qu'à deux petits miroirs moins soignés et qui, travaillés au marteau, étaient ainsi couverts de bosselures. La
chaleur incidente $2q\theta$ pénétrait en quantité supérieure
$(q + q')\theta$ par les surfaces polies, tandis qu'une petite partie
$(q - q')\theta'$ se trouva réfléchie. Le contraire a lieu dans les surfaces des deux petits disques couverts de bosselures ; c'est
la chaleur réfléchie qui a été observée par Dulong ; tandis
que dans l'observation précédente Melloni observa la chaleur $(q - q')\theta$ qui pénétra dans la face couverte de bosselures, et qui a été inférieure à celle $(q + q')\theta$ qui pénétra par
la face f polie ; il en résulte que la chaleur réfléchie de la
face f'' avec les bosselures était $(q + q')\theta$ supérieure à celle
$q\theta$ réfléchie de la face polie.

§ 121. Les lames d'or et d'argent coulées et refroidies
lentement ne produisent pas le même effet que les lames
écrouies quand elles sont polies ou rayées avec un diamant.
En ce cas les raies font diminuer la quantité de chaleur,
soit centripète, soit centrifuge : cette dernière a été trouvée
de 11°,3 quand celle qui pénètre par la face polie est de
13°,7. Ainsi a été directement constatée l'influence de la

structure que prennent les atomes σ des métaux par l'écoulement de la chaleur pendant la solidification. Dans cet état,
l'écoulement de chaleur s'opère par le milieu des atomes
chimiques σ plus facilement que quand la structure est détruite par les raies ou par l'écrouissage. Les raies produisent des faits inverses sur les lames écrouies par la chaleur
centripète et la chaleur centrifuge ; tandis qu'elles sont sans
aucun effet sensible sur les lames coulées et non écrouies,
quand on établit la comparaison entre les pouvoirs absorbant et émissif.

§ 122. **Différence entre la chaleur obscure et la
chaleur lumineuse.** Les atomes de chaleur $\theta = \bar{E}\bar{E}\bar{E}$ sont
électronégatifs et ceux $\varphi = \bar{E}\bar{E}\bar{E}$ de lumière électropositifs :
dans leur mélange ils n'exercent entre eux aucune répul-
sion, et leur séparation ne s'opère que dans les cas où les
atomes d'une espèce éprouvent une répulsion ou une résistance quand ceux de l'autre espèce n'en éprouvent pas.
Un grand nombre de faits sert à constater cet état de la
chaleur lumineuse, qui n'existe pas dans la chaleur obscure.

Deux disques de bois d, d', identiques, étant recouverts,
l'un d de noir de fumée, l'autre d' de blanc de céruse, ont
le même pouvoir émissif, car ils laissent s'écouler en égale
quantité la chaleur centrifuge obscure (§ 105); ils présentent
la même propriété quand la chaleur centripète est obscure ;
mais ce n'est plus le cas quand elle est lumineuse. Les
deux disques exposés au soleil obtiennent des températures
très-différentes : le noir d absorbe toute la chaleur des rayons
et obtient une température $T + T'$, tandis que le disque
blanc d' réfléchit avec la lumière une quantité considérable
de chaleur et obtient une température médiocre T.

§ 123. Les physiciens ont voulu attribuer cela aux espèces de chaleur chromatique ; cependant cela ne peut pas
avoir lieu pour celle des rayons solaires où elle est en état
incolore comme l'est la lumière. Ce cas, loin de nous présenter ici la moindre difficulté, sert au contraire comme

preuve de ce qui a été dit dans la *Photostatique*, sur la nature du noir; où les atomes de lumière manquent et ceux
qui arrivent s'arrêtent, ou mieux encore, où il n'y a pas
d'arrivage à cause du manque de l'écoulement. Ce manque
d'écoulement de lumière n'a aucune influence sur celui de
la chaleur, qui pénètre dans le noir comme si elle venait en
état obscur. Le blanc de céruse qui contient la chaleur et
la lumière en état d'imbibition, en réfléchissant la lumière,
réfléchit une partie de chaleur $q\theta$ et il ne pénètre dans le
disque que la différence $q'\theta$ de la chaleur $(q + q')\theta$ incidente.

On a beaucoup disserté sur la fusion de la neige par les
rayons solaires et encore davantage sur la conservation des
glaciers : tout se réduit à ce que la chaleur est réfléchie
avec la lumière, ce qui est vrai; mais on n'est pas allé
chercher dans les corps la cause qui fait que la chaleur se
réfléchit avec la lumière.

§ 124. **Limite de la chaleur obscure.** La chaleur se
mêle en toutes proportions avec la lumière; elle entre en
grande partie dans la lumière solaire et elle est insignifiante
dans la lumière de la lune; à l'état obscur elle peut indéfiniment diminuer, mais elle devient lumineuse au-dessus de
300°. Ainsi dans les températures au-dessous de 300° il y a
chaleur lumineuse et chaleur obscure, et cette différence
s'évanouit dans les températures au-dessus de 300°.

La chaleur obscure n'existe qu'en état d'imbibition dans les
milieux des corps, et ses écoulements ne sont occasionnés
que par la destruction de l'équilibre thermostatique, écoulement qui obéit à la même loi statique que les écoulements
des gaz. *La chaleur lumineuse* n'existe qu'en état libre, et
par son expansion elle se propage dans le vide comme la
lumière, et ne s'en sépare qu'en partie dans les rencontres
avec les corps, excepté avec le noir de fumée ou la poudre
impalpable où pénètre la chaleur obscurcie.

Ainsi les corps dispersent une partie $q\varphi$ de la lumière φ
incidente et une partie $p\theta$ de chaleur, ils laissent pénétrer

une partie $q'\varphi$ de lumière et une partie $p'\theta$ de chaleur; les corps dispersent la lumière et laissent pénétrer toute la chaleur si leur surface est recouverte d'une poudre impalpable. Les corps blancs réfléchissent la plus grande quantité de lumière, et ainsi est éloignée une partie considérable de chaleur, comme dans l'expérience des deux disques noir et blanc; tels sont les exemples suivants :

§ 125. **Faits que produisent la chaleur lumineuse ou la chaleur obscure.** I. Quand le thermomètre à mercure exposé au soleil marque 88°, une boule de bismuth de quelques centimètres de diamètre atteint 50°; et cela parce que de la chaleur Θ incidente sur le thermomètre est réfléchie la quantité $(q + q')\theta$ supérieure à celle $q\theta$ qui est réfléchie du bismuth; au contraire il pénètre dans le bismuth la quantité supérieure $\Theta - q\theta$ et dans le mercure la quantité inférieure $\Theta - \eta\theta - q'\theta$ de chaleur. Le même effet a lieu pour les deux disques blanc et noir mentionnés plus haut.

II. La terre noire des marais s'échauffe sous l'action des rayons solaires à un degré plus élevé que le sable blanc des dunes. Un miroir sphérique noirci s'échauffe fortement quand on le présente à l'ouverture d'un poêle, tandis que le même miroir avec la surface brillante ne s'échauffe pas sensiblement dans les mêmes conditions.

§ 126. III. *Fusion de la neige.* Quoique la neige réfléchisse la chaleur et la lumière, elle disparaît premièrement dans les parties les mieux exposées au soleil. Une partie des rayons pénètre jusqu'au sol; la température de celui-ci dans nos climats étant toujours au-dessus de zéro, sa surface ne reste gelée que quand la neige manque et que la température de l'air est au-dessous de zéro; alors gèlent également les lacs. Quand le sol est gelé avant la neige, il dégèle au-dessous de celle-ci avant que la température de l'air s'élève au-dessus de zéro, et cela par sa chaleur d'imbibition conservée de celle de l'été passé; de sorte qu'on trouve toujours la neige détachée du sol.

§ 127. **IV. Mode du changement des masses dans les glaciers.** Pendant les jours chauds d'été la température s'élève au-dessus de 20°, la partie de la couche superficielle de la glace se fond, et l'eau produite s'écoule dans les puits qui sont des crevasses transversales d'une largeur de quelques mètres, et comme le niveau de ces puits reste presque égal à la surface, il reste prouvé par là que leur fond ne va pas jusqu'au fond de la vallée, dont descend un torrent qui s'écoule de l'embouchure du glacier. L'hiver l'eau gèle dans les puits et produit des plaques bleuâtres de glace d'une épaisseur égale à la largeur des puits.

Le torrent d'eau ci-dessus mentionné est produit de la glace en contact avec les deux versants de la vallée ; cette glace se fond non pas à la chaleur du Soleil mais à celle du sol ; pour cette raison le torrent se maintient le jour et la nuit. Le glacier miné avance avec son arrêt posé au fond de la vallée et ainsi les plaques glaciales affectent une position oblique. Leur forme étant triangulaire, elles ont la base sur la surface du glacier et leur sommet qui dévie en avançant vers l'embouchure. Par ce mécanisme est empêchée la communication des puits avec le fond de la vallée. Cet objet a été traité dans le texte de l'*Atlas météorologique*.

§ 128. **V.** Des disques égaux en cuivre et peints de couleurs différentes s'échauffent au Soleil dans l'ordre suivant : d'abord les noirs, puis les bleus, ensuite les rouges et les verts, enfin les jaunes, et plus faiblement les blancs ; de sorte que la clarté est en raison inverse avec l'échauffement et en raison directe avec la quantité de chaleur éloignée.

§ 129. **VI.** Un poêle en cuivre poli et brillant rayonne peu quoique brûlant ; pour la même raison les liquides se refroidissent lentement dans les vases d'argent et de cuivre, de porcelaine blanche et vernie. Pour faire chauffer rapidement un liquide, il faut que le vase qui le contient soit noirci dans les parties qui reçoivent l'action du feu et brillantes dans toutes les autres parties.

§ 130. VII. On a beaucoup parlé sur les habits noirs et les vêtements blancs sans se rappeler les différents modes d'occupation de la campagne et des villes ; encore moins les physiciens se sont-ils occupés de faire la comparaison de ce qui se passe 1° dans l'écoulement de la chaleur de la surface du corps vers la surface des vêtements ; et 2° dans celui de l'écoulement de la chaleur de la base b de la pile thermoélectrique P (fig. 10) vers sa base b' moins chaude. Chez l'homme le corps est la base b chaude de la pile et la surface des vêtements est sa base b' la moins froide ; il en est de même chez les animaux terrestres et les animaux aquatiques. Cet objet sera traité dans l'histoire naturelle ; nous voulons seulement rappeler ici le fait suivant : l'homme reste asphyxié quand on lui intercepte la respiration de l'air durant une ou deux minutes, et cependant on a vu des plongeurs rester au fond de la mer jusqu'à trente minutes et même trois quarts d'heure. Il devient ainsi évident que le contact de l'eau à une température médiocre avec la surface du corps remplace jusqu'à un certain point le contact de l'air avec le sang dans les poumons.

C. COMPARAISON ENTRE LA CHALEUR CENTRIFUGE ET LA CHALEUR CENTRIPÈTE OU ENTRE LES POUVOIRS ÉMISSIF ET ABSORBANT.

§ 131. Des physiciens, les uns au moyen de raisonnements logiques, les autres au moyen d'expériences directes, sont parvenus à constater l'existence d'une égalité parfaite entre les quantités de la chaleur centrifuge et de la chaleur centripète. Toutefois cette loi logique ne paraît pas trouver son application dans tous les cas ; tels sont 1° le cas où l'on opère avec la chaleur lumineuse, et 2° quand des lames écrouies ont une face polie et l'autre rayée.

Expérience de Ritchie. Pour démontrer l'égalité des deux pouvoirs, Ritchie expérimenta avec un appareil qui n'est autre qu'un thermoscope dont les boules sont remplacées par deux tubes égaux a, n (fig. 18) entre lesquels se trouve, à égale distance, un vase cylindrique AN dont les bases égalent celles des tubes contenant l'eau chaude. L'index mm' est au zéro quand toutes les quatre bases c', o', o, c sont de la même substance; il est également à zéro dans le cas suivant : quand 1° des deux bases du vase AN l'une o' est noircie et l'autre o est une lame mince d'argent ou d'autre métal écroui ou poli, et 2° quand la base c' du tube a est d'une lame égale et que la base c du tube n est noircie. Car en ce cas 1° de la face noircie o' il émerge une quantité $q\theta$ de chaleur, tandis que de la lame métallique o il

Figure 18.

en émerge une quantité moindre $(q-q')\theta$; et 2° toute cette chaleur $(q-q')\theta$ pénètre dans la base noircie c du tube n, tandis que dans la lame métallique de la base c' il ne pénètre de chaleur $q\theta$ que la partie $(q-q')\theta$ égale à celle qui pénètre par l'autre base c. L'équilibre obtenu de cette manière a servi à Ritchie pour prouver l'égalité entre les deux pouvoirs absorbant et émissif.

§ 132. **Destruction de l'équilibre au moyen des lames rayées.** Le même appareil de Ritchie a servi à constater les faits obtenus déjà par Leslie et Melloni. Des deux tubes a, n la base c noircie reste la même, tandis qu'est rayée la lame polie c' qui est en face de la base noircie o' du vase cylindrique AN. Ainsi il commence à pénétrer par la lame c' rayée une quantité $(q-q')\theta$ de chaleur inférieure à celle qui pénètre par la lame c; l'index mm va vers b indiquant une température supérieure du tube n.

Un résultat semblable se manifeste quand cette même lame c' reste polie et que la base rayée o est tournée de manière à avoir la face vers la face noircie o du tube n (§ 120). L'index en s'éloignant de b' indique, comme dans le cas précédent, que la température est inférieure dans le tube a.

§ 133. **Expérience de Dulong et Petit.** Au lieu de chercher l'équilibre thermostatique comme Ritchie, ces physiciens ont constaté l'égalité de temps dans l'écoulement de la même quantité d'atomes $q\theta$ dans l'un ou l'autre sens. Cette expérience, comme la précédente, prouve que c'est la densité de chaleur en imbibition qui détermine les changements du volume de l'air ou du mercure.

Un ballon de cuivre noirci en dedans contient dans son centre la boule d'un thermomètre, dont le tube contenu dans un autre plus long sort du ballon ; le tube intérieur sert à lire les degrés et le tube extérieur à faire le vide dans le ballon. L'expérience consiste à mesurer le temps que met la limite de mercure à parcourir un petit nombre de degrés lorsque la chaleur est centripète ou lorsqu'elle est centrifuge du milieu de la boule de mercure.

Par exemple, le bain où plonge le ballon étant de 10°, on porte le thermomètre à 0° en le plongeant dans la glace fondante ; puis on l'introduit dans le ballon et on y fait le vide ; le thermomètre monte et on attend qu'il ait atteint 5° ; on mesure alors le temps t qu'il met à monter de 4°. En second lieu on entoure le ballon de glace fondante et on porte le thermomètre à 10° ; on l'introduit dans le ballon où l'on fait le vide, et l'on observe le temps t' qu'il met à s'abaisser de 5° à 4°. On trouve égaux les temps t, t' ; or l'échauffement et le refroidissement ne peuvent provenir au thermomètre que de la chaleur θ centripète et de la chaleur θ centrifuge, ou, comme l'on dit, du pouvoir absorbant et du pouvoir émissif du thermomètre, puisque l'air a été extrait du ballon. Ce résultat ainsi obtenu se trouve d'accord avec la loi de Newton.

§ 134. **Raisonnements sur l'égalité du pouvoir émissif et absorbant.** Desprelz et Fourier sont parvenus aux résultats indiqués en raisonnant de la manière suivante : Un corps introduit dans une enceinte prend la même température qu'il conserve en restant à l'état stationnaire ; et cela ne s'obtient que par deux moyens : 1° par un calme parfait pareil à celui des deux gaz mêlés comme l'est l'air ; ou 2° par des va-et-vient d'égales quantités de chaleur $q\theta$ entre les surfaces des corps, ce qui n'est possible que dans le cas d'égale intensité entre la chaleur centripète et la chaleur centrifuge. Le plus grand nombre des physiciens admettent ce dernier cas, sans en donner d'explication, parce qu'ils croient trouver ainsi moins de difficultés dans l'explication des faits observés.

Fourier, suivant cette dernière hypothèse, raisonna de la manière suivante : soit i l'intensité ou la densité ∂ des atomes $(q + q')\theta$ de chaleur incidente, le corps en absorbera une partie $q'\theta$ qui est une fraction ni, et réfléchira l'autre partie $q\theta$ qui est $i - ni = i(I - n)$; de sorte que les quantités $q'\theta$, $q\theta$ ou n et $I - n$ représenteront les pouvoirs absorbant et réflecteur de la couche supérieure du corps. La température étant au milieu du corps la même que celle de l'enceinte, un rayon qui se présente pour sortir possède ainsi une intensité i ou la quantité $(q + q')\theta$ d'atomes de chaleur, et une partie $q'\theta$ ou ni seulement égale à celle qui a été absorbée doit sortir pour que la température du corps ne varie pas ; il y a donc une portion $q\theta$ ou $i(1 - n)$ qui ne peut pas passer et qui est réfléchie en dedans ; telle est la preuve du va-et-vient de la chaleur en équilibre.

§ 135. **Remarques.** Il résulte des expériences simples de Dulong et Petit que non-seulement il y a un écoulement de chaleur de la part du milieu de la température $T + T'$ supérieure vers celui de la température T inférieure, mais encore que la quantité $q\theta$ de chaleur écoulée en chaque unité de temps est proportionnelle à la différence T' entre les températures $T + T'$ et T des deux milieux. La limite L du mercure qui doit parcourir les dix longueurs λ des degrés, met au commencement le temps court $t - t'$ qui croît et devient t quand ladite limite L arrive au degré 0°, ensuite sa vitesse diminue et le temps croît et devient indéfini quand la vitesse diminue et devient nulle. On obtient le même résultat en opérant sur deux vases dont l'un v contient l'air en densité supérieure $\delta+\delta'$, et l'autre v' le contient en densité inférieure δ. Si ces deux vases communiquent par un tube capillaire, on voit la limite L' du mercure du baromètre s'élever en parcourant, dans la première unité de temps, m millimètres; cette quantité m diminue ensuite quand diminue l'inégalité δ' entre les densités de l'air; si cette inégalité δ' devient nulle, il n'y a plus écoulement.

Cet équilibre aérostatique est attribué, non pas au va-et-vient d'égales quantités d'air, mais aux égales répulsions exercées de la part de chaque molécule et aux contre-répulsions éprouvées simultanément de la part des molécules ambiantes. Donc de cette égalité entre les répulsions et les contre-répulsions résulte un calme, non pas inerte comme celui entre les grains de sables, mais un calme *isorrhopique* d'équilibre; car il n'est pas produit du manque de mouvement, mais de la suppression de celui-ci. Les deux poids P, P' égaux de la balance ne se maintiennent pas au même niveau en passant d'un plateau à l'autre, comme l'aurait admis Fourier; mais en se supprimant mutuellement le mouvement qu'ils possèdent et qui les sollicite vers la surface de la terre.

De l'expérience de Ritchie résulte un calme isorrhopique d'équilibre, et non pas une continuité de va-et-vient, comme cela se trouve directement démontré au moyen de la lame rayée δ' qui laisse s'écouler la chaleur incidente en quantité inférieure $(q-q')\theta$ à celle $q\theta$ de la chaleur immergente. En cas d'un écoulement perpétuel de chaleur centrifuge et de chaleur centripète, il aurait fallu ne pouvoir jamais obtenir un équilibre, la température devant baisser dans l'un des tubes et monter dans l'autre. Donc le lecteur doit se garder d'adopter l'hypothèse fausse des va-et-vient des atomes de chaleur; l'équilibre y est maintenu par l'égalité des répulsions et contre-répulsions entre les molécules homonymes, une égalité pareille est représentée par le mot *isorrhopie* ou équilibre.

§ 436. **Rapports entre les corps et la diffusion de la chaleur.** Cette expérience a été faite premièrement par Lambert, qui opéra avec la chaleur émise de la face ac (fig. 19) noircie d'une caisse rectangulaire contenant de l'eau bouillante; elle a été ensuite répétée par Desains et de la Provostaye de la même manière, avec la différence qu'ils opérèrent sur la chaleur émise des substances différentes et,

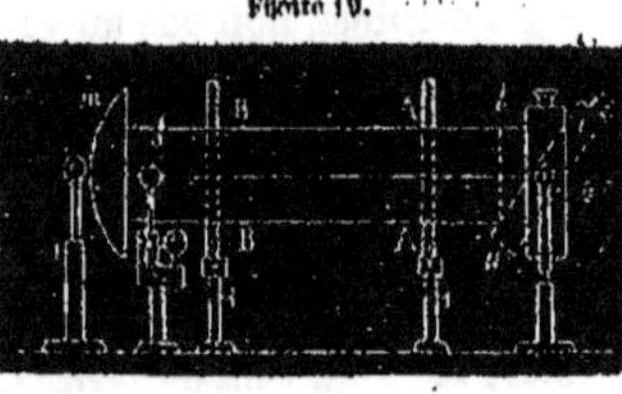

Figure 19.

pour en obtenir une intensité supérieure, lesdits physiciens remplirent la caisse d'huile portée à une température comprise entre 120° et 180°. La caisse ac soutenue par un axe o pouvait prendre toutes les inclinaisons vers l'horizon, en s'éloignant de la normale ab, de sorte que l'angle $bac = \gamma$ est l'angle d'inclinaison.

Des écrans percés de deux ouvertures égales AA, BB délimitent le faisceau que reçoit le miroir, et sont assez éloignés l'un de l'autre pour que ces rayons puissent être tous regardés comme parallèles entre eux. L'expérience montre que, dans les cas où la face ac de la caisse est de substances différentes, telles que verre, céruse, ocre rouge ou noir, la chaleur diminue quand augmente l'inclinaison cab. Il résulte de là que la chaleur centrifuge s'éloigne en déviant peu de la direction verticale sur la surface rayonnante ac.

Mais si cette surface est recouverte de noir de fumée, la chaleur émergente en éprouve des répulsions dans toutes les directions; ainsi l'inclinaison n'exerce plus aucune influence; la même quantité $q\theta$ de chaleur arrive au miroir m, soit que la caisse ait la position verticale *ab* ou qu'elle soit inclinée comme *ac*. Les atomes de chaleur, dispersés dans toutes les directions, forment autour de chaque point de la face *ac* une *thermosphère;* les rayons qui pénètrent par les ouvertures AA, BB des écrans restent les mêmes, pourvu que l'extrémité *c* de la caisse ne s'abaisse pas au-dessous du niveau *bc*. Voici les résultats obtenus d'un grand nombre d'expériences sous diverses inclinaisons :

INCLINAISONS.	NOIR DE FUMÉE déposé à la lampe.	VERRE.	CÉRUSE.	OCRE ROUGE.	NOIR.
0°.	100	90,0	100	100	100
60°.	»	83,8	94,0	»	»
70°.	100	75,01	83,9	91,2	»
75°.	»	65,5	»	»	»
80°.	100	55,44	65,9	82,3	76

Sous ce rapport, la céruse présente presque les mêmes résultats que le verre, quoique son pouvoir émissif ait été trouvé supérieur (§ 104). Toutefois pour obtenir la diminution de 5,4, il a fallu une inclinaison de 60°, d'où il résulte que la chaleur centrifuge éprouve dans tous les corps une diffusion, mais que celle-ci n'est complète que dans les poudres impalpables, comme cela a été constaté § 110.

§ 137. **Résumé.** L'écoulement de chaleur a toujours pour cause une destruction d'équilibre thermostatique; l'équilibre est soutenu, non pas par des va-et-vient des atomes de chaleur, mais par l'égalité isorrhopique, comme celle de la balance où les mouvements se trouvent supprimés mutuellement. Si les physiciens trouvent quelques difficultés dans l'explication des faits, cela provient de ce qu'ils ignorent que le mouvement se trouve déposé en quantité indéfinie dans les molécules des fluides impondérables et des gaz, et que ce mouvement ne se manifeste que dans les cas où la résistance est inférieure à la répulsion.

CHAPITRE III.

TRANSMISSION DE LA CHALEUR AU TRAVERS DES CORPS ET VITESSE DU REFROIDISSEMENT.

§ 138. La première condition de la transmission d'un fluide quelconque à travers un corps est que ce même fluide doit d'abord être contenu en état d'imbibition dans le milieu du corps. Cette condition est bien connue quand il s'agit de la transmission des liquides à travers les corps solides, parmi lesquels les métaux, qui sont imperméables, ne peuvent pas en être imbibés. Ce qui est ainsi constaté pour les liquides a lieu aussi pour les gaz, car les sons ne passent pas dans le vide.

§ 139. **Mode de la transmission des fluides à travers les corps.** Les atomes en état d'imbibition éprouvent une pression p de la part de leurs homonymes qui incident, et cette poussée se propage de la face f antérieure du corps par les atomes d'imbibition jusqu'à ceux qui se trouvent dans la face f' postérieure; au fur et à mesure que de cette face f' émergent les atomes d'imbibition, ils sont remplacés par d'autres des couches suivantes, et enfin par d'autres qui pénètrent par la face antérieure f. Si le liquide en imbibition est teint et que celui qui le remplace soit clair, le liquide teint s'écoule d'abord, puis celui qui est introduit et qui reste ensuite en état d'imbibition.

§ 140. Il en est de même pour l'air qui se trouve en état d'imbibition dans le milieu des murs en briques, car

la masse d'eau éloignée pendant qu'ils sèchent est remplacée par une masse égale d'air. Pour que cet air en imbibition s'écoule, il faut qu'un autre gaz soit introduit dans
l'intérieur du mur, et cela ne peut pas avoir lieu par le
seul contact, mais il faut une certaine poussée ou pression.
Pour cette raison on attache sur la face f antérieure du mur
un réservoir contenant un gaz, l'acide carbonique, par
exemple, et on recueille aussi dans la face f' postérieure le
gaz émergeant. En effet on obtient d'abord une quantité
d'air qui se trouvait dans le mur et ensuite vient l'acide carbonique introduit de la face f antérieure ; après l'expérience
il reste dans le milieu du mur une quantité d'acide carbonique égale à la masse d'air qui y était auparavant.

Ce mode de transmission de liquide et des gaz, connu
sous le nom d'*endosmose*, résulte de la loi statique, comme
cela a été prouvé en détail dans l'*Électrostatique*, pages 560,
573, 188. Le même effet a été constaté dans la *Photostatique* comme cause de la transparence des corps et de la
biréfringence de la lumière transmise par le milieu des
cristaux.

§ 141. L'état d'imbibition de la lumière ne peut être
observé que dans les phosphores qui en ont été chargés par
insolation, car c'est alors que les atomes répandus produisent une sensation optique ; quand la densité des atomes de
lumière devient inférieure, la sensation disparaît comme
cela a lieu en pareil cas pour les sensations de la chaleur,
mais grâce au thermomètre et aux thermoscopes, il ne peut
nous échapper la plus petite quantité de chaleur ; il eût dû
en être de même pour les petites quantités de lumière si
nous avions des *photomètres* et *photoscopes*.

§ 142. Dans le milieu de chaque corps peut être directement constatée la chaleur en état d'imbibition, toutefois
il ne s'ensuit pas que la transmission doive pour cela s'o-
pérer par le rayonnement, comme cela a lieu pour la lumière ; cette transmission peut s'opérer par une propagation

lente pareille à celle des gaz et des liquides quand la résistance totale $r+r'$ surpasse la poussée p exercée sur la face
f antérieure de la part de la chaleur ω incidente. En cas
pareils la densité de la chaleur augmente autour de la face f
antérieure et devient $\partial + \partial'$, tandis que celle autour de la
face f' postérieure est inférieure ∂. Cette destruction d'é-
quilibre thermostatique au milieu du corps donne naissance
à la *chaleur rampante.*

§ 143. **Température relative et température absolue.** Au moyen de l'organe de sensation nous ne pouvons
déterminer que le rapport entre la densité ∂ des atomes de
chaleur de la surface de notre corps et celle $\partial \pm \partial'$ de l'enceinte; car en cas pareil il y a écoulement d'une quantité $q'\theta$
de chaleur dans le sens centripète quand la densité de la chaleur ambiante est $\partial + \partial'$; mais si celle-ci a une densité inférieure $\partial - \partial'$, la quantité $q'\theta$ de chaleur s'écoule en sens centrifuge. Dans l'un de ces cas nous sentons le *chaud* et disons
que la température de l'air ambiant est élevée; dans l'autre
cas nous sentons le *froid* et alors nous disons que la température extérieure est *basse.*

§ 144. Le point de départ dans cette espèce d'évaluation de température est celui de la surface du corps; toutefois les sensations ne peuvent pas servir à faire connaître
les différents degrés de la densité $\partial \pm \partial'$ des atomes de chaleur ambiants; comme nous obtenons cela au moyen des ap-
pareils indiqués, qui sont basés sur les effets produits des
atomes θ de chaleur, qui exercent toujours entre eux une
répulsion mutuelle, dont sont produits deux faits différents:
1° s'ils sont au milieu d'un corps ils communiquent leur répulsion aux atomes q matériels et font augmenter le volume
du corps; 2° s'ils sont aux limites des deux corps ils se décomposent en deux électricités dont la première s'écoule
par l'un des corps et la seconde par l'autre.

Ces deux genres d'appareils servent à déterminer les
deux espèces de température, soit relative, soit absolue;

pour cette raison les thermométries sont de deux espèces.

§ 145. **Thermométrie relative.** Il ne s'agit ici que de connaître la quantité $q'\theta$ d'atomes de chaleur écoulée en une minute dans l'un ou l'autre sens; cette quantité $q'\theta$ dépend immédiatement de la différence δ' entre les densités δ et $\delta \pm \delta'$ des atomes de chaleur des corps en contact. Il y a deux moyens de déterminer cette quantité $q'\theta$: 1° le thermomultiplicateur dont la déviation Γ correspond à la quantité $q'\theta$ de chaleur qui arrive en une minute à la face de la pile thermoélectrique, quand l'autre face reste en son état précédent ; 2° la longueur λ parcourue dans la colonne T thermométrique en une minute par la limite L du mercure.

La température relative est ainsi évaluée de la quantité $q\theta$ de chaleur par trois moyens correspondants : 1° *par l'organe de sensation* où le *chaud* indique la direction centripète et le *froid* la direction centrifuge, et la quantité écoulée en une minute est nommée *intensité* relativement à l'organe de sensation dont les degrés ne peuvent être déterminés que très-médiocrement. 2° *Par la déviation* Γ ou $-\Gamma$ qui indique à la fois la direction de l'écoulement de la chaleur $q\theta$ et sa quantité ou son intensité i. 3° *Par la vitesse* ou *longueur de la colonne parcourue* en une minute de la limite L de mercure ; en indiquant par λ la longueur de 1°, $K\lambda$ est celle que la limite L parcourt. Cette longueur en un sens ou en un autre $\pm K\lambda$ correspond exactement à la déviation $\pm \Gamma$ et à l'intensité i du chaud ou du froid observées par le thermomultiplicateur ou par l'organe de sensation.

§ 146. Comme dans la mécanique la distance D parcourue par un mobile en une minute est employée pour exprimer la *vitesse;* de même ici c'est la longueur $K\lambda$ parcourue par la limite du volume du mercure qui sert à évaluer la vitesse du refroidissement ou de l'échauffement. Cette longueur $K\lambda$, comme la déviation Γ, indique la quantité $q\theta$ de chaleur qui pénètre dans l'un ou l'autre sens la surface S du thermomètre dont le mercure éprouve en même temps un changement de volume qui étant v devient $v \pm v'$. C'est donc cette partie v' de volume qui est contenue dans la longueur $K\lambda$ de la colonne T thermométrique.

§ 147. **Thermométrie absolue ou stationnaire.** Quand il s'agit de connaître, non pas la quantité $q\theta$ de chaleur qui passe par la surface S du thermomètre en 1 minute, mais la densité ∂ des atomes de chaleur en état d'*imbibition* dans le milieu d'un corps ou d'une enceinte, on n'emploie que les thermomètres dont la limite L du liquide est indiquée dans la colonne T thermométrique, et cette limite fait connaître le volume $v \pm v'$. De telles augmentations ou diminutions de volumes s'opèrent seulement dans les corps liquides et solides, parce que dans les vapeurs libres le volume augmente ou diminue par la consommation ou l'éloignement d'une partie de la chaleur.

Le volume v des corps solides ou liquides dépend : 1° de la répulsion R exercée de la part des atomes θ' de chaleur d'imbibition contre les atomes σ chimiques, et 2° de la pression P exercée sur les mêmes atomes σ de la part de la pesanteur; cette pression P est insignifiante pour les gaz et les vapeurs dont les atomes σ obéissent à la répulsion R. Celle-ci est donc la même dans tous les milieux des corps de la même enceinte, et chacun d'eux éprouve une pression P qui correspond à la densité des atomes σ chimiques.

Les changements de volume résultent toujours de ceux de la répulsion R exercée de la part des atomes θ' en état d'imbibition, et cette répulsion est analogue à la densité ∂ des atomes θ' de chaleur, de sorte que cette densité $\partial \pm \partial'$ est en rapport direct avec le volume $v \pm v'$, car c'est sur cette propriété qu'est basée la thermométrie. Il va être établi que la quantité de chaleur en état d'imbibition étant Θ', quand la température du mercure est à zéro, il faut y introduire une nouvelle quantité $q\theta$ de chaleur pour en faire augmenter le volume v jusqu'à $100° = v + v'$; cette portion

v' de volume n'est que $\frac{1}{1750}$ du volume v. Donc si la vaporisation manquait, pour obtenir un volume double $2v$ il aurait fallu une élévation de température de $555,000°$ environ.

§ 148. **Influence de la surface du thermomètre sur les thermométries.** L'éloignement de la chaleur du mercure de thermomètre est nécessaire pour que l'excès disparaisse, et qu'il s'établisse un équilibre thermométrique entre le mercure et le vide ou l'air ambiant. Dans la thermométrie absolue, l'espace de temps pendant lequel cet équilibre s'opère est tout à fait indifférent; mais il en est autrement pour la thermométrie relative, où la vitesse de la limite L du mercure sert à connaître la quantité $q\theta$ de chaleur écoulée en 1 minute de la surface S du thermomètre. Cette quantité $q\theta$ de chaleur écoulée diffère : 1° quand la surface reste vitrée; 2° quand elle est noircie de noir de fumée; 3° quand elle est recouverte d'une feuille de métal, et 4° quand cette feuille est noircie de noir de fumée.

En 1 minute la limite L du mercure parcourt, en ces quatre cas, des longueurs différentes dans la colonne T thermométrique: 1° la plus grande longueur $l + l' + l'' + l'''$ est parcourue quand la surface vitrée est noircie; 2° puis la longueur $l + l' + l''$ qui est parcourue quand la surface vitrée est recouverte d'une feuille d'argent et puis noircie; 3° la longueur $l + l'$ est parcourue quand le thermomètre reste vitré; enfin 4° la plus petite longueur l est parcourue quand le thermomètre est doré ou argenté.

149. **Influence de la forme du thermomètre sur les thermométries.** Le volume v d'un corps ne possède pas toujours la même surface; celle-ci atteint un minimum S dans la forme sphérique, et elle peut indéfiniment augmenter dans les formes différentes quand l'épaisseur diminue. Si l'excès t' reste le même, le minimum de chaleur $q\theta$ s'écoule en 1 minute, quand est sphérique le réservoir du mercure dont la surface est S; mais si le réservoir est

aplati et offre une surface 2S, la chaleur $2q\theta$ s'écoulera sans
que change l'excès t', et alors la limite L parcourra une
longueur $2l$ double de celle l qu'elle parcourt quand la
forme du réservoir est sphérique.

§ 150. **Influence de la forme de l'enceinte.** Si
l'enceinte et le réservoir du mercure ont la forme sphérique, de plus si les centres coïncident, les *atomes* θ de
chaleur centrifuge parcourent une égale distance d pour
arriver à l'enceinte; alors la quantité de chaleur éloignée
en chaque minute diminue graduellement, et cette diminution peut être représentée par une courbe ss (fig. 20), où

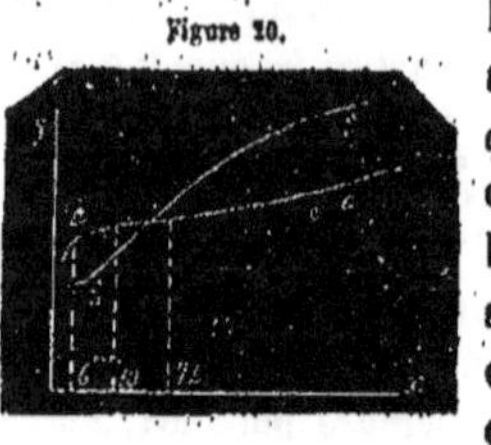
Figure 20.

les abcisses indiquent les excès
t', et les ordonnées les quantités
$q\theta$ de chaleur écoulée exprimées
en longueurs l parcourues par
la limite L du mercure. En l'absence de cette coïncidence des
centres, chaque déplacement du
centre de mercure produit une

courbe ss différente qui éprouve des flexions quand les
excès t' sont grands ou petits.

Si la forme sphérique change, il se présente, pour chaque
nouvelle forme, de nouvelles courbes avec des flexions différentes, dont les unes sont en rapport direct avec les excès t' et les autres avec les pressions p qu'éprouvent les gaz
contenus entre l'enceinte et le thermomètre.

§ 151. **Explication.** Quand les formes sont sphériques
et que les centres coïncident, le refroidissement s'opère
également en sens centrifuge dans toutes les directions vers
l'enceinte; mais si le thermomètre est déplacé de façon que
d'un côté la distance soit $d - d'$ et de l'autre $d + d'$, les
atomes $q\theta$ de chaleur parcourent plus promptement la distance $d - d'$, et il s'y produit un refroidissement plus grand
que celui du côté de la distance $d + d'$; donc pour rétablir
l'équilibre il faut qu'une partie de chaleur de la distance

$d + d'$ passe à la distance $d - d'$, comme cela a lieu dans l'intérieur des vases dont le gaz comprimé s'écoule par un orifice étroit.

Les physiciens, par un oubli sans doute, ne sont pas parvenus à connaître que les faits thermostatiques observés dans les refroidissements sont produits suivant la même loi physique, que les faits aérostatiques observés dans les enceintes dont s'écoulent les gaz comprimés.

I. — DE LA TRANSMISSION DE LA CHALEUR RAYONNANTE A TRAVERS LES CORPS.

§ 152. La transmission de toutes les espèces de fluides à travers les corps s'opère suivant une seule et même loi statique qui régit la transmission de la chaleur ; ainsi, tout ce qui a été dit pour les endosmoses des liquides et des gaz trouve ici son application. Comme ceux-ci peuvent se trouver chacun isolé ou mêlé avec un autre, de même la chaleur est souvent isolée et *obscure*, ou mêlée avec la lumière et *lumineuse*. Les gaz sont à l'état libre, ou ils se trouvent dans les liquides et les solides à l'état d'imbibition ; il en est de même pour la chaleur à l'état libre 0 ; elle est toujours rayonnante, mais à l'état d'imbibition elle se propage par la destruction de l'équilibre ; à cause de cette propagation lente elle est nommée *rampante*.

§ 153. **Transmission des rayons solaires par l'atmosphère.** Au moment d'une éclipse totale du Soleil, toute la lumière et toute la chaleur ne disparaissaient pas de l'atmosphère ; en ce moment ces deux fluides y restent en état d'imbibition ; ce qui s'interrompt, c'est seulement la transmission, qui recommence après l'éclipse quand les atomes φ, ϑ de lumière et de chaleur, arrivés à la limite supérieure de l'atmosphère, poussent leurs homonymes en état d'imbibition qui émergent de la limite inférieure de l'atmosphère pour atteindre la surface de la Terre. Il s'opère la modification suivante : la portion Θ' de chaleur des atomes $\Phi\Theta$ de lumière et chaleur pénètre dans la Terre, et le reste $\Phi\Theta - \Theta'$ est dispersé.

La surface de la Terre en recevant, depuis le matin jusqu'à midi, une quantité de chaleur croissante, acquiert à cette dernière heure un maximum de température; car ensuite commence à diminuer la quantité Θ' qui arrive jusqu'à midi, la couche d'air ambiant ne reçoit de la Terre que la chaleur $\Theta - \Theta'$ dispersée, et elle commence après midi à recevoir en outre de cette partie $\Theta - \Theta'$ une portion de la chaleur $q\Theta'$ accumulée dans la couche superficielle de la Terre.

La couche d'air reçoit après midi une quantité de chaleur plus grande qu'avant midi, mais cela ne dure qu'autant que la somme $(q + q')\,\theta$ de la chaleur $q\theta$ dispersée et $q'\theta$ de celle émise de la Terre, est supérieure à la quantité Θ'' de chaleur qui passe de la couche C inférieure de l'atmosphère à la couche C' supérieure et moins chaude. Le maximum de température dans la couche d'air C a lieu quand sont égales les quantités $(q + q')\,\theta$ et Θ'', dont $(q + q')\,\theta$ diminue d'un degré plus grand que la quantité Θ'', et c'est ainsi qu'apparaît l'abaissement du thermomètre.

Cet exemple fait connaître les trois états différents que reçoivent les mêmes atomes θ de chaleur venant du Soleil à l'état libre : 1° pour arriver à la Terre ils doivent obtenir l'état θ' d'imbibition, pour remplacer leurs homonymes qui viennent sur la surface de la terre en émergeant de la limite inférieure de l'atmosphère; 2° les atomes Θ' de chaleur qui pénètrent dans la Terre s'y trouvent également à l'état d'imbibition comme dans l'atmosphère, avec la différence qu'ils ne pénètrent pas le diamètre de la Terre pour émerger de la face f postérieure, mais qu'ils restent accumulés dans la couche superficielle S où ils se répandent, pour s'y mettre en un équilibre qui reste cependant continuellement détruit,

de sorte que la chaleur reste continuellement à l'état *rampant*
dans la Terre, tandis qu'elle est rayonnante, dans l'atmosphère quand elle est centripète et qu'elle y est rampante
quand elle est centrifuge; 3° dans la couche inférieure de
l'atmosphère il pénètre aussi une portion $\Theta - \Theta''$ de chaleur
réfléchie avec la lumière Φ de la surface de la Terre.

§ 154. **Règle générale de la transmission de la
chaleur.** La quantité $2p\theta$ de la chaleur Θ incidente à l'état
obscur est dispersée dans les deux faces f, f' du corps et
de la face postérieure f', émerge la différence $\Theta - 2p\theta$ quand
le corps n'arrête point de chaleur, comme cela a lieu seulement pour le sel gemme et le noir de fumée; tous les autres
corps arrêtent dans chaque couche c de 1 millimètre d'é-
paisseur une quantité de chaleur qui va en décroissant aux
couches $c', c'', c'''... c^n$ suivantes.

A l'état rampant la chaleur se propage par le milieu de
tous les corps; mais à l'état rayonnant elle pénètre seulement certains corps, et c'est sous ce rapport qu'elle est
comme la lumière. Toutefois on a constaté un état rampant
même pour la lumière dans l'insolation des phosphores par
le Soleil ou par les étincelles électriques.

Les faits suivants, obtenus par les observations, serviront
d'exemples différents de la règle générale.

§ 155. **Pouvoir diathermane des différentes substances.** Les expériences de ce genre ont été faites par
Melloni, qui démontra d'une manière indubitable que le
pouvoir diathermane change notablement d'une substance
à l'autre. Pour les liquides il construit des espèces d'auges,
en taillant de larges échancrures dans un fragment d'une
glace et appliquant sur les deux faces f, f' de lames l, l'
minces de verre qui adhéraient par juxtaposition et qui
étaient maintenues par un encadrement convenable. L'intervalle entre les deux lames l, l' était rempli de liquide à es-
sayer. Voici une partie des résultats trouvés par Melloni:

Verres incolores. (Épaisseur 1mm,33.)

Rayons directs	100	Verre à glace, de	62 à 60
Flint-glass de diverses qualités, de	67 à 95	Verre à vitre, de	58 à 40
		Crown anglais	49

Liquides. (Épaisseur 9mm,24.)

Sulfure de carbone	63	Acide sulfurique de Nordhausen	17
Chlorure de soufre (rouge brun)	65	Alcool absolu	15
Huile de noix (jaune)	31	Acide nitrique	15
Essence de térébenthine	31	Hydrate d'ammoniaque	15
Huile de colza, d'olive	30	Hydrate de potasse	15
Naphte naturel	28	Acide acétique rectifié	12
Essence de copahu, de lavande, huile d'œillette	20	Eau sucrée, salée, alunée	12
Éther sulfurique	21	Blanc d'œuf	11
Acide sulfurique pur	17	Eau distillée	11

Substances cristallisées. (Épaisseur 2mm,61.)

Sel gemme (diaphane)	92	Tourmaline verte (diaphane)	27
Spath d'Islande (diaphane)	62	Chaux sulfatée (diaphane)	20
Cristal de roche (diaphane)	62	Chaux fluatée (translucide)	15
Cristal enfumé	57	Acide nitrique (diaphane)	15
Topaze du Brésil incolore	54	Alun de glace	12
Carbonate de plomb (diaphane)	52	Sulfate de cuivre bleu foncé (diaphane)	0
Agate blanche (translucide)	56		

§ 156. Les quantités de chaleur transmise par les substances solides ou liquides sont la différence $\Theta - \theta - \theta'$, car une portion θ de la chaleur Θ est réfléchie dans les deux faces f, f' d'incidence et d'émergence, et une autre θ' est arrêtée dans l'intérieur du corps en portions diminuantes par les couches successives $c, c', c'', \dots c''$, entre les faces f et f'. Comme dans tous les cas observés la chaleur Θ incidente est la même, si nous admettons aussi, comme le fait Melloni, la même quantité pour la chaleur θ réfléchie ou dispersée dans les deux faces f, f', il devient évident que la chaleur émergente $\Theta - \theta - \theta'$ et la chaleur θ' arrêtée dans le milieu des corps sont entre elles en raison inverse. Alors il reste à prouver la cause qui fait que, dans le milieu de certaines substances, il s'arrête plus de chaleur θ' que dans celui d'autres substances.

§ 157. Le mouvement des atomes θ de chaleur par le milieu des corps ne peut éprouver de résistance que de la part d'atomes homonymes qui se trouvent à l'état spécifique combinés avec le burogène des atomes σ chimiques. Si ces atomes σ contenaient une égale quantité de chaleur spécifique en chaque substance, la résistance r y serait égale; mais tel n'est pas le cas, et ainsi chaque substance dont les atomes σ contiennent une grande quantité d'atomes θ″ de chaleur spécifique arrête une grande quantité d'atomes θ′ de chaleur dans son milieu et fait diminuer la quantité Θ — θ — θ′ de la chaleur émergente. Connaissant donc cette chaleur émergente de chaque substance et la chaleur spécifique de celles-ci, on se trouve en état de contrôler les résultats et de se convaincre de l'exactitude des opérations des expérimentateurs. Toutefois ici l'on vient d'exposer seulement le mode de l'observation de la chaleur transmise par le milieu des substances, et l'on n'a pas encore exposé celui de l'observation de la chaleur spécifique pour pouvoir juger de quel côté peut résulter une erreur, et par suite une discordance, entre la quantité de chaleur arrêtée et celle de la chaleur spécifique. La résistance étant en rapport direct avec la chaleur θ′ arrêtée, l'est aussi avec la chaleur θ″ spécifique, comme cela paraît dans les substances suivantes par chaleur transmise Θ — θ — θ′ :

Noms des substances.	Chaleur transmise.	Chaleur spécifique.
Sulfure de carbone	65	0,8306
Chlorure de soufre	65	0,2058
Essence de térébenthine	51	0,4207
Ether sulfurique	51	0,5167
Alcool absolu	15	0,6795
Acide acétique	12	0,6580
Eau distillée	41	1,0000

La chaleur spécifique θ″ exerce une résistance r à la propagation de la chaleur libre, comme la lumière spécifique φ″ exerce une résistance ou une répulsion à la lumière libre φ et analogue à cette répulsion, est l'indice de réfraction ou le pouvoir réfringent qui est 1,575 pour le flint et 1,500 pour le crown. Il ressort évidemment de ceci que la lumière à l'état spécifique est plus grande dans le flint que dans le crown ; au contraire la chaleur à l'état spécifique est plus grande dans le crown que dans le flint, comme cela résulte de la différence entre les quantités 49 et 64 de chaleur transmise.

§ 158. *Substances cristallisées.* De même que dans les corps non cristallisés, ainsi dans les substances cristallisées la quantité de chaleur transmise est en raison inverse avec celle de la chaleur spécifique θ'' ; le sel gemme, qui laisse s'écouler la chaleur 92, a pour chaleur spécifique 0,21401 ; et l'alun, qui laisse pénétrer la quantité 12 de chaleur, a pour chaleur spécifique 0,9760. L'eau, qui reste en état cristallisée dans plusieurs substances, arrête par sa grande chaleur spécifique le passage de la chaleur libre, comme cela est prouvé dans l'eau sucrée, salée, alunée, etc. L'eau à l'état de cristallisation contenue dans le sel marin et le sulfate de cuivre arrête presque toute la chaleur d'une lampe d'Argant, comme le fait l'eau saturée de sel gemme ou d'alun.

Les lames, taillées suivant différentes directions dans un cristal de quartz ou de spath d'Irlande, laissent également passer la même proportion de chaleur que de lumière, parce que la résistance r de la part de la chaleur ou de la lumière spécifique est égale dans toutes les directions, et si la chaleur ou la lumière incidente conserve la même intensité, la quantité émergente n'éprouve aucun changement.

La structure des cristaux exerce sur les atomes de chaleur et de lumière deux effets qui n'ont pas de rapport avec la thermométrie ou la photométrie ; ces effets sont : 1° l'aplatissement des atomes θ ou φ, nommé *polarisation*, et 2° leur déviation en deux directions différentes, nommée *biréfringence*, comme cela va être prouvé plus bas.

§ 159. Le seul effet thermométrique qui résulte de la structure des cristaux se manifeste dans le cas de la chaleur

centrifuge, car celle-ci correspond alors à la chaleur centrifuge, qui donna naissance au cristal en se décomposant en ses
éléments électriques $\overset{\cdot}{E}$ et $\overline{E}$ qui restent dans les faces $f, f, f\ldots$
électropositives des atomes σ chimiques et dans leurs faces
$f', f', f'\ldots$ électropositives. Ces électricités restent à l'état
dissimulé symétriquement disposées suivant les trois dimensions, et ce sont elles qui déterminent le clivage et l'é-
coulement de la chaleur centrifuge, qui ne facilitent pas
également toutes les trois dimensions, comme cela est
constaté par les expériences directes.

§ 160. **Influence du poli.** Melloni démontra l'influence
différente des raies faites sur les surfaces polies de lames
métalliques coulées ou écrouies. Le même expérimentateur
constata que la quantité de chaleur qui traverse une lame
diathermane est d'autant plus grande que les deux faces f, f'
sont mieux polies. Ayant pris 8 fragments d'une même
glace de $8^{mm},374$ d'épaisseur, dont la face f' postérieure
tournée vers la pile était polie ou usée avec du sable, de
l'émeri ou d'autres poudres dures, il trouva que la déviation du rhéomètre, qui était de $30°$ pour les rayons directs
de la source, était de $19°,45$ pour la lame la mieux polie,
et de $5°,38$ pour celle dont la face f' avait été altérée le
plus complétement; ainsi a été constatée la diffusion de la
chaleur par les surfaces les moins polies.

A. Décroissance des pertes avec l'épaisseur.

§ 161. Melloni a ensuite confirmé l'observation faite par
Delaroche que les rayons qui ont traversé une lame éprouvent moins de perte proportionnellement quand ils en traversent une autre de même substance. Pour cela il employa
quatre fragments d'une même glace et les réduisit à des
épaisseurs qui étaient entre elles comme les nombres 1, 2,
3, 4, et il obtint les résultats suivants en prenant pour

source une lampe d'Argant donnant directement une déviation de 80°.

ÉPAISSEURS DES LAMES.	DÉVIATIONS.	RAYONS transmis sur 100.	RAYONS arrêtés sur 100.
$l = 2,068$	$31°,625$	$61,9$	$38,1$
$'l = 4,136$	$20°,814$	$57,6$	$42,4$
$''l = 6,202$	$10°,687$	$55,8$	$44,2$
$'''l = 8,272$	$10°,575$	$54,9$	$45,1$

Supposons la lame l^{IV} la plus épaisse divisée par la pensée
en quatre couches $l, ''l, '''l, ^{IV}l$ d'égale épaisseur, les quantités de chaleur qui se présentent pour traverser chacune
d'elles sont :

$$100, \qquad 61,9 \qquad 57,6 \qquad 55,8$$

et les quantités arrêtées par les couches successives $l,$
$''l, '''l, ^{IV}l$:

$$l = 100 - 61,9 = 38,1 ; \qquad ''l = 42,4 - 38,1 = 4,3 ;$$
$$'l = 44,2 - 42,4 = 1,8 ; \qquad '''l = 45,1 - 44,2 = 0,9.$$

En prenant le rapport avec la quantité qui se présente à
chaque couche, on obtient :

$$38,1 : 100 = 0,381 ; \quad 4,3 : 61,9 = 0,069 ; \quad 1,8 : 57,6 = 0,031 ;$$
$$0,9 : 55,8 = 0,016,$$

nombres de plus en plus petits ; cette décroissance a été
vérifiée jusqu'à des épaisseurs de 54 millimètres.

§ 162. Si, comme le faisait Delaroche, on place à la suite
les unes des autres des lames $l, l', l'' ...$ de même substance
et de même épaisseur, on arrive à la même conclusion ;
seulement les pertes diminuent dans une plus grande proportion, à cause de la chaleur q qui se réfléchit à la face f
antérieure d'entrée, et à la face f' postérieure de sortie de
chaque lame $l, l', l'' ...$ Avec des lames de verre de $2^{mm},068$

d'épaisseur, les pertes rapportées à la quantité que recevait chaque lame furent de 0,381, 0,134, 0,087, 0,058.

§ 163. **Cas des liquides.** Les liquides présentent les mêmes effets que les solides, comme cela résulte de l'observation suivante. Six auges ayant deux faces f, f' parallèles formées par des lames de verre mince, séparées par des intervalles variant de $0^{mm},767$ à $108^{mm},279$ furent remplies d'huile de colza et placées successivement en face de l'ouverture de l'écran e (fig. 10); la lampe était approchée de manière à donner une déviation de 90° à travers chaque auge vide, et la décroissance des pertes dans les auges remplies s'est manifestée comme dans le cas des lames solides.

§ 164. **Proportion de la chaleur réfléchie dans les deux faces f, f'.** En prenant deux disques égaux de carton mince, si l'on noircit les deux faces du disque d et l'une seulement, la postérieure f' du disque d', on trouve que si la chaleur émergente du disque d tout noirci est 100, celle qui émerge du disque d' est $84,7$. En opérant de la même manière avec une lame de sel gemme, la quantité de chaleur transmise est $92,3$; la chaleur arrêtée est $100 - 92,3 = 7,7$ dans le sel gemme et $100 - 84,7 = 15,3$ dans le disque. Cette chaleur $15,3$ est presque double de celle $7,7$, car dans le disque noirci le carton a de chaque côté une couche de noir de fumée qui a quatre faces, tandis que, dans la lame du sel gemme, les faces f, f' qui produisent la réflexion ou la dispersion de la chaleur $7,7$ ne sont que deux.

En connaissant la quantité $0,077$ de chaleur réfléchie dans les deux faces f, f' quand la chaleur incidente est admise comme étant 1, on peut calculer la proportion de chaleur réfléchie sur chacune des deux faces des lames diathermanes. Soit R la proportion réfléchie sur la face f d'entrée, $1 - R$ sera la quantité qui pénétrera et arrivera à la face de sortie f', laquelle réfléchira une proportion R de chaleur qu'elle reçoit, c'est-à-dire R(1 — R). En ajoutant à ces deux quantités réfléchies la quantité transmise 0,923, on doit avoir la quantité totale 1. On a donc :

$$R + R(1 - R) + 0{,}923 = 1, \quad \text{d'où} \quad R = 1 \pm \sqrt{0{,}923} = 1 \pm 0{,}9607.$$

Le signe + ne convient pas, puisque R ne peut pas être plus grand que 1. En prenant le signe — on trouve R = 0,0393. Pour obtenir la proportion réfléchie sur la face f' de sortie, il suffit de retrancher la valeur de R de la perte totale; ce qui donne 0,077 — 0,0393 = 0,0377.

§ 165. Pour constater les deux cas indiqués pour les autres substances, Melloni fait d'abord remarquer qu'une petite différence dans l'épaisseur d'une lame diathermane ne produit pas de changements appréciables dans la quantité de chaleur transmise, ce qui prouve qu'une couche mince de $0^{mm}{,}5$, par exemple, ne produit pas d'absorption sensible de chaleur. Si donc on détache cette petite couche de la lame, et qu'on la place en avant et parallèlement, la perte nouvelle qui résultera de cette séparation devra être attribuée aux réflexions sur les deux faces f, f' de la lame mince. En opérant ainsi, on retrouve sensiblement le même nombre 0,077. Les petites différences que l'on rencontre résultent de la diminution de la chaleur à cause de l'augmentation du nombre des faces réfléchissantes, qui sont deux dans le sel gemme et quatre dans le disque noirci, comme dans les cas où l'on sépare une lame mince.

§ 166. **Résumé.** Au commencement on niait la transmission de la chaleur à travers les corps; on prétendait que les corps absorbent une quantité de chaleur qu'ils répandent ensuite et produisent les faits observés dans le thermomètre. Pour faire disparaître toute objection pareille, P. Prevost fit l'expérience avec une lame de glace dans un espace dont la température était de — 3°, et la chaleur franchit cet écran de glace et vint faire monter un thermoscope placé du côté opposé. En déplaçant une lame de

verre de manière à renouveler à chaque instant la partie qui
était en face d'une ouverture pratiquée dans un écran placé
en face d'un vase plein d'eau bouillante, l'effet restait le
même que lorsque la lame était en repos. Enfin, Prevost
vit la chaleur rayonnante se transmettre à travers une nappe
d'eau de $0^{mm},5$ d'épaisseur y tombant verticalement et dont
l'échauffement ne pouvait pas avoir lieu. Le thermoscope
indiquait environ ½ degré quand sa boule était noircie et que
la source de chaleur était un morceau de fer brûlant mais
non lumineux.

Delaroche ayant recouvert de noir de fumée la face d'une
lame de verre tournée du côté de la source, cette lame s'é-
chauffait davantage, et cependant le thermomètre placé du
côté opposé ne monta plus. Tels étaient les faits connus
quand Melloni commença ses expériences au moyen du
thermomultiplicateur et obtint les mêmes résultats, ensuite
il étendit le champ de ses observations, comme cela vient
d'être indiqué.

§ 167. Melloni est parvenu à constater : 1° la quantité de
chaleur 0,077 réfléchie ou dispersée dans les deux faces f, f'
des corps diathermanes, et 2° les pertes qui diminuent en
proportion de l'épaisseur; cette diminution a lieu dans une
proportion plus forte quand la même épaisseur du corps est
taillée en plusieurs lames l, l', l''... parallèles, et cela parce
que les faces f, f' de chacune de ces lames dispersent une
quantité de chaleur.

§ 168. **Explication.** De semblables pertes ont été constatées pour la lumière par Hassenfratz (*Photostatique*,
page 337), qui prouva que les couleurs sombres se séparent
des couleurs claires; celles-ci avancent et les autres sont
réfléchies. Dans la chaleur nous ne pouvons observer que
ses diminutions et non pas les changements de couleurs
analogues à ceux de la lumière. Toutefois les cas pareils et
plusieurs autres ne peuvent pas servir à constater l'existence
des couleurs dans la chaleur observée par le thermomètre.

II.— DE LA VITESSE DU REFROIDISSEMENT DANS LE VIDE ET DANS LES GAZ.

§ 169. Le refroidissement résulte de l'éloignement d'une quantité de chaleur du milieu des corps; la vitesse du refroidissement résulte de la quantité $q\theta$ de chaleur qui se sépare de la surface du corps pendant la durée d'une unité de temps supposée ici d'une minute. Cette quantité $q\theta$ de chaleur éloignée est la cause d'une diminution de volume du corps dont elle se sépare; en admettant que ce corps est le mercure du thermomètre, son volume v doit devenir $v - v'$, et, cela en une minute. Le volume v' est indiqué dans la colonne T de thermomètre où la limite L du mercure parcourt en une minute la longueur $K\lambda$ évaluée dans le tube par la diminution du volume v réduit à $v - v'$.

Le thermomètre dont se sépare la chaleur $q\theta$ peut être contenu dans le vide ou être en contact avec l'air ou d'autres gaz; si l'excès t' ou si la température de l'enceinte est toujours d'un degré constant inférieur à celle du mercure, se trouve déterminée l'influence produite sur la vitesse du refroidissement par la présence de chaque espèce de gaz, dont la densité peut augmenter ou diminuer pour en connaître l'effet sur la vitesse du refroidissement; enfin l'enceinte peut être grande ou petite, sphérique ou de forme cylindrique.

A. VITESSE DU REFROIDISSEMENT DANS LE VIDE.

§ 170. Les observations de ce genre ont été premièrement faites par Dubois et Petit, ensuite elles ont été en partie vérifiées et en partie rectifiées par les autres physiciens, sans que ni les uns ni les autres eussent reconnu la loi physique qui régit les faits ainsi observés. Une fois cette loi connue, les faits observés no servent que comme exemples, et cela pour faire mieux connaître comment la loi y trouve son application.

Pour corps en refroidissement on a pris le mercure du thermomètre contenu dans un réservoir en verre nu ou argenté. Le tube de ce thermomètre est contenu dans un autre plus large fixé dans la capacité d'un ballon sphérique de cuivre mince noirci en dedans et plongé jusqu'au goulot dans une cuve d'eau dont on fait varier la température soit en y jetant des fragments de glace, soit en y faisant arriver de la vapeur d'eau bouillante. Si l'on chauffe le thermomètre jusqu'à l'ébullition du mercure et qu'on l'introduise dans le ballon en y faisant rapidement le vide, quand ce ballon reste continuellement dans l'eau de la glace fondante, on voit la limite L du mercure descendre et parcourir en une minute, dans la colonne T du thermomètre, différents nombres K de degrés λ : ces nombres K vont en décroissant $K - K'$, $K - K' - K''$... pour atteindre leur minimum quand la limite L arrive à zéro où celle-ci reste stationnaire pour indiquer qu'il n'y a plus écoulement de chaleur ni de la part du mercure vers l'enceinte, ni de celle-ci vers le mercure. De sorte qu'il s'y établit une sorte de calme par l'égalité de la répulsion et de la contre-répulsion, et non pas par égalité de masses de chaleur soumises à un va-et-vient perpétuel; c'est pourtant ce que certains physiciens prétendent, prouvant ainsi qu'ils ignorent tout à fait la cause qui occasionne les mouvements.

§ 171. Au lieu d'avoir la surface du ballon toujours à zéro et le mercure en toutes les températures, Dulong et Petit ont voulu observer la vitesse de la limite L du mercure quand celle-ci est, 1° dans la hauteur $\lambda(K + 20)$ de la colonne T du thermomètre, et 2° dans la hauteur $K\lambda$ de la colonne T' du thermomètre plongé dans la cuve. De sorte que la différence entre les deux thermomètres reste toujours $20\lambda = 20°$, tandis que change la hauteur $K\lambda$ de la colonne dans laquelle cette différence $20\lambda = 20°$ est prise, parce qu'en donnant à K les valeurs 0, 1, 2, 3, 4... K l'excès l ou les 20° se trouvent quand l'eau de la cuve a les températures 0°, 20°, 40°... 20K, et que le mercure du thermomètre intérieur est aux températures 20°, 40°, 60°... 20K + 20°.

En opérant de cette manière ces physiciens trouvèrent que la limite L du mercure parcourt en une minute des longueurs $\alpha\lambda$, $(\alpha + \alpha')\lambda$, $(\alpha + \alpha' + \alpha'')\lambda$ croissantes quand croît la valeur de K pour s'éloigner du zéro; en divisant ces longueurs l'une par l'autre, on obtint le même quotient ou

$$\frac{\alpha + \alpha'}{\alpha} = \frac{\alpha + \alpha' + \alpha''}{\alpha + \alpha'} = \frac{\alpha + \alpha' + \alpha'' + \alpha'''}{\alpha + \alpha' + \alpha''} \ldots\ldots = \frac{\alpha + \alpha' + \ldots + \alpha^{n+1}}{\alpha + \alpha' + \ldots + \alpha^n} = a.$$

§ 172. Ce rapport a constant entre les longueurs α, $\alpha + \alpha'$, $\alpha + \alpha' + \alpha''$... parcourues par la limite L dans les hauteurs $\lambda(K + 20°)$ de la colonne T a été nommé *loi du refroidissement* par les physiciens qui exposèrent les valeurs de K en une progression arithmétique, et les longueurs α, $\alpha + \alpha'$, $\alpha + \alpha' + \alpha''$... correspondantes parcourues par la limite L en une minute se trouvèrent exposées dans la progression géométrique suivante où le rapport est a :

Valeur de K.......... $+$ 0 . 1 . 2 . 3 . 4 . 5 . ... n
Vitesse de L.......... $+$ a^0 : a : a^2 : a^3 : a^4 : a^5 : ..... : a^n

Après plusieurs répétitions de cette expérience il a été trouvé pour le rapport a la valeur 1,165 quand la différence était de 20° entre la température du mercure et celle de l'eau de la cuve où plongeait le ballon. Cette différence 20° est l'excès l. Pour obtenir la valeur du rapport pour une différence de 10°, il faut prendre la racine carrée de 1,165; pour différence de 1° il faut prendre $\sqrt[20]{1,165} = 1,0077$ pour rapport dans la progression géométrique; alors dans la formule $\lambda(K + 20°)$ il faut remplacer le nombre 20 par 1.

Cette valeur 1,0077 trouvée ainsi par le calcul ne peut

pas être obtenue par l'observation directe ; pour cette raison Newton a admis que la limite L du mercure parcourt dans la colonne T thermométrique la longueur α si l'excès est $1°$, la longueur $\alpha + \alpha$ s'il est $1° + 1°$, et $\alpha + 2\alpha$, si l'excès est $1° + 2°$, sans tenir compte de la formule $\lambda(K + 20°)$.

§ 173. **Explication.** Il n'y a aucune loi particulière pour le refroidissement comme l'admettaient les physiciens qui, par suite d'un oubli, n'ont pas fait la comparaison entre les longueurs a', a, a^2, a'' parcourues en une minute par la limite L, et la quantité $q\theta$ de chaleur écoulée de la surface S constante du thermomètre. Pour que cette limite L baisse, il faut un rétrécissement du mercure dont le volume v devient $v - v'$, et cette diminution v' de volume résulte de l'éloignement de la quantité $q\theta$ de chaleur de la surface S.

§ 174. Cette surface contenant $Q\theta$ atomes à une température de $20°$ quand celle de la cuve est à zéro, elle contient les atomes $pQ\theta$ à une température $20 + K$; l'éloignement s'opère toujours avec la même vitesse et la quantité $q\theta$ d'atomes qui s'éloignent de la surface S contenant les atomes $Q\theta$ augmente et devient $pq\theta$, quand dans la même surface S se trouvent $pQ\theta$ atomes. Mais les atomes n'augmentent dans la surface S que dans les cas où ils augmentent dans le milieu du mercure, quand en même temps il y a une augmentation du volume de celui-ci indiquée par la hauteur $\lambda(K + 20)$ à laquelle se trouve la limite L du mercure.

En une minute s'opère : 1° l'éloignement des atomes $q\theta$ ou $pq\theta$ de chaleur de la surface S, et 2° l'abaissement a'' de la limite L du mercure ; ainsi il est évident que cet abaissement a lieu quand est grande la quantité $pq\theta$ de chaleur éloignée qui produit un rétrécissement analogue du volume v de mercure. 1° La densité des atomes de chaleur $Q\theta$ ou $pQ\theta$ de la surface S en état stationnaire est donc indiquée par la hauteur $\lambda(K + 20)$ de la limite L : ce sont alors ces hauteurs stationnaires qui sont représentées dans la progression arithmétique

$+ 0.1.2.3\ldots n$; tandis que 2^r dans la progression géométrique $+ a^o : a : a^2 : \ldots : a^n$ sout représentés les mouvements
de la limite L correspondant à ceux des atomes $q\theta$ ou $pq\theta$;
ainsi les quantités $q\theta$, $pq\theta$ correspondent aux quantités stationnaires $Q\theta$, $pQ\theta$ indiquées par la hauteur $\lambda(K + 2\theta)$; de
cette manière les deux progressions se rattachant aux quan-
tités $Q\theta$, $pQ\theta$ de chaleur de la surface S, qui, à l'état stationnaire, sont indiquées par $\lambda(K + 2\theta)$ et à l'état d'écoulement
produisent: 1° l'éloignement des atomes $q\theta$ ou $pq\theta$, et 2° l'a-
baissement correspondant a ou a^n observé sur la colonne T.

§ 175. Au lieu de la surface S du thermomètre et de la
surface S' de l'enceinte séparées par le vide comme dans le
cas précédent, il y a ici une couche de gaz qui a sa face f
d'incidence en contact avec celle S du thermomètre, et sa
face f' d'émergence en contact avec la surface S' de l'enceinte; de sorte que le refroidissement dans les gaz correspond à leur pouvoir diathermane analogue à celui des liquides et des solides. La longueur λ ou $K\lambda$ parcourue par
la limite L du mercure en une minute de temps dans la colonne T thermométrique indique, comme dans le cas précédent, le rétrécissement du mercure produit par l'éloignement de la chaleur $q\theta$ en une minute de la surface S du
thermomètre.

Mais en ce cas on peut également dire que la quantité $q\theta$
de chaleur part en une minute de la face f de la couche de
gaz et se répand comme chaleur rampante dans les couches
c, c', $c''\ldots$ intérieures qui séparent la face f de la face f'; il
manque donc à présent la chaleur rayonnante observée
dans le vide, où la quantité $q\theta$ éloignée de la surface S du
thermomètre est proportionnelle à la densité δ des atomes
de chaleur θ' dans cette surface, quand les mêmes excès t

sont pris entre différentes températures $T + t'$ et T ou $t + t'$ et t.

§ 176. Pour qu'une plus grande quantité de chaleur passe de la face f du gaz vers sa face f', il faut que l'excès t soit grand où que la densité du gaz soit considérable; quand ces deux causes existent à la fois, l'éloignement de la chaleur acquiert sa plus grande vitesse. Ces trois cas peuvent être représentés en progressions géométriques dont les termes correspondent de la manière suivante :

I. Après que l'observation a donné le rapport 2,55 entre les longueurs λ, $\lambda + \lambda'$, $\lambda + \lambda' + \lambda''$... parcourues par la limite L du mercure dans la colonne T quand les excès t' croissent dans le rapport 2, on obtient les progressions.

$$\text{Excès} \quad \div\ t' : 2t'' : 2^2t' : 2^3t' : \ldots : 2^n t'$$
$$\text{Vitesses} \quad \div\ : 2,55\ (2,55)^2 : (2,55)^3 : \ldots : (2,55)^n$$

II. Si l'excès t' reste invariable et que les pressions p croissent en progression géométrique par le rapport 2, on a trouvé que les longueurs l, $l + l'$, $l + l' + l''$... parcourues par la limite L du mercure croissent également en une progression géométrique dont le rapport est 1,366 pour l'air, 1,301 pour l'hydrogène, 1,431 pour l'acide carbonique et 1,415 pour le gaz oléfiant; les termes de ces progressions correspondent à ceux de la pression, comme les termes de la précédente correspondent à ceux de l'excès.

$$\text{Pressions} \quad \div\ p : 2p : 2^2p : \ldots : 2^n p$$

$$\text{Vitesse dans} \begin{cases} \text{l'air} & \div\ 1 : 1,366 : (1,366)^2 : \ldots : (1,366)^n \\ \text{l'hydrogène} & \div\ 1 : 1,301 : (1,301)^2 : \ldots : (1,301)^n \\ \text{l'acide carbonique} & \div\ 1 : 1,431 : (1,431)^2 : \ldots : (1,431)^n \\ \text{le gaz oléfiant} & \div\ 1 : 1,415 : (1,415)^2 : \ldots : (1,415)^n \end{cases}$$

III. Si en même temps croissent les excès et les pressions dans le rapport 2 dans les gaz différents, la limite L parcourra les longueurs λl, $(\lambda + \lambda')(l + l')$, $(\lambda + \lambda' + \lambda'')(l + l' + l'')$ en une minute, de sorte que dans les cas pareils les progressions prennent la forme suivante ;

Excès.	++	t' :	$2t'$	: $2^2t'$	: ..... : $2^nt'$
Pressions.	++	p :	$2p$	: 2^2p	: ..... : 2^np
Vitesse dans — l'air.	++	1 :	$(2,55)(1,366)$	: $(2,55)^2(1,366)^2$	: ..... : $(2,55)^n(1,366)^n$
l'hydrogène.	::	1 :	$(2,55)(1,801)$	: $(2,55)(1,801)^2$	: ..... : $(2,15)^n(1,801)^n$
l'acide carbonique	++	1 :	$(2,55)(1,451)$	: $(2,55)(1,451)^2$	: ..... : $(2,55)^n(1,451)^n$
le gaz oléfiant. . .	++	1 :	$(2,55)(1,415)$	: $(2,55)(1,415)^2$	: ..... : $(2,55)^n(1,415)^n$

§ 177. Refroidissements dans les gaz sous la pression de 760 millimètres. Si l'excès t' reste le même entre la surface S du thermomètre et celle S' de l'enceinte ou entre les faces f, f' de la couche de gaz, la limite L parcourt, pour chaque gaz, dans la colonne T, des longueurs différentes ; en admettant l pour celle parcourue en une minute par la limite L quand l'air est dans le ballon, elle devient $3,45l$ pour l'hydrogène, $0,965l$ pour l'acide carbonique. Ces vitesses ont un rapport avec le poids spécifique des gaz et elles en sont en raison inverse. Le poids spécifique résulte de la quantité de barogène ou, comme on disait jusqu'à présent, de la *masse* contenue dans les atomes σ chimiques ; cette masse donc β éprouve dans les atomes σ d'acide carbonique une pression $p + p'$ supérieure à celle p qu'éprouve la masse inférieure contenue dans les atomes de l'hydrogène. En admettant donc que, dans les cas où la même quantité $Q\theta$ d'atomes de chaleur existe dans la surface S du thermomètre et le même excès t' entre ces atomes et ceux $(Q - Q')\theta$ de chaleur de l'enceinte, il s'exerce une répulsion R de la part des atomes $q\theta$ de chaleur centrifuge contre les atomes homonymes θ'' contenus dans les atomes σ matériels, tandis que la pression est p pour les atomes σ de l'hydrogène, $p + p'$ pour ceux de l'air et $p + p' + p''$ pour ceux de l'acide carbonique ; aussi la résistance est r pour l'hydrogène, $r + r'$ pour l'air et $r + r' + r''$ pour l'acide carbonique.

Donc la vitesse V de la limite L du mercure correspond à la quantité $q\theta$ d'atomes séparée en une minute de la surface S du thermomètre ; cette quantité étant en raison directe avec la vitesse V, est en raison inverse avec la pression

p ou avec la résistance r, ainsi l'on a $V = \frac{1}{p} = \frac{1}{r}$. Plus bas, on fera remarquer les effets produits par les gaz proprement dits, tels que l'air, l'hydrogène, etc., et les gaz qui se laissent condenser pour obtenir la forme liquide, de sorte qu'ils ne sont que des vapeurs de ces liquides combinés avec une quantité de chaleur latente.

§ 178. **Refroidissements dans les gaz sous des pressions au-dessous de 760 millimètres.** En opérant dans l'air la vitesse V du refroidissement diminue suivant le rapport $\frac{1}{138}$ quand les pressions diminuent suivant le rapport $\frac{1}{38}$, et cet accord se soutient jusqu'aux moindres pressions possibles de 4 millimètres ; mais quand on opère dans les autres gaz cette correspondance s'évanouit, et cela différemment pour l'hydrogène, l'acide carbonique, le protoxyde d'azote, etc.

§ 179. I. *Refroidissement dans l'hydrogène.* Quand la pression passe de 760 millimètres à 20 millimètres pour devenir 38 fois inférieure, la vitesse V de la limite L qui était 3,45*l* diminue pour devenir $3,45 - \frac{3,45}{7} = \frac{6 \times (3,45)}{7}$, si cette pression de 20 millimètres augmente pour devenir de 60 millimètres, la vitesse augmente pour devenir $\frac{11 \times (3,45)}{12}$. La vitesse du refroidissement dans l'air, qui est 1 sous la pression 760 millimètres, est réduite à $\frac{1}{8}$ sous la pression de 20 millimètres.

§ 180. *Refroidissement dans l'acide carbonique et le protoxyde d'azote.* De même que dans l'air, la vitesse diminue également pour ces deux gaz dans les pressions inférieures, mais cette diminution s'arrête à la pression de 35 millimètres et reste constante jusqu'à 12 millimètres ; sous la pression de 4 millimètres la vitesse du refroidissement est *plus grande* que sous la pression de 35 millimètres. Ce résultat a été vérifié également pour le protoxyde d'azote qui est aussi une vapeur comme l'acide carbonique.

§ 181. **Explication.** Dans tous les cas avec la pression

diminue proportionnellement la quantité $q\sigma$ d'atomes des gaz en contact avec la surface S du thermomètre, et avec cette quantité $q\sigma$ d'atomes matériels diminue la quantité $q\theta$ d'atomes de chaleur éloignés en une minute de la surface S ; et cela parce qu'entre les deux faces f, f', pour le même excès t', la même quantité de chaleur $Q\theta$ reste partagée aux atomes $\frac{Q\sigma}{m}$ inférieurs ; ce sont donc ces atomes $Q\theta$ de chaleur qui exercent une résistance mr qui est m fois supérieure à celle r qu'exercent $q\sigma$ atomes sous la pression 760 millimètres.

A cause de la masse β contenue dans chaque atome des gaz augmente ou diminue leur poids spécifique, et en même temps la pression P de la part de la pesanteur qui empêche les atomes σ matériels de céder à la répulsion r qu'ils éprouvent de la part des atomes θ de chaleur centrifuge. Si la pression P diminue également dans toutes les espèces de gaz, les rapports entre leurs poids spécifiques n'éprouvent aucun changement ; les résistances r, $r+r'$ augmentent, car elles sont entre elles comme les surfaces S ou comme les carrés A^2 du rayon A de l'enceinte, tandis que les pressions ou les densités sont comme les cubes A^3 de ce rayon.

I. *Hydrogène.* Le refroidissement ou sa vitesse V se soutient quand la pression P diminue, parce que la quantité $q'\sigma$ d'atomes matériels éloignés est médiocre, et que les atomes $Q\theta$ de chaleur restent en état d'imbibition dans une quantité $q''\sigma$ d'atomes matériels. De l'autre part le rapport 1,301 du refroidissement dans l'hydrogène est inférieur à celui 1,366 du refroidissement dans l'air.

II. *Acide carbonique et protoxyde d'azote.* La vitesse du refroidissement dans ces gaz diminue sous les pressions inférieures, suivant le rapport $\frac{1}{10}$ jusqu'à la pression de 35 millimètres. L'état constant jusqu'à la pression de 12 millimètres et la vitesse supérieure du refroidissement dans la pression de 4 millimètres se rencontrent dans les gaz pareils qui peuvent être condensés et réduits à l'état liquide; de sorte que les gaz de ce genre ne sont que des vapeurs maintenues à l'état gazeux par une quantité de chaleur latente. C'est une partie de cette chaleur qui se sépare dans les pressions inférieures, et ainsi augmente la vitesse du refroidissement par la diminution de la résistance. Pour savoir pourquoi s'opère la séparation d'une partie de la chaleur latente dans les cas pareils, il est nécessaire de connaître d'abord l'état de cette chaleur, comme cela va être constaté plus bas. Pour le moment il suffit de savoir que ces cas ne se présentent que dans les gaz qui peuvent être condensés pour obtenir l'état liquide; cependant les degrés de pression ne sont pas les mêmes dans tous les gaz où les phénomènes indiqués se présentent, car cela dépend de leur poids spécifique.

§ 182. **Mélange de l'air avec l'hydrogène.** Sous la pression de 30 millimètres de l'hydrogène seul, la vitesse du refroidissement est plus grande que quand cette pression augmente pour devenir de 60 millimètres par l'introduction d'un volume égal d'air. En ce cas, la pression P augmente sur les atomes matériels a de la part de la pesanteur avec laquelle augmente la résistance r exercée de ces mêmes atomes matériels a contre les atomes θ de chaleur centrifuge; tandis que la répulsion R de la part de ces atomes θ ne change pas, parce qu'il est admis que l'excès t' reste le même. On dit en effet que la présence de l'air diminue la mobilité de l'hydrogène au point que l'effet provenant du changement de densité ne peut compenser l'influence de la diminution de la mobilité, mais cela est encore une description et non pas une explication.

§ 183. **Influence de la dimension et de la forme de l'enceinte.** Les observations ont été faites par Dulong et Petit au moyen d'un ballon sphérique de 30 centimètres de diamètre; P. Desains et de la Provostaye opérèrent avec deux ballons sphériques noircis, de 24 et de 15 centimètres de diamètre, et une enceinte cylindrique de 6 centimètres de diamètre et de 20 centimètres de hauteur. Dans le petit ballon b le refroidissement total dans l'air est plus rapide que dans le grand, quel que soit l'état de la surface du thermomètre, et les différences sont d'autant plus prononcées que la pression est moins faible. Au-dessous de 20 millimètres, la différence devient très-petite. Sous la pression de 6 millimètres, le thermomètre doré mettait 40′10″,5 pour s'abaisser d'un certain nombre de degrés dans le grand ballon et 33′,55″ dans le plus petit,

Dans l'enceinte cylindrique le refroidissement était plus lent que dans le grand ballon, depuis la pression 760 millimètres jusqu'à 45 environ. Le contraire avait lieu pour la pression plus faible. Pour rendre visibles les vitesses du refroidissement dans le grand ballon B et dans l'enceinte cylindrique, ces vitesses se trouvent représentées dans les courbes ss et cc (fig. 20), dans lesquelles les abscisses expriment les pressions croissantes, et les ordonnées les vitesses de refroidissement qui croissent comme la courbe ss quand on opère dans le grand ballon B, et comme cc quand on opère dans l'enceinte cylindrique, où la vitesse est sensiblement constante depuis la pression de 45 jusqu'à 70 millimètres, tandis que dans l'enceinte sphérique elle varie beaucoup entre les mêmes limites de pression.

§ 184. **Explication.** Les refroidissements s'opèrent dans les couches c,c'… de gaz entre leurs faces f et f' d'égal excès de température t' et des différentes épaisseurs e, e'. Dans le ballon de 24 centimètres de diamètre l'épaisseur e est de 11 centimètres, et dans celui de 15 centimètres de diamètre l'épaisseur e' est de 6ᶜᵉⁿᵗ,5 en admettant pour le réservoir du thermomètre un rayon de 4 centimètre. Ayant donc deux corps d'une épaisseur de 11 centimètres et 6ᶜᵉⁿᵗ,5 et d'égal excès t', il est évident qu'il y aura écoulement d'une plus grande quantité de chaleur $(q+q')\theta$ de la surface S du thermomètre à travers l'épaisseur 6ᶜᵉⁿᵗ,45 que celle $q\theta$ qui va s'écouler dans le même temps à travers l'épaisseur supérieure $e = 11$ centimètres.

Dans l'enceinte cylindrique les distances sont inégales entre les deux faces f, f' de la couche d'air; cela fait que l'équilibre ne peut pas être maintenu par les écoulements rectilignes des atomes centrifuges θ. De ceux-ci s'écoulent promptement ceux qui arrivent à la périphérie π du milieu du cylindre, mais leur place n'est pas immédiatement occupée par d'autres θ qui arrivent directement du thermomètre, car alors il s'y produit un abaissement rapide de température qui sollicite les atomes θ ambiants de chaleur, précisément comme cela a lieu dans les écoulements des gaz.

Dans le grand ballon B sphérique le refroidissement est régulier comme il est représenté dans la courbe ss, parce que l'épaisseur e de la couche d'air est partout égale et que les atomes de chaleur θ suivent des directions rectilignes dans leur mouvement centrifuge. Avec la densité ou la pression P croît la quantité $q\theta$ de chaleur qui s'écoule en chaque minute de la surface S du thermomètre.

§ 185. **Influence de la surface intérieure de l'enceinte.** Dans le cas du thermomètre vitré, le refroidissement dû au rayonnement reste le même quand l'enceinte est argentée; seulement les pertes par le rayonnement sont réduites à peu près de moitié, et cela parce que la surface argentée renvoie par la réflexion au thermomètre une partie de la chaleur qu'elle en reçoit et qui correspond à une température plus élevée et plus intense. Lorsque, au contraire, il s'agit d'un thermomètre recouvert d'une feuille métallique, on trouve que son refroidissement est *indépendant* de la réflexion opérée dans l'enceinte.

§ 186. **Influence de la surface du thermomètre.** Un thermomètre argenté, puis recouvert de noir de fumée, se refroidit moins vite dans le vide que lorsque le noir de fumée a été appliqué immédiatement sur le verre; un ballon de verre rempli de mercure chaud, dont l'une des moitiés a été recouverte immédiatement de noir de fumée et l'autre, après avoir été argentée, a été placé en présence de la pile thermoélectrique, où les effets produits selon que l'une ou l'autre moitié était exposée à la pile, correspondaient aux faits observés dans le vide.

§ 487. **Explication.** La feuille d'argent ou d'or placée entre la surface de verre et le noir de fumée produit une résistance à la chaleur centrifuge; cela sert comme preuve directe qu'il ne faut attribuer à la surface simple qu'une quantité constante de chaleur dispersée, et à chaque substance différentes résistances r, r', r'' contre la propagation de la chaleur. Ce fait a été déjà démontré dans les résultats obtenus, 1° par les réflexions de quantité de chaleur égale dans les faces f, f' des substances différentes, et 2° par les inégales quantités de chaleur lumineuse transmise à travers une même épaisseur de ces mêmes substances (§ 174).

CHAPITRE IV.

DE LA CONDUCTIBILITÉ DES CORPS POUR LA CHALEUR OU DE LEUR RÉSISTANCE CONTRE SA PROPAGATION.

§ 188. En tenant l'extrémité d'un corps en contact avec une source constante de chaleur, celle-ci à l'état rampant et en densité décroissante, se propage à des distances qui sont en raison inverse : 1° avec la résistance r exercée de la part de la chaleur b' spécifique, et 2° avec la résistance r' exercée de la part de l'électricité dissimulée des solides. Dans les chapitres précédents on a observé la quantité de chaleur rayonnante qui pénètre les corps, tandis qu'ici l'on veut déterminer la propagation de la chaleur rampante et son rapport avec les deux espèces de résistance.

Quant à la résistance r de la part de la chaleur spécifique, il a été déjà prouvé que la quantité de chaleur transmise est en raison inverse avec la chaleur spécifique des substances ; mais la résistance r' produite de la part de l'électricité dissimulée ou latente ne se manifeste que dans la propagation rampante de la chaleur, et cet état de l'électricité était tout à fait inconnu des physiciens, quoiqu'ils connussent très-inexactement en quoi consiste la chaleur latente et la chaleur spécifique, et encore moins leur résistance r.

I. — CONDUCTIBILITÉ DES SOLIDES OU LEUR RÉSISTANCE A LA PROPAGATION DE LA CHALEUR RAMPANTE.

§ 189. Ce changement d'expression sert à faire connaître au lecteur qu'il n'existe aucun objet correspondant au mot *conductibilité*; mais que les atomes de chaleur introduits éprouvent dans les corps des résistances différentes, parce que leurs homonymes s'y trouvent en densités différentes. Cette résistance de la part de la chaleur spécifique a été constatée pour les verres incolores, les liquides et les cristaux, quand la chaleur y est transmise en état rayonnant; ici se manifeste la même résistance quand la chaleur se propage à l'état rampant, avec la différence qu'en même temps devient évidente la résistance r' provenant de la part de l'électricité dissimulée ou latente contenue en quantités supérieures dans les corps solides dont la masse paraît moins homogène. Mais avant d'aller chercher les faits produits de cette électricité dissimulée, il est nécessaire de constater avant tout son existence et l'état dans lequel elle se trouve dans les corps solides, liquides et gazeux.

§ 190. **Électricité dissimulée, élasticité et cri ou bruit.** Cet objet sera traité dans la suite; il en est fait mention ici seulement pour compléter le rapport entre le cri des métaux et leur conductibilité pour la chaleur. Mais comme ce cri est en rapport inverse avec la conductibilité, il l'est aussi avec l'élasticité, et par suite il est en rapport direct avec la résistance r' produite de la part de l'électricité dissimulée. Au moyen des coups de marteau le cri diminue dans les métaux, tandis qu'augmentent leur élasticité et leur conductibilité pour la chaleur. Il s'agit donc de connaître de quelle manière sont liées entre elles ces trois espèces de faits : *cri*, *élasticité* et *conductibilité*, en apparence de nature différente.

I. *Électricité dissimulée ou latente.* L'unique condition

pour la solidification des liquides ou des gaz est l'éloignement de la chaleur, éloignement opéré de deux manières : 1° comme chaleur libre et chaleur latente, et 2° comme chaleur d'imbibition qui est contenue en plus grande densité dans l'eau. Les atomes chimiques σ exerçant une résistance aux atomes de la chaleur, les décomposent en deux électricités : l'une de celles-ci occupe l'une des faces f de la couche c extrêmement mince d'atomes σ, et l'autre la face f', de sorte que la couche c maintient les deux électricités en état dissimulé, et plusieurs couches c', c'', c''' pareilles se soutiennent mutuellement par leur électricité qui se trouve en contact avec l'électricité hétéronyme de la couche en contact dont elle éprouve le minimum de répulsion. Cette absence de répulsion est donc la cause de la solidification en même temps que celle de la *dureté*, comme cela va être établi plus loin.

II. *Élasticité.* Les équivalents des deux électricités sont maintenus à l'état latent par les couches minces c, c', c... des atomes chimiques; dans les cas où ces couches éprouvent une flexion, l'équilibre électrique se détruit parce que la densité augmente dans la face concave et qu'elle diminue dans la face convexe. Cet équilibre détruit se rétablit spontanément quand cesse la cause qui l'a produit. Cette expansion des équivalents électriques correspond exactement à celle des gaz comprimés, où c'est également l'électricité des atomes σ chimiques qui se répandent; mais dans les gaz ces atomes sont homoïdes et contiennent une espèce d'électricité : pour cette raison, y manque aussi à l'état solide.

Au moyen des coups de marteau, les couches c, c, c... se rapprochent davantage l'une de l'autre, et alors augmente la densité des équivalents électriques et avec elle augmente l'élasticité; mais ce rapprochement des couches produit une diminution du cri, et cela de la manière suivante.

III. *Cri ou bruit des solides.* Nous avons vu comment l'état solide des corps dépend de leur électricité dissimulée, et en même temps le rapport entre cette électricité et l'élasticité; celle-ci donc et le cri sont liés, non pas comme cause et effet, mais comme deux résultats d'une seule et même cause, qui est l'électricité dissimulée. Celle-ci ne peut exister que dans l'état où l'une des espèces se trouve séparée par une couche c d'atomes σ de l'autre espèce, et les deux espèces disparaissent simultanément par la rencontre occasionnée par une rupture dans les couches c, σ, a..., des atomes a qui constituent le corps. De telles rencontres entre les deux électricités et leur disparition ainsi occasionnées, donnent lieu à des décharges accompagnées d'étincelles et de bruit; les étincelles sont visibles dans le clivage, mais non pas dans les métaux où le cri se fait entendre.

Les cristaux, le marbre, la porcelaine, etc., ne peuvent pas acquérir de densité supérieure par les coups de marteau comme les métaux, donc leur électricité dissimulée reste en un état inaltérable, mais son existence se trouve constatée dans leur élasticité. L'électricité dissimulée se manifeste à un très-haut degré dans les points où les branches des arbres sont attachés au tronc; une surface de quelques décimètres carrés soutient en direction horizontale un poids de plusieurs tonneaux. Le craquement produit par la brisure ou le détachement des branches n'est que le résultat de millions de décharges électriques trop petites pour produire des étincelles visibles.

Dans tous les corps solides, la brisure ou la casse est accompagnée ou précédée d'une augmentation de la destruction de l'équilibre électrique qui se manifeste comme élasticité, et le bruit n'est entendu que par l'interruption de la continuité, précisément comme cela a lieu au moment de la séparation des deux pôles d'un circuit fermé.

§ 191. En divisant les corps solides 1° en corps constitués par une masse homogène et 2° en corps constitués par des masses hétérogènes, on ne doit pas admettre qu'il y a une limite physique, et une distinction parfaite, parce que

l'existence de l'électricité dissimulée se manifeste dans le
bruit de leur brisure, qui ne s'évanouit que quand on empêche les décharges électriques en produisant l'interruption
de la continuité au moyen d'un instrument tranchant. Il en
est de même pour le circuit électrique, où l'on interpose un
couteau entre les deux pôles; la séparation est ainsi produite sans étincelle et sans bruit; cependant c'est à ce moment le couteau qui maintient la communication entre l'électricité des deux pôles; mais en faisant pénétrer un corps
qui conduit mal l'électricité, il est possible d'obtenir une
séparation des pôles sans décharge et sans bruit.

§ 192. Les observations de ce genre ont été faites de
manières différentes : 1° On obtint un état constant de la
distribution de la densité de chaleur dans une barre ab
(fig. 21) dont une extrémité a était exposée à une source
de chaleur constante; 2° On tenait également la source en

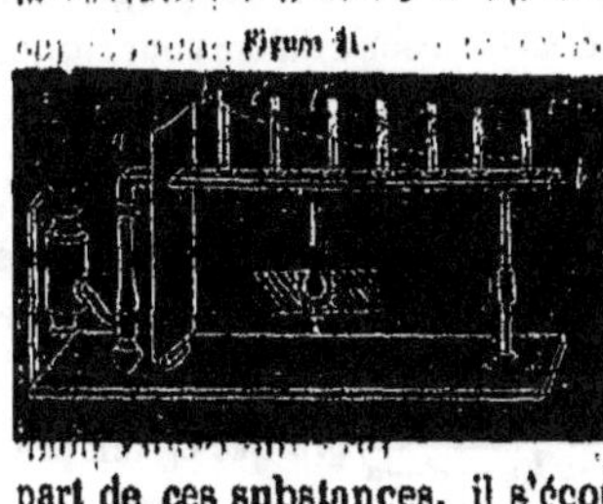

un état constant et on
observait la quantité de
chaleur qui pénètre en
une minute par les la-
mes de la même épais-
seur et de substances
différentes. Si la résis-
tance est petite de la
part de ces substances, il s'écoule une grande quantité de
chaleur, et alors on dit que *la conductibilité est grande*; au
contraire celle-ci est petite quand est grande la résistance.
Et comme nous savons qu'une telle résistance n'est produite
que 1° de la part de la chaleur spécifique θ'', et 2° de la part
de l'électricité dissimulée, nous n'avons qu'à contrôler les
résultats obtenus par les différents expérimentateurs pour

prouver jusqu'à quel degré ils ont atteint des résultats en apparence de nature différente.

§ 193. **Propagation de la chaleur dans les métaux.** Une barre ab de métal soutenue par des supports en bois sec est chauffée à l'extrémité a par la flamme d'un quinquet à cheminée opaque; un écran préserve la barre du rayonnement de la source. Un nombre de thermomètres t', t'', t'''... t^n à distance égale l'un de l'autre sont enfoncés dans des cavités remplies de mercure, comme on le voit en T. En opérant avec des barres de métaux différents, Despretz les a toutes recouvertes d'un même vernis pour leur donner la même conductibilité extérieure dont s'éloignait une partie de la chaleur introduite. La section des barres était un carré ayant 24 millimètres de côté, et la distance d entre les thermomètres était de 10 centimètres. Ces thermomètres ne devenaient stationnaires qu'au bout de cinq à six heures : leurs distances de a sont $\div d \cdot 2d \cdot 3d \dots nd$.

En retranchant des températures qu'ils indiquaient celle de l'air ambiant, on obtint les différences α, $\alpha - \alpha'$, $\alpha - \alpha' - \alpha''$... $\alpha - \alpha' - \alpha''$... $- \alpha^n$ qui forment une progression géométrique décroissante dont la raison a diffère pour chaque métal; les termes de cette progression $= 1 : \dfrac{1}{a} : \dfrac{1}{a^2} : \dots : \dfrac{1}{a^n}$ correspondent à ceux de la progression arithmétique $\div d \cdot 2d' \cdot 3d \dots nd$. Les physiciens cherchent toujours à établir des règles ou des lois, mais ici ils n'ont rencontré que des anomalies, car en divisant α par $\alpha - \alpha'$, et $\alpha - \alpha'$ par $\alpha - \alpha' - \alpha'$, on trouva les quotients $\dfrac{\alpha}{\alpha - \alpha'}$, $\dfrac{\alpha - \alpha'}{\alpha - \alpha' - \alpha'}$ presque égaux pour l'or, le platine, l'argent, le cuivre et le fer, tandis qu'ils sont inégaux pour les autres métaux; par exemple, pour le plomb, le quotient est $\dfrac{\alpha}{\alpha - \alpha'} = 2{,}72$ et $\dfrac{\alpha - \alpha'}{\alpha - \alpha' - \alpha''} = 2{,}64$. Personne ne pensa que cette diminution des rapports eût quelque liaison avec le *cri* des métaux, tels que le zinc, l'étain et le plomb : c'est le bismuth qui exerce le maximum de résistance à l'électricité positive; la chaleur rampante y éprouve une grande résistance et la chaleur rayonnante une petite.

§ 194. **Cause de la diminution de la densité de chaleur rampante.** Si la masse contenue dans chaque couche tt', $t't''$... est homogène, la chaleur qui parcourt la couche tt' en éprouve la résistance r, celle qui parcourt deux couches $tt' + t't''$ en éprouve la résistance $2r$, et celle qui parcourt n couches pareilles éprouvera la résistance nr : elle est exercée suivant la surface de la coupe de la barre qui est le carré de $a = 21^{mm}$; de sorte que les résistances croissent suivant les surfaces, et les atomes propagés diminuent suivant les mêmes surfaces qui constituent la progression géométrique décroissante quand les nombres des couches constituent une progression arithmétique croissante.

Un espace de temps de cinq à six heures est nécessaire aux thermomètres pour arriver à un état stationnaire : ce temps résulte 1° de la distribution de la chaleur d'imbibition dans les couches tt', $t't''$, $t''t'''$... de la barre suivant une progression géométrique, et 2° de l'éloignement de la chaleur par la surface de chaque couche tt', $t't''$, $t''t'''$... Ainsi quand la chaleur d'imbibition obtient la distribution indiquée dans toutes les couches, il commence à s'écouler de la barre la quantité Θ de chaleur qui y pénètre de la source dans son extrémité a.

§ 195. **Rapport entre la chaleur transmise et l'épaisseur des corps.** On admettait une masse homogène dans tous les métaux, malgré le cri qui n'y est pas le même et malgré les résultats discordants entre les rapports $\frac{a}{a-a'}$ et $\frac{a-a'}{a-a'-a''}$. Ainsi Péclet, en opérant avec des plaques de plomb d'épaisseur différente, trouva que la quantité de chaleur transmise est en rapport avec la résistance produite par l'épaisseur e, où elle est en raison inverse avec cette résistance r et avec l'épaisseur e.

Ce même physicien expérimenta de la manière suivante :

Dans un réservoir était contenue l'eau à la température constante de 25°, et celle d'un vase intérieur v qui avait la température de l'air devait recevoir par son fond formé d'une plaque la chaleur de l'eau du réservoir dans laquelle la plaque ne s'enfonçait que de 1 à 2 millimètres. Pour empêcher la déperdition latérale de la chaleur, le vase v était entouré de coton cardé, et l'eau y était agitée pour avoir partout la même température ; celle-ci était observée au moyen d'un thermomètre plongé dans l'eau.

Avec des plaques p, p' de plomb ayant pour épaisseur l'une p 20 millimètres et l'autre p' 15 millimètres, il fallut des espaces de temps de 500″ et 380″ pour produire une même élévation de température dans l'eau du vase v, et comme on a $500 : 375 = 20 : 15$, il ne s'en faut que de 5″ que ces temps soient proportionnels aux épaisseurs. Malgré la discordance constatée par Despretz entre le plomb et le fer ou cuivre, Péclet considéra le plomb comme une masse homogène, et généralisa le rapport entre les temps et les épaisseurs comme rapports entre les densités de chaleur obtenus par Despretz dans les distances différentes.

Dans le tableau qui suit, la première colonne renferme les rapports trouvés par Despretz en représentant par 1000 le coefficient de l'or ; dans la seconde colonne sont les nombres calculés par Péclet en partant de la valeur 3,82 qu'il a trouvée pour le coefficient de la conductibilité absolue du plomb ; la troisième colonne contient la chaleur spécifique des métaux.

Or.	1000	21,28	0,03214	Zinc.	505	7,71	0,09555
Platine. . . .	981	20,95	0,03293	Étain.	503,9	6,50	0,05625
Argent. . . .	975	20,71	0,05701	Plomb.	179,5	3,82	0,03140
Cuivre	898,2	19,11	0,09515	Marbre. . . .	23,6	0,48	
Fer.	578,2	7,05	0,11379	Porcelaine...	12,2	0,21	
				Terre cuite. .	11,1	0,25	

§ 196. Observations. Le cri médiocre des cinq métaux de la première colonne indique la quantité médiocre d'électricité contenue en état dissimulé, et le cri fort de trois autres métaux indique la quantité supérieure de cette électricité qui se manifeste surtout au bismuth. La résistance contre la propagation de la chaleur résulte : 1° de celle r exercée de la part des atomes θ'' de chaleur contenue à l'état spécifique dans les atomes chimiques σ; et 2° de celle r' exercée de la part des équivalents électriques E, E contenus à l'état dissimulé par les deux faces de chaque couche des atomes σ. Cette résistance r' est petite dans les métaux de cri médiocre, et c'est la résistance r qui y prédomine; pour cette raison on trouve un rapport inverse entre la conductibilité de ces métaux et leur chaleur spécifique.

Dans les métaux à cri supérieur, la résistance r' de la part de l'électricité dissimulée est grande, et la somme $r + r'$ des deux résistances devient supérieure à celle r produite de la part de la grande chaleur spécifique contenue dans les atomes chimiques du fer. Ainsi les métaux doivent être considérés comme des masses homogènes, mais composées des cristaux microscopiques qui peuvent même être directement observés, et leur existence a été prouvée directement dans le diamagnétisme des métaux. (*Électrostatique*, page 331.)

B. DE LA CONDUCTIBILITÉ OU DE LA RÉSISTANCE EXERCÉE SUR LA PROPAGATION DE LA CHALEUR DANS LES SOLIDES NON HOMOGÈNES.

§ 197. On a constaté l'existence d'une dispersion de chaleur dans les surfaces de tous les corps. Despretz constata le même fait quand la chaleur se propage d'un corps dans un autre en contact avec lui; il trouva un décroissement brusque et une différence de 1°,47 sur les branches en contact de deux barres égales, l'une en cuivre et l'autre en étain ; en interposant une feuille mince de papier, cette différence devenait 5°,5. Quand il y a une solution de continuité, l'intervalle est occupé par l'air, qui exerce une résistance supérieure à la propagation de la chaleur et en fait diminuer la consommation, comme cela a lieu pour l'atmosphère qui sépare le froid de l'espace de la surface de la Terre, et exerce une résistance à la chaleur obscure centrifuge, tandis que cette même résistance ne suffit pas pour séparer et arrêter la chaleur lumineuse centripète venant du Soleil.

§ 198. **Propagation de la chaleur rampante dans les bois.** Dans le sens des fibres il y a une continuité, tandis que dans le sens perpendiculaire les interruptions sont d'autant plus larges que le bois est moins dur. De la Rive et Decandolle, opérant sur des barres de sections rectangulaires dont l'une des extrémités était enveloppée d'une bande de fer-blanc chauffée dans la flamme d'une lampe à alcool, ont reconnu que le bois conduit beaucoup moins dans le sens perpendiculaire aux fibres que dans le sens des fibres. Le rapport de ces conductibilités dans les deux sens est de 5:3 pour le chêne ; la différence est plus prononcée dans les bois tendres que dans les bois durs, comme cela résulte de la série suivante : *alizier, noyer, chêne, sapin, peuplier, liége.*

§ 199. **Propagation de la chaleur rampante dans les cristaux.** Nous avons vu que les atomes chimiques a forment des couches extrémement minces qui contiennent dans leurs faces f, f' les deux électricités à l'état dissimulé, de sorte que les faces f chargées d'électricité positive regardent toutes dans une même direction opposée à celle vers laquelle regardent les faces f' chargées d'électricité négative. Il a été ainsi clairement prouvé que le système de Haüy basé sur le clivage ne peut pas se soutenir ; Delafosse a voulu introduire comme molécules intégrantes les tétraèdres réguliers dans le but d'expliquer les effets optiques et les effets mécaniques observés dans les cristaux ; mais il se présente, dans la propagation de la chaleur, une série de faits qui n'a pas été considérée dans l'introduction desdites hypothèses, et qui, pour cela, restaient inexplicables, tandis qu'ici des cas pareils ne se présentent jamais ; au contraire, tout ce qui a été avancé se trouve mieux vérifié par les nouvelles séries de faits suivants constatés par les observations faites pour la première fois par de Senarmont.

Cet expérimentateur opéra avec des plaques minces polies obtenues soit par le clivage, soit par des procédés mécaniques, et dont la direction, par rapport aux trois dimensions nommées *axes du cristal*, est relevée avec soin. Un petit trou un peu conique était pratiqué au milieu de la surface de la plaque, où était engagée l'extrémité d'un gros fil d'argent assez long qui apporte au milieu de la lame la chaleur qu'il reçoit par son autre extrémité d'une lampe à alcool. La lame *l* abritée par un écran est enduite d'une légère couche de cire et elle est tenue horizontalement. On voit alors la cire fondre et former à la limite de fusion un bourrelet liquide qui correspond à une *ligne isotherme* ayant partout la température de la fusion de la cire. Cette ligne est d'autant plus nettement dessinée que la plaque est moins conductrice à cause des intervalles supérieurs entre les couches minces des atomes *σ* chimiques, précisément comme cela a lieu pour les espèces de bois les moins dures.

Quand la plaque est refroidie, ce bourrelet est encore très-distinct et l'on peut prendre les mesures des diverses dimensions de la surface ainsi limitée. Le diamètre du trou conique dans la plaque était de $0^{mm},25$. Les résultats concordants ont été obtenus sur plusieurs lames du même cristal ; on les faisait tourner autour du fil pour être sûr que la chaleur se distribuait également dans toutes les directions.

§ 200. **Six systèmes de cristaux.** Les cristaux sont des deux genres, *rectangulaires* ou *obliques;* chacun de ces genres est constitué par trois systèmes suivant les rapports entre les trois dimensions λ == largeur, *l* == longueur, *h* == hauteur (fig. 22). Celles-ci peuvent être, 1° toutes les trois égales *l* == λ == *h*; 2° deux peuvent être égales et la troisième différente; 3° toutes les trois dimensions peuvent être inégales.

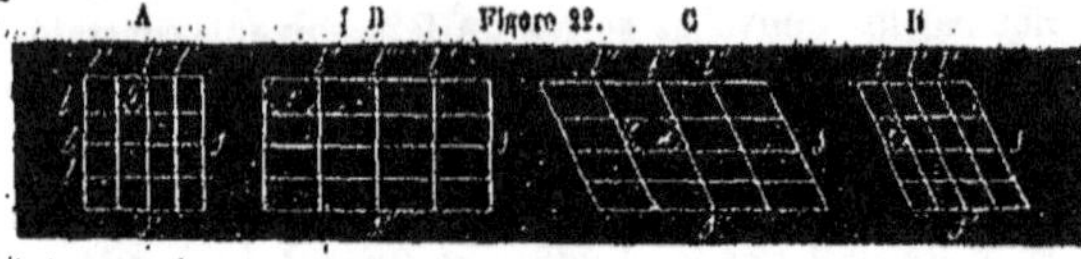

Intervalles des lames des atomes σ observés sur la surface des plaques. Dans les cristaux rectangulaires les coupes des intervalles se présentent dans les surfaces des plaques en forme carrée ou rectangulaire; tandis que, dans des cristaux obliques, ces coupes ont la forme de rhombe ou de parallélogramme ayant les angles opposés égaux.

Si les plaques ne sont pas obtenues par le clivage, mais par un procédé mécanique, de manière à ne pas suivre une direction parallèle par rapport aux dimensions ou aux axes, toutes les coupes donnent des formes de rhombes ou de parallélogrammes aux surfaces des plaques. Donc les plaques tirées des deux genres de cristaux ne peuvent avoir sur leur surface que des rhombes et des parallélogrammes formés des coupes des intervalles des couches; mais si ces plaques sont tirées de manière à être parallèles à la direction des axes, les formes obtenues sont carrés et rectangulaires ou rhomboïdales et parallélogrammiques A, B, C, D.

§ 204. **Propagation de la chaleur rampante sur les plaques des cristaux.** En opérant de la manière indiquée sur des plaques enduites d'une mince couche de cire, la chaleur se propage du fil d'argent également dans toutes les directions centrifuges, mais les coupes des intervalles qui ont sur la surface une des plaques les quatre formes indiquées se manifestent comme résistances supérieures contre la propagation de la chaleur qui ne produit pas seulement une fusion de la cire étendue du centre jusqu'aux limites, mais celles-ci se trouvent marquées par un soulèvement de la couche pour produire un bourrelet précisément dans la forme produite par la coupe des intervalles entre les couches des atomes chimiques σ. Les angles de ces formes ne peuvent pas être nettement dessinés par le bourrelet, et cela fait apparaître 1° les petits carrés comme de petites périphéries o, et 2° les petits rhombes comme de petites ellipses e.

§ 202. Tous ces détails ont été constatés par de Sénarmont qui admet des isothermes dans les cristaux obtenus non pas en surfaces de cubes ou de parallélipipèdes, mais en surfaces de sphères et d'ellipsoïdes à deux ou à trois axes. Les résultats ainsi obtenus ont une valeur d'autant plus grande que ce physicien ignorait entièrement la construction des cristaux, qui est simple, uniforme et analogue à toutes les espèces des faits mécaniques et électriques ou photostatiques et thermostatiques qui sont observés.

§ 203. Les cristaux ne deviennent moins purs que par intercalations de couches d'atomes chimiques σ' hétérogènes entre les couches des atomes σ dominants, les couches hétérogènes font diminuer les longueurs des intervalles et produisent des formes carrées à la place des rectangles allongés; ainsi les ellipses qui paraissent de ces rectangles deviennent remplacées par des cercles dans les cristaux les moins purs.

§ 204. **Influence de la compression.** On peut prouver de plusieurs manières l'existence d'une structure propre dans tous les corps solides; par exemple, des plaques de verre à glace, de flint-glass, de porcelaine, etc., de 8 millimètres d'épaisseur serrées entre les mâchoires parallèles d'un étau, obtiennent des intervalles $\lambda - \lambda'$ inférieurs dans le sens de la compression, tandis que ceux λ dans le sens perpendiculaire restent dans leur premier état. Ainsi donc les formes des coupes d'abord carrées deviennent rectangulaires, et quand on opère avec la cire, les bourrelets ne sont plus périphériques mais elliptiques, ayant le petit axe dans le sens de la compression.

Une plaque de cristal de roche parallèle à son axe donne pour isotherme une ellipse; celle-ci s'allonge quand la plaque est comprimée perpendiculairement au grand axe, qui coïncident avec celui du cristal, mais quand la compression est suivant ce grand axe qui est la longueur du cristal, l'ellipse devient presque circulaire. Une lame de verre fléchie donne aux bourrelets des formes allongées, mais irrégulières et non elliptiques; de même la trempe de verres chauds obtenue par le contact des métaux froids, change les isothermes périphériques en courbes irrégulières; et tout cela à cause d'une modification de la structure primitive.

II. — DE LA PROPAGATION DE LA CHALEUR RAMPANTE DANS LES FLUIDES.

§ 205. La structure des solides manque dans les fluides, sans pourtant que l'électricité fasse pour cela défaut; car celle-ci se trouve dans les atomes chimiques σ de gaz à l'état spécifique, comme son existence a été prouvée dans les liquides. Il a été indiqué que l'état solide résulte des deux électricités à la fois contenues à l'état dissimulé; cet état est donc ce qui manque aux fluides, dont les uns contiennent l'une de ces deux espèces d'électricités, tandis que c'est l'autre espèce qui est contenue dans les autres fluides. Dans les liquides l'équilibre est entretenu par leur niveau et dans les gaz par leur volume.

1° Les atomes σ de liquides imbibés de chaleur conservent leur poids et acquièrent un volume supérieur $v + v'$ qui fait diminuer leur poids spécifique, et ainsi ils s'élèvent avec leur chaleur à la surface du liquide, de sorte qu'il n'y a pas propagation mais simple transfert de chaleur. 2° Les atomes σ' des gaz ou des vapeurs imbibés de chaleur augmentent également en volume; pour cela ils ne conservent pas la chaleur pour s'élever par leur poids spécifique, mais ils laissent s'écouler une partie de chaleur aux atomes ambiants qui augmentent aussi en volume.

A. Propagation de la chaleur dans les liquides.

§ 206. Pour éviter les déplacements de la chaleur avec les atomes a des liquides, on les chauffe par leur surface, et ainsi l'on arrive à propager la chaleur de haut en bas, précisément comme s'opère sa propagation dans la barre ab (fig. 21). Plusieurs thermomètres t, t', t''... t^n placés à des distances d, $2d$, $3d$... nd de la surface S, indiquent 1° la diminution de la température avec l'augmentation des distances, et 2° la propagation lente de chaleur obscure.

L'appareil employé par Despretz est un cylindre en bois rempli d'eau ayant 1 mètre de hauteur et $0^m,218$ de diamètre-intérieur. Douze thermomètres passant à travers la paroi étaient disposés horizontalement, de manière que leurs réservoirs se trouvassent dans l'axe du vase. Une caisse de cuivre mince, reposant sur la surface de la colonne d'eau, recevait l'eau bouillante qu'on renouvelait de cinq en cinq minutes, et sa température dans la caisse était en moyenne de 76°,9. Au bout de 32 heures les thermomètres devinrent stationnaires, et les six supérieurs seuls montèrent de la manière suivante :

Thermomètres.		Excès.		Quotients.
1	d	$20,21 = T'$		»
2	$2d$	$20,57$	$a \times T'$	$1,42 =$
3	$3d$	$14,78$	$a^2 \times T'$	$1,39$
4	$4d$	$10,55$	$a^3 T'$	$1,41$
5	$5d$	$7,32$	$a^4 T'$	$1,45$
6	$6d$	$5,05$	$a^5 T'$	$1,44$

Dans une autre série d'expériences les réservoirs des thermomètres étaient près de la paroi, et trois autres dans des trous obliques remplis de mercure et pratiqués dans la paroi même. Ces thermomètres montrèrent que la température d'une même couche horizontale va en diminuant du centre à la circonférence. Un sel dissous dans l'eau ne produisait aucun effet, car tout restait dans le même état, alors même que l'eau contenait 3,7 et 11,1 pour 100 de sel ordinaire.

§ 207. **Remarque.** On voit évidemment pour quelle cause les distances sont en progression arithmétique, et les densités de la chaleur d'imbibition en progression géométrique décroissante. Les atomes de la chaleur incidente Θ forment dans l'eau une colonne qui a dans l'axe une densité plus grande qu'aux parois du même niveau. Il y a donc éloignement de chaleur de toute la paroi, et cet éloignement s'opère suivant la loi statique par rapport à la pression P de la part de la source de chaleur, et la résistance R de la part de la chaleur latente et de la chaleur θ'' spécifique exercée contre la propagation de la chaleur libre, qui s'éloigne en s'écoulant par la paroi où la résistance est inférieure. Rien ne peut être plus clair et plus instructif que cette expérience pour démontrer l'application de la loi statique à la propagation de la chaleur rampante; la chaleur lumineuse pénètre à de grandes profondeurs dans les étangs et les mers.

B. PROPAGATION DE LA CHALEUR DANS LES GAZ.

§ 208. Dans l'explication du refroidissement dans les gaz nous avons démontré : 1° un rapport inverse entre les poids spécifiques des gaz et la vitesse du refroidissement, et 2° un rapport direct entre la pression ou la densité et la vitesse de refroidissement. Nous reviendrons sur le même objet après avoir démontré la cause de la chaleur latente des vapeurs.

Thomson expérimenta sur cet objet de la manière suivante : un ballon sphérique en verre contient dans son centre le réservoir d'un thermomètre entouré du poids égaux de substances très-divisées; il échauffait ce ballon dans l'eau bouillante, puis le plongeant jusqu'au col dans la glace fondante, il observait le temps que mettait le thermomètre à s'abaisser de 10°. Il reconnut ainsi que la chaleur du thermomètre ne passait au dehors qu'avec une extrême lenteur.

Les atomes de chaleur passent aux atomes chimiques d'air dont le volume augmente; mais comme ils se trouvent entre les filaments denses des substances divisées, ils ne peuvent pas s'éloigner en obéissant à leur poids spécifique; les atomes de chaleur éprouvent une résistance dans le passage des atomes d'air aux filaments ou de ces filaments aux atomes d'air, comme cela vient d'être prouvé dans les passages entre les corps solides hétérogènes. Il n'est pas besoin de recourir ici à de nouvelles hypothèses, car tous les faits s'arrangent suivant la loi statique, en y tenant compte de la double résistance r, r' qu'éprouve la chaleur : 1° dans les atomes de la chaleur θ'' spécifique, et 2° dans les équivalents électriques qui forment aux corps une couche superficielle.

Par exemple, les résultats indiqués obtenus dans la propagation de la chaleur dans l'eau et dans tout autre liquide, se présentent avec une exactitude parfaite, et cela à cause de l'absence de structure et par suite d'une électricité dissimulée; en opérant sur les métaux, on remarquait dans chacun d'eux des cas particuliers sans en savoir au juste l'origine et le rapport avec le *cri*.

III. — FAITS PHYSIOLOGIQUES PRODUITS PAR LA CHALEUR.

§ 209. L'air arrêté dans les filaments devient visible quand ceux-ci se trouvent dans un verre d'eau placé sous une cloche où l'on fait le vide. Alors chaque filament devient comme argenté et couvert d'une infinité de petites bulles d'air dont le volume augmente et qui deviennent ainsi visibles. Parmi plusieurs substances mises en expé-

riences, c'est le duvet du lièvre blanc de Russie et de l'é-
dredon qui arrêtent le mieux la propagation de la chaleur.
Les fourrures retiennent l'air logé entre les poils et d'autant
mieux qu'ils sont plus fins et plus serrés, et interceptent
par là la chaleur. Le même effet a lieu pour les vêtements
dont on nomme chauds ceux qui exercent une résistance à
la chaleur du corps et ne la laissent pas s'écouler. Les fourrures sont plus chaudes quand le poil est tourné en dedans
que lorsqu'il est en dehors, comme chez les animaux.

§ 210. La croissance du poil et de la laine chez les animaux correspond à la croissance des plantes au printemps
et à l'été; les physiciens et les chimistes agricoles, qui font
intervenir à tout propos la Providence, croient, quand ils
ont prononcé leur *non possumus*, que chacun des faits semblables s'opère par une loi propre qu'on doit étudier séparément, et cela parce qu'ils sont incapables de remonter à
l'action suprême et unique qui a donné naissance au *mouvement* et à l'*affinité*; ces deux facteurs indispensables à la
production des faits résultent de l'action suprême.

Quand l'hiver l'air est froid, il y a un écoulement centrifuge de chaleur du corps vers l'air; c'est cet écoulement
qui entraîne le carbone du sang et fait diminuer sa quantité
dans les excréments du canal intestinal; c'est ce carbone qui
se dépose, comme poils, laine ou plumage, sur la surface
du corps. Cet écoulement de chaleur et d'électricité négative
est en rapport inverse avec la température de l'air; car au
printemps, quand la température s'élève dans l'air, l'écoulement de la chaleur diminue; la laine et le plumage cessent
de croître, la grande chaleur extérieure les fait se détacher
du corps, et les animaux sauvages restent ainsi sans laine
en été, fait produit suivant la même loi que celle qui l'a fait
croître.

Pour prouver le mode indiqué par nous de la déposition
du carbone, on doit se rappeler que les serpents revêtent
en hiver une peau qu'ils quittent l'été; cette peau est pro-

duite du carbone comme la laine, et cependant, dans son état compacte, elle protége peu contre le froid.

§ 211. **Végétation.** Le carbone que la chaleur du sang des animaux porte à la surface de leur corps, y est introduit avec les aliments de substances végétales. Chez les animaux de même que chez les plantes, c'est l'écoulement de la chaleur qui donne naissance à la translation de l'eau du sol vers la surface des plantes, pour recevoir un atome de lumière contre un atome d'oxygène qui passe dans l'atmosphère.

I. L'*hiver* l'air est froid et le sol moins froid; la chaleur éprouve une résistance dans l'eau et les minerais; elle y éprouve une décomposition, comme cela a lieu dans la pile thermoélectrique. L'excédant de l'électricité négative et une partie de chaleur pénètrent dans l'air ambiant, où s'opère la même décomposition de chaleur. L'électricité positive séparée des atomes de chaleur s'accumulant autour du sol augmente et atteint dans la couche inférieure de l'atmosphère un maximum, précisément au mois de janvier qui est pour nos climats le mois le plus froid (*Electrostatique*, p. 19).

II. *Le printemps et l'été*, l'air et la surface du sol sont chauds, tandis que la couche inférieure c est moins chaude; la propagation de la chaleur s'opère en sens inverse, surtout pendant les heures du jour les plus chaudes. La chaleur éprouve également une décomposition; l'électricité négative pénètre dans la couche c avec un reste de chaleur et l'électricité positive, séparée de la chaleur, s'écoule en direction centrifuge; et c'est alors qu'elle entraîne l'eau du sol vers les racines des plantes et la fait monter jusqu'à leur surface pour recevoir la lumière, émettre une partie d'oxygène et former ainsi la substance végétale $C^{24}H^{24}O^{24}$ qui est le *carbone* produit combiné avec les atomes d'eau.

Lorsque, pendant la soirée et la nuit, la chaleur règne encore à l'intérieur des plantes, leur surface devient moins chaude; l'écoulement de la chaleur s'opère du milieu des plantes vers la surface, et ainsi est provoqué l'écoulement d'électricité positive en direction centripète ; elle entraîne les atomes végétaux $C^{24}H^{24}O^{24}$ de la surface et les abandonne aux points qui en exercent le maximum de résistance. Cette déposition des atomes végétaux est ce qu'on doit entendre par le mot *végétation*. Lecteur, mesurez les feuilles d'une herbe quelconque et observez en même temps les mouvements du thermomètre, et vous acquerrez la certitude que, tant que le thermomètre monte, l'eau diminue dans les pots $p, p, p...$ où les plantes sont contenues dans du terreau, tandis que les pots $p', p', p'...$ qui contiennent le même terreau et la même quantité d'eau, mais sans plantes, restent humides et sèchent lentement.

Après la trope thermométrique du jour, mesurez soigneusement les feuilles pendant les jours sereins et observez la vitesse de la limite L du volume de mercure qui descend la colonne T du thermomètre ; faites cela jusqu'à la trope nocturne du thermomètre, et vous vous convaincrez que l'*accroissement* des feuilles est en rapport direct avec la *vitesse* de l'abaissement du thermomètre. Tous les chimistes agricoles connaissent le mouvement périodique du thermomètre et l'accroissement des plantes, et ce n'est que par un oubli inexplicable qu'ils n'ont pas fait le parallélisme indiqué ; ils auraient même dû connaître aussi comment la déviation Γ du rhéomètre est liée avec l'inégalité de température entre les deux faces de la pile thermoélectrique.

III. *En automne*, l'air n'est pas froid et le sol est chaud ; pour cette raison l'écoulement vertical de la chaleur est médiocre, mais alors les jours sont chauds, et les nuits longues et froides ; les troncs des arbres, les betteraves, les choux, les radis, ont, durant le jour, la surface chaude et l'intérieur moins chaud ; la nuit, c'est l'intérieur qui est chaud et la surface froide. Les écoulements horizontaux de la chaleur donnent naissance aux écoulements électriques et aux dépositions des atomes végétaux $C^{24}H^{24}O^{24}$ propres à faire augmenter la grosseur et non pas la hauteur. Si

vous mesurez les grosseurs des arbres dans la hauteur de
1 mètre de dessus du sol tous les mois, et si vous observez
aussi les amplitudes diurnes thermométriques, vous trou-
verez un rapport direct en ces amplitudes et l'augmentation
de la grosseur des arbres. Ces faits s'opèrent partout, et
c'est par oubli qu'ils n'ont pas été remarqués par les chimistes
agricoles qui expérimentent trop et raisonnent trop peu.

IV. — APPLICATION DE LA PROPAGATION RAMPANTE DE LA CHALEUR.

§ 212. L'empêchement de la propagation de la chaleur
est employé pour préserver, 1° la glace contre la fusion, et
2° le corps contre le refroidissement; il ne faut pour cela
que des substances très-divisées, dans lesquelles on obtient
un milieu très-hétérogène, et il a été prouvé que la chaleur
doit obtenir dans chaque limite une densité supérieure de
quelques degrés pour pouvoir franchir la limite, et cela à
cause d'une couche d'électricité qui enveloppe chaque surface des corps.

I. **Glaciers.** Une fosse profonde C (fig. 23) revêtue d'un
mur en briques ou de gros troncs d'arbres fendus en deux,
a le fond *o* rétréci composé d'une forte grille pour laisser

Figure 23.

s'écouler l'eau dans un puisard, d'où on
l'extrait et on l'utilise pour refroidir l'eau
en été. Un toit recouvert d'une couche
épaisse de paille empêche la propagation
de la chaleur. Quand on a rempli le glacier on y jette de l'eau qui doit y geler
et empêcher l'introduction de l'air. On
superpose une couche de paille, puis des
planches chargées de pierres en laissant
des portes à côté pour extraire la glace au besoin, et il
faut, au fur et à mesure de cette extraction, abaisser les
planches et la paille, parce que, sans cela, l'acide carbo-

niquo s'y accumulerait et l'on éprouverait une asphyxie dans la glacière; aussi la fusion de la glace est mieux empêchée.

II. Poêles. La chaleur est produite au foyer F (fig. 24) par les combustibles; la fumée brûlante mêlée avec la va-

Figure 24.

peur d'eau et d'acide carbonique passe par plusieurs compartiments A, B, D... descend par le conduit c, c, c et monte par d'autres parallèles à celui-ci pour déposer la chaleur aux parois en briques et tuyaux de terre cuite. Quand le bois s'est transformé en braise, on ferme presque hermétiquement la bouche du poêle et le conduit c.

III. Calorifère à eau chaude. L'eau est renfermée dans un système de tuyaux continus; elle est chauffée dans le foyer S (fig. 25) comme les chaudières des machines à vapeur et montant par un tuyau direct t, t, t..., arrive à un

Figure 25.

réservoir i, i ouvert dont elle descend par les tubes t', t', t' qui forment des hélices, et elle y communique sa chaleur.

IV. Calorifère à air. Au moyen d'un poêle ardent on chauffe l'air dans une petite chambre près des caves, et ainsi il remonte par des tuyaux aux appartements et il cède sa place aux masses nouvelles d'air froid qui arrivent du toit à l'état pur; pour entretenir cette circulation, il faut que l'air froid soit introduit au-dessous du poêle, et l'air chaud doit partir par une espèce d'entonnoir au-dessus du poêle.

V. Calorifère à vapeur. Il ne diffère de celui à eau qu'en ce qu'au lieu d'eau chaude, c'est de la vapeur qui circule, et elle se condense en déposant sa chaleur aux parois

des tuyaux; en ce cas on évite l'inconvénient 1° de l'écoulement de l'eau qui se produit par les tuyaux quand ils sont
mal joints, et 2° celui du poêle.

VI. Chambre chaude de Saussure. Une caisse en
bois léger, d'une épaisseur convenable, noircie dans l'intérieur aux côtés exposés aux rayons solaires qui y pénètrent
par les carreaux doubles de l'une des six faces de la caisse
qui a la forme d'un parallélipipède ayant une largeur médiocre et la face exposée au sud couverte des carreaux.
Ceux-ci laissent pénétrer la chaleur lumineuse, mais le
noir de fumée ne livre passage qu'à la chaleur, et la lumière s'y trouvant interceptée en est séparée.

La chaleur ainsi obscurcie devient rampante et se propage
dans les parois et de là dans l'air de la caisse pour aller se
consommer par l'éloignement à travers la paroi et les carreaux. Si le ciel est clair, les parois de la caisse entourées
des substances très-divisées, les carreaux triples, et la largeur de la caisse médiocre, on obtient une température
au-dessus de 100°; et cela pendant plusieurs heures tous les
jours clairs en hiver et en été, avec la différence que l'été les
jours clairs sont plus longs et plus fréquents, la consommation de chaleur moins rapide et la quantité de chaleur
gagnée supérieure. Ni Saussure ni les autres physiciens qui
répétèrent cette description n'ont été capables d'exposer ce
mode simple d'élévation de température : néanmoins ils ne
manquèrent pas de donner une double description du fait
dont l'une devait servir comme explication de l'autre.

Dans les pays chauds, comme en Grèce, en Algérie, en
Égypte, en Palestine, en Arabie, etc., où manque généralement l'eau nécessaire à la végétation, la chaleur séparée de
la lumière peut être utilisée comme force motrice dans les
irrigations des champs, parce qu'il ne faut que de l'eau et
de la lumière pour obtenir les récoltes les plus abondantes;
la lumière ne manque pas à ces pays, il ne leur faut que de
l'eau.

CHAPITRE V.

DES FAITS THERMOMÉTRIQUES ATTRIBUÉS AUX COULEURS
OU AUX ESPÈCES DE CHALEUR.

§ 213. Les éléments primitifs composés du même fluide n'ont d'autre propriété dans la lumière, la chaleur et les deux électricités, que la tendance à augmenter de volume, et cela par une expansion qui se manifeste comme un mouvement centrifuge inépuisable; la seule différence entre ces fluides ne consiste que dans la densité du fluide de leurs éléments; cette *anisopycnie* ou inégalité des densités se manifeste sous forme d'une *affinité*, sans laquelle est impossible le mélange des fluides dont celui qui contient l'*électre* en densité supérieure pénètre dans l'espace de celui qui le contient en densité inférieure; c'est dans de telles pénétrations que consistent les productions des faits.

1° *La lumière et la chaleur* se trouvent dans les atomes α des corps à l'état spécifique; car elles y sont mêlées avec les atomes β de *barogène* connu sous le nom de *masse*. 2° Elles se trouvent aussi dans le milieu des corps à l'état d'imbibition. Les deux fluides ne peuvent donc exercer leur expansion librement que dans le vide; car dans le milieu des corps, cette expansion éprouve une résistance dans les fluides homonymes qui y sont contenus sous les deux états indiqués.

§ 214. I. *Relativement aux organes de sensation.* Nous

sentons le *chaud* quand il y a un écoulement centripète de chaleur, et le *froid* quand cet écoulement a lieu dans le sens centrifuge; un écoulement pareil a lieu pour la lumière vers les objets *noirs*, comme cela a été bien démontré dans la *Photostatique*. Nous connaissons la direction de cet écoulement de chaleur et encore la densité de celle-ci. Il y a des exemples que certains aveugles sont parvenus à distinguer les couleurs par le tact; nous ne pouvons pas obtenir un tact pareil, et ainsi nous sommes, relativement à ces espèces de chaleur, précisément comme le sont, relativement aux couleurs des corps, les individus atteints d'*achromatopsie*. (*Photostatique*, page 590.)

§ 215. II. *Relativement aux corps.* La chaleur θ' contenue à l'état d'imbibition dans leur milieu exerce une répulsion R contre la chaleur θ'' contenue dans les atomes c chimiques, quand ceux-ci, à cause de leur *masse* ou *barogène* β, éprouvent la pression P de la part de la pesanteur. Donc le volume v de chaque corps résulte de l'équilibre entre la répulsion R et la pression P; celle-ci reste constante et il n'y a que la répulsion qui puisse devenir $R \pm R'$, et par suite, le volume du corps change pour devenir $v \pm v'$. Par suite, au moyen des volumes, nous sommes parvenus à déterminer la densité $\delta \pm \delta'$ de la chaleur θ' contenue dans les corps à l'état d'imbibition.

Comme preuve de cette correspondance entre les volumes des corps et les densités de chaleur θ' d'imbibition, nous prenons l'organe de sensation qui indique : 1° un écoulement centripète de chaleur quand il y a une augmentation de volume $v + v'$, et 2° un écoulement centrifuge ou froid quand le volume des corps diminue pour devenir $v - v'$.

§ 216. Au lieu de consulter les volumes pour connaître le degré stationnaire de la densité de chaleur θ' d'imbibition, Melloni et Nobili ont observé le degré d'anisorrhopie ou d'équilibre détruit entre deux densités $\delta + \delta'$ et $\delta - \delta'$ de chaleur d'imbibition occupant deux parties d'un seul et même corps ou la partie du contact de deux corps, telle, par exemple, que les soudures des deux métaux de la pile thermoélectrique. Ce cas diffère du précédent où les atomes θ' de chaleur restent à l'état d'imbibition, car ici en se répandant dans la soudure, les atomes θ' de chaleur ne meuvent pas les atomes σ chimiques, mais, repoussés inégalement de ceux-ci, ils se décomposent dans leurs éléments électriques dont les négatifs $\bar{E}$ s'écoulent par le bismuth et les positifs $\bar{\bar{E}}$ par l'antimoine ou tout autre métal, parce que c'est le bismuth qui contient la chaleur spécifique en quantité moindre que tout autre métal.

Comme le volume $v \pm v'$ indique dans les thermomètres la densité $\delta \pm \delta'$ de chaleur d'imbibition, de même la quantité de chaleur $q\theta$ arrivée à la soudure et décomposée produit en une minute la quantité $q\bar{E}$ et $2q\bar{\bar{E}}$ d'électricité qui, en s'écoulant, repousse celle du courant thermoélectrique terrestre, et c'est ainsi qu'apparaît une déviation Γ de l'aiguille analogue à l'électricité $q\bar{E}$ et à la chaleur $q\theta$ qui arrive en chaque minute et se décompose pour entretenir l'écoulement des atomes électriques $q\bar{E}$.

§ 217. Ces deux modes de thermométries correspondent exactement aux sentiments obtenus au moyen du tact, sans indiquer aucune couleur, excepté le noir ou le froid, qui cependant ne doit pas être considéré comme une espèce de chaleur ou de lumière. Donc tous les résultats obtenus par les moyens thermométriques n'ont d'autre rapport avec les atomes de chaleur que celui d'indiquer leur densité. Il a été prouvé (§ 33) que, dans les spectres photochromatiques, les mêmes températures ne correspondent pas aux mêmes couleurs.

Le maximum de chaleur se déplace, 1° quand le prisme reste le même et que le rayon passe par la petite épaisseur e de son sommet ou quand il passe par une épaisseur $e + e'$ supérieure du prisme; 2° quand le rayon passe par l'épaisseur e ou $e + e'$ dans un autre prisme; enfin 3° si le prisme

est de sel gemme le spectre thermométrique se trouve au
delà du rouge quand le rayon passe par l'épaisseur *e* du
sommet, et si le prisme est d'eau, il coïncide avec le spectre
photochromatique.

§ 218. La seule ressemblance entre ces deux spectres se
réduit 1° en un maximum de clarté dans le jaune moins
éloigné de l'extrémité du rouge que de celle du violet, et
2° en un maximum de chaleur également moins éloigné de
l'extrémité du côté du rouge que de celle du côté du violet.
Si nous examinons les températures différentes produites du
prisme au moyen du tact, nous ne pouvons en obtenir
d'autre sentiment que celui du chaud et du moins chaud,
comme les individus atteints d'achromatopsie ne voient dans
le spectre que les parties les plus claires et les parties les
moins claires.

Dans la *Photostatique*, pages 738 et 759, ont été exposées
plusieurs séries de faits chimiques, les uns produits directement de la lumière du Soleil et non pas de celle de la Lune ;
d'autres faits sont produits du Soleil en été et non pas en
hiver. De même un grand nombre de faits chimiques sont
produits d'une seule espèce de lumière et ne peuvent être
obtenus que de la lumière incolore où est contenue l'espèce
qui est la cause de l'action chimique. Donc outre les sentiments physiologiques des couleurs de la lumière, nous possédons des faits chimiques propres à chaque espèce. Pour
la chaleur, au contraire, les sentiments et les faits chimiques correspondants à quelqu'une de ses espèces nous
manquent à la fois.

§ 219. Pour éviter tout malentendu il faut se rappeler
ce qui a été souvent répété sur la production des faits chimiques, qui ne sont qu'un déplacement des *éléments* des
atomes *σ* chimiques et non pas les déplacements ou les arrangements de ces mêmes atomes *σ*. Dans les changements
de l'état des corps, la chaleur d'imbibition ou la chaleur
latente ne produit pas un fait chimique, mais un fait mé-

canique, dont l'analogue n'existe pas pour la lumière. Les atomes chimiques *a* de l'eau sont les mêmes dans la glace, dans l'eau et dans la vapeur de celle-ci; par une action chimique les éléments des atomes *a* d'eau se séparent et produisent deux gaz, l'oxygène et l'hydrogène, différents entre eux et différents aussi chacun des atomes *a* de l'eau.

§ 220. En opérant avec les miroirs conjugués, Delaroche observa en 1811 que *la chaleur qui a traversé une lame de verre éprouve moins de perte en en traversant une seconde.* Il a reconnu aussi que la nature de la source de chaleur et sa température ont une grande influence sur la proportion de chaleur q'_0 qui passe et celle q_0 qui éprouve une dispersion. Telles furent les données qui donnèrent naissance aux hypothèses par lesquelles on considéra la chaleur comme composée d'espèces différentes analogues à celles qui constituent la lumière incolore. 1° Les faits thermométriques produits dans les corps par la *chaleur spécifique* ont été attribués aux couleurs thermochromatiques des corps; et 2° les faits *photothermiques* ont été attribués aux températures élevées, sans que l'on ait prouvé en quoi peut consister la différence entre la chaleur quand change sa température, si ce n'est la seule différence thermométrique.

§ 221. Le lecteur s'attendait sans doute à trouver dans les hypothèses émises par les physiciens une vérification de tout ce qui a été exposé sur l'origine commune de la lumière et de la chaleur composée chacune de sept espèces. C'est précisément pour mettre le lecteur en garde contre de semblables erreurs que nous avons pris toutes les précautions dès le commencement, en prouvant l'impossibilité de découvrir, au moyen des appareils thermométriques, d'autre propriété qu'une expansion, qui n'est qu'un écoulement centrifuge des molécules comprimées constituant à la fois et les atomes de chaleur et ceux de la lumière.

Toutefois l'existence de sept espèces de chaleur ne cesse

pas d'être réelle, parce que l'on manque de moyens physiologiques ou chimiques analogues à ceux obtenus par les
espèces différentes de lumière ou par les couleurs. On sera
vraiment surpris d'apprendre que c'est l'Acoustique qui va
nous prouver que les atomes θ de chaleur éprouvent dans
les corps sonores une décomposition en équivalents électriques analogue à celle opérée dans les soudures de la pile,
avec la différence que chaque espèce de molécules dont un
équivalent $\bar{\mathrm{E}}$ est composé produit, en s'écoulant, une vi-
bration propre par son expansion, et que de telles vibrations sont engendrées des ondes sonores correspondantes;
les sept espèces de sensations acoustiques ne sont que des
effets analogues à celles qui sont produites par les sept espèces d'ondes de la lumière chromatique.

§ 222. Dans la *Photostatique*, pages 446 et 458, nous
avons exposé comment Newton constata le rapport entre
les espaces occupés par les couleurs du spectre et les longueurs des cordes dont les vibrations produisent les sons
correspondants à chacune des couleurs. Cependant ce physicien laissa isolé le fait qu'il avait découvert; il a été même
taxé d'inexactitude par quelques-uns; mais il ne vint à
l'idée de personne que cette correspondance entre les sons
et les couleurs n'était que le résultat des sept espèces de
chaleur.

Les faits thermométriques, observés de différentes manières sur les corps au moyen des appareils, ne résultent
que 1° des résistances exercées sur les rayons de la part
de la chaleur, la lumière et l'électricité contenus dans les
corps en quantités différentes, et 2° des interceptions de
l'expansion de chaleur par sa polarisation. Quoique de telles
interceptions de lumière et de chaleur soient bien prouvées,
il n'en est jamais fait mention dans les résultats thermométriques où de telles disparitions de chaleur ont lieu, comme
on peut *à priori* le reconnaître et déterminer les cas où elles
doivent avoir lieu.

§ 223. La source des erreurs sont les hypothèses fausses dont les unes servent à soutenir les autres par des raisonnements logiques isolés ; au lieu de reconnaître une expansion centrifuge des molécules manifestée comme celle des gaz comprimés, c'est comme par une sorte de fatalité que *tous* les physiciens anciens et modernes, spiritualistes et atomistes, n'ont pu parvenir à considérer les atomes indéfiniment subdivisibles, non pas en occupant le même espace, mais en augmentant indéfiniment de volume, et cela à cause de la compression indéfinie qu'éprouvèrent les molécules primitives; ce principe si évident et si clair ne permet l'introduction ni d'hypothèses ni de théories : tous les faits sans exception y trouvent leur explication.

Après avoir ainsi oublié ou négligé la chaleur disparue par la polarisation, les physiciens se bornèrent à observer la quantité $q\vartheta$ de chaleur qui arrive en une minute à la pile pour s'y décomposer et produire l'électricité qui alimente le courant observé dans la déviation Γ. Cette chaleur $q\vartheta$ part en une minute de temps de la source quand elle en arrive directement; mais si elle doit rester en égale quantité, même quand précédemment les atomes $q\vartheta$ traversent une lame l dont les atomes exercent une résistance r, il est nécessaire de diminuer la distance D et la réduire à D — D'. Ainsi la pression P précédente de la part de la lampe augmente et devient P + P'; la portion P' est employée à vaincre la résistance r de la lame l, et il ne pénètre que la quantité $q\vartheta$ comme dans le cas où la lampe est à la distance D.

Si l'épaisseur $4e$ ou $2e$ de la lame l est réduite à e pour en faire deux ou quatre lames, la résistance r n'en éprouve presque aucune diminution, mais la couche électrique superficielle qui ne manque dans aucun corps exerce dans les deux faces f, f' de chacune des faces une résistance r' propre à la propagation de chaleur, et il en résulte la somme de résistance $r + r'$ ou $r + 3r$, dans les deux cas où il y a 2 ou 4 lames l. Delaroche le premier et puis Melloni et presque tous les autres physiciens qui connaissaient très-bien ces faits ont cru y avoir trouvé des preuves directes de l'existence des espèces différentes de chaleur, et cela parce qu'ils ignoraient la nature de la chaleur et celle de la lumière.

I. — DE LA DISPARITION DE LA CHALEUR PAR LA POLARISATION.

§ 224. L'expansion peut être arrêtée aux atomes de chaleur de la même manière qu'elle s'opère aux atomes de lumière; ce sont toujours les atomes homonymes spécifiques qui produisent, par une contre-répulsion, une suppression momentanée de l'expansion, et cela dans le sens où le choc a été exercé. 1° Les rayons réfléchis ont éprouvé le choc latéral, et il en résulte la coïncidence du plan de polarisation avec celui de la réflexion; 2° les rayons réfractés éprouvent dans l'incidence par la face f un choc vers la normale, et dans leur émergence ils éprouvent dans la face f' du corps un choc en sens opposé de la part de la normale : pour cette raison, ces rayons obtiennent une polarisation dont le plan coupe obliquement la normale et reste perpendiculaire au plan de réfraction.

§ 225. **Dépression totale de l'expansion.** Comme pour la lumière, il faut également, pour l'interception de l'expansion de chaleur deux couples de chocs en sens perpendiculaires, comme ils ont lieu mutuellement de la part des couches des trois systèmes perpendiculaires qui constituent les cristaux. Tous les atomes libres $2q\theta$ qui pénètrent les cristaux émergents après y avoir éprouvé les chocs convergents qui leur font perdre l'expansion latérale, et ainsi les atomes émergent aplatis $q\theta$ de la gauche et de la droite, et $q'\theta$ également aplatis, mais du devant et du derrière. Pour faire une suppression totale de l'expansion il ne faut que faire passer les atomes $q\theta$ par une lame placée de manière à exercer aux atomes $q\theta$ les couples de chocs du devant et du derrière, et aux atomes $q'\theta$ de la gauche et de la droite : cela est obtenu de la manière suivante.

§ 226. Par le clivage d'une lame on peut en obtenir deux l, l' ou même plusieurs; en tenant ces lames parallèles, les atomes $q\theta$, $q'\theta$ de chaleur émergent aplatis de la manière indiquée; mais si l'on croise les lames l, l', l'expansion des atomes $\varphi°$ est totalement supprimée : la chaleur disparaît en ce cas, à cause de la suppression de son expansion. Ce cas diffère de ceux où la chaleur est dispersée par la diffusion ou arrêtée par la chaleur spécifique des substances; dans ces deux derniers cas, on peut trouver la chaleur centrifuge ou la chaleur contenue à l'état d'imbibition, tandis qu'au moyen de deux ou de plusieurs lames cristallines, en déprimant l'expansion, on fait disparaître une partie de la chaleur qui n'est plus possible de trouver.

En opérant avec les mêmes lames croisées sur la lumière on produit également une dépression de l'expansion de ses atomes $\varphi°$ qui, ne pouvant plus se répandre, font apparaître obscur l'espace qu'ils occupent, parce qu'il n'arrive à l'œil aucun rayon de ces espaces. De même le mercure du thermomètre n'augmente pas de volume quand les atomes de chaleur $\theta°$ ne se dilatent pas pour repousser ses atomes chimiques a; et là pile thermoélectrique ne produit aucune déviation, parce que les atomes $\theta°$ restent à l'état inerte. Melloni démontra des disparitions pareilles de chaleur par le moyen suivant :

Dix lames de mica ont été fendues par clivage pour en obtenir dix couples dont cinq furent laissés à l'état brillant, tandis que les cinq autres couples furent légèrement rayés. Pour faire la comparaison, les lames de chaque couple ou de chacune des deux piles pouvaient être croisés ou rester parallèles comme elles se trouvaient avant le clivage. La chaleur venait de trois sources différentes, et il obtint les résultats indiqués dans le tableau suivant :

SOURCES DE CHALEUR.	PILES BLOQUÉES de cinq couples chacune, inclinées de 85° sur les rayons.	TRANSMISSION lorsque les lames sont		QUANTITÉS de chaleur disparues dans l'acte du croisement, en rapportant à 100 les rayons transmis dans les lames parallèles.
		parallèles.	perpendiculaires.	
		degrés.	degrés.	degrés.
Métal chauffé à 100°.	Rayées............	9,15	5,75	57
	Polies...........	9,20	4,50	50
Lampe de Locatelli.	Rayées...........	9,12	4,65	49
	Polies..........	9,10	4,55	50
Rayons de la lampe transmis par le verre.	Rayées...........	9,08	4,62	49
	Polies..........	9,10	4,58	50

De cette disparition de chaleur, les physiciens déduisent avec raison un état identique de la lumière et de la chaleur, état attribué aux ondulations de l'éther, sans y chercher une preuve d'espèces différentes de chaleur, comme cela a lieu en plusieurs expériences où cette même cause produit une disparition de chaleur. Les rayons de chaleur obscure diffèrent de ceux de la chaleur lumineuse, parce que les deux fluides ne se séparent pas sans résistance; la chaleur transmise par le verre en obtient une différence qui va être exposée et constatée dans les faits obtenus par les expériences suivantes :

II. — DE LA DIFFUSION DE LA CHALEUR LUMINEUSE OU OBSCURE
PAR LES CORPS.

§ 227. Nous indiquerons premièrement par quel moyen Melloni constata l'existence de la diffusion de la chaleur, ensuite les rapports entre la chaleur dispersée et la chaleur transmise; et tout cela pour la chaleur obscure et la chaleur lumineuse quand diffèrent les surfaces des corps.

Diffusion de chaleur analogue à celle de la lumière. La chaleur Θ de la source arrive à la pile P et produit la déviation $\Gamma+\Gamma'$, après avoir passé par deux trous circulaires pratiqués au milieu des deux écrans e et e', entre lesquels on introduit une lame polie diathermane l de verre, par exemple, dont la présence diminue la déviation et la fait devenir Γ; en effet la pile reste à la distance D de la source. En déplaçant la lame l pour l'approcher ou l'éloigner de l'écran e' du côté de la pile, la déviation Γ n'éprouve aucun changement. Si la lame l est dépolie, la déviation devient $\Gamma-\alpha$, mais elle n'est plus invariable; car elle diminue davantage et devient $\Gamma-\alpha-\alpha$, si la lame s'éloigne de l'écran e'; au contraire, la déviation $\Gamma-\alpha$ augmente et devient $\Gamma-\alpha+\beta$, quand la lame s'approche de l'écran e', parce que les rayons se dispersent en sortant dans toutes les directions, forment un cône passant par l'ouverture de l'écran e', et arrivent sur une plus grande surface de la pile; l'effet reste le même quand la lame l est placée entre la pile P et l'écran e'. Si en ce cas on place entre les écrans e, e' une autre lame l' polie, la déviation diminue peu et devient $\Gamma-\alpha+\beta-\beta'$, tandis que cette lame l' intercepterait totalement la chaleur directe $q'\theta$ produisant la déviation $\Gamma-\alpha+\beta$ si la distance était D + D'.

La chaleur qui traverse une couche de noir de fumée déposée sur une plaque polie de sel gemme rayonne directement sans éprouver de diffusion; le même effet a lieu pour le rayonnement de la lumière transmise par un morceau de verre recouvert de noir de fumée; on distingue la forme des corps très-éclatants, du Soleil, par exemple, tandis qu'à travers une lame de verre dépoli on ne distingue qu'une lueur confuse.

La comparaison entre les faits obtenus ainsi de la lumière et de la chaleur rayonnante ne conduit à connaître rien de plus et rien de moins que l'identité de l'expansion des atomes dont les deux fluides consistent; et tout cela également dans les trois cas : 1° les rayons directs produisent une déviation $\Gamma+\Gamma'$; 2° ceux transmis par une lame *l* produisent la déviation Γ, et 3° ceux transmis par deux lames *l* et *l'* produisent la déviation Γ—α. Ces faits résultent, 1° de la résistance *r* exercée de la part des atomes spécifiques θ″ du verre qui ne changent point quand le verre est poli ou dépoli, et 2° de la résistance *r'* produite de l'électricité superficielle qui ne manque sur aucune surface; cette résistance est indépendante de l'épaisseur du corps ou de la lame. Les surfaces polies dispersent moins les rayons que les surfaces dépolies : les premières dispersent environ 0,077 pour les deux faces; les secondes dispersent plus de 0,077.

§ 228. Tout se réduit à connaître pourquoi la chaleur qui a traversé une lame de verre éprouve moins de perte en en traversant une seconde. Delaroche, Melloni et les autres physiciens y voient un fait analogue à celui observé dans la lumière qui, après avoir traversé une lame colorée, perd beaucoup de sa clarté, et s'il leur en faut traverser une seconde, la perte subséquente de la clarté devient insignifiante. En effet chacun trouve cette comparaison exacte, cependant elle est obtenue entre deux faits dont la cause était inconnue.

Au lieu donc de chercher d'autres comparaisons pareilles pour donner à ladite comparaison un degré de probabilité supérieure ou inférieure, nous donnerons l'explication des faits constatés. La chaleur Θ directe produit la déviation Γ+Γ', la lame *l* de verre interposée exerce par sa chaleur spécifique θ″ la résistance *r* aux atomes homonymes θ d'expansion libre et aux atomes θ' à l'état d'imbibition et ainsi la déviation devient Γ. Il y a une pression *p* de la part de la source et une résistance *r* de la part de la chaleur spécifique. Ainsi comme dans la chaleur rampante transmise par une barre *ab* (fig. 21) de métal, il s'opère un équilibre entre la chaleur Θ incidente et les portions dispersées et propagées, le même effet a lieu pour la chaleur Θ incidente dans la lame *l* de verre.

§ 229. La quantité $(q+q')\theta$ de chaleur qui produit la déviation $\Gamma + \Gamma'$ surpasse celle $\eta\theta$ qui produit la déviation Γ' ; pour obtenir directement sans la lame l de la lampe la quantité $q\theta$, il faut augmenter la distance et la faire $D + D$. L'effet thermométrique qui est la déviation Γ indique que la quantité $q\theta$ de chaleur arrive dans les deux cas à la pile, et les distances D, $D + D'$ indiquent que la pression p de la part de la source diminue et devient $p - p'$ quand la distance est $D + D'$.

Une seconde lame l' placée au devant de la pile éprouvera la pression p quand la distance de la lampe est D, et elle éprouvera la pression $p - p'$ quand cette distance est $D + D$. On ne doit pas commettre l'erreur de croire 1° que la lame l intercepte la portion p' de la pression p, et 2° que ce n'est que la différence $p - p'$ qui est exercée sur la seconde lame l', comme cela a lieu dans le cas où la lame l' est seule et quand la distance $D + D'$ est grande.

Dès que la seconde lame l' arrête une quantité de chaleur $\varpi\theta$, elle fait se former une colonne entre la face f antérieure de la lame l et la face f' postérieure de la lame l', et ainsi toute la pression p de la source dans la distance D se propage de la face f à la face f' quand la lame est unique ou quand il y en a plusieurs. De tout ce qui a été dit sur la propagation de la lumière dans la *Photostatique*, il résulte que les atomes de lumière se propagent par le milieu des corps suivant la même loi statique, sans qu'il soit nécessaire de chercher différentes espèces de fluides.

Du reste, l'application de cette règle générale à toutes espèces de résultats obtenus des observations ne permettront à personne de méconnaître le mode de production de ces faits suivant une seule et la même loi qui ne nous permet pas de nous écarter d'un pas ni à gauche ni à droite. Tous les faits attribués aux espèces de chaleur trouveront leur explication dans les causes thermométriques, sans qu'on ait recours à aucune de ces nombreuses hypothèses qu'on a si souvent risquées, et qui sont un signe évident du manque de connaissances sur la production de ces faits suivant la loi physique.

§ 230. **Rapport entre la chaleur dispersée et la chaleur transmise.** Pour connaître ce rapport, Melloni a pris deux disques égaux de carton mince, l'un d noirci des deux côtés et nommé *noir*, l'autre d' noirci d'un seul côté et nommé *blanc*. La pile P (fig. 20) est placée sur une règle ll' horizontale qui peut tourner autour de l'axe ol pour se trouver de l'autre côté du disque qui reste immobile en p, où il reçoit la chaleur de sources différentes, qui peuvent être rapprochées autant qu'il est nécessaire pour qu'il pénètre par le disque noir, en une minute, de la part, 1° d'un métal à 400°, 2° du platine incandescent, 3° directement d'une lampe de Locatelli, ou 4° après que ses rayons ont traversé une lame mince l de verre.

En tenant la source de chaleur sur la colonne DI à côté, entre le disque p et la pile P, celle-ci étant abritée, par un écran ne reçoit que la chaleur diffuse $q'\theta$ de la part du disque noir augmentée de celle $q''\theta$ que ce disque émet de la partie de chaleur dont il est imbibé; le reste $\Theta - q'\theta - q''\theta$ pénètre et rayonne de la face f' qui est la postérieure du disque d. Puis en faisant tourner la règle ll' on amène la pile du côté de cette face f' pour en recevoir le rayonnement de la chaleur $\Theta - q'\theta - q''\theta = q\vartheta$.

En opérant de la même manière avec le disque blanc d' pour qu'il reçoive avec sa face f'' blanche la même chaleur Θ, la quantité de chaleur dispersée augmente et devient $(q' + q''')\theta$, cette quantité avec celle $q''\theta$ émise du disque produit à la pile une déviation $r + r''$ supérieure à celle r produite par la face f noire du disque d.

Dans le tableau on admet 100 pour la chaleur $\Theta - q'\theta -$

$q''\theta = q\theta$ qui pénètre le disque noir pour produire une déviation Γ; en faisant augmenter la chaleur diffuse au moyen
de la face blanche f'' du disque d', on diminue la chaleur
transmise qui devient $(q - \alpha)\theta$; on diminue aussi la déviation Γ qui devient $\Gamma - \Gamma'$.

SURFACE tournée du côté de la pile.		MÉTAL à 400°.	PLATINE incandes- cent.	LAMPE de Locatelli.	RAYON de la lampe transmis par le verre.
d disque noir.	f face postérieure (noire).	100	100	100	100
	f' face antérieure (noire).	118	117	119	118
d' disque blanc.	f' face postérieure (noire).	93	84	69	46
	f'' face antérieure (blanche).	129	152	181	250

§ 231. **Remarques et explications.** Chacune des
sources est rapprochée autant qu'il est nécessaire pour obtenir la déviation Γ par les rayons $q\theta$ qui arrivent à la pile
de la face f' postérieure du disque noir d. Cette chaleur $q\theta$
étant admise 100, 118 représente celle $(q' + q'')\theta$ dispersée
de la face f antérieure ; nous allons prouver que cette différence 18 n'est que le double de la chaleur 7,7 dispersée des
deux faces du sel gemme ou de tout autre corps, car il ne
faut pour cela que faire le calcul suivant :

$$118 : 100 = 100 : \frac{10000}{118} = 84,7 \; ; \; 100 - 84,7 = 15,3 = 2 \times 7,65.$$

Donc la chaleur 118 $= (q' + q'')\theta$ consiste en $q'\theta = q\theta$, plus
$2 \times 7,65 = q''\theta$ qui est la chaleur dispersée des quatre faces
des deux couches de noir de fumée qui sont sur les deux
côtés du disque noir d (§ 164).

§ 232. **Dispersion de la chaleur lumineuse par
le disque blanc.** Dans les quatre cas des sources de chaleur, la quantité de chaleur dispersée $(q' + q'')$ est en rapport
direct avec l'intensité ou la quantité Φ de lumière mêlée

avec la chaleur incidente Θ ; ce rapport $\Phi : \Theta$ est représenté 1° pour le métal par 129:93, 2° pour le platine par 152:84, 3° pour la lampe par 181 : 69, et 4° pour la chaleur lumineuse transmise par le verre par 250 : 46.

Ce dernier cas, qui paraît s'écarter de la règle, est précisément celui qui y trouve son explication ; car la distance de la lampe étant D dans l'absence du verre doit devenir D — D' quand celui-ci est introduit, et cela pour y faire pénétrer autant de chaleur qu'il est nécessaire pour qu'il arrive à la pile la quantité $q\theta$ de chaleur à travers le disque noir. Le verre reçoit en ce cas $\Phi\Theta + \Phi'\Theta'$, et après avoir arrêté la chaleur Θ' il n'arrête pas toute sa lumière Φ', mais une quantité inférieure $\Phi' — \Phi''$, de sorte que le disque blanc reçoit en ce cas un excédant Φ'' de lumière avec la chaleur Θ mêlée avec la lumière $\Phi + \Phi''$; donc dans la même quantité de chaleur Θ sans le verre est contenue la lumière Φ, et avec le verre y est contenue la quantité $\Phi + \Phi''$, ainsi la lumière Φ'' produit l'effet qu'on cherchait dans des espèces différentes de chaleur.

§ 233. Chaleur des sources différentes dispersée par des substances différentes. L'appareil figure 27 des expériences a été employé pour observer la quantité $q\theta$ de chaleur transmise par différentes substances, et cela de deux manières différentes. I. L'une des faces b de la pile étant recouverte de noir de fumée, l'autre b' était successivement recouverte par des substances différentes; la déviation Γ était obtenue quand les rayons tombaient sur la face noircie b et les déviations γ étaient obtenues quand elles tombaient sur la face b' recouverte de substances différentes. II. Au lieu d'appliquer le noir de fumée et les autres substances sur les faces b, b' de la pile, on les appliqua sur les deux faces f, f' des disques minces de cuivre qui avaient la face postérieure f' noircie et la face antérieure f recouverte de la substance à comparer.

Pour faire la comparaison entre les rayons des sources

différentes, on employait, comme dans le cas précédent, un disque noirci des deux côtés, et ainsi on a obtenu une déviation normale Γ ; toutes les autres obtenues par les disques recouverts des substances différentes sont inférieures Γ — Γ' ou égales à Γ, mais aucune ne surpasse cette limite Γ. Les rayons ou la chaleur $q\vartheta$ qui produit la déviation Γ est représentée par 100, et les déviations inférieures correspondent à la quantité de chaleur $(q - q')\vartheta$ transmise par les substances qui correspondent à la face f'' blanche du disque d' des expériences précédentes.

SUBSTANCES.	LAMPE de Locatelli.	PLATINE incandescent.	CUIVRE à 400°.	CUIVRE à 100°.	LAMPE avec verre interposé.
Noir de fumée.	100	100	100	100	100
Céruse.	55	50	80	100	21
Colle de poisson.	52	54	01	91	15
Encre de Chine.	96	95	87	85	100
Gomme laque.	53	47	70	72	30
Surface métallique.	14	15,5	13	13	17

§ 234. **Explication.** Les nombres de chaque colonne dépendent : 1° de la source de la lumière chaude ou de la chaleur lumineuse des degrés différents $\Phi\Theta$. La déviation Γ est produite de la chaleur $q\vartheta = \Theta = 100$ où la quantité de lumière $\Phi \pm \Phi'$ est indifférente. Celle-ci a une influence sur la chaleur Θ parce que, pour en être séparée, il faut une certaine répulsion r exercée de la part de la substance sur la lumière seule, ou si elle est r pour la lumière, elle doit être inférieure $r - r'$ pour la chaleur. Le verre, comme dans le cas précédent, fait diminuer la chaleur à un degré plus prononcé que la lumière ; ainsi la déviation y provient de la chaleur $q\vartheta$ mêlée avec la lumière $\Phi + \Phi'$, et c'est cet excédant de lumière Φ' qui produit les effets indiqués dans la dernière colonne.

§ 235. **Chaleur obscure et chaleur lumineuse.** La chaleur $q\vartheta$ du cuivre a une quantité imperceptible de lumière, et la chaleur $q\vartheta$ transmise par le verre a une quantité $\Phi + \Phi'$ de lumière supérieure à celle Φ qui arrive de la lampe mêlée avec la même chaleur $q\vartheta$. Donc les nombres de la dernière colonne diffèrent de ceux de la deuxième, parce que la même chaleur $q\vartheta$ est mêlée avec deux quantités différentes de lumière : 1° la céruse, en dispersant la plus grande portion de lumière, disperse aussi dans les deux cas des masses de chaleur analogues $100 - 59$ et $100 - 24$; 2° l'encre de Chine intercepte la lumière; pour cette raison la chaleur pénètre; 3° les métaux dispersent la lumière et la chaleur, mais la lumière a un degré plus élevé que la chaleur § 105.

La *chaleur obscure* pénètre la céruse absolument comme elle pénètre le noir de fumée et toutes les poudres impalpables. Outre l'encre de Chine qui intercepte la lumière, la chaleur obscure pénètre dans toutes les substances en quantités supérieures à la chaleur lumineuse.

L'encre de Chine réfléchit aussi une petite partie de la lumière qui éloigne une quantité correspondante de chaleur : 1° celle-ci est insignifiante dans le cas où la lumière $\Phi + \Phi'$ est en excès; 2° elle est $100 : 96$ quand la lumière de la lampe est Φ, et 3° $100 : 87$ quand la lumière est inférieure $\Phi - \Phi'$ comme l'est celle du cuivre à $100°$.

III. — DIFFUSION DE LA CHALEUR RÉFLÉCHIE.

§ 236. Des observations de ce genre ont été faites par Melloni et Knoblauch; les résultats obtenus vont, comme les précédents, servir ici d'exemples pour mieux connaître les rapports entre la chaleur obscure ou lumineuse.

I. Un disque de bois *r* (fig. 27) est recouvert : 1° de noir de fumée sur l'une des faces *f′* qui est la postérieure, et 2° d'une matière blanche sur l'autre *f* qui est la face antérieure ; il est placé verticalement sur un plateau tournant

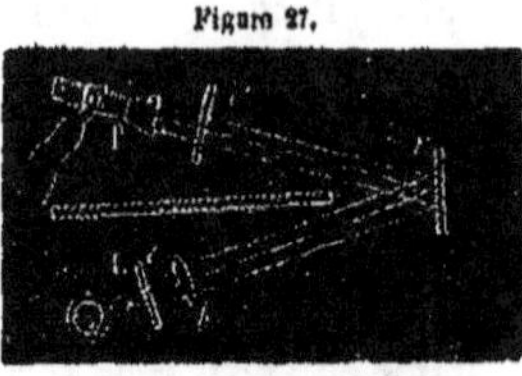

Figure 27.

horizontal. Une lampe L émet les rayons qui éprouvent en *r* une diffusion, et une partie *q9* de ces rayons arrive à la pile P. Un large écran sépare la lampe L de la pile P.

La lumière chaude ou la chaleur lumineuse $\Phi\Theta$ pénètre une lentille *b* qui disperse et n'intercepte pas la quantité $\Phi + \Theta′ - \Theta″$ des deux fluides, et les rayons $\Phi\Theta - \Phi′\Theta′ - \Theta″$ arrivent au disque sensiblement en direction parallèle. La surface noircie *f′* du disque disperse une quantité de rayons incidents dont se sépare la chaleur $\Theta″$ pour pénétrer dans le disque, et la lumière $\Phi″$ devient interceptée ; ainsi les rayons réfléchis $\Phi\Theta - \Phi′\Theta′ - \Phi″\Theta″$ arrivent à la pile et produisent la déviation Γ. En tournant le disque *r* de manière que les rayons tombent sur sa face *f* blanchie, on fait disparaître l'interception de la lumière $\Phi″$; ainsi augmente la lumière réfléchie qui entraîne une quantité analogue $\Theta‴$ de chaleur alors les rayons arrivés à la pile consistent $\Phi\Theta - \Phi′\Theta′ + \Phi″ + \Theta‴$; la déviation Γ augmente et devient $\Gamma + \Gamma′$; quand $\Gamma = 25°$, on a trouvé $\Gamma + \Gamma′ = 30°$. Une lame *e′* de verre n'affaiblit que très-peu les rayons $\Phi\Theta - \Phi′\Theta′ + \Phi″ + \Theta‴$, et cela parce que la partie $q9 + 9$ de rayons interceptée par la lentille *b* contient beaucoup de chaleur et peu de lumière. Par suite, les rayons $\Phi\Theta - q9 - 9 + \Theta‴ - \Theta″$ contiennent, en rapport avec les rayons directs $\Phi\Theta$, peu de chaleur mêlée avec beaucoup de lumière. C'est donc toujours l'excédant de lumière qui entraîne une quantité de chaleur et l'empêche de pénétrer dans les corps.

§ 237. II. Knoblauch employa la lumière et la chaleur

de plusieurs sources, et il expérimenta sur plusieurs substances. Les substances des sources étaient telles qu'à la
distance D elles produisaient dans un cas la déviation
$\gamma = 20°$ tombant directement sur la pile, et dans l'autre
cas, ou à l'autre distance D — D', elles produisaient la même
déviation γ après avoir éprouvé une diffusion de la part
d'une substance; ainsi la déviation γ était obtenue comme
dans le cas précédent de la même quantité Θ de chaleur
mêlée avec la lumière Φ dans les rayons directs et avec la
lumière $\Phi + \Phi'$ dans les rayons réfléchis. Par l'interposition
d'une plaque p de spath calcaire de $3^{mm},7$ d'épaisseur aux
rayons directs $\Phi\Theta$, la déviation est $\gamma - \gamma' = 12°$, mais, interposée aux rayons $\Phi\Theta + \Phi'$, la déviation est $\gamma - \gamma'' = 17°$,
et cela, 1° quand la surface S réfléchissante était carminée.
2° Si cette surface carminée est remplacée par un papier
noir qui intercepte beaucoup de lumière, et la source suffisamment rapprochée pour produire par la chaleur diffuse
la déviation $\gamma = 20°$, la plaque p reçoit une plus petite
quantité de lumière dont elle disperse une partie avec la
chaleur, et la déviation est alors $\gamma - \gamma' = 10°,5$. 3° Si la substance réfléchissante est l'or et la déviation γ de la part de
la chaleur diffuse, la plaque p intercepte dans ces rayons
$\Phi\Theta + \Phi'\Theta''$ une quantité de chaleur et produit la même déviation $\gamma - \gamma' = 12°$, comme cela a lieu pour la déviation $\gamma - \gamma'$
produite de cette plaque p aux rayons $\Phi\Theta$ venant directement. On connaît ainsi que les rayons réfléchis des métaux
contiennent les deux fluides dans le même rapport que ceux
émis directement de la lampe; alors $\Phi'\Theta'' = 0$.

Les résultats obtenus par la lampe à alcool ne diffèrent
des précédents qu'autant qu'il y a moins de lumière dans
la quantité $q\theta$ de chaleur; le même effet a lieu pour les
rayons du platine incandescent. Les différences qui dépendent de la quantité de lumière réfléchie s'évanouissent
quand la chaleur est obscure; celle-ci, réfléchie de la surface carminée ou de la surface du papier noir pour pro-

duire la déviation $\gamma = 20°$, est réduite à $(q - q')\theta$ qui produit la déviation $\gamma - \gamma' = 5°,5$. Tous ces résultats obtenus par Knoblauch sont contenus dans le tableau suivant:

SOURCES DE CHALEUR.	SURFACES produisant la diffusion.	DÉVIATION directe ou de la diffusion.	DÉVIATION diminuée par le spath d'Islande.
		degrés.	degrés.
Lampe d'Argent.	Carminé.	20	17
	Papier noir.	20	10,5
	Or.	20	12
Platine porté au rouge.	Carminé.	20	15
	Papier noir.	20	10
Lampe à alcool.	Carminé.	20	11
	Papier noir.	20	8
Fer chaud noir.	Carminé.	20	5,5
	Papier noir.	20	5,5

IV. — RÉSISTANCE DE LA PART DE LA CHALEUR, DE LA LUMIÈRE ET DE L'ÉLECTRICITÉ SPÉCIFIQUES.

§ 238. Les résultats des expériences sur la chaleur lumineuse et la chaleur obscure correspondent exactement au rapport $q\varphi : q'\theta$ entre la quantité $q\varphi$ de lumière et la quantité $q'\theta$ de chaleur contenues dans les rayons. Nous exposerons ici le rapport $q\theta : q'\theta$ entre la chaleur $q\theta$ interceptée des corps et celle $q\theta$ qui les pénètre; dans la chaleur $q'\theta$ interceptée est comprise celle $\alpha\theta$ arrêtée dans les corps et réduite à l'état d'imbibition et le reste $(q' - \alpha)\theta$ est dispersé.

Si la chaleur Θ reste la même, la chaleur $q\theta$ transmise diffère pour chaque lame l, l', l''... de la même épaisseur e et des substances différentes. Il a été déjà indiqué que le verre des rayons $\Phi\Theta$ qu'il reçoit, livre passage à la quantité $(q + \alpha)\varphi$ de lumière et à la quantité inférieure $q\theta$ de chaleur;

mais on n'a pas montré la cause qui disperse les rayons ni celle qui disperse en quantités différentes les deux fluides. La loi physique nous conduit à chercher la cause de l'interception et de la dispersion dans les atomes homonymes contenus dans les corps; ces atomes sont la chaleur et la lumière spécifique qui ne sont pas encore connues pour toutes les substances; pour cette raison nous allons ici examiner seulement les corps dont nous connaissons la chaleur spécifique et l'indice de réfraction; car celle-ci correspond à la quantité de lumière spécifique q''.

§. 239. Dans le chapitre précédent (§ 197) il a été indiqué qu'il y a un décroissement brusque dans chaque interruption de continuité; de Sénarmont constata l'existence de décroissements pareils même dans les intervalles entre les lames des cristaux qui se laissent souvent séparer par le clivage. Nous ne possédons jusqu'à présent aucun moyen pour évaluer la quantité d'électricité spécifique qui produit ces décroissements brusques de chaleur. La résistance des corps contre la propagation de l'électricité résulte, non pas directement de la quantité $a\bar{E}$ ou $a\bar{E}$ d'électricité, mais de l'accumulation des deux électricités à l'état dissimulé sur les deux faces f, f' des couches minces d'atomes σ chimiques des corps qui constituent les cristaux.

§ 240. Une série d'exemples de toutes les espèces servira à éclaircir les effets produits de la chaleur, de la lumière et de l'électricité spécifique. La chaleur directe des sources différentes arrive à la pile en quantité $q\theta$ et produit la déviation $\gamma = 30°$ après avoir perdu seulement une partie $q'\theta = 0,077$ en traversant les deux faces d'une lame de sel gemme. Quant à la lumière Φ qui accompagne la chaleur $\leftrightarrow = (q+q')\theta$ et à ses effets, il ne faut que se rappeler ce qui vient d'être dit. La chaleur directe $q\theta$ qui produit la déviation $30°$ est représentée par 100 dans le tableau, les quantités inférieures $(q-\alpha)\theta$ de chaleur sont représentées en pareille proportion.

ÉPAISSEUR COMMUNE des plaques : 2ᵐᵐ,5.	CHALEUR spécifique.	INDICE de réfraction.	LAMPE de Loostelli.	PLATINE incandes-cent.	CUIVRE noirci à 390°.	CUIVRE noirci à 100°.
Sel gemme.	0,21401	1,545	92	92	92	92
Sel gemme à bouche.	»	»	65	65	65	65
Spath d'Islande. . .	0,20858	1,654	59	28	6	»
Verre à glace. . . .	0,19768	1,500	59	24	6	»
Cristal de roche. . .	»	1,547	58	28	6	»
Tourmaline verte. .	»	1,668	18	16	5	»
Sulfate de chaux. . .	0,1965	»	14	5	»	»
Acide nitrique. . . .	»	1,527	11	2	»	»
Alun.	0,9762	1,457	9	2	»	»
Glace très-pure. . .	0,5	1,310	6	0	»	»

§ 244. Remarques et explication. On n'a à remarquer ici que l'accord et la correspondance entre, 1° les nombres qui indiquent la quantité de chaleur transmise par chaque substance, et 2° les nombres qui indiquent leur chaleur spécifique et leur indice de réfraction qui exprime leur lumière spécifique. Si l'on opère avec la chaleur obscure, il est inutile de prendre en considération l'indice de réfraction.

Avec la glace c'est l'alun qui arrête la plus grande quantité de chaleur, et cela est évidemment un résultat, 1° de la chaleur spécifique qui est 0,5 pour la glace et 0,9762 pour l'alun, et 2° de la lumière spécifique qui est 1,310 pour la glace et 1,457 pour l'alun. La chaleur spécifique θ'' exerce la résistance r à la chaleur Θ des rayons $\Phi\Theta$, et la lumière spécifique exerce la résistance r' à leur lumière Φ. De ces deux espèces de résistances résulte la différence $9 - 6$ entre la chaleur 9 transmise par l'alun et celle 6 pour la chaleur transmise par la glace.

Le sel gemme laisse la plus grande quantité de chaleur pénétrée par son milieu, et cela non-seulement à cause de sa faible chaleur spécifique, mais aussi à cause de son indice de réfraction médiocre. Toutefois le moindre changement dans la construction, laquelle dépend de l'électricité spécifique dont la résistance r'' diffère de celles r et r' susdites, fait apparaître une diminution considérable de la chaleur transmise. Nous avons déjà démontré que la moindre trace d'eau contenue dans le sel ordinaire de mer suffit pour arrêter presque toute la transmission de la chaleur. Ces deux causes accidentelles de si grands effets sont telles qu'ils peuvent facilement échapper, parce qu'il est difficile de remarquer leur présence.

Les trois substances suivantes, spath d'Islande, cristal de roche et verre, dispersent une quantité presque égale de chaleur mêlée avec la lumière supérieure de la lampe, tandis que le verre disperse une quantité supérieure de la chaleur du platine, où est moindre la quantité de lumière; le verre a une structure cristalline d'un degré inférieur à celle des deux substances précédentes.

V. — AUGMENTATION DE LA RÉSISTANCE PAR L'ÉPAISSEUR OU PAR LE NOMBRE DES PLAQUES.

§ 242. Il a été déjà indiqué que la chaleur rayonnante comme la chaleur rampante diminuent entre la face f antérieure et la face f' postérieure, quand l'épaisseur e croît pour devenir $e + e'$, $e + e' + e''$... Après avoir retranché des températures des thermomètres t, t', t''... celle de l'air ambiant, Despretz trouva pour les cinq métaux sans cri une diminution suivant une progression géométrique décroissante, comme cela a eu lieu également pour les thermomètres introduits dans la colonne d'eau chauffée par la partie supérieure. Delaroche opéra sur les rayons transmis par deux ou plusieurs lames, et il y trouva également une diminution de la chaleur, diminution qu'il attribua à des espèces de chaleurs analogues à celles de la lumière et non pas aux doubles résistances, l'une Z exercée par les deux faces de chaque lame, et l'autre R exercée par la chaleur, la lumière et l'électricité spécifique. Dans les deux tableaux suivants sont contenus les résultats de ces deux espèces d'observations.

ÉPAISSEUR en millimètres.	VERRE de Saint-Gobain.			CRISTAL de roche limpide.			CRISTAL de roche enfumé.			HUILE de colza.		EAU distillée.	
	Lampe de Locatelli.	Platine incandescent.	Cuivre à 400°.	Lampe de Locatelli.	Platine incandescent.	Cuivre à 400°.	Lampe de Locatelli.	Platine incandescent.	Cuivre à 400°.	Lampe de Locatelli.	Platine incandescent.	Lampe de Locatelli.	Platine incandescent.
0,5	77,5	62,1	14,4	78,6	69,5	17,7	81,7	70,0	15,4	64,0	32,0	25,1	8,7
1,0	75,5	51,5	0,9	76,8	65,1	11,5	76,6	65,0	12,5	48,5	22,7	19,5	5,7
1,5	70,4	40,1	0,7	74,8	62,5	9,7	»	»	»	41,0	18,6	10,0	4,2
2,0	68,2	42,8	5,0	73,5	60,6	8,7	75,1	60,5	9,2	36,1	10,5	13,9	3,2
2,5	66,5	»	»	72,5	»	»	»	»	»	32,7	»	»	»
3,0	65,5	38,5	2,9	71,8	57,6	6,5	75,1	57,4	7,6	30,6	13,6	11,4	2,0
4,0	65,4	35,8	2,0	70,8	55,5	6,0	71,4	54,8	7,0	27,8	12,0	10,0	1,5
6,0	60,9	32,5	1,4	69,8	51,4	5,4	»	»	»	23,9	9,8	8,6	1,0
8,0	59,2	29,6	1,1	69,5	48,4	4,0	»	»	»	21,8	8,1	8,0	0,6
10,0	»	»	»	»	»	»	»	»	»	21,7	7,1	7,7	0,4
11,0	»	»	»	»	»	»	»	»	»	20,9	6,7	7,7	0,5
50,0	»	»	»	»	»	»	»	»	»	12,5	2,1	2,4	0
80,0	»	»	»	»	»	»	50,0	35,0	0,7	»	»	»	0
100,0	»	»	»	»	»	»	»	»	»	8,1	1,2	1,5	0
150,0	»	»	»	»	»	»	»	»	»	6,1	»	0,7	0
200,0	»	»	»	»	»	»	»	»	»	5,5	»	»	0

§ 243. Si, la température ambiante étant donnée, on la retranchait des températures observées, les nombres de chaque série eussent formé des progressions géométriques décroissantes suivant un rapport qu'on peut obtenir par le quotient, comme l'a fait Despretz, car les progressions pareilles résultent de la résistance qui augmente par chaque couche tandis que la pression P de la part de la source de chaleur reste inaltérable; pour cette raison, avec la résistance de la part de l'épaisseur augmente la diffusion ou l'écoulement latéral et l'éloignement de la chaleur par la surface de la colonne sans arriver à la face f' postérieure e, comme cela a été démontré pour la chaleur rampante dans la colonne d'eau chauffée de la face f supérieure, où toute la chaleur s'écoule latéralement sans pouvoir atteindre la face inférieure f'.

§ 244. **Résistances de la part des deux plaques contre la propagation de chaleur.** Il y a une différence de résistance 1° quand on augmente l'épaisseur de la même substance; 2° quand la même épaisseur est partagée en plusieurs lames, et 3° quand la chaleur rampante et rayonnante doit traverser deux lames de substances différentes.

§ 245. I, Si la lame est unique et que son épaisseur augmente, on obtient dans chaque couche c, c', c'',.. c^n, depuis la face f antérieure jusqu'à la face f' postérieure, un décroissement de température suivant une progression géométrique de la forme $\div a - t : \frac{1}{a} - t : \frac{1}{a^2} - t : \ldots : \frac{1}{a^n} - t$, où t indique la température ambiante. Blanchet exprima ce résultat par la formule $V = ma^\theta (a' - 1)$. La chaleur V de chaque couche est donnée par les termes d'une progression géométrique diminués chacun d'une quantité constante ma^θ qui est la température ambiante; θ indique la distance entre la face f antérieure et les couches c, c', c''..., c^n de la substance. Dans la formule ci-dessus il faut donner au θ un signe négatif quand on compte les couches c, c', c''... c^n de la face f vers la face f', parce que la progression est alors décroissante; mais celle-ci devient croissante quand on part de la face postérieure f', et c'est alors que le signe de θ est positif.

§ 246. II, Si l'épaisseur e reste la même, mais que le nombre des lames l, l', l''... l^n augmente par suite de subdivisions, chacune de celles-ci a une épaisseur $\frac{e}{n}$ et encore une résistance analogue $\frac{r}{n}$, mais chacune d'elles a deux faces couvertes de deux couches électriques qui, ensemble, arrêtent 7,7 à chaque 100 rayons; pour cette raison la résistance r précédente produite des deux faces de la lame unique et de son épaisseur e augmente au rapport du nombre $n - 1$ des lames l, l', l''... l^n produites de la lame L par la subdivision; elle devient $R = n \times 7,7$.

§ 247. III. Si l'on représente par e la somme des épaisseurs e' et e'' des deux lames L, L' de substances différentes, la résistance r n'augmente pas seulement de la quantité 7,7 produite de la part des deux faces f, f', mais aussi à cause de la chaleur, de la lumière et de l'électricité spécifique de la lame L'. Le tableau contient les résultats numériques obtenus des observations thermométriques par la transmission de la chaleur à travers deux lames.

SUBSTANCES placées immédiatement avant la pile.	RAYONS directs de la lampe de Locatelli.	SUBSTANCES que la chaleur a d'abord traversées.				
		Alun; épaisseur 2mm,0.	Sulfate de chaux; épaisseur 2mm,0;	Chromate de potasse; épaisseur 2mm,0.	Verre vert; épaisseur 1mm,85.	Verre noir; épaisseur 1mm,85.
Sel gemme.	92	92	92	92	92	92
Spath d'Islande.	39	91	89	56	59	55
Verre (épaisseur 0mm,5). . .	54	90	85	68	87	80
Cristal de roche.	58	91	85	58	78	54
Mica noir (épaisseur 0mm,8).	20	0,4	12	10	58	45
Tourmaline verte.	18	1	10	14	24	30
Sulfate de chaux.	14	59	»	22	9	13
Acide citrique.	11	88	52	18	8	2
Alun.	9	90	47	15	0,5	0,8

§ 248. **Observations.** Ces résultats sont indiqués, il est vrai, dans divers ouvrages, mais dans un état brut et isolé en quelque sorte, parce que la cause dont ils proviennent était inconnue. Nous avons prouvé ici que les trois espèces de fluides impondérables à l'état spécifique contenues dans les substances produisent des résistances différentes à la propagation de la chaleur par le milieu de ces substances. Il ne nous reste donc qu'à contrôler les résultats numériques indiqués avec les quantités des fluides contenus dans chacune des substances à l'état spécifique, parce que ces quantités ont un rapport direct ou inverse avec la résistance exercée contre la propagation de la chaleur.

Deuxième colonne. Les nombres de cette colonne sont les mêmes que ceux du tableau § 240. Le mica noir se distingue par sa grande résistance et son opacité pour la chaleur analogue à celle des quatre substances suivantes, mais celles-ci le sont à un degré inférieur, comme cela devient évident dans les colonnes suivantes.

Troisième colonne. Il a été démontré qu'après l'eau c'est l'alun qui a la plus grande chaleur spécifique et le plus petit indice; il intercepte donc des rayons incidents la plus grande portion $Q\Theta$ de la chaleur $(Q + Q')\Phi\Theta$ et laisse pénétrer la plus grande quantité de lumière $(Q + Q')\Phi$ avec la chaleur $Q\Theta$. Donc la différence entre les nombres de cette colonne et ceux de la précédente résulte des rayons qui incident aux substances de la part de la lampe à la distance D avec les rayons $Q\Phi\Theta$ et de ceux $(Q+Q')\Phi+Q\Theta$ provenant de la même lampe, mais à la distance $D - d$ qui perdent la chaleur $Q'\Theta$ en traversant l'alun et arrivent avec la chaleur $Q\Theta$ mêlée à une grande quantité $(Q + Q)\Phi$ de lumière. Le mica noir qui intercepte et disperse presque toute la lumière $(Q + Q')\Phi$ disperse aussi avec elle la chaleur $Q\Theta$, tandis que dans le cas où cette même chaleur se trouve mêlée à une quantité inférieure de lumière $Q'\Phi$, avec la diminution de celle-ci diminue aussi la quantité de chaleur dispersée (§ 236). Le même effet a lieu pour la tourmaline. Les rayons $(Q + Q')\Phi + Q\Theta$ traversent la seconde lame d'alun en éprouvant la dispersion habituelle

de la part de ses deux faces, de sorte que la différence entre
90 et 92 est très-médiocre.

Quatrième colonne. Le sulfate de chaux a une chaleur
spécifique médiocre; il diffère du sel gemme par son
indice inférieur dont provient une transmission supérieure
de lumière, mais à un degré moindre cependant que celle
qui est transmise par l'alun avec la chaleur Q⊙; de sorte
que cette chaleur arrive aux lames de la première colonne
avec une quantité de lumière inférieure $(Q+Q'-Q'')\Phi$. Donc
cette lumière est la cause de tous les résultats numériques
indiqués dans les cinquième, sixième et septième colonnes.
Pour éviter la répétition des mêmes explications, il suffit
de remarquer que les rayons de la lampe contiennent les
fluides QΦ⊙ qui arrivent aux substances de la distance D,
tandis qu'il faut que cette distance diminue différemment
pour transmettre cette même quantité de chaleur Q⊙ qui se
trouve alors mêlée, 1° avec la lumière $(Q+Q')\Phi$ en sortant
de la lame l d'alun; 2° avec la lumière $(Q+Q'-P)\Phi$ en
sortant de la lame l' de sulfate de chaux, et ainsi de suite
pour les lames l'' de chromate de chaux, l''' de verre vert
et la lame l'''' de verre noir. Les rayons pénètrent le verre
en perdant des quantités différentes de chaleur et de
lumière, de sorte que la chaleur de ces deux fluides éprouve
une dispersion presque parfaite en sortant du verre pour
pénétrer l'alun.

A l'avenir, nous n'aurons plus besoin d'insister sur les
détails autant que nous le faisons maintenant; car si nous
sommes obligé d'agir ainsi, ce n'est pas pour les lecteurs
qui veulent connaître les lois physiques, mais pour ceux
qui se sont trouvés égarés au milieu des hypothèses et des
théories qu'on rencontre des anciens auteurs. Quand une
fois ces savants fourvoyés seront arrivés à connaître les
vraies lois physiques, il s'opérera une révolution complète
et fondamentale dans le monde savant; chacun verra alors
les faits cosmiques comme ils sont réellement et non pas

comme ils paraissent; alors les ouvrages des auteurs qui ne contiennent aujourd'hui que des descriptions des simples apparences seront remplacés par d'autres qui contiendront à la fois et l'apparence des faits et leur origine; par suite, on y trouvera nettement formulée la loi suivant laquelle sont produits les faits en même temps que leur apparences, comme l'est, par exemple, la rotation de la Terre.

VI. — DE LA NATURE DES RAYONS SOLAIRES ET LEURS RAPPORTS AVEC LA TERRE.

§ 249. Pour connaître l'état physique du Soleil, on ne peut examiner et employer que des faits qui ont un rapport direct avec ce corps; et tous les faits pareils, arrangés de telle manière qu'ils soient liés entre eux par la loi physique comme cause et effet, sont tout ce que l'homme peut mettre en usage dans de semblables recherches. Les faits qui ont une relation directe avec le Soleil sont en grand nombre et de plusieurs espèces : 1° *Mouvements et directions :* la rotation du Soleil est dans le même sens que celui de la direction de tous les mouvements orbiculaires des planètes; la vitesse de ces mouvements orbiculaires diminue avec l'augmentation des distances entre les planètes et le Soleil; 2° *Distances* ; il y a une symétrie dans l'accroissement des distances qui séparent les planètes du Soleil; 3° les inégalités constantes, observées sur la surface du Soleil, ne permettent pas de douter de la solidité de sa surface; 4° le poids spécifique de la masse solaire, peu différent de celui de l'eau, indique que la grande pesanteur avec sa pression P, cent fois supérieure à celle exercée sur la surface de la Terre, ne peut pas surmonter la répulsion R analogue à celle qu'éprouvent les atomes matériels σ de la part de la chaleur en expansion; 5° le Soleil donc est un globe de surface solide et contenant une masse imbibée en très-haut degré de lumière mêlée avec de la chaleur.

Les faits astronomiques, ainsi arrangés comme ils le sont dans le texte de l'*Atlas cosmobiographique*, trouvent une vérification dans les faits thermométriques qu'a obtenus Secchi, au moyen du thermomultiplicateur, sur lequel ce physicien a concentré les rayons émis des régions centrales du Soleil et des différents points de sa périphérie ou des point des taches. Il a été ainsi prouvé que : 1° les rayons des parties centrales du disque contiennent le maximum de chaleur; 2° que le minimum est contenu dans les rayons des taches; 3° que dans la périphérie du disque, les rayons des régions polaires contiennent moins de chaleur que ceux des régions équatoriales.

§ 250. **Correspondance entre les faits astronomiques et les faits thermométriques.** Les rayons $\Phi\,\Theta$ émergent de la surface solide du Soleil en direction centrifuge et par suite verticalement à la surface sans en éprouver aucune déviation et sans en obtenir une polarisation, comme cela a été constaté par Arago. Il a été indiqué comment le poids spécifique du Soleil fait connaître la densité de la masse de son intérieur ; donc ce poids et le manque de polarisation aux rayons (*Photostatique*, p. 275) correspondent au maximum de chaleur contenue dans les rayons émis des directions de plus grandes profondeurs des vapeurs brûlantes. Vers la périphérie, la profondeur diminue également dans toutes les directions ; mais, il n'en est plus ainsi pour l'épaisseur de la croûte, qui est beaucoup plus grande dans les deux calottes polaires produites avant l'*éruption finale* et l'expulsion des vapeurs dont ont été produites les planètes; la zone royale est formée d'une croûte postérieure qui a une épaisseur croissante; elle est cependant encore inférieure à celle des deux calottes. Les rayons qui émergent des deux calottes perdent, à cause de leur épaisseur, une partie de chaleur supérieure à celle que perdent ceux qui émergent de la zone royale.

§ 251. La quantité $\Theta + \theta$ de chaleur qui arrive des ré-

gions centrales à la couche C des vapeurs ou au-dessous de
la croûte, est supérieure à celle Θ qui s'écoule de cette
couche par le milieu de la croûte, avec les rayons $\Phi\Theta$ vers
l'espace. Ce cas singulier se trouve constaté par l'apparition
des taches; car, avec l'accumulation de la chaleur O dans
la couche C, augmente l'expansion des vapeurs qui se manifeste comme une répulsion R croissante contre la croûte.
Dès que la résistance de celle-ci est vaincue, elle se brise;
les vapeurs soulèvent les grands fragments et les renversent
en directions divergentes pour s'ouvrir un cratère dont
elles s'échappent en se répandant au delà des bords, pour
obtenir la forme de champignon et faire apparaître une
tache et sa pénombre.

§ 252. Au moment de l'éruption, les vapeurs sont brûlantes et non pas opaques; mais, par leur contact avec le
froid de l'espace, elles perdent bientôt leur chaleur et deviennent opaques comme le sont les nuages. Comme pour
ceux-ci, de même pour les vapeurs dont consistent les
taches, les rayons dispersés en chaque direction contiennent
des quantités inférieures de lumière et de chaleur. Les
rayons solaires franchissent l'espace vide entre la Terre et
le Soleil en huit minutes environ; ils pénètrent l'atmosphère
et arrivent ainsi à la surface de la Terre couverte d'eau, de
masses minérales ou de couches de neige. Il a été démontré,
par des expériences précises, que la chaleur lumineuse de
la lampe est transmise en quantités différentes par les liquides, la céruse et le noir de fumée; il serait donc absurde
de prétendre que les rayons solaires soient également transmis par chaque partie de la Terre, surtout lorsqu'on sait
que la terre noire des marais acquiert une température plus
élevée que les surfaces couvertes de sables.

§ 253. Quoique ce genre de faits ait été suffisamment
discuté § 136, cependant, à cause de la très-grande importance de cet objet, nous rappellerons encore le résultat de
l'expérience faite par Dessains et de la Provostaye. Une pla-

que de platine P de 18 millimètres de largeur et de 75 millimètres de longueur, a été parcourue par le courant d'une pile de Bunsen, et sa température portée de 100° à 600°. La plaque étant recouverte de noir de fumée sur les deux faces, rayonnait sur deux piles identiques de chaque côté, de manière à y produire la même déviation F. Alors le noir de fumée de la face f était remplacé par une couche de borate de plomb, comme cela a été fait avec la céruse (§ 136). A 100°, quand la chaleur est obscure, il n'y avait aucune différence entre les déviations des deux piles; on reconnut ainsi que les deux faces f, f' ne rayonnent pas différemment de la chaleur obscure de la plaque; mais à 600°, on a vu que la face noire f' produit la même déviation F; tandis que la face f, recouverte de borate de plomb, produit la déviation $\frac{1}{4}$ F; pour éviter toute erreur la température a été portée plusieurs fois à 100° et à 600° sans changement dans le résultat. Une lame de verre interposée des deux côtés, a produit de la face f' noire la déviation 36°, et de la face f elle a produit la déviation 23°.

§ 254. Effet de la neige sur les rayons solaires. Quand le Soleil brille, on remarque que la neige fond plus vite autour du tronc des arbres et autour des buissons, que dans les endroits qui reçoivent directement les rayons; comme jusqu'à présent les physiciens ignoraient la différence physique entre la chaleur obscure et la chaleur lumineuse, Melloni se borna à prouver qu'il n'existe aucune différence entre les effets produits de la chaleur lumineuse du Soleil ou de la lampe. Pour y parvenir il condensa les rayons de celle-ci au moyen d'une lentille, et les conduisit sur la base b de la pile P (fig. 10) recouverte de céruse; la déviation F était de 15°. Ayant ensuite interposé tout près de la céruse une feuille épaisse de papier gris foncé, la déviation augmenta jusqu'à 38°,5. En interposant sans le papier un verre noir, la déviation 15° devient 10 à 11; et avec le papier, elle augmenta et devint 18° à 19°.

§ 255. Pour démontrer que les rayons solaires agissent
sur la neige comme ceux de la lampe sur la céruse, Melloni
plaça la pile thermoélectrique entre une lampe d'Argant
et une plaque de cuivre à 400°, de manière que la
déviation fût nulle; il remplaça ensuite la pile par un tube
ayant les mêmes dimensions que son enveloppe, et partagé
en deux parties égales par une cloison perpendiculaire à
son axe, et dans chaque compartiment duquel il y avait
de la neige pure; la température de l'air était de — 3°.

La neige tournée du côté du cuivre à 400° se fondit beaucoup plus vite que celle qui se trouvait du côté opposé.
Enfin, ayant rempli un vase de neige bien uni à la surface,
il l'exposa au rayonnement d'une lampe, après avoir suspendu au devant de la partie centrale un disque de carton
noirci des deux côtés. La neige fondit et se creusa derrière
le disque beaucoup plus que dans les parties qui recevaient
directement les rayons de la lampe. Si cependant on remplaçait celle-ci par une lame de cuivre à 400° il se produisait un effet inverse. Pour éloigner toute chance d'erreur
sur l'identité des rayons solaires et de la lampe, on a suspendu un disque de carton, noirci des deux côtés, sur la
neige de la cour, et l'on a vu se creuser la surface sur laquelle le disque projetait son ombre.

§ 256. **Effets de la surface des mers sur les
rayons solaires.** L'eau pure comme l'eau salée de la mer
exerce le maximum de résistance à la transmission de la
chaleur et le minimum de résistance à celle de la lumière,
et cela à cause de la grande chaleur spécifique qui est 1
et de son petit indice qui est 1,34. Donc les rayons produisent dans l'eau les mêmes effets que sur la neige, avec
la différence qu'au lieu d'être réfléchis la lumière y pénètre
et entraîne la chaleur à des profondeurs que la chaleur
obscure ne peut jamais atteindre. Dans l'expérience de
Despretz (§ 206) il a été prouvé que la chaleur de 100° de
la surface de la colonne a pu à peine en faire pénétrer

jusqu'à une profondeur de 0^m,5 une trace ou une quantité
très-médiocre; tandis que les étangs de plusieurs mètres
de profondeur acquièrent au fond, en été, une température
presque égale à celle de l'air. Pendant la nuit, une grande
quantité de chaleur de l'eau s'éloigne de la couche superficielle qui s'abaisse pour céder sa place à l'eau moins
froide, de sorte que toute la chaleur consommée provient du
fond de l'étang et cependant elle y est restituée le lendemain par la chaleur lumineuse qui y pénètre.

§ 257. Cela n'a pas lieu pour les lacs de la Suisse,
du Tyrol et de tous les pays élevés dont l'eau a une
température supérieure à celle de la rivière qui entre par
l'embouchure supérieure *e* et sort par l'inférieure *e'*. L'eau
froide de la rivière forme un courant invisible au fond du
lac entre les deux embouchures. En hiver c'est le contraire
qui a lieu ; l'eau de la surface, en contact avec l'air, prend
la température de celui-ci, tandis que celle de la rivière,
par les chocs qu'elle éprouve contre les pierres, se soulève
et cède sa place à l'eau froide de la surface qui gèle souvent au fond et s'élève ensuite à la surface. Le courant d'eau
froide du fond, en été, entre les deux embouchures, empêche le comblement de ces lacs qui se sont conservés,
tandis que tous ceux de pays moins élevés disparaissent,
et que le fond d'une foule d'autres se trouve uni avec la
surface des terres voisines. Les étangs aussi se comblent,
si on ne les nettoie, tous les cinq ou dix ans, des substances minérales produites par les plantes qui y croissent.

§ 258. *Mers.* Les grands lacs sont des mers qui ont
plusieurs embouchures supérieures pour l'introduction de
l'eau dont la température est habituellement inférieure à
celle de l'eau de la mer ; pour cette raison il y a au devant
de chaque embouchure une sorte de précipice qui creuse
et repousse le sable pour accumuler et former un banc
qui s'élève graduellement jusqu'à la surface et forme une
île comme était le phare d'Alexandrie. Les courants, froids

au fond des lacs, vont de l'embouchure supérieure vers l'inférieure; dans les mers une pareille embouchure inférieure est produite dans les régions superficielles dont s'éloigne l'eau pour revenir en forme de pluie sur les continents, et cela 1° au moyen des rayons solaires qui font pénétrer leur chaleur à des profondeurs considérables et 2° à cause de la petite résistance qu'éprouve la lumière de la part de l'eau; cela devient, en effet, évident dans la lumière de la Lune qui, étant des millions de fois moins dense que celle du Soleil, pénètre cependant jusqu'à des profondeurs de plusieurs mètres.

§ 259. **Effets des rayons solaires sur les continents.** La surface des continents varie beaucoup; nous avons fait voir que chaque partie des continents exposée aux mêmes rayons solaires est différemment échauffée pendant le jour, et que la consommation de la chaleur obscure pendant la nuit s'opère avec des vitesses qui dépendent également des substances minérales de chaque pays. Les chimistes agricoles qui cherchent dans ces substances la cause matérielle de la végétation, n'ont pas, jusqu'à présent, soupçonné leur influence thermométrique sur la chaleur lumineuse ou obscure.

Les continents produisent sur les rayons solaires un effet contraire à celui que produisent les mers; ils exercent à la lumière une résistance plus forte qu'à la chaleur; ils séparent une partie $Q\Phi$ de lumière et laissent des rayons $(Q + Q')\,\Phi\Theta$ pénétrer seulement la chaleur $Q'\Theta$ dans le sol, tandis qu'ils en dispersent le reste $(Q + Q')\Phi + Q\Theta$ vers la couche C de l'air ambiant, comme cela a lieu pour les rayons transmis par une plaque d'alun. Ainsi la couche C d'air est parcourue par les rayons $(Q + Q')\,\Phi\Theta$ centripète et par ceux $(Q + Q')\,\Phi + Q\Theta$ centrifuges.

§ 260. L'air des montagnes est parcouru par les rayons solaires $(Q + Q)\,\Phi\Theta$ centripètes comme celui des plaines, mais sa température n'est pas pour cela égale, et cela pour la cause suivante. La chaleur $Q'\Theta$ introduite dans le sol à

17

l'état obscur devenue rampante, se répand dans les directions où la résistance est inférieure ; de cette chaleur $Q'\Theta$
une partie $Q''\Theta'$ pénètre dans l'air, mais comme avec l'élévation du soleil la chaleur $Q'\Theta$ croît dans le sol, la température s'y élève pour atteindre son maximum à midi. Dès
ce moment la quantité $Q'\Theta$ de chaleur diminue jusqu'au
coucher du soleil ; la quantité $Q''\Theta$ de chaleur qui passe du
sol à l'air ambiant en état rampant diminue aussi, mais à
cause de la résistance de l'air et de sa chaleur, la couche C
reçoit du sol la chaleur décroissante $Q''\Theta$ et renvoie à la
couche C' supérieure la chaleur $Q''\Theta$ qui croît jusqu'à ce
que la température de la couche C ait atteint son maximum,
ce qui a lieu quelques heures après midi quand arrive la
trope thermométrique.

Alors commence à décroître la quantité $Q'''\Theta$, mais avec une
vitesse inférieure à celle avec laquelle décroît la chaleur
$Q''\Theta$, et cela se soutient jusqu'à quelques heures après
minuit, quand arrive la trope thermométrique nocturne.

§ 261. Le thermomètre commence à monter, non pas
à cause d'une quantité supérieure $Q''\Theta$ qui arrive du sol,
mais à cause de la diminution de la chaleur $Q'''\Theta$ qui monte
dans la couche C' supérieure. Le lendemain, après le lever
du soleil, commence à croître la quantité $Q'\Theta$ de chaleur
centripète, mais pour cela ne commence pas immédiatement à croître la chaleur $Q''\Theta$ centrifuge ; ce n'est que
quelques heures avant midi que l'accroissement commence
avec une intensité considérable indiquée par la vitesse V
représentée dans la distance d parcourue par la limite L du
mercure dans la colonne T du thermomètre ; éprouve la
limite L, une vitesse V' analogue après le coucher du soleil.
A ces deux vitesses thermométriques des jours sereins
correspondent les deux maxima de l'intensité de l'électricité
atmosphérique ; cette électricité est produite de la même
manière que celle de la pile thermo-électrique.

La masse m d'air qui reçoit la chaleur $Q''\Theta$ du pays P
n'y reste pas ; mais elle est transférée sous forme de vent

au pays P′ pour remplacer la masse m qui a reçu la chaleur $q\theta$ de ce pays. La quantité $Q'\Theta$ de chaleur est donc égale pour les pays de même latitude, mais la température de l'air n'est pas égale; car, comme l'air, elle ne dépend pas de pays, mais de l'état aérostatique de la couche C. Le pays P : 1° devient *chaud* tant que sa masse m d'air éloignée est remplacée par une autre m' plus chaude; 2° il devient *froid* quand la même masse m' d'air est remplacée par une autre moins chaude.

§ 262. Aux sommets des montagnes l'air ambiant est celui de la couche C′ supérieure qui a une température basse; donc chaque fois que la masse m d'air s'éloigne des montagnes, elle est remplacée par une autre masse m qui est toujours froide. Par les observations directes au moyen des miroirs et des verres ardents on obtient, dans les grandes élévations, une température égale ou même plus élevée que dans les plaines. C'est par oubli, sans doute, qu'on n'a pas remarqué jusqu'à présent le rapport simple qui existe entre les vents et les directions des isothermes. Il a été traité en détail de cet objet dans le texte de l'*Atlas météorologique*.

VII. — VERRES ARDENTS ET LEUR USAGE DANS LES PHARES
ET LES TÉLÉGRAPHES.

§ 263. De même que les miroirs ardents, les anciens connaissaient également les verres ardents. Il a été prouvé (§ 136) que le verre émet la chaleur obscure en directions qui dévient peu de la normale; il produit aussi une réfraction quand la chaleur obscure incide obliquement. L'observation de la chaleur lumineuse est facile, et, pour cela, connue déjà par les anciens; cependant, au moyen de lentilles égales, mais de substances différentes, on obtient, des mêmes rayons, des températures différentes au foyer; la température supérieure est obtenue par une lentille de sel gemme et l'inférieure au moyen d'une lentille d'alun ou de glace.

Habituellement les rayons solaires sont employés pour produire des températures élevées au moyen de miroirs ou de verres ; ainsi on n'est pas arrivé à l'idée, pourtant si simple, d'appliquer cette propriété des rayons. Mais, quand on opère avec les rayons d'une lampe, on devient indépendant de la présence du Soleil ; la seule différence consiste dans la direction des rayons qui sont parallèles dans un cas, et divergentes dans l'autre. Dans ces cas, on est forcé d'employer une autre espèce de lentilles, soit les lentilles convergentes A, B, C (fig. 28).

Il a été indiqué déjà comment les miroirs ardents peuvent servir, non plus à la destruction des flottes, mais plutôt comme de phares, de télégraphes, etc. Au moyen des lentilles on peut obtenir également les mêmes effets, avec la différence que la construction des miroirs est plus facile que celle des lentilles optiques ; mais, en ce cas, les lentilles n'ont pas besoin d'être d'une seule pièce, elles peuvent être composées d'anneaux dont chacun peut consister en plusieurs pièces.

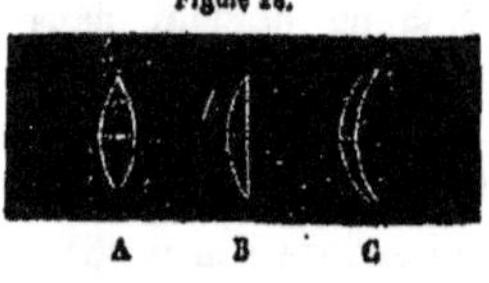

§ 204. **Verres télégraphiques.** La lumière avec la chaleur sont, en ce cas, produites par une grande lampe d'Argant placée au point O (fig. 28 C), qui est le centre de la face concave e'l' du ménisque C. Les rayons pénètrent verticalement cette face et arrivent à la face convexe el, où ils éprouvent une réfraction qui leur fait prendre des directions convergentes ls et er, pour aller se croiser en une distance D d'une ou plusieurs lieues où est le foyer F. L'angle γ formés des rayons ls et er n'est que de quelques secondes ou même de quelques minutes ; par suite, le cône produit par les rayons a pour base la lentille, et son sommet n'est pas un point, mais une ligne d'une longueur de plusieurs centaines de mètres.

Cette ligne chaude et en même temps lumineuse, ne peut pas échapper sans être remarquée dans ses oscillations, qui doivent s'opérer par intervalles correspondants aux lettres de l'alphabet. L'avantage du verre sur les miroirs est considérable, à cause de l'axe de la lentille qui indique la direction de la ligne caustique, et la lampe reste dans la même direction en éprouvant avec la lentille les oscillations qui font parcourir aux lignes caustiques des arcs énormes à cause de la grandeur du rayon qui est la distance D.

§ 265. **Phares.** Les lentilles peuvent facilement être utilisées comme phares, non pas pour projeter les rayons en directions parallèles comme l'on fait actuellement; mais, pour concentrer ces rayons en lignes caustiques de grandes longueurs, qui doivent osciller en contact avec la surface de la mer entre les deux côtes qui convergent vers le port. Il a été indiqué déjà par quel moyen on peut faire connaître aux voyageurs le point géographique où ils se trouvent relativement au port.

§ 266. **Télégraphes maritimes.** Chaque vaisseau peut avoir une lentille pour donner en tout temps, et à des distances considérables, des avis aux autres navires, et ainsi on peut transmettre ces avis à des points déterminés. De semblables télégraphes peuvent également être employés sur la terre pendant une campagne, ou dans une ville bloquée par l'ennemi ou à une foule d'autres usages, même industriels.

VIII. — RÉSUMÉ DES FAITS NOUVEAUX ET LEUR APPLICATION.

§ 267. On a constaté des séries de faits résultant de plusieurs états de chaleur libre, ou de chaleur mêlée : I, avec des masses différentes dans les éléments chimiques des corps, et II, avec des quantités différentes de lumière répandue du Soleil ou de la combustion des corps terrestres. D'autres séries nouvelles de faits ont été constatées entre : 1° l'expansion de la chaleur qui se manifeste comme répulsion r contre les atomes matériels σ des corps, et 2° la pression extérieure P qu'éprouvent les mêmes atomes σ de la part de la pesanteur. III. L'application de la propagation de chaleur comme moyen télégraphique n'est basée que sur les faits obtenus par Archimède au moyen des miroirs ardents; les *chaudières solaires* sont une source de chaleur inépuisable.

§ 268. La chaleur n'est que d'une seule espèce, comme la lumière, l'eau, l'électricité; mais elle se présente sous plusieurs états qui résultent de son mélange avec la lumière ou de sa combinaison avec la masse μ composée de baro- gène dont résulte la pesanteur des corps.

I. **Chaleur libre** θ. Dans le vide l'expansion des atomes de chaleur s'opère sans éprouver aucune pression P exté- rieure, parce qu'elle n'est pas combinée avec la masse μ.

II. **Chaleur d'imbibition** θ'. Dans le milieu des corps l'expansion des atomes de chaleur n'étant pas combinée avec la masse μ, n'éprouve aucune pression P externe, mais les atomes de chaleur se trouvant au milieu des atomes maté- riels $\sigma = \varphi''\theta'' + \mu\beta$ en éprouvent une résistance dans leur ex- pansion qui se présente à ces atomes σ comme une répulsion.

III. **Chaleur stationnaire** θ''. Les atomes matériels σ n'acquièrent pas la propriété d'*équivalents chimiques*, à cause de la masse μ qui est différente dans chacun des équivalents des corps, mais à cause de l'atome θ'' de chaleur stationnaire mêlé avec différentes quantités de masses μ et de lumière φ''.

IV. **Chaleur latente** $''\theta$. Les atomes matériels $\sigma = \varphi''\theta'' + \mu\beta$ éprouvent la pression extérieure de la part de la pesanteur P, et la répulsion R intérieure de la part de l'expansion des atomes de chaleur Θ. Il en résulte un équilibre par l'inter- ruption de la pression P et de la répulsion R, qui est la manifestation de l'expansion de la chaleur Θ.

V. **Chaleur lumineuse** $\varphi\theta$, $\varphi'\theta'$, $\varphi''\theta''$. Les deux fluides se mêlent entre eux dans toutes les proportions sous les trois états, parce qu'il n'existe pas un état latent pour la lumière. Comme les atomes σ matériels contiennent à l'état stationnaire les deux fluides, la chaleur obscure n'est affectée que de leur chaleur θ'' stationnaire; mais si la chaleur θ se trouve mêlée avec différentes quantités de lumière φ, $\alpha\varphi + (\alpha + \alpha')\varphi\ldots$, comme cela a lieu pour ses sources différentes, le même corps produit, à la chaleur $\theta\varphi$, $\alpha\theta\varphi$, $(\alpha+\alpha)\varphi\theta$, des résistances différentes qui résultent de celle exercée à la lumière φ, $\alpha\varphi$, $(\alpha+\alpha')\varphi$. Les physiciens ignoraient tout à fait cette origine des faits observés, et n'étaient pas même capables de connaître le degré d'ignorance où ils se trouvaient par rapport aux états indiqués de la chaleur.

§ 269. Les mesures des quantités de chaleur s'opèrent : 1° relativement aux densités des atomes θ' de chaleur contenus au milieu des corps, ou 2° relativement aux différences δ' des deux densités $\delta + \delta'$ et δ. 1° Le volume $v \pm v'$ du mercure ou des autres fluides correspond à la densité $\delta \pm \delta'$ des atomes θ' de chaleur d'imbibition contenue au milieu des corps, 2° et il sert à déterminer les températures. Pour déterminer la différence δ' entre deux températures $t + t'$ et t résultant des densités $\delta + \delta'$ et δ des atomes de chaleur θ', nous possédons deux moyens : la pile thermoélectrique et la vitesse de la limite L du mercure qui parcourt les longueurs λ dans la colonne T du thermomètre. Jusqu'à présent il paraissait impossible de remonter à l'origine de ces trois espèces de thermométries, dont les résultats concordants ne permettaient pas le moindre doute sur l'identité de l'origine.

Les déviations Γ de l'aiguille qui indiquent la différence δ' des densités $\delta + \delta'$ et δ des atomes θ de chaleur des deux faces de la pile correspondent aux longueurs $\varphi\lambda$ parcourues par la limite L du mercure dans la colonne T thermométrique; c'est donc se montrer un peu trop imbu de préjugés que de méconnaître la décomposition des atomes de chaleur dans les soudures de la pile pour donner naissance au courant indiqué par la déviation Γ.

§ 270. La lumière mêlée avec la chaleur facilite sa transmission par le milieu des verres qui interceptent la chaleur obscure et sont pour cela employés par les ouvriers qui se protégent les yeux en regardant dans l'intérieur des fourneaux à travers une lame de verre.

Chaudière solaire. Cet appareil consiste en une vaste chaudière aplatie dans la face postérieure et entourée de plusieurs enveloppes contenant de l'air et des substances légères, telles que du coton, de la laine, de la paille, etc. Une fenêtre d'un diamètre égal à celui de la chaudière fermée de deux ou trois lames de verre, se trouve entourée d'un miroir annulaire de laiton mince. L'enveloppe avec la fenêtre et le miroir sont tournés de manière à ce que le foyer du miroir et le milieu de la fenêtre soient dirigés vers le centre du Soleil. La chaleur lumineuse directe ou réfléchie pénètre en grande masse sur la surface de la chaudière bien noircie, qui sert à intercepter la lumière et livrer passage à la chaleur, qui se consomme pour produire une quantité analogue de vapeurs dont l'écoulement peut être utilisé comme cause motrice.

Dans les pays froids, tels que les îles Britanniques, par exemple, l'appareil ne sera pas d'une grande utilité à cause du petit nombre de jours sereins, mais dans les déserts où le ciel est toujours pur, l'appareil rendra les plus grands services; il restera en activité depuis le matin jusqu'au soir tous les jours. Les vapeurs produites pourront être appliquées désormais à faire monter l'eau de toutes les profondeurs, laquelle répandue sur les contrées maintenant désertes, les mettra bientôt en état de produire les récoltes les plus abondantes. Les chimistes agricoles ne pourront plus prédire la stérilité à cause du manque d'engrais; ils n'ont, pour ce fait, qu'à s'informer auprès des cultivateurs de l'Algérie, et ils entendront les enfants mêmes des paysans leur dire que les récoltes ne dépendent absolument que des pluies.

SECTION II.

LOIS DE LA CHALEUR SPÉCIFIQUE OU STATIONNAIRE ET LE RAPPORT ENTRE LA PESANTEUR ET LES TROIS ÉTATS DES CORPS OU LA CHALEUR LATENTE.

§ 271. Le rapport inverse de la chaleur spécifique avec les poids atomiques des corps indécomposables a été découvert en 1819 par Dulong et Petit, sans que, jusqu'à présent, personne ait pu y entrevoir que chaque atome σ matériel est un combiné d'une quantité μ de masse m ou de molécules β de barogène mêlée avec un atome ou une molécule θ'' de chaleur, qui est l'origine et la cause des quantités $g\theta$, $g'\theta'$ de chaleur d'imbibition considérées comme chaleur spécifique, quand on n'opère pas avec des nombres n,n' égaux d'atomes σ,σ' chimiques, mais avec des masses μ,μ' égales de molécules β de barogène qui produisent les poids Π,Π'' égaux.

Avant d'exposer les détails des observations, des résultats et leurs liaisons entre eux au moyen de la loi statique, nous allons exposer ici en abrégé l'ensemble des faits indiqués ; car un tel aperçu général mettra le lecteur à même de suivre facilement les liaisons nombreuses entre les détails ; liaisons qui résultent de la même loi suivant laquelle les faits sont produits, et n'ont pas de théories ou d'hypothèses toujours logiques, mais sans existence réelle.

§ 272. **Chaleur spécifique ou stationnaire.** La chaleur thermométrique ne peut être que celle θ' d'imbibition ; un état différent caractérise la chaleur stationnaire θ'' mêlée ou combinée avec la masse $\mu\beta$ do barogène pour produire les atomes matériels $\sigma = \mu\beta + \theta''$; tels sont les éléments que possèdent tous les atomes $\sigma',\sigma'',\sigma'''\ldots$ des substances différentes ; ces atomes ne diffèrent entre eux que par les quantités $\mu,\mu',\mu''\ldots$ qui indiquent les molécules β de barogène ou les poids atomiques de chacun des atomes $\sigma,\sigma',\sigma''\ldots$ I. Si les nombres n,n' égaux d'atomes σ,σ' chimiques sont contenus dans les corps C, C', 1° du corps C, le poids sera $\Pi = n\mu\beta$ et il contiendra la quantité $n\theta''$ de chaleur à l'état stationnaire ou spécifique, et 2° le poids du corps C' sera $\Pi' = n\mu'\beta$, différent de Π, mais il contiendra la même quantité $n\theta''$ de chaleur spécifique ou stationnaire. II. S'il y a au contraire égalité entre les poids Π, Π' des deux corps C, C', il y a une égale quantité $n'\mu\beta = n\mu'\beta$ do barogène, mais il y a alors inégalité entre : 1° les nombres n,n' des atomes σ,σ', et 2° les quantités $n\theta'',n'\theta''$ de chaleur spécifique. Mais ces quantités $n\theta'',n'\theta''$ sont en raison inverse des poids atomiques $\mu\beta,\mu'\beta$; $n\theta'' : n'\theta'' = \mu'\beta : \mu\beta$, ou $n : n' = \mu' : \mu$. Donc les quantités thermométriques de chaleur spécifique étant en raison inverse des poids atomiques des corps, sont en raison directe des nombres n,n' des atomes contenus dans chacun des poids égaux Π, Π'.

§ 273. **Rapport entre la pesanteur et les trois états des corps.** Il y a une répulsion R exercée de la part de la chaleur Θ' en imbibition contre les atomes σ matériels des corps qui se dilatent, augmentent et font ainsi devenir plus grand $v + v'$ le volume v du corps chaque fois qu'il y a une introduction de chaleur dans le milieu de ce corps. Il y a également une pression P exercée du dehors de la part de la pesanteur contre les mêmes atomes σ. Comme au moyen de la chaleur θ'' qui fait partie intégrante des atomes σ matériels $\sigma = \theta'' + \mu\beta$ se communique à ces atomes la répulsion R de la part de la chaleur θ' en imbibition, de même, au moyen de la masse $\mu\beta$ de barogène des atomes σ, se communique à ces mêmes atomes la pression P de la part du fluide homonyme dont l'existence se trouve ainsi connue; nous étudierons ensuite les détails de ce fait, il suffit pour le moment de connaître par quel moyen il n'est pas permis de douter de l'existence d'un fluide pareil.

Les trois états des corps résultent : 1° de la répulsion R qui augmente par l'introduction de nouvelles quantités de chaleur et diminue par leur éloignement; et 2° de la pression exercée du dehors contre la masse $\mu\beta$ des mêmes atomes $\sigma = \theta'' + \mu\beta$. La pression est exercée de la part de la Terre à un degré inférieur $P - P' + p$, et de la part de l'espace vers la Terre à un degré supérieur $P + p$; on nomme *centrifuge* ou *géophyx* la première $P + p - \mathbf{p}$ et *centripète* ou *géomole* la pression $P + p$. De ces deux pressions opposées et convergentes exercées sur les corps, résulte la différence $P + p - (P - \mathbf{p} + p) = \mathbf{p}$; cette pression, dirigée vers la Terre, maintient les corps terrestres en un équilibre détruit, qui se manifeste comme une tendance des corps pour venir en contact avec la Terre; cette tendance est attribuée à une *force* qui correspond à ladite fraction d'équilibre; la chute des corps est attribuée à l'action de la force; elle n'est qu'un effet de l'écoulement du fluide vers la Terre.

I. *État solide.* Cet état du corps consiste en une persistance des atomes σ matériels, dont chacun reste à côté de l'autre sans pouvoir quitter sa place pour aller se placer à côté d'autres atomes, comme cela a lieu dans les liquides et les gaz. Cet état stationnaire des atomes résulte, suivant la loi statique, d'une pression extérieure plus forte que la répulsion $R - R'$; celle-ci provenant de la chaleur Θ d'imbibition est exercée contre la chaleur θ'' de chaque atome $\sigma = \theta'' + \mu\beta$; la pression est exercée de la part du barogène B affluent contre la masse $\mu\beta$ de barogène de chaque atome σ matériel.

II. *État liquide.* En cet état, les atomes σ matériels se déplacent et peuvent aller dans toute direction horizontale, et
produisent spontanément un niveau chaque fois que celui-ci
a été détruit. Cet arrangement horizontal résulte d'une
pression centripète à laquelle obéissent tous les atomes σ matériels.

III. *État gazeux.* Les atomes σ matériels n'obéissent
qu'à la répulsion R, exercée de la part de la chaleur Θ en imbibition contre la chaleur θ" de chaque atome matériel
σ = θ" + μβ; ces atomes ne manquent pas d'éprouver une
pression à leur barogène μβ de la part du barogène B
affluant, mais cette pression est *inférieure* à la répulsion
R + R' + r.

§ 274. **Chaleur latente.** Les trois états des corps,
excepté les gaz permanents, résultent : 1° des pressions
extérieures P — p+p et P + p, et 2° de la répulsion R ± R'
exercée de la part de la chaleur Θ contre les atomes σ matériels. En faisant augmenter ou diminuer la densité ∂±∂'
des atomes de la chaleur Θ en imbibition, on fait proportionnellement changer la répulsion R ± R'. Des deux pressions externes celle P + p — p de la part de la Terre ne
peut éprouver aucun changement, tandis que celle P + p
peut également augmenter ou diminuer, avec cette différence
que sa diminution résulte de l'éloignement de la partie p
produite de la part de l'atmosphère, et qu'elle s'évanouit
dans le vide quand il ne reste que la pression P exercée de
la part du barogène B affluant. La pression P devient P+p
par la pression de 760 millimètres; mais, comme celle-ci
peut augmenter et devenir q×760 millimètres, la pression
normale P augmente en pareils cas et devient P×qp.

§ 275. I. **Changement des solides en liquides.** Dans
les corps solides, la chaleur d'imbibition Θ exerce une répulsion R — R' contre la chaleur stationnaire θ" de chaque
atome σ ± θ" + μβ qui du dehors éprouve, au moyen de sa
masse μβ, une pression d'un degré supérieur; ainsi chaque

atome est forcé de conserver sa place. Par l'introduction
d'une masse nouvelle Θ' de chaleur la répulsion augmente
et devient R égale à la pression $P + p - p$ exercée de la
part du barogène $B - b$ qui émerge de la Terre. De la répulsion R et de la pression $P + p - p$ exercées en directions
opposées sur les atomes $\sigma = \theta'' + \mu\beta$ résulte un équilibre
qui se manifeste dans l'interception : 1° de la pression
$P + p - p$, et 2° de l'expansion de la chaleur Θ' ; alors les
atomes σ n'obéissent plus à la chaleur Θ' dont l'expansion est
interceptée par la répulsion R. Une nouvelle quantité de chaleur $q\theta'$ introduite produit une répulsion r contre les atomes σ
qui se dilatent et augmentent de volume ; celui-ci devient
$v + v'$ et sert dans la thermométrie à évaluer la quantité
$q\theta'$ de chaleur au moyen de la partie v' de volume ainsi
obtenue.

§ 276. II. **Cause du changement des liquides en
vapeurs.** L'état liquide se soutient dans les atomes σ matériels, tant qu'ils éprouvent de la part de la chaleur Θ latente et de celle θ' en imbibition, une répulsion $R + r$ 1° supérieure à la pression $P + p - p$ exercée sur eux de la
part du barogène $B - b$ centrifuge ; 2° inférieure à la pression $P + p$ exercée de la part du barogène B centrimole et
de la pression p atmosphérique, qui ne diffère pas de celle P
exercée de la part du barogène B.

En faisant augmenter la répulsion R au moyen de l'introduction d'une nouvelle masse Θ'' de chaleur, elle devient
$R + R'$ égale à la pression $P + p$ centripète ; il en résulte un
nouvel équilibre pour les atomes matériels $\sigma = \theta'' + \mu\beta$ entre la répulsion $R + R'$ et la pression $P + p$ qui s'interceptent
mutuellement sur les atomes $\sigma = \theta'' + \mu\beta$ dont chacun, au
moyen de sa chaleur stationnaire θ'', éprouve la répulsion
$R + R'$, et, au moyen de sa masse ou de son barogène $\mu\beta$,
éprouve la pression $P + p$. Ainsi les masses $\Theta'' + \Theta'$ de
chaleur ne perdent que leur expansion, comme la perdent
du dehors les masses $B - b$, $B + b$ de barogène. Ces deux

espèces de fluides, en interceptant mutuellement leur expansion contre les atomes σ matériels, deviennent en effet *latents*.

En introduisant de nouvelles masses de chaleur θ′ d'imbibition, le volume des atomes σ matériels, se dilate et augmente; avec cette augmentation de volume $v + v′$ croît la surface S. De cette manière la répulsion $R+R′+r$ commence à être exercée en quantité inférieure dans le volume $v + v′$ et il en est produit un équilibre, comme cela a lieu pour le volume $v + v′$ des liquides augmenté au moyen de l'introduction d'une nouvelle masse θ′ de chaleur d'imbibition.

§ 277. **Origine des deux pressions** $P+p-p$ **et** $P+p$ Le mot *masse* ou *barogène* indique dans les corps une espèce de fluide qui est le principe de leur *pesanteur*; celle-ci se manifeste comme une tendance, entre les corps, à se rapprocher l'un de l'autre jusqu'au contact. Parmi les physiciens, les uns attribuent cette tendance à une attraction, les autres l'attribuent à deux pressions opposées et convergentes, sans que ni les uns ni les autres, puissent fournir une preuve physique de l'opinion qu'ils adoptent.

Ici au moyen de la masse ou du barogène dont l'existence est reconnue dans les corps, il a été facile de constater qu'une pression extérieure contre la répulsion r de la part de la chaleur ne peut résulter que de la part d'un fluide homonyme, d'un *barogène*, dont les effets ne diffèrent pas de ceux que nous obtenons au moyen de la pesanteur des corps. I. La pression centripète $P + p$ résulte 1° P de la part du barogène B centripète affluant de l'espace, et, 2° la pression p résulte de la part du barogène b contenu dans la colonne de l'atmosphère. II. La pression $P + p - p$ centrifuge résulte du barogène **b** contenu dans les Γσ atomes matériels qui constituent la Terre. Ce barogène **b** intercepte de celui $B + b$ une quantité égale, et ne laisse émerger de la surface de la Terre que la différence $B + b - b$.

§ 278. Pour démontrer que la pression $P + p$ centripète

exercée sur les corps terrestres, est de la même nature, et
qu'elle consiste dans la même espèce de fluide que celui
contenu dans les corps, il suffit de faire disparaître la pression p exercée de la part de l'atmosphère, comme cela est
obtenu dans le vide; le contraire résulte par une augmentation de la pression $P + p$ au moyen de la compression de
l'air ou des vapeurs.

I. *Pression* P *ou vide.* On a pu décider que dans le vide
barométrique n'existe pas la vapeur du mercure, il est
aussi bien connu que ce liquide y arrive à l'état d'ébullition
et à une température de beaucoup inférieure à celle de 360°
qui est nécessaire quand on opère sous la pression de l'atmosphère. Cette liaison intime entre la pression extérieure
réduite de $P + p$ à P et la chaleur latente réduite de Θ'' à
$\Theta'' - \Theta'''$ ne permet pas de méconnaître le mode indiqué du
changement des liquides en vapeurs.

II. *Pression* P+2p. Au lieu d'opérer, comme dans le cas
précédent, dans le vide, on peut produire une vaporisation
des liquides dans un espace où la pression est de 2 atmosphères $2p = 2 \times 760$ millimètres. Alors, pour vaincre cette
pression et produire l'ébullition, il ne suffit plus de la répulsion $R + R'$ obtenue de la part de la chaleur Θ'', mais il
en faut une nouvelle masse Θ''' qui produit la répulsion R''';
et c'est ainsi qu'on parvient, au moyen de la répulsion
$R + R' + R''$, à vaincre la pression $P + 2p$ augmentée.

§ 279. **Résumé.** La découverte de Dulong et de Petit
consiste dans le rapport inverse de la chaleur spécifique
avec le poids atomique des corps indécomposables; mais
comme les nombres n, n' des atomes σ, σ' matériels contenus
dans les poids égaux Π, Π' des deux substances C, C' sont également en rapport inverse avec les poids ou les masses μ, μ'
atomiques de ces mêmes atomes σ, σ', il en résulte que les
capacités c, c', des corps C, C' pour la chaleur sont en rapport direct avec les nombres n, n' des atomes σ, σ'; de sorte
que les mêmes nombres n, n' indiquent également : 1° les

capacités c, c' qui correspondent à la quantité de chaleur stationnaire $n\theta''$ du corps C et $n'\theta''$ du corps C', et 2° le poids Π ou Π', quand sont connus les poids atomiques μ, μ', car on a $n\sigma = n(\theta'' + \mu\beta) = \Pi$, $n'\sigma' = n'(\theta'' + \mu'\beta) = \Pi'$.

§ 280. Pour obtenir une élévation égale de température de deux poids Π, Π' égaux, mais de différantes substances ou d'atomes matériels $\sigma = \theta'' + \mu\beta$, $\sigma' = \theta'' + (\mu + \mu')\beta$, il faut pour l'un Π la quantité $(q + q')\theta$ de chaleur, et pour l'autre Π' la quantité $q\theta$, et cela parce que le poids Π de la substance C ou des atomes matériels $\sigma = \theta'' + \mu\beta$ est composé du nombre $(n + n') = \dfrac{\Pi}{\mu}$ d'atomes, et que celui Π' est composé du nombre $n = \dfrac{\Pi'}{\mu + \mu'}$ d'atomes σ'.

La capacité c du corps Π pour la chaleur $(q + q')\theta$ est indiquée par le nombre $n + n'$ d'atomes matériels σ que ce poids Π contient; de même la capacité c' du corps Π' pour la chaleur $q\theta$ est également indiquée par le nombre n' d'atomes σ'. Mais ces deux capacités ne résultent que du nombre $(n + n')\theta''$ d'atomes de chaleur stationnaire dans le corps Π et de celui $n\theta''$ des atomes du même état contenus dans le corps Π'. Donc il n'existe aucun état de chaleur qui puisse correspondre aux mots *chaleur spécifique*, excepté celui de la chaleur stationnaire.

Mais les résultats des observations ayant été obtenus au moyen des observations faites sur la chaleur d'imbibition, les physiciens l'attribuent avec raison aux capacités différentes des corps pour la chaleur, sans avoir égard à l'origine de ces capacités; tandis qu'en appelant *chaleur spécifique* les portions $(q + q')\theta$, $q\theta$ consommées aux poids égaux Π, Π' pour être élevés d'une température T à une autre $T + t$, on croit qu'il ne s'agit pas du même état de chaleur d'imbibition, mais d'un état différent; et en effet un tel état existe, mais il était inconnu aux physiciens, parce qu'il n'est pas celui de la chaleur d'imbibition observée au moyen des thermomètres.

§ 281. Les descriptions des faits tenaient lieu de leur explication; pour cette raison chacun restait isolé, et les physiciens ne possédaient aucun moyen de connaître le mode de leur production et de leur liaison entre eux par la loi physique. Ces faits sont : 1° la *chaleur d'imbibition* ou thermostatique; 2° la *chaleur latente* ou d'expansion interceptée; 3° la *chaleur stationnaire* qui correspond à la *chaleur spécifique* et donne naissance à la *capacité* des corps pour la chaleur; 4° les *trois états des corps* obtenus au moyen de la chaleur latente $'\Theta$ et $''\Theta$ qui est en rapport direct avec les deux pressions inégales exercées sur la masse des corps de la part des fluides composés eux-mêmes de la même masse; 5° les faits obtenus par l'augmentation ou la diminution de la pression atmosphérique, et 6° la *chaleur vésiculaire*.

§ 282. Nous sommes conduits à ces résultats en suivant la seule et unique voie indiquée par la loi physique qui régit la production des faits par deux facteurs seuls, le *mouvement* et l'*affinité*, obtenus directement de l'action suprême. Le fluide primitif en équilibre et inerte répandu dans tout l'espace analogue à l'*éther* qu'admettent les physiciens français se trouva divisé en deux masses inégales $M + M'$ et M dont chacune reçut le mouvement indéfini par une compression qui a ramené ces masses $M + M'$ et M à occuper chacune un espace indéfiniment petit, un point physique.

§ 283. Le fluide indéfini se trouve, à la fin de l'action, réduit en deux volumes V, V' égaux en densités $\delta + \delta'$ et δ inégales, et en même temps imbibé de tout le mouvement que chaque molécule devait obtenir en parcourant tout l'espace pour s'accumuler dans un point physique.

§ 284. **Mouvement.** Les fluides étant composés de molécules e imbibées du mouvement qu'elles devaient obtenir pendant leur compression, se dilatent pour rebrousser chemin. Les ondes O qui se dilatent du volume V de densité $\delta + \delta$, venant en rencontre avec les ondes O' qui se dilatent de l'autre volume V', ne diffèrent pas en volume mais en

18

quantité de molécules $e+e'$ et e, dont résulte une destruction d'équilibre, et ainsi les molécules e' pénètront spontanément dans l'espace qu'occupent les molécules e.

§ 285. **Affinité**. Ce mot est employé par les chimistes pour représenter la cause ou la tendance des deux facteurs en contact pour pénétrer réciproquement dans l'espace occupé par l'autre ; cet état des facteurs est exprimé par les mots *éléments hétéroélectriques*, car il faut toujours que l'un soit *électropositif* et l'autre *électronégatif*, précisément comme cela a lieu dans les rencontres des ondes O et O', à cause des inégales quantités $e+e'$ et e de molécules contenues dans des espaces ou des volumes égaux.

§ 286. Les expressions suivantes trouvent ici leur signification : 1° la *force* est la destruction de l'équilibre qui résulte du contact des deux ondes O, O' égales, mais le même fluide se trouvant en quantité $e+e'$ supérieure dans l'une, et en quantité e inférieure dans l'autre ; 2° l'*action* est l'écoulement des molécules e dans l'espace qu'occupe la quantité e inférieure de molécules homogènes ; 3° ce mélange entre les molécules $e+e'$ et e est une *action chimique* quand les molécules sont pondérables ; 4° les résultats des mélanges entre les molécules sont les *combinés chimiques*.

CHAPITRE PREMIER.

CAPACITÉ DES CORPS POUR LA CHALEUR OU LEUR CHALEUR SPÉCIFIQUE.

§287. En 1760, Black, professeur de chimie à Glasgow, fit la découverte que des corps C, C' de poids égaux Π, Π', de température égale, par exemple de 100°, laissent s'éloigner des quantités différentes de chaleur $(q+q')\theta'$ et $q\theta'$ quand on les introduit dans deux vases égaux v v' contenant la même quantité d'eau et à la même température, par exemple de 0°. En admettant que l'un des corps C soit de l'eau et l'autre C' un métal, après les avoir introduits dans l'eau froide des vases v, v', la température t de celui v qui reçoit l'eau chaude s'élève beaucoup au-dessus de celle $t-t'$ de l'eau dans laquelle a été plongé le métal.

Comme on ignorait la cause des différentes quantités de chaleur nécessaires pour porter les corps différents à des températures supérieures, les physiciens se bornèrent à des descriptions de faits; ils nommèrent *chaleur spécifique* la portion $q\theta$ de chaleur que reçoit un corps pour prendre une température de 1° supérieure; cette portion $q\theta'$, différente pour chaque corps, est pour l'eau dans son maximum parmi les corps liquides et solides. Mais comme par les mots *chaleur spécifique* on peut entendre un état de chaleur différent de celui de la chaleur thermométrique, certains auteurs appellent la portion $q\vartheta$ de chaleur absorbée du corps C *capacité de ce corps pour la chaleur $q\vartheta$, ou capacité calorifique.*

§ 288. Il a été ensuite découvert que les atomes σ matériels des corps indécomposables possèdent la même capacité ou la même chaleur spécifique; il a été découvert enfin que les chaleurs spécifiques de tous les corps indécomposables ou décomposables sont en raison inverse des poids atomiques moyens, de sorte que les nombres n, n', n''... des atomes matériels σ, σ', σ''... de poids atomiques ou de masses μ, μ', μ''... reçoivent chacun la même quantité $q\vartheta$ pour que leur température s'élève de 1°.

§ 289. Dans l'explication des thermomètres il a été reconnu que l'augmentation du volume résulte de la répulsion exercée de la part de la chaleur θ' d'imbibition contre les atomes matériels σ, σ', σ''... dont la masse μ, μ', μ'' diffère pour chaque corps; la preuve directe est obtenue par la pression externe dont l'augmentation produit une diminution de volume. La pression résulte de la masse M des corps et elle est exercée contre la masse μ, μ', μ''... des atomes matériels σ, σ', σ''... des corps. Mais ces mêmes atomes ne peuvent également éprouver la répulsion de la part de la chaleur θ' d'imbibition au moyen de leur masse μ, μ', μ''..., comme ils en éprouvent la pression exercée de la part de la masse M externe.

Tel est le fait qui conduit à connaître que chaque atome σ, σ', σ''... matériel est composé d'un atome de chaleur mêlé à des quantités différentes μ, μ', μ''... de molécules de masse nommée *barogène;* de sorte que les équivalents chimiques résultent chacun du seul atome de chaleur θ'' qui est mêlé avec différentes quantités de barogène pour donner naissance aux différents atomes σ, σ', σ'',... matériels qui constituent les corps terrestres. En disant que les atomes matériels des corps possèdent la même *chaleur spécifique*, on ne doit pas entendre par ces mots la quantité ou la portion $q\theta'$ de chaleur d'imbibition ou thermométrique qui exerce la répulsion r, mais la chaleur θ'' mêlée avec la masse μ et réduite par celle-ci à l'état stationnaire.

C'est pour éviter tout malentendu que nous nous servons ici de l'expression *capacité pour la chaleur*, car c'est la chaleur stationnaire θ'' qui correspond à la *chaleur* nommée *spécifique* à cause des rapports observés dans la chaleur θ' d'imbibition. En connaissant les poids Π, Π' égaux des deux corps C, C' et les masses μ, μ' de barogène contenu dans les atomes matériels σ, σ' de ces corps, il n'y a plus qu'à diviser les poids ou les masses Π, Π' par μ, μ', et leur chaleur spécifique ou stationnaire sera donnée par les quotients $\frac{\Pi}{\mu}$, $\frac{\Pi'}{\mu'}$ qui indiquent en même temps les nombres n, n' des atomes σ, σ' matériels qui y sont contenus.

§ 290. *Augmentation du volume.* Par l'introduction de la portion $q\theta'$ de chaleur pour élever la température de 1° dans les solides ou les liquides, il y a un accroissement de volume très-médiocre, tandis qu'il est considérable dans les gaz ou les vapeurs. Cette différence ne résulte pas de la masse ou du barogène $\mu\beta$, $\mu'\beta$, $\mu''\beta$... qui ne change pas que l'état du corps soit solide, liquide ou gazeux, mais elle est un effet direct de la chaleur latente $'\Theta + ''\Theta$, qui produit une augmentation brusque de volume au moment où est surmontée la pression externe $P + p$ par la répulsion $R + R'$ de la part de l'expansion de la chaleur latente.

Le volume $V + V'$ des vapeurs croît avec la répulsion exercée de la part de nouvelles masses de chaleur θ' introduites; l'équilibre entre ce volume et la pression $P + p$ résulte de la diminution de la répulsion R'' par l'augmentation de la surface des vapeurs soumise à la pression $P + p$ externe, précisément comme cela a lieu pour les solides et les liquides. Si l'accroissement du volume $V + V'$ des vapeurs est arrêté, la portion $q\theta'$ de chaleur introduite exerce une répulsion $R'' + r$ contre les atomes σ matériels et contre les atomes σ' du mercure thermométrique. Pour cette raison, la portion $q\theta'$ de chaleur est indiquée en ce cas par $1°+\alpha°$ dans le thermomètre.

§ 291. Donc il faut pour le volume $V+V'$ limité, pour la température de t', une quantité de chaleur $(q-q')\theta'$ inférieure à celle $q\theta'$ nécessaire pour produire une égale élévation de température, quand en même temps croît le volume pour devenir $V+V'+V''$, sans changement du reste dans la masse ou le poids II. Quand la température éprouve la même élévation de la même masse de vapeur en volumes différents, la quantité $q\theta'$ de chaleur entre dans le volume supérieur $V+V'+V''$, et la quantité $(q-q')\theta'$ inférieure dans le volume $V+V'$. Le rapport $q\theta':(q-q')\theta'$ entre les portions de chaleur ne change pas avec leur densité, mais il reste le même pour toutes les températures t, $t+t'$, $t+t'+t''$...

§ 292. **Observations.** Dans l'origine on ignorait que les atomes matériels possédassent la même capacité ou la même chaleur spécifique, et l'on chercha les portions différentes $q\theta$, $q'\theta$, $q''\theta$... de chaleur qui produisent aux corps C, C', C''... une égale élévation de température. Pour y parvenir on eut recours à trois méthodes, celle des mélanges, de la fusion de la glace et du refroidissement. La description simple de chacune de ces méthodes, telle qu'on la trouve dans les ouvrages des physiciens, ne serait d'aucune importance si l'on n'y rencontrait parfois quelques faits qui ont échappé aux expérimentateurs, lesquels, par cela même, sont arrivés à des résultats discordants.

§ 293. **Équivalent en eau.** On appelle ainsi le poids π d'eau qui reçoit une élévation de température de $1°$ par la portion $\alpha\theta$ de chaleur, quand cette même portion $\alpha\theta$ de chaleur élève de $1°$ la température du poids P d'un corps dont c est la capacité. Or le poids π d'eau devrait être égal au produit Pc dans lequel entre également la portion $\alpha\theta$ de chaleur. De semblables restitutions des poids P par un poids π d'eau entrent fréquemment dans les calculs, à cause des vases métalliques dans lesquels sont contenus les solides ou les liquides dont on recherche la chaleur spécifique.

§ 294. **Rapports entre l'état des corps et la chaleur spécifique.** Les mêmes atomes matériels ont à l'état liquide une capacité plus grande qu'à l'état solide ; mais à l'état de vapeur, sous lequel change le volume, la capacité elle-même diminue ; cependant en comprimant la vapeur pour la rendre liquide on y trouve une capacité supérieure.

§ 295. **Rapport entre les températures et les capacités.** De même que la chaleur latente des liquides, ainsi la chaleur d'imbibition fait augmenter la capacité, et déjà par la résistance qu'exercent ces masses de chaleur aux nouvelles masses qu'on introduit. Ce résultat est en accord parfait avec la répulsion semblable qu'exerce la chaleur d'imbibition θ' contre la chaleur θ'' stationnaire mêlée avec la masse μ des atomes σ matériels.

I. — MÉTHODES DE MESURE DES CAPACITÉS CALORIFIQUES.

§ 296. On nomme **capacité calorifique, chaleur spécifique, quantité de chaleur** d'un corps, la quantité $\alpha\theta'$ de chaleur qu'il doit perdre ou gagner pour que sa température varie de $1°$ sous l'unité de masse m. On a choisi pour unité de quantité de chaleur, la quantité $\alpha\theta'$ de chaleur que doit recevoir ou perdre l'unité de masse d'eau pour s'échauffer ou se refroidir d'un degré, c'est-à-dire la chaleur spécifique ou la capacité de l'eau, et l'on appelle *calorie* cette unité $\alpha\theta'$.

Le grand nombre de méthodes employées pour mesurer la chaleur spécifique des corps indique déjà leurs défauts, dont les uns, découverts d'abord, ont été évités ou réduits à un degré insignifiant ; mais ceux qui sont restés inaperçus ont donné des résultats inexacts, malgré toutes les précautions qu'on a pu prendre.

§ 297. I. **Méthode du refroidissement.** Les corps

C, C' dont on veut observer la capacité c, c' sont renfermés, non pas en poids Π, Π', mais en volumes V, V' égaux dans un vase v très-mince en métal, dans lequel se trouve un thermomètre t' (fig. 29). Les corps sont en poudre afin de rendre leur conductibilité aussi égale que possible. On ob-

Figure 29.

serve les temps t, t' que met la limite L du mercure pour parcourir dans la colonne t thermométrique la distance d contenant le nombre n de longueurs λ des degrés, et cela quand le vase v avec le corps C ou C' se trouve dans une enceinte vide ayant une température constante. La quantité de chaleur $q\theta'$ séparée pendant ces temps t, t' est indiquée par la distance $d = n\lambda$ parcourue par la limite L en minutes $m + m' = t$, $m = t'$; le tube r sert à faire le vide.

Du corps C' la chaleur $q'\theta$ s'est écoulée en m minutes, et de celui C la même chaleur s'est écoulée en $m + m'$ minutes, et cela de la surface S qui, tout en étant égale pour les deux corps, n'est pas pourtant occupée par un égal nombre d'atomes σ, σ' matériels dont le volume est différent dans chacun des deux corps; le cuivre, par exemple, a un poids atomique et un poids spécifique environ trois fois moindres que le platine, de sorte que dans la surface S se trouve presqu'un égal nombre d'atomes σ, σ' matériels. Mais le bismuth, qui a presque le même poids spécifique que le cuivre, a un poids atomique plus de trois fois supérieur à celui de ce métal; il en résulte que la surface S du volume V de bismuth contient une quantité d'atomes σ' matériels qui n'est que le tiers de ceux σ de cuivre contenus dans la surface égale S'.

En 1 minute il se sépare de la surface S' du bismuth une quantité $n\theta$ de molécules de chaleur, et de celle S du cuivre une quantité presque égale à $3n\theta$; cela fait que la limite L parcourt en 1 minute une distance $\lambda + \lambda'$ pour le cuivre et une distance λ inférieure pour le bismuth. Si dans les deux cas, la limite L doit parcourir une distance égale d, il faudra, pour le refroidissement du cuivre un temps $t - t'$ relativement court, et un temps plus long t pour celui du bismuth.

Sans être dirigés par cette loi physique, Dulong, Petit, Regnault, de la Rive et les autres savants qui les imitèrent, ont admis que les quantités de chaleur $(q + q')\theta$, $q\theta$ abandonnées pendant les temps $t + t'$, t doivent leur être proportionnelles, et ils obtinrent une proportion qui serait $(q + q)\theta : q\theta = t + t : t'$, s'ils eussent exposé les quantités de chaleur et du temps de la manière indiquée. Mais ils représentèrent par $t + t'$, t' les temps écoulés, et par $pc\theta$, $p'c'q''$ les quantités $(q + q')\theta$, $q\theta$ de chaleur écoulée ou éloignée en indiquant par p, p' les poids des corps C, C' et par cc' leur capacité; ainsi ils ont admis dans le calcul la proportion $pc\theta : p'c'\theta = t + t' : t$ au moyen de laquelle ils ont cherché à trouver la valeur de la capacité c du corps C, quand est connue celle c' du corps C'.

Après avoir pris une foule de précautions contre toute espèce d'erreur, Regnault n'a pu obtenir de résultats satisfaisants de cette méthode, il a même soupçonné l'existence d'une erreur, parce qu'en opérant avec la même substance, également tassée, il obtenait des résultats différents si la température θ était différente. Marcet et de la Rive ont voulu cependant attribuer une partie des erreurs au degré de tassement; mais vainement, parce que Regnault avait déjà pris toutes les précautions possibles. Cette erreur ainsi reconnue et avouée fait à Regnault autant d'honneur que ses nombreuses découvertes.

§ 298. **Origine de l'erreur de Regnault.** Le refroidissement dans le vide, comme il a été prouvé § 170, ne dépend que de la densité des atomes de chaleur contenus dans la surface du corps. Cette densité δ croît avec la température, quand en même temps augmente la distance d parcourue par la limite L du mercure dans la colonne T thermométrique. Le cas ici est différent, mais analogue; car les surfaces S, S' égales des deux corps C, C' de la même température ne contiennent pas des nombres n, $n + n'$ égaux d'atomes σ, σ' matériels; leur différence peut varier beaucoup, comme cela a été indiqué pour le cuivre par rapport au platine où la différence est insignifiante, et par rapport au bismuth où elle est très-grande.

§ 299. Ici les corps à grande capacité correspondent à une température supérieure où est grande la densité $\delta + \delta'$ des atomes de chaleur dans la surface S du corps. En pareil cas, il a été trouvé pour le cuivre que la distance d parcourue par la limite L du mercure était grande, et, par suite, que le temps $t - t'$ qui y correspond était court; au contraire, pour le bismuth, le temps t employé pour la limite L pour parcourir la même distance d est long, parce que le nombre ou la densité des atomes de chaleur est médiocre dans la surface S'. Ainsi l'on est conduit à une proportion où les temps t, $t - t'$ observés sont en raison inverse avec les capacités c, c' des corps observés, ce que les physiciens n'ont pas observé.

Donc il y a double erreur dans la méthode du refroidissement : 1° parce que l'on ne fait pas l'observation sur des poids, mais sur des volumes égaux, et que par suite on ne doit pas employer dans le calcul les capacités c, c' obtenues dans les observations des poids égaux ; 2° par ce que les quantités $(q + q')9$, $q9$ de chaleur éloignée en 1 minute, étant en raison directe avec les distances $d + d'$ et d parcourues par la limite L du mercure, sont en raison inverse avec les temps t et $t - t'$; ainsi les deux erreurs se compensent en certains cas d'une manière à s'annihiler ou du moins à s'amoindrir réciproquement.

Malgré toutes les erreurs dont l'existence était bien reconnue, Regnault publia le tableau G des chaleurs spécifiques d'un nombre de liquides, dans lesquelles les valeurs y contenues ne satisfont pas aux rapports inverses entre

les poids atomiques et les capacités ; on voit, par exemple,
une différence considérable entre la chaleur spécifique du
mercure 0,03332 , obtenue par le mélange et celle 0,0290
ou 0,0282 obtenue par le refroidissement ; la première
0,03342 dont résulte le produit trop grand 42,428, est cependant celle qui est moins éloignée de la valeur véritable
que celle trouvée par le refroidissement dont le produit
s'approche davantage du produit normal 37,5 ; cela résulta
de la chaleur latente du mercure qui manque dans les corps
solides.

Nous allons prouver que cette même méthode du refroidissement *a* donné pour les gaz des résultats véritables, et
cela par suite de calculs où n'entrent pas les temps, mais les
vitesses qui sont en rapport direct avec les quantités de chaleur éloignée, tandis que les temps t, $t - t'$ sont en rapport
inverse; outre cela, dans chaque volume de gaz est contenu
un atome θ de chaleur stationaire qui correspond à la chaleur spécifique ; cet objet est discuté plus loin.

§ 300. **Méthode des mélanges.** On prend un vase
cylindrique m (fig. 30) de laiton mince et poli qui glisse

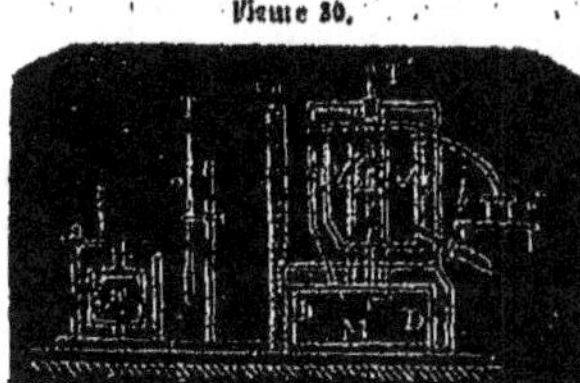

pour être amené en M au-
dessous de l'étuve rr'. Une
enveloppe soudée en fer-
blanc DD remplie d'eau que
l'on renouvelle souvent,
préserve l'espace M du
rayonnement extérieur. La
substance à étudier est mise
en fragments dans une petite corbeille en fil de laiton P, et au
milieu se trouve le thermomètre T'. Cette corbeille est suspendue par des fils de soie dans une étuve composée de
trois enveloppes en fer-blanc. 1° L'espace P est rempli
d'air. 2° L'espace VV est parcouru par un courant de
vapeur d'eau venant d'une chaudière et qui s'échappe ensuite par un tube a. 3° L'enveloppe extérieure oo retient

une couche d'air pour empê-cher le refroidissement de la vapeur.

Ainsi la température devient constante en deux heures dans l'espace P et dans le milieu de la substance à étudier, comme cela est indiqué par le thermomètre T'; le vase m avec l'eau amenée en M reçoit la corbeille c qui tombe quand on ouvre l'ouverture rr'. Un thermomètre t dont le réservoir occupe toute la profondeur du vase m en donne la température; le thermomètre fixe T donne celle de l'air ambiant. Un aide agite la corbeille dans l'eau pendant qu'on observe l'élévation du mercure dans le thermomètre t, lequel atteint ordinairement son maximum au bout d'une ou deux minutes.

§ 301. En désignant par p le poids de l'eau augmenté de l'équivalent du vase en eau, par Π le poids du corps, par T, t, t' les températures du corps chauffé, de l'eau froide et celle du mélange ou de l'eau échauffée, par π et c' le poids et la capacité de la corbeille, on aura pour déterminer c :

$$(\Pi c + \pi c')(T - t') = p(t' - t).$$

Le corps C descendant de la température T à celle t' abandonne de ses n atomes σ matériels $n\alpha$ portions de chaleur, parce que chacun de ses atomes perd une égale portion α de chaleur. L'eau reçoit par ses $(n + n') \times 3$ atomes matériels σ' les $n\alpha$ portions qui se partagent en $3(n + n')$ portions; de sorte que chacun des atomes σ' d'eau reçoit la portion indiquée par $\dfrac{n\alpha}{3(n + n')}$. Ainsi la chaleur Θ se trouva dans le corps C partagée en n portions; cette chaleur $\Theta = n\alpha$ se trouva dans l'eau partagée en $3(n + n')$ portions dont chacune indique son élévation de température $t' - t$, tandis que chaque portion α indique l'abaissement $T - t'$ de température, qui est beaucoup supérieure à l'élévation $t' - t$.

§ 302. En opérant avec un autre corps C' de la même

manière sans rien changer aux poids ni aux températures t et T, on n'obtient pas dans ce corps C' le même nombre n d'atomes σ'' matériels, et cela à cause de leur poids atomique μ qui diffère de celui $\mu \pm \mu'$ des atomes σ du corps C. Comme la masse p de l'eau est la même que précédemment, la chaleur Θ' qu'abandonne le corps C' forme $(n \pm n'')\alpha = \Theta'$ portions de chaleur qui doivent être divisées en $3(n+n')$ comme précédemment; de sorte que l'élévation de température $t'-t$ de chaque atome d'eau est donnée par la portion $\frac{(n\pm n'')\alpha'}{3(n+n')}$, dont résulte $\frac{n\alpha}{3(n+n')} : \frac{(n\pm n'')\alpha'}{3(n+n')} = n\alpha : (n\pm n'')\alpha$.

Le rapport entre ces portions n'est que celui entre les nombres n, $n \pm n''$ des atomes matériels σ, σ'' contenus dans les poids égaux Π, Π' des corps C, C'. Ce sont donc ces nombres qui expriment les capacités c, c' des corps C, C'. Ainsi les résultats obtenus par les observations ne servent qu'à vérifier l'existence d'un atome de chaleur dans chaque atome matériel ou dans chaque équivalent chimique. A la place de l'eau on peut employer tout autre liquide, parce que sa capacité peut être éliminée, et l'on obtient directement les rapports $c : c'$ entre les capacités des corps C, C'; si, par exemple, le corps C est de cuivre et celui C' de platine, le poids Π du cuivre contiendra presque trois fois autant d'atomes matériels σ et d'atomes θ'' de chaleur que celui Π' de platine; de celui-ci il passera p portions de $\alpha\theta$ de chaleur dans la masse m d'eau, et du poids Π de cuivre il en passera $3p\alpha'\theta$ environ.

§ 303. Méthode de la fusion de la glace. Par des observations préliminaires on a constaté qu'il faut 79 *calories* ou unités de chaleur pour faire passer 1 gramme de glace marquant 0°, à l'état d'eau à 0°; ces 79 calories peuvent être contenues dans 79 grammes d'eau à 1° ou dans 1 gramme à 79°; dans le premier cas, on obtient 80 grammes à 0°, et dans le deuxième 2 grammes également à 0°; de sorte que, dans les deux cas, 79 calories ou unités de chaleur ne passent pas au néant, mais c'est leur expansion qui se trouve interceptée par le moyen indiqué.

Pour connaître donc le nombre des calories contenues dans les corps C, C′, C″..., il ne faut que les employer à fondre la glace et peser la quantité de l'eau produite; le rapport entre les quantités $qA : (q + q')A$ d'eau obtenue des poids Π, Π′ égaux des corps C, C′ de la même température T employés à fondre ces masses de glace, indique celui des quantités $q\vartheta : (q + q')\vartheta$ de calories abandonnées par les corps C, C′ et qui passant dans les poids $(q + q')g$, qg de glace pour y rester et les faire passer à l'état liquide.

§ 304. Le corps C qui abandonna la quantité $(q + q')\vartheta$ de calories contient le nombre $n + n'$ d'atomes c matériels dans le poids Π dont se sépare ces calories $(q + q')\vartheta = \Theta + \Theta'$ pour se partager en portions égales à 79θ pour chaque gramme de glace; l'autre corps C′ abandonna de ses n atomes matériels les calories $q\vartheta = \Theta$ pour être également partagées en portions égales à 79θ pour chaque gramme de glace. Le rapport $q + q' : q$ entre les quantités d'eau produite indique celui $c : c'$ entre les capacités c, c' des corps C, C′.

Comme l'appareil figure 30, de même celui employé à l'observation de la fusion de la glace est formé de trois enveloppes : 1° la plus petite est criblée de trous et reçoit le corps comme cela est fait dans la corbeille (§ 300). Ici le corps est entouré de glace pilée, laquelle remplit aussi les deux autres enveloppes. La chaleur Θ que perd le corps fait fondre une partie de la glace qui l'entoure. L'eau de la fusion est recueillie par le robinet r. Au bout de 30 heures environ la température du corps est descendue à 0°; on pèse l'eau recueillie et l'on en conclut la capacité c du corps C ou sa chaleur spécifique.

Pour appliquer cette méthode aux liquides, il faut les renfermer dans un vase dont on connaisse la chaleur spécifique; on ajoute la chaleur perdue par le vase à celle que le liquide cède, et l'on égale la somme à la chaleur absorbée par la glace qui a été fondue.

Dans le principe de cette méthode il n'existe aucune erreur ; mais il y a quelque défaut d'exactitude dans les observations et dans leurs résultats, à cause d'une certaine quantité de chaleur employée à l'amollissement et à la fusion de la glace dont l'eau reste engagée entre les fragments.

II. — CAPACITÉ OU CHALEUR SPÉCIFIQUE DES SOLIDES ET DES LIQUIDES.

§ 305. On donne ce nom à la quantité de chaleur $\alpha\theta$ introduite dans un nombre n, n', n''... d'atomes matériels contenant la masse m ou la quantité $A\beta$ de barogène dont provient le poids $\Pi = A\beta$, pour faire élever sa température de 1°. La cause de cette élévation de température consiste en une expansion de la chaleur $\alpha\theta$ qui éprouve une résistance dans celle θ'' contenue dans chaque atome matériel σ, σ', σ''... mêlé avec les masses différentes μ, μ', μ''... de barogène ; de sorte que dans le poids Π il y a des quantités différentes $n\sigma$, $n'\sigma'$, $n''\sigma''$... d'atomes matériels dans lesquels se trouve la masse $A\beta$ de barogène dont résulte ce poids Π.

La quantité $\alpha\theta$ de chaleur spécifique a un rapport direct avec les nombre n, n', n''... des atomes matériels σ, σ', σ''..., parce que ce sont eux qui indiquent les quantités $n\theta''$, $n'\theta''$, $n''\theta''$... de chaleur stationnaire contenues dans les poids Π, Π', Π''... égaux des substances différentes. Pour obtenir les nombres n, n', n''... il ne faut que diviser le poids Π par les masses μ, μ', μ'' qui sont le poids atomique des atomes σ, σ', σ''... des corps C, C', C''.

§ 306. **Hautes températures.** La quantité $\alpha\theta$ de chaleur qui produit dans un corps C du poids Π l'élévation de température de r quand le corps est à 0°, devient $(\alpha + \alpha')\theta$ quand le même poids Π du corps est à 100° ; elle devient $(\alpha + \alpha' + \alpha'')\theta$ quand le corps est à 200°, et ainsi de suite, avec la température des corps augmente leur capacité; comme dans deux corps C, C', composés C de $n + n'$ atomes a, et C' de n, la capacité c du corps C est supérieure, parce qu'il contient la chaleur stationnaire $(n + n') \theta''$, tandis que le corps C' n'en contient que $n\theta''$. Donc dans les deux cas la capacité augmente à cause de la chaleur contenue dans les corps; nous obtenons ainsi une preuve directe de l'existence de la chaleur stationnaire, au moyen de la chaleur Θ' d'imbibition et encore au moyen de la chaleur $'\Theta$ latente.

Dulong et Petit ont poussé leurs expériences jusqu'à 300°, et ont trouvé que la chaleur spécifique des corps solides augmente avec la température. Ils ont employé la méthode des mélanges. Le corps façonné en anneau plat était chauffé dans un bain d'huile ou de mercure bouillant.

TABLEAU **A.** — *Des capacités aux températures élevées.*

NOMS des substances.	CAPACITÉS MOYENNES		T.	NOMS des substances.	CAPACITÉS MOYENNES		T.
	entre 0° et 100°.	entre 0° et 300°.			entre 0° et 100°.	entre 0° et 300°.	
Fer.	0,1098	0,1218	332°,2	Argent.	0,0557	0,0611	329°,3
Mercure.	0,0350	0,0350	318°,2	Cuivre.	0,0949	0,1015	320°,0
Zinc.	0,0927	0,1015	328°,5	Platine.	0,0355	0,0355	317°,9
Antimoine. . . .	0,0507	0,0549	324°,8	Verre.	0,1770	0,1990	322°,1

§ 307. **Pyromètre à capacité constante.** La colonne marquée T dans ce tableau indique les températures que donnerait un thermomètre fondé sur la capacité supposée constante des diverses substances, quand le thermomètre à air marque 300°. Pour obtenir les nombres de la colonne T, il faut chauffer les corps à 300° et les plonger dans l'eau pour voir la quantité de chaleur que reçoit ce liquide. Ce moyen est aussi employé à déterminer la température d'un fourneau; on y introduit une boule de platine qui est chauffée et puis on la porte dans un bain d'eau, dont l'échauffement fait connaître la température du platine et du fourneau. Si l'on veut déterminer la capacité du platine, il faut deux boules de poids différents pour faire deux mélanges. Pouillet a trouvé, pour les chaleurs spécifiques moyennes du platine, entre 0° et les températures indiquées, les valeurs

$$0,0355, \quad 0,03434, \quad 0,03318, \quad 0,03602, \quad 0,03728, \quad 0,03818$$
$$100° \quad 300° \quad 500° \quad 700° \quad 1000° \quad 1200°$$

La valeur 0,03434 diffère de celle 0,0355 du tableau, d'où il résulte que la valeur 317,9 n'est pas aussi exacte; entre les autres nombres de la colonne T celle 318,2 du mercure est la plus petite, et cela doit être attribué à sa chaleur latente θ qui manque dans les autres corps, qui sont solides.

§ 308. **Rapport entre la capacité et le point de fusion.** Quand les corps obtiennent une température peu éloignée du point de fusion, l'augmentation de leur capacité devient très-prononcée ou brusque, parce qu'une quantité de chaleur passe à l'état latent et exerce une résistance analogue à celle des liquides; une telle augmentation brusque de capacité manque au platine à cause de son point de fusion très-éloigné. Pour le plomb, Regnault trouva le nombre 0,03065 entre 10° et — 77°,75 et 0,0313 entre 10° et 100°. Pour le phosphore, le nombre 0,1740 indique la capacité entre — 77°,75 et 10°, celui 0,1788 de — 21° à + 70°, et celui 0,1887 de — 10° à + 30°.

Le changement brusque d'accroissement de la capacité tout près du point de fusion est d'accord avec la capacité supérieure des liquides que les physiciens cherchaient dans la dilatation qui n'en est qu'un seul résultat et non pas une cause; il paraît qu'un point notamment leur échappa, c'est-à-dire la densité de la glace qui est inférieure à celle de l'eau. Il est certain qu'on chercha la cause de la *chaleur latente*; mais pour y arriver, il fallait connaître que la pesanteur ne résulte pas d'une attraction, mais du fluide nommé ici barogène qui afflue de l'espace en directions op-

posées et se trouve comme masse dans les atomes matériels
mêlé avec la chaleur et la lumière.

§ 309. **Capacité de sels hydratés.** La quantité $\Theta + \eta$
de chaleur nécessaire pour élever de 1° la température d'un
mélange de plusieurs corps, est égale à la somme des
quantités qu'absorbe chaque corps, de manière que p, p',
p''... représente les poids de plusieurs corps et c, c', c''...
leurs capacités, celle c'' des mélanges sera $\dfrac{pc + p'c' + p''...}{p + p'' + p''...}$
c'est-à-dire la moyenne. Person a reconnu que les sels
hydratés sont dans ce cas ; leur capacité est représentée par
$\dfrac{pc + p'c'}{p + p'}$, en désignant par p, p' les proportions ou les poids
de sel et d'eau combinés, et en prenant pour c la chaleur
spécifique de sel anhydre, et pour c' la chaleur spécifique
de la glace, d'où il résulte un manque de chaleur latente
dans l'état solide de sels. Plus bas nous ferons voir pourquoi, dans les sels, les atomes matériels σ possèdent la
chaleur stationnaire θ'' en quantité inférieure à la quantité
moyenne.

§ 310. **Rapport entre la capacité des solides et
l'arrangement de leurs atomes.** La capacité des corps
solides diminue, quand diminue leur volume et que leur
densité augmente, parce que la quantité de chaleur $q\theta'$ d'imbibition subit une diminution qui fait diminuer la résistance,
comme elle a lieu dans les températures basses qui font
également diminuer la capacité. La capacité du colcothar
diminue à mesure que la calcination augmente; le même
effet a lieu pour l'oxyde de nickel. Le cuivre rouge ayant
pour capacité 0,09504 a donné 0,09360 après avoir été
écroué à coups de marteau. Le plomb et l'étain n'ont pas
éprouvé de changements dans leur capacité après avoir été
frappés au balancier, mais leur densité n'avait pas non plus
augmenté.

L'acier, le métal des cymbales, les larmes bataviques,

recuits ou trempés, n'ont pas donné de changements bien accusés; ce qui fait voir que la capacité n'est pas en rapport avec l'arrangement des atomes σ matériels déterminés par les équivalents des deux électricités, dont résulte la solidité et la dureté.

Les atomes *q* de carbonate de chaux donnent la capacité 0,2085 à l'état d'arragonite et de spath d'Islande, 0,2148 à l'état de craie, et 0,2158 à l'état de marbre blanc saccharoïde. Le soufre, récemment fondu, a donné le nombre 0,1844; fondu depuis deux mois, 0,1803; et fondu depuis deux ans 0,1764; enfin, le soufre cristallisé naturel 0,1776. Tous ces cas ont un rapport direct avec l'électricité qui entre en proportions différentes dans les cristaux différents de la même substance.

La capacité du carbone diminue quand sa densité augmente; Regnault trouva les nombres suivants :

Noir animal	0,26	Anthracite	0,20
Charbon de bois	0,24	Graphite naturel et des cornues de gaz	0,20
Coke	0,20	Diamant	0,14

Marcet et de la Rive, par la méthode du refroidissement, ont trouvé pour le diamant 0,1192, valeur trop inférieure par rapport à celle 0,14 trouvée par Regnault; l'erreur a son origine dans la méthode même du refroidissement, comme il a été prouvé.

TABLEAU B. — *Des chaleurs spécifiques des corps indécomposables des atomes* n = 1.

NOMS des substances.	CHALEUR spécifique c.	POIDS atomique adopté p.	POIDS c × p.	NOMS des substances.	CHALEUR spécifique c.	POIDS atomique adopté p.	POIDS c × p.
Déterminations préliminaires.							
Laiton	0,09391	»	»	Eau	1,0030	»	»
Verre	0,19768	»	»	Ess. de térébenthine	0,42593	»	»

NOMS des substances.	CHALEUR spécifique c.	POIDS atomique adopté p.	POIDS c×p.	NOMS des substances.	CHALEUR spécifique c.	POIDS atomique adopté p.	POIDS c×p.
Corps indécomposables purs.							
Fer.	0,11379	339,21	38,597	Platine laminé.	0,03213	1233,50	39,933
Zinc.	0,09555	405,23	38,526	Platine en mousse.	0,03295	»	»
Cuivre.	0,09515	395,70	37,659	Palladium.	0,05927	665,90	39,463
Cadmium.	0,05669	696,77	39,503	Or.	0,03216	1247,01	40,511
Argent.	0,05701	675,80	38,527	Soufre.	0,20259	201,17	40,734
Arsenic.	0,08140	470,01	38,261	Sélénium.	0,08370	494,58	41,405
Plomb.	0,03140	1294,50	40,067	Tellure.	0,05155	801,76	41,540
Bismuth.	0,05084	1330,37	45,034	Potassium.	0,16956	245,00	41,541
Antimoine.	0,05077	806,45	40,944	Iode.	0,03412	789,75	49,703
Étain des Indes.	0,03623	735,29	61,555	Carbone.	0,24111	152,88	36,875
Nickel (par l'oxalate).	0,10863	369,68	40,160	Phosphore.	0,1887	190,14	37,021
Cobalt (*id.*).	0,10696	368,99	39,468				
Métaux peu carburés.							
Urane.	0,06190	677,84	41,960	Nickel fondu dans la brasque.	0,11651	369,68	42,991
Tungstène.	0,05650	1183,00	45,002	Cobalt (*id.*).	0,11718	368,99	43,217
Molybdène.	0,07218	598,52	45,165				
Nickel non fondu.	0,11192	369,68	41,376				
Substances impures.							
Iridium impur.	0,3683	1233,50	45,429	Magnésium très-carburé.	0,14441	545,89	49,841
Substances liquides.							
Mercure.	0,03332	1265,82	42,149	Brome liquide.	0,11094	»	»
Mercure solide.	0,03241	»	»	Brome solide (+28°).	0,08452	469,1	41,2

§ 311. Les produits égaux $c \times p = \theta''$ prouvent que dans chaque équivalent chimique se trouve une égale quantité de chaleur θ'' qui régit les actions chimiques; la fraction $c = \dfrac{\theta''}{p}$ n'indique que la portion de cette chaleur θ'' contenue dans chaque molécule β de la masse ou du barogène. En connaissant les poids atomiques p ou les masses μ, μ', μ'' des équivalents chimiques $\sigma, \sigma', \sigma''$, on connaît la capacité $c = \dfrac{\theta''}{p}$; ou en connaissant la capacité c on obtient le poids p de l'équivalent chimique $p = \dfrac{\theta''}{c}$.

Cette chaleur θ'' se trouve mêlée avec les masses $\mu, \mu', \mu''\ldots$

dans les atomes $\sigma = \theta'' + \mu$, $\sigma' = \theta'' + \mu'$, $= \sigma'' = \theta'' + \mu''$, et elle y reste quand les atomes σ, σ', $\sigma''...$, se combinent chimiquement en produisant lumière et chaleur, ou en se mêlant pour former un alliage $= \sigma + \sigma' + \sigma'' = 3\,\theta'' + \mu + \mu' + \mu'' = 3\,\theta'' + \Pi$. Donc comme la chaleur θ'' est distribuée dans les masses μ ou μ', μ'', de même la chaleur $3\,\theta''$ est distribuée dans la somme $\mu + \mu' + \mu'' = \Pi$ des trois masses. Regnault, expérimentant séparément avec les corps et ensuite avec leur alliage, obtint les résultats du tableau C, qui correspondent exactement à ceux obtenus par le calcul, de sorte que de ce contrôle il ne subsiste aucun doute sur l'exactitude de la méthode des *mélanges* qu'il a employée pour obtenir les nombres contenus dans le tableau C.

On appelle, dans les alliages ou les combinés, *atome moyen et poids atomique moyen* le quotient $\dfrac{\mu \times \mu' \times \mu'}{3} = \dfrac{\Pi}{3}$ parce que dans ce poids Π sont contenus $3\theta''$. La capacité c'' des alliages croît brusquement quand leur température se trouve peu éloignée du point de fusion, comme cela a lieu pour les corps qui y entrent en composition. Mais quand la température surpasse le point de fusion de l'une ou des deux substances mêlées, les alliages se ramollissent; il y est contenu une quantité de chaleur latente $'\theta$ qui fait augmenter la résistance contre la chaleur θ' d'imbibition; dans le tableau C, on voit les alliages de cette catégorie séparés des autres. Cette remarque, faite par Woest, trouve son application aux combinés obtenus par la combustion, comme Regnault l'a fait pour les alliages. La chaleur spécifique C de l'atome composé du poids Π, est égale à la somme $c + c' + c'' + ..$ de chaleurs spécifiques des atomes $\sigma + \sigma' + \sigma''...$ qui le constituent et qui contiennent le poids $p + p' + p'' = \Pi$; ainsi on a :

$$\text{P.C} = npc + n'p'c' + n''p''c'' + ...; \quad C = \frac{nc + n'c' + n''c'' + ...}{n + n' + n''...}$$

TABLEAU C. — *Des chaleurs spécifiques des alliages des atomes n = 2, 3, 4, 5.*

COMPOSITION DE L'ALLIAGE.	CHALEUR spécifique observée.	CHALEUR spécifique calculée.	POIDS atomique moyen p.	PRODUIT p × c.
1 atome plomb, 1 atome étain.	0,04075	0,04039	1014,0	41,31
1 id., 2 id.	0,04506	0,04401	931,7	41,53
1 id., 2 atome antimoine.	0,05880	0,05885	1036,8	40,76
1 atome bismuth, 1 atome étain.	0,04000	0,05937	1032,8	41,31
1 id., 2 id.	0,04501	0,04418	935,7	42,05
1 id., 2 atomes étain, 1 atome antimoine.	0,04621	0,04604	901,8	41,07
1 id., 2 id., 2 id. d'al. abe.	0,05857	0,05170	755,0	41,61
1 atome plomb, 2 atomes étain, 1 atome bismuth.	0,04176	0,04012	1023,9	45,83
1 id., 2 id., 2 id.	0,06082	0,03785	1085,9	66,00
1 atome mercure, 1 atome étain.	0,07201	0,04172	1600,5	72,97
1 id., 2 id.	0,06091	0,04903	919,1	60,12
1 id., 1 atome plomb.	0,05897	0,05251	1280,1	46,99

TABLEAU D. — *Des chaleurs spécifiques des divers corps composés des atomes n = 2, 3, 4.*

NOMS des substances.	Chaleur spécifique c.	Poids atomique adopté p.	Produit p × c.
Oxydes MO, n = 2.			
Protox. de plomb fondu.	0,05089	1394,5	70,94
Oxyde de mercure.	0,05170	1565,8	70,74
Protox. de manganèse.	0,15701	445,8	70,01
Oxyde de cuivre.	0,14201	495,7	70,39
Oxyde de nickel calciné.	0,15885	469,8	74,60
Magnésie.	0,24594	258,4	63,03
Oxyde de zinc.	0,12480	505,3	62,77
Oxydes M²O³, n = 5.			
Fer oligiste.	0,16095	978,4	103,35
Acide arsénieux.	0,12780	1240,1	158,50
Oxyde de chrôme.	0,17960	1003,6	180,01
— de bismuth.	0,08065	1960,7	179,24
— d'antimoine.	0,09009	1912,0	172,34
Alumine (corindon).	0,0765	849,4	126,67
— (saphir).	0,21752	642,4	139,61
Oxydes MO², n = 3.			
Acide stannique.	0,09328	935,3	87,23
— titanique (artif.).	0,17164	505,7	86,45
— — (rutile).	0,17052	505,7	85,79
— antimonieux.	0,09535	1006,5	95,99

NOMS des substances.	Chaleur spécifique c.	Poids atomique adopté p.	Produit p × c.
Oxydes MO³, n = 4.			
Acide tungstique.	0,07988	1483,2	118,3
— molybdique.	0,13910	803,5	118,06
— silicique.	0,19138	577,5	110,5
— borique.	0,23713	438,0	103,4
Sulfures MS, n = 2.			
Protosulfure de fer.	0,13570	540,4	73,5
Sulfure de nickel.	0,12813	570,8	73,1
— de cobalt.	0,12519	570,0	71,3
— de zinc.	0,12305	604,4	71,3
— de plomb.	0,05020	1493,0	70,0
— de mercure.	0,05117	1467,0	75,0
Protosulfure d'étain.	0,08375	980,3	78,3
Sulfures M²S³, n = 5.			
Sulfure d'antimoine.	0,08402	2216,4	180,2
— de bismuth.	0,06002	3264,2	105,90
Sulfures MS², n = 3.			
Pyrite de fer.	0,13009	741,6	96,45
Bisulfure d'étain.	0,11954	1137,7	135,66
Sulfure de molybdène.	0,12334	1001,0	125,4

Première partie du tableau

Noms des substances.	Chaleur spécifique c.	Poids atomique adopté p.	Produit p × c.
Sulfures M²S.			
Sulfure de cuivre . . .	0,12118	902,0	120,21
— d'argent . . .	0,07400	1553,0	115,80
Chlorures M²Cl², n=4.			
Chlorure de sodium.	0,21401	733,5	160,97
— de potassium.	0,17295	932,5	161,19
Protochl. de mercure.	0,05205	2974,2	154,80
— de cuivre.	0,13827	1234,0	156,83
Chlorure d'argent. »	0,09106	1794,8	163,42
Chlorures MCl², n=2.			
Chlorure de barium.	0,08957	1299,5	116,44
— de strontium.	0,11990	989,9	118,70
— de calcium.	0,16420	698,0	114,78
— de magnésium	0,19460	601,0	118,04
— de plomb.	0,06611	1757,1	115,89
Perchlor. de mercure.	0,00889	1708,4	117,68
Chlorure de zinc.	0,13618	843,8	115,21
Protochlorure d'étain.	0,10191	1177,9	119,59
Chlor. de manganèse.	0,14255	788,5	112,51
Chlorides volatils MCl⁴, n=5.			
Chloride d'étain.	0,14759	1620,5	239,19
— de titane.	0,19145	1188,6	227,63

Seconde partie du tableau

Noms des substances.	Chaleur spécifique c.	Poids atomique adopté p.	Produit p × c.
Chlorides volatils M²Cl, n=6.			
Chlorure d'arsenic.	0,17004	2267,8	399,28
— de phosphore.	0,20922	1720,1	359,80
Bromures M²Br², n=3.			
Bromure de potassium.	0,11522	1468,2	166,21
— d'argent.	0,07301	2350,0	173,51
— de sodium.	0,13841	1269,2	175,65
Iodures MI², n=2.			
Iodure de plomb.	0,04207	2872,8	122,54
— de mercure.	0,04197	2844,1	119,30
Iodures M²I⁴, n=4.			
Iodure de potassium.	0,08191	2009,2	164,58
— de sodium.	0,08081	1809,2	162,50
Protoiod. de mercure.	0,03919	4169,5	163,54
Iodure d'argent.	0,06159	2929,9	180,65
Protoiodure de cuivre.	0,06869	2369,7	162,81

TABLEAU E. — *De la chaleur spécifique des nombres n des atomes moyens, par Garnier.*

Noms des substances.	Poids atomique moyen p.	Chaleur spécifique c.	Produit p × c : n.	Noms des substances.	Poids atomique moyen p.	Chaleur spécifique c.	Produit p × c : n.
MO, protox. de plomb.	697, n=2	0,051	35,45	M²Cl², chlor. de merc.	730, n=4	0,052	58,27
M²O³, oxyde de chrome.	801, n=5	0,175	53,68	MCl², — de plomb.	575, n=5	0,066	58,21
MS, sulfure de plomb.	717, n=2	0,050	37,55	MBr², brom. de plomb.	757, n=5	0,053	40,12
M²S², — d'antimoine.	445, n=5	0,084	57,21	M²I, iodure de mercure.	1021, n=5	0,059	59,81
M²S, — d'argent.	517, n=5	0,074	58,25	MI², iodure de mercure.	915, n=5	0,041	58,74

§ 312. Garnier a considéré avec raison l'eau comme un combiné de deux volumes d'hydrogène et d'un volume d'oxygène, en admettant également dans chacun des volumes l'atome θ'' de chaleur, comme cela a lieu pour tous les atomes matériels & indécomposables; le poids atomique moyen de l'eau étant $\frac{1}{3}$ HO $= \frac{12,5 + 100}{3} = 37,53$, le produit de ce poids par sa chaleur spécifique $c = 1$ est $c \times 37,5 = 37,5$. Donc $c = \frac{m}{37,5}$ indique que, même dans l'eau, la capacité c est en raison inverse avec la masse $m = \mu\beta$ qui est le poids atomique moyen $37,5 = \frac{12,5 + 100}{3}$. En passant en revue les divers composés binaires du tableau D dont la chaleur spécifique a été déterminée par Regnault, Garnier a trouvé sensiblement ce même nombre 37,5 pour le produit de la capacité par le poids atomique moyen. Les différences des produits indiqués dans le tableau proviennent de ce que le nombre des atomes simples n'est pas toujours celui admis comme équivalent chimique. On est conduit à connaître que, comme dans l'atome HO de l'eau, de même dans ceux KO, NaO de la potasse et de la soude, il faut diviser le poids de l'atome non pas par deux mais par trois, pour obtenir le poids atomique moyen, parce que l'équivalent de potassium et de sodium est, avec l'oxygène, dans le même rapport que l'hydrogène est avec l'eau, sans cependant en conclure l'identité des équivalents chimiques et des poids atomiques.

§ 313. Regnault rencontra le même cas dans le carbone; mais comme il ignorait ou qu'il avait oublié ces rapports avec l'hydrogène, il crut qu'il faut changer la stœchiométrie chimique. Cette proposition peut être réalisée en partant du principe que, dans chaque équivalent chimique, est contenu un seul atome θ'' de chaleur; mais les sels présentent un état de chaleur spécifique qui diffère de celui des autres combinés. Les physiciens ne savaient à quoi en attribuer la cause. Cela servira ici à faire connaître en quoi consiste la différence entre 1° les *équivalents chimiques* qui ne dépendent que des équivalents électriques, et 2° les *atomes matériels* qui ne dépendent que de la masse $\mu\beta$ de molécules de barogène combinée ou mêlée avec l'atome θ'' de chaleur stationnaire; cet atome θ'' reste invariable, et il n'y a que la masse $\mu\beta$ qui diffère dans chaque substance.

TABLEAU F. — *Valeurs inexactes des chaleurs spécifiques des liquides obtenus par la méthode du refroidissement.*

NOMS DES LIQUIDES.	CHALEUR SPÉCIFIQUE		
	de 20° à 15°.	de 15° à 10°.	de 10° à 5°.
Mercure	0,0290	0,0285	0,0282
Dissolution de chlorure de calcium	0,6402	0,6589	0,6423
Alcool à 30	0,6725	0,6651	0,6582
Acide acétique	0,6589	0,6577	0,6609
— cristallisable	0,4618	0,4599	0,4587
Térébène	0,4267	0,4156	0,4154
Pétrolène	0,4542	0,4525	0,4521
Benzine	0,5052	0,5805	0,5999
Nitrobenzine	0,5498	0,5178	0,5521
Chloride d'étain	0,1410	0,1402	0,1421
Essence de citron	0,4501	0,4424	0,4489

NOMS DES LIQUIDES.	CHALEUR SPÉCIFIQUE		
	de 20° à 15°.	de 15° à 10°.	de 10° à 5°.
Chlorure de silicium	0,1904	0,1904	0,1914
— de titane	0,1828	0,1802	0,1810
— (proto)de phosphore	0,1991	0,1987	0,2017
— de soufre	0,2038	0,2031	0,2048
Sulfure de carbone	0,2200	0,2185	0,2179
Éther sulfurique	0,5157	0,5158	0,5207
— sulfhydrique	0,4772	0,4653	0,4715
— iodhydrique	0,1584	0,1581	0,1587
— bromhydrique	0,2153	0,2155	0,2164
— oxalique	0,4551	0,4521	0,4629
Esprit de bois	0,6009	0,5868	0,5901

TABLEAU G. — *Des chaleurs spécifiques des sels.*

NOMS DES SELS.	Chaleur spécifique c.	Poids atomique adopté p.	Produit $p \times c$.
Azotates Az^2, O^5, M^2O, $n=19$.			
Azotate de potasse	0,23875	1286,9	302,49
— de soude	0,27821	1069,9	297,13
— d'argent	0,14552	2128,6	305,55
Phosphates $P^2, O^5, 2M^2O$ (pyrophos.), $n=13$.			
Phosphate de potasse	0,19002	2072,1	393,79
— de soude	0,22855	1674,1	382,22
Sulfates SO^3, M^2O, $n=7$.			
Sulfate de potasse	0,19010	1091,1	207,40
— de soude	0,23115	892,1	206,21
Sulfates SO^3, MO, $n=6$.			
Sulfate de baryte	0,11285	1458,1	164,51
— de strontiane	0,14270	1148,5	164,01
— de plomb	0,08723	1895,7	165,39
— de chaux	0,19850	857,9	168,49
— de magnésie	0,22159	759,5	168,30

NOMS DES SELS.	Chaleur spécifique c.	Poids atomique adopté p.	Produit $p \times c$.
Borates B^2O^6, M^2O, $n=11$.			
Borate de potasse	0,21975	1461,9	321,27
— de soude	0,23823	1262,9	300,88
Borates $B^2O^6, 2M^2O$, $n=14$.			
Borate de potasse	0,20478	1025,9	219,52
— de soude	0,25709	826,9	212,60
Carbonates CO^2, M^2O, $n=6$.			
Carbonate de potasse	0,21623	865,0	187,04
— de soude	0,27375	656,0	181,65
Carbonates CO^2, MO, $n=5$.			
Carbonate de chaux (spath d'Islande)	0,20858	631,0	131,61
Arragonite	0,20350	631,0	131,56
Marbre saccharoïde	0,21585	631,0	136,20
— gris	0,20989	631,0	132,45
Craie blanche	0,21485	631,0	135,67
Carbonate de baryte	0,10038	1251,9	135,09
— de strontiane	0,14185	922,3	155,68
— de fer	0,10545	714,2	132,16

§ 314. **Observation sur les capacités des liquides du tableau F.** Il a été déjà bien constaté que, dans tous les corps, la capacité croît avec la température, et cependant ce rapport n'existe pas dans tous les nombres du tableau où l'on voit, dans plusieurs substances, des capacités de 15° à 10 inférieures à celle de 20° à 15, aussi bien qu'à celle de 10 à 5. Si ce cas manque dans toutes les substances, on ne devra pas attribuer ce fait à une inexactitude d'observations, qui se rencontre très-rarement, mais à une double cause d'erreur; 1° une provenant du nombre inégal d'atomes dans la surface égale S du volume, et 2° l'autre résultant du calcul où l'on introduit en rapport direct les quantités $(q + q')$ θ, q θ' de chaleur éloignée et les temps $t + t'$, t consommés pour abaisser la température d'un nombre n de degrés.

§ 315. En employant la même méthode dans les observations des capacités de gaz, des expérimentateurs habiles obtinrent des résultats véritables, et ce sont ces mêmes résultats que nous employons plus bas pour rendre évidente la double erreur qu'on doit corriger pour obtenir, par la même méthode, des résultats véritables en opérant avec les liquides ou les solides.

§ 316. **Observation sur les capacités des sels du tableau G.** En appliquant la méthode de Garnier aux capacités des sels du tableau G, on n'obtient pas un produit 37,5 ni quelque autre qui en diffère peu, la différence est trop grande pour être attribuée aux erreurs ou aux densités des corps, surtout quand on se rappelle que, dans les oxydes, les densités sont inférieures et par suite la capacité supérieure, tandis que les produits $p \times c$ indiqués dans la dernière colonne, divisés par le nombre n des atomes matériels ou des équivalents qui y sont contenus, donnent pour quotient $\dfrac{p \times c}{n}$, nombres *toujours* très-inférieurs à 37,5°; ces nombres inférieurs se rapprochent d'un nombre moyen soit $\frac{2}{3} \times 37,8 = 25$ environ; il s'agit de constater le mode de la production des combinés : 1° par l'apparition du feu qui est un mélange de lumière et de chaleur, et 2° ceux opérés par l'apparition de la chaleur seule.

§ 317. I. *Production des combinés binaires.* Avant d'entrer dans ces détails il faut prévenir le lecteur, que les combinés obtenus par une apparition de feu sont ceux connus sous le nom de binaires. Tels sont les oxydes MO, les acides MO^x, les sulfures MS, MS^x; les chlorures MCl^x, les bromures MB^x; les iodures MJ^x et l'eau HO. Par le mot feu, une personne étrangère à la science n'entend que les sentiments produits aux yeux et à la surface du corps; mais nous allons plus loin, et trouvons les éléments ou les équivalents électriques dont sont composés les deux fluides engendrés simultanément pour apparaître comme feu. Dans l'hydrogène et les autres combustibles est contenue l'électricité négative composée des équivalents $\bar{E}$; dans l'oxygène, le chlore, le brome, l'iode est contenue l'électricité positive composée des équivalents $\ddot{E}$; qui ne diffèrent pas de ceux des piles ou des machines.

Ces équivalents peuvent rester séparés, et pour en obtenir du feu il ne faut que les laisser se mêler pour produire la lumière composée des atomes $\varphi = \ddot{E}\bar{E}\ddot{E}$ et la chaleur composée des atomes $\theta = \bar{E}\ddot{E}\bar{E}$; des $3q\, \tilde{H}\bar{E} + 3q\ddot{O}\ddot{E}$ ou obtient, $3q HO + q\ddot{E}\bar{E}\ddot{E} + q\bar{E}\ddot{E}\bar{E} = 3q HO + q\theta + q\varphi$. Ainsi donc les éléments, dans l'état de l'eau, n'ont éprouvé aucun changement dans leur état, parce que, comme l'eau consiste en un équivalent positif $\ddot{H}$, qui est l'hydrogène, et en un équivalent négatif $\bar{O}$ qui est l'oxygène, le même effet a lieu pour ces deux gaz à l'état séparé. Donc les trois atomes de chaleur θ'' stationnaire contenus dans les deux volumes d'hydrogène et un volume d'oxygène restent dans l'eau; il en est de même pour tous les autres combinés binaires.

§ 318. II. **Production des combinés ternaires ou des sels.** Les atomes des oxydes consistent en atomes matériels combinés avec deux équivalents $\bar{E}^2$ d'électricité négative; ils ont donc la forme $MO\bar{E}^2$. Les atomes des acides consistent également en atomes matériels, mais ils sont combinés avec un équivalent $\bar{E}$ d'électricité positive. La production des sels résulte de l'éloignement des équivalents électriques qui se combinent : 1° les deux négatifs $\bar{E}^2$ avec un positif dont résultent les atomes $\bar{E}\bar{E}^2$ de chaleur, 2° au même temps l'oxyde matériel, qui est comme l'hydrogène $\bar{H}$ électropositif, se combine avec l'acide matériel qui est électronégatif comme l'oxygène $\bar{O}$, et c'est ainsi qu'il en résulte les *sels*.

Il y a donc une différence réelle entre 1° les combinés binaires dont la production s'opère avec une apparition de feu, et 2° les combinés ternaires, qui ne donnent naissance dans leur production qu'à de la chaleur. En ce cas il y a un excédant de perte en équivalents négatifs électriques; de sorte que la résistance r exercée contre la chaleur θ d'imbibition dans le sel n'est pas la somme de celles $r + r'$ qu'exercent séparément l'oxyde et l'acide. Cette diminution de résistance contre l'expansion de la chaleur d'imbibition correspond à une diminution des atomes θ'' stationnaires qui est la chaleur spécifique observée dans celle d'imbibition.

§ 349. III. **Production des oxydes de forme M^2O^3.** Les combinés de cet ordre ont une capacité comprise entre celle 37,5 qui correspond à l'atome moyen de l'eau, et celle

$$\frac{2}{3} \times 37,5 = 25$$

qui correspond à l'atome moyen des sels.

Ce cas singulier s'arrange en effet directement avec la quantité de chaleur et de lumière qui se forment dans la production de ces combinés; car la quantité des atomes de lumière $q\varphi$ n'est pas égale mais inférieure à celle $(q + q')\theta$ de chaleur produites de la manière suivante :

$$2M^3\bar{E}^6 + 2O^3\bar{E}^3 = 2M^2O^3 + \dot{\bar{E}}\ddot{\bar{E}}\dot{\bar{E}} + 4\ddot{E}\ddot{E}\ddot{E} + \bar{E}^3 =$$
$$M^4O^6\bar{E}^3 + \varphi + 4\theta.$$

Ce cas n'a lieu dans aucun autre ordre des combinés binaires; il ne faut pas nous écarter de l'objet principal pour poursuivre cette origine de diminution des capacités dans les sels de forme CO^2MO analogue qui donnent le produit moyen 133, tandis que celui des oxydes $M^2 O^6$ est 169.

§320. **Observations sur les sulfures.** Dans l'équivalent chimique du soufre est contenu un seul équivalent négatif $\bar{E}$ électrique, comme cela a lieu pour l'oxyde de carbone; les deux volumes de l'hydrogène ne contiennent qu'un semblable équivalent, tandis que chaque équivalent de carbone ou métallique contient trois équivalents $\bar{E}^3$ d'électricité négative. Donc la combinaison du soufre avec le carbone et les métaux résulte de son état électronégatif inférieur à celui des métaux; le même effet a lieu pour l'hydrogène qui, étant moins électronégatif que le soufre, produit avec celui-ci un acide. Cet objet fera partie de la chimie; cependant il est impossible de séparer entièrement les faits chimiques de ceux de la physique.

§321. *Capacité des liquides de températures différentes.* Nous avons démontré l'augmentation brusque de la capacité des solides dans la température peu éloignée du point de fusion; le même effet se produit pour les liquides dans les températures peu éloignées du point d'ébullition. Cependant ce point n'est pas constant comme celui de la fusion, mais la température baisse avec la diminution de la pression pour atteindre son minimum dans le vide; le même point d'ébullition acquiert une température croissante sous l'influence de la pression dont la limite est indéfinie; pour cette raison, il est impossible d'atteindre le maximum de capacité des fluides, comme cela s'opère pour les solides.

La capacité des vapeurs diffère de celle des liquides parce qu'elles n'occupent pas, sous un même volume $v + v'$, la quantité de chaleur Θ contenue par le même poids sous le volume *v* inférieur. Les physiciens, négligeant cette différence de volume, déclarent la capacité des vapeurs moitié moindre que celle des solides, et cela même dans les pressions différentes des gaz ou vapeurs, avec la condition de ne pas faire augmenter la compression jusqu'à la liquéfaction des vapeurs, quand la même masse, après avoir perdu sa chaleur latente en restant dans la même température, obtient une capacité plus que double de celle qu'on lui attribue quand la diminution de la pression permet au liquide de rendre latente une quantité de chaleur et d'obtenir un volume presque mille fois plus grand,

III. — CAPACITÉ DES GAZ ET DES VAPEURS SOUS LE RAPPORT DES POIDS ET DES VOLUMES.

§ 322. Dans les températures élevées et sous la pression atmosphérique *p*, les vapeurs ne diffèrent point des gaz relativement à leur expansion; mais aux basses températures et sous de grandes pressions les vapeurs passent à l'état liquide, tandis que cela n'a pas lieu pour les *gaz permanents;* donc les vapeurs acquièrent les propriétés des gaz, sans que ceux-ci puissent obtenir celles des vapeurs. On a même fait voir la différence entre les vapeurs et les gaz dans les vitesses du refroidissement opéré sous les pressions de 4 à 6 millimètres (§ 184).

§ 323. **Cause de la différence entre les gaz permanents et les vapeurs.** Des masses μ, μ' de barogène il ne résulte d'autre différence que celle du poids. Les équivalents chimiques ne sont que des quantités de masses $\alpha\theta''$, $\gamma\phi''$ de chaleur et de lumière mêlés avec les molécules μ, $\mu+\mu'$, $\mu+\mu''$... de barogène. Donc les atomes matériels α comme équivalents chimiques ne présentent entre eux que des différences entre les poids atomiques; tandis que, sous le rapport de leur état physique, les différences sont d'origine différente.

§ 324. *Vapeur.* Dans les équivalents chimiques $\sigma = \theta'' + \mu\beta$ il entre une quantité de chaleur latente $''\theta$, et ils deviennent $\sigma' = ''\theta + \theta'' + \mu\beta$ dans la vapeur; les atomes d'eau HQ, par exemple, doivent se combiner avec la chaleur latente $''\theta$ pour passer à l'état de vapeur. Pour en éloigner cette chaleur $''\theta$, il faut abaisser la température ambiante ou bien augmenter la pression atmosphérique p.

§ 325. *Gaz permanents.* Les équivalents chimiques doivent se combiner avec l'une des deux électricités pour devenir $\sigma'' = \bar{E} + \theta'' + \mu\beta$ ou $\sigma''' = \bar{E} + \theta'' + \mu'\beta$. Les équivalents de l'atome HQ d'eau se combinent avec l'électricité et deviennent non pas vapeur mais gaz permanent. On peut de la vapeur éloigner la chaleur latente $''\theta$ par la manière indiquée, mais cela n'est pas possible pour l'électricité qui ne s'éloigne ni dans le froid ni sous les grandes pressions.

A cause de la chaleur stationnaire θ'' contenue dans chaque équivalent chimique, la capacité pour la chaleur en dépend également pour ces équivalents, soit à l'état de vapeur, soit à l'état de gaz permanent, et cette capacité peut être déterminée au moyen de la vitesse de refroidissement, comme cela a lieu pour les solides et les liquides. La capacité de la même masse de gaz m est différente; quand elle est contenue dans un volume v ou $v + v'$; pour en obtenir le rapport, on emploie le refroidissement et le thermomètre à air ou à gaz; il serait d'une médiocre importance de donner la description des expériences et des appareils, si en même temps nous n'étions pas en état de prouver la production des faits suivants la loi statique et l'homogénéité des fluides représentés par des termes différents.

A. CAPACITÉ DES GAZ.

§ 326. Les expériences sont basées sur le refroidissement; l'appareil très-compliqué employé dès l'origine par Bérard et Delaroche donna des résultats contenus dans le tableau suivant, résultats assez différents de ceux obtenus par les expérimentateurs postérieurs.

TABLEAU H. — *De chaleurs spécifiques en poids et en volume.*

GAZ indécomposables.	CHALEUR SPÉCIFIQUE			GAZ décomposables	CHALEUR SPÉCIFIQUE		
	sous le même volume, celle de l'air étant 1.	sous le même poids, celle de l'air étant 1.	sous le même poids, celle de l'eau étant 1.		sous le même volume, celle de l'air étant 1.	sous le même poids, celle de l'eau étant 1.	sous le même poids, celle de l'air étant 1.
Air.	1,0000	1,0000	0,2669	Acide carbonique.	1,2585	0,8280	0,2210
Oxygène.	0,9765	0,8848	0,2361	Protoxyde d'azote	1,3503	0,8878	0,2369
Hydrogène. . . .	0,9035	12,3401	3,2936	Gaz oléfiant. . . .	1,5559	1,5765	0,4207
Azote.	1,0000	1,0318	0,2754	Oxyde de carbone.	1,0340	1,0805	0,2886

Ces résultats, quoique peu exacts, ont cependant suffi pour faire connaître que les capacités des gaz sont, comme celles des solides, en rapport direct avec les nombres des équivalents ou les atomes matériels *a* qui sont dans les gaz de volume égal. Cet objet a été poursuivi avec un grand succès par Marcet et de la Rive, qui en publièrent les résultats en 1835. D'autres résultats qui, jusqu'à cette époque, ont paru être les plus exacts, ont été publiés en 1853 par Regnault.

§ 327. **Description de l'expérience.** L'appareil consiste en un vase cylindrique *v* (fig. 34) en cuivre très-mince de 37 millimètres de hauteur et de 33 millimètres de largeur,

Figure 34.

traversé par un petit serpentin en cuivre dont les deux extrémités dépassent de quelques millimètres la base supérieure du vase *v* et reçoivent deux tubes de verre *a*, *b*, qui communiquent avec les gazomètres. Un thermomètre T est placé au milieu du vase *v* suspendu par la tige de ce thermomètre T et les tubes *a*, *b* au milieu du ballon B en cuivre noirci en dedans et dans lequel on peut faire le vide par le tube *v*.

§ 328. L'appareil est placé dans une salle dont la températeure est constante, et le vase v est rempli d'essence de térébenthine dont la capacité connue est environ moitié moindre que celle de l'eau, afin de rendre les changements de températures plus sensibles. On échauffe le vase v et on le dispose dans le ballon B dans lequel on fait le vide, et qu'on plonge ensuite dans un bain à la température ambiante. On observe alors sur la colonne T du thermomètre le temps t que met la limite L de mercure à descendre la distance d contenant n longueur λ des degrés thermométriques, de 20° à 15°, par exemple.

§ 329. On répète ensuite cette expérience dans les mêmes conditions, mais en faisant circuler dans le serpentin un courant régulier d'air sec à la température ambiante. Alors la limite L du mercure descend la distance d en un espace de temps inférieur $t - t'$. On fait enfin une troisième expérience en faisant circuler le gaz g bien desséché dont on veut comparer la capacité c' avec celle c de l'air ou avec celle c'' d'un autre gaz ; alors la limite L parcourt la distance $d = 5\lambda$ en un espace de temps indiqué par $t - t' \pm t''$.

§ 330. Si la capacité c de l'air est α fois celle c' du gaz g, le temps $t - t'$ sera α fois inférieur à celui $t - t' + t''$, car la distance $d = 5\lambda$ qu'a parcourue la limite L sert à mettre en rapport les temps $t - t'$, $t - t' + t''$ avec les quantités $(q + q')\theta$, $q\theta$ de chaleur qui passent en une minute du liquide dans l'air ou le gaz g ; ainsi résulte l'équation entre les deux rapports inverses des temps $t - t' + t''$, $t - t$, 1° avec les quantités $(q + q')\,\theta$, $q\theta$ de chaleur éloignée, et 2° avec les capacités c, c' ; on a donc

$$(a) \qquad t - t' : t - t' + t'' = q\theta : (q + q')\theta, \quad t - t' : t - t' + t = c' : c ;$$
$$\text{d'où} \qquad q\theta : (q + q')\theta = c' : c.$$

§ 331. En indiquant par v, v' les volumes égaux de l'air et du gaz g qui passent en une minute par le serpentin, $c \times v$, $c' \times v'$ seront les quantités de chaleur $(k + k')\,\theta$, $k\theta$ qui passent en cette minute du liquide dans l'air et dans le gaz g; en une minute la limite L parcourt la distance δ pour l'air et celle $\delta - \delta'$ pour le gaz g; distances en rapport direct avec les quantités $(k + k')\theta$, $k\theta$ de chaleur indiquées également par les produits $c \times v$, $c' \times v'$; ainsi l'égalité entre les deux rapports est obtenue comme ci-dessus.

$$(\beta) \qquad (k + k')\theta : k\theta = \delta : \delta - \delta', \quad (k + k')\theta : k\theta = c \times v : c' \times v';$$
$$\text{d'où} \qquad c : c' = v' \times \delta : v(\delta - \delta').$$

§ 332. En désignant par δ'' la distance parcourue par la limite L en une minute quand le refroidissement se fait sans une circulation d'air ou de gaz, elle est inférieure à celles δ, $\delta - \delta'$, et l'on peut en prendre les différences $\delta - \delta''$, $\delta - \delta' - \delta''$ pour les introduire à la place de δ et $\delta - \delta'$ de l'équation (β). De cette manière sont éloignés du calcul les termes t, $t - t'$, $t - t' + t''$ qui indiquent le temps, et les résultats obtenus sont véritables. On n'a pas procédé ainsi dans les calculs sur les résultats obtenus par les observations analogues des liquides, et c'est pour cela que ces calculs ont donné des résultats qui ne correspondent pas aux faits.

On évite les calculs en opérant avec deux appareils de dimensions différentes; alors on obtient deux équations semblables à celle (β) dont on détermine les capacités c, c' en termes des distances δ, $\delta - \delta'$ qui correspondent aux quantités de chaleur $(k + k')\theta$, $k\theta$, quantités homogènes avec celles indiquées par les capacités c, c'.

TABLEAU I. — *Des capacités des gaz et des vapeurs.*

NOMS DES GAZ.	CHALEURS spécifiques		NOMS DES GAZ.	CHALEURS spécifiques	
	en poids.	en volumes		en poids.	en volumes
Gaz indécomposables permanents.					
Air.	»	0,2377	Hydrogène.	5,4046	0,2556
Oxygène.	0,2182	0,2612	Oxyde de carbone.	0,2470	0,2399
Azote.	0,2440	0,2370			

NOMS DES GAZ.	CHALEURS spécifiques		NOMS DES GAZ.	CHALEURS spécifiques	
	en poids.	en volumes		en poids.	en volumes
Vapeurs de forme de gaz.					
Chlore	0,1214	0,2962	Acide chlorhydrique	0,1845	0,2502
Brome	0,5518	0,2992	— sulfhydrique	0,2125	0,2888
Protoxyde d'azote	0,2938	0,3415	Gaz ammoniac	0,5080	0 2994
Deutoxyde d'azote	0,2315	0,2400	Hydrogène protocarboné	0 5929	0 5277
Acide carbonique	0,2104	0,3308	Hydrogène bicarboné	0,3694	0,5572
— sulfureux	0,1553	0,3489			
Vapeurs.					
Vapeur d'eau	0,4750	0,2950	Éther acétique	0,4008	1,3184
— de sulfure de carbone	0,1575	0,6156	Vapeur d'acétone	0,4125	0,8341
— d'alcool	0,4513	0,7171	— de benzine	0,3754	1,0114
— d'éther	0,4818	0,2288	— d'essence de térében-thine	0,5081	2,3770
— — chlorhydrique	0 2737	0,6117	— de chlorure phospho-reux	0,1349	0,6380
— — bromhydrique	0,1810	0,0777	— de chlore arsénieux	0,1132	0,7013
— — sulfhydrique	0,4005	0,2568	— — de silicium	0,1339	0,7788
— — cyanhydrique	0,4255	0,8293	— — d'étain	0,0939	0,8039
— de chloroforme	0,1568	0,8310	— — de titane	0,1263	0,8034
— de liqueur des Hol-landais	0,2293	0,7911			

§ 333. I. Les gaz permanents se distinguent des vapeurs par le manque de chaleur latente qui y est remplacée par l'électricité.

II. La vapeur d'eau consiste en vésicules d'eau et de chaleur latente décomposée en électricité positive et négative qui y sont à l'état dissimulé.

III. Entre les gaz permanents et la vapeur d'eau, se trouvent les vapeurs des autres substances liquides qui sont composées d'atomes matériels ou des molécules de barogène $\mu\beta$ mêlées avec les éléments de la chaleur et les équivalents électriques $q\bar{E}$ ou $q\bar{E}$ en quantités différentes.

§ 334. Comme par l'éloignement de la chaleur latente sq^{v}, les liquides passent à l'état solide, de même par l'éloignement de cette chaleur les vapeurs obtiennent l'état liquide sans qu'en même temps leurs équivalents électriques éprouvent aucune modification. Donc tous les gaz non permanents sont des vapeurs qui diffèrent entre elles par les équivalents électriques positifs ou négatifs, outre cela, ils contiennent la chaleur latente à l'état d'électricité dissimulée.

Après avoir prouvé que la chaleur spécifique croît dans les températures supérieures, et celle de la vapeur d'eau ayant été trouvée presque la moitié de celle de l'eau, on doit être amené à connaître que la chaleur latente $'\Theta$ de l'eau et celle $''\Theta$ de la vapeur s'y trouvent non plus comme telles, mais décomposées en deux électricités qui sont maintenues à l'état dissimulé par les enveloppes des vésicules dont sont constituées toutes les espèces de vapeurs : l'électricité positive est dans leur intérieur et la négative dans leur surface. Pour cette raison la capacité de la glace ne diffère pas de celle de la vapeur.

B. RAPPORT ENTRE LES CAPACITÉS A VOLUME CONSTANT ET A COMPRESSION CONSTANTE, ET DUPLICITÉ D'ERREURS DANS LES CALCULS DES PHYSICIENS.

§ 335. La masse d'air m occupant l'espace e par son volume V ayant pour capacité C', lorsque la même masse m pourra se dilater par l'échauffement en restant sous la même pression, l'espace $e+e'$ sera occupé par le volume V+V', et alors il y aura une addition de capacité C'', de sorte que la même masse m de gaz obtiendra, sous le volume V+V, une capacité $c' + c'' = c$.

Cet objet a occupé et occupe encore beaucoup les expérimentateurs qui, n'étant que de purs empiriques, n'ont aucun guide basé sur la loi statique. Nous allons exposer ici la description de l'observation simple basée sur les changements des volumes employés pour déterminer les températures. La différence consiste en cela : la répulsion exercée contre les atomes matériels σ de la masse m peut provenir 1° de la chaleur θ' d'imbibition indiquée par le thermomètre et pénétrant le vase, ou 2° de la chaleur θ''

stationnaire analogue à la capacité qui, restant inséparable des atomes matériels, ne peut pas pénétrer le vase ; au lieu de considérer tous les changements de volume des gaz comme des résultats directs de répulsion de la part des atomes de chaleur θ'' et θ', les physiciens lui attribuent seulement la dilatation produite de la chaleur θ' d'imbibition.

§336. **Description de l'observation.** Un ballon (fig. 32) d'une capacité de 30 à 40 litres communique avec un tube en U contenant, comme les thermoscopes, de l'acide sulfurique concentré dont h est l'index ou la limite L qui parcourt les distances λ indiquant les degrés ou le volume v, qui exprime la répulsion R augmentée ou diminuée de la quantité v'. En attribuant le volume V à la répulsion R, celui $V + v'$ résultera de la répulsion $R + r'$, et celle-ci sera produite par la quantité $(Q+Q')\theta$ d'atomes de chaleur dont une partie $Q\theta''$ est à l'état stationnaire, et celle $Q\theta'$ à l'état d'imbibition ; celle-ci peut traverser le ballon, tandis que l'autre $Q\theta''$ ne le peut pas ; c'est sur cette différence qu'est basée l'expérience suivante qui est très-instructive à cause du cas indiqué.

En éloignant du ballon une masse médiocre m' d'air au moyen de la machine pneumatique, la répulsion diminue et devient $R - r$, à cause de la quantité $q\,\theta''$ de chaleur stationnaire contenue dans la masse m' d'air éloigné, et il ne reste dans la masse $m - m'$ que la différence $(Q - q)\,\theta''$ de chaleur stationnaire ; tandis que la chaleur $Q\theta'$ d'imbibition reste invariable. Donc le volume V devient $V - v'$ et la limite L, par son abaissement, indique le volume v' disparu qui correspond à la quantité $q\,\theta''$ de chaleur stationnaire éloignée qui a occasionné la diminution $R - r'$ de la répulsion.

En ouvrant le large robinet r, l'air se précipite dans le ballon avec sa chaleur $q'\theta''$ stationnaire et $q''\theta'$ d'imbibition, la répulsion devient presque instantanément R' et la limite L parcourt l'espace e' égal au volume v', pour monter à la hauteur h qui correspond au volume V; Celui-ci fait connaître qu'en ce moment la répulsion R' ne diffère pas de celle R qui était au commencement, mais il n'est pas en même temps indiqué si, dans les deux cas, elle résulte des mêmes portions de chaleur stationnaire $Q \theta''$ et de chaleur d'imbibition $Q' \theta$.

La répulsion R résulte dans la masse m d'air de la chaleur $(Q + Q') \theta$; d'une égale quantité de chaleur, résulte aussi la répulsion R', mais les portions des deux états de chaleur sont différentes; car la répulsion R' résulte des portions $(Q - q) \theta'' + (Q + q) \theta'$; donc à la chaleur stationnaire $(Q - q) \theta''$ correspond une masse $m - m''$ d'atomes inférieure à celle m qui contenait la quantité $Q\theta''$ de chaleur.

De la chaleur initiale $(Q + Q') \theta = Q \theta'' + Q' \theta'$ il ne s'écoule rien au dehors, parce qu'il y a équilibre entre la chaleur d'imbibition interne et externe, mais tel n'est plus le cas pour la chaleur en égale quantité, quand elle est à l'état différent $(Q - q) \theta'' + (Q + q) \theta'$; car de la quantité $(Q + q) \theta'$ s'éloigne l'excédant $q \theta'$ qui peut traverser le vase, tandis que du dehors ne peut pas pénétrer une masse m'' d'air contenant la quantité $q \theta''$ de chaleur stationnaire. Ainsi après l'éloignement de la chaleur $q\theta'$, la répulsion devient $R' - r''$, le volume diminue et devient $V - v'$, et l'espace e' analogue à ce volume v' est parcouru par la limite L; dans la colonne h cet espace e' est subdivisé en longueur λ de degrés thermométriques qui expriment aussi la quantité $q\theta'$ de chaleur introduite dans le ballon avec une masse m'' d'air inférieure à celle m' éloignée.

La masse m'' avait hors du ballon le volume V' et la chaleur d'imbibition $q \theta'$; dans le ballon la masse $m - m'$ d'air du volume V avait la chaleur d'imbibition $Q\theta'$, ainsi la masse $m + m'' - m'$ s'est trouvée avoir dans le volume $V + V'$

la chaleur $Q\theta' + q\theta'$ et dans le volume V seulement la chaleur $Q\theta'$; qui sont dans le rapport $(Q + q) : Q = 1,421 : 1$.

§ 337. Comparaison de cette observation avec celles des physiciens. Au lieu de comparer les degrés de répulsions R, R $\pm r$ au moyen des volumes V, V $\pm v'$ et des hauteurs H, H $\pm h$ de la limite L de l'indice qui sont entre eux en rapport direct, les physiciens considèrent 1° la hauteur H et le volume V comme le résultat d'une pression extérieure p; 2° l'abaissement de la limite L, la hauteur H $- h'$, et le volume V $- v'$ obtenus par l'éloignement de la masse m de gaz ne sont pas attribués à une diminution de répulsion R $- r$, mais à une pression supérieure $p' = p + \pi'$; 3° l'élévation de la limite L dans la hauteur H et l'apparition du volume V par l'introduction de la masse $m' - m''$ de gaz avec la quantité $q\,\theta'$ de chaleur sont également attribuées à une pression p dans laquelle ne peut exister aucune différence, analogue à la répulsion R' égale à la précédente R et résultant d'une égale quantité d'atomes de chaleur $(Q + Q')\,\theta$, mais ces atomes produisent la répulsion R étant $Q\,\theta''$ à l'état stationnaire et $Q'\,\theta$, à l'état d'imbibition; tandis que la répulsion R, est produite par la quantité $(Q - q)\,\theta''$ de chaleur stationnaire contenue dans la masse $m - m''$ de gaz et par la quantité $(Q + q)\,\theta'$ de chaleur d'imbibition introduite dans le ballon avec la masse $m' - m''$ d'air; 4° l'abaissement de la limite L dans la hauteur H $- h''$ est attribué à une diminution du volume qui devient V $- v''$ à cause de la diminution de la répulsion devenue R $- r''$ par l'éloignement de la chaleur $q\,\theta$; nonobstant cette contradiction, les physiciens étaient obligés de représenter cette diminution de répulsion par une augmentation de pression $p'' = p + \pi''$.

§ 338. Double erreur dans les calculs des physiciens. Après avoir représenté les pressions p, $p' = p + \pi'$, $p'' = p + \pi''$ de la manière indiquée en rapport inverse avec les volumes V, V $- v$, V $- v'$, on fait entrer ces pressions dans le calcul en raison directe avec les volumes et avec les dilatations.

$$(\gamma)\quad \frac{p}{p+\pi}=\frac{p}{p'}=\frac{1+\alpha+\alpha\chi}{1+\alpha t},\quad \text{d'où}\quad \chi=\frac{p-(p+\pi'')}{p+\pi''}\times\frac{1+\alpha t}{\alpha},$$

Dans ce calcul se glissent deux erreurs dont l'une compense l'autre, et c'est ainsi qu'on obtient une valeur véritable pour χ.

Première erreur. Dans l'équation (γ), p ne peut pas être plus petit que $p+\pi''$, et $1+\alpha+\alpha\chi$ plus grand que $1+\alpha$.

Deuxième erreur. En représentant par α le coefficient de la dilatation de l'air, la valeur indiquée de χ ne peut pas être exprimée en termes de pressions.

§ 339. **Compensation des deux erreurs.** 1° L'équation (γ) a lieu quand p indique la répulsion R, et p'' la répulsion R — r; car c'est alors que les termes p ou R' et $1+\alpha t+\alpha\chi$ sont plus grands que ceux p'' ou R' — v'' et $1+\alpha t$. 2° La valeur de χ est ainsi exprimée en termes de p, p'' qui indique la répulsion R', R — v'', et en termes de α qui indique la dilatation analogue des répulsions.

Rien n'est plus capable d'égarer les physiciens qu'une double erreur; heureusement qu'on rencontre rarement des cas de compensations tels que le précédent; car alors il devient absolument impossible de démontrer de semblables erreurs doubles, si elles ne sont pas dans des calculs mathématiques.

§ 340. **Différences entre les gaz permanents et les vapeurs.** Dulong est parvenu à constater l'identité de capacité de tous les gaz permanents; tandis que cela n'a pas lieu pour les vapeurs dans lesquelles se trouve la chaleur latente "Θ décomposée et en raison inverse avec les quantités d'équivalents électriques des atomes chimiques :

air,	oxygène,	hydrogène,	oxyde de carbone,	oxyde d'azote,	acide carbonique,	gaz oléfiant.
1,000	1,000	1,000	1,000	1,227	1,240	1,754

§ 341. **Conséquences.** Si l'on prend pour unité la chaleur $q\theta''$ spécifique de l'air à volume V constant, la quantité $(q+q')\theta'$ de chaleur nécessaire pour élever de 1° l'air y contenu, mais libre de se dilater pour devenir V+V', sera 1,421, et la différence $0,421 = q\theta$ représente l'effet thermométrique obtenu par l'expérience décrite au moyen de la masse m'' d'air avec une quantité $q''\theta''$ de chaleur stationnaire et une quantité $q''\theta'$ de chaleur d'imbibition, c'est donc l'éloignement de cette chaleur $q''\theta'$ qui produit l'effet thermométrique observé, car cette chaleur $q''\theta'$ d'imbibition peut pénétrer du vase en dehors, mais la quantité égale $q''\theta''$ de chaleur stationnaire contenue dans la masse m'' d'air ne peut pas entrer du dehors dans le vase. C'est ce cas singulier qui donne la clef nécessaire pour résoudre plusieurs questions de ce genre.

CHAPITRE II.

DU RAPPORT ENTRE LES TROIS ÉTATS DES CORPS ET LA CAUSE COMMUNE DE LA PESANTEUR ET DE LA CHALEUR LATENTE.

§ 342. Guidés par les faits observés directement, nous sommes parvenu à constater dans les corps les éléments matériels σ composés d'atomes θ'' de chaleur stationnaire mêlés avec la masse composée de molécules β nommée *barogène*. I. Les atomes σ ainsi composés sont contraints d'éprouver une répulsion de la part de la chaleur d'imbibition θ', et cela à cause de l'expansion de cette chaleur et de la résistance qu'elle éprouve dans la chaleur stationnaire θ''. II. Les mêmes atomes σ éprouvent, au moyen de leur masse $\mu\beta$, deux compressions inégales : 1° une supérieure $P + p$ produite de la part du barogène B venant de l'espace et de celui b venant de l'atmosphère, et 2° une pression inférieure $P + p - \mathbf{p}$ produite de la différence $B + b - \mathbf{b}$. De ces deux pressions, la supérieure $P + p$ provenant de la part du barogène $B + b$ est *géomole*, parce qu'elle est dirigée de l'espace vers la Terre ; la pression inférieure $P + p - \mathbf{p}$ provenant de la part du barogène $B + b - \mathbf{b}$ est *géophyxe*, parce qu'elle est dirigée de la Terre vers l'espace.

§ 343. De ces deux pressions inégales et opposées exercées sur la masse $\mu\beta$ des atomes σ, résulte un équilibre détruit qui se manifeste dans les corps par une tendance à se rapprocher de la surface de la Terre chaque fois qu'ils s'en trouvent éloignés. La différence $B + b - (B - b) = b + b$ exprime à la fois la rupture de l'équilibre et la tendance apparente des corps à se rapprocher vers la Terre.

§ 344. Les atomes a matériels $= \theta'' + \mu\beta$ éprouvent, au moyen de leur chaleur c'' stationnaire de la part de la chaleur θ' d'imbibition, les répulsions $R - R'$, R ou $R + R'$ des degrés analogues aux densités $\delta - \delta'$, δ, $\delta + \delta'$ de la chaleur d'imbibition θ'. Ces répulsions peuvent se présenter sous trois rapports comparativement aux pressions exercées extérieurement aux mêmes atomes. 1° La répulsion $R - R$ est admise comme inférieure à chacune des deux pressions $P + p$ ou $P + p - p$; 2° la répulsion R est supérieure à la pression $P + p - p$ et inférieure à celle $P + p$; enfin 3° la répulsion $R + R'$ est supérieure aux pressions $P + p$ et $P + p - p$.

Il en résulte la possibilité des deux changements dans les états des corps dont chacun est l'effet de la répulsion R ou $R + R'$ obtenue au moyen de la chaleur θ' en densités δ ou $\delta + \delta$. 1° La *liquéfaction* des solides a lieu pour chaque corps à un point de fusion qui est le même aussi pour la solidification; alors les atomes a éprouvent de la part de la chaleur θ' la répulsion R d'intensité égale à la pression $P - p + p$ exercée de la part du barogène $B + b - b$. 2° La *vaporisation* des liquides a également lieu, pour chaque corps, à un point d'ébullition quand la pression $P + p$ résulte de la somme $B + b$ de barogène B de l'espace et de celui b de la colonne atmosphérique. Mais dans les cas où se trouve interceptée la pression p qui résulte du barogène b de la colonne atmosphérique, comme cela peut s'opérer dans le vide; alors il n'est plus besoin d'une densité $\delta + \delta'$ de chaleur θ', parce que, par la diminution de la pression de $P + p$ à P, diminue aussi la répulsion de $R + R'$ à $R + R' - r$.

§ 345. Au contraire, si la pression $P + p$ augmente jusqu'à devenir de plusieurs atmosphères $P + np$, la répulsion

R + R' provenant de la densité $\delta + \delta'$ de chaleur θ' n'est plus suffisante, mais il en faut une supérieure; de sorte qu'il n'existe pas un point d'ébullition absolu analogue à celui des liquéfactions, car le passage des solides à l'état liquide est de la même température également sous la pression p atmosphérique et dans le vide.

Le retour des vapeurs à l'état liquide ne dépend pas directement de la température seule, mais aussi de la pression $P + np$ qui peut obtenir tous les degrés; nous parvenons ainsi à prouver l'homogénéité du barogène contenu : 1° dans les corps liquides; 2° dans la colonne atmosphérique, et 3° dans les courants qui parcourent l'espace où les corps célestes se font écran, analogues aux masses de barogène **b**, **b'**, **b″** qu'ils contiennent. Telles sont les connaissances préliminaires nécessaires à l'arrangement des faits observés dans l'espace planétaire et de ceux qui nous occupent ici.

§ 346. Dans le siècle précédent les chimistes, guidés par les faits observés, regardaient la chaleur comme un fluide ayant une existence analogue à celle des gaz; ils nommaient ce fluide *calorique* et lui attribuaient à la fois la *fusion* et la *dissolution*, sans cependant être en état de constater en quoi consiste la différence entre ces deux espèces de liquéfaction.

Les physiciens du siècle actuel ont fait un pas en avant au moyen de plusieurs séries de faits basées sur cette loi physique que les fluides ne peuvent produire aucun fait que sur ceux qui leur sont *homogènes*. Les physiciens français, pour fixer cette homogénéité, ont admis un fluide nommé *éther*, et ils ont essayé d'en déduire la lumière, la chaleur et la pesanteur en lui attribuant des vibrations et des ondulations de genres et d'espèces différents pour donner naissance auxdits fluides. Ils établirent ces hypothèses, parce qu'ils ignoraient l'origine du mouvement et le mode de la production de faits attribué à une propriété nommée *affinité*, sans être capables de remonter à leur origine; ainsi en voulant, par ces causes inconnues, expliquer les faits aussi inconnus, les physiciens laisseront échapper l'occasion de faire le dernier pas qui est la connaissance du mode de la production des faits.

§ 347. L'éther qu'ils admettent répandu dans tout l'espace, même dans celui occupé par les corps, se trouve, suivant eux, en équilibre et en repos; la chaleur, la lumière et la pesanteur étant des espèces de vibrations de cet éther sont admises comme procédant par causes inconnues : ces causes sont quelquefois nommées *actions chimiques ;* d'autres fois on admet le contraire, et celles-ci sont attribuées à la chaleur ou à la lumière. Ces erreurs et plusieurs autres ont empêché le système des ondulations de pénétrer chez les autres nations; il n'est même admis en France que par un certain nombre de physiciens.

§ 348. I. Pour remonter à l'origine du mouvement, il est absolument nécessaire d'admettre un fluide non pas en équilibre, mais tel qu'il a éprouvé une compression indéfinie pour obtenir, comme les ressorts, une quantité indéfinie de mouvement dont la manifestation ne peut être niée de personne.

§ 349. II. Pour remonter à l'origine du mode de la production des faits, il faut admettre que les ondes du fluide en expansion ou leurs segments de volume égal contiennent les molécules $e + e'$ et e de fluide primitif en densités $\partial + \partial'$ et ∂ différentes, de sorte que de la quantité e' une partie passe spontanément dans l'espace occupé par la portion e inférieure, et l'équilibre ainsi obtenu est le *fait produit.* Les combinaisons chimiques ont toujours lieu entre des éléments hétéroélectriques; dans les électropositifs le fluide est en densité plus forte que dans les électronégatifs. Tels sont les faits qui conduisent à connaître que le fluide primitif ne se trouve plus dans l'état d'équilibre admis par les physiciens, mais que, divisé en deux masses inégales $M + M'$ et M, il a éprouvé une compression pour être réduit en deux points physiques égaux contenant le fluide en densités $\delta + \delta'$ et δ. Ce sont donc les ondes du même fluide, mais en densités différentes, qui donnent naissance aux faits cosmiques.

Les ouvrages des physiciens ne contiennent rien de ce qui vient d'être dit sur l'origine du mouvement et sur le mode de la production des faits qu'on attribuait à l'*affinité*, vain mot sans réalité cosmique. Nous cherchons à rendre les faits clairs en évitant les malentendus provenant des mots par l'usage, mais sans signification réelle. La seule difficulté inévitable consiste dans les faits eux-mêmes dont toutes les séries ne peuvent être exposées à la fois dans un tableau, mais l'une après l'autre, et nous nous trouvons entourés d'expérimentateurs dont chacun n'examine qu'une seule de ces nombreuses séries.

§ 350. La liaison de la pesanteur avec les trois états des corps rend cette partie de la physique très-importante, parce que les changements de l'état des corps ne dépendent pas seulement de la chaleur observée et de son passage à l'état latent, mais aussi de la pesanteur qui se présente sous deux degrés, dont chacun donne naissance à un changement d'état. Les détails de ces changements dans l'état des corps vont être disposés de telle manière que personne ne puisse désormais conserver aucun doute sur l'origine et la nature de la pesanteur qui, grâce à la clarté qu'elle répand, rend facile l'explication de faits de tout genre.

I. — FUSION ET SOLIDIFICATION DES CORPS PAR LA CHALEUR ET LE FROID.

§ 351. A l'état solide les corps conservent la forme de leur surface, parce que leurs éléments matériels σ ne peuvent pas quitter la position que chacun d'eux occupe pour aller se placer à côté d'autres éléments. Cet état disparaît au moyen d'une quantité de chaleur $q'\theta$ qui diffère pour chaque corps; elle cesse d'affecter l'organe du tact et le thermomètre, et son existence n'est plus sensible que dans la capacité du liquide qui étant c dans le solide augmenté et devient C dans le liquide. Les physiciens ignoraient parfaitement l'état stationnaire θ'' de la chaleur, et c'est pour cela qu'ils croyaient que la quantité $q'\theta$ de chaleur latente ne laisse aucune trace sensible de son existence. La chaleur stationnaire $\alpha\theta''$ du solide augmente et devient $(\alpha + q)\theta''$ quand la quantité $q\theta'$ de chaleur devient *latente* et que le corps de solide devient liquide.

Les physiciens ignoraient ce fait que les atomes matériels α sont un mélange $\alpha\theta'' + \mu\beta$ de chaleur et de masse de barogène, et que, par suite, l'augmentation de la chaleur stationnaire qui devient $(\alpha + q)\theta''$ dans le liquide, ne pouvait pas servir comme preuve de la quantité $q\theta'$ de chaleur devenue latente. Ici, au contraire, cette augmentation de capacité pour la chaleur, qui résulte de la chaleur stationnaire devenue $(\alpha + q)\theta''$, conduit à connaître l'identité de l'état de la chaleur stationnaire précédente $\alpha\theta''$.

§ 352. Le changement de l'état liquide en état solide s'opère au moyen de l'éloignement de la quantité $q\theta$ de chaleur qui cesse d'être stationnaire et devient chaleur d'imbibition. Il paraît impossible de méconnaître dans ces faits que c'est la chaleur $q\theta$ qui, devenue stationnaire, se présente comme capacité supérieure C, et qu'en cet état c'est elle qui entretient la liquidité du corps. La même quantité $q\theta$ de chaleur devenue sensible et séparée, la capacité diminue et le corps devient solide.

§ 353. Les alliages ne passent pas, comme la glace, immédiatement à l'état liquide, car ils se ramollissent avant de tomber en fusion. Le même effet a lieu également pour toutes les substances organiques; par exemple, la cire, la résine, la poix, etc. Par l'élévation de température la masse de ces substances devient en effet plus liquide, mais l'on s'approche du point d'ébullition quand la vaporisation commence.

Cette propriété des métaux et des substances organiques fondus correspond aux alliages composés de substances dont le point de fusion est différent qui réduisent à une température inférieure le ramollissement et même la fusion. Par l'élévation de température la vaporisation des substances contenues dans l'alliage commence, ou les métaux se séparent quand il y a une grande distance entre leurs points de fusion et d'ébullition. Le même effet a lieu pour les substances organiques dont, aux températures élevées, se séparent les parties contenant proportionnellement moins de carbone, et restent les parties contenant beaucoup de carbone et ayant pour cela le point de fusion plus éloigné.

A. FUSION OU CHANGEMENT PAR LE FEU DES CORPS SOLIDES EN LIQUIDE.

§ 354. A une température t les corps solides ont les éléments ou les atomes matériels σ arrangés de telle manière qu'ils ne peuvent abandonner leur place pour aller se placer à côté d'autres atomes. Cet arrangement des atomes est détruit au moyen d'une quantité de chaleur $(q+q_{,})\vartheta'$ d'imbibition dont la densité est $\delta + \delta'$, et elle est comme une température supérieure T.

Les atomes σ matériels en conservant leur nature chimique obtiennent la propriété de se déplacer spontanément pour aller s'arranger de manière à former un *niveau*. L'état chimique se conserve, mais c'est la capacité qui éprouve un changement; changement qui est grand pour l'eau et toutes les substances où entre le carbone en proportions inférieures; la capacité éprouve une augmentation insignifiante dans les métaux fondus et dans les substances organiques où le carbone entre en grande quantité.

Les physiciens ne pouvaient se rendre compte ni de la cause physique qui fait de l'état solide un état liquide, ni de la cause qui fait devenir insensible une quantité de chaleur, ni de la cause de l'augmentation de la capacité. Tous ces faits, en apparence de nature différente, trouveront ici un arrangement tel, qu'ils seront liés entre eux par la loi physique comme causes et effets; mais, avant de nous en occuper, il faut exposer les descriptions des faits obtenus par les expériences.

§ 355. **Point de fusion.** Les températures de fusion diffèrent pour chaque corps; par exemple, le mercure se fond à — 40°, l'eau à 0°, l'étain à 228°, le plomb à 322°, le fer au rouge blanc éblouissant. Le platine peut être fondu au moyen des courants électriques ou dans un creuset en chaux au milieu d'un feu de forge, en faisant arriver l'air du soufflet par une couronne de petits trous qui le répandent dans toute la masse du combustible et en employant un coke très-dur en petits fragments provenant du résidu de la combustion imparfaite de la houille. Saint-Clair-Deville a pu également fondre la silice, qui n'avait pu l'être que par le chalumeau à hydrogène et oxygène. Les miroirs et les verres ardents sont aussi employés pour fondre les substances peu fusibles de leur nature.

Les solides éprouvent un ramollissement avant la fusion, et il en résulte une inexactitude dont le degré est très-petit dans la glace et très-grand dans les métaux, surtout dans ceux qui se fondent aux températures élevées. Les métaux fondus doivent être considérés comme en un état de ramollissement de degré supérieur, et cet état correspond en effet au manque d'augmentation de leur capacité, qui reste presque la même qu'à l'état solide.

Les points de fusion indiqués dans le tableau suivant ne sont qu'approximatifs, parce que les substances se ramollissent par degré, prennent une consistance pâteuse de plus en plus prononcée, de sorte que le passage de l'état solide à l'état liquide n'est pas brusque; ainsi à chaque degré de mollesse correspond une température différente. Le verre, l'acide phosphorique, les silex, les résines, la poix possèdent cet état à un degré supérieur; le suif, le beurre, la cire, etc., le possèdent à un degré inférieur. Sous ce rapport les métaux et les substances organiques ne diffèrent en rien de l'état d'une pâte farineuse congelée soumise à une température au-dessus de 0°.

TABLEAU A. — *Du point approximatif de fusion de diverses substances.*

SUBSTANCES.	Degrés centigrades.	SUBSTANCES.	Degrés centigrades.	SUBSTANCES.	Degrés centigrades.	Pyromètre de Wedgwood.
Mercure	40	Phosphore	42,2	Argent pur	1.000	20
Essence de térébenthine	10	Potassium	58	Cuivre	»	27
Glace	0	Sodium	90	Fonte blanche	1.050	
Beurre	52	Iode	107	Fonte grise	1.100	
Suif	33	Soufre	115	Or (⅕ cuivre)	1.180	
Acide acétique	45	Camphre	175	Or pur	1.250	52
Spermacetl	40	Étain	233	Cobalt	»	130
Stéarine	55	Plomb	222	Acier	1.400 à 1.500	150
Acide margarique	00	Bismuth	200			
Cire vierge	61	Zinc	422	Fer doux	1.500	150
Cire blanchie	08	Antimoine	437	Fer écroui	1.600	
Acide stéarique	70	Bronze	900	Nickel	»	100
				Manganèse	»	100

§ 356. Il donne le nom de *vitrée* à la fusion où le ramollissement est le plus prononcé pour le distinguer de la dissolution visqueuse où la consistance pâteuse est plus accusée, parce que l'intervalle entre l'état solide et l'état liquide y est plus grand, et l'on n'arrive de l'un à l'autre qu'au moyen d'une grande quantité de liquide. Pour les fusions complètes il faut une densité supérieure de chaleur, et, pour la dissolution, c'est la quantité du liquide qu'il faut augmenter; et cela a lieu même dans la dissolution de l'étain et du plomb dans le mercure; l'argent s'y ramollit sans prendre l'état liquide.

L'état de ramollissement est prononcé dans les alliages à un degré plus grand que dans les métaux qui les consti-tuent ; la fusion de l'alliage d'étain et de plomb s'opère entre 228° et 322°. Dans ces espèces de fusion se présentent à la fois les deux espèces de liquéfaction : 1° la fusion de l'étain qui devient liquide dissout le plomb précisément comme celui-ci se dissout dans le mercure. Si l'alliage d'étain et de plomb était un corps indécomposable, on ne pourrait pas constater si le ramollissement observé est un résultat de fusion ou de dissolution.

La cire, la résine, la poix, etc., composées de carbone, d'hydrogène et d'oxygène, sont des substances dont la so-lidité résulte de l'eau à l'état solide et de carbone qui a éga-lement un état solide : l'élévation de température produit la fusion de la glace, et ainsi résulte une dissolution du carbone qui se présente comme une pâte. Ces substances composées d'eau mêlée avec le carbone, soumises à une distillation, éprouvent une décomposition : il s'éloigne une quantité de carbone dissous dans l'eau et combiné avec un quantité d'électricité positive pour obtenir la forme d'acide carbonique ; l'hydrogène avec l'électricité négative dissout également une quantité de carbone qui s'éloigne, et le ré-sidu est un excédant de carbone. Cet exemple des ramol-lissements des alliages et des substances décomposables fait connaître qu'il y a à la fois fusion et dissolution. Par la chaleur spécifique 0,5 de l'eau dans les sels et les corps solides, nous sommes parvenu à y connaître l'existence de la glace et non pas de l'eau liquide.

B. Solidification des corps.

§ 357. En partant du point de la fusion les liquides se solidifient et gèlent par l'éloignement de la chaleur latente et non pas de celle d'imbibition, ou, ce qui est la même chose, la chaleur d'imbibition θ' éloignée est remplacée par une quantité égale de chaleur latente "θ des molécules liquides qui obtiennent ainsi l'état solide; ainsi la température se maintient au même degré pendant la congélation des liquides, comme cela a lieu pendant la fusion des solides, où la chaleur d'imbibition θ' passe aux molécules solides pour devenir latente et ne permet pas qu'il s'opère une accumulation de chaleur et une élévation de température.

§ 358. **Différences entre le point de fusion et celui de solidification.** La fusion et la congélation ont lieu à la même température quand le refroidissement ne s'opère pas avec une accumulation d'électricité; en ce dernier cas l'électricité exerce une répulsion qui empêche l'écoulement de la chaleur latente pour remplacer la chaleur d'imbibition éloignée. Mais cette accumulation d'électricité peut atteindre seulement un certain degré, et, dans les cas où l'on expérimente, il faut que l'eau reste en repos jusqu'à —10°, alors dans l'obscurité, eu approchant de sa surface un fil métallique, on voit l'étincelle qui est immédiatement suivie par la chaleur latente qui fait s'élever la température à zéro, et c'est alors que commence à s'éloigner la chaleur d'imbibition que remplace une égale quantité de chaleur latente; le même effet est produit à un degré supérieur dans le refroidissement du bismuth.

§ 359. **Électricité au point de la congélation.** Le contact de la surface de l'eau ne diffère pas de celui des deux métaux de la pile thermoélectrique; nous avons prouvé comment se décomposent les atomes de chaleur $\theta = \overline{\overline{\overline{E}}}$ pour donner naissance au courant dont résultent les déviations 1' observées dans l'aiguille du rhéomètre. Une telle décomposition de chaleur s'opère à la surface de l'eau où l'électricité négative éprouve une résistance moindre dans l'air que dans l'eau; au contraire, l'électricité positive éprouve dans l'air une résistance plus grande que dans

l'eau. Cette accumulation d'électricité empêche la congélation et fait augmenter le volume et diminuer la densité.

§ 360. **Dilatation produite de l'électricité dans le
refroidissement.** En partant du point de fusion, on observe une dilatation constante avec l'élévation de température, et cela se soutient également dans l'abaissement de
température jusqu'au point de congélation. Faisant la même
observation avec l'eau, il se présente une différence remarquable; quand sa température baisse, la densité diminue
pour atteindre un maximum à $4°$; le volume commence
alors à croître et la densité à décroître, de sorte qu'au point
$0°$ de congélation le volume 1 d'eau à $4°$ donne un volume
$1,08$ de glace. Cette dilatation du volume continue même
jusqu'à $— 12°$ quand l'eau en repos est empêchée de passer
à l'état de congélation.

Habituellement la dilatation est attribuée à la chaleur, et
quoique le même fait soit également produit par l'électricité comme celui qui a lieu dans l'eau, les physiciens, par
un oubli inexplicable, ne l'ont pas remarqué, quoiqu'ils
connussent bien que l'étincelle ne peut résulter que de l'é-
lectricité. Les liquides d'origine organique, tels que l'alcool,
l'éther, l'esprit de bois, etc., qui contiennent l'électricité
négative à un degré supérieur, présentent contre la congélation une résistance analogue à celle observée dans l'eau
chargée d'électricité.

§ 361. **Directions des dilatations de la glace.** Les
deux observations suivantes doi-
vent servir comme preuve directe
de la répulsion exercée de la part
de l'électricité contenue dans l'eau
pendant la congélation. L'eau dans
le vase n (fig. 33) ne conserve son
niveau que jusqu'à $4°$, ensuite il
commence à s'élever dans son milieu à cause de la répulsion supérieure qui y est exercée de la part des extrémités b, d

Figure 33.

du fond du vase. Le même effet est représenté plus évidemment dans la figure où la glace *ac* est produite dans un lac de profondeurs différentes, où l'on voit les protubérances *c*, *a* de la surface de glace correspondre aux répulsions supérieures déterminées par les profondeurs *f*, *g* du fond.

§ 302. **Décharges électriques et leurs effets dans les refroidissements au-dessous de 0°.** Pour obtenir des décharges électriques qui produisent des effets mécaniques considérables, il faut nécessairement l'accumulation de grandes masses électriques qu'on obtient au moyen de la machine; on obtient des effets analogues par les décharges d'électricité accumulée dans l'eau pendant son refroidissement au-dessous de 0° à l'état de repos. 1° Les académiciens de Florence firent congeler l'eau sans qu'elle soit en repos dans une sphère de cuivre qui s'étendit au point de ne plus pouvoir passer par un anneau qu'elle traversait facilement avant la congélation. 2° Dans une autre expérience où la congélation de l'eau s'opéra dans le repos, la sphère se fendit, quoique très-épaisse, et l'effort exercé a été évalué à plus de 12,000 kilogr. 3° Le major d'artillerie Eward William étant à Québec durant l'hiver, remplit d'eau une bombe A (fig. 34) de 40 centimètres de diamètre, ferma le trou de la fusée avec un bouchon en fer fortement enfoncé, et l'exposa à la gelée. Au bout de quelque temps la décharge électrique eut lieu, le bouchon de fer fut lancé à plus de

Figure 34.

130 mètres, et un cylindre de glace *cd* de 25 centimètres de long sortit de l'ouverture. 4° Dans d'autres expériences le bouchon étant rosté, la bombe fut brisée, et l'on vit une lame de glace *ef* s'échapper tout autour de la fente. Tous ces faits résultent des décharges électriques, parce qu'il y a une accumulation d'électricité pendant le refroidissement, et c'est cet écoulement électrique qui chassa le bouchon et le cylindre *cd* de glace, qui

brisa la bombe B et qui produisit l'augmentation du volume sur une autre. Cet effort de 12,000 kilogr., produit également par le froid et par la chaleur, ne pouvait recevoir aucune explication, parce que, en attribuant une répulsion à la chaleur, on était conduit à considérer le froid comme une cause de contraction.

Comme dans le contact de l'eau avec l'air ou le vase, il s'opère une décomposition de chaleur et une accumulation d'électricité; le même effet a lieu pour le bismuth dont le volume, qui est 1 à l'état liquide, devient 1,1 par la solidification opérée au moyen de la décomposition de chaleur, dont une grande partie reste à l'état des deux électricités dissimulées dans la masse cristalline. La même propriété, mais à un degré inférieur, a été constatée dans la fonte de fer et dans l'antimoine; de sorte que les faits de ce genre ne peuvent pas être considérés comme une propriété particulière de l'eau; car ils sont en rapport direct avec le refroidissement dans les températures du point de congélation de chaque liquide.

§ 363. **Changement du point du maximum de densité de l'eau.** Dans le refroidissement à l'état de repos parfait, la diminution de la densité commence à devenir sensible quand la température arrive à 4°, si l'abaissement thermométrique a lieu lentement; mais s'il est rapide, la densité commence déjà à devenir sensible à 5° et même à 6°. La densité de l'eau diminue avec l'abaissement de température dans le repos, plusieurs degrés au-dessous de zéro, jusqu'au moment de la congélation qui commence par l'éloignement de l'électricité accumulée.

Au lieu d'opérer pendant un refroidissement, si l'on opère pendant l'élévation de température 0° de l'eau, son maximum de densité n'est plus à la même température 5° ou 4°, mais à une température de 2° à 2°,5 qui est celle de l'eau du fond de l'Océan. Cette différence entre les températures du maximum de densité de l'eau, bien constatée par les marins, est restée inexplicable pour les physiciens; elle sert ici à prouver directement la relation entre l'état électrique de l'eau et son poids spécifique; car il ne peut se trouver au fond de la mer que de l'eau au maximum de densité, et celle-ci ne dépend pas de la température, comme on croit, mais de l'électricité, qui n'a jamais été prise en considération; le grand rôle qu'elle joue dans l'ébullition de l'eau servira à l'explication des faits qui resteraient encore problématiques.

II. — LIQUÉFACTION PAR DISSOLUTION ET RETOUR A L'ÉTAT SOLIDE.

§ 364. Nous allons prouver que les dissolutions ont lieu également par la chaleur, comme les fusions, et que la différence n'est qu'apparente, parce que la chaleur dans les fusions est celle θ' d'imbibition, et la chaleur dans les dissolutions est celle $'\theta$ contenue à l'état latent dans le liquide. De même la solidification s'opère dans les deux cas par l'éloignement d'une quantité de chaleur; celle-ci est latente dans les liquides qui gèlent et dans les dissolutions, 1° si l'éloignement de chaleur d'imbibition θ' a lieu pendant leur refroidissement, ou 2° il s'opère un éloignement du liquide avec sa chaleur latente et une partie de sa chaleur d'imbibition.

A. LIQUÉFACTION PAR DISSOLUTION.

§ 365. La quantité du liquide augmente toujours parce que les fragments solides obtiennent l'état liquide; par suite, avec le liquide augmente la chaleur latente dans la masse de la dissolution, ou elle diminue, et cela parce que la chaleur latente $'\theta$ des solides est inférieure à celle $'\Theta$ de la même substance à l'état liquide. 1° Les fragments solides réduisent une quantité de chaleur $q\theta$ à l'état latent; 2° la chaleur latente de la dissolution n'est jamais supérieure à celle du liquide dissolvant.

Donc, dans les cas où est contenue dans la dissolution une quantité de chaleur latente $'\Theta - '\theta$ supérieure à celle $'\Theta - '\theta - ''\theta$ éloignée du dissolvant, il y a refroidissement ; si au contraire la quantité de chaleur latente contenue dans la dissolution est inférieure à celle éloignée du dissolvant, il y a une production de chaleur.

L'état liquide est produit également, dans les fusions et dans les dissolutions, par l'équilibre opéré dans les atomes matériels $\sigma = \theta'' + \mu\beta$ entre, 1° la répulsion R qu'exerce la chaleur latente $'\theta$ contre la chaleur stationnaire θ'', et 2° la pression $P - p$ exercée sur la masse $\mu\beta$ de la part de la pesanteur, comme cela est prouvé plus bas.

§ 366. Cas de changements de la chaleur latente en chaleur d'imbibition. Dans les sels et les autres combinés, l'eau a une capacité 0,5 égale à celle de la glace ; il résulte de là qu'elle n'y possède pas de chaleur latente. Ainsi, chaque fois que les oxydes MO ou les sels anhydres se combinent avec l'eau $= HO'\theta$, ses éléments matériels passent à ceux des oxydes ou des sels, et leur chaleur latente $'\theta$ devient libre ; un atome de chaux, par exemple, devient hydraté avec l'eau de la manière suivante :

$$CaO + '\theta HO = CaHO^2 = \sigma'.$$

§ 367. Cas de changement de chaleur d'imbibition en chaleur latente. Quand les fragments solides contiennent une grande quantité d'équivalents électriques, ceux-ci exercent une répulsion r considérable contre les atomes matériels σ, et ils n'exigent qu'une médiocre quantité $q'\theta$ de chaleur latente pour obtenir l'état liquide dont la quantité augmente et correspond à la chaleur latente $(\alpha' + \beta')'\theta$. Celle-ci résulte d'une partie $\alpha'\theta$ de chaleur latente du dissolvant et d'une partie $\theta'\theta'$ de chaleur d'imbibition. Ainsi, pendant la dissolution apparaît un abaissement de température, et le point de congélation devient beaucoup inférieur à celui du dissolvant.

§ 368. Il est facile de connaître les sels contenant des équivalents électriques à l'état dissimulé, quand on sait que la production des acides carboniques, sulfureux, sulfurique, phosphorique, etc., s'opère par combustion; tandis que celle-ci manque dans la production des acides chlorique, azoteux, azotique, etc., et dans la production de l'ammoniaque. Par exemple, en admettant l'eau à 0°, si l'on y introduit des fragments d'azotate d'ammoniaque jusqu'à saturation, la quantité du liquide devient $Q + Q'$, sa chaleur latente $(q + q')\,'\theta$ n'est pas fournie par la diminution de celle $q'\theta$ de l'eau, mais aussi de celle $q'\theta'$ de chaleur d'imbibition qui devient latente et fait ainsi apparaître l'abaissement de température jusqu'à — 26°. Le même effet a lieu dans la dissolution des fragments de plomb, de bismuth ou d'étain dans le mercure jusqu'au point de saturation, sa température s'abaisse de 20° à 15°, parce qu'il y a plus de chaleur latente $(q + q')$ que celle $'\theta$ du mercure.

§ 369. **Cause d'un état de saturation dans les dissolutions des sels.** La quantité du liquide, augmentant avec la dissolution des fragments des corps solides, fait passer une partie de la chaleur d'imbibition $q\theta'$ à l'état de chaleur latente $q'\theta$; de cette manière la température baisse et l'on obtient un point de saturation ; mais les fragments qui restent insolubles dans la température t se dissolvent dans une température supérieure $t + t'$, ainsi on obtient un nouveau point de saturation.

La dissolubilité des sels dépend des quantités d'équivalents électriques contenus dans leur acide quand celui-ci n'est pas obtenu par une combustion dans l'oxygène, mais seulement par un mélange, par exemple. 1° Le chlorure de barium, le sulfate de potasse, le sulfate de soude, etc., sont peu soluble, parce qu'il y a éloignement de chaleur dans la production de l'acide chlorhydrique, comme il en a dans la

production de l'acide sulfureux et de l'acide sulfurique;
2° le nitrate de potasse, le nitrate de baryte, le chlorate de
potasse, etc., sont très-solubles, parce que, dans l'acide nitrique et dans l'acide chlorique se trouvent les équivalents
électriques $\ddot{E}$ de l'oxygène qui n'ont pas été éloignés par
une combustion; 3° le sel gemme ou marin n'est pas obtenu
par un acide combiné avec un oxyde; car il est un oxyde
où le chlore remplace l'oxygène; il se distingue des autres
sels par l'électricité négative $\bar{E}$ qui y est contenu et qui est
la cause de sa solubilité; il en est de même pour le chlorure
de potassium et les autres combinés pareils, dont se distingue le chlorure de calcium qui a la forme CaHOCl, toute
son électricité négative $4\ddot{E}$ devient éloignée par les deux
équivalents $2\ddot{E}$; car ce combiné est produit sans qu'il apparaisse de la lumière, tandis que dans la production des
autres chlorures qui sont solubles apparaît la lumière à
cause d'un reste d'électricité négative $\bar{E}$.

Le maximum de solubilité du sulfate de soude est à 33°;
en s'éloignant de ce point, on trouve le même degré de solubilité à 30° et à 100°; mais les cristaux obtenus à 100°
sont anhydres, tandis que ceux obtenus à 33°, 30°... sont
hydratés. Il en est de même pour le sulfate de chaux dont
le maximum de solubilité est à 35°, et elle diminue aux
températures inférieures ou supérieures comme pour le sulfate de soude; la solubilité est très-médiocre chez tous les
sulfates; cet objet sera discuté en tous ses détails dans la
Chimie.

§ 370. **Cause des changements de température
dans les dissolutions.** Parmi les faits déjà indiqués, un
grand nombre a été constaté directement par Person qui
trouva que 1 gramme d'azotate de potasse exige 45 calories
pour se fondre et 69 pour se dissoudre dans 5 parties
d'eau; dans une plus grande quantité d'eau il faut une
quantité supérieure de chaleur, de sorte que dans les 20 parties d'eau il faut 80 calories. Ces faits conduisirent Person à

constater une augmentation de chaleur latente $(q+q')\,'\theta$ aux dépens de la chaleur égale $q\theta'$ d'imbibition, nommée par lui *calorique de dilution*.

En opérant ainsi Person, au lieu de reconnaître la chaleur latente comme cause de l'état liquide, contre toute raison et même contrairement aux faits constatés, attribue à l'écartement des molécules matérielles, augmenté par l'eau, l'absortion des nouvelles quantités de chaleur ; le même fait est aussi observé dans la dissolution des autres sels : ainsi quand on introduit dans le sel marin autant d'eau qu'il est nécessaire pour le dissoudre, il disparaît moins de chaleur que quand on étend cette dissolution concentrée.

Dans le cas où se présentent des difficultés dans les arrangements des faits observés, on a pour ressource commode les *actions chimiques*, auxquelles on peut attribuer tout ce qu'on veut, parce qu'elles sont inconnues ; dans les dissolutions, Person admet les actions chimiques pour faire apparaître une quantité de chaleur $q\theta'$, puis d'autres pour faire devenir latente la quantité $(q\pm q')\,'\theta$. A la place d'actions chimiques les faits trouvent leur arrangement quand on introduit dans les calculs la quantité de chaleur latente devenue chaleur d'imbibition $q\theta'$, et la quantité de chaleur d'imbibition devenue latente $(q\pm q')\,'\theta$; les résultats numériques ainsi obtenus ne permettent pas de chercher d'autres causes, excepté le cas où l'on entend par les mots *actions chimiques* les apparitions de chaleur $q\theta'$ et les disparitions de la chaleur $(q\pm q')\,'\theta$.

Toutefois, c'est un grand progrès que Person a fait en constatant l'identité de cause dans les liquéfactions par fusion ou dissolution ; dans les deux cas une quantité de chaleur doit devenir latente $q'\Theta$ dans les liquides l, l'. La différence consiste en cela que : 1° dans le liquide l obtenu par la fusion, la chaleur latente $q'\Theta$ s'est trouvée précédemment comme chaleur d'imbibition $q\Theta'$; 2° dans le liquide l' obtenu par la dissolution se trouve une quantité de chaleur latente $(q \pm q')'\Theta$ qui s'est trouvée à l'état latent dans le liquide dissolvant et qui peut être supérieure ou inférieure à celle $q'\Theta$, de la dissolution.

Donc, 1° il y a un *abaissement de température* quand le dissolvant livre la quantité $(q - q')'\Theta$, et la dissolution obtient la quantité $q'\Theta$, parce qu'alors le reste $q'\Theta$ y est obtenu par une égale quantité de chaleur $q\Theta'$ d'imbibition; 2° il y a une *élévation de température* lorsque le dissolvant livre la quantité $(q + q')'\Theta$ de chaleur, dont $q'\Theta$ reste latente dans la dissolution et le reste $'q\Theta'$, se mêle avec la chaleur d'imbibition θ' et en fait ainsi s'élever la température.

Quand une dissolution au point de saturation a une capacité inférieure à celle qu'elle possède à l'état étendu, elle a aussi une quantité inférieure de chaleur latente $(q - q')'\Theta$; en y introduisant encore une partie du dissolvant qui a une capacité supérieure et pour cela une chaleur latente $q'\Theta$ supérieure, on obtient une dissolution de capacité supérieure, et qui, par conséquent, réduit à l'état latent une quantité de chaleur plus grande, et cela dans une plus grande masse liquide. Ainsi, en étendant les dissolutions de certains sels concentrés, on y produit un abaissement de température décroissant qui obtient un minimum, et ensuite le dissolvant n'a plus aucune influence.

§ 371. **Congélation des dissolutions.** Toutes les dissolutions ont le point de congélation inférieur à celui du dissolvant; l'eau de mer, par exemple, se congèle à une température inférieure à celle de l'eau douce; cependant la chaleur latente produit une séparation de l'eau presque douce dont la congélation s'opère à une température supérieure, et dans la dissolution il ne reste de sel qu'autant qu'il est nécessaire pour le point de saturation, et ce point, pour le sel marin, ne dépend pas de la température. En hiver, dans les pays du Nord, on extrait le sel marin du milieu de la glace composée presque entièrement d'eau douce. Ainsi en colorant avec la teinture du tournesol une dissolution étendue de sel marin, que l'on expose à l'action du froid, on voit la teinte bleue diminuer dans la glace superficielle et augmenter dans son intérieur où le sel est concentré.

B. Retour des substances dissoutes a l'état solide.

§ 372. Après avoir démontré que la chaleur latente $q'\Theta$ du dissolvant peut être supérieure ou inférieure à celle $(q \pm q')'\Theta$ de la dissolution, il s'ensuit que, dans le retour de l'état liquide de la dissolution, la chaleur latente $(q \pm q')'\Theta$ doit passer à l'état d'imbibition et restituer la quantité $q'\Theta$ de chaleur latente du dissolvant; cependant le retour aux fragments solides et au dissolvant ne s'opère pas spontanément comme la dissolution. Pour y arriver il y a deux moyens opposés, le froid ou la chaleur. 1° Au moyen du *froid* on éloigne les atomes de chaleur dont une partie se décompose en deux électricités maintenues à l'état dissimulé par des lames minces d'atomes matériels σ dont sont constitués les cristaux obtenus. 2° Au moyen de la *chaleur* on transforme le dissolvant en vapeur qui s'éloigne, et il ne reste que les fragments solides analogues aux cristaux formés par le refroidissement. Les substances organiques très-carburées ne se séparent de l'eau ni par le froid ni par la vaporisation; le même effet a lieu pour plusieurs alliages, de sorte que les substances organiques peuvent être considérées comme produites d'alliages.

§ 373. **Cristallisation.** Cette espèce de solidification diffère également de la congélation et du séchage; on a déjà indiqué que dans la dissolution du sel marin l'eau gèle et le sel reste dissous; ici le contraire arrive : le sel se solidifie et l'eau reste, et cela toujours, 1° par un éloignement de chaleur d'une dissolution concentrée, et 2° en maintenant celle-ci en un état de repos parfait. Cette dernière condition ne pouvait être comprise des physiciens, car ils ignoraient que les atomes de chaleur sont composés d'équivalents électriques ; cette ignorance cependant ne peut s'excuser par le manque de faits qui sont au contraire très-nombreux ; elle résulte du faux système des ondulations soutenu par les physiciens français, système qu'ils ne veulent pas encore abandonner, sous prétexte qu'ils attendent un plus grand nombre de preuves avant de se décider à ne plus suivre que la seule loi physique.

Les atomes de chaleur en s'éloignant de la dissolution éprouvent de la résistance dans les atomes matériels, dont les électropositifs arrêtent leurs homonymes $\ddot{\text{E}}$ des atomes de chaleur et livrent passage à leurs hétéronymes $\bar{\text{E}}$. Ces deux électricités restent dans les dissolutions à l'état dissimulé sur les deux faces f, f' des lames extrêmement minces produites de l'arrangement des atomes matériels, comme cela a été expliqué § 16.

§ 374. **Eau de cristallisation.** Dans les cristaux solidifiés de la manière indiquée au moyen des deux électricités dissimulées, il reste souvent une quantité d'eau supérieure à celle nécessaire pour dissoudre la quantité du sel. Cet état, résultant du manque de résistance entre les faces f, f' des lames l chargées des deux électricités hétéronymes, ne laisse aucun doute sur le mécanisme dans la composition de ces lames λ d'atomes d'eau mêlés avec des quantités différentes d'atomes de sels, mais toujours bien limitées.

Pour la liquéfaction de sels pareils hydratés il n'est besoin ni de chaleur ni de dissolvant ; il suffit d'un mélange des deux électricités dissimulées, qu'on obtient en détruisant le mécanisme qui consiste en un arrangement des lames où elles sont à l'état dissimulé. Les physiciens, habitués à attribuer les changements d'état des corps aux actions *chimiques*, s'étonnent en voyant que des faits semblables peuvent résulter d'une action *mécanique*.

Au moyen de la chaleur l'eau peut être éloignée des cristaux à l'état liquide ou mieux à l'état de vapeur ; plusieurs cristaux se vaporisent à la température ordinaire, pour d'autres il faut une température égale à celle de l'ébullition de la dissolution, alors toute l'eau s'éloigne et le sel reste anhydre.

§ 375. Électrisation des liquides par le refroidissement. Il a été indiqué déjà que la dilatation de l'eau commence à 4° ou même à 5°,5. Cette dilatation augmente plus rapidement pour chaque degré d'abaissement de température que pour les degrés de son élévation, car en admettant le volume 1 à 4°, celui de la glace est à 0° environ 1,1, tandis que celui à 8° diffère à peine de 1. Le même effet a lieu pour les dissolutions des sels dans les vases bien polis quand ils s'y refroidissent en repos et à l'abri de l'agitation de l'air. L'électricité produite par la décomposition de la chaleur s'accumule dans l'eau et l'empêche de se congeler. Pendant l'abaissement de température du liquide croît l'intensité électrique qui, exercée contre les atomes matériels, en diminue la densité, et cela à un degré plus élevé que celui qui est obtenu au moyen d'une haute température.

Rien n'est plus facile que de se convaincre par ses propres yeux de l'accumulation de l'électricité dans l'eau ; il suffit pour cela de toucher dans l'obscurité la surface de l'eau avec une tige mince métallique pour voir jaillir l'étincelle qui occasionne immédiatement la congélation, si la température est déjà au-dessous de zéro. Dans les cas où la tige est chargée d'électricité positive, le fait ne peut être obtenu. Pour s'en convaincre on prend deux tiges t, t' égales de verre. La tige t reste dans son état normal, l'autre t' est échauffée et puis refroidie, et cela pour obtenir une couche d'électricité positive sur sa surface comme l'est celle de l'eau. En touchant l'eau avec cette tige t' on n'obtient aucun résultat, mais si on la touche très-légèrement avec la tige t non chauffée, ou même sans la toucher, si cette tige en est très-rapprochée, on obtient une étincelle, et la congélation commence.

CHAPITRE III.

DE LA CAUSE DU CHANGEMENT DES LIQUIDES EN VAPEURS ET DES VAPEURS EN LIQUIDES.

§ 376; Comme pendant la congélation de l'eau sa température se maintient à 0°, de même elle se maintient à 100° pendant son ébullition, avec la différence qu'en ce cas il faut que la hauteur du baromètre arrive à 760 millimètres; hauteur qui indique la pression p exercée de la colonne d'air sur la surface de l'eau, car si la pression p diminue pour devenir $p - p'$; l'eau est maintenue en ébullition par une température $100° - t$ analogue à cette pression $p - p'$; au contraire si la pression p augmente pour devenir $p + p'$, l'ébullition ne commence qu'à une température de $100° + t$; ainsi la pression $p \pm p'$ est en rapport avec le point d'ébullition et elle est insensible pour le point de la fusion.

Outre cette différence entre la liquéfaction des solides et la vaporisation des liquides, il y a encore la suivante : pour chaque solide il existe un point de fusion, tandis que les liquides s'évaporent à toute température, également dans l'air et dans le vide, mais toujours jusqu'à un point de saturation de l'espace ambiant. Quant à la chaleur d'imbibition, elle devient latente également dans l'un et l'autre changement d'état, mais la disparition est en quantité plus grande dans des vapeurs que dans des liquides.

Comme les vapeurs peuvent être produites aux températures inférieures, celles produites à des températures élevées peuvent aussi être conservées quand la température baisse sous la seule condition de l'augmentation de l'espace , afin que leur densité puisse diminuer proportionnellement avec l'abaissement de température.

§ 377. Évaporation. Les atomes matériels exercent entre eux une répulsion et une contre-répulsion égale de tous les côtés, excepté les atomes qui occupent la surface, car ils n'éprouvent du dehors aucune contre-répulsion pour les maintenir en équilibre avec les atomes de la couche inférieure dont il sont repoussés. Cette destruction d'équilibre occasionne la séparation des atomes superficiels. Après qu'une couche de vapeur a été ainsi produite autour de la surface du corps, elle y exerce une résistance et intercepte l'évaporation ; une telle interception ne peut pas avoir lieu quand il y a un éloignement de la couche de vapeur superficielle ; ainsi les couches pareilles sont éloignées de la surface des corps humids qui sèchent dans l'air.

Dans un flacon contenant le mercure, Faraday a suspendu une feuille d'or et l'a laissée en repos dans un espace froid et obscur ; après deux mois la feuille d'or se trouva blanchie par le dépôt des vapeurs. Dans le vide barométrique la vapeur de mercure se produit aussi, mais elle ne forme qu'une couche très-mince sur la surface du mercure ; de sorte que ce vide peut être considéré comme composé d'une couche mince de vapeur de mercure, l'espace supérieur ne contenant rien. Ainsi l'expérience faite par Faraday n'aurait pas réussi si la feuille d'or eût été éloignée de quelques centimètres du niveau de mercure.

§ 878. Mode de la production des vapeurs. En parlant de vapeur il faut d'abord faire connaître au lecteur : 1° le mode de leur production dans la vaporisation par l'ébullition et dans l'évaporation ; 2° leur poids spécifique ; 3° leur forme ; 4° les dimensions des vésicules ; 5° les cas de leur opacité ou de leur clarté, etc. Sans une telle précaution

Il est impossible de donner quelque évidence à des mots employés sans avoir une signification réelle et à ceux qui sont employés pour représenter un grand nombre d'états d'un seul et même objet.

§ 379. **Réduction des vapeurs à l'état liquide.** Le froid ne suffit pas pour réduire les vésicules de la vapeur à l'état liquide, car elles se congèlent et restent encore dans l'air ou dans le vide; la glace même s'évaporise et la neige dans le froid. Outre le froid, il faut en même temps une compression pour liquéfier les vapeurs, même celles qui étaient considérées comme des gaz.

I. — DE LA NATURE DES VAPEURS.

§ 380. La plupart des physiciens pensent que la vapeur est composée de petites gouttelettes qui se soutiennent également dans l'air et dans le vide, de sorte qu'on doit alors leur accorder la propriété de ne pas obéir aux lois de la pesanteur. Cette opinion est appuyée sur l'expérience suivante : dans un récipient quelconque où est comprimé l'air saturé de vapeur, apparaît une espèce de brouillard, si on laisse s'échapper une partie d'air pour produire une raréfaction subite. Il y a alors des gouttelettes d'eau en suspension dans l'air, comme cela a lieu pour les poussières fines; cette comparaison sert comme explication, malgré la différence de l'état de vapeurs qui manque chez la poussière, et malgré l'abaissement de la poussière dans le vide, où la vapeur reste en suspension.

On dit que la vapeur pure ou mêlée avec l'air forme un brouillard quand elle est chassée par le vent dans un espace froid, parce qu'il y en a plus alors qu'il n'est nécessaire pour saturer cet espace. Cette explication, répétée aussi par les météorologistes, ne prouve absolument rien, parce que la vapeur doit être alors considérée comme des animalcules

qui passent d'un espace où l'air est chaud dans un autre
où l'air est moins chaud, tandis qu'en restant en contact
avec la même masse d'air de la même densité, la température de cet air reste la même aussi dans la vapeur qui ne
peut pas s'en séparer.

§ 381. Dans l'expérience citée ci-dessus, les gouttelettes
disparaissent bientôt en s'évaporant dans les portions d'air
les plus éloignées : pour preuve on ne rapporte par les
causes physiques, mais on donne pour exemples : 1° l'haleine qui, en hiver, est visible autour de la bouche, et
disparaît à une petite distance; 2° les nuages qui s'élèvent de l'eau bouillante, et 3° ceux qui s'élèvent à la surface des fleuves. Ainsi les physiciens sont amenés à considérer les nuages comme des amas de gouttelettes d'eau
soutenues dans l'air malgré la loi physique suivant laquelle
elles doivent exercer une pression qui affecte le baromètre,
tandis que c'est le contraire qui est observé, car, avant les
orages, le baromètre éprouve un abaissement.

§ 282. Au contraire, de Saussure et Kratzenstein sont
les premiers, et après eux Kaemtz et un grand nombre
d'autres météorologistes, qui ont constaté l'état vésiculaire
dans la vapeur; de sorte que les nuages ne consistent pas en
gouttelettes, mais en vésicules d'un diamètre d'environ
$0^{mm},0224$; ce diamètre varie dans les différentes saisons; il
a été trouvé de $0^{mm},02752$ au mois de janvier, et de
$0^{mm},01402$ au mois d'août; il augmente beaucoup dans les
nuages qui annoncent l'imminence des pluies. En cet état
l'épaisseur de l'enveloppe de ces vésicules a été déterminée
par Kratzenstein d'après les anneaux colorés, qu'il a observés à leur surface; elle est de $0^{mm},06$.

§ 383. Dans la *Photostatique*, page 669, le crépuscule des
différents pays a trouvé son explication dans les vésicules
contenus à différentes élévations dans l'atmosphère, et les
halos ont été également expliqués au moyen des enveloppes
congelées de ces mêmes vésicules. Quelque grand que soit

le nombre des physiciens qui admettent les gouttelettes dans les nuages, il est impossible d'admettre cette hypothèse, alors que l'état vésiculaire est prouvé si nettement, et que la loi de la pesanteur y trouve son application; nous croyons qu'il ne se trouvera bientôt plus un seul de ces auteurs qui refuse de voir, dans l'abaissement du baromètre avant les orages, une preuve directe de la non-existence d'une colonne de gouttelettes d'un poids spécifique 800 fois plus grand que celui de l'air, tandis que les vésicules ont un poids spécifique inférieur à l'air et obéissent à la loi de la pesanteur.

§ 384. Après avoir ainsi constaté que, dans l'atmosphère, la vapeur d'eau est composée de vésicules à *enveloppe aqueuse* très-mince, nous allons indiquer : 1° comment ces vésicules sont produites de l'eau ou des autres liquides; 2° pourquoi elles sont vides au milieu ; 3° d'où résulte leur opacité; 4° comment c'est de telles vésicules que sont produites les pluies, la grêle, la rosée et la neige. En connaissant les faits de cette nature et la loi physique, il est facile de les arranger, mais cette connaissance manquait aux physiciens qui ignoraient la composition de la chaleur des deux électricités et la décomposition de l'eau en oxygène et azote; tous ces faits, obscurs et inexplicables jusqu'à présent, se trouvent ici arrangés et liés entre eux par une loi physique bien connue.

A. Transformation de l'eau en vésicules.

§ 385. En observant l'eau chauffée dans le ballon A (fig. 35), on remarque une série de faits qui se succèdent chaque fois dans le même ordre. 1° Au fond du vase se montrent de petites vésicules qui, en s'élevant, affectent la forme conique ayant le sommet vers la surface de l'eau. 2° Il se fait entendre un bruissement que l'on désigne en

disant que l'*eau chante*. 3° Dès que les premières bulles
arrivent à la surface de l'eau, celles qui les suivent ont
aussi la forme conique, mais en ce
cas, elles ont la base en haut et le
sommet en bas, comme on les voit
dans le vase B.

Figure 35.

L'ébullition ne peut commencer
quand l'eau est versée dans un
vase incandescent; elle se trouve
même maintenue à une distance
des parois du vase d'autant plus grande que la masse liquide est plus petite et la température plus élevée. En introduisant de l'acide carbonique solidifié et de l'éther, on peut
faire de la glace dans un creuset incandescent.

§ 386. Si l'on fait bouillir l'eau dans un vase à long col,
elle se maintient en ébullition continuelle, mais si l'on interrompt cette ébullition et qu'on attende que l'eau soit tout à
fait refroidie, elle ne recommence plus à bouillir quand sa
température arrive à 100°; il faut alors une température supérieure, soit 110°, 130° ou même 138°; en pareils cas l'é-
bullition s'opère par soubresauts souvent assez violents pour
briser le vase.

§ 387. Ces efforts que produit l'eau aux températures
élevées se présentent d'une manière analogue à ceux observés
dans les éclats des vases solides au-dessous de 0° quand l'eau
se congèle. Dans les deux cas il faut un refroidissement pour
que l'eau puisse acquérir cette singulière propriété. Dans
l'origine on attribuait ces soubresauts à l'éloignement de
l'air; mais on a fini par se convaincre qu'il faut aussi un
refroidissement, parce que l'air ayant été éloigné au moyen
de la première ébullition, les soubresauts ne se manifestent
pas, si l'on n'interrompt l'ébullition que pour un moment;
mais il faut toujours un refroidissement qui dure assez
longtemps.

Donc l'eau à 100°, en descendant à la température ordi-

naire par l'éloignement de la chaleur, se charge d'électricité,
de même que dans les cas où elle est soumise à un abaissement de température qui la fait descendre au-dessous de 0°.
Dans les deux cas c'est la chaleur qui se décompose pour
produire les deux électricités dont la négative $\overline{E}$ passe dans
l'air et la positive $\overline{E}$ reste dans l'eau, précisément comme cela
a lieu dans les bains des électrolyses. (Voir *Électrostatique*,
page 148.)

§ 388. Dans la production des cristaux (§ 9) on a également constaté une production d'électricité par l'éloignement
de la chaleur ; en ces cas il n'y a pas accumulation d'une
électricité, car l'autre ne s'éloigne pas ; mais elles restent à
l'état dissimulé soutenues par les lames minces formées par
l'arrangement des atomes matériels. La solidité des cristaux
résulte de la petite résistance entre les faces f, f' des lames
chargées d'électricités hétéronymes.

Ce genre de structure des corps solides va servir à expliquer leur *élasticité*, leur *dilatation*, leur *dureté*, leur *téna-
cité*, etc. Comme ce sont les lames extrêmement minces qui
maintiennent à l'état dissimulé les deux électricités dans les
corps solides, ce sont les enveloppes sphériques liquides qui
remplissent le même effet dans les vésicules ; au milieu est
l'électricité positive et à la surface externe est l'électricité
négative. Donc une vésicule consiste, 1° en une enveloppe
aquatique, 2° en électricité positive répandue dans son intérieur vide, et 3° en électricité négative maintenue à l'état
dissimulé autour de l'enveloppe.

§ 389. Un refroidissement des vésicules opéré par l'éloignement de chaleur de leur enveloppe fait apparaître dans
leur surface externe l'électricité positive dont résulte une
répulsion contre celle contenue au milieu ; alors crèvent plusieurs enveloppes et l'eau produite se dépose sur les enveloppes qui restent : il en résulte des inégalité sur la surface,
qui font éprouver aux rayons de la lumière une dispersion
dans toute direction, et de cette manière apparaît opaque

l'espace occupé par les vésicules des enveloppes pareilles dont l'épaisseur croît ainsi et atteint 0^{mm},06, comme l'a trouvé Kratzenstein.

§ 390. **Mode de la production des vésicules de vapeur par l'ébullition.** Avant le commencement de l'ébullition, la chaleur qui pénètre par le fond du vase A (fig. 35) se décompose en partie à la surface de l'eau et dans son intérieur; l'électricité positive y reste et la négative s'écoule. Les vésicules apparaissent quand le *bruissement* est entendu; celui-ci résulte des décharges électriques entre l'électricité positive accumulée dans l'eau et l'électricité négative accumulée au fond par lequel pénètre la chaleur.

Après ces décharges se produisent les vésicules au fond du vase A par les lames minces d'eau dont la face *f'* inférieure est chargée d'électricité négative, et la face *f* supérieure d'électricité positive. A cause de la résistance de la part de l'eau, la face *f* avance de haut en bas, et il en résulte de la lame *l* une enveloppe *o* d'une vessie vide ayant l'électricité positive $\bar{E}$ dans son intérieur et l'électricité $\bar{E}$ négative dans sa surface. A cause de la résistance produite par l'écoulement de l'électricité de la surface vers le fond, les vésicules obtiennent la forme conique ayant le sommet en haut, comme on le voit dans le vase A.

Après les décharges électriques qui durent tant que l'eau chante, l'électricité diminue dans l'eau; les vésicules produites au fond du vase B sont sollicitées par leur poids spécifique à s'élever; elles n'éprouvent plus la résistance que leur opposait l'électricité; ainsi elles obtiennent la forme conique et s'élèvent avec la base en haut, parce qu'en ce cas elles n'obéissent qu'à la pression de bas en hauteur provenant de poids spécifique, comme on le voit dans le vase B.

§ 391. **État des vésicules séparées du liquide en ébullition.** Les volumes des vésicules ont, dans l'eau bouillante, des dimensions dépassant 1 millimètre; arrivées à l'air, leur volume se rétrécit, mais comme elles n'éprouvent plus la compression de l'eau, leurs enveloppes exercent, au moyen de leur électricité négative externe, une répulsion mutuelle *r*; les physiciens, sans connaître cette cause, l'appellent *tension*. Pour se mettre en équilibre dans l'air, il faut, à des vésicules produites par 1 gramme d'eau, par exemple, un espace presque 1.700 fois plus grand. Donc dans l'espace qu'occupe 1 vésicule il se trouve 1.700 fois moins d'eau que si cet espace était occupé par des gouttes d'eau.

§ 392. **État des vésicules séparées des liquides par l'évaporation aux basses températures.** Remarquons d'abord que sur une quantité q de vésicules du poids de 1 gramme, qui ont été ramenées à une température inférieure à 100°, sans aucun changement dans l'espace de 1.700 grammes qu'elles occupèrent, une partie q', disons-nous, de ces vésicules se condense, et il reste la quantité $q-q'$ qui est en rapport direct avec la température $100°-t$; donc de 1 gramme de vapeur la quantité q' devient liquide dans la température $100°-t$, et dans le même espace e il ne reste que la différence $q-q'$. Mais l'expérience fait connaître que si l'on introduit dans le même espace e très-sec 1 gramme d'eau à la température de $100°-t$, la quantité q' restera à l'état liquide et la différence $q-q'$ se trouvera à l'état vésiculaire.

§ 393. Les liquides étant composés d'atomes matériels et de chaleur, ceux-ci en se repoussant n'éprouvent dans la couche superficielle c aucune résistance du dehors à la condition que l'espace e ambiant soit sec. Comme au fond de la chaudière, de même à la surface des liquides, les lames minces matérielles éprouvent une pression de la part de l'électricité positive $\bar{\mathrm{E}}$ superficielle, et du dedans s'opère la répulsion de la part de l'électricité négative $\bar{\mathrm{E}}$ qui fait que la lame l se sépare et se relève pour produire l'enveloppe d'une vésicule vide. Les premières éprouvent une ré-

pulsion des suivantes et une résistance de la part de la pesanteur. L'épaisseur donc de la couche vésiculaire est déterminée 1° par la répulsion r de la part de la surface liquide
ou humide, et 2° par la pression Π exercée de la part de la
pesanteur et de la part des vésicules précédentes.

§ 394. **Cas de l'apparition de l'opacité de vésicules et de sa disparition.** Jamais une élévation de température ne fait devenir opaques les vésicules transparentes;
le même effet a lieu dans l'abaissement de la température,
dans le seul cas où est très-petite la quantité de vésicules contenues en un grand espace; si l'abaissement de température
s'opère très-lentement, l'opacité des vésicules n'apparaît
pas davantage, quand même leur quantité serait grande
dans l'espace e, car au fur et à mesure que la température
baisse une partie q' des vésicules crèvent, et de leurs enveloppes se forme de l'eau à l'état liquide qui s'écoule par les
enveloppes des vésicules qui restent sans produire une dispersion de lumière perceptible.

Il ne reste pour l'apparition de l'opacité que le cas d'un
abaissement prompt de température dans un espace contenant les vésicules en densités supérieures. Alors même
l'opacité disparaît au fur et à mesure par la diminution des
vésicules; car une partie de celles-ci se transforme en eau,
et celles qui restent occupent l'espace e et ne sont plus opaques. Ainsi l'opacité n'apparaît que dans le seul cas où une
partie des enveloppes des vésicules crèvent à cause du refroidissement prompt et où l'eau des enveloppes s'écoule
pour se déposer à la surface froide du vase.

§ 395. **Comment l'opacité des vésicules résulte
du froid.** Comme la surface de l'eau s'électrise par le refroidissement, de même pour la surface des enveloppes des
vésicules; mais comme celles-ci contiennent aussi dans leur
intérieur la même électricité positive, il en résulte la disparition de l'état dissimulé d'électricité dans les enveloppes;
ainsi crèvent les vésicules de la couche superficielle qui

éprouva le refroidissement rapide; l'eau de leurs enveloppes se dépose sur celles des vésicules des couches inférieures qui font se disperser la lumière dans toutes les directions, et c'est ainsi que disparaît la transparence, et elle
dure tant que dure la déposition de l'eau des enveloppes
crevées, jusqu'à ce qu'il ne reste plus dans l'espace e que
la quantité $q - q'$ de vapeurs; les faits suivants vont nous
servir d'exemples.

1° Quand, en automne, l'air est froid le matin et l'eau
des fleuves moins froide, la couche d'air en contact contient
dans l'espace e une quantité q de vapeurs transparentes. A
la distance de quelques mètres de la surface du fleuve l'air
qui n'est pas échauffé par l'eau a une température inférieure, de sorte que les enveloppes des vésicules q crèvent
et l'eau se dépose sur les enveloppes des vésicules $q - q'$
dont la surface devenue ainsi inégale disperse la lumière
dans toutes les directions. Il en résulte ainsi une couche
opaque comme un voile à une distance d autour de la surface de l'eau, qui empêche la pénétration rectiligne des
rayons. Les voyageurs sur le fleuve se voient; ils voient
très-bien dans l'intérieur de leur cabine réchauffée, quand
en même temps les voyageurs sur le chemin de fer le long
du fleuve se voient aussi bien l'un l'autre et dans leurs environs; il n'y a que la couche des vésicules opaques qui
s'élève avec l'air de la surface chaude de l'eau et vient en
contact avec l'air le moins chaud qui empêche la lumière
de passer de la surface du fleuve au delà de ses rives, ou
d'y arriver des parties ambiantes et du ciel.

2° Un fait pareil se présente quand on se trouve près du
robinet d'une grande chaudière dont s'échappe la vapeur
en très-grandes masses : alors on voit le robinet et la chaudière chaude; de la vapeur éloignée est produite une couche
opaque qui cache la chaudière aux individus peu éloignés.
Ici des enveloppes de vésicules chaudes venant en contact
avec l'air le moins chaud, une partie de celles-ci crèvent et

l'eau se dépose sur les enveloppes des vésicules suivantes qui deviennent opaques. Mais en s'éloignant de la chaudière elles se trouvent en un espace $e + e'$ plus grand où elles ne crèvent plus parce qu'elles exercent entre elles une répulsion sans éprouver aucune résistance ultérieure. Le refroidissement n'augmente plus, l'eau des enveloppes ne se dépose pas, mais s'évaporise. Ainsi en proviennent de nouveau les enveloppes qui viennent de crever, et, en se répandant dans un grand espace, elles ne crèvent plus; de sorte que l'état opaque ne se maintient qu'autour de la chaudière d'où la vapeur s'échappe.

3° L'haleine est un mélange d'air et de vésicules de 37°; si l'air ambiant est au-dessus de 10°, l'effet du refroidissement se compense avec celui de l'augmentation de l'espace, les vésicules qui crèvent autour de la bouche reprennent par l'évaporation leur état vésiculaire à cause de l'espace ambiant. En hiver arrive la même chose, avec la différence qu'il faut un plus grand espace pour la même quantité de vésicules, et c'est dans cet intervalle entre la bouche et la distance d que les enveloppes des vésicules crevées produisent l'opacité par l'eau déposée sur les enveloppes des vésicules suivantes.

4° Plusieurs lacs où entre l'eau salée restent fréquemment en hiver couverts d'une couche de vapeur opaque, parce que l'eau y gèle au-dessous de zéro, et l'air étant à une température inférieure ne peut pas soutenir la même quantité de vésicules que celles qui se trouvent en contact avec la surface du lac qui est moins froide.

B. Transformation de la vapeur en eau.

§ 396. L'eau introduite dans le vide se vaporise en quantités analogues avec la température; le maximum de vésicules Q est contenu dans la température de 100°; dans les températures inférieures $100° — t$, la quantité de vésicules est $Q — q$, parce que l'eau de q enveloppes reste à l'état liquide. Au lieu d'abaisser lentement la température de $100°$ à $100° — t$, si on le fait subitement, les enveloppes des vésicules q crèvent et l'eau produite se dépose sur celles $Q—q$ qui restent et qui, pour cela, deviennent opaques. Cette opacité cependant ne dure qu'autant qu'il est nécessaire pour que l'eau des q enveloppes s'écoule au fond ou aux parois du vase; alors la vapeur devient transparente comme elle l'était à la température de $100°$. Le même effet a lieu à la surface des carafes remplies d'eau froide, où les enveloppes des vésicules crèvent, et y déposant leur eau, produisent l'opacité à la surface du verre.

Donc la condensation de la vapeur et la production de l'eau sont occasionnées : $1°$ par un abaissement de température, et en même temps $2°$ par un espace e limité, car sans une limitation pareille il suit toujours une évaporation dans les surfaces des vésicules $Q — q$, et c'est ainsi que la quantité primitive Q des enveloppes se trouve rétablie dans un espace supérieur $e + e'$.

§ 397. **Vapeurs des brouillards et des nuages.** Les brouillards s'abaissent souvent jusqu'à la surface de la Terre; ils ne diffèrent qu'en cela des nuages, parce que les aéronautes, en remontant dans les couches supérieures, ne trouvent entre eux aucune différence. Les vésicules ont des dimensions qui ne diffèrent pas entre elles, si ce n'est les nuages qui indiquent l'imminence de la pluie, car c'est alors que l'épaisseur des enveloppes augmente et atteint $0^{mm},06$, et cela n'est possible qu'au moyen des enveloppes des vésicules crevées dont l'eau se dépose à la surface de celles qui restent.

Mais alors une question s'élève : pourquoi l'évaporation de cette eau, déposée sur les enveloppes, n'a-t-elle pas toujours lieu, comme pour l'haleine, les brouillards à la surface des fleuves, des lacs et des versants des montagnes?

Très-souvent cela a lieu même pour des nuages épais qui
paraissent annoncer un orage, et cependant, se subdivisant
et s'élargissant en un espace plus grand, ils s'évanouissent,
précisément comme cela a lieu pour le brouillard.

Nous sommes toujours conduits à trouver : 1° l'évaporation de l'eau des enveloppes des vésicules opaques dans les
cas où l'espace e peut augmenter et devenir $e + e'$, et 2° la
condensation ou la production de l'eau n'est possible que
quand l'espace e reste le même ou quand il éprouve même
une diminution pour devenir $e - e'$. Mais sans aller chercher les causes, bornons-nous pour le moment aux faits :
les nuages qui précèdent l'orage ne s'élargissent pas pour
se disperser, mais sont de tous les côtés chassés vers un
espace qui devient en effet plus grand $e + e'$, mais les masses
de vapeur se multiplient sur une échelle supérieure, et devient $Q + Q'$. Il y a donc en réalité une masse $Q + Q'$ de vésicules supérieure à celle Q que l'espace $e + e'$ peut soutenir ; les enveloppes des vésicules crevées à cause du
manque d'espace, et l'eau produite ne pouvant s'évaporer,
reste sur les enveloppes qui s'unissent plusieurs ensemble
et produisent des gouttelettes d'eau, et celles-ci grossissent
en recevant dans leur surface l'eau des enveloppes d'autres
vésicules qui viennent en contact.

Après la chute de ces gouttes sous forme de pluie d'orage
qui a une courte durée, il ne reste plus dans l'espace e que
la quantité de vésicules suffisante pour y être contenue sans
crever ; mais cela a lieu quand elles ne se multiplient pas
de nouveau par les courants convergents qui affluent et accumulent les vésicules de tous les côtés, même de bas en
haut, comme cela devient évident par les colonnes de poussière soulevées vers les nuages.

Ce courant ascendant faisant ainsi diminuer la pression
produite par la colonne d'air et par la masse liquide multipliée, devient une cause directe de l'abaissement du baromètre, abaissement d'autant plus grand que le courant

ascendant est plus violent. Ce n'est pas ici le lieu de poursuivre plus loin ces phénomènes atmosphériques qui se
trouvent discutés avec toute l'exactitude possible dans le
texte de l'*Atlas météorologique*.

C. ÉVAPORATION DE LA NEIGE DANS LE GRAND FROID.

§ 898. Dans les régions polaires la neige tombe fréquemment et, sans fondre, elle diminue par l'évaporation ;
le même fait a lieu aux pays où, en hiver, la température
baisse au-dessous de — 15° ; le poids P de neige, restant en
son état naturel, exposé à l'air, diminue et devient P — p. De
même, il y a une évaporation de la glace dans toutes les
températures au-dessous de zéro, comme cela a été constaté dans le vide ou dans l'air très-sec, car celui-ci est
aussi insensible que le vide pour les vésicules de la vapeur.

§ 899. **Production de la neige.** Avant d'expliquer
l'évaporation de la neige il faut indiquer sa formation, qui
se présente ici spontanément. Les enveloppes des vésicules
restent liquides à une température au-dessus de zéro, et
elles gèlent quand celle-ci s'abaisse au-dessous de zéro.
Le poids spécifique des vésicules augmente parce qu'il
crève plusieurs enveloppes, dont l'eau se dépose à la surface de celles qui gèlent, et qui, à cause de leur électricité
superficielle ainsi modifiée, s'arrange symétriquement pour
produire des lames triangulaires ou hexagonales, dont
plusieurs superposées font apparaître des cristaux ayant
ces lames pour bases à leurs deux extrémités. De ces lames,
plusieurs superposées produisent les prismes triangulaires
qui se soutiennent dans les couches inférieures à celles où
ont été les vésicules avant la congélation. Les formes des
cristaux, leur position horizontale, la hauteur à laquelle ils
se trouvent, ont pu être mathématiquement déterminées au

moyen des faits optiques observés dans le halos(*Photostatique*, page 669).

Au lieu de s'arrêter à une hauteur H, les lames composées des vésicules gelées s'abaissent jusqu'au sol quand leur poids spécifique surpasse celui de l'air; de sorte que cette neige a en effet un poids spécifique plusieurs containes de fois inférieur à celui de l'eau, et qui diffère peu de celui de l'air.

Dans les grands froids, la neige est composée des enveloppes gelées en forme de petits ballons vides au milieu, ayant dans leur intérieur l'électricité positive $\overset{+}{E}$ et à leur surface la négative $\overset{-}{E}$. Celle-ci occasionne une répulsion entre les enveloppes, et cette répulsion obtient un accroissement par l'électricité homonyme du sol; de sorte que les ballons parviennent ainsi à se détacher et s'éloigner les uns des autres, et à leur tour s'éloignent de ceux qui ont un poids spécifique inférieur à celui de l'air.

L'évaporation de la glace s'opère par la production des vésicules d'abord à enveloppes liquides, mais celles-ci gèlent et les ballons qui en résultent sont transparents et pour cela invisibles. De même que les vésicules, les ballons ne manquent jamais dans l'atmosphère; en hiver, pendant le froid, gèlent les enveloppes des vésicules et l'atmosphère ne contenant que des ballons qui ne dispersent pas la lumière, restent toujours transparents, comme en été, quand elle contient les enveloppes liquides des vésicules dans les couches inférieures et les enveloppes gelées dans les couches où la température est au-dessus de 0°.

Le lecteur désirera sans doute 1° connaître comment il se fait qu'en hiver, avant une averse de neige, arrive une élévation de température qui atteint un maximum et qui ensuite s'abaisse même au-dessous de celle qui était avant l'averse; 2° comment se forment les enveloppes gelées des ballons dont consistent les flocons de neige qui ont été précédemment liquides. Les physiciens, de même que les météorologistes ont toujours évité d'aborder ces questions. Il y a des averses de neige de plusieurs mètres d'épaisseur qui couvrent plusieurs mille lieues carrées, et ces averses ont souvent lieu tandis qu'il fait beau dans les pays voisins. Grâce aux télégraphes, il n'est plus permis aujourd'hui de s'évertuer à créer des hypothèses, à inventer des théories, et à faire une foule de raisonnements bons tout au plus à se tromper soi-même; il n'y a qu'un seul moyen d'arriver au but, c'est la loi physique, suivant laquelle tous ces faits et leurs semblables ont trouvé leur explication dans l'ouvrage ci-dessus nommé. Jamais les météorologistes ne se sont trouvés dans un plus grand embarras que depuis que les communications télégraphiques ont fait connaître l'état atmosphérique des pays éloignés.

II. — RÉPULSION MUTUELLE ENTRE LES VÉSICULES OU TENSION.

§ 400. Il vient d'être prouvé que la vapeur n'est pas composée de gouttelettes, mais de vésicules dont le diamètre varie; il est au mois de janvier de $0^{mm},0275$ et au mois d'août de $0^{mm},01402$. Les enveloppes extrêmement minces soutiennent les deux électricités à l'état dissimulé : la positive $\bar{E}$ occupe l'espace vide du milieu, et la négative occupe la surface des enveloppes des vésicules. Ainsi résulte entre elles une répulsion r, et c'est cette répulsion qui augmente avec la température, et à $100°$ elle est égale à la pression p de la colonne atmosphérique ou à celle de 760 millimètres de la colonne barométrique. La pression p qui résulte de la masse μ de barogène de l'air devient comparable à la répulsion r au moyen de la chaleur d'imbibition des enveloppes o des vésicules; car leurs atomes matériels $\sigma = \theta'' + \mu\beta$ éprouvent cette répulsion r en même temps par la chaleur θ'' qu'ils éprouvent la pression p par leur barogène $\mu\beta$. Comme la température peut baisser ou s'élever, la répulsion r diminue ou augmente, et elle est mesurée au moyen des effets qu'elle produit à la pression p.

La présence des gaz ou des vésicules d'une autre espèce ne modifie point le degré de la répulsion r, parce que ce sont les vésicules homonymes qui peuvent se repousser mutuellement à cause de l'homogénéité de leurs éléments impondérables.

A. MESURES DE LA RÉPULSION ENTRE LES VÉSICULES DES VAPEURS.

§ 404. En prenant un nombre de tubes égaux remplis de mercure, on les plonge dans un vase o rempli de mercure, et l'on obtient ainsi l'appareil figure 36, nommé *faisceau barométrique*. Dans ces tubes on introduit différents

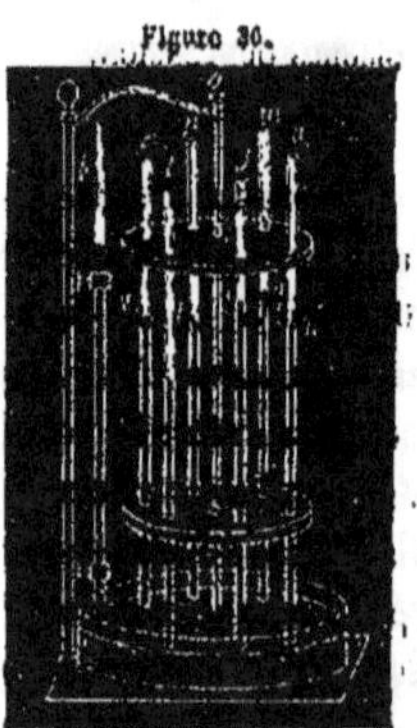

Figure 36.

liquides, comme de l'eau e, de l'alcool a, de l'éther sulfurique s, de l'essence de térébenthine t, du musc m, etc., et on les amène successivement en présence du baromètre sec b pour comparer les abaissements du niveau de mercure dans chacun des tubes, car il indique le degré de la répulsion exercée entre les vésicules de chaque espèce de liquides sous la température ambiante.

Pour rendre visible l'augmentation de la répulsion r par l'élévation de température, on éloigne les autres tubes et on laisse le tube sec b (fig. 37) et un autre, par exemple celui qui contient l'eau. En chauffant l'appareil entier, on voit le niveau v du mercure baisser tandis que l'autre b reste invariable. C'est en effet la chaleur des enveloppes vésiculaires qui fait augmenter la répulsion entre l'électricité négative qui couvre ces enveloppes.

L'existence d'une répulsion est constatée dans les atomes matériels, même quand ils sont encore à l'état liquide; car pour que cet état se maintienne, il faut du dehors une cer-

Figure 37.

taine résistance ou une pression analogue à la répulsion ou expansion pour rétablir un équilibre. Celui-ci est détruit: 1° par une di- minution de la résistance ou par une éléva- tion de répulsion. A 0° les vésicules en vv' ne font baisser le niveau v que de $4^{mm},6 = bn$; à 50° cette distance devient $bn = 91$ millimè- tres; elle est $bn = 760$ millimètres à 100° ou égale à la pression p d'une atmosphère; à 150° elle est $bn = 4\frac{1}{2}p$; à 200°, $bn = 15p$. En élevant la température de 0° à 100° et de 100° à 200°, la répulsion r' exercée entre les atomes du mercure est double à 200° de celle exercée à 100°, parce que la limite L du mercure se trouve à une hauteur de 100λ dans un cas et de 200λ dans l'autre.

Il y a donc une différence physique entre la répulsion r exercée parmi les enveloppes des vésicules et celle r' qui a lieu au milieu des atomes matériels des liquides. La répul- sion r cède à une augmentation de pression p, $2p$, np et at- teint un minimum dans la destruction des vésicules et la ré- duction de leurs enveloppes à l'état liquide où la répulsion est r'. Pour faire apparaître la répulsion r', les vésicules sont donc nécessaires, et cela à cause de leur électricité négative superficielle, au moyen de laquelle elles obtiennent la pro- priété des gaz, qui sont des combinés d'atomes matériels avec l'équivalent d'électricité positive $\bar{E}$ ou négative $\bar{E}$; de sorte que la vapeur d'eau doit être comparée à l'hydrogène $\bar{H}E$ ou à l'azote $Az^2\bar{E}$ qui contiennent l'électricité négative $\bar{E}$, et non pas à l'oxygène $O\bar{E}$ qui a l'électricité positive.

B. DIFFÉRENCE PHYSIQUE ENTRE L'ÉTAT LIQUIDE ET L'ÉTAT VÉSICULAIRE.

§ 402. Les atomes matériels conservent leurs éléments chimiques dans ces deux états, dont la différence ne résulte que d'une quantité de chaleur θ' d'imbibition qui ne devient pas latente comme dans le changement des solides en liquides, mais se décompose en deux électricités qui obtiennent l'état dissimulé, la positive $\overset{+}{E}$ dans l'intérieur des vésicules et la négative $\overset{-}{E}$ dans leur surface.

§ 403. **Répulsion r' atomique.** A l'état liquide les atomes matériels exercent entre eux une répulsion r' qui a son origine dans la chaleur θ' d'imbibition ; cette répulsion produit une augmentation de volume qui a fait connaître la densité de la chaleur θ' : pour cette raison on nomme *atomique* ou *moléculaire* la répulsion médiocre r' qui résulte de la chaleur d'imbibition θ'. Les thermomètres sont basés sur les dilatations produites de cette répulsion atomique r'.

Pour obtenir l'état vésiculaire il faut aux atomes matériels σ une quantité de chaleur $''\theta$ qui doit se décomposer afin que la lame mince liquide forme une vésicule ayant au milieu l'électricité positive $\overset{+}{E}$ de la chaleur $''\theta$ et l'électricité négative $\overset{-}{E}$ dans la surface externe de l'enveloppe o qui sert à maintenir ces deux électricités à l'état dissimulé, la chaleur θ' d'imbibition du liquide reste dans les enveloppes o.

§ 404. **Répulsion r vésiculaire.** En élevant la température à la fois dans le liquide et dans les vésicules qui en ont été produites, il faut, pour le plus grand espace de vésicules, une quantité supérieure de chaleur; dans les atomes du liquide s'exerce la répulsion r' en surfaces inférieures que celles r des vésicules, et c'est ainsi que résulte une contre-répulsion r égale exercée contre la pression p de la part de la colonne atmosphérique. Donc l'augmentation de la répulsion r résulte de la plus grande quantité de chaleur né-cessaire pour l'espace occupé par les vésicules. Comme dans les liquides nous avons vu que la dilatation est pro-portionnelle 1° à la densité de chaleur θ' d'imbibition, et 2° à la surface s des atomes matériels σ qui reçoivent la ré-pulsion r', de même dans les vésicules, la répulsion r est pro-portionnelle 1° à la densité de chaleur θ, et 2° à la surface S de vésicules composées des mêmes atomes matériels. Par exemple, si l'on introduit dans l'espace v (fig. 37) quelques gouttes d'eau ou d'autre liquide; ses lames superficielles, extrêmement minces, repoussées par les inférieures à cause de la chaleur latente, se replient vers la face f externe de-venue positive par la chaleur de la face f' inférieure, et c'est ainsi qu'avec la consommation de la chaleur $''\theta$ s'opère la production des vésicules qui remplissent l'espace supérieur vv' et exercent entre elles une répulsion r communiquée à la surface du mercure, qui est suffisante pour soutenir la pression exercée de la colonne $v'v - vn = bn$.

Si l'on élève la température des vésicules en v, leur nom-bre et par suite la répulsion r entre elles croît, et le niveau v descend pour s'éloigner du niveau b; si au contraire on laisse se refroidir les vésicules, le niveau v monte et s'ap-proche de celui b. En ce cas, ce ne sont pas les intervalles entre les vésicules qui diminuent, non plus que les dimen-sions de celles-ci, mais c'est un certain nombre d'enveloppes o qui crèvent et se déposent à la surface des enveloppes des vésicules ambiantes pour s'écouler à l'état liquide sur le mercure.

§ 405. **Limite de l'état vésiculaire.** La quantité q de vésicules occupe un espace $v\,v'$ déterminé sous une tem-pérature t et exerce la répulsion $r = nb$ (fig. 37). Si l'es-pace e augmenté et devient $e + e'$, une autre quantité de liquide obtient la forme vésiculaire et devient $q + q'$, et la répulsion r reste la même parce qu'elle résulte 1° de la sur-face des vésicules, et 2° de la chaleur θ' d'imbibition. Mais

quand l'espace devient $a + a'$, si le liquide manque il ne
sera occupé que par les vésicules q de l'espace e; alors elles
se trouveront entre elles séparées par des intervalles plus
grands, où la répulsion r devient inférieure; en pareils cas,
le niveau v monte et s'approche de celui b.

G. RÉPULSION DU MÉLANGE DES GAZ AVEC LES VAPEURS.

§ 406. La pression p exercée sur les vésicules pour se
mettre en équilibre avec leur répulsion r, et la répulsion p'
exercée sur les molécules d'un gaz pour se mettre en équilibre avec leur répulsion r', ne diffèrent pas
de la somme $p + p'$ nécessaire pour maintenir en équilibre le mélange $q + q'$ des enveloppes p des vésicules et des molécules m
du gaz. Gay-Lussac employa l'appareil figure 38; il se compose d'un gros tube t
muni des deux robinets r, r' communiquant
avec un autre tube vertical cn. Le tube t
étant rempli de mercure sec on enlève la
pièce Sa, et l'on visse en r' le ballon b rempli
du gaz sur lequel on veut opérer; puis on
ouvre les robinets r', r et celui r'' du ballon,
le mercure s'écoule en r et le gaz pénètre
dans le tube t. On ferme ensuite les robi-
nets et l'on observe le niveau du mercure en t et en n;
la répulsion r' exercée entre les molécules m du gaz maintient en équilibre la somme des pressions $p + nn'$; p indique celle de l'atmosphère. On remplace alors le ballon par
la pièce Sa pour verser dans l'entonnoir a le liquide dont
quelques gouttes sont introduites dans le tube t, et produisent une quantité q de vésicules, dont la répulsion r est
communiquée avec celle r' du gaz au mercure en t. La

Figure 38.

somme $r + r'$ des deux répulsions fait descendre le niveau de t à t' et monter celui de l'autre tube de n à n''.

Quand cet équilibre est obtenu, pour augmenter la pression et la faire $p + n'n'' + n''n'$, on verse du mercure jusqu'en n', de manière à ramener le niveau t' à sa position précédente t, et le gaz à son volume primitif; l'excès $n''n'$ de la pression actuelle sur celle $p + nn'$ qui existait avant l'introduction du liquide représente la répulsion r des vésicules qui saturent le gaz à la température de l'expérience. Cette même pression $n'n''$ est obtenue du même liquide quand on opère dans la même température dans les tubes de la figure 36, d'où il résulte que la présence de l'air ou d'un autre gaz ne modifie pas la répulsion r exercée entre les enveloppes des vésicules.

Soit e l'espace qu'occupe le gaz, et $e + e'$ celui qu'occupe le mélange de ce gaz avec les vésicules; ces espaces e, $e + e'$ sont en raison inverse avec les répulsions r, r' et au même temps avec les pressions $p + nn''$, $p + nn'' + n''n$; ainsi l'on a

$$e = \frac{1}{r} = \frac{1}{p + nn''}, \quad e + e' = \frac{1}{r} = \frac{1}{p + nn'' + n''n'},$$

d'où

$$p + nn'' = \frac{1}{e}, \; p + nn'' + n''n' = \frac{1}{e + e'}.$$

§ 407. **Diminution des vésicules par l'abaissement de la température.** Quand la quantité q de vésicules seules ou mélées avec un gaz se trouvant en équilibre avec la pression P, elle éprouve un abaissement de température, le nombre des molécules de gaz reste le même, mais alors diminue leur répulsion qui devient $r' - \alpha$; la répulsion r des vésicules diminue également; cependant elle ne résulte pas, comme chez les gaz, d'une diminution de la répulsion r entre les vésicules, mais c'est la quantité q de celles-ci qui diminue et devient $q - q'$; car les enveloppes q' crèvent et

l'eau se dépose sur celles des vésicules qui restent pour s'a-
baisser sur la surface du mercure. Cet état des enveloppes
crevées fait apparaître dans les vésicules une opacité qui
ne disparaît que quand l'eau des enveloppes crevées s'en
sépare pour se déposer.

Quand on comprime l'air dans un ballon (fig. 32) qui contient quelques gouttes d'eau, de façon que l'espace e soit
saturé à la température ordinaire, si l'on ouvre le robinet
pour laisser s'éloigner le gaz avec une partie de la chaleur,
l'espace e est alors occupé par le reste d'air, mais il y a un
abaissement de température dont résulte une diminution
des vésicules, parce qu'une partie d'entre elles crèvent, et
c'est ainsi qu'apparaît également une opacité qui est cependant médiocre, parce qu'avec l'air s'éloigne aussi une
partie des vésicules.

Quand au contraire l'air est raréfié dans le ballon (fig. 32)
et que l'espace saturé de vésicules contient quelques gouttes
d'eau, si l'on ouvre le robinet l'air se précipite et l'index
arrive à la hauteur normale qui correspond à la pression p.
Avec l'air m' introduit il pénètre dans le ballon la quantité q'
de chaleur qui fait s'élever la température et augmenter le
nombre des vésicules; alors apparaît une élévation de l'index
H, mais il baisse bientôt à cause de l'écoulement de la quantité q' de chaleur qui occasionne une diminution du nombre
des vésicules.

III.— RETOUR DES VAPEURS A L'ÉTAT LIQUIDE.

§ 408. Il y a deux moyens de faire crever les enveloppes
des vésicules, le refroidissement et la pression; de tous les
liquides l'eau seule ne contient pas d'équivalents électriques
en excès, qu'on rencontre dans tous les autres liquides, et
ces équivalents sont en quantités supérieures dans les liquides dont le point d'ébullition est le plus bas. Donc entre

les vésicules d'eau et les molécules des gaz permanents se trouvent les vapeurs des liquides différents, dont un grand nombre étaient considérés comme gaz; pour cette raison ces espèces de vapeurs peuvent être nommées *gazeuses*, pour les distinguer des gaz permanents et de la vapeur d'eau.

L'état des liquides pareils se distingue de celui du mercure et des métaux fondus, la poix, la cire, etc., qui sont des dissolutions d'une substance peu fusible, carburées dans une autre d'une fusibilité d'un degré supérieur. Pour liquéfier les vapeurs gazeuses, Faraday, en 1823, employa un tube en verre coulé en forme de $^{\alpha}U^{\alpha}$ très-épais; il y introduisait les ingrédients qui, mélangés et chauffés, devaient faire dégager le gaz, et les rassembla à l'une α des extrémités qui était bouchée, puis il ferma l'autre α' à la lampe et la plongea dans un mélange réfrigérant, pendant qu'il en chauffait les substances de l'extrémité α pour faire dégager le gaz qui s'accumula dans le tube et se refroidit dans la branche α'.

Les vésicules chargées d'électricité dissimulée, comme celles de l'eau, possèdent encore dans leurs enveloppes l'électricité du liquide; la répulsion $R + R'$ résulte de ces deux causes, et il n'est possible de faire crever ces enveloppes qu'au moyen d'une pression $P + P'$ supérieure à la répulsion $R + R'$; cette pression est obtenue en ce cas, 1° au moyen de l'élévation de température dans la branche α, et 2° au moyen de son abaissement dans la branche α' où la répulsion éprouve une diminution et devient R. En mettant le tube U en communication avec un autre pareil plongé dans le mélange d'acide carbonique solide et d'éther, le même physicien est parvenu à obtenir en quantités considérables les substances à l'état liquide ou même à l'état solide.

§ 409. **Liquéfaction et solidification du gaz acide carbonique.** Le gaz acide carbonique est la vapeur ou une masse de vésicules qui, ayant la même électricité dans

leur surface, se repoussent comme le font les vésicules d'eau
en degré inférieur, et cela à cause du manque d'électricité
libre dans l'eau comme l'est celle $\bar{E}$ contenue dans l'atome
double d'acide carbonique $C^2O^4\bar{E}$. Les enveloppes des vésicules soutiennent donc à l'état dissimulé non-seulement
les équivalents qui entrent comme éléments dans la chaleur,
mais encore ceux $\bar{E}$ des atomes matériels $C^2O^4\bar{E}$.

Comme les vésicules d'eau crèvent quand elles reçoivent
une pression $P+P'$ supérieure à la répulsion R exercée
entre leur surface, de même les vésicules de vapeur d'acide
carbonique qui exercent entre elles une répulsion $R+R'$
pour crever doivent éprouver une pression supérieure
$P+P'+P''$, et l'on en a pu produire au moyen d'appareils
différents. Thilorier employa un vase à fond mobile autour
d'un axe, où il introduisit du bicarbonate de soude, de
l'eau et une éprouvette remplie d'acide sulfurique. Après
avoir solidement fermé le vase il l'a fait tourner et ainsi l'acide
sulfurique s'écoula de l'éprouvette dans la dissolution du
sel dont se dégagea l'acide carbonique qui fut conduit par
un tuyau dans un récipient où il se liquéfia ; pour cela à
une température de 15° la pression $P+P'+P''$ devait être
de 50 atmosphères, car les vésicules ne peuvent pas crever
à une température supérieure ou sous une pression inférieure.
Cet appareil éclata dans une des expériences postérieures,
et donna l'occasion d'en inventer d'autres dont le suivant,
imaginé par Bianchi, a été adopté à cause de la sûreté qu'il
offre contre tout accident.

§ 410. **Appareil de Bianchi.** Le gaz desséché arrive
par le tube S (fig. 39) dans une pompe qui le refoule dans
un réservoir G en fer forgé de 700 centimètres cubes de
capacité, et capable de supporter des pressions de 600 à
700 atmosphères. Une soupape à tête sphérique empêche le
gaz comprimé de sortir de ce réservoir. Le mouvement est
imprimé à la pompe foulante au moyen d'un arbre coudé
muni d'un volant m ; la pièce r sert à guider la tige du piston.

Pour éviter l'échauffement de la pompe, celle-ci est refroidie avec l'eau qui coule à sa surface; de même le récipient G est entouré de fragments de
glace. Quand on veut recueillir le liquide
ainsi obtenu, on sépare le réservoir G de
la pompe et l'on fait sortir ce liquide par
un orifice en renversant le vase G. Le liquide est reçu dans un tube en verre
mince de 3 ou 4 centimètres de diamètre
ajusté, au moyen d'un bouchon, sur un
flacon contenant de la ponce sulfurique;
sans cette précaution l'humidité de l'air se
gèlerait à la surface du tube et empê-
cherait de voir dans l'intérieur.

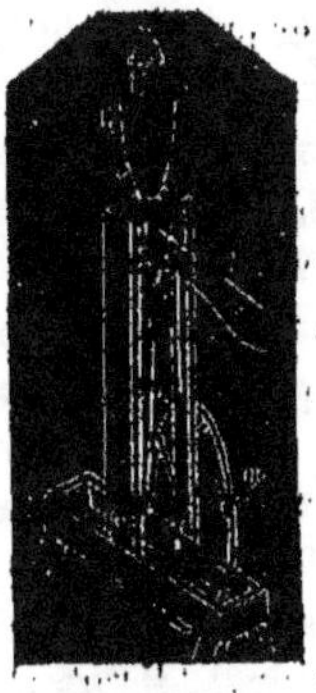

Cet appareil a servi à liquéfier le protoxyde
d'azote AzO; le liquide produit en s'évaporant un froid capable
de le congeler sous le récipient de la machine pneumatique.
La température est si basse que les métaux qu'on y plonge
produisent le même bruit qu'un fer rouge dans l'eau. Liquide ou solide le protoxyde d'azote produit sur la peau
le même effet qu'une forte brûlure. Le liquide est plus froid
que l'acide carbonique solide mêlé avec l'éther, car le tube
étant plongé dans ce mélange, le protoxyde d'azote liquide
entre en ébullition. Mêlé avec l'acide carbonique solide et
l'éther, on obtient un froid où l'alcool devient assez visqueux pour qu'on puisse renverser le vase qui le contient,
sans qu'il s'écoule. Le mercure se congèle quand on le
verse dans le tube; si l'on vient à y jeter un charbon incandescent, il brûle avec un éclat très-vif, comme cela a lieu
dans la vapeur de ce liquide qui est le gaz protoxyde
d'azote, et l'on a à la fois dans un même tube une chaleur
rouge blanc au-dessus, et au-dessous une température capable de congeler le mercure.

§ 411. Faraday a produit ce froid avec la pression obtenue non pas de la manière indiquée par une seule pompe,

mais dans les tubes en U au moyen des deux pompes foulantes de petit diamètre se commandant, de manière que la dernière recevait le gaz comprimé à 10 ou 20 atmosphères par la première, et le comprimait à son tour jusqu'à 50 atmosphères. Quand on voulait obtenir dans le récipient un froid très-intense, le mélange réfrigérant était placé pour recevoir l'une des branches du tube en U. Quand on faisait le vide sous le récipient, la température s'affaissait à —110°, tellement que la répulsion *r* entre les vésicules de la vapeur dégagée du mélange correspondait à une pression de 30 millimètres environ.

Cinq gaz seulement n'ont pu être liquéfiés : l'*hydrogène*, l'*oxygène*, l'*azote*, l'*oxyde carbonique* et le *bioxyde d'azote*. Les deux premiers ont été soumis à une pression de 27 atmosphères, l'oxyde de carbone à 40 atmosphères, et l'azote et le bioxyde d'azote à 50 atmosphères, la température était portée pour tous à —110°.

Tableau des gaz liquéfiés et solidifiés.

GAZ LIQUÉFIÉS SEULEMENT.	GAZ CONGELÉS.	
Gaz oléfiant.	Gaz* acide bromhydrique à 8°	Gaz *ammoniaque à. . . 75°
— acide chlorhydrique. .	— * cyanogène à. . . . 35°.	— acide sulfureux à 78°.
— acide fluoborique. . .	— * acide iodhydrique à 51°.	— *acide sulfhydrique à 80°.
— acide finosilicique. . .	— * acide carbonique à 58°.	— protoxyde d'azote à 100°.
— hydrogène phosphoré.	— oxyde de chlore à. 60°.	
— *hydrogène arsénique.		
— *chlore.		

Les gaz dont les noms sont précédés de l'astérisque (*) peuvent se liquéfier sans compression, par un froid de —80°. Pour ceux qu'on n'a pu congeler, la température a été portée à —110°. Des gaz colorés, le chlore et l'oxyde de chlore donnent seuls des liquides colorés ; tous les autres sont incolores, ainsi que les solides qu'ils peuvent former.

§ 412. **Explications.** Toutes les évaporations des liquides s'opèrent avec une consommation de chaleur, comme se fait la fusion des solides ; le point de fusion de ceux-ci coïncide avec celui de la congélation et le changement du volume est insignifiant dans l'état liquide ou solide. Le contraire a lieu pour les vapeurs qui peuvent être produites à toute température du liquide ; ils obtiennent l'état liquide au moyen d'une pression qui accompagne le refroidissement.

La différence essentielle entre la vapeur et le liquide consiste en une augmentation de volume qui persiste même aux températures très-basses, alors que manque la pression. Quoique l'état vésiculaire ait été directement constaté dans la vapeur d'eau, il se trouve encore quelques physiciens qui hésitent à adopter ce fait, et cela parce qu'ils y rencontrent des difficultés à chaque pas. Nous persistons précisément pour cela à rendre évidente la production des vésicules, 1° par les atomes matériels du liquide, et 2° par une quantité de chaleur Θ d'imbibition qui devient insensible comme celle $'\Theta$ consommée dans la fusion des solides, sans pour cela obtenir dans la vapeur le même état que dans les liquides ; cette différence devient évidente par la diminution de la capacité qui est la même presque dans la glace ; ainsi est prouvé le manque de chaleur latente dans la vapeur d'eau et dans la glace.

Si la chaleur $'\Theta + ''\Theta$ se trouvait dans les vésicules sous la même forme que dans les liquides, elle aurait dû s'en séparer aux températures inférieures, comme cela a lieu dans la congélation des liquides. Ainsi donc ce cas et l'augmentation du volume avec l'apparition d'une répulsion entre les vésicules conduisent à connaître la décomposition de la chaleur $'\Theta + ''\Theta$, 1° en équivalents d'électricité positive $\bar{E}$ dans la face f intérieure de l'enveloppe a, et 2° en équivalents d'électricité négative $\bar{E}$ qui occupent la face f' extérieure de l'enveloppe ; de sorte que la répulsion R entre les enveloppes des vésicules résulte de la somme des répulsions $R + R'$ dont, 1° l'une R est celle qui provient des répulsions entre les équivalents négatifs E qui ne peuvent pas s'éloigner des enveloppes, maintenues qu'elles sont à l'état dissimulé par l'électricité positive interne ; 2° l'autre répulsion R' varie avec la température, car les atomes de chaleur θ' sans se décomposer restent dans les enveloppes et font augmenter la répulsion entre les atomes matériels, comme cela a lieu quand ils ont l'état solide ou liquide.

C'est donc la répulsion R qui augmente suivant les surfaces des enveloppes, et dans le mercure ou dans le liquide produit des enveloppes s'opère la répulsion R' thermométrique. Cette répulsion R diffère dans chaque espèce d'atomes matériels dont, excepté ceux de l'eau, toutes les autres espèces contiennent des équivalents électriques positifs ou négatifs. Dans l'oxygène entrent seuls les équivalents positifs E, et dans l'hydrogène les équivalents négatifs E. Il est donc impossible d'en obtenir un liquide, quoique ces mêmes atomes matériels soient contenus dans les vésicules de la vapeur d'eau. Pour obtenir l'eau des deux gaz, il faut faire se combiner les électricités de leurs éléments matériels OE et HE ; il en est de même quand on veut obtenir l'eau des enveloppes des vésicules ; la différence ne consiste qu'en cela : 1° que dans la surface f' de chaque enveloppe b se trouvent les doubles équivalents d'électricité négative $2qE$, et dans l'intérieur de l'enveloppe sont les équivalents qE d'électricité positive ; 2° que dans un volume v d'oxygène il y a $3q$ équivalents d'électricité positive, et dans deux volumes $2v$ d'hydrogène il y a également $3q$ équivalents d'électricité négative.

Il en résulte que : 1° en détruisant les enveloppes o au moyen d'une compression on fait se mêler les équivalents $2qE + qE$ qui se combinent pour produire la chaleur $qEE = q\theta$; 2° en combinant les équivalents électriques égaux $3qE + 3qE$, il est impossible d'obtenir l'eau des gaz HE et OE et la chaleur seule, sans qu'en même temps se montre la lumière ; car, dans les gaz 3qHE et 3qOE, on a :

$$3q\bar{E} + 3q\bar{E} = q\bar{E}\bar{E}\bar{E} + q\bar{E}\bar{E}\bar{E} = qq + q0 \text{ plus } 3qHQ.$$

IV. — DES RÉPULSIONS DE VAPEUR PAR RAPPORT DE LEUR TEMPÉRATURE.

§ 413. Au moyen de l'appareil *ab* (fig. 40) Dalton obtint les répulsions correspondantes pour chaque degré entre 0° et 100°. Il suffit de chauffer la partie *a* où est l'eau et sa vapeur, le niveau *a* baisse et *b'* s'élève ; la pression croissante correspond à la répulsion R de la température $t=100°$...; à 100° le niveau descend en *v* pour indiquer que la vapeur de 100° consiste en vésicules qui exercent, par la surface de leurs enveloppes, une répulsion R suffisante pour maintenir en équilibre une pression *p* exercée sur les mêmes enveloppes d'une colonne de mercure de 700 millimètres ou d'une colonne d'atmosphère. On obtient le même effet au moyen de l'appareil (fig. 37), car en changeant la température de la vapeur en *vv'*, on obtient les pressions P correspondantes indiquées par la hauteur *bn* du mercure ; cette pression *p* indique donc la répulsion R opérée entre les enveloppes *o* des vésicules.

§ 414. **Marmite de Papin.** Cet appareil sert à échauffer l'eau au-dessus de 100°, il consiste en un vase R (fig. 41) très-résistant fermé par un couvercle que l'on maintient fortement sur ses bords au moyen d'une vis *vv*. Cette vis prend son écrou dans un arc métallique très-fort fixé au vase par des clavettes *c, c* ; des bandes de carton mouillées sont interposées entre le bord du vase et le couvercle. Un levier L chargé du poids P, presse sur le rond de carton qui ferme un ajustage *o* adapté au couvercle. On met de l'eau dans le vase R et on le porte sur un feu ardent; la vapeur, qui n'a pas d'issue, s'accumule au-dessus du liquide, y exerce une

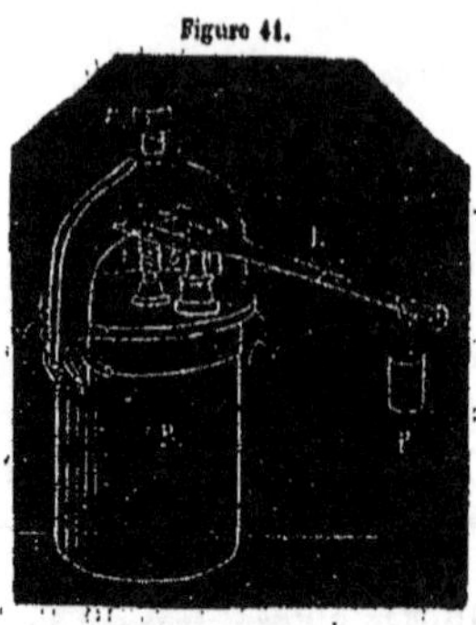
Figure 41.

pression croissante, de manière que se trouve empêchée la production d'autres vésicules pendant que la température s'élève de plus en plus. Le levier L qui ferme l'orifice *o*, est destiné à limiter la répulsion R de vapeur qui finirait par faire éclater l'appareil avec violence, si elle devenait trop forte. Quand la répulsion R devient suffisante pour vaincre la pression exercée en *o* de la part du poids P, le levier se soulève et laisse s'échapper une quantité q de vésicules avec une quantité nq d'atomes de chaleur décomposés en deux électricités à l'état dissimulé. La répulsion R exercée de la part de Q enveloppes diminue et devient R — r quand le nombre des vésicules diminue pour devenir Q—q. Mais la quantité nq d'atomes de chaleur qui pénètrent du feu dans le vase fait apparaître une nouvelle quantité q de vésicules; alors la répulsion redevient R, le levier L est soulevé, l'orifice *o* s'ouvre et livre passage à une égale quantité q de vapeur; il y a donc un rapport direct entre la quantité Q de vésicules et la répulsion R.

Ainsi l'on obtient une température suffisante pour fondre l'étain et le plomb; le bois prend l'aspect du bois décomposé par une longue exposition à l'air et à la pluie; l'eau en a extrait les matières résineuses, les huiles, les gommes. Les os s'y ramollissent, la gélatine qu'ils contiennent est dissoute, et l'on tire parti de ces effets pour préparer du bouillon de gélatine.

§ 415. Tous ces faits et mille autres prouvent que la chaleur produit, au moyen de la dilatation des corps, des répulsions R′ beaucoup inférieures à celles qu'on en obtient au moyen de la transformation des liquides en vapeurs. Les ouvrages des physiciens ne contiennent en général que les descriptions des appareils employés pour déterminer les répulsions exercées de la part des enveloppes des vésicules d'eau à toute température; pour les autres liquides, il n'existe pas encore d'expériences analogues. Les expériences faites sur le mercure ont donné, pour la répulsion des vésicules de ce liquide à 50° et 100°, un peu moins de 0mm,1 et 0mm,5, en admettant que le mercure ne donne pas de vapeurs appréciables à 0°.

Dans les tableaux suivants sont contenus les résultats des observations sur la répulsion des vésicules de la vapeur d'eau faites par Dulong et Arago ou par Regnault; ces résultats sont d'accord et constants, parce qu'ils sont obtenus par des méthodes infaillibles.

TABLEAU A. — *Des répulsions des vésicules de la vapeur d'eau de 100° à 265° contre la pression.*

RÉPULSION DES VAPEURS		Températures.	Répulsion sur 1 centimètre carré en kilogrammes.	RÉPULSION DES VAPEURS		Températures.	Répulsion sur 1 centimètre carré en kilogrammes.
en atmosphères.	en colonnes de mercure à 0°.			en atmosphères.	en colonnes de mercure à 0°.		
1	0,76	100°	1,033	13	9,88	193°70	13,429
1,5	1,14	112,2	1,549	14	10,64	197,19	14,462
2	1,52	121,4	2,066	15	11,40	200,48	15,495
2,5	1,90	128,8	2,582	16	12,16	203,60	16,528
3	2,28	135,1	3,099	17	12,92	206,57	17,561
3,5	2,66	140,6	3,615	18	13,68	209,40	18,594
4	3,04	145,4	4,132	19	14,44	212,10	19,627
4,5	3,42	149,06	4,648	20	15,20	214,70	20,660
5	3,80	153,08	5,165	21	15,96	217,20	21,693
5,5	4,18	156,80	5,681	22	16,72	219,60	22,726
6	4,56	160,20	6,198	23	17,48	221,90	23,759
6,5	4,94	163,48	6,714	24	18,24	224,20	24,792
7	5,32	166,50	7,231	»	»	»	»
7,5	5,70	169,37	7,747	25	19,00	226,30	25,825
8	6,08	172,10	8,264	30	22,80	236,20	30,990
9	6,84	177,10	9,297	35	26,60	244,85	36,155
10	7,60	181,60	10,330	40	30,40	252,55	41,320
11	8,36	186,03	11,363	45	34,20	259,52	46,485
12	9,12	190,10	12,396	50	38,00	265,89	51,650

TABLEAU B. — *Des répulsions obtenues par les calculs algébriques ou graphiques.*

Température du thermomètre à air	RÉPULSIONS des vapeurs		Différences.	Température du thermomètre à air	RÉPULSIONS des vapeurs		Différences.
	d'après la courbe C.	par la formule (A)			d'après la courbe C.	par la formule (B).	
degrés.	millim.	millim.	millim.	degrés.	millim.	millim.	millim.
— 20	0,91	0,91	0,00	110	1.075,7	1.075,58	— 1,06
— 10	2,08	1,97	+ 0,11	120	1.489	1.491,28	— 2,28
0	4,00	4,48	+ 0,12	130	2.029	2.030,28	— 1,28
10	9,16	9,05	+ 0,11	140	2.713	2.717,03	— 4,03
20	17,59	17,50	+ 0,09	150	3.542	3.551,23	— 9,23
30	31,55	31,50	+ 0,05	160	4.047	4.051,62	— 4,02
40	51,01	51,91	0,00	170	5.060	5.061,66	— 1,66
50	91,08	92,02	— 0,04	180	7.545	7.546,39	— 1,39
60	148,79	148,83	— 0,04	190	9.528	9.442,70	— 14,70
70	255,09	255,11	— 0,02	200	11.060	11.089,00	— 29,00
80	554,81	551,81	0,00	210	14.308	14.324,80	— 16,80
90	525,45	525,45	0,00	220	17.380	17.380,30	0,30
100	760,00	760,00	0,00	230	20.915	20.920,58	— 11,58

§ 416. Regnault a représenté : 1° les différences de températures par des longueurs prises sur un axe horizontal, et 2° les répulsions correspondantes par des ordonnées, et il a tracé une courbe C qui passe par ces ordonnées; ensuite il a comparé ces résultats à ceux obtenus de la formule de Biot :

$$(A) \qquad \log F = a + b\alpha^t + c\beta^t.$$

Les nombres du tableau (A) obtenus par l'observation ont servi à la fois à la construction de la courbe C et à la composition de la formule (A); ainsi les erreurs contenues dans les nombres du tableau (A) ont été transmises naturellement au tableau (B). Si l'on ne veut pas connaître la répulsion R véritable de la vapeur à toute température, mais la répulsion R — r apparente, le tableau (A) doit porter ce titre pour ne pas être faux.

TABLEAU C. — *Des répulsions des vésicules d'eau de —32° à 100°,
d'après Regnault.*

TEMPÉRATURES.	RÉPULSIONS des vésicules.	TEMPÉRATURES.	RÉPULSIONS des vésicules.	TEMPÉRATURES.	RÉPULSIONS des vésicules.	TEMPÉRATURES.	RÉPULSIONS des vésicules.
degrés.	millim.	degrés.	millim.	degrés.	millim.	degrés.	millim.
—32	0,310	1	4,940	34	39,565	68	215,500
—31	0,336	2	5,302	35	41,827	69	225,185
—30	0,363	3	5,687	36	44,201	70	235,093
—29	0,397	4	6,097	37	46,601	71	245,393
—28	0,431	5	6,534	38	49,508	72	254,075
—27	0,468	6	6,988	39	52,039	73	265,147
—26	0,500	7	7,452	40	54,806	74	276,624
—25	0,555	8	8,017	41	57,910	75	283,517
—24	0,602	9	8,574	42	61,055	76	300,838
—23	0,654	10	9,165	43	64,346	77	315,000
—22	0,711	11	9,702	44	67,790	78	326,811
—21	0,774	12	10,457	45	71,391	79	340,488
—20	0,841	13	11,102	46	75,152	80	354,843
—19	0,915	14	11,908	47	79,095	81	369,287
—18	0,996	15	12,699	48	83,201	82	384,435
—17	1,084	16	13,536	49	87,489	83	400,101
—16	1,179	17	14,421	50	91,982	84	416,298
—15	1,284	18	15,357	51	96,664	85	433,061
—14	1,358	19	16,346	52	101,543	86	450,314
—13	1,531	20	17,392	53	106,656	87	468,221
—12	1,656	21	18,495	54	111,945	88	486,687
—11	1,802	22	19,659	55	117,478	89	505,759
—10	1,963	23	20,888	56	123,314	90	525,450
—9	2,137	24	22,184	57	129,351	91	545,779
—8	2,327	25	23,550	58	135,505	92	566,767
—7	2,555	26	24,988	59	142,016	93	588,408
—6	2,758	27	26,505	60	148,701	94	610,740
—5	3,004	28	28,101	61	155,820	95	633,578
—4	3,271	29	29,782	62	163,170	96	657,535
—3	3,555	30	31,548	63	170,791	97	682,629
—2	3,879	31	33,406	64	178,714	98	707,980
—1	4,221	32	35,359	65	186,945	99	733,307
0	4,600	33	37,411	66	195,486	100	760,000
				67	204,376		

§ 417. **Explication.** Les nombres tels qu'ils ont été obtenus des observations paraissent se rapprocher sous le
rapport du refroidissement dont la vitesse est en progression géométrique quand les températures diminuent en
progression arithmétique. Dalton trouva même par l'expérience que les répulsions de la vapeur croissent suivant une
progression géométrique, lorsque les températures croissent en progression arithmétique; toutefois, ce rapport ne

se vérifie que quand les limites des températures ne sont pas très-éloignées. Au lieu d'examiner la cause qui produit la différence quand les limites des températures sont éloignées, les physiciens s'occupèrent de composer des formules algébriques qui puissent approximativement lier les degrés de température avec les répulsions obtenues par l'expérience.

De Prony a adopté une expression de la forme $F = a\alpha' \times b\beta' + c\gamma' + \ldots$, et il a calculé les constantes au moyen des résultats obtenus par l'expérience. Le docteur Young a proposé la formule $F(o + bt)^2$. Dulong et Arago ont représenté la répulsion F de la vapeur par l'expression $F = (1 + 0{,}7153t)^5$, dans laquelle t représente la température comptée positivement ou négativement à partir de 100°. La constante unique que renferme cette formule a été déterminée au moyen de l'observation faite sous la plus grande répulsion. Regnault trouva que cette formule, qui a servi à calculer les résultats qui dépassent 24 atmosphères dans le tableau (A), représente bien les résultats de l'observation à partir de 100°, mais qu'au-dessous de 100° elle se trouve en défaut. Roche a proposé la formule $F = a\alpha^{\frac{t}{1+nt}}$ à laquelle il a été conduit par le calcul, et à laquelle sont aussi arrivés, de leur côté, Clapeyron, August, de Wrede, Holtzmann ; Regnault trouva dans cette formule un accord remarquable avec les résultats obtenus de l'observation, non-seulement pour la répulsion de la vapeur d'eau, mais aussi pour celles des vapeurs d'alcool et d'éther.

§ 418. *Remarque.* Nous avons démontré (§ 183) l'influence physique de la forme de l'enceinte sur la vitesse du refroidissement. Cette influence existe également de la part de la forme de l'enceinte aux répulsions R, exercées de la surface des vésicules contre les parois du vase, qui est ici le tube barométrique, où change continuellement le rapport entre la surface $s + 2b$ cylindrique et celle b de la surface où s'opère le contact des vésicules avec le mercure qui éprouve la répulsion R.

Le rapport $s + b : b$ entre la surface $s + b$ inactive et celle b qui éprouve la répulsion n'est pas constant, mais il va en augmentant, et pour cela les résultats obtenus par l'observation n'indiquent par la répulsion véritable, mais un effet inférieur. De sorte que si le rapport trouvé par Dalton ne se trouve pas conforme avec les résultats obtenus entre les températures éloignées, cela ne doit pas être attribué à un défaut du rapport, mais plutôt au petit défaut contenu dans le résultat de l'expérience de Regnault.

§ 419. **Résumé.** La chaleur θ' d'imbibition n'exerce que la répulsion R' qui produit la dilatation thermométrique du liquide ou du solide, et il est indifférent que les atomes matériels $\sigma = \theta'' + \mu\beta$ forment une masse homogène, ou qu'ils se trouvent en forme d'enveloppes très-minces qui ne font qu'augmenter la surface de la masse m et occuper l'espace $e + e'$ qui est plusieurs centaines de fois plus grand que celui e' qu'occupe la masse liquide. Donc il y a dans l'espace $e + e'$ des centaines de fois plus de chaleur θ' que dans celui e' quand la température reste la même. La répulsion $R + R'$ est analogue dans l'espace $e + e'$ a la quantité de chaleur $\Theta + \theta'$ qui y est contenue, et celle R' correspond à la chaleur θ' contenue dans l'espace e' occupé par le liquide.

La progression géométrique résulte, dans l'espace $e + e'$, des surfaces des enveloppes qui exercent le même degré de répulsion que celui des atomes homogènes contenus dans l'espace e' occupé par le liquide ; dans l'un des cas, la répulsion croît avec le nombre des vésicules, qui n'augmentent pas en volume, mais leur nombre se multiplie, et c'est ainsi que la répulsion R augmente en progression géométrique, tandis que celle R' croît en progression arithmétique.

CHAPITRE IV.

DE L'ÉTAT DE LA CHALEUR LATENTE DANS LES LIQUIDES
ET DANS LES VAPEURS.

§ 420. Il était impossible pour les physiciens de se rendre compte de l'état par lequel passe la chaleur pour devenir latente; ils pouvaient encore moins comprendre en quoi consiste la différence entre la chaleur latente contenue dans les liquides et celle contenue dans leur vapeur. Dans ce chapitre nous exposerons des faits de la plus haute importance, qui ne rencontreront aucune opposition, parce que n'étant qu'à la portée des hommes les plus graves, on ne s'avisa pas de créer des théories et des hypothèses qui n'auraient certainement ici qu'un résultat, celui d'éloigner de la voie véritable, indiquée par l'empirisme. Pour rendre les explications plus faciles, il faut exposer d'abord les questions dans tous leurs détails, et puis les résultats que donnent des expériences souvent difficiles à répéter, et par suite à contrôler, quoique cependant toujours fidèlement décrites par les expérimentateurs.

§ 421. La liquéfaction des solides et la vaporisation des liquides s'opère par des quantités de chaleur qui cessent d'être sensibles au tact et au thermomètre. Au commencement, ce mode égal de disparition de chaleur a fait croire qu'elle passait sous le même état dans les liquides et dans

leur vapeur, et on n'y trouve d'abord que la seule différence entre les quantités 'Θ et "Θ de chaleur disparue. Ensuite se présentèrent aux observateurs les différences suivantes qui résultent de la chaleur 'Θ dans les liquides et
de la chaleur 'Θ + "Θ dans leur vapeur.

§ 422. I. **État normal de la chaleur latente** 'Θ **dans
les liquides.** Quand un corps solide se trouve au point
de fusion, une quantité constante de chaleur d'imbibition Θ'
devient insensible pendant qu'un poids analogue du solide
passe à l'état liquide, sans que son volume change sensiblement; souvent même il diminue, et il résulte ainsi de la
chaleur introduite 'Θ plutôt une condensation dans le liquide qu'une dilatation. La capacité c de la glace est presque la moitié de celle C de l'eau; la différence entre ces capacités $C-c$ ou le rapport $C : c$ entre elles n'est pas constant;
$C-c$ est inférieure dans les sels, et encore moindre dans
les substances organisées, telles que la cire, la poix, la résine, etc.; dans les métaux elle disparaît presque entièrement, quoiqu'il y ait une quantité de chaleur latente.

§ 423. II. **État électrique de la chaleur dans les
vapeurs.** Au point d'ébullition où les liquides obtiennent
l'état des gaz, leur volume devient des centaines de fois
plus grand; pendant la vaporisation des liquides il disparaît
une quantité de chaleur "Θ plus grande que celle 'Θ qui se
consomme dans leur liquéfaction. Cependant la capacité,
au lieu d'augmenter dans les vapeurs, diminue et devient
égale à celle qu'a le même corps à l'état solide. Dans les
vapeurs l'état de la chaleur "Θ n'est plus le même que celui
de la chaleur Θ' d'imbibition, comme cela devient évident:
1° par le changement brusque du volume des liquides, et
2° par la permanence des vapeurs aux températures inférieures au point d'ébullition quand il y a absence des limites de l'espace pour que la vapeur puisse se répandre;
tandis que la chaleur 'Θ s'écoule des liquides dès qu'ils atteignent le point de fusion. Un état de *chaleur électrisée* est

un fait inconnu jusqu'à présent, et c'est grâce à sa découverte qu'une foule de faits mécaniques vont pouvoir s'arranger de manière à être liés par la loi physique comme cause et effets. 1° Dans les liquides, la chaleur reste à l'état latent sans éprouver aucune décomposition, et 2° dans les vapeurs chaque atome de chaleur se trouve décomposé en électricité positive $\overset{+}{E}$ et électricité négative $\overset{-}{E}$. Les atomes matériels des liquides s'arrangent pour former des lames extrêmement minces, qui maintiennent les deux électricités à l'état dissimulé.

§ 424. Le volume résulte de la répulsion des électricités qui ne peuvent ni s'éloigner ni se combiner à cause de leur état dissimulé; pour cette raison, les atomes de chaleur "Θ ne peuvent plus apparaître à une température inférieure au point d'ébullition; pour ramener les lames matérielles à leur état liquide, il faut les briser en les comprimant, car c'est alors que les deux électricités n'étant plus soutenues par elles à l'état dissimulé, se combinent pour reproduire les atomes de chaleur "Θ qui se présente à l'état d'imbibition Θ' possédant son expansion, au moyen de laquelle elle devient sensible au tact et au thermomètre.

I. — PARALLÉLISME DES FAITS DES DEUX ÉTATS DE CHALEUR LATENTE.

§ 425. 1° Dans l'état solide les atomes matériels restent arrangés d'une manière invariable; 2° dans l'état liquide ces atomes sont sollicités à former des lames extrêmement minces parallèles au plan horizontal, et 3° dans les vapeurs se trouvent trois systèmes de lames L, 1, *l*, produites des lames horizontales L du liquide, qui en se dilatant en avant et en arrière, à gauche et à droite pendant leur élévation, occupent un espace des centaines de fois plus grand; ainsi les espaces limités entre les lames L, 1, *l* ont la forme de petits cubes et non pas celle de petites sphères.

Chacun des trois états des corps résulte d'un équilibre détruit, 1° entre une répulsion R exercée parmi les atomes de chaleur contre les atomes σ matériels et 2° une compression C exercée du dehors contre les mêmes atomes σ. La compression de la part de la Terre est inférieure à celle de la part de l'espace vers la terre. Ces deux pressions externes et constantes étant $P-p$ et $P+p$, la répulsion interne $R-R'$ peut, au moyen de la chaleur, augmenter pour devenir R, c'est-à-dire supérieure à la pression $P-p$ et inférieure à celle $P+p$; ou en augmentant encore elle peut devenir $R+R'$, soit supérieure à la pression $P+p$; c'est donc en ces deux rapports que consistent les deux changements de l'état des corps.

§ 426. **Mode de la liquéfaction des solides.** La chaleur d'imbibition a, dans les solides, la même densité que dans l'espace ambiant; l'état solide se maintient tant que la répulsion $R-R'$ entre les atomes de chaleur et les atomes matériels $\sigma = \theta'' + \mu\beta$ est inférieure à la pression $P-p$ de la part de la Terre; cette pression reste invariable, tandis que la répulsion croît avec la densité de chaleur et devient R, soit supérieure à celle $P-p$, ainsi celle-ci passe à un état latent analogue à la chaleur. Alors reste la pression $P+p$, car la pression $P-p$ s'exerce sur les atomes σ qui reçoivent une égale répulsion R de la part des atomes $'\Theta$ de chaleur; ainsi résulte un équilibre de la suppression de l'expansion de ces atomes de chaleur. Par suite, 1° cet équilibre est la cause de la liquéfaction, et 2° cette suppression d'expansion est la cause du manque de la sensibilité de la part de la chaleur $'\Theta$ nommée pour cela *latente* sans que, jusqu'à présent, on ait bien su en quoi consiste cet état singulier, et encore moins comment de cet état de la chaleur résulte la liquéfaction des solides.

§ 427. **Parallélisme entre l'état solide et l'état liquide.** Entre ces deux états la différence consiste en une quantité de chaleur $'\Theta$ qui manque aux solides, et comme l'état chimique n'éprouve de la température aucun changement, il reste conservé même aux liquides. Mais comme la capacité C croît avec les températures, elle se trouve augmentée dans l'eau à un degré tel qu'elle devient double de celle c de la glace; dans les sels fondus cette augmentation de capacité c est dans un rapport inférieur, encore moindre dans les substances organiques, et presque nulle dans les métaux.

§ 428. **Évaporation.** Les solides ne perdent rien de leur poids, à cause du changement de leur état; leurs atomes a éprouvent, de la part de la chaleur, la répulsion R—R', tandis qu'à l'état liquide ils perdent une partie de leurs atomes matériels qui occupent leur couche **A** superficielle, et cela à cause de la répulsion R supérieure à la pression P—p exercée du côté de la Terre. En effet, les atomes a de toutes les couches **a, b, c,... a** du liquide exercent entre eux la répulsion R et en éprouvent une contre-répulsion égale. Il n'y a que les atomes de la couche superficielle **a** qui éprouvent, de la part de la couche **b** inférieure, la répulsion et la contre-répulsion r sans en éprouver une égale de la part de la couche z d'air ambiant. Ainsi des atomes a de la couche **a** se trouvant en équilibre détruit deviennent forcés de s'éloigner de la couche **b** pour passer dans la couche z d'air où des atomes ac de la couche **a** se forment de nouvelles couches de vapeur $s, y, x... a$ ou densités décroissantes, dont la répulsion et la contre-répulsion se communiquent à la couche **b** du liquide.

§ 429. **Changement brusque du volume.** L'état chimique reste conservé dans la vapeur du liquide; elle est produite au moyen d'une consommation de chaleur "Θ supérieure à celle 'Θ de la liquéfaction du solide, mais l'état de cette chaleur dans les vapeurs n'est pas le même que celui dans les liquides, parce que la chaleur 'Θ de ceux-ci s'écoule dans un espace où la température est égale à celle du point de fusion ou peu inférieure, tandis que la chaleur

"Θ disparue dans l'évaporation du liquide ne se sépare pas de la vapeur, si l'on ne fait pas mécaniquement diminuer l'espace occupé par les atomes matériels qui peuvent même se solidifier sans passer du reste par l'état liquide.

Les atomes de chaleur de la couche superficielle A du liquide se décomposent d'abord en deux électricités, et cela par l'électricité négative du côté de la Terre et l'électricité positive du côté de l'espace; les atomes matériels forment une lame L extrêmement mince qui recèle à l'état dissimulé les deux électricités qui résultent de la chaleur "Θ. Chaque lame horizontale L, en s'éloignant du liquide par la répulsion R qu'elle en reçoit, se subdivise en deux systèmes de lames verticales l, l, les unes dirigées, par exemple, du nord au sud, et les autres de l'est à l'ouest.

Chaque lame a, dans l'une de ses faces l'électricité positive et dans l'autre l'électricité négative qu'elle recèle à l'état dissimulé; en même temps s'opère une répulsion entre les électricités et les atomes θ'' de chaleur stationnaire θ'' des atomes a matériels. Il en résulte une augmentation brusque de la répulsion qui devient R + R' et est exercée sur les atomes dans toutes les trois dimensions. Ces atomes éprouvent en même temps la pression P + p dirigée vers la terre et celle P — p dirigée de la Terre vers l'espace.

Ils se trouvent ainsi en un équilibre rompu représenté par la différence P + p — (P — p) = p + p : p est la pesanteur et p la pression atmosphérique qui est aussi une pesanteur; c'est dans le vide que disparaît la pression p, et il reste celle p de la pesanteur. Il reste donc le même poids dans les trois états des corps de même qu'y reste l'état chimique; l'état mécanique est celui sous lequel se distingue la vapeur du liquide, et cet état résulte, non pas d'une accumulation de chaleur, mais d'une accumulation des deux électricités à l'état dissimulé.

Dans le vide comme dans un vase plein du liquide, la chaleur peut augmenter indéfiniment tout en ne produisant qu'une dilatation thermométrique médiocre ; tandis qu'au moyen des lames matérielles qui ne servent qu'à maintenir les deux électricités à l'état dissimulé, celles-ci font apparaître la répulsion R + R' qui résulte également de la quantité d'électricité et de celle de chaleur, dont l'une est soutenue par les lames et l'autre y est contenue.

§ 430. **Forme des arrangements des atomes matériels.** L'arrangement des lames dans les cristaux (§ 200) observé par Delafosse a été attribué aux formes sphériques ou sphéroïdes et non pas aux formes cubiques, parallélogrammiques ou rhomboïdales, et cela par une erreur inévitable, comme nous l'avons prouvé. De même de Saussure et Katzenstein, en observant les arrangements des atomes matériels dans la vapeur, y ont trouvé la forme sphérique avec le diamètre de $0^{mm},0224$ qui varie avec les saisons ; au mois de janvier ce diamètre est $0^{mm},02752$ et au mois d'août $0^{mm},01402$; mais il augmente dès qu'il y a menace de pluie, car alors l'épaisseur de l'enveloppe seule atteint $0^{mm},06$. Il est impossible de prouver directement si en effet est l'arrangement des atomes sphériques ainsi qu'il a été déterminé, ou si la forme véritable dans la vapeur ne diffère pas de celle des cristaux ; c'est pourquoi nous admettrons ici indifféremment les deux formes ; les faits y trouvent également leur explication ; la forme vésiculaire observée correspond à la forme cubique constatée dans les cristaux.

§ 431. **Rapport entre la chaleur $''\Theta$ et la densité.** Pour la vaporisation d'un gramme des deux liquides l, l', il ne se consomme pas une égale quantité de chaleur $''\Theta$; mais si ce liquide est l'alcool, par exemple, il en faut $''\Theta$, et s'il est l'eau il en faut presque $2''\Theta$. Ainsi il devient évident qu'il y aura dans la vapeur V d'eau une répulsion R + R' entre les atomes matériels σ supérieure à celle R + R' — r dans la vapeur V' ; d'où il résulte que 1 gramme de vapeur V sous la même pression occupera un espace $e + e'$ supérieur à celui e occupé par 1 gramme de vapeur V' d'alcool.

§ 432. **Retour des vapeurs à l'état liquide.** Si l'espace $e + e'$ dans lequel se trouve la vapeur V de 1 gramme
augmente, celle-ci se dilatera spontanément pour l'occuper
tout entier; si en même temps la température baisse, l'état
n'éprouve pour cela aucun changement, la température peut
baisser même au-dessous de 0°, les atomes d'eau obtiennent
l'état solide sans cesser en même temps de maintenir les
deux électricités en état dissimulé, car celles-ci ne dépendent point de la température ni de l'état solide ou liquide
des enveloppes.

§ 433. Pour faire passer les atomes matériels de la vapeur à l'état liquide, il faut détruire les lames ou les enveloppes qui résultent de leur arrangement, parce que c'est le
seul moyen de combiner les électricités pour faire apparaître en même temps l'état liquide et la chaleur $''\Theta$ consommée dans la production des lames ou des enveloppes servant à contenir à l'état dissimulé les deux électricités qui
constituent les atomes de chaleur $\Theta = \bar{E}\bar{E}\bar{E}$. Cette compression mécanique indispensable, 1° dans le retour des vapeurs
à l'état liquide, et 2° dans l'apparition de la chaleur $''\Theta$,
sert comme preuve directe de la décomposition de la chaleur dans la vapeur, décomposition qui n'a pas lieu pour la
chaleur $'\Theta$ contenue dans les liquides. Cette action mécanique, nécessaire à la destruction des vésicules, correspond
à celle exercée sur les sels solides pour briser leurs lames
et les faire ainsi obtenir l'état liquide avec une production
de chaleur latente $'\theta$ et de l'eau.

§ 434. Après avoir ainsi exposé la disparition de la cha-
leur $'\Theta$ et $''\Theta$ dans les liquéfactions des solides et les vapo-
risations des liquides, et en même temps l'état différent de la
chaleur $'\Theta$ dans les liquides et de celle $''\Theta$ dans les vapeurs,
il faut discuter en détail les faits obtenus par les physiciens
au moyen d'appareils différents; ces faits vont servir comme
exemples de l'application de la loi physique. Cela était impossible jusqu'à présent, parce que les physiciens ignoraient

que les atomes de chaleur fussent composés des deux électricités; ainsi personne ne pouvait se rendre compte du changement brusque du volume v de 1 gramme d'eau pour en obtenir un autre V 1700 fois plus grand; mais ce qu'on n'a pas remarqué même jusqu'à présent, ce sont les quantités numéraires qui lient la chaleur $''\Theta$ avec le volume V.

Pour la vaporisation de l'eau en 100° il faut 640 calories k; où $''\Theta = 80 \times 2^3 k$; et pour le volume v de 1 gramme d'eau il en faut un autre $V = 12° v = 8^3 \times 4^3 v$. Ces nombres ne correspondent pas accidentellement aux faits observés, mais ils résultent de la loi physique qui nous y a conduit par la voie synthétique, pour prouver qu'elle ne laisse point l'observateur s'égarer. Cependant les faits empiriques sont indispensables pour contrôler et vérifier chaque pas que nous faisons; de sorte qu'il est absolument impossible d'éprouver dans l'avenir quelque changement, car il n'existe qu'un seul et unique ordre de la production des faits par la loi physique invariable.

§ 133. **Ramollissement et fusion des métaux sans accroissement de capacité.** Dans les ramollissements des métaux et leur fusion, il y a disparition de chaleur comme dans la fusion de la glace, mais il manque l'augmentation de capacité, comme cela a lieu pour la vapeur d'eau dont la capacité ne diffère pas de celle de la glace; il a été prouvé que ce manque correspond à l'état des éléments des atomes de chaleur qui se trouvent décomposés dans la vapeur, et pour cela les atomes matériels ne contiennent que la chaleur stationnaire θ'' qui est la même que celle de la glace.

Cette absence d'augmentation de capacité dans la vapeur et dans la fusion des métaux pendant la disparition d'une quantité de chaleur, nous fait connaître que la chaleur est décomposée dans les métaux également comme elle l'est dans la vapeur; si les atomes matériels des métaux n'obtiennent pas la forme de vapeur, cela résulte, 1° de la grande masse $\mu\beta$ contenue dans chaque atome ou équivalent chimique, et de la petite quantité de chaleur qui devient latente dans les ramollissements ou la fusion des métaux.

II. — MESURE DE LA CHALEUR LATENTE DANS LES LIQUIDES ET SA LIAISON AVEC LA PESANTEUR.

§ 436. Les physiciens s'occupèrent à déterminer la quantité de chaleur qui devient insensible quand les solides passent à l'état liquide. Black, qui avait remarqué l'existence d'un état pareil de chaleur dès 1762, s'occupa le premier de ce genre d'observations. Il prit deux ballons égaux, en verre mince, l'un A rempli d'eau à 0°, et l'autre B de glace fondante, et les suspendit dans une même chambre à 0°. Au bout d'une demi-heure l'eau du vase A atteignit la température de 4°,44, tandis que l'eau provenant de la fusion de la glace du vase B n'arriva à cette température qu'au bout de 18,5 heures, et comme la chaleur lui était fournie à peu près aussi rapidement, Black en a conclu qu'il avait dû en absorber 21 fois plus que l'eau, c'est-à-dire une quantité égale à $21 \times 4 = 84$ calories. Il y eut donc 80 calories absorbées par la masse de glace en fondant et qui demeura dans l'eau produite.

§ 437. Par la méthode des mélanges on arrive au même résultat : Black plongea dans de l'eau à la température T un poids p de glace à 0°, cette glace fondit et il observa la température finale $T - t$ du mélange. En appelant P le poids de l'eau et celui du vase en eau, on a, pour déterminer la chaleur latente θ, l'équation $Pt = \theta p + (T - t)p$, qui exprime que la quantité de chaleur Pt consommée par l'eau pour baisser de T à $T - t$, est égale à celle θp absorbée par la glace pour se fondre, plus celle $(T - t)p$ qu'absorbe l'eau de fusion pour passer de 0° à $T - t$. Avec beaucoup de précautions, Desains et de la Provostaye trouvèrent le nombre 79 pour la chaleur latente de l'eau. Regnault obtint le même résultat que Person. Cet expérimentateur a employé un appareil où se trouve autour du calorimètre une enceinte ayant à chaque instant la même température que lui. Cette enceinte est formée d'un vase de fer-blanc A (fig. 42)

Figure 42.

à doubles parois, séparées du calorimètre par un espace de 2 centimètres rempli d'air. L'intervalle entre les deux parois de l'enceinte est rempli d'eau qu'on porte à la température que l'on veut au moyen d'un vase V extérieur à moitié plein d'eau chaude, et qui peut monter et descendre de manière à envelopper d'eau chaude une portion plus ou moins grande de l'enceinte. Le vase V passe pour cela à travers une ouverture pratiquée dans la table qui porte tout l'appareil. Des agitateurs sont disposés dans l'enceinte et dans le calorimètre; ils sont suspendus aux cordons c, c' et sont mus régulièrement par un mouvement d'horlogerie.

§ 438. Pour reconnaître à chaque instant si la température de l'enceinte est égale à celle du calorimètre, un thermomètre différentiel à air D plonge un de ses deux réservoirs très-allongés dans le calorimètre et l'autre dans l'enceinte, de manière à en occuper toute la profondeur. En soulevant avec précaution le vase V, on maintient l'index du thermomètre D dans une position fixe. L'index devrait se maintenir à zéro s'il n'y avait pas de la chaleur perdue par le couvercle du calorimètre; mais cette perte fait que la température doit être maintenue un peu plus élevée dans l'enceinte que dans le calorimètre. La différence t' est donnée par des expériences préalables, qui consistent à maintenir le calorimètre rempli d'eau chaude à une température T rigoureusement fixe, donnée par le thermomètre t, et à observer quelle différence $t' = T - T'$ il faut maintenir pour chaque excès t' de la température T sur celle T' du milieu ambiant pour que le thermomètre t ne varie pas. On dresse ainsi une table qui indique la position de l'index pour chaque excès t'. Les excès successifs sont donnés par un second thermomètre différentiel d, dont l'un des réservoirs plonge dans le calorimètre, tandis que l'autre r, plonge dans un vase plein d'eau à la température de l'air ambiant. Quand le calorimètre est plus froid que l'air, il faut maintenir l'index dans une position telle que la température de l'enceinte A soit un peu plus basse que la sienne.

§ 439. Person a mesuré, par ce moyen, la chaleur latente de la glace prise à une température inférieure à 0°; il fallait tenir compte de la chaleur absorbée par la glace pour l'échauffer d'abord jusqu'à zéro. Il a reconnu ainsi qu'il y a deux calories $= 2k$ absorbées pour la faire passer de — 2° à 0°, ce qui fait une calorie k de plus que la quantité k de chaleur qui correspond à la capacité de la glace, qui est 0,5. Cet excès k de chaleur absorbée provient d'un ramollissement préalable qui précède le passage à l'état liquide et qui exige une certaine quantité de chaleur, qui est en effet celle k. Le ramollissement ne commence qu'à — 2°, car si l'on part d'une température plus basse, on trouve toujours la même valeur pour la chaleur latente ʻΘ. En tenant compte de cette circonstance, la fusion de 1 gramme de glace exige 80 calories ou $80k$; c'est donc là la véritable quantité de chaleur latente ʻΘ de la fusion de la glace. Le nombre $79k$ suppose que l'on part de 0° et que l'on ne tient pas compte de la chaleur nécessaire pour produire le ramollissement préalable.

§ 440. **Chaleur spécifique de la glace et sa liaison avec la chaleur latente.** Par les mots *chaleur spécifique* on entend ici la quantité de chaleur θ'' contenue à l'état stationnaire dans les atomes matériels $\sigma = \theta'' + p\beta$; la quantité de chaleur observée dans les changements de température de 1° n'est que l'effet de la chaleur stationnaire θ'', à laquelle elle est proportionnelle ; pour cette raison il devient possible de connaître la quantité de la chaleur stationnaire au moyen de la capacité des corps pour la chaleur d'imbibition, car celle-ci est la seule qui soit susceptible d'être mesurée au moyen des thermomètres. On connaît ainsi comment augmente la chaleur stationnaire θ'' au moyen de la chaleur latente $'\theta$ qui obtient un état analogue. Après avoir déterminé la quantité $80k$ de chaleur latente dans l'eau, Person détermina également la chaleur stationnaire ou la capacité de la glace qu'il trouva $C = 0,48$, et $C = 0,5$ par les méthodes suivantes :

§ 441. On observe le refroidissement occasionné par de la glace à — t' dans un liquide où elle se réchauffe sans se fondre. La glace était contenue dans une bouteille cylindrique en cuivre très-mince, dans laquelle on avait fait congeler de l'eau. Un thermomètre à long réservoir était pris dans la glace et en indiquait la température. La bouteille était contenue dans un étui en cuivre mince, fermé par un bouchon que traversait la tige du thermomètre. Cet étui, muni de pieds très-minces, était plongé dans un mélange réfrigérant de sel et de glace pilés, contenu dans un vase à plusieurs enveloppes et dont la température — $20°$ était donnée par un thermomètre, pendant qu'on en mêlait les différentes couches. La bouteille était ensuite plongée dans le calorimètre qui contenait, soit de l'eau salée, soit de l'essence de térébenthine, dont on connaît la capacité. Après la correction faite pour la bouteille, Person trouva $C = 0,5$.

§ 442. Ayant plus tard reconnu l'influence du ramollissement de la glace à partir de — $2°$, il reprit ses expériences en employant son calorimètre (fig. 42), et en ayant soin que la température ne montât pas jusqu'à — $2°$ pendant l'expérience ; il trouva alors pour la capacité de la glace entre

— 21° et —2° le nombre 0,48. La différence 0,02 = 0,50 — 0,48 résulte de la calorie k qui se consomme par le ramollissement de la glace entre —2° et 0°. E. Desains faisant des expériences par la méthode des mélanges trouva $C = 0,513$; et faisant fondre la glace dans un poids donné d'eau, il trouva $C = 0,46$.

La chaleur latente de la glace à 0° pour se fondre est de 79 calories; mais en y comprenant la calorie qui se consomme entre —2° et 0° dans le ramollissement de la glace, on obtient le nombre de 80 calories nécessaires pour la fusion de 1 gramme de glace. Ces calories exercent la répulsion R contre autant d'autres contenues dans la glace à la température de 0° et de l'air ou de l'espace ambiant. La chaleur stationnaire θ'' contenue dans chaque atome σ matériel y communique cette répulsion R, quand en même temps ils éprouvent la pression P — p de la part de la Terre et la pression supérieure P + p de la part de l'espace.

§ 443. Pour que la fusion ait lieu, il est nécessaire, pour les atomes matériels $\sigma = \theta'' + \mu\beta$, qu'il y ait égalité entre, 1° la répulsion R exercée de la chaleur 'Θ latente contre la chaleur stationnaire θ'', et 2° la pression P — p exercée de la masse B — b de barogène émergeant de la Terre contre la masse homogène $\mu\beta$ contenue dans les corps. Au moyen de cet équilibre se trouvent interceptées l'expansion de la chaleur 'Θ et la pression P — p à laquelle n'obéissent plus les atomes matériels, mais seulement à la pression supérieure P + p, qui les détermine à prendre un arrangement tel qu'ils forment un niveau.

La quantité 'Θ de chaleur devenue latente dans l'eau est de 79 à 80 calories k; une égale quantité doit nécessairement se trouver dans la glace pour qu'ait lieu entre elles la répulsion R égale à la pression P — p. Par la capacité $c = 0,5$ de la glace on est amené à connaître qu'en partant d'un état d'absence totale de chaleur d'imbibition, la glace aurait dû recevoir, pour chaque degré d'élévation de tem-

pérature, une demi-calorie ou $\frac{1}{2}k$, et comme dans la glace à
0° sont contenues autant de calories qu'il y en a dans la
chaleur latente $'\Theta = 80k$, il en résulte que la même quantité
de calories se trouve dans la glace, car sa capacité étant 0,5,
cette quantité de calories ne peut y être introduite que par
une élévation de température de 160°; ainsi on est conduit
à un espace où il y a une absence totale de chaleur d'imbibition : on dit alors que le *zéro absolu* se trouve au point
indiqué par —160°. Au delà de ce point il n'existe plus de
température, parce que la chaleur manque, comme dans les
ténèbres absolues, il n'existe pas de degrés de clarté, pas
plus que de degrés d'humidité dans les corps secs. Pouillet,
par des observations thermométriques directes, trouva également que dans l'espace céleste le thermomètre doit baisser
à —160°. Les faits, ainsi contrôlés, ne laissent aucun doute
sur leur réalité. Nous verrons que Person, sans savoir lui-
même comment, a été conduit au même résulat.

§ 444. **Point de fusion et rapport entre les capacités et la chaleur latente.** Le point de fusion diffère
pour chaque corps; quand ce point est atteint, la chaleur
d'imbibition perd son expansion et le corps perd sa solidité sans augmenter de volume; au contraire, celui-ci diminue souvent. L'expansion de la chaleur $'\Theta$ est interceptée, 1° par une égale quantité de chaleur d'imbibition Θ' du
corps et de chaleur Θ ambiante qui est d'une densité égale
ou même supérieure. En chaque corps la fusion ne peut
commencer qu'à une température où la répulsion R entre les
masses Θ', Θ'', Θ de chaleur est égale à la pression externe
Π exercée aux atomes matériels $\sigma = \theta'' + \mu\beta$.

La différence entre les points de fusion résulte 1° de la masse
$\mu\beta$ ou du poids atomique, car chaque atome σ contient une
quantité égale de chaleur θ'' stationnaire, qui se trouve dans
chaque corps mêlée avec les masses $\mu'\beta$, $\mu''\beta$; $\mu'''\beta$... ou poids
atomiques différents; la pression Π est donc en rapport avec
les masses qui diffèrent dans les atomes de chaque corps,

et la répulsion R est en rapport avec la température ambiante, qui peut augmenter graduellement pour rendre la répulsion R égale à la pression Π, et 2° de l'électricité des corps.

§ 445. Sans être guidé par cette loi physique, Person, au moyen de tâtonnements, est parvenu à exprimer la valeur de la chaleur latente $'\Theta$ de quelques corps par la formule

$$'\Theta = (n + t)(C - c)$$

dans laquelle t représente la température de fusion, C et c les capacités de l'état liquide et de l'état solide, et n une constante qui est déterminée au moyen des quantités $C, c, t, '\Theta$ données par l'observation. Or, il résulte des expériences faites avec des substances non métalliques et non organiques que la valeur de n est la même pour toutes et égale au nombre 160. On le vérifie en calculant la chaleur latente $'\Theta$ au moyen de la même formule; car on trouve des valeurs égales à celles que donne l'expérience directe, comme il est indiqué dans le tableau suivant :

TABLEAU A. — *De la chaleur latente.*

NOMS DES SUBSTANCES.	POINT de fusion.	CAPACITÉ A L'ÉTAT		CHALEUR LATENTE	
		solide.	liquide.	trouvée.	calculée.
	degrés.	degrés.	degrés.	degrés.	degrés.
Eau.	0	0,504	1,0000	79,25	79,20
Phosphore.	44,2	0,1788	0,2013	5,054	5,245
Soufre.	111	0,20250	0,234	9,388	9,550
Nitrate de soude.	310,5	0,27821	0,413	62,975	65,4
Nitrate de potasse.	339	0,23875	0,33186	47,371	40,462

§ 446. Tous ces nombres, ainsi exposés par Person, ne servent qu'à démontrer l'existence d'un rapport entre la chaleur latente $'\Theta$, les capacités C, c, le point t de fusion et l'état des corps contenus dans un espace x où le thermomé-

tre marque —160°. Quant à l'existence d'un pareil espace
de froid, il a été dit que Pouillet le trouva par des observations directes ; Person n'a pas publié, connaissant la capacité 0,5 de la glace, de calculer le nombre de calories t
qu'elle doit recevoir pour s'élever de —160° à 0° ; ainsi il
a trouvé le même nombre 80t également pour la chaleur
d'imbibition Θ' de la glace et pour celle Θ qui doit devenir
latente pour sa liquéfaction. Ce rapport entre la quantité
$(160 + t)c$ et la chaleur latente $'\Theta$ est constant pour les
corps indiqués dans le tableau et leurs pareils ; c'est ici qu'a
dû s'arrêter Person ; avancer plus loin lui était impossible,
car il ignorait que de la chaleur qui devient latente dans
les substances organiques, 1° une partie $q0$ reste à l'état latent et produit une augmentation analogue de la capacité
qui devient $c + c'$; 2° qu'une autre portion $q'\theta$ de chaleur se
décompose en deux électricités qui restent à l'état dissimulé sans faire augmenter la capacité.

L'égale capacité c des métaux à l'état solide et à l'état liquide sert ainsi à connaître que la petite quantité de chaleur consommée pour leur fusion n'y reste pas à l'état
latent comme dans l'eau, mais qu'elle y éprouve une décomposition et s'y maintient à l'état dissimulé. En ce cas la
répulsion R, dont résulte l'état liquide, diffère de celle provenant de la chaleur latente ; il provient de là une liquéfaction parfaite, tandis que celle des métaux se présente sous
un état visqueux. Ces causes se trouvent vérifiées par les
résultats qu'obtint Person des expériences faites sur les substances organiques et sur les métaux.

§ 447. I. *Chaleur latente des substances organiques.* La
cire qui fond à 61° a pour chaleur latente ou disparue
42°,3, tandis que la formule donne 15,6 ; le spermaceti
fond à 42°,7 et la chaleur disparue est 47,8 ; tandis que la
formule donne 29°,2. Ces résultats ne sont pas *anormaux* ;
c'est toujours la même loi qui les produit ; la formule sert
ici à nous faire connaître que sur 42,3 calories disparues,

16,6 se trouvent à l'état de chaleur latente, et les 26,7 autres (42,3 — 15,6 = 26,7) ont été décomposés et se trouvent comme électricités dissimulées dans la cire fondue. Le
même effet a lieu pour le spermaceti et les autres substances
organiques. Les faits de ce genre servent à mieux faire connaître que dans les métaux toute la chaleur disparue ne
reste pas à l'état latent, mais qu'elle s'y trouve décomposée.

§ 448. II. *Chaleur latente admise dans les métaux et les
alliages.* Person a mesuré les capacités à l'état liquide de
plusieurs métaux et de divers alliages, dont les points de
fusion sont bien déterminés. Dans le tableau suivant sont
contenus les résultats qu'il a obtenus : les signes Bi, Pb, Sn
représentent un atome de bismuth, de plomb et d'étain.

TABLEAU B. — *De la chaleur latente ou décomposée dans les métaux.*

NOMS DES SUBSTANCES.	POINT de fusion.	CHALEUR SPÉCIFIQUE à l'état		CHALEUR latente ou décomposée.
		solide.	liquide.	
Étain.	257,7	0,05625	0,0637	14,252
Bismuth.	266,6	0,0388	0,0365	12,040
Plomb.	320,2	0,0315	0,0102	5,309
Zinc.	415,5	0,09555	»	28,15
Cadmium.	320,7	0,0623	0,0567	13,86
Argent.	»	»	0,0570	21,07
Mercure.	»	»	»	2,85
Alliage de Darcet (Bi³, Pb², Sn³).	96,0	0,0550	0,03895	4,496
Alliage de Rose (Bi², Pb, Sn²).	94,0	0,049	0,04210	4,687
Bi³, Pb².	122,4	0,0317	0,03505	»
Bi³, Sn⁴.	155,5	0,0450	0,04540	»

§ 449. **Observations sur le rapport entre les capacités et la chaleur latente.** Le manque d'augmentation de capacité dans les liquides fait connaître que la
chaleur disparue ne s'y trouve pas en son état normal,

mais qu'elle y est décomposée en deux électricités qui sont maintenues à l'état dissimulé par les lames minces matérielles. Dans le cadmium à l'état solide Person trouva une capacité plus grande que dans son état liquide; cela résulte de la plus grande quantité de chaleur d'imbibition à l'état solide dont une partie se décompose pendant sa fusion.

Dans la fusion du nitrate de soude 63k de chaleur passe à l'état latent dans celle de la cire 42,3 et dans celle de spermaceti 47,8; tandis que pour la fusion des métaux qui ont une dureté supérieure et un grand poids atomique, il ne se consomme que peu de chaleur, laquelle serait insuffisante pour produire une répulsion R égale à la pression Π; mais ce n'est plus le cas, quand s'opère une décomposition de chaleur et une production d'électricité, car de cette manière la répulsion R augmente beaucoup et devient égale à la pression Π. La dureté de la glace à 0° ne surpasse pas celle des métaux, et cependant sa liquéfaction est obtenue au moyen de la plus grande quantité de chaleur latente 80k.

§ 450. **Manifestation des faits électriques dans les alliages.** Il a été démontré comment, pendant le refroidissement, s'opère la charge électrique de l'eau, du bismuth, de la fonte..., charge qui maintient l'état liquide au-dessous du point de fusion et qui fait en même temps augmenter le volume suivant une échelle beaucoup supérieure à celle suivant laquelle il augmente par la chaleur; les efforts produits quand commence la congélation résultent des décharges électriques qui s'opèrent instantanément, de tels efforts ne peuvent pas résulter de l'écoulement de la chaleur qui s'opère graduellement.

§ 451. Dans le refroidissement d'un alliage en fusion la chaleur d'imbibition s'éloigne d'abord pour arriver au point de congélation; ainsi celle-ci ne résulte pas de l'éloignement de la chaleur contenue en son état normal, mais il faut d'abord la combinaison des deux électricités produites par la décomposition de la chaleur consommée pendant la fusion. Il en résulte un état visqueux. Les faits suivants observés par Person servent d'exemples, mais non pas de preuves.

Dans l'alliage de Darcet les faits électriques se manifestent de la manière suivante : la marche du refroidissement est uniforme jusqu'au moment où il se solidifie, quand s'opère le dégagement d'une partie de chaleur consommée dans la fusion; ensuite la température de l'alliage solide baisse régulièrement jusqu'à 57°, puis tout à coup le thermomètre remonte de 1° à 2°, par la combinaison d'électricité qui n'a pas été consommée avec l'autre au point de la congélation. Ensuite le refroidissement continue, mais une partie de la chaleur se décompose en deux électricités dont la négative s'éloigne, et la positive qui reste exerce au milieu des atomes matériels une répulsion R' suffisante pour briser l'ampoule qui contient l'alliage. Cette rupture s'opère quand la solidité de l'ampoule est surmontée par la répulsion R', qui peut arriver à des points différemment éloignés de la température ambiante.

§ 452. Quand cet alliage est solidifié brusquement dans l'eau, il s'écoule une quantité inférieure de chaleur, et l'autre décomposée en deux électricités reste maintenue à l'état dissimulé par les lames des atomes matériels. Le refroidissement passe par la température de 57° sans rien éprouver, il se soutient régulièrement presque jusqu'à 36°; c'est alors qu'il se manifeste une masse de chaleur qui fait remonter la température jusqu'à 70°; ensuite le refroidissement s'opère comme précédemment, avec une augmentation de volume opérée par une décharge d'électricité positive qui résulte de l'éloignement de l'électricité négative de la chaleur décomposée.

Donc les deux électricités des atomes de chaleur décomposée n'exercent pas dans la masse liquide des métaux une répulsion R'+r, parce qu'elles s'y trouvent à l'état dissimulé; pour cette raison le volume n'éprouve aucune augmentation. Pendant le refroidissement il s'opère non-seulement une décomposition de chaleur sur la surface des corps, mais aussi un éloignement d'électricité négative $\bar{E}$; l'électricité positive $\bar{\bar{E}}$ qui reste se propage vers le milieu du corps, brise les lames, et c'est ainsi que les électricités dissimulées se combinent pour produire la chaleur. Cet effet est produit à 57° quand le refroidissement s'opère lentement dans l'air; tandis qu'un refroidissement brusque dans l'eau fait s'éloigner la chaleur d'imbibition et les électricités dissimulées restent soutenues par les lames. A 36° l'électricité positive $\bar{\bar{E}}$ devient suffisante pour briser les lames et faire apparaître la chaleur par la combinaison des deux électricités dissimulées. Les apparitions de chaleur à 57° ou 36°, à cause des refroidissements de différentes vitesses, ne permettent pas de chercher la cause de cette chaleur dans des actions chimiques qui n'apparaissent nulle part.

§ 453. **Résumé de la chaleur latente des liquides.** Il résulte des observations de Person que la chaleur d'imbibition manque aux corps dans un espace de — 160°, sans que change pour cela l'état chimique, des atomes matériels $\sigma = \theta'' + \mu\beta$, composés de chaleur stationnaire θ'' mêlée avec la masse $\mu\beta$. Ce fait trouve sa preuve dans les capacités différentes de chaque corps, car le même nombre d'atomes matériels de chaque espèce reçoit une égale quantité de chaleur d'imbibition, qui est pour cela en raison inverse avec le poids atomique, comme cela a été prouvé.

Les mots *chaleur latente* indiquent un état de chaleur différent de celui de la chaleur sensible; ce nom n'a pas été donné à la chaleur dont on connaît l'état, mais à la chaleur qui devient latente ou insensible; et c'est par erreur qu'on attribue le même état à la chaleur devenue de la même manière insensible dans les corps différents. Il a été prouvé que, dans l'eau, toute la chaleur latente Θ reste en son état normal et n'éprouve que la suppression de son expansion opérée par la chaleur égale Θ' contenue dans la glace, puis de la chaleur $\ominus$ ambiante, et enfin de la chaleur Θ'' stationnaire des atomes matériels $\sigma = \Theta'' + \mu\beta$ qui éprouvent une égale pression Π. Au contraire, dans les métaux, la chaleur consommée se décompose, et ce sont les deux électricités qui y restent maintenues à l'état dissimulé par les lames des atomes σ.

§ 454. La capacité 0,5 de la glace est en rapport avec les 80 calories y contenues en état d'imbibition, celle 1 de l'eau résulte de la somme de ces 80k de la glace et des 80 autres qui se trouvent à l'état normal, mais avec l'expansion supprimée; de sorte que les capacités c et C de la glace et de l'eau sont en rapport direct avec les quantités 80 et 160 de calories. Dans les substances organiques une partie $q\theta$ de la chaleur disparue reste à l'état normal avec l'expansion supprimée, et une autre partie $q'\theta$ se décompose pour produire deux électricités qui restent à l'état dissimulé. La capacité C à l'état liquide n'est pas le double de celle c à l'état solide, mais inférieure, car elle correspond à la quantité $q\theta$ de chaleur qui conserve son état normal, et non pas à celle $q'\theta$ qui éprouve une décomposition. La capacité n'éprouve aucun changement dans les métaux fondus, parce que toute la chaleur disparue s'y trouve décomposée en deux électricités qui y sont à l'état dissimulé.

§ 455. **État électrique de la chaleur dans les vapeurs.** D'expériences et d'observations empiriques il ne peut résulter que des faits isolés entre lesquels se trouvent souvent des rapports servant à connaître l'origine commune de faits qui paraissent de nature différente; comme exemple des cas pareils on peut prendre 1° la capacité 1 de l'eau qui est double de celle 0,5 de la glace; 2° le zéro absolu trouvé à —160°; 3° la quantité de chaleur disparue de 640 calories dans la vaporisation de 1 gramme d'eau, et 4° l'espace $e + e'$ occupé par la vapeur à 100° qui est 1728 fois celui occupé par 1 gramme d'eau.

Ces faits numériques ont entre eux des rapports constants

dont les uns ont été remarqués par Person, tandis que les autres lui ont échappé : 1° la capacité C de l'eau est double de celle c de la glace; 2° la chaleur latente Θ de l'eau est égale à la chaleur Θ' d'imbibition de la glace; par suite, dans l'eau à 0° il y a une quantité de chaleur deux fois plus grande que dans la glace à 0°; 3° les 640 calories consommées dans la vaporisation de 1 gramme d'eau dépassent 8 fois les 80 contenues dans la glace ou $640 = 80 \times 2^3$; 4° l'espace $e + e' = 1728$ centimètres cubes est le cube de 12 ou $1728 = 12^3 = 3^3 \times 4^3$.

Ces rapports ainsi exposés auraient pu être remarqués par chacun des expérimentateurs qui obtinrent les nombres indiqués, sans cependant en pouvoir tirer parti pour remonter à l'origine commune des causes de ces faits. Nous sommes parvenus, par la voie synthétique, aux rapports indiqués; il résulte donc de là que cette voie, basée sur la loi physique, conduit aux mêmes résultats réels que ceux obtenus avec beaucoup de peine et de tâtonnements par la voie empirique à laquelle il n'est pas permis de s'écarter de la loi physique, car c'est toujours cette loi qui régit la production des faits.

§ 456. **État physique des atomes d'eau.** Avant d'exposer l'eau à l'état de vapeur, il faut rappeler ce qui a été dit sur son état liquide par rapport à sa capacité et à son poids atomique. L'atome d'eau HO est composé 1° des deux volumes $2V$ d'hydrogène contenant deux atomes de chaleur stationnaire ou $2\theta''$, et 2° d'un volume V d'oxygène contenant un atome de chaleur stationnaire θ''. Ces trois atomes $3\theta''$ de chaleur stationnaire se trouvent mêlés avec la masse $\mu\beta = 112,5\beta$, de sorte que chaque atome θ'' se trouve mêlé dans la masse $37,5\beta$. 1 gramme d'eau est composé de lames extrêmement minces dont chacune consiste en des couples de trois lames. De celles-ci deux sont d'hydrogène et une d'oxygène; ces trois couches forment un couple où sont contenus les atomes $3\theta''$ de chaleur stationnaire et la partie proportionnelle des 80 calories.

§ 457. Dans les trois dimensions de 1 centimètre dont est composé le volume v de 1 gramme se trouve le nombre n de lames aquatiques l, qui constituent n couples $= 2V + V$ des deux volumes d'hydrogène et un volume d'oxygène. 1° En introduisant dans 1 gramme d'eau 8 fois 80 calories, il entre la quantité 2×80 calories dans chacune de trois dimensions; 2° pour obtenir de ce volume v un autre volume 12³ fois plus grand, il faut que cette longueur de 1 centimètre augmente jusqu'à atteindre 12; 3° pour que la même capacité reste dans la vapeur, il faut que les 80×8 calories se trouvent dans la vapeur non pas à l'état de chaleur mais décomposées en deux électricités qui sont soutenues dans chaque couple à l'état dissimulé par les deux volumes d'hydrogène et le volume d'oxygène.

Les deux intervalles de chaque couple qu'occupent les électricités à l'état dissimulé deviennent 12 fois plus élargis que quand ils sont occupés par les atomes de chaleur; cet élargissement résulte de la répulsion exercée entre les équivalents électriques homonymes qui se trouvent en contact dans l'intervalle qui sépare chaque couple, comme cela devient évident dans la figure 43.

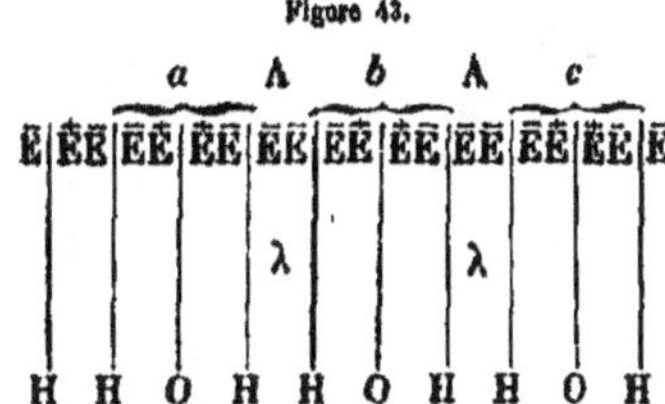

Figure 43.

L'oxygène matériel étant négatif soutient les équivalents positifs $\ddot{E}$ d'électricité, et les deux volumes d'hydrogène soutiennent pour la même raison les équivalents négatifs $\bar{E}$ dans chaque couple. La répulsion n'a lieu qu'entre chacun des couples dans les intervalles $\lambda, \lambda, \lambda$, où se trouvent en contact les équivalents homonymes négatifs $\bar{E}$. Dans chaque couple $a, b, c...$ entrent les équivalents électriques dont sont composés les deux atomes de chaleur $2q = 2\bar{E}\bar{E} = 1\bar{E} + 2\bar{E}$.

§ 458. Différence entre les atomes aquatiques dans la glace, dans l'eau et dans la vapeur. Sous ces trois états, les atomes aquatiques sont constitués par les mêmes éléments chimiques, c'est-à-dire par l'oxygène et l'hydrogène; les états différents ne résultent que de la chaleur et de son état, dont dépendent les capacités C de l'eau, et $c = \frac{1}{2} C$ de la glace et de la vapeur. Cette égalité provient nécessairement d'une égale quantité de chaleur stationnaire Θ'' dans les atomes aquatiques de la glace et de la vapeur. 1 gramme de glace contenant 80 calories, 1 gramme de vapeur en contient autant; la chaleur de 80 calories réduit la glace à l'état liquide avec une petite diminution du volume v qui devient $v - v'$; mais une quantité de chaleur 8 fois plus grande produit une augmentation de volume 12^a fois plus grande, et c'est ainsi que les atomes aquatiques se trouvent séparés l'un de l'autre de tous les côtés par un intervalle λ qui est 12 fois plus grand que celui qui les sépare à l'état liquide. En même temps les capacités égales de la glace et de la vapeur prouvent que les calories $8 \times 80°$ introduites dans les atomes aquatiques ne sont pas à l'état normal comme celles contenues dans l'eau, mais qu'elles s'y trouvent décomposées en équivalents électriques arrangés de la manière indiquée.

§ 459. Cette connaissance du mécanisme qui soutient les couples a, b, c de lames composées des éléments de l'eau est d'une très-haute importance dans l'arrangement des faits obtenus par les observations. Les espaces cubiques qui résultent des rencontres des trois systèmes des lames composées des couples ont, dans leur milieu, l'électricité positive $\bar{E}$ et de tous les côtés l'électricité négative $\bar{E}$, qui toutes les deux sont soutennes à l'état dissimulé par les lames aquatiques; au lieu d'espaces pareils cubiques les physiciens ont trouvé des espaces sphériques d'une dimension de $0^{mm},0224$ environ qui ne permettent pas de distinguer la forme cubique et sphérique.

§ 460. **Répulsions entre les couples des lames ou entre les enveloppes aquatiques.** Les détails de la décomposition des atomes de chaleur et de l'arrangement des éléments chimiques de l'eau dans les couples des lames prouvent l'origine de la répulsion électrique exercée entre les enveloppes p qui ont en dehors l'électricité négative. Cette répulsion R diminue quand le nombre n des enveloppes reste le même et que l'espace qui les contient augmente, parce que les masses électriques restent les mêmes dans les n enveloppes, tandis qu'augmente l'intervalle λ qui les sépare l'une de l'autre; ces intervalles deviennent $\lambda + \lambda'$, et la répulsion R devient $R - r$.

Si l'espace e augmente en même temps quand on introduit de nouvelles quantités de chaleur, il entre plus d'équivalents électriques dans les intervalles augmentés $\lambda + \lambda'$, et ainsi la répulsion peut rester la même R dans l'espace $e+e'$ quand la température s'élève pour devenir $T + t$, car il y a, en cas pareils, une disparition de chaleur qui ne reste pas en son état normal, mais qui se décompose pour produire les deux électricités dont la négative remplit les intervalles $\lambda + \lambda'$.

III. — MESURE DE LA CHALEUR LATENTE DES VAPEURS.

§ 461. **Expérience de Rumfort.** La figure 44 représente l'appareil tel qu'on l'emploie dans les expériences; la vapeur se produit dans une cornue R dont le col se rend dans un serpentin métallique plongé dans l'eau; celle qui se condense dans le col incliné retombe dans la cornue. Le calorimètre E qui contient l'eau est soutenu sur trois pointes en bois et muni d'un couvercle pour empêcher l'évaporation. Sa température est donnée par le thermomètre t, pendant qu'on fait mouvoir l'agitateur a. L'eau fournie par la vapeur condensée dans le serpentin se rend dans un vase c complétement fermé où elle prend la température du calorimètre. A la fin de l'expérience on la retire par le robinet

Figure 44.

inférieur et on la pèse; on a ainsi le poids de la vapeur qui a traversé l'appareil. On peut opérer sous différentes pressions en condensant ou raréfiant l'air de la cornue par le robinet r. Soit P le poids de l'eau du calorimètre c et toutes les masses métalliques qu'il contient transformées en eau; comme il a été indiqué, t sa température initiale, T celle de la vapeur, déduite de la répulsion qui règne dans l'appareil; θ la température finale de l'appareil; p le poids de la vapeur condensée, et enfin c' la capacité du liquide sur lequel on opère. On aura, pour déterminer la chaleur latente $''\Theta$ de la vapeur, l'équation

$$''\theta p + p(T - \theta) = Pc(\theta - t)$$

qui exprime que la quantité de chaleur $p''\Theta$ cédée par le poids p de vapeur pour se liquéfier, plus la quantité $p(T-\theta)$ abandonnée par l'eau de condensation est égale à la quantité de chaleur gagnée par le calorimètre.

Pour éviter la perte de la chaleur à l'extérieur, on commence l'opération à quelques degrés au-dessous de la température ambiante, et on la termine quand le calorimètre arrive à un même nombre de degrés au-dessus. Cette manière d'opérer ne serait exacte qu'autant que l'air serait parfaitement calme.

En employant l'eau salée, on trouve que celle que l'on recueille dans le vase c contient un peu de sel; on en conclut qu'une petite quantité d'eau à l'état de gouttelettes passe de la cornue dans le serpentin et vient s'ajouter au poids p de la vapeur, d'où il résulte que le nombre $''\Theta$ obtenu est trop petit; on évite pour cela une ébullition trop vive. Une autre erreur résulte d'une quantité de chaleur communiquée par la conductibilité intérieure au serpentin par le col de la cornue. Despretz a trouvé, par cette méthode, qu'il faut 540 calories à 1 gramme d'eau pour passer à l'état de vapeur. Ce même nombre a été trouvé par Brix, au moyen d'un appareil analogue, dans lequel le serpentin était remplacé par un vase annulaire. Ce nombre diffère peu de celui trouvé par Regnault pour la température de 100° qui est 640 calories, c'est-à-dire le produit $8 \times 80k$, en exprimant par $80k$ les calories qui deviennent latentes : une pendant le ramollissement de la glace et 79 pendant sa liquéfaction.

Ainsi il est prouvé que 2×80 calories entrent dans les intervalles $\lambda, \lambda, \lambda\ldots$ (fig. 42) de la longueur de 1 centimètre qui contient n couples des lames dans chacune des trois dimensions; car sans ces calories l'augmentation des intervalles $\lambda, \lambda, \lambda\ldots$ et du volume devient impossible. Et comme celle-ci apparaît brusquement et que le volume se soutient ensuite même au-dessous du point d'ébullition, il devient évident que la chaleur change son état en transformant les liquides en vapeur.

§ 402. De la chaleur latente de la vapeur d'eau sous différentes pressions. Quand la pression p augmente et devient $p + p'$, il faut une répulsion $R + r$ croissante de la part des intervalles $\lambda, \lambda, \lambda\ldots$ des couples des lames qui constituent la vapeur pour se soutenir en équilibre; mais cette répulsion R étant obtenue par une quantité d'électricité de la chaleur $''\Theta$. Pour augmenter et devenir $R + r$, il lui faut une nouvelle quantité $''\theta$ de chaleur dont l'électricité exerce une répulsion r suffisante pour maintenir en équilibre la pression $p + p'$.

Au commencement on admettait que la quantité de chaleur nécessaire pour échauffer et transformer en vapeur 1 gramme d'eau à partir de 0° est toujours la même et que la chaleur latente de vaporisation est la même sous toutes les pressions. Regnault, au moyen d'un appareil plus perfectionné que celui de Rubmfort, a pu opérer dans la cornue R sur la vapeur d'eau jusqu'à 14 atmosphères, et il y signala une augmentation de chaleur latente avec la chaleur d'imbibition; car une partie θ de celle-ci prend l'état électrique, et c'est ainsi qu'avec l'élévation de température croît la répulsion; le même physicien a renfermé les résultats de ses expériences dans la formule

$$''\theta = 605,5 + 0,305t,$$

dans laquelle $''\Theta$ est la chaleur latente totale, c'est-à-dire la chaleur latente augmentée de la partie 0,305 de la température t de la vapeur qui est produite de sa chaleur θ' d'imbibition au-dessus de 0°. Au lieu de partir de 0° si l'on part de 100°, on aura $''\Theta = 640 \pm 0,305t$. Le nombre 0,305 exprime la quantité de chaleur qu'il faut fournir à 1 gramme de vapeur d'eau saturée pour élever sa température de 1°, en la maintenant saturée au moyen d'une augmentation de compression.

Regnault a ainsi obtenu un rapport entre la répulsion R, la pression p, et la quantité de chaleur décomposée ou exélectrosée pour produire cette répulsion. La quantité 0,305t est celle qui devient latente quand la chaleur d'imbibition est t; ainsi ce nombre 0,305 n'exprime pas la quantité de chaleur qu'il faut fournir à 1 gramme de vapeur pour l'élever de 1°, mais elle devient décomposée ou exélectrosée, et en cet état elle produit la répulsion r, comme l'a reconnu Regnault, qui, cependant, croit que la chaleur disparue reste latente sans changer d'état.

TABLEAU C. — *De la chaleur décomposée de la vapeur sous différentes pressions.*

TEMPÉRATURES.	RÉPULSION en millimètres.	CHALEUR décomposée.	TEMPÉRATURES.	RÉPULSION en atmosphères.	CHALEUR décomposée.
degrés.	millim.		degrés.	atmos.	
0	4,66	606,5	120	1,002	643,1
10	9,16	609,5	130	2,671	646,1
20	17,50	612,0	140	3,576	649,3
30	31,55	615,7	150	4,712	649,2
40	54,91	618,7	160	6,120	655,5
50	91,98	621,7	170	7,844	658,5
60	148,79	624,8	180	9,929	661,4
70	235,09	627,8	190	12,425	664,4
80	354,64	630,9	200	15,380	667,5
90	525,45	633,9	218	18,848	670,5
100	760,00	637,0	220	23,882	673,6
110	1.075,37	640.0	250	27,535	676,6

§ 463. Capacité de l'eau dans les hautes températures. Si l'on veut maintenir l'eau à l'état liquide à des températures élevées, on la renferme dans un vase sous une couche d'air soumis à une très-grande compression; ainsi on obtient une température très-élevée sans qu'il se manifeste de vaporisation. Regnault a constaté que la capacité de l'eau varie très-peu entre 0 et 200°. Entre 30° et 190° elle ne dépasse que de 0,015 celle que l'on trouve entre 0° et 200°; ainsi on peut négliger des augmentations pareilles dans les calculs, comme est celui qui a donné le tableau précédent.

§ 464. Chaleur latente des vapeurs autres que celle de l'eau. Au moyen de l'appareil (fig. 42), Despretz a déterminé la chaleur latente de l'alcool, de l'éther et de l'essence de térébenthine; il a trouvé les nombres 331, 9; 174, 5; 166, 2. Il a remarqué que la densité de chaque espèce de vapeur est en rapport inverse avec la chaleur latente; ainsi il y a une grande densité dans la vapeur de l'éther qui a 174 pour chaleur latente, et une petite dans celle de l'eau qui a pour chaleur latente 640 au point de l'ébullition.

Favre et Silbermann employèrent un calorimètre à mercure et obtinrent les résultats du tableau suivant : on y voit que la chaleur latente de la vapeur de l'alcool et de celle de l'éther sont représentées par des nombres un peu différents que les précédents, mais proportionnels.

TABLEAU D. — *De la chaleur décomposée des vapeurs des liquides.*

NOMS des substances.	Températures d'ébullition.	Capacités.	Chaleur décomposée.	NOMS des substances.	Températures d'ébullition.	Capacités.	Chaleur décomposée.
	degrés.				deg.		
Eau.	400	1,000	535,77	Alcool éthylique.	»	0,800	58,5
Bicarbure d'hy-	200			Éther sulfurique.	58	0,505	91,1
drogène.	210	0,494	58,91	Éther acétique. .	74	0,485	105,8
Esprit de bois. . .	66,5	0,671	205,8	Butyrate de mé-			
Alcool vinique. .	78	0,644	208,9	thylène.	93	0,492	87,5
Alcool amylique.	»	0,587	121,5	Essence de téréb.	»	»	»

§ 465. **Mesure de la densité des vapeurs.** Pour connaître la densité des gaz il faut peser les volumes égaux d'égale pression, et les poids p, p' obtenus sont proportionnels aux densités d, d'; mais cette méthode ne peut pas être toujours appliquée aux vapeurs des liquides d'un point d'ébullition supérieur; pour cette raison Gay-Lussac, au lieu de chercher le poids d'un volume connu, a cherché le volume V occupé par un poids donné de vapeurs. L'appareil qui a été employé dans cette observation diffère peu de celui qu'offre la figure 37. L'éprouvette vv porte une division et on connaît le volume qui correspond à chaque division. On y fait passer une quantité du liquide dont on connaît bien le poids; on entoure l'éprouvette vv' d'un manchon en verre que l'on enfonce avec l'éprouvette dans la chaudière v remplie d'eau ou d'huile. En chauffant la chaudière le liquide se vaporise, et la vapeur par sa répulsion fait baisser le niveau du mercure. On attend que tout le liquide de poids p soit réduit en vapeur; ce que l'on reconnaît à ce que la surface du mercure n'est plus mouillée, ou mieux à ce que la répulsion de la vapeur est moindre que le maximum qui correspond à la température de la vapeur, car en élevant la température sans qu'il se produise de la vapeur, la répulsion n'augmente plus suivant la même échelle, comme cela a lieu quand la quantité de la vapeur augmente.

§ 466. La pression se mesure de la même manière que la répulsion des vapeurs; elle est indiquée par la différence bn entre les deux niveaux b et c. La température est donnée par le thermomètre t et par d'autres dans le manchon et dans la chaudière. Soit V le volume donné par la division de l'éprouvette vv'; on doit y compter encore le volume V' produit par la dilatation du verre. Ce volume V+V' est du poids p connu de vapeur à température t et sous la pression n.

Pour obtenir le rapport $d : d'$ entre les densités de l'air et celle de la vapeur, il faut prendre le poids d'air contenu dans un volume égal V+V' sous la même pression h et à la même température t. Despretz a aussi mesuré la densité de la vapeur des différents liquides au moyen des tubes barométriques.

§ 467. **Densité théorique.** La densité de la vapeur des corps composés peut se calculer par les volumes de leurs éléments : ainsi deux volumes d'hydrogène pesant 0,1382, et un volume d'oxygène pesant 1,1055 produisent deux volumes de vapeur d'eau; en prenant $\frac{1}{2}(0,1382+1,1055)=$ 0,6218 : ce nombre diffère très-peu de 0,6235 trouvé directement par Gay-Lussac.

TABLEAU E. — *Des densités des vapeurs différentes.*

NOMS DES SUBSTANCES.	Densité des vapeurs.	Température d'ébullition.	NOMS DES SUBSTANCES.	Densité des vapeurs.	Température d'ébullition.
D'après Gay-Lussac.					
Eau.	0,6235	100,00	Éther sulfurique.	2,5860	30
Acide cyanhydrique. . .	0,9476	26,50	Sulfure de carbone. . . .	2,6447	47
Alcool.	1,6138	78,00	Essence de térébenthine.	5,0130	157
Éther chlorhydrique. . .	2,219	56,00	Éther iodhydrique. . . .	5,4740	65
D'après Dumas.		Poids d'un litre.			Poids d'un litre.
Vapeur d'iode.	8,716	11,323	Protochlorure d'arsenic.	6,3008	8,1852
— de soufre. . . .	6,55	8,480	Chlorure de silicium. . .	5,939	7,7151
— de mercure. . .	6,976	9,0025	Acide fluorique silicé. .	3,600	»
— de phosphore. .	4,32	»	Chlorure de bore. . . .	2,042	5,1212
Protochlorure de phos-phore.	4,875	6,3552	Acide fluoborique. . . .	2,3124	»
Hydrogène arsénique. .	2,695	5,5023	Perchlorure d'étain. . .	9,1907	11,9514
			— de titane. .	6,856	8,881

TABLEAU F. — *Températures d'ébullition des diverses dissolutions salines saturées.*

SELS EN DISSOLUTION.	Quantité de sel dans 100 parties d'eau.	Point d'ébullition.	SELS EN DISSOLUTION.	Quantité de sel dans 100 parties d'eau.	Point d'ébullition.
		degrés.			degrés.
Chlorure de sodium. . .	41,2	108,4	Sel ammoniac.	88,9	114,2
— de potassium. .	59,4	108,5	Chlorure de strontiane.	117,5	117,85
— de barium. . .	60,1	101,4	— de calcium. . .	525,0	179,5
Carbonate de soude. . .	48,5	101,63	Tartr. neutre de potasse.	206,2	114,07
Phosphate de soude. . .	112,6	106,6	Carbonate de potasse. .	205,0	155,00
Chlorate de potasse. . .	61,5	104,2	Nitrate de chaux. . . .	502,0	151,00
Nitrate de soude.	221,8	121,0	Acétate de soude. . . .	209,0	124,37
— d'ammoniaque. .	indéfini	180,0	— de potasse. . . .	798,2	160,00

TABLEAU G. — *Points d'ébullition de divers liquides sous la pression de 760 millimètres.*

	degrés.		degrés.		degrés.
Acide sulfureux. . . .	10	Huile des Hollandais.	80	Phosphore.	290
Éther sulfurique.. . .	37	Ac. nitrique concentré	86	Soufre.	390
Carbure de soufre. . .	47	Alcool.	79	Acide sulf. concentré.	325
Brome.	63	Eau.	100	Huile de lin.	316
Chloroforme.	63	Huile de térébenthine.	157	Mercure.	300

IV.—PARALLÉLISME ENTRE LES DEUX CHANGEMENTS DE L'ÉTAT DES CORPS ET DE LA CHALEUR.

§ 468. Comme les corps passent de l'état solide à l'état liquide, et de ce dernier à l'état de vapeur, de même la chaleur d'imbibition, 1° par la suppression de son expansion, devient latente, et 2° par la séparation de ses éléments obtient la forme des deux électricités. Celles-ci ne restent dans les corps qu'à l'état dissimulé; alors le volume des solides reste le même que celui des liquides, et il y diminue même, parce que les couples sont composés de paires de lames $\ddot{O}$, $\ddot{H}$ dont l'une soutient l'électricité positive $\ddot{E}$ et l'autre l'électricité négative $\ddot{E}$ comme dans la figure 45.

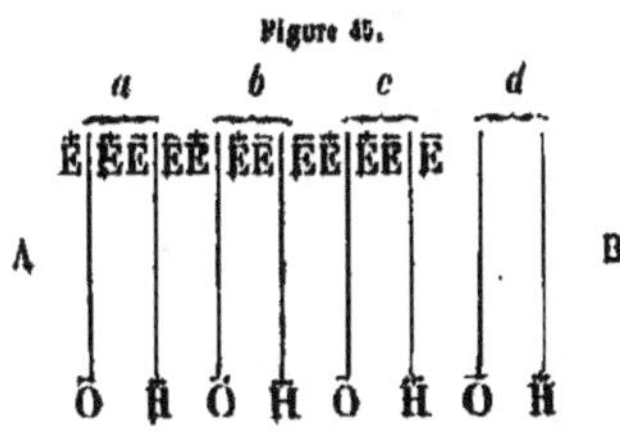

Figure 45.

§ 469. Les couples s'arrangent spontanément de manière à exercer entre eux le minimum de résistance qui résultent des faces f, f, f... du côté gauche des couples et de leurs faces f', f', f'... du côté droit; vers A regardent les faces f, f, f... qui soutiennent l'électricité positive, et vers B les faces f', f', f'... qui soutiennent l'électricité négative. Cette structure a été constatée directement dans les cristaux par Delafosse (§ 15) sans que ce physicien en connût la cause. Guidé par le manque d'augmentation de capacité dans les métaux liquides, nous avons pu constater l'état électrique. de la chaleur disparue, état tout à fait différent de celui où est supprimée l'expansion de la chaleur comme dans l'eau; cet état est démontré par l'augmentation de la capacité dans l'eau et les sels fondus qui manque dans les métaux.

§ 470. Les vapeurs ayant la même capacité que le même corps à l'état solide, prouvent qu'elles ne contiennent pas la chaleur à l'état d'expansion supprimée, mais à l'état de deux électricités qui y restent dissimulées comme dans les solides et les cristaux, mais que ce sont les couples des atomes matériels qui changent par la scission des lames H en deux moitiés, car les atomes de chaleur $\theta = \overline{\overline{\text{EEE}}}$ contiennent 1° un équivalent positif qui reste comme dans les cristaux et les liquides autour des lames $\bar{O}$, $\bar{O}$, $\bar{O}$... et 2° deux équivalents négatifs qui passent aux deux moitiés des lames $\ddot{H}$, $\ddot{H}$, $\ddot{H}$..., de sorte que les couples obtiennent la forme de la figure 46.

Figure 46.

Cette figure montre que dans chaque couple l'électricité positive se trouve en dedans et en dehors l'électricité négative à l'état dissimulé; mais en cet état les couples ne peuvent plus s'arranger de manière à exercer entre eux le minimum de résistance, car ils exercent mutuellement une répulsion qui correspond au mot *tension*, répulsion déterminée directement par les observations de la pression.

Comme des couples des trois systèmes suivant les trois dimensions résultent les formes ou les volumes élémentaires cubiques, le même effet a lieu pour les volumes v élémentaires des vapeurs dont la dimension est mesurée et trouvée d'environ $0^{mm},02$. Dans chaque volume v 1° la lame O est en dedans avec l'électricité positive, et 2° ses parois sont formées par les lames H, H, H avec l'électricité négative. Les couples sont séparés l'un de l'autre par les intervalles λ, λ, λ... qui résultent de la répulsion mutuelle r; celle-ci peut augmenter ou diminuer quand l'espace ε n'est pas limité et quand il n'est pas exercé de résistance de la part de la vapeur *homogène ambiante*.

L'espace e de 1 gramme d'eau devient 12^3 fois plus grand quand cette eau passe à l'état de vapeur; il suit de là que chaque couple de dimension $0^{mm},02$ à l'état de vapeur est 12 fois inférieure à celle que possèdent les mêmes couples dans l'eau ou dans la glace; mais sous ces deux états les couples sont binaires comme ceux de la figure 44. Pour mieux établir ces structures des couples et les effets qui résultent des états différents de la chaleur, nous prendrons pour exemples les nombres contenus dans les cinq tableaux précédents, qui ont été obtenus par différents expérimentateurs sans qu'ils aient été guidés par la loi physique indiquée ici, laquelle régit la production de tous les faits, et par suite, ceux indiqués par les nombres des tableaux. Donc si nous sommes parvenus à connaître cette loi, nous serons en état de prouver comment, suivant cette même loi, proviennent les faits constatés.

§ 471. I. **Tableau A.** Parmi les cinq substances observées par Person qui ont pu satisfaire la formule $'\Theta = (C - c)(160 + t)$, les capacités C, c se trouvent en rapports différents qui s'éloignent de celui $1:0,5$ entre l'eau et la glace, comme on le voit par les chiffres $44:27$,

33 : 23, 23 : 20, 20 : 17. Ces différences résultent de ce que
dans l'eau seule les 79 ou 80 calories se trouvent toutes à
leur état normal et avec l'expansion interceptée ; le soufre
et le phosphore contiennent une très-petite quantité de chaleur à l'état normal ; ces corps sont fondus au moyen de
la chaleur décomposée ; pour cette raison la chaleur disparue est très-faible, 5 et 9 calories, par exemple. Au contraire, dans la fusion des sels hydratés disparaît une grande
quantité de chaleur, tandis que la capacité du liquide augmente ; il devient ainsi évident qu'une petite partie des calories, 63 ou 46, se décompose, et que le reste se trouve à
l'état d'expansion supprimée.

§ 472. II. **Tableau B.** Le manque d'augmentation de
capacité dans les métaux fondus correspond aux petites
quantités de chaleur disparue, car celle-ci ne se trouve pas
à l'état d'expansion interceptée, mais elle est décomposée
en deux électricités qui restent à l'état dissimulé, et de cette
manière est produit l'état liquide avec une petite quantité
de chaleur.

§ 473. *Alliages.* Rien ne sert à mieux prouver l'état électrique de la chaleur dans les corps que leurs alliages, par
exemple ceux de Darcet et de Rose. Pour fondre chacun
des trois métaux il faut un grand nombre $n + n'$ de calories
qui y éprouvent une décomposition en deux électricités, de
sorte que des couples Bi, Pb, Sn, ainsi électrisés résultent les
couples composés Bi^2, Pb^2, Sn^2, Bi^2, Pb, Sn^2 dans lesquels
entrent des nombres impairs d'atomes matériels. La solidification s'opère par l'éloignement de la chaleur d'imbibition
et d'une partie de la combinaison des équivalents électriques
dont une quantité supérieure reste à l'état dissimulé dans
l'alliage, comme cela a lieu même pour les métaux isolés
mais d'un degré inférieur.

La petite quantité 4,496, 4,687 des calories décomposées
dans la fusion des alliages résulte de la quantité considérable de l'électricité dissimulée qui y est contenue ; cette

même électricité fait apparaître la fusion aux températures inférieures. La capacité 0,049 de l'alliage de Rose à l'état solide est supérieure à celle 0,04249 à l'état liquide ; il en est de même pour le cadmium, d'où résulte qu'il y a à l'état solide de la chaleur avec expansion interceptée qui prend dans les liquides l'état électrique de l'électricité dissimulée.

§ 474. III. **Tableau C.** Regnault trouva que les résultats de ses expériences peuvent être représentés par la formule $''\Theta = 606,5 + 0,305t$ où $''\Theta$ est la quantité des 80 calories de l'eau, avec les $7 \times 80k$ décomposées dans la production de la vapeur, et plus $0,305t$ qui se décomposent également en proportion de la température t. La même quantité de couples ou de vésicules à $0°$ contient 606,5 calories décomposées, et à $100°$ elle en contient 637. Proportionnellement aux calories décomposées la répulsion augmente au-dessus de $0°$ et au-dessus de $100°$.

Les calories 606,5 de la vapeur à $0°$ sont à l'état électrique et les deux électricités qui en résultent soutenues à l'état dissimulé; elles sont arrangées de la manière indiquée dans la figure 45. C'est de la répulsion mutuelle que résulte l'augmentation brusque du volume v du liquide pour apparaître le volume V de la vapeur.

La répulsion ou tension résulte de l'électricité négative qui se trouve autour de chaque couple; la multiplication de cette électricité fait augmenter la répulsion; il y a donc un rapport direct entre la répulsion et la chaleur d'imbibition, et ce rapport est indiqué par $0,305t$ dans la formule, parce qu'une telle portion de la chaleur se décompose à la température ambiante t pour produire une augmentation de répulsion.

Dans les tubes les répulsions sont supprimées dans les deux dimensions horizontales, et on ne mesure que la répulsion verticale ; cependant elle correspond à la somme des répulsions des trois dimensions par la manifestation du mouvement qui en résulte et qui correspond à l'espace *c* ou *c'* occupé par la vapeur. Sans ces connaissances préalables, on ne saurait concevoir comment 606,5 calories sont consommées pour une pression de 4^{mm},60 et comment 606,5 + 70 calories suffisent pour produire une répulsion de 27,5 atmosphères. Cet objet sera discuté avec plus de détails dans l'explication des machines à vapeur.

§ 475. IV. **Tableau D.** La chaleur décomposée dans la production de vapeur des liquides a un rapport direct avec les atomes d'eau qui entrent dans ceux des liquides des substances organiques; par exemple il faut, pour l'alcool et l'esprit de bois, plus du double de sa chaleur qui se consomme dans la vaporisation de l'éther. Cette différence entre l'eau et les autres corps prouve que ceux-ci résultent des éléments qui constituent l'eau, mais que, dans ces éléments matériels, sont contenus des équivalents électriques positifs ou négatifs; tandis que dans l'eau ces équivalents constituent les atomes de chaleur 'Θ d'expansion interceptée et pour cela latente.

§ 476. V. **Tableau E.** Dans ce tableau sont contenues les densités des vapeurs des liquides différents sous la même pression et à la même température; pour juger de ces densités il faut les comparer avec les quantités de chaleur décomposée du tableau D pour leur vaporisation; où ressort avec évidence le rapport inverse entre les densités et la chaleur décomposée. Par exemple, la chaleur consommée pour la vapeur d'eau est 640 et sa densité est 0,623; la chaleur consommée pour la vapeur de l'éther sulfurique est 94 et la densité de sa vapeur est 2,586. Cependant les chaleurs latentes 640, 94 ne sont pas exactement en raison inverse avec les densités 0,623 et 2,586, parce que dans l'éther sont contenus des équivalents électriques qui manquent dans l'eau et qui se trouvent en quantité inférieure dans l'alcool; de sorte que le rapport inverse indiqué se rapproche davantage quand on fait la comparaison de la densité 1,6438 de la vapeur de l'alcool

et de sa chaleur latente 208,9 avec celles de l'eau ou de
l'éther qui sont 0,623, 640 et 2,586, 91.

Ce parallélisme entre les faits que donne l'expérience et
leur arrangement déterminé *à priori* suivant la loi physique,
diffère de la découverte de quelques rapports représentés
sous des formules différentes qui résultent de ces mêmes
faits et non pas de la loi suivant laquelle s'opère leur production ; les formules ne sont qu'un autre mode de description et de représentation de mêmes faits.

La véritable valeur des faits obtenus avec beaucoup de
peine se présente dans leur parallélisme avec les faits déterminés *à priori* par la loi physique et les facteurs dont ils
sont composés. Dans le premier cas, les faits sont exposés
dans l'état où ils se présentent ; et dans le second, ils sont
déterminés *à priori* comme ils doivent se présenter ; la vérification s'opère par le contrôle entre les mêmes faits où il
ne doit exister aucune différence si les erreurs manquent.

V. — FAITS THERMOÉLECTRIQUES PRODUITS DANS LES LIQUIDES.

§ 477. Chaque fois que diffèrent les faits observés, les
physiciens pensent qu'il est nécessaire que la cause qui les
produit diffère également ; ils n'avaient en effet aucun
moyen de remonter plus loin pour connaître si les différences consistent dans les causes hétérogènes, ou si elles
résultent d'une seule et même cause agissant à des degrés
différents, tels, par exemple, que les degrés de l'écoulement
de l'air ; parfois à peine est-il senti, et d'autres fois il soulève des colonnes de poussière, enlève les toits des maisons,
déracine les arbres, etc. Les anciens, qui ignoraient la loi
de l'aérostatique, attribuaient souvent ces faits à des causes
différentes. Les physiciens modernes se trouvaient dans la
même condition par rapport aux faits produits par la thermoélectricité qui se manifestent dans les liquides 1° par des

soubresauts, 2° par l'état globulaire, 3° par le mouvement des liquides, l'interception de l'expansion de la chaleur ou de sa propagation, et 4° par l'emprisonnement de la chaleur.

Tous ces faits et mille autres ont été attribués par les physiciens modernes à des causes différentes, et cela parce qu'ils ignoraient la loi thermoélectrostatique. Dès que cette loi fut connue, il devint évident que l'origine commune de tous les faits de ce genre consiste en une différence $T - T'$ des températures des corps, et comme cette différence peut obtenir tous les degrés possibles, il en résulte des faits qui dépendent en même temps, 1° de cette anisothermie $\Theta - \Theta'$, et 2° de l'état des corps o, o' qui ont ces températures Θ et Θ'.

§ 478. En prenant pour principe l'anisothermie $\Theta - \Theta'$ on en obtient n degrés différents; en prenant ensuite pour principe les m états chimiques des corps différents, on obtient pour les n degrés d'anisothermies $n \times m$ faits thermoélectriques. Ainsi il est facile de connaître comment changent les faits observés par exemple dans l'eau et l'air, quand leur anisothermie $\Theta - \Theta'$ obtient des degrés différents; les faits se présentent différents quand les mêmes degrés d'anisothermies ont lieu entre l'eau et chacun des métaux ou des autres corps.

Cet aperçu général doit guider le lecteur, qui verra que tous les faits obtiennent spontanément un arrangement pour être liés entre eux par la loi physique comme causes et effets. L'anisothermie $\Theta - \Theta'$ est un équilibre thermostatique rompu, car dans le corps o est contenue la chaleur $\Theta = \Theta' + \Theta''$ et dans l'autre o' en contact se trouve la chaleur inférieure Θ'; il n'y a aucun doute que de la quantité Θ'' de chaleur une partie doive s'écouler du corps o dans l'autre o'.

§ 479. Tout consiste dans la distinction du mode de cet écoulement de la chaleur Θ'' dont résultent tous les faits attribués à une thermoélectricité, et cependant, chose inconcevable, les physiciens français n'ont pas voulu reconnaître, comme les Allemands, l'existence de l'électricité dans la chaleur. La chaleur rayonnante se propage en effet sans éprouver la moindre décomposition ; mais cela n'est plus le cas pour la chaleur rampante, car chaque fois il y a une résistance r dans le passage d'un corps à l'autre (§ 197). C'est donc dans les cas pareils que la résistance est différemment exercée aux deux espèces d'équivalents électriques dont consistent les atomes de chaleur. Si le corps σ' le moins chaud est électropositif il livre passage à l'électricité négative de la chaleur, et le corps σ en refroidissement reste chargé d'électricité $q\bar{E}$ positive qui s'écoule dans la pile thermoélectrique, et quand cela n'est pas le cas, elle décompose une quantité d'atomes $q\Theta = q\bar{\bar{E}}\bar{\bar{E}}$ de chaleur ; c'est ainsi qu'il résulte de là la double quantité $2q\bar{E}$ et $2q\bar{\bar{E}}$ d'électricité qui reste à l'état dissimulé dans le corps σ pendant son refroidissement.

§ 480. En partant de cette origine nous allons constater le mode de la production d'un nombre des faits qui sont restés jusqu'à présent problématiques qui sont attribués par le peuple à la sorcellerie, ou qui sont regardés comme des merveilles par le peuple et par les physiciens; en effet, jusqu'au commencement du siècle actuel les physiciens niaient l'existence des faits de ce genre. Grâce à Boutigny qui, depuis 1808, se livra à la recherche et à l'observation du mode de la production de faits véritablement merveilleux, parce qu'ils se présentent d'une manière qui ne correspond pas au premier aspect à la loi qui régit la propagation de la chaleur.

§ 481. Boutigny a eu le premier le courage de prendre avec la main le fer qu'on enlève rouge du feu et de le porter sur sa langue ; ensuite plusieurs physiciens entreprirent des recherches de ce genre. Toutefois depuis des siècles on connaissait ce fait, savoir que les verriers façonnent avec les mains la masse fondue de verre sous la surface de l'eau.

Parmi les faits analogues sont ceux attribués au *magnétisme animal*, qui cependant n'ont pas d'autre origine que les rêves. Les physiciens ne pouvant trouver aucune liaison entre eux et les faits physiques, n'ont pas voulu les introduire dans leurs ouvrages; le nombre de ceux qui nient l'existence même de faits de ce genre diminue tous les jours, et cela à cause de la multiplication du nombre des observateurs.

Les faits de ce genre ne peuvent plus être niés aujourd'hui : cette branche de la physique ou de la physiologie produira tôt ou tard dans le monde moral une réforme qui surpassera tout ce que la vie sociale a éprouvé jusqu'à présent. Pour le moment les faits de ce genre sont dans l'état où étaient au commencement du siècle actuel les faits merveilleux qui trouveront ici leur explication dans la thermoélectricité. Pour rendre l'explication plus simple nous traiterons séparément, 1° des liquides qui ne bouillent pas sur les métaux incandescents; 2° de la production des soubresauts, et 3° des faits hygiéniques, thérapeutiques et physiologiques de l'eau thermoélectrisée.

A. Faits thermoélectriques produits par l'emprisonnement de la chaleur dans les corps incandescents.

§ 482. En tenant sur le feu un corps c pour recevoir la chaleur Θ par sa face f' inférieure, ce corps ne peut être maintenu à une température T que quand il s'en éloigne à chaque minute la quantité Θ de chaleur. En ces cas il ne s'ensuit pas, comme on l'admettait, qu'il faut que la chaleur Θ' soit éloignée dans le même état que celle Θ qui arrive du feu. C'est donc en cette différence de l'état de la chaleur Θ que consiste l'origine de ce genre de faits, différence qui restait inconnue aux physiciens, et qui, pour cette raison, rendait absolument impossible toute explication des faits. Nous n'avons qu'à rappeler le résultat obtenu par Warkmann, Poggendorf, etc., qui trouvèrent qu'un courant électrique ne peut pas passer d'un liquide contenu dans un vase incandescent pour arriver dans ce vase. Rien ne prouve si directement l'existence de l'électricité dans le liquide et le vase que cette expérience mille fois répétée.

§ 483. Production des faits électriques dans des vases incandescents. Si un creuset contenant de l'eau est chauffé, l'eau se vaporise par l'ébullition; mais si le creuset est rendu d'abord incandescent de manière à obtenir dans sa face supérieure f une couche d'électricité positive maintenue à l'état dissimulé par l'électricité négative de la face f', l'eau projetée est repoussée de la part de l'électricité $\breve{E}$ de la face f comme l'est le courant électrique descendant par l'eau vers la face f' inférieure. L'eau s'évapore lentement en restant à une température au-dessous de 50° quand le creuset est chauffé même au rouge blanc.

Il y a en effet introduction de la chaleur Θ du feu dans la face f' du vase, il y a également éloignement d'une quantité égale ω' en même temps, mais l'état de la chaleur éloignée diffère, car elle éprouve une décomposition en électricité négative qui s'éloigne et en électricité positive qui reste à l'état dissimulé dans la face f dont elle exerce une répulsion à la fois contre l'eau et contre un courant électrique descendant. Cet état se soutient jusqu'à l'évaporation totale de l'eau, car c'est l'électricité dissimulée qui se consume dans la production de cette vapeur.

Un verre en fusion peut être rempli d'eau qui y reste des heures entières sans diminuer notablement. Les verriers portent la masse ramollie et incandescente qu'ils tiennent au bout d'un tube de fer dans une auge en bois remplie d'eau, dont la température éprouve une légère élévation; dans cette auge ils l'arrondissent avec les mains en la faisant tourner comme une pâte sur le fond. Le verre couvert de l'électricité positive repousse l'eau, et la chaleur qui maintient la masse en fusion ne peut pas s'écouler, parce qu'elle y est contenue, non pas à l'état dissimulé, mais qu'elle est repoussée par l'électricité négative maintenue à l'état dissimulé par l'électricité positive de la couche superficielle de la masse; ainsi s'opère l'*emprisonnement* de la chaleur dans le milieu des corps.

Après avoir soufflé dans la masse de verre tenue dans les mains pour y produire une petite cavité, les ouvriers y poussent de l'eau et bouchent le tube avec le pouce; alors l'eau introduite se vaporise lentement et la vapeur exerce une répulsion suffisante pour faire augmenter la cavité par l'élargissement des parois. Si l'on veut obtenir la solidification, il faut que la chaleur emprisonnée dans la masse s'éloigne, mais pour cela il faut d'abord vaincre la résistance qu'elle éprouve continuellement de la part de l'électricité négative qui intercepte son expansion. Même l'état visqueux de la masse n'est qu'un effet direct des électricités dissimulées qui emprisonnent la chaleur; cet état disparaît quand ces électricités se combinent, pour reproduire la chaleur qui s'éloigne, dans le même état où elle a été introduite, et même c'est pour cela que la quantité reste égale.

Cette égalité faisait croire aux physiciens que toute la chaleur reste dans le verre au même état où elle y entre et où elle en sort : alors on n'était pas en état d'expliquer comment la masse cesse d'être brûlante et comment elle est maintenue dans un état qui n'est ni solide ni liquide, quoique l'on connût bien : 1° la production de l'électricité par la chaleur; 2° l'état dissimulé de l'électricité, et 3° la reproduction de la chaleur par l'électricité; c'est par un oubli qu'on n'a pas arrangé ces trois faits pour obtenir l'explication de ceux observés dans le verre.

§ 484. **Effets globuleux produits par le noir de fumée.** La chaleur pénètre le noir de fumée (§ 104) sans y éprouver aucune résistance, et par suite sans en être décomposée; ainsi un vase métallique recouvert de ce noir soutient la goutte d'eau à l'état globuleux à cause du manque d'une destruction d'équilibre. Le vase placé sur le feu laisse pénétrer la chaleur qui se disperse comme telle dans toutes les directions, et il n'en pénètre dans l'eau qu'une quantité médiocre. Pouillet ayant mêlé à l'eau de l'encre ou des parcelles de charbon, la projeta sur un creuset incandescent et trouva que la chaleur pénètre en quantité supérieure dans l'eau, dont l'évaporation a été plus rapide que dans le cas où elle était pure. Cela prouve que la vapeur est produite en quantité analogue à la chaleur qui pénètre dans l'eau, et que cette chaleur croît également quand la température du creuset s'élève et quand la résistance de la part du liquide diminue.

§ 485. **Rapport entre la température du liquide et celle du vase.** La température t du liquide projeté dans le vase incandescent dépend, 1° de la température T du vase; 2° de la température $t+t'$ d'ébullition du liquide, et 3° de la poudre impalpable contenue dans ce liquide. La quantité de vapeur produite en 1 minute est proportionnelle à celle de la chaleur qui pénètre dans le liquide; mais quand les liquides sont différents, les plus volatils produisent par la même chaleur une plus grande quantité de vapeur, et c'est ainsi que leur température baisse davantage, ce qui la fait s'éloigner du point d'ébullition. De cette manière la quantité t' qui indique la différence entre la température t du liquide et celle $t+t'$ de son ébullition, sans rester invariable, n'augmente pourtant pas beaucoup. Baudrimont a reconnu que la température t de l'eau augmente avec celle T du creuset; il a trouvé 36° au rouge obscur, 49° au rouge et 50° au rouge blanc; au contraire Boutigny trouva toujours 66° par des observations d'une exactitude moins rigoureuse; cependant il en résulte qu'il y a une différence considérable entre cette température t et celle $t+t'$ du point d'ébullition. L'eau bouillante projetée dans le creuset perd sa chaleur par l'évaporation et obtient ladite température de 50°.

Baudrimont projeta dans des creusets de métal différents liquides qui les attaquent ou qui les volatilisent à des températures différentes. Tels sont : l'acide sulfurique, l'acide nitrique, l'alcool, l'esprit de bois, l'éther, l'essence de térébenthine, le sulfure de carbone, etc. ; il reconnut que la température inférieure du vase, pour qu'il n'y ait pas d'adhérence, dépend de la nature du liquide et qu'elle est d'autant plus basse que la température d'ébullition est elle-même plus basse; cela prouve le rapport direct entre la température du vase et la quantité de chaleur qui pénètre dans le liquide pour produire la vapeur.

§ 486. **Répulsion interceptant les actions chimiques.** Les capsules d'argent incandescent ne sont pas attaquées par l'acide azotique ; de même les capsules de cuivre ne le sont pas par cet acide ni par l'ammoniaque; les capsules de fer, de zinc, n'éprouvent rien par l'acide sulfurique. Ces faits servirent à prouver directement l'absence de tout contact du métal aussi bien avec les liquides qu'avec les vapeurs, et un fait pareil ne peut résulter que d'une répulsion qui ne provient pas de la chaleur, mais de ses éléments électriques qui maintiennent le liquide éloigné, et qui ne permettent pas à la chaleur de s'écouler; ce genre de faits n'a pas manqué de faire reconnaître aux physiciens l'existence d'une répulsion pareille de la part des métaux incandescents qui repoussent aussi le courant électrique.

§ 487. **Remplacement des creusets incandescents par des liquides.** Pour mieux prouver que les faits observés sont produits par la chaleur réduite à l'état électrique occasionné lorsque s'opère son éloignement du corps chaud vers l'air et non pas directement par les corps métalliques, on institua les expériences suivantes : 1° sur la surface très-chaude de l'essence de térébenthine les gouttes d'eau projetée se soutiennent, quoique d'un poids spécifique supérieur, et cela sans éprouver une élévation de température très-marquée, quoique, en ce cas, il n'apparaisse pas une séparation sensible entre les deux liquides; 2° sur la surface de l'acide sulfurique presque bouillant se maintiennent l'eau, l'acool, l'éther, etc., sans se méler ni s'échauffer; 3° l'éther sulfurique se soutient sur l'eau, le mercure, l'huile, l'acide nitrique fumant, pris à la température au-dessus de 54°.

La chaleur en passant dans l'air se décompose indépendamment de la nature du corps dont elle se sépare; c'est l'électricité positive $q\bar{E}$ qui reste dans la couche superficielle et elle s'y soutient à l'état dissimulé par la décomposition d'un nombre égal d'atomes de chaleur $g\bar{E}\bar{E}\bar{E}$, de sorte qu'il en résulte double quantité d'électricité à l'état dissimulé également dans les métaux et dans les liquides, et c'est la couche superficielle du corps qui soutient les deux électricités à l'état dissimulé, d'où résulte l'emprisonnement de la chaleur.

§ 488. Grandes quantités d'électricité dissimulée et leurs effets mécaniques. Il était déja connu généralement que l'eau reste dans les verres en fusion et dans les creusets de platine chauffés au rouge blanc, remplis entièment d'eau. Lorsque Perkin opéra sur une échelle extrêmement étendue, il adapta un tuyau de fer muni d'un robinet à une petite chaudière à vapeur qu'il fit d'abord rougir au feu, puis il y introduisit de l'eau pour la remplir plus d'à moitié; en activant le feu, la vapeur s'échappait avec violence par la soupape de sûreté, chargée à 50 atmosphères; pas une goutte d'eau ne pénétrait par le tube de fer, dont le robinet restait ouvert, ce qui prouve directement que la répulsion R exercée sur l'eau de la part des parois de l'ouverture du robinet était supérieure à la pression de 50 atmosphères qu'éprouvait la même masse d'eau de la part de la vapeur.

Pour vaincre cette résistance il a fallu un certain abaissement de température du tuyau; c'est alors que l'eau de la couche inférieure pénétra la couche de l'électricité dissimulée et vint en contact avec la chaleur du tuyau, d'où elle fut subitement transformée en vapeur. Tout à coup l'écoulement de cette vapeur et de l'électricité a produit un mugissement épouvantable. On n'eût jamais pu prévoir qu'un corps à une température élevée acquît la propriété d'exercer une répulsion proportionnelle au degré de sa température et capable de résister à la pression de 50 atmosphères.

Les faits de ce genre ne pouvant trouver d'explication dans les hypothèses adoptées, étaient jusqu'à présent classés au rang des merveilles de la nature; ils servent ici d'exemples pour rendre plus évidente l'existence des deux états de chaleur, qui *brûle* quand elle est dans son état normal et *repousse* quand ses éléments électriques séparés se trouvent soutenus par les lames des atomes matériels à l'état dissimulé. On voit que toutes ces prétendues merveilles s'évanouissent devant les progrès de la science, dont l'étude se simplifie, parce que désormais il ne sera plus nécessaire de combattre, comme cela se fait à présent, les hypothèses et les préjugés vivants qui renaissent à chaque pas que l'on veut faire en avant.

§ 489. **Limite inférieure de température des vases métalliques.** L'accroissement de la répulsion R avec la température est indéfini; la limite inférieure diffère pour chaque liquide. La petite quantité de chaleur qui peut s'éloigner du vase pour pénétrer dans le liquide se consomme pour transformer en vapeur une quantité du liquide; l'éloignement de la chaleur fait diminuer la répulsion r' de la part du liquide, et c'est ainsi qu'il y pénètre une nouvelle quantité de chaleur. Baudrimont projeta l'acide sulfurique étendu d'eau dans une capsule de platine maintenue à une température constante, peu supérieure à la limite qui convient à ce liquide; donc à mesure que ce liquide se con-

centrait par l'évaporation de l'eau, le point d'ébullition de
l'acide augmentait tandis que diminuait la différence entre
la température T du creuset et celle T' du point d'ébullition. Quand enfin cette différence T — T' eut atteint la limite où la répulsion R de la part de l'électricité superficielle n'était plus supérieure à la somme r' + r" exercée
directement par le liquide et par la chaleur emprisonnée,
celle-ci pénétra en abondance dans le liquide de la part du
feu, et ainsi apparut l'ébullition.

§ 490. **Production de températures basses dans
les capsules incandescentes.** C'est encore là une merveille pour bien des personnes; en effet, l'acide sulfureux
anhydre bout à — 10° ; projeté dans une capsule incandescente, il prend la forme globulaire et reste au-dessous de
son point d'ébullition, c'est-à-dire au-dessous de — 10°. Si
l'on y plonge un petit matras rempli d'eau, on le retire
avec l'eau congélée. Si l'on verse quelques gouttes d'eau
sur l'acide sulfureux, elle se congèle de même. En versant
dans la capsule d'abord de l'éther, puis de l'acide carbonique solide, Faraday y plongea une petite capsule en métal contenant 34 grammes de mercure, qui fut congelé au
bout de deux ou trois secondes. Ainsi on obtint à une distance de 1 millimètre les températures des deux extrémités
de l'échelle, et ce fait était regardé comme une merveille
pareille à celui qui était observé dans l'arrêt du courant
électrique, descendant de la part de la capsule. Ici ces
deux prodiges nous serviront à expliquer ce fait suivant
la loi physique, et ainsi ils s'évanouiront tous les deux.

§ 491. **Mouvement des globules.** Les globules exercent un mouvement dont la vitesse croît avec la température des creusets incandescents : c'est l'écoulement de l'é-
lectricité qui entretient ce mouvement, parce que la basse
température du liquide ne permet pas d'y admettre un
écoulement de chaleur, surtout quand on voit que le mouvement n'apparaît que quand les liquides sont projetés sur

la surface des autres liquides très-chauds, quoiqu'ils en
soient moins éloignés. L'écoulement électrique diffère dans
chaque capsule, comme cela devient évident d'après les directions imprimées au liquide; ainsi est-on parvenu à se
convaincre que les aspérités inévitables de chaque capsule
favorisent l'écoulement de l'électricité qui détermine dans
chaque vase des directions différentes, mais la vitesse
croît toujours avec la température. Cela ne peut pas être
autrement, parce que, en pareils cas, il pénètre du feu une
quantité supérieure de chaleur en chaque minute, et il s'é-
loigne de la face f supérieure du creuset une quantité analogue d'électricité, afin que la température T se maintienne
en un état constant.

**B. Du mode de la production des soubresauts
par la thermoélectricité.**

§ 492. L'état des globules et les soubresauts sont produits par la thermoélectricité qui résulte des anisothermies
ou inégalités des températures $(\Theta + \Theta') - \Theta$ par l'équilibre
rompu dont le degré est indiqué par la différence Θ' entre
les températures $\Theta + \Theta'$ et Θ des deux corps C, C'. C'est
ainsi qu'est provoqué l'écoulement d'une partie de chaleur
du corps C vers C'. Comme ces corps ne diffèrent entre eux
que par leurs éléments électriques, il suit de là que des
deux électricités constituant les atomes de chaleur $\theta = \overline{E}\overline{E}\overline{E}$,
l'une éprouvera une résistance inégale à celle de l'autre;
par exemple les corps chauds exposés à l'air perdent une
partie de leur électricité négative et conservent la positive.
Les physiciens attribuaient ces électricités, non pas aux
décompositions des atomes de chaleur, mais à un état
neutre des deux électricités, état dont la réalité ne pouvait
pas être prouvée, et cela par la raison toute simple qu'elle
n'existe pas.

§ 493. Ici, au contraire, il est bien constaté et prouvé que l'électricité neutre n'est autre chose que des atomes de lumière $\varphi = \bar{E}\bar{E}\bar{E}$ ou de chaleur $\theta = \bar{E}\bar{E}\bar{E}$ dont l'écoulement d'un corps à l'autre occasionne la décomposition de leurs atomes. La série des faits suivants servira d'exemples des faits obtenus dans les corps dont la chaleur passant dans l'air se décompose pour occasionner l'accumulation de l'électricité positive $q\bar{E}$ dans la face f externe de la couche A superficielle des liquides, comme cela a été prouvé pour la couche pareille des métaux. Une quantité d'atomes de chaleur $q\bar{E}\bar{E}\bar{E}$ égale à celle $q\bar{E}$ d'électricité positive en devient décomposée, et ainsi apparaissent les doubles quantités d'électricités $2q\bar{E}$, $2q\bar{E}$ qui se maintiennent à l'état dissimulé, d'où résultent les soubresauts suivants :

§ 494. **Production des soubresauts dans l'eau peu refroidie.** Après que l'eau a été mise en ébullition dans le ballon a (fig. 47), on le bouche hermétiquement et on le laisse se refroidir après l'avoir retourné le fond en haut. Le verre, à cause de son électricité négative, livre

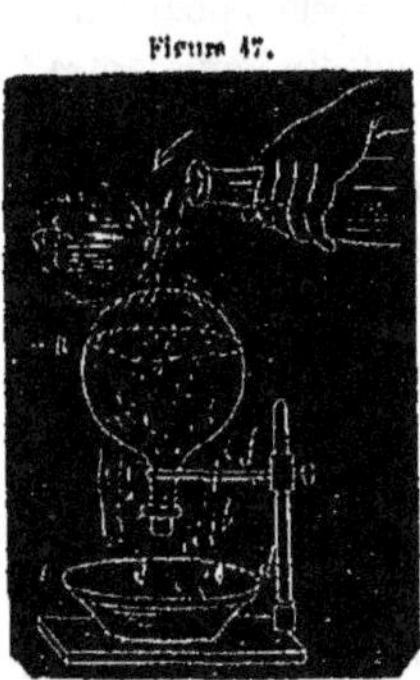
Figure 47.

passage à l'électricité positive des atomes de chaleur, mais cette électricité ne peut pas s'éloigner de la face externe f du ballon, et ainsi elle maintient à l'état dissimulé une égale quantité d'électricité négative dans la face f' interne du ballon ; cet état dure autant qu'il y a éloignement de chaleur de l'eau vers l'air.

Si avant le refroidissement total on vient à verser de l'eau froide sur le fond du ballon pour en faire partir une partie de l'électricité positive, on met alors en liberté l'électricité négative de la face f' interne qui se précipite vers l'électricité positive : celle-ci se soulève de la bouche du vase, et en traversant l'eau fait apparaître une agitation tumultueuse qui consiste en soubresauts produits par le soulèvement de cette électricité positive. Les physiciens attribuaient ce fait à une condensation instantanée de la vapeur, mais cette explication n'est pas exacte, cette disparition subite ne se produisant pas.

§ 495. **Production des soubresauts dans les vases ordinaires.** On remplit à moitié d'eau un ballon de verre et l'on introduit une couche mince d'huile; placée sur le feu, l'eau bout sans produire de soubresauts : le même effet a lieu aussi quand on interrompt l'ébullition pour quelques moments; mais si sa température s'abaisse pour se rapprocher de celle de l'air ambiant, la même eau chauffée à 100° ne bout pas; en élevant graduellement la température au-dessus de 123°, il se produit subitement une grande quantité de vapeur, qui en se soulevant exerce une répulsion contre la couche d'eau dont une partie est projetée en dehors; de pareils soubresauts se répètent à des intervalles presque égaux, parce qu'il faut un certain degré d'électricité dissimulée dans les vésicules des vapeurs pour vaincre l'électricité qui est également à l'état dissimulé entre la couche d'eau et le fond chauffé.

Si, dans le même ballon, l'eau bout seule sans l'adjonction de la couche d'huile, pendant son refroidissement, la vapeur éloigne de la surface de l'eau l'électricité positive; celle qui reste est médiocre; si le vase est ensuite porté au feu, l'ébullition de l'eau s'opère comme la première fois.

§ 496. **Production des soubresauts par l'éolipyle.** Ce petit appareil était connu d'Héron d'Alexandrie; son nom dérive d'Éole, dieu des vents, et de πύλη, porte, et cela à cause des soubresauts qui en résultent et que l'on a comparés aux bouffées de vents qui sortaient des ouvertures de la caverne où régnait Éole. L'appareil a la forme d'une poire creuse et se termine par un tuyau o (fig. 48) étroit et incliné. En chauffant cet appareil vide on obtient deux offets dont l'un était jusqu'alors resté inaperçu, parce que dans l'origine on ignorait la production de thermoélectricité par le refroidissement des corps; on savait seulement que l'appareil doit être en métal; l'effet connu était la raréfaction de l'air, qui servait à l'introduction de l'eau quand le vase incandescent était mis par son tuyau *o* en contact avec l'eau; celle-ci

Figure 48.

y pénètre pour en remplir presque les deux tiers, car c'est alors que l'air intérieur acquiert la même densité que celui de l'atmosphère.

Dans cette opération on ne remarquait pas que la face intérieure de l'appareil se chargeait d'électricité négative, et cela à cause de l'électricité positive de la face *f* extérieure; cet état d'électricité dissimulée augmente quand l'éolipyle est sur le feu, et il en résulte au fond de l'appareil une répulsion *r* contre l'électricité dissimulée qui transforme l'eau en vésicules; la répulsion *r* reste constante, tandis que la contre-répulsion *r'* croît avec la température T, et c'est ainsi que les soubresauts apparaissent avec un abaissement de température qui est inférieure à 1°.

§ 497. **Production des soubresauts au moyen d'appareils différents.** Un tube *a* (fig. 49) est surmonté d'une boule et terminé par une pointe de plus de 1 mètre de longueur; Donny a rempli ce tube d'eau bouillante, et pendant que l'eau se refroidissait, le point *o* restait dans un vase d'eau distillée bouillante. Quand l'eau a été refroidie dans le tube, et que l'électricité dissimulée se trouve sur ses deux faces comme dans celles du ballon *a* (fig. 47), on chauffe graduellement le tube *a*, la pointe *c* étant plongée dans le mercure. Ainsi sont produits les soubresauts à cause de la résistance exercée de la part de l'électricité positive $q\overset{\smile}{E}$ de la face extérieure f qui maintient à l'état dissimulé l'égale quantité $q\overset{-}{E}$ d'électricité négative dans la face f' intérieure et repousse l'électricité positive $q\overset{\smile}{E}$ vers le fond exposé au feu où est produite la vapeur dont résultent les soubresauts.

Donny plongea encore dans l'eau bouillante un marteau m (fig. 49) rempli aussi d'eau bouillante, et quand la température fut à 100° il le coupa en o et le chauffa en b rapidement avec la flamme d'une lampe ; l'électricité positive dans la surface extérieure du tube a été produite quand l'eau bouillante était dans le marteau mo et le soubresaut a été également produit comme les précédents.

§ **498. Résumé.** L'abaissement léger de température qui a lieu au moment de l'apparition des soubresauts sert à prouver que l'électricité dissimulée empêche la production de celle qui constitue les vapeurs ; il faut une élévation de température pour vaincre la résistance provenant de la part de la masse d'eau, car celle-ci n'est projetée au dehors que quand cette résistance est vaincue par la vapeur qui, en s'élevant, repousse l'eau de la couche qu'elle traverse.

§ **499. Appareil de distillation ou alambic.** C'est au moyen de la division des lames des atomes d'eau positifs $\overset{\smile}{H}$ en deux couches pour que les deux équivalents négatifs des atomes de chaleur $\overset{-}{E}\overset{-}{E}\overset{-}{E}$ y soient soutenus, que s'opère l'apparition des couples *ternaires* des vapeurs par les couples *binaires* des liquides (§ 470). Quand plusieurs liquides sont mêlés, et quand les solides s'y trouvent dissous, le liquide dont peuvent être produits les couples ternaires est éloigné plus promptement. Si le liquide séparé ne doit pas être perdu, sa vapeur doit sortir de la chaudière et passer dans un récipient de température inférieure pour y être refroidi, et pour qu'en même temps les vésicules de vapeur y éprouvent un rapprochement qui les fait crever, car c'est ainsi que leurs enveloppes s'unissent pour produire le liquide recueilli.

L'alambic se compose de trois parties : *la cucurbite* co (fig. 50), *le chapiteau c* et le *réfrigérant* R. La cucurbite contient le liquide qu'on veut distiller : ce liquide étant porté à l'ébullition, sa vapeur s'élève dans le chapiteau et

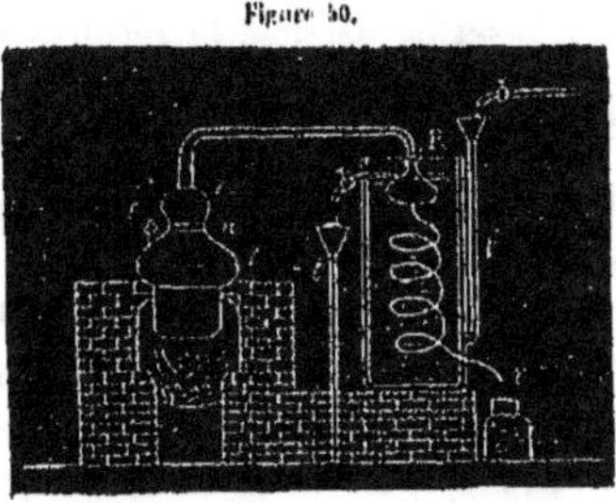
Figure 50.

passe dans un serpentin *s* étroit et entouré d'eau froide, où elle se liquéfie ; car la répulsion R entre les vésicules diminue par le froid et augmente le resserrement entre les enveloppes à cause de la petite largeur du serpentin ; sans ce rétrécissement de l'espace, le froid seul n'est pas en état de produire la réduction de la vapeur à l'état liquide, comme cela devient évident quand l'ébullition s'opère dans une chaudière ouverte.

Le liquide régénéré dans le serpentin sort en *r*; et comme l'eau du réfrigérant s'échauffe rapidement par la chaleur qu'abandonne la vapeur, elle est renouvelée continuellement par d'autre qui arrive d'un tube extérieur *t'* au fond du réfrigérant, tandis que l'eau chaude l'éloigne par le tube *t*. On renouvelle le liquide dans la cucurbite par l'orifice *o*, sans avoir besoin de remonter l'appareil.

VI. — ÉTAT DE LA CHALEUR EMPRISONNÉE.

§ 500. **État de la chaleur emprisonnée dans les corps.** Après avoir constaté l'état de la chaleur latente qui résulte de la suppression de son expansion produite de la part de la chaleur ambiante θ et de la chaleur θ'' stationnaire, il nous est devenu possible de prouver que, de la part de l'électricité négative également, l'expansion de la

chaleur se trouve interceptée, de sorte qu'il en résulte un
état analogue correspondant exactement à sa cause. La chaleur en cet état a été indiquée par le signe $\ominus°$ et nommée
chaleur emprisonnée, car son expansion. n'est interceptée
que de la part de la couche mince superficielle A qui maintient à l'état dissimulé les deux électricités, la positive $\bar{E}$
dans sa face f extérieure et la négative $\bar{E}$ dans sa face f intérieure. L'emprisonnement de la chaleur résulte de la répulsion r exercée sur elle de la part de l'électricité négative
$\bar{E}$ de la face f' de la couche A.

§ 501. L'état du corps peut être liquide, demi-liquide
ou solide ; sa chaleur à l'état emprisonné s'y conserve des
jours, des semaines et même des mois entiers sous la condition qu'aucun contact métallique ne viendra du dehors
éloigner l'électricité positive superficielle de la couche A. La
congélation des grandes masses en fond exige des journées
entières ; celle du verre en grandes masses s'opère pendant
des semaines et la lave du Vésuve et des autres volcans,
après s'être recouverte d'une croûte de quelques millimètres
d'épaisseur, se maintient à l'état liquide des mois entiers.
Il suffit de rompre cette croûte avec un bâton pour voir celui-ci s'enflammer aussitôt dans la masse liquide au-dessous
de la croûte ; on peut même toucher cette croûte, dont la
température n'est pas très-élevée.

Le fer chauffé au rouge brûle au-dessous des charbons
quand la chaleur se répand en dehors, mais dès que ce fer
vient en contact avec l'air, la chaleur superficielle se décompose, parce que l'air livre un passage facile à l'électricité négative $\bar{E}$ et que la positive $\bar{E}$ reste sur la face f extérieure de la couche A superficielle : c'est cette électricité $\bar{E}$
positive qui fait décomposer les atomes de chaleur $\bar{E}\bar{E}\bar{E}$ de
la face f' intérieure de la couche A, de sorte que la chaleur
de la couche B inférieure ne peut plus être éloignée à cause
de la répulsion qu'elle éprouve de la part de l'électricité négative $\bar{E}$. Une partie $q\theta$ de cette chaleur se décompose, car

son électricité positive $\mathbf{E}$ n'éprouve pas une résistance dans la face f', mais elle se trouve interceptée par l'électricité homonyme de la face f extérieure. L'écoulement de la chaleur ainsi intercepté réduit la surface du fer rouge à un état pareil à celui où la chaleur Θ' du milieu n'existe pas. Ainsi en prenant ce fer à la température ordinaire ou à l'état rouge on n'en reçoit pas d'écoulement de chaleur. Cela ne doit pas paraître surprenant quand on se rappelle qu'un charbon incandescent brûle sur le liquide du protoxyde d'azote (§ 410) avec un éclat très-vif, tandis que ce liquide présente un froid de — 80° ou — 110°.

§ 502. Ces faits qu'on trouve merveilleux ont leur cause dans l'hypothèse fausse que la chaleur est un fluide simple indécomposable; ainsi ils sont d'origine subjective et non pas d'origine objective; parmi les physiciens, il en est qui n'ont jamais voulu accepter ces prétendues merveilles, et qui ont toujours, en vrais savants dignes de ce nom voulu s'en rendre compte; aussi, abandonnant leurs théories et leurs hypothèses, se sont-ils décidés à étudier la production des faits suivant la loi physique. Boutigny voyant que ce genre de faits diffère tellement de ceux qu'on observe dans les corps solides, liquides ou gazeux, qu'il est absolument impossible de les ranger parmi ceux-ci, proposa un quatrième état dans lequel il a pu classer impunément, parmi ces genres de faits, les anneaux de Saturne, les étoiles filantes, les aurores boréales, et tout ce qui ne pouvait trouver d'explication nulle part; et s'il l'a pu c'est que, pas plus que les autres physiciens, il ne connaissait ni la cause physique des trois états des corps, ni celle de l'emprisonnement de la chaleur, ni l'illusion optique qui fait apparaître les anneaux autour de Saturne. En raisonnant sur deux ou plusieurs objets inconnus, on est libre d'y introduire mille combinaisons entre les faits observés, combinaisons qui sont toutes logiques, mais sans existence réelle. Donc, pour réfuter cette espèce de raisonnements, jamais des raisonnements pareils ne suffisent, mais il n'a rien moins fallu que la découverte de la loi physique qui a conduit à l'étude de la production des faits cosmiques.

§ 503. Limite de l'emprisonnement de la chaleur. Le fer rouge peut être impunément tenu dans la main et porté sur la langue, mais cela n'a lieu que quand il est retiré du feu à une température extrêmement élevée et quand il n'est pas resté hors du feu assez longtemps pour que sa température baisse. En cas pareils l'éloignement de chaleur s'opère en quantités inférieures, et n'ont pas facilement lieu la décomposition ainsi que la production de l'électricité positive $\bar{E}$ dont résulte l'électricité négative $\bar{E}$ de la face f de la couche superficielle A. En même temps diminue la répulsion r de la part de cette électricité $\bar{E}$ contre l'expansion de la chaleur Θ° emprisonnée.

La limite 1 de l'emprisonnement n'est donc pas un état déterminé, mais consiste en degrés différents de densités d'électricités dissimulées dans la couche superficielle A. La chaleur Θ° emprisonnée éprouve la répulsion r qui diminue, 1° avec l'abaissement de température, et 2° avec les corps qui sont en contact avec la face f de la couche A qui est chargée d'électricité positive $\bar{E}$. Quand cette électricité peut pénétrer facilement dans le corps globulaire, la résistance r diminue, l'expansion ε de la chaleur Θ° parvient à la vaincre, et alors commence l'écoulement de cette chaleur qui produit des effets analogues aux autres corps et à la main qui n'est plus en état de toucher le fer où la chaleur a cessé d'être emprisonnée. Mais il ne suit pas de là que l'écoulement de la chaleur emprisonnée commence en même temps du fer vers tout autre corps. Il peut commencer déjà pour l'eau en contact et pas encore pour l'alcool, l'éther, etc..., parce que, s'il est vrai qu'il dépende de la résistance r, celle-ci dépend à son tour de l'électricité $\bar{E}$ qui éprouve des résistances différentes dans les corps qui sont en contact avec la couche A superficielle du corps. De sorte que l'expansion ε

doit toujours vaincre la répulsion r, mais celle-ci éprouve des diminutions différentes et devient $r - \alpha$ à cause des corps qui viennent en contact avec la couche superficielle A ; quelques-uns de ces corps, tels que l'air, opposent à l'électricité positive É une grande résistance, d'autres, comme la vapeur de l'éther, opposent une faible résistance.

VII. — ÉTATS HYGIÉNIQUES OBTENUS PAR LES CHANGEMENTS DE L'ÉTAT DE L'EAU PAR LA THERMOÉLECTRICITÉ.

§ 504. Les gouvernements ont reconnu la nécessité de la glace pour la santé en été et dans les pays chauds ; cependant ni les physiciens ni les médecins n'ont prouvé en quoi consiste l'efficacité de l'eau froide, et ils ont pu encore moins connaître quelle différence physique existe entre l'eau a des sources, l'eau b éloignée des sources, l'eau c refroidie dans les glaciers, l'eau d frappée, l'eau e à la glace, l'eau f des bains chauds, l'eau g de la mer, l'eau h des boissons chaudes, telles que café, thé, etc.

Sans nous éloigner en rien de la loi physique constatée dans les décompositions de la chaleur pendant son éloignement de l'eau, nous allons comparer ici les états thermoélectriques de l'eau et leurs effets reconnus déjà par l'usage, sans que l'on sache pourtant en quoi consiste leur différence : par exemple, I. l'eau de la même source refroidie en été, tout en ayant la même température, n'a pas la même qualité selon que ce rafraîchissement a été obtenu, 1° par le séjour des carafes dans la glace sans aller jusqu'à geler l'eau ; 2° par l'eau frappée qui reste froide après la fusion de la glace, ou 3° par un morceau de glace introduit dans l'eau ; II. en faisant une infusion de thé, de café, etc., avec la même eau à la température de 100°, 100° $+ t$ ou 100° $- t$, et cherchant à obtenir, par des quantités différentes de ces ingrédients, les mêmes concentrations, on obtient des infusions de qualités différentes quand la température baisse à 35° environ; alors la meilleure infusion est obtenue par l'eau de la plus haute température; mais l'infusion n'a plus qu'une qualité inférieure si on la laisse se refroidir et qu'on la réchauffe ensuite pour la ramener à 35°; III, les bains de mer ne produisent pas les mêmes effets pendant toute saison, ni à toute heure du jour; de même les bains des sources chaudes ou les bains des rivières.

§ 505. Connaissant d'une part l'efficacité de l'eau reconnue par l'usage, et d'autre part ses changements électriques obtenus par la séparation de la chaleur de sa surface, on parvient à constater que les qualités de l'eau correspondent aux quantités d'électricité qu'elle contient. On arrive ainsi à formuler cette règle générale que *l'eau doit être toujours employée après avoir passé d'abord par une température supérieure;* son efficacité dépend des degrés du refroidissement et du temps pendant lequel ce refroidissement a été produit.

§ 506. I. **Eau différemment refroidie.** 1° *Eau des glaciers.* En été l'eau est à 20° environ, et elle se trouve ramenée à quelques degrés seulement au-dessus de zéro au moyen de la glace fondante. Pendant l'éloignement de la chaleur, pour passer de l'eau dans le récipient moins chaud, ses atomes se décomposent en électricité négative E qui s'éloigne et en électricité positive Ē qui reste dans l'eau quand sa température arrive à 7° ou à 6°; car c'est cette électricité libre qui produit la diminution de la densité de l'eau qui se manifeste au-dessous de 4°, et qui fait apparaître les étincelles quand l'eau passe à une température au-dessous de zéro. Donc l'eau refroidie jusqu'à la température de zéro et employée sans être de nouveau réchauffée, est la meilleure pour la santé et pour le goût, ainsi que l'a reconnu l'usage commun; le même effet a lieu pour le refroidissement des vins et des boissons rafraîchissantes.

2° *Eau frappée.* La congélation de l'eau est obtenue au

moyen du sel mêlé avec la glace pilée dont résulte une température de plusieurs degrés au-dessous de zéro. L'électricité positive occupe la couche superficielle, et l'électricité négative s'éloigne. Le refroidissement se propage de la surface des vases ou des carafes vers leur milieu, où la température est supérieure, et quand elle y baisse jusqu'à zéro, la congélation commence; tandis que dans la couche supérieure et ambiante l'eau reste liquide, quoique sa température soit inférieure; cela résulte de l'électricité qui s'y trouve en densité supérieure et qui empêche sa congélation. " Donc l'eau, à cet état liquide, a une qualité supérieure; elle facilite la digestion et rafraîchit, mais elle doit être employée avant que commence la fusion de la glace, parce qu'alors on n'obtient que de l'eau à la glace dont la qualité est inférieure à celle de l'eau ordinaire.

3° *Eau à la glace*. En ce cas il ne s'opère pas de décomposition de chaleur, parce que celle-ci passe comme telle dans la glace et obtient l'état latent. L'eau reçoit la chaleur de l'air qui éprouve une décomposition, parce que l'électricité positive pénètre plus facilement. Une température pareille à celle obtenue dans les glaciers ne produit pas le même effet, parce qu'il y a absence d'électricité. Cette eau reste comme un poids sur l'estomac; au lieu d'accélérer la digestion, elle l'empêche; elle ne rafraîchit pas, mais provoque une transpiration abondante.

4° *Glaces*. Les substances organiques, telles que le sucre, le lait, le café, etc., contiennent l'électricité négative en excès; c'est cette électricité qui réduit à l'état dissimulé une partie d'électricité positive produite dans la couche liquide par l'éloignement de la chaleur. Dans les liquides semblables la congélation ne s'opère pas en commençant par le milieu, comme cela a lieu pour l'eau, mais elle commence par la surface du liquide et se propage vers le milieu, qui est le plus éloigné du mélange réfrigérant.

Cette différence dans le mode de congélation est une preuve

directe de la différence des effets physiologiques obtenus par l'introduction dans l'estomac de la glace, de l'eau pure ou des substances organiques. La glace de l'eau pure est un poison quand elle est avalée en quantité notable ; car il en résulte une inflammation de l'estomac, analogue à celle que produit l'arsenic. C'est l'éloignement rapide de la chaleur des parois de l'estomac vers la glace et en même temps l'affluence de chaleur aux points de contact qui produisent cette inflammation.

Au contraire, les glaces des substances organiques qui arrivent à l'estomac à l'état demi-liquide ne se fondent pas par la réduction de la chaleur libre à l'état latent, mais cette chaleur se décompose en électricité négative qui passe aux substances organiques, et en électricité positive qui reste libre et produit des effets analogues à ceux de l'eau refroidie dans les glaciers.

C'est d'après la connaissance de ce fait que l'autorité prescrit l'adjonction d'une certaine quantité de sucre dans les glaces qu'on vend au public. Dans les pays où l'on n'a pas pris cette prudente mesure, il arrive souvent des accidents suivis de mort quand la glace est consommée en grande quantité avant les repas.

§ 507. **Eau des bains.** L'eau se charge d'électricité toujours par l'éloignement de sa chaleur par l'air ambiant ; comme dans l'estomac, de même dans la surface du corps, l'électricité positive produit un soulagement et favorise un état hygiénique. Les bains sont chauds ou froids ; les uns et les autres retirent leur efficacité de l'électricité qui y est introduite par l'éloignement de la chaleur. Ordinairement les bains de mer sont froids, et ceux des eaux minérales chauds ; leurs effets thérapeutiques sont le plus souvent insignifiants, surtout parce qu'ils sont mal employés ; mais il y a des cas qui ne permettent pas de douter de leur efficacité. Comme les opinions des médecins varient beaucoup sur le diagnostic et encore plus sur les moyens thérapeutiques à employer, on peut avec raison attribuer à leur ignorance la plupart des cas où l'eau ne développe pas toute son efficacité.

§ 508. 4° **Bains chauds d'eaux minérales.** Toutes les eaux minérales sont de l'eau de source qui a son origine dans l'eau de l'atmosphère déposée sur les versants des montagnes, laquelle s'écoule par le milieu des couches des terrains à travers les espaces qu'occupent les masses végétales. C'est donc du carbone de ces masses et de l'eau décomposée que sont produits le gaz acide carbonique C^2O^4, le gaz oléfiant C^2H^4, et que devient libre la chaleur latente; celle de 4 gramme d'eau décomposée suffit pour élever la température de 4 autre gramme de 79° au-dessus de la température ambiante. On dit qu'une source est chaude quand son eau a une température supérieure à celle de l'air ambiant pendant l'été, parce qu'en hiver toutes les sources sont chaudes.

Donc l'eau sortant des sources de températures inférieures éprouve un refroidissement quand elle vient en contact avec l'air, il y a donc une production d'électricité, qui est cependant médiocre à cause de son éloignement avec la vapeur.

Pour diminuer cet éloignement d'électricité on emploie une couche mince d'asphalte ou d'huile, comme cela a été même démontré directement (§ 495) dans la production des soubresauts dans les vases ordinaires. Ainsi l'efficacité des bains chauds résulte de l'électricité qui y est produite par l'éloignement de la chaleur; les substances minérales ne font que favoriser plus ou moins l'accumulation de cette électricité.

§ 509. 2° **Bains de mer.** L'eau de la mer est toujours la même; sa température est à un degré inférieur l'hiver et à un degré supérieur l'été; au printemps sa température s'élève; en automne elle baisse. Entre ces quatre états thermostatiques de l'eau les observations répétées pendant plu-

sieurs siècles par une foule de médecins ont fait connaître
que l'efficacité des bains de mer ne dépend pas du degré de
la température de l'eau d'biver quand elle est basse, ou
d'été quand elle est élevée, ni de celui du printemps qui ne
diffère pas de celui de l'automne.

L'expérience des siècles précédents ne permet plus de
douter que les bains de mer ne produisent leur effet théra-
peutique en automne; personne ne pouvait en comprendre
la cause physique, surtout en prenant comme base la température qui ne diffère pas en automne de celle du printemps. Ni les physiciens ni les médecins ne s'occupèrent des
changements produits dans l'eau quand sa température est
obtenue par une autre précédente inférieure ou supérieure;
tandis qu'ici il a été démontré que c'est l'éloignement seul
de la chaleur qui produit l'état électrique de l'eau.

L'eau de la mer obtient en automne le plus haut degré
électrique par les deux causes suivantes : 1° la température
des couches inférieures est en automne supérieure à celle du
printemps quand celle de la surface est égale; il y a donc
en automne écoulement de chaleur de bas en haut, et c'est
cette chaleur qui se décompose dans la surface de la mer.
2° En automne les nuits sont longues et froides, les jours
moins longs et chauds, la chaleur s'écoule pendant la nuit
de la couche superficielle de la mer et elle obtient un
maximum de chargement électrique le matin du jour suivant, précisément à l'heure recommandée par tous les médecins pour prendre les bains de mer.

On ne peut donc trop louer les médecins qui, à force de
tâtonnements, sont parvenus aux résultats qui se prêtent ici
à servir d'exemples des effets produits de l'origine commune qui est l'électrisation de l'eau par son refroidissement.
C'est donc ce refroidissement qui donne la clef de l'explication des faits qu'on cherchait dans l'état stationnaire des
températures. Celles-ci produisent des effets différents sur
le corps humain par l'écoulement centripète ou centrifuge

d'une quantité de chaleur où sa décomposition n'a pas lieu, et par suite, il n'y a pas production de faits analogues à ceux obtenus par l'électricité. Les bains de sources chaudes agissent non pas par leur température, mais par leur électricité, comme le font les bains de mer ; ainsi disparaît tout sujet de discussion entre les médecins, dont les uns désapprouvent les bains chauds et les autres les bains froids.

Application de l'électricité positive à l'économie animale. Jusqu'à présent les météorologistes ont seuls observé l'électricité positive à l'état statique ou stationnaire dans l'atmosphère ; les médecins, au lieu d'introduire cette électricité dans l'économie vitale par la surface du corps, soit au moyen de bains électrisés par le refroidissement ou soit au moyen de boissons également chargées d'électricité positive, ont eu recours à des courants électriques qui ne pouvaient produire que des effets chimiques, physiques ou mécaniques, comme cela va être discuté en détail dans la partie suivante.

Les faits thérapeutiques de l'électricité positive n'ont encore été utilisées, et avec un résultat peu marqué, que dans les bains chauds ou froids de la manière indiquée. Quelque jour il s'établira un système de cuisine hygiénique qui existera bientôt dans chaque ménage, car aucun autre ne pourra entrer en comparaison avec lui.

Pour le moment, nous n'avons qu'à recommander à l'autorité compétente de prescrire, pour l'usage des hôpitaux, des boissons et une nourriture contenant l'électricité positive obtenue toujours par le refroidissement dans l'air des boissons ou des plats. Il est bien entendu qu'on les servira à la même température où on les sert habituellement.

DEUXIÈME PARTIE.

SOURCES DE CHALEUR, SES EFFETS MÉCANIQUES
ET SA DISTRIBUTION DANS LA TERRE.

§ 510, Rien n'est plus instructif que les faits obtenus au
moyen de la chaleur, et cela parce que nous possédons les
moyens de déterminer sa quantité ou sa densité avec une
grande exactitude; ainsi toutes les observations considérées
isolément ne peuvent subir aucune modification, parce que
répétées mille fois elles conduisent toujours aux mêmes résultats. Mais tel n'est plus le cas quand on veut remonter
aux sources de la chaleur, aux modes de sa distribution
dans la Terre et aux rapports entre la consommation de
chaleur dans la production du travail mécanique ou entre
la quantité du travail et la production d'une quantité analogue de chaleur.

La multiplication des faits découverts avec beaucoup de
peine a servi à mieux faire voir les lacunes qui ne permettent aucunement d'arranger ces faits de manière à obtenir
des séries où ils entrent liés entre eux par la loi physique
comme causes et effets. Ces lacunes résulteraient de ce que
les physiciens ignoraient jusqu'à présent : 1° que les atomes
qui constituent la chaleur sont composés des deux électricités, et 2° que les atomes matériels σ sont combinés de cha-

.28

leur stationnaire θ'', mêlée avec une masse de barogène $\mu\beta$. Pour parvenir aux découvertes de ce genre, il nous a fallu une étude de toutes espèces de faits des sciences physiques et naturelles, métaphysiques et morales. Tout autre physicien qui suivra la même voie que nous ne pourra qu'être conduit aux mêmes résultats, parce que tous les faits ne peuvent être produits que suivant une seule loi physique, que chacun découvre en suivant la voie indiquée.

§ 511. Les anciens voulaient remonter des faits à la loi générale, mais ils n'y parvinrent pas, parce qu'il leur manquait un nombre suffisant de faits de chaque genre; les modernes n'ont pas essayé ce genre d'étude, croyant qu'il n'y a pas encore assez de faits; pour cette raison tous étaient occupés à la découverte de faits nouveaux; de sorte que les jeunes gens admettaient que le but principal ne consiste qu'en cette multiplication de faits; ainsi chacun était forcé de se confiner dans une branche de quelque science, sans penser à une généralité de l'ensemble des sciences, et encore moins à une étude encyclopédique des faits de toutes les sciences pour en déduire la loi physique qui régit les faits cosmiques.

§ 512. Dans la partie précédente, les faits thermométriques ont été exposés dans tous leurs détails; ici vont être expliqués : 1° les liaisons de ces faits par rapport aux éléments électriques qui donnent naissance de la chaleur seule ou de la chaleur et la lumière; 2° le mode de la distribution de la chaleur dans la Terre, et 3° le mode de la production des faits mécaniques. Toutes les explications de ce genre sont nouvelles et véritables parce qu'elles résultent de la seule loi physique qui ne permet pas de s'écarter de la seule voie qui ne diffère pas de celle déterminée par les faits obtenus par les expériences; ces faits ne sont ici que comme des jalons élevés sur la route, et qui prouvent au voyageur que la voie qu'il suit est celle qui le conduit à son but.

I. — SOURCES DE CHALEUR.

§ 513. Le mot *source* indique l'apparition de l'eau, mais n'indique pas l'état où cette eau se trouve avant l'apparition de cette source; elle peut résulter de fusion de glace, de condensation de vapeur, des combinaisons d'hydrogène avec l'oxygène, des deux atomes d'azote avec un atome d'oxygène, ou elle peut être contenue à l'état liquide tel qu'elle s'écoule. Le même effet a lieu pour la chaleur, qui peut être à l'état d'imbibition θ', à l'état latent $'\Theta$, à l'état électrique $''\Theta$, à l'état emprisonné $\Theta°$, ou ses équivalents électriques peuvent se trouver séparés dans des corps différents. Jusqu'à présent les physiciens n'étaient pas même en état de se proposer des questions pareilles comme cela était le cas pour l'eau chez les anciens; comme ceux-ci partaient de l'eau telle qu'elle se présente, de même les physiciens modernes partaient de la chaleur telle qu'elle se présente aussi, sans pouvoir remonter à ses éléments. Comme des éléments de l'eau on détermine le mode de sa production, de même ici des éléments de chaleur on détermine les modes de la production de chaleur; il en est de même pour la production de la lumière. En décomposant l'eau on obtient ses éléments, de même on obtient les éléments électriques en décomposant la chaleur. Comme l'eau est souvent combinée dans les corps avec d'autres substances, le même effet se remarque pour la chaleur et la lumière.

II. — MODE DE LA PRODUCTION DES FAITS MÉCANIQUES PAR LA CHALEUR.

§ 514. La chaleur doit se trouver dans un corps pour pouvoir produire un fait mécanique; dans le vide de pareils faits n'existent pas. Les thermomètres indiquent seulement la chaleur θ' d'imbibition, au moyen des degrés de celle-ci il est devenu possible de déterminer la capacité qui résulte de la chaleur stationnaire θ''. De la découverte du rapport inverse entre la capacité et les poids atomiques il a été démontré que dans chaque équivalent chimique est contenue la même quantité de chaleur stationnaire θ'' mêlée avec des masses différentes $\mu\beta$, $\mu'\beta$, $\mu''\beta$... de barogène dont résulte leur poids atomique.

Ces mêmes masses de barogène $B + b$ dirigées de l'espace s'écoulant vers la terre et $B - b$ s'écoulant de la Terre vers l'espace, produisent les trois états des corps quand ceux-ci éprouvent en même temps de la chaleur les répulsions $R - R'$, R ou $R + R'$. Les corps éloignés de la Terre se trouvent en équilibre rompu, parce que leur masse de barogène éprouve : 1° la pression $P + p$ vers la Terre provenant de la masse de barogène $B + b$, et 2° la pression $P - p$ de la Terre vers l'espace provenant de la masse inférieure $B - b$ de barogène émergent de la Terre vers l'espace ; c'est donc la différence des pressions $P + p - (P - p) = p + p$ provenant de la différence des masses $B + b - (B - b) = b + b$ qui correspond au degré de la rupture de l'équilibre.

Donc la liaison du travail mécanique avec la chaleur résulte : 1° des atomes q matériels des corps composés de chaleur stationnaire θ'' mêlée avec la masse $\mu\beta$, et 2° de l'écoulement ambiant de cette même masse $B + b$ vers la Terre et $B - b$ de la Terre vers l'espace. Cette masse de barogène est contenue dans les corps et dans l'espace, comme on l'admettait pour l'éther. Cependant elle n'est pas en équilibre mais en écoulement opposé, et n'éprouve d'autre résistance que celle produite des masses b, b', b''... de la Terre, de la Lune, du Soleil... qui se font écran, et il en résulte ainsi des ruptures d'équilibre qui se présentent comme *pesanteur*. Tous les détails de la liaison du travail mécanique avec la chaleur y trouvant leur explication, ne servent pas comme preuve mais comme exemples; car la preuve directe de la pesanteur ne peut être obtenue que par la voie synthétique, comme cela a été indiqué dans l'introduction de la *Photostatique* et de la *Thermostatique;* mais c'est dans la *Barostatique* du volume suivant qu'il sera traité en détail de la pesanteur et des faits ou travaux mécaniques. Si l'on ne connaît pas l'origine du mouvement, de l'affinité, des sept combinés primitifs et du barogène, les explications des faits cosmiques paraissent des merveilles ou des miracles.

III. — MODE DE LA DISTRIBUTION DE LA CHALEUR DANS LA TERRE.

§ 515. La surface de la Terre se trouve, 1° entre l'atmosphère qui est une couche homogène d'air, et 2° entre la masse solide ou liquide dont nous ne pouvons connaître la température que jusqu'au fond de la mer et des puits artésiens. Nous allons exposer séparément la distribution de la chaleur dans l'atmosphère, dans la surface de la Terre et dans les profondeurs différentes des mers et des continents. Le mode de cette distribution opérée suivant la loi thermostatique ne permet pas de s'éloigner de la seule voie limitée; ainsi, 1° connaissant la source de chaleur, la loi conduit à ses distributions, et 2° connaissant les distributions de la chaleur, on est conduit à sa source, comme en partant des montagnes où sont les sources des fleuves on descend à leur embouchure, et en partant de ces embouchures on remonte aux sources.

Dans l'atmosphère ce sont les vents qui transfèrent l'air et sa température d'un pays à l'autre; dans les mers ce sont les courants qui transfèrent l'eau et sa température d'une région à l'autre; dans la masse solide les masses végétales sont inégalement distribuées dans les régions différentes dont est produite la chaleur des volcans et celle des parties ambiantes, et c'est ainsi qu'il y résulte aussi une inégale distribution de chaleur.

SECTION I.

DU MODE DE LA PRODUCTION DE CHALEUR PAR SES ÉLÉMENTS ÉLECTRIQUES.

§ 516. La chaleur libre θ est considérée, de même que
l'eau des mers, comme un fluide dans son état normal, et
la chaleur d'imbibition θ′ correspond à l'eau des corps
mouillés avec ce liquide. Les anciens ignoraient les éléments
gazeux qui constituent l'eau, de même que les modernes
ignoraient les éléments électriques qui constituent la chaleur. Ainsi donc comme les anciens ne pouvaient remonter
à l'origine de l'eau et au mode de sa production, de même
les modernes ne pouvaient faire la même chose pour la
chaleur. Cette comparaison sert à indiquer au lecteur l'état
où se trouvait cette partie de la physique, et le changement
qu'elle éprouva depuis la découverte des éléments électriques de la chaleur et de la lumière. Comme les éléments de
l'eau de même ceux de la chaleur peuvent être maintenus par
un seul et même corps en état dissimulé, ou ils peuvent être
combinés séparément avec les atomes matériels des corps.
Ainsi le mode de la production de chaleur dépend de l'état
dans lequel ces éléments se trouvent, de même que le mode
de la production de l'eau dépend de l'état dans lequel se
trouvent les éléments de celle-ci.

§ 517. Les éléments électriques de la chaleur peuvent

être, 1° dans un seul et même corps à l'état dissimulé, ou 2° ils peuvent être contenus les positifs $\bar{E}$ séparément accumulés des négatifs $\bar{E}$. Il s'ensuit que des éléments électriques $2q\bar{E} + q\bar{E}$ à l'état dissimulé il ne peut résulter qu'une chaleur obscure, tandis que la chaleur lumineuse résulte des éléments électriques d'égales quantités $3q\bar{E} + 3q\bar{E}$.

§ 548. **Production de chaleur obscure d'électricités dissimulées.** C'est dans cet état que se trouvent les électricités dans les deux faces f, f' des lames des solides et des enveloppes des vésicules de vapeur. Pour faire disparaître cet état dissimulé des deux électricités, il ne faut que détruire les lames ou les enveloppes qui les soutiennent. Dans l'eau liquide la chaleur latente se trouve en son état normal et elle n'a que l'expansion supprimée, tandis que ses éléments se trouvent à l'état dissimulé soutenus par les enveloppes des vésicules de la vapeur, ou par les lames minces de la glace. Pour obtenir la chaleur de ces électricités dissimulées, il ne faut donc que briser leurs supports qui sont les enveloppes ou les lames, et pour cela il ne faut qu'un travail mécanique. Davy en frottant deux morceaux de glace à une température au-dessous de 0° brisa les lames qui soutiennent les électricités à l'état dissimulé, et la chaleur qui en provint a été suffisante pour fondre ces lames, de sorte que l'eau a été obtenue à l'état liquide seulement au moyen de la chaleur obtenue d'électricité dissimulée.

§ 549. L'électricité à l'état d'influence se trouve seul dans les intervalles λ, λ, λ... qui séparent les lames ou les vésicules, parce qu'une partie des atomes de chaleur d'imbibition se trouve décomposée par les électricités dissimulées, et de cette manière augmentent les quantités des deux électricités contenues dans les intervalles λ, λ, λ. Par la pression on fait s'éloigner les équivalents électriques contenus dans ces intervalles sans briser les lames ou les enveloppes, et c'est ainsi qu'apparaît une quantité de chaleur limitée, qui peut être obtenue des solides, des liquides et des gaz ; mais au moyen du frottement on brise les lames, et au moyen de la compression on brise les enveloppes, et c'est ainsi que les deux électricités dissimulées, venant en contact, se combinent et produisent les atomes de chaleur, dont l'expansion la rend sensible au tact et au thermomètre. Dans tous les cas pareils la chaleur est obscure, parce que, dans les électricités dissimulées, la quantité des équivalents électriques négatifs $2q\bar{E}$ est double.

§ 520. **Production de chaleur lumineuse des deux électricités séparées.** Les atomes matériels négatifs $\acute{o}$, comme l'oxygène $\bar{O}$, sont combinés avec les équivalents $\bar{E}$ d'électricité positive ; les atomes positifs $\acute{o}$, comme l'hydrogène $\bar{H}$, sont combinés avec les équivalents $\bar{E}'$ d'électricité négative. Ainsi, les deux gaz fournissent en quantités égales les deux espèces d'équivalents électriques $3q\bar{E}$, $3q\bar{E}$, dont il ne peut résulter que chaleur et lumière ou chaleur lumineuse. L'hydrogène, à cause de son électricité négative $\bar{E}$, est un combustible qui correspond aux corps qui contiennent cette électricité, tels que le charbon et les métaux : l'oxygène, au moyen de son électricité positive $\bar{E}$, soutient la combustion : tels sont le chlore, l'iode et le brome.

§ 521. Au lieu d'être contenues dans les corps combustibles et dans ceux qui entretiennent la combustion, les deux électricités peuvent être accumulées séparément sur les surfaces des deux conducteurs, et être mises en communication pour se mêler, et ainsi est produite la chaleur lumineuse comme dans les combustions ; mais cette espèce de combustion est d'une durée très-courte et n'apparaît que comme une étincelle, à cause de la consommation prompte des deux masses d'électricité.

Pour obtenir une combustion électrique d'une longue durée, analogue à celle produite par les combustibles, il faut un nombre considérable de couples des corps électropositifs et des corps électronégatifs qui se détruisent, et ainsi deviennent libres les électricités dissimulées soutenues par leurs lames; en même temps se décompose une partie de la chaleur ambiante, comme cela a été prouvé dans l'*Électrostatique*, page 86. Repoussées des couples les deux électricités sont conduites par les électrodes et sont forcées à s'en détacher par le rapprochement de leurs extrémités n, n'.

Dans l'espace λ qui les sépare se trouve *l'arc voltaïque* qui n'est que de la chaleur lumineuse, dont une partie, la plus minime, se répand, et les masses électriques avancent pour aller de l'extrémité n' à celle n et de celle-ci à son opposée.

§ 522. Cette translation prompte des deux électricité des l'arc vers les électrodes fait se répandre des quantités médiocres de chaleur et de lumière, de sorte 1° qu'au moyen des combustibles on produit une chaleur lumineuse qui se disperse promptement à des distances éloignées ; tandis 2° que dans l'arc la chaleur reste limitée, car elle n'est pas sensible à une distance très-médiocre. Ce cas ne peut pas être attribué à une espèce différente de chaleur, parce qu'il est évident que ces éléments électriques s'éloignent de l'arc par les électrodes, et c'est ainsi que l'intensité des courants n'éprouve presque aucun affaiblissement, à cause de la chaleur lumineuse qui ne se disperse pas de l'arc, mais qui est produite pour un moment, et, en se décomposant, disparaît pour être remplacée par une autre quantite égale.

§ 523. La quantité de chaleur obtenue des combustions des corps est constituée 1° par les masses des équivalents électriques $3q\bar{E}$ séparés des corps en combustion, et 2° par celles des équivalents positifs $3q\bar{E}$ séparés de l'oxygène; donc, si l'on connaît la quantité de chaleur $q\theta$ dispersée, il est possible de déterminer les équivalents $q\bar{E}$ et $2q\bar{E}$ d'équivalents électriques dont $q\bar{E}$ ont été contenus dans qO atomes d'oxygène et $2q\bar{E}$ ont été contenus dans les atomes du combustible.

CHAPITRE PREMIER.

DU MODE DE PRODUCTION DE CHALEUR OBSCURE PAR LES ÉLÉMENTS ÉLECTRIQUES DISSIMULÉS.

§ 524. Nous avons fait voir (§ 474) qu'il faut 606,5 calories pour transformer un gramme d'eau en vésicules constituant la vapeur; les enveloppes o, o, o de ces vésicules possédant un espace e suffisant ne crèvent pas à 0°, mais restent à l'état d'isolement dans le vide barométrique où elles exercent mutuellement une répulsion r suffisante pour repousser le mercure de la colonne et le faire baisser de $4^{mm},60$; à 100° il entre dans 1 gramme d'eau 637 à 640 calories pour la transformer en vapeur; alors la répulsion augmente entre les enveloppes et elle devient R à cause des 30,5 calories décomposées et réduites en équivalents électriques : cette répulsion R suffit pour faire baisser le mercure de la colonne barométrique jusqu'au réservoir ce qui montre évidemment qu'elle est suffisante pour maintenir en équilibre la pression p d'une atmosphère. A une température de 230° il pénètre dans la même quantité de vapeur 676,6 calories ou 606,5 + 70,1 qui, décomposées en équivalents électriques, deviennent insensibles au thermomètre; mais au moyen de l'augmentation de la répulsion devenue suffisante pour soutenir une pression de 27,5 atmosphères, on reconnaît aisément non-seulement leur existence, mais aussi l'état dans lequel elles s'y trouvent.

§ 525. La grande quantité 606,5 de calories se trouve décomposée et les équivalents électriques $\bar{E}$, $2\bar{E}$ se trouvent à l'état dissimulé soutenus par les enveloppes qui occupent pour cela un volume 12^3 fois plus grand que celui occupé par la même masse à l'état liquide. Il y a donc une liaison intime entre la disparition des calories pour le thermomètre et l'apparition 1° du volume 12^3 fois supérieur et 2° d'une répulsion r suffisante pour soutenir à 0° la pression de 1^{mm},60.

Il ne reste aucun doute que c'est à des calories décomposées qu'est due l'augmentation de répulsion entre les enveloppes o, o, o des vésicules. Les éléments électriques restent et leur arrangement change seul; pour rendre évidente la disposition des éléments matériels et des éléments électriques dans l'eau et dans sa vapeur où entrent les 606,5 calories, on a employé les coupes de la couche d'eau et la couche de vapeur exposées dans les figures 51 et 52.

§ 526. **Disposition des éléments matériels.** Dans chaque atome d'eau 1° se trouvent trois volumes 3V, dont deux d'atomes ou de molécules d'hydrogène $\bar{H}$, $\ddot{H}$ (fig. 51) et un de molécules d'oxygène $\bar{O}$; 2° il se trouve aussi dans 1 gramme 79 calories ou atomes de chaleur d'expansion supprimée de chaque atome de chaleur $\bar{E}\bar{E}\bar{E}$; les deux équivalents négatifs $2\bar{E}$ sont soutenus par les molécules $\bar{H}$, $\bar{H}$ des deux volumes d'hydrogène, et l'équivalent positif $\bar{E}$ est soutenu par les molécules $\bar{O}$ de l'oxygène. On voit que dans les couples c, c, c des molécules et dans leurs intervalles λ, λ, λ...; les deux équivalents négatifs se trouvent en contact avec un équivalent positif comme dans les atomes de chaleur où les uns pénètrent dans l'espace occupé par les autres sans exercer entre eux aucune répulsion.

Pour faire augmenter le volume d'un corps, il ne faut pas une quantité d'atomes de chaleur, mais une quantité d'équivalents électriques de chaleur pour être réduits à l'état dissimulé et à l'état d'influence; les atomes de chaleur ainsi

décomposés en électricités par influence à des températures
supérieures afin de faire augmenter le volume des corps,
ont été attribués par les physiciens à des changements de la
capacité qui auraient lieu dans chaque corps à des degrés
différents; Regnault trouva dans l'eau l'augmentation de
capacité et celle du volume très-médiocres, mais il n'est pas
allé plus loin et n'a pas tenté de lier ces deux cas comme
cause et effet.

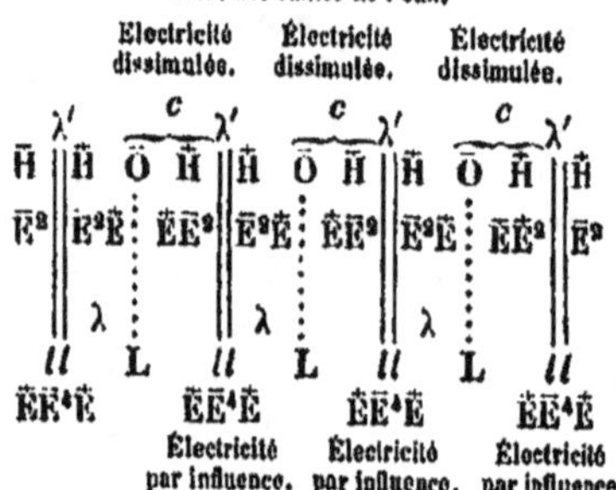

Figure 51.

État des lames de l'eau.

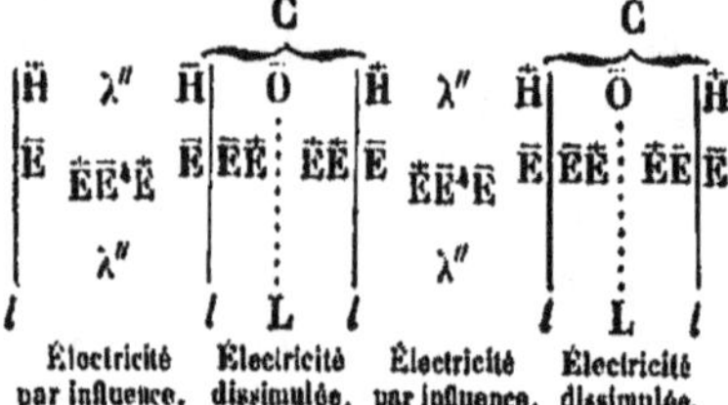

Figure 52.

État des lames ou des enveloppes des vésicules des vapeurs.

Les éléments des atomes de chaleur ne peuvent pas rester
à l'état d'électricité par influence dans les intervalles λ, λ, λ...
ni dans les couples c, c, c..., mais seulement entre les lames
doubles ll, ll, ll, dans les intervalles λ', λ', λ' où les équivalents négatifs $\bar{E}^4$ des deux atomes de chaleur sont repoussés

de la part de leurs homonymes soutenus par les lames ll, ll, ll, et du côté de ces lames restent les équivalents positifs $\bar{E}$, ainsi que cela a lieu dans l'électricité par influence.

§ 527. **Disposition des éléments dans la vapeur.** Les éléments électriques $\bar{E}\bar{E}^4\bar{E}$ soutenus à l'état d'électricité par influence entre les lames ll, ll, ll sont la cause physique de l'éloignement de ces lames l'une de l'autre pour faire apparaître les couplés ternaires l, L, l des couples binaires l, l, L. L'espace linéaire L, ll de chaque couple binaire est 12 fois inférieur à celui lLl (fig. 52) des couples ternaires. Les éléments matériels H, O restent les mêmes, mais les molécules $\ddot{H}$ d'hydrogène du double volume se manifestent dans la vapeur à l'état où elles sont dans le gaz hydrogène, sans cependant que les deux volumes d'hydrogène cessent d'être soutenus par un volume d'oxygène, comme cela a lieu dans les atomes de l'eau.

§ 528. **Cause du volume de la vapeur.** Les 80 calories latentes dans l'eau deviennent 8 fois plus nombreuses dans la vapeur, ou 2×80 dans chacune des trois directions; toutes ces calories se décomposent et leurs éléments sont soutenus par les couples de lames lLl, lLl, lLl... à l'état dissimulé. C'est donc cette masse d'équivalents électriques qui soutient entre elles les trois lames de chaque couple; mais comme, en ce cas, les équivalents négatifs $\bar{E}$ restent en dehors de chaque couple, ceux-ci se repoussent mutuellement et c'est ainsi qu'il en résulte l'augmentation de l'espace qui devient 12^3 fois plus grand.

§ 529. **Cause de l'augmentation du volume de vapeur et des gaz.** Au moyen de la formule $606,5 + 0,305t$, déduite par Regnault des faits observés, on connaît la quantité $0,305t$ de calories dont les éléments restent non pas dissimulés comme ceux des calories $606,5$ dans les couples des lames lLl, mais dans leurs intervalles λ'', λ'', λ''... où ils sont soutenus à l'état $\bar{E}\bar{E}^4\bar{E}$ séparé par l'influence. S'il se produit un abaissement de température, les éléments des calories 0,305 s'éloignent de ces intervalles, tandis que les autres 606 restent dans les enveloppes, quand même la température s'abaisse de plusieurs degrés au-dessous de zéro.

§ 530. **État des éléments de la chaleur contenus dans les solides, les liquides et la vapeur.** Avant d'exposer les cas où la chaleur apparaît par les corps à la température ordinaire, il faut rendre évident l'état dans lequel s'y trouvent ses éléments.

§ 531. I. Dans les solides les éléments de la chaleur sont soutenus en deux états très-différents : 1° à l'état dissimulé comme ceux des couples binaires $c, c, c...$ (fig. 51) où chaque lame de molécules matérielles positives se trouve des deux côtés voisine avec deux lames de molécules négatives; 2° à l'état d'influence, comme dans les intervalles λ', λ'', où sont au milieu les équivalents négatifs $\bar{E}^4$ repoussés de leurs homonymes $\bar{E}^2, \bar{E}^2$ soutenus à l'état dissimulé.

§ 532. *Éloignement des éléments soutenus par influence.* 1° Par un abaissement de température, quand s'éloignent les atomes θ' d'imbibition il s'éloigne aussi une partie des éléments électriques soutenus à l'état d'électricité par influence; 2° ces mêmes éléments s'éloignent au moyen de la compression des corps, de sorte que, dans les deux cas, la diminution de volume correspond à la quantité d'équivalents électriques éloignés. La quantité de chaleur obtenue de cette manière est médiocre et correspond à la diminution du volume qui devient $V - v'$ tant par l'abaissement de température que par la compression.

Éloignement des éléments de chaleur dissimulée. Il n'existe qu'un seul moyen de rendre libres les éléments électriques dissimulés : il faut briser les lames qui les soutiennent; il faut donc un travail mécanique comme dans le cas précédent employé dans la pression, mais le travail destructif produit des quantités de chaleur $q\theta$ proportionnelles à ce travail m'; tandis que la pression ne produit qu'une quantité a limitée de chaleur, et le reste du travail m ne produit rien. Le travail mécanique destructif m' réduit à l'état libre toutes les quantités des éléments électriques $q\overset{+}{E}$, $2q\overline{E}$ dissimulés. On reste étonné quand on voit que deux morceaux de glace, frottés dans un espace où la température est au-dessous de 0°, produisent une quantité de chaleur suffisante pour les fondre, quand on sait qu'il faut plus de 80 calories pour réduire en eau 1 gramme de glace.

§ 533. II. Les liquides contiennent des quantités d'atomes de chaleur plus fortes que les solides, mais leur état 1° dans l'eau est normal; 2° dans le mercure et les autres métaux fondus, les éléments de la chaleur sont soutenus dans les intervalles λ', λ', λ'... séparés par l'influence de la part de ceux $\overline{E}$ qui se trouvent à l'état dissimulé soutenus par les lames ll, ll, ll... (fig 51) des molécules matérielles électropositives, telles que l'hydrogène $\overset{+}{H}$; 3° dans les substances d'origine organique est contenue une partie des atomes de chaleur à l'état normal comme dans l'eau, et une autre partie est décomposée comme dans les métaux et se trouve soutenue à l'état par influence.

Par le refroidissement s'écoulent à la fois et les atomes de chaleur à l'état normal et ceux dont les éléments sont séparés par influence et contenus dans les intervalles λ', λ', λ' entre les lames ll, ll, ll. Les mêmes éléments électriques de chaleur s'éloignent quand les corps éprouvent une pression; alors ils perdent de la chaleur sans se refroidir, car ils conservent la température ambiante, et ne se montrent froids que quand ils se dilatent ensuite au moyen des éléments électriques de la chaleur qui passent à l'état d'électricité par influence.

§ 534. III. Dans la vapeur de 1 gramme d'eau se trouvent à l'état dissimulé les éléments de 606,5 calories soutenus 1° les négatifs $2q\overline{E}$ par les lames l, l, composées des molécules électropositives d'hydrogène $\overset{+}{H}$, et 2° les positifs $q\overline{E}$ par les lames L composées des molécules électronégatives d'oxygène O. En élevant la température de 0° à 100°, il pénètre 30,5 calories, dont les éléments, à l'état d'électricité par influence, sont soutenus dans les intervalles λ'', λ'', λ'' (fig. 52) entre les couples ternaires C, C, C.

La chaleur de 30,5 calories dont les éléments sont à l'état d'électricité par influence est indiquée par le signe $_n\theta$ pour la distinguer de celle $_,\theta$ de 606,5 calories dont les éléments sont soutenus à l'état d'électricité dissimulée. Dans les vapeurs et les gaz, de même que dans les solides et les liquides, c'est la chaleur $_n\theta$ des électricités par influence qui se sépare au moyen d'un abaissement de température comme la chaleur latente ou par une compression ; tandis que par la destruction des enveloppes des vésicules est produite la chaleur $_,\theta$ qui est de 606,5 calories dans 1 gramme de vapeur à 0°.

Il ne faut aucun travail pour faire apparaître la chaleur $_n\theta$ de ses éléments électriques soutenue à l'état d'influence, quand elle s'écoule spontanément par l'abaissement de la température ambiante ; mais quand on veut obtenir cette même chaleur $_n\theta$ sans abaissement de température il faut un travail mécanique m qui rapproche les couples C, C, C pour diminuer les intervalles λ'', λ'', λ'' (fig. 52) dont sont forcés de s'éloigner les éléments électriques $\bar{E}\bar{E}^4\bar{E}$ soutenues par influence.

Il faut aussi un travail m' pour détruire les enveloppes o, o, o des vésicules constituant les vapeurs, comme cela a lieu pour les lames solides qu'on détruit au moyen du frottement, tandis que pour les enveloppes une compression est nécessaire. En ce cas, la chaleur obtenue est proportionnelle à la quantité des enveloppes détruites par le travail mécanique m'.

1.—DU MODE DE L'APPARITION DE LA CHALEUR DISSIMULÉE
AU MOYEN DES FROTTEMENTS.

§ 535. Le cas de production de chaleur par le frottement se présente fréquemment : de là résulte qu'il est mis en usage, même parmi les sauvages qui se procurent ainsi du feu en faisant tourner rapidement entre les deux mains une tige de bois dur dans une cavité creusée dans un autre bois sec. Sénèque rapporte que les bergers de son temps obtenaient du feu par le frottement de bois d'espèces particulières, par exemple avec le laurier qui est dur et le lierre qui l'est moins. En imprimant, au moyen d'un archet de tourneur, un morceau de bois, dont la pointe repose sur une planche, le feu apparaît souvent au point de contact. Les tourillons des machines s'échauffent fortement quand on néglige de les graisser; il en est de même des essieux de voitures; le moyeu des roues non-graissées prend également feu quand le mouvement est rapide et prolongé; mais si celui-ci est lent, le moyeu produit un cri.

Comme l'apparition de la chaleur par le frottement se répète très-souvent, l'homme s'y est habitué et ce fait ne produit plus aucune impression; les physiciens, de leur côté, ne connaissant ni l'origine de la chaleur en général ni l'état dissimulé dans lequel elle se trouve, se bornent à mesurer les quantités de chaleur produites par les frottements des corps différents.

Personne ne pouvait concevoir l'origine de l'énorme quantité de chaleur provenant de deux morceaux de glace, chaleur qui, à l'état libre et non latent, aurait dû porter le corps à une température très-élevée. Ici les faits pareils servent à prouver que les lames ll, L, ll, L, ll, L composées d'atomes $\bar{H}$ d'hydrogène et d'atomes $\ddot{O}$ d'oxygène soutiennent les équivalents électriques $\bar{E}^2$ et $\bar{E}$ des atomes d'eau dans l'ordre qui a été exposé dans la figure 51. A cause du manque de résistance entre les équivalents hétéronymes $\bar{E}$ et $\bar{E}^2$, les lames ll, ll, ll sont pressées contre celles L, L, L..., et c'est ainsi qu'il en résulte la solidité de la glace. Davy, en frottant les deux morceaux de glace l'un contre l'autre, n'a fait que briser les lames matérielles ll, ll, ll... L, L, L..., et quand de cette manière les équivalents électriques $q\bar{\mathrm{E}}$ et $2q\bar{\mathrm{E}}$ cessèrent d'être soutenus par elles, ils se combinèrent pour produire les atomes de chaleur par lesquelles la glace a été réduite en eau.

§ 536. **Rapport entre le frottement et la quantité de chaleur produite.** La chaleur θ' produite par le frottement est celle θ qui se trouvait soutenue par les lames matérielles ll, ll, ll... L, L, L...; donc pour obtenir une quantité de chaleur $q\theta'$ il est nécessaire de détruire une quantité analogue $q(ll + L)$ de lames, et pour le faire, il faut employer un travail mécanique m'. Ce travail m' dépend: 1° de l'état des surfaces frottées, 2° de la pression, et 3° de la vitesse. L'appareil de Haldot, pour cette espèce d'expériences, était composé d'une plaque p de laiton tournant sur elle-même et pressée contre une autre plaque p' de substance différente par un ressort dont on pouvait varier la tension. Les deux plaques étaient plongées dans un vase rempli d'eau.

Quand la plaque mobile p était polie et les points de contact nombreux, le travail était grand soit $m' + m''$; la destruction des lames abondante, et l'on a obtenu la quantité $(q + q')\theta'$ de chaleur; au contraire, lorsque la plaque p était couverte d'aspérités, et, par conséquent, le nombre des points de contact moindre, le travail diminua et devint $m' - m''$; la destruction des lames diminua également, de sorte qu'on n'a plus obtenu qu'une quantité inférieure $(q - q')\theta'$ de chaleur. Ainsi le travail mécanique m' est proportionnel à la chaleur $q\theta'$ obtenue, mais le rapport $q\theta : m'$ varie avec les corps frottés entre eux.

Haldot trouva que le zinc frotté sur une plaque de laiton donne plus de chaleur, autrement dit que le rapport $q'\theta : m'$ est plus grand que quand on frotte les autres métaux contre le laiton. L'étain donna les 0,78 de la quantité $q\theta$ de chaleur obtenue par le zinc. La chaleur $q\theta$ se trouve en effet dans le zinc en quantité plus grande que dans les autres métaux, comme cela résulte de sa chaleur latente 28,13

(§ 448) qui est supérieure à celle de tout autre métal; l'étain donne la quantité $0,78 \times q\vartheta'$ inférieure, parce qu'il a une chaleur latente inférieure 14,252. Il a été déjà prouvé que la chaleur spécifique de solides est en rapport direct avec leur chaleur latente; dans les métaux la chaleur disparue se trouve non à l'état latent, mais à l'état d'électricité par influence, comme elle se trouve également dans tous les solides et les vapeurs.

Comme on l'a vu pour le frottement de deux morceaux de glace, de même celui de deux morceaux de toute autre substance fait apparaître la chaleur de ses éléments électriques contenus à l'état dissimulé par les lames matérielles qui, se détruisant par le frottement, cessent de soutenir ces mêmes éléments qui se combinent en venant en contact, et c'est ainsi qu'apparaît la chaleur ϑ' sensible au tact et au thermomètre au moyen de son expansion.

§ 537. Frottement des surfaces polies et dépolies. Si les surfaces sont polies dans les deux morceaux de la même substance, elles éprouvent une égale destruction de lames ll et L et reçoivent d'égales quantités d'atomes de chaleur; mais si l'une S des surfaces est polie et l'autre S' couverte d'aspérités, il y a une destruction de lames en degré moindre dans la surface polie S, et ainsi résulte une production inférieure de chaleur; la destruction supérieure se trouve dans la surface dépolie S' où s'est produite une plus grande chaleur. Lorsque les deux surfaces sont polies, le frottement produit la plus grande destruction des lames et il se produit conséquemment la plus grande quantité de chaleur $(q + q')\vartheta'$; si, conservant l'une des surfaces S, on remplace l'autre par une surface dépolie, la chaleur diminue dans les deux surfaces, mais à un plus haut degré dans la surface S polie où elle reste $(q - q')\vartheta'$, que dans celle S' dépolie, où l'on trouve la quantité supérieure $q\vartheta'$ du chaleur.

§ 538. Frottement des substances égales de couleurs différentes. Dans les corps blancs sont contenus les atomes

de lumière qui manquent dans les corps noirs ; les équivalents négatifs n'éprouvent donc aucune résistance dans la
surface des corps blancs, et ils s'y écoulent surtout quand
il y a un contact entre un corps blanc et un corps noir de la
même substance ; par exemple, un disque de satin blanc devient plus chaud frotté contre un disque de satin noir qui devient moins chaud ; dans cette expérience l'inégale division de
chaleur ne dépend ni des aspérités ni de la quantité de chaleur latente, comme cela a été prouvé pour le zinc.

§ 539. **Frottement du liége avec des corps plus
durs.** Il y a dans les corps où elles se trouvent en densité
supérieure, une destruction des lames plus abondante que
dans ceux où leur densité est inférieure, comme cela a lieu
pour le liége, qui obtient une quantité de chaleur inférieure
à celle qu'obtient le verre poli, le verre dépoli, l'argent ou
le caoutchouc ; dans ces quatre cas, Becquerel trouva les
rapports suivants : 34 : 5, 40 : 7, 50 : 12 et 29 : 11.

§ 540. **Briquet à pierre et son explication.** Si
l'on place une feuille de papier au-dessous du silex avec
lequel on bat le briquet, on y trouve des parcelles qui, vues
au microscope, se présentent sous différentes apparences :
1° les unes sont de petits fragments anguleux de silex ; 2° les
autres des grains de limaille détachés de l'acier sans avoir
été brûlés, et qui ont conservé leur forme irrégulière ;
3° d'autres sont noires, de forme parfaitement sphérique ; elles
se sont oxydées au dépens de l'oxygène de l'air et ont été réduites en fusion ; car en opérant dans le vide ces parcelles
sphériques ne se produisent plus. Le silex peut être remplacé par tout autre corps capable d'entamer l'acier.

§ 541. *Chaleur et lumière de l'inégalité du frottement.*
Au lieu de battre le briquet avec le silex ou celui-ci avec le
briquet, on peut employer une roue A d'acier pour en frotter
le silex immobile, ou encore une meule pour en frotter
l'acier. Au moyen de la roue A en acier, le silex s'é-
chauffe très-peu par le frottement, et il en jaillit une gerbe

de lumière tellement vive, qu'avant l'invention de la lampe de sûreté à l'usage des mineurs, on éclairait les galeries des mines au moyen d'une roue en acier avec laquelle un silex était en contact durant sa rotation.

On ne pouvait pas se rendre compte du manque de chaleur dans les gerbes de lumière, de même que l'on ne comprenait pas la cause de l'échauffement de l'acier maintenu en contact avec la meule tournante. Lorsqu'on lime un morceau de fer la lime s'échauffe ainsi que la limaille produite. Si l'on remplace le fer par un alliage d'antimoine et de fer, chaque parcelle enlevée s'enflamme au contact de l'air, comme cela a lieu pour le briquet.

§ 542. **Explication.** La combustion des parcelles d'acier dans l'air produit une quantité de lumière et de chaleur qui trouvera son explication dans les deux chapitres suivants. La chaleur qui enflamme les parcelles d'acier résulte de la destruction des lames ll, L matérielles tant du silex que de l'acier; cependant cette destruction s'opère à un plus haut degré dans les lames de l'acier entamé par le silex. Quand l'acier touche le silex en glissant sur lui, il y a un déplacement d'électricité positive du métal vers la pierre à cause du manque de l'électricité positive, précisément comme cela a lieu dans le plateau de verre de la machine électrique frotté contre l'amalgame. L'apparition de lumière dans le silex résulte de cette électricité positive qui pénètre dans celui-ci, soit que le frottement ait eu lieu dans l'air, soit qu'il se fasse dans le vide.

Dans le métal il reste l'électricité négative qui entre dans la production des atomes de chaleur dont résulte l'élévation de température qui est suffisante pour allumer les parcelles qui s'en séparent. Comme dans les cas ci-dessus, de même ici est obtenue une inégale quantité de chaleur dans les deux corps frottés; la différence ne consiste que dans la lumière produite dans le corps le plus électronégatif, qui peut être d'une densité supérieure ou inférieure à celle de l'acier,

comme cela a été prouvé entre la densité du liége et celle
du verre, de l'argent ou du caoutchouc.

§ 543. **Quantité de chaleur produite par le frottement.** Rumford observa la quantité de chaleur produite
dans l'intérieur des canons où le foret détachait pendant
une demi-heure 48 grammes de parcelles de bronze; un
thermomètre enfoncé dans un trou fait au fond du cylindre
marqua 54°, d'où il a pu déduire l'énorme quantité de
chaleur distribuée dans toute la masse. Guidés par des faits
semblables, des physiciens ont essayé, en Amérique, de se
procurer la chaleur des poêles au moyen des deux plaques
de fonte dont la supérieure tournait comme la meule du
moulin, mais on trouva bientôt que la chaleur obtenue ne
compensait pas la valeur des plaques qui s'usent rapidement.

Le même résultat a été obtenu par Beaumont et Mayer qui
ont fait tourner un cône en bois entouré d'une tresse de
chanvre dans un autre cône en cuivre mince plongé dans
un récipient plein d'eau. Avec une vitesse de 400 tours
par minute, il a suffi de quelques heures pour porter à 130°
les 400 litres d'eau que contenait le récipient. On a calculé
que la vapeur obtenue produit le travail d'un cheval, quand
l'appareil est mis en mouvement par celui des deux chevaux;
outre cela, il faut, à de courts intervalles, renouveler la tresse
de chanvre qui s'use par la destruction des lames dont résultent les éléments électriques de la chaleur obtenue.

§ 544. **Destruction des lames et production de
chaleur sans frottement.** Pour éviter toute objection
et pour varier les faits, il n'est pas inutile de citer encore les
deux exemples suivants : 1° quand une barre métallique est
soumise à une charge capable de la rompre, il se montre un
étranglement à l'endroit où doit se faire la rupture, et le
métal devient très-chaud en ce point; 2° de même si l'on
plie plusieurs fois de suite, en sens contraire, une barre
flexible, elle s'échauffe fortement. Ces exemples rendent

évidente la production de chaleur par la combinaison de ses éléments qui se trouvaient soutenus par les lames à l'état dissimulé, et qui ne le sont plus quand les lames sont brisées; alors ces éléments se combinent et donnent naissance à la chaleur observée. Sans connaître l'état dissimulé des éléments de chaleur, il était impossible d'unir les effets de ce travail avec ceux du frottement.

On détruit rapidement les lames quand on vient à frapper sur un clou posé sur une enclume de manière à l'aplatir successivement dans deux sens opposés; il devient même assez chaud pour enflammer de l'amadou. En battant à coups redoublés une baguette de fer ou d'acier, on parvient à la faire rougir. Une barre de plomb soumise à la même épreuve finit par fondre. Ceux qui attribuent cette production de chaleur aux déplacements des molécules ne font que répéter la description des faits; mais comme les lecteurs ne peuvent approfondir cette espèce de *sophisme*, ils croient naturellement avoir trouvé une explication plausible.

§ 545. Suppression du frottement et de la chaleur par la graisse. Les substances avec lesquelles on graisse les roues sont des liquides ou demi-liquides où manquent les éléments électriques de chaleur à l'état dissimulé. Dans les couches c, c, c liquides se trouvent la chaleur θ latente et la chaleur θ' d'imbibition dans leur état normal; une de ces couches c reste en contact avec la face f immobile, et une autre c' se trouve sur la face f' en mouvement. Les roues ont deux périphéries en rotation: la grande P qui est en contact avec les rails du chemin de fer, et la petite p qui est en contact avec l'essieu. Les points de la périphérie P viennent, à chaque tour, en contact avec les rails; le même effet a lieu pour les points de la petite périphérie qui viennent en contact avec l'essieu. Les points des rails ne sont touchés qu'une seule fois par la périphérie P, tandis que les points de la ligne L de l'essieu restent en contact continuel avec la petite périphérie p.

Il y a une égale destruction des lames solides dans les deux périphéries P et p à cause de l'égale pression quand la graisse manque, et il en résulte une quantité égale de chaleur $q\theta$ produite par ses éléments qui se trouvaient à l'état dissimulé dans les faces f, f des lames détruites. Cette chaleur $q\theta'$ se disperse dans les rails et la périphérie P, de sorte qu'elle devient insensible; mais elle reste dans la ligne L de l'essieu qui est en contact continuel avec la périphérie p, et comme la destruction des lames n'éprouve aucune interruption, la température de l'essieu croît, sans qu'il en soit de même sur les rails du chemin de fer.

Les couches c, c' de graisse restant attachées, l'une c sur l'essieu et l'autre c' sur la périphérie p de la roue, empêchent le contact immédiat entre les lames solides : leur destruction diminue donc, et proportionnellement diminue aussi la production de chaleur qui, au fur et à mesure de son apparition, se consomme dans l'air et en même temps par l'évaporation de la graisse qui, pour cela, doit être continuellement renouvelée, quand même il ne s'en perdrait pas par l'écoulement. La graisse ne peut pas entièrement empêcher la destruction des lames matérielles; c'est pour cela que les essieux et les pistons s'usent à la longue.

§ 546. Dans les cas où le frottement s'opère avec une rapidité inférieure entre les corps où la graisse n'est pas introduite, les lames matérielles s'usent également, et cela ne peut pas avoir lieu sans production de chaleur; on croit que celle-ci est trop médiocre pour être remarquée. On n'a jamais pensé qu'il y eût un rapport entre ce manque de chaleur et le *cri* qui est entendu quand la graisse n'est pas introduite. Les sons et la chaleur sont deux faits qui se trouvent en rapports bien déterminés, mais personne ne pensa à trouver un rapport entre la consommation de la chaleur du frottement pour la production du cri. Dans l'*Acoustique* ou l'*Échostatique*, nous traiterons en détail de la production des sons par les équivalents électriques de la chaleur; nous y prouverons même comment les sept sons correspondent aux sept couleurs.

II. — DE L'APPARITION DE LA CHALEUR DISSIMULÉE PAR LA DESTRUCTION DES VAPEURS.

§ 547. Dans les couches constituant les corps solides les deux électricités sont soutenues à l'état dissimulé par les lames l, l, L des couples binaires, d'où résulte un volume peu différent de celui des liquides; dans les enveloppes constituant les vésicules des vapeurs, les deux électricités sont également soutenues à l'état dissimulé, mais, en ce cas, la positive $\overset{+}{\mathrm{E}}$ se trouve dans l'intérieur des enveloppes, et la négative $\bar{\mathrm{E}}$ dans leur surface. De la répulsion R exercée entre des équivalents homonymes $\bar{\mathrm{E}}$ négatifs résulte donc 1° le grand volume V des vapeurs et 2° la résistance R' contre la pression externe P qui est égale à la répulsion R.

Le volume v de chaque enveloppe o se trouve séparé de toutes les enveloppes ambiantes o, o, o... par des intervalles λ'', λ'', λ'', dans lesquels se multiplient les équivalents électriques par influence $\overset{+}{\mathrm{E}}\bar{\mathrm{E}}\overset{+}{\mathrm{E}}$ qui y pénètrent pendant l'élévation de la température, car une partie de la chaleur θ' d'imbibition se décompose pour prendre l'état d'électricité par influence. Dans chaque intervalle λ'' (fig. 51) se trouvent les éléments de la chaleur disposés de la manière indiquée $\overset{+}{\mathrm{E}}\bar{\mathrm{E}}\overset{+}{\mathrm{E}}$.

Il y a trois moyens de faire paraître la chaleur des vapeurs : 1° la pression 2° l'abaissement de température qui font s'éloigner les équivalents $\overset{+}{\mathrm{E}}\bar{\mathrm{E}}\overset{+}{\mathrm{E}}$ en forme de chaleur $\overset{+}{2}\overset{+}{\mathrm{E}}\bar{\mathrm{E}}'$; et 3° la brisure des enveloppes ou la destruction des vapeurs et leur réduction à l'état liquide. Par la pression et l'abaissement de température on fait s'écouler la chaleur des équivalents $\overset{+}{\mathrm{E}}\bar{\mathrm{E}}\overset{+}{\mathrm{E}}$ contenus dans les intervalles λ'', λ'', λ''...

la quantité médiocre de cette chaleur est $0,306t$. Par la destruction des enveloppes on fait s'écouler les équivalents $q\bar{E}\bar{E}^2$ de la chaleur $''\Theta$ considérée comme latente dans la vapeur, chaleur qui est de $606,5$ calories dans 1 gramme de vapeur à $0°$.

§ 548. **Production de chaleur des vapeurs par la compression.** L'espace e occupé par les $n \times o$ enveloppes peut indéfiniment augmenter jusqu'à devenir $e + e'$ sans que le nombre de ces enveloppes diminue et sans qu'il reste aucune partie vide, parce que les équivalents $\bar{E}\bar{E}^4\bar{E}$ des intervalles λ'', λ'', λ''... peuvent indéfiniment se dilater et repousser les enveloppes o pour faire augmenter les intervalles qui deviennent $\lambda'' + \lambda'$, $\lambda'' + \lambda'$, $\lambda'' + \lambda'$..., et c'est ainsi que la quantité $n \times o$ d'enveloppes se répand pour occuper tout l'espace $e + e'$.

Les enveloppes o se multiplient dans l'espace $e + e'$ par l'introduction d'une quantité de liquides dans le récipient et ainsi leur nombre devient $n + n'$; pour les $n' \times o$ d'enveloppes il se consomme une nouvelle quantité $''\theta q''$ de chaleur dont les équivalents $q''(\bar{E} + 2\bar{E})$ restent à l'état dissimulé sur les enveloppes. Ainsi diminuent les intervalles qui séparent les enveloppes $(n + n')o$ et ils redeviennent λ'', λ'', λ''... comme ils étaient quand les enveloppes $n \times o$ se trouvaient dans l'espace e.

§ 549. Lorsque dans l'espace $e + e'$ les enveloppes $n \times o$ sont séparées par les grands intervalles $\lambda'' + \lambda'$, $\lambda'' + \lambda'$, $\lambda'' + \lambda'$... si une compression fait revenir ces enveloppes dans l'espace e, il s'éloignera la quantité $q\bar{E}\bar{E}^4\bar{E}$ d'équivalents soutenus à l'état d'influence dans ces intervalles, et ils reproduiront la chaleur $2q'\bar{E}\bar{E}^2$. Mais lorsque dans ce même espace $e + e'$ sont contenues les enveloppes $(n + n')o$ soutenant à l'état dissimulé les équivalents de la chaleur $''\theta q''$, toutes ces enveloppes se trouvent détruites et apparaît la chaleur $''\theta q'' + 2q'\bar{E}\bar{E}^2$; $''\theta q''$ par les enveloppes brisées $n' \times o$ et $2q'\bar{E}\bar{E}^2$ par les éléments électriques soutenus par l'influence.

Il y a donc par la compression de vapeur, production de chaleur provenant des deux sources : 1° celle $q\ddot{\mathrm{E}}\mathrm{E}^4\ddot{\mathrm{E}}$ des intervalles λ'', λ'', λ''... et 2° celle $''\theta q''$ des enveloppes o, o, o... cependant le rapport $''\theta q''$: $q\ddot{\mathrm{E}}\mathrm{E}^4\ddot{\mathrm{E}}$ n'est pas constant, parce que si dans l'espace $e + e'$ est contenue la quantité $n \times o$ d'enveloppes, on n'obtient par la compression que la chaleur $q\ddot{\mathrm{E}}\mathrm{E}^4\ddot{\mathrm{E}}$ en réduisant les enveloppes $n \times o$ dans l'espace e; tandis que quand dans cet espace $e + e'$ sont contenues les enveloppes $(n + n')o$, on en détruit la quantité $n' \times o$ et il s'en sépare les éléments de la chaleur $''\theta q''$ avec une partie de ceux $q'\ddot{\mathrm{E}}\mathrm{E}^4\ddot{\mathrm{E}}$ contenus dans les intervalles λ'', λ'', λ''...

§ 550. **Conservation des éléments électriques de la chaleur dans les enveloppes.** Les enveloppes de vésicules ne crèvent que quand il leur manque l'espace suffisant pour se répandre; si un alambic reste ouvert, tout le liquide qu'il contient, acquît-il un volume mille fois plus grand, se répandra également dans l'air et dans le vide, parce que les $n \times o$ enveloppes ne sont pas forcées de venir en contact. En élevant la température de ces enveloppes limitées dans l'espace e on ne fait qu'augmenter dans les intervalles λ'', λ'', λ''... la quantité des équivalents électriques soutenus par influence $q\ddot{\mathrm{E}}\mathrm{E}^4\ddot{\mathrm{E}}$, d'où résulte une répulsion et une contre-répulsion $r + r'$ entre les enveloppes o; celles-ci en passant à cette température élevée par le serpentin, ne viennent pas en contact et s'en échappent comme par la chaudière ouverte sans crever.

Au moyen de l'abaissement de température du serpentin, on fait s'éloigner des intervalles λ'', λ'', λ''... les équivalents $q\ddot{\mathrm{E}}\mathrm{E}^4\ddot{\mathrm{E}}$ à l'état de chaleur normale; les enveloppes ne pouvant plus se répandre viennent en contact se détruisent mutuellement et le liquide qui en résulte s'écoule après avoir laissé s'écouler en même temps la chaleur $''\theta q''$ dont les éléments se trouvaient soutenus à l'état dissimulé. Si l'espace e s'élargit lorsque la température baisse, les enveloppes o, o, o... ne peuvent jamais venir en contact, quand même disparaissent les équivalents $q\bar{E}\bar{R}^{*}\bar{E}$ des intervalles λ'', λ'', λ''... parce que leur électricité négative superficielle est suffisante pour empêcher leur contact et leur destruction.

Ainsi les enveloppes gèlent au-dessous de $0°$ et en cet état elles se soutiennent dans l'air par leur poids spécifique. En cet état également les enveloppes solides soutiennent les éléments de chaleur à l'état dissimulé, comme ils sont soutenus par les lames de la glace et les autres corps solides; ainsi les éléments électriques de la chaleur étant également soutenus à l'état dissimulé, cette chaleur est produite quand ses éléments cessent d'être soutenus en cet état, comme cela a été obtenu par le frottement de la glace; cette chaleur dissimulée reste aussi dans l'eau.

§ 551. **Différence entre les vapeurs et les gaz permanents.** Entre les enveloppes des vapeurs comme entre les molécules des gaz, les intervalles λ'', λ'', λ''... sont occupés par les équivalents électriques de chaleur $q\bar{E}\bar{E}^{*}\bar{E}$ qui peuvent indéfiniment augmenter avec l'élévation de la température. Quand l'espace est limité, la quantité qm de molécules des gaz n'augmente par aucun moyen, tandis que celle $n \times o$ des enveloppes peut se multiplier et devenir $(n + n')o$, et cela a lieu quand en même temps se transforme une nouvelle quantité $''\theta q''$ en équivalents électriques dissimulés, d'où résulte une diminution des intervalles qui deviennent $\lambda'' - \lambda'$, $\lambda'' - \lambda'$, $\lambda'' - \lambda'$..., et par suite une augmentation de répulsion qui devient aussi $R + r + r'$, tandis que dans les gaz elle ne devient, à la même élévation de température $T + T'$, que $R + r$; et cela à cause du manque de consommation de chaleur supérieure dans la production d'une nouvelle masse de gaz.

§ 552. Dans le vide, les enveloppes de vapeurs se soutiennent, non plus par leur poids spécifique, comme dans l'air, mais par leur répulsion R exercée entre les équivalents électriques négatifs $\bar{E}$ soutenus à l'état dissimulé dans la surface de ces enveloppes qui éprouvent en même temps la pression P de la pesanteur et celle p' des enveloppes des couches supérieures. Le même effet a lieu pour les molécules des couches d'air qui constituent l'atmosphère ; celles de la couche A, en contact avec le sol, éprouvent la pression P de la pesanteur, et de plus, celle p de la part des molécules contenues dans toutes les couches supérieures B, C, D... Z dont il n'y a que celle Z qui soit composée de molécules qui n'éprouvent que la pression P, comme cela a lieu pour les molécules de la couche A contenues dans le vide, où est supprimée la pression p et où il ne reste que celle P.

III.—DE L'APPARITION DES ÉLÉMENTS DE CHALEUR SOUTENUE PAR INFLUENCE DANS LES INTERVALLES DES LAMES MATÉRIELLES.

§ 553. Les éléments électriques de la quantité de chaleur obtenue au moyen de la destruction des lames matérielles étaient soutenus en état dissimulé ; en cet état, les éléments $\bar{E}$ et $2\bar{E}$ ne s'éloignent ni par pression, ni par l'introduction d'autres espèces des lames, ni par le refroidissement. L'état d'électricité par influence caractérise les éléments $\bar{E}\bar{E}^4\bar{E}$ de la chaleur dans les intervalles $\lambda', \lambda', \lambda'...$ ou $\lambda'', \lambda'', \lambda''...$ des couples $c, c, c...$ ou C, C, C... (fig. 51, 52). Ce sont ces éléments qui peuvent être éloignés au moyen d'une diminution des intervalles $\lambda', \lambda', \lambda'...$ ou $\lambda'', \lambda'', \lambda''...$ 1° quand diminue le volume V et qu'il devient V — v par une compression mécanique ou par un refroidissement, 2° quand le volume V n'éprouve aucun changement, mais que les intervalles $\lambda', \lambda', \lambda'...$ ou $\lambda'', \lambda'', \lambda''...$ diminuent par l'introduction de nouvelles lames matérielles $\gamma, \gamma, \gamma...$ entre les couples $c, c, c...$ ou C, C, C..., ou 3° quand baisse la température ambiante.

Jamais les physiciens ne seraient parvenus par la voie empirique à cette découverte de la construction des corps, de la disposition des éléments matériels et des éléments

électriques dont résultent, suivant la loi physique, les faits
constatés par les observations directes; mais ce qui paraîtra
surprenant, c'est que nous y trouverons une preuve directe
de l'existence d'une époque antérieure où la température
de la Lune était supérieure à celle d'aujourd'hui et où son
volume était $V + v$ plus grand que le volume actuel V produit par l'éloignement de la chaleur. Cette diminution de volume ne s'opéra pas seulement par une sorte de contraction
vers le centre, mais aussi par des contractions transversales
dont résultèrent les crevasses connues sous le nom de *rai-
nules* d'une largeur égale et d'une étendue considérable;
ces crevasses n'existaient pas lorsque eurent lieu les éruptions dont ont été produits les contours élevés autour des
cratères. Les astronomes ont connu cet ordre chronologique
de la production des faits, mais ils ignoraient l'état physique
de la Lune, et ainsi ils ne pouvaient pas coordonner les
faits observés, comme cela se trouve exposé dans le texte
de l'*Atlas cosmobiographique.*

§ 554. L'éloignement de la chaleur des corps s'opère
spontanément, et l'on croyait que toute cette chaleur se
trouve à l'état d'imbibition dans les corps, mais cela ne
serait possible qu'autant qu'on admettrait une augmentation de capacité de chaque corps aux températures supérieures; il faut considérer cette capacité constante; car
c'est alors qu'on connaît que les solides et les liquides contiennent, aux températures supérieures, une quantité de
chaleur dissimulée θ comme l'est celle 0,305t déterminée
par Regnault dans la vapeur d'eau.

Par le refroidissement des corps solides, on éloigne les
équivalents $\bar{E}\bar{E}'\bar{E}$ des intervalles λ', λ', λ'...; ainsi diminue
la répulsion r qu'ils exerçaient sur les couples des lames
matérielles, et il se produit une diminution de volume. En
employant un travail mécanique pour produire la même
diminution de volume, la chaleur θ' d'imbibition n'est pas
éloignée, parce que la température du corps comprimé ne

change pas ; on n'éloigne que la chaleur θ produite des éléments électriques $\ddot{E}\ddot{E}'\ddot{E}$ soutenus par influence de la part de leurs homonymes $\ddot{E}$, $\ddot{E}$ soutenues à l'état dissimulé dans les faces des lames. Cette chaleur θ correspond à celle 0,305t de la vapeur et à celle attribuée à une augmentation de capacité.

Comme exemples, nous rapporterons les résultats obtenus par la compression des corps et ceux qui résultent de l'introduction des lames des liquides dans les intervalles λ', λ', λ'... des lames solides ou dans les intervalles λ'', λ'', λ''... des lames des gaz.

A. DE LA PRESSION DÉGAGEANT LA CHALEUR SOUTENUE PAR INFLUENCE.

§ 555. Après avoir constaté la production de chaleur par la compression, il ne reste qu'à rapporter quelques exemples pour rendre évidente la différence entre les deux états dans lesquels se trouvent les éléments de la chaleur $_\theta\theta$ obtenue par le frottement et ceux de la chaleur $_\theta\theta$ obtenue par la compression.

§ 556. **Chaleur produite des solides comprimés.** Les lames solides ne peuvent se rapprocher indéfiniment, de manière que leur volume se trouve réduit à un point physique ; cela prouve que la diminution des intervalles λ', λ', λ'... entre les couples a, a, a... des lames est limitée. Ainsi les éléments de chaleur $\ddot{E}\ddot{E}'\ddot{E}$ qui y sont soutenus par influence correspondent à ces intervalles dont la diminution produit un éloignement analogue d'éléments de chaleur.

Berthollet, Pictet et Biot comprimèrent brusquement, sous un balancier à frapper la monnaie, des flans d'or, d'argent ou de cuivre disposés de manière à ne pouvoir s'étendre latéralement. La compression fut accompagnée d'une élévation de température qui fut la plus élevée pour le cuivre et la plus faible pour l'or. Pour l'évaluer, on jetait promptement dans l'eau le disque frappé. L'échauffement n'est pas analogue au travail mécanique, mais il va en diminuant à mesure que les coups de balancier se multiplient. Un disque de cuivre éprouva un échauffement de 11°,5 au premier choc, de 2°,5 au second et de 0°,8 au troisième, après lequel il n'y eut plus d'élévation de température; il résulte de là que la diminution des intervalles λ, λ, λ..., comme celle du volume, est limitée et qu'ainsi l'est également la chaleur qui résulte des équivalents électriques contenus dans ces intervalles à l'état dissimulé.

Chenot a soumis, dans une presse hydraulique, l'argent en poudre à une compression de 300 atmosphères; il en résulta une explosion fulminante produite par l'écoulement des équivalents électriques de chaleur et de lumière soutenus entre les lames à l'état par influence. Au moyen de cette grande compression diminuèrent les intervalles λ, λ, λ..., et les équivalents électriques, en se séparant, produisirent la lumière et la chaleur qui se manifestèrent par une explosion. Certains physiciens qui ignoraient comment avait pu se produire cette explosion, en cherchèrent la cause dans un manque de chaleur : c'est une opinion dont il leur serait difficile de déduire les motifs.

§ 557. **Production de chaleur par la compression des gaz.** Nous avons vu, dans la vapeur, la quantité de $0,305t$ de calories disparaître pour élever 1 gramme de cette vapeur à la température t; il en est de même pour les gaz dont le plus grand nombre consiste en vésicules de vapeur. La quantité $0,305t$ de chaleur qui disparaît pour le thermomètre n'est pas anéantie pour cela, mais, décomposée en ses éléments ĒË'Ë elle reste à l'état d'électricité par influence dans les intervalles λ'', λ'', λ''... entre les couples ou les enveloppes C, C, C... (fig. 54). On peut, sans abaissement de température, faire s'éloigner les éléments ĒË'Ë en diminuant les intervalles λ'', λ'', λ''... par la compression. Comme exemple de cette source de chaleur, nous citerons le briquet à air.

Briquet à air. Cet appareil n'est qu'un tube en métal ou en verre fermé à l'une de ses extrémités, où l'on déposait jadis de l'amadou, puis le piston était introduit par l'autre extrémité de haut en bas; ensuite on trouva plus commode de ménager, dans la base du piston, une cavité où l'on place l'amadou, et en ce cas il est introduit dans le tube de bas en haut. Pour obtenir autour de l'amadou une quantité de chaleur suffisante pour l'allumer, il faut enfoncer brusquement le piston. La quantité de chaleur ainsi produite ne diffère pas de celle obtenue par l'égale compression de l'air opérée lentement, mais en cet espace plus long de temps il y a une consommation continuelle de chaleur qui empêche la production d'une température suffisante pour allumer l'amadou; il faut le retirer immédiatement pour ne pas le laisser s'éteindre dans sa propre fumée. Pour que l'amadou s'enflamme il faut que l'air soit réduit au douzième de son volume, ce qui répond à une élévation de température de 490°; cependant il suffit de 300° pour enflammer l'amadou, car une partie de la chaleur produite se répand.

Quand on opère dans l'obscurité et que le tube est rempli d'oxygène, d'air ou de chlore, on aperçoit une vive lumière au moment où l'on enfonce brusquement le piston. Thenard a montré que la lueur produite est due à la combustion de la matière grasse, qui recouvre le piston et qui se vaporise pour passer dans l'air. Quand le piston n'est pas graissé et qu'on a soin d'éviter la présence de toute matière combustible, la lumière ne se produit plus et la chaleur reste obscure. Donc, dans tous les cas, la pression ne fait apparaître que la quantité de chaleur obscure qui a été consommée pour l'expansion du volume. Il y a donc une différence entre 1° l'état des éléments de chaleur soutenus à l'état dissimulé par les enveloppes des vésicules qui restent les mêmes quand le volume change, et 2° celui des éléments de chaleur contenus dans les intervalles λ'', λ''_1, λ''... entre les enveloppes comme électricité par influence.

Expérience de Gay-Lussac. En prenant deux ballons égaux B, B' (fig. 53), si l'air de l'un B est introduit dans l'autre B', il y aura une densité double et par suite éloignement des éléments $q\ddot{E}\ddot{E}^4\ddot{E}$ de la chaleur $2q\theta$; dans le ballon B il ne reste que la chaleur $q'\theta'$ d'imbibition; si ensuite on

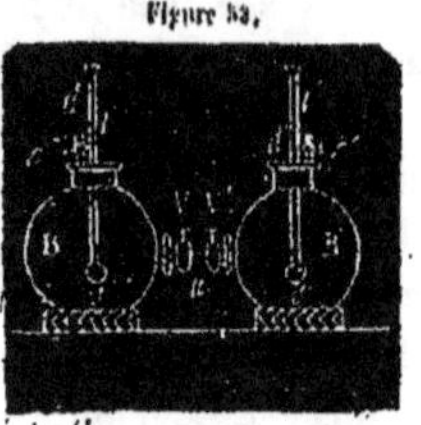

Figure 53.

ouvre les robinets V, V' pour laisser passer la moitié de l'air du ballon B' dans le ballon vide B; il y aura élargissement des intervalles λ'', λ'', λ'',... dans le ballon B' où vont être soutenus à l'état par influence les éléments $q\ddot{E}\ddot{E}^4\ddot{E}$ de la chaleur $2q\theta$, et dans l'autre ballon B' un égal espace va être occupé par les lames matérielles qui produisent l'éloignement de l'égale quantité $2q\theta$ de chaleur d'imbibition. Le résultat thermométrique obtenu par ce physicien correspond exactement aux causes indiquées 1° de la chaleur $2q\theta$ produite dans le ballon B qui a reçu l'air, et 2° de la chaleur égale $2q\theta'$ disparue dans le ballon B' pour occuper l'espace des intervalles λ'', λ'', λ''... élargis. Cette inégalité entre les quantités de chaleur est donnée par les thermoscopes st, $s't'$ dont l'index éprouve un égal déplacement td, $t'd'$ en sens divergents.

Quand la même expérience a été opérée avec l'acide carbonique le déplacement td, $t'd'$ a été moindre, soit $D - d$, $D - d'$, en sens divergent; au contraire, il a été supérieur, soit $D + d$, quand l'expérience a été faite avec l'hydrogène. Ces différences résultent de la capacité de chaleur sous le même volume qui est 1 pour l'air, 1,2583 pour l'acide carbonique et 0,9033 pour l'hydrogène (§ 326).

§ 558. Production de chaleur par la compression des liquides. Au moyen de l'augmentation de la capacité qui se produit dans la réduction des solides en état liquide, augmentation qui est en rapport avec la quantité de chaleur $'\theta\eta$ soutenue à l'état latent et non pas simplement avec la quantité $\theta'q'$ qui disparaît dans la fusion, il est devenu possible, disons-nous, de reconnaître que, de cette chaleur $\theta'q'$ disparue, il se décompose une portion $\alpha\theta$ dont les éléments électriques restent soutenus à l'état par influence, sans produire d'augmentation de capacité, tandis que l'autre partie $'\theta(q'-\alpha)$ reste à l'état latent et fait augmenter la capacité ρ du corps. Il a été prouvé que 1° dans l'eau se trouve à l'état latent toute la chaleur $q\theta$ qui a disparu dans la fusion de la glace ; 2° que dans les métaux se trouvent à l'état d'électricité par influence les éléments de toute la chaleur $q'\theta'$ qui a disparu ; 3° que dans les autres corps une partie $\alpha\theta'$ de la chaleur disparue $q'\theta'$ se décompose et que le reste se trouve, comme dans l'eau, à l'état latent. De ces états différents proviennent les résultats suivants obtenus par les expériences.

En comprimant l'eau, il n'y a pas production sensible de chaleur ; il en est de même pour l'alcool, mais dans l'éther sulfurique on obtient une élévation de température de 4° à 6°, le même résultat est obtenu par la compression du mercure et de tous les liquides qui contiennent les éléments de chaleur à l'état d'électricité par influence.

II. Des liquides dégageant la chaleur soutenue par influence.

§ 559. Au lieu de faire diminuer les intervalles λ', λ', λ'... ou λ'', λ'', λ''.. (fig. 51, 52) par une compression mécanique pour en faire s'éloigner les éléments électriques $\bar{E}\bar{E}^4\bar{E}$ de la chaleur soutenues par influence, on obtient le même effet en y introduisant de nouvelles lames γ de liquide : si ces liquides sont indifférents pour les corps solides dont le volume éprouve une augmentation médiocre ; mais il en est autrement pour les enveloppes des vésicules quand elles

éprouvent une diminution de volume et en même temps
une destruction des enveloppes ; car il y a des cas où les
enveloppes ne se détruisent pas dans les liquides, mais
éprouvent seulement une contraction.

§ 560. **Production de chaleur par la pénétration
des liquides dans les solides.** Il faut nécessairement
diminuer les intervalles λ', λ', λ'... entre les couples c, c, c...
par l'introduction des nouvelles lames matérielles γ, γ, γ...
entre ces couples ; les éléments électriques $\check{E}\check{E}{}^{+}\check{E}$ qui s'en
éloignaient quand les intervalles λ', λ', λ'... étaient rétrécis
par la compression, n'y peuvent pas rester quand, dans ces
mêmes intervalles, pénètrent de nouvelles lames γ, γ, γ... Il
y a donc diminution d'espace quand même le volume V des
solides, au lieu de diminuer, éprouverait une augmentation ;
par suite, le dégagement de la chaleur ne correspond pas
aux changements $V \pm v$ du volume V du solide, mais aux
diminutions de l'espace e des intervalles, diminutions qu'on
peut obtenir par les deux moyens indiqués.

Tout liquide, l'eau, l'huile, l'alcool, l'éther acétique,
l'essence de térébenthine, etc., produit avec le même solide
la même quantité $q\theta$ de chaleur ; celle-ci augmente et de-
vient $(q + \alpha)\theta'$, $(q + \alpha + \alpha')\theta'$ quand le corps solide est réduit en grains ou même en poudre impalpable, parce que
l'on obtient une augmentation de surfaces et des intervalles
λ', λ', λ' par la diminution du volume des graines. Pouillet
a opéré sur le fer, le bismuth, l'antimoine ; les oxydes in-
solubles comme la cilice, l'alumine, la magnésie ; les oxydes
de zinc, de fer, d'étain, etc. ; le verre, la brique, la porcelaine, l'argile. Les élévations de température ne sont que
de 0°,2 à 0°,5. Il y a aussi production de chaleur quand un
corps solide, d'origine organique, absorbe un liquide ; en
cas pareil, l'élévation de température est de 2° à 10° ; parmi
les substances essayées se trouvent le charbon, l'amidon,
du bois, des écorces, des racines de différentes sortes ; des
graines reduites en farine ou simplement écrasées ; la soie,

la laine, l'éponge, les cheveux, la baleine, l'ivoire, la corne, les peaux, enfin diverses membranes.

La chaleur produite peut être suffisante pour faire détoner le liquide s'il est explosif; mais alors le solide doit être en poudre métallique impalpable. La production de chaleur s'arrête dès que le corps est mouillé ou imbibé de liquide. Les faits ainsi exposés n'ont pas été contestés; mais ni Pouillet ni personne ne pouvait se rendre compte de l'origine des éléments de cette chaleur; on savait cependant: 1° que les lames liquides γ, γ, γ... pénètrent dans les intervalles $\lambda', \lambda', \lambda$... connus sous le nom de *pores*, et 2° que l'espace e occupé par les intervalles augmente quand les graines palpables sont réduites en poudre impalpable; toutefois, il était impossible d'en déduire la production de la chaleur, car en l'attribuant à la capillarité, on ne fait que changer la description du même fait.

§ 564. **Production de chaleur par la pénétration des liquides dans les gaz.** Habituellement, on dit pénétration des gaz dans les liquides; mais il a été prouvé que dans l'eau et l'alcool la compression ne produit pas de chaleur, d'où il résulte qu'il n'y a pas d'intervalles $\lambda', \lambda', \lambda'$... occupés par les éléments électriques $\bar{E}\bar{E}'\bar{E}$ soutenus à l'état d'électricité par influence, comme cela est bien constaté pour les intervalles $\lambda'', \lambda'', \lambda''$... des vapeurs et des gaz. Les lames solides, en restant dans leur état normal, conservent leurs éléments électriques dissimulés; mais il n'en est pas toujours ainsi pour les enveloppes o, o, o... des vésicules de vapeur; car, dans certains corps, elles crèvent lorsqu'elles se trouvent en contact avec les lames γ, γ, γ... du liquide, et il y a deux origines de production de chaleur.

Davy trouva qu'un volume V d'eau absorbe 480 volumes d'acide chlorhydrique, prend un poids spécifique égal à 1,210 et une température au-dessus de 100°, tandis que le même volume V d'eau n'absorbe qu'un seul volume d'acide carbonique et prend une élévation de température de

0°,25 ; cette médiocre quantité de chaleur produite par les seuls équivalents $\bar{E}\bar{E}^4\bar{E}$ soutenus par influence, correspond à celle que produit le même volume V d'eau en pénétrant dans les intervalles λ', λ', λ'... des solides. Il résulte de là que la grande quantité de chaleur obtenue de l'acide hydrochlorique est également produite : 1° en partie par les éléments $\bar{E}\bar{E}^4\bar{E}$ contenus à l'état d'électricité par influence, et 2° en partie par les éléments $\bar{E}$, $2\bar{E}$ contenus à l'état dissimulé par les deux faces des enveloppes.

IV.—DE LA PRODUCTION DU FROID PAR LA DÉCOMPOSITION DE LA CHALEUR.

§ 502. Dans l'*Électrostatique*, page 70, nous avons prouvé avec détails comment l'électricité positive accumulée dans un corps isolé repousse son homonyme contenu dans les atomes de chaleur d'un corps isolé peu éloigné ; de même l'électricité négative repousse des atomes de chaleur son homonyme et fait rester de son côté l'électricité positive : cet état des éléments de chaleur obtient l'arrangement $\bar{E}\bar{E}^4\bar{E}$, et c'est ainsi qu'ils sont soutenus par influence de l'électricité négative des enveloppes dans les intervalles λ'', λ'', λ'' (fig. 52). Il est à *priori* déterminé une production de chaleur quand on fait éloigner les éléments $q\bar{E}\bar{E}^2\bar{E}$ des intervalles λ'', λ'', λ''... pour prendre la forme de $2q\bar{E}\bar{E}\bar{E}$ ou $2q\bar{E}\bar{E}^2$ qui est celle de la chaleur θ' d'imbibition observée par le thermomètre. Pour obtenir l'éloignement des équivalents $q\bar{E}\bar{E}^4\bar{E}$, il est nécessaire de supprimer l'espace ϵ' qu'ils occupent dans le volume V, et cela s'opère par la diminution de ce volume pour le réduire à V — V'.

Il faut donc un travail mécanique m représenté par le produit $P \times h$ où P est un poids et h une hauteur parcourue par ce poids pour réduire le volume V à V — V' et en faire s'écouler les éléments $q\bar{E}\bar{E}^4\bar{E}$, d'où résulte la chaleur $2q\bar{E}\bar{E}^2 = 2q\,\theta$. La température du volume V — V' revient à la précédonc T après la dispersion de cette chaleur $2q\varphi$, et le poids P reste abaissé de la hauteur h. Pour obtenir le volume précédent V du gaz, il est nécessaire d'élever le poids P dans la hauteur h; mais le volume V — V', en devenant V, présente un espace e' disponible aux éléments électriques qEE'E qui y pénètrent par la décomposition de la chaleur $2q\varphi$ qui devient insensible au thermomètre; au bout de quelques minutes la température T — t abaissée s'élève et revient à son état primitif T, quand le poids P se trouve dans la hauteur h.

Il y a eu un va-et-vient du poids P qui a parcouru la hauteur h, et un va-et-vient d'une quantité $2q\varphi$ de chaleur, sans cependant que soit devenu nécessaire le reculement des mêmes atomes de chaleur que ceux qui en ont été éloignés, comme cela a lieu même pour le poids P, qui peut être un métal en descendant et une pierre en s'élevant. Il est ainsi prouvé que, sans avoir une production réelle de chaleur, on peut en obtenir un transport d'un espace e où a lieu un manque de chaleur qui produit ainsi un froid, à un autre espace e' où résulte une élévation de température.

On voit, par l'expérience de Gay-Lussac, qu'au moyen de l'hydrogène le transport de la chaleur s'opère en plus grande masse qu'au moyen des autres gaz; dans l'un des deux ballons B' (fig. 53) où s'opère la compression, est produite la quantité $2q\varphi$ de chaleur qui peut être éloignée dans un calorimètre. Pour rendre cette même quantité de chaleur au gaz dilaté dans les deux ballons B et B', on n'a pas besoin de produire un froid dans le calorimètre, car le ballon B' peut recevoir la chaleur de l'air ambiant et non par le calorimètre, quand celui-ci sera fait de manière à laisser pénétrer l'air entre lui et le ballon B'.

§ 563. **Températures dans les jets des gaz et des vapeurs.** Le jet de gaz peut se faire dans un espace ouvert ou dans un vase, de sorte que le gaz ou la vapeur éprouve, dans un cas seulement, une dilatation, tandis que dans l'autre cas il s'opère dans une partie *p* du vase une dilatation, et dans une autre partie *p'* une compression.

Production de froid dans l'espace ouvert. Si on laisse s'échapper l'air humide comprimé à quelques atmosphères, il s'opère à une petite distance *δ* de l'orifice, au milieu de *l'aérocone* une grande dilatation, et cela par la consommation de la chaleur θ' d'imbibition qui ne peut être simultanément restituée, parce qu'une pareille consommation de chaleur s'opère dans toutes les parties ambiantes. Si dans l'axe de l'aérocone OM (fig. 54), à la distance OM est placée la main *e*, on sent le froid, ou s'il y est placée une boule de verre, on voit se former un petit mamelon de glace provenant de la vapeur d'eau; si la boule est remplie d'eau sa température baisse à zéro.

Le même effet a lieu pour la vapeur de l'acide carbonique comprimé à 40 ou 50 atmosphères, dans un récipient R où elle a la température ambiante; si cette vapeur s'échappe par un orifice O très-petit, il en résulte un *atmocone* OM dont la dilatation est un effet des éléments $\ddot{E}\ddot{E}^4\ddot{E}$ de chaleur ambiante qui obtiennent l'état dissimulé, de sorte que le froid qui en résulte est la cause de la dilatation; ce froid se soutient dans l'axe de l'aérocone OM. C'est toujours à une distance *δ* que la température atteint son minimum, parce que cet espace OM, après avoir perdu sa chaleur θ' d'imbibition, ne peut pas en recevoir d'autre des parties ambiantes. La distance *δ* de l'espace *f* froid diffère pour chaque compression différente.

Nous soufflons l'air dilaté quand nous voulons communiquer sa température 37° de l'air aux mains froides; au contraire, nous soufflons l'air comprimé de la même température sur le liquide chaud dans la cuiller pour lui enlever une quantité θ' de chaleur; celle-ci se décompose pour livrer les équivalents électriques $\ddot{E}\ddot{E}^4\ddot{E}$ qui pénètrent dans les intervalles λ'', λ'', λ''... des enveloppes de vésicules de la vapeur et de l'air sortant comprimés de la bouche. La cuiller est tenue à une distance *d* limitée de la bouche et toujours dans l'axe de l'aérocone produit par le jet de l'air. Ce fait, connu de tout le monde, était resté inexplicable, jusqu'à présent, parce que les physiciens en donnaient une description au lieu d'une explication.

Figure 54

On obtient un jet de vapeur d'un liquide en ébullition ; la densité du jet de vapeur obtient un très-haut degré dans la marmite de Papin (fig. 41) ; dans l'orifice *oc* (fig. 54) la température est de $100 + t$, elle diminue rapidement dans l'axe OM de l'atmocone, et, à la distance *d* de l'orifice *o*, la température baisse et la main tenue en M sent le froid produit par la décomposition de la chaleur d'imbibition θ' de la vapeur et de l'air ambiant. De ce fait ressort évidemment l'état différent des éléments de chaleur $\bar{E}$, $\bar{E}^2$ soutenus à l'état dissimulé dans les enveloppes des vésicules qui y restent, parce que les vésicules s'éloignent l'une de l'autre au moyen des éléments $\bar{E}$, $\bar{E}^4$, $\bar{E}$ de chaleur soutenu par influence. L'espace F de froid ne peut pas être

obtenu à une température de 100 de vapeur qui se mêle avec l'air ambiant et lui communique sa température. Trompé par la ressemblance de ce cas avec l'emprisonnement de la chaleur et l'état globulaire, il ne faudrait pas y aller chercher une identité de cause, quoique, dans les deux cas, les atomes de chaleur se trouvent à l'état décomposé.

§ 564. *Production de froid et de chaud dans les espaces limités.* Dans un récipient vide V (fig. 55) on fait entrer l'air par un petit orifice *o* pour y produire un aérocone, dont l'axe est *oy*, et *y* est l'espace froid ou le *glacier*. Dans l'axe

od de l'aérocone sont disposés des thermomètres *a*, *b*, *c* :
l'un *a* tout près de l'orifice, l'autre *c* peu éloigné du fond
d, et un autre *b* au milieu des deux précédents. 1° La température *t* en *a* ne diffère pas de celle de l'air ambiant,
comme cela a lieu pour la température T de la vapeur qui
s'échappe de la marmite de Papin ; 2° la température s'élève
en *c* autour de la base *d*, où les couches d'air dilatées en *b*
en s'accumulant exercent entre elles une pression ; 3° la
température baisse en *b* où s'opère la dilatation de l'air.

Dans le cas précédent (fig. 54) où l'espace n'est pas
limité, 1° la dilatation est nulle dans l'orifice, comme dans les
cas (fig. 55) où l'espace est limité ; 2° elle croît rapidement par
la décomposition de la chaleur θ' d'imbibition pour atteindre
un maximum dans l'espace *g* ou M qui est le *glacier* et qui
existe aussi en *b* (fig. 55) dans l'espace limité V. En partant
de ce glacier la chaleur décomposée est fournie par des espaces plus étendus, et ainsi il ne s'y produit pas un abaissement de température aussi grand que celui produit dans le
glacier. Dans un espace ouvert il n'apparaît nulle part d'é-
lévation de température, et cela d'autant moins que celle de
la vapeur comprimée qui s'échappe est plus élevée. Pour
qu'une élévation de température se manifeste en M, il faut une
température de 100° ou une inférieure de la vapeur qui
s'échappe de la marmite.

Dans les espaces V limités la température s'élève entre les
couches d'air qui, après avoir éprouvé leur dilatation dans
le glacier, commencent à se repousser pour faire diminuer
les intervalles λ″, λ″, λ″… entre les molécules ou les enveloppes, ce qui n'est possible que par l'éloignement des élé-
ments $\hat{E}$, $\bar{E}^1$, $\ddot{E}$ électriques de chaleur qui viennent d'y pénétrer quand ces couches d'air étaient en *g* où s'opéra la décomposition de leur chaleur. Ainsi deviennent évidents 1° dans
le premier cas la consommation de la chaleur et la production d'un glacier dans l'espace illimité, et 2° dans le second
cas, le transport de la chaleur du glacier au fond du récipient.

A la place du glacier M (fig. 54) dans l'espace illimité on y obtient un *foyer* au moyen d'une aspiration produite par l'introduction rapide de l'air dans le récipient V et cela pour occasionner une affluence d'air vers l'orifice externe o ; ainsi on obtient également un aérocone où l'air suit un mouvement centripète ; cet air se comprime à un plus haut degré, précisément à la même distance oM de l'orifice o, dans lequel s'opère le refroidissement à cause de la dilatation de l'air ou de la vapeur qui étant comprimé dans le récipient R s'échappe de l'orifice o.

V.—DE LA CHALEUR PRODUITE DANS LES ANIMAUX AU MOYEN DES ALIMENTS ET DE L'AIR.

§ 565. Les animaux à sang chaud respirent l'air directement : tels sont les oiseaux et les mammifères ; la température du sang se soutient au même degré pendant chacune des quatre saisons ; et cela, aussi bien chez l'homme qui se préserve l'hiver contre le froid, que chez les animaux sauvages dont plusieurs espèces passent pour hiverner aux pays moins froids, et d'autres espèces vivent même aux régions polaires. Dire que *les animaux, pendant leur vie, dégagent une quantité de chaleur qui compense à chaque instant les pertes qui se produisent à l'extérieur*, c'est tout simplement répéter la phrase précédente, c'est-à-dire que la température du sang est invariable ; mais souvent les lecteurs abusés croient voir là une explication. Avant de discuter les détails de cet objet, nous allons rapporter les résultats des expériences.

§ 566. **Mesure de la quantité de chaleur dégagée par les animaux.** Les recherches de ce genre ont pour but de comparer la chaleur dégagée $q\theta$ à la quantité d'oxygène absorbée dans l'acte de la respiration ; car on peut, d'après cet oxygène, déterminer la quantité $q'\theta$ de chaleur qui ne doit pas différer de la chaleur consommée q_0. Il faut donc d'une part déterminer la chaleur q_0 au moyen d'un calorimètre, et de l'autre la quantité d'oxygène O consommé de l'air respiré. La coupe du calorimètre AB de Dulong est représentée dans la figure 56. Dans une caisse remplie d'eau est plongée une boîte en cuivre mince cc dans laquelle on enferme l'animal, qu'une cage légère en osier

Figure 56.

sépare des parois. La boîte porte un couvercle o fermant au moyen du mercure. L'air entre dans la caisse par le tube a; il est chassé d'un gazomètre fixe par l'eau qu'on fait arriver avec une vitesse constante dans la cuve qui la contient. Les produits de la respiration s'échappent par le tube n, après avoir parcouru un serpentin horizontal b. Ils sont reçus dans un autre gazomètre fixe dans lequel le niveau de l'eau baisse uniformément, cette eau étant enlevée à la cuve qui la contient au moyen d'un siphon; les expériences ont été faites sur des chiens, des chats, des câblais, des lapins, des pigeons, des crécerelles à une température de 15° environ.

Il y a disparition d'oxygène dans l'air respiré et production d'acide carbonique; autrefois on admettait avec Lavoisier que c'est une certaine quantité de carbone séparés du sang des veines qui se combine avec l'oxygène disparu; ensuite on a reconnu qu'il y a simplement échange de gaz à travers les parois des cellules pulmonaires qui sont si minces que leur surface totale est, chez l'homme, presque égale à 30 fois la surface extérieure du corps. Ainsi l'acide carbonique se trouve dégagé en état d'imbibition dans le sang veineux, car on peut l'en extraire facilement, et de plus, les animaux qui peuvent vivre quelque temps dans l'azote, exhalent autant d'acide carbonique que s'ils respiraient dans l'air.

Les résultats d'expériences nombreuses constatent une production de chaleur inférieure quand on fait diminuer l'oxygène dans l'air; en calculant la consommation de l'oxygène pour brûler le carbone et l'hydrogène contenus dans les aliments, on trouva non-seulement la quantité de chaleur consommée, mais encore un excédant notable. Dumas ne manqua pas de lui trouver une place; il dit que, dans l'animal en repos, la quantité de chaleur qui se perd au dehors est moindre que celle qu'il produit; l'excès se dissimule, reste à l'état *latent* pour se manifester pendant le travail musculaire; de sorte que, dans l'état de mouvement, la chaleur qui se répand au dehors est en plus grande quantité que celle que produit la respiration, quoique celle-ci se trouve plus active. Cette explication du savant physicien n'est qu'une autre description des faits, arrangés par l'introduction d'une série d'hypothèses : 1° état latent de chaleur, 2° mode de production de travail, 3° passage de la chaleur de l'état latent à l'état libre.

Au lieu d'avoir recours à de telles hypothèses, Desgranges a fait voir que c'est dans les dernières ramifications des vaisseaux sanguins que l'oxygène dissous dans le sang artériel passe au carbone et à l'hydrogène, et les produits matériels, l'acide carbonique et l'eau, pénètrent dans le sang veineux qui les conduit aux poumons. Le sang, avec des produits, se répand sur les parois des cellules étendues par la quantité d'air inspiré; l'oxygène y pénètre et sollicite l'écoulement de l'eau et de l'acide carbonique du sang vers l'air expiré.

Desgranges exposa les faits tels qu'il les trouva par ses observations chimiques; il n'a pas voulu chercher des hypothèses pour expliquer d'où provient 1° la quantité de chaleur $\beta t^\circ - t$ qui élève l'air de sa température t à βt°; 2° celle $q\theta$ qui transforme la quantité v d'eau en vapeur; 3° celle qui produit une élévation de température du sang artériel, et 4° celle qui se dégage pendant le travail.

§ 567. **Rapport entre l'acide carbonique éloigné et la chaleur.** Le sang circule dans le fœtus en passant d'une des chambres du cœur dans l'autre par l'ouverture ovale; quand il vient au monde, une partie du sang continue de s'écouler par la même voie, et une autre pénètre dans les poumons où déjà a pénétré l'air qui sollicite cet afflux du sang dont s'écoulent à l'état de vapeur l'eau et l'acide carbonique. Comme tout le sang ne pénètre pas par les poumons, il reste dans le sang artériel une quantité de ces deux corps. Cet état se soutient pendant toute la vie chez les amphibies et les poissons, tandis que chez les oiseaux et les mammifères l'ouverture ovale se ferme en général graduellement, et cela prouve que le sang cesse d'y pénétrer quand même cette ouverture n'est pas encore fermée, de sorte qu'elle peut persister même pendant toute la vie chez quelques individus à sang chaud.

Chaque diminution d'acide carbonique éloignée est en rapport 1° avec une diminution analogue de la nourriture qui fournit le carbone, et 2° avec la quantité d'air inspiré qui fournit l'oxygène; il résulte de là une production de chaleur inférieure chez les animaux des classes inférieures; pour cette raison, la température de leur sang n'est pas constante, et elle n'est pas indépendante de celle du milieu dans lequel ces animaux vivent.

§ 568. **Rapport entre la température de l'air et la chaleur produite.** La quantité de nourriture des animaux domestiques, des chevaux, des soldats, ne diffère pas l'hiver et l'été; les animaux sauvages sont mieux nourris l'été que l'hiver; l'air est inspiré l'été à une température de 20°, et il est expiré à 37°; en hiver, une égale masse d'air est inspirée à une température au-dessous de 0°, et elle est expirée à 37°. Dans l'air est contenue en été une plus grande quantité d'eau qu'en hiver, tandis que l'air expiré est toujours à l'état saturé de vapeur. Les animaux qui vivent en plein air et qui restent couchés sur le sol consomment, par la surface de leur corps, une quantité de chaleur moindre en été qu'en hiver.

Ces grandes différences entre les quantités de chaleur consommée l'été et l'hiver, augmentent davantage pour les hommes et les animaux qui vivent dans les pays où, en été, la température s'élève au-dessus de 20°, et où l'hiver gèle le mercure. Les résultats des observations ci-dessus rapportées sont véritables, et elles ont dû convaincre qu'il y a une égalité entre la chaleur produite et la chaleur consommée quand les animaux se trouvent dans une température de 15° environ.

Certes ces résultats sont véritables, nous en convenons: mais ils vont précisément ici nous servir à prouver tout le contraire de ce que ces mêmes physiciens prétendaient avoir obtenu. C'est sans doute par un oubli qu'ils n'ont pas opéré à une température au-dessus de zéro, ou tout au moins qu'ils n'ont pas fait le calcul de la quantité de chaleur consommée aux températures inférieures. Ils auraient été ainsi amenés à se convaincre qu'il existe une augmentation de production de chaleur chez les animaux par l'abaissement même de la température de l'air ambiant. Cet objet important va être discuté en détail dans le chapitre suivant.

VI. — ÉQUIVALENT MÉCANIQUE DE CHALEUR.

§ 569. On a nommé ainsi le volume $V + V'$ qu'obtient celui V des gaz ou des vapeurs comprimés, on repoussant un poids P qui cède ce même volume V' en exerçant un mouvement M égal à celui M' exercé par la vapeur ou le gaz en repoussant ce poids P. L'augmentation du volume V, pour devenir $V + V'$, s'opère par un élargissement des intervalles $\lambda - \lambda'$, $\lambda - \lambda$, $\lambda - \lambda$ qui deviennent $\lambda, \lambda, \lambda...$, et qui laissent pénétrer entre eux des quantités analogues d'équivalents électriques $\alpha\ddot{E}\ddot{E}'\ddot{E}$ provenant de la chaleur décomposée $2\alpha\ddot{E}\ddot{E}^2$, chaleur attribuée à une capacité croissante.

Donc on a une série des faits liés entre eux par la loi physique comme causes et effet : 1° la destruction de l'équilibre résulte de la répulsion R de la vapeur qui augmente et devient R + R' quand la température T s'élève pour devenir T + T', car alors il se décompose une quantité analogue $2\alpha\theta$ de chaleur, dont les équivalents $\alpha\ddot{E}\ddot{E}'\ddot{E}$ vont occuper les intervalles étroits $\lambda — \lambda'$, $\lambda — \lambda'$, $\lambda — \lambda'$... ; 2° le poids P est ainsi forcé de céder un espace e au volume V de vapeur qui augmente pour devenir V + V'; 3° dans l'espace e occupé par le volume V' pénètrent les éléments électriques de la quantité $2\alpha\theta$ de chaleur qui disparaît.

On mesure cette chaleur $2\alpha\theta$, on mesure ainsi le déplacement ou le mouvement M qu'éprouve le poids P, et ainsi on obtient le rapport $2\alpha\theta : m$, en appelant m le travail mécanique qui est représenté par le produit $M \times P$. Comme on ignorait le mode de la production d'une répulsion au moyen de l'élévation de température, et la disparition de la chaleur $2\alpha\theta$ par sa décomposition, les expériences ont été limitées au rapport indiqué $2\alpha\theta : m$ qui a été trouvé constant; mais la chaleur $2\alpha\theta$ est attribuée à une capacité croissante.

Cependant, avant d'indiquer les expériences de ce genre, il faut rectifier quelques erreurs qui sont plutôt apparentes que réelles. Regnault, en laissant se dilater le gaz dans un tuyau conique qui remplaçait le serpentin, trouva dans le calorifère une élévation de température; Joule, en conduisant l'air dans le calorifère, y trouva un abaissement de température, fait qui est d'accord avec la dilatation du gaz : il ne reste plus qu'à établir d'où résulte la chaleur obtenue par Regnault.

§ 570. **Production de chaleur par la dilatation de l'air comprimé.** Regnault expérimenta des deux manières suivantes, et obtint des résultats qui paraissaient en contradiction ; 1° une masse d'air était échauffée à 100° en traversant un serpentin, puis cet air passait par un calorimètre renfermant l'eau à 0° ; l'élévation de température de cette eau est sensiblement la même quand le gaz est à la pression atmosphérique et à une pression de 10 atmosphères ; 2° Regnault a fait sortir le gaz comprimé par une petite ouverture o pour traverser le calorimètre, en se dilatant dans le tuyau assez pour sortir de la grande ouverture O dilaté comme l'est l'air ambiant ; l'eau du calorimètre *s'échauffe davantage.* Ce résultat inattendu resta isolé et en contradiction flagrante avec ceux obtenus par Joule et même par Regnault.

Explication. Regnault exposa fidèlement le fait tel qu'il se présenta ; il l'aurait sans doute laissé de côté s'il n'en eût pas été très-sûr ; il n'a voulu admettre aucune hypothèse pour en donner une explication telle quelle, comme n'eût pas manqué de le faire tout autre à sa place. L'échauffement observé est produit de la manière suivante : le gaz comprimé, en s'échappant de l'orifice o, se dilate et remplit le tuyau ou le cône ; ainsi la masse qui suit commence à s'écouler par l'orifice O. Tout près de l'orifice o, l'air n'éprouve aucun changement de température ; celle-ci baisse à la distance d de l'orifice o sur l'axe qui unit les centres des deux orifices. Latéralement à la distance d vers la surface, il y a compression d'air et élévation de température, comme cela a été prouvé dans le thermomètre c (fig. 54). C'est donc cette élévation de température provenant de la compression de la masse stagnante d'air qui est obtenue dans le calorimètre.

§ 574. **Équivalent mécanique de la chaleur calculé.** De l'observation de Gay-Lussac, il résulte que l'eau d'un calorimètre n'éprouve aucun changement de température quand on y introduit les deux ballons B, B' (fig. 53), et qu'on ouvre les robinets V, V' pour laisser passer l'air comprimé dans le ballon vide. Joule s'en est assuré par des observations directes. Cette stabilité de température résulte de ce que la quantité $2\alpha\theta$ de chaleur, décomposée pour fournir les équivalents électriques $\alpha\breve{E}\bar{E}^4\breve{E}$ aux intervalles $\lambda-\lambda', \lambda-\lambda', \lambda-\lambda'\ldots$ devenus $\lambda, \lambda, \lambda\ldots$ par la dilatation, ne diffère pas de celle $2\alpha\theta$ qui résulte des équivalents électriques $\alpha\breve{E}\bar{E}^4\breve{E}$ dans les intervalles $\lambda+\lambda', \lambda+\lambda', \lambda+\lambda'\ldots$ qui diminuent et deviennent $\lambda, \lambda, \lambda\ldots$ par l'introduction de la masse d'air. Person calcula l'équivalent m de la manière suivante:

Soit 1 mètre cube d'air à $0°$ sous la pression de H kilogramme par mètre carré exercée contre une égale répulsion R de la part des équivalents électriques contenus par influence dans les molécules de l'air; soit p, c, p le poids de cette masse d'air, sa chaleur spécifique à volume constant et son coefficient de dilatation. Supposons qu'on échauffe le gaz de $1°$ sans lui permettre de se dilater, il faudra pour cela lui fournir une quantité de chaleur égale à pc; sa répulsion, devenue ainsi $R+r$, suffit pour soutenir la pression $H+\gamma H$. Si maintenant on établit une communication avec un espace vide égal à la fraction γ ou r du mètre cube, la répulsion $R+r$ diminuera, et, devenue R, soutiendra la pression H, et la quantité de chaleur pc que contient l'air n'aura pas diminué mais aura été changé en chaleur par influence $\breve{E}\bar{E}^4\breve{E}$.

Supposons en second lieu qu'on échauffe de $1°$ le même volume d'air pris à $0°$ sous la pression H, en lui permettant cette fois d'augmenter en volume au moyen de la répulsion r, alors l'augmentation des intervalles $\lambda, \lambda, \lambda\ldots$ qui deviennent $\lambda+\lambda', \lambda+\lambda', \lambda+\lambda'$ ne s'opère qu'au moyen des éléments électriques d'une quantité $\alpha\theta$ de chaleur qui occupent à l'état dissimulé ces intervalles augmentés. La quantité de $\alpha\theta$ de chaleur est exprimée par $(C-c)\,p$; c'est la capacité de l'air à pression constante. Le volume sera devenu $1+\gamma$ à la pression H ou à la répulsion R et à la température $1°$.

La différence entre ces deux cas consiste en cela que, dans le premier cas, se trouve l'espace γ qui était vide, et par suite sans qu'il soit exercé aucune résistance, tandis que, dans le deuxième cas, cet espace étant occupé par l'air, celui-ci, repoussé, devait céder sa place à la masse γ' d'air qui, en s'éloignant, produit une raréfaction de la masse totale M qui reste à 1°, car les intervalles $\lambda + \lambda', \lambda + \lambda', \lambda + \lambda'$ augmentés sont en ce cas occupés par les éléments de la chaleur $\alpha\theta = Cp - cp$. Dans le cas précédent où la quantité cp de chaleur est dans les volumes 1 et $1 + \gamma$, la température étant 1° dans le volume, 1 devient $1° - \chi°$ dans le volume $1 + \gamma$, à cause de la chaleur $\alpha'\theta$ décomposée.

Par conséquent le travail se trouve représenté par la répulsion et l'évacuation de l'espace γH de l'air extérieur, car cet espace devient ainsi occupé par une fraction de la masse M qui se dilate, et ainsi se vide un espace égal par l'augmentation des intervalles qui sont alors occupés par les éléments électriques de chaleur à l'état dissimulé. Donc le volume γ, ajouté à celui 1, occasionne la décomposition de la quantité de chaleur $\alpha'\theta = Cp - cp$ dont les éléments servent à produire le travail *mécanique* m qui est exprimé par la masse d'air γH déplacé de l'espace γ. Mais ce même espace γ représente l'ensemble de l'augmentation $\lambda' + \lambda' + \lambda'...$ dans lesquels entrent les éléments de la chaleur $\alpha\theta = Cp - cp$; il en résulte ainsi le rapport $\gamma H : p\,(C - c)$. En prenant la répulsion R et la pression atmosphérique égales à 760 centimètres, ce qui donne $H = 10334$ kilomètres, et $P = 1^k, 293$, prenant $c = \frac{270}{333} = 0,1686$ d'après Laplace, et $C = 0,2377$ d'après Regnault. Person trouve 424 kilogrammètres pour le travail produit par les éléments électriques d'une calorie.

§ 572. Évaluation empirique de l'équivalent mécanique de la chaleur. Joule a évalué l'équivalent mécanique de la chaleur par différents moyens, et d'abord en renversant la question, c'est-à-dire en cherchant la quantité de chaleur $2\alpha\theta$ produite par une certaine dépense m de travail mécanique. Il comprima de l'air à 22 atmosphères dans un récipient en cuivre, plongé, ainsi que la pompe foulante, dans l'eau d'un calorimètre. Après 300 coups de piston, on observe l'élévation de température de l'eau. Pour connaître l'échauffement produit par le frottement du piston, on donne 300 coups de piston après avoir supprimé la communication de la pompe avec l'atmosphère ; on fait en même temps une correction convenable pour le frottement du piston, qui est plus fort quand on comprime l'air que quand cela n'a pas lieu. En connaissant la course et la section du piston, ainsi que la répulsion r initiale du gaz et sa répulsion R finale, on trouve par le calcul le travail m. Par ce moyen, Joule a trouvé, pour l'équivalent mécanique m de la chaleur, la valeur moyenne de 444 kilogrammètres.

Dans une autre série d'expériences, le même physicien a fait passer de l'air comprimé d'un récipient dans une cloche pleine d'eau. La température s'abaissa dans le récipient par la décomposition de la quantité $2x\theta$ de chaleur dont les éléments électriques $x\bar{E}\bar{E}$ occupèrent la totalité de l'espace λ', λ', λ' des intervalles augmentés. Le travail m a été obtenu par la masse M d'eau déplacée ; ainsi, dans trois expériences distinctes, il obtint les valeurs 454, 447 et 418 kilogrammètres.

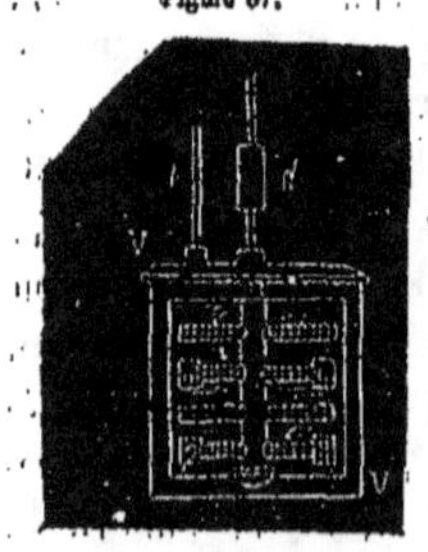
Figure 57.

Expériences dans les liquides. Joule fait tourner dans l'eau des palettes en laiton o, o, o... (fig. 57) au nombre de 16 qui passaient à travers quatre systèmes de vannes fixes c, c, c... supportés par un cadre en laiton. Ce cadre soutenait en même temps l'axe de rotation, et le tout introduit dans un vase de cuivre V V contenant 6 à 7 kilogrammes d'eau ; t est le thermomètre et d est une pièce de bois dont la chaleur reste en équilibre avec celle de l'eau. Joule a pu obtenir dans l'eau une élévation de $0°,502$. Des expériences semblables faites sur le mercure avec un appareil en fonte ont donné jusqu'à $2°,54$.

Le mouvement rotatoire des 10 palettes en laiton, ainsi que celui de l'appareil en fonte, était obtenu au moyen d'un poids P qui descendait jusqu'au sol ; ce chemin a été répété jusqu'à 20 fois. Le travail trouvé par ce moyen fut de 430 kilogrammètres dans l'eau, et de 432 kilogrammètres dans le mercure.

Dans ces cas, la production de chaleur résulte de la diminution des intervalles dans les faces antérieures f, f, f, des palettes dont s'éloignent les éléments $\mathrm{E}, 2\mathrm{E}$; dans les faces postérieures f', f', f', des mêmes palettes augmentent les intervalles, et ils reçoivent une quantité égale d'éléments de chaleur de l'air ambiant. Il n'y a donc ici aucune production de chaleur, mais un déplacement simple de celle de l'air dans le liquide dont le volume n'éprouve presque aucun changement. La différence entre les valeurs 430, 432 ainsi obtenues et celles 451, 444 obtenues au moyen de la compression de l'air, peut être attribuée au calcul qui ne peut jamais conduire à des résultats tout à fait exacts, et cela à cause des quantités des masses déplacées et de celles des équivalents électriques dissimulés qui ne peuvent pas être exactement représentés en unités de poids et d'espace qui entrent dans le calcul. Ainsi, il ne suit pas de là que de calculs sans erreurs on doive nécessairement obtenir des résultats qui correspondent aux faits obtenus par les expériences directes et très-exactes.

§ 573. **Travail mécanique animal.** Après que l'on a ainsi constaté le rapport $2\alpha\theta : m$ entre la quantité $2\alpha\theta$ de chaleur disparue par la dilatation des gaz et le travail m, il se présente le travail animal avec une production de chaleur. A l'état de repos, la température des muscles de l'homme est plus élevée de $1°,25$ à $2°,25$ que celle du tissu cellulaire sous-cutané. Les contractions des muscles élèvent leur température ; ainsi, en pliant plusieurs fois de suite l'avant-bras, pendant que la soudure de l'une des deux aiguilles se trouve plongée dans le muscle biceps, l'aiguille

magnétique du rhéomètre marche et indique par sa déviation un accroissement de température qui, au bout de cinq
minutes, peut aller jusqu'à 5°. La compression d'une artère
détermine un abaissement de température dans les muscles
où ce vaisseau se ramifie.

On ne peut donc nier la production simultanée du travail
mécanique m et d'une quantité de chaleur $q'\theta$ qui sont en
en rapport direct $q'\theta : m$; et cependant Liébig et plusieurs
autres physiciens ont voulu à toute force voir dans les animaux des machines à vapeur où la chaleur produite par la
combustion de la nourriture serait employée à mettre en
mouvement les muscles, sans se rappeler qu'ici il y a production de travail et de chaleur, tandis que le travail de la
machine à vapeur est obtenu par la dilatation de la valeur
accompagnée de la consommation d'une quantité de chaleur.

Afin de montrer toutes les précautions que nous prenons
pour ne pas dévier de la seule voie tracée par la loi physique, il faut exposer toutes les espèces de faits qui sont
observés dans les muscles : 1° le travail s'interrompt quand
on coupe le nerf qui va au muscle; 2° la température du
sang des artères et des veines est, dans les extrémités des
artères, de très-peu supérieure à celle dans les extrémités
des veines; mais en partant de ces extrémités et allant vers
le cœur, la différence croît, et, dans l'aorte, elle est de
1° environ plus élevée que dans la veine cave ascendante;
3° il a été déjà dit que Desgranges prouva que c'est dans
les dernières ramifications des vaisseaux que l'oxygène
passe dans l'hydrogène et le carbone, et 4° le travail des
muscles est accompagné d'une production de chaleur.

Le mécanisme de l'appareil musculaire est très-simple;
il consiste en muscles *fléchisseurs* et en muscles *extenseurs*.
Ces muscles sont un faisceau de fils fixés aux deux os unis
par une articulation; ces fils consistent en une série de globules de dimensions analogues à celles des vésicules de la

vapeur, avec la différence que, de leurs équivalents électriques, les négatifs $\bar{E}$ se trouvent du côté du cerveau, et les
positifs $\bar{E}$ du côté extérieur ; arrangement analogue à celui
des lames des cristaux et de tous les corps solides, de sorte
que l'écoulement des équivalents positifs $\bar{E}$ par les nerfs de
la part du cerveau n'éprouve aucune résistance dans les
faces des globules.

Les flexions des extrémités résultent des raccourcisse-
ments des fils des muscles opérés au moyen de l'aplatissement des globules où s'opère une affluence d'équivalents
positifs $\bar{E}$; le volume V du muscle comme ceux v, v, v... des
globules restent les mêmes, car ce qui est perdu en longueur
est, d'autre part, gagné en épaisseur ; 1° au moment d'une
flexion pareille, les muscles extenseurs sont relâchés et 2° au
moment d'une extension ils ont subi un raccourcissement ;
alors se relâchent à leur tour les fléchisseurs.

Ainsi les faits observés se présentent dans un ordre bien
constaté, et jusqu'à présent les physiologistes n'ont pu
franchir l'obstacle qui les empêche de se rendre compte
1° du mode d'aplatissement des globules, 2° de la production de chaleur au moment de relâchement des fils des
muscles, et 3° de la nécessité de la communication avec le
cerveau par les nerfs. Tout cela provenait de ce que la chaleur était supposée simple, comme les anciens l'admettaient
pour l'eau. Les progrès que la chimie et la physique ont faits
par la décomposition de l'eau sont beaucoup moins marqués
que ceux qu'elles ont faits depuis la découverte de la décomposition de la chaleur en deux électricités. Dans l'*Électrostatique*, page 693, cet objet a été discuté dans ses détails.
Il en ressort avec évidence comment, au moyen de l'affluence
de l'électricité, augmente l'aplatissement des globules, qui
disparaît par la transformation de cette électricité en chaleur,
tandis que le contraire a lieu dans les machines à vapeur.

CHAPITRE II.

CHALEUR ET TRAVAIL MÉCANIQUE PRODUITS PAR LES DEUX ÉLECTRICITÉS.

§ 574. La chaleur obtenue des deux électricités est toujours lumineuse; quoiqu'elle ne diffère en rien de la chaleur lumineuse obtenue des combustibles, elle a une expansion limitée, de sorte que cette chaleur est nommée *électrique*, et elle est indiquée ici par le signe Θ^*, non pas à cause d'une différence dans les éléments qui la constituent, mais à cause de son expansion, qui n'est pas entièrement supprimée, comme l'est celle de la chaleur latente, et qui n'est pas libre comme l'est celle d'imbibition produite des combustibles. Le même effet a lieu, mais à un degré inférieur pour la lumière dont l'intensité diminue rapidement pour devenir insensible dans des distances où la faible lumière des combustibles continue d'être sentie.

Pour connaître la cause de ces propriétés de la chaleur lumineuse électrique, il faut remonter à l'origine des deux électricités obtenues toujours au moyen des deux corps dont chaque couple doit être séparé par une lame liquide, si elle reste immobile; ou quand le liquide manque il faut changer les points de contact. Ici nous obtiendrons les deux électricités au moyen des couples dont chacun consiste en une lame de zinc amalgamé et en une autre de platine ou de cuivre, tels que les couples de Smée, et cela pour rendre, au moyen de cet appareil, les faits plus simples et plus clairs.

§ 575. **Origine des électricités des piles.** Les couples de la pile de Smée consistent en une lame C de cuivre ou mieux de platine et en une lame Z (fig. 58) de zinc amalgamé. Ces deux lames sont séparées par une

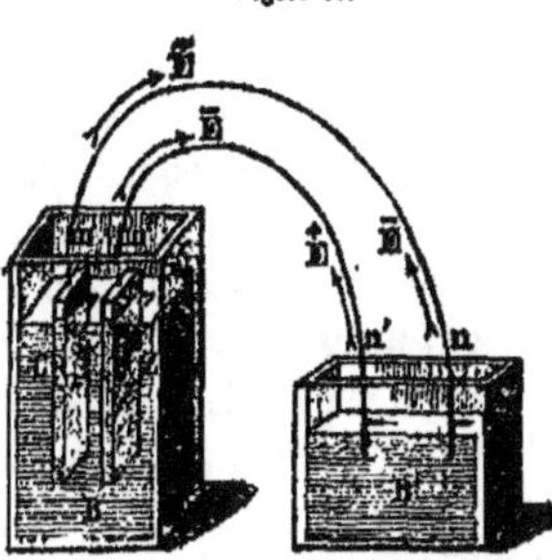

Figure 58.

couche CZ mince d'eau acidulée. Le platine et le zinc sont électronégatifs ainsi que tous les métaux; cependant le zinc l'est moins que le platine ou le cuivre. Cette différence devient donc la cause motrice parce qu'elle occasionne la rupture de l'équilibre entre les éléments électriques $\bar{E}$ et $2\bar{E}$ des atomes de chaleur contenus dans la lame CZ liquide.

1° La lame C de platine exerce, au moyen de ses équivalents négatifs $\bar{E}$, la répulsion $R + r$ contre les équivalents homonymes $2\bar{E}$ des atomes de chaleur ambiants, et cette répulsion se propage aux couches éloignées de la lame CZ liquide jusqu'à celle qui est en contact avec le zinc Z; les atomes de chaleur de la face f du zinc tournée vers la lame C éprouvent également, dans leurs éléments $2\bar{E}$, la même répulsion $R + r$.

2° De la part de la lame Z les mêmes équivalents négatifs $2\bar{E}$ éprouvent une répulsion inférieure $R - r$ en direction opposée.

Ainsi résulte 1° de la part du platine une poussée π' exercée sur les éléments négatifs vers le zinc, et 2° une autre égale π exercée de la part du zinc entre les éléments positifs vers le platine. Mais à cause de la résistance $R + R'$ exercée sur ces éléments de la part de l'air, il ne peut être produit aucun déplacement ou écoulement électrique.

32

§ 576. Après avoir soudé sur le platine C le fil de platine mn, et sur le zinc Z le fil de platine $m'n'$, il devient possible de produire les trois faits suivants :

I. Tant que les extrémités n, n' nommées par les physiciens *pôles*, et ici *bouches*, restent dans l'air éloignées l'une de l'autre, le rhéomètre n'accuse aucun écoulement électrique; il n'y a pas non plus de dissolution du zinc dans l'acide. Mais on peut prouver l'existence des poussées au moyen de l'électroscope, dont les globules dévient quand ils sont influencés par l'une des extrémités n ou n'; et comme la déviation est égale dans les deux cas, on en induit que telles doivent être les poussées Π, Π' (§ 588, fig. 62) des couples.

II. Si les extrémités n, n' sont unies avec les deux branches d'un rhéomètre, il en résulte une déviation Γ de l'aiguille; 1° le sens de cette déviation indique la direction de l'écoulement des équivalents positifs $n\bar{E}$; et 2° l'angle Γ, ou mieux, son sinus, montre la différence $\Pi - \Pi'$ non pas entre les répulsions ou les poussées, mais entre les quantités $(q + q')e$ et qe d'électre contenues dans les quantités égales $n\bar{E}$, $n\bar{E}$ d'équivalents des deux électricités en écoulement.

III. Quand l'une des extrémités n est plongée dans une cloche i (fig. 14, *Électrostatique*) du voltamètre, et l'autre extrémité n' dans une autre cloche i', il se développe dans cette dernière cloche i' un volume V d'hydrogène double du volume $\frac{1}{2}$V de l'oxygène produit dans la cloche i; preuve que le même nombre d'équivalents chimiques et électriques se trouve dans les gaz de chacune des deux cloches.

§ 577. Après avoir ainsi constaté l'origine de la rupture de l'équilibre électrostatique dans les atomes de la chaleur, il reste à indiquer le mode d'oxydation du zinc qui a lieu quand les deux extrémités n, n' sont en contact, ou quand le circuit est fermé, pour que les équivalents positifs $\bar{E}$ poussés de zinc Z vers la lame liquide ZC et vers le fil mn, puissent passer au fil $n'm'$ pour arriver au zinc, et les équivalents négatifs Ē poussés du platine C vers la lame liquide CZ et vers le fil $m'n'$ puissent passer au fil nm pour arriver au platine C.

§ 578. Renversement des directions des poussées Π, Π'. Si au lieu d'être isolées, les lames Z, C sont en contact comme l'est cz, cz (fig. 59 et 60), ces lames doubles

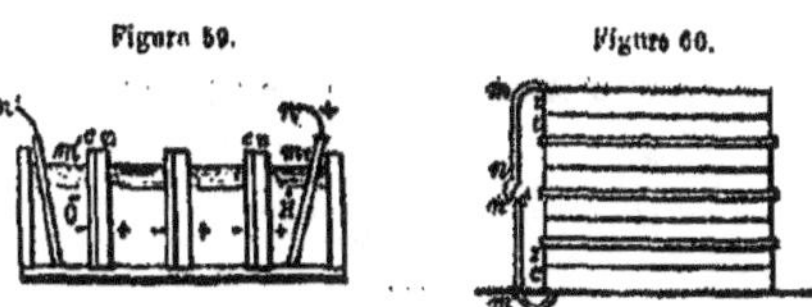

peuvent être séparées : 1° par une lame d'eau acidulée comme dans la figure 59, ou 2° par une rondelle mouillée comme dans la figure 60. Les équivalents négatifs Ē éprouvent comme précédemment, de la part du platine ou du cuivre la répulsion $R + r$, et de la part du zinc celle inférieure R : la poussée Π ou $R + r$ supérieure de chaque couple est dirigée vers le liquide ou la rondelle, d'où résulte la rupture de l'équilibre dans les éléments électriques des atomes de chaleur, de sorte que les équivalents négatifs Ē sortent du liquide sans venir en contact avec le zinc comme dans le couple de Smée.

En même temps les équivalents positifs Ē qui restent des atomes de chaleur repoussés entre eux sortent du liquide sans venir en contact avec la lame C. Ce renversement des directions produit par le contact des plaques Z, C sert à prouver le mode de la destruction de l'équilibre électrique des éléments des atomes de chaleur contenus dans le liquide.

§ 579. Électrolyse dans les couples à un liquide et à deux métaux. Le seul contact du zinc amalgamé avec l'eau acidulée ne suffit pas pour produire une décomposition de l'eau, laquelle commence quand les deux élec-

trodes mn, $m'n'$ sont mis en contact; celui-ci permet aux
poussées Π, Π' d'exercer, au moyen des équivalents électriques $\bar{E}$, $\bar{E}$, des répulsions aux lames C, Z et aux éléments
H, O d'eau qui les séparent. Dans la figure 61 sont représentés les changements successifs opérés dans les atomes de
l'eau, de la chaleur et du zinc.

SÉRIE DES FAITS CHIMIQUES OPÉRÉS DANS LES COUPLES A UN LIQUIDE
ET A DEUX MÉTAUX.

Figure 61.

CIRCUIT OUVERT

$$1°\quad Z+Aq+\theta = \qquad\qquad\qquad \theta+Aq+Pt =$$
$$Z\bar{E}^8,\ \overset{+}{H}\bar{O},\ \bar{E}\overset{+}{\bar{E}}\bar{E} \qquad\qquad \bar{E}\overset{+}{\bar{E}}\bar{E},\ \overset{+}{H}\bar{O},\ Pt\bar{E}^8$$

Zinc.   Platine.

$\overset{+}{E}$ arrive. $\overset{+}{E}$ arrive.

$\bar{E}$ s'éloigne. $\bar{E}$ s'éloigne.

CIRCUIT FERMÉ.

$$2\ \left\{\begin{array}{l}-\bar{E}+\overset{+}{E}\\ \bar{E}\overset{+}{\bar{E}}\bar{E},\ \overset{+}{H}\bar{O},\ Z\bar{E}^8\end{array}\right\} = \bar{E}+2\overset{+}{E}+HO+Z\bar{E}^8 \qquad Pt\bar{E}^8+\overset{+}{H}O+3\bar{E} = \left\{\begin{array}{l}+\overset{+}{E}-\\ \bar{E}\overset{+}{\bar{E}}\bar{E},\ \overset{+}{H}\bar{O},\ \ldots\end{array}\right.$$

$$3°\quad Z\bar{E}^3,\ \bar{E},\ O\overset{+}{E} \qquad \rightarrow \overset{+}{E},\ \overset{-}{H} \qquad\qquad \bar{O},\ \bar{E}^9 \leftarrow \qquad H\bar{E},\ 3\bar{E},\ Pt\ldots$$

$$4°\quad ZO\bar{E}^2,\ \bar{E}\overset{+}{\bar{E}}\bar{E} \qquad \rightarrow \overset{+}{E},\ \overset{-}{H} \qquad \bar{O},\ \bar{E}^9 \leftarrow \qquad H\bar{E},\ Pt\ldots$$

$$5°\quad ZO\bar{E}^2,\ \theta \qquad\qquad \overset{+}{H}O\bar{E}\overset{+}{\bar{E}}\bar{E} \qquad\qquad H\bar{E},\ Pt\ldots$$

Point de rencontre
et de combinaison
des éléments de l'eau
et de sa chaleur latente.

§ 580. *Circuit ouvert.* 1° La lame de zinc $Z\bar{E}^8$ se trouve
en contact avec un atome d'eau $\overset{+}{H}\bar{O}$ dans lequel est contenue
la chaleur latente $'\theta = \bar{E}\overset{+}{\bar{E}}\bar{E}$; de même la lame C de platine
$Pt\bar{E}^8$ se trouve en contact avec un atome d'eau $\overset{+}{H}\bar{O}$ dans lequel est aussi contenue la chaleur latente; partout règne
l'équilibre qui est constaté par le repos ou le manque d'actions chimiques et des courants.

§ 581. *Circuit fermé.* 2° Il arrive au zinc $Z\bar{E}^9$ un équivalent $\overset{+}{E}$ positif venant d'un atome de chaleur décomposé
au platine $Pt\bar{E}^8$, et il s'éloigne un équivalent négatif $\bar{E}$ en se
séparant d'un atome θ pour aller en même temps au platine;

ainsi autour du zinc se trouvent l'atome d'eau $\overline{H}\overline{O}$ et les équivalents électriques $\overline{E}$, $2\overline{E}$, et autour du platine sont l'atome d'eau $\overline{H}\overline{O}$ et les trois équivalents négatifs $\overline{E}$.

3° Les équivalents positifs $2\overline{E}$ repoussent l'hydrogène $\overline{H}$ de l'atome d'eau $\overline{H}\overline{O}$ qui s'éloigne du zinc avec l'un $\overline{E}$ de ces équivalents positifs, parce que l'autre $\overline{E}$ reste combiné avec l'oxygène $\overline{O}$. En même temps les équivalents négatifs $3\overline{E}$ de l'atome d'eau $\overline{H}\overline{O}$ repoussent l'oxygène $\overline{O}$ qui s'éloigne du platine avec les deux équivalents négatifs $2\overline{E}$, parce que l'autre reste combiné avec l'hydrogène $\overline{H}$.

4° Dans le platine il ne se trouve en excédant aucun équivalent électrique; pour cette raison il reste dans son état métallique représenté par $P + \overline{E}^3$, parce que chaque atome métallique contient trois équivalents négatifs; mais il n'en est plus de même pour le zinc où l'équivalent $\overline{E}$ négatif se trouve à côté de l'atome d'oxygène $\overline{O}\overline{E}$; cet équivalent $\overline{E}$ fait résulter un atome $\overline{E}\overline{E}\overline{E}$ de chaleur par la séparation d'un équivalent négatif $\overline{E}$ du zinc $Z\overline{E}^3$ qui y est replacé par l'équivalent matériel $\overline{O}$ d'oxygène, et ainsi est produit l'oxyde $Z\overline{O}\overline{E}^3$. Dans les cas où le zinc est remplacé par un autre métal dont ne peut pas être séparé l'équivalent négatif $\overline{E}$, l'oxygène reste, mais en recevant l'équivalent $\overline{E}$ négatif il devient *ozoné* sous la forme $\overline{O}\overline{E}\overline{E}$.

5° Les éléments positifs $\overline{E}$, $\overline{H}$ (fig. 61) repoussés du zinc et les négatifs $\overline{O}$, $2\overline{E}$ repoussés du platine se rencontrent et se combinent au milieu de la lame liquide; dans la lame de zinc reste l'oxyde avec la chaleur, et dans la lame de platine reste l'hydrogène sans production de chaleur.

§ 582. **État thermométrique des couples.** Si la lame de liquide est l'eau de source l'oxyde de zinc reste avec la chaleur produite, et c'est ainsi qu'il s'y produit une température supérieure à celle du platine, comme chacun peut s'en convaincre. Ce cas de la différence de température est connu quand on opère avec l'eau acidulée, mais alors il y a production de chaleur par la combinaison de

l'acide avec l'oxyde, et l'on attribue cette élévation de température à la production du sel, quoique, du reste, la production de la chaleur dans l'oxydation des métaux soit
prouvée; mais quand une telle oxydation et production de
chaleur manquent, les physiciens ne peuvent plus alors concevoir pourquoi l'oxygène produit devient *osoné*.

Personne jusqu'à présent n'est parvenu à coordonner des
faits si nombreux enchaînés et rattachés à la seule loi physique, sans laisser çà et là de nombreuses lacunes et sans
avoir recours à une foule de raisonnements; ici l'auteur
n'est qu'un simple photographe qui obtient les images fi-
dèles des objets, tandis que les personnes dont nous par-
lons peuvent être comparées aux peintres qui savent mieux
colorer et qui donnent aux images une ressemblance plus
frappante, même que celle qu'obtiennent les photographes,
et cela, parce qu'ils peuvent donner à la physionomie des
expressions variées qui existent, en effet, mais non pas simultanément.

Les grands détails, les exemples nombreux de chaque
espèce de couples et de chaque espèce de faits chimiques
se trouvent dans l'*Électrostatique* (deuxième partie, section I).

— EFFET S CHIMIQUES, PHYSIQUES ET MÉCANIQUES DES DEUX ÉLECTRICITÉS
EN RENCONTRE.

§ 583. Au moyen des plaques métalliques, il s'opère
dans les couples une destruction d'équilibre dans les éléments électriques des atomes de chaleur, et cela à cause des
répulsions inégales $R + r$ et $R - r$ des poussées Π et Π'
exercées sur les équivalents $\bar{E}$ et $\bar{E}$ de la part de chaque
métal. Quand le circuit est fermé l'équilibre reste rompu
et se soutient en cet état par l'éloignement de l'hydrogène
$\bar{H}\bar{E}$ du platine et de la chaleur θ du zinc. Les deux électrodes

mn, $m'n'$ peuvent être comparés à deux tuyaux séparés dans leur intérieur par une lame et qui laissent s'écouler dans une moitié une espèce d'équivalents, et dans l'autre une espèce hétéronyme en direction opposée.

Tant que le circuit est fermé l'écoulement soutenu ne se montre nulle part; mais si l'on ouvre le circuit les tuyaux restent bouchés par l'air qui empêche l'éloignement des équivalents électriques. Cette résistance $R + R'$ de la part de l'air diminue quand l'épaisseur de sa couche est moins grande; ainsi, en rapprochant les extrémités n, n' des électrodes, l'on parvient toujours à vaincre la résistance qui devient $R - r$, alors les atomes $\bar{E}$ sautent, pour ainsi dire, de l'extrémité n pour traverser l'intervalle $-n...n'-$, et pénétrer dans l'extrémité n' dont sont partis en même temps les équivalents négatifs $\bar{E}$ pour pénétrer dans l'extrémité n. Cet intervalle nn', nommé *arc voltaïque*, est donc parcouru par les mêmes équivalents électriques que les électrodes mn, $m'n'$, et la différence consiste en cela que dans les électrodes ces équivalents existent dans toute leur longueur comme deux colonnes d'eau parallèles dont l'une est parcourue en une direction et l'autre en direction opposée. Si les tuyaux horizontaux éprouvent quelque fente et que la poussée fût un peu forte, il pourra se produire une fuite légère, et le reste passera en sautant d'une extrémité à l'autre.

Cette comparaison des électrodes mn, $m'n'$ avec tuyaux divisés dans leur intérieur en deux moitiés dans lesquelles s'écoulent deux filets d'eau en directions opposées doit servir à rendre facile l'explication de la production des faits chimiques, physiques et mécaniques observés dans l'intervalle nn' entre les deux électrodes.

A. Production des faits chimiques par les courants électriques.

§ 584. Il a été prouvé dans l'*Électrostatique* que 1° les mots *faits chimiques* signifient déplacements des éléments matériels des atomes des corps, et 2° que les mots *faits mécaniques* signifient déplacements des corps avec leurs atomes. Pour obtenir l'une ou l'autre espèce de déplacements, il ne faut pas chercher d'autres courant électriques; car il suffit de conduire ceux-ci aux corps dont les parcelles matérielles 1° se laissent transférer dans l'état où elles sont d'un point à un autre, ou 2° ces parcelles se décomposent en leurs deux éléments dont l'un est entraîné par une espèce d'équivalents, tandis que l'autre suit la direction opposée. Cet objet a été traité en détail dans la deuxième partie de l'*Électrostatique;* la série des faits chimiques exposée ci-dessus (fig. 64) a été exposée d'une manière qui ne laisse aucun doute sur le mode de leur production suivant la loi physique.

Les physiciens et les chimistes ne pouvaient coordonner ces faits connus dans une série pareille, parce qu'il leur manquait les connaissances nécessaires. 1° Ils ignoraient les poussées Π, Π' qu'éprouvent les équivalents électriques de la part de leurs homonymes contenus dans les plaques métalliques; 2° ils ne savaient pas que chaque atome de chaleur est composé d'équivalents électriques, de sorte que, pour eux, chaque déplacement d'équivalent chimique ou des parcelles constituant les corps était un mystère.

Il ne se produit aucun déplacement des éléments matériels d'un liquide quand les deux extrémités n, n' des électrodes mn, $m'n'$ y sont en contact, parce que les équivalents électriques $\breve{E}$, $\breve{E}$ passent d'un électrode dans l'autre sans repousser les éléments matériels de l'eau. Le même effet a lieu dans le cas où ces extrémités sont trop éloignées l'une de l'autre pour permettre aux équivalents de sauter de l'une à l'autre à cause de la résistance $R + R'$ exercée de la part des atomes matériels du liquide. Pour diminuer cette résistance et la ramener à $R - r$, il faut mettre en contact les deux extrémités dans l'électrolyte et les éloigner ensuite en directions divergentes. Les atomes matériels une fois re-

poussés de l'intervalles *nn'* ou — *n*... *n'*—, ne peuvent plus
y pénétrer quand il est parcouru par les équivalents électriques $\bar{E}$, $\bar{E}$.

B. Production des faits mécaniques par les courants électriques.

§ 585. Les équivalents électriques négatifs $\bar{E}$ éprouvent
dans la lame d'eau du couple CZ (fig. 58) une répulsion
$R + r$ de la part de leurs homonymes contenus dans la
plaque C de cuivre ou de platine, tandis que la répulsion
exercée de la part de la plaque Z de zinc sur les mêmes
équivalents $\bar{E}$ n'est que $R - r$; c'est de là que résulte une
destruction d'équilibre entre les éléments électriques $\bar{E}^2$ et
$\bar{E}$ des atomes de chaleur ; de sorte que les équivalents négatifs $\bar{E}$ sont repoussés du cuivre vers le zinc quand il est
en contact pour passer dans la lame liquide comme dans
les couples des figures 59 et 60 ; et quand les deux plaques
sont séparées par une lame liquide, la répulsion *r* s'opère
toujours vers le zinc, mais à travers la lame liquide CZ.

Cette répulsion *r*, entre les équivalents négatifs qui sollicitent leur éloignement de la plaque C, donne naissance à
une répulsion égale *r'* entre les équivalents positifs $\bar{E}$ des
atomes de chaleur, qui, séparés des négatifs $\bar{E}^2$, exercent entre
eux une répulsion, et leur propagation s'opère en direction
opposée des équivalents négatifs $\bar{E}$, à cause du manque de
résistance qu'ils présentent. Nous répétons encore que cette
rupture d'équilibre est la cause motrice, et par suite la
cause physique des trois genres de faits chimiques, mécaniques et physiques ; car chacun de ces genres de faits est
produit du même courant, et l'on peut à volonté obtenir
des faits de chaque genre en conduisant ce courant sur des
objets différents.

§ 586. Les faits mécaniques sont des deux espèces : 1° dans
les uns il se présente une translation des parcelles des corps

seulement dans la direction de l'écoulement des équivalents positifs ; 2° dans les autres sont constatées des translations des parcelles du même corps en directions divergentes. Dans la figure 61 on a rendu visibles les déplacements convergents des éléments hétéronymes électriques et matériels d'où résultent les faits chimiques. Ici vont être exposés séparément les faits mécaniques opérés en un seul sens, et ensuite ceux qui s'opèrent en directions divergentes.

§ 587. I. **Transport des parcelles en directions divergentes par le courant.** Ce fait a été constaté par Van-Breda, au moyen d'une plaque de fer p épaisse et isolée placée dans le vide entre deux électrodes en cuivre qui venaient d'une pile à un grand nombre de couples ; les deux boules des électrodes de cuivre n, n' furent recouvertes de poussière ferrugineuse provenant de la plaque p ; la boule n positive gagna 63 milligrammes et la négative n en gagna 360. Le même physicien plaça deux boules de fer n, n' ; après avoir laissé les équivalents électriques sauter quelques minutes d'une boule à l'autre et se disperser dans les parties divergentes dans le vide, il trouva que la boule négative n'avait perdu que 55 milligrammes, mais la boule positive en avait perdu 309. L'une des boules de fer ayant été remplacée par du charbon, la boule de fer perdit le même poids quel que fût le sens du courant, mais le charbon perdait davantage quand il formait l'électrode positif.

Observation. Les rapports $\frac{360}{63}$ et $\frac{309}{55}$ presque égaux indiquent que dans les quantités égales $q\bar{\text{E}}$, $q\bar{\text{E}}$ d'équivalents sont contenues e molécules d'électre dans chaque équivalent $\bar{\text{E}}$ négatif et $e \times 5,7$ dans chaque équivalent positif $\bar{\text{E}}$; comme, par exemple, dans deux volumes d'hydrogène sont contenus a molécules de barogène β, et dans un volume d'oxygène en sont contenues $8a$.

§ 588. **Transport des particules par les équivalents électriques positifs.** Les particules transportées ne peuvent être observées que dans certains cas, et le plus souvent on n'observe que l'effet de la différence $e \times 5,7 - e$ des molécules écoulées dans le sens des équivalents positifs comme cela se manifeste dans les exemples suivants.

1° Le sens de la déviation Γ de l'aiguille du rhéomètre indique la direction de l'écoulement des équivalents positifs E, et le sin Γ de cette déviation indique la quantité $\eta(5,7 - 1)e$ de molécules d'électre qui s'écoulent en 1 minute. En ce cas la poussée π' exercée sur l'aiguille de la part des molécules ηe contenues dans les ηE équivalents ne peut pas devenir sensible.

2° Quand les électrodes sont de charbon, il y a un transport des particules incandescentes du pôle positif au pôle négatif; leur mouvement résulte de la différence $\Pi - \Pi'$ des deux poussées; il est peu rapide, car on peut distinguer le transport des parcelles en regardant à travers des verres colorés. Le charbon négatif s'allonge peu à peu en pointe par l'accumulation des parcelles transportées, et le charbon positif se creuse en cône de dimensions telles que la masse accumulée au pôle négatif pourrait s'y mouler presque exactement. Quand on opère dans l'air, la pointe négative ne s'accroît pas autant, à cause de la combustion d'une partie des particules, et le charbon positif est terminé par une surface plane, à cause de la combustion des bords de la cavité.

3° Quand les électrodes sont de métal il y a transport, 1° de parcelles métalliques du pôle positif au pôle négatif, quand on opère dans le vide ou dans un gaz qui ne contient pas d'oxygène, ou 2° de parcelles d'oxyde quand on opère dans l'air ou dans l'oxygène. Grove range les métaux dans l'ordre qui suit en commençant par ceux qui donnent l'arc le plus long et le plus brillant : *potassium, sodium, zinc, mercure, fer, étain, plomb, antimoine, bismuth, cuivre, argent, or, platine.*

4° L'eau et les autres liquides qui exercent une certaine résistance aux équivalents électriques en éprouvent une ré-

pulsion et sont transportés suivant la loi hydrostatique.
Porret divisa un vase de verre en deux compartiments au
moyen d'une membrane de vessie capable de retenir complétement un liquide qu'on aurait versé d'un côté seulement. Il remplit l'un des compartiments d'eau ordinaire et y
plongea l'électrode positif *n* d'une pile de 80 couples; il
mit un peu d'eau du côté opposé et y plongea l'électrode
négatif *n'*; de manière que le niveau s'y trouva bientôt plus
élevé que dans le compartiment positif. D'autres liquides
donnèrent les mêmes résultats; toujours le transport se fait
à travers la cloison dans le sens de la propagation de l'é-
lectricité positive; il faut pour ces transports que le liquide
oppose une certaine résistance au passage du courant; l'a-
cide sulfurique étendu, qui est bon conducteur, n'est pas
transporté en quantité appréciable. Becquerel, Wiedeman et
plusieurs autres expérimentateurs constatèrent le même fait
par des moyens différents.

Figure 62.

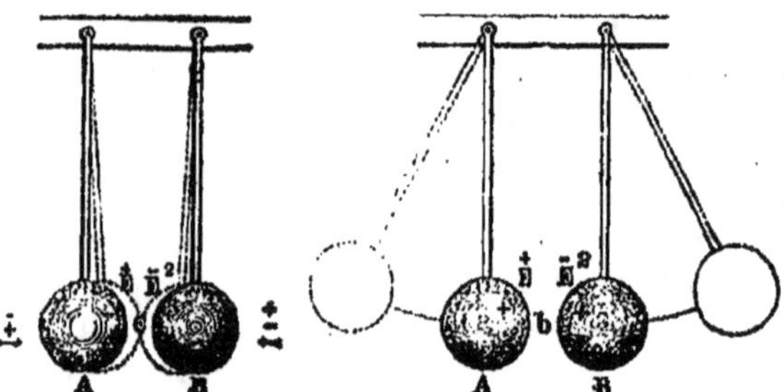

5° L'électroscope AB (fig. 62) résulte également de semblables répulsions exercées à la couche d'air **b** dont les éléments électriques de la chaleur éprouvent, de la part de leurs
homonymes soutenus par les globules A, B, des répulsions et exercent des contre-répulsions; celles-ci, com-

muniquées aux globules A, B, les font éloigner. Le contraire
arrive quand les globules soutiennent les deux électricités
hétéronymes; car alors dans l'air ambiant les équivalents
positifs de la chaleur repoussés de la part de leurs homonymes de chaque globule exercent une résistance et une
contre-répulsion égale. Cette contre-répulsion n'existe pas
dans l'intervalle C, parce que les équivalents positifs $\bar{E}$,
repoussés du globule A, passent à l'autre B, qui soutient
les équivalents négatifs $\bar{E}$; de même ceux-ci repoussent de
l'espace C leurs homonymes, qui passent au globule A sans
exercer aucune résistance. Donc les globules A, B viennent
en contact par la répulsion exercée de tous les autres côtés,
excepté de l'intervalle C.

Dans le cas précédent, la contre-répulsion est la même de
tous les autres côtés, et elle est supérieure du côté de l'in-
térvalle b, où elle est double. Donc il n'existe aucun phénomène semblable à celui qu'on a nommé *attraction*, et qui
n'est qu'une illusion bonne à tromper des enfants, mais que
des physiciens *dignes de ce nom* doivent rejeter. En effet, si
l'on veut remonter à la cause primitive, on trouvera que tous
les faits attribués à l'attraction ne résultent que d'une résistance inférieure à la pression que les corps éprouvent des côtés
extérieurs. Si Volta eût connu le transport des corps par les
écoulements des équivalents électriques comme ils le sont par

Figure 63.

les courants de l'eau, il aurait coordonné les faits comme ils se trouvent
ici, et la science aurait dû faire dès lors
les progrès qui sont indiqués ici.

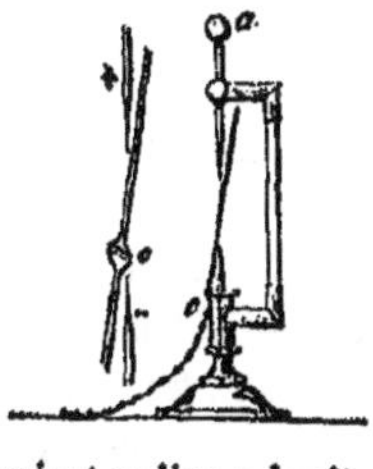

6° Une carte fixée entre les électrodes *a*, *c* (fig. 63) se trouve percée en
un ou deux points après la décharge
électrique; pour obtenir deux trous, il
ne faut pas que les électrodes *a* et *c*
soient en ligne droite, mais en directions divergentes. 1° Dans
ce cas, les filaments sont tirés vers chacun des électrodes;

2° quand le trou est unique, les filaments sont également tirés vers les deux faces de la carte en directions divergentes. Ces faits correspondent aux transports des parcelles de fer dans les deux électrodes quand il y a une plaque de fer, comme est ici la carte (§ 587).

7° Le tourniquet électrique obtient son mouvement de recul par la contre-répulsion exercée de la part de l'air contre des équivalents électriques accumulés dans les pointes de ses extrémités tournées dans le même sens.

8° Dans l'*Électrostatique* (pages 557, 582), il a été prouvé que ce sont les courants électriques qui font passer également les liquides et les gaz à travers les cloisons qui déterminent la direction des courants; ces faits ont été attribués aux *endosmoses* qui ne sont que mots sans signification.

9° Il a été également prouvé dans l'*Électrostatique* (page 735) comment la circulation du sang est entretenue par les courants électriques; on y voit que le cœur, loin d'être un organe moteur, n'est qu'un modérateur de l'impétuosité provenant des courants qui, dans les fœtus, ont leur origine dans la surface du corps; et quand ceux-ci viennent au monde, les courants trouvent dans les poumons une nouvelle cause motrice.

10° Les plantes ne végètent qu'au moyen des courants thermométriques qui transfèrent l'eau du sol vers la surface, afin qu'elle vienne en contact avec la lumière. Trois atomes de celle-ci pénètrent dans quatre atomes d'eau $4HO$ pour en séparer trois atomes d'oxygène qui passent dans l'air, et ce qui reste, soit $H^4O^4 + 3\varphi - O^3 = H^4O\varphi^3$, est un atome double de carbone C^2; douze atomes pareils avec vingt-quatre atomes d'eau produisent un atome végétal $C^{24}H^{24}O^{24}$ dans la surface des plantes. Quand la température de l'air commence à diminuer vers le soir, les courants partent de l'air vers la surface des plantes, et de celle-ci vers leur intérieur, où la température est supérieure; ces courants centripètes transportent la vapeur qui se condense sur les feuilles, et de celles-ci les atomes végétaux $C^{24}H^{24}O^{24}$, comme chyle qui reste arrêté où la résistance est supérieure dans l'intérieur des plantes et des feuilles; ainsi l'accroissement de celles-ci s'opère pendant l'abaissement de la température comme chacun peut s'en persuader.

Ce mécanisme de végétation, méconnu par les chimistes agricoles, est destiné à produire une réforme fondamentale de l'agriculture; rien n'est plus facile que de s'en convaincre, parce que l'on sait que les courants thermélectriques vont toujours des parties froides vers celles qui sont moins froides. Quand, pendant les heures chaudes du jour, la surface des plantes est plus chaude que le sol et leur intérieur, la direction des courants est centrifuge, et l'eau est transportée sur la surface des plantes sans produire aucune augmentation sur les feuilles. Le soir les courants prennent une direction centripète qui dure jusqu'au lendemain, tout en allant en décroissant. Les atomes végétaux séparés dans l'intérieur des feuilles et des tiges les font augmenter, comme l'on peut s'en convaincre en les mesurant; la vapeur d'eau est poussée de l'air vers la surface des feuilles où elle se condense sous forme de rosée.

Les chimistes agricoles seraient arrivés depuis longtemps à cette découverte, s'ils n'avaient été entravés par cette fausse hypothèse qui considère le carbone comme un corps primitif et simple. Plusieurs d'entre eux sont cependant arrivés à se convaincre que le carbone n'arrive aux plantes ni du sol ni de l'atmosphère; mais ils n'ont pas osé réagir contre une théorie généralement admise, car ils ont voulu auparavant s'assurer du mode de production de ce corps.

C. MODE DE PRODUCTION DES FAITS PHYSIQUES PAR LES COURANTS ÉLECTRIQUES.

§ 589. Nous avons expliqué la production de la chaleur et de la lumière dans les frottements du silex contre l'acier, on même temps que l'apparition de la lumière sur le silex et de la chaleur dans l'acier. *Les électricités conduites des piles par des électrodes de mêmes substances ne présentent aucune particularité quand le circuit est fermé*; il n'y a apparition de chaleur et de lumière que dans le cas où le circuit reste ouvert par la séparation des extrémités n, n', de manière à laisser entre elles un intervalle λ où apparaît *l'arc voltaïque* composé d'une flamme chaude.

Quoique 1° on sût que l'intervalle est parcouru par les équivalents $\bar{E}$, $\bar{E}$ qui constituent les deux électricités, et 2° qu'on perçût distinctement la lumière et la chaleur dans cet intervalle, les physiciens ne parvinrent pas à y reconnaître la production des atomes de lumière et de chaleur par les équivalents électriques. Malgré les mille preuves de ce fait rapportées jusqu'à présent, nous n'hésitons pas à rapporter encore ici une série de faits qui ne pouvaient trouver aucune explication, dans les fausses hypothèses sur l'électricité, la lumière et la chaleur.

§ 590. **Cause de l'échauffement inégal des électrodes.** Quand les deux électrodes sont de même substance, l'échauffement est toujours beaucoup plus prononcé pour l'électrode n positif que pour l'électrode n' négatif; la pointe n de platine se fond, et celle n' ne s'échauffe que faiblement quand la pile est composée d'un nombre considérable de couples. Si dans l'extrémité n de l'électrode positif il se trouve une plaque, elle rougit et peut même être trouée. Les mêmes résultats sont obtenus avec des électrodes de fer, de cuivre, d'argent, etc. Si les extrémités n, n' ont la forme conique, l'extrémité positive n rougit, et l'autre n' n'est pas sensiblement échauffée. Matteucci mesura la différence $T - T'$ entre les températures, au moyen d'une aiguille thermoélectrique enfoncée dans un petit trou pratiqué près de l'extrémité de chacun d'eux. Cette différence $T - T'$ des températures est d'autant plus prononcée que la substance des électrodes est moins con-

ductrice; elle devient faible quand l'intervalle λ est occupé
par le gaz hydrogène.

§ 591. **Explication.** Les équivalents négatifs $q\ddot{\text{E}}$ qui
partent à chaque moment des plaques de zinc des couples
ne diffèrent pas de ceux $q\ddot{\text{E}}$ qui partent des plaques de platine. Dans l'intervalle λ est produite une quantité φ de lu-
mière dont les atomes $\varphi=\ddot{\text{E}}\ddot{\text{E}}\ddot{\text{E}}$ contiennent un excédant
d'équivalents positifs $\ddot{\text{E}}$; ceux qui restent $(q-2q')\ddot{\text{E}}$ se
combinent dans l'électrode n avec $2q\ddot{\text{E}}$ équivalents négatifs,
et produisent une quantité Θ de chaleur. Dans le briquet à
pierre comme dans la roue en acier tournant sous un silex,
la lumière est produite autour du silex et la chaleur dans
l'acier. Il a été prouvé que les équivalents positifs $\ddot{\text{E}}$ passent
au silex qui correspond à l'électrode n' négatif, et que les
équivalents négatifs $\ddot{\text{E}}$ passent à l'acier qui correspond à
l'électrode n positif.

La différence $T-T'$ entre les températures augmente
avec l'emploi de substances moins conductrices qui font
diminuer l'avancement des équivalents positifs sans exercer
la même résistance aux équivalents négatifs, d'où il résulte
plus de chaleur sans que la lumière augmente proportionnellement. La différence $T-T'$ entre les températures diminue dans l'hydrogène, parce que, en ce cas, ce sont les
équivalents négatifs $\ddot{\text{E}}$ qui éprouvent une résistance dans
leurs homonymes contenus dans le gaz, tandis que les équivalents positifs $\ddot{\text{E}}$ n'y éprouvent point de résistance. Cette
diminution d'avancement des équivalents négatifs $\ddot{\text{E}}$ fait
diminuer la production de chaleur.

§ 592. **Chaleur électrique d'expansion limitée.** La
grande densité de chaleur est constatée également dans l'intervalle λ et dans l'électrode n positif; les baguettes de fer
y brûlent dans l'air en lançant de vives étincelles. Quand
on veut opérer sur des substances très-difficiles à fondre et
à volatiliser, l'électrode positif n est dirigé en haut et formé
d'un fragment de charbon dur creusé, de manière à former

33

une espèce de coupe dans laquelle on place la substance à fondre ; au-dessus est l'électrode négatif n', qui est un cône en charbon. Depretz est parvenu non-seulement à fondre, mais encore à volatiliser le charbon, et il a obtenu la fusion de tous les corps qui avaient résisté jusque-là aux agents énergiques.

Après avoir ainsi constaté l'existence de la plus haute température dans l'intervalle λ et l'extrémité n de l'électrode positif, on ne comprenait plus comment la chaleur vient à disparaître à environ 1 millimètre au delà de l'arc voltaïque ; cet état de *chaleur limitée* diffère de tous ceux qui ont été exposés jusqu'à présent : 1° La chaleur Θ'' emprisonnée ne fait éprouver aucune sensation calorifique à la main qui touche le fer rouge ; 2° la chaleur latente $'\Theta$ ne produit non plus aucun effet thermométrique ; 3° la chaleur d'imbibition Θ' se répand en directions divergentes, tout en diminuant ; 4° les éléments électriques $2q\bar{E}$, $q\bar{\bar{E}}$ de chaleur ne produisent aucun effet calorifique, quand ils sont soutenus dans les corps à l'état d'électricité par influence ou à l'état d'électricité dissimulée.

La chaleur limitée connue sous le nom de chaleur électrique est ici indiquée par le signe Θ'' ; elle se distingue de tous les autres états par la décomposition immédiate de ses atomes $\bar{E}\bar{E}\bar{E}$, dont les équivalents négatifs $\bar{E}$ s'éloignent pour arriver aux couples par l'électrode nn positif, tandis que les positifs $\bar{E}$ passent dans l'électrode négatif $n'n'$ pour arriver également aux couples. Il y a donc dans l'intervalle λ une grande densité d'atomes de chaleur bien connue des physiciens ; ceux-ci, tout en admettant une production continuelle de chaleur, ne peuvent comprendre où elle se consomme. Ici ils sont bien forcés de reconnaître avec nous la décomposition simultanée de la chaleur produite, parce qu'il n'y a pas d'hypothèses ou de théories qui puissent en donner une explication. Cependant ce pas une fois fait, ils devraient voir que tous leurs vains systèmes s'écroulent ;

le brouillard qui cachait la vérité se dissipe, et apparaît comme un flambeau brillant la loi unique qui régit la production de tous les faits cosmiques.

§ 503. **Lumière électrique d'expansion limitée.** Lorsqu'on rapproche les charbons pour établir l'arc voltaïque dans l'intervalle λ, Moigno observa le premier que, si l'on opère avec une forte pile, la lumière se montre d'abord au charbon n' négatif, le charbon positif restant obscur ; mais bientôt à son tour il s'échauffe, le transport des particules s'établit, et c'est dès ce moment que la lumière est beaucoup plus vive à l'extrémité du charbon n positif, où la chaleur est aussi supérieure.

La vivacité de la lumière électrique dépend de la grandeur des plaques des couples et fort peu de leur nombre. car elle reste presque la même avec 40 couples et avec 80, placés les uns à la suite des autres, tandis que deux séries parallèles de 40 couples donnent une intensité beaucoup plus grande. Despretz est arrivé au même résultat, en opérant avec 600 couples placés à la suite les uns des autres ; il obtint une vivacité de lumière égale à celle de 100 couples ; mais elle augmenta beaucoup quand il forma six séries parallèles à 100 couples chacune dirigées du nord au sud.

Lorsque les deux charbons sont horizontaux, l'intervalle λ augmente peu à peu, la lumière passe d'abord en ligne droite, l'intervalle λ ou la ligne $n..$, n' continuant d'augmenter ; on voit une enveloppe c' obscure autour de cette ligne qui est l'*axe* de l'arc ; autour de cette enveloppe c' est celle c de la lumière. En faisant augmenter l'axe, l'arc se présente comme deux cônes avec une base commune croissante qui atteint un maximum limité ; car un plus grand éloignement des charbons n, n' laisse pénétrer dans l'intervalle λ une couche d'air, et la translation des équivalents électriques se trouve ainsi interceptée ; alors les poussées Π, Π' ne sont plus suffisantes pour faire sauter les équivalents électriques d'un charbon à l'autre.

La lumière électrique produit des effets chimiques comme la lumière solaire; il en est de même quant au manque de polarisation. Fizeau et Foucault ont trouvé, avec l'arc produit entre deux cônes de charbon par une pile de Bunsen de 92 couples disposés en deux séries de 46, que la lumière dégagée à l'électrode positif n est comprise entre $\frac{1}{4}$ et $\frac{1}{3}$ de celle du Soleil, à deux heures, par un ciel très-pur. L'expérience était faite au mois d'août. Cette lumière solaire est mille fois inférieure à celle des nuées et à celle du crépuscule, tandis que la lumière de la Lune est des millions de fois inférieure à celle du Soleil.

La lumière électrique de la plus haute intensité a été employée pour faciliter les travaux de nuit; on est parvenu à éclairer pendant plusieurs mois 800 ouvriers à une distance de 100 mètres environ, distance à laquelle les hommes étaient encore éclairés comme par le plus beau clair de Lune.

§ 594. **Explication.** Comme la chaleur, la lumière électrique se présente avec une expansion limitée. Une distance de 100 mètres n'est rien comparativement à celle qui sépare la Terre du Soleil ou la Terre de la Lune; et cependant la densité des atomes de lumière, comparable à celle des atomes des rayons solaires à une distance de 100 mètres, obtient une raréfaction de millions de fois. Les physiciens, faisant la comparaison de la lumière électrique avec celle des bougies, l'ont trouvée égale à celle produite par la flamme de 572 bougies, et cela quand la lumière électrique est obtenue avec 48 éléments de Bunsen, et non pas avec 92. La lumière des bougies diminuant graduellement, et non pas rapidement comme la lumière électrique, surpasse aussi cette dernière, d'autant plus que la distance augmente.

Les physiciens ne peuvent pas se rendre compte de la diminution rapide de la lumière électrique, parce qu'ils ne veulent pas se laisser guider par la loi qui régit les faits, mais persistent sans aucune raison dans leurs hypothèses et leurs théories qui ont été créées provisoirement, alors que les faits postérieurs étaient inconnus, mais qui n'ont plus aujourd'hui de raison d'être. La lumière étant composée d'atomes qui ont pour éléments les équivalents constituant les deux électricités est produite dans l'arc avec une intensité comparable avec celle du Soleil, ou de 572 bougies; c'est un fait constaté; il ne reste qu'à prouver pourquoi la lumière électrique ne se répand pas comme celle des bougies et du Soleil dont elle possède toutes les propriétés.

Dans l'arc voltaïque, les deux électricités arrivent en directions convergentes, et elles s'en éloignent en directions divergentes; de la quantité Q_φ ou $Q\bar{E}\bar{E}\bar{E}$ d'atomes de lumière, dont la densité est comparable à celle des rayons solaires ou à celle de 572 bougies, il se répand seulement une minime partie $q\varphi$, et tout le reste $(Q-q)\varphi$ se décompose pour fournir les équivalents électriques hétéronymes qui s'éloignent de l'arc en directions divergentes. De pareils éloignements d'équivalents électriques n'existent ni de la part de la flamme des bougies, ni de la part des rayons solaires; pour cette raison, les atomes de lumière dispersés sont sentis à des distances très-considérables.

Les effets même physiologiques ne permettent pas de douter de la grande densité des atomes de lumière dans l'arc. Car celle que produit une pile de 100 couples est déjà capable d'occasionner des maux d'yeux très-douloureux; celle de 600 couples produit, ne s'y exposât-on qu'un instant, des maux de tête et d'yeux très-violents, et la peau du visage est rubéfiée comme par un fort coup de soleil.

Après avoir ainsi prouvé que de la quantité Q_φ d'atomes de lumière produite il ne se répand qu'une minime partie $q\varphi$, et que le reste $(Q-q)$ se décompose pour s'éloigner, il faut indiquer le rapport entre la quantité Q_φ de lumière et les dimensions des plaques des couples. Avec un mètre carré de zinc et une égale surface de platine, on fait une

pile de 10 couples ; et avec deux autres surfaces égales, ou
fait une pile de 25 couples. L'ensemble des poussées Π, Π'
est le même dans les deux piles ; il ne se manifeste de différence que dans les longueurs des électrodes mn, $m'n'$, et
cela seulement quand les 100 couples sont placés les uns à
la suite des autres, cas où la longueur de chaque électrode
est 4 fois aussi grande que celle des électrodes des 25
couples. Cette différence disparaît quand on divise en quatre
la pile des 100 couples, de manière à faire 4 piles de 25
couples ; en ce cas, il y a ici une supériorité sur celle de
de 25 couples, parce qu'il y a une résistance $r + r'$ pour
arriver de toute la surface au point de contact avec l'électrode ; cette résistance est r seulement dans les plaques des
dimensions inférieures.

§ 595. **Déplacement de la lumière et de la chaleur de l'arc voltaïque.** Neef plaça deux lames de platine aux extrémités n, n' des deux électrodes, et ainsi la
lumière resta limitée dans l'électrode négatif n', tandis que
la chaleur était produite en quantité supérieure au positif n.
Mais Ruhmkorff, remplaçant les lames par des boules de
platine, trouva dans la négative b' une lumière violette
faible et chaude qui s'étendait dans le fil $m'n'$ de cet électrode, tandis que la boule positive b laissait s'échapper
une lumière rouge de feu, mais sans chaleur. Un petit thermomètre plongé dans la lueur violette monta de quelques
degrés, et il baissa quand la direction du courant fut renversée, de manière que le thermomètre se trouvât dans la
lueur rouge ; ainsi il y a déplacement de la lumière et de
la chaleur, à cause du changement de la forme des extrémités des électrodes.

Les faits indiqués résultent donc de la forme plane ou
sphérique des boules d'où les équivalents électriques s'é-
loignent en directions parallèles ou divergentes : 1° La
boule b' négative reçoit de la boule b positive une quantité
médiocre d'équivalents électriques positifs divergents ; une

partie de ces équivalents se combine avec les équivalents
négatifs qui y sont abondants, et il se produit une quantité
de chaleur mêlée avec la petite quantité de lumière violette;
2° à la boule **b** positive arrive une petite quantité d'équivalents électriques négatifs E de la part de la boule **b'**, à
cause de leurs directions divergentes; cette petite quantité
d'équivalents négatifs se combine avec les équivalents électriques E en quantités supérieures, d'où résulte la lumière
rouge et l'absence de la chaleur.

Cet exemple fait voir que la chaleur et la lumière sont
engendrées dans les extrémités et dans les électrodes par
leurs éléments électriques qui s'éloignent des couples de la
pile en éprouvant les poussées p, p'; 1° ces éléments restent
parallèles quand les électrodes se terminent en lames parallèles, et 2° ils deviennent divergents et raréfiés quand les électrodes sont terminés en boules **b**, **b'**. Cette démonstration
géométrique ne permettra plus aux physiciens de s'écarter
de l'unique voie tracée par la loi physique.

II. — RAPPORT ENTRE LA LONGUEUR DE L'ARC VOLTAIQUE, LES COUPLES DE LA PILE ET LES FAITS CHIMIQUES.

§ 596. La chaleur et la lumière de l'arc voltaïque sont
produites par une quantité d'équivalents électriques éloignés de ceux qui passent d'un électrode à l'autre pour arriver à la pile et aux couples; il y a donc une espèce de
fuite d'équivalents électriques dans l'arc voltaïque; et ainsi
résulte un affaiblissement de l'intensité entre les équivalents électriques dans le circuit, comme cela est constaté de
la manière suivante.

Si l'on opère avec une pile de Grove de 60 couples, on
obtient en deux minutes 46 centimètres cubes de gaz quand
le circuit est fermé, et sans qu'il existe nulle part de fuite
d'équivalents électriques de l'arc voltaïque. Mais si l'on

lait une petite ouverture λ sans y obtenir qu'un intervalle $\lambda = 3$ millimètres, il s'y établit une fuite d'équivalents électriques qui, combinés entre eux, produisent une quantité de chaleur et de lumière dispersées; alors diminue la quantité de gaz produit en une minute, et cette diminution croît quand l'intervalle devient $\lambda = 4$ ou 5 millimètres; au contraire, la quantité de gaz augmente quand l'intervalle diminue et devient $\lambda = 2$ ou 1 millimètre; car alors diminue la fuite des équivalents électriques, comme cela devient évident par la diminution de l'arc voltaïque.

L'écoulement dépend également de la résistance qu'éprouvent les équivalents électriques de la part de l'électrode. Ainsi, quand l'intervalle reste $\lambda = 3$ millimètres, l'arc est faible si les électrodes ne sont pas bons conducteurs; alors la fuite des équivalents électriques est aussi faible, mais la quantité de gaz produit en une minute est considérable. Si les électrodes sont bons conducteurs, l'arc est brillant, la fuite est grande, et par conséquent la quantité de gaz produit en une minute est petite. On trouve que, 1° les électrodes en cuivre donnent un arc brillant et 23 centimètres cubes de gaz en une minute; 2° les électrodes en étain donnent un arc faible et 45 centimètres cubes de gaz; 3° les électrodes en coke, fer, étain, laiton ont donné respectivement 29, 27, 26, 25 centimètres cubes de gaz en une minute, parce que l'arc voltaïque est moins brillant que celui produit par le cuivre, et plus brillant que celui produit par l'étain.

III. — ARCS VOLTAÏQUES COMPOSÉS DE L'ÉLECTRICITÉ DE LA PILE ET DE CELLE DES COURANTS TERRESTRES.

§ 597. L'intensité des courants dans les circuits des piles se manifeste 1° dans les faits chimiques par les quantités de gaz produit en une minute, et 2° dans les faits physiques

par les longueurs λ de l'arc voltaïque. Il y a deux moyens
d'augmenter ou de diminuer l'intensité des courants : 1° On
multiplie ou l'on diminue les couples qui forment la pile,
et 2° on reçoit dans le circuit de la pile le courant terrestre
en direction parallèle ou en direction opposée.

Les courants terrestres sont thermoélectriques, les équivalents électriques négatifs $\bar{E}$ s'écoulent avec les atomes
de chaleur des régions tropicales chaudes vers celles qui
sont moins chaudes et moins éloignées; ils donnent naissance aux courants d'équivalents positifs $\bar{E}$ en directions
opposées. Il est donc impossible d'isoler les courants des
circuits d'une pile de ceux de la Terre, dont la direction
est invariable, et nous déterminons cette direction au
moyen de celle de la longueur de l'arc voltaïque, 1° qui croît
quand le courant de la pile fait un angle 90° — γ avec la
direction locale du courant, et 2° qui affaiblit quand le
courant de la pile fait un angle de 90 + γ avec le courant
terrestre.

§ 598. **Position des courants terrestres.** Il y a deux
systèmes : I. Les courants méridionaux vont, suivant le
plan magnétique, des régions les plus froides vers celles qui
sont moins froides et moins éloignées, et II. les hélicoïdaux suivent, 1° dans l'hémisphère nord la marche du soleil quand il s'éloigne du solstice du Cancer pendant l'été
et l'automne, et 2° dans l'hémisphère sud les courants
hélicoïdaux suivent également la marche du soleil quand il
s'éloigne du solstice du Capricorne pendant l'été et l'automne de cet hémisphère.

Les courants terrestres méridionaux ont des directions
convergentes qui passent par le zénith et vont vers l'équateur magnétique; les courants hélicoïdaux ont également
des directions convergentes : 1° du nord-est ils passent par
le zénith pour descendre vers le sud-ouest, et 2° dans l'hémisphère sud, ils vont du sud-est en haut pour descendre
vers le nord-ouest.

Les courants méridionaux de chaque pays sont dans le plan magnétique, et leur inclinaison sur l'horizon est de 90° au pôle magnétique, de 0 à l'équateur magnétique, et de Γ entre ces deux régions; elle est presque de 60° à Paris. Les courants hélicoïdaux se trouvent sur les plans perpendiculaires au plan magnétique de chaque pays. Après avoir ainsi déterminé les directions des courants terrestres, il est facile de connaître à *priori* quelle doit être la position des électrodes et la direction de l'axe de l'arc voltaïque pour avoir l'angle Γ grand ou petit.

§ 599. Positions magnétiques de l'axe nn' **de l'arc voltaïque.** Quand cet axe mn' est vertical à l'horizon, l'électrode mn peut être dirigé de bas en haut, ou il peut être au-dessus et dirigé en bas; quand l'axe nn' est horizontal, l'électrode mn positif peut être à l'est et dirigé vers l'ouest, ou à l'ouest et dirigé vers l'est. Les séries de faits obtenus par les observations faites par Despretz vont servir d'exemples nombreux des causes exposées.

Axe nn' **vertical.** Dans cette position de l'axe ou de la direction des électrodes, 1° la longueur de l'arc augmente quand augmente le nombre des couples, ou si l'électrode positif est dirigé en haut; 2° cette longueur diminue quand le nombre des couples diminue, ou si l'électrode positif est dirigé de haut en bas.

1. *Électrode positif dirigé en haut.* En cette position ascendante du courant de la pile, l'angle Γ qu'il forme avec le courant terrestre est de 24° ou 90° — γ; car ce courant est indiqué à Paris par la position de l'aiguille magnétique d'inclinaison. L'axe nn' de l'arc est parcouru, 1° par les $q\bar{\mathrm{E}}$ équivalents électriques qui éprouvent la poussée Π de la part des régions froides de la Terre; cette poussée est invariable, et la quantité $q\bar{\mathrm{E}}$ d'équivalents écoulés en une minute est aussi invariable; mais la quantité $q'\bar{\mathrm{E}}$ d'équivalents écoulés en une minute de la part de la pile augmente ou diminue avec le nombre des couples. Il en résulte que la lon-

gueur nn' de l'arc est en rapport avec la somme $(q'+q)$ E d'équivalents écoulés en une minute.

De cette somme qE est une quantité constante qui peut être représentée par a; alors le rapport $\lambda : n + q'$ entre la longueur $\lambda = nn'$ de l'arc et la quantité q' des équivalents n'est pas constant, comme cela résulte même des observations suivantes : 1° Si le nombre des couples est 50, la somme $a + q'$ d'équivalents électriques produit un arc de longueur a. 2° Si le nombre des couples devient double, la somme $a + 2q'$ des équivalents électriques produit un arc de longueur $4a$. 3° Si maintenant les couples augmentent jusqu'à 200, la somme $a + 4q'$ des équivalents électriques produit un arc dont la longueur est inférieure à $8 \times 4a$. Il en résulte ainsi que la longueur λ de l'arc n'augmente pas proportionnellement avec le nombre n des couples, et cela à cause de la quantité a constante.

L'arc obtenu de 600 couples ou de $a + 12q'$ équivalents électriques a une longueur de 20 centimètres, tandis que celui obtenu de 100 couples, ou de $a + 2q'$ équivalents était d'une longueur de 3 centimètres; ces faits ont été jusqu'à présent attribués aux résistances des électrodes; les faits indiqués n'en restaient pas moins inexplicables parce que les nombres des couples ne pouvaient pas se trouver en rapport avec la longueur $\lambda = nn'$ de l'arc; cependant Despretz prouva que le magnétisme terrestre en est la cause, mais sans pouvoir aller plus loin.

Au lieu de placer les couples les uns à la suite des autres et avoir ainsi plusieurs fois la quantité $a = qE$ d'équivalents du courant terrestre, Despretz les a réunit, par groupes de 25 couples et en forma 24 séries parallèles. Au moyen de 3 séries pareilles, il obtint un arc de 4 millimètre; et les 24 séries ensemble lui donnèrent un arc de 11 millimètres; tandis que les 600 couples placés les uns à la suite des autres donnaient au même moment un arc de 100 millimètres. Ce grand changement dans la longueur de l'arc ne résulte pas des couples qui restent au même nombre, mais des équivalents électriques terrestres qui s'écoulent ensemble sans éprouver, dans la série unique, une plus grande résistance que celle qu'ils éprouvent séparément dans chacune d'elles.

II. *Électrode positif dirigé en bas.* La longueur λ de l'arc atteint 74 millimètres quand le pôle positif ou l'extrémité n de l'électrode positif est dirigé de bas en haut; cette longueur diminua et devint de 56 millimètres quand la direction du courant a été renversée de telle sorte que le pôle positif soit dirigé de haut en bas. Dans d'autres expériences avec d'autres arrangements des couples de la pile, la longueur de l'arc du courant ascendant était 16α, et 7α représentait celle de l'arc du courant descendant. Tous ces faits correspondent à la double origine des équivalents électriques qui parcourent l'arc.

§ 600. **Axe nn' horizontal perpendiculaire au plan magnétique.** Dans cette position, l'arc était plus long quand l'électrode positif était à l'est et dirigé à l'ouest, que lorsqu'il était à l'ouest. 1° Pour 100 couples, les longueurs inégales des arcs étaient de $13^{mm},4$ et $11^{mm},35$; et 2° pour 200 couples en deux séries parallèles, les arcs étaient de $20^{mm},8$ et $16^{mm},5$. Six séries de 100 couples disposées parallèlement produisirent un arc de $40^{mm},5$, tandis que les 600 éléments placés les uns à la suite des autres n'ont donné qu'un arc de $27^{mm},6$. Ainsi les équivalents électriques du courant terrestre éprouvent une résistance inférieure dans les couples des séries parallèles, quand l'axe nn' de l'arc est horizontal; cette résistance, au contraire, est inférieure quand les électrodes sont verticaux dans l'unique série composée de tous les couples.

Ces faits étaient inexplicables quand on ignorait que l'aiguille d'inclinaison indique la direction des courants terrestres, car on savait que deux courants parallèles ou formant un angle de $90°-\gamma$ s'unissent pour produire un effet ou un arc d'une longueur supérieure, comme cela a lieu quand l'électrode positif est dirigé en haut; au contraire, la longueur de cet arc diminue quand les courants sont opposés ou quand l'angle entre eux est de $90° + \gamma$, comme cela a lieu quand l'électrode positif est dirigé de haut en bas, ou quand l'axe *nn'* de l'arc est horizontal.

IV —RAPPORT ENTRE LE TRAVAIL MÉCANIQUE ET LA CHALEUR ÉLECTRIQUE.

§ 604. Un disque en cuivre *ll* (fig. 64) a été mis par Arago en rotation au moyen d'un appareil d'horlogerie *h*;

Figure 64.

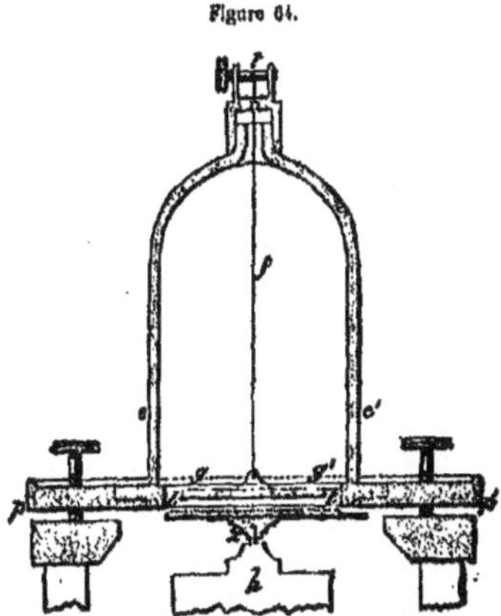

alors il reçoit les équivalents électriques des courants terrestres dont les écoulements sur le disque s'opèrent dans les directions indiquées par les flèches de la figure 65. Arago n'a pas eu recours à des hypothèses pour expliquer ces courants; Faraday se borna à une simple dénomination des faits de ce genre; il a dit qu'ils sont dus à l'*induction*, sans que ni lui ni aucun autre sussent ce qu'on doit entendue par ce mot ; mais les faits de ce genre ont été constatés de plusieurs manières.

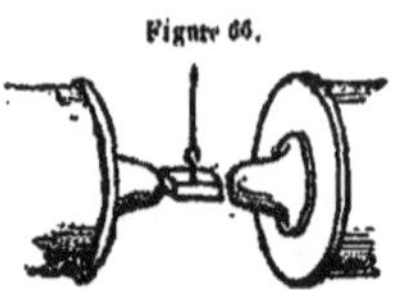

Figure 65.

Le disque l placé entre les pôles d'un électromagnète ne s'échauffe pas, mais s'il est suspendu par un gros fil de soie auquel on donne une forte torsion pour le faire tourner entre les deux pôles (fig. 66), ce mouvement s'arrête instantanément si l'on ferme le circuit pour faire passer le courant polaire à travers le disque ou le cube métallique. Au lieu de tenir ce disque suspendu entre les pôles de l'électromagnète, si on le tient entre deux électrodes n, n', il s'échauffe sans que son mouvement s'arrête.

Figure 66.

Par la rotation du disque il s'y opère une translation ou induction des équivalents électriques des courants terrestres, et dans cet état de rotation le disque placé entre les deux pôles de l'électromagnète s'arrête; il éprouve en même temps une résistance et une élévation de température. Foucault disposa un disque en cuivre A (fig. 67) entre les pôles d'un électromagnète NSD, et il le fit

Figure 67.

tourner au moyen d'une manivelle M d'engrenage multiple qui lui imprimait plus de 150 tours par seconde. Le mouvement du disque est produit sans fatigue et se continue longtemps une fois qu'il est commencé, comme cela a lieu pour le disque l (fig. 64) de l'appareil d'Arago qui tourne également avec une grande vitesse.

Les électrodes F, G, H, K, P communiquent avec une pile de Bunsen de 40 à 60 couples; dès que le circuit est fermé, il com-

mence à se manifester une résistance de la part du disque
contre la poussée exercée sur la manivelle M, résistance
analogue à celle qui arrête le cube métallique quand il
tourne entre les deux pôles. Si en même temps on imprime
au disque une rotation en augmentant la poussée sur la manivelle, la chaleur apparaît sur le disque et la température
arrive à 95° quand l'homme exerce sa plus grande force sur
la manivelle, si l'électromagnète reçoit en même temps le
courant d'une pile de 60 couples.

§ 602. **Explication.** Pour indiquer l'origine inconnue
de l'électricité qui apparaît sur le disque métallique en rotation, les physiciens ont admis le mot *induction* ; nous nous
servons ici du même mot, mais c'est pour indiquer le passage des équivalents électriques des courants terrestres au
disque tournant. Dans l'*Électrostatique* (page 58), la machine
d'Arago a été considérée comme une machine électrique, et
cela, parce qu'il a fallu d'abord constater l'existence des
courants terrestres. Ici cette machine, comme celle de Foucault, trouve son explication dans l'induction des équivalents électriques des courants terrestres ; pour cette raison
les disques doivent être métalliques et bons conducteurs,
pour pouvoir se charger des courants électriques, même
quand ils tournent dans le vide ; il devient ainsi évident
que l'électricité n'y arrive pas par suite d'un frottement avec
l'air.

Il s'agit de prouver les différents faits électriques qui ont
lieu 1° quand le disque tourne entre les deux électrodes n,
n' d'une pile de 60 couples de Bunsen, ou 2° quand le même
disque tourne entre les pôles de l'électromagnète NSD, qui
reçoit le courant égal en communiquant avec la même pile.
Les faits obtenus sont de deux genres : 1° les faits physiques
qui se manifestent comme production de chaleur ; et 2° les
faits mécaniques qui se manifestent comme une répulsion
contre le travail exercé sur la manivelle M ; il faut même remarquer le rapport entre la consommation du travail et la

production de chaleur, quoique ces deux faits paraissent d'une nature tout à fait différente.

§ 63. *Différence entre l'intervalle* λ *des électrodes et celui* λ' *des pôles de l'électromagnète.* Les équivalents électriques éprouvant la poussée des couples de la pile, sautent de l'extrémité *n* d'un électrode à celle *n'* de l'autre pour franchir l'intervalle *nn'* où se forme l'arc voltaïque de longueur λ.

Dans l'électromagnète, la même poussée de la part des couples fait arriver les équivalents électriques aux pôles *p*, *p'*, après avoir parcouru une hélice d'un grand nombre de tours ; ces équivalents sautent également pour franchir l'intervalle λ' entre les deux pôles *p*, *p'*, mais ils suivirent en cela la direction hélicoïdale déterminée par le fil de l'électromagnète. Ainsi la différence en question ne consiste que 1° en *directions rectilignes parallèles* des équivalents électriques entre les deux électrodes *n*, *n'*, et 2° en *directions hélicoïdales* entre les deux pôles *p*, *p'* de l'électromagnète.

§ 604. *Différence des faits physiques et mécaniques entre les électrodes et les pôles de l'électromagnète.* La chaleur est produite dans l'électrode *n* où affluent les équivalents négatifs Ē de la part du négatif *n'*, 1° si l'on introduit une plaque *l* entre ces électrodes *n*, *n'*, sa face *f*, tournée vers l'électrode négatif *n'*, en recevra les équivalents négatifs Ē et la chaleur s'y produit comme précédemment dans l'électrode positif *n*. 2° Si la plaque tourne comme le cube au moyen d'un gros fil en soie auquel on a donné une forte torsion, elle s'échauffe comme précédemment sans éprouver aucune résistance de la part des équivalents électriques qui suivent des directions rectilignes et parallèles.

Si la même plaque métallique est introduite entre les pôles *p*, *p'* de l'électromagnète NSD restant en repos, elle n'éprouve aucun échauffement, parce que les équivalents Ē qui affluent de la part du pôle *p'* vers la face *f* de la plaque ne se combinent pas avec les positifs Ē qui s'éloignent de cette face en directions obliques, et cette divergence entre les di-

rections est la cause du manque de production de chaleur
aussi bien dans les pôles que dans la plaque suspendue
entre eux.

Si la plaque tourne au moyen d'un fil auquel on a donné
une torsion, elle s'arrête parce qu'elle reçoit les poussées
contraires de la part des équivalents électriques qui parcou-
ront l'intervalle p, p' non pas en direction rectiligne, mais
en direction hélicoïdale. Mais si la plaque ou le disque A
en cuivre reçoit une poussée qui le force de tourner, il obtient, par l'induction, les équivalents $\ddot{E}$ et $\bar{E}$ des courants
terrestres; ces équivalents s'écoulent en directions spirales,
et c'est ainsi qu'ils viennent en rencontre avec les équivalents
hétéronymes des deux pôles p, p' de l'électromagnète qui
parcourent l'intervalle p, p' en suivant des directions hélicoïdales. Dans ces rencontres entre les équivalents hétéro-
nymes sont produits les atomes de chaleur $\overline{E}\ddot{E}\bar{E}$, dont la
multiplication fait s'élever la température proportionnelle-
ment avec la fréquence de ces rencontres, fréquence qui
dépend de la vitesse de rotation.

§ 605. *Origine du rapport entre le travail mécanique et
la production de chaleur.* Toute la série de faits exposés
sert à rendre évidente la liaison entre la production de
chaleur et la consommation du travail mécanique. Les éléments de chaleur de l'arc voltaïque sont contenus dans les
courants du circuit qui n'exercent aucun effet mécanique
parce qu'ils parcourent cet arc en directions rectilignes parallèles. Pour obtenir de semblables rencontres d'équivalents
électriques entre les pôles p, p' sur le disque A, il faut ne
pas laisser celui-ci s'arrêter en obéissant à la résistance R
qu'il éprouve de la part des équivalents électriques qui y
arrivent en directions hélicoïdales convergentes, mais le
forcer, au moyen de la manivelle, de tourner pour recevoir
les équivalents électriques des courants terrestres qui, décrivant sur ce disque des courbes hélicoïdales ou spirales,
viennent en rencontre avec leurs hétéronymes provenant

des pôles p, p'; car de leur combinaison, ainsi occasionnée
sont engendrés les atomes de chaleur ËËË dont résulte l'é-
lévation de température.

1° La résistance R exercée de la part des équivalents
électriques Ë, Ë qui suivent des directions hélicoïdales pour
passer d'un pôle à l'autre est la cause de l'augmentation de
la poussée P exercée sur la manivelle M. 2° La rotation du
disque résultant de cette poussée sollicite l'induction des
équivalents électriques des courants terrestres; ainsi le
disque A reçoit en même temps ces équivalents et ceux des
piles de l'électromagnète. 3° Donc, c'est la poussée P qui,
d'une part doit vaincre la résistance R par un travail mécanique, et, d'autre part, elle provoque l'induction des
courants terrestres dans le disque A pour les y faire venir
en rencontre avec ceux de l'électromagnète. Nous reviendrons sur le même objet dans la section suivante où est
expliquée la production du travail par la consommation de
la chaleur.

CHAPITRE III.

DE LA CHALEUR DE COMBUSTION ET DE SON RAPPORT AVEC LES APPAREILS.

§ 606. On sait dans l'industrie que la même quantité de combustible ne donne pas la même quantité de chaleur, mais que celle-ci est plus élevée quand le combustible brûle avec une lueur sombre, tandis qu'elle est moins élevée quand il brûle avec une grande lumière.

1° Les chauffeurs des machines à vapeur ne laissent pas ouverte la porte du fourneau, mais ils la tiennent fermée, et ne l'ouvrent absolument que pour introduire le charbon ou le bois; toute l'économie des combustibles se réduit donc à régler le feu de manière qu'il ne pénètre dans le fourneau qu'autant d'air qu'il est nécessaire pour maintenir la combustion à l'état obscur, but qu'on n'atteint que très-imparfaitement, car au moyen des fourneaux en usage la chaleur produite ne peut pas rester obscure; au moyen de la chaleur obscure ne peut pas être obtenue température élevée.

2° Ceux qui font le commerce de gaz vendent deux systèmes divers d'appareils : 1° les uns servent à faire brûler le gaz de manière à produire peu de chaleur et beaucoup de lumière, et 2° les autres le font brûler de manière à produire peu de lumière et beaucoup de chaleur.

Le lecteur trouvera cela singulier, mais il n'en est pas moins vrai qu'à l'exception des physiciens, tous les habitants de Paris, de Londres et des autres villes savent comment ils doivent agir : 1° pour tirer du bois, du charbon ou du gaz plus de lumière en perdant une quantité médiocre de chaleur, ou 2° plus de chaleur quand la lumière en quantité insignifiante n'est pas utilisée. Desprelz, Clément, Desormes, et un grand nombre d'autres physiciens anciens comme Lavoisier, Laplace, etc., en employant des appareils au moyen desquels on obtient une chaleur lumineuse, trouvèrent le nombre de calories 2Θ par la combustion de 1 gramme d'hydrogène. Dulong, Petit, Silbermann, Favre et d'autres physiciens obtinrent de 1 gramme d'hydrogène 3Θ calories, parce qu'ils employèrent des appareils où l'on peut produire une petite quantité de lumière et une chaleur presque obscure.

Toutefois malgré cette différence énorme de Θ de calories les physiciens eurent soin de ne pas se faire la guerre entre eux, et ils soutiennent et prouvent 1° les uns que 1 gramme d'hydrogène ne donne que 2Θ calories, et 2° les autres qu'il en donne 3Θ; c'est comme par une espèce de fatalité que ces savants n'ont pas utilisé les connaissances de l'industrie pour se mettre d'accord entre eux, ne fût-ce que par amour de la science, quand même cela eût dû entraîner la chute du système des ondulations. Cet objet est d'une très-haute importance, aussi va-t-il être discuté dans tous ses détails. Nous examinerons : 1° l'influence des appareils sur la production de la chaleur obscure ou lumineuse et des sons; 2° la distribution de la chaleur et de la lumière dans la flamme; 3° les quantités de calories obtenues par les combustions; 4° la chaleur ou le froid obtenus par la voie humide, parce que par la voie sèche le froid n'est jamais produit.

I.—DE L'INFLUENCE DES APPAREILS SUR LA PRODUCTION DE LA CHALEUR OBSCURE, DE LA CHALEUR LUMINEUSE OU DES SONS.

§ 607. Nous avons dit que les entrepreneurs de gaz vendent deux espèces d'appareils; des appareils de deux systèmes sont aussi possédés par les physiciens; l'hydrogène, brûlé dans le premier système, donne beaucoup de chaleur, et brûlé dans l'autre, il donne une quantité moindre de chaleur et une quantité supérieure de lumière. En brûlant l'hydrogène dans les becs employés à éclairer avec le gaz, la chaleur n'est pas aussi grande que celle qu'on obtient en brûlant la même quantité d'hydrogène dans des becs employés à chauffer avec le gaz. De même, en brûlant 1 gramme d'hydrogène dans un bec de l'appareil de Despretz, nous obtenons les calories 2Θ, et en le brûlant dans un appareil tel que celui de Favre et Silbermann, nous obtenons les calories 3Θ.

Donc il importe peu de connaître lesquels de ces physiciens ont commis une erreur aussi grande, et cela seulement dans la combustion de l'hydrogène, mais il s'agit de

Figure 68.

prouver 1° de quelle manière augmente la chaleur quand diminue la lumière, et prouver, en outre, comment celle-ci diminue dans l'appareil de Dulong, et 2° comment sa présence fait diminuer la chaleur obtenue dans l'appareil de Despretz, et cela dans le rapport de 3 : 2. Pour cela, il faut connaître les appareils et leur différence.

§ 608. **Appareil produisant la chaleur lumineuse.** L'hydrogène arrive au bec B (fig. 68) qui ne diffère pas de ceux d'où s'échappe le gaz d'éclairage; autour de l'hydrogène et même dans les intervalles de ses jets nombreux pé-

nètre l'oxygène remontant parallèlement avec lui. La vapeur produite pénètre dans le serpentin E où elle est refroidie par l'eau ambiante du calorimètre; elle se condense et
l'eau produite reste, et ne s'éloigne par l'orifice C que l'excédant d'oxygène; le thermomètre *t* indique l'élévation de
température dans le calorimètre.

On a, tout d'abord, fait l'objection d'une grande perte
de chaleur du rayonnement par la flamme en B; pour cette
raison, Despretz plongea cet appareil dans une caisse contenant l'eau du calorimètre, de manière qu'aucune portion
de chaleur produite ne pût être perdue; et cependant le résultat ne diffère pas beaucoup de celui obtenu au moyen
du même système d'appareils employés par Lavoisier, Laplace, Clémens, etc., qui obtinrent les nombres 23352,
23294, et Despretz qui obtint 23640.

§ 609. Appareils produisant la chaleur obscure.

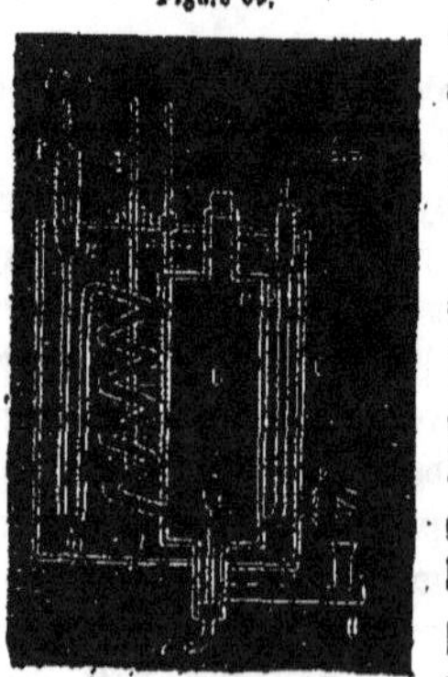

Figure 69.

Tels sont celui de Dulong et
celui de Favre et Silbermann; ce
système d'appareils correspond à
ceux employés pour chauffer avec
le gaz.

I. *Appareil de Dulong.* Il consiste
en une chambre à combustion C
(fig. 69) qui est une caisse rectangulaire en cuivre rouge ayant
25 centimètres de hauteur, 7ᶜ,5
de largeur et 10 centimètres de
longueur; elle est fermée à sa
partie supérieure par un couvercle
v, dont les bords rabattus plongent
dans une rigole remplie de mercure. 1° L'oxygène arrive
dans la chambre C par le tube *p* qui aboutit en bas de la
chambre quand on brûle l'hydrogène; 2° pour la combustion des autres corps l'oxygène est conduit par le tube O
placé à la face inférieure comme dans l'appareil précédent.

Ainsi la différence se réduit au tuyau *o* de l'oxygène descendant.

La vapeur d'eau se répand dans la chambre C d'où elle pénètre dans le serpentin *mmv* renfermé où elle se condense. Les produits gazeux, tels que l'acide carbonique, parcourent ce serpentin de 5 centimètres de largeur, arrivant au point P, et le thermomètre *t* donne leur température. Cette chambre est renfermée dans une caisse G remplie d'eau que l'on peut remuer au moyen d'un agitateur dont la tige est en *a*. La température de cette eau est donnée par deux thermomètres T.

L'hydrogène, en sortant du tuyau simple *o*, vient en contact avec la couche inférieure d'oxygène, précisément comme cela a lieu pour les appareils où le gaz doit brûler pour produire beaucoup de chaleur et peu de lumière.

§ 010. *Apparell de Favre et Silbermann.* Cet appareil est le même que le précédent, avec quelques perfectionnements : c'est pour cela que les résultats obtenus de la combustion de l'hydrogène diffèrent très-peu. La chambre à combustion A ou A' (fig. 69, 70) est faite pour pouvoir être introduite du côté supérieur dans le milieu du calorimètre *aa*, qui est renfermé dans une caisse VV argentée en dedans. L'intervalle *aa* entre les deux vases renferme une peau de cygne. Une dernière enveloppe H retient une couche d'eau et est recouverte d'un disque de carton garni de duvet en dessous. La chambre à combustion A est en cuivre mince doré; elle

Figure 70.

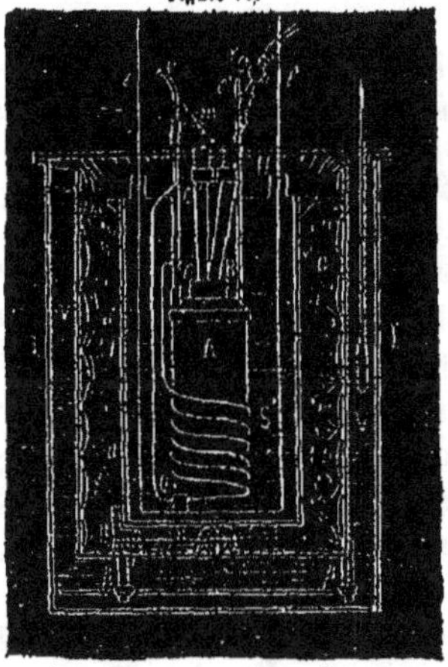

est suspendue au couvercle C du calorimètre au moyen des montants q, q... (fig. 71).

L'oxygène arrive dans la chambre à combustion descendant par le tube o'' ou o'; le produit de la combustion se répand, comme dans l'appareil de Dulong, dans toute la chambre en se mêlant avec l'oxygène, et ce mélange entre en o dans un serpentin en cuivre S' ayant 2 mètres de longueur et en sort par le tube $c'v$. En o est un petit vase destiné à recevoir le liquide des vapeurs qui peuvent se condenser.

Figure 71.

Les combustibles solides ou liquides sont placés dans la partie inférieure la plus étroite de la chambre A' et contenus dans divers petits vases métalliques (fig. 71). Le bouchon b sert à fermer l'ouverture supérieure de la chambre A'; il porte deux tubulures t, t' (fig. 71), dont, 1° la centrale t sert à manœuvrer le bouchon; elle est fermée d'un disque t transparent d'alun, quartz ou verre; au moyen du miroir m' incliné à 45° sur ce disque t transparent on peut voir dans la chambre la marche de la combustion; 2° l'autre tubulure t' reçoit le bec H (fig. 72) qui apporte le gaz à brûler comme l'hydrogène; alors l'oxygène pénètre par le tube o'' (fig. 70). Dans les cas où le combustible n'est pas un gaz, la tubulure t' reçoit le bec O (fig. 72) pour conduire l'oxygène dans la chambre, où il arrive en même temps par le tube o'' (fig. 71) ou cette tubulure t' est fermée quand on n'a pas de gaz à introduire. On voit que l'hydrogène et l'oxygène descendent dans la chambre, tandis qu'ils montent dans l'appareil de Despretz.

Figure 72.

§ 611. **Comparaison de la combustion de l'hydrogène dans les trois appareils.** Avec l'appareil figure 68, l'hydrogène brûle dans le bec B, précisément

comme le gaz d'éclairage dans le courant d'oxygène ; avec
la lumière produite se répand une petite quantité de chaleur
et tout le reste pénètre avec la vapeur, et l'excédant d'oxygène dans le serpentin S', dont la chaleur passe dans l'eau
du calorimètre pendant la condensation de la vapeur.

Dans les appareils de l'autre système (fig. 69 et 70),
l'oxygène ne forme pas un courant ascendant, mais il afflue
en descendant vers le bec *simple*, d'où sort l'hydrogène ; il
y a une production faible de lumière ; la vapeur d'eau avec
une partie d'oxygène pénètre dans le serpentin bouché où
elle se refroidit, se condense, et l'eau produite s'accumule
dans le vase *o*. Ce système d'appareil ne diffère point de
celui qu'on emploie quand on chauffe avec le gaz.

Donc, Despretz emploie un appareil qui ne diffère pas de
celui qu'on emploie quand on brûle le gaz pour éclairer ;
Silbermann emploie un appareil qui est du système de ceux
où le gaz brûle pour chauffer. Si ces savants eussent été
commerçants de gaz, ils auraient dû avoir un appareil des
deux systèmes ; mais, comme ils ne le sont pas, chacun
d'eux persiste dans son idée préconçue, à savoir qu'il
est impossible de produire une plus grande quantité de
chaleur que celle obtenue en brûlant 1 gramme d'hydrogène.

Il est ici prouvé que Despretz en brûlant 1 gramme
d'hydrogène dans son appareil n'en obtient que 23640 calories ou 2Θ, et que Silbermann, brûlant également
1 gramme d'hydrogène dans son appareil, obtient 34462 calories ou 3Θ. Il ne reste qu'à faire clairement voir à ces deux
expérimentateurs et à tout le monde savant comment il se
fait qu'une même quantité de gaz peut produire des quantités de chaleur si différentes, selon qu'il brûle en recevant
l'oxygène en un courant ascendant, ou en un courant horizontal.

Avant d'entrer dans cette discution, il faut remarquer que
1 gramme d'hydrogène brûlé avec le chlore dans les appa-

reils de l'un ou de l'autre système produit toujours la
quantité de chaleur 2Θ qu'obtint Despretz en brûlant le
1 gramme d'hydrogène avec l'oxygène, preuve évidente
que l'excédant Θ de chaleur n'est pas produit à cause de
l'hydrogène, mais à cause de l'oxygène. Cette voie empirique ne peut pas conduire plus loin; ainsi les faits nombreux restaient isolés, cependant il était facile de connaître
ce qui vient d'être exposé sur les deux systèmes d'appareils en usage déjà dans l'industrie. Il ne reste plus qu'à
prouver comment il se fait que le courant d'oxygène horizontal fait apparaître précisément un tiers de moins de chaleur
quand il forme un courant ascendant.

La question, ainsi posée, est déjà à moitié résolue; pour
l'autre moitié sont nécessaires quelques faits d'espèces qui
paraissent d'abord n'avoir aucun rapport au sujet : tels sont
ceux obtenus au moyen de la production des sons par la
combustion de l'hydrogène dans des tubes de verre ou de
papier et de toute substance qui ne conduit pas l'électricité. Donc la même cause, qui est la combustion de
1 gramme d'hydrogène, produit deux quantités 2Θ ou 3Θ
de chaleur différentes et en rapport de 2 : 3, ou une quantité de sons et la quantité 3Θ de chaleur, quoique l'air forme
un courant ascendant; mais il est faible et le bec d'hydrogène est simple et non pas de plusieurs ouvertures divergentes.

Au moyen de la combustion de l'hydrogène, nous passons
de la production de chaleur à celle des sons; ensuite, au
moyen de la production de la vapeur et des sons, nous passons à la production des sons par les vapeurs produites
séparément par la vaporisation des liquides, et non pas par
une combustion; et nous faisons tout cela pour prouver
comment se trouvent liés entre eux des faits qui paraissent
si différentes au premier abord.

§ 612. **Orgue philosophique ou appareil de
combustion sonore.** L'hydrogène est produit dans un

flacon F (fig. 73) à deux tubulures contenant un mélange
d'eau et d'acide sulfurique et de la grenaille de zinc. De
l'extrémité effilée du tube t s'échappe le jet d'hydrogène
qu'on enflamme. Si l'on vient à entourer la flamme f avec

Figure 73.

un tube V ouvert ou fermé à son extrémité supérieure e, il ne se produit
aucun son quand son extrémité inférieure est au niveau de la flamme f;
mais quand elle est abaissée, la flamme
se rétrécit sans augmenter en longueur
et tout à coup on entend un son rude
et déchirant ou d'une douceur remarquable. La flamme rétrécie présente,
sur ses bords, des dentelures animées
d'un tremblement très-visible. Le degré
de gravité du son dépend 1° du diamètre du tube V, 2° de sa
longueur, et 3° de sa température. Ce tube doit être en verre,
en papier, en toute substance qui ne conduit pas l'électricité; le son n'est pas obtenu dans des tubes métalliques.

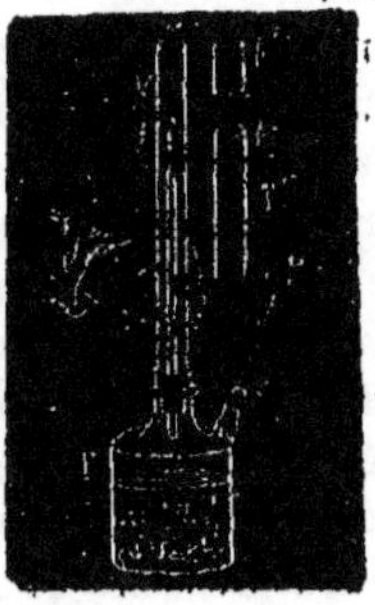

Martin a partagé le tube T' en deux parties entre lesquelles il a disposé un morceau b de toile métallique qui est
bon conducteur de l'électricité. L'expérience montre que le
son ne se produit plus, quand l'extrémité de la flamme se
trouve à une distance de 2 millimètres au plus au-dessous
de la toile métallique. En soulevant peu à peu le tube T',
la toile s'éloigne de la flamme et le son recommence à se produire d'abord très-faible, puis avec éclat. Si la flamme d'une
lampe est entourée d'une toile métallique, le son en est produit quand elle est introduite dans un vase en verre contenant un mélange de gaz explosif.

Au lieu de la vapeur produite par la combustion de l'hydrogène elle peut être obtenue par la vaporisation des liquides. On souffle une boule à l'extrémité d'un tube et l'on
y introduit très-peu d'eau ou d'autre liquide, qui, chauffé
sur la flamme d'une lampe, se vaporise et alors on entend

un son musical d'autant plus grave que 1° la boule est plus grosse, 2° le tube plus long, et 3° plus étroit. La quantité du liquide ne doit pas manquer; mais elle ne doit pas être très-grande, car le son manque à la fois soit en l'absence de vapeur, soit quand elle est très-abondante.

§ 613. *Explication de Faraday.* Ce physicien, suivant en cela les anciens, donne une dénomination à chaque ensemble de faits qui ont une ressemblance entre eux, et quand il rencontre ensuite des faits du même genre, il leur donne la dénomination adoptée, telle que : *induction*, *diamagnétisme*, *électricité neutre*, *polarisation*, etc. Dans l'explication de l'origine des sons dans les tubes, Faraday emploie les *explosions* qui doivent se succéder aussi rapidement que se succèdent les ondes sonores. Si l'on vient à souffler dans une grande flamme, on entend un roulement particulier composé d'une série d'explosions sourdes, attribuées aux mélanges qui se forment entre les gaz non encore brûlés et l'air lancé au milieu de la masse. Si l'on souffle sur la flamme du gaz hydrogène sortant d'un tube effilé, on produit un pétillement, provenant ainsi d'une série de petites explosions.

Les sons d'intensités inférieures sont produits également avec tous les gaz inflammables, avec l'oxyde de carbone et même avec les vapeurs d'éther et d'alcool; le tube V peut être remplacé par des ballons, des tuyaux de papier ou des cloches fermées par le haut; dès que le courant d'air peut se produire autour de la flamme le son éclate.

Observations sur l'explication de Faraday. Les mélanges gazeux explosifs se soutiennent longtemps sans éprouver de changement; celui-ci arrive instantanément quand ces mélanges viennent en contact avec un corps brûlant ou quand ils sont traversés par une étincelle électrique. 1° Le produit matériel de l'explosion est une vapeur; 2° le produit immatériel est la lumière et la chaleur, et 3° il y a un produit d'une poussée dont résulte un travail mécanique qui ne dure qu'un instant. Des éléments matériels rien ne se perd, mais les qualités des deux gaz disparaissent au moment de l'explosion; et Faraday ne dit rien de ce changement.

Outre cela, après avoir obtenu les sons dans les cloches, les ballons, les tubes de papier, pourquoi ne se produisent-ils pas dans les tubes ou les cloches métalliques? et si les gaz explosifs sont nécessaires à la production des sons, comment la vapeur des liquides produit-elle les mêmes sons, quand elle n'est pas très-abondante? Cependant on ne doit pas croire que ce physicien ait émis son hypothèse alors que ces objections lui étaient connues. Il peut donc désormais renoncer à s'en prévaloir : du reste, ce n'est pas chose rare que de renoncer à une hypothèse, après la découverte de faits nouveaux qui sont en contradiction avec elle.

§ 614. Explication des faits obtenus par la combustion de l'hydrogène. Il vient d'être suffisamment constaté qu'au moyen de trois systèmes d'appareils la combustion de 1 gramme d'hydrogène dans 8 grammes d'oxygène produit toujours 9 grammes d'eau, mais 1° quand la combustion s'opère dans l'appareil figure 67, il se produit la chaleur 2Θ; 2° si elle est opérée dans l'appareil figure 68 ou 69, il se produit la chaleur 3Θ, et 3° si l'hydrogène est brûlé dans un tube de verre ou de papier, il se produit cette même chaleur 3Θ accompagnée d'un peu de lumière et de son.

Diminution de la lumière et augmentation de la chaleur et des sons. La lumière diminue quand l'oxygène afflue horizontalement vers le jet de l'hydrogène; ainsi résulte le rétrécissement de la flamme observé dans le tube V (fig. 72) ou dans la chambre A (fig. 69). Ce sont donc les éléments de la lumière qui disparaissent dans ces deux cas. La production des sons dans les tubes de verre ou de papier et leur absence dans les tubes métalliques et dans les chambres à combustion fait connaître qu'ils résultent de l'électricité qui n'a pas été employée à la production de la lumière; en effet elle se répand par les métaux, et en s'accumulant dans le verre ou le papier, elle se décharge et produit les effets attribués par Faraday aux explosions.

La production du son de la vapeur du liquide chauffé dans une boule de verre n'est en rapport avec aucune action chimique; c'est l'inégalité de température entre la boule et les parties du tube qui fait se décomposer là chaleur pour produire des courants thermoélectriques. De la même manière la vapeur provenant de la flamme d'une lampe entourée d'une toile métallique se répand vers les parois du vase pour produire une inégalité de température par la chaleur développée pendant sa condensation. Si la toile est tout près de l'extrémité supérieure de la flamme, la chaleur égale arrive à la périphérie du tuyau qui soutient la toile, et elle se propage alors en directions divergentes dans le tuyau sans que l'apparition des courants électriques fasse défaut; mais le son manque tant que les courants sont divergents. L'élévation de la toile fait passer plus haut la température supérieure, et quand la chaleur se propage de haut en bas, le courant devient ascendant; ainsi le son est d'abord très-faible, et puis il acquiert beaucoup d'éclat.

Décharges électriques et explosions. Au lieu d'explosions il faut reconnaître l'existence des décharges électriques assez rapprochées pour qu'il en résulte un son. Ces décharges s'opèrent dans le verre, le papier et les corps mauvais conducteurs, tandis que l'électricité s'écoule dans les métaux des chambres à combustion. Nous saisissons ici l'occasion de faire connaître au lecteur, dès à présent, la liaison entre les sons et la chaleur, comme cela a été déjà annoncé dans leur apparition au moyen des frottements quand la graisse manque. On obtient aussi le son d'un vase contenant $\frac{2}{3}$ d'hydrogène et $\frac{1}{3}$ d'eau quand son orifice est en bas et plongé dans l'eau; en élevant ce vase sans le renverser l'eau s'écoule et l'air pénètre; alors l'hydrogène enflammé ne produit pas une explosion, mais il brûle lentement dans les limites de l'air, et les décharges électriques opérées dans les parois du vase produisent le son.

Chaleur 2Θ *et* 3Θ *obtenue de l'hydrogène.* 1 gramme d'hydrogène brûlé avec le chlore dans l'appareil de Despretz ou dans celui de Silbermann donne la quantité 2Θ de chaleur lumineuse ; le même hydrogène, brûlé avec l'oxygène, donne la chaleur plus lumineuse 2Θ dans l'appareil de Despretz et la chaleur moins lumineuse 3Θ dans l'appareil de Silbermann. Le calcul stœchiométrique conduit directement à ce rapport 1° quand des éléments électriques est produit le maximum de chaleur avec une quantité insignifiante de lumière ; 2° quand est produite la chaleur lumineuse, et enfin 3° quand est produit le maximum de lumière avec une quantité insignifiante de chaleur.

Les $6q\ddot{H}\ddot{E}$ atomes d'hydrogène brûlés avec $6q\ddot{OE}$ d'oxygène donnent $6q\ddot{HO}$ atomes d'eau ; tandis que les équivalents électriques $6q\ddot{E}$, $6q\ddot{E}$ en se combinant produisent : 1° la chaleur 3Θ avec peu de lumière φ ; 2 la chaleur et la lumière $2\Theta + 2\Phi$, ou 3° la lumière 3Φ avec peu de chaleur θ.

1° Pour la production de la chaleur 3Θ il faut un éloignement d'électricité positive : $6q\ddot{E} + 6q\ddot{E} = 3q\ddot{\Theta} + 3q\ddot{E}$; 2° pour la production de la chaleur et de la lumière il ne faut aucun éloignement d'électricité :

$$6q\ddot{E} + 6q\ddot{E} = 2q\ddot{EEE} + 2q\ddot{EEE} = 2\Theta + 2\Phi ;$$

3° pour la production de la lumière 3Φ il faut un éloignement d'électricité négative :

$$6q\ddot{E} + 6q\ddot{E} = 3q\ddot{EEE} + 3q\ddot{E} = 3q\Phi + 3q\ddot{E}.$$

La chaleur $3q\Theta$ avec peu de lumière est obtenue dans l'appareil de Dulong, de Silbermann et dans le tuyau de l'orgue philosophique ; dans celle-ci se manifeste l'éloignement de l'électricité par les décharges dont résulte le son ; ces décharges ne sont pas produites dans les parois métalliques de la chambre à combustion, où le son n'est pas produit.

La lumière 3Φ avec peu de chaleur est obtenue par la craie, sur laquelle s'opère la rencontre entre les deux gaz; grâce à sa couleur blanche, la lumière est dispersée au moment de sa production; de l'électricité négative $3q\bar{E}$ est produite une quantité médiocre de chaleur θ et le reste se disperse.

Dans l'*Électrostatique*, page 110, a été exposée en détail la stœchiométrie électrique; elle a trouvé partout son application, et c'est grâce à elle que nous sommes en état de développer chaque fait dans tous ses détails; par exemple, ici nous avons trouvé que 1 gramme d'hydrogène et 8 grammes d'oxygène, en se combinant pour produire 9 grammes d'eau, font apparaître des quantités différentes de chaleur et de lumière en rapports déterminés.

II. — DE LA DISTRIBUTION DE LA LUMIÈRE ET DE LA CHALEUR DANS LA FLAMME ET DANS LES CHALUMEAUX.

§ 645. La distribution de ces deux fluides a été constatée dans l'arc voltaïque; cette même distribution a lieu pour la flamme des bougies et des lampes qui n'est qu'un arc voltaïque; la mèche est l'électrode négatif, et la couche ambiante d'oxygène forme le positif, dans lequel est produite la chaleur, tandis que la lumière qui, dans l'origine se trouve dans l'électrode négatif, passe ensuite du côté du positif comme dans l'arc voltaïque.

Figure 74.

En partant de la mèche d'une bougie on trouve un espace obscur allongé vers le haut *a* (fig. 74); cet espace est entouré des deux couches, l'une *c* brillante, et l'autre *nn'* mince, d'un jaune pâle vers le haut et bleuâtre vers la partie inférieure. Cette couche *caustique* est à peine visible dans la flamme d'une bougie; on la distingue plus facilement dans la flamme de l'alcool, dont l'éclat général est faible. Ces trois parties *a*, *c*, *n* de la flamme se distinguent facilement à travers une toile métallique coupant la flamme horizontalement.

§ 616. **Production de la flamme.** L'oxygène qui possède l'électricité positive est l'électrode positif; il se trouve autour de la mèche, qui est l'électrode négatif. 1° De celui-ci s'éloigne l'électricité négative pour arriver en grande densité dans l'extrémité supérieure de la flamme; elle s'y combine avec une quantité moindre d'électricité positive, et produit dans cet endroit la chaleur la plus dense qui suffit pour fondre l'angle d'un éclat de verre; ce qui n'a pas lieu dans les autres parties de la flamme.

2° Dans l'espace *a*, autour de la mèche, l'oxygène ne pénètre qu'en quantité très-médiocre qui produit une température suffisante pour fondre le suif, la cire ou le spermaceti. Cet espace, rempli de vapeur, n'a pas une température suffisante pour enflammer la poudre, et le phosphore s'y éteint à cause du manque d'oxygène.

3° Dans la couche *a*, qui correspond à la partie brillante de l'arc voltaïque, s'opère la rencontre de l'oxygène ascendant avec la vapeur chargée d'électricité négative; un courant pareil d'oxygène a lieu dans le bec (fig. 68) et dans tous ceux qui servent à éclairer. Il est au contraire supprimé dans les becs dont on veut obtenir plus de chaleur que de lumière.

Une rondelle de toile métallique d'un diamètre égal à l'épaisseur de la flamme devient incandescent dans sa périphérie quand son centre est en contact avec le sommet de la mèche; alors la zone brillante qui sépare la périphérie incandescente du cercle obscur central se couvre d'un dépôt assez épais de noir de fumée. Ce cercle obscur avec le sommet de la mèche, introduits dans un tube recourbé verticalement de manière à rester horizontal dans sa longueur, y conduisent la vapeur de la matière grasse.

Il a été constaté que le transport des parcelles d'un électrode de l'arc à l'autre s'opère en quantités inégales ; ce transport a lieu de la portion de charbon qui ne produit ni acide carbonique ni oxyde, mais s'éloigne des combustibles et se dépose comme noir de fumée. Celui-ci forme une zone dans le cas indiqué ; cette zone devient un cercle quand la toile est tenue dans le sommet de la flamme.

§ 617. **Lampe de sûreté.** Nous avons dit qu'antérieurement les travaux des mines s'opéraient à la clarté de la lumière sans chaleur qui était obtenue par une roue en acier tournant au-dessous d'un silex ; la lumière des lampes ne pouvait pas y être employée à cause de la chaleur de la flamme qui occasionne des explosions du mélange gazeux. Il a donc fallu intercepter l'éloignement de la chaleur de la flamme et en même temps la propagation des explosions. Davy a atteint ce but au moyen d'une toile métallique contenant 100 à 140 mailles par centimètre carré, qui empêche l'inflammation de la poudre, du fulmi-coton et d'autres combustibles solides ou gazeux, tant qu'elle n'est pas assez échauffée pour les enflammer par le contact. Si l'on fait

Figure 75.

passer un brin de paille ou d'herbes sèches à travers une toile métallique, on peut le brûler d'un côté sans que la combustion se propage de l'autre côté.

L'huile est introduite par l'orifice *o* (fig. 75) dans le réservoir L ; l'air mêlé avec le gaz inflammable arrive à la mèche et sollicite une augmentation de combustion qui se propage dans tout l'espace contenant ce mélange explosif ; mais si la flamme et le petit espace ambiant sont séparés par une toile métallique, l'explosion ne peut pas se propager en dehors. On a cherché la cause de ce fait dans le refroidissement prompt produit par la dispersion de la chaleur au moyen du métal ; cependant la toile même chauffée au rouge ne laisse pas pénétrer la chaleur ; aussi la toile d'amiante, qui est mauvaise conductrice de la chaleur, produit le même effet.

La flamme *e* de la lampe se trouve dans un cylindre en verre fermé aux deux extrémités par des toiles métalliques ; si elle est plongée dans un mélange détonant, l'inflammation qui se produit en dedans ne peut se propager au dehors, et cela à cause de la dispersion de l'électricité négative dans les fils de la toile. Pour connaître que l'électricité en est la cause, il faut se rappeler ce qui vient d'être dit dans le chapitre précédent sur le déplacement de la chaleur de l'électrode positif au négatif, quand ils se terminent, non pas en coupes planes ou en plaques, mais en boules qui occasionnent la dispersion des électricités émises. Si l'homme est enveloppé dans un vêtement de toile métallique, il peut rester quelque temps au milieu de la flamme, parce que l'électricité négative de ces combustibles est interceptée par cette toile, et que l'homme respire l'air qui s'élève du sol vers les objets brûlants.

Lampe sans flamme. Au lieu d'une toile on fait une spirale en fil mince de platine qui entoure la mèche d'une lampe à alcool ; la flamme est produite quand on allume la mèche ; la spirale reste incandescente après qu'on éteint la lampe. On obtient le même effet à un degré moindre avec des spirales en fil d'or, d'argent ou de fer. Ici la spirale ne fait que rapprocher la couche d'air, qui est l'électrode positif, et la mèche, qui est le négatif : on a une espèce d'arc voltaïque très-raccourci.

Figure 70.

§ 618. **Chalumeaux à vapeur combustible.** Nous avons décrit l'appareil nommé *éolipyle*. Le vase *r* (fig. 70) est un appareil de ce genre. C'est une lampe L à alcool dont la flamme volatilise d'autre alcool contenu dans le réservoir *r*. La vapeur passe par le tube *t*, s'échappe par l'orifice *o*, la flamme prend une direction horizontale, et cela non pas à cause d'un courant d'air dans cette direction, mais à cause de son affluence autour de la vapeur combustible dispersée en directions divergentes horizontales. Comme dans les électrodes, les boules dispersent les électricités et font passer la chaleur dans la boule négative ; le même effet a lieu dans les chalumeaux. De la mèche et de l'orifice *o* se dispersent les éléments combustibles avec leur électricité négative ; l'électricité positive ne rencontre la négative nulle part en aussi grande densité que dans la surface de la mèche, où est produite la température la plus élevée, et non pas dans l'extrémité de la flamme, comme cela a lieu pour la bougie ou la lampe.

§ 619. **Chalumeaux à air.** Cet appareil simple consiste en un tube *bro* (fig. 77), dans lequel on souffle avec la bouche ; le vent sort en *o* par une très-petite ouverture pour prendre des directions divergentes en partant de la mèche ; *r* est un réservoir destiné à recevoir l'humidité ; il est souvent fait de caoutchouc vulcanisé, et contient une soupape qui s'oppose au retour de l'air vers la bouche ; il s'étend quand on souffle ; et se contracte ensuite de manière que la sortie de l'air en *o* est continue.

Figure 77.

§ 620. **Chalumeau à flamme verticale.** Le vent de ce chalumeau pénètre par l'orifice *s* (fig. 78) et sort par le centre de la mèche composée de plusieurs couches *n*, *n* concentriques. L'huile arrive dans le réservoir *rr′* par le tube *c* ; elle vient du flacon de Mariotte qui maintient un niveau constant. Le dard radical *d* est l'espace où la température est au plus haut degré, précisément le contraire de ce qui a lieu quand l'air interrompu en *s* commence à affluer vers la même mèche du dehors ; de sorte qu'il est impossible de méconnaître la

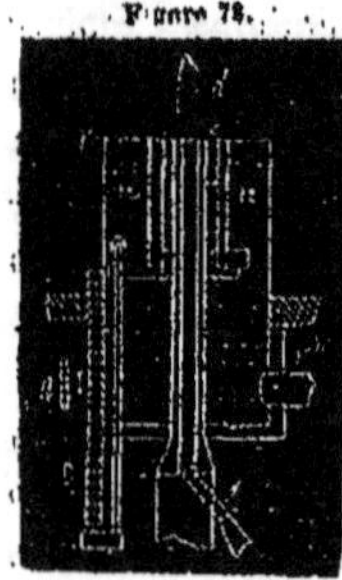

Figure 78.

liaison intime entre la partie d'où arrive l'air et celle de la température la plus élevée, comme cela a été prouvé dans le chalumeau à vapeur combustible.

§ 621. **Chalumeau à oxygène et hydrogène.** Dans le chalumeau de Hare, les deux gaz sont contenus dans deux gazomètres séparés, d'où ils sont conduits dans un seul et même tube, et ils s'en échappent par un très-petit orifice après s'être mélangés. Des robinets sont disposés de manière qu'il arrive deux fois plus d'hydrogène que d'oxygène. Aujourd'hui l'on remplace souvent les gazomètres par des sacs en caoutchouc. Le produit matériel est l'eau, et les produits électriques varient suivant le mode de la combustion, quoique le bec ici n'éprouve aucun changement; mais il peut être introduit le sommet d'un cône de craie dans l'axe du jet des gaz pour leur faire prendre des directions divergentes. De cette manière, des éléments électriques des deux gaz est obtenue, 1° l'électricité positive avec beaucoup de chaleur et une quantité insignifiante de lumière, ou 2° l'électricité négative avec beaucoup de lumière et une quantité médiocre de chaleur.

Production d'électricité positive et de chaleur. Le double volume d'hydrogène mêlé avec un volume d'oxygène facilite la production des atomes de chaleur $\bar{E}\bar{E}\bar{E}$, où entrent deux équivalents négatifs $\bar{E}$ et un positif $\bar{E}$; et comme les atomes d'eau qHO résultent d'un égal nombre d'équivalents chimiques q H$\bar{E}$ et qO$\bar{E}$, une moitié seulement d'équivalents primitifs $\frac{1}{2}q\bar{E}$ entre dans les atomes de chaleur et l'autre $\frac{1}{2}q\bar{E}$ se disperse, comme cela a été constaté dans l'orgue philosophique et dans l'appareil de Dulong (§ 609).

Production d'électricité négative et de lumière. Ici la craie repousse la lumière incolore sans que l'électricité négative éprouve aucune résistance. Ainsi, en ce cas, est favorisée la formation des atomes de lumière $\bar{E}\bar{E}\bar{E}$ qui se répandent en directions divergentes par la lumière stationnaire contenue dans la craie dont résulte sa blancheur; l'éclat de

cette lumière est si vif que l'œil ne peut pas la supporter.
C'est ce qu'on nomme la *lumière Drummond*.

Au lieu d'hydrogène et d'oxygène, on brûle le plussouvent
le premier dans l'air; les deux gaz sont conduits par des
tubes en caoutchouc à un bec dans lequel ils se mélangent
avant de sortir par l'orifice, où on les enflamme comme
dans l'appareil de Dulong; de même ici la chaleur est produite avec une lumière insignifiante et l'électricité positive
se disperse.

Avec le chalumeau à oxygène et à hydrogène on fond les
substances excessivement réfractaires: l'or, l'argent, le
platine entrent en ébullition; la silice, l'alumine, une foule
de pierres précieuses, la chaux même, peuvent être fondues.
L'espace occupé par cette température est dans l'axe du
jet des gaz; il est entouré d'une couche de lumière à peine
visible en plein jour.

Au lieu de reconnaître l'existence d'un rapport inverse
entre cette température de plus haut degré et la lumière
faible, comme le contraire se manifeste aussi dans la lumière
Drummond où la chaleur est médiocre, quelques physiciens n'en ont rien dit, et les autres, sans aucune raison
plausible, ont voulu attribuer le manque de lumière aux
vapeurs qui ne contiennent pas de substances solides; ils
oublient que l'hydrogène brûle dans le chlore en produisant
de la lumière, malgré le produit qui est une vapeur, et que
même dans la lumière Drummond, ne sont pas contenues
des parcelles solides. Dans ces deux cas, c'est la chaleur qui
diminue à proportion que la lumière augmente.

III. — COMPARAISON DES RÉSULTATS NUMÉRIQUES OBTENUS PAR LA VOIE
SÈCHE DES EXPÉRIENCES AVEC CEUX TROUVÉS PAR LES CALCULS STŒ-
CHIOMÉTRIQUES.

§ 622. L'étude des quantités de chaleur qui se dégage
quand on brûle 1 gramme de combustible dans l'oxygène

ou dans le chlore conduit à reconnaître sûrement l'existence d'un rapport constant entre les équivalents chimiques des combustibles et des calories obtenues. On voit par les manuscrits de Dulong qu'il était sur la voie de cette découverte; les physiciens qui lui succédèrent, au lieu de suivre la voie qui conduit au but indiqué, ont cherché à réfuter ce que Dulong a clairement énoncé; de sorte que la stœchiométrie qui apparaît à présent aurait été trouvée par ce physicien si la mort n'eût pas interrompu ses recherches; cela résulte même des rapports qu'il poursuivait toujours, non pas entre les poids, mais entre les volumes des gaz de combustibles ou de l'oxygène et les nombres des calories obtenues.

Les autres expérimentateurs se sont bornés à indiquer fidèlement les quantités de calories obtenues de 1 gramme de combustibles brûlés dans l'oxygène. Ceux qui trouvèrent quelque supériorité dans les appareils postérieurs, ont cru que Dulong n'avait d'autre mérite que d'avoir fait un pas en avant dans le perfectionnement des appareils.

TABLEAU A. — *Des résultats numériques de calories obtenus*
des combustions, par Dulong.

NOMS DES SUBSTANCES.	CHALEUR PRODUITE PAR			OBSERVATIONS.
	1 litre à 0° et 0^m,76.	1 gr. de sub-stance.	1 litre d'oxy-gène.	
Hydrogène..............	5,100,6	34.001	6.212,0	Moyenne de 5 expériences.
Id. brûlant dans le protoxyde d'azote...	5.220,7	»	»	Il se produit de l'acide azoteux.
Gaz oléfiant.........	15.358,0	»	»	Moyenne de 5 expériences.
Gaz des marais.....	7.587,7	»	4.795,0	Moyenne de 3 expériences.
Cyanogène............	12.270,5	»	»	Il se forme un peu d'acide azoteux ; 3 expériences.
Oxyde de carbone....	5.130,3	»	»	Il a été mêlé avec un volume égal d'hydrogène; 3 expér.
Id. dans le protoxyde d'azote...........	5.549,0	»	»	Il se produit de l'acide azoteux.
Carbone............	7.295	»	»	Dulong admet que l'acide carbonique contient 1 volume d'oxygène et 1/2 vol. de vapeur de carbone condensés en un seul.
Soufre.............	»	2.601	»	Production d'acide sulfurique anhydre.
Fer..............	»	»	6.210,0	Moyenne de 2 expériences.
Étain............	»	»	7.508,0	Moyenne de 3 expériences.
Protoxyde d'étain.....	»	»	6.477,0	Dulong pense qu'il s'était formé une combinaison entre le protoxyde et le peroxyde.
Cuivre.............	»	»	5.722,0	Moyenne de 3 expériences.
Protoxyde de cuivre...	»	»	5.130,0	Une seule expérience.
Antimoine..........	»	»	5.481,6	Le produit est de l'acide antimonieux; moyenne de 5 exp.
Cobalt............	»	»	5.721,0	Une seule expérience.
Nickel............	»	»	5.533,0	Une seule expérience.
Zinc.............	»	»	7,576,6	Moyenne de 3 expériences.
Alcool absolu CH^2H^2O..	14.575,5	7.087		
Éther C^4H^5HO......	53.358,0	7.431		
Essence de térébenthine $C^1C^{10}H^{16}$.........	70.607,0	10.836		
Huile d'olive........	»	9.862		

§ 623. **Indice de stœchiométrie contenue dans le
tableau A.** Il résulte de quelques lignes manuscrites laissées
par Dulong qu'il avait soupçonné *l'existence d'un rapport
simple entre les capacités des corps pour la chaleur et les quantités
de calories dégagées par leur combinaison avec une même quantité d'oxygène.*

Explication de ce manuscrit. Dulong trouva que le même
produit est obtenu quand on multiplie la chaleur spécifique
de chaque corps indécomposable par son poids atomique ;
il trouva aussi que chaque atome ou équivalent chimique
possède la même capacité, car ce fait résulte du précédent ; il est donc indifférent de prendre la capacité à la
place des équivalents chimiques, comme nous le faisons
ici. Les mêmes nombres d'équivalents de combustibles
brûlés avec une même quantité d'oxygène produisent donc
des nombres de calories d'un rapport simple entre eux.

Nous défions qui que ce soit de donner une autre explication de ce manuscrit. On voit dans le tableau comment
Dulong suivait la voie qui conduit à faire connaître le
rapport indiqué. Les combustibles sont indiqués en volumes
pour en savoir les équivalents, et par suite ceux de l'oxygène ;
quand les équivalents des combustibles ne sont pas indiqués,
on voit ceux de l'oxygène ; de sorte qu'il est impossible de
méconnaître le plan des expériences, qui ont été interrompues
malheureusement alors que la première moitié était seule
terminée, et dont la seconde se trouve ici. Mais avant d'aller
plus loin, il est bon de mettre le lecteur en état de bien
comprendre la valeur des résultats numériques du tableau.

1° *Hydrogène et oxygène.* Pour brûler 1 litre d'hydrogène
il faut un demi-litre d'oxygène ; et pour brûler 1 gramme
d'hydrogène il faut 8 grammes d'oxygène ; dans le premier
cas, le nombre de calories est de 8106,6 et dans l'autre, de
34601 ; s'il y a 1 litre d'oxygène, il en faut 2 d'hydrogène, et les

calories $2 \times 3106,6 = 6212,2$. Comme Dulong dit qu'il y a un rapport simple entre les calories obtenues et la quantité d'oxygène consommé; pour faire apparaître ces rapports nous indiquerons par le signe 3θ la quantité 3i601 de calories produites de 1 gramme d'hydrogène, et par 3θ celle 3106,6 produite de 1 litre où est $\theta = 1035,5$.

2° *Hydrogène et protoxyde d'azote.* Les calories 5220,7 obtenues de 1 litre d'hydrogène brûlé dans le protoxyde d'azote AzO sont $3\theta + 2\theta$, dont la quantité 3θ ne diffère pas de celle produite de la combustion de l'hydrogène avec l'oxygène dans l'appareil de Dulong, et la quantité 2θ représente les calories produites dans la combustion de la même quantité d'hydrogène avec l'oxygène dans l'appareil de Despretz, qui ne diffère pas de celle où 1 litre d'hydrogène brûle avec le chlore dans chaque appareil. Donc dans le protoxyde d'azote se trouvent : 1° l'équivalent positif $\bar{E}$ de l'oxygène $O\bar{E}$, et 2° deux autres équivalents électriques hétéronymes $\bar{E}, \bar{E}$. L'équivalent $\bar{E}$ de l'hydrogène $H\bar{E}$ produit avec celui $\bar{E}$ de l'oxygène la chaleur 3θ, et des équivalents $\bar{E}, \bar{E}$ contenues dans le protoxyde de l'azote résulte la chaleur 2θ, comme cela a lieu dans la combustion de l'hydrogène dans le chlore.

3° *Gaz oléfiant.* Dans 1 litre de ce gaz sont contenus 2 litres de carbone et 2 litres d'hydrogène qui, en brûlant, se combinent avec 3 litres d'oxygène; de 2 litres d'oxygène, les $\frac{2}{7}$ perdent leurs équivalents positifs $\bar{E}$ dans la combustion du carbone, et l'autre $\frac{1}{7}$ reste dans l'acide carbonique qui, pour cela, est électro-positif, tandis que l'eau est neutre. Donc les calories obtenues ne sont pas $2 \times 3106 + 4 \times 3106$, mais $2 \times 3106 + 3 \times 3106$ ou 15338 qui correspondent à $2 \times 3\theta + 3 \times 3\theta = 150$.

4° *Gaz des marais.* Dans 1 litre de ce gaz sont contenus 1 litre de carbone et 2 litres d'hydrogène, mais dans ces deux litres d'hydrogène, il n'y a plus que la moitié des équivalents négatifs $\bar{E}$ électriques qu'on trouve dans le gaz oléfiant; la preuve en est dans l'odeur de celui-ci qui résulte de l'hydrogène ozoné $\overline{H}E^2$, le manque d'odeur de gaz des marais provient de son hydrogène naturel $\overline{H}E$. Donc les deux litres de ce gaz brûlé avec l'oxygène donnent une quantité de chaleur qui ne diffère pas de celle obtenue de 1 litre de gaz oléfiant, malgré la double quantité d'hydrogène; car les mêmes éléments électriques $\overline{E}$ qui produisent l'odeur du gaz oléfiant sont ceux qui entrent dans les atomes de chaleur. Gaz oléfiant $= C^2H^2\overline{E}^4$; gaz des marais $= C^2H^4\overline{E}^4$.

5° *Cyanogène* C^2Az. Ici, comme dans le gaz oléfiant, le double atome de carbone en brûlant se combine avec l'oxygène des deux litres dont les $\frac{3}{2}$ perdent les équivalents positifs dans la production de chaleur, tandis que l'autre $\frac{1}{2}$ reste dans l'acide carbonique. Donc de la combustion du carbone résultent les calories $\frac{3}{2} \times 6212 = 9318$, et le reste $12270,3 - 9318 = 2952,3$ est produit par les éléments électriques $\overline{E}$ et $\overline{E}$ contenus dans le cyanogène entre l'azote et le carbone. Ces calories diffèrent peu de ceux $3106, = 30$; ainsi 1 litre de cyanogène donne la chaleur $3 \times 30 + 30 = 120$.

6° *Oxyde de carbone et oxygène.* Dans 1 litre de cet oxyde sont contenus autant d'équivalents chimiques que d'équivalents d'hydrogène; chacun de ces équivalents, se combinant avec un équivalent d'oxygène produit une égale quantité de calories représentées par 39 pour les deux gaz, c'est-à-dire $3130,3$ pour l'oxyde et $3106,6$ pour l'hydrogène.

7° *Oxyde de carbone et protoxyde d'azote.* Comme dans la combustion de l'hydrogène, de même dans celle de l'oxyde de carbone avec le protoxyde d'azote, la chaleur obtenue est 59. La différence $5549 - 5220,7 = 328,4$ peut être attribuée à une erreur et en partie à la quantité différente de l'acide nitreux qui est produit pendant ces combustions.

8° *Charbon.* Les calories 7858 obtenues de 1 litre de vapeur de charbon sont $\frac{5}{2}$ fois celles obtenues par la combustion de 1 litre d'oxyde ou $\frac{5}{2} \times 3130,3 = 7826$; dans la formation de l'oxyde sont produites les calories $7858 - 3130 = 4728$ qui sont $(\frac{5}{2} - 1) \times 30 = \frac{5}{2}0$. Donc une égale quantité d'équivalents de charbon et d'hydrogène brûlés dans l'oxygène donne les calories $\frac{12}{2}\theta$ et 3θ; cette différence ne peut pas résulter de l'oxygène seul qui entre en double quantité dans la combustion du charbon, surtout quand on se rappelle que $\frac{1}{4}$ de l'oxygène conserve dans l'acide carbonique son électricité positive. L'équivalent d'oxyde de carbone $CO\bar{E}$ contient un équivalent électrique $\bar{E}$ comme l'équivalent d'hydrogène $H\bar{E}$; tandis que l'équivalent de carbone contient trois équivalents négatifs et qu'il a la forme $C\bar{E}^3$; mais au lieu de produire la chaleur 9θ il ne produit que $\frac{12}{7}\theta$, et cela à cause d'une quantité de chaleur lumineuse et à cause d'une partie d'acide qui reste mêlée avec l'oxyde, dont la combustion fait augmenter le nombre des calories, comme cela a été établi par Favre et Silbermann, qui trouvèrent pour 1 gramme de charbon 8080 calories, tandis que Dulong n'en trouva que 7295; mais la grande quantité de calories se trouve dans la vapeur de l'acide carbonique.

9° *Soufre.* Dans 1 gramme d'hydrogène sont contenus 16 fois autant d'équivalents qu'il y a dans le soufre; pour obtenir le même nombre d'équivalents, il faut 16 grammes de soufre. Ainsi, en brûlant ces 16 grammes de soufre, on doit obtenir le même nombre de calories 3Θ qu'on obtient en brûlant 1 gramme d'hydrogène. Pour 1 gramme de soufre, Dulong trouva 2601 calories, et Silbermann 2260; le premier chiffre donne le produit $16 \times 2601 = 41616$, et l'autre $16 \times 2260 = 36160$. Ce dernier produit diffère peu du nombre 34604 qui correspond à 3Θ, et il devient ainsi évident que le nombre 2601 trouvé par Dulong est trop grand, ou que la chaleur obtenue par Dulong était moins lumineuse, comme cela résulte des éléments du soufre indiqués plus bas.

En prenant en considération les quantités d'oxygène consumé dans les combustions de l'hydrogène pour produire l'eau OH, et du soufre pour produire l'acide sulfurique anhydre SO^3, on trouve dans ce dernier cas une consommation triple d'oxygène, dans la production de la même quantité de chaleur 3Θ que celle qui a lieu dans la combustion de l'hydrogène. Cela sert à prouver que dans la combustion du soufre, des équivalents d'oxygène 3O$\bar{E}$, un seul perd son équivalent électrique comme dans les combustions de l'hydrogène, et que les deux autres 2O$\bar{E}$ restent dans l'acide dont la forme est SOO$\bar{E}^2$.

10° *Métaux.* Au lieu de comparer les calories avec les équivalents des combustibles comme dans les cas précédents où l'oxygène entre en rapports différents, Dulong a pris l'oxygène comme terme de comparaison dans la combustion des métaux. 1 litre d'oxygène correspond à la combustion de 2 litres d'hydrogène, où est contenu un égal nombre d'atomes chimiques. Donc 1 litre d'oxigène se consomme à brûler un égal nombre d'atomes de combustibles, qui peuvent être, 1° doubles, triples et divisés en deux; 2° simples divisés en deux, ou 3° simples, comme cela devient évident d'après le degré d'oxydation.

Les produits de la combustion des métalloïdes tels que le charbon, le soufre, le phosphore, etc., sont acides, car il y a des équivalents électriques positifs $\overset{*}{E}$; les produits de la combustion des métaux sont aussi acides, s'il y a des équivalents électriques positifs $\overset{*}{E}$; au contraire, ce sont des oxydes quand il y a des équivalents négatifs $\bar{E}$.

Les calories indiquées dans le tableau sont : 1° 60 pour le fer, l'étain et le protoxyde d'étain; 2° 30 pour le cuivre et le protoxyde de cuivre; 3° 50 pour l'antimoine, le cobalt et le nickel, et 4° 70 pour le zinc. Plus bas nous ferons voir que dans l'oxyde de zinc il reste la plus petite quantité d'éléments de chaleur.

§ 624. **Résumé.** Il est impossible de méconnaître, dans l'arrangement des combustibles que ce tableau présente, le but que Dulong voulait atteindre en mettant en comparaison les nombres des calories avec ceux des équivalents chimiques des combustibles ou de l'oxygène. Les expérimentateurs qui vinrent ensuite, en perfectionnant les appareils, pouvaient obtenir des résultats plus exacts, comme cela a été prouvé pour le soufre; mais cette exactitude devait servir comme ici à mieux constater le rapport entre les calories et

les équivalents chimiques. Quant aux équivalents électriques
introduits ici dans la stœchiométrie, il faut les comparer à
la chaleur spécifique que Dulong avait découverte dans les
équivalents chimiques, sans cependant savoir que les atomes de chaleur et de lumière ont pour éléments communs
les équivalents E, E' des deux électricités; d'où il résulte
que de 1 gramme d'hydrogène est obtenue la chaleur lumineuse 20 par Despretz, et la chaleur presque obscure 39
par Dulong, Silbermann et Favre.

TABLEAU B. — *Des résultats numériques des combustions par Favre et Silber-*

	Noms des substances	Formules chimiques	Chaleur dégagée par 1 gr. de combustible.
	Hydrogène	»	34.462
	— avec chlore	»	23.783,8
	Oxyde de carbone	»	2 403
Charbons	Charbon de bois	»	8.080
	— de sucre	»	8.039,8
	— des cornues à gaz	»	8 017,5
	Graphite naturel	»	7.790,6
	— des hauts fourneaux	»	7.702,5
	Diamant	»	7.770,1
	— chauffé à 500°	»	7.878,7
Soufre	Soufre natif opaque	»	2.201,8
	— cristallisé depuis 1 h.	»	2.258,0
	— fondu depuis 7 ans	»	2.216,8
	— mou après ½ h.	»	2.258,5
	Sulfure de carbone	»	3.400,5
	Gaz des marais	C^2H^4	13.005
Bicarbures d'hydrogène	id. oléfiant	$(C^2H^2)^2$	11.857,8
	Amylène	$(C^5H^4)^2$	11.491
	Paramylène	$(C^5H^2)^{10}$	11.505
	Carbure bouillant à 180°	$(C^5H^2)^{11}$	11.202
	Cétène	$(C^5H^5)^{16}$	11.055
	Métamylène	$(C^5H^5)^{20}$	10.028
	Ether sulfurique	$(C^4H^5)^3HO$	9.027,6
	— amylique	$(C^5H^5)^3HO$	10.188
	Cire d'abeilles		10.409

	Noms des substances	Formules chimiques	Chaleur dégagée par 1 gr. de combustible.
Alcools	Esprit de bois	C^2H^4, H^2O^2	[illegible]
	Alcool de vin	$(C^2H^3)^2H^2O^2$	[illegible]
	— amylique	$(C^5H^5)^2H^2O^2$	[illegible]
	— éthalique	$(C^5H^5)^{16}H^2O^2$	[illegible]
	Acéton	$(C^3H^3)^2O^2$	[illegible]
Acides (C^2H^2, O^4)	Acide formique	C^2H^2, O^4	[illegible]
	— acétique	$(C^2H^3)^2O^4$	[illegible]
	— butyrique	$(C^4H^4)^1O^4$	[illegible]
	— valérique	$(C^5H^5)^1O^4$	[illegible]
	— éthalique	$(C^5H^{15})^1O^4$	[illegible]
	— stéarique	$(C^9H^{18})^{19}O^4$	[illegible]
	Formiate de méthylène	$(C^4H^2)^2O^4$	[illegible]
	Acétate de méthylène	$(C^4H^2)^2O^4$	[illegible]
Éthers composés	Ether formique	$(C^4H^5)^2O^4$	[illegible]
	— acétique	$(C^5H^2)^1O^4$	[illegible]
	Butyrate de méthylène	$(C^7H^8)^2O^4$	[illegible]
	Ether butyrique	$(C^6H^7)^4O^4$	[illegible]
	Valérate de méthylène	$(C^6H^5)^2O^4$	[illegible]
	Ether valérique	$(C^8H^9)^7O^4$	[illegible]
	Acétate d'amylène	$(C^7H^8, {}^7O^4$	[illegible]
	Ether valéramylique	$C^8H^9)^{10}O^4$	[illegible]
	Blanc de baleine	$(C^4H^2)^{32}O^4$	[illegible]
	Essence de citron	$C^{10}H^8$	[illegible]
	— de térébenthine	$C^{10}H^{17}$	[illegible]
	Térébène	$C^{10}H^{14}$	[illegible]

TABLEAU C. — *Des équivalents calorifiques.*

MÉTAUX, l'équivalent chimique.	OXYDES.	CHLORURES.	BROMURES.	IODURES.	SULFURES.
	grammes.				
Hydrogène.	1	34.482	25.785	9.382	5.600	9.751
Potassium.	39,2	»	100.960	90.188	77.268	45.858
Sodium.	23,2	»	94.817	»	»	»
Zinc.	39,2	42.651	50.296	»	»	20.785
Fer.	27.2	57.828	49.651	»	»	17.940
Cuivre. . . . . . 51,8 ou	63,6	21.895	21.885	»	»	9.135
Plomb.	103,6	27.675	44.730	53.002	25.808	9.550
Argent.	108,1	6.113	51.800	25.618	18.051	5.524

§ 625. Explication des résultats des expériences au moyen de la stœchiométrie électrique. J. J. Welter comparant, en 1822, les résultats obtenus par divers expérimentateurs, remarqua qu'ils tendaient à satisfaire au rapport suivant : *les corps, en brûlant avec la même quantité d'oxygène dégagent des quantités de chaleur égales entre elles ou multiples les unes des autres.* Dulong chercha, au moyen des résultats des expériences, à s'en convaincre, et comme il a été dit, son attention fut dirigée sur les quantités des équivalents chimiques où se trouvent la chaleur spécifique et les équivalents électriques. Berthier, Dauriac, Sabuqué ont montré que le rapport de Welter s'applique aux combustibles qui présentent des propriétés chimiques analogues; toutefois ce n'était pas par de pareils tâtonnements qu'il était possible de franchir l'obstacle qui se présentait à chaque pas, parce qu'on ignorait l'origine de la chaleur, sa nature et les éléments qui la constituent.

§ 626. I. **Application de la stœchiométrie aux résultats numériques du tableau B.** Ce tableau contient les résultats numériques obtenus par Favre et Silbermann dont l'appareil est celui de Dulong perfectionné, et qui, pour cette raison, ne diffèrent presque point quant à la quantité de calories obtenues de la combustion de l'hydrogène, qui est $3\Theta = 34462$ ou 34601.

1° Hydrogène brûlé avec l'oxygène, le chlore ou le protoxyde d'azote. Les calories obtenues dans la combustion de 1 gramme d'hydrogène dans ces trois gaz sont : 1° pour l'oxygène 3Θ ou 34462; 2° pour le chlore 2Θ ou 23783; et 3° 5Θ ou 58245 pour le protoxyde d'azote. La chaleur 3Θ est presque obscure, la chaleur 2Θ est lumineuse et la chaleur 5Θ est mêlée des deux précédentes. La quantité d'éléments électriques contenue dans 1 gramme d'hydrogène et dans 8 grammes d'oxygène se trouve aussi dans 36 grammes de chlore et 1 gramme d'hydrogène; une égale quantité d'équivalents positifs et négatifs $\bar{E}$, E se trouve contenue dans l'azote seul du protoxyde, tandis que son oxygène contient son équivalent positif $\bar{E}$ comme dans le cas où il est séparé; ainsi les éléments électriques et matériels du protoxyde sont $AZ\bar{E}^9\bar{E}\ddot{O}\ddot{E}$.

Pour la combinaison de l'hydrogène avec le chlore on fait arriver ces deux gaz par la tubulure au moyen du bec *linc* (fig. 79). Le chlore arrive par le tube en verre c, et l'hydrogène par deux tubes en cuivre h, h', dont le dernier enveloppe le tube cn. Les deux gaz se mélangent à l'extrémité du bec m ou o, figuré sur une plus grande échelle en $c'h'o$. Le chlore arrive par le tube $c'o$ et l'hydrogène par l'espace qui règne autour de ce tube. Les gaz se rencontrent en o et se mélangent dans le petit cylindre en platine op de 2 millimètres de diamètre. Un petit morceau d'éponge de

Figure 79.

platine s, demeuré incandescent dans le jet du gaz, l'empêche de s'éteindre. L'acide chlorhydrique formé est amené dans le flacon contenant de l'eau qui le dissout; l'excès d'hydrogène sort à travers un tube rempli de ponce constamment mouillée qui arrête les dernières traces d'acide. On analyse ensuite la dissolution en la précipitant par l'azotate d'argent, et de la quantité de chlorure d'argent on conclut le poids du chlore, et par suite celle de l'hydrogène employé.

2° *Gaz des marais et gaz oléfiant* C^2H^4, C^2H^2. L'hydrogène $4H\bar{E}$ est à l'état naturel dans le gaz des marais, où manque toute odeur, tandis qu'il est à l'état ozoné $2H\bar{E}^2$ dans le gaz oléfiant et dans tous ses combinés, d'où provient leur odeur caractéristique. Ainsi dans l'atome de gaz des marais $C^2H^4 = 16$ sont contenus 16 molécules de barogène β avec quatre équivalents $4\bar{E}$ électriques négatifs, de même que dans l'atome de gaz oléfiant sont contenus $C^2H^2 = 14$ où se trouvent 14 molécules de barogène. Pour avoir donc dans la combustion un égal nombre d'atomes des deux gaz, il faut prendre 16 grammes de gaz des marais et 14 grammes de gaz oléfiant, et comme dans ces poids inégaux se trouve une égale quantité d'équivalents électriques négatifs $4q\bar{E}$, ils produisent une égale quantité de calories en se combinant avec d'inégales quantités d'oxygène $6O\bar{E}$ et $8O\bar{E}$ pour produire une égale quantité C^2O^4 d'acide carbonique et d'inégales quantités $2HO, 4HO$ d'eau.

Les nombres des calories obtenues par l'expérience de 1 gramme de combustible sont 13063 pour le gaz des marais et 11858 pour le gaz oléfiant; pour obtenir des calories contenant une égale quantité d'équivalents chimiques de ces gaz, il faut multiplier par 16 les calories 11858 et par 14 les calories 13063; la petite différence qu'on remarque entre les produits $11858 \times 16 = 189728, 14 \times 13063 =$ 182882 résulte des calories qui restent dans l'excédant $2HO$ d'eau qui résulte des gaz des marais. Ainsi les résultats des expériences sont en parfait accord avec ceux du calcul, même quand diffèrent les quantités d'oxygène GO et 8O consommé dans la combustion d'un égal nombre d'atomes des deux gaz; on voit même que le nombre des calories 182882 est inférieur, dans la combustion du gaz des marais, à celui 189228 obtenu par la combustion du gaz oléfiant avec moins d'oxygène et par suite avec une moindre production d'eau.

3° *Charbon.* Avant d'indiquer l'application de calcul dans les résultats des expériences, il faut d'abord montrer les appareils employés dans ces expériences. Les gaz sont conduits dans un bec G (fig. 80) et brûlent avec l'oxygène ambiant; le soufre se met dans un petit creuset en porcelaine C pouvant en contenir 4 à 5 grammes. On l'allume au moyen d'une pointe de charbon rouge que l'on introduit rapidement. Pour que la combustion soit complète, il faut que l'oxygène tourbillonne autour du creuset, ce que l'on obtient facilement en terminant le tube *o'* (fig. 69) par un coude qui dirige le gaz tangentiellement aux parois de la chambre.

Les diverses variétés de charbon fournissent en brûlant des quantités différentes de chaleur. Le charbon de bois,

Figure 80.

privé d'hydrogène par la calcination, se met dans un cylindre en platine P (fig. 80) dont le fond est percé de trous. On l'allume en jetant un petit fragment de charbon allumé pesant 4 à 5 milligrammes par la tubulure *t'* (fig. 69); on y ajuste le bec O (fig. 72) par lequel l'oxygène arrive sur le charbon et traverse sa masse.

Les charbons difficiles à brûler sont placés dans une petite nacelle en fil de platine *t* (fig. 80), que l'on introduit dans le cylindre P; l'espace qui reste autour de la nacelle est rempli de charbon de bois; on tient compte de la chaleur dégagée par ce dernier, dont le poids et le pouvoir calorifique sont connus d'avance.

Dans la combustion du charbon il se produit constamment un peu d'oxyde de carbone qui se mêle avec l'acide carbonique. Celui-ci est absorbé par des fragments de potasse, dont le poids détermine celui p' du carbone et la différence $p-p'$ entre lui et le poids p du charbon brûlé est le charbon transformé en oxyde; d'après cette quantité $p-p'$ on détermine les calories qui manquent dans le nombre de celles obtenues par la combustion du poids p de charbon.

Soit x la chaleur de combustion du charbon quand il forme de l'acide carbonique, y celle qui correspond à la formation de l'oxyde de carbone, p le poids du charbon qui s'est transformé en acide carbonique, q le poids du charbon transformé en oxyde, et enfin c le nombre total de calories dégagées dans l'expérience considérée. Une autre expérience donnera les quantités p', q', c', et l'on aura les deux équations $px + qy = c$, $p'x + q'y = c'$, d'où l'on tirera les valeurs de x et de y. En mettant à la place de p,q,c,p',q',c' les données des deux expériences, on a trouvé ainsi $x = 8036$, et $y = 2397,8$. Or 1 gramme de charbon, en passant à l'état d'acide carbonique, dégage 8080 calories, et une quantité d'oxyde de carbone contenant 1 gramme de carbone en dégage 5607. La différence $8080 - 5607 = 2473$ représente la chaleur de combustion du charbon quand il passe à l'état d'oxyde de carbone; en effet, ce nombre de 2473 diffère peu de celui 2397,8 trouvé pour y. Dans le calcul du tableau (A), il entre 1 gramme d'oxyde de carbone et non pas 1 gramme de carbone contenu dans cet oxyde.

Parmi les différentes formes sous lesquelles se trouvent les atomes de carbone, le diamant et le graphite donnent des quantités inférieures de calories, ce qui prouve la diminution des équivalents électriques négatifs $\overline{E}$ dans ces substances; car l'atome de charbon de bois en contient trois, il est C$\bar{E}'$. Les 6 grammes de charbon contiennent un nombre d'atomes égal à celui que contient 1 gramme d'hydrogène; mais chacun des atomes de carbone contient 3 équivalents négatifs 3$\bar{E}$, de sorte que les 6 grammes de charbon devaient donner trois fois autant de calories que 1 gramme d'hydrogène qui donne 3Θ brûlé dans l'appareil (fig. 69), et 2Θ s'il est brûlé dans l'appareil (fig. 67). Les 6 grammes de charbon donnent les calories $8080 \times 6 = 48480$ qui correspondent à la quantité 4Θ de chaleur.

Dans le calcul ci-dessus on a trouvé le nombre 2473 de calories produites quand le charbon passe à l'état d'oxyde de carbone; cette diminution de calories est attribuée par les physiciens au passage du charbon de l'état solide à l'état gazeux. Suivant le calcul indiqué, le nombre des calories qui disparaissent dans ce changement d'état est beaucoup supérieur à celui 2473, parce que les 6 grammes de charbon, au lieu de 4Θ, doivent produire au moins 6Θ de chaleur lumineuse. 1 gramme d'hydrogène donne 9 grammes d'eau qui, 1° à l'état liquide contiennent 9×79 calories latentes, et 2° à l'état de vapeur en contiennent la quantité $8 \times 9 \times 79$. 6 grammes de charbon produisent 14 grammes d'oxyde et 22 grammes d'acide à l'état de vapeur qui doivent perdre une plus grande quantité de calories que la vapeur d'eau pour être ramenées à l'état liquide.

Donc il est absurde de croire que pour les 9 grammes de vapeur d'eau il faut $9 \times 8 \times 79$ calories, tandis que pour 14 grammes de vapeur d'oxyde de carbone, la quantité de 2473 serait suffisante; car, en admettant une égale chaleur latente dans la vapeur de l'eau et dans celle de l'oxyde, on trouve la quantité $14 \times 640 = 8960$ pour l'oxyde de carbone, et $22 \times 640 = 14080$ pour l'acide carbonique; mais ces quantités sont bien loin d'être les véritables, parce que l'oxyde de carbone ne devient pas liquide même à — 110°, et sous une pression de 50 atmosphères.

4° *Carbures hydrogénés.* Chaque fois que les éléments du carbure C^2H^2 entrent une fois de plus dans la constitution d'un nouveau carbure, la chaleur de combustion diminue de 37,48 calories; par exemple, l'amylène $C^{10}H^{10}$ ayant pour chaleur de combustion 11458 calories, le paramylène $C^{20}H^{20}$ devra donner $11458 - 5 \times 37,5 = 11303,5$ calories : or l'expérience donne 11303.

Dans tous les carbures $(C^2H^2)^n$, les produits de la combustion sont $2nCO^2 + 2nHO$; donc la diminution des calories 37,48 résulte de leur éloignement, lorsqu'un élément C^2H^2 pénètre dans un autre pour produire un carbure de degré supérieur : cela conduit à connaître que les éléments de chaleur produite dans la combustion se trouvent dans les combustibles, parce que l'oxygène consommé pour brûler 1 gramme de carbure d'hydrogène n'éprouve aucun changement. Il en est de même pour le sulfure de carbone CS^2 et pour le gaz des marais.

En brûlant les 38 grammes ou les q atomes de sulfure de carbone, on obtient q atomes d'acide carbonique où se trouvent 6 grammes de carbone, et $2q$ atomes d'acide sulfureux où sont les 32 grammes de soufre; les calories de 38 grammes de sulfure de carbone brûlé sont $38 \times 3400,5 = 129219$. En brûlant séparément les 6 grammes de charbon et les 32 grammes de soufre, on obtient les calories $6 \times 8080 = 48480$ et $32 \times 20262 = 72384$, qui donnent la somme 121864, laquelle est inférieure au produit 129219.

De même en brûlant les 8 grammes ou les q atomes de gaz des marais, on obtient q atomes d'acide carbonique et $2q$ atomes d'eau; les calories de 8 grammes de gaz des marais sont $8 \times 13063 = 104504$, et celles de 6 grammes de carbone $6 \times 8080 = 48480$, et des 2 grammes d'hydrogène $2 \times 43462 = 68924$, qui donnent la somme 117404, nombre beaucoup supérieur au produit 104504. Le contraire a lieu pour le gaz oléfiant CH; on y trouve

$7 \times 11857,8 = 83004,6$, et la somme $48480 + 34462 = 82942$.

Ces calculs, comme les précédents, font voir qu'il n'y a pas de rapport constant entre les poids des combustibles et les quantités des calories obtenues par la combustion des atomes combinés, comme CS^2, CH^6, CH, ou de leurs éléments, qui sont le charbon, le soufre et l'hydrogène. Mais il faut remarquer ici que les combustibles odorants donnent, par leurs atomes brûlés, des quantités de calories supérieures à celles qu'on obtient par leurs éléments; au contraire, les combustibles non odorants donnent, par la combustion de leurs atomes, des quantités de calories inférieures à celles qu'on obtient en brûlant leurs éléments. Dans l'*Électrostatique*, pages 128 à 132, est exposée l'application du calcul stœchiométrique.

§ 627. II. **Tableau C.** De même que l'a fait Dulong, Favre et Silbermann ont aussi exposé quelques résultats numériques par rapport aux équivalents chimiques des substances qui se combinent. Dans le tableau C sont contenus les *équivalents calorifiques* des principaux combinés binaires.

§ 628. **Trois classes des corps.** Les corps se trouvent divisés, 1° en *électronégatifs* qui brûlent, 2° en *électropositifs* qui entretiennent la combustion, et 3° en *amphiélectriques* qui jouissent des propriétés des deux électricités : tels sont ici le soufre, le cyanogène. Le soufre à l'état solide est un combustible et brûle avec l'oxygène; mais, à l'état vaporeux, il entretient la combustion des métaux; il est inodore à l'état solide et dans l'acide sulfurique, mais d'une odeur pénétrante dans l'acide sulfureux.

Cette propriété singulière du soufre résulte de ses éléments électriques et matériels exposés dans la *Photostatique*, page 742. Les éléments matériels sont les mêmes dans le soufre et dans le gaz des marais; ils ne diffèrent entre eux que par les éléments électriques dont $4E$ sont contenus dans l'atome de gaz $C^2H^4\bar{E}^4$, et deux seulement dans l'atome du soufre $S=C^2H^4\bar{E}^2$; à cet état le soufre est un combustible, et, comme il a été prouvé, les 16 grammes de celui-ci donnent un égal nombre de calories que 1 gramme d'hydrogène.

Soufre électropositif à l'état vaporeux. Des atomes de chaleur $\bar{E}\bar{E}\bar{E}$ les équivalents négatifs $2\bar{E}$ passent aux éléments $C^2H^4\bar{E}^2$ de l'atome de soufre pour se réduire à un état pareil à celui des gaz des marais $C^2H^4\bar{E}^4$; mais il y reste encore l'équivalent positif $\bar{E}$ de l'atome de chaleur; c'est donc l'équivalent $\bar{E}$ qui se combine avec les équivalents négatifs des combustibles en entretenant leur combustion, comme le font l'oxygène $\bar{O}\bar{E}$, le chlore $-^2Cl\bar{E}$, le brome $-^2Br\bar{E}$ et l'iode $-^2I\bar{E}$. Les trois derniers corps contiennent avec deux atomes matériels négatifs un équivalent électrique positif, et pour cela ils sont ozonés; tel est l'oxygène $\bar{O}\bar{E}$ quand il reçoit un équivalent électrique négatif pour devenir $\bar{O}\bar{E}\bar{E}$.

§ 629. *Rapports entre les calories produites et la combustion.* Les physiciens ont remarqué que les composés qui donnent le plus de chaleur en se formant sont ceux qui ont le plus de stabilité; par exemple, le chlorure d'argent et l'oxyde d'argent, dont le premier est très-stable et le second très-facile à décomposer, produisent des quantités de chaleur très-différentes. En attribuant, comme Joule, les quantités de calories différentes aux différents degrés d'affinité, on ne fait qu'une description, parce que le mot *affinité* n'a aucune signification réelle, ou c'est un pur *sophisme* souvent présenté sous la forme des raisonnements logiques.

Ici des descriptions des expériences et de leurs résultats servent à faire connaître l'état véritable des faits, et comme explication se présente leur liaison mutuelle par la loi physique comme causes et effets. Pour obtenir une grande quantité d'eau, il faut telle quantité d'oxygène et d'hydrogène; il en est de même pour la chaleur; le même combustible peut consommer d'inégales quantités de ses équivalents négatifs quand il brûle avec l'oxygène ou avec le chlore;

1° si le nombre A d'équivalents d'argent laisse se séparer $2 \times 6113 \bar{E}$ de ses équivalents pour se combiner avec les équivalents $A\bar{E}$ d'oxygène, les calories produites seront 6113, et 2° si le même nombre A d'équivalents d'argent laisse se séparer $2 \times 34800 \bar{E}$ de ses équivalents pour se combiner avec les équivalents $A\bar{E}$ de chlore, les calories produites seront 34800. Comme le nombre des équivalents matériels est égal dans les deux cas, celui des équivalents électriques l'est aussi. Donc les éléments de la différence $34800 - 6113 = 28687$ des calories se trouvent dans l'oxyde d'argent et manquent dans le chlorure du même métal.

Le soufre produit moins de chaleur que les quatre autres corps ; les corps ozonés, tels que le chlore, le bronze, l'iode, produisent des calories qui sont en rapport inverse avec leur poids atomique. Cela prouve que le burogène de ces atomes est en rapport direct avec la quantité de calories qui restent dans les combinés à l'état dissimulé. Cela n'a pas lieu pour le soufre, parce qu'il ne devient électropositif qu'au moyen de la décomposition des atomes de chaleur.

TABLEAU D. — *Des résultats numériques des combustions provenant d'expérimentateurs différents.*

SUBSTANCES.	NOMBRE de calories dégagées par 1 gramme.	NOMS des expérimentateurs.
Hydrogène.	23.352	Laplace, Lavoisier.
	23.294	Clément, Desormes.
	23.610	Despretz.
	7.624	Laplace, Lavoisier.
	5 761	Crawfort.
Charbon.	0.373	Hassenfratz.
	7.386	Clément, Desormes.
	7.915	Despretz.

SUBSTANCES.	NOMBRE de calories dégagées par 1 gramme.	NOMS des expérimentateurs.
Charbon de chêne	7.024 à 7.070	
Braise	5.072 à 7.070	
Anthracite	6.800 à 7.070	
Houille grasse	6.730 à 7.070	
Houille sèche	6.230	Berthier.
Lignite	4.320 à 4.830	
Lignite passant au bitume	6.580	
Asphalte	7.500	
Bois	4.311	Rumfort.
	4.314	Berthier.
Tourbe	4.300	
Phosphore	7.000	Laplace, Lavoisier.
Huile de colza	9.307	Rumfort.
Huile d'olive	11.782	Laplace, Lavoisier.
	9.014	Rumfort.
Suif	7.569	Laplace, Lavoisier.
	8.369	Rumfort.
Cire blanche	10.520	Laplace, Lavoisier.
	9.470	
Éther	8.050	
Alcool à 42 degrés	6.195	Rumfort.
Id. à 35 degrés	5.261	
Naphte	7.338	

C. STŒCHIOMÉRTIE ÉLECTRIQUE APPLIQUÉE AUX RÉSULTATS NUMÉRIQUES
DU TABLEAU D.

§ 630. L'objet est d'une très-haute importance dans
toutes les branches des sciences physiques et naturelles;
pour cette raison, nous tâcherons de ne laisser passer aucun
fait sans y constater la production de chaleur par ses éléments
électriques, comme on a fait après la découverte de la
production des atomes d'eau par la combinaison des deux
volumes d'hydrogène avec un volume d'oxygène. Il existe

même une analogie entre les volumes des éléments de l'eau et les équivalents $2\bar{E}$ et $\bar{\bar{E}}$ des éléments de la chaleur.

1° *Hydrogène*. Les nombres de calories 2Θ obtenues par plusieurs expérimentateurs diffèrent très-peu entre eux, parce qu'ils ont été obtenus au moyen de l'appareil qui donne la chaleur lumineuse. Si 1 gramme d'hydrogène est brûlé dans l'appareil de Dulong avec l'oxygène, il se produit la quantité 3Θ de chaleur obscure ; mais en le brûlant avec le chlore, la chaleur est lumineuse et pour cela 2Θ. Cette preuve mathématique ne permet aucune objection, parce que le nombre 23783 est la moyenne de ceux 23685, 23850, 23815 obtenus par la combustion de 1 gramme d'hydrogène avec le chlore, et il ne diffère pas de celui 23640 obtenu par Despretz de 1 gramme d'hydrogène brûlé avec l'oxygène.

Dans 1 gramme d'hydrogène sont contenus les équivalents négatifs $6q\bar{E}$; une égale quantité d'équivalents positifs $6q\bar{\bar{E}}$ est contenue dans 8 grammes d'oxygène ou dans 36 grammes de chlore. 1° La chaleur lumineuse est obtenue par la combinaison de tous les éléments électriques $6q\bar{E} + 6q\bar{\bar{E}} = 2q\bar{E}\bar{E}\bar{E} + 2q\bar{\bar{E}}\bar{\bar{E}}\bar{\bar{E}}$. 2° La chaleur obscure est obtenue par l'éloignement de la moitié des équivalents positifs $6q\bar{E} + 6q\bar{\bar{E}} = 3q\bar{E}\bar{E}\bar{E} + 3q\bar{\bar{E}}$. 3° La lumière Drummont est produite par l'éloignement de la moitié des équivalents négatifs : $6q\bar{E} + 6q\bar{\bar{E}} = 3q\bar{E}\bar{E}\bar{E} + 3q\bar{E}$. Voilà, comme on le voit, trois faits très-différents obtenus de mêmes éléments.

2° *Charbon*. Habituellement les résultats numériques différents sont attribués aux qualités différentes de charbon ; toutefois, dans les mêmes morceaux, les résultats sont aussi pour le charbon plus différents que pour tout autre combustible : preuve évidente que dans les quantités inférieures de calories la lumière est produite à un plus haut degré que dans leurs quantités supérieures.

Le produit de la combustion du charbon est la vapeur de l'acide carbonique dont 11 grammes contiennent 3 grammes de carbone, comme 9 grammes de vapeur d'eau contiennent 1 gramme hydrogène et $9 \times 8 \times 79$ calories; il s'en suit que 11 grammes d'acide carbonique ne peuvent pas contenir une quantité de calories moindre que $11 \times 8 \times 79$, parce que, pour que ce gaz soit condensé et amené à la forme liquide, il faut une pression de 50 atmosphères, tandis que pour la vapeur de l'eau il suffit d'une pression de 1 atmosphère.

3° *Bois.* Le bois sec consiste en atomes végétaux $C^{12}H^{24}O^{24}$. Si l'on admet les atomes 24HO de l'eau dans le même état où ils sont dans l'alcool, la chaleur de sa combustion ne serait produite que du charbon qui ne constitue que $\frac{2}{5}$ du poids, de sorte que 15 grammes de bois devraient produire autant de chaleur que 6 grammes de charbon. L'excédant de chaleur $4314 \times \frac{2}{5} - 8080 = 1082$ obtenu par les expériences prouve que, dans l'atome HO d'eau, est contenue à l'état dissimulé une quantité d'équivalents électriques qui manquent dans l'atome d'eau de l'alcool. A cause de ces éléments électriques contenus dans les atomes d'eau du bois, celui-ci produit, pendant sa décomposition, une série de substances qu'on ne peut pas obtenir de l'alcool. Au moyen donc des quantités de calories obtenues de la combustion, se déterminent les éléments électriques des corps composés d'un égal nombre d'équivalents chimiques.

Les physiciens attribuaient les qualités différentes des corps aux arrangements différents des atomes matériels, mais alors se présentait la question de savoir pourquoi les mêmes atomes sont différemment groupés. Au moyen des calories en quantité inférieure dans les substances acides et en quantité supérieure dans les substances alcalines ou odorantes composées de mêmes atomes matériels, on peut directement démontrer non-seulement l'existence d'équivalents électriques dans les corps, mais aussi leur espèce, car des positifs Ë résultent les acides, et des négatifs Ë résultent les alcalis et les odeurs des corps.

4° *Phosphore.* De 1 gramme de phosphore ont été obtenues les calories 7900 ; pour avoir celles qui proviennent d'un double atome chimique 2Ph de cette substance, il faut 63 grammes qui donnent le produit $63 \times 7900 = 497700$ où est contenu 14 fois le nombre 34601 ou $14 \times 3\Theta$. Le nombre de calories 3Θ est obtenu de 16 grammes de soufre ou de 4,5 grammes de phosphore.

Il en résulte que l'atome matériel simple de soufre du poids de 16 grammes livre dans la combustion la chaleur 3Θ comme elle est obtenue de l'atome d'hydrogène du poids de 1 gramme ; et cela à cause de l'égal nombre d'équivalents négatifs $q\bar{E}$ contenus dans la combustion ; l'atome double de carbone C^2 dans 12 grammes contient $6q\bar{E}$, et l'atome double de phosphore $9q\bar{E}$. Ainsi les produits de la combustion du double atome de phosphore sont les calories $14 \times 3\Theta$ et l'acide phosphorique $Ph^2O^{10}\bar{E}$; parce que de l'oxygène $10qO\bar{E}$ les $9q\bar{E}$ équivalents positifs se combinent avec les négatifs $9q\bar{E}$ du phosphore pour produire les calories, et il n'en reste qu'un équivalent $\bar{E}$ dans l'atome double Ph^2O^{10} d'acide phosphorique qui pour cela n'est ni *délétère* ni *odorant.*

5° *Éther et alcool*, C^4H^4HO, C^2H^2HO. Un atome d'eau est contenu, 1° dans 1 atome de gaz oléfiant dans l'alcool, et 2° dans 2 atomes du même gaz dans l'éther ; 1 atome d'alcool pèse $(14 + 9)p$, un atome d'éther $(28 + 9)p$, et 1 atome d'hydrogène p. De 1 gramme d'éther brûlé Dulong obtint 9431 calories, Favre 9027,6 calories, et Rumfort 8030 ; ils obtinrent de l'alcool 7087, 7184 et 6495 calories. Dans les calories produites d'un égal nombre d'équivalents chimiques, il faut brûler 37 grammes d'éther et 23 grammes d'alcool ; mais c'est dans le même rapport que se trouvent ces masses dans la vapeur de 1 litre, où sont contenus autant d'atomes combustibles C^2H^4HO de la masse de l'éther que ceux contenus dans 1 litre d'alcool C^2H^2HO et dans 1 litre de gaz des marais C^2H^2 ; cependant la somme 14375,5

$+15338 = 29713,5$ est inférieure au nombre 33353 de calories produites par l'éther; la différence 3640 ou 39 résulte des éléments électriques contenus dans l'éther qui manquent dans l'alcool et le gaz oléflant, car ceux-ci résultent de la fermentation (*Photostatique*, p. 710), tandis que l'éther est obtenu de l'alcool à une température élevée où s'éloigne un atome d'eau qui n'enlève pas tous ses éléments électriques, dont résulte la qualité de l'éther qui manque à l'alcool.

6° *Huiles, suif, cire, naphte*.... Les carbures hydrogénés contiennent dans les produits primitifs des plantes le maximum d'équivalents électriques, comme cela a été prouvé dans l'*Electrostatique*, p. 672; pour cette raison, leur combustion sous forme d'huile et de cire produit plus de chaleur que sous forme de suif, d'asphalte, de naphte, ou sous les formes plus éloignées de charbon, de graphite, d'anthracite, de houille, de lignite, etc.

D. STŒCHIOMÉTRIE ÉLECTRIQUE APPLIQUÉE A LA PRODUCTION DE LA CHALEUR TERRESTRE ET DES AUTRES CORPS SANS COMBUSTION.

§ 631. Comme la chaleur latente, de même celle dont les éléments électriques sont soutenus par influence se répandent et deviennent sensibles quand ils ne sont plus soutenus dans l'état indiqué. Le protoxyde d'azote, le cyanogène, l'eau oxygénée, le soufre, les alliages et les cristaux contiennent les éléments électriques de chaleur à l'état par *influence;* les liquides, et surtout l'eau, contiennent ces éléments électriques de chaleur à l'état *latent*, et les gaz contiennent les éléments de chaleur à l'état *dissimulé* et à l'état par *influence*.

§ 632. **Calories provenant de la chaleur latente et de la chaleur dissimulée de l'eau.** Chaque fois que les éléments matériels H et O de l'eau se combinent avec

le carbone on avec les oxydes métalliques, leurs chaleurs
latente et dissimulée deviennent libres. Par exemple, le
carbone contenu dans les couches profondes de la Terre
produit, en se combinant avec les éléments de l'eau, 1° le
gaz des marais C^2H^4, et 2° l'acide carbonique C^2O^4; ainsi,
de 1 gramme d'eau décomposée deviennent libres: 1° 79
calories qui suffisent pour donner à 1 gramme d'eau une
température de 79° supérieure à celle qu'elle possède; 2° les
calories $q9$ soutenues à l'état dissimulé également dans l'eau
et dans la glace. Ces calories surpassent de beaucoup les
latentes 79.

1° **Chaleur terrestre.** Les calories de chaque gramme
d'eau décomposée ne s'éloignent pas facilement du foyer
où elles sont produites, et cela à cause des couches de terrain et des substances végétales ambiantes qui conduisent
mal la chaleur. L'élévation de température autour des
foyers pareils est continuelle, et la chaleur se répand dans
la direction où elle rencontre des résistances inférieures.
1° Dans les régions où cette chaleur se communique aux
eaux : celles-ci arrivent à la surface de la Terre comme
eaux minérales d'une température qui peut atteindre jusqu'à
100°. 2° Dans les régions où la chaleur se communique
aux terrains et aux minerais, elle y fait s'élever la température à des degrés qui suffisent pour fondre ces corps et
même les transformer en vapeurs : celles-ci, chauffées continuellement, parviennent à obtenir une répulsion suffisante
pour remuer les couches de terrain, et s'ouvrir des issues
pour s'échapper. C'est alors que nous ressentons le *tremblement de Terre,* dont la force est proportionnelle aux répulsions que les couches de la Terre éprouvent de la part
des vapeurs brûlantes.

Quand les vapeurs brûlantes parviennent à briser les
couches de terrains supérieures, les fragments produits
sont lancés au loin en directions divergentes; ensuite, la
masse de terrains fondus s'écoule, chassée par la vapeur

qui s'échappe la dernière ; celle-ci, refroidie, se condense,
se disperse, portée au loin par le vent, et tombe sous forme
de cendre qui a son origine dans les éruptions volcaniques.

2° Chaleur de l'eau dans la chaux et des oxydes anhydres.
Parmi les métaux, le poids atomique du calcium se présente
dans quelques cas comme de 21, chiffre trouvé par Davy et
d'autres chimistes ; Dumas trouva 20, et Berzélius a pris la
moyenne 20,5. La cause de cette différence se trouva dans
1 atome d'hydrogène qui se combine avec le calcium ; le
même effet a lieu pour le barium, le strontium, le sodium
et le potassium. Ces oxydes MO anhydres venant en contact
avec l'eau, le métal se combine avec l'oxygène de l'eau,
dont l'hydrogène reste avec l'oxygène de l'oxyde MO ;
alors la chaleur latente de 79 calories et la chaleur dissimulée $q\theta$ par gramme d'eau deviennent libres.

Comme dans l'intérieur de la Terre pour la masse de
charbon, de même la masse de ces oxydes, venant en contact avec l'eau, produit une élévation de température suffisante pour enflammer le bois et fondre les métaux. Pour
faire mieux connaître l'origine de cette chaleur et de celle
q que Davy obtint de la glace par le frottement, nous avons
introduit un grand morceau de glace au-dessous d'environ
un tonneaux de chaux à 10° ou 8°. La chaleur qui en
a été produite, éleva la température au-dessus de 100°. Ce
fait, inexplicable aux physiciens, s'arrange ici avec les autres
pour mieux faire apparaître l'état dissimulé des éléments
électriques dans la glace.

Dans la fusion de la glace, sa chaleur dissimulée $q\theta$ reste
dans l'eau avec la chaleur latente θ ; donc, dans la décomposition de 1 gramme d'eau il n'y a pas que la chaleur latente
θ qui devient libre, mais aussi celle $q\theta$ qui est à l'état dissimulé ; car c'est celle-ci qui apparaît également pendant le
frottement de la glace, et quand celle-ci est en contact avec
la chaux. De même, pour l'eau décomposée par le charbon
il est mis en liberté non-seulement les 79 calories qu'elle

contient à l'état latent, mais aussi celles de quantité supérieure qui sont contenues dans la glace à l'état dissimulé $q\vartheta$.

3° *Chaleur dissimulée de la vapeur du protoxyde d'azote.* Ce combiné se décompose en azote et en oxygène sous l'influence de la chaleur seule, et une partie des éléments électriques dissimulés apparaît à l'état de chaleur libre. Fabre et Silbermann ont décomposé le protoxyde d'azote en le faisant passer lentement par un serpentin entouré d'un poids connu de charbon, contenu dans un calorimètre. En retranchant de la chaleur reçue par le calorimètre celle qui est due à la combustion du charbon, ils ont obtenu la chaleur dégagée par la décomposition d'une partie du protoxyde d'azote. Pour savoir quelle portion a été décomposée, ils ont analysé le gaz recueilli sur le mercure et ont trouvé le nombre 1050 de calories pour 1 gramme de gaz ou de vapeur détruite, précisément comme en détruisant 1 gramme de vapeur d'eau on obtient les calories 606,5. Il a été trouvé par le calcul le nombre 1154 d'excédant de calories obtenu pour former la même quantité d'acide carbonique et oxyde de charbon brûlé avec l'oxygène ou avec le protoxyde d'azote; l'excédant 1154-1050 résulte de l'acide azoteux.

Donc, comme la vapeur de protoxyde d'azote et celle de l'eau contiennent dans 1 gramme des quantités différentes d'éléments de calories, il en est de même pour la vapeur de l'acide carbonique; de sorte que de la chaleur lumineuse $\odot$ produite de la combustion de 1 gramme de charbon, les calories 8080 deviennent libres et celles $\odot - 8080$ restent dans la vapeur à l'état dissimulé.

4° *Chaleur dissimulée dans l'oxyde d'argent.* 108 grammes d'argent brûlés avec l'oxygène donnent 6113 calories, et avec le chlore ils donnent 34800 calories; cette différence ne résulte pas, comme dans la combustion de l'hydrogène, d'une chaleur obscure ou lumineuse, mais de ce que les quantités des éléments électriques contenus dans les 108 grammes d'argent et les 8 grammes d'oxygène, au lieu de se répandre comme cela a lieu pour les éléments du chlore, restent en grandes portions dissimulées dans l'oxyde d'argent de 116 grammes. Dans 1 gramme de celui-ci décomposé ont été trouvées 22,4 calories; par suite, dans les 116 grammes doivent se trouver au moins 2554 calories à l'état dissimulé.

5° *Chaleur dissimulée contenue dans les cristaux.* Le carbonate de chaux ayant la structure de l'arragonite n'obtient celle du spath d'Islande que par le dégagement d'une quantité de chaleur; alors, comme celui-ci, il absorbe en se décomposant 308 calories par gramme. En prenant 50 grammes du sel, on produit 22 grammes d'acide carbonique CO^2 et 28 grammes de chaux avec disparition de 15400 calories qui se consomment dans les 22 grammes de vapeur d'acide carbonique.

6° *Chaleur à l'état dissimulé dans les cristaux du soufre et dans le soufre mou.* Comme le carbonate de chaux, de même le soufre produit deux systèmes de cristaux, le prismatique et l'octaédral; ce dernier est constant. Les cristaux prismatiques préparés récemment et plongés dans du sulfure de carbone saturé de soufre, se transforment instantanément en octaédres avec élévation de température. De même le soufre mou de 78° prend rapidement la forme cristalline du soufre ordinaire en obtenant la température de 111°.

7° *Chaleur à l'état dissimulé dans l'eau oxygénée.* Le liquide est obtenu du baryte qui devient peroxyde étant exposé sous une température élevée à un courant d'oxygène dont les atomes $3O\ddot{E}$ et $3\bar{E} + 3\bar{E}$ se combinent avec la baryte qui obtient la forme $3BaOO\ddot{E}\bar{E}$; celui-ci venant en contact avec l'acide sulfurique produit le sulfate de baryte et l'eau oxygénée : $BaOO\ddot{E}\bar{E} + SO^3HO = BaOSO^3 + HOO\ddot{E}\bar{E}$. Cette eau se décompose par le contact avec le noir de platine; de 17 grammes de liquide se dégagent 8 grammes d'oxygène et 8×1303 calories : $3qHOO\ddot{E}\bar{E}\bar{E} = 3qHO + 3qO\ddot{E} + q\ddot{E}\bar{E}\bar{E} + q\ddot{E}\bar{E}\bar{E}$; donc la chaleur dégagée n'est pas obscure comme les cas précédents, mais elle est lumineuse, comme cela est constaté par l'expérience.

8° *Chaleur à l'état dissimulé dans les sels anhydres.* Dans les oxydes tels que la chaux, la potasse, la soude... anhydres, l'eau se décompose pour combiner son oxygène avec le métal et son hydrogène avec l'oxygène de l'oxyde, et laisser se disperser sa chaleur latente et dissimulée $(q+q')0$; il n'en est plus de même pour les sels anhydres, dont 1 gramme mêlé avec de l'eau dégage les quantités suivantes de calories :

	Calories.
Chlorure de zinc.	92,2
Chlorure de fer.	58,5
Dichlorure de cuivre.	73,7
Sulfure de potassium.	90,6
Sulfate d'uranyle	10,7

Les quantités de calories obtenues de 1 gramme de sel sont contenues à l'état dissimulé; cela suffit pour faire connaître que la chaleur dissimulée qu'on obtient par le frottement reste dans les sels dans le même état qu'ils sont dans l'eau et la glace; elle ne devient libre que quand les atomes des corps éprouvent une décomposition.

9° *Chaleur à l'état dissimulé dans l'acide sulfurique.* Cet acide, à un équivalent d'eau ou SO^3HO, en se mêlant avec un second équivalent d'eau pour devenir $SO^3\overline{HO}^2$, dégage 64,7 calories, et si l'on y ajoute successivement de nouveaux équivalents d'eau, la chaleur dégagée par chacun d'eux va en diminuant de plus en plus jusqu'à devenir insensible quand le nombre des équivalents d'eau devient 11 ou $SO^3\overline{HO}^{11}$; alors la somme totale de calories dégagées est 150.

Les éléments de ces calories ne résultent pas de l'eau, mais ils sont contenus à l'état par influence $\overline{E}E^4\overline{E}$ entre les intervalles λ', λ', λ'... de l'acide où pénètrent les lames d'eau pour faire diminuer son poids spécifique, et c'est ainsi que les éléments électriques $\overline{E}E^4\overline{E}$ s'éloignent et deviennent sensibles, précisément comme cela a lieu pour les poudres impalpables et pour les gaz ; pour cette raison la production de calories est limitée, car elle décroît rapidement avec l'augmentation de l'eau.

Du mélange de l'eau avec les acides et avec l'ammoniaque sont produites de la même manière les calories suivantes :

		Calories.
Acide chlorhydrique.	. . . .	449,0
Acide bromhydrique.	. . . .	255,0
Acide iodhydrique.	. . . .	147,7
Acide sulfureux.	. . . .	120,4
Ammoniaque.	. . . .	514,5

L'eau introduite n'éprouve, dans tous ces cas, aucune décomposition, comme cela résulte du poids spécifique des mélanges qui diminue dans les acides et augmente dans l'ammoniaque pour se rapprocher de celui de l'eau.

10° Chaleur changeant l'état électrique de la vapeur du soufre. A l'état solide le soufre est électronégatif ; il contient à l'état dissimulé et à l'état par influence les éléments électriques de la chaleur ; pour cette raison il ne conduit pas l'électricité ; le même état électronégatif reste au soufre liquide qui contient une quantité supérieure des éléments de chaleur $\bar{E}\bar{E}^4\bar{E}$ par influence. Mais l'état électrique change dans la vapeur du soufre ; elle est électropositive, comme le sont l'oxygène, le chlore, le brome et l'iode. Ce changement ne résulte que de la chaleur de la vapeur dont les équivalents négatifs $2\bar{E}$ passent dans les éléments matériels du soufre qui sont $C^2H^4\bar{E}^2$, et ainsi résulte l'état électropositif $C^2\bar{H}^4\bar{E}^4\bar{E}$ par l'équivalent positif $\bar{E}$ qui reste libre, comme il l'est dans l'oxygène $O\bar{E}$; alors le soufre est du gaz des marais contenant dans chaque atome un équivalent électrique positif $\bar{E}$.

Le grand nombre de calories 45638 produit de la combinaison de 1 équivalent de potassium avec e équivalents de soufre résulte des équivalents négatifs $3q\bar{E}$ du métal et de $cq\bar{E}$ équivalents positifs du soufre; car lorsque le potassium brûle dans la vapeur du soufre, son équivalent obtient du soufre des nombres qui varient entre 1 et 5.

Résumé. Dans tous les cas indiqués la chaleur ne résulte que de ses éléments électriques; les différences consistent dans les états des corps où ces éléments se trouvent avant leur combinaison : 1° La chaleur terrestre comme celle des oxydes anhydres est produite de la décomposition de l'eau où elle se trouve à l'état latent et à l'état dissimulé. 2° La chaleur obtenue du protoxyde d'azote, de l'oxyde d'argent, des cristaux, du soufre, de l'eau oxygénée, des chlorures, iodures, bromures, sulfures et des acides, n'est pas produite d'une décomposition de l'eau, mais ses éléments se trouvent à l'état par influence $\bar{E}\bar{E}^4\bar{E}$, et ils s'en éloignent par la décomposition des éléments matériels ou par la pénétration des lames γ, γ, γ... liquides dans les intervalles λ', λ', λ'... ou λ'', λ'', λ''... où sont contenus les éléments $q\bar{E}\bar{E}^4\bar{E}$ de la chaleur $2q\bar{E}\bar{E}^2$. 3° Le soufre négatif, en obtenant la forme de vapeur, devient positif par la décomposition de la chaleur, et comme l'oxygène il devient capable d'entretenir la combustion tant qu'il est à l'état vaporeux; il a été ici nommé *amphiélectrique*, mais ces deux qualités sont contenues sous deux états différents des éléments matériels.

IV. — CHALEUR OBTENUE PAR LA VOIE HUMIDE.

§ 633. Par la *voie sèche*, qui est la combustion, est produite la chaleur 1° par ses éléments électriques négatifs $6q\bar{E}$ qui se séparent des combustibles, et 2° par ses éléments électriques positifs $6q\bar{E}$ qui se séparent de l'oxygène, du chlore, du brome, de l'iode, du soufre qui entretiennent la combustion. Par la *voie humide*, qui est la combinaison des oxydes avec les acides, la chaleur est produite également : 1° par ses éléments électriques négatifs $6q\bar{E}$ qui se séparent des oxydes, et 2° par ses éléments électriques positifs $3q\bar{E}$ qui se séparent des acides.

Des éléments électriques de même nombre $6q\bar{E}$, $6q\ddot{E}$ sont produites la chaleur et la lumière, comme cela a lieu dans l'arc voltaïque $6q\bar{E} + 6q\ddot{E} = 2q\bar{E}\bar{E}\bar{E} + 2q\ddot{E}\ddot{E}\ddot{E}$. Des éléments électriques de nombres inégaux $6q\bar{E}$, $3q\ddot{E}$ est produite la chaleur seule. Donc par la voie sèche est produite la chaleur lumineuse, et par la voie humide la chaleur obscure. Cette différence ne résulte pas des acides dont chaque équivalent chimique consomme, comme l'oxygène, un équivalent électrique positif $\ddot{E}$, mais des oxydes, dont chaque équivalent chimique contient deux équivalents électriques négatifs $2\bar{E}$.

Les oxydes sont représentés par le signe $MO\bar{E}^2$, et les acides par les signes $\mu\bar{O}^n\ddot{E}$, $\mu\bar{H}\bar{E}$ ou $GO\bar{E}$; ils sont de trois genres; deux sont des minéraux $\mu\bar{O}^n\ddot{E}$, $\mu\bar{H}\ddot{E}$ qui contiennent un métalloïde positif et oxygène ou un métalloïde double négatif et hydrogène; les acides $GO\ddot{E}$ d'origine de substances organiques consistent en un carbure hydrogéné $C^{24}H^m = G$ et en oxygène.

Les produits des combustions sont matériels et électriques : 1° les matériels contiennent les équivalents chimiques des combustibles M et du corps qui entretient la combustion; 2° les produits électriques chaleur et lumière contiennent les éléments électriques. Les produits de la voie humide sont également, 1° matériels ou les sels, et 2° électriques ou la chaleur obscure.

§ 634. Les physiciens attribuaient l'apparition de la chaleur lumineuse, non pas aux éléments électriques $\bar{E}$, $\ddot{E}$ contenus dans les équivalents chimiques, mais simplement aux *actions chimiques* de nature inconnue qui ont lieu à la fois dans la voie sèche et dans la voie humide. Ici les mots *action chimique* indiquent : 1° séparation des éléments électriques des équivalents chimiques pour se combiner et produire la chaleur lumineuse ou la chaleur obscure, et 2° combinaison des équivalents chimiques pour produire un combiné matériel.

§ 635. **Oxydes ou bases.** On préfère le mot *base* pour indiquer que l'ammoniaque même, qui ne contient pas d'oxygène, se combine avec les acides pour produire des sels qui jouissent des mêmes propriétés que ceux dont la base est un oxyde. Donc comme parmi les acides les uns contiennent l'oxygène et l'autre l'hydrogène, de même parmi les bases les oxydes contiennent l'oxygène et l'ammoniaque contient l'hydrogène. Ainsi les chimistes ne pouvaient pas concevoir comment l'oxygène et l'hydrogène rendent électropositifs les acides et électronégatifs les bases.

Ammoniaque. Ce combiné est produit : 1° d'azote $= Az\bar{E}$, et 2° d'hydrogène ozoné $3\bar{H}\bar{E}^2$ qui résulte de la décomposition des atomes de chaleur $\bar{E}\bar{E}^2$ contenus dans l'eau ou autres corps; $Az\bar{E} + 3HO\bar{E}\bar{E}^2 = Az\bar{E}H^3\bar{E}^6 + 3O\bar{E}$. Donc, 1° l'ammoniaque est électronégative à cause des équivalents négatifs, qui sont contenus également dans les oxydes ; 2° elle est odorante au même temps à cause de l'excédant $3\bar{E}$ de ces équivalents négatifs, qui ne se trouvent pas en tel état dans les oxydes inodores.

Oxydes. Un équivalent chimique de carbone ou de métal contient dans sa masse β ou β' de barogène trois équivalents électriques négatifs ; ils sont indiqués par les signes $\bar{CE}^3$, $\bar{ME}^3$. Les oxydes en sont obtenus par la combinaison d'un équivalent d'oxygène avec un équivalent de carbone ou de métal; cependant l'oxyde de carbone n'est pas pour cela dans le même état que ceux des métaux, car son équivalent $CO\bar{E}$ contient un élément négatif, tandis que les oxydes métalliques en contiennent deux $MO\bar{E}^2$, et cela parce que l'oxyde de carbone est obtenu par la production de la chaleur obscure $C\bar{E}^3 + O\bar{E} = CO\bar{E} + \bar{E}\bar{E}^2$, comme cela a lieu dans la production des sels par les oxydes métalliques et les acides : $MO\bar{E}^3 + \mu O''\bar{E} = MO\mu O^n + \bar{E}\bar{E}^2$. La chaleur lumineuse est produite de la combustion de l'oxyde de carbone :

$$3q\mathrm{CO\bar{E}} + 3q\mathrm{O\bar{E}} = 3q\mathrm{CO}^2 + q\mathrm{\bar{E}\bar{E}}^2 + q\mathrm{\bar{E}}^2\mathrm{\bar{E}} = 3q\mathrm{CO}^2 + q\vartheta + q\varphi,$$

comme elle est produite de la combustion des métaux :

$$3\mathrm{M\bar{E}}^3 + 3\mathrm{O\bar{E}} = 3\mathrm{MO\bar{E}}^2 + \mathrm{\bar{E}\bar{E}}^4 + \mathrm{\bar{E}}^2\mathrm{\bar{E}}.$$

§ 636. **Acides.** On sait que l'état électropositif des acides ne résulte pas de leurs équivalents matériels qui sont les mêmes dans plusieurs combinés, et cependant les uns sont acides et les autres alcalins. En considérant les équivalents $\mathrm{C^4H^4O^4}$, on ne peut connaître si l'acide acétique est représenté ou bien le formiate de méthylène ; mais il en est autrement quand on y introduit avec les éléments matériels leurs éléments électriques qui font connaître si le combiné est positif ou négatif et encore s'il est odorant ou inodore. Lavoisier n'avait pas connaissance de ces éléments électriques ; et les chimistes actuels, qui les connaissent, n'ont pas osé leur donner place dans les formules chimiques.

Quand était inconnue l'existence des équivalents électriques, les chimistes et les physiciens attribuaient les qualités des corps aux arrangements particuliers des molécules matériels ; cependant ils savaient bien que la cause de ces arrangements restait inconnue, et encore plus celle de l'apparition de la chaleur et de la lumière ou de la chaleur seule. Quant à la cause des odeurs, on admettait la dispersion des molécules matérielles qui peuvent être transmises à travers les corps d'origine organique, et non pas à travers les métaux.

§ 637. **Acides minéraux odorants.** Nous avons prouvé dans la *Phostostatique*, p. 695, que c'est l'expansion de l'électricité négative qui produit la sensation des odeurs, comme celle de la positive produit la sensation des saveurs. Parmi les acides, sont *inodores* l'acide sulfurique, l'acide phosphorique et tous ceux qui ne contiennent pas l'oxygène ou l'hydrogène ou d'autres corps à l'état ozoné ; les acides *odorants* sont tous ceux qui contiennent les éléments ozonés, qui sont composés de deux équivalents négatifs et un positif, comme le sont les atomes de chaleur $\ddot{E}\ddot{E}^2$ où manque l'odeur parce qu'il n'y entre aucun élément matériel ; comme dans les atomes de lumière $\ddot{E}^2\ddot{E}$ manque la saveur acide, parce qu'ils ne contiennent pas de parties matérielles.

Les bases des acides d'hydrogène ont une odeur qui résulte du métalloïde qui est un atome négatif double : tels sont le chlore $-^2Cl\ddot{E}$, le brome $-^2Br\ddot{E}$, l'iode $-^2\ddot{E}$. Le soufre, 1° à l'état solide et liquide a un atome positif double avec deux équivalents négatifs électriques $^2+S\ddot{E}^2$, 2° à l'état de vapeur, il a un équivalent positif $\ddot{E}$ comme l'oxygène, parce que les négatifs $2\ddot{E}$ et encore ceux $2\ddot{E}$ d'un atome de chaleur $\ddot{E}\ddot{E}^2$ pénètrent dans ses quatre équivalents d'hydrogène : $S = C^2H^4\ddot{E}^2$, et $S + \ddot{E}\ddot{E}^2 = C^2H^4\ddot{E}^4\ddot{E} = S\ddot{E}$; donc le soufre solide et liquide est un combustible, et sa vapeur entretient la combustion.

§ 638. L'acide sulfureux et l'acide phosphoreux sont odorants comme l'est l'acide azotique, et cela résulte de leurs éléments ozonés qui manquent dans l'acide sulfurique, l'acide phosphorique, etc. Les sels ne résultent pas du contact des acides concentrés ou anhydres $\mu O^3\ddot{E}$ ou $\mu H\ddot{E}$ avec les oxydes $MO\ddot{E}^2$, mais il faut que les acides soient étendus et les sels produits dissous dans l'eau. Celle-ci étant un combiné neutre, 1° remplit la place d'une base chez les acides, et il en résulte une quantité de chaleur $\alpha\theta$; 2° l'eau remplit la place d'un acide chez les oxydes, et il en résulte également une quantité de chaleur $\alpha'\theta$. Quand donc on mêle les acides étendus avec les oxydes dissous, on n'obtient que la différence $\Theta - \alpha\theta - \alpha'\theta$ de chaleur, tandis que, dans la combustion des métaux ou des métalloïdes, il se produit immédiatement toute la chaleur lumineuse Θ'.

Ces connaissances préliminaires servent à prouver pourquoi le calcul stœchiométrique ne conduit pas à des résultats analogues quand il est appliqué aux calories obtenues par la combustion et à celles qu'on obtient par la voie humide d'égal nombre d'équivalents chimiques; comme cela devient évident d'après les résultats exposés dans le tableau suivant. Ils ont été obtenus par une dissolution *titrée* de la base, c'est-à-dire contenant un poids P de l'oxyde sec et mesuré dans une pipette et puis introduit dans l'éprouvette de verre. L'acide n'a pas besoin d'être dosé quand sa dissolution, ainsi que celle de la base, est assez étendue pour que l'addition d'une nouvelle quantité d'eau ne produise plus d'élévation de température; c'est alors qu'il ne se produit pas de sels acides.

Quand la base est insoluble, la chaleur dégagée s'évalue indirectement; on prend un sel soluble de cette base et on le précipite par la potasse ou par l'ammoniaque. 1° S'il n'y a aucun changement de température, on en conclut que la potasse et l'acide du sel produisent en s'unissant autant de chaleur qu'en aurait dégagé le même acide en se combinant avec la base précipitée. 2° S'il y avait un changement de température, il représente une différence qu'il est facile d'interpréter. Cette méthode très-ingénieuse a été contrôlée par Favre et Silbermann avec les productions directes des sels et des calories; sans cela l'on aurait pu douter de son exactitude, à cause de certains cas où n'est pas égale la quantité de chaleur absorbée.

TABLEAU E. — *De la chaleur obscure produite de la formation des sels.*

1 ÉQUIVALENT DE :	ACIDES				1 ÉQUIVALENT DE :		ACIDES			
	sulfurique.	azotique.	chlorhydrique.	acétique.			sulfurique.	azotique.	chlorhydrique.	acétique.
Potasse.	313	330	333	297	KO,	49...	16.074	15.510	15.051	13.959
Soude.	520	493	195	459	NaO,	33	17.100	16.209	16.209	14.487
Ammoniaque. . . .	565	527	520	480	AzH^3,	17	9 805	8.959	8.840	8.249
Baryte.	270	202	201	174	BaO,	76,0	20.082	15.473	15.341	15.328
Strontiane.	»	»	279	»	SrO,	52	»	»	14.508	»
Chaux.	670	605	606	521	CaO,	28	18.760	16 940	10.908	11.672
Magnésie.	725	612	061	013	MgO,	21	15.201	13 282	13 891	12.873
Protoxyde de fer. .	507	288	273	238	FeO,	33	10.745	9.180	9.555	8.530
Id. de manganèse.	316	310	321	385	MnO,	33,5	12.235	11.005	11.505	15.071
Id. de zinc.	253	201	202	188	ZnO,	40	10.120	8 120	8.080	7.520
Id. de cobalt. . . .	510	202	273	214	CoO,	37,5	11.525	9.825	9.237	9.150
Id. de nickel. . .	316	275	274	213	NiO,	35,0	12.882	10.510	10.022	8.027
Bioxyde de cuivre. .	194	159	160	131	CuO,	40	7.700	6.300	6.400	5.210
Protox. de cadmium.	160	127	128	118	CdO,	64	10.210	8.128	8.192	7.552
Id. de plomb. .	102	82	101	64	PbO,	112	11.421	9.184	11.512	7.108
Id. d'argent. . .	89	53	198	»	AgO,	116	10 321	9.148	22.008	
Alumine.	644	»	»	»	Al^2O^3,	51,4	35.101			
Sesquioxyde de fer.	210	»	»	»	Fe^3O^3,	113	28.157			

§ 639. **Observations stœchiométriques des résultats numériques du tableau.** Nous avons établi que dans 1 gramme d'hydrogène est contenue la même quantité qĒ d'équivalents électriques négatifs que dans 14 grammes d'oxyde de carbone, dans 16 grammes de soufre et dans 2 grammes de charbon. En indiquant par le signe π l'équivalent chimique des métaux du poids atomique, celui de l'hydrogène étant 1, on obtient une égale quantité 3Θ de calories de 1 gramme d'hydrogène ou de π grammes de métaux brûlés avec l'oxygène ; mais si la chaleur est lumineuse, les calories ne sont que 2Θ, quand une partie de celles-ci ne reste pas à l'état dissimulé dans la vapeur produite, comme cela a lieu dans la combustion des 2 grammes de charbon dont on obtient la quantité $2 \times 8080 = \frac{3}{1}\Theta$ de calories au lieu de 3Θ parce que la différence $3\Theta - \frac{3}{1}\Theta =$

Θ se trouve à l'état dissimulé dans les 18 grammes d'acide carbonique; ce qui donne presque pour un gramme mille calories dissimulées, tandis que la vapeur d'eau en contient 606,5 pour 1 gramme.

I. Chaque atome chimique d'oxyde MOE^2 contient $2 \dot{\pi}E$ équivalents négatifs dans π grammes; il fallait donc, suivant le calcul, qu'il en fût produit $\pi\Theta$ calories, mais, comme on l'a remarqué, les sels sont obtenus par les acides étendus et les oxydes dissous dans l'eau, où s'éloignent les calories, qui manquent quand s'opère la production des sels. Par exemple, 1 gramme de chlorure de zinc dissous dans l'eau produit 92,2 calories; son atome chimique, qui est suivant le calcul 68 grammes, produira les calories $68 \times 92,2 = 6270$; 1 gramme d'ammoniaque dissous a donné 114,3 calories; son poids atomique donnera $17 \times 114,3 = 1943$.

II. De même chaque atome chimique d'acide produit une quantité de chaleur en se mêlant avec l'eau; de 1 gramme d'acide sulfurique sont obtenues 150 calories, et d'un atome chimique qui pèse 75, on obtient $150 \times 75 = 10250$; les acides chlorhydrique, bromhydrique, iodhydrique ont donné, pour 1 gramme de gaz, les nombres suivants de calories : 449,6; 235,6 et 147,7.

III. Une autre portion de calories disparaît dans le sel qui est obtenu à l'état dissous et non pas à l'état solide; il va être prouvé plus bas que les sels hydratés, en se dissolvant dans l'eau, provoquent la décomposition d'une quantité de calories qui deviennent dissimulées. Le seul sel qui puisse être obtenu par la voie sèche est le chlorure d'ammoniure. Des volumes égaux de gaz d'ammoniaque et d'acide chlorhydrique se combinent en produisant le sel :
$$Az\bar{E}H^3\bar{E}^6 + HCl\ddot{E} = Az\ddot{E}^5H^4Cl + \ddot{E}E^2.$$
De ce sel hydraté 1 gramme dissous dans l'eau décompose 65 calories, et le poids 73 d'un atome chimique AzH^4ClHO en décompose la quantité $73 \times 65 = 4745$.

V.—DÉCOMPOSITION DES ATOMES DE CHALEUR ET PRODUCTION DU FROID.

§ 640. Pour faire apparaître le froid ou un abaissement de température, il est absolument nécessaire qu'il s'éloigne un nombre proportionnel de calories; on n'en doute pas, parce qu'on sait bien qu'il faut des calories pour une élévation de température. Il ne reste qu'à prouver de quelle manière s'opère l'éloignement de ces calories, car il y en a plusieurs qui sont très-différentes. En général les physiciens admettent, pour la production des calories et leur décomposition, la même origine que pour la production des combinés chimiques et leur décomposition.

Toutefois cette hypothèse ne peut pas se vérifier dans les cas où les décompositions des combinés chimiques s'opèrent avec production de chaleur. Ici aucune hypothèse n'est admissible, car les faits s'arrangent spontanément, et l'éloignement de la chaleur se présente sous trois formes bien constatées et très-différentes entre elles :

I. La chaleur libre devient *latente* quand un corps solide obtient l'état liquide.

II. La chaleur libre se décompose et devient *dissimulée* quand les liquides s'évaporent pour obtenir l'état vaporeux.

III. La chaleur se décompose et ses éléments électriques sont soutenus à l'état par *influence* dans les intervalles qui séparent les lames ou les vésicules qui constituent les corps. Tous les corps comprimés en se dilatant obtiennent un volume supérieur; les intervalles connus sous le nom de *pores* s'élargissent parce qu'il y pénètre les éléments électriques ĒĒ'Ē des calories, dont la décomposition fait apparaître le froid.

Une série d'exemples de chaque espèce servira à faire connaître comment tous les faits de ce genre s'arrangent, et font en même temps ressortir des explications applicables à d'autres espèces de faits et que l'on n'avait pas cherchées.

A. Production du froid par l'évaporation.

§ 641. Il a été indiqué déjà que les liquides peuvent se réduire en vapeur à la température ordinaire; car les couches A, B, C..... Z, composées d'éléments matériels et électriques, se repoussent mutuellement et se soutiennent en équilibre, excepté la couche superficielle A dont les éléments repoussés de la couche B n'éprouvent pas du dehors une contre-répulsion. L'éloignement des éléments matériels s'opère séparément, d'où résultent des vésicules vides au milieu; leur enveloppe matérielle soutient à l'état dissimulé les deux électricités obtenues par la décomposition des calories : celles-ci disparaissent pendant la production des vésicules qui occupent alors un espace presque mille fois plus grand que celui qu'elles occupaient dans la couche A à l'état liquide.

§ 642. **Diminution de l'évaporation.** Dans un espace renfermé contenant une petite quantité d'eau, la couche A superficielle de celle-ci transformée en vapeur remplit tout l'espace, et commence à recevoir des parois du vase une contre-répulsion qui se communique jusqu'à la couche B du liquide, et c'est ainsi que devient interceptée la continuation de l'évaporation et la diminution du liquide. Quand l'espace n'est renfermé que latéralement, la couche de vapeur obtient une épaisseur qui lui permet d'exercer par son poids une pression suffisante pour empêcher la continuation de l'évaporation et en même temps la décomposition des calories.

§ 643. **Augmentation de l'évaporation et du froid.** La température la plus basse n'est obtenue qu'au moyen de l'évaporation des liquides composés de couches matérielles contenant en grande densité les éléments électriques qui se repoussent et obtiennent rapidement la forme vésiculaire par la décomposition des calories ambiantes, qui deviennent très-raréfiées et n'exercent, sur le mercure et l'alcool du thermomètre qu'une répulsion très-médiocre. De l'acide carbonique solide et de l'éther, on fait une pâte qu'on dissout dans le liquide de protoxyde d'azote. Ces trois corps volatiles décomposent rapidement les calories ambiantes pour obtenir la forme vésiculaire, où les éléments électriques des calories se trouvent à l'état dissimulé; de cette évaporation est obtenue la plus basse température évaluée à — 110°. L'alcool y obtient une consistance telle qu'on peut renverser le vase qui le contient sans que l'alcool s'en échappe,

§ 644. **Congélation de l'eau.** L'acide sulfureux liquide s'évapore rapidement à la température ordinaire; l'éther s'évapore moins rapidement; la consommation des calories pour la formation des vapeurs ne s'interrompt ni ne diminue quand de la surface du liquide sont continuellement éloignées les couches de vapeur. L'acide sulfureux liquide étant projeté sur l'eau en congèle immédiatement une partie, dont les calories se décomposent pour passer à l'état dissimulé dans les vésicules. En enveloppant de ouate un petit matras de verre rempli d'eau, on peut la faire geler en y projetant de l'éther dont l'évaporation est entretenue au moyen d'un soufflet.

Il a été dit déjà que dans un espace fermé la couche de vapeur produite empêche l'évaporation et par suite la décomposition des calories; pour y obtenir donc une évaporation continuelle, Leslie dispose sous le récipient de la machine pneumatique une petite capsule en argent contenant une couche d'eau; au-dessous se trouve un vase d'acide sulfurique concentré. On fait le vide, l'eau s'évapore sans interruption parce que l'acide absorbe les vapeurs en contact; la distillation continue et l'évaporation fait se décomposer dans l'eau un nombre de calories égal à celui qui est produit en même temps dans l'acide par la destruction des enveloppes des vésicules qui y arrivent. On ne fait en ce cas que transférer les calories de l'eau dans l'acide. Comme il faut enlever 79 calories à 1 gramme d'eau pour le faire passer à l'état de glace, et que 1 gramme d'eau, en s'évaporant à 0°, en absorbe 600, on voit que l'évaporation du poids p pourra congeler un poids environ sept fois plus grand; cependant cela ne se réalise pas à cause de l'élévation de température de l'acide. On peut, avec le même succès, employer la farine d'avoine légèrement torréfiée, qui peut servir à faire congeler en quelques minutes le tiers de son poids d'eau.

Congélation de l'eau en grandes quantités. Au lieu de laisser la vapeur se condenser dans le même récipient où l'eau est mise à congeler, elle en est éloignée au moyen d'une pompe pour se répandre au dehors. Pour obtenir une température au-dessous de zéro, le récipient doit contenir l'eau salée dans laquelle plongent les vases de l'eau pure. Au lieu de cette eau salée on emploie l'éther, mais alors la vapeur éloignée entre dans un serpentin entouré d'eau froide pour se condenser et ensuite est introduite par une autre pompe dans le récipient. Ainsi la chaleur ou calorie du récipient dans lequel plongent les vases d'eau à congeler est conduite dans l'eau où plonge le serpentin, et cette eau doit être renouvelée continuellement par d'autre eau froide.

Le seul inconvénient dans cet appareil est la destruction des pistons par la vapeur d'éther; pour cette raison, il est nécessaire d'augmenter la vitesse de leur va-et-vient, ce que l'on obtient au moyen d'une machine à vapeur d'une force médiocre. En hiver, quand l'eau oscille entre 5° à 10°, la congélation n'est pas difficile, comme elle l'est en été, quand l'eau monte à 20° et 25°; pour cette raison, ces appareils n'ont pas trouvé encore leur application, surtout aux pays chauds.

§ 645. **Refroidissement de l'eau en été.** Depuis un temps immémorial on emploie aux pays chauds des vases en terre poreuse et demi-cuite, à travers laquelle l'eau peut suinter, on les nomme *alcarazas*. On leur donne ordinairement la forme d'une fiole à médecine dont l'ouverture est très-évasée et qui a environ 30 centimètres de hauteur. On expose ces alcarazas à un faible courant d'air, et l'évaporation qui se fait continuellement à leur surface toujours mouillée peut refroidir l'eau jusqu'à 10° à 12° quand la température extérieure est de 30°. Les fabricants d'alcarazas mêlent à la terre 5 pour 100 de sel, qui se dissout et s'éloigne en laissant des pores par lesquels l'eau pénètre plus abondamment pour remplacer celle qui s'évapore.

Avec les mêmes alcarazas on n'obtient pas un égal abaissement de température quand ils sont exposés à des courants d'air différents : 1° Si le courant est très-faible, il n'éloigne pas toute la vapeur ambiante qui empêche la production d'une nouvelle vapeur. 2° Si le courant d'air est très-fort, sa température se communique aux alcarazas et la chaleur éloignée y est remplacée par celle de l'air. L'intensité du courant la plus convenable est déterminée par la température de l'air ambiant ; elle doit être supérieure quand la température est plus élevée. Comme cette espèce d'expérience n'a pas encore été faite, ici le calcul seul est incapable de déterminer le rapport $C : T$ entre l'intensité du courant C et la température T de l'air, pour obtenir, non pas un maximum d'évaporation, mais un minimum de température.

§ 646. **Nouvel appareil de congélation de l'eau.** Le récipient de l'éther reste comme il vient d'être indiqué, mais il est contenu avec son serpentin dans une espèce d'alcarazas, où l'évaporation est entretenue au moyen d'un courant d'air dont l'intensité est réglée suivant la température ambiante, de sorte qu'en été on peut, dans les pays chauds, opérer avec l'eau d'une température de 10°, dont

il est facile d'éloigner les calories au moyen de l'évaporation
de l'éther contenu à cette température dans le récipient où
plongent les vases avec l'eau pure; celle-ci n'a au commencement que la température 10°; ainsi on peut obtenir aux
pays les plus chauds et à bord des navires même, de la
glace au moyen de l'eau refroidie dans les alcarazas, pour
obtenir la température 10° de l'eau d'hiver.

B. Production du froid par la dilatation.

§ 647. Dans l'évaporation, les calories se décomposent
en leurs éléments électriques qui passent à l'état dissimulé
soutenues par les enveloppes des vésicules, qui ont dans leur
surface l'électricité négative et dans leur milieu la positive.
Les atomes de chaleur de l'espace e qu'occupe la vapeur éprouvent une décomposition par l'électricité négative qui repousse
leurs équivalents négatifs et laisse les positifs, de sorte que les
intervalles λ'', λ'', λ''…. entre les vésicules deviennent occupés
par des électricités par influence $q\breve{E}'\breve{E}$ produites des atomes
$2q\breve{E}\breve{E}^a$ de chaleur décomposés et devenus insensibles au
thermomètre et au tact.

Le grand abaissement de température obtenu au moyen
de l'évaporation du mélange de l'éther avec l'acide carbonique et le protoxyde d'azote ne résulte pas seulement des
calories décomposées pour la formation des vésicules, mais
aussi de celles dont les éléments électriques passent dans les
intervalles à l'état par influence, comme cela devient évident
dans les cas où la vapeur produite reste dans un espace
limité; alors l'abaissement de température est médiocre, et
il se manifeste chaque fois qu'on ouvre le récipient pour
laisser s'échapper une partie de la vapeur.

Il y a trois moyens d'obtenir le froid ou la décomposition
des calories : 1° par la dilatation des gaz; 2° par la dilatation des solides et liquides comprimés; 3° par la *dilatation*

38

des solides dans les liquides. Dans tous ces cas, les intervalles λ'', λ'', λ''... augmentent entre les enveloppes des vésicules ou ceux λ', λ' λ'...., entre les lames matérielles des solides et des liquides, et ils deviennent occupés par celles des équivalents électriques qui y sont entretenus par influence.

§ 648. I. **Froid de la dilatation des gaz et des vapeurs.** Il a été prouvé, § 568, que la température baisse toujours dans les jets des gaz et des vapeurs, et d'autant plus que leur expansion est plus grande; celle-ci peut même être sollicitée par une élévation de température obtenue au moyen d'une marmite de Papin. Favre et Silbermann ont constaté, par l'expérience suivante, que dans les égales compressions et dilatations d'air, la quantité de calories obtenue dans la masse comprimée ne diffère pas de celle de calories décomposées dans la masse dilatée. Ils ont obtenu différentes amplitudes pour chaque gaz, comme cela est indiqué dans le tableau.

L'appareil employé dans ces expériences consiste en un corps de pompe en cuivre, garni à sa partie supérieure

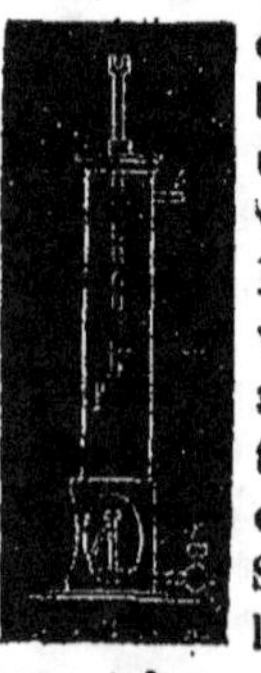

d'un manchon en verre à travers lequel on distingue un thermomètre (fig. 81) placé dans l'intérieur. Un piston P mis en mouvement par un levier sert à faire varier brusquement le volume de gaz qui remplit le corps de pompe. La course du piston est limitée par des chevilles qui arrêtent le levier dans ses mouvements. Les gaz s'introduisent au moyen d'un tube à robinet r et du tube t, au-dessus duquel on soulève le piston pendant cette opération. Si l'on retire brusquement ce piston on raréfie le gaz, et le thermomètre t indique un abaissement de température. Le signe (—) dans le tableau correspond à la dilatation du gaz (D), et le signe (+) à la compression (C).

Les nombres inscrits dans la quatrième colonne de chiffres

ont été obtenus en ajoutant les résultats contenus dans la seconde et la troisième, et ceux de la cinquième colonne en ajoutant les résultats des trois premières. Des expériences de vérification ont prouvé que les températures obtenues ainsi sont d'accord avec celles que l'on obtiendrait directement.

TABLEAU F. *Des amplitudes thermométriques des compressions et dilatations des gaz.*

GAZ.		Entre 1/4 atmosph. et 1/2	Entre 1/2 atmosph. et 1	Entre 1 atmosph. et 2	Entre 1/2 atmosph. et 2	Entre 1/8 atmosph. et 2	VARIATIONS de températures pour 1/273 entre		
							1/4 et 1/2 atm.	1/8 et 1 atm.	1 et 2 atm.
		deg.	deg.	deg.	deg.	deg.			
II. Air.	C	+ 5,6	8,8	13,2	22,0	27,0	0,0204	0,0321	0,0482
	D	— 5,0	7,6	12,8	20,4	25,4	»	»	»
III. Oxygène.	C	+ 5,6	9,5	13,2	22,5	28,1	0,0204	0,0330	0,0482
	D	— 4,7	7,0	13,2	20,8	25,5	»	»	»
I. Hydrogène. . . .	C	+ 9,7	13,8	18,5	52,5	49,0	0,0354	0,0506	0,0075
	D	— 5,0	8,5	15,7	22,2	27,2	»	»	»
VI. Acide carbonique. .	C	+ 4,7	7,3	11,3	18,0	23,3	0,0171	0,0207	0,0412
	D	— 4,7	7,3	11,5	18,6	23,3	»	»	»
IV. Oxyde de carbone.	C	+ 5,6	8,0	12,6	21,2	26,8	0,0205	0,0314	0,0460
	D	— 5,0	7,3	12,6	19,9	24,8	»	»	»
V. Protoxyde d'azote.	C	+ 4,7	6,0	11,0	17,6	22,3	0,0171	0,0241	0,0401
	D	— 4,8	6,6	11,5	17,0	22,7	»	»	»

Il semble, d'après le tableau (F) que l'abaissement de température produit par la dilatation d'un gaz est généralement moindre que l'élévation due à la compression, mais il faut remarquer qu'une partie de chaleur dégagée par la compression est enlevée par les parois du corps de pompe, et qu'une partie du résultat produit par la raréfaction est compensée par la chaleur cédée par ses parois. Or ce dernier effet est plus prononcé que l'autre; car le piston, en se retirant, abandonne au gaz une plus grande surface de contact avec les parois. Remarquons que la différence entre les effets de la comparaison de la raréfaction n'est pas la même entre tous les gaz; elle est plus grande pour l'hydrogène; le même résultat a été obtenu par Gay-Lussac (§ 557), qui a attribué ce fait à la mobilité de l'hydrogène; Favre et Silbermann l'attribuèrent à une petite résistance de l'hydrogène contre la chaleur, car ils ont vu le thermomètre atteindre son maximum d'écart beaucoup plus promptement dans l'hydrogène que dans les autres gaz. De leur côté, Andrews et Crowe ont constaté que les corps incandescents se refroidissent dans l'hydrogène avec une grande rapidité. Pour appuyer cette hypothèse, qui n'est qu'une autre description du fait, on compare l'hydrogène aux métaux, parce que, comme ceux-ci, il brûle dans l'oxygène le chlore, le brome et l'iode.

De pareilles hypothèses ou comparaisons sont ici tout à fait inutiles, car il a été constaté que 1 gramme d'hydrogène contient autant d'équivalents négatifs que 14 grammes d'oxyde de carbone; l'acide carbonique et le protoxyde d'azote sont des vapeurs incombustibles dans lesquelles sont contenus non pas des atomes de chaleur mais les éléments électriques de ces atomes, comme les mêmes éléments différemment distribués sont contenus dans l'air et l'oxygène. L'éloignement rapide des calories par le milieu des corps s'opère toujours suivant la même loi statique.

La poussée exercée contre les éléments $\bar{E}$, $2\bar{E}$ de calories se communique plus facilement aux corps où se trouvent en quantité supérieure les éléments homonymes. La propagation de la poussée par les milieux qu'occupe l'hydrogène ou les métaux est favorisée par les équivalents négatifs qui s'y trouvent en quantité supérieure. Cette poussée est très-lentement propagée par les milieux occupés par des vapeurs d'acide carbonique ou du protoxyde d'azote dont les intervalles λ'', λ'', λ''.... sont occupés par l'électricité par influence

ÉÉ⁴É; pour cette raison, les amplitudes sont nulles dans l'acide carbonique et nulles aussi ou même inverses dans le protoxyde d'azote.

§ 649. II. **Froid de la dilatation des liquides et solides séparément.** Par les expériences décrites § 556, on a constaté l'éloignement des éléments électriques par influence au moyen de la compression des métaux tels que le cuivre, l'argent et l'or; le même effet a lieu dans la compression des liquides, § 559. Comme dans les gaz la quantité $\alpha\theta$ de la chaleur produite des éléments électriques éloignés du corps comprimé, est égale à celle qui se décompose pour livrer une masse égale d'équivalents électriques qui pénètrent dans les intervalles élargis pendant la dilatation; il en est de même pour la chaleur $\alpha'\theta$ produite par ses éléments éloignés des solides ou liquides comprimés; cette chaleur $\alpha'\theta$ est égale à celle qui se décompose pour livrer la même quantité d'éléments électriques qui vont occuper les intervalles précédents quand la compression cesse d'agir.

§ 650. III. **Froid de la dilatation des solides dans les liquides.** Les sels hydratés, en se dissolvant dans l'eau ou dans les acides étendus, décomposent une quantité de calories dont les éléments électriques pénètrent évidemment dans les intervalles λ', λ', λ'... qui s'élargissent, parce que le volume V du sel augmente et devient V+V' pour occuper l'espace V' de l'eau. Ce fait si simple échappa à tous les physiciens, qui n'auraient pas manqué de relier cette production de froid à la dilatation des corps solides dissous dans l'eau.

Il reste maintenant à connaître comment et par quelle cause physique certains corps se dilatent spontanément dans l'eau et les acides, en décomposant une quantité de calories déterminée pour chaque espèce de sel, sans dépendre aucunement de l'excédant du liquide, quoique avec celui-ci augmente la dilatation du sel. De pareilles questions ne pourraient pas se présenter quand on ignorait que le froid, dans les dissolutions des sels , ne résulte que de leur dilatation.

§ 691. **Cause de la dissolution des sels.** Les atomes de sel $\mu\beta a\vartheta$ sont constitués : 1° par la masse $= \mu\beta$ qui est une quantité de barogène, et 2° par la chaleur ou par ses éléments électriques $a\vartheta$. Dans l'air, la masse $\mu\beta$ de barogène éprouve la pression P de la pesanteur; dans l'eau, cette pression diminue et devient P — P'. Le poids p du sel pesé dans l'air diminue et devient p—p' quand il est pesé dans l'eau. Cette différence de poids résulte de la pression P—P' qu'éprouve le sel étant dans l'eau. Mais nous avons suffisamment prouvé que chaque diminution de pression produit une augmentation de volume, un élargissement des intervalles, et par suite une décomposition des calories, dont les éléments électriques pénètrent dans ses intervalles pour y être soutenus par influence sous la forme $g\bar{E}\bar{E}'\bar{E}$.

La dilatation dans les liquides se distingue de celle dans l'air parce que les lames du liquide, en pénétrant parmi celles des solides, rendent superficielle la couche C quand la précédente B en est éloignée. Comme dans l'air ou dans le vide s'opère l'évaporation des liquides, le même effet a lieu pour les solides dans les liquides. Comme la quantité du liquide évaporé augmente 1° quand il est étendu sur une grande surface, et 2° quand un courant éloigne la couche de vapeur produite, de même le sel doit être pulvérisé et on doit le mêler dans le liquide pour éloigner les couches produites autour des grains solides.

Les sels diffèrent entre eux par leurs éléments matériels et en même temps par leur forme cristalline; les uns produisent des cristaux de 2, 3 et même 4 formes, et les autres ne possèdent qu'une seule forme cristalline. Ces formes ne s'évanouissent pas quand les sels éprouvent une dilatation; par suite, du même poids de sels différents ou du même nombre d'équivalents dilatés, ne résultent pas des espaces égaux dans les intervalles λ', λ', λ'... entre les lames, quand les formes de leurs cristaux sont différentes. Plus ces formes sont nombreuses, plus les espaces entre les lames augmentent et occasionnent la décomposition d'une plus grande quantité de calories dont résulte un froid supérieur. Les exemples suivants feront connaître le rapport entre le froid produit et les formes des cristaux de sel.

TABLEAU G. — *Des calories décomposées par la dissolution de 1 gramme ou d'un atome chimique de sel dans un excès d'eau.*

SELS.	Calories de 1 gramme.	Calories de 1 atome.	SELS.	Calories de 1 gramme.	Calories de 1 atome.
Sulfate de potasse. . . .	35,3	3.078	Acétate de potasse et eau.	19,3	»
Id. de soude.	49,1	3.584	Carbonate de soude. . .	52,7	2.800
Id. d'ammoniaque. .	11,1	633	Id de potasse et eau.	51,5	»
Id. de chaux.	24,7	1.679	Phosphate de soude. . .	52,5	2.231
Id. de baryte.	64,4	7.509	Hypophosphate de soude.	21,9	2.246
Id. de zinc.	14,8	1.187	Oxalate de soude. . . .	30,7	2.044
Id. de protox. de fer.	12,1	920	Id. d'eau.	67,0	»
Id. de potasse et eau.	25,6	»	Id. de potasse et eau.	62,0	»
Id. id. et d'alumine.	31,1	»	Tartrate de soude. . . .	24,2	»
Id. id. et prot. de fer.	21,5	»	Id. de potasse. . . .	17,5	»
Id. ammon. et alum.	10,0	»	Id. d'eau.	19,8	»
Azotate de potasse. . . .	70,5	7.135	Id. de potasse et eau.	40,9	»
Id. de soude.	45,5	3.808	Chlorure de potassium. .	51,9	3.692
Id. d'ammoniaque.	65,9	5.079	Id. de sodium. . .	8,9	550
Id. de chaux. . . ,	27,1	2.222	Id. d'ammonium. ,	65,1	3.250
Id. de strontiane. . .	41,2	4.567	Id. de calcium. . .	15,5	868
Id. de plomb. . . .	14,9	2.470	Id. de baryum. . . .	10,9	1.008
Id. d'argent.	51,1	5.267	Id. de strontium. .	24,0	1.992
Acétate de soude. . , ,	28,1	2.301	Bromure de potassium. .	57,8	4.380
Id. de chaux. . . .	5,5	277	Iodure de potassium. , ,	20,3	4.818
Id. de plomb. . . .	14,8	2.278			

TABLEAU II. — *Des principaux mélanges frigorifiques.*

I. *Mélanges d'eau et de sels.*

Noms des substances	Parties	Abaissement à partir de 10° (deg.)	Froid produit (deg.)	Noms des substances	Parties	Abaissement à partir de 10° (deg.)	Froid produit (deg.)
Eau	1	—10	26	Eau	16		
Azotate d'ammoniaque	1			Chlorhydrate d'ammon.	5		
Eau	1			Azotate de potasse	5	—10	26
Azotate d'ammoniaque	1	—19	29	Sulfate de soude	8		
Sous-carbon. de soude	1			Eau	4		
Eau	16			Chlorhydr. de potasse	57		
Azotate de potasse	5	—12	22	Id. d'ammoniaque	32	— 5	15
Chlorhydrate d'ammon.	5			Azotate de potasse	10		

II. *Mélanges de sels et d'acides étendus d'eau.*

Noms des substances	Parties	Abaissement à partir de 10° (deg.)	Froid produit (deg.)	Noms des substances	Parties	Abaissement à partir de 10° (deg.)	Froid produit (deg.)
Sulfate de soude	3	—19	29	Sulfate de soude	0		
Acide azotique	2			Azotate d'ammoniaque	5	—26	30
Sulfate de soude	6			Acide azotique	4		
Chlorhydrate d'ammon.	4			Sulfate de soude	20		
Azotate de potasse	2	—25	33	Acide sulfurique à 50°	10	—8,15	18,15
Acide azotique	4			Sulfate de soude	8		
Phosphate de soude	9			Acide chlorhydrique	5	—17	27
Acide azotique	4	—20	30				

§ 652. **Origine du froid.** L'éloignement de chaleur, pendant la dissolution de la glace et des cristaux, correspond à l'apparition de chaleur pendant la production des cristaux, comme cela a été exposé dans la section précédente : 1° par augmentation de la capacité de l'eau obtenue de la glace ou de sa vapeur il a été constaté que la chaleur nommée *latente* s'y trouve sans pouvoir s'y répandre ; 2° par la diminution du volume de la glace pendant l'absorption de la chaleur, et 3° par l'augmentation du volume de la vapeur et par la température élevée, il devient possible de prouver directement que l'expansion de la chaleur dans l'eau est interceptée par la masse ou le barogène $\mu\beta$ des atomes d'eau qui éprouvent la pression P de la part du barogène ambiant; et c'est cette interception d'expansion qui doit être considérée comme la cause de la chaleur latente.

Dans la transformation des liquides en vapeur il y a également disparition de chaleur même en quantité supérieure, mais en ce cas, le volume augmente plusieurs centaines de fois. Pour empêcher l'évaporation, ou pour réduire la vapeur à l'état liquide, il faut un travail mécanique, une pression P de pesanteur, qui rend évidente la liaison entre l'expansion exercée de la part des éléments de chaleur et la pression P de la pesanteur, cas qui n'a pas lieu quand la chaleur devient latente.

Plusieurs espèces de cristaux contiennent tant d'eau qu'il suffit de les briser pour obtenir un liquide qui fait connaître que les éléments de chaleur latente du liquide se trouvaient dans le cristal à l'état dissimulé. Si donc la quantité de chaleur latente θ est supérieure à celle β dont les éléments sont à l'état dissimulé, il y aura un éloignement de chaleur θ' d'imbibition, et ainsi résulte le froid.

Les physiciens donnent une explication semblable aux faits observés, et comme preuve ils rapportent le fait suivant : 1° on mêle 1 partie d'acide sulfurique avec 4 parties de glace, et l'acide étendu obtenu est de —20°; parce que les 4 parties de glace fondue absorbent non-seulement la chaleur $\alpha\theta$ produite de 1 partie d'acide concentré, mais aussi les calories $\alpha'\theta$ d'imbibition, dont résulte un abaissement de température; 2° si, au contraire 1 partie de glace est mêlée avec 4 parties d'acide, on obtient un acide moins étendu d'une température de 50 à 60°, parce que la chaleur θ consommée pour la fusion de la glace est beaucoup moindre que celle Θ produite de l'acide par sa combinaison avec l'eau.

§ 603. Comparaison de la dissolution des sels avec l'évaporation des liquides. Les vases fermés qui ne sont pas remplis contiennent toujours un volume v du liquide et un autre V de sa vapeur ; le même effet a lieu pour les liquides qui contiennent un sel ; le volume v' de celui-ci se conserve et un autre volume V' liquide est composé de l'eau salée. Si l'on éloigne les volumes V et V' de vapeur et de sel dissous et qu'on introduise à leur place l'air ou l'eau, il y aura production de vapeur et d'eau salée. Ainsi il est démontré que la dissolution ne dépend pas seulement du sel à l'état solide, mais aussi de la résistance qui résulte de la part du sel dissous.

En indiquant par r la résistance exercée de la part d'une lame cristalline d'une surface de 1 centimètre carré, la quantité s du sel dissous ne dépendra pas de son poids ou de son atome chimique, mais de la résistance r qui est en raison inverse du nombre des lames dans lesquelles se partage le cristal. Comme ces lames ne s'éloignent du sel qu'à cause des éléments de chaleur qui pénètrent dans les intervalles λ', λ', λ'... sous forme d'électricité par influence, il s'ensuit que la quantité $\alpha\theta$ de calories décomposées est en rapport direct avec les nombres des lames qui constituent le cristal.

Ainsi, 1 gramme des deux sels S, S' ne produit pas un nombre égal n de lames ni de surfaces de lames, donc en se dissolvant dans un liquide, les volumes v, v' gagnés par les intervalles λ', λ', λ'.... de chacun des sels, sont occupés par des éléments de chaleur $\alpha\ddot{E}\ddot{E}'\ddot{E}$, $\alpha'\ddot{E}\ddot{E}'\ddot{E}$ proportionnels aux égal nombres de lames des cristaux. En effet, faisant la comparaison 1° entre les quantités des calories absorbées par la dissolution de 1 gramme de sels et 2° les formes d'une ou de plusieurs espèces des cristaux, il résulte que les quantités des calories absorbées sont en rapport direct avec les nombres des lames des cristaux et avec ceux des formes cristallines que chaque sel possède.

§ 654. **Comparaison entre les calories absorbées et les formes cristallines des sels.** Les sels employés dans les mélanges frigorifiques au tableau (H) sont ceux dont 1 gramme absorbe une grande quantité de calories indiquées dans le tableau (G). Ces sels ne se distinguent des autres qui absorbent des quantités inférieures de calories que par le grand nombre de lames qui entrent dans leurs cristaux d'une ou de plusieurs espèces de formes.

§ 655. **Cristaux des sels de grande absorption de calories.** Parmi tous les sels du tableau (G) se distingue l'azotate de potasse dont 1 gramme absorbe 70,5 calories viennent ensuite l'azotate d'ammoniaque, le sulfate de baryte, le chlorure d'ammonium, etc.

Azotate de potasse. Ce sel est dimorphe, les cristaux sont gros et affectant 1° soit la forme de pyramides et de prismes à bases quadrilatères; 2° soit la forme de prismes ayant pour base une pyramide à six faces; 1 gramme de ce sel absorbe 70,5 calories dans sa dissolution. Ces calories $2x9$ décomposées restent à l'état d'électricité par influence aEE^+E dans le grand nombre de lames qui constituent les cristaux.

Azotate d'Ammoniaque. Les cristaux de ce sel sont gros, et se présentent sous forme de prismes ou de pyramides à bases sexagonales.

Chlorhydrate d'ammoniaque. Les formes cristallines de ce sel offrent des octaèdres, des cubes et des trapézoèdres; 1 gramme absorbe 65,1 calories.

§ 656. **Cristaux des sels de petite absorption de calories.** L'acétate de chaux dont 1 gramme n'absorbe que 3,5 calories en se dissolvant dans l'eau; cette petite quantité de calories correspond aux lames des cristaux du sel qui offrent des prismes minces comme des aiguilles. Le sel marin offre des cristaux également petits de forme cubique ou octaédrique. Toutefois les cristaux de sulfate d'ammoniaque diffèrent peu dans leur forme de ceux de sulfate d'ammoniaque, 1 gramme de celui-ci absorbe 11,1 calories, tandis que le précédent en absorbe 35,3. Cela prouve que dans les sels hydratés les éléments électriques se trouvent en quantités différentes ; ainsi le sulfate d'ammoniaque absorbe 35,5 calories, comme le sulfate de potasse, mais il dégage les calories 35,3—11,1 = 22,2, et pour cela il paraît qu'il n'absorbe que la différence, soit 11,1 calories.

§ 657. **Remarques sur les résultats indiqués dans tableau** (H). En dissolvant l'azotate d'ammoniaque dans une égale partie d'eau, on obtient un abaissement de température de 26° ; cet abaissement est beaucoup moindre dans la dissolution du sous-carbonate de soude dans l'eau, mais quand ce sel est introduit dans l'eau avec l'azotate d'ammoniaque ; ils produisent ensemble un abaissement de température de 29°. Le fait résulte de la différence entre les systèmes auxquels appartiennent les cristaux des sels ci-dessus nommées ; le sous-carbonate de soude consiste en plaques rhomboïdes dont la dissolution s'opère en dimensions qui ne sont point gênantes à celles suivant lesquelles s'opère la dissolution des cristaux prismatiques et pyramidaux à bases hexagonales de l'azotate d'ammoniaque.

De semblables différences de formes cristallines existe entre le chlorhydrate d'ammoniaque et l'azotate de potasse ; celui-ci consiste en prismes et en pyramides, tandis que le précédent cristallise en octaèdres, cubes et trapézoèdres. Dans les cas où il n'existe pas de pareilles différences entre les systèmes des cristaux, quand même l'eau n'entre qu'en petite quantité, l'abaissement de température n'augmente pas ; au contraire, en plusieurs cas même il diminue.

§ 658. **Mélanges de sels et d'acides étendus d'eau.** La plus basse température est obtenue dans le mélange du phosphate de soude avec l'acide azotique ; les cristaux du sel sont des deux systèmes : prismes rhomboïdaux ou octaèdres rectangulaires. 1 gramme de phosphate de soude

dissous dans l'eau absorbe 52,3 calories, nombre inférieur
aux 64,4 calories qu'absorbe le sulfate de baryte dissous
dans l'eau ; cela résulte des calories qui se dégagent de ce
sel quand il est dissous dans l'eau ; car les calories absorbées 52,3 ne sont que la différence $\Theta - \alpha$ entre celles Θ
absorbées et celles α produites. Cette série de faits et celle
qui suit font suffisamment ressortir le rapport entre les formes des cristaux et les quantités de calories absorbées par
1 gramme de sel.

§ 659. IV. **Froid de la fusion de la glace dans le
sel marin ou dans la potasse.** L'état solide de la glace,
comme celui de tous les autres corps, résulte 1° de la répulsion $R - R'$ exercée entre les éléments électriques de la chaleur et communiquée aux éléments matériels ou à leur masse
$\mu\beta$. Tant que la répulsion $R - R$ est inférieure à la pression
P, le corps se trouve à l'état solide. En élevant la température
la répulsion croît, et quand elle devient R, elle exerce sur
la masse $\mu\beta$ une poussée supérieure à celle **p** que cette même
masse $\mu\beta$ éprouve de la part de la Terre. Alors la répulsion R
est inférieure à la poussée ou la pression P exercée de la
part de l'espace sur la même masse $\mu\beta$, et l'état du corps
devient liquide, car sa masse $\mu\beta$ n'obéit qu'à la pression P
centripète qui la force à se disposer de façon à prendre un
niveau sans obéir désormais à la pression **p**.

Dans le contact de la glace avec le sel marin, même à
une température au-dessous de 0°, la couche superficielle a
du sel pénètre dans celle a' de la glace, ou la couche a' de
la glace pénètre dans celle du sel ; de sorte que la répulsion
R″ contre la masse $\mu\beta$ de l'eau et celle $\mu'\beta$ du sel commence
à être exercée de la somme $e + e'$ d'éléments électriques
contenus dans la glace et dans le sel. Cette répulsion R″,
étant supérieure à la pression **p**, fait pénétrer dans les intervalles λ', λ', λ', élargis les éléments électriques de calories
décomposés qui y deviennent soutenus à l'état par influence
$q\bar{E}\bar{E}'\bar{E}$.

Donc par le contact de la glace avec le sel marin diminue la résistance extérieure et se mêlent les couches superficielles a, a' des deux corps en faisant augmenter les intervalles λ', λ', λ'..., dans lesquels pénètrent les éléments électriques des calories dont la décomposition est provoquée. De cette manière, l'éloignement de la chaleur de l'eau salée est obtenue de l'élargissement des intervalles λ', λ', λ'... opéré également entre les lames de la glace et entre celles du sel marin.

§ 666. V. Froid de la fusion de la glace dans plusieurs sels. Comme dans l'eau, de même dans l'eau salée l'absorption de la chaleur augmente par la dissolution des sels dont les cristaux sont gros, de plusieurs formes et appartenant aux systèmes différents. Dans le tableau suivant sont indiqués quelques exemples de ce genre d'abaissement de température.

TABLEAU L. — *Des mélanges frigorifiques de la glace et des sels.*

NOMS DES SUBSTANCES.	Parties.	Abaissement de température.	NOMS DES SUBSTANCES.	Parties.	Abaissement de température.
Neige ou glace pilée.	27	20°	Neige ou glace pilée.	5	21°
Sel marin.	15		Sel marin.	2	
Neige ou glace pilée.	24		Chlorure d'ammoniaque. . . .	1	
Sel marin.	10	28	Neige ou glace pilée.	12	
Chlorhydrate d'ammoniaque. .	5		Sel marin.	5	31
Azotate de potasse.	5		Azotate d'ammoniaque.	5	
Neige ou glace pilée.	4	18	Neige ou glace pilée.	3	18
Chlorure de calcium.	3		Potasse.	4	

Remarques. Au moyen de la fusion de la glace avec le sel marin ou les autres sels, on peut obtenir un maximum d'abaissement de température de 34°, tandis qu'au moyen de l'eau et de sels différents, l'abaissement va jusqu'à 29°, mais le maximum absolu d'abaissement de température au moyen des mélanges qui est de 39°, résulte de 9 parties de phosphate de soude et de 4 parties d'acide azotique. Il est donc absurde de chercher dans la chaleur latente l'abaissement de température de l'eau salée obtenue du mélange de la glace avec le sel ou avec la potasse, comme le faisaient les physiciens, quand ils ignoraient les éléments électriques de la chaleur et leur existence dans les lames des corps à l'état dissimulé et à l'état par influence.

SECTION II.

DE LA DILATATION OU DU MODE DE LA COMMUNICATION DU MOUVEMENT DES ÉLÉMENTS
ÉLECTRIQUES AUX CORPS DANS LEUR DILATATION ET DE LA RÉFORMATION
DES MACHINES A VAPEUR.

§ 684. Le mouvement de la chute de l'eau ou celui de
l'aire des vents est communiqué aux corps, et l'on peut le
distribuer en un nombre infini de parties, précisément
comme on divise une masse matérielle. Le gaz d'éclairage
reste en repos dans le manomètre, et cependant une foule
de filets s'échappent par les becs en présentant un mouvement qui peut être communiqué aux autres corps, et qui
n'est pas immédiatement précédé d'un autre. Le chrono-
mètre exerce un mouvement qui résulte d'un autre déposé
dans le ressort de la main de l'homme.

Les mouvements de la dilatation des corps et des machines à vapeur ne sont pas précédés d'autres matériels;
ainsi ils sont comparables à celui d'un gaz qui a éprouvé
une compression, et le mouvement que ses molécules en
ont reçu peut y rester un espace de temps indéfini pour
apparaître alors que viendra à manquer la résistance qui
empêche sa manifestation actuelle. Le même effet a lieu
pour le mouvement que la main de l'homme dépose dans un
ressort, qui peut y rester longtemps conservé pour se ma-

nifester plus tard avec une égale intensité quand rien ne
s'y opposera plus.

Parménide, un des plus anciens physiciens connus, avait
déjà constaté que le feu met en mouvement les molécules
matérielles des corps qui s'éloignent l'une de l'autre, d'où
résulte une raréfaction par l'augmentation du volume. Tous
ses successeurs n'ont fait que répéter les paroles de Parménide, qui a attribué au froid la condensation. Toutefois, ce
physicien ne manque pas de connaître que le mouvement
n'est pas produit, mais qu'il existe. Il a dit : ῥοὴ τὸ πᾶν,
l'existence du Monde ne consiste qu'en écoulement d'un fluide.

Un écoulement de lumière, de chaleur et d'électricité,
n'était né de personne jusqu'à l'époque où apparut le système des ondulations. Quand, après des efforts multipliés,
il n'a pas été possible de connaître comment a été déposé le
mouvement dans les éléments de fluides impondérables qui
sont toujours en écoulement, quelques physiciens français,
voulant à tout prix sortir d'embarras, ont essayé de remplacer l'écoulement ondulant par de simples oscillations;
de sorte qu'au lieu d'avoir une propagation ondulante des
molécules d'un fluide, ils ont admis un fluide en repos qui
ne sert qu'à propager le mouvement dont l'origine est toujours restée inconnue.

Ici le mouvement, reconnu comme existant dans les éléments des fluides impondérables, a été comparé à celui
qui se trouve déposé dans les gaz ou dans les ressorts montés. Comme dans la compression des gaz les molécules éloignées doivent parcourir un espace en directions convergentes pour recevoir le mouvement en dépôt, de même pour
les éléments qui constituent les fluides impondérables.
Après l'interruption de la compression, les molécules des
gaz rebroussent chemin pour revenir à leur état d'équilibre
antérieur. Le même effet a encore lieu pour les molécules
du fluide primitif, qui reçurent le mouvement indéfini en
parcourant tout l'espace en directions convergentes.

I. — ORIGINE DU MOUVEMENT ET DE L'AFFINITÉ.

§ 662. Après avoir constaté que le mouvement indéfini se trouve déposé dans les éléments des fluides impondérables, comme il peut être déposé en quantités différentes dans les ressorts ou dans les gaz par la main de l'homme, pour lier les faits ainsi constatés à une cause analogue, il a été reconnu que les molécules des fluides impondérables composaient dans l'origine un fluide équilibré répandu dans tout l'espace. Une *action* suprême comprima ce fluide en le divisant en deux parties inégales M + M' et M, et les réduisant en deux points physiques occupant deux espaces égaux *e* et *e'*.

Le fluide primitif, à l'état d'équilibre et inerte analogue à l'*éther* du système des ondulations ou au *chaos* de l'Écriture, a parcouru tout l'espace, et ainsi il a été imbibé jusqu'à saturation du mouvement centripète. Depuis l'interruption de l'action suprême pendant tous les siècles astronomiques écoulés, les molécules du fluide rebroussent chemin en directions divergentes, et elles se feront le même dans tous les siècles postérieurs. Ainsi, l'ensemble de tout le mouvement a son origine dans celui de l'action suprême opérée en directions convergentes, comme cela devient évident par les mouvements des fluides impondérables qui sont tous en directions divergentes.

§ 663. **Origine de l'affinité.** La production des combinés ne résulte que du mélange des molécules d'un seul et même fluide, lesquelles ne diffèrent entre elles que par leurs densités $\delta + \delta'$ et δ. D'après ce rapport entre tous les éléments des corps, nous sommes parvenus à connaître que lorsque le mouvement fut déposé dans les molécules du fluide primitif, celles-ci obtinrent deux densités différentes qui se manifestent comme un équilibre détruit chaque

fois que les molécules μ les plus denses se trouvent en contact avec celles μ' les moins denses,

Au commencement, le Monde consistait en deux fluides
composés de mêmes molécules imbibées jusqu'à saturation
du mouvement, mais celles μ de l'espace ϵ se trouvèrent en
densité $\delta + \delta'$ parce qu'il y était contenu une masse M + M',
et celles μ' de l'espace égal ϵ' se trouvèrent en densité δ parce
qu'il y était contenu une masse M. Ainsi du fluide unique il
sortit 1° deux fluides dont l'un dense et l'autre moins
dense, et 2° le mouvement indéfini. L'Unité devait donc
devenir Trinité pour l'apparition du Monde.

II. — NOMENCLATURE DES MOTS SCIENTIFIQUES.

§ 664. Affinité. C'est l'équilibre rompu dans les rencontres 1° des molécules denses μ provenant des ondes O de
la masse M + M' contenue dans l'espace ϵ, et 2° des molécules μ' les moins denses provenant des ondes O' de la
masse M contenue dans l'espace égal ϵ'. De cette inégalité
des densités $\delta + \delta'$ et δ résulte, pour une portion des molécules denses μ, une tendance à pénétrer dans l'espace occupé par les molécules μ' les moins denses. On connaissait
l'existence d'une tendance pareille, et on la représentait
par le mot *affinité*, sans qu'on connût ni son origine ni le
mode de son existence.

Force. C'est aussi un équilibre rompu dont résulte une
tendance à pénétrer dans l'espace ambiant, sans cependant
qu'il soit sous-entendu que cet espace est occupé par d'autres molécules. Pour cette raison de la force, résulte également l'écoulement des molécules denses μ et l'écoulement
des molécules moins denses μ'.

Action. C'est l'écoulement même des molécules occasionné par une rupture d'équilibre : 1° Quand celle-ci résulte
du contact des deux espèces de molécules, il y a écoule-

ment des molécules denses μ et production de mélange des deux espèces de molécules. 2° Quand la rupture d'équilibre résulte de la force qui est une augmentation de répulsion R ou d'une diminution de la pression P, il n'y a qu'apparition de mouvement dans l'écoulement des molécules μ ou μ' sans qu'il y ait lieu à aucune production.

Production. C'est le mélange des molécules μ et μ'. Ainsi c'est une action qui résulte de l'affinité et non pas de la force. Il y a donc écoulement des molécules denses μ.

Combiné ou Atome. C'est le résultat de la production ou du mélange des molécules μ et μ' qui, à l'état d'équilibre, possède la densité $\dfrac{2\delta + \delta'}{2}$; et c'est en cela que chaque combiné diffère de chacun de ses éléments, dont l'un μ a une densité $\delta + \delta'$ supérieure, et l'autre μ en a une inférieure δ.

Produit. C'est également un état d'équilibre, mais il résulte d'une diminution de la répulsion R quand la densité diminue et le volume augmente, sans que rien change dans la pression P.

Atomes matériels. Ce sont des combinés comme les atomes immatériels. Leur différence résulte du barogène β qui manque dans les combinés des fluides produits des éléments sans barogène, et ne se trouve que dans les combinés composés des éléments électriques mélés avec une quantité de barogène. Celui-ci est donc de mêmes molécules du fluide primitif, et c'est par leur densité qu'il diffère des molécules μ denses et de celles μ' les moins denses. Cet objet a été exposé en détail dans l'*Introduction*.

III. — QUANTITÉ INDÉFINIE DE MOUVEMENT DÉPOSÉ DANS LES ÉLÉMENTS ÉLECTRIQUES.

§ 665. On savait déjà que la somme de mouvement communiquée par la chute de l'eau ou l'impulsion du vent pouvait diminuer par les résistances qu'elles rencontrent, mais elle ne pouvait pas augmenter au moyen des appareils. Depuis le commencement du siècle actuel, le mouvement de la chute d'eau et du vent a été remplacé par celui obtenu de la chaleur, qui n'existe pas comme telle, mais doit être produite au moment où l'on a besoin d'un travail mécanique.

Nous nous sommes donné la peine de prouver ici directement et par comparaison que le mouvement se trouve déposé dans les molécules ou les éléments électriques qui constituent les fluides impondérables; il n'existe donc nulle part de *production de mouvement*, mais seulement une destruction d'équilibre qui occasionne les écoulements et les communications du mouvement entre les fluides des éléments homoïdes.

§ 606. Communication du mouvement des fluides impondérables aux corps. Tant que les physiciens n'ont considéré les corps que comme un amas d'atomes inertes et morts de nature inconnue, ils n'ont pu faire le moindre pas en avant; grâce aux expériences des chimistes, des physiciens et surtout des fabricants, et en dépit de toutes les théories et hypothèses, la communication du mouvement des éléments de la chaleur aux éléments des corps est passée à l'état de fait accompli. L'origine de ce mouvement n'est plus nécessaire ici; il ne faut que prouver comment, étant déposé dans les éléments électriques de la chaleur, ce mouvement se communique aux éléments matériels des corps.

Pour ne pas trop nous écarter de notre sujet, le lecteur doit considérer les éléments matériels comme composés de barogène $\mu\beta$ et d'éléments électriques ε mêlés pour former les combinés $\mu\beta\varepsilon$. Le mouvement passe des fluides impondérables, au moyen des éléments électriques ε, dans les éléments ou les atomes matériels des corps, d'où il se propage ensuite aux autres corps, suivant la loi mécanique.

Pour obtenir une destruction d'équilibre électrique, il faut qu'une quantité de calories soit conduite dans l'eau renfermée dans une chaudière pour s'y combiner et la transformer en vapeur d'un volume 12^3 fois plus grand. Ce volume résulte des éléments électriques des calories décomposées, dont la répulsion mutuelle se communique à leurs homonymes des atomes matériels $\mu\beta\epsilon$. Ainsi le mouvement des éléments électriques passe aux atomes des vapeurs, et avec celles-ci au piston et aux autres corps.

Celui-ci ou les molécules de vapeur qui les repoussent reçoivent le mouvement de toutes les molécules M contenues dans la chaudière. Ainsi, quand la température est égale dans deux chaudières C et C', si dans l'une C est contenue une masse 2M de vapeur double, de celle M de la chaudière C', qui est moitié moins grande, le piston éprouvera dans la chaudière C une poussée égale, mais un mouvement deux fois plus grand que dans la chaudière C'.

Si les corps des pompes p, p' sont égaux, la consommation de la double quantité de vapeur produit un effet plus que double de la part de la grande chaudière. Cette comparaison sert à prouver que le travail pourrait se multiplier indéfiniment, s'il était possible d'augmenter indéfiniment la capacité des chaudières. Nous indiquerons le moyen de la multiplication du travail sans augmenter la quantité des combustibles.

CHAPITRE PREMIER.

DILATATION OU MODE DES CHANGEMENTS DU VOLUME DES CORPS SOLIDES ET LIQUIDES PAR LES MOUVEMENTS PROVENANT DES ÉLÉMENTS ÉLECTRIQUES DE LA CHALEUR.

§ 667. Le volume des corps, 1° diminue par l'application d'une pression ou par l'éloignement d'une quantité de calories ; 2° au contraire, il augmente par la diminution de la pression ou par l'introduction d'une quantité de calories dans l'espace occupé par le corps. Cette augmentation de volume est nommée *dilatation*, et sa diminution *contraction*. Ces deux faits résultent, 1° du mouvement communiqué aux éléments des corps du dedans de la part des éléments électriques de la chaleur θ, qui ont le mouvement centrifuge, et pour cela possèdent la tendance à se répandre et augmenter de volume; ce mouvement donc se communique aux éléments homonymes des atomes matériels $\mu\beta\epsilon$, et en même temps au barogène ou à la masse du corps; or 2° du mouvement communiqué au barogène $\mu\beta$ des atomes matériels, et en même temps à leurs éléments électriques ϵ dont le mouvement se propage aux éléments électriques de la chaleur θ qui s'écoulent, et cette chaleur n'est que le résultat de la combinaison de ses éléments repoussés de l'espace occupé par les atomes du corps, dont le volume V se réduit à V—v.

I. — MODE DE LA COMMUNICATION DU MOUVEMENT ENTRE LES ATOMES DES CORPS ET LES ÉLÉMENTS ÉLECTRIQUES DE LA CHALEUR.

§ 668. Les atomes des corps sont un mélange de barogène β en quantités différentes $\mu\beta$ et d'éléments électriques ε ; l'espace e que chaque corps occupe contient : 1° le barogène B qui afflue de l'espace et les éléments électriques $\alpha\bar{E}$, $2\alpha\bar{E}$ de chaleur qui ont une tendance à augmenter en volume analogue à celle des ressorts. Par suite, le volume V de chaque corps résulte de l'équilibre opéré aux atomes des corps entre, 1° la pression P exercée sur la masse ou le barogène $\mu\beta$ de la part du barogène B affluent, et 2° la répulsion R exercée sur l'électricité ε mêlée avec la masse $\mu\beta$ de la part des éléments électriques $\alpha\bar{E}$, $2\alpha\bar{E}$ de la chaleur. Pour rendre évidente cette composition des atomes des corps, nous exposerons ici celle des atomes de l'eau ou de la glace.

§ 669. **Structure des atomes de la glace.** Les chimistes savent que le gaz oxygène soutient l'électricité positive $\bar{E}$, parce que son atome matériel $\bar{O}$ est électronégatif; il est électropositif au contraire, l'atome matériel $\bar{H}$ de l'hydrogène qui contient l'électricité négative $\bar{E}$. Donc, c'est déjà un fait accompli que la composition des atomes matériels, non pas simplement de la masse inerte, mais d'un mélange de cette masse nommée ici *barogène*, et d'électricité positive comme dans l'hydrogène $\bar{H}$, ou négative comme dans l'oxygène $\bar{O}$. Par suite, les atomes de l'eau forment des couples composés d'un atome d'oxygène et d'un atome d'hydrogène, ainsi qu'elles sont représentées, en dimensions exagérées à dessein, dans la figure 80.

Chaque couple ll' consiste en 9 molécules de barogène mêlées avec les éléments électriques $\bar{E},\bar{E}$; elle soutient à l'état dissimulé l'électricité $\alpha\bar{E}, \alpha\bar{E}$, et ce sont celles-ci qui décomposent les calories θ pour réduire leurs éléments à l'état d'électricité par influence, dont la quantité augmente, 1° quand diminue la compression convergente P, P', ou 2° quand augmente la température, de façon qu'une plus grande quantité de calories soit décomposée.

Figure 40,

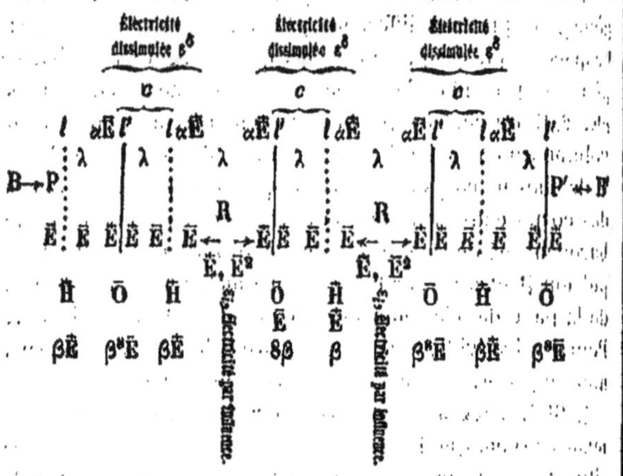

$$\underbrace{\overset{\text{Électricité}}{\text{dissimulée } \beta^\delta}}_{v} \qquad \underbrace{\overset{\text{Électricité}}{\text{dissimulée } \varepsilon^\delta}}_{c} \qquad \underbrace{\overset{\text{Électricité}}{\text{dissimulée } \varepsilon^\delta}}_{v}$$

$$
\begin{array}{ccccccccc}
l & \alpha\bar{E}\,l' & & l\,\alpha\bar{E} & \alpha\bar{E}\,l' & & l\,\alpha\bar{E} & \alpha\bar{E}\,l' & & l\,\alpha\bar{E} & l' \\
 & \lambda & \lambda & \lambda & \lambda & \lambda & \lambda & \lambda & \lambda \\
B\to P & & & & & & & & & & P'\to P'' \\
 & & & & R & & & R & & \\
\bar{E}\;\bar{E}\;\bar{E}\;\bar{E}\;\bar{E} & \bar{E}\leftarrow & \to\bar{E}\;\bar{E}\;\bar{E}\;\bar{E} & \bar{E}\leftarrow & \to\bar{E}\;\bar{E}\;\bar{E}\;\bar{E}\;\bar{E} \\
 & & \bar{E},\bar{E}^2 & & & \bar{E},\bar{E}^2 \\
\bar{H}\;\;\bar{O}\;\;\bar{H} & \bar{O} & \bar{H} & \bar{O} & \bar{H}\;\;\bar{O}\;\;\bar{H}\;\;\bar{O} \\
\beta\bar{E}\;\;\beta^*\bar{E}\;\;\beta\bar{E} & 8\beta & \beta & \beta^*\bar{E}\;\;\beta\bar{E}\;\;\beta^*\bar{E}
\end{array}
$$

§ 670. Apparition de l'électricité dissimulée. Par la compression ou le froid il ne s'éloigne que l'électricité ε' par influence, tandis qu'il faut briser les lames l'l pour faire s'en séparer l'électricité ε' dissimulée; c'est donc cette chaleur qui suffit pour fondre la glace frottée comme Davy l'a prouvé le premier.

§ 671. Augmentation du volume par l'électricité positive. L'élévation de température ne produit pas toujours une augmentation de volume, parce que celui-ci dépend à la fois de l'électricité par influence ε' et de l'électricité positive αĒ contenue dans les corps; elles exercent toutes les deux la somme de répulsion $r + r' = R$ contre les atomes des corps. La répulsion r de la part de l'électricité positive αĒ diminue quand la température s'élève, et alors augmente la répulsion r'. La densité D des corps ou le volume V résulte donc de la somme $r + r'$ des répulsions qui change avec les températures. L'eau, par exemple, à 0°, chauffée, se contracte jusqu'à 4°, et obtient le maximum de densité; au-dessus de 4° son volume croît, et la densité diminue. De même l'acier, chauffé de 0° jusqu'à 60°, éprouve une diminution de volume qui commence ensuite à croître avec les températures supérieures.

Comme il a été dit, le volume V de chaque corps est l'état d'équilibre entre la répulsion R exercée contre les éléments électriques des atomes matériels, et la pression P exercée contre le barogène des mêmes atomes. Il est prouvé ici que la répulsion R consiste dans les deux facteurs r et r' en rapport inverse, et c'est ainsi qu'on parvient à se convaincre que la dilatation ne résulte pas d'une répulsion exercée par des calories, mais d'une semblable exercée par l'électricité, qui peut être par influence r' ou positive aE seule, car le mouvement se trouve déposé dans tous les éléments électriques, et sa communication aux atomes des corps s'opère chaque fois que ces mêmes atomes ont éprouvé en même temps une communication de mouvement centripète de degré inférieur.

§ 672. En partant de 4°, le volume de l'eau croît parce que la somme $r + r'$ des deux facteurs répulseurs augmente : 1° par l'abaissement de température, le facteur r croît plus rapidement que l'autre r' ne diminue; 2° par l'élévation de température, c'est le contraire qui a lieu. Pour les autres corps le point de départ ou celui du maximum de densité est dans les températures inférieures, mais jusqu'à 100° est sensible l'existence de la diminution de la répulsion r, parce que, excepté le verre, la dilatation est uniforme et correspond à l'élévation de la température, sans qu'on observe de décomposition des calories et sans qu'apparaisse l'éloignement d'électricité positive. Ainsi il devient clair que c'est cette même électricité aE qui obtient la forme d'électricité par influence $2\alpha\bar{E}$, $2\alpha\bar{E}$ où pendant l'introduction de la chaleur $\Theta + \theta$ dont se décompose θ, et son électricité $2\alpha\bar{E}, \alpha\bar{E}$ devient électricité par influence avec celle $\alpha\bar{E}$ du corps.

La dilatation des corps résulte donc de la répulsion $r + r'$; entre $0°$ et $100°$ la répulsion R croît par l'augmentation de la répulsion r' d'électricité par influence dans laquelle entrent les éléments $\alpha\bar{E}$ de l'électricité des corps qui se mêle avec les éléments $2\alpha\bar{E}, \alpha\bar{E}$ de la chaleur. Au-dessus de $100°$, diminue l'électricité $\alpha'\bar{E}$ des corps et augmente graduellement la quantité de calories θ décomposées, dont résulte l'électricité par influence r' qui croît avec les températures.

II. — MESURE DE LA DILATATION DES CORPS SOLIDES.

§ 673. Nous avons fait voir (§ 306) que la capacité des corps pour la chaleur augmente dans les températures élevées; ici il est prouvé que la dilatation augmente également dans les hautes températures; ces deux faits restaient isolés, parce que les expérimentateurs ignoraient : 1° que les calories θ se décomposent tandis que celles Θ augmentent, et que celles-ci étant à l'état libre sont sensibles; 2° que la dilatation n'est qu'un résultat direct de la répulsion de la part de l'électricité r par influence qui résulte des calories θ décomposées. Ce rapport échappa aux physiciens par un oubli sans doute; pourtant ils ne seraient pas en état de connaître l'origine commune de ces faits considérés comme parfaitement indépendants l'un de l'autre.

A. Mesure de la dilatation linéaire entre 0° et 100°.

§ 674. Pour obtenir les plus exacts résultats possibles, Laplace et Lavoisier en 1781 et 1782, Roy et Ramsden en 1787, employèrent plusieurs espèces d'appareils, et ainsi sont parvenus à déterminer l'augmentation K de l'unité 1 de longueur d'un corps par une élévation de température de 1°; la quantité K est nommée *coefficient de dilatation*.

Coefficient de dilatation linéaire. On observe l'allongement l de la barre dont la longueur est 1 à 0° et $1+l$ à t; 1° pour obtenir l'allongement qui correspond à la longue l de l'unité, il faut diviser l par 1, et 2° pour obtenir l'allongement qui correspond à 1°, il faut aussi diviser l par t; ainsi on obtient $K = \dfrac{l}{1t}$. Cela laisse supposer que la dilatation est la même pour chaque degré, comme il résulte de ce que la valeur v reste la même quand la longueur 1 de la barre subit différentes élévations de température, qui toutefois ne surpassent pas 100°. Cela ne doit cependant pas être attribué à une propriété différente de chaleur des températures différentes, mais simplement à une variation imperceptible de l'état des éléments électriques.

Comme l'eau à 0° se condense par la chaleur pour obtenir un maximum de densité à 4°, le même effet a lieu pour l'acier; ces deux effets ne résultent que d'un éloignement d'électricité $\bar{E}$ occasionné par l'introduction de la chaleur libre Θ. Celle-ci laisse se décomposer une partie θ de calories dont les éléments restent à l'état d'électricité t par influence; mais cette électricité produit une répulsion r inférieure à celle $r+r'$ qui se perd à cause de l'éloignement de l'électricité positive $\bar{E}$ contenue dans l'eau au-dessous de 4° ou dans l'acier au-dessous de 60°.

TABLEAU A. — *Des coefficients de dilatation des corps.*

NOMS DES SUBSTANCES.	COEFFICIENTS.	NOMS DES SUBSTANCES.	COEFFICIENTS.
Suivant Lavoisier et Laplace.			
Flint-glass anglais	0,000008116	Or recuit (titre de Paris)	0,000015155
Verre de France avec plomb	0,000008719	Or non recuit	0,000015515
Tube de verre sans plomb	0,000008969	Cuivre	0,000017173
Verre de Saint-Gobain	0,000008909	Laiton	0,000018782
Acier non trempé	0,000010792	Argent (titre de Paris)	0,000019088
— trempé jaune varié 65°	0,000012395	Argent de coupelle	0,000019097
Fer doux forgé	0,000012204	Etain de Malacca	0,000019376
Fer rond passé à la filière	0,000012389	Etain de Falmouth	0,000021729
Or de départ	0,000014660	Plomb	0,000028485
Suivant Smeaton.			
Verre blanc	0,000008333	Métal des miroirs	0,000019555
Régule martial d'antimoine	0,000010833	Soudure (2 cuivre, 1 zinc)	0,000020585
Acier poule	0,000011500	Etain fin	0,000022855
Acier trempé	0,000012250	Etain en grains	0,000021855
Fer	0,000012583	Soudure blanche (1 étain, 2 plomb)	0,000025055
Bismuth	0,000015916	Zinc 8, étain 1, un peu forgé	0,000020916
Cuivre rouge battu	0,000017000	Plomb	0,000028600
Cuivre rouge, ⅓ d'étain	0,000018100	Zinc	0,000029616
Cuivre jaune fondu	0,000018750	Zinc allongé de 1/12 au marteau	0,000031085
Cuivre jaune, 1/7 d'étain	0,000019083		
Fil de laiton	0,000019333		
Suivant divers observateurs.			
Fer fondu (prisme de), suivant Roy	0,000011100	Platine (Borda)	0,000008565
Acier en verge (Roy)	0,000011445	Acier (suivant Troughton)	0,000011919
Cuivre jaune de Hambourg (Roy)	0,000018555	Fer tiré à la filière (id.)	0,000011401
		Cuivre (id.)	0,000019188
Platine (Troughton)	0,000009918	Argent (id.)	0,000020826
		Palladium (Wollaston)	0,000010000

§ 675. Remarques. Les différences numériques sont trop grandes pour être attribuées à un manque d'exactitude dans les expériences ; elles résultent des échantillons observés, comme cela a été constaté par les expérimentateurs eux-mêmes qui n'ont jamais obtenu de résultats identiques au moyen de deux échantillons de la même masse. Ces cas servent ici à prouver la composition des métaux par des cristaux microscopiques mêlés sans aucune symétrie générale. En même temps il est prouvé que la quantité médiocre de capries θ décomposée pour produire l'électricité *e* par influence est trop petite pour manifester son accroissement avec la température de 0° à 100°.

§ 676. **Origine de la dilatabilité, de la dureté et de la ductilité.** La dilatation résulte de l'électricité *e* par influence; la *dureté* est un effet de l'électricité *e* dissimulées; tandis que la *ductilité* est un effet de l'électricité e^d des couples matériels αβε*. La fusion résulte dans les métaux des éléments électriques produits par la décomposition de chaleur; ils restent à l'état d'électricité *e* par influence et s'éloignent par l'abaissement de température, comme cela a lieu pour tous les corps en général.

§ 677. **Dilatation du bois.** Le bois desséché se dilate dans le sens de ses fibres moins que tout autre corps, excepté la poterie brune, qui ne se dilate en longueur que de 0,0004 pour 100°, malgré le manque d'élasticité, qui est plus marqué dans le verre et encore plus dans l'acier.

§ 678. **Dilatation de la glace.** Brunnier a trouvé pour coefficient moyen de dilatation linéaire de la glace, entre —6° et 0°, le nombre $0,0000375 = \frac{1}{26700}$. La contraction de la glace par le froid est donc plus prononcée que celle des autres corps solides, car la glace qui se dilate le plus a pour coefficient le nombre 0,00034.

§ 679. **Dilatation des cristaux.** Il a été indiqué que du même corps on obtient toujours des échantillons différents à cause des cristaux microscopiques qui constituent la masse en apparence homoïde. Ce fait peut être constaté directement dans les cristaux de dimensions supérieures. Dans le cristal de spath d'Islande de forme rhomboédrique, Mitscherlich a pu reconnaître que la dilatation suivant la plus petite diagonale est plus grande que dans les autres directions.

1° Dans les cristaux symétriques autour d'un point, la dilatation est la même dans tous les sens; 2° dans les cristaux symétriques autour d'un axe, la dilatation n'est pas la même dans le sens de cet axe et dans un sens perpendiculaire; elle est la même suivant les deux axes perpendiculaires à l'axe de symétrie; 3° dans les cristaux non symétriques autour d'un axe, la dilatation est inégale dans les directions des trois axes cristallographiques.

§ 680. L'inégalité de dilatation dans les différents sens se reconnaît facilement dans la variété de sulfate de chaux, connue sous le nom de *gypse lenticulaire* ou en *fer de lance*, formé de cristaux altérés et arrondis, de manière que la masse présente la forme d'une lentille. Il arrive souvent que deux lentilles sont accolées l'une à l'autre et paraissent

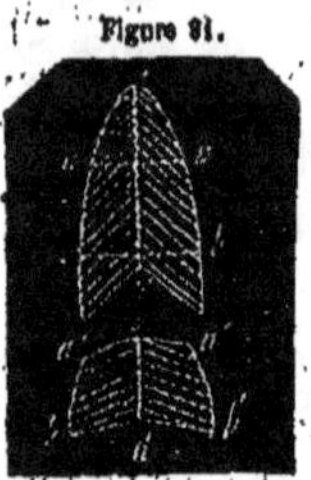

Figure 81.

se pénétrer mutuellement; on peut alors, par le choc ou par le clivage, en détacher les fragments qui ont la forme *bobo'* (fig. 82) de fer de lance. Si l'on y taille une lame *abba* terminée par deux faces polies *aa*, *bb*, perpendiculaire à la ligne *oo'*, et si l'on élève la température à 80° ou 100°, on reconnaît que les faces *aa*, *bb* ne sont plus parallèles mais qu'elles forment des angles *a'ca'*, *b'db'*; car cet objet délié et vu par la réflexion très-obliquement de la face *b'db'*, donne deux images.

Comme dans le spath d'Islande, de même ici la répulsion exercée de la part de l'électricité *e'* par influence est supérieure du côté où sont moins éloignées les couples des lames; c'est un effet qui résulte de l'expansion centrifuge des molécules électriques, les côtés de l'angle inférieur éprouvent la répulsion supérieure. Celle-ci est, 1° égale dans les cubes; 2° dans les cristaux à bases carrées, la répulsion est égale suivant les deux axes égaux perpendiculaires à celui de la hauteur; 3° dans les cristaux dont les trois dimensions sont inégales, les dilatations le sont aussi, à cause des angles inégaux, mais toujours la plus grande est suivant le sens de l'axe le plus petit.

B. Dilatation cubique des solides.

§ 681. En admettant 1 pour le volume d'un corps à 0°
et k pour son coefficient de dilatation linéaire, sa dilatation
cubique sera $(1 + k)^3 = 1 + 3k + 3k^2 + k^3$, ainsi le coefficient
de dilatation cubique est $3k + 3k^2 + k^3$; mais comme k est
une fraction très-petite, on néglige les quantités insignifiantes $3k^2 + k^3$ et le coefficient de dilatation cubique se
réduit à $3k$; ainsi $2k$ représente le coefficient de dilatation
des surfaces.

§ 682. **Formules des dilatations linéaires et cubiques.** 1° *Étant donnée la longueur* L *d'une barre à* 0°,
trouver la longueur L′ *à la température* t. Soit k le coefficient
de dilatation linéaire, la dilatation de l'unité de longueur
pour $t°$ sera kt, et la dilatation de L unités de longueurs sera
kLt. La longueur de la barre dilatée sera donc $L + kLt = L$
$(1 + kt)$; on aura donc

$$(a) \qquad L' = L(1 + Kt), \quad \text{d'où} \quad (b) \quad L = \frac{L'}{1 + Kt}.$$

2° *Étant donnée la longueur* L *à* t°, *trouver la longueur* L′ *à* t′.
D'abord la longueur L″ à 0° sera $\dfrac{L}{1 + kt}$, d'après la formule
(b) et pour obtenir la longueur à t, il faut, d'après la
formule (a), multiplier la longueur à 0° par $1 + kt$. On
aura

$$(c) \qquad L' = L \frac{1 + Kt'}{1 + Kt}.$$

On peut trouver autrement la valeur de L′ : l'accroissement de température étant $t' - t$, l'augmentation de longueur
sera $Lk (t' - t)$; la longueur à $t°$ sera donc

$$(d) \qquad L' = L[1 + K(t' - t)].$$

Cette formule ne coïncide pas avec celle (c), car en faisant
la division algébrique on trouve le quotient $1 + (t' - t)$

$(k - k^2 t + k^3 t^3 - \dots)$, mais comme k est une fraction très-petite, on néglige les termes $k^2 t$, $k^3 t^3$ et le quotient est alors $1 + k(t' - t)$.

3° *Étant donné le volume V d'un corps à une température, ainsi que son coefficient K de dilatation cubique, trouver son volume V' à une autre température t.* On a d'après (e):

$$V' = V \frac{1 + Kt'}{1 + Kt}$$

§ 683. **Dilatation des enveloppes.** Les formules qui précèdent s'appliquent aux calculs des changements des capacités intérieures des vases soumis à l'action de la chaleur. Une cavité comprise dans une enveloppe solide, augmente de la quantité même, dont augmenterait le volume d'une masse solide qui la remplacerait et qui serait de la même substance que l'enveloppe. Soit $a + b$ le côté d'un cube, son volume $V + V'$ sera composé 1°. d'un espace cubique $V = a^3$ central, et 2° d'une enveloppe dont l'espace ou le volume sera $V' = 3a^2 b + 3ab^2 + b^3$.

§ 684. **Preuve expérimentale de la dilatation des enveloppes.** Le volume extérieur $V + V'$ augmente comme si sa cavité V intérieure n'existait pas; on peut constater cette augmentation du volume $V + V'$ au moyen d'un anneau,

Figure 83.

et l'augmentation de la capacité intérieure V est prouvée de la manière suivante : on plonge dans l'eau chaude un ballon de verre V (fig. 83) rempli d'un liquide qui remplit une partie du tube capillaire ac qui le surmonte, et l'on voit au premier moment le niveau baisser de h à a; il remonte ensuite et dépasse sa position primitive h pour en arriver à b. 1° L'abaissement du niveau h en a s'opère pendant la propagation de la chaleur de l'eau chaude au verre du ballon V qui, en se dilatant, obtient une capacité supérieure $C + c$, indiquée pour l'abaissement du niveau de *h* en *a*; 2° quand ensuite la chaleur de l'eau se propage dans le liquide dont la dilatation surpasse celle du verre, son volume augmente, et ainsi le niveau de *a* s'élève alors jusqu'à *b*; l'espace *bh* indique l'excédant de la dilatation entre le verre et le liquide.

§ 685. **Mesure directe de la dilatation cubique.** Au lieu de chercher la dilatation linéaire *k* et d'en déduire la cubique 3*k*, il vaudrait mieux chercher la dilatation cubique *K* et la diviser par 3 pour obtenir la linéaire. Dulong et Petit ont d'abord déterminé la dilatation absolue du mercure et ils en ont déduit celle des autres corps. Supposons que le mercure soit contenu dans un tube thermométrique, dont le coefficient de dilatation cubique soit *k*; soit *v* le volume occupé par le mercure à 0°, *v'* son volume à la température de 1°, D le coefficient de dilatation absolue du mercure, et **d** son coefficient de dilatation apparente. Le volume réel occupé par le mercure sera *v'* (1 + *k*), car le volume *v'* indiqué sur l'enveloppe doit être augmenté de la quantité dont cette enveloppe est dilatée pour 1°; *v* étant le volume du mercure à 0°, on a aussi *v* (1 + D) pour son volume à 1°. En égalant ces deux valeurs il vient

$$v'(1 + \mathrm{K}) = v(1 + \mathrm{D}), \quad \text{d'où} \quad \frac{v'-v}{v} = \mathrm{D} - \frac{v'}{v}\mathrm{K},$$

en divisant tous les termes par *v*. Or, *v'* diffère très-peu de *v*; l'on peut, sans erreur appréciable, à cause de la petitesse du nombre K, remplacer le rapport $\frac{v'}{v}$ par l'unité. De plus (*v'* — *v*) : *v* représente le coefficient de la dilatation apparente **d** du mercure, car c'est l'accroissement apparente de l'unité de volume pour 1°. On a donc

$$(e) \qquad \mathbf{d} = \mathrm{D} - \mathrm{K}, \quad \text{ou} \quad \mathrm{D} = \mathbf{d} + \mathrm{K}.$$

Ainsi le coefficient de dilatation absolue d'un liquide est égal à son coefficient de dilatation apparente augmenté du coefficient de dilatation cubique de l'enveloppe qui le contient.

§ 686. Coefficient du verre. En supposant connu le coefficient D de dilatation absolue du mercure, il suffira de mesurer **d** pour obtenir k de la formule (e); on mesurera la dilatation du mercure dans le verre, et cela 1° dans un tube où l'on marque les deux points 0° et 100° du volume b; ou 2° dans un tube qui représente le thermomètre en poids. Le volume b de l'espace du tube thermométrique entre 0° et 100° est subdivisé en 100b'; le volume B du réservoir s'étend jusqu'au point 0° où se trouve la limite du mercure à la température 0°; ainsi ces deux volumes sont dans le rapport b:B; mais quand l'augmentation de température est de 1° seulement, le rapport est

$$b':B=\frac{b}{100}:B=b:100B=\frac{1}{6480}.$$

§ 687. Thermomètre à poids. Cet appareil est un tube vv (fig. 84) terminé par un tube capillaire no recourbé, qu'on remplit de mercure sec à 0°; on pèse le tube vide et le tube rempli. Soit P le poids du mercure seul; on le

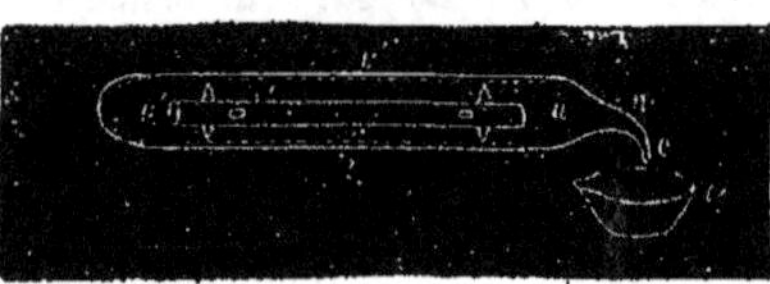

Figure 84.

plonge ensuite dans un liquide dont la température est connue, et l'on recueille en c tout le mercure qui sort par l'effet de la dilatation. Soit p le poids de ce mercure, P —p sera le poids du mercure restant. Or, ce mercure étant supposé ramené à 0°, il laissera un espace vide b qui représentera la contraction dans le verre en passant de t à 0° ou sa dilatation de 0° à t. Or les volumes étant ramenés tous à 0°, ils peuvent être représentés par le poids de mercure qui les occupent. Ainsi p représente la dilatation dans le verre du volume P —p pour t, et $\dfrac{P}{(P—p)t}$ représente la dilatation pour 1°, et pour l'unité de volume; ainsi a été trouvé en poids la valeur supérieure $\dfrac{P}{(P-p)t} = \dfrac{1}{6480}$.

§ 688. **Méthode générale pour mesurer la dilatation cubique des solides.** Le fragment aa' (fig. 83) à observer est introduit dans un tube vv' dont on effile ensuite l'ouverture no par laquelle ou remplit le tube de mercure à la température de l'air ambiant; on le pèse et on le dispose horizontalement dans une cuve remplie d'huile, qu'on agite et dont on peut élever la température jusqu'à 300°; alors s'écoule une partie du mercure dans le vase c, qu'on pèse. Pour conclure de cette expérience le coefficient de dilatation, on établit une équation qui exprime que le volume V du réservoir vv' de verre à la température T à laquelle on l'a porté est égal au volume V dilaté du mercure qui reste augmenté du volume V″ du corps aussi dilaté.

Soient t et T les températures au commencement et à la fin de l'expérience, et soit θ l'élévation de température T—t; soient encore P le poids du corps aa', d sa densité à $t°$; P′ le poids du mercure contenu dans le tube vv' à $t°$ et d' sa densité à la même température. Le volume du corps aa' et celui du mercure seront à $t°$ $\dfrac{P}{d}$ et $\dfrac{P'}{d'}$, et celui du tube vv' à la même température sera égal à la somme $\dfrac{P}{d} + \dfrac{P'}{d'}$. Soient χ, D et K les coefficients de dilatation cubique du corps aa', du mercure et du verre; le volume du mercure qui reste étant $\dfrac{P'-p}{d'}$ à la température $t°$, on aura :

$$\left(\frac{P}{d}+\frac{P'}{d'}\right)(1 + K\theta) = \frac{P'-p}{d'}(1 + D\theta) + \frac{P}{d}(1 + \chi\theta),$$

d'où on trouve

$$\frac{P}{d'}(1 + D\theta) = \frac{P}{d}\theta\chi + \frac{P'}{d'}D\theta - \left(\frac{P}{d} + \frac{P'}{d'}\right)K\theta,$$

équation qui exprime que le volume du mercure sorti est égal à la dilatation du corps augmenté de celle du mercure et diminuée de celle de l'enveloppe; car le premier membre représente le volume du mercure sorti ramené à la densité $\dfrac{d'}{1+\mathrm{U}\theta}$ qui correspond à la température T; on en tire la valeur de x.

§ 689. **Dilatation au delà de 100°.** Par les différents moyens indiqués, Dulong et Petit ont d'abord confirmé quela dilatation des solides ou des liquides, mais non pas de l'air, pour une même élévation de température, est constante jusqu'à 100°; au delà il n'en est plus ainsi, et la dilatation quand on passe de $t°$ à $(t+1)°$ va en augmentant à mesure que t augmente ; cette température étant donnée par le thermomètre à air. Pour rendre ce résultat plus facile à saisir, on a calculé les températures T qui seraient indiquées par l'allongement des règles formées avec diverses substances en se servant de la formule $L'=L(1+Kt)$, dans laquelle on suppose K constant et égal à la valeur trouvée au-dessus de 100°, et L' donné par l'expérience pour la température t indiquée par le thermomètre à air.

Dans le tableau suivant sont inscrits les coefficients t de dilatation cubique du verre, du fer, du cuivre et du platine, et à côté les températures comparées à celles du thermomètre à air, que donneraient les thermomètres basés sur les dilatations linéaires supposées constantes de ces substances.

TABLEAU B. — *Des températures indiquées par les thermomètres des substances différentes.*

TEMPÉRATURE du thermomètre à air.	VERRE		FER.		CUIVRE.		PLATINE.	
	K	T	K	T	K	T	K	T
100°.	$\frac{1}{38700}$	100°	$\frac{1}{28200}$	100°	$\frac{1}{15400}$	100°	$\frac{1}{37700}$	100°
200°.	$\frac{1}{36300}$	215,2	»	»	»	»	»	»
300°.	$\frac{1}{32000}$	352,9	$\frac{1}{28700}$	372,6	$\frac{1}{17700}$	328,8	$\frac{1}{36500}$	311,6

TABLEAU C. — *Des coefficients de dilatation linéaire des mêmes substances.*

NOMS DES SUBSTANCES.	COEFFICIENT MOYEN de dilatation linéaire entre 0° et 100°.	COEFFICIENT entre 0° et 200°.	COEFFICIENT entre 0° et 300°.
Platine.	0,000008842		0,000009183
Verre.	0,000008015	0,000009225	0,000010103
Fer.	0,000011891		0,0000144[illegible]
Cuivre.	0,000017182		0,0000188[illegible]

§ 690. **Remarques.** Quand on ignorait que la dilatation résulte de la répulsion exercée non pas directement par les calories libres ☉, mais par l'électricité *e* par influence produite de la décomposition d'une petite quantité de calories θ ; cette quantité n'était pas inconnue, mais au lieu de l'attribuer à une décomposition et par suite une disparition des calories θ et à une apparition d'électricité *e* par influence et une répulsion *r*, dont résulte la dilatation, les physiciens attribuaient l'augmentation du volume aux calories libres ☉ et les calories θ décomposées étaient attribuées à une augmentation de capacité ; ainsi on ne pouvait pas se rendre compte de la contraction de l'eau à 0° chauffée jusqu'à 4° et de celle de l'acier chauffé de 0° à 60°, encore moins pouvait-on comprendre pourquoi croît inégalement la dilatation des corps divers aux températures supérieures, et pourquoi cet accroissement de volume reste uniforme jusqu'à 100° dans tous les corps presque.

§ 691. **Comparaison des dilatations des deux barres.** Wollaston a fait deux lames égales *l*, *l'* de palladium, qui est un métal très-rare ; il a appliqué et soudé l'une *l* sur une lame égale L de platine, et l'autre *l'* sur une lame d'acier L ; il échauffa ces couples de lames *l*L, *l'*L' qui devinrent concaves ; l'un des couples avait la platine dans la face concave, et l'autre y avait l'acier ; ainsi, il est prouvé que le palladium se dilate moins que le platine et plus que l'acier, et par conséquent que son coefficient diffère peu de 0,00004.

Pour obtenir le rapport numérique, on emploie deux règles *cc*, *ii* (fig. 85) formées des substances à comparer et ayant 1 mètre de longueur; par l'une de leur extrémité A,

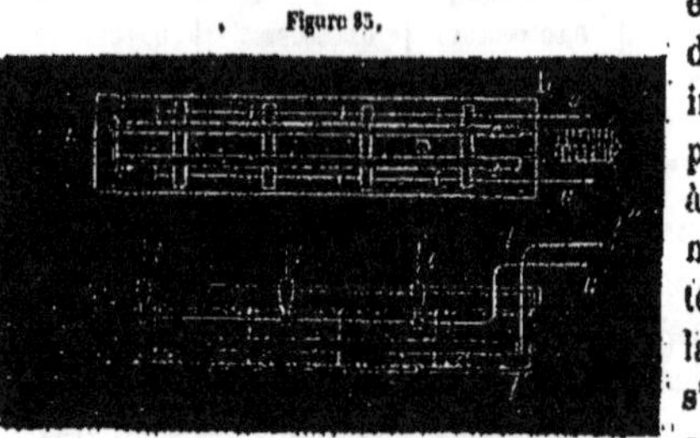

Figure 85.

elles sont liées d'une manière invariable à une plaque de fer *o*; à l'autre extrémité B sont adaptées des tiges de laiton *ca'*, *ia* qui s'élèvent verticalement *l*; puis se recourbent horizontalement *ll"*. L'une de ces tiges porte une échelle *e* divisée en cinquièmes de millimètre, et l'autre un vernier *s* donnant les vingtièmes de ces divisions. Les règles reposent sur des rouleaux disposés au fond d'une auge remplie d'huile, dont on peut mélanger les couches au moyen des deux agitateurs; un thermomètre placé entre les barres donne leur température; d'autres thermomètres *t, t, t*, fixés au couvercle de la cuve, servent de contrôle.

Quand la température est arrivée au point où l'on veut observer, on ferme toutes les ouvertures du fourneau en brique, la température devient stationnaire, et on observe la quantité *δ* dont on a marché le zéro du vernier par rapport à la division avec laquelle il coïncidait lorsque la température du bain était celle de l'air ambiant. Cette quantité *δ* représente l'excès $D - D'$ de la dilatation d'une règle *cc* sur l'autre *ii*. Si l'on connaît la dilatation absolue de l'une d'elles, on en conclut celle de l'autre par l'équation $D - D' = \delta$.

§ 692. **Thermomètre comparatif.** Les centièmes du déplacement *δ* correspondent aux degrés lorsque la tempé-

rature passe de 0° à 100°; mais au delà des différences se
présentent et sont d'autant plus grandes que la température est plus élevée. Quand les deux barres étaient de platine et de cuivre, la température indiquée, en supposant
la dilatation uniforme de ces deux métaux, était de 320°,
lorsque le thermomètre à mercure marquait 310°, et le thermomètre à air 300°. Les différences résultent des quantités
différentes des calories θ décomposées qui sont attribuées
aux élévations proportionnelles de la capacité de chaque
corps; il a été indiqué que la quantité de ces calories θ
décomposées dépend de celles de l'électricité æE contenues
dans chaque corps.

§ 693. **Dilatation du verre.** Faisant la comparaison
entre le verre et le cuivre, Dulong et Petit ont trouvé que la
dilatation du verre s'accroît suivant un rapport plus rapide
que celle des métaux quand la température dépasse 100°.
Despretz et plusieurs autres physiciens trouvèrent pour le
coefficient de verre des nombres qui ne sont pas d'accord
même entre 0° et 100°. Au lieu de reconnaître là la véritable cause des dilatations des corps dans toutes les températures, on s'est évertué, contre toute raison, à chercher
dans toutes les formes du verre et dans ses éléments l'explication des cas semblables.

TABLEAU D. — *De la dilatation des différentes sortes de verre
entre 0° et 10°.*

SORTES DE VERRE.	EN TUBE.	SOUFFLÉ EN BOULES DE DIFFÉRENTS DIAMÈTRES.			
	Dilatation.	Diamètre.	Dilatation.	Diamètre.	Dilatation.
		millim.		millim.	
Verre blanc.	0,002048	48	0,002592	55	0,002514
Verre vert.	0,002290	36	0,002132		
Verre de Suède.	0,002365	54	0,002441	52	0,002611
Verre infusible français.	0,002142	52	0,002212		
Cristal ordinaire.	0,002101	39	0,002350		

§ 694. Il ne s'agit pas ici des différences qui résultent des éléments chimiques des verres, non plus que de celles qui résultent des formes indiquées dans le tableau, mais de ce que les dilatations du verre sont inégales entre 0° et 100° + t°. Donc il est prouvé que la répulsion r étant faible entre 0° et 100°, et la pression P qui résulte du poids spécifique des métaux étant grande, l'inégalité de dilatation dans les métaux ne devient sensible que quand la répulsion r augmente avec la température élevée.

§ 695. **Thermomètre métallique.** Nous avons vu déjà comment Wollaston trouva que la dilatation du palladium est supérieure à celle de l'acier et inférieure à celle du platine; c'est d'après ce principe que Bréguet a construit le thermomètre composé de trois lames soudées ensemble de *platine*, d'*or* et d'*argent*, l'or étant au milieu, parce qu'il se dilate plus que le platine et moins que l'argent. Ce système étant passé au laminoir, on taille dans la feuille ainsi obtenue un mince ruban qu'on enroule en hélice de manière que l'argent qui se dilate de plus soit en dedans. L'extrémité inférieure de l'hélice porte une aiguille horizontale dont le sommet indique les subdivisions d'un cadran. Quand la température s'élève, chaque spire de l'hélice diminue de courbure et l'aiguille changeant de position indique les degrés de la température.

§ 696. **Pyromètre.** On nomme ainsi les thermomètres employés pour mesurer les températures élevées; il a été indiqué que les lames *et*, *tt* (fig. 84) sont un pyromètre qui montre directement la température du liquide ou du fourneau; pour faciliter son usage on y a introduit plusieurs modifications sans en changer le principe. Les pyromètres métalliques diffèrent de celui à air qui va être décrit plus bas.

§ 697. **Pendules compensateurs.** La durée des oscillations d'un pendule dépend de la longueur d'oscillation, et par conséquent de sa longueur absolue. Or cette longueur varie avec la température, d'où résulte qu'une horloge à pendule retarde, quand il fait chaud, et avance quand il fait froid. Cette cause du dérangement chronométrique est évitée au moyen des *Pendules compensateurs*, qui consistent dans l'allongement des métaux de haut en bas et de bas en haut, desorte que la lentille oscillante reste continuellement à la même distance du centre d'oscillation. De la pesanteur va être traitée dans le prochain livre de cet ouvrage, et nous y discuterons en détail les propriétés du pendule.

C. Effets de la contraction produite par le froid dans la surface de la lune.

§ 698. Pour ne pas nous éloigner des faits produits sur les corps solides par la chaleur et le froid, nous rappellerons ici, en quelques mots, que les astronomes admettent généralement un état vaporeux comme étant l'état primitif des corps célestes, du soleil et de la lune; celle-ci étant le corps céleste le moins éloigné de la terre peut être mieux observé. Il est prouvé, comme cela va être indiqué dans la section suivante, que l'atmosphère, ainsi qu'un vêtement, préserve la surface de la terre contre le froid de l'espace; un tel vêtement manque autour de la Lune, et sa surface autrefois chaude, laissa se consommer sa chaleur, la vapeur condensée a produit une enveloppe de glace, une *pagosphère* (πάγος, glace); où la vapeur encore chaude a produit des éruptions fréquentes en brisant l'enveloppe et renversant les fragments de la pagosphère pour former des contours qui sont reconnus, par leurs formes, comme l'effet de ces mêmes éruptions.

La face intérieure de la pagosphère chaude encore, celle du dehors a perdu toute sa chaleur dont l'effet immédiat a été la contraction limitée à la couche extérieure; il s'est ainsi produit des crevasses rectilignes dont la largeur ou la distance entre les deux bords correspond 1° à l'abaissement de température, et 2° aux distances superficielles qui les séparent. Ces crevasses produites les unes avant certaines éruptions et les autres après certaines autres, traversent les contours déjà existants, et sont couvertes des fragments de celles qui ont été produites postérieurement.

Parmi les astronomes, c'est Schrœter qui observa le premier, en 1788, dans le disque de la lune deux sillons très-étroits et assez longs s'étendant entre des bords parallèles bien tranchés et sans protubérances ; les crevasses pareilles nommées *rainures* sont au-dessus de cent ; les unes traversent les contours des cratères, les autres sont couvertes de ces contours. La plupart des rainures sont isolées, un très-petit nombre s'unissent ou se croisent ; leur largeur est la même, ou elle augmente loin des deux extrémités. Leur longueur est comprise entre 4 et 50 lieues, leur largeur ne dépasse pas 1600 mètres ; elle diminue toujours aux deux extrémités, tellement qu'on a peine à distinguer le point où elles se terminent.

Dans la pleine lune, les rainures se montrent comme des lignes blanches ; dans les faces elles paraissent noires, parce qu'alors un des bords porte ombre sur le fond de la cavité.

§ 699. **Explication.** Il a été prouvé que le coefficient de la glace $\frac{1}{26700}$ surpasse ceux de tous les corps solides ; il reste à prouver : 1° si ce coefficient suffit à expliquer la largeur de 1600 mètres observée dans les rainures, et 2° dans quels cas les enveloppes solides crèvent et dans quels autres cas elles ne crèvent pas.

Largeur des rainures. Pour un changement de température de 160° il faut multiplier le coefficient par 160, et pour obtenir une largeur de 1600 mètres, il faut une longueur λ ; ainsi on a $1600 = \frac{1 . 160 . \lambda}{26700}$, $\lambda = 267000$ mètres, longueur qui correspond aux 50 lieues observées entre les extrémités des rainures et les intervalles qui les séparent. La diminution de cette largeur vers les deux extrémités résulte de la distance entre les rainures, qui, étant au milieu à un degré supérieur, a fait commencer chaque crevasse à partir de son milieu d'où elle s'est propagée en directions divergentes tant qu'elle n'a pas rencontré d'autres rainures latérales.

§ 700. **Mode de la production des crevasses aux enveloppes.** Il a été prouvé (§ 684) que l'enveloppe se dilate dans l'eau chaude; et si l'eau se refroidit, elle se contracte sans crever, mais un verre chaud crève chaque fois qu'il est atteint par un métal froid, et cela résulte de la contraction subite opérée au point de contact; tel est le cas dans lequel se trouva la surface extérieure de l'enveloppe glaciale de la Lune, quand sa face intérieure était encore en contact avec la vapeur brûlante.

Les crevasses, ou les rainures d'une profondeur au delà de 400 mètres et avec les bords sans protubérances n'indiquent pas de quelle espèce est la masse dont la Lune est constituée; mais dans les éclipses totales du soleil il apparaît toujours une couronne lumineuse qui résulte, suivant la loi physique, des bords de glace des corps de la Lune, qui laissent pénétrer une partie de lumière après y avoir éprouvé une réfraction double convergente comme dans une lentille.

Cette couronne n'est pas due à une atmosphère du Soleil, elle dépend directement de la Lune seule; mais ce sont les protubérances d'un rose violacé qui font une partie du corps solaire; leur position diffère dans chaque éclipse, et leur déplacement pendant l'éclipse suit le déplacement du Soleil. Cet objet se trouve exposé en détail dans le texte de l'*Atlas cosmobiographique*; il a été rapporté ici pour prouver comment la connaissance de la dilatation des enveloppes se trouve liée avec les rainures inexplicables jusqu'à présent pour les astronomes.

III. — MESURE DE LA DILATATION DES LIQUIDES.

§ 701. Les corps solides n'obtiennent l'état liquide qu'au moyen de la chaleur; on a constaté l'existence d'une disparition d'une quantité θ de calories pour le changement de l'état solide en état liquide. Cette quantité θ de calories est de 79 pour l'eau, et oscille entre 29 et 2 pour les métaux; les 79 calories font augmenter la chaleur spécifique de l'eau, tandis que cela ne se produit pas pour les métaux fondus. Donc les calories θ disparues pendant la fusion de la glace et des métaux se trouvent en un état différent dans l'eau et dans les métaux. Les métaux fondus, comme le mercure, sont comparables à l'eau à l'état globulaire (§ 484) qui résulte de l'électricité que produit la décomposition de la chaleur. Dans l'eau restent les 79 calories avec expansion interceptée, tandis que dans les métaux fondus se trouvent les éléments en état d'électricité des calories disparues par influence.

§ 702. **Différence entre la dilatation des liquides et des solides.** Tous les corps solides, même les métaux, consistent en cristaux de toutes formes qui se dilatent différemment dans leurs trois dimensions; à l'état liquide disparaît cette anomalie de dilatation, et cela résulte des éléments électriques des calories θ décomposées. L'état différent des calories θ disparues pendant la fusion de l'eau et des métaux n'apparaît que pendant leur solidification et dans la forme globulaire des métaux liquides.

1° *Métaux et leurs alliages.* Le point de fusion des métaux ne diffère pas de celui de leur solidification, tandis que leurs alliages se solidifient à des températures inférieures et laissent ensuite s'écouler les éléments électriques en forme de chaleur.

2° *Congélation de l'eau.* Le point 0° de la fusion de la glace est constant; mais celui de la congélation, sans pouvoir être au-dessus de 0°, peut être à quelques degrés plus bas, et cela résulte de ce que les 79 calories ne sont pas dans l'eau à l'état d'électricité par influence, comme le sont celles dans les métaux fondus. Pour que la chaleur latente ne s'éloigne pas de l'eau au-dessous de 0°, il ne faut pas qu'elle soit agitée ou touchée par un métal, parce qu'alors s'éloigne l'électricité accumulée qui empêche la congélation.

§ 703. **Dilatation de l'eau par la chaleur et par le froid.** Il faut toujours que 79 calories pénètrent dans 1 gramme de glace pour lui faire prendre, par la perte de leur expansion, l'état liquide; quand, par le refroidissement, s'éloigne la chaleur de l'eau pour passer dans l'air, celui-ci exerce une résistance supérieure aux éléments électriques positifs E qui restent, qu'aux éléments négatifs E qui s'écoulent. Au-dessous de 0°, pendant que la dilatation diminue à cause de l'abaissement de température, elle croît à cause de l'augmentation de l'électricité positive. La dilatation de l'eau observée ou sa contraction résultent de la somme $r + r'$ de la répulsion r' produite par la chaleur Θ et la répulsion r produite par l'électricité positive E.

1° Au-dessus de 4°, la répulsion r' thermométrique croît plus rapidement quand la répulsion r électrique diminue; la dilatation résulte de la somme croissante $r + r'$; 2° au-dessous de 4°, l'accroissement de la répulsion électrique r est supérieure à celle r' de la chaleur; ainsi, la dilatation résulte de la somme $r' + r$, qui croît pendant que la répulsion r' diminue avec l'abaissement de la température; 3° quand l'eau est à 4°, la répulsion r' est plus grande que quand elle est à 0°; mais alors la répulsion r est moins grande que quand l'eau est à 0°. La grande densité de l'eau à 4° résulte donc de la somme $r + r'$ des deux répulsions qui y atteint son minimum.

Les physiciens, admettant la chaleur comme cause directe de la dilatation, trouvaient inexplicable l'augmentation de la densité et l'apparition d'une contraction de l'eau entre

0° et 4° et de l'acier entre 0° et 60°. Ici il est prouvé que la dilatation résulte des deux facteurs $r + r'$ qui croissent différemment avec la température, et le maximum de densité résulte du minimum de la somme $r + r'$. La découverte de cette cause de la dilatation a répandu une vive clarté sur tous les faits qui ont un rapport quelconque avec la dilatation ou la densité des corps.

A. Mesure de la dilatation absolue du mercure.

§ 704. Soient deux tubes verticaux A et B (fig. 86) contenant du mercure et communiquant par la partie inférieure au moyen d'un tube horizontal c assez long et assez étroit pour que le liquide d'une colonne ne puisse se mêler à celui de l'autre, quand ils sont à des températures différentes. Pour que ces liquides soient en équilibre, il faut et il suffit

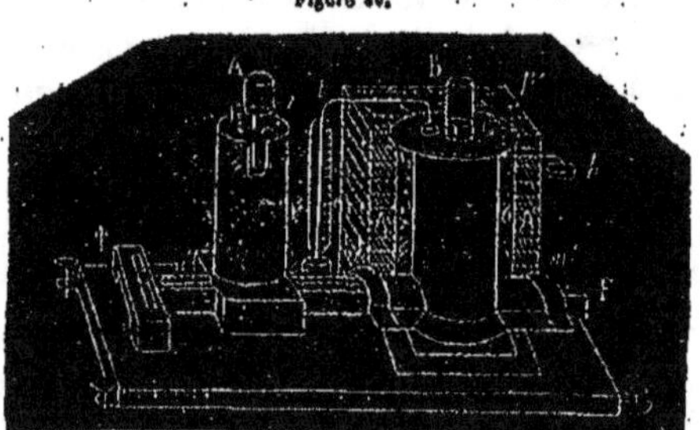

Figure 86.

que les hauteurs comptées à partir du tube c soient en raison inverse de leurs densités. On a donc, en appelant d et d' les densités de mercure aux températures 0° et $t°$, en représentant par h et h' les hauteurs des colonnes de mercure ayant ces densités : $h : h' = d' : d$; de plus, si l'on représente par v, v' les volumes d'une même masse de mercure aux températures 0° et $t°$, c'est-à-dire ayant les densités

d et d', on a $v : v' = d' : d$; et, en combinant cette proportion avec la précédente, on a

$$h : h' = v : v', \text{ d'où } \frac{v' - v}{vt} = \frac{h' - h}{ht},$$

en divisant par t de chaque côté; donc $\dfrac{v - v'}{vt}$ est le coefficient de dilatation absolue du mercure exprimé en quantités h, h' et t qui sont indépendantes des dimensions des vases.

Dulong et Petit employèrent des tubes A, B assez larges pour qu'il n'y ait pas d'effets capillaires; le tube horizontal c repose sur une barre de fer en forme de T dressée en dessus. Le tube de la branche A est entouré d'un autre en fer-blanc mastiqué sur la barre TF et destiné à recevoir la glace fondante; une échancrure permet d'apercevoir le niveau du mercure en écartant la glace. L'autre branche B est entourée d'un manchon en cuivre qui porte deux prolongements horizontaux en forme de demi-cylindre m, m', au-dessus desquels est fixée une plaque de métal, de manière que la barre TF soit entièrement enveloppée.

Du mastic placé en m, m' et appliqué sur la barre permet de maintenir du liquide dans le manchon. Ce manchon, fermé à sa partie supérieure, est entièrement rempli d'une huile fixe qu'on échauffe par le moyen d'un fourneau en brique A'A'. L'excédant d'huile qui se dilate par la chaleur s'éloigne par le tube h. Le mastic m, m' est en dehors du fourneau; et on l'arrose avec de l'eau froide pour l'empêcher de brûler ou de se séparer en séchant. La température de l'huile est donnée : 1° par un thermomètre à poids P dont le réservoir occupe toute la profondeur du bain, et 2° par un thermomètre à air t. Enfin, un cathétomètre est installé assez loin à égale distance des deux colonnes A et B pour observer les niveaux.

L'expérience se faisait de la manière suivante : quand la température approchait de la limite où l'on voulait l'observer, on rendait cette température stationnaire en fermant

toutes les issues du fourneau ; on observait les thermomètres, et l'on mesurait les hauteurs h, h' des colonnes de
mercure au-dessus de l'axe du tube c. Le niveau du mercure de la colonne B s'élevait à 0^{mm},5 au-dessus du couvercle du manchon. On mesurait ensuite avec le cathétomètre la distance verticale δ' de ce niveau au repère r,
puis, écartant la glace, on observait la distance verticale δ
du même repère r au niveau inférieur de la branche A. La
différence $\delta - \delta' = h' - h$ entre les deux distances était déterminée par celle R du repère r à l'axe du tube c, distance
qui est invariable ; ainsi l'on a $h = R - \delta'$. Dans une expérience faite au-dessous de $100°$, h égalait 0^m,15825, et
l'on trouva $\delta' = 0^m$,03855 ; et pour le tube B la distance
verticale du niveau au repère r fut $\delta = 0^m$,2875 ; donc
$h = R - \delta = 0^m$,54395, et $h' - h = \delta - \delta' = 0^m$,00983, ce
qui donne, entre zéro et $100°$, le nombre $\frac{1}{5550}$ pour coefficient de dilatation absolue du mercure. Ainsi ont été obtenus les résultats suivants, qui sont les moyennes d'un grand
nombre de mesures :

Température du thermomètre à air.	Dilatation moyenne absolue du mercure à partir de $0°$.	Température indiquée par la dilatation du mercure supposée constante.
0	0	$0°$
$100°$	$\frac{1}{5550} =$	$100°$
$200°$	$\frac{1}{5425} =$	$204°,01$
$300°$	$\frac{1}{5300} =$	$314°,15$

§ 705. Dans les expériences décrites des erreurs résul-
taient : 1° de la couche mince de mercure qui dépasse le couvercle du manchon ; 2° du manque d'agitation dans l'huile,
et 3° de la petite hauteur des colonnes ou des tubes A et B.
Tels ont été les motifs des expériences postérieures faites
par Regnault, qui en introduisant dans l'appareil décrit
tous les perfectionnements possibles, obtint les résultats
suivants :

Tableau E. — *De la dilatation absolue du mercure.*

TEMPÉRATURE du thermomètre à air.	COEFFICIENT MOYEN de dilatation du mercure de 0° à T.	COEFFICIENT RÉEL. de dilatation de T° à $(T+1)°$.	TEMPÉRATURE déduite de la dilatation absolue du mercure	DIFFÉRENCE avec le thermomètre à air.
0°	0	0,00017905	0°	0°
30	0,00017976	0,00018051	29,709	— 0,291
50	0,00018027	0,00018152	49,850	— 0,350
70	0,00018078	0,00018253	69,777	— 0,223
100	0,00018135	0,00018305	100,000	0
150	0,00018279	0,00018657	151,014	+ 1,554
200	0,00018405	0,00018902	202,782	+ 2,782
250	0,00018531	0,00019161	255,214	+ 5,214
300	0,00018658	0,00019413	308,310	+ 8,310
350	0,00018784	0,00019666	362,100	+12,100

§ 706. La dilatation résulte des deux facteurs $r + r'$ dont l'un r croît avec la température et l'autre r' diminue ; la constance de la dilatation pour chaque degré thermométrique entre 0° et 100° résulte de l'accroissement symétrique de la somme $r + r'$; la répulsion r' dépendante de l'électricité e' par influence produite des calories θ décomposées croît, non pas suivant une progression arithmétique comme il paraît, mais toujours elle croît suivant une progression géométrique ; cependant en même temps la répulsion r' de l'électricité e décroît suivant une progression géométrique : la dilatation observée n'est donc que la différence entre les termes des deux progressions géométriques dont l'une est croissante et l'autre décroissante.

Dans la troisième colonne est exposé l'accroissement continuel du coefficient réel de dilatation ; et les nombres de la cinquième colonne indiquent que l'accroissement du coefficient s'opère en effet suivant une résultante des différences entre les termes des deux progressions géométriques. Ces mêmes nombres de la cinquième colonne ont également un rapport avec l'accroissement de la chaleur spécifique aux températures élevées. Il a été déjà indiqué que cette chaleur n'est autre que les calories θ décomposées dont résulte l'électricité ϵ' par influence qui produit la répulsion r' dont résulte la dilatation.

B. Dilatation des liquides autres que le mercure.

§ 707. Tous les liquides se dilatent plus que les solides; ainsi le mercure, le moins dilatable des liquides, se dilate plus que la glace qui est le plus dilatable des solides. La dilatation résulte, non pas simplement d'un changement dans la disposition des molécules matérielles, mais celles-ci : 1° au moyen de leurs éléments électriques éprouvent la somme $r + r'$ des répulsions de la part de l'électricité ι positive et de celle ϵ' par influence; et 2° au moyen de leur masse, qui est le barogène $\mu\beta$, communiquent cette répulsion $r + r'$ aux masses ou au barogène des autres corps.

Pour évaluer la répulsion $r + r'$ on emploie le poids P suffisant pour empêcher la dilatation d'un corps dont on élève la température; par exemple, la dilatation du mercure, qui a le volume v, est de 0,0017905 pour 10° à partir de 0°. Sa compressibilité est de 0,00000295 pour la pression d'une atmosphère; il faudrait donc exercer une pression de plus de 600 atmosphères pour empêcher la dilatation du du mercure, quand on élève sa température de 0° à 10°. Les vases les plus solides, remplis d'eau et fermées hermétiquement se brisent également par la chaleur et par le froid à cause de la somme des deux répulsions $r + r'$ (§ 362); les autres liquides ne produisent pas une répulsion électrique r à un aussi haut degré que l'eau; pour cette raison leur répulsion r' croît avec la température quand crèvent les vases mêmes les plus solides, parce que si pour le mercure la répulsion de 10° correspond à 600 atmosphères, celle de 100° correspond à plus de 6,000 atmosphères.

§ 708. **Mesure de la dilatation des liquides.** Deluc a fait les premières expériences de la dilatation des liquides ; sans tenir compte de la dilatation du verre, il mesura la dilatation dans un tube thermométrique divisé en parties d'égale capacité. Il eut soin de purger les liquides par l'ébullition de l'air dissous ; il opéra sur le *mercure*, l'*huile d'olive*, l'*huile essentielle de camomille*, celle de *serpolet*, l'*eau saturée de sel marin*, et l'*alcool* à différents degrés de concentration. Tous les thermomètres de ces liquides avaient l'intervalle entre les deux points 0° et 100° divisé en 100 parties égales ; en les plongeant dans l'eau chaude ils n'indiquaient pas le même degré, le thermomètre à mercure se trouvait plus éloigné de 0° que les autres, et cela se soutenait jusqu'à 94° ; au-dessus de ce degré le retard diminue et devient nul à 100°. Il en conclut que la *dilatation des liquides pour un degré est petite à 0°, et qu'elle va en augmentant à mesure que la température est plus élevée.*

Cette augmentation du volume résulte des répulsions $r + r'$ produites des électricités ε et ε' par la décomposition des calories dont l'intensité correspond à la dilatation qui est une augmentation du volume à 0° ; à une température t les calories décomposées sont θ, la répulsion de l'électricité ε' est r' et le volume 1 devient $(1 + t)^3 = 1 + 3t + 3t^2 + t^3$; les termes $3t, 3t^2, t^3$ peuvent être déterminés au moyen des trois observations pour chaque liquide, comme l'a fait Biot.

Gay-Lussac opéra avec un tube thermométrique effilé rempli de liquide à 0°, puis plongé dans un bain de $t°$; le liquide en se dilatant sortait par la pointe, ramené ensuite à 0° il se refroidissait en laissant vide l'espace e du liquide éloigné ; cet espace vide correspond au poids p du liquide éloigné qui est $p = P - P'$, la différence du poids P et de celui P' qui reste après l'éloignement de la quantité p produit par la dilatation. Le même physicien a remarqué que l'alcool et le sulfure de carbone, sans avoir le même point d'ébullition ou la même dilatabilité, donnent cependant le même volume de vapeur à la température de leur ébullition.

§ **709. Expériences de I. Pierre.** Les liquides étant, comme dans l'expérience de Deluc, renfermés dans des tubes thermométriques, l'appareil a été perfectionné de la manière suivante : Les liquides purgés d'air par ébullition étaient introduits dans le tube t (fig. 87) au moyen d'un bou-

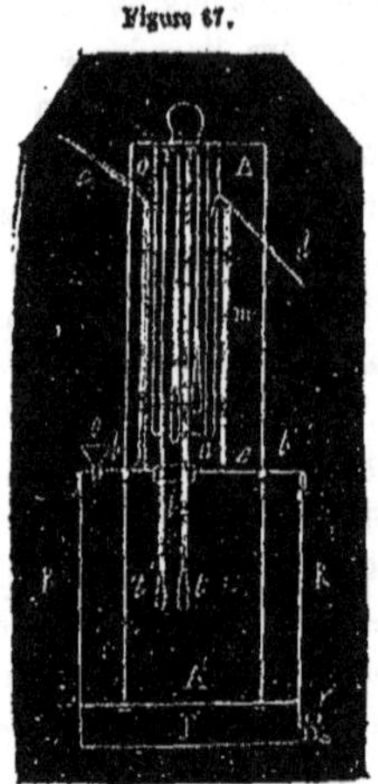

chon t au fond d'un manchon en verre me adapté à un rebord e fixe sur le couvercle bb d'un réservoir R. Ce réservoir, rempli d'eau ou d'huile, est posé sur un fourneau F. A côté du tube à liquide t est un thermomètre t'. Pour tenir les tiges des tubes t, t' à une température constante, un courant d'eau arrivant en c et sortant en d passe à travers le manchon me. Un double agitateur AA' sert à mêler l'huile du réservoir R et l'eau du manchon me. Dans une autre série d'expériences les tubes t et t' étaient plongés dans une grande caisse en cuivre de 45 litres de capacité remplie d'huile ou d'eau.

La correction pour la dilatation de l'enveloppe se faisait au moyen de la formule $d = D - \dfrac{v'}{v} k$ (§ 693), et les valeurs comprises entre celles données par l'observation directe étaient calculées au moyen de la formule $d = at + bt^2 + ct^3$ dans laquelle a, b, c étaient déterminés par trois observations. $\delta_T : t$ représente alors la dilatation moyenne pour 1° entre 0° et $t°$. Si t est très-petit, la valeur de $\delta_T : t$ devient égale à a. On a ainsi obtenu la dilatation pour le premier degré à partir de 0°.

La formule indiquée conduit à des résultats véritables parce qu'elle peut être réduite à $(1 + at)^3 = 1 + 3at + 3a^2t^2 + a^3t^3$, s'il est donné la température t; sont alors déterminées les quantités $3a$, $3a^2$, a^3 ou a, b, c. Pour l'eau il faut commencer à compter la température t du maximum de densité qui est en $4°$, et non pas en $0°$. Le tableau qui suit contient une partie des résultats publiés par I. Pierre.

TABLEAU F. — *Des coefficients moyens de dilatation des divers liquides, d'après I. Pierre.*

NOMS DES SUBSTANCES.	COEFFICIENT MOYEN DE DILATATION		POIDS spécifique à 0°.	TEMPÉRATURE d'ébullition.
	à 0°.	au point d'ébullition.		
Acétate d'oxyde d'éthyle. . .	0,001258196	0,001489001	0,907	73,1
— de méthyle.	0,001295951	0,001484159	0,907	959,5
Alcool amylique.	0,001800011	0,001068560	0,827	151,8
— éthylique.	0,001048030	0,001105509	0,816	78,8
— méthylique.	0,001185560	0,001529747	0,831	65,0
Bromure de méthyle.	0,001415806	0,001403695	1,664	13,0
— d'éthyle.	0,001337628	0,001448731	1,473	40,7
Iodure de méthyle.	0,001109501	0,001327133	2,199	43,8
— d'éthyle.	0,001142951	0,001263687	1,975	70,0
Butyrate d'oxyde d'éthyle. .	0,001202799	0,001429571	0,902	119,0
— de méthyle.	0,001230896	0,001510013	1,020	102,1
Aldéhyde.	0,001655525	0,001827001	0,805	22,0
Brome.	0,001038186	0,001107673	3,187	63,0
Chloroforme.	0,001107140	0,001520400	1,525	63,8
Chlorure d'éthyle.	0,001574579	0,001607429	0,921	11,0
Chlorure de silicium. . . .	0,001294110	0,001565537	1,524	59,0
Éther sulfurique.	0,001513215	0,001617351	0,730	35,5
Huile des Hollandais. . . .	0,001118959	0,001282110	1,280	84,0
Sulfure de carbone.	0,001139804	0,001249356	1,295	47,9

§ 710. **Remarques.** Des volumes égaux des liquides appartenant au même groupe chimique réunis dans le tableau

par une accolade restent égaux à la température d'ébullition et
à d'autres températures également distantes de ce point. Dans
chaque groupe le liquide le plus dilatable est celui dont le point
d'ébullition est le moins élevé. Il a été prouvé (§ 377) que
le changement des liquides en vapeur résulte de deux facteurs : 1° de la répulsion r entre les molécules qui dépend
de la température t, et de la pression p qui dépend de la
densité de l'air ambiant.

La répulsion r augmente différemment dans chaque liquide, parce qu'elle s'exerce sur des volumes des atomes
chimiques, qui ont entre eux une symétrie quand ces atomes
consistent en éléments symétriques; pour cette raison se
trouvent en rapport les dilatations des liquides de chaque
groupe. Cet objet sera discuté en détail dans la *Chimie*.

C. Relation entre la dilatabilité et la compressibilité.

§ 711. En comparant les liquides dont on connaît à la
fois la compressibilité et la dilatabilité, on trouve que les
liquides les plus dilatables sont ceux qui se compriment le
plus facilement : 1° l'éther, par exemple, se dilate le plus,
et il peut être le plus comprimé; 2° le mercure est le moins
compressible et en même temps le moins dilatable parmi les
liquides. Cependant cet ordre ne se soutient pas parmi tous
les liquides ni parmi tous les solides. Pierre ignorait que la
dilatation résultât des deux facteurs r et r', qui sont : 1° la
répulsion r de la part de l'électricité e positive, et 2° la
répulsion de la part de l'électricité e' par influence, qui croît
avec la température, tandis que la répulsion r décroît.

TABLEAU G. — *De l'ordre de dilatabilité et de compressibilité des substances.*

SOLIDES.		LIQUIDES	
Ordre de dilatabilité des substances.	Ordre de compressibilité des substances.	Ordre de dilatabilité des substances.	Ordre de compressibilité des substances.
Glace.	Glace.	Éther.	Éther
Zinc.	Plomb,	Alcool.	Chloroforme.
Plomb.	Etain.	Essence de térébenthine.	
Etain.	Or.	Chloroforme.	Alcool.
Argent	Argent.		Essence de térébenthine.
Or.	Zinc.		
Palladium.	Palladium.	Eau.	Eau.
Cuivre.	Platine.	Mercure.	Mercure.
Platine.	Cuivre.		
Acier.	Acier.		
Fer.	Fer.		
Verre.	Verre.		

§ 712. **Remarques.** Dans les liquides la dilatabilité et la compressibilité restent dans le même ordre ; quant à l'alcool et au chroroforme, l'égale compressibilité résulte de l'égalité de volumes de leur vapeur.

Dans les solides, la compressibilité reste analogue à la dilatabilité, seulement dans la glace, l'acier, le fer et le verre, qui sont les seules substances dont ne change pas la structure cristalline pendant la compression. Dans les subtances comme le zinc dont les cristaux se soutiennent pendant la dilatation et sont détruits par la compression, on n'a plus en comparaison le même état du corps. Le cri produit pendant cette compression résulte des décharges électriques de l'électricité soutenue en état dissimulé par les lames des cristaux. En faisant par la compression s'éloigner cette électricité, on fait diminuer également et la dilatation et la compression. La structure cristalline est moins prononcée dans le plomb que dans le zinc et le bismuth ; pour cette raison la compressibilité y reste en rapport avec la dilatabilité.

§ 713. Cause du rapport entre la dilatabilité et la compressibilité. Les atomes matériels étaient admis par les physiciens comme composés de masses qui correspondent ici au barogène, avec la différence qu'ils admettaient la masse en un état inerte et mort qui doit recevoir le mouvement du dehors; pour cette raison ils ne pourraient aucunement obtenir une série de faits liés entre eux comme causes et effets suivant la loi physique. Nous avons au contraire à chaque pas prouvé l'expansion et la manifestation du mouvement dans tous les fluides impondérables, même dans le barogène; partout où les physiciens ne voyaient qu'à l'inertie et à la mort, nous avons fait apparaître la vie universelle représentée dans le mouvement déposé dans les éléments électriques des fluides.

D. Maximum de densité de l'eau et sa dilatation.

§ 714. L'eau est le liquide dont on a le plus étudié la dilatation; elle se distingue des autres liquides en ce que son maximum de densité n'est pas au point de congélation, où se trouve le minimum de température; c'est à 4° que

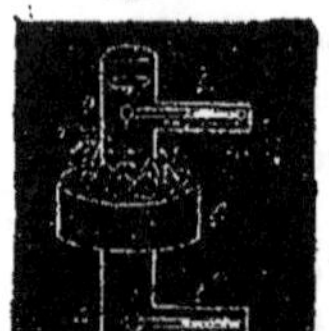
Figure 88.

l'eau a son maximum de densité, et celle-ci diminue ensuite plus rapidement par le froid que par la chaleur. Hope remplit un vase o (fig. 88) d'eau à 0°; dans le vase étaient introduits deux thermomètres t, t'. Ce vase ayant été exposé à l'air dont la température était de 15°, le thermomètre inférieur t' monta jusqu'à 4° environ, pendant que le supérieur t était encore à 0°; d'où il résulta que l'eau vers 4° est plus dense qu'à 0°.

Pour s'en mieux convaincre, Hope a rempli le vase d'eau à 10° et l'a plongé ensuite dans la glace; au bout de quatre heures le thermomètre inférieur t' resta stationnaire à 4°

pendant que le thermomètre supérieur *t* continuait à baisser jusqu'à 0°. Hope appliqua un bassin annulaire *c* autour du vase cylindrique *o* rempli d'eau à 0°; si l'on verse de l'eau chaude en *c*, on voit que le thermomètre inférieur *t'* monte à 4°, pendant que le thermomètre supérieur *t* marque encore 0°. Enfin on remplit le vase *o* d'une température au-dessus de 4°, et l'on met un mélange réfrigérant dans le bassin *c*; au bout d'un certain temps, le thermomètre *t* marque 4° et l'autre *t* marque 0°.

Despretz a construit le tableau suivant, où sont indiqués les volumes et les densités de l'eau depuis — 9° jusqu'à 100°. Il a reconnu que la dilatation de ce liquide produit par le froid est un peu plus prononcée que celle qui est due à la chaleur.

Dans les dissolutions aqueuses le maximum de densité descend au-dessous de 4°, et dans quelques dissolutions il se trouve même au-dessous du point de congélation, comme cela a lieu pour les liquides autres que l'eau. Les deux tableaux suivants ont été dressés par Despretz.

TABLEAU II. — *Des densités de l'eau à différentes températures.*

Température.	VOLUMES.	DENSITÉS.	Température.	VOLUMES.	DENSITÉS.
— 9	1,0016314	0,998371	12	1,0004721	0,999527
— 8	1,0013734	0,998628	13	1,0005802	0,999414
— 7	1,0011354	0,998865	14	1,0007146	0,999285
— 6	1,0009184	0,999082	15	1,0008751	0,999123
— 5	1,0006987	0,999302	16	1,0010215	0,998979
— 4	1,0003619	0,999137	17	1,0012007	0,998791
— 3	1,0001444	0,999377	18	1,0013900	0,998619
— 2	1,0003077	0,999592	19	1,00158	0,998442
— 1	1,0002138	0,999786	20	1,00179	0,998213
0	1,0001209	0,999873	21	1,00200	0,998004
1	1,0000730	0,999927	22	1,00222	0,997784
2	1,0000331	0,999986	23	1,00211	0,997506
3	1,0000083	0,999990	24	1,00271	0,997207
4	1,0000000	1,000000	25	1,00293	0,997078
5	1,0000082	0,999999	26	1,00321	0,996800
6	1,0000309	0,999969	27	1,00345	0,996562
7	1,0000708	0,999929	28	1,00374	0,996274
8	1,0001210	0,999878	29	1,00403	0,995986
10	1,0002684	0,999731	30	1,00455	0,995688
11	1,0003598	0,999610	100	1,04313	0,958034

TABLEAU I. — *Du maximum de densité des dissolutions aqueuses.*

SUBSTANCES.	Poids de la substance sur 997,43 d'eau.	Maximum.	Température de la congélation du liquide agité.	SUBSTANCES.	Poids de la substance sur 997,43 d'eau.	Maximum.	Température de la congélation du liquide agité.
		degrés.	degrés.			degrés.	degrés.
Eau de mer. . . .	»	— 3,67	—1,88	Sulfate de soude.	6,173	+ 2,52	—0,17
Chlorure de sodium.	12,346	+ 1,19	—0,71	Id.	12,346	+ 1,13	—0,56
Id.	24,692	— 1,69	—1,41	Id.	24,692	— 1,51	—0,08
Id.	37,039	— 4,75	—2,12	Id.	37,039	— 4,35	—1,50
Id.	74,078	—16,00	—4,50	Carbonate de potasse.	37,039	— 5,95	—3,21
Chlorure de calcium.	6,173	+ 3,24	—0,22	Id.	74,078	—12,11	—2,25
Id.	12,346	+ 2,05	—0,53	Carbonate de soude.	37,039	— 7,01	—2,85
Id.	24,692	+ 0,06	—1,05	Id.	74,078	—17,30	—2,20
Id.	37,039	— 2,43	—3,92	Sulfate de cuivre.	37,996	— 0,02	—1,52
Id.	74,078	—10,15	—5,28	Potasse pure. . .	37,039	— 5,61	—2,10
Sulfate de potasse.	6,173	+ 2,92	—0,15	Id.	74,078	—15,95	—4,53
Id.	12,346	+ 1,91	—0,27	Alcool.	74,078	+ 2,50	—2,83
Id.	24,692	— 0,11	—0,55	Acide sulfurique	12,346	+ 0,60	—0,44
Id.	37,039	— 2,28	—2,09	Id.	24,692	— 1,92	—1,09
Id.	74,078	— 8,57	—4,08	Id.	37,039	— 5,02	—1,51

§ 715. Explication des résultats numériques du tableau H. Le volume V des corps résulte de l'équilibre obtenu aux atomes chimiques des corps, 1° entre la répulsion R exercée sur leurs éléments électriques de la part de leurs homonymes contenus dans le même espace, et 2° entre la compression P exercée sur le barogène $\mu\beta$ ou la masse de ces mêmes atomes. Le volume V augmente et devient V+v quand diminue la compression P ou quand augmente la répulsion R $= r + r'$.

Celle-ci a deux facteurs $r + r$ dont, 1° l'un r résulte de l'électricité ε positive accumulée dans le corps, et 2° l'autre r de l'électricité ε' par influence qui résulte de la décomposition d'une quantité θ de calorics attribuées à une augmentation de la chaleur spécifique.

Avec l'élévation de température croît la répulsion r', et avec son abaissement croît la répulsion r et diminue l'autre. C'est par l'expérience de Hope qu'on connaît que le volume

V de l'eau à 4° est produit par une répulsion $r + r' = R$ quand ses deux facteurs donnent la somme qui est inférieure à chacune des autres températures $4° \pm t$. Un vase très-solide rempli d'eau à 4° et fermé hermétiquement éclate également par la chaleur et par le froid.

En partant de 4° vers le froid de — 9°, le volume, pour 13° de froid, augmente de 0,0016314 ; en s'éloignant de 4° vers le chaud, pour 13° de chaleur le volume augmente moins en devenant 1,00139. Ainsi il est directement prouvé, 1° que le volume de l'eau resulte de la compression P exercée de la part de la pesanteur ou du barogène et de la répulsion R ; 2° que cette répulsion a deux facteurs r et r' dont l'un croît avec le froid et l'autre r' avec la température.

La poussée exercée sur les parois du vase résulte donc de la répulsion R qui croît également par le froid et par la chaleur. Les atomes matériels éprouvent cette répulsion au moyen de leurs éléments électriques ε, et ils la communiquent aux parois du vase au moyen de leur barogène $\mu\beta$.

§ 746. **Explication des résultats numériques du tableau I.** Comme dans l'eau pure, de même dans les dissolutions aqueuses la répulsion R est composée de deux facteurs, mais l'accumulation de l'électricité ε est moins favorisée dans ces dissolutions ; elle a son origine dans les éléments de chaleur qui sont les deux électricités, l'eau pure résiste à l'électricité positive et elle laisse s'écouler la négative vers l'air ; pour cette raison elle se charge davantage dans les températures inférieures. L'eau salée n'exerce pas une forte répulsion contre l'électricité positive ; pour cette raison elle se charge à un degré médiocre, dont résulte une répulsion r faible, qui ne produit un minimum de répulsion $R = r + r'$ qu'aux températures au-dessous de 4°, et ces températures sont d'autant plus basses que la quantité du sel est plus forte.

Ces faits ont servi à réfuter l'hypothèse que la raréfaction de l'eau au-dessous de 4° résulte d'un arrangement spontané des molécules dont la tendance continue à se manifester de plus en plus quand l'eau reste liquide au-dessous de son point de congélation. D'autre part cette explication n'est qu'une autre description de fait observé. Partout on évita de toucher à l'origine de la poussée qui augmente avec le froid, et cela parce qu'on ignorait que, même dans les températures élevées, la répulsion résulte de l'électricité et par influence et non pas directement de la chaleur. Au lieu de dire que le maximum de densité résulte de l'eau pure ou contenant en dissolution des substances différentes, Despretz dit qu'un tel maximum n'existe pas dans les liquides dont le volume diminue en se solidifiant; tels sont les *acides margariques et oléiques, la stéarine, l'huile d'olive, la cétine, la paraffine, la napthaline et le soufre.*

§ 747. Pour contrôler les maxima du tableau, quelques-unes des dissolutions aqueuses ont été soumises au même courant électrique, et le multiplicateur indique une diminution d'écoulement proportionnelle au point de rapprochement de la température du maximum de densité; ainsi nous avons obtenu une preuve directe de la cause électrique de ce maximum.

CHAPITRE II.

DILATATION DES GAZ ET DES VAPEURS PAR LE MOUVEMENT COMMUNIQUÉ AUX CORPS DE LA PART DES ÉLÉMENTS ÉLECTRIQUES DE LA CHALEUR.

§ 718. Une uniformité générale domine dans la production de tous les faits, lorsqu'on y considère la communication du mouvement de la part des éléments électriques de la chaleur, et non pas simplement de la chaleur, même comme on l'admettait jusqu'aujourd'hui alors qu'on ignorait que la chaleur consiste en atomes composés d'équivalents électriques $\bar{E}$ et $2\bar{E}$. Le mot *dilatation* exprime un *déplacement communiqué de la part des éléments électriques de la chaleur* $\bar{E}$, $2\bar{E}$ *aux éléments électriques ε des atomes matériels* $\mu\beta\varepsilon$; l'espace abandonné par ceux-ci est occupé par les éléments électriques des calories décomposées θ et devenues pour cela insensibles.

§ 719. **Volume.** Le déplacement divergent des atomes matériels est limité par la résistance qui résulte de la part du barogène B dont l'affluence exerce une compression P sur le barogène $\mu\beta$ des atomes matériels, et le volume observé résulte de l'équilibre entre les deux poussées opposées exercées sur les atomes matériels. Par exemple 1 gramme de vapeur d'eau à 0° ne diffère de 1 gramme d'eau que par son volume 12^3 fois supérieur produit par le déplacement communiqué des éléments électriques des 606,5 calories qui se décomposèrent, et dont les éléments ont pris l'état d'électricité dissimulée ε^δ soutenue par les enveloppes dont sont constituées les vésicules de vapeur.

La vapeur d'eau à 0° dans le vide limité par le mercure exerce une poussée p qui fait monter le mercure de 4,6 millimètres seulement ; mais à 100° la poussée devient 760 millimètres, parce que dans l'espace occupé par la même vapeur, pénètrent les éléments électriques de 30,5 calories. Cette poussée $P + p$, nommée *tension* ou *force élastique*, suffit pour faire monter le mercure dans le vide à la hauteur de 760 millimètres ; mais si la pression ou la hauteur du mercure reste comme précédemment de 4,6 millimètres, le volume V de la vapeur augmente pour devenir $V\left(1 + \frac{100}{274}\right)$. Du reste, on a vu (§ 571) que la poussée exercée de la part des éléments électriques d'une seule calorie communique un déplacement ou un travail entre 451 et 430 kilogrammètres environ. Le déplacement communiqué de la part de l'électricité positive de l'eau congelante est si fort qu'il suffit pour déplacer des atomes matériels des vases les plus solides.

§ 720. **Densité.** Quand la compression P exercée sur le barogène $\mu\beta$ des atomes matériels augmente par un nouveau poids T' pour devenir $P + P'$, il se communique un déplacement convergent au barogène $\mu\beta$ des atomes qui, se rapprochant mutuellement, font s'éloigner des intervalles les éléments électriques $\alpha\ddot{E}E^4\ddot{E}$ de la chaleur θ, et celle-ci devenue libre se répand. 1 gramme de vapeur dans le vide à 100°, sous la pression de $4^{mm},6$ a le volume $V\left(1 + \frac{100}{270}\right)$, et quand la pression augmente pour devenir 760 millimètres, les atomes matériels $\mu\beta$ en reçoivent ce déplacement pour se rapprocher ; alors les éléments électriques des calories θ repoussés s'éloignent sous forme de chaleur libre $2\alpha\ddot{E}E^2$.

§ 721. **Rapport entre le volume et la densité.** 1° Les éléments électriques des calories θ communiquent leur déplacement aux atomes de 1 gramme de vapeur quand celle-ci passe de 0° et du volume V à 100° et au volume V $(1 + \frac{100}{273})$. 2° Les éléments du barogène B du poids $P + P'$ communiquent leur déplacement aux mêmes atomes de 1 gramme de vapeur et les font rebrousser chemin et occuper le volume V, en forçant les éléments électriques à s'en éloigner pour reproduire les calories θ. Donc 1° les atomes matériels $\mu\beta\iota$ des corps, en recevant le déplacement divergent de la part des éléments électriques de la chaleur, s'éloignent les uns des autres, et le corps se dilate parce que les intervalles λ'' restent occupés par les éléments électriques $\alpha\bar{E}\bar{E}^4\bar{E}$; 2° les mêmes atomes, en recevant le déplacement convergent de la part du barogène B affluent, se rapprochent et le corps se contracte ; alors s'éloignent les éléments $\alpha\bar{E}\bar{E}^4\bar{E}$ de la chaleur θ sans que la température du corps baisse pour cela.

Les faits obtenus par les expériences résultent tous de la même loi physique, et c'est pour cela qu'ils sont véritables ; un nombre de faits pareils va être ici rapporté comme exemples, et non pas comme preuves de la loi physique indiquée.

1. — EXPÉRIENCES SUR LA DILATATION DES GAZ ET DES VAPEURS PRODUITES, DANS LES TEMPÉRATURES ÉLEVÉES, PAR LES ÉLÉMENTS ÉLECTRIQUES DE LA CHALEUR DÉCOMPOSÉE.

§ 722. Les expériences de ce genre servent à la fois à prouver l'existence d'une communication de déplacements divergents aux atomes matériels des corps de la part des éléments électriques des calories θ décomposées, et à constater le rapport entre ce déplacement qui détermine la *dilatation* du corps et la température T qui occasionne la décomposition des calories θ dont les éléments communiquent les déplacements observés.

42

Après avoir déterminé la dilatation ou le mouvement
divergent des atômes matériels produits à des températures
différentes, si l'on observe ensuite de pareilles dilatations
de l'air, on en déduit la température de l'espace dans lequel il se trouve. Telle est la cause de toute la peine que
les physiciens se sont donnée pour déterminer avec la plus
grande exactitude le rapport indiqué. Outre la mesure de
la dilatation, il a aussi fallu déterminer les densités des
atômes matériels, car, dans les combinaisons chimiques,
les volumes des équivalents chimiques restent en rapport
constant, ainsi que leurs poids atomiques.

§ 723. **Description des expériences.** Le lecteur se
fait une idée exacte de la production de la dilatation,
quand il connaît la manière de l'observer qui est la suivante : le gaz, qui était l'air atmosphérique sec, se trouve
dans un récipient en verre pour les températures inférieures, et en platine pour les plus élevées, notamment
celles au-dessus de 35 0°, auxquelles le verre ne pourrait
plus résister.

Avant de remplir de gaz le réservoir Y (fig. 89), il doit
être d'abord rempli de mercure bien exempt d'air ; ensuite
on ajoute à l'extrémité de la tige ii' un gros tube c de verre
rempli de fragments de chlorure de calcium ; alors renver-

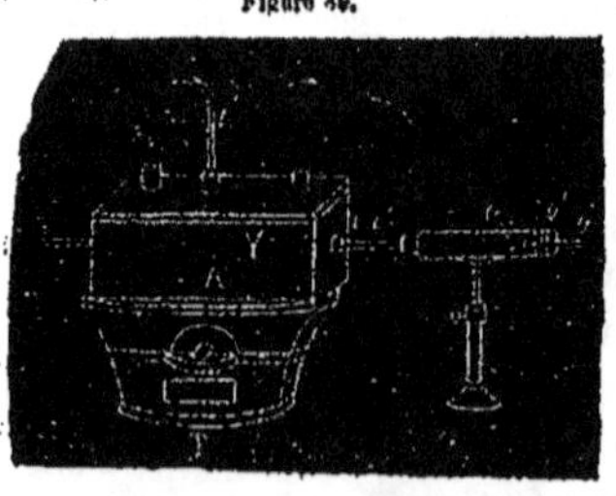

Figure 89.

sant l'appareil avec le
réservoir Y en haut, on
laisse s'écouler le mer-
cure par le tuyau mince
ii' et le tube c, en même
temps que l'air pénètre
dans le réservoir Y ; mais
comme le tuyau ii' est
mince, le mercure n'y
pénètre qu'au moyen

d'un fil mince de platine qu'on y engage et auquel on
imprime quelques secousses. On a soin de retirer le fil

pendant qu'il y reste encore une petite goutte de mercure qui sert d'index.

Le tube tt' était ensuite fixé au moyen d'un bouchon dans une caisse A remplie d'eau et placée sur un fourneau F. Des thermomètres t, t' donnaient la température de l'eau. On avait soin d'enfoncer le tube tt' dans l'intérieur de la caisse A, de manière que l'index i fût tout près de la paroi, afin que tout le gaz du réservoir Y et de la partie Yi du tuyau fût portée à la température T du bain.

Cet appareil de Gay-Lussac a été perfectionné par Dulong et Petit en ce que, dans les températures supérieures, le mercure de l'index i produit de la vapeur qui se mêle avec le gaz. Le réservoir d'air V (fig. 90) communique avec un tube étroit l qui descend hors du bain d'huile. Quand

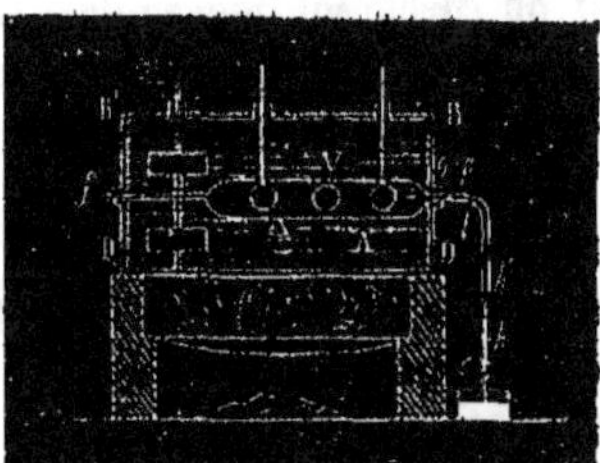

Figure 90.

la température T du bain est stationnaire, on approche une capsule c pleine de mercure sec, de manière que ce liquide y soit à la même hauteur que dans le tube l, et on note la hauteur H du baromètre. On laisse ensuite refroidir l'appareil jusqu'à la température t de l'air extérieur et l'on mesure la hauteur h à laquelle s'élève le mercure dans le tube vertical l; on observe en même temps la hauteur H' du baromètre. Pour conclure de ces données le coefficient moyen de dilatation de l'air entre $t°$ et T°, il faut connaître la longueur l du tube $hh'o$ et le rapport $r = \mathrm{C} : c$ de sa capacité c à celle C du réservoir V. Ainsi, en représentant par V le volume de l'air et par δ et δ' les densités de l'air à $t°$ et à T° sous la pression H, le poids de l'air contenu dans l'appareil à T° sera $\mathrm{V} v \delta = \mathrm{V} [1 + \mathrm{K}(\mathrm{T} - t)] \delta' \dfrac{\mathrm{H'}}{\mathrm{H}}$, K étant le coefficient du verre, et t la température à laquelle se trouve le tube l, à partir de la paroi de la caisse. Quand l'appareil est entièrement revenu à t', l'air possède la pression $H'-h$, et sa densité est $\delta'\frac{H'-h}{H}$; son volume est alors $V+Vv\frac{l-h}{l}$, car l'air n'occupe dans le tube que la longueur $l-h$; son poids est donc $V\left(1+v\frac{l-h}{l}\right)\frac{H'-h}{H}\delta$, et l'on aura en l'égalant à la première expression et divisant par V qui disparaît :

$$v\delta+[1+K(T-t)\delta]\frac{H'}{H}=\left(1+v\frac{l-h}{l}\right)\frac{H'-h}{H}\delta,$$

d'où l'on tirera la valeur de $\frac{\delta}{\delta'}$. Or, ces densités, sous la même pression H, sont entre elles en raison inverse des volumes d'un même poids d'air aux températures t et T; on a

$$\delta:\delta'=(1+\chi T):1+\frac{267}{t} \quad \text{ou } \delta:\delta'=267+T:267+t;$$

d'où l'on tirera la valeur du coefficient moyen de la dilatation χ entre $0°$ et $T°$, ou la valeur de la température T du thermomètre, correspondante à $T°$ du thermomètre à mercure.

§ 724. Gay-Lussac est arrivé au même résultat par le calcul basé sur l'observation faite au moyen de l'appareil (fig. 88). Soit v le volume occupé par le gaz quand l'eau de la caisse A est à $0°$, et v' le volume indiqué quand il est porté à la température t. Le volume occupé réellement par le gaz est alors $v'(1+kt)$, k étant le coefficient du verre. Soit encore h et h' les hauteurs du baromètre lorsqu'on observe les volumes v et v'. Le volume du gaz $v(1+kt)$ ramené à la pression h sera $v'(k1+t)\frac{h'}{h}$. L'augmentation du volume produite par la chaleur est donc $v'(1+kt)\frac{h'}{h}-v$; et l'augmentation pour $1°$ et sous l'unité de volume, c'est-à-dire le coefficient de dilatation est

$$a=\frac{v'(1+Kt)\frac{h'}{h}-v}{vt},$$

En négligeant la correction k et supposant $h = h'$, on a
$a = \dfrac{v' - v}{vt}$. Ainsi Gay-Lussac le premier, et ensuite Dulong
et Petit ont trouvé 1° que les gaz et les vapeurs se dilatent
également qu'ils soient purs ou mélangés,
décomposables ou indécomposables, et
2° que leur coefficient de dilatation entre
0° et 100° est constant et égal à $\frac{1}{267} = \frac{3}{800} = 0,00375$. En introduisant dans les
boules du thermomètre à air (fig. 94) deux
gaz pour avoir l'index a au milieu, celui-
ci ne se déplace pas quand l'appareil est
introduit dans un espace chaud ou froid.

§ 725. Le physicien suédois Rudberg déclara que le coefficient 0,00375 trouvé par les expérimentateurs nommés était
trop fort et que sa valeur devait être comprise entre 0,00364
et 0,00365 qu'il trouva au moyen de l'appareil de Dulong
en même temps qu'au moyen d'un autre appareil, qui a
été employé ensuite par Regnault et qui ne diffère de celui
de Dulong qu'en ce que le réservoir V se termine en une
pointe op effilée. Un thermomètre t est couché à la même
hauteur que le réservoir V (fig. 90).

Quand la température du liquide en A est assez élevée,
on ferme toutes les ouvertures du fourneau, la température
s'élève un peu et puis devient stationnaire à un degré qu'on
marque et l'on ferme en chalumeau la pointe o effilée du
réservoir V à gaz. Après le refroidissement du réservoir on
le renverse et l'on en plonge la pointe o dans une capsule
de mercure. On y brise cette pointe et ainsi le mercure,
pressé plus fortement par l'air extérieur que par celui du
réservoir V, y pénètre à une hauteur h qu'on mesure.

On pèse le tube V avec le mercure introduit m, puis on
pèse le tube rempli de mercure M, et enfin le tube V vide.
Toutes ces opérations se font dans une chambre dont la
température ne varie pas. Ainsi on conclut de trois pesées :

1° les poids $M+V$ du mercure M et du tube ; 2° les poids $m+V$ du tube et du mercure m, et 3° le poids p' du tube vide, le poids P du mercure M, et celui p du mercure m. Ces poids P et p sont entre eux comme les espaces E et e occupés par les masses M et m de mercure.

Soit H la hauteur de l'atmosphère quand on ferme en a le tube effilé ; H' cette hauteur quand on casse la pointe a, et h la hauteur mesurée à laquelle s'est alors élevé le mercure dans le tube V. On calcule le volume du gaz à 0° sous la pression H en partant successivement des volumes observés à t° et T°. Or le volume v à t° est représenté par le mercure m pesant p, sous la pression $\Pi - h$. Sous la pression H et à 0°, il serait $p\,\dfrac{H-h}{H}\left(1+\dfrac{1}{267}\right)$. Le gaz $G-y$ à la température T occupait toute la capacité du tube V; or P représentant la masse M de mercure exprime la capacité de ce tube à t° ou son volume qui est $P[1+k(T-t)]$ à la température T, k étant le coefficient du verre. En appelant x le coefficient moyen du gaz entre 0 et T°, le volume du gaz à 0° et à la pression H sera $PL+k(T-t):(1+\times L)$. En égalant cette valeur du volume à celle trouvée plus haut, il vient

$$(a)\quad p\,\frac{H-h}{H}:\left(1+\frac{t}{267}\right)=P[1+K(T-t)]:(1+\chi T),$$

d'où l'on tirera la valeur de χ. Ainsi Rudberg, par deux méthodes, obtint pour coefficient la valeur entre 0,00304 et 0,00305 ; sans comprendre comment les précédents expérimentateurs n'avaient pas obtenu la même valeur ; il en fut encore de même, quand Regnault répétant, avec les mêmes appareils et avec d'autres différents, les expériences de même genre a obtenu la valeur de 0,3665, Il a attribué sans aucune preuve la valeur inférieure de Rudberg à l'air qui entre pendant qu'on brise la pointe.

§ 726. **Remarques.** Dans les expériences de Gay-Lussac et Dulong on a attribué l'erreur à une pénétration d'air entre le mercure et la paroi de verre, sans réfléchir qu'en pareil cas il serait plus tôt sorti une partie d'air pendant la répulsion de l'index qu'il n'en fût entré du dehors. C'est à un oubli qu'on doit attribuer la connaissance de la cause véritable de ces faits, qui consiste dans la résistance capillaire du tuyau mince il (fig. 89) ou lo (fig. 90). Cette résistance bien connue produit sur l'hydrogène un effet correspondant et qui paraît en contradiction avec ceux observés sur les autres gaz.

§ 727. **Formules des dilatations des gaz.** Soit V le volume de 1 gramme d'air ou de tout autre gaz ou de vapeur à $0°$, et V' à la température t, on aura

$$(\alpha) \quad V' = V\left(1 + \frac{t}{267}\right) \quad \text{d'où} \quad (\beta) \quad V = V'\frac{267}{267+t}$$

pour le volume à $0°$ en coefficient du volume à t; le volume V'' à une température t' en fonction du volume V' à t sera alors (λ). $V'' = V'\frac{267+t'}{267+t}$. Pour chaque degré de température le volume augmente de $\frac{1}{267}$ du volume à zéro; ainsi donc, les volumes et les températures, étant liés comme causes et effets, croissent en formant deux progressions arithmétiques

$$+1.2.3...n, \quad +1.\frac{267+1}{267}, \frac{267+2}{267}...\frac{267+n}{267},$$

Les formules $V' = V\frac{267+t}{267}, V'' = V\frac{267+t'}{267}$ donnent $\frac{V'}{267} = \frac{V'}{267+t} = \frac{V''}{267+t'}$, ce qui montre que la 267° partie du volume V à $0°$ peut être remplacée par la fraction $\frac{1}{267+t}$ du volume à t; ainsi au lieu de la formule (γ), on peut écrire

$$(\gamma') \quad V'' = V'\left(1 + \frac{267+t}{t'-t}\right),$$

§ 728. **Formules des répulsions entre deux gaz de température différente.** I. Dans l'appareil figure 89, quand le gaz est à 0°, l'index i se trouve en équilibre, parce qu'il reçoit de la part du gaz G la répulsion R qui lui arrive de la part de ses éléments électriques : $a\bar{E}\bar{E}'\bar{E}$; ceux-ci augmentent jusqu'à 100° et deviennent $\left(\alpha + \dfrac{30,5}{2}\right)\bar{E}\bar{E}'\bar{E}$; le volume du gaz G, qui était V à 0°, devient $V + \dfrac{100V}{267}$. Les calories 30,5 disparaissent dans l'élévation de 1 gramme de gaz de 0° à 100°, car leurs éléments deviennent électricité par influence $\dfrac{30,5}{2}\bar{E}\bar{E}'\bar{E}$ dont résulte la répulsion R' divergente communiquée aux atomes du gaz, et ainsi le déplacement passe de ces éléments électriques aux matériels, de manière que le volume V augmente et devient $V + \dfrac{100V}{267}$. Si la température du gaz s'élève seulement de 1°, le nombre de calories décomposées est 0,305 et l'électricité par influence $\dfrac{0,305}{2}\bar{E}\bar{E}'\bar{E}$ communique aux atomes du gaz une répulsion $\dfrac{R'}{100}$ et un déplacement dont résulte le volume $\dfrac{V}{267}$ indiqué par l'index i qui ne parcourt que $\dfrac{1}{100}$ de la longueur ii du tuyau ; dans tous les cas le volume gagné $\dfrac{V}{267}$ ou $\dfrac{100V}{207}$ reste occupé par l'électricité $a\bar{E}\bar{E}'\bar{E}$.

II. Dans le thermomètre à gaz (fig. 91) l'index a est déplacé quand le gaz reste à 0° dans une boule et qu'il est élevé dans l'autre à 100°, mais ce déplacement de l'index a n'est pas égal à celui de i (fig. 89), parce que, en ce cas, l'index i continue d'éprouver, de la part de l'atmosphère, la pression H, tandis que l'index a, en se déplaçant, fait augmenter la pression de la part de l'autre boule où le volume du gaz diminue et devient $V - v$ quand celui de l'autre échauffé devient $V + v$.

§ 729. III. Si l'index i est immobile quand le gaz g passe de 0° à 100°, il ne peut pas être communiqué de déplacement aux atomes du gaz de la part de l'électricité $\frac{30,5}{2}$ ĒĒ'Ē par influence ; cette électricité ne peut donc occuper les intervalles λ', λ', λ'... entre les atomes, et par suite elle reste dans les calories $\ominus$ sous forme de chaleur θ comme 30,5 calories. Pour nous en convaincre, admettons comme ci-dessus l'index i avancé à i' à 100° ; s'il est alors forcé de revenir à i, le volume $V + \frac{100V}{267}$ deviendra V, et il y aura séparation de 30,5 calories dont les éléments $\frac{30,5}{2}$ ĒĒ'Ē occupaient les intervalles résultant du volume $\frac{100V}{267}$; le déplacement ou le travail de la main se propage à l'index qui parcourt l'espace ii, et de l'index le déplacement va aux atomes $\mu\beta i$ du gaz, dont l'électricité ϵ inséparable communique le déplacement à celle $\frac{30,5}{2}$ ĒĒ'Ē par influence, qui prend la forme calorique 30,5 ĒĒ² et apparaît comme chaleur libre.

§ 730. Quand on ignorait encore que le mouvement contenu dans les éléments électriques se communique aux corps de la manière indiquée, les physiciens appelaient *force élastique* 1° l'apparition du mouvement et 2° la tendance des molécules électriques à s'écouler et à augmenter de volume. Il vient d'être indiqué que dans 1 gramme de gaz à 0° se décomposent 30,5 calories quand ce gaz est élevé à 100°, pour communiquer par leurs éléments électriques le mouvement aux atomes du gaz qui doivent occuper le volume $V + \frac{100V}{267}$, parce que ce sont les éléments $\frac{30,5}{2}$ ĒĒ'Ē des 30,5 calories qui occupent le volume gagné $\frac{100V}{267}$, précisément comme l'eau qui pénètre dans le bois en fait augmenter le volume de tout celui qu'elle occupe dans son intérieur. Par une pression extérieure, le volume du bois diminue, et l'eau s'éloigne, de même que s'éloignent les calories 30,5 ĒĒ² quand le volume $V + \frac{100V}{267}$ du gaz 1 gramme est

réduit par une pression au volume V; après la dispersion
de 30,5 calories, la température reste à 100° dans le gaz 1
gramme qui occupe le volume V, comme elle l'était quand
il occupait le volume $V + \dfrac{100V}{267}$. Si le bois enflé par l'eau
est desséché, son volume diminue, comme cela a lieu pour
le gaz refroidi de 100° à 0°.

Le volume V du gaz 1 gramme à 0° exerce sur l'index i
une poussée ou une répulsion R qui suffit pour le tenir en
équilibre contre la pression P qu'il éprouve de la part de
la hauteur H de l'atmosphère. A la température 100° du
gaz, les éléments $\bar{E}$, $2\bar{E}$ des calories exercent entre eux
une répulsion, mais ils ne peuvent pénétrer dans les intervalles des atomes $\mu\beta_i$ du gaz que quand l'index i se déplace
pour aller à i'; il y a donc répulsion $r + R$ tant que manque
l'apparition du déplacement de i à i'; cette répulsion ne diffère
pas de la pression $P + p$ employée pour faire reculer l'index
de i' à i quand le gaz est à 100°. Le volume V de 1 gramme
du gaz à 0° exerce une répulsion R qui est soutenue en équilibre dans l'index par la pression P; le même effet a lieu pour
ce gaz si son volume est $V + \dfrac{100V}{267}$; mais pour que ce volume soit réduit à V, il faut la pression $P + p$; ainsi on a

$$V : V\left(1 + \frac{t}{267}\right) = P : P + p \quad \text{ou} \quad (\delta)\ P = \left(1 + \frac{t}{267}\right)(P + p)\ \text{et}$$

$(\epsilon)\,P + p = P : \left(1 + \dfrac{t}{267}\right)$ pour la pression à 0° en fonction de
celle qui a lieu à t. La pression $P + p \pm p'$ à $t°$ sera alors

$$(\zeta)\qquad P + p \pm p' = P\frac{267' + t}{267 + t'}.$$

Si l'index se déplace quand la pression est P', la température t et le volume $V + v$, celui-ci deviendra $V + v \pm v'$
quand la température devient t''; alors la répulsion sera
$R + r \pm r'$, et elle correspondra à une pression $P + p \pm p'$, et
on aura

$$R + r \pm r = (R + r)\frac{V + v}{V + v \pm v} \times \frac{267 + t'}{267 + t}$$

dont la formule la plus générale est

$$0\frac{V+v\pm v}{V+v}=\frac{R+r'}{R+r\pm r'}\times\frac{207+t'}{207+t}, \text{ et } \frac{R+r}{R+r\pm r'}=\frac{P+p}{P+p\pm p''}$$

§ 731. Dilatation des gaz à de hautes températures. Pour apprécier les dilatations de l'air aux températures plus hautes que 300°, on a employé un réservoir Y (fig. 89) en platine auquel est adapté le tuyau tt' de platine soudé à l'or, d'une ouverture de 1 millimètre; le tube c était en argent et réuni au précédent tt' au moyen d'un manchon. Le tuyau c se recourbe en oo' et passe à un tube barométrique subdivisé. Pour faire diminuer l'air dans les tuyaux tt', etc., Pouillet engagea un fil de platine d'une dimension moindre que 1 millimètre qui offrait un espace presque capillaire entre le fil et la face interne des tuyaux; la capacité C du réservoir Y était de 60 centimètres cubes, et celle s des tuyaux de 2 centimètres cubes. La formule qui donne la température est

$$t=\frac{d}{(ca-m)-ad};$$

q est le coefficient $\frac{1}{267}$ de dilatation de l'air, m le coefficient de dilatation de platine, d le volume v d'air produit par l'élévation de la température et observé dans un tube barométrique qui communique avec le tuyau c par oo'.

Dans les cas où le réservoir Y est en verre, avec l'élévation de température l'index i avance vers t', et le mercure du tube barométrique se déplace par l'augmentation du volume de l'air qui communique par les tuyaux tt' et c; mais si le réservoir c est en platine, il permet à l'air de se dilater graduellement de 0° jusqu'au 100° et à toutes les températures supérieures, de sorte qu'il ne se présente aucune différence; mais tout change quand l'air éprouve un abaissement de température, non pas jusqu'à 100°, mais au-dessous de 100°. Pouillet dit simplement que *le réservoir de platine condense de l'air qui se dégage à une température voisine de* 100°, et ce n'est qu'au-dessus de 100° que le réservoir de platine se comporte réellement comme un réservoir de verre. Au-dessous de 100°, cet air se dégage suivant la température et la pression, sans que sa répulsion ou son volume $v = d$ soit en rapport avec la température 100°—t.

§ 732. **Condensation de l'air par le platine, et apparition d'air humide.** Les embarras que fit éprouver à Pouillet la condensation de l'air par le platine ne diffèrent en rien de ceux qu'on éprouve quand on opère avec l'air humide dans un réservoir de verre. La vapeur d'eau se dilate plus ou moins, suivant la température 100°—t et la pression $H \pm h$, précisément comme cela avait lieu dans les résultats obtenus par Pouillet et attribués à un état condensé ou dissimulé de l'air. Si Pouillet, ainsi embarrassé, se fût rencontré avec Deluc, ce dernier aurait trouvé là la preuve directe de la condensation de l'air et la production non pas d'un *air dissimulé*, mais de vapeur d'eau. Le nom de ce grand physicien se rattachera toujours cependant dans l'histoire à la plus grande découverte faite depuis l'apparition des sciences, parce qu'il est le seul qui nous a fourni le moyen de condenser directement l'air et de produire l'eau. Ensuite cet effet a été obtenu par les mélanges simples d'air chaud avec de l'air froid, parce que, même dans le récipient de platine, il se forme un mélange pareil de masses d'air à des températures différentes.

§ 733. **Augmentation du coefficient de dilatation de l'air avec les densités.** En faisant augmenter la pression sur la capsule c de mercure (fig. 90), celui-ci s'élève dans le tuyau t, le volume du gaz diminue, et sa densité δ augmente et devient $\delta + \delta'$; ainsi Regnault trouva que le coefficient de dilatation de l'air augmente sensiblement avec la pression, comme cela est indiqué dans le tableau suivant :

TABLEAU K. — *Des coefficients de dilatation de l'air à des densités différentes.*

PRESSION A 0°.	PRESSION à 100°.	DILATATION pour 100°.	PRESSION A 0°.	PRESSION à 100°.	DILATATION pour 100°.
millim.	millim.		millim.	millim.	
109,70	149,51	0,36482	760,00	»	0,36650
174,36	237,17	0,36515	1678,40	2280,09	0,36760
286,06	305,07	0,36512	2144,18	2924,01	0,36804
375,23	510,07	0,36572	3655,56	4992,09	0,37001

§ 734. **Remarque.** Le volume V augmente et devient V + v au moyen d'un déplacement des atomes σ matériels ; car l'espace égal v devient occupé par l'électricité $\alpha\ddot{E}\ddot{E}^4\ddot{E}$ par influence qui résulte des calories $2\alpha\ddot{E}\ddot{E}^2$. Dans le cas où est faible la densité ou la quantité $q\sigma$ d'atomes matériels, chacun d'eux obtient un déplacement répulsif de la part de l'électricité par influence qui occupe l'espace abandonné. Le déplacement total m est proportionnel, 1° à la quantité q des atomes, et 2° au volume v gagné et occupé par l'électricité par influence $\alpha\ddot{E}\ddot{E}^4\ddot{E}$ fournie par la décomposition de $2\alpha\ddot{E}\ddot{E}^2$ calories. Ainsi sont en rapport direct, 1° la quantité q d'atomes qui occupent le volume V, 2° le volume v gagné, et 3° les calories $2\alpha\ddot{E}\ddot{E}^2$ décomposées. Si dans le volume V sont contenus q ou $q + q'$ atomes matériels σ, et si la température s'élève de 0° à 100°, chacun des atomes σ parcourra un espace e, et l'espace total gagné sera, 1° qe dans le cas où le volume V deviendra V+v, et $(q+q')e$ dans le cas où le volume V deviendra V+v+v'. Dans le premier cas le volume gagné v sera occupé par l'électricité $\alpha\ddot{E}\ddot{E}^4\ddot{E}$, et dans l'autre, le volume $v + v'$ gagné sera occupé par l'électricité $(\alpha + \alpha')\ddot{E}\ddot{E}^4\ddot{E}$ provenant des calories $2(\alpha + \alpha')\ddot{E}\ddot{E}^2$ décomposées.

§ 735. **Mesure de la dilatation des gaz autres que l'air.** Au moyen des appareils et des méthodes indiqués, Regnault a mesuré le coefficient de dilatation de l'*azote*, de *l'hydrogène*, de *l'oxygène* et de *l'oxyde de carbone*, gaz qui n'ont pu être liquéfiés ; ce coefficient ne diffère pas de celui de l'air ; le coefficient de la vapeur de *l'acide sulfureux*, de *l'acide carbonique*, du *protoxyde d'azote* et du *cyanogène* est un peu supérieur, et va jusqu'à 0,0038 pour l'acide sulfureux. En introduisant dans les boules du thermomètre différentiel (fig. 91) deux gaz qui ont un égal coefficient de dilatation, l'index *a* reste immobile quand l'appareil est introduit dans un espace plus chaud ou plus froid ; mais si l'une des boules contient de l'air et l'autre de la vapeur de cyanogène ou d'acide sulfureux, et que l'index *a* soit à zéro ; il s'en déplace et va 1° vers l'air si l'appareil est introduit dans un espace chaud, et 2° vers le cyanogène, s'il est introduit dans un espace froid.

TABLEAU L. — *Des coefficients de dilatation des gaz trouvés par Regnault.*

| | DILATATION POUR 100° sous la pression atmosphérique. | | DILATATION sous fortes pressions. | |
NOMS DES GAZ.	Sous pression constante.	Sous volume constant.	Dilatation pour 100°,	Pression 1 0°.
Air.	0,3670	0,3665	0,3694	2521,02
Azote.	»	0,3668	»	»
Hydrogène.	0,3661	0,3667	0,3668	8560,65
Oxyde de carbone.	0,3669	0,3667	»	»
Acide carbonique.	0,3710	0,3688	0,3845	2529,45
Protoxyde d'azote.	0,3710	0,3676	»	»
Acide sulfureux.	0,3903	0,3845	0,3980	2982,75
Cyanogène.	0,3877	0,3829	»	»

§ 736. **Remarques.** Sous un volume constant le coefficient est plus faible que sous une pression constante ; l'hydrogène est le seul gaz qui se présente en rapport inverse. Ces résultats obtenus par les expériences servent à prouver directement l'influence de la capillarité des tuyaux minces *ii* (fig. 89) et *lh* (fig. 90), qui atténuent la répulsion

R quand elle augmente et devient R + r pendant l'élévation de température ; tandis que cela manque presque entièrement dans les cas où le réservoir V est fermé au chalumeau quand la température est T.

Quant à l'hydrogène, il éprouve dans la partie ii (fig. 89), de la part de la capillarité, une résistance plus faible que celle qu'éprouve l'air dans la partie ic ; ainsi sous une pression constante l'index i fait plus facilement reculer l'air quand il est repoussé par d'autres gaz que par l'hydrogène, et c'est de là que résulte pour ce gaz une dilatation inférieure sous pression constante.

Pour les autres gaz comme pour l'air le coefficient de dilatation augmente quand la pression ou la densité augmente, car il a été démontré que la cause s'en trouve dans les intervalles ou les pores qui obtiennent un élargissement dont la somme correspond au déplacement total de tous les atomes δ matériels, dont le nombre contenu dans le volume V croît avec la densité $\delta + \delta'$, et celle-ci est analogue avec la pression $P + p$.

Pour obtenir un effet analogue avec l'hydrogène, il faut premièrement 16 volumes de ce gaz pour avoir la même quantité de barogène que celle contenue dans un volume d'air ou d'oxygène ; par suite, la compression de ces gaz à 5 atmosphères doit être comparée à celle de 80 atmosphères d'hydrogène.

II.—THERMOMÈTRES A AIR ET LEUR COMPARAISON AVEC CEUX A LIQUIDES OU SOLIDES.

§ 737. Dans l'explication du maximum de densité de l'eau (§ 714), il a été prouvé comment la dilatation est produite d'un mouvement divergent des atomes δ de l'eau repoussés par les équivalents $\alpha \bar{E}$ de l'électricité positive et par ceux de l'électricité $\alpha \bar{E} \bar{E}^4 \bar{E}$ par influence. Les deux électricités exercent deux répulsions r, r' aux atomes δ de l'eau.

La répulsion r de l'électricité aE croît dans les températures inférieures quand décroît la répulsion r do l'électricité aEE'E par influence. Le même effet a lieu pour tous les corps, mais leur maximum de densité, qui résulte de la somme r + r des répulsions, ne se rencontre que dans les plus basses températures.

Pyromètre à air. L'appareil (fig. 90) est un pyromètre à air dont les degrés sont indiqués dans un tube barométrique h subdivisé communiquant avec le réservoir V de l'air. Dans le pyromètre de Pouillet, ce réservoir et le tuyau op sont en platine, et l'autre tuyau pl en argent. Pour obtenir les plus hautes températures en couleurs observées sur le platine, le réservoir est placé entre une couple de moufles de fer qui lui communiquent une température égale. On ferme le fourneau et l'on observe à h le niveau du mercure quand le tube l est en communication avec un autre placé à un niveau supérieur.

Ainsi ont été obtenus les résultats suivants : 1° pour déterminer la capacité du platine pour la chaleur à diverses températures : alors on mettait dans le moufle, près du réservoir, un creuset de platine épais contenant une boule de même métal pesant 178 grammes, qu'on jetait ensuite dans l'eau à 0°; 2° pour déterminer la température de la fusion de l'or et de l'argent : alors on mettait dans la moufle, contre le réservoir, de petites coupelles contenant les métaux; 3° pour évaluer les températures correspondantes aux diverses nuances de rouge : alors on regardait par un tube la couleur intérieure de la moufle et du platine; ainsi ont été obtenus les résultats exposés dans le tableau suivant :

Couleurs du platine.	Température.	Couleurs du platine.	Température.
Rouge naissant.	525	Orangé foncé.	1.100
Rouge sombre.	700	Orangé clair.	1.200
Cerise naissant.	800	Blanc.	1.300
Cerise.	900	Blanc soudant.	1.400
Cerise clair.	1.000	Blanc éblouissant	1.500

§ 738. **Comparaison des thermomètres à air et à mercure.** Dulong et Petit ont trouvé, 1° que les dilatations de l'air et de l'hydrogène sont égales entre — 30° et 100° du thermomètre à mercure; 2° que le coefficient de dilatation des gaz va en diminuant à mesure que la température donnée par le thermomètre à mercure va en augmentant à partir de 100°. Il suit de là que les températures données par le thermomètre à mercure sont plus élevées que celles données par un thermomètre fondé sur la dilatation de l'air. En comparant ces températures, on a trouvé les différences suivantes :

Thermomètre à mercure. . . . . 100°; 150°;   200°;   250°;   300°.
Thermomètre à air. . . . . 100°; 148°,7; 197°,05; 244°,17; 291°,77.
Différences. . . . . 0°;   1°,3;   2°,95;   5°,83;   8°,23.

§ 739. Regnault, faisant la comparaison entre les degrés indiqués du pyromètre à air et ceux indiqués par les thermomètres à mercure construits en verre ordinaire et en cristal de Choisy-le-Roi, a trouvé les résultats indiqués dans le tableau suivant :

TABLEAU M. — *Des degrés indiqués par différents thermomètres.*

Températures du thermomètre à air.	TEMPÉRATURES du thermomètre à mercure.		Températures du thermomètre à air.	TEMPÉRATURES du thermomètre à mercure.	
	Cristal de Choisy-le-Roi.	Verre ordinaire.		Cristal de Choisy-le-Roi.	Verre ordinaire.
degrés.	degrés.	degrés.	degrés.	degrés.	degrés.
100	100	100	240	242,55	239,90
120	120,05	119,98	260	263,44	260,90
140	140,29	139,85	280	284,48	280,52
160	160,52	159,74	300	305,72	301,08
180	180,80	179,03	320	327,25	321,80
200	201,25	199,70	340	349,80	343,00
220	221,82	219,80	350	350,50	354,00

§ 740. **Remarque.** L'influence de la nature du verre devient évidente par ces observations; le verre ordinaire est préférable au cristal pour la construction des thermo-

mètres à mercure. Jusqu'à 100° on ne remarque aucune
différence; cela résulte de ce que les deux causes de répulsion r et r' se compensent : celle r qui diminue, régularise
l'augmentation de l'autre r'. Cet ordre se soutient aux températures supérieures dans l'air, l'hydrogène et l'oxyde de
carbone qui ne peuvent pas être liquéfiés; les autres substances gazeuses, liquides ou solides, obtiennent une répulsion R croissante, parce que le facteur r' croît rapidement et que le facteur r ne diminue pas dans le même
rapport, comme entre 0° et 100°.

§ 741. **Manomètre barométrique.** Il a été dit que
Pouillet a attribué l'air condensé et réduit en eau à un état

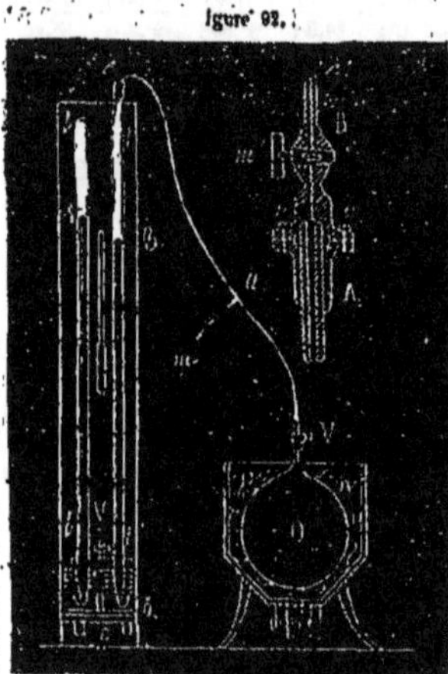
Figure 92.

dissimulé; Regnault, vou-
lant éviter les effets pareils
de l'air, a mis en équilibre
un ballon plein d'air avec
un autre ballon de la même
grosseur et fabriqué avec
le même verre, comme cela
a lieu pour les masses d'air
contenues dans les boules
du thermomètre (fig. 92),
où l'index a reste immobile
quand la température s'é-
lève ou baisse, quand la
pression atmosphérique
change ou quand l'air n'est
pas parfaitement sec.

Le ballon O (fig. 92) est entouré de glace; on y fait le
vide, puis, après l'avoir rempli de gaz sous la pression atmosphérique, on le pèse. Pour mesurer la petite pression
ou la répulsion de l'air qui reste dans le ballon O, on a
employé le manomètre V; bb' est un tube de baromètre plongeant dans une cuvette en fonte c à deux compartiments;
dans le second compartiment plonge un tube tt' que l'on

met en communication par sa partie supérieure o avec le ballon O, au moyen d'un tube de plomb tea qui part d'une tubulure a à trois branches ao, am, ar; la branche am communique avec une machine pneumatique. On mesure la distance entre les deux niveaux $\alpha\beta = h$, puis la hauteur H du baromètre bb' en relevant la distance αV du niveau α dans ce tube bb' au sommet de la vis V, dont la pointe affleure la surface du mercure dans la cuvette, et dont la longueur est connue d'avance ; $(P - \pi)\dfrac{760}{H - h}$ est alors le poids du gaz à 0° sous la pression normale de 760, P étant le poids du ballon plein de gaz, et π celui du ballon vide.

§ 742. **Densités des gaz à 100°.** La monture du robinet et du ballon O se compose des deux pièces A, B réunies par des vis v, v', et entre lesquelles on a mis un bourrelet de chanvre imprégné d'un mastic gras que la chaleur fait durcir, et formé de céruse et de minium broyés avec de l'huile de lin. Le ballon O est suspendu dans un grand vase en tôle galvanisée muni d'un couvercle, et au fond duquel on fait bouillir de l'eau dont la vapeur l'enveloppe de tous côtés.

Le poids du gaz qui remplit le ballon à 100°, comparé à celui qui le remplit à 0°, peut servir à calculer le coefficient de dilatation de ce gaz, soit P le poids du gaz à 0° sous la pression $H - h$; le poids du gaz qui remplit le ballon sous la pression H est : $P\dfrac{H}{H - h}$. Le poids du gaz qui reste dans le ballon quand on le porte à la température de l'ébullition sous la pression H' du baromètre est : $P\dfrac{H'}{H - h}(1 + kT)$: $(1 + \alpha T)$, en appelant k le coefficient de dilatation du verre et α celui du gaz. La diminution du poids P, donnée par l'expérience est donc $p = P\dfrac{H}{H - h} - P\dfrac{H'}{H - h} \times \dfrac{1 + kT}{1 + \alpha T}$, d'où l'on tire la valeur de α.

§ 743. **Thermobaromètre ou sympiézomètre.** Cet appareil consiste en un thermomètre T (fig. 93) à alcool, dans le réservoir duquel se trouve renfermé le réservoir a

du thermomètre à air *anp*, de manière que l'air logé en *a*
ncouse toujours la même température que le thermomètre
à alcool. Le tube du thermomètre à air et une partie de son
réservoir contiennent de l'huile d'amandes douces coloriée,
liquide léger et peu volatil. La pression atmosphérique se
fait sentir en *p*.

§ 744. Pour établir la gradation, on construit deux
échelles *oo'*, *tt'*, correspondant à deux températures 0° et *t°*,
on portant l'appareil à deux pressions 760 millimètres et
760^{mm} ± *h*. Ces deux échelles sont tracées parallèlement
sur une plaque mobile *mt*. On mène ensuite les lignes *ot*,
o't', et en joignant les points de division de l'échelle *tt'* au
point de rencontre *c*, on obtient sur les parallèles à *tt'* équi-
distantes et en nombre égal au nombre des degrés qu'il y
a entre 0° et *t°*, les échelles correspondantes aux tempéra-

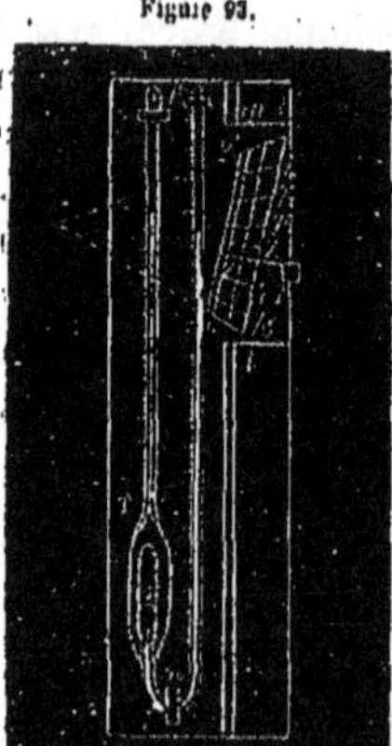

Figure 93.

tures comprises entre ces deux-là. On
peut de même établir des échelles parallèles correspondantes à des températures au-dessous de 0° et au-dessus
de *t°*. En tête de chaque échelle est in-
scrite la température à laquelle elle
appartient. Supposons que l'on veuille
avec cet instrument trouver la pression quand la température est de 10° :
on fera glisser la plaque *mt* de manière à placer le n° 76 de l'échelle
qui correspond à 10° en face du repère que l'on a marqué auprès du
n° 76 de l'échelle qui correspond à
0° ; on amènera la pointe de l'aiguille
horizontale *e* au sommet de la colonne d'huile, et la division
de l'échelle correspondant à 10° qui coïncidera avec l'aiguille
donnera la pression cherchée. Cet instrument, de dimension
petite et très-sensible, peut remplacer le baromètre ordinaire.

§ 745. **Calorifère à air chaud.** Il y en a de deux sys-

tèmes : 4° dans l'un l'air est dans un serpentin chauffé du
dehors par le feu; 2° dans l'autre, l'air à chauffer est dans
une chambre voûtée chauffée par un tuyau traversé par la
flamme du foyer. Dans le premier cas, une partie de la chaleur est perdue par les parois du fourneau ; aussi ce dernier
système est-il préférable. Au foyer F (fig. 94) arrive l'air
de l'ouverture a, la flamme et la fumée sont appelées dans la
cheminée extérieure o dont le tirage les force de passer à travers les tuyaux t, t, t, de nombre analogue aux appartements
à chauffer. L'air pur et froid arrive à la chambre D d'un lieu
supérieur pour éviter les odeurs, et une partie d'air y arrive
du parquet des appartements chauffés pour céder sa place

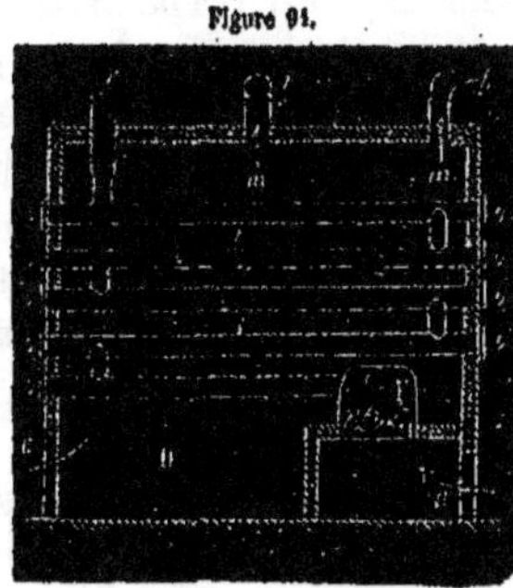

Figure 94.

à l'air chaud qui y arrive
par les parties supérieures.
L'air échauffé dans la chambre D monte dans l'espace
m et pénètre par différentes
bouches b, b' dans les appartements. Les extrémités
o, o, o... peuvent s'ouvrir
pour le remontage des
tuyaux. On adapte souvent
aux poêles et même aux
cheminées ordinaires des
caisses en tôle où l'air s'introduit par le bas, s'échauffe au
contact des parois et se répand dans la chambre par les
bouches placées à la partie supérieure.

§ 746. **Tirage des cheminées.** En supposant le conduit de la cheminée rempli de gaz chaud, cette colonne
tendra à s'élever avec une poussée égale à la différence
$P - p' = d$ entre son poids P' et le poids P d'un volume
égal d'air froid extérieur. La poussée augmente avec le volume V de la colonne de gaz. Pour avoir un fort tirage, il
faut donner à cette colonne une grande hauteur; la section
c(fig. 94) doit être analogue aux combustibles consommés en

chaque heure. 1° Si la section est étroite et la combustion active, le tirage est faible à cause de la grande pression entre les molécules des gaz qui font augmenter leur densité dont résulte une diminution de la différence $P - p' = d$, et par suite la combustion s'affaiblit et la fumée commence à sortir par le foyer; 2° Si la cheminée est trop large $c + d$ par rapport de la quantité des combustibles consommés, l'air chaud y pénètre avec l'acide carbonique et avec une grande quantité d'air de l'appartement qui est remplacée par une masse égale d'air froid. En ce cas la fumée retourne dans l'appartement par les courants d'air atmosphériques descendants qui exercent une pression sur l'ouverture supérieure c des cheminées. Pour empêcher ces poussées contraires, on emploie un appareil mobile autour de son axe soutenu par deux barreaux de fer dans l'axe de la cheminée. Une lame mobile perpendiculaire à l'horizon obéit au vent dont elle prend la direction; cette lame est fixée sur une autre inclinée sur la bouche e de la cheminée qui empêche la pénétration du courant d'air descendant obliquement sur l'horizon.

III. — MESURE DE LA DENSITÉ DES GAZ ET SON USAGE CHIMIQUE DANS LA RECHERCHE DU POIDS ATOMIQUE DES ÉLÉMENTS INDÉCOMPOSABLES.

§ 747. Les mots *densité des corps ou des gaz* indiquent la quantité des molécules de barogène $q\beta$ ou de la masse qm contenue dans 1 litre, et c'est cette quantité de barogène qu'on doit entendre par le mot *poids*. Dans le vide barométrique il n'existe point de barogène; tout le volume du vide peut obtenir un minimum d'un gaz, de sorte que tous les points du volume de 1 litre deviennent occupés par le gaz dont le barogène se trouve spontanément distendu de manière à ne laisser aucun intervalle sensible. Quelques physiciens modernes ont aussi démontré que les corps ne consistent pas en atomes d'un volume limité, de même que les

grains de sable, comme Newton l'admettait lui-même pour
la lumière; mais leur masse indiquée ici par le mot *barogène*
consiste en molécules imbibées de mouvement qui se manifestent par leur expansion chaque fois qu'il y a manqué de résistance. Cette vérité est du reste trop évidente pour qu'il soit
nécessaire de la démontrer. On peut donc établir comme axio-
me que la diminution de la densité du barogène est illimitée.

L'air par la compression obtient une densité croissante
analogue au poids qui la produit; et comme la quantité des
poids dans la Terre, dans le système planétaire et dans l'u-
nivers est illimitée, il en résulte également *illimitée l'augmentation de la densité de l'air* soumis à la pression des poids de
quantités illimitées.

§ 748. **Rapport entre la densité et la température
des gaz.** La quantité de molécules d'air contenu dans
1 litre à 0° et sous la pression de 760 millimètres pèse 1ᵍ,3.
Comme la densité croît avec le poids qui peut exercer une
pression indéfinie, tout l'air de l'atmosphère serait introduit dans l'espace de 1 litre qui pèsera des millions de kilogrammes. Le poids indiqué de 1ᵍ,3 diminue quand l'air en
est éloigné, et cela s'opère, 1° au moyen de la machine pneumatique qui fait diminuer la pression, ou 2° au moyen de
l'élévation de température qui produit également l'éloignement de l'air sans qu'une diminution de pression soit nécessaire. Il s'agit donc de prouver comment le même effet
résulte de ces deux causes si différentes.

Dans les atomes de l'air se trouve un mélange de barogène β avec l'électricité ε; dans les atomes de la chaleur
se trouve la même électricité ε, et dans les corps qui exercent la pression se trouve le barogène. Ainsi les atomes de
l'air contenus dans les réservoirs Y ou V (fig. 89, 90) se
trouvent en équilibre entre la pression P qu'ils éprouvent
du dehors de la colonne atmosphérique et la répulsion R
qu'ils éprouvent de la part des éléments électriques de la
chaleur. Ainsi l'index *i* avance vers *i'* quand on fait aug-

menter la répulsion R au moyen d'une électricité par influence $\alpha\bar{\mathrm{E}}\bar{\mathrm{E}}^4\bar{\mathrm{E}}$ résultant des $2\alpha\theta$ ou $2\alpha\bar{\mathrm{E}}\bar{\mathrm{E}}^2$ calories qui disparaissent et qui sont 30,5 quand 1 gramme d'air ou de vapeur d'eau est élevé de 0° à 100°. C'est le déplacement des éléments électriques de cette électricité $\alpha\bar{\mathrm{E}}\bar{\mathrm{E}}^4\bar{\mathrm{E}}$ qui se communique aux atomes de l'air pour en augmenter les intervalles qui restent occupés par les éléments électriques, et une quantité d'air analogue s'éloigne au moyen du mouvement qu'il a reçu.

§ 749. **Mesure de la densité au moyen du poids.** On pèse un ballon O (fig. 92) de verre successivement vide O, rempli d'air O', et rempli d'un autre gaz O''. Le vide ne peut pas être obtenu parfait au moyen de la machine pneumatique; on l'arrête quand on a obtenu h pour la différence $\alpha b' - \beta t'$; ainsi le ballon O presque vide pèse Π. On y introduit l'air desséché sous la pression atmosphérique H; alors il pèse P; ainsi $P - \Pi = p$ est le poids de l'air introduit.

On remplit ensuite le ballon du gaz g desséché après avoir déterminé la différence des hauteurs $h' = \alpha b' - \beta t$, quand le poids du ballon est Π'; le ballon rempli du gaz g pèse P' sous la pression atmosphérique H'; ainsi le poids du gaz g seul est $P' - \Pi'$. En appelant V le volume du ballon O à 0°, et t' la température quand on a pesé le gaz, le poids du gaz seul $P' - \Pi'$ sera $(P' - \Pi')\dfrac{760}{H' - h'} \times \dfrac{267 + t'}{267} \times \dfrac{1}{1 + kt'}$, k étant le coefficient de dilatation du verre, et $\dfrac{1}{267}$ celui du gaz. On calcule de même ce que serait le poids de l'air à la température 0° et sous la pression 760 millimètres, et en divisant ces deux résultats l'un par l'autre, on trouve pour la densité du gaz par rapport à l'air :

$$D = \frac{P' - \Pi'}{P - \Pi} \times \frac{H - h}{H' - h'} \times \frac{267 + t'}{267 + t} \times \frac{1 + kt}{1 + kt'}, \text{ ou } D = \frac{P' - \Pi'}{P - \Pi},$$

en admettant $H - h = H' - h'$, $267 + t' = 267 + t$, $1 + kt = 1 + kt'$.

§ 750. **Poids spécifique de l'air.** Pour unité du barogène on a adopté sa quantité contenue dans un cube d'eau
ayant 1 centimètre de côté et à 4°; 1000 de ces unités de
barogène entrent dans 1 litre d'eau; il s'agit de connaître
la quantité de barogène de l'air contenu dans 1 litre à 0°
et sous la pression de 760 millimètres. Le poids du ballon
avec l'air à 0° et sous la pression de 760 millimètres est,

$$A = (P - \Pi) \frac{760}{H - h} \times \frac{267 + t}{267} \times \frac{1}{1 + kt};$$ on pèse ensuite le

ballon vide et rempli d'eau distillée. Soit P' le poids obtenu; si l'on représente par δ la dilatation de l'eau de 4° à

t, on aura $F = (P' - \Pi) \dfrac{1 + \delta}{1 + kt}$, pour le poids de l'eau à 4°

qui remplirait le ballon ayant la capacité qui correspond à
la température de 0°; alors $\dfrac{A}{F}$ sera le poids spécifique de

l'air par rapport à l'eau ou le rapport entre $1000^s = F$ et
$1^s,3 = A$, parce que 1 litre d'air pèse $1^s,3$, tandis que rempli d'eau il pèse 1000 grammes.

§ 751. **Rapports entre les volumes des éléments
chimiques et celui de leur combiné.** Lorsque deux
éléments gazeux se combinent chimiquement, il s'opère un
mélange où chacun des éléments entre avec son équivalent
électrique, et le volume du combiné V est la somme des
deux volumes $v + v'$ des éléments; en cas pareils il s'en
éloigne une petite quantité de chaleur; mais celle-ci devient
plus abondante dans les cas où le volume V du combiné est
inférieur à celui de la somme $v + v'$; car en cas pareils les
parties matérielles des éléments entrent dans le combiné, et
leurs équivalents électriques se combinent pour produire de
la chaleur et de la lumière qui se dispersent. Par exemple,
1° de 1 volume de chlore et de 1 volume d'hydrogène avec
un atome de lumière résultent deux volumes d'acide hydrochlorique et une quantité de chaleur qui correspond, en ce
cas, à la quantité de lumière dont les éléments restent dans
l'acide; 2° des 2 volumes d'hydrogène et do 1 volume

d'oxygène résultent 2 volumes de vapeur d'eau, et une quantité de chaleur et de lumière qui correspond à la disparition de l'un des volumes ; car en ce cas ce sont les atomes de l'oxygène qui pénètrent dans l'espace occupé par l'hydrogène, et de cet espace s'éloignent les équivalents électriques $3qE$, $3qE$ des deux gaz ; ils se combinent et produisent la chaleur qEE^2 et la lumière qE^2E qui se dispersent.

Le rapport 3 : 2 entre les volumes $2v + v$ des éléments et le volume V du combiné résulte de la disparition du volume v de l'oxygène dont les molécules ont pénétré dans l'espace occupé par les deux volumes d'hydrogène. Ces rapports ont été obtenus empiriquement par Gay-Lussac ; depuis, le même effet a été obtenu par tous ceux qui ont répété ces expériences ; mais on n'a pas pensé à y chercher le moyen de déterminer le poids atomique des éléments des atomes indécomposables ; les mots *action chimique* présentaient toujours une barrière insurmontable.

En appelant v et v' les volumes qui se combinent, V le volume du combiné, $\alpha\beta$, $\alpha'\beta$ les quantités de molécules de barogène y contenues, $(\alpha + \alpha')\beta$ sera celle qui se trouvera dans le volume V ; ainsi on a $v \times \alpha\beta + v' \times \alpha'\beta = (\alpha + \alpha')$V ; V représentant les 2 volumes de vapeur d'eau, on aura $\alpha = \frac{1}{2}v$, $\alpha' = 8$, $v = 2$, $v' = 1$: Au moyen de cette équation, quand on connaît le volume V, son poids $(\alpha + \alpha')\beta$ et l'un des deux éléments, on peut trouver l'autre.

Dans les cas où le combiné V fait partie des combinés indécomposables, dont on connaît jusqu'à présent plus de 60, il est encore possible de déterminer leurs éléments par différentes combinaisons, pourvu que l'on connaisse seulement le nom de ceux-ci, et l'on n'a plus qu'à en déterminer le rapport. Dans cet ouvrage, nous avons établi par plusieurs genres de preuves que, dès l'origine des choses, la Terre consistait en vapeur d'eau, puis en eau, dont ont été produites les substances végétales et animales ; et c'est des fermentations différentes de ces substances que résultèrent

successivement les corps terrestres d'un ordre chronologique dans les différentes profondeurs de la Terre.

§ 752. En partant du principe que, 1° des deux éléments
de l'eau sont produits des planètes, et 2° que des substances
végétales par fermentations différentes ont été produits les
minerais par les mélanges des atomes d'eau HO avec l'oxygène et l'hydrogène en rapports différents, on établit les
deux équations

$$\overline{HO}^{a\lambda} + O^{a'\lambda} \equiv (HO \mp O)^{\frac{u+u'}{\tau}\lambda} \; ; \; \overline{HO}^{a\lambda} + H^{a\lambda} \equiv (HO + H)^{\frac{\alpha+\alpha'}{\tau}\lambda}$$

du moyen desquelles on peut déterminer directement le
poids de 1 litre λ du combiné par ceux $a\lambda$ et $a'\lambda$ de ses éléments. Gay-Lussac déclara les résultats, ainsi obtenus par
les calculs, exacts par rapport à ceux trouvés par les observations en attribuant à de petites erreurs les différences insignifiantes ; toutefois celles-ci sont souvent trop grandes
pour être attribuées à de telles erreurs, surtout quand il
s'agit du degré actuel de perfectionnement auquel ils ont
été portés par les expérimentateurs de nos jours. Il a été
prouvé que les volumes des gaz résultent directement, 1° de
la pression qui est admise comme invariable et de 760 millimètres, et 2° de la répulsion R attribuée à la chaleur ;
pour cela est admise la température 0° ; cependant il a été
prouvé que la répulsion résulte des éléments électriques,
dont les uns $q\bar{E}$ sont ceux de l'électricité positive et produisent une répulsion r ; les autres $q\bar{E}\bar{E}^\ast\bar{E}$ sont ceux de l'é-
lectricité par influence et produisent la répulsion r'. Ce
sont donc ces deux facteurs de répulsion qui varient entre
les éléments et le combiné ; par exemple, 1 litre de vapeur
d'eau doit peser, suivant le calcul,

$$O^\lambda + H^2\lambda = HO^2\lambda, \; \frac{0,4208+2+0,0696}{2} = 0,8095,$$

et par l'expérience est obtenu le poids peu différent 0,8100.

§ 753. Dans le tableau suivant il se rencontre des différences plus grandes entre les résultats calculés et ceux ob-

tenus par l'expérience, sans qu'il y ait pour cela quelque raison d'admettre des erreurs dans les observations ; ces différences servent à prouver qu'en effet la répulsion $R = r + r'$ ne reste pas la même dans les éléments et leur combiné, il en résulte qu'il serait même absurde d'y chercher une densité indiquée exactement par le calcul.

TABLEAU N. — *Combinés indécomposables ou décomposables et rapport des densités avec celles de leurs éléments calculés.*

NOMS DES GAZ et des vapeurs.	VOLUMES		POIDS DE 1 LITRE	
	des éléments.	des combinés.	calculé.	observé.
Vapeur d'eau HO...	$H^2\lambda + O^\lambda$	$\overline{HO^2}\lambda$	0,8095	0,8100
Éléments des corps indécomposables.				
Azote Az² = $\overline{HO^6}H$...	$\overline{HO^6}\lambda + H^2\lambda$	$Az^2\lambda$	1,3594	1,2627
Carbone C² = HOH²...	$\overline{HO^2}\lambda + H^6\lambda$	$C^2\lambda$	0,5392	0,5482
Soufre S = C⁹H⁴...	$C^2\lambda + H^4\lambda$	$\overline{CH^{12}}\lambda$	0,7196	»
Chlore C²O² = HOH²O⁴.	$\overline{HO^4}\lambda$	$Cl\lambda$	5,2480	5,2088
Éléments indécomposables des corps décomposables.				
Amoniaque AzH³	$Az\lambda + 3H\lambda$	AzH^3	0,7030	0,7752
Protoxyde d'azote AzO.	$Az^2\lambda + O^\lambda$	AzO	1,0740	1,9752
Bioxyde d'azote AzO².	$Az\lambda + O^\lambda$	AzO^2	1,3446	1,5193
Cyanogène C²Az...	$Az\lambda + C^2\lambda$	C^2Az	2,3578	2,3467
Acide hydrocyanique.	$\overline{AzC^2}\lambda + H^\lambda$	AzC^2H	1,2187	1,2310
Oxyde de carbone CO.	$C^2\lambda + O^\lambda$	CO	1,2547	1,2451
Acide carbonique CO².	$C^\lambda + O^\lambda$	CO^2	1,9690	1,9774
Gaz oléfiant C⁴H⁴...	$C^2\lambda + H^2\lambda$	C^4H^4	1,2596	1,2752
Hydrogène protocarburé	$C^\lambda + H^2\lambda$	CH^4	0,7186	0,7270
Vap. d'alcool C⁴H⁴$\overline{HO^2}$.	$\overline{CH}\lambda + \overline{HO}\lambda$	$\overline{CH^4HO^2}$	2,0847	2,0958
Id. d'éther sulfurique.	$\overline{CH^2}\lambda + \overline{HO}\lambda$	$\overline{CH^8HO^2}$	3,3499	0,8395
Acide chlorox. carbon.	$C^2\lambda + O^\lambda + Cl^2\lambda$	$COCl$	4,5026	4,4150
Id. chlorhydrique.	$Cl^2\lambda + H^\lambda$	$\overline{HCl^4}\lambda$	1,6463	1,6205
Id. sulfureux...	$S^2\lambda + O^2\lambda = C^2H^2 + \overline{HO^2}$	$SO^2 = C^2H^2\overline{HO^2}$	2,8986	2,8818
Id. sulfhydrique...	$\overline{CH^{12}}\lambda + H^\lambda$	$SH = C^2H^6$	1,5204	1,5475
Hydrogène H...	»	»	»	0,0896
Oxygène O...	»	»	»	1,4289
Air...	»	»	»	1,2953

§ 754. **Remarques.** Dans la *Photostatique*, page 704, nous avons indiqué le mode de production des nouveaux corps, non pas par une combinaison, mais par la séparation de certains éléments occasionnée dans la fermentation des substances végétales. Les nouveaux corps ainsi produits sont indécomposables parce qu'ils n'ont pas été produits par une combinaison des éléments qu'ils contiennent; mais pour cela ne disparaît pas le rapport de leur densité avec celle des éléments dont ils consistent; rapport qui ne manque pas entre la densité des corps décomposables et celle de leurs éléments.

Nous avons donc ici utilisé ce rapport commun comme exemple, pour obtenir les éléments de quatre corps indécomposables, qui entrent comme éléments des corps décomposables, en conservant le même rapport entre leur densité et celle du combiné produit. Le rapport entre les équivalents électriques séparés et les éléments chimiques suivants qui restent dans le combiné dépend de la loi physique; pour cette raison les cas indiqués dans le tableau ne doivent pas être considérés comme une preuve empirique de cette loi, car ces cas, ainsi qu'une foule d'autres, servent comme exemples, pour prouver les différents moyens qui sont utilisés afin de remonter avec la même sûreté aux éléments des corps indécomposables, comme nous le faisons avec les corps décomposables.

§ 755. **Cause de la simplicité des rapports entre le volume des combinés et la somme des volumes de leurs éléments.** On vient de constater le rapport entre les calories produites ou décomposées et les combinés matériels produits ou décomposés; ici est prouvée l'existence d'un rapport pareil entre les densités ou les volumes qui dépendent des équivalents électriques contenus dans leurs atomes matériels. Ceux-ci restent les mêmes dans le combiné et il n'y a que les éléments électriques qui s'éloignent; ce sont donc ces équivalents qui occasionnent dans le combiné une diminution de volume, et si les calories ainsi obtenues sont conduites à la vapeur d'une chaudière, elles y produisent une augmentation de volume égale à celui qui a disparu des éléments du combiné.

§ 756. **Résumé.** 1° Les éléments matériels *a* étant mêlés avec les équivalents électriques en obtiennent un mouvement répulsif, ils occupent un espace ou un volume supérieur V + V', parce que le volume gagné V' devient en même temps occupé par les éléments électriques. 2° Les mêmes éléments matériels, en recevant du dehors le barogène au moyen d'une pression, communiquent le mouvement convergent aux éléments électriques qui s'éloignent des intervalles et du volume V', et les éléments matériels ou leur barogène occupent ce volume.

Donc, le même volume V' étant occupé par des éléments électriques, il y manque le barogène et le poids; au lieu de comprimer le volume V + V', si l'on introduit une quantité de gaz pour occuper le volume V, on en chassera les éléments électriques qui se présentent alors comme chaleur libre.

CHAPITRE III.

NOUVEAU SYSTÈME DE MACHINES A VAPEUR (1).

§ 757. Faisant le calcul des calories obtenues de 1 gr. de charbon brûlé qui sont de 8040 et de celles qui se trouvent dans la vapeur produite dans la chaudière qui ne sont que 7,5, il a été constaté une perte de 8032,5 calories pour chaque gramme de charbon. De même il a été prouvé que les éléments d'une calorie décomposée produisent un travail de 450 kilogrammètres, tandis qu'on ne peut en obtenir même 4 des meilleures machines. Cette énorme perte de calories et de travail ne pouvait pas être évitée au moyen des chaudières et des pompes des machines actuelles, et cela non pas à cause d'un manque de connaissances, mais plutôt par suite d'un oubli; car chacun comprendra ici facilement les défauts de tous les détails des machines dont résulte la perte constatée. Pour rendre donc les faits plus clairs, nous allons d'abord décrire les machines actuelles et tous leurs défauts.

§ 758. Dans la production du travail au moyen du charbon, de l'air et de l'eau, il y a à distinguer : 1° la formation de la chaleur par le charbon et l'oxygène et sa combinaison avec l'eau pour produire la vapeur; 2° la décom-

(1) L'auteur se réserve le droit de construction pour cette espèce de machines. — Paris, hôtel du Louvre.

position des calories dans la production du travail, et 3° la transmission de ce travail par la vapeur au piston, et ensuite de sa tige à l'arbre. Cette série de faits résulte de la loi physique inconnue jusqu'à présent; pour cette raison on ne savait pas comment le charbon, l'oxygène et l'eau ou l'air peuvent produire un travail mécanique qui est représenté par l'élévation d'un corps C à une hauteur H.

§ 759. **Charbon, oxygène, acide carbonique et chaleur.** Habituellement les physiciens considèrent la chaleur comme cause motrice, et ils ne parlent pas du charbon et de l'oxygène dont elle résulte, car ils n'ont voulu aucunement, surtout les Français, reconnaître les deux électricités comme éléments de la chaleur. 1° Dans le charbon matériel sont contenus les éléments de l'électricité négative indiqués par $\bar{E}$; 2° dans l'oxygène matériel se trouvent les éléments de l'électricité positive indiqués par $\ddot{E}$. Par le mot *combustion* le lecteur doit entendre : 1° la formation d'un mélange des atomes matériels dont résulte l'acide carbonique, et 2° la formation d'un mélange des éléments électriques $\ddot{E}$, $\bar{E}$, dont résulte la chaleur lumineuse; il se disperse une grande portion de lumière et de chaleur, et il ne pénètre dans l'eau par la chaudière qu'une chaleur obscure.

§ 760. **Chaleur, eau, vapeur, poussée.** Du mélange de la chaleur obscure avec l'eau résulte la vapeur, qui ne diffère en rien de l'eau par son poids ou par ses éléments matériels, ni par sa température; car dans la vapeur sont contenus les éléments électriques de la chaleur $\alpha\ddot{E}$, $2\alpha\bar{E}$, et non pas la chaleur $\alpha\ddot{E}\bar{E}^2$ comme telle. Ce sont donc ces éléments repoussés entre eux qui font que les éléments matériels se dilatent pour prendre un volume 12^3 fois supérieur à celui de l'eau. Il faut en vérité être imbu d'idées fortement préconçues pour ne pas reconnaître dans la vapeur, non pas la chaleur du fourneau, mais ses éléments électriques $\alpha\ddot{E}$, $2\alpha\bar{E}$ contenus, ceux $2\alpha\bar{E}$ dans le charbon et ceux $\alpha\ddot{E}$ dans l'oxygène. Ce sont donc ces éléments qui se présentent avec une tendance à s'écouler, non pas comme les grains de sable en quittant leur place, mais comme le petit volume de fumée qui, provenant du sommet d'un cigare, augmente en volume pour occuper un espace mille fois supérieur.

Cette tendance à augmenter en volume a servi à reconnaître dans les éléments électriques un état analogue à celui des ressorts montés ou des gaz comprimés, qui se détendent chaque fois que la résistance extérieure manque. Ainsi l'origine du travail se trouve, non pas dans la chaleur comme telle, mais dans ses éléments électriques qui, en se détendant, repoussent leurs homonymes contenus dans les atomes matériels, et c'est ainsi que se montre le travail mécanique provenant de celui contenu dans l'*électre*.

§ 761. Disparition de chaleur et production de travail. La répulsion mutuelle entre les éléments électriques communiquée aux atomes matériels de l'eau apparaît comme une *poussée* contre la paroi, poussée qui provoque trois degrés de résistance : 1° R de la part de la chaudière; 2° R — r de la part de la soupape, et 3° R — r — r' de la part du piston. Dans les températures inférieures de la chaudière la poussée P nommée *dynamique* étant inférieure à la résistance R — r — r' du piston, il ne peut apparaître aucun écoulement ou travail mécanique. Mais en augmentant la densité des calories dans la chaudière pour faire augmenter, au moyen de leurs éléments électriques, la poussée P, on parvient à vaincre la résistance R — r — r' qu'oppose le piston.

Les éléments électriques, se séparant des calories, pénètrent dans l'espace e occupé par la portion v de vapeur qui en est chassée et qui chasse au même temps le piston et sa tige, où se trouve un corps C qui monte dans la hauteur H pour indiquer la quantité m de travail mécanique. En même temps l'abaissement simultané du thermomètre dans la chaudière indique le nombre $\alpha\theta$ de calories décomposées dont les éléments électriques y ont occupé l'espace e de la portion v de vapeur éloignée.

Cette portion v de vapeur correspond donc d'une part à la hauteur H où le corps C a été élevé, et qui est représentée par m comme travail mécanique ; la même portion v de vapeur correspond à l'espace e qui est occupé par les éléments électriques $\alpha\bar{E}$, $2\alpha\bar{E}$ des $\alpha\vartheta$ calories qui sont devenus insensibles ; de cette manière résulte le rapport observé $m : \alpha\vartheta$ entre le travail m produit et les calories $\alpha\vartheta$ décomposées. Ainsi les éléments de ces calories $\alpha\vartheta$ passent dans l'espace e ; de cet espace la portion v de vapeur passe dans le corps de pompe, le piston monte au fond de la pompe et le corps C, soutenu dans la tige du piston, monte la hauteur H ; cette poussée P' est nommée *mécanique* pour la distinguer de la dynamique qui n'en existait pas moins alors que ne se manifestait aucune production de travail mécanique.

I. — ÉTAT ACTUEL DES MACHINES A VAPEUR ET LEURS DÉFAUTS.

§ 762. Les détails de chaque machine sont de trois genres : 1. Le fourneau où le charbon échauffé vient en contact avec l'air pour se mêler avec son oxygène et produire deux mélanges : 1° le matériel qui est l'*acide carbonique* éloigné par la cheminée, et 2° la *chaleur* qui pénètre dans la paroi de la chaudière pour se mêler avec l'eau et produire la vapeur. II. Dans ce mélange avec l'eau la chaleur se décompose en ses éléments électriques dont résulte une poussée P dynamique contre la paroi de la chaudière, qui doit être suffisamment solide pour exercer la résistance R contre cette poussée. III. Dans la transmission du travail qui résulte de l'écoulement des éléments électriques des calories $\alpha\vartheta$ dans l'espace e, dont sont chassées les molécules μ de la portion v de vapeur pour déplacer le piston et faire remonter le corps C à la hauteur H.

A. Foyer et chaudière.

§ 703. Dans les expériences des physiciens on cherche à déterminer la quantité de calories que produit 1 gramme de charbon brûlé dans l'oxygène; ici il ne s'agit pas seulement d'obtenir du charbon toute la chaleur, mais d'en obtenir en même temps une grande densité, et cela s'opère par la combustion d'une grande quantité de charbon à la fois, sur lequel l'air doit arriver dans une proportion déterminée, parce que, 1° trop d'air fait augmenter la lumière et diminuer la chaleur (§ 606); 2° trop peu d'air fait également diminuer la chaleur, parce qu'alors il s'éloigne beaucoup de vapeur de charbon ou d'oxyde de carbone.

Par des tâtonnements fréquemment répétés les mécaniciens sont parvenus à construire les meilleurs foyers possibles, et les chauffeurs, en réglant convenablement la distribution du charbon sur la grille et tenant fermée la porte du foyer, ne permettent pas que le charbon s'échappe en vapeur ou en oxyde carbonique, ni qu'il se forme trop de lumière; mais tel n'est pas le cas pour les chaudières où la chaleur doit pénétrer pour se mêler avec l'eau et produire la vapeur.

§ 704. **Chaudières à haute pression.** La figure 96 représente une chaudière fixe vue de côté avec une coupe longitudinale du fourneau, dont la figure 95 montre la partie antérieure, et une coupe transversale est représentée par la figure 97; v, v, v est la prise de vapeur, le tube a amène l'eau de la pompe d'alimentation, qui n'est pas indiqué, au fond de la chaudière; b, b (fig. 95) et B, b (fig. 96) sont les tubes *bouilleurs* qui communiquent avec la chaudière au moyen des tubes p, p, p nommés *puisards* par lesquels monte la vapeur formée dans les bouilleurs.

La chaudière est renfermée dans un fourneau en briques

dont les deux bouilleurs *b*, *b* (fig. 96) traversent la paroi antérieure pour être nettoyés ; *r* est un registre pour régler le tirage de la cheminée ; c'est au moyen de la tige *re* qu'on peut laisser pénétrer transversalement l'air par une fente *e* qui règne dans toute la largeur du fourneau : ce courant latéral fait diminuer le tirage direct dont résulte un ralentissement de la combustion. On jette du charbon sur la grille du foyer par la porte *c*, qui reste ensuite fermée ; les chauffeurs savent très-bien que la combustion du charbon est plus rapide avec la porte ouverte et la flamme plus grande, mais qu'au lieu d'une élévation du thermomètre il y a un abaissement ; l'augmentation de la lumière dans toute combustion fait diminuer la production de chaleur, c'est un fait que tous les chauffeurs connaissent ; cependant les physiciens s'obstinent à ne pas le reconnaître, parce que cela contredit leur système des ondulations.

Figure 97.   Figure 96.   Figure 95.

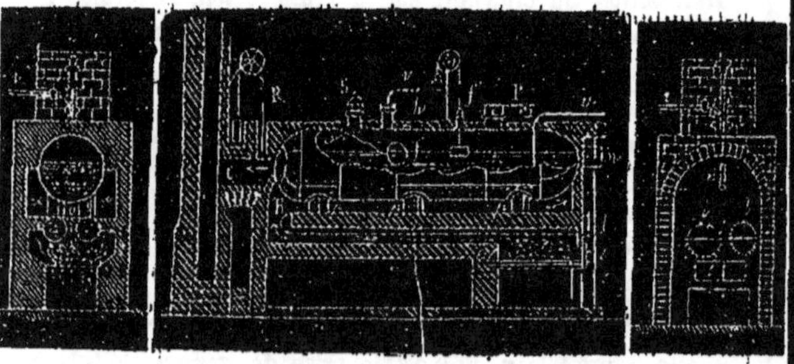

La chaleur et l'acide carbonique produits dans le fourneau se séparent à cause de la paroi qui est : 1° en briques des deux côtés ; 2° des tubes bouilleurs du dessus ; 3° de la grille du dessous ; 4° de la porte du devant, et 5° d'une ouverture B au fond. La chaleur pénètre dans les parties en briques, mais elle pénètre plus facilement encore dans le métal pour arriver à l'eau ; les gaz ne pouvant y pénétrer avec la chaleur, s'en séparent et passent avec une grande partie de chaleur par l'ouverture B (fig. 96) dans l'espace O (fig. 97) qui est le fourneau supérieur limité : 1° latéralement par une cloison en briques, et 2° en dessous par une cloison horizontale placée à la hauteur des bouilleurs pour séparer le fourneau inférieur du supérieur, qui est parcouru par les gaz en sens inverse à celui qu'ils affectent dans le fourneau inférieur, et ces gaz arrivent ainsi au fond x, x' du fourneau supérieur qui est au-dessus de la porte c pour remonter dans la cheminée. La chaleur se sépare alors des gaz dans le fourneau supérieur pour pénétrer au fond de la chaudière qui ne présente par elle-même aucune résistance ; ainsi diminue beaucoup la perte de chaleur par les gaz éloignés.

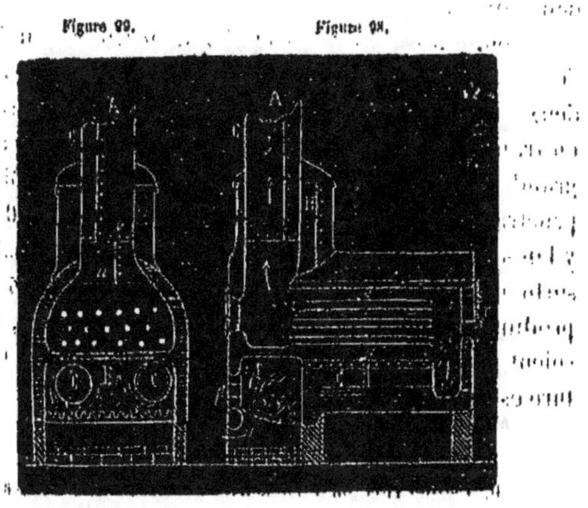

§ 765. **Chaudières tubulaires des bateaux.** Pour plus de solidité elles ont la forme rectangulaire, les parois planes opposées sont renforcées par des tirants ; il y a souvent dans l'intérieur des cloisons destinées à retenir l'eau quand le navire s'incline pendant les tempêtes. Les chaudières ont plusieurs foyers qui forment des fourneaux à paroi de gros tuyaux C (fig. 99) entourés d'eau; la porte p de chaque foyer forme la paroi antérieure du fourneau F, dont le tube C constitue la plus grande partie pour faire arriver les gaz au fond F d'où ils remontent pour s'engager dans les tubes nombreux a, a (fig. 99) qui traversent la chaudière pour former un grand nombre de fourneaux supérieurs; ainsi les gaz parcourent en sens inverse ces fourneaux pour arriver à la cheminée b et sortir en A. Le poids du charbon avec celui de l'air se trouve dans l'acide carbonique et l'azote qui s'échappent, la chaleur qui s'échappe et qui pénètre dans la chaudière et dans les parois des fourneaux est produite par l'électricité négative contenue dans le charbon et par l'électricité positive contenue dans l'oxygène.

§ 766. **Chaudières des locomotives.** Au lieu des deux fourneaux superposés pour faire circuler les gaz en deux sens opposés, comme dans les chaudières précédentes, on trouve ici un seul système de fourneaux composé d'un grand nombre de tubes a, a (fig. 99). Les gaz brûlants, en pénétrant dans les tubes qui sont au nombre de 100 à 150, y laissent pénétrer la plus grande partie de leur chaleur; de sorte qu'il ne faudrait pas croire que des 8050 θ calories produites, dont 7,5 θ se trouvent dans la vapeur, 8042,5 θ soient perdues en s'éloignant avec les gaz dont la température est entre 200° et 350°.

B. PRODUCTION DE VAPEUR ET POUSSÉE CONTRE LA PAROI;
EXPLOSIONS DES CHAUDIÈRES.

§ 767. Au moyen du contact des gaz brûlants avec le métal de la chaudière, la plus grande partie de la chaleur se sépare des gaz pour pénétrer dans le métal et venir en contact avec l'eau pour en faire élever la température à 100°, et ensuite faire se combiner l'eau avec la chaleur pour apparaître la vapeur. L'expérience prouve que les calories qui passent de la chaudière pour élever la température de l'eau s'y trouvent toutes; le même effet a lieu pour les calories dont 637 doivent se décomposer pour transformer 1 gramme d'eau en vapeur; et cependant le même effet n'est pas constaté pour les calories qui pénètrent dans les chaudières où une calorie se trouve à peine sur plusieurs centaines dans la vapeur produite, tandis que les autres deviennent insensibles.

Comme était restée inexplicable pour les physiciens l'énorme perte de chaleur, il en est de même pour les explosions des chaudières, dont les plus violentes ne sont pas celles qui résultent d'un défaut dans les matériaux employés ou de la soupape; ce sont, au contraire, celles qui sont précédées d'une diminution de production de chaleur et de vapeur dans la chaudière, comme cela est prouvé par le manomètre, la soupape de sûreté et le thermomètre.

§ 768. **Soupape de sûreté.** Ce mécanisme a été pour la première fois employé dans la marmite de Papin R (fig. 100). C'est un levier L articulé en r par l'une de ses extrémités et qui porte à son autre extrémité un poids P qui exerce la pression Π sur une lame S dont la face inférieure

Figure 100.

ferme l'ouverture o de la chaudière dont elle éprouve la poussée dynamique P de la part de la vapeur. Une chaudière brûlant à vide ne produit aucune poussée; celle-ci est médiocre quand la chaudière contient une petite quantité d'air ou de vapeur; mais elle croît quand augmente cette quantité ou la densité. Dans les chaudières à une poussée de 10 atmosphères, la température n'est que 180°; pour obtenir avec l'air la même poussée à cette température, il faut qu'il ait été comprimé à 6 atmosphères.

Pour évaluer le degré de la poussée P de la vapeur contre la paroi de la chaudière et contre la face f' intérieure de la lame S, on détermine la pression Π exercée sur la face extérieure f de la même lame S. Soit s l'aire de l'ouverture o de la chaudière, h la hauteur d'une colonne de mercure qui pèse sur la lame S ayant pour base une surface s égale à l'ouverture o ; pour obtenir un équilibre entre la pression $\Pi = s \times h \times 13,6$ et la poussée P, il faut que celle-ci soit égale à la résistance $R - r = \Pi$ qui peut être bien déterminée. La vapeur dans la chaudière n'obtient cette poussée P qu'au moyen de la densité d de la vapeur et de celle T des calories ; car séparément ni les calories ni la vapeur ne produisent aucune poussée.

§ 769. **Défaut des chaudières dont résultent les explosions et la perte de chaleur.** Nous avons fait voir (§ 492) le mode de la production de l'état des globules et des soubresauts ; le métal brûlant diminue la production de vapeur et l'élévation de température ; car il fait se décomposer la chaleur en ses éléments électriques, qui s'écoulent latéralement ; cet écoulement d'éléments électriques provenant des calories décomposées peut être prouvé directement (§ 488). Il ne reste donc aucun doute que sur les 8050 calories produites dans le foyer par 1 gramme de charbon, quelques centaines s'éloignent par la cheminée, 7,5 se combinent avec l'eau pour former la vapeur, les autres éprouvent dans le métal une décomposition en éléments électriques qui s'écoulent dans la terre.

L'épaisseur de la tôle des chaudières dépasse généralement 10 millimètres ; elle est de plus du double dans les périphéries où les tubes puisards p, p, p (fig. 96) s'unissent avec les bouilleurs b, b (fig. 95) ; c'est donc de là que l'état des globules prend naissance et se propage dans toutes les directions ; lorsqu'on augmente l'activité de la combustion, la température dans la chaudière ne s'élève pas et la production de vapeur n'augmente pas davantage. Si l'écoulement de l'électricité vers la terre est libre, il n'arrive aucune explosion, on en est quitte pour un excès de charbon consumé. Cet éloignement d'électricité s'opère moins facilement vers l'eau de la mer que vers la terre ; pour cette raison les catastrophes de ce genre, nommées *explosions fulminantes*, sont plus fréquentes en mer que sur terre.

§ 770. **Couche de graisse dans l'eau de la chaudière produisant une explosion fulminante.** Ce genre d'explosions fulminantes ne peut pas être ramené à la précédente, comme l'a cru Donny. Après un arrêt de la machine, quand le feu reste presque éteint, la température dans la chaudière se rapproche de celle de l'air ambiant. On chauffe quand on veut partir, et avant d'obtenir une quantité suffisante de vapeur la chaudière éclate avec une violence qui surpasse toutes les autres. Il a été reconnu que la cause de ces explosions n'est pas dans les tubes puisards, mais dans l'eau ; cependant on n'est pas allé plus loin pour mieux en étudier la cause, qui devient évidente au moyen des deux exemples suivants.

Soient A, B (fig. 104) deux vases égaux de métal remplis d'eau jusqu'aux deux tiers dont l'un A reçoit quelques

gouttes d'huile et l'autre reste avec l'eau pure. On allume le feu sous les deux vases et l'on chauffe jusqu'au point d'ébullition ; ensuite le feu reste éteint quelque temps pour laisser se refroidir l'eau ; on l'allume de nouveau comme au commencement et à 100°, tandis que l'eau bout dans le vase B, elle reste en repos dans celui A qui a reçu l'huile ; si l'on augmente également l'activité du feu dans le vase B, la vaporisation croît, et il apparait dans le fond du vase A un soulèvement de la masse d'eau qui est projetée avec violence en grande partie par l'orifice. Le vase éclate dans les cas où cet orifice est étroit, et sa solidité pas très-grande.

Pour mieux prouver la cause électrique de ces explosions, on peut se servir du petit appareil *o* (fig. 102) nommé *éolipyle* (de Éole, dieu des vents, et πύλη, porte). C'est un vase métallique en forme de poire creuse ayant la queue pliée et percée de manière à former un tuyau très-mince. Ce vase chauffé au rouge jusqu'à $2 \times 266°$ perd les deux

tiers de son air; alors mettant son orifice en contact avec l'eau pendant le refroidissement du vase, l'air se contracte et l'eau pénètre pour y remplir les deux tiers. Ensuite on allume le feu, et l'eau ne bout pas à 100°, mais à une température supérieure; la vapeur formée ne s'écoule pas avec continuité, mais elle s'échappe par bouffées analogues à celles du vent. L'éolipyle éclate si sa paroi n'est pas assez solide, la température de la vapeur très-élevée et l'orifice très-étroit.

Explication. Pendant le refroidissement des corps il s'éloigne toujours avec la chaleur l'électricité négative qui sollicite l'accumulation de la positive dans ce corps. Dans l'eau du vase B cette électricité s'éloigne avec la vapeur, la couche d'huile du vase A intercepte l'éloignement de l'électricité de l'eau. Quand on commence à chauffer, la chaleur du feu s'écoule avec l'électricité négative vers la couche inférieure de l'eau où est sollicitée l'électricité du vase A qui n'a pas été éloignée avec la vapeur à cause de la couche de graisse; une semblable couche de graisse se trouve habituellement dans l'eau de la chaudière arrivée par les pistons.

§ 774. **Explosions produites par l'abaissement du niveau dans la chaudière.** Quand, par négligence, on oublie d'introduire de l'eau dans la chaudière, le niveau baisse au-dessous de la ligne exposée à la flamme, qui devient rouge ; si alors on éteint le feu pour laisser se refroidir la chaudière sur ses deux faces, il n'arrive rien quand ensuite, après avoir éloigné l'eau de la chaudière, on y en introduit d'autre pour la chauffer ; au contraire l'explosion est inévitable si l'on introduit l'eau froide dans la chaudière. Les atomes de la face rouge intérieure se contractent et produisent des fentes longitudinales dont résulte un affaiblissement de la paroi qui ne suffit plus pour résister à la poussée P de la vapeur, et c'est ainsi que la rupture se produit, mais avec une violence médiocre.

§ 772. **Alimentation des chaudières.** Le tube a (fig. 96) laisse passer l'eau poussée par une pompe foulante pour pénétrer dans l'eau de la chaudière. Pour entretenir un niveau convenable et ne pas le laisser s'abaisser, la pompe foulante est toujours en action, et l'on empêche la trop grande élévation du niveau au moyen d'un flotteur qui bouche l'orifice du tube g et fait s'écouler l'eau en dehors pour arriver à son réservoir. Ensuite quand le niveau baisse dans la chaudière, le flotteur s'éloigne de l'orifice du tube a pour laisser entrer l'eau.

C. Transmission du travail.

§ 773. De la combinaison de l'eau dans la chaudière, non pas avec la chaleur même arrivant du foyer, mais avec ses éléments électriques, il résulte, avec l'augmentation de volume, une poussée P contre la paroi de la chaudière, où se trouvent la soupape et le piston. Cette poussée croît avec l'élévation de la température, mais nulle part n'apparaît ni décomposition des calories ni production de travail ; car pour cela il est absolument nécessaire que la poussée P soit supérieure à la résistance R —r—r' de la part du piston ; quand ce degré est atteint, apparaît la décomposition des calories dans la chaudière, dont les éléments électriques

repoussent une portion v de vapeur dans le corps de pompe
où s'élève le piston et fait s'élever un corps C dans la hauteur
H qui représente le travail m obtenu. Cette transmission de
travail s'opère donc au moyen des mécanismes suivants :

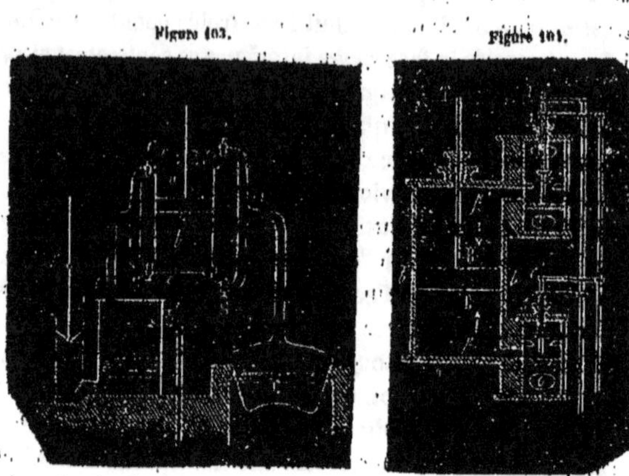

§ 774. Machines à double effet.

La transmission
du travail de la vapeur s'opère par les deux faces du piston
a (fig. 103) ou b (fig. 104), où est conduite alternativement
la vapeur par les deux extrémités du corps de pompe qui
se mettent en communication tantôt avec la chaudière C,
tantôt avec l'eau du condensour c par les robinets r, s, r', s',
dont deux, r et s', étant ouverts, les deux autres, r' et s,
sont fermés ; ainsi la vapeur poussée de la chaudière passe
par r au-dessus du piston et le fait descendre, au moyen de
son écoulement dans la partie a du corps de pompe pendant
que la vapeur v' de la partie inférieure b de la pompe est
poussée par le robinet s' dans le condenseur c sans qu'elle
exerce aucune résistance. Quand le piston est descendu jusqu'à e', s'ouvrent à leur tour les robinets r' et s et se ferment les deux autres r et s'. La vapeur v poussée de celle
de la chaudière passe alors par le robinet s au-dessous du

piston et la pousse en haut; ainsi est repoussée la vapeur de la partie supérieure u par le robinet r' dans le condenseur c.

Dans la figure 104 est représenté le mécanisme de cette distribution de la vapeur; aux deux extrémités du corps de pompe se trouvent annexées deux boîtes à soupapes so, $s'o'$, munies des deux ouvertures o, o' pour communiquer avec le condenseur. La tige s, s' de chaque soupape supérieure est un tube dans lequel glisse la tige r ou r' de la soupape inférieure o, o'. Les tiges r, r' sont fixées par des traverses horizontales à deux tringles verticales t, t, de manière que l'une des soupapes supérieures r soit fixée à la même tringle t que l'une s' des soupapes inférieures. Ces tringles t, t sont poussées alternativement de bas en haut et de haut en bas par un système de *plug-frame*, et font ainsi passer la vapeur d'un côté du piston pour le faire avancer et chasser la vapeur précédente dans le condenseur.

§ 775. Transmission du travail de la tige du piston à l'arbre. Des va-et-vient du piston dans le corps de pompe résulte une transmission rectiligne du travail; pour en obtenir une transmission en direction périphérique, on emploie différents moyens en cherchant à diminuer la perte

Figure 105.

autant que possible; nous en indiquerons les suivants :

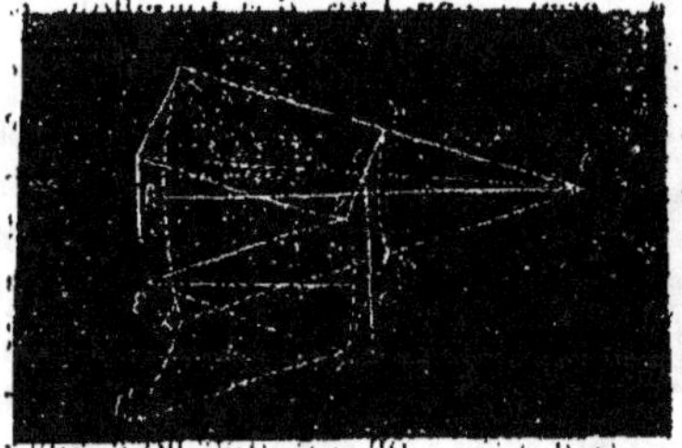

I. *Parallélogramme de Watt.* Soient deux barres égales $O\delta$, $\varepsilon\gamma$ (fig. 105) réunies par un levier articulé $\gamma\delta$. Les extrémités δ et γ des barres décrivent des arcs de cercle $\delta\delta'$, $\gamma\gamma'$, le levier $\delta\gamma$ viendra de la position $\delta\gamma$ en $\delta'\gamma'$, et il s'agit de prouver que son milieu c décrira une ligne directe cc'. Prolongeons la barre $O\delta$ pour avoir $O\delta = \delta\alpha$ et construisons un parallélogramme $\alpha\beta\gamma\delta$ dont les côtés soient articulés aux angles de manière qu'ils puissent prendre différentes positions et formes $\alpha\beta\gamma\delta$, $\alpha'\beta'\gamma'\delta'$. Le point c parcourant une ligne droite, le point β aussi décrira une ligne droite parallèle à cc'. En effet les trois points O, c, β sont en ligne droite, puisque $\alpha\beta = \delta\gamma$ est double de δc, de même que Oα est double de Oδ. On a Oc : Oβ = Oδ : Oα, et Oc' : Oβ' = Oδ' : Oα, dont résulte Oc : Oβ = Oc' : Oβ'. La droite cc' est donc parallèle à celle qui joint les points β et β'. La tige du piston est articulée au point β et celle de la pompe à air s'articule au point c à cause de son travail moindre.

II. *Machines à cylindres oscillants.* Ce cylindre qui est le corps de pompe, est soutenu par deux tourillons dont l'un

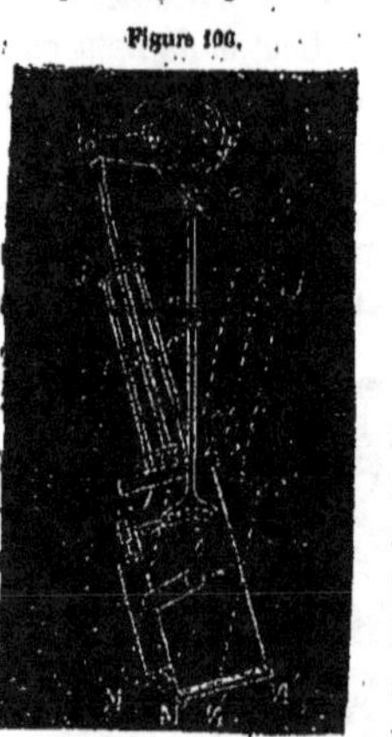

se voit en o (fig. 106) sur deux colonnes, autour desquelles il peut osciller. La tige du piston agit directement sur la manivelle m; elle est guidée par des galets qui roulent entre deux tiges c, c' fixées autour du corps de pompe. La vapeur arrive par l'un des tourillons et sort par l'autre. L'excentrique e fait monter et descendre une bielle b guidée en n et portant une glissière a ayant la forme d'un arc dont le centre est en o. Du levier l qui agit sur la tige du tiroir en a, part un bouton qui glisse dans la glissière pendant les oscillations du piston. Le tiroir ne changerait pas de position si la glissière a restait fixe; mais comme elle monte et descend par l'effet de l'excentrique e, le tiroir reçoit un mouvement alternatif.

III. *Machines locomobiles.* P (fig. 107) est le corps de pompe, la tige du piston est guidée dans une glissière a et agit par l'intermédiaire de la bielle b sur la manivelle de l'arbre *o*. Cet arbre porte une grande poulie R embrassée par une courroie sans fin *cc*, destinée à transmettre le mouvement aux appareils qu'on veut faire mouvoir. *r* est le modérateur à force centrifuge réglant la position de la clef *k*. La vapeur vient de la chaudière cylindrique construite, comme celle des locomotives, avec un fourneau simple.

Figure 107.

§ 776. **Détente et son indicateur.** Watt inventa un appareil qui indique la marche que suit la détente de la vapeur pour chaque position du piston. On dit que le piston agit *en pleine vapeur* quand le robinet reste ouvert pour laisser pénétrer la vapeur de la chaudière dans le corps de pompe jusqu'au moment où le piston arrive à son autre extrémité, ainsi en pareils cas il n'y a pas de détente. Mais si le robinet de la chaudière se ferme au moment où le piston a fait $\frac{1}{n}$ de sa course, pour faire son reste $\frac{n-1}{n}$ par la dilatation de la portion $\frac{v}{n}$ de vapeur, alors on dit que la détente est $\frac{n-1}{n}$. En admettant dans la chaudière une poussée de 10 atmosphères et $n = 10$, si l'espace dans le corps de la pompe est $e = v$ égale au volume de la portion *v* de vapeur

qui entre dans le corps de pompe, la poussée reste de
10 atmosphères pendant toute la course, mais si le robinet
se ferme quand il est entré la portion $\frac{v}{10}$ de vapeur et quand
le piston a fait $\frac{1}{10}$ de sa course, pour faire les autres $\frac{9}{10}$, il
faut que le volume de la vapeur $\frac{v}{10}$ augmente et devienne
10 fois plus grand, et cela s'opère au moyen des éléments
électriques des calories $\alpha'\theta$ qui disparaissent à cause de leur
décomposition; ces calories $\alpha'\theta$ sont
donc celles qui donnent naissance à
une nouvelle quantité de travail m'
constatée directement par l'indicateur.

Celui-ci est un petit corps de
pompe contenant le piston p
(fig. 108) et que l'on visse dans le
couvercle e (fig. 104) du corps de
pompe de la machine dont la détente doit être observée. Quand la
vapeur arrive à la partie supérieure a de la pompe, elle soulève
le piston p (fig. 108) en faisant
céder un ressort en hélice qui
entoure sa tige t. Cette tige porte
un crayon articulé r qui monte et descend en même temps
qu'elle. Ce crayon est muni d'un ressort qui le presse
contre un tambour vertical A, sur lequel est une feuille de
papier; il trace une ligne verticale quand le tambour est
fixe; mais celui-ci tourne sur lui-même pendant l'ascension
du piston o (fig. 104) : ce mouvement lui est imprimé par
un cordon fixé sur la tige du piston o de la machine. Le
cordon c (fig. 108) tire sur une poulie C, à laquelle s'adapte
un petit treuil o autour duquel s'enroule un second cordon
qui passe dans une gorge pratiquée au bas du tambour A.
Il résulte de cette disposition que le tambour tourne avec

une vitesse à chaque instant proportionnelle à celle du piston BB (fig. 100). Enfin un ressort spiral contenu dans le tambour le fait revenir sur lui-même quand le cordon *c* (fig. 108) descend. Il résulte de la combinaison des mouvements du tambour et du crayon que ce dernier trace une courbe sur le papier, et cette courbe est celle qui correspond aux degrés de la détente.

Soit *ab* (fig. 108) égal à l'arc décrit par un point *l* du tambour pendant l'ascension du piston BB (fig. 104), et supposons que cette ligne soit celle que trace le crayon *r* (fig. 108) quand le piston *p* qui le porte est soumis de chaque côté à la pression atmosphérique. Soit aussi *vm* celle que décrirait le crayon si le vide parfait existait sous le piston *p*. Lorsque la vapeur entrera librement dans la partie supérieure B (fig. 104) du corps de pompe *pp'*, elle amènera le piston *p* (fig. 108) dans une position où il y aura équilibre entre l'effort qu'elle exercera et la résistance du ressort de l'hélice, et, le tambour A tournant, la pointe *r* marquera en ce moment un trait horizontal.

A partir du moment où la vapeur cessera d'entrer et où commencera la détente, le ressort de l'hélice fera descendre le piston *p*, le crayon *r* s'abaissera et décrira une courbe dont les ordonnées dépendantes des pressions de l'hélice iront en diminuant. Quand l'appareil reviendra ensuite sur ses pas, le crayon décrira une droite *ee'* placée au-dessous de *ab* s'il y a condensation; mais si la pression atmosphérique existe de chaque côté du piston *p*, le crayon décrira la ligne *ab*.

Le chemin parcouru par le piston étant proportionnel aux distances comptées sur *ab*, et la pression efficace de la vapeur aux différences des ordonnées de la courbe comptées à partir de *vm*, il est évident que le travail accompli pendant une double course de piston sera représenté par l'aire de la courbe fermée *cdea* décrite par le crayon; c'est pour cela que l'appareil est nommé *totalisateur*. Ainsi ont été obtenus les résultats indiqués dans le tableau.

FRACTIONS DU TEMPS et de la course où commence la détente.	TRAVAIL produit.	FRACTIONS DU TEMPS et de la course où commence la détente	TRAVAIL produit.
1	1,000	0,5	1,693
0,9	1,105	0,4	1,910
0,8	1,223	0,3	2,204
0,7	1,357	0,2	2,609
0,6	1,509	0,1	3,302

Malgré ce résultat obtenu directement des différents degrés de détentes, dans la pratique on est forcé de ne pas employer, dans les meilleures machines, une détente qui diffère trop de 0,8 dont le travail 1,223 est trois fois inférieur à celui 3,302 de la détente 0,1. Ainsi est directement prouvée une perte des deux tiers du travail.

II. — RÉFORME DE LA CONSTRUCTION DES MACHINES A VAPEUR.

§ 777. Les appareils destinés : 1° à la formation de la vapeur; 2° à la transmission du travail, et 3° à l'augmentation de la détente, sont les trois parties qui constituent une machine à vapeur; chacune de ces parties ne se trouve pas, dans les machines actuelles, dans le meilleur état où elles pourraient être.

I. La chaleur du foyer, au lieu de traverser simplement la tôle pour aller se décomposer dans l'eau et produire la vapeur, se décompose en grande partie dans cette même tôle, et ses éléments électriques s'éloignent vers la terre sans se combiner avec l'eau. Il est prouvé que la chaleur de 1 gr. de charbon est de 8050 calories, et que dans la vapeur qui en est produite, il ne s'en trouve que 7,5; on sait que cette énorme perte ne provient pas de la chaleur éloignée avec les gaz, et l'on ignorait que c'est par la décomposition des calories dans la tôle que la perte de chaleur s'opère.

II. Le travail se laisse calculer au moyen des calories, décomposées ; car pendant la séparation de chaque portion v de vapeur de la boîte, il y arrive une dilatation et un abaissement de température par la décomposition des θ calories ; de chacune d'elles résulte un travail de 450 kilogrammètres, tandis qu'au moyen de meilleures machines on obtient à peine, pour chaque calorie, un travail de 4 à 3 kilogrammètres, et tout le reste se perd dans le frottement.

III. Il a été prouvé, au moyen de l'indicateur de Watt, que la détente fait diminuer cette perte de travail ; cependant elle ne peut pas être utilisée dans la contruction actuelle des machines. Ainsi la perte de travail est due, 1° au manque de développement de la détente, et 2° aux frottements qui ont lieu dans la transmission du travail.

D'autre part, il est également prouvé que les chaudières qui ont subi l'épreuve d'une poussée de 100 atmosphères éclatent à une poussée qui n'atteint pas 10 atmosphères ; et malgré tous les indices qui dénotent l'existence d'une cause électrique dans ces explosions, les physiciens ne sont pas parvenus encore à connaître que c'est la chaleur décomposée qui occasionne ces explosions fulminantes. Tout cela résulte de l'isolement existant entre les occupations de chaque branche qui constitue une machine ; les chauffeurs, par exemple, savent bien que de la même quantité de charbon résulte une quantité de chaleur lumineuse beaucoup moindre que quand elle est obscure, mais les physiciens nient l'existence d'un tel fait, et cela parce qu'il est en contradiction avec leurs hypothèses, auxquelles ils donnent plus de valeur qu'aux faits observés par les chauffeurs (§ 625).

Quel que fût donc le désir d'éviter ces pertes de chaleur qui amènent les explosions des chaudières les plus solides, on ne pouvait rien faire tant que la cause en restait inconnue. Au contraire, la cause de la perte du travail par le frottement et par le manque de détente était connue, et cependant on n'est pas parvenu à remplacer les cylindres par des couples de soufflets, comme cela s'opère ici, en obtenant un développement parfait de la détente. Même au moyen des cylindres, on peut obtenir, jusqu'à un certain degré, un tel développement de détente, quand toute la résistance n'est pas concentrée sur l'extrémité de la tige du piston, et quand la transmission du travail s'opère au moyen d'une manivelle, comme dans les machines locomobiles (§ 775), dans lesquelles on obtient un développement de détente et une augmentation de travail; mais au lieu d'attribuer celle-ci à sa cause physique, qui est la détente, on croit que cela résulte seulement de la diminution du frottement.

A. Chaudières sans perte de chaleur et sans explosions.

§ 778. Les mécaniciens ignorent, mais les physiciens ont approuvé l'observation de Donny, qui constata l'état globulaire ou sphéroïdal comme cause de la diminution de production de vapeur qui précède les explosions fulminantes; on est allé même jusqu'à prouver que les tubes puisards, quand ils sont trop étroits, occasionnent fréquemment des explosions. Cependant la cause véritable de l'état globulaire (§ 484) étant inconnue aux physiciens, ils ne pouvaient pas se rendre compte de l'action électrique qui fait éclater les chaudières les plus solides. Laissant donc de côté la cause de l'état globulaire, tout se réduit à rendre impossible la production d'un état pareil dans les chaudières, et il reste déjà bien constaté que ce résultat ne saurait être atteint tant que les chaudières resteront dans l'état actuel.

§ 779. **Cause de l'état globulaire.** Cet état n'apparaît pas quand la température du métal n'est pas très-élevée, et encore, à la même température, l'état globulaire n'apparaît pas pour tous les liquides, car il dépend du point d'ébullition dudit liquide. Ainsi, à 300° ou 350°, l'état globulaire apparaît dans l'eau et ne se montre pas dans l'huile. En un mot, cet état se présente à une température où la production des vésicules de vapeur est très-abondante au fond de la chaudière, alors très-chaude. La température s'élève beaucoup aux surfaces de chauffe, dans les coutures, rivures de la tôle, et aux angles de la chaudière, où l'épaisseur de la tôle est double et triple même. Dès que le métal très-échauffé parvient à se séparer du liquide, sa température croît, et les calories qui se décomposaient dans l'eau pour la transformer en vapeur commencent à se décomposer dans le métal; alors les éléments électriques produits en se dispersant repoussent l'eau, qui ne peut plus venir en contact avec le métal, et c'est ainsi que résulte une diminution de production de vapeur et un abaissement de température.

§780. **Moyens d'éviter la formation de l'état globulaire.** On est sûr d'éviter cet état quand l'eau des chaudières est remplacée par une huile qui bout à 350° ou à 400°, et pour obtenir la vapeur d'eau, il faut que la chaudière soit plongée dans un bain d'huile. Ainsi, de la chaudière en tôle, la chaleur pénètre dans l'huile, et alors il est impossible que se forme l'état globulaire dans la chaudière intérieure. La surface de chauffe est considérable, parce que la prise même de vapeur est dans le bain d'huile et est facilement maintenue à une température variant entre 200° et 300°; de sorte que la tension ou la poussée de la vapeur peut être élevée au-dessus de 15 atmosphère et produire, avec la moitié des combustibles, un travail dix et vingt fois supérieur à celui qu'on peut obtenir actuellement, et cela sans craindre aucune explosion de la chaudière. Pour le bain à l'huile, la tôle de la chaudière est de 3 millimètres, et la chaudière à vapeur plongée dans l'huile doit subir une épreuve préalable.

Au moyen des chaudières actuelles, il est encore possible d'éviter la perte de chaleur et les explosions fulminantes de la manière suivante : pour avoir, au contact de la tôle, une couche liquide qui empêche l'apparition de l'état globulaire, comme le fait l'huile, on couvre la face intérieure des chaudières en tôle d'une couche de plomb de 1ᵐᵐ d'épaisseur par la voie galvanoplastique; ensuite, pour empêcher l'éloignement de cette couche devenue liquide, il en faut une autre en zinc. Cette modification, facile à appliquer aux chaudières, empêche la perte de la chaleur et les explosions. Avec la même quantité de combustible, dans des machines d'une force de plusieurs centaines de chevaux, on obtient une quantité de vapeur dix fois supérieure, et cela sans crainte d'explosion.

B. DIMINUTION DE LA PERTE DU TRAVAIL PAR L'ÉLOIGNEMENT DES POMPES.

§781. Le travail est dans les éléments électriques de la chaleur et non pas dans la chaleur même, comme cela devient évident dans l'abaissement de température quand les gaz se dilatent en transmettant le travail au piston, dont la tige le transmet à l'arbre. Cependant cette transmission s'opère avec une perte énorme à cause des frottements dans le cylindre et dans la transformation de la direction rectiligne de la tige du piston en une direction périphérique. Cette double perte de travail a pu être évitée au moyen du remplacement des pompes par les couples de soufflets.

Il y a à distinguer deux actions : 1° la transmission de la vapeur de la chaudière au condenseur, et 2° la transmission du travail des éléments électriques et de la vapeur qui doit s'opérer en directions périphériques, afin de rendre inutile la perte de travail qui sert aujourd'hui à changer la direction rectiligne en périphérique.

§ 782. I. **Mécanisme du passage de la vapeur par les soufflets au condenseur.** Ce mécanisme diffère de celui employé actuellement; dans les machines les plus faibles comme dans les plus fortes, on n'emploie qu'un seul cylindre; il y en a deux dans les machines locomotives.

Nous ferons voir plus bas la perte de travail qui résulte,
pour les machines de grande force, du cylindre, perte qui
est évitée par une augmentation du nombre des couples des
soufflets. Il ne faut employer une seule couple des soufflets
qu'aux plus faibles machines, et leur nombre doit augmenter
avec la force qui peut atteindre un degré cent fois supérieur
à celui auquel on arrive au moyen des machines actuelles.

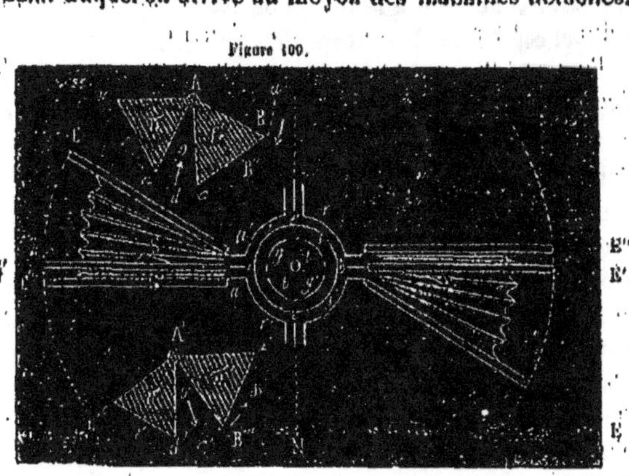

Figure 109.

*Écoulement de la vapeur au condenseur en traversant une
couple des soufflets.* Soit π, π' (fig. 109) deux prismes égaux
attachés l'un à l'autre en A' au moyen d'un tube qui entre
dans un pivot pour pouvoir osciller en décrivant un arc de
30°, pour reculer quand vient de le frapper la vapeur qui
s'écoule de la chaudière, et qui pénètre alors dans un
soufflet $\pi CC'$; ainsi la face A'a forme la porte du soufflet π;
quand ensuite se ferme la fenêtre g de la chaudière et qu'il
s'en ouvre une autre i qui permet à la vapeur de s'échapper
et d'aller frapper sur la face A'c qui est la porte du soufflet
π', il recule pour laisser pénétrer la vapeur et il fait fermer
la porte a'A' de l'autre soufflet.

Des soufflets la vapeur s'écoule dans le condenseur par
deux soupapes S, S' qui sont unies au moyen des deux

lames l, l' avec les angles a', c des prismes π, π'; de sorte que quand la porte d'un soufflet s'ouvre, le prisme pousse la lame et ferme la soupape S, et quand la porte se ferme, le prisme attire la lame et fait ouvrir la soupape. Ce mécanisme très-simple peut être adapté même aux cylindres actuels; car il faut toujours avoir la soupape fermée quand est ouvert l'orifice d'introduction de la vapeur, et quand celui-ci est fermé, la soupape doit s'ouvrir.

Pour laisser pénétrer la vapeur alternativement dans les deux soufflets, il y a dans la prise O de vapeur deux fenêtres g, t' vis-à-vis des bouches a, a' des deux soufflets. Un diaphragme ss' à deux fenêtres F, F' oscille entre les bouches a, a' ou les prismes π, π' et les fenêtres g, t'. Il n'y a aucun écoulement de vapeur quand les fenêtres F, F' du diaphragme ne se trouvent pas au devant d'une des fenêtres g, t'; mais dès que l'une des fenêtres F, F' arrive au devant d'une des fenêtres g, t', la vapeur pénètre, et frappant sur l'un des prismes π, π' le repousse pour pénétrer dans le soufflet où elle reste renfermée, parce que la soupape est alors fermée. Ensuite s'ouvre l'autre soufflet qui fait se fermer le précédent et ouvrir sa soupape pour laisser s'écouler la vapeur dans le condenseur.

Mécanisme de plusieurs couples de soufflets. Dans les machine de force supérieure, au lieu d'augmenter la capacité des soufflets, on augmente leur nombre.

Soit n le nombre des couples, pour éviter la multiplication des diaphragmes, ces couples sont disposés autour de la prise commune de vapeur O qui porte autant de paires de fenêtres qu'il y a de couples de soufflets. Le diaphragme ss' est un tube qui porte trois ou plusieurs fenêtres F, F', F''... et qui circule entre les fenêtres gt', gt'... et les bouches aa', aa'.... La distribution des fenêtres F, F', F''... est telle que jamais la vapeur ne s'écoule à la fois par deux fenêtres.

Soit O la prise de vapeur avec n paires de fenêtres gt', gt'... le diaphragme ss' tourne avec une vitesse pour faire

a tours par minute ; si *d* est le nombre des fenêtres F, F', F"...
du diaphragme *ss'*, dans un tour de celui-ci il aura *dn* coups,
et dans 1 minute il y en aura *adn*, quantité qui peut facilement être portée à plusieurs mille.

§783. **Mécanisme de la transmission du travail.** Soit
C*e*C" (fig. 109) une couple de soufflets dont l'un C*e*C' est représenté demi-ouvert, et l'autre *e*C'C" fermé. La forme d'un
soufflet ouvert est celle d'une pyramide à base rectangle,
ayant les deux côtés flexibles trois fois aussi grands que
les deux autres qui sont solides. Des quatre faces triangulaires de la pyramide, les deux verticales sont en toile im-
perméable très-molle, et les deux autres *e*C, *e*C' ou *e*C", *e*C'
sont solides, en bois ou en métal. Les deux faces solides
extérieures *e*C, *e*C", nommées ici *ailes*, sont articulées tout
près de la bouche en *a, a'* pour pouvoir s'éloigner de la
face *e*C' immobile et commune aux deux soufflets ; dans
cette face se trouvent les soupapes S, S' qui se ferment et
s'ouvrent par les prismes π, π'.

Dans les grandes machines actuelles la capacité du cylindre dépasse $\frac{1}{10}$ de mètre cube, et en admettant 100 coups
par minute, on éloigne de la chaudière 10 mètres cubes de
vapeur ; ici cette quantité se trouve subdivisée au moins
en 1000 portions, dont chacune est conduite dans un soufflet d'une capacité presque égale à celle du cylindre actuel ;
de sorte que le même volume de 10 mètres cubes de vapeur
qui s'éloigne actuellement du cylindre sans aucun changement, au moyen des couples des soufflets, s'éloigne après
avoir augmenté et être devenu au moins dix fois plus grand.

§784. **Mécanisme de la transmission du travail en
direction périphérique.** Les extrémités C, C" des deux
ailes décrivent chacune un arc en sens inverse, ce qui n'a
pas lieu dans les va-et-vient rectilignes de la tige du piston. Soit A (fig. 110) l'extrémité de l'arbre ; on y fixe la
manivelle A*m* dont la tige reçoit le travail des deux ailes
*e*C, *e*C" ; étant sur l'extrémité C de l'aile *e*C ou O*m'*, la ma-

nivelle est poussée en haut et elle glisse au même temps pour passer par m'', o'... Arrivée au point C' le plus éloigné

de la face Om, la manivelle se trouve au-dessous, d'un crochet fixé par son autre extrémité dans l'aile C'' qui est en ce moment en Om, et commence à descendre; alors ce crochet attire la manivelle vers l'autre côté m''' de l'arbre A. Ainsi ce n'est pas l'élan donné qui fait passer la manivelle par les points morts, comme cela a lieu pour les machines actuelles, mais c'est l'action périphérique des deux ailes qui se trouve en sens inverse des deux côtés de l'arbre. Quand l'aile est en Oa'', le crochet est en $o''m'''$, et en descendant arrive à Om pour recommencer à monter.

C. Développement de la détente.

§ 785. On sait que la quantité $a\theta$ des calories décomposées en leurs éléments électriques est en rapport direct; 1° avec le travail m, et 2° avec l'augmentation de volume V pour devenir V + V'. Cette augmentation de volume se manifeste également dans les boîtes o, o' (fig. 104) au moment où la vapeur v se sépare pour pénétrer dans le cylindre; il y a donc décomposition des calories $a\theta$ et apparition de travail m obtenu par les machines actuelles.

Au lieu de laisser la vapeur v, qui a une densité égale à celle restée dans la boîte, s'écouler dans le condenseur comme cela se fait actuellement, nous sommes parvenus au moyen de la multiplication des couples des soufflets, à ne laisser s'éloigner cette vapeur v des soufflets qu'après avoir obtenu un volume au moins dix fois plus grand ; cela s'opère avec un abaissement de température, parce que ce sont les éléments électriques des calories $\alpha'0$ décomposées qui font apparaître une nouvelle quantité de travail m', qui se perdait jusqu'à présent.

§ 786. **Machines à petite force.** Dans les machines à force médiocre et à une couple de soufflets, on obtient l'augmentation du volume V de la portion v de vapeur, quand celle-ci est arrêtée au moment où elle n'occupe que $\frac{1}{10}$ de la capacité du soufflet ; la résistance de la part de la manivelle Am (fig. 110), est calculée pour ne pas empêcher l'expansion de la portion v de vapeur d'atteindre un volume dix fois plus grand. Cette diminution de résistance s'opère au moyen de l'augmentation de la distance entre l'arbre A et les points m, m'', d de la manivelle, qui touchent l'extrémité de l'aile C ou C''.

Cette expansion de la portion v de vapeur s'opère au moyen des éléments électriques des calories $\alpha'0$ dont résulte le travail m', qui est au moins quatre fois plus grand que celui m produit par les calories $\alpha 0$ décomposées dans la boîte, qui sont aussi quatre fois inférieures à celles décomposées dans le soufflet ; la vapeur v dilatée, refroidie et ainsi réduite à un état inactif, est repoussée sans résistance dans le conducteur.

§ 787. **Machines à grande force.** En opérant avec les machines actuelles, on ne peut pas arrêter la vapeur à la moitié de la course du piston, mais il faut agir presque avec pleine vapeur, parce qu'à cause de la résistance non subdivisée de tout le travail, la transmission s'opère à la fois. Si le travail était divisé en deux moitiés et si la portion v de vapeur était conduite dans deux cylindres de la même capacité chacun que le cylindre de la machine actuelle, on trouverait que la vapeur peut être arrêtée, non pas à la moitié de sa course, mais à son tiers ou à son quart même, et ainsi avec la détente développée, le travail devient double et triple.

Il a été indiqué ci-dessus comment peut être subdivisée, d'un côté la résistance et de l'autre la transmission du travail, et cela pour ne pas laisser la vapeur chaude et dense arriver au condenseur. Ce qui a été dit pour des machines à une couple de soufflets dont résulte une poussée P, a lieu pour un nombre n dont la poussée est nP, parce que le travail des n arbres peut être uni à un ou deux pour mettre en mouvement l'hélice ou les roues du plus grand bateau; dans les machines fixes où l'on subdivise le travail, on en est ici dispensé.

Les mécaniciens ont trouvé que le travail produit par les machines de 15 à 25 chevaux coûte moins cher que celui produit par les grandes machines; ainsi ils étaient en train de restituer une machine à 100 par 4 petites à 25 chevaux. Ici cette subdivision s'opère sans multiplication des chaudières; il n'y a que la portion v de vapeur qui, au lieu d'être introduite dans un cylindre d'une capacité de $\frac{1}{10}$ mètre cube, est conduite dans 10 soufflets même dans 10 couples de soufflets dont chacun a une capacité de $\frac{1}{10}$ mètre cube ou même davantage.

La vapeur v s'éloigne actuellement du cylindre dense et chaude comme l'est celle de la boîte, tandis que dès soufflets elle doit s'éloigner raréfiée et refroidie; les expériences opérées au moyen de l'indicateur de Watt prouvent que le travail devient plus que triple de celui qui est obtenu maintenant des mêmes machines; mais ce travail peut augmenter davantage au moyen d'un plus grand développement de la détente.

D. Résumé.

§ 788. Il ne paraîtra pas étonnant que les machines à vapeur se trouvent en un état très-imparfait, car loin d'être le résultat de la loi physique, comme le sont celles à eau et à vent, elles ont été construites au moyen d'une foule de tâtonnements par les mécaniciens qui ne sont pas capables : 1° de faire disparaître l'état globulaire et la perte de chaleur produite par sa décomposition opérée dans la tôle de la chaudière ; 2° de faire diminuer la perte du travail pendant sa transmission, et 3° de faire augmenter la détente. Ainsi ces trois parties des machines se trouvent en un état brut, car c'est de la loi électrostatique que leur perfectionnement dépend, et cette loi était parfaitement inconnue jusqu'à présent.

Les physiciens qui ignorent encore la décomposition des calories en deux électricités peuvent rester dans leur *statu quo* autant qu'ils le veulent ; il n'en est pas de même pour le mécanicien qui, 1° modifiera sa chaudière, 2° remplacera le cylindre par une ou plusieurs couples de soufflets, et 3° développera la détente pour obtenir dix fois plus et à meilleur marché des machines qui consommeront dix fois moins de charbon que les machines pareilles de l'état actuel. De plus on aura une pleine assurance contre les explosions des chaudières.

Ces résultats pratiques, obtenus en aussi grand nombre au moyen de la découverte de la loi électrostatique et des éléments électriques de la chaleur, seront plus efficaces que les mille preuves exposées dans cet ouvrage pour forcer les physiciens à se réveiller enfin et à reconnaître l'unique loi physique qui régit les faits du monde.

III. — MACHINES A SUBSTANCES EXPLOSIBLES ET TRAVAIL ANIMAL.

§ 789. On s'occupe depuis quelques années de construire des machines, où l'on cherche à remplacer le charbon par des substances explosibles analogues au fulmicoton, à la poudre à canon, etc. Ces expérimentateurs sont guidés par les faits mécaniques qui attestent un choc analogue à celui qui peut difficilement être obtenu au moyen de la plus grande machine à vapeur.

§ 790. **Différence entre les combustibles et les substances explosives.** Au moyen des combustibles et de l'oxygène on obtient la chaleur qui produira la vapeur, mais le travail n'apparaît que des éléments de calories qui disparaissent dans la boîte à vapeur au moment de la séparation de la portion v de vapeur. Il y a aussi une apparition de travail au moment des explosions, qui se présente avec dilatation des gaz; mais au lieu que cette dilatation soit accompagnée d'un abaissement de température, il y a une élévation. C'est donc une preuve directe que le travail ne résulte pas immédiatement de la chaleur, mais des éléments électriques qui la constituent.

Il y a donc production 1.° de travail d'une très-grande intensité et 2° de chaleur au moyen des substances explosives; mais les mécaniciens ignorent comment est évalué le travail relativement au temps: par exemple, le travail de 1 kilogrammètre par heure peut s'accumuler tout entier pour apparaître en 1″ comme un travail 3600 fois supérieur. Dans les machines à vapeur il faut une durée t pour l'écoulement de la portion v de vapeur qui est aussi le travail m, tandis que la durée t' de l'explosion est des millions de fois plus courte que celle t de l'écoulement de la vapeur v. Le travail des décharges électriques surpasse souvent en intensité mille fois celui des plus fortes machines; mais sa durée est des millions de fois plus courte. Pour pousser ou briser les corps on emploie les décharges instantanées des électricités accumulées; pour les transports des corps pesants, il faut une production longue de travail d'une intensité médiocre, qui est obtenue par la décomposition des calories et la dilatation de la vapeur.

§ 791. **Travail des substances explosives.** Les deux électricités sont à l'état dissimulé dans les composants des substances explosives; dans la poudre à canon, par exemple, le charbon et le soufre soutiennent l'électricité négative, et l'oxygène de l'acide azotique du nitre soutient l'électricité positive. L'écoulement de ces électricités est occasionné par la chaleur ou par un courant électrique à cause d'une rupture de l'équilibre. C'est dans cet écoulement instantané que le travail est présenté comme un choc rude d'une durée indéfiniment courte et pour cela d'une force d'autant plus grande, comme celle observée dans les projectiles.

§ 792. **Origine du travail.** Les éléments électriques, comme les ressorts montés, ou mieux comme les gaz, ont toujours une tendance à augmenter de volume; cette détente conduit à y connaître que le fluide primitif a subi une compression indéfinie, et c'est ainsi que l'expansion de ce fluide est le travail observé; cette expansion ne se manifeste que par une rupture de l'équilibre pour faire diminuer la résistance extérieure. 1° S'il y a accumulation des calories et de vapeur ou des gaz, il résulte de leur décomposition le froid et l'écoulement d'équivalents électriques dont la poussée se présente comme un travail. 2° S'il y a accumulation d'électricités, elles s'écoulent en exerçant une poussée qui, propagée aux corps, se manifeste aussi comme un travail.

Donc le travail n'est pas engendré, mais il se trouve déposé dans les éléments électriques qui ont toujours la tendance à se détendre comme les gaz et à augmenter de volume. Ce que nous appelons *production de travail* n'est autre chose que des ruptures d'équilibre pour laisser se détendre les éléments électriques autant que la résistance extérieure le permet. Ainsi nous sommes parvenus à prouver l'existence d'une infinité de travail, de sorte qu'au moyen du perfectionnement des appareils on parviendra à obtenir une multiplication analogue de travail.

§ 793. **Travail animal.** Après avoir prouvé que le travail n'est pas engendré mais se trouve déposé dans les éléments électriques, dont l'expansion ne reste supprimée que des résistances analogues, il est facile de constater que le travail animal ne résulte pas des décompositions des calories comme celui des machines à vapeur, mais des accumulations d'éléments électriques dont l'écoulement est le travail en même temps que la production des calories ou élévation de température, comme cela a été discuté (§ 573) et dans l'*Électrostatique*, page 764. Pour imiter la production du travail animal, il faut opérer d'une manière qui n'est pas facile; cela n'est pas même d'une très-grande importance dans l'industrie, comme dans la physiologie.

§ 794. **Travail des machines à air comprimé.** L'air comprimé à 5 atmosphères, après avoir traversé un bain d'huile à 300° pour arriver à 267°, obtient une expansion de 10 atmosphères, dont 5 peuvent être employées pour la compression d'une autre masse égale d'air, et l'on gagne ainsi le travail de 5 autres atmosphères. De pareils essais pouvaient se faire quand la chaleur du foyer se décomposait dans la tôle de la chaudière, mais quand disparaîtra cette perte énorme, on ne songera plus à l'économie des combustibles qui seront alors réduits à leur minimum, et l'on préférera les machines à vapeur qui deviennent à la fois simples et puissantes.

§ 795. **Travail communiqué aux projectiles par les substances explosives.** Au moyen des canons rayés on est parvenu à obtenir des portées doubles et triples sans connaître en quoi consiste l'influence des raies sur les distances des portées, et sans qu'on soit en même temps convaincu d'être arrivé à la dernière limite du perfectionnement. Nous n'avons qu'à conseiller aux individus qui s'occupent de cette branche d'industrie d'étudier l'ouvrage actuel; ils seront certains de parvenir à construire les plus parfaits appareils de ce genre.

APPENDICE.

Les physiciens ont admis jusqu'aujourd'hui que la chaleur se combine comme telle avec l'eau pour en produire la vapeur; d'un autre côté, il a été prouvé ici que ce sont les éléments électriques de la chaleur qui se combinent avec l'eau pour la transformer en vapeur. Les vésicules raréfiées de celle-ci peuvent, pour cette raison, être maintenues à des températures entre 0° et 100° en conservant leurs enveloppes liquides, et à des températures au-dessous de 0° avec les enveloppes gelées.

La chaleur du foyer se décompose à la surface de la chaudière; la plus grande partie des éléments électriques qui en résultent se disperse et il n'en reste qu'une quantité insignifiante qui se combine avec l'eau pour la transformer en vapeur. D'après la quantité de charbons brûlés et celle de la vapeur produite, il résulte que, sur 1000 calories du foyer, une seule se trouve dans la vapeur, les autres se perdent avec la fumée et en plus grande quantité par l'éloignement des éléments électriques.

Au moyen d'un bain à huile, l'ébullition est évitée et

toute la chaleur pénètre du foyer dans l'huile pour élever sa température. De l'huile la chaleur pénètre dans la chaudière intérieure qui acquiert la même température, et c'est ainsi qu'on parvient à éviter la décomposition de la chaleur; celle-ci ne commence que dans l'eau, quand sa température est au-dessus de 100°. La vapeur ainsi produite peut être utilisée à des températures supérieure. Pour cette raison, elle est conduite par un serpentin avant d'arriver à l'orifice dont elle s'échappe; de même sa densité augmente aussi et elle peut être utilisée comme cause motrice.

Utilisation de la vapeur. Au moyen d'un serpentin plongé dans l'huile, on peut faire prendre à la vapeur tous les degrés de température élevée et augmenter en même temps proportionnellement sa répulsion pour en obtenir un travail au moyen d'un appareil approprié, ainsi qu'il a été indiqué. Ainsi dans chaque ménage peuvent être introduits des appareils propres à fournir un travail destiné à remplacer le travail humain. Le bain à huile servira en même temps comme foyer de la cuisine.

La vapeur, chauffée dans le serpentin à plusieurs degrés au-dessus de 100°, peut être utilisée dans les distilleries pour y remplacer les chaudières et diminuer beaucoup la consommation de combustible. Cette vapeur est tout à fait propre à préparer les substances alimentaires en un espace de temps très-court, et surtout quand on opère sur des masses considérables.

Pour avoir un bain à vapeur, il suffit d'un conduit qui amène la vapeur du serpentin dans l'appartement destiné à cet objet. La circulation de la vapeur chaude dans les appartements et dans les serres peut y amener la quantité de chaleur nécessaire pour obtenir telle température désirée.

Même les fourneaux à pain ayant pour parois des lames doubles dont l'intervalle est parcouru par la vapeur, peuvent en obtenir une température convenable pour faire cuire le pain et toute autre substance alimentaire: de pa-

reils fourneaux peuvent aussi être utilisés dans les différentes branches de l'industrie.

Utilisation directe de la chaleur du bain à huile.
Il ne faut dans chaque maison ou même dans chaque
quartier qu'un seul foyer pour chauffer un bain d'huile,
qui peut être ensuite distribué au moyen d'une pompe dans
les endroits où sa chaleur doit être utilisée.

Cuisine à bain d'huile. Au lieu d'exposer les vases
avec les aliments au feu, ils entrent dans un bain d'huile
chauffée dans une chaudière éloignée. L'ébullition dans
ces vases commence rapidement et elle se soutient à une
température supérieure à 100°, si les vases ont une profondeur assez grande. Comme la température de l'huile chaude
varie peu, l'ébullition peut être maintenue à un degré constant, ce qu'il est impossible d'obtenir au moyen du chauffage actuel.

Fourneaux à bain d'huile. Si l'huile chaude circule par le milieu des parois d'un fourneau, il s'y communique une température qui varie à volonté, parce que pour
cela il ne faut qu'augmenter ou diminuer, au moyen d'une
vis, la circulation de l'huile dans les parois des fourneaux.
Ceux-ci peuvent servir, comme nous l'avons dit, à cuire
le pain et d'autres aliments ou aux différentes branches de
l'industrie. Ces fourneaux comme les cuisines peuvent être
déplacés l'hiver et l'été, parce qu'ils ne dépendent pas du
foyer comme ceux en usage aujourd'hui.

Chauffage par bain à huile. Au lieu de l'air chaud
des calorifères actuels, on introduit l'huile chaude dans les
poêles des serres et des appartements dont la température
est réglée au moyen des vis qui permettent de faire circuler
l'huile chaude avec une vitesse plus ou moins grande.

**Rafraîchissement des appartements par l'eau
glaciale.** Dans les pays chauds, et même chez nous, la
chaleur devient en été également insupportable, comme le
froid l'est en hiver. Aussi pour obtenir un abaissement de

température dans les appartements, on peut employer les mêmes appareils qui servent en hiver à élever la température. C'est l'eau glaciale poussée par une pompe qui circule alors à travers les parois des poêles par lesquelles circule en hiver l'huile chaude ou la vapeur de l'eau.

SECTION III.

MÉTÉOROLOGIE SIMPLIFIÉE

PAR L'APPLICATION DE LA LOI PHYSIQUE AU MODE DE LA PRODUCTION DE LA CHALEUR TERRESTRE
PAR CELLE DU SOLEIL, DES COURANTS MARITIMES, DES SAISONS AVEC LES CLIMATS,
DES VENTS AVEC LES PLUIES ET DE L'ÉLECTRICITÉ AVEC L'ÉTAT MAGNÉTIQUE.

§ 796. Cette partie de la Physique se distingue des autres en ce que les faits sont obtenus par des observations locales et non pas par des expériences ; n'étant donc connus ni le mode de leur production ni la loi physique suivant laquelle ils proviennent, les résultats obtenus se trouvaient enregistrés dans les ouvrages des météorologistes, qui se multipliaient en même temps que le nombre des observateurs. Le présent ouvrage diffère de ces derniers en ce que des faits observés et de la loi physique découverte a pu être déduit le mode de leur production, de sorte qu'il nous devient possible de déterminer *à priori* les résultats des observations et même de corriger les erreurs des observateurs.

§ 797. Les météorologistes et les physiciens restaient bornés aux faits observés, car ils ignoraient la liaison et l'arrangement entre ces faits, ainsi que le mode de la production des corps célestes, où les changements observés ont pour cause l'écoulement de la chaleur, qui a lieu spontanément à cause de l'équilibre constamment détruit. La chaleur, comme la lumière, ne peuvent pas se soutenir dans le vide ; elles doivent être mêlées avec un corps qui est à l'état de vapeur quand la chaleur est très-dense. Au delà des limites de chaque masse de vapeur incandescente permanente, il n'y a que la chaleur rayonnante ; il y domine le froid de l'espace qui livre passage aux atomes de chaleur et de lumière, sans les arrêter pour en recevoir une élévation de température.

§ 798. Chaque masse de vapeur incandescente contenue dans l'espace perd de sa couche superficielle une quantité de chaleur $\Theta + \theta$ plus grande que celle Θ qu'elle reçoit des couches inférieures $\beta, \gamma, \ldots \omega$; il en résulte un refroidissement qui aboutit nécessairement à une température au-dessous de zéro. Alors les vésicules de la vapeur gèlent, s'attachent les unes aux autres et produisent les flocons de neige qui tous ensemble forment une enveloppe glaciale, une *pagosphère* (πάγος, glace) qui sépare le froid de l'espace de la couche β de vapeur. Laplace, qui connaissait la production des masses solides par le refroidissement, bien loin de rester conséquent avec cette loi physique, ne la suivit pas, mais admit que les parties solidifiées se précipitent vers le centre comme le font les gouttes de la pluie vers la surface de la Terre. Laplace dut se rappeler 1° que la densité de chaleur se trouve en son minimum dans la surface de la vapeur et en son maximum dans son centre, et 2° qu'au contraire la densité de vapeur se trouve en son maximum dans la couche superficielle et en son minimum dans le centre. Ainsi il en résulte une impossibilité absolue de précipitation des masses solidifiées par le froid vers le centre, car elles n'y sont pas sollicitées par la pesanteur, et admettant même que cela fût possible, elles auraient dû être réduites de nouveau en vapeur sans que fût possible pour cela la formation d'un noyau pareil à celui de la Terre.

Newton, Herschell, Laplace et tous les autres astronomes

avaient reconnu l'état solide de la surface du soleil, qui
étant en contact avec le froid de l'espace, ne pouvait pas
être d'une température élevée; mais Arago faisant l'observation de la lumière émise des corps solides et des corps
gazeux, la trouva polarisée quand elle est émise obliquement des corps solides, et non polarisée quand elle est émise
de la vapeur ou perpendiculairement de la surface des corps
solides. En même temps le même physicien trouva que la
lumière solaire n'est pas polarisée; au lieu donc d'attribuer
cet état à une émission des rayons centrifuges perpendiculaires à l'enveloppe solide dans laquelle est contenue la vapeur incandescente, Arago, par suite d'un oubli, est allé
chercher le manque de polarisation dans une matière incandescente répandue en deux couches parallèles dont
l'extérieure plus claire et séparant ainsi le froid de l'espace
du corps solide du Soleil.

Tant que vécut Arago, les physiciens français s'effor-
cèrent de soutenir cette hypothèse en l'appuyant de plusieurs autres qui ne se prêtent pas mieux à l'explication,
1° des faits thermométriques observés sur les points différents du disque solaire, et 2° des faits optiques observés
dans les taches ou les éclipses totales du Soleil.

§ 799. Jusqu'ici ni les météorologistes ni les physiciens
no sont allés chercher plus loin l'origine du Soleil et de sa
chaleur, encore moins ont-ils connu la relation entre ce
corps, les étoiles et la vapeur du grand anneau connu sous
le nom de *voie lactée* ou *Galaxias*; on se bornait à dire que
les étoiles sont des corps lucides comme l'est le Soleil. Les
astronomes ont constaté que celui-ci et un grand nombre
d'étoiles circulent autour de l'astre Alcyon, et l'on a reconnu aussi que non-seulement toutes les autres étoiles
circulent aussi autour de ce même astre, mais que la vapeur même de la voie lactée se trouve dans le même état.

Par suite de la forme arrondie qu'affectent les portions
de vapeur observées dans les différents points de l'espace,

les astronomes ont été conduits à connaître le mode de la production des corps célestes; cependant ils n'ont pas réussi à poursuivre la série des changements opérés, 1° depuis cet état de vapeur incandescente jusqu'à celui du soleil et des étoiles, et 2° depuis l'état du Soleil et des planètes lucides des étoiles jusqu'à celui de la Terre et des planètes du système planétaire; on se lançait dans la voie des hypothèses au lieu de s'appliquer à découvrir la loi physique.

§ 800. **Voie lactée ou Galaxias.** Cet anneau, très-volumineux, consiste en une masse de vapeurs, dont se séparent beaucoup de portions qui s'arrondissent par leur pesanteur pour devenir de nouvelles étoiles; c'est ainsi que, dans les siècles précédents, en ont été séparées des millions de portions de vapeur dont ont été produites les étoiles actuelles et le Soleil.

En admettant le plan de l'anneau dans la direction GAG′ (fig. 111), la Terre T n'est pas dans ce plan, sa distance de la partie G′ est inférieure et celle de la partie G est la plus grande; pour cette raison, la partie G est presque invisible du côté de l'astre Alcyon, et la voie lactée paraît plus claire quand on s'en éloigne.

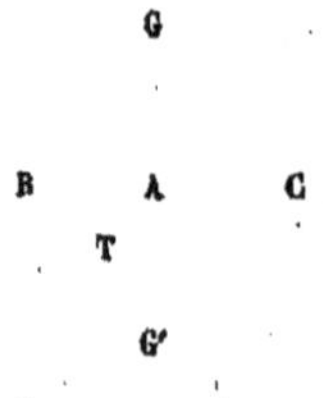

Le plus grand nombre d'étoiles se trouve dans le plan de l'anneau et dans son voisinage et il diminue vers les points B et C par lesquels passe la verticale sur le plan de l'anneau qui passe aussi par l'astre Alcyon. Si l'on se trouvait sur cet astre, on verrait une symétrie entre les étoiles des deux hémisphères; une symétrie analogue aurait eu lieu si la terre se fût trouvée sur le plan de l'anneau; celui-ci correspond au zodiaque dans lequel nous voyons les planètes, les microplanètes, les satellites et la Lune.

Dans le zodiaque manque la vapeur parce que celle qui a été expulsée du Soleil a été déjà subdivisée pour la formation des planètes. Dès l'origine la plus reculée, alors que

manquaient encore les planètes les plus éloignées, il existait une *voie lactée* dans le zodiaque. L'état du système planétaire d'alors était analogue à celui du système des étoiles
actuelles ; dans l'avenir, la voie lactée disparaîtra du ciel,
et de sa vapeur se produiront des millions d'étoiles nouvelles, quand seront éteintes les étoiles actuelles et avec
elles le Soleil lui-même.

Dans l'anneau du *Galaxias* les masses de vapeur ne sont
pas également divisées ; il y a deux régions où ces masses
sont très-abondantes et forment deux renflements ou nœuds.
Dans la bande de vapeur expulsée du Soleil, se trouvaient
aussi deux renflements pareils, du plus grand des deux, ont
été formées les grosses planètes supérieures Jupiter et Saturne, et de l'autre, c'est-à-dire du plus petit, ont été formées la Terre et Vénus. La cause physique de l'inégale distribution de la vapeur et des deux renflements est expliquée
plus loin.

CHAPITRE PREMIER.

BIOGRAPHIE DU SOLEIL ET DE LA TERRE

SIMPLIFIÉE PAR L'APPLICATION DE LA LOI PHYSIQUE AU MODE DE LA PRODUCTION
DES CORPS CÉLESTES ET DE LEURS MOUVEMENTS,

§ 801. Les lecteurs qui ne sont pas familiarisés avec les lois physiques ne peuvent concevoir comment, sans connaître le mode de la production d'un fait observé, on peut cependant le déterminer au moyen de la loi physique; cela résulte de ce qu'ils ignorent en même temps la déduction de cette loi par le mode de la production des faits. C'est donc là précisément ce qui a motivé la publication de cet ouvrage, qui ne contient que des faits inconnus qu'on doit d'abord apprendre; autrement il eût été tout à fait inutile, s'il eût dû être semblable aux autres qui existent déjà; on doit se rappeler qu'on ne pouvait pas, au commencement, comprendre la rotation de la Terre. Cela provient de ce que le plus souvent les objets sont différents et non pas tels qu'ils apparaissent. De semblables illusions optiques peuvent même être produites artificiellement, et cela pour prouver que l'état réel des objets éloignés diffère de celui qui se montre à notre vue et qui était admis jusqu'à présent comme véritable; et souvent ces faits d'illusion ont servi de moyen pour expliquer certains autres faits dont le mode de production est inconnu. Cela a eu lieu surtout pour les anneaux de Saturne qui ne sont que l'effet d'une illusion optique. (Voir *Photostatique*, page 682.)

I. — BIOGRAPHIE DE LA PÉRIODE ASTRONOMIQUE DU SOLEIL.

§ 802. Une petite portion de vapeur séparée par sa pesanteur de la grande masse qui constitue la voie lactée, a été arrondie dans l'espace où elle était soutenue par son mouvement orbiculaire autour de l'astre *Alcyon*. La forme de la vapeur arrondie ne pouvait être qu'ovale, ayant la face antérieure soulevée et la postérieure déprimée, suivant la loi de la pesanteur. Quand ensuite, par le refroidissement, la couche superficielle de la vapeur devient solide, la forme ovale reste conservée. Et comme tous les corps célestes ont été au commencement un amas de vapeur, il en résulte que c'est cette seule forme ovale que possèdent *tous* les corps célestes sans exception.

§ 803. **Aplatissement résultant d'une illusion optique.** Quand un corps ovale possède seulement un mouvement orbiculaire, il apparaît sphérique quand il est observé de la part de son corps central ; par exemple, la Lune a un disque périphérique qui sépare son hémisphère soulevé vers le centre de la Terre de son hémisphère déprimé et invisible. Le diamètre du disque lunaire est au moins trois fois inférieur à l'axe du globe ovale dirigé vers le centre de la Terre. Ce rapport est déduit du poids de la masse de la Lune et du poids spécifique d'un globe de glace vide au milieu. Ce poids spécifique ne peut être inférieur à celui de la glace que dans le cas où le volume de la Lune est au moins quatre fois plus grand que celui qui est obtenu de la forme sphérique apparente.

Les satellites et les microplanètes ou astéroïdes, comme un grand nombre d'étoiles, à cause de leur forme ovale, apparaissent alternativement grands et petits, clairs et moins clairs, et de grandeurs d'un ordre différent ; ces corps sont colorés, ils changent même de couleur ; tous ces faits résultent de leur forme ovale. (Voir le *Texte de l'Atlas cosmobiographique*.)

Les planètes qui tournent autour du diamètre de leur horizon apparaissent d'autant plus aplaties que le rapport entre l'axe et le diamètre est plus grand ; si la Lune pouvait commencer à tourner autour du diamètre de son disque, elle présenterait un aplatissement plus grand que celui des planètes.

La forme de la Terre est également ovale : 1° son hémisphère antérieur et soulevé est en Afrique et en Europe ; 2° l'hémisphère postérieur ou déprimé est dans le grand Océan ; 3° l'horizon qui sépare ces deux hémisphères sont les quatre continents : l'Amérique du Sud, l'Amérique du Nord, l'Asie et l'Australie ; 4° la zone qui sépare cet horizon du sommet de l'hémisphère antérieur est occupée par le bassin abaissé de la mer Caspienne et de ceux de l'océan Indien et de l'Atlantique. Après avoir coordonné les longueurs des degrés obtenues sur les méridiens de l'Europe, de l'Asie et de l'Amérique, nous avons trouvé une preuve mathématique de la forme ovale et une réfutation de l'hypothèse d'un aplatissement, qui a été déduit lorsqu'on ne possédait que la longueur des degrés du méridien de Paris.

A. TACHES SOLAIRES.

§ 804. Le Soleil consiste en une enveloppe glaciale contenant la vapeur incandescente ; la Lune est aussi un globe de glace, mais il est vide au milieu, parce que, après la consommation de sa chaleur, la vapeur condensée et gelée s'est déposée dans la face intérieure de l'enveloppe, comme cela aura lieu pour le Soleil dans des millions de siècles. Les changements opérés sur le Soleil ont pour cause l'éloignement de la chaleur de son intérieur vers l'espace ; de tels changements manquent de la Lune, parce qu'il n'y a pas éloignement de chaleur. En connaissant la loi thermostatique et les faits observés, nous pouvons indiquer le mode de leur production terminée il y a des siècles.

Il apparaît sur le disque solaire des points sombres nommés *taches*; leur durée est proportionnelle à la surface qu'elles occupent; elle est quelquefois de cinq mois et même davantage. Les dimensions des taches occupent quelquefois $\frac{1}{14}$ du disque solaire, environ 30,000 lieues, 10 à 12 fois le diamètre de la Terre. La figure 112 représente une portion du disque solaire avec plusieurs groupes de taches.

Figure 112.

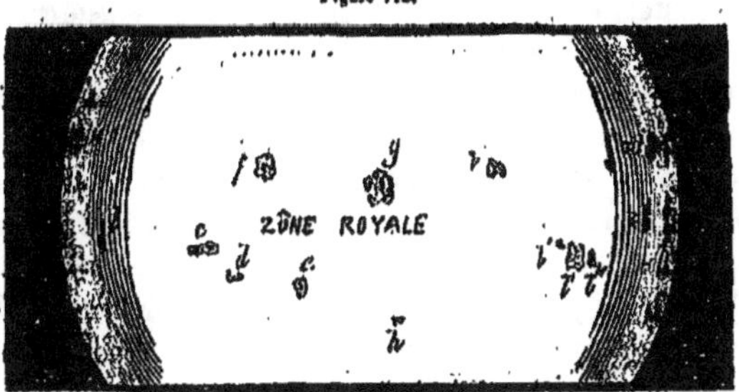

Les taches observées dans les parties centrales du disque ont le milieu, nommé *noyau*, très-sombre, à contours très-nets et toujours irréguliers, comme le sont ceux de la figure 113 et celui de la figure 112. Autour du noyau T paraît une bande moins foncée nommée *pénombre*. Entre le noyau et la pénombre se distingue une limite moins obscure que la pénombre.

Quand une tache se trouve rapprochée du bord du disque solaire, comme celles *a, b,... m, n, p*, la pénombre disparaît du côté central, tandis qu'elle persiste du côté du bord. L'endroit dont une tache disparaît apparaît plus brillant que les parties ambiantes; les endroits pareils nommés *facules* annoncent l'apparition de nouvelles taches.

Figure 113.

§ 805. Le mode de la production de cette série de faits est *à priori* obtenu de la manière suivante : la couche β de vapeur du dessous de l'enveloppe glaciale reçoit la chaleur Θ des couches inférieures $\gamma, \delta, \ldots, \omega$, et de celle-ci il ne s'éloigne, en même temps que la chaleur $\Theta - \theta$. Ainsi il en résulte une élévation de température dans la couche β et par suite une augmentation de la poussée contre l'enveloppe glaciale, qui se brise aux points les plus faibles. Alors les fragments des glaçons poussés par la vapeur se trouvent soulevés et renversés en directions divergentes où se forme un contour élevé et en même temps s'ouvre un vaste cratère d'où s'échappe une portion v de vapeur.

Cette vapeur brûlante n'est transparente qu'au premier instant, quand sont visibles les bouleversements des glaçons, ensuite la vapeur brûlante perd rapidement une grande partie de sa chaleur, et sa couche superficielle devient opaque ; alors disparaît le bouleversement des glaçons et apparaît un point opaque qui est le noyau de la tache. La surface de ce point s'étend en directions divergentes pour faire apparaître la pénombre.

Si l'on a eu l'occasion d'assister à l'explosion d'une chaudière à vapeur, on peut faire la comparaison entre cette série de faits produits et celle des faits observés dans les taches du disque solaire. Au premier instant de l'explosion, sont visibles les fragments rejetés en directions divergentes, parce que la vapeur brûlante d'une température au-dessus de 100° est transparente ; mais elle devient opaque dès que la couche superficielle obtient une température inférieure à 100°. Premièrement devient opaque la vapeur qui couvre la chaudière, et ensuite celle qui se répand en directions divergentes.

Comme les fragments de la chaudière, de même ceux de l'enveloppe glaciale ont toutes les formes possibles ; pour cette raison il n'existe aucune symétrie entre les formes des taches. La colonne de vapeur soulevée sur le cratère s'étend en directions divergentes, et c'est ainsi qu'apparaît la pénombre qui couvre le contour, produit des amas de glaçons et s'étend ensuite beaucoup au delà de ce contour.

L'opacité observée correspond à l'épaisseur ou profondeur de la vapeur, qui affecte trois dimensions : 1° la plus grande est au-dessus du cratère ; 2° ensuite vient celle qui est au delà du contour glacial, et 3° la plus petite se trouve au-dessus de ce contour. Dans les cas où les taches sont observées au bord du disque solaire, le contour glacial devient visible du côté central, et ainsi y disparaît la pénombre, car la vapeur est projetée alors sur celle élevée du dessus du cratère. En effet, la vapeur de la pénombre ne touche pas la surface ambiante du contour.

§ 806. La durée d'une tache dépend de la consommation de la chaleur de la vapeur v expulsée ; la portion qui se refroidit et gèle, premièrement, est la moins épaisse dont est produite la pénombre ; pour cette raison, celle-ci disparaît la première et il reste le noyau couvert de vapeur opaque, dont la température baisse ; au-dessous de zéro les enveloppes des vésicules gèlent, et, accumulées, produisent une couche glaciale qui renferme le cratère.

Cette nouvelle couche glaciale est d'une épaisseur et d'une solidité moindres que les parties ambiantes ; elle laisse pénétrer une plus grande densité de lumière, qui la rend plus brillante que les parties ambiantes ; c'est donc à cause de cette solidité inférieure que cette partie se brise quand, au-dessous d'elle, la vapeur obtient assez de chaleur pour exercer une répulsion capable de vaincre la résistance.

§ 807. L'effet physique des éruptions pareilles, nommées *préparatoires* ou *partielles*, est un accroissement de l'épaisseur et de la solidité de l'enveloppe glaciale, parce que les nouvelles couches glaciales des facules produisent, en se brisant, des fragments qui, se déposant sur le versant inférieur du contour, font diminuer continuellement l'étendue des facules jusqu'au moment de la rencontre des parties convergentes du contour. Ainsi y disparaît la facule et en même temps a lieu l'apparition des nouvelles taches.

Si les taches n'apparaissent que sur la zone *royale*, qui ne surpasse pas la latitude de 30°, cela prouve que dans les deux calottes polaires l'épaisseur de l'enveloppe est plus grande et plus solide. Le même effet résulte des densités de chaleur obtenues des différents points du disque solaire. C'est P. Secchi qui trouva, 1° que la densité de chaleur va en diminuant du centre du disque pour n'être plus au bord que d'environ la moitié; 2° la température n'est pas la même partout à égale distance du centre : des régions polaires la chaleur arrive avec une densité moindre que des régions équatoriales; 3° en s'éloignant du centre suivant les méridiens différents, on ne trouve pas un décroissement égal de la densité de chaleur; 4° dans le voisinage des taches la densité de chaleur est inférieure; 5° les facules n'émettent pas une densité de chaleur supérieure, comme cela a lieu pour la lumière.

Tous ces faits ensemble, joints à l'existence du mouvement axial du Soleil qui manquait au commencement, conduisent à connaître que la couche glaciale de la zone royale est d'une époque postérieure à celle des deux calottes polaires; de sorte que toute la couche glaciale de la zone royale doit être considérée comme une grande facule, produite après une éruption dont le cratère occupa toute la surface de cette zone, et devait être entièrement terminée lorsque le Soleil obtint le mouvement axial.

§ 808. L'apparition d'une telle éruption, nommée *finale*, résulte directement du continuel accroissement de l'épaisseur et de la solidité de l'enveloppe glaciale, accroissement qui ne manque pas de commencer dès l'apparition de cette enveloppe. Ainsi celle-ci obtint une solidité qui lui permit de résister aux répulsions très-grandes exercées de la part de la vapeur. Cependant la solidité, si grande qu'elle était, restait dans le même état, tandis que la température de la couche β de vapeur s'élevait continuellement, de sorte que devint inévitable la production d'une éruption, pareille à celles qui ont lieu aujourd'hui, mais où la vapeur *v* a été expulsée en très-grande masse et avec une poussée beaucoup plus forte que celles qu'éprouve la vapeur des éruptions partielles.

Ces faits, observés dans le Soleil et indiquant une éruption finale se trouvent en accord avec l'apparition subite d'une lumière, nommée *étoile temporaire*, dont l'éclat atteint en peu de temps son maximum, et qui ensuite diminue pour disparaître pour toujours ; quelquefois pourtant, après sa disparition, elle reparaît une ou deux fois, et c'est alors qu'elle ne réapparaît plus.

Une lumière pareille aurait dû être observée des habitants des planètes de l'espace venant de la vapeur brûlante très-abondante expulsée du Soleil. L'éclat commença subitement au moment de l'éruption ; après avoir atteint un maximum, elle diminua quand provenait la portion de vapeur dont la planète Uranus a été formée ; ensuite l'éclat augmenta quand s'échappaient les portions abondantes de vapeur dont ont été formées les planètes Saturne et Jupiter ; cet éclat diminua de nouveau quand s'échappait la portion de vapeur des microplanètes et de Mars, et il augmenta de nouveau à cause des portions supérieures dont ont été formées la Terre et Vénus ; ensuite l'éclat diminua et disparut pour toujours, et cela parce la couche superficielle de la vapeur expulsée, en perdant rapidement sa chaleur vers l'espace, obtient une température au-dessous de 100° et devient opaque, pour empêcher l'éloignement des rayons provenant de la vapeur brûlante de couches inférieures.

B. Moyen de résoudre le problème sur la production des corps célestes et de leur mouvement axial et orbiculaire.

§ 809. Newton, le premier, et tous les astronomes après lui, ont reconnu que les éléments du mouvement orbiculaire sont au nombre de deux, dont, 1° l'un est la pesanteur π qui sollicite la masse des planètes vers le Soleil et celle des satellites vers leur planète centrale; 2° l'autre élément est la force φ ou la poussée π qui sollicite la masse des planètes dans une direction parallèle à la tangente qui passe par le point c (fig. 114) de la surface s du Soleil, point que détermine une ligne KP qui unit son centre grave K avec celui P de la planète; cette poussée π, résultat d'un choc φ que reçurent toutes les molécules de la planète en provenant du cratère de l'éruption finale; car c'est ainsi qu'il devint impossible à ces molécules de rebrousser chemin et de retomber dans le cratère, comme cela a lieu actuellement dans les éruptions partielles.

La recherche de la cause du choc tangentiel φ ou de la poussée π occupa beaucoup l'intelligence de Newton qui ne pouvant la découvrir, l'attribua à l'action divine. Toute la difficulté provenait de ce que ce physicien, comme les autres après lui, ignoraient la constitution physique du Soleil; une fois celle-ci connue, chacune se trouve en état de connaître le mode de la production du mouvement axial, dont résulte la poussée φ ou le choc tangentiel communiqué aux molécules de vapeur en passant par le cratère.

§ 810. **Origines de la cause motrice.** Pour la production de chaque éruption, il faut nécessairement une grande densité de chaleur ou une température élevée; si la résistance à vaincre est très-grande, une éruption ne peut résulter que d'une densité de chaleur d'un très-haut degré. La tendance des atomes de chaleur à augmenter de volume et à se dilater indéfiniment ne leur est pas communiquée de dehors, car elle y existe, comme une tendance pareille se trouve dans les gaz comprimés et dans les ressorts montés; son origine dépend immédiatement de *l'action suprême.*

Comme dans les machines à vapeur, de même dans les éruptions partielles ou finales du Soleil, c'est la chaleur qui est la cause motrice, et cela par sa tendance à augmenter de volume. La masse v des molécules μ de vapeur, expulsée de celle de la vapeur V, qui restent, éprouvent une égale poussée π, π'; celle π qui est centrifuge, est subdivisée entre les molécules μ de la vapeur v dont chacune obtient la portion $\frac{\pi}{v}$, et celle qui est centripète est subdivisée entre les molécules μ' de la vapeur V dont chacune obtient la portion $\frac{\pi}{V}$. Ainsi résulte, pour les molécules μ expulsées un mouvement analogue à $\frac{\pi}{v}$, et pour celles μ' qui restent, un mouvement de la valeur $\frac{\pi}{V}$. Mais les molécules μ, μ' possèdent en même temps un mouvement orbiculaire : 1° de celui-ci et de la poussée π' combinés, la vapeur V reçoit un mouvement axial; 2° c'est de ce mouvement axial que résulte la poussée π ou le choc tangentiel φ suivant la loi physique, sans qu'il soit nécessaire de faire intervenir ici un secours divin.

§ 811. I. **Production du mouvement axial par la poussée centripète.** Soit K, (fig. 114) le centre du Soleil, C le cratère d'où s'échappent les molécules μ en éprouvant la poussée centrifuge $\frac{\pi}{v}$, et d'où ont dû réculer les molécules μ' en éprouvant la poussée centripète $\frac{\pi'}{V}$, qui les sollicita vers la direction Cc; mais, par le mouvement orbiculaire, elles étaient antérieurement sollicitées vers la direction Cc'; pour cette raison elles ont été forcées de prendre la direction diagonale Cc'', dont résulta un mouvement de rotation dans le même sens que le mouvement orbiculaire.

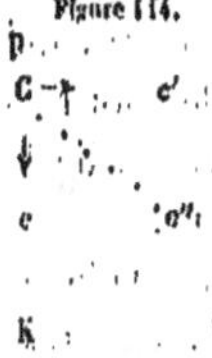

§ 812. II. **Vitesse du mouvement axial.** — La poussée π' centripète s'opéra successivement sur les molécules μ' depuis le commencement de l'éruption jusqu'à sa fin; pour cette raison, le mouvement axial commença avec son minimum de vitesse, dont l'accroissement a continué pendant toute la durée de l'éruption, et, à sa fin, a atteint un maximum qui lui resta acquis pour toujours. Ainsi a été produite la rotation du Soleil, qui tourne sur lui-même en 25,34 jours.

§ 843. II. **Production du mouvement orbiculaire par le mouvement axial.** Les molécules de vapeur qui s'échappent actuellement des cratères pendant les éruptions partielles, possèdent déjà le mouvement de rotation, et c'est pour cela qu'elles n'éprouvent aucun choc de la partie postérieure ou occidentale du bord de cratère. Mais quand le Soleil ne possédait pas ce mouvement de rotation, les molécules de vapeur échappée n'en possédaient pas non plus. Pendant l'éruption finale, quand la vapeur v se sépara de celle V, les molécules μ' de celle-ci recevaient le mouvement axial, tandis qu'il manquait aux molécules μ de la vapeur v expulsée.

Ainsi les molécules μ de la vapeur v expulsée par l'éruption finale reçurent toutes une poussée π ou un choc de la partie occidentale du bord du cratère. Après avoir été éloignées à une distance Δ à cause de la poussée centrifuge $\frac{\pi}{v}$, elles obéirent à la pression II de la pesanteur, et en même temps à la poussée π tangentielle, dont résulta leur mouvement orbiculaire, qui resta conservé pour les planètes formées des portions m', m''... m^{IX} qui résultèrent de la subdivision de la bande de la vapeur v opérée par la pesanteur.

La vapeur v forma dans l'espace une bande volumineuse KN (fig. 115) : 1° elle a été divisée par la pesanteur en deux moitiés UK et NU ; de celle-ci résulta la portion m^{IX} de vapeur dont a été formée la planète *Neptune* ; 2° ensuite la partie UK a été divisée en deux autres moitiés SK et SU ; de celle-ci résulta la portion m^{VIII} de vapeur dont a été formée la planète *Uranus* ; 3° ainsi la partie SK a été divisée en deux moitiés JK et JS ; de la portion SJ ou m''' a été formée la planète *Saturne*, et ainsi de suite.

§ 814. **Vitesse des mouvements orbiculaires des planètes.** Il a été indiqué déjà comment le mouvement axial commença avec un minimum de vitesse dont l'accroissement a été soutenu pendant toute la durée de l'éruption, et qui obtint son maximum de vitesse à la fin de cette éruption. De là résulta que la poussée φ^{ix} tangentielle communiquée à la portion m^{ix} de vapeur était la plus faible ; cette poussée ou choc croissait avec la vitesse du mouvement de rotation du Soleil, et comme celle-ci, de même la poussée φ' communiquée à la dernière portion m' de vapeur, a atteint le degré le plus élevé.

§ 815. **Rapport inverse entre les distances et les chocs tangentiels.** Les distances Δ_{ix}, Δ_{viii}.... $\Delta_{,}$ parcourues par les portions m^{ix}, m^{viii},... m' de vapeur étaient proportionnelles aux degrés de la poussée π centrifuge qui commença avec son maximum d'intensité ; son décroissement a continué pendant la durée de l'éruption et il atteint son minimum à sa fin. Cette poussée π centrifuge est pour cette raison, 1° en raison directe avec les distances parcourues par chaque portion de vapeur, et 2° en raison inverse avec la vitesse du mouvement de rotation, qui commença avec son minimum et se termina avec son maximum. Mais, avec cet accroissement de la vitesse de rotation est analogue celui des chocs tangentiels φ^{ix}, φ^{viii},... φ'. Donc les intensités de ces chocs sont en raison inverse avec les distances Δ_{ix}, Δ_{viii},... $\Delta_{,}$ parcourues par les portions de vapeur m^{ix}, m^{viii}, m^{vii},... m' qui éprouvèrent ces chocs φ^{ix}, φ^{viii}, φ^{vii},... φ' ; ainsi il en résulte $\varphi^{\text{ix}} = \dfrac{1}{\Delta_{\text{ix}}}$, $\varphi^{\text{viii}} = \dfrac{1}{\Delta_{\text{viii}}}$,... $\varphi' = \dfrac{1}{\Delta_{,}}$.

§ 816. **Éléments du mouvement orbiculaire des planètes.** Ils sont au nombre de deux : 1° la pression Π de la part de la pesanteur qui est en raison inverse avec la distance ; ou $\Pi = \frac{1}{\Delta^2}$, et 2° le choc tangentiel φ qui est en raison inverse de la distance ou $\varphi = \frac{1}{\Delta}$. Des portions m'', m^{VII}, ... m' de vapeur : la plus éloignée m'' a une vitesse orbiculaire très-médiocre ; cette vitesse croît dans les portions des distances inférieures Δ^{VIII}, Δ^{VII}, ... et elle atteint un maximum dans la portion m' de la distance inférieure Δ.

§ 817. **Rapport inverse entre les cubes des distances et les aires décrites par le rayon vecteur.** Soient P, p (fig. 110) deux planètes formées des portions m'', m' de la vapeur v et se trouvant aux distances $\Delta_{''}$, Δ du Soleil, comme le sont Vénus et Mercure. La pression de la part de la pesanteur est $\frac{1}{\Delta^2_{''}}$ pour la planète P et $\frac{1}{\Delta^2_{'}}$ pour l'autre p. Le choc tangentiel est $\frac{1}{\Delta_{''}}$ pour la planète P et $\frac{1}{\Delta}$ pour l'autre p ; ces chocs sollicitent les planètes à parcourir les espaces PP', pp' tandis que la pesanteur les sollicite à s'approcher du Soleil pour arriver à q ou à v ou parcourir toutes les distances $\Delta_{''}$, Δ pour arriver au Soleil.

Les aires KK''P'P $= a$ et $kk''p'p = $ A sont exprimées par

$$\text{KP} \times \text{PP}' = \frac{1}{\Delta^2_{''}} \times \frac{1}{\Delta_{''}}, \text{ et } \text{K}p \times pp' = \frac{1}{\Delta^2_{'}} \times \frac{1}{\Delta_{'}}, \text{ ainsi pro-}$$

vient le rapport $a : \text{A} = \frac{1}{\Delta^3_{'}} : \frac{1}{\Delta^3_{'}} = \Delta^3_{'} : \Delta^3_{''} = \frac{1}{2} a : \frac{1}{2} \text{A}$.

§ 818. **Rapport direct entre les carrés des temps d'évolution et les cubes des distances.** Les aires $\frac{1}{2} a$, $\frac{1}{2}$ A décrites par les rayons vecteurs pendant une évolution sont en rapport inverse avec les carrés des temps, et comme elles sont en rapport inverse aussi avec les cubes des distances, il en résulte un rapport direct entre les carrés des temps et les cubes des distances. L'aire KK'PP' $=$ KP $\times$ PP' $= \frac{1}{\Delta^3_{\eta}}$ a pour mesure le carré t^2, et l'aire KK'pp' $=$ Kp $\times pp' = \frac{1}{\Delta^3_{,}}$ est le carré T^2. Voulant représenter dans l'équation $\frac{1}{2} a : \frac{1}{2} A = \Delta^3_{,} : \Delta^3_{,,}$ par les aires $\frac{1}{2} a$, $\frac{1}{2} A$ les temps, il faut y introduire les valeurs de ces aires $\frac{1}{2} a = \frac{1}{2}$ KK'PP' $= t^2$, et $\frac{1}{2} A = \frac{1}{2}$ KK''pp' $= T^2$, et c'est ainsi que résulte le rapport : $t^2 : T^2 = \Delta^3_{,} : \Delta^3_{,,}$.

§ 819. **Rapprochement des portions inférieures vers la portion la plus grande.** La quantité des molécules μ de la portion m^{vi} de vapeur dont a été formée la planète Jupiter est presque égale à la somme des molécules contenues dans les huit autres proportions. Ainsi il en résulta un rapprochement des huit portions qui toutes se trouvèrent déplacées en sens convergent vers Jupiter, mais par rapport au Soleil les distances Δ_{ix}, Δ_{vii}, Δ_{vii} éprouvèrent une diminution, au contraire augmentèrent les distances Δ_v, Δ_{iv} Δ_{iii}, Δ_{ii}, Δ_i ; il n'y eut donc de conservé que la distance Δ_{vi} entre le Soleil et Jupiter.

Cette distance est 5,20, en prenant pour unité la distance actuelle entre la Terre et le Soleil ; et elle sert à connaître les distances primitives entre le Soleil et les huit autres portions de vapeur, dont résultèrent les sept planètes et le grand nombre de microplanètes nommées *astéroïdes*. Pour les trois planètes les plus éloignées du Soleil que Jupiter, les distances $2 \times 5,20$, $4 \times 5,20$, $8 \times 5,20$ ont éprouvé une diminution, au contraire, augmentèrent les distances $\frac{1}{2} \times 5,20$, $\frac{1}{4} \times 5,20$, $\frac{1}{8} \times 5,20$, $\frac{1}{16} \times 5,20$, $\frac{1}{32} \times 5,20$.

Les déplacements vers la portion de molécules la plus grande ont été opérés, non pas seulement dans les portions de vapeur dont résultèrent les planètes, mais aussi dans celles dont ont été formées les satellites, comme cela se voit dans les quatre tableaux suivants. Pendant ces déplacements des masses inférieures vers la supérieure, a été entraînée vers Jupiter de la portion m^v la masse dont il devait se former une planète, et il ne resta dans la distance Δ_v qu'une quantité médiocre m de la portion m^v de vapeur, et cela parce que les molécules de vapeur étaient encore très-dispersées. Cette masse m de molécules a été subdivisée par la pesanteur en un grand nombre de portions dont ont été formées les microplanètes.

I. DÉPLACEMENTS DES HUIT PLANÈTES VERS JUPITER.

NOMS des planètes.	DISTANCES primitives.	DISTANCES actuelles.	DÉPLACEMENTS CONVERGENTS vers Jupiter.
Neptune.	41,60	30,04	41,00 — 30,04 = 0,80 + 0,76 + 10,94
Uranus.	20,80	19,18	20,80 — 19,18 = 0,86 + 0,76
Saturne. . . .	10,40	9,54	10,40 — 9,54 = 0,86
Jupiter. . . .	5,20	5,20	
Microplanètes.	2,00	2,70	2,70 — 2,6 = 0,10
Mars.	1,50	1,52	1,52 — 1,50 = 20
Terre.	0,65	1,00	1,00 — 0,65 = 0,35
Vénus.	0,325	0,72	0,72 — 0,325 = 0,675
Mercure. . . .	0,1625	0,59	0,59 — 0,1625 = 0,8375

II. DÉPLACEMENTS DES SEPT SATELLITES D'URANUS.

ORDRE des satellites.	DISTANCES primitives.	DISTANCES actuelles.	DÉPLACEMENTS CONVERGENTS vers le sixième.
Huitième. . . .	91,00	91,01	91,00 — 91,00 = 0
Septième. . . .	45,50	45,50	45,50 — 45,50 = 0
Sixième. . . .	22,75	22,75	
Cinquième. . .	11,375	19,85	19,85 — 11,38 = 8,47
Quatrième. . .	5,6875	17,01	17,01 — 5,60 = 11,52
Troisième. . .	2,84375	15,17	15,17 — 2,84 = 9,35
Deuxième. . .	1,4218	10,37	10,37 — 1,42 = 8,95
Premier. . . .	0,2109	7,44	7,44 — 0,20 = 7,24

III. Déplacements des huit satellites de Saturne vers le septième.

ORDRE des satellites.	DISTANCES primitives.	DISTANCES actuelles.	DÉPLACEMENTS CONVERGENTS vers le septième satellite.
Neuvième. . .	88,56	64,36	88,56 — 64,36 = 24,20
Huitième. . . .	44,28	28,00	44,28 — 28,00 = 16,28
Septième. , . .	22,14	22,14	0,00
Sixième. . . .	12,07		
Cinquième. . .	5,54	9,55	9,55 — 5,54 = 4,01
Quatrième. . .	2,77	6,84	6,84 — 2,07 = 4,07
Troisième. . .	1,54	5,54	5,34 — 1,34 = 4,00
Deuxième. . .	0,67	4,51	4,51 — 0,67 = 3,84
Premier. . . .	0,54	3,50	3,50 — 0,54 = 3,02

IV. Déplacements des trois satellites de Jupiter vers le troisième.

ORDRE des satellites.	DISTANCES primitives.	DISTANCES actuelles.	DÉPLACEMENTS CONVERGENTS vers le troisième satellite.
Quatrième. . .	30,70	26,00	30,70 — 26,00 = 4,70
Troisième. . .	15,35	15,35	0,00
Deuxième. . .	7,68	9,68	9,62 — 7,68 = 1,94
Premier. . . .	3,89	6,05	6,05 — 3,89 = 2,16

§ 820. **Rapport entre la forme ovale du Soleil et les masses inégales des planètes.** Le cratère des éruptions partielles de vapeur n'éprouve aucun changement, mais tel n'était plus le cas dans l'éruption finale, et cela à cause du mouvement de rotation qui se forma dans la vapeur V qui restait et qui manquait dans celle v qui était expulsée; c'est pour cela qu'elle a reçu la poussée φ tangentielle de la partie o occidentale du bord du cratère. Cette partie glaciale o ne pouvait pas se conserver par le contact de la vapeur brûlante, elle fondait et ainsi reculait vers l'occident la partie postérieure du bord du cratère. L'étendue de celui-ci augmenta vers l'occident, et enfin ce cratère occupa toute la surface de la partie équatoriale quand la partie postérieure *o* du bord arriva à sa partie antérieure *o'*.

La partie *o* postérieure du bord du cratère était, au commencement de l'éruption, sur l'hémisphère du Soleil soulevé du côté d'Alcyon; ensuite, reculant vers l'occident, elle passa par *l'horizon* qui sépare les deux hémisphères, et se trouva sur l'hémisphère déprimé. En reculant toujours, la partie *o* passa du côté opposé de l'horizon pour revenir à l'hémisphère soulevé, où elle arriva à la partie *o'* antérieure du cratère.

La quantité des molécules qui s'échappait pour aller former dans l'espace la bande volumineuse dépendait de la forme ovale du Soleil, car des parties de la surface ovale les plus élevées s'écoulaient des masses de vapeur qui n'occupaient pas une grande longueur, mais une grande largeur dans la bande. De semblables accumulations larges et courtes de vapeur se produisirent dans cette bande quand la partie *o* du bord du cratère passait de l'hémisphère antérieur par l'horizon vers l'hémisphère postérieur; celui-ci étant déprimé faisait prendre aux molécules une grande longueur et une petite largeur dans la bande. Celle-ci obtint deux renflements ou nœuds dont, 1° le supérieur *n*, le plus volumineux, résulta de la vapeur échappée quand la partie *o* du bord du cratère passait de l'hémisphère soulevé par l'horizon dans l'hémisphère déprimé, et 2° l'inférieur *n'* le moins volumineux contenait les molécules de vapeur échappées quand la partie *o* passait par l'horizon pour arriver à l'hémisphère soulevé.

C'est ainsi que, guidés par les portions de masses contenues dans chaque planète, nous sommes arrivés à connaître que de la vapeur du nœud supérieur *n* ont été produites les

planètes Saturne et Jupiter, et que de la masse de vapeur
du nœud inférieur *n'* ont été produites la Terre et Vénus.
Des portions de vapeur plus petites ont été produites les planètes Mercure, Mars, Uranus et Neptune. Il a été dit que la
plus grande masse de vapeur de la portion *m'* a été entraînée
par la pesanteur vers Jupiter; et les microplanètes ont été
formées du reste de vapeur répandu dans l'espace ambiant.

C. Changements opérés au Soleil par l'éruption finale.

§ 821. La fin de l'éruption a eu lieu au moment où la
partie *o* du bord du cratère vint se joindre avec sa partie *o'*
antérieure, car ensuite la vapeur qui s'élevait ne pouvait
plus recevoir de choc tangentiel, ce qui fit qu'elle rebroussa
chemin pour retomber sur le Soleil. A cette époque celui-ci
était composé des deux calottes de glace très-épaisses séparées par une zone de vapeur, dont la température baissa
rapidement, et quand elle arriva au-dessous de zéro ses
vésicules superficielles gelèrent, et il se produisit alors une
nouvelle couche glacière qui réunit les deux calottes; cette
nouvelle couche sépara le froid de l'espace de la vapeur de
la couche β.

Depuis cette époque très-reculée jusqu'à présent il s'opère
des éruptions partielles du Soleil sur la couche glaciale postérieure, qui occupe la zone royale; son épaisseur et sa
solidité augmentèrent beaucoup, cependant elles sont encore
inférieures à celles des deux calottes, comme cela résulte,
1° du manque de taches dans celles-ci, et 2° de la densité
inférieure de chaleur qui est émise des deux calottes.

§ 822. **Absence d'une forme sphérique chez le
Soleil.** Il est impossible de déterminer la forme du Soleil
par des observations directes, mais pendant ses éclipses
totales se présentent toujours deux faits optiques qui sont
jusqu'à présent restés inexplicables, car on ne connaissait

ni la constitution de la Lune ni la forme véritable du Soleil.

I. La Lune est un corps ovale de glace vide au milieu ayant son hémisphère soulevé vers le centre de la Terre, et de l'horizon qui sépare les deux hémisphères est formée la périphérie de son disque. Ainsi le poids spécifique de ce globe n'est pas *trois*, chiffre que l'on trouve en y admettant une forme sphérique de diamètre égal à celui de son disque, mais son poids spécifique est inférieur à celui de l'eau, d'où il résulte que le volume véritable de la Lune est presque quatre fois plus grand que celui qui est admis actuellement; et cela est tout à fait d'accord avec sa forme ovale.

II. Pendant les éclipses totales du Soleil, le bord glacial de la Lune produit l'effet d'un prisme circulaire dont les rayons solaires se décomposent pour faire apparaître un spectre circulaire ou une couronne avec les couleurs agitées à cause du déplacement continuel de la direction des rayons solaires. Les détails de ce spectre ne permettent pas de douter qu'il ne résulte du bord glacial de la Lune.

III. Si le disque solaire était phériphérique comme celui de la Lune, il aurait dû coïncider exactement; mais tel n'est pas le cas, car il reste toujours une ou plusieurs protubérances rougeâtres. Ainsi il est directement prouvé que les bords des deux calottes s'élèvent du dessus du niveau de la zone royale. Cela résulte même de la lueur rouge et faible de ces protubérances.

II. — BIOGRAPHIE DE LA PÉRIODE GÉOLOGIQUE DE LA TERRE.

§ 823. Nous avons montré comment, en coordonnant les faits observés avec la loi physique, nous sommes parvenus à déterminer la production de ces faits, même quand elle a eu lieu il y a des millions de siècles. Ainsi il n'existe et il ne pouvait exister aucun ouvrage analogue au présent,

Les faits produits chez les corps célestes résultent de la chaleur qui s'en éloigne tant qu'ils recèlent de la vapeur chaude; quand celle-ci se refroidit, elle gèle, et la glace qui en résulte se dépose sur la face intérieure de l'enveloppe glaciale. Ainsi se termina la période astronomique des planètes, de leurs satellites, des microplanètes et de la Lune; ces derniers corps, à cause de leur faible masse, ont été refroidis sans qu'il se produisît d'éruption finale qui leur imprimât un mouvement axial comme celui des planètes.

§ 824. **Commencement de la période géologique de la Terre.** Celle-ci recevait toujours les rayons solaires, cependant il s'y produisait un refroidissement d'autant plus marqué que la quantité $\Theta + \theta$ de chaleur éloignée était plus grande que celle Θ qui arrivait du Soleil. Ainsi la vapeur refroidie gela et le corps terrestre n'était plus qu'un globe de glace vide au milieu : à cette époque se termina sa période astronomique et commença la période géologique, pendant laquelle tous les faits ne pouvaient résulter que, 1° des éléments de l'eau qui constituaient le globe, et 2° de ceux des rayons qui arrivaient du Soleil.

Ce qu'ont opéré, et ce qu'opèrent encore dans la Terre les rayons solaires ne fait pas défaut dans les autres planètes qui sont toutes sœurs *polydymes* ou engendrées ensemble; mais comme la production des faits de leur période géologique dépend de la densité ou de la quantité des rayons solaires, chaque planète en reçoit chaque jour une quantité qui est d'autant plus petite que la distance entre elle et le Soleil est plus grande. De sorte qu'on peut dire que pour la période géologique entière de chaque planète il faut une égale masse M de rayons solaires; cette masse a été déjà toute reçue par la planète Mercure qui a pour cela terminé sa période géologique, tandis que la planète Neptune n'a encore reçu qu'une partie μ insignifiante de la masse M de rayons; pour cette raison, cette planète se trouve au commencement de sa période géologique, période où se sont trouvées aussi, à des époques différentes, toutes les autres planètes, quand elles eurent reçu du Soleil la même minime partie μ de la masse M de rayons.

§ 825. **Ages des planètes.** Chacune des planètes se trouve avancée dans sa période géologique proportionnellement à la quantité de rayons qu'elle a reçue du Soleil ; en admettant que la densité de ces rayons est en raison inverse avec le carré des distances, nous parvenons, au moyen de celles-ci, à déterminer les âges des planètes. Il en résulte que Mercure a terminé depuis longtemps sa période géologique, Vénus est à la fin de la sienne, la Terre se trouve dans sa période alluvienne qui est la dernière, car elle a parcouru ses périodes *cométogéniques* ; Mars est dans sa dernière période cométogénique ; Jupiter se trouve environ dans sa quatrième période cométogénique ; Saturne est dans la première de ces périodes ; Uranus et Neptune ont à peine commencé leur période géologique.

§ 826. **Changements opérés en chaque période cométogénique.** Les rayons solaires se répandent inégalement sur la surface d'un globe, dont résulte une destruction d'équilibre thermométrique. De la zone torride la chaleur se disperse en directions divergentes ; une partie de cette chaleur se décompose et donne naissance aux courants thermoélectriques affluant des régions froides vers la zone torride. Ces courants provoquent la séparation d'un atome d'oxygène de quatre atomes d'eau, et ainsi du reste résulte un atome double d'azote, ou $Az^2 = 4HO — O$. Ce reste est indécomposable parce qu'il n'a pas été produit d'une combinaison. Du mélange de l'atome d'oxygène avec l'atome double d'azote résulte l'air ; celui-ci, répandu autour de la Terre, sépare du froid de l'espace la surface de cette planète.

§ 827. Si l'atmosphère opposait une égale résistance à la chaleur lumineuse solaire et à la chaleur obscure de la Terre, celle-ci ne serait pas échauffée ; mais la chaleur lumineuse Θ pénètre l'atmosphère en y perdant la quantité θ, et le reste $\Theta - \theta$ arrive à la Terre. De celui-ci se sépare la lumière et elle devient obscure : en cet état, en se répandant de la Terre vers l'atmosphère, elle éprouve une grande résistance; et c'est ainsi qu'une partie de celle-ci se propage lentement et qu'une autre partie se décompose et donne naissance aux courants thermoélectriques descendant vers la Terre.

A. Première période cométogénique de la Terre.

§ 828. La production de l'air s'opérait dans la zone torride; les masses d'air ne pouvant s'éloigner beaucoup de l'axe terrestre, à cause de leur vitesse de rotation et à cause du manque des pluies, elles étaient divisées en deux moitiés et repoussées en directions divergentes vers les pôles. Ainsi la glace de la zone torride se transformait en air qui, s'accumulant sur les deux hémisphères, forma deux aérocônes dont la hauteur augmentait, ils avaient le sommet sur les prolongements divergents de l'axe terrestre.

La glace se trouva creusée dans la zone torride, où se forma une vallée glaciale qui avait dans son milieu l'équateur. A cette époque cette forme de la Terre ne différait pas de la forme actuelle de Saturne. Herschell prouva par des mesures micrométriques que le diamètre de l'équateur de Saturne est plus petit que ceux qui passent par ses tropiques. Les deux anneaux de cette planète ne sont que le résultat d'une illusion optique produite suivant la loi de la perspective, comme cela a été mathématiquement démontré dans la *Photostatique*, page 682.

§ 829. **Élévation de température et production des plantes.** Les masses d'air des deux aérocônes empêchaient l'éloignement de la chaleur, ce dont il résulta une élévation de température au-dessus de zéro. Ainsi la couche

supérieure de la glace a été fondue et d'elle se forma la première mer qui avait le fond glacial. Sur sa surface les
plantes ont été produites par les courants thermoélectriques
verticaux. Les résidus de ces plantes, en s'accumulant tous
les ans, formèrent deux calottes solides d'une grande épaisseur ou deux *phytostromes* (φυτòν, plante; στρῶμα, couche).

Les aérocônes, gagnant en hauteur, exerçaient une pression croissante sur les calottes solides et sur la mer qui les
soutenait; le niveau donc y baissait et il s'élevait aux latitudes inférieures : ainsi s'y trouvaient arrosées les plantes
qui tous les ans se reproduisaient alternativement sur les
bords des deux calottes ou phytostromes. Les bandes parallèles à l'équateur observées dans les planètes Mars, Jupiter et Saturne, ne sont pas des nuages, mais des *flores*,
comme cela résulte de leurs changements périodiques, correspondant, dans chacune des trois planètes, à leurs saisons
respectives.

§ 830. **Séparation des deux aérocônes, sa cause
et son effet.** La production de l'air continuait sans interruption, et à cause du manque de pluie il ne se consommait pas comme à présent, mais, s'accumulant dans les
deux cônes, il faisait s'éloigner leur sommet du centre de
la Terre dont résultait une diminution continuelle de la
pression Π de la part de la pesanteur; tandis qu'en même
temps augmentait la répulsion R exercée de la part de l'air
équatorial contre les deux aérocônes en directions divergentes.

Ainsi ces deux causes rendaient inévitable la séparation
des deux aérocônes de la Terre : elle arriva en effet au moment où la répulsion R croissante parvint à vaincre la pression Π de la pesanteur. Celle-ci diminua rapidement pendant l'augmentation de la distance qui séparait la Terre
des deux aérocônes en directions divergentes; pour cette
raison augmentèrent beaucoup les distances entre la Terre
et les deux aérocônes, et il en résulta les faits suivants.

§ 831. Formation d'une paire de comètes par la paire des aérocônes. L'éloignement des deux aérocônes du centre de la Terre a fait changer l'orbite de leur mouvement orbiculaire autour du Soleil. Celui-ci occupa le foyer des deux orbites où l'une des comètes suivait un mouvement direct et l'autre un mouvement inverse. Dans leur périhélie, chacune des comètes passe entre la Terre et Vénus. La grande excentricité des orbites des comètes résulta de leur grand éloignement de la Terre. Le très-grand volume des comètes résulte du mouvement axial des molécules d'air et de leur répulsion mutuelle. Par des observations directes des comètes, on a constaté la forme conique de la masse aérienne. Les changements physiques y résultent : 1° du mouvement axial qui s'opère autour de l'axe du cône, et 2° des changements de température.

§ 832. Déluge résultant de la séparation des aérocônes. Par suite de la pression exercée dans les deux hémisphères par les aérocônes, le niveau baissa dans les régions polaires et il s'éleva dans la zone torride; cette destruction du niveau ne pouvait plus se soutenir après la séparation des aérocônes. Les masses d'eau, en se précipitant vers les pôles, déchirèrent les deux calottes de substances végétales, et les grands lambeaux ainsi produits se précipitèrent dans le fond glacial en y formant une couche d'une épaisseur de cent lieues environ. L'air qui resta sur la zone torride l'a protégée contre le froid de l'espace qui vint en contact avec les deux hémisphères, où l'eau de la mer gela et forma une couche épaisse de glace.

A la fin de la première période cométogénique, 1° l'espace reçut deux comètes; 2° le fond glacial de la mer reçut deux couches épaisses de substances végétales qui formèrent le nouveau fond de la mer, ayant au-dessous la masse solide du globe glacial, et au-dessus une mer couverte d'une couche épaisse de glace.

B. Périodes cométogéniques Antédiluviennes.

§ 833. Le commencement de la deuxième période et des suivantes diffère de celui de la première : 1° par la masse d'air
qui restait sur la zone torride après la séparation des deux
aérocônes; 2° par les deux couches de substance végétale
qui formaient le fond de la mer dans les deux hémisphères.

Les faits opérés sur la surface pendant la première période ont été répétés dans chacune des périodes antédiluviennes; il apparut des faits nouveaux au fond de la mer
sur la substance végétale dont le carbone, en se combinant
avec les éléments de l'eau pour produire le gaz acide carbonique et le gaz des marais, rendit libre la chaleur latente
de l'eau, dont la température s'éleva et provoqua une dispersion et une décomposition de chaleur dont résultèrent
des courants thermo-électriques affluant de la mer vers le
fond. Ainsi se produisit une série de faits qui manquait
pendant la première période.

§ 834. **Production des couches de substances minérales cristallines.** La cilice est produite directement
par une fermentation des résidus des plantes ou par les ani-
macules de la mer où ils restent dissous. Les courants
thermo-électriques affluant vers le fond de la mer y entraî-
naient la cilice en la déposant sous forme galvanoplastique.
Ainsi résulta une couche minérale nommée *lithostrome*
(λίθος, pierre, στρῶμα, couche) qui sépara l'eau froide de la
substance végétale, où ne cessaient pas la décomposition de
l'eau et la production des gaz et de la chaleur. De cette
manière est apparue une répulsion centrifuge R contre la
couche minérale; l'épaisseur et la résistance de celle-ci
augmentaient moins rapidement que la répulsion, et c'est
ainsi qu'elle subissait une foule de brisures par des intervalles différents.

§ 835. **Origine des minerais ignés.** Le *basalte*, le

granite et les *porphyres* consistent en silice; ses cristaux furent conservés dans le porphyre; leur tissu peut être distingué dans le granite, mais il disparaît dans le basalte. Les géologues ne manquèrent pas d'y reconnaître un effet de la chaleur à des degrés différents, mais ils n'étaient pas capables d'arranger les faits en ordre chronologique et en ordre topographique, parce qu'ils ignoraient que la chaleur terrestre a pour source la chaleur latente de l'eau décomposée par la substance végétale.

Après chaque brisure de la couche minérale, les fragments, repoussés par les gaz, tombaient renversés en directions divergentes et laissaient s'ouvrir mille petits cratères par lesquels s'éloignaient les gaz, et l'eau froide venait en contact avec la substance chaude végétale. Alors les masses de silice étaient conduites dans les cratères où elles ont été déposées; mais le tissu cristallin de ces masses n'était plus dans les mêmes directions que celui des fragments ambiants. En appelant *partielles* ces éruptions des gaz, il en résulté qu'elles servaient à faire augmenter l'épaisseur et la solidité du lithostrome pour faire apparaître une éruption *finale* ou un soulèvement pyramidal des masses ignées.

§ 836. **Mode du soulèvement des montagnes.** Après avoir éprouvé des milliers de brisures partielles, la couche minérale augmenta beaucoup d'épaisseur et acquit plusieurs mille mètres; ainsi diminua la consommation de la chaleur du foyer, tandis que la température et la répulsion augmentaient toujours. La couche de la substance végétale éprouvait une pression centripète vers la masse de glace; une semblable répulsion mais centrifuge se communiquait à la couche minérale très-épaisse, qui avait la face *f*, inférieure en contact avec le foyer, et la face *f* supérieure en contact avec l'eau de la mer. Suivant les degrés de température, la couche épaisse minérale a été divisée en trois autres : 1° l'inférieure; 2° celle du milieu, et 3° la supérieure.

La masse minérale de la couche inférieure *c* a été réduite à l'état liquide, celle du milieu *c'* à l'état demi-liquide, et la couche *c''* supérieure a été ramollie. C'est ainsi que devint possible la brisure de cette couche supérieure; les grands fragments ont été repoussés en directions divergentes, et il s'est ouvert un vaste cratère dont s'éleva la masse demi-liquide de la couche du milieu qui, venant en contact avec l'eau, perdit rapidement sa chaleur et prit l'état solide. Alors elle fut brisée, et les fragments repoussés en directions divergentes laissèrent s'élever la masse liquide de la couche inférieure. Cette masse repoussée par les gaz s'éleva, et en même temps, en perdant sa chaleur, elle se solidifiait, et c'est ainsi que se termina l'éruption géologique finale.

La masse minérale soulevée forma une pyramide composée des trois parties qui se trouvaient dans la couche minérale; mais ces parties se trouvèrent en ordre renversé : 1° les fragments de la masse ramollie de la couche *c''* supérieure ou le *porphyre* forme le contour de la base de la pyramyde; 2° de celle-ci la partie du milieu a été produite du *granite* qui était la masse demi-liquide du milieu ; 3° enfin la masse liquide de la couche *c* inférieure se trouva dans la partie supérieure de la pyramide. Cette masse est le basalte que les géologues ne trouvent qu'aux sommets des montagnes.

De semblables pyramides de plusieurs milles ont été produites pendant la durée de chaque période du dessus de la couche de la substance végétale. L'ensemble de ces pyramide forma une couche nommée *pyramidostrome*, qui, restant sur la couche végétale, devint fond de la mer. En même temps que la substance végétale de cette couche se consommait, les pyramides se multipliaient au fond de la mer, et augmentait sur sa surface l'épaisseur des deux calottes de substances végétales dans les deux hémisphères."

§ 837. **Structure intérieure de la Terre.** Les géologues et les physiciens admettent généralement l'état vaporeux comme état primitif des corps célestes, et en cela nous sommes d'accord. Dans les profondeurs ides puits artésiens on trouve partout une élévation de température inégale dans chaque localité : comme terme moyen on trouve 1° pour 30 mètres. On admet généralement que cette élévation de température est continue, d'où résulte une enveloppe solide d'une dizaine de lieues d'épaisseur entourant une masse incandescente de 3,000 lieues de diamètre et d'une densité dépassant cinq fois celle de l'eau, et cependant Fourier trouva que la Terre ne perd sensiblement rien de sa chaleur, malgré les sources chaudes et les éruptions volcaniques. Il n'existait aucun moyen de prouver comment l'état actuel de la Terre s'est produit de l'état gazeux de la même matière. C'est ici que, pour la première fois, on trouvera décrit le mode de production de la structure du globe terrestre.

§ 838. En chaque période cométogénique il se produisit :

1° deux aérocônes qui se séparant à la fin de la période, formèrent une paire de comètes circulant autour du Soleil dans des orbites qui ont leur périhélie entre la Terre et Vénus ; et comme ces paires de comètes ne sont qu'au nombre de 18 à 20, il en résulte qu'il y a eu autant de périodes cométogéniques.

2° Il s'était produit sur les deux hémisphères une paire de calottes de substance végétale d'une épaisseur d'une centaine de lieues, qui se précipitant à la fin de la période, devinrent le fond de la mer.

3° La plus grande partie de cette substance végétale, décomposée par la fermentation et par les animalcules, a été transformée en substances minérales, surtout en silice ; une autre partie, se décomposant également, laissa se combiner le carbone avec les éléments de l'eau dont la chaleur latente devenant libre produit une élévation de température locale, qui est celle qu'on trouve à d'égales profondeurs et à des degrés très-différents.

D'après ce que nous venons d'indiquer, l'intérieur de la Terre consiste en couches de substances végétales et en pyramides de substances minérales ignées, qui sont alternativement superposées dans les deux hémisphères, et qui restaient séparées par une couche d'eau provenant de la fusion de la glace centrale. La densité de la masse végétale et minérale augmenta vers le centre, non pas par suite d'une pression de la pesanteur, mais par la répulsion très-grande qu'exerce la vapeur brûlante en haut vers la couche minérale des pyramides et en bas vers la couche végétale. Pour acquérir une preuve irréfragable de cette structure terrestre, on n'a qu'à comparer le poids spécifique de ta Terre et des planètes.

§ 839. **Poids spécifique de la Terre et des planètes.** Après avoir indiqué le rapport entre les quantités des rayons solaires arrivées aux planètes et l'âge de chacune d'elles, il en résulte que l'eau et l'air n'existent plus dans les deux planètes inférieures, Mercure et Vénus, qui sont composées de masses solides ayant pour cela un poids spécifique supérieur à celui de la Terre. Le poids spécifique de la planète Mars est supérieur à celui de Jupiter et inférieur à celui de la Terre; ce poids correspond au nombre de paires de comètes dont le périhélie est entre les orbites de Mars et de la Terre. Le poids spécifique de Jupiter diffère peu de celui de l'eau; ce poids et le nombre des quatre paires de comètes dont le périhélie est entre l'orbite de cette planète et celles des microplanètes, conduisent à connaître que Jupiter a parcouru un petit nombre de périodes cométogéniques. Saturne, Uranus et Neptune sont encore composés de globes de glace vides au milieu, dont résulte leur poids spécifique trouvé inférieur à celui de l'eau. Le même effet a lieu pour le globe glacial de la Lune, dont le volume est au moins quatre fois plus grand que celui qui résulte, en y admettant une forme sphérique. Il n'existe aucune comète qui ait le périhélie au delà de l'orbite de Jupiter.

C. Période diluvienne.

§ 840. Les faits produits pendant cette période diffèrent de ceux des périodes antédiluviennes, et cela à cause de la diminution de l'eau et de l'abaissement du niveau de la mer qui a laissé apparaître les versants des pyramides composés de minerals ignés et de terrains stratifiés superficiels. Ces versants de pyramides formaient au commencement la surface des continents.

§ 841. **Ordre chronologique des soulèvements des montagnes.** Les masses ignées constituent le squelette des montagnes sur lequel ont été ensuite déposés les terrains stratifiés dont le bord supérieur s'abaissait avec le niveau de la mer. Il en résulte que celles des montagnes dont les sommets n'ont pas été élevés dès le commencement au-dessus du niveau de la mer, ont reçu, sur toute leur surface les dépôts de terrains stratifiés, tandis que de pareils dépôts ne commencent qu'à un certain niveau situé à une distance variable du sommet des montagnes qui ont été soulevées dès le commencement au-dessus du niveau de la mer.

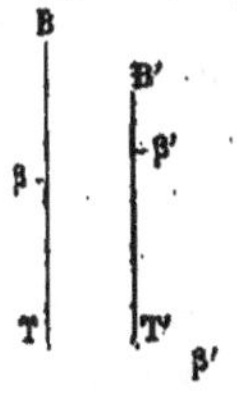

Quant aux montagnes dont le sommet est constitué par le basalte, le niveau du bord des terrains stratifiés indique celui de la mer lorsque le soulèvement a eu lieu. Ainsi trouvant dans la montagne B (fig. 117) élevée le niveau β du bord des terrains stratifiés, et la partie Bβ de basalte seul ou de basalte, granite et porphyre, on en fait la comparaison avec la montagne B', où est plus élevé le niveau β' du bord des terrains stratifiés qui indique que, lorsque cette montagne B' a été soulevée, le niveau β' de la mer était plus élevé que celui β de l'époque de l'élévation de la montagne B; ainsi celle-ci a été produite après l'autre B' dont la hauteur B'T' peut être inférieure à celle BT de la montagne postérieure B.

§ 842. Mode de l'apparition des pluies par l'influence des montagnes. Déjà Hippocrate savait qu'il y avait une liaison entre les montagnes et les pluies ; cependant ni lui ni les physiciens qui vinrent après lui n'ont pu déterminer la loi physique suivant laquelle cette liaison s'opère. Les météorologistes sont toutefois parvenus à constater qu'aucun changement ne peut résulter dans l'atmosphère sans le contact de deux masses d'air de température différente. Ce sont donc de tels contacts d'air qui résultent entre la masse m' d'air chauffé par la surface du versant exposé au Soleil et la masse m d'air contenu dans l'espace ombragé autour du versant postérieur de la même montagne.

Pour avoir de telles masses d'air m', m abondantes, il fallait beaucoup de montagnes et d'une hauteur considérable, condition qui manquait quand le niveau de la mer était élevé ; l'abaissement de celui-ci devint donc la cause de l'apparition des continents et des pluies.

§ 843. Changements de la forme des continents par les pluies. Avant l'apparition des pluies la surface des continents présentait une grande irrégularité : les plantes et les animaux y manquaient ; ils étaient déserts et pas encore perfectionnés ἡ γῆ ἦν ἔρημος καὶ ἀκατέργαστος. (Écriture).

A cause de l'atmosphère composée des deux aérocônes, sa pression était inégale sur les différentes latitudes de la Terre ; de cette cause ont été produites 1° des plantes qui dépendaient de la température et 2° des animaux qui étaient organisés suivant la pression de l'atmosphère sous chaque latitude. Il n'y avait que la zone torride où cette pression différât peu de celle de l'atmosphère actuelle ; c'est pourquoi l'homme, organisé alors comme il l'est à présent, ne pouvait exister que sur les versants des montagnes élevées de la zone torride ; il en est de même pour les animaux domestiques et sauvages, qu'on ne trouvait pas alors dans les latitudes supérieures.

Les masses énormes d'eau provenant d'averses énormément supérieures aux averses actuelles, enlevaient en s'écoulant les terrains stratifiés des versants des montagnes et les charriaient au fond des lacs qui séparaient les bases des pyramides. Ces lacs, comblés par des cailloux qu'avait arrondis l'agitation de l'eau, font connaître les endroits des roches dont ils ont été détachés; en ces endroits, suivant la loi hydraulique, l'écoulement des eaux laissa les vallées ouvertes.

844. Déluge produit de la séparation des deux aérocônes. A la fin de la période diluvienne, les deux hémisphères manquèrent des deux calottes de substances végétales, car les restes des plantes produites sur les continents ont été charriés par les torrents et par la mer; ils ont été déposés aux endroits où sont actuellement les dépôts de charbon de terre. La cause de la séparation des deux aérocônes était la répulsion qu'exerçait la masse d'air produite dans la zone torride. Cette masse y resta au moment où se détachèrent les aérocônes; ainsi les plantes et les animaux y restèrent, et ceux des deux hémisphères périrent asphyxiés; leur corps gelèrent immédiatement par l'abaissement de la température et ne tombèrent pas en putréfaction.

Les eaux, maintenues par les aérocônes à un niveau élevé sur la zone torride, se divisèrent en deux moitiés et produisirent ainsi les torrents *cataclystiques* qui inondèrent les parties des continents les moins élevées, et ils y ensevelirent les animaux gelés après qu'ils eurent été longtemps roulés par les eaux qui exerçaient un frottement sur la chair gelée et non pas sur les pointes des os brisés. Quant aux cadavres des oiseaux, ils s'élevèrent au-dessus du niveau des torrents et se désagrégèrent quand la température s'éleva.

D. Période alluvienne.

845. La masse d'air qui resta sur la zone torride et celle qui se produisit ensuite se répandirent dans les zones tempérée et glaciale, où la température s'élevait proportionnellement avec la densité de l'air. Une formation d'aérocônes n'eut plus lieu, parce que l'air produit se consommait par les pluies et faisait apparaître l'*arc-en-ciel*.

Les habitants de la période diluvienne de la zone torride, après s'être beaucoup multipliés, commencèrent à ressentir la disette de pâturages pour leurs troupeaux, et ce besoin fut cause qu'ils émigrèrent loin des lieux où ils avaient eu leur berceau. Comme nomades, ils ne pouvaient aller ni à l'est ni à l'ouest, pays occupés par leurs voisins, mais ils ont tous pris leur direction vers les deux zones tempérées.

Les nomades eux-mêmes avaient eu, comme précurseurs, ceux qui se livraient à la chasse, parce que le gibier avait été le premier à s'éloigner de la zone torride et avait ainsi montré la voie à l'émigration universelle. Avant l'élévation actuelle de la température, plusieurs de ces émigrants passèrent sur la glace dans les îles, dont ils ne s'éloignèrent plus, et où leurs descendants se sont perpétués jusqu'à présent.

846. Diminution de l'eau et augmentation de la substance minérale. C'est une vérité dont il est facile de se convaincre, quand il est constaté que dans dix mille tonneaux d'eau claire sont contenus trois tonneaux de substances minérales; celles-ci sont en quantités plus grandes dans les eaux troubles qui se rendent à la mer, qui ne restitue que de l'eau pluviale pure. Des observations suivies depuis plus de trente siècles ont prouvé que le niveau de la mer n'éprouva pas de changement sensible, tandis que sa profondeur a diminué à cause de l'élévation de son fond causée par les dépôts continuels des sables charriés. De même sur les continents il se trouve une couche minérale connue sous le nom d'*alluvion*, qui est reconnue de tous les géologues comme une production postérieure.

Cette alluvion se trouve au-dessus du niveau des fondations ou du rez-de-chaussée des monuments de l'Asie, de l'Égypte, de l'Europe et de l'Amérique. Il en résulte que le sable charrié au fond de la mer forme une partie de l'alluvion; celle-ci avait, il y a vingt siècles, un niveau plus bas qu'à présent. Il en résulte que le poids total de la Terre restant invariable, l'eau qui disparaît de la mer se décompose pour produire les plantes, dont les restes, après avoir subi différentes fermentations, produisent la substance minérale nommée alluvion.

Ainsi donc, comme dans les planètes inférieures, Mercure et Vénus, l'eau doit disparaître avec l'air de la Terre, à une époque où la planète Mars se trouvera dans un état analogue à celui où se trouve actuellement la Terre.

847. Distribution des mers et des continents; sur la forme ovale de la Terre. Le centre de gravité d'un corps ovale se trouve à des distances différentes des parties de la surface. Si le corps consiste en une masse de glace, l'eau qui en résulte va occuper : 1° l'hémisphère déprimé ou la base, et 2° la zone entre le sommet et l'horizon qui sépare les deux hémisphères. Ainsi, il ne reste au-dessus du niveau que l'horizon et le sommet. Il y a donc formation de deux mers, l'une de forme circulaire sur l'hémisphère déprimé, et l'autre sous forme d'une zone qui sépare les continents occupant l'horizon et le sommet du corps ovale.

Dans la Terre, l'*océan Pacifique* constitue la mer circulaire, et la mer, sous forme d'une zone, est composée du *récipient bas-caspien*, de l'*océan Indien* et de l'*océan Atlantique*. Cette zone de mer sépare les continents du sommet *Afrique et Europe*, des continents de l'horizon, *Amérique du Sud, Amérique du Nord, Asie et Australie*.

L'aplatissement de la Terre a été déduit des longueurs des

degrés trouvés dans le méridien de Paris; mais lorsque plus tard ont été établies les mesures des degrés des méridiens dans plusieurs autres lieux de l'Europe et des autres continents, Arago et les autres physiciens y ont trouvé un désaccord. Nous avons coordonné ces mesures, et il en résulta une preuve mathématique indiquant que la forme de la Terre est un ovale dont le sommet est en Afrique et la base dans l'océan Pacifique.

III. — QUANTITÉ DE CHALEUR LUMINEUSE SOLAIRE REÇUE DE LA TERRE ET CHALEUR OBSCURE CONSOMMÉE PAR LA TERRE.

§ 848. Pouillet chercha à déterminer la quantité de chaleur lumineuse qui traverse l'atmosphère pour arriver à la Terre; Melloni observa les quantités de chaleur lumineuse et de chaleur obscure ou moins lumineuse qui pénètrent les corps. Ni l'un ni l'autre de ces deux physiciens ne connaissait les effets qui résultent du mélange de la chaleur avec la lumière; nous allons rapporter ici les résultats de leurs observations.

§ 849. **Résultats obtenus par Melloni de la chaleur lumineuse ou obscure.** 1° Ainsi quand est grande la densité de la lumière mêlée avec la chaleur θ, une lame mince d'eau en laisse passer $0,60\,\theta$. Une heure avant le coucher du Soleil, quand diminue la densité de la lumière, la même lame d'eau ne laisse plus passer que $0,32\,\theta$. 2° Le cristal de roche enfumé qui sépare avec la lumière une partie de la chaleur, produit un effet contraire à celui de la lame d'eau; à midi ce cristal laisse pénétrer la portion $0,30\,\theta'$ de chaleur, et une heure avant le coucher du Soleil il laisse pénétrer la portion $0,62\,\theta'$.

§ 850. **Quantités de chaleur solaire sur les hauteurs des montagnes.** Forbes et Kæmtz ont mesuré la densité de chaleur des rayons solaires à Brienz et sur le Faulhorn avec une différence de niveau de 2,119 mètres, et ils ont trouvé qu'elle est plus élevée sur les montagnes que dans les plaines.

§ 854. **Froid de l'espace.** Pouillet trouva, au moyen de son appareil nommé *actinomètre*, que le froid de l'espace est inférieur à — 175° et supérieur à — 115°. Nous avons fait voir (§ 453) comment Person a été amené à connaître que la chaleur disparaît des corps sous un froid de — 160°, d'où il résulte que la chaleur manque dans l'espace céleste où domine le froid, et comme cet espace est vide, les rayons solaires le pénètrent sans rien perdre de leur chaleur.

L'actinomètre de Pouillet consiste en plusieurs couches de peau de cygne au-dessus duquel est couché un thermomètre qui ne voit que les deux tiers de la voûte céleste. Des trous pratiqués au milieu du duvet permettent à l'air froid de s'écouler. Pendant la nuit le thermomètre rayonne sa chaleur obscure vers le ciel pur, et il subit un abaissement de température au-dessous de l'air ambiant à un demi-mètre au-dessus du sol, car cet air reçoit la chaleur obscure de la surface du sol. Pouillet a formé un ciel artificiel au moyen d'un vase de zinc rempli d'un mélange réfrigérant qui lui communiquait une température de — 20°, et l'actinomètre était placé successivement à des distances telles que son thermomètre pût voir $\frac{1}{4}$, $\frac{1}{3}$, $\frac{2}{3}$ de l'hémisphère. Dans chaque position on notait la différence entre la température de l'appareil et celle de l'air ambiant; on trouva que si de la température t de l'air ambiant on retranche les $\frac{3}{4}$ de l'abaissement a de l'actinomètre au-dessous de cette température, on trouve toujours la température z du ciel artificiel, de sorte qu'on a $z = t — \frac{3}{4}a$.

Ce rapport appliqué à la voûte céleste a permis de calculer les températures zénithales à différentes époques de l'année et à différentes heures du jour. Pouillet a reconnu que

cette température s'élève et s'abaisse presque comme celle
de l'air ambiant, et ainsi a été constaté le manque de chaleur dans l'espace.

Comme le thermomètre indique une température moindre dans l'actinomètre que celle de l'air ambiant, de même
Wels et Daniel trouvèrent dans la surface du sol la température de 7° à 8° au-dessous de celle de l'air ambiant; Wil-
son a trouvé la surface de la neige à 9° au-dessous de la
température de l'air; Scoresby et Parry ont observé une
différence analogue pendant que l'air ambiant se trouvait
à — 20°. Tous ces faits prouvent directement que l'écoulement de la chaleur obscure s'opère plus lentement dans
l'air que dans les corps solides, tels que le sol, ou dans les
liquides, tels que le mercure du thermomètre.

§ 852. **Appareil à mesurer la chaleur non lumineuse des rayons solaires.** Un vase *v* (fig. 118) en argent très-mince ayant la base supé-
rieure recouverte de noir de fumé
est remplie d'eau. Le cercle *b* qui ser[t]
à orienter le vase *v* en reçoit l'ombre.
Les faits que fournit cet apparei[l]
noirci doivent être comparés à ceu[x]
que Melloni obtint au moyen du cristal de roche noirci, et non pas à ceu[x]
obtenus au moyen de la lame d'eau
pure.

Le vase *v* étant à peu près à la température ambiante, on met l'apparei[l]
l'ombre très-près du lieu *d*, où l'on do[it]
observer, de manière qu'il voit la même étendue du ciel, [et]
l'on note pendant quatre minutes, de minute en minute, so[n]
échauffement ou son refroidissement. On porte ensuite l'appareil au Soleil, en l'abritant avec un écran, et on l'oriente
cette manœuvre emploie la cinquième minute. On enlève l'é-
cran, le thermomètre monte sous l'influence de la chaleur ob-

scure des rayons pendant qu'on fait tourner le vase v pour agiter l'eau que renferme la boule du thermomètre. Au bout de cinq minutes on reporte l'appareil à l'ombre dans sa première position et l'on observe de nouveau son refroidissement pendant cinq minutes. Si r est le refroidissement observé et r' celui qui est produit lors des premières observations faites à l'ombre, la moyenne $\frac{1}{2}(r+r')$ représentera la perte de l'appareil par le rayonnement pendant l'action du Soleil. L'élévation de température t, produite par la chaleur obscure qui pénétra dans l'eau, résulte donc de la somme $s + \frac{1}{2}(r+r') = t$. Si l'on représente par p le poids de l'eau augmenté de l'équivalent du vase en eau, la quantité de chaleur correspondante sera tp. Enfin, la surface du vase étant $\frac{1}{4}\pi d^2$, la quantité de chaleur correspondante sera représentée par

$$\frac{1}{4}(tp : \tfrac{1}{4}\pi d^2) = \frac{4p}{5\pi d}\, t = 0,2624 \times t.$$

Le coefficient 0,2624 de t correspond aux dimensions de l'appareil v employé par Pouillet, qui obtint le même résultat par les rayons solaires concentrés au moyen d'une lentille. Dans les deux cas, la quantité de chaleur obtenue est inférieure à la quantité de la chaleur lumineuse, comme cela résulte de l'observation de Melloni sur le cristal noirci ; mais Pouillet compara cette chaleur obscure à celle qui a été éloignée de l'appareil.

Melloni trouva que de la même quantité Q de chaleur solaire, il pénètre dans le cristal de roche noirci $0,80\,Q$ à midi, et $0,62\,Q$ une heure avant le coucher du Soleil ; Pouillet, négligeant cet effet du noir de fumée du vase sur la chaleur solaire lumineuse, trouva que la chaleur solaire diminue quant le Soleil s'approche de l'horizon. En représentant par e l'épaisseur de l'atmosphère traversée par les rayons, il donna à l'équation $t = s + \frac{1}{2}(r+r')$ la forme $t = ap^e$ et détermina les constantes a et p au moyen de deux observations faites dans une même journée, il calcula l'épaisseur *e* au moyen de la formule trigonométrique

$$e = \sqrt{2rh + h^2 + r^2 \cos^2 z} - r \cos z,$$

dans lequel *r* est le rayon de la Terre, *h* la hauteur de l'atmosphère, et *z* la distance zénithale du soleil. Pour obtenir une valeur numérique il a admis $h = 1$, $r = 80$.

En déterminant *a* et *p* à différents jours, la valeur de *a* qui indique la chaleur émise par le soleil a été trouvée constamment égale à $6°,72$, et ce qui variait seulement, c'était la valeur de *p*, qui dépend de la quantité de chaleur et de celle de lumière avec laquelle elle est mêlée.

Pouillet trouva pour *p* les valeurs suivantes :

28 juin.	27 juillet.	22 septembre.	4 mai.	11 mai.	Solstice d'hiver.
0,7244	0,7587	0,7780	0,7556	0,7888	0,7488

Le minimum de la valeur de *p* se trouve pendant le jour, quand la chaleur est mêlée avec le maximum de lumière ; le maximum n'arrive pas pendant le jour, quand la lumière est à son minimum, parce qu'en même temps la chaleur se trouve également à son minimum, mais il arrive aux mois de mars et de septembre. Pouillet, au lieu de comparer ses observations avec celles de Melloni pour en connaître la cause physique, admit, et cela sans aucune raison plausible, pour cause l'état hygrométrique de l'atmosphère.

La concordance entre les résultats observés et les valeurs de *p* calculés indique que l'état hygrométrique de l'atmosphère n'exerce aucune influence sur la quantité de la chaleur solaire. En admettant dans la formule $t = ap°$, $e = o$, il en résulte $t = a = 6°,72$. Il a été trouvé ci-dessus que la quantité de chaleur reçue en une minute sur 1 centimètre carré est $0,2624 \times t$; ainsi en l'absence de l'atmosphère, si $t = 6°,72$ on obtient la quantité de chaleur $0,2624 \times 6,72 = 1,7633$ reçue en une minute par 1 centimètre carré noirci ;

cette quantité est supérieure si la surface n'est pas noircie.

La chaleur solaire Θ est reçue sur une surface s d'un grand cercle du globe terrestre sur lequel est projeté l'hémisphère, ou $\Theta = 1{,}7611 \pi R^2$. En distribuant cette même quantité Θ de chaleur sur la surface d'un hémisphère, il ne vient pour chaque centimètre carré que la portion $\dfrac{1{,}7633 \pi R^2}{4 \pi R^2}$ = 0,4408. Cette chaleur d'une minute, qui devient $24 \times 60 \times 0{,}4408$ pour vingt-quatre heures, suffirait pour fondre en une année une couche de glace de 38^m,89 d'épaisseur qui envelopperait la Terre, sans cependant être en contact avec le froid de l'espace.

Pour obtenir la quantité de chaleur $\Theta - \theta$ qui, après avoir traversé l'atmosphère, arrive à la surface de la Terre, il faut retrancher du nombre $231{,}675 = 24 \times 60 \times 0{,}4408 \times 365$ la quantité de chaleur θ qu'absorbe l'atmosphère. Cette quantité présente des chiffres bien différents, selon le lieu où l'on observe; on a trouvé : à Paris, $0{,}739\,\Theta$; à Orange, au mois de juillet, $0{,}4504\,\Theta$; en Suisse, $0{,}680\,\Theta$, et à Bruxelles, $0{,}615\,\Theta$. Ces grandes différences entre les résultats obtenus ne sont pas moins instructifs que ceux qui présentent, entre les résultats calculés et observés, un accord parfait; car il a été prouvé que la surface noircie du vase v produit les mêmes effets que ceux qu'a obtenus Melloni au moyen du cristal de roche également noirci.

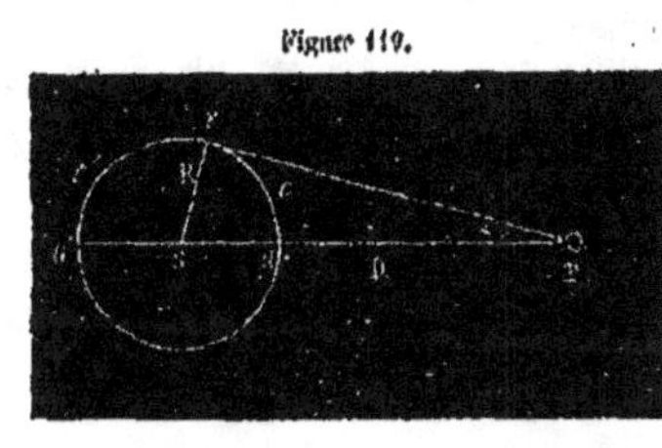

Figure 119.

§ 853. **Chaleur totale émise par le Soleil.** Soit une surface S ayant pour rayon la distance $D = ST$ (fig. 119) entre les centres S et T du Soleil et de la Terre. Chaque centimètre carré de cette surface reçoit par minute 1,7633 calories, et la surface S $1{,}7633 \times 4 \pi D^2$ calories, qui est la quantité de chaleur émise en chaque minute par le Soleil dans toutes les directions. Chaque centimètre carré de la surface solaire rayonne donc pour sa part cette même quantité divisée par $4\pi R^2$, R étant le rayon solaire, ce qui fait $1,7633\,\dfrac{D^2}{R^2}$. La tangente Tr, menée du centre T de la Terre au disque S du Soleil, donne le triangle rectangle TSr et $\dfrac{D}{R}=\dfrac{1}{\sin 2\alpha}$, dont on trouve les calories 848888. Cette quantité de chaleur serait capable de fondre en une minute une couche de glace qui recouvrirait la surface du Soleil et aurait $11^m,80$ d'épaisseur, ou en un jour une couche de 4 lieues et $\frac{1}{2}$, en une année une couche de 1547 lieues; quoique la valeur de t qui entre dans les calculs soit beaucoup inférieure à la véritable, qui est la chaleur lumineuse et non obscure.

Ces résultats empiriques s'arrangent comme causes et effets pour former les séries des faits observés sur le Soleil. Il a été constaté que des points différents de sa surface sont émises des densités de chaleur qui diminuent inégalement du centre vers le bord du disque; ces densités diminuent dans le voisinage des taches :

1° Le poids total du Soleil et son poids spécifique d'une part; 2° la grande densité de chaleur émise de sa surface et le froid de l'espace, de l'autre, se trouvent en accord parfait avec l'existence d'une masse de chaleur brûlante séparée du froid de l'espace par une couche de glace qui forme comme une enveloppe et fait diminuer la consommation de la chaleur.

La série des faits observés dans les taches ne permet pas de douter du mode de leur production exposée dans tous leurs détails, qui ne rencontre nulle part la moindre contradiction. Il a même été prouvé que c'est par oubli qu'Arago n'a pas reconnu que le manque de polarisation de la lumière solaire résulte de la direction verticale sur la surface de l'enveloppe suivant laquelle s'échappent les rayons centrifuges.

CHAPITRE II.

THALASSOLOGIE

ou

TRAITÉ DU MODE DE LA PRODUCTION DES COURANTS MARITIMES
ET DE LA DISTRIBUTION DE LA CHALEUR DANS LES MERS.

§ 854. La connaissance des courants maritimes est d'une grande importance pour les navigateurs, parce que, s'ils portent les navires, ils portent également les champs de glace. Pour connaître tous les courants, les marins étaient forcés de les étudier chacun séparément, comme faisaient les astronomes anciens lorsqu'ils voulaient connaître toutes les directions des mouvements planétaires. Les marins trouveront ici la loi qui régit tous ces derniers courants, de même que Copernic montra aux astronomes que les mouvements apparents des planètes résultent de leurs propres mouvements et de ceux de la Terre.

§ 855. **Direction et étendue des courants maritimes.** Suivant leurs cours, les courants se distinguent : 1° en courants qui suivent une direction rectiligne ou une direction courbe en formant ainsi, en tournant, des spirales de dimensions différentes ; 2° en courants qui partent d'un point en l'éloignant à gauche et à droite ; 3° l'étendue de ces courants divergents n'est jamais bien grande ; 4° la température de l'eau des courants de ce genre est inférieure à

celle des parties voisines où les courants manquent. Cette
étendue est grande, au contraire, pour les courants qui
portent les glaces dont l'eau est à 0° et ceux dont l'eau a
une température supérieure à celle de l'eau des régions
circonvoisines.

§ 856. **Cause hydrostatique des déplacements de
l'eau.** Un courant maritime n'est qu'une masse d'eau en
écoulement, précisément comme celle d'un fleuve dont lo
lit a un niveau supérieur du côté de la source et inférieur
du côté de l'embouchure. En admettant partout la même
profondeur dans les fleuves, l'inclinaison du lit ne diffère
pas de celle de la surface, et c'est d'elle que résulte l'écoulement de l'eau. Une telle inclinaison de la surface de l'eau
d'un bassin AB (fig. 120) résulte quand l'eau entre par l'extrémité A et s'en éloigne par l'autre B; en ce cas, c'est la
profondeur qui augmente dans l'extrémité A et diminue
dans l'autre B.

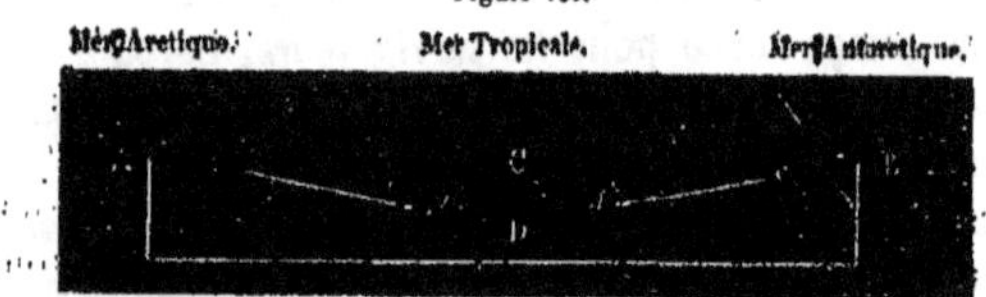

Figure 120.

Si ADB est un lac, son niveau est supérieur en A et inférieur en B, dont l'eau s'éloigne. Un semblable lac, mais
avec des dimensions supérieures, est représenté par la
mer Caspienne, dans laquelle s'écoule l'eau du fleuve
Volga et de plusieurs autres. Les lacs des montagnes ont
tous une embouchure inférieure pour l'éloignement de l'eau;
dans la mer Caspienne, une pareille embouchure manque,
et l'on ne peut en aucune façon en admettre une invisible,
parce que le niveau de cette mer est beaucoup inférieur à
celui de toutes les autres.

§ 857. Le niveau de la mer Caspienne est, au printemps,
de plusieurs mètres plus élevé qu'en automne; il s'élève

pendant tout l'hiver et baisse pendant l'été. De ce récipient il ne s'éloigne qu'une grande masse d'air, et cela seulement pendant les heures chaudes des jours sereins d'été. Il ne faut pas croire qu'avec cet air s'éloigne l'eau de la mer à l'état de vapeur, parce que la masse médiocre d'air qui s'écoule pendant la nuit des continents voisins, vers la mer, n'est pas sèche, mais au contraire beaucoup plus humide que celle qui s'éloigne de la mer pendant le jour. Cette question a été discutée ailleurs, nous ne rapportons ici que les faits directs qui ne permettent aucunement de méconnaître le mode de l'éloignement de la masse d'eau introduite par les fleuves dans la mer Caspienne et dans toutes les autres, qui se transforment en air constituant les vents.

§ 858. **Destruction du niveau par l'introduction de l'eau et par l'éloignement de l'air.** Comme l'eau se transforme en air dans la mer Caspienne pendant les heures chaudes des jours sereins d'été, la même chose a lieu pendant toute l'année dans les mers tropicales qui sont en communication avec les deux mers polaires, dont la basse température ne permet pas à l'eau de se transformer en air, comme cela a lieu pendant l'hiver pour la mer Caspienne. Il y a donc élévation de niveau dans les deux mers A, B (fig. 120), arctique et antarctique, et un abaissement de niveau dans les trois océans de la zone torride, qui constituent la mer tropicale ; les lignes *ed e'd'* indiquent l'abaissement de niveau.

Cette destruction du niveau de la mer a été trouvée aussi par les nivellements faits sur les côtes occidentales de France et des Pays-Bas. Ensuite on a trouvé le niveau de la Méditerranée inférieur à celui de la côte du golfe de Gascogne ; le niveau même de l'Adriatique est plus élevé que celui des côtes de Sicile.

I. — COURANTS PORTANT LES CHAMPS DES GLACES ET MODE DE LA FORMATION DE CES GLACES.

§ 859. Pour ne pas laisser aux marins le moindre doute sur les nouveaux faits exposés dans cet ouvrage, j'ai choisi, pour le résoudre, le problème sur la cause des voies déterminées que suivent les courants qui portent les glaces formées pendant l'hiver dans les deux mers glaciales ou dans la baie de Baffin. Nous allons d'abord prouver le mode de la formation de la glace, ensuite la cause qui produit le détachement des grands fragments qui flottent sur les courants pour s'éloigner de la région où ils ont été produits. Ces glaces, transportées ainsi aux latitudes inférieures, fondent pendant l'été s'il y a une température suffisamment élevée; dans le cas contraire, il ne s'en fond qu'une partie et une autre reste pour s'unir avec les glaces qui y seront amenées le printemps prochain, comme cela a lieu dans la mer Australe.

§ 860. I. **Mode de la production de la glace dans les lacs et les mers polaires.** Il a été prouvé que l'eau se dilate par le froid et acquiert une puissance capable de briser les vases les plus forts. Une semblable dilatation affecte la couche d'eau qui se trouve en hiver au-dessous de la couche de glace formée à la surface, mais le froid produit aussi une contraction dans le volume de la glace. Ce sont donc là les deux causes qui font apparaître dans la couche de glace des lacs de nombreuses fissures accompagnées d'un grand fracas. Une masse d'eau repoussée par les fissures gèle et forme une couche extérieure d'une épaisseur supérieure. De ces deux couches soudées entre elles, il en résulte une plus épaisse et plus solide. Avec un abaissement plus grand de la température augmente la dilatation de la couche d'eau en contact avec celle de la glace et diminue le volume de cette glace, d'où résultent de nouvelles fissures; ainsi l'épaisseur de la glace croît avec le froid de l'air. Par exemple, dans l'hiver de 1821, on a compté jusqu'à vingt et une couches dans un morceau de glace de 50 centimètres formé sur les lacs qui environnent New-Haven (Amérique). L'épaisseur de chaque couche était inférieure à celle des couches extérieures.

Les *champs de glaces* qu'on rencontre sur les côtes du Spitzberg et du Groënland ont une épaisseur de 8 mètres et une étendue de trois ou quatre cents lieues carrées; leur surface est souvent tout à fait plane; d'autres fois elle est inégale, et il y a des éminences de 7 à 10 mètres de hauteur.

§ 864. **II. Mode de la production de glace dans la baie de Baffin.** Les navigateurs ont mesuré la partie de la glace qui s'élève au-dessus de la mer, et l'ont trouvée de 30 à 40 mètres, ce qui les a conduits à connaître que l'épaisseur totale est de plus de 200 mètres. Dans tous les parages de la baie existent des montagnes de glace taillées à pic d'une couleur bleue comme celles des glaces flottantes. En été les eaux coulent du haut de leur crête et forment d'immenses cascades qui se précipitent dans la mer.

Il n'existe donc aucun doute sur l'endroit où les glaces épaisses prennent naissance, surtout quand on a reconnu que l'eau dont elles sont formées est douce. Toutefois restait inexplicable l'origine de cette eau, car ni le niveau de la mer ni celui des fleuves ne s'élève à la hauteur des montagnes de glace dont la surface inégale prouve évidemment qu'il n'y a jamais existé une masse liquide d'eau. Tels sont les faits qui servent à constater que ces glaces soit produites par la vapeur des nuages.

Les enveloppes des vésicules qui forment la vapeur crèvent quand elles viennent en contact avec la surface des montagnes et l'eau produite y reste déposée. Dans les cas où est gelée la surface de la montagne, l'eau y gèle aussi, et cela continue autant qu'il y a de la vapeur dans l'air et autant que la température de celui-ci est au-dessous de zéro.

Quand, en hiver, le volume de la glace se contracte, les fissures produites sont soudées par les dépôts de masses nouvelles de vapeur. Au printemps le volume de la glace se dilate, et c'est alors que le détachement de gros fragments s'opère; ceux qui tombent sur d'autres masses solides y restent et il ne s'en éloigne que ceux qui se précipitent dans la mer.

§ 862. **Courants capables de porter les glaces.** La couche d'eau en contact avec la glace est à zéro; le poids spécifique de cette eau est inférieur à celui de la mer dont le maximum du poids spécifique est à $2°,5$, comme cela résulte de la température de l'eau trouvée au fond des mers à de grandes profondeurs. L'eau à $0°$ surnage sur celle entre $1°$ et $4°$; et elle se précipite dans celle au-dessus de $5°$. Si donc l'eau à $0°$ soutient une masse de glace et reste immobile, celle-ci restera aussi à sa place; mais si, à cause du niveau supérieur, l'eau à $0°$ s'écoule vers le niveau inférieur, elle amènera avec elle la glace comme elle amène une barque.

Cependant l'eau à $0°$ ne peut surnager qu'autant que celle de la région voisine est à une température au-dessous de $5°$; dès qu'elle arrive à une région où l'eau a une température supérieure à $5°$, l'eau à $0°$ s'y précipite et la glace s'y arrête pour être fondue par la chaleur qui augmente à mesure que la saison avance.

§ 863. **Mode de l'éloignement de la glace de la mer Boréale.** Cette mer communique avec l'océan Pacifique et avec l'Atlantique; elle se couvre de glace chaque hiver; au printemps la couche glaciale se brise par sa dilatation, et il en résulte ainsi un grand nombre de fragments qui flottent sur l'eau à $0°$. Pour pouvoir s'éloigner de la mer et pénétrer dans les détroits, il faut qu'à cette époque l'eau et l'air y soient à une température au-dessous de $5°$. Mais une telle température n'existe ni au détroit de Behring ni aux côtes occidentales de la Norwége durant la seconde moitié du printemps, alors que les fragments de glace flottent sur l'eau à 0°. Ainsi celles-ci s'arrêtent aux régions où elles trouvent la température de l'eau au-dessus de 5°.

Seulement sur les côtes du Groënland et du Canada la température reste au printemps au-dessous de 5°, et ainsi l'eau à 0° amène les champs de glace, surnage sur l'eau de la mer et avance pendant la deuxième moitié du printemps jusqu'aux régions, où se trouve une température au-dessus de 5°. L'eau à 0° ne pouvant plus surnager alors, se précipite, et les glaces restent arrêtées et fondent en se brisant par leur dilatation. C'est ainsi que des plaines de glace d'une très-grande étendue produisent un grand nombre de fragments.

§ 864. **Mode de l'éloignement de la glace de la baie de Baffin.** D'après ce que nous venons d'indiquer, ce sont les masses de vapeur du brouillard et des nuages qui fournissent l'eau aux montagnes de glace ; elle y gèle et fait augmenter leur volume pendant tout l'hiver.

Quand, au printemps, la température commence à s'élever, il se détache de gros fragments d'une forme irrégulière qui se précipitent dans la mer en brisant la couche de glace qui la couvre. Le niveau s'élève dans la baie par l'affluence des eaux fluviales, et l'eau à 0° surnage sur celle de 4° à 6°, et elle amène les gros fragments dans l'Atlantique. Du côté du Groënland, la température est plus basse que du côté du Canada, mais le niveau est inférieur du côté de la latitude inférieure, et il détermine la direction de l'écoulement de l'eau à 0° au-dessous des glaces.

Comme les glaces polaires, celles de la baie s'arrêtent aussi, dans les régions où la température de l'eau est au-dessus de 6° ou 7°, parce que le poids spécifique de la glace de l'eau douce est inférieur. Donc cette cause ainsi que la distance inférieure de la baie font que l'on trouve de gros fragments qui se sont souvent avancés jusqu'aux côtes de Terre-Neuve, avant même que la température s'y soit élevée au-dessus de 6° ou 7°. La fusion de ces glaces arrêtées s'opère, à cause de la température supérieure, plus rapidement que celle des glaces polaires qui avancent moins.

§ 865. **Mode de l'éloignement de la glace de la mer Antarctique.** Quand le dégel se produit dans cette mer, il arrive une débâcle; la conformation géographique provoque l'éloignement des fragments de la glace d'une manière analogue à elle, et par suite différente de celle de la mer Arctique. Le niveau étant de tous les côtés également plus élevé dans la mer Antarctique que dans les latitudes inférieures, l'éloignement de l'eau y est également sollicité dans toutes les directions, parce que cette mer est ouverte de tous les côtés.

Les fragments de glace soutenus par l'eau à 0° qui surnage sur celle à 1° à 4° s'éloignent avec cette eau de la mer vers l'équateur. Cet éloignement cependant se produit seulement jusqu'à la latitude où se trouve l'eau à 4°, car l'eau à 0° ne pouvant surnager sur celle d'une température au-dessus de 5°, se précipite sous sa couche, et c'est ainsi que les champs de glace restent stationnaires en pleine mer et forment dans cette latitude une barrière d'une très-grande étendue.

En été, la température de l'eau s'élève au-dessus de 5° entre cette barrière de glace et les limites des glaces polaires éternelles; pour cette raison, devient impossible l'éloignement d'autres champs de glaces, et ainsi la mer reste libre entre ces deux barrières de glace.

Le capitaine Weddel trouva la barrière de glace sous la latitude des Nouvelles-Orcades et des Nouvelles-Shetland, et la mer libre au delà de cette latitude. Comme alors on ignorait le mode indiqué ici de l'éloignement des glaces polaires, ce même voyageur admit que ces glaces s'étaient formées dans les régions où il les a observées, et comme la mer était libre derrière ces glaces, il a cru que la température, en hiver et en été, est supérieure dans les régions po-

laires. Cette hypothèse fausse a été réfutée par les voyageurs postérieurs, qui trouvèrent un abaissement de
température sous les latitudes supérieures. Les fragments
de glace détachés de la barrière ci-dessus avancent au
printemps, autour des côtes de l'extrémité sud de l'Amérique; pour cette raison, l'eau à 0° sur laquelle flotte la
glace arrive à ces côtes quand l'eau est encore à une température au-dessous de 5°, et elle amène les glaces des deux
côtés de la mer autour de l'extrémité de ce même continent.

§ 866. **Résumé.** Le mode indiqué de l'éloignement
de la glace des mers polaires et de la baie de Baffin ne permet pas de méconnaître : 1° l'existence d'un niveau supérieur qui donne naissance aux écoulements de l'eau vers
les latitudes inférieures où ce niveau baisse; 2° l'eau, obéissant à son poids spécifique, surnage sur celle entre 1° et 4°
quand elle est à 0°; elle surnage également sur celle de
toute température quand elle en est à une température supérieure. Dans tous les autres rapports entre les températures de l'eau en écoulement et de la mer, l'eau ne peut surnager, et pour cela son écoulement s'opère au fond de la
mer, et il est dirigé constamment des régions polaires vers les
régions équatoriales; 3° ainsi l'eau étant soutenue à 0° par
les glaces forme des courants superficiels dirigés vers l'é-
quateur qui disparaissent aux régions où l'eau de la mer
est au-dessus de 4° ou 5°. L'écoulement de cette eau continue, mais il devient invisible quand il s'opère au fond de
la mer.

Il résulte ainsi des courants d'eau analogues à ceux des
fleuves, dont l'eau en écoulement se trouve dans les couches
inférieures, qui sont moins chaudes que les supérieures.
Dans les parties des fleuves où le lit affecte une surface
unie, la surface du fleuve conserve également cette forme,
et dans les parties où se trouvent des roches, le lit inégal
produit une surface inégale des fleuves, car la masse d'eau,

heurtée contre les roches, se trouve repoussée vers la surface, et celle-ci présente un aspect tel que l'on croirait
que, du fond du fleuve, s'élancent une foule de sources dont
l'eau tend à dépasser le niveau du fleuve. Et même la température de cette eau soulevée est inférieure à celle de l'eau
ambiante de la surface qui reste égale. Aux cataractes du
Danube, l'eau est en été plus froide que celle du même
fleuve en Hongrie ou en Valachie, et en hiver l'eau est
plus chaude dans les cataractes où le Danube ne gèle pas.

867. **Moyens d'empêcher en hiver la congélation
d'une partie des fleuves.** Depuis longtemps les physiciens s'occupent de résoudre ce problème pour éviter les
désastres qui résultent de la glace, non pas pendant l'abaissement de la température qui fait diminuer son volume,
mais quand celui-ci commence à se dilater par l'élévation
de la température. C'est alors que les piles des ponts, les
navires, les écluses, les moulins et d'autres constructions
éprouvent une forte pression qui amène des brisures dans
ces constructions. Au lieu d'éviter le mal par la cause
même qui le produit, on a proposé de mettre, de distance en distance, des espèces de petites bombes que
l'on doit faire éclater pour briser la glace. Mais les
bombes ou même les coups de canon sont restés impuis-
sants pour atteindre le but, et les désastres se répètent tous
les ans.

Pour résoudre le problème en question nous avons observé les parties du Danube qui ne gèlent jamais, et ce sont
précisément celles où le lit du fleuve est occupé par des
roches. En été l'eau froide du fond du fleuve heurte sur
ces roches et s'élève vers la surface; le même effet a lieu
l'hiver, mais alors l'eau du fond est à 4° et celle de la surface à 0° ou même au-dessous de 0°, quand le froid de
l'air est de — 20° à — 30°. L'eau à 4° vient donc sur la
surface, et, après avoir perdu une partie de sa température,
est remplacée par une autre masse de 4°, de sorte qu'au

moyen de ce soulèvement de l'eau à 4° du fond des fleuves
la congélation du Danube devient impossible dans toute
l'étendue de la vallée des Carpathes qui sépare la Hongrie
de la Dacie ou Valachie.

En imitant ce renversement de l'eau, il devient possible
d'empêcher la congélation de l'eau des canaux en fermant
et ouvrant alternativement les écluses, pendant la durée
du froid. Comme cette manœuvre présente plusieurs incon-
vénients, on a essayé le renversement de l'eau au moyen
des pompes. Enfin, nous nous sommes arrêté au système
suivant, nommé *système de cataractes artificielles*, applicable
dans tous les fleuves.

868. On plonge à demeure ou seulement pendant l'hiver
au fond du fleuve un nombre suffisant de pierres en forme

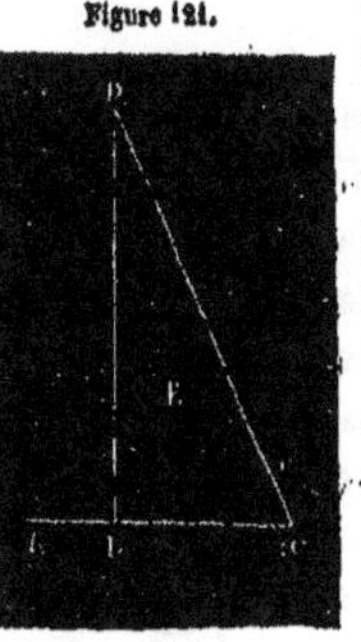

Figure 121.

de prismes à bases triangulaires BCD
(fig. 121), ou des masses en fond
ACD vides en E. L'eau du fond de
4°, en heurtant contre la face DC, est
pressée par celle qui la suit et monte
ainsi à D en y faisant s'élever le niveau
auquel cette eau de 4° arrive quand
la température de l'air est au-dessous
de zéro. Du niveau élevé l'eau se répand dans les parties ambiantes où
l'eau est à 0°, à laquelle elle communique une partie de sa chaleur
avant de s'éloigner de la surface.

Au moyen des cataractes artificielles on a obtenu, dans
les fleuves, un effet analogue à celui qui a lieu dans les rivières autour du radier des moulins où l'eau ne gèle que
quand le froid est très-intense et la profondeur très-petite.
De cette manière on peut toujours empêcher la formation
de la glace aux endroits où il est nécessaire de maintenir
les communications pendant l'hiver et où l'on veut éviter
l'inondation pendant le dégel comme cela a lieu à Léopold-

stadt, à Vienne (Autriche) et dans plusieurs autres villes placées sur les fleuves.

869. **Moyen d'empêcher la formation des glaces dans les ports.** Si un fleuve débouche dans un port, il y a au fond un écoulement d'eau à 3° ou 4°, et il devient possible d'appliquer le système des cataractes; si un tel écoulement d'eau manque, il faut y appliquer le système des pompes, car il ne faut qu'une force assez médiocre pour renverser de grandes masses d'eau en la faisant rebondir à une hauteur d'un mètre au-dessus du niveau, pour la laisser se disperser dans toutes les directions du niveau inférieur où l'eau est à 0°.

II. — COURANTS SUPERFICIELS PROVENANT DES COURANTS SOUS-MARINS.

§ 870. La même loi hydrostatique régit l'écoulement de l'eau dans les fleuves et dans les mers; les molécules en écoulement surnagent à la surface des autres ou elles se précipitent au fond, suivant leur poids spécifique, à la température qu'elles possèdent. L'eau froide à 0° des mers et des baies glaciales du niveau supérieur, en s'écoulant vers l'équateur, ne pouvant surnager sur celle au-dessus de 4°, se précipite au fond de la mer, où elle prend toujours une température inférieure à celle des couches supérieures. Comme dans les parties unies du lit, l'eau des fleuves s'écoule et qu'aucune inégalité n'apparaît à leur surface, le même effet a lieu pour les surfaces des parties de la mer où le fond est uni.

Les inégalités de la surface des fleuves et les mouvements superficiels de l'eau correspondent à celles du lit; il en est de même pour les mouvements de l'eau sur la surface de la mer. Le soulèvement de l'eau ne peut s'opérer que du côté où elle coule; mais il ne peut pas être observé quand les roches du fond restent au-dessous de la surface, comme on le voit autour des piles des ponts sur les fleuves et autour des îles dans la mer, où le niveau de l'eau s'élève du côté d'où elle coule, et il se produit ainsi des courants superficiels divergents de la même masse d'eau qui s'écoulait au fond du fleuve ou de la mer avant de rencontrer cet obstacle.

§ 871. **Mode de la production des courants superficiels par les sous-marins.** L'eau en écoulement au fond A (fig. 122) de la mer se heurte contre la roche R, et poussée par la masse qui la suit, s'élève vers le niveau n, en repoussant l'eau des couches supérieures pour atteindre une élévation B, précisément comme cela a lieu quand l'eau provient d'une source très-abondante. Arrivée à la hauteur

Figure 122.

Bn, au-dessus du niveau nn' des parties voisines, l'eau se répand dans toutes les directions divergentes, et étant remplacée par une masse égale qui s'élève du fond, il en résulte des courants froids superficiels des eaux soulevées d'un courant sous-marin. Cette liaison entre les courants sous-marins et les courants superficiels par un courant ascendant est l'origine d'une série de faits qui paraissaient d'une nature tout à fait différente; ces faits sont :

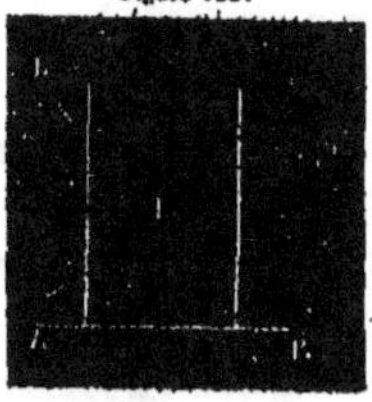

§ 872. I. **Température basse de l'eau des courants.** L'écoulement ne s'opère au fond de la mer qu'à cause du poids spécifique de l'eau qui résulte de sa basse température. Quand donc cette eau est repoussée du fond A vers la surface n, elle n'y arrive qu'après avoir éprouvé une élévation de température, sans cependant atteindre celle de la surface de la mer. Cet abaissement de température existe aussi dans les régions des bas-fonds, où s'élève également une partie de l'eau du courant sous-marin.

§ 873. II. **Rapport entre les directions des courants sous-marins et les localités des courants superfi-**

ciels. Il y a deux causes qui produisent le soulèvement de l'eau du fond de la mer vers sa surface : 1° les roches R du fond, contre lesquelles se heurte l'eau du courant, ainsi que cela arrive aussi dans le lit des fleuves ; 2° la rencontre des deux courants convergents venant des mers polaires ; de pareilles rencontres n'ont pas lieu dans les fleuves (fig. 420).

I. Les courants sous-marins se brisent contre la face A des roches qui est exposée vers la mer Glaciale, dont ces courants proviennent ; ainsi, dans l'hémisphère nord, ils se brisent sur les côtes boréales, et dans l'hémisphère sud, sur les côtes australes. Par suite, les courants superficiels qui résultent des eaux soulevées sont dans l'hémisphère nord du côté boréal des îles, et ils sont dans l'hémisphère sud du côté austral des îles et des continents.

II. Entre les deux mers glaciales, les rencontres des courants sous-marins s'opèrent dans les régions tropicales de l'océan Pacifique et de l'Atlantique ; ces rencontres manquent dans l'océan Indien, qui ne communique pas directement avec la mer Arctique. Les masses d'eau des courants sous-marins convergents se repoussent mutuellement et éprouvent ainsi un soulèvement dans les régions C tropicales, précisément comme elles se soulèvent quand elles éprouvent la résistance de quelque roche.

Sur les côtes des continents exposées aux courants sous-marins, l'eau de ceux-ci n'est pas toujours repoussée contre la direction du courant, mais obliquement, de façon qu'il en résulte un mouvement spiral qui se propage jusqu'à la surface ; ou bien ce mouvement suit une direction parallèle à celle du courant sous-marin. Tous les détails des courants trouvent ici leur cause physique, et c'est ainsi que cet objet sert à en expliquer plusieurs autres.

§ 874. **Distribution des courants froids sur l'hémisphère boréal.** Autour des côtes exposées vers le nord de toutes les îles existent des courants en directions divergentes composés d'eau à une température plus basse que celle de l'eau de la surface ambiante. L'étendue des courants n'est pas grande, car l'eau froide qui disparaît de la surface se précipite sous la couche de l'eau moins froide. De toutes les îles qui ont été nivelées, le niveau des côtes boréales est supérieur à celui des côtes qui regardent vers le sud ; nulle part autour de ces côtes méridionales il n'existe de courant propre superficiel, et cela a lieu également pour les îles de l'Atlantique et pour celles de l'océan Pacifique.

Autour des côtes des continents, les soulèvements résultent de l'eau froide repoussée contre les roches par l'eau des courants sous-marins. La direction des courants ainsi produits résulte de celle des côtes ; le long des côtes de la Scandinavie et de l'Afrique, les courants sont dirigés vers l'équateur.

Dans le golfe de Gascogne, le mouvement superficiel de l'eau résulte d'une poussée exercée par l'eau froide du courant sous-marin contre la côte de France et puis contre celle d'Espagne, dirigée presque verticalement sur la précédente. Suivant la loi hydrostatique, ce mouvement sousmarin propagé vers la surface prend une direction spirale. Ainsi l'on y voit des courants dont l'eau en tournant décrit des grands tours avec une vitesse contre laquelle ne peuvent pas lutter les petites barques.

Ce sont des directions spirales semblables que suivent les courants en plusieurs endroits non-seulement dans l'Atlantique, mais aussi dans la mer Baltique et dans le détroit entre l'Italie et la Sicile. Ces courants tournant sur la surface ont toujours pour cause d'autres courants sous-marins. De la mer Baltique, les masses d'eau des fleuves s'éloignent en formant un grand courant sous-marin ; le même effet a lieu pour les eaux des fleuves qui entrent dans le golfe Adriatique, lesquels s'écoulent dans la Méditerranée et passent par le détroit, entre l'Italie et la Sicile.

§ 875. **Distribution des courants froids dans l'hémisphère sud.** Autour des côtes sud des trois conti-

nents et des îles de la Nouvelle-Zélande, existent de grands
et forts courants, surtout celui autour des côtes du cap de
Bonne-Espérance, qui est le plus éloigné de la mer Antarctique. Tous ces courants sont formés par l'eau soulevée des
courants sous-marins, ce qui cause leur température inférieure. En partant d'un niveau élevé, cette eau froide se
divise en plusieurs branches, dont résultent des courants
divergents qui prennent ensuite leur direction vers l'équateur. Leur étendue n'est pas longue; elle disparaît aux
distances où l'eau superficielle n'est plus froide.

Du côté de l'équateur, il n'existe aucune trace de courants autour des côtes des îles de la Nouvelle-Zélande. Les
parties des côtes des continents qui regardent vers le sud,
sont exposés aux courants sous-marins qui provoquent des
soulèvements de leur eau froide en quantités d'autant plus
grandes que le courant est formé d'une masse d'eau plus
considérable et que les côtes y sont mieux exposées.

De pareils courants très-étendus existent autour des côtes
occidentales de l'Amérique, surtout du côté méridional des
îles de l'archipel des Galapagos. La température de l'eau
soulevée n'est que de 14 à 16°, tandis que celle des régions
voisines est de 27°. Les courants divergents ont une étendue
qui ne correspond pas à la grande différence 27°—15° entre
les températures de l'eau, et cela parce que l'eau froide se
précipite rapidement dans la couche de l'eau chaude. Ces
courants sont produits par les courants de la mer Antarctique seulement, et non pas par une rencontre de ce courant
avec celui de la mer Arctique.

§ 876. Distribution des courants équatoriaux. Ces
courants résultent de la rencontre des courants sous-marins
dirigés des deux mers polaires vers l'équateur. Dans l'océan
Pacifique, le lit profond des deux courants est, dans sa
moitié orientale, comme cela résulte des courants fréquents
autour des côtes occidentales de l'Amérique. Dans l'Atlantique, le lit des deux courants sous-marins effluents se

trouve également dans la moitié orientale. Les masses d'eau, mutuellement repoussées et ne pouvant plus reculer, sont forcées de s'élever vers la surface et d'y prendre une direction vers l'ouest.

Cette masse d'eau, ramenée ainsi à un niveau inégal, ne cesse d'obéir au poids spécifique; pour cette raison, la grande profondeur est la cause qui fait que l'eau n'arrive à la surface qu'à une température peu inférieure à celle des régions voisines. La hauteur même du niveau de cette eau soulevée n'est pas grande, et les courants qui en résultent sont faibles, comme cela a lieu pour l'eau des fleuves d'une très-grande profondeur.

En général, les courants équatoriaux sont dirigés vers l'ouest; ils ont une étendue toujours courte : aussi n'y remarque-t-on pas la continuité qui existe pour les courants de 0° qui portent les glaces, et pour le courant chaud du golfe du Mexique. Partout existent des branches en directions divergentes et toujours de courte étendue.

Il est moins facile d'observer le mouvement, la direction et la vitesse de l'eau que sa température; comme l'eau des courants est toujours moins chaude que celle des régions avoisinantes, la différence de température sert à connaître l'existence d'un courant, alors même qu'il est impossible de remarquer le mouvement de l'eau.

De tels abaissements de température existent partout sur les bas-fonds; comme la vitesse du mouvement de l'eau soulevée y est médiocre, on n'a pas encore remarqué l'existence des courants qui ne manquent pas.

III. — COURANT CHAUD DU GOLFE DU MEXIQUE.

§ 877. Ce fameux courant a sa source dans le golfe du Mexique, qui reçoit les eaux du fleuve Mississipi et de plusieurs autres, et l'eau des deux courants des mers polaires dont résultent les courants équatoriaux de l'Atlantique, dirigés à l'ouest pour pénétrer dans le golfe par son embouchure au sud de l'île de Cuba. Le niveau élevé dans cette embouchure, et qui se retrouve dans toute la surface du golfe, fait que l'eau ne peut en sortir que par l'embouchure au nord de cette même île.

Ce courant diffère des autres : 1° par sa température élevée; 2° par la continuité de l'eau en écoulement dans une étendue d'environ mille lieues; 3° par le manque des courants fréquents de directions divergentes, et 4° par la double périodicité de sa vitesse annuelle.

§ 878. **Température élevée de l'eau du courant.** Les eaux les moins chaudes des courants sous-marins et des fleuves sont arrêtées par les versants du golfe, sans pouvoir prendre leur direction vers l'embouchure des Florides; leurs eaux ne font que soulever inégalement le niveau, en ne laissant qu'un espace étroit qui sert comme d'une vallée à versants aquatiques. L'eau chaude surnage sur l'eau la moins chaude, à cause de son moindre poids spécifique. En perdant de sa chaleur, l'eau du courant subit un abaissement de température pendant son éloignement du golfe.

§ 879. **Direction limitée du courant.** Ce grand fleuve maritime conduit ses masses d'eau en obéissant à la même loi hydrostatique que les fleuves des continents. La différence consiste en cela que le lit aquatique, comparé à celui de glace, s'élargit par la chaleur, que sa surface reçoit de l'eau en écoulement. Les versants de ce lit résultent des soulèvements de l'eau des courants sous-marins, dont les uns suivent les côtes de l'Amérique, et les autres résultent des branches du courant équatorial pour former la rive droite du fleuve.

La déviation du courant vers l'est, au devant du golfe Saint-Laurent, résulte des grandes masses d'eau qui élèvent le niveau du côté de la rive gauche, et en cette région baisse

le niveau de la rive droite. En avançant vers l'est, les rives
s'abaissent et la largeur du fleuve augmente; l'inégalité du
niveau du lit diminue, et en même temps la vitesse du courant s'affaiblit jusqu'à devenir presque insensible, car on
ne reconnaît son existence que parce qu'il affecte une température supérieure à celle des parties voisines.

Alors qu'était inconnu l'abaissement de température de
l'eau superficielle par celles des courants ascendants, les
marins, au lieu d'attribuer cet abaissement de température
à sa cause physique, croyaient que les parties les moins
froides sont les embranchements du *Gulf-Stream*; et c'est
d'après cette croyance que furent dressées les cartes sur
lesquelles on peut aisément reconnaître l'erreur produite,
non pas par les observations, mais dans l'arrangement de
leurs résultats.

§ 880. **Continuité du courant chaud.** Quoique les
courants équatoriaux froids soient dirigés de l'est vers
l'ouest, nulle part on ne trouve une continuité qui atteigne
une centaine de lieues, parce que l'eau froide ne peut pas
se soutenir sur l'eau la moins froide, comme l'eau chaude
du *Gulf-Stream* se soutient sur l'eau froide, dont résulte un
courant continuel d'une étendue de plusieurs mille lieues.

§ 881. **Vitesse du Gulf-Sream et sa cause.** Cette
vitesse n'est pas constante ni rapidement décroissante,
comme celles des courants courts et froids; elle suit deux
périodes annuelles dont les maxima correspondent aux deux
crues des fleuves Mississipi et de tous les autres, et les minima aux abaissements de ces fleuves. Ainsi est constatée
la liaison physique entre les masses d'eau introduites dans
le golfe et celles qui en sortent, et en même temps y est
constatée l'élévation du niveau.

Les fleuves éprouvent des crues dont le degré diffère
chaque année, car les crues dépendent de la température
et de la conformation géographique des vallées. Les fleuves
qui se jettent dans le golfe du Mexique en ont une vers la

fin de l'hiver et une autre au milieu de l'été. La première résulte de la fonte des neiges des montagnes inférieures, et la deuxième de celles des montagnes les plus élevées. Il y a aussi des crues qui ne dépendent ni des neiges ni des pluies, mais des brouillards et des nuages.

Les eaux qui en résultent sont comparables à celles qui restent déposées sur les montagnes glaciales des parages de la baie de Baffin et font augmenter leur élévation.

I. *Maxima de vitesse.* Vers la fin de l'hiver, l'eau du *Gulf-Stream* parcourt en vingt-quatre heures une distance de 115 lieues, et au milieu de l'été de 150 lieues. La différence $150 - 115 = 35$ entre les deux vitesses correspond à celle h entre les élévations du niveau H et $H + h$ du golfe qui résultent des deux crues inégales C et $C + c$.

II. *Minima de vitesse.* Les deux maxima de vitesse sont séparés par deux minima dont le plus grand est en automne et le moins grand est au printemps; par exemple, au mois d'avril la vitesse moyenne est de 88 lieues par vingt-quatre heures, et elle n'est que de 66 lieues aux mois d'octobre et de novembre.

IV. — DIRECTIONS DES COURANTS DÉTERMINÉES PAR LES BOUTEILLES JETÉES DANS L'ATLANTIQUE.

§ 882. Les marins ont employé toutes sortes de moyens pour connaître les directions des courants maritimes. Au commencement on croyait que les vagues suivent la direction du vent, et, comme les masses d'air se transportent assez généralement sur l'Atlantique du sud-ouest au nord-est, on admettait de même que les masses d'eau suivent la même direction. Cette hypothèse était basée sur la translation des bâtiments, des débris de bois et des fruits des côtes d'Amérique vers celles de la Scandinavie.

Depuis notre siècle les marins ont reconnu que la marche des courants maritimes ne dépend ni de la direction des vagues ni de celle du vent. Pour connaître la direction des écoulements de l'eau des courants, ils jettent des bouteilles cachetées d'un poids spécifique inférieur à celui de l'eau, pour qu'elles puissent flotter sur la mer et qu'une partie de leur surface reste visible. Les marins qui rencontrent de semblables bouteilles reconnaissent, par les renseignements qu'ils y trouvent en les cassant, le point de départ de chacune d'elles. Ainsi l'on reconnaît, non pas la voie véritable et courbe parcourue par chaque bouteille, mais seulement la voie rectiligne.

Faisant la comparaison entre la marche des vaisseaux, des débris de bois et des fruits portés du sud-ouest vers le nord-est par le vent, et la marche des bouteilles portées par les courants, on a pu démontrer directement la translation de l'eau de la couche superficielle de la mer par les courants dont la direction ne dépend pas de celle des vents. Cette grande découverte a fourni des moyens sûrs pour connaître l'existence des inégalités du niveau de la mer et encore leur distribution. Cependant jusqu'à présent, ni les marins ni les physiciens n'ont pu coordonner : 1° les faits obtenus par la marche des bouteilles; 2° ceux de la marche des glaces polaires; 3° les directions droites ou spirales des courants maritimes; 4° les inégalités de température, et 5° les répulsions de la sonde aux régions des courants ascendants, pour ranger tous ces faits comme causes et effets suivant la loi hydrostatique. C'est ici que les marins vont trouver cet arrangement des faits qu'ils connaissent déjà, et qui leur serviront à la découverte d'autres faits inconnus jusqu'à présent.

Les directions du niveau de la moitié boréale de l'Atlantique obtenus par la marche des bouteilles se distinguent : 1° en un abaissement du nord vers le sud qui se trouve vers les côtes d'Islande dans la mer du Groënland, jusqu'aux régions où s'arrêtent les glaces polaires; 2° les directions convergentes du niveau en partant des îles Britanniques, des côtes d'Europe, d'Afrique et des îles Canaries; 3° ses directions divergentes en partant des côtes boréales des Antilles. Ces courants vont vers la rive droite du Gulf-Stream et vers l'Afrique.

§ 883. **Courant rectiligne des régions des glaces polaires.** Les bouteilles jetées de l'Islande sont transportées vers le sud par l'abaissement du niveau, précisément comme le sont les barques qui flottent sur un fleuve. Les glaces avancent vers le sud également par l'abaissement du niveau, mais elles s'arrêtent aux régions où l'eau de la mer a une température au-dessus de 5°, parce que l'eau à 0° au-dessous de la glace s'y précipite : chose qui n'a pas lieu pour les bouteilles; pour cette raison elles avancent vers le sud en toute saison, et ainsi est constatée une inclinaison du niveau dans le même sens.

§ 884. **Courants convergents partant des côtes d'Europe vers le milieu de la mer.** Les bouteilles envoyées des côtes occidentales des îles Britanniques, de la France et des îles Canaries, suivent des directions convergentes, et cela vient à propos pour prouver que les courants maritimes ont leur origine sur les côtes d'où les bouteilles sont parties; et cela correspond à la température qui est moindre autour des côtes qu'au milieu de la mer.

§ 885. **Courants divergents partant des côtes boréales des Antilles.** Ces îles forment un arc; sur sa surface convexe boréale se brisent les courants sous-marins, et il s'en produit de superficiels en directions divergentes. Les bouteilles parties de la Martinique arrivent aux côtes africaines au delà de l'extrémité du Gulf-Stream. Celles parties des îles Lucayes, qui forment l'extrémité occidentale de l'arc, avancent vers le nord en suivant la rive droite du Gulf-Stream. Enfin les bouteilles lancées des îles qui se trouvent au milieu de l'arc prennent la direction nord-est pour arriver aux régions de l'extrémité du Gulf-Stream où sa rive est droite.

§ 886. **Comparaisons entre les effets des vents et ceux des courants.** La poussée de la part de l'air est communiquée directement à la surface des corps flottants qui dépasse celle de la mer. Quand cette partie de la surface du corps augmente, on voit diminuer par contre celle qui reste exposée à la poussée des courants, et la bouteille obéit à la direction du vent plus qu'à celle du courant. Au contraire, quand est petite la partie visible la partie invisible est grande, et la bouteille obéit alors au courant et non pas au vent.

Les anciens marins, qui ignoraient cette différence, pour rendre mieux visibles les bouteilles, laissent une trop grande partie de la surface visible pour la rendre plus facile à être remarquée; en cas pareils les bouteilles obéissent aux poussées des vents et prennent la direction suivie par les substances végétales. Aussi n'était-il pas possible de connaître pourquoi ces substances suivent toujours la direction des vents, tandis que les bouteilles suivent quelquefois la direction des vents et d'autres fois celle des courants maritimes.

§ 887. **Mer de mousses résultant des limites des vents et des courants.** Rien n'est plus instructif pour les marins que la bande flottante de mousses qui se maintient constamment dans la même région sans être transportée par les vents vers les continents ou par les courants vers une autre région. La région de la mer des Mousses a reçu le nom de *montagnes maritimes* des premiers voyageurs qui naviguaient entre l'Espagne et l'Amérique, et cela parce qu'ils avaient le vent contraire jusqu'à cette région, où ils trouvaient d'abord un état de calme ou de vents oscillants, et ensuite ils rencontraient le vent d'est qui les conduisait aux côtes d'Amérique.

Les courants maritimes, en s'éloignant de tous les continents et des îles avoisinantes, convergent vers la mer des Mousses. Ainsi les plantes maritimes y sont produites par l'eau stagnante comme le sont celles des étangs ou des lac qui restent après les crues des fleuves. De la part des vents la mer de Mousses n'éprouve que des déplacements très-faibles, parce que tous les vents divergents sont faibles aussi dans cette région, et qu'ils ont une direction vers les côtes des continents de l'est ou de l'ouest; les orages y sont rares, les directions des vents faibles sont convergentes vers la mer de Mousses, qui en est peu agitée.

Figure 123.

Mer de Mousses.

1° De la moitié occidentale de cette mer partent les molécules O (fig. 123) d'air qui s'unissent avec toutes celles qui sont dans l'espace qui les sépare de l'Amérique où elles arrivent comme vent alizé. 2° Les molécules d'air qui partent de l'extrémité méridionale A de la moitié orientale s'unissent avec celles de l'espace entre la mer de Mousses et les côtes d'Afrique et elles arrivent à ce continent comme vent d'ouest, nommé ici *antalizé*. 3° Du côté boréal E de cette mer partent les molécules d'air qui s'unissent avec celles de l'Océan et arrivent ensemble aux côtes d'Europe comme vent de sud-ouest.

V. — MODE DE LA DISTRIBUTION DE LA CHALEUR DANS LES MERS.

§ 888. Toutes les masses d'eau arrivent aux mers des fleuves des continents voisins; les couches de l'eau en repos ont une température qui correspond à leur poids spécifique. Si cette loi ne trouve pas son application dans toute son étendue, cela résulte de ce que l'eau éprouve des déplacements qui impriment à celle du fond, arrivée aux côtes, une direction verticale qui la fait s'élever au-dessus du niveau et se répandre ensuite dans toutes les directions. Au lieu donc de rester au fond de la mer, l'eau froide s'élève à sa surface nn' (fig. 128).

§ 889. **Température de la surface des mers par rapport de celle de l'air.** La chaleur solaire ne produit pas sur l'air, autour de la mer, les mêmes effets qu'elle produit sur l'air autour du sol : 1° sur la mer, les variations diurnes sont de 1° à 3°, tandis qu'elles sont supérieures sur les continents; 2° le maximum de température est à midi sur la mer, et à deux ou trois heures du soir sur les continents ; 3° le minimum est au lever du Soleil sur la mer, et il est deux ou trois heures avant ce lever sur les continents.

Jusqu'à présent cette différence était restée inexplicable, et cela parce qu'on n'avait pas remarqué que la chaleur lumineuse pénètre à de grandes profondeurs sous l'eau, tandis qu'elle pénètre très-peu dans le sol comme chaleur obscure, après avoir été séparée de la lumière. Après midi, l'air reçoit du sol la chaleur qui y est restée en grandes quantités avant une ou deux heures. De même le minimum de température a lieu sur les continents avant le lever du soleil, parce que, jusqu'à ce moment, la couche d'air reçoit du sol une quantité θ de chaleur inférieure à celle $\theta + \alpha$, qui passe de la couche ambiante du sol à une couche supérieure ; et la trope thermométrique arrive quand la chaleur θ de la part du sol restant là même, celle qui s'éloigne diminue et devient $\theta - \alpha$.

Dans la mer, il ne s'opère pas d'accumulation de chaleur sur la couche d'eau superficielle; pour cette raison, il n'y a pas d'élévation de température après midi. L'air de la couche ambiante reçoit continuellement de l'eau une quantité de chaleur θ inférieure à celle $\theta + \alpha$ qui s'en éloigne, et cela dure jusqu'au lever du Soleil du lendemain ; c'est alors que le thermomètre atteint son minimum. Cette périodicité thermométrique n'éprouve de variations qu'avec les saisons.

Au contraire, la température de l'eau à la surface de la

mer, varie à des distances très-médiocres, et cela pendant toutes les saisons et sans qu'il paraisse y avoir aucun rapport avec les latitudes. Sous l'équateur, par exemple, dans l'archipel de Galapagos, la température de l'eau est de 14 à 16°, pendant que celle de l'air et des régions ambiantes des mers est de 27°.

§ 890. **Rapport entre les basses températures de l'eau et la résistance contre la sonde.** Très-souvent, le plomb éprouve une résistance dans la profondeur de la mer, et il dévie tellement de la direction verticale qu'on ne peut pas obtenir la véritable profondeur. C'est d'après des faits de ce genre qu'on a acquis la conviction de l'existence des courants sous-marins, et cependant personne n'a jamais soupçonné qu'il pût y avoir quelque rapport entre de pareilles résistances contre le plomb et la basse température de l'eau superficielle, abaissement de température qui se manifeste toujours dans les courants courts et dans les régions où se montrent des bas-fonds.

Ici l'on ne trouvera pas seulement expliquée la déviation observée du plomb, mais encore la résistance que ce plomb éprouve de la part du courant ascendant, qui conduit l'eau froide vers la surface de la mer. Le poids du plomb éprouve une diminution sensible dans les régions de bas-fonds et encore dans toutes les régions des courants froids. En donnant au plomb la forme d'un disque ou d'une cloche plate (fig. 124), pour le mieux exposer à la poussée du courant ascendant, on parvient à le rendre stationnaire à une profondeur médiocre. Ce mode d'observation, encore inconnu aux marins, leur servira à la découverte des courants ascendants, qui sont l'effet des courants sous-marins et la cause des courants froids superficiels; la cloche a un trou au centre, pour laisser s'échapper l'air.

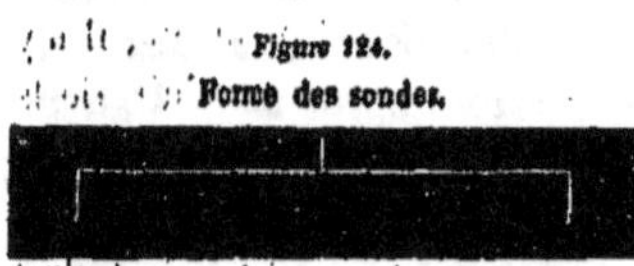

Figure 124.

Forme des sondes.

§ 891. **Température de la mer à différentes profondeurs.** Les couches de l'eau se trouvent superposées suivant leur poids spécifique; à une profondeur de 2,000 mètres entre les tropiques, Sabine a trouvé 7° lorsque la température à la surface était de 28°; il en résulte un abaissement d'un degré pour 100 mètres de profondeur. La plus basse température observée est de 2°,2, d'où l'on voit qu'à cette température, l'eau du fond de la mer atteint son maximum de poids spécifique; ainsi l'épaisseur de la couche d'eau à 2°,2 du fond des mers, peut indéfiniment augmenter. Dans la mer Glaciale, où l'eau est moins salée, son poids spécifique atteint son maximum à 3°, comme cela a été constaté par plusieurs observateurs.

On arrive également à ce maximum de pesanteur quand on part de la couche superficielle de température 5 à 30° des régions chaudes, et quand on part, dans les régions polaires, d'une température de 0°. Dans un cas il y a, vers le fond, un abaissement de température, et dans l'autre une élévation.

VI. — EFFETS DES COURANTS SOUS-MARINS SUR LES CABLES TÉLÉGRAPHIQUES.

§ 892. La communication télégraphique obtenue entre l'Europe et l'Amérique a été d'une durée assez courte; le câble a bientôt été coupé par le courant sous-marin, comme on peut le voir à l'inspection des morceaux retirés de la mer. Le même effet a eu lieu pour le câble entre Toulon et Alger où le courant venant de Gibraltar est fort, mais s'affaiblit sur les côtes de Tunis.

Si les câbles résistent aux courants sous-marins des côtes et des détroits d'une médiocre largeur, cela prouve que les masses d'eau en écoulement sont moins abondantes que celles qui roulent dans toute la largeur de l'Atlantique.

Aujourd'hui on est occupé à rechercher la voie la plus sûre par laquelle on pourra établir la communication télégraphique avec l'Amérique. Et si plusieurs voies se présentent, il y aura à choisir la plus facile, la moins coûteuse, et celle qui pourra être le mieux entretenue en bon état.

Les mesures directes ont donné, pour le lit des courants sous-marins de l'Atlantique, une très-grande profondeur et largeur, qui ne diminue pas beaucoup dans le détroit entre l'Islande et le Groënland, où l'on a tenté d'immerger un autre câble ; et comme cette tentative n'a pas eu de succès et que l'on n'en parle plus, il faut en conclure qu'il s'est présenté dans l'exécution des difficultés insurmontables. Aussi l'attention est-elle dirigée aujourd'hui vers l'Asie que doivent parcourir les fils télégraphiques pour arriver aux côtes occidentales d'Amérique.

Les difficultés locales pour établir cette communication et pour la maintenir sont très-grandes, il est vrai, mais elles ne sont pas cependant insurmontables ; c'est pourquoi on a la pleine assurance de parvenir au but.

Après avoir exposé ici les courants maritimes dans leurs détails et constaté leur cause hydrostatique, il ne nous a pas paru superflu d'indiquer les voies par lesquelles peut passer le câble sans être exposé aux courants sous-marins, ou y être du moins si peu exposés qu'il puisse facilement y résister ; ces voies sont au nombre de trois, et chacune de nature différente.

§ 893. I. **Voie entre l'Islande et Terre-Neuve.** Le câble passe obliquement par le courant et il est moins exposé à sa poussée que quand il va d'Islande au Groënland ou d'Irlande à Terre-Neuve. Peut-être cette diminution de la poussée et une augmentation dans la solidité du câble seront-elles suffisantes pour que celui-ci résiste ; en tous cas, il est impossible de l'affirmer *à priori* pour tout le trajet ; mais, si l'essai réussit, cette voie est certainement préférable à toutes les autres.

§ 894. II. **Voie entre les côtes occidentales d'A-frique et le cap Saint-Roch.** Le courant équatorial de cette région détermine les parties de rencontre entre les courants des deux hémisphères. C'est donc par ces parties que le câble doit passer si l'on veut qu'il soit très-peu exposé à la poussée des courants; ainsi, pourvu que sa solidité soit supérieure à celle des câbles déjà employés, on peut être presque sûr de réussir; cette voie offre plus de chances que la précédente.

§ 895. III. **Voie entre Archangel et les côtes du détroit de Behring.** Les courants sous-marins sont tellement faibles dans la mer Arctique, surtout autour des côtes de la Sibérie, qu'on peut les considérer comme nuls. Pour éviter les difficultés que présentent les câbles d'une trop grande longueur, on aura la ressource d'établir des stations aux embouchures des fleuves et des rivières qui sont en grand nombre et dont on pourra choisir les plus convenables. Pour éviter la poussée du courant dans le détroit de Behring, le câble doit passer de la partie où il commence du côté de l'Asie et se continuer dans toute sa longueur pour arriver obliquement aux côtes d'Amérique.

Cette voie est la plus courte, l'opération est facile, les dépenses médiocres, et on a la pleine certitude, non-seulement de parvenir au but en peu de temps, mais encore de conserver toujours la communication télégraphique sans qu'elle soit exposée à des interruptions, comme cela a lieu sur les lignes continentales, surtout dans les pays peu peuplés et où les faits climatologiques sont la cause de beaucoup d'obstacles et de dépenses énormes.

CHAPITRE III.

CLIMATOLOGIE SIMPLIFIÉE

PAR

L'APPLICATION DE LA LOI PHYSIQUE AU MODE DE LA PRODUCTION DES SAISONS,
ET DE L'INFLUENCE DES VERSANTS SUR L'INÉGALE DISTRIBUTION
DE LA CHALEUR.

§ 896. Le mot *climat* indique l'état thermométrique de chaque pays. Les ouvrages intitulés *Climatologie* ne contiennent que la description de cet état de chaque pays. Chez les Grecs, le mot κλίμα signifie *versant*, et Κλιματολογία est le traité de l'influence des versants sur l'inégale distribution de la chaleur. Cette seule dénomination de la science prouve que les anciens météorologistes n'ignoraient pas que les versants sont la cause de l'inégale distribution de la chaleur dans les pays accidentés, parce que, dans les pays à surface unie, il n'existe, dans les différents endroits, d'autre inégalité de chaleur que celle qui résulte des quatre saisons.

Cette inégale distribution de chaleur annuelle est commune à tous les pays, elle ne dépend pas directement de la chaleur solaire, parce que chaque pays en reçoit, durant les six mois d'été et d'automne, la même quantité que les six autres mois d'hiver et de printemps, et cependant les températures de ces saisons diffèrent pour *tous* les pays. C'est donc la chaleur communiquée à chaque pays par l'air qui fait naître un changement de température produit par la chaleur solaire. Nous traiterons ici de ces changements, qui ont lieu suivant la loi physique, et qui, pour cette raison, se trouvent arrangés de manière à former des séries de faits liés entre eux comme causes et effets.

I.—INFLUENCE DES VERSANTS SUR LA DISTRIBUTION INÉGALE DE LA CHALEUR.

§ 897. Les météorologistes admettent généralement que l'inégale distribution de la chaleur résulte, dans les vallées, de l'exposition de leurs versants au soleil ; sur les plaines, la chaleur est également distribuée, parce que chaque partie de leur surface en reçoit du Soleil une égale quantité. Cependant on sait parfaitement que les pays exposés aux vents voient leur température modifiée par ceux-ci et deviennent plus ou moins chauds. Ainsi, des pays de même latitude, tels que l'Angleterre et la Russie, ont une température très-différente pendant les mêmes saisons ; l'été est moins chaud en Angleterre, et c'est l'hiver qui est le moins chaud en Russie. Il n'existe personne qui ignore les communications de la chaleur ou du froid par les vents aux pays qui y sont exposés.

Les vents parcourent les plaines dans toutes les directions, et ils leur communiquent en égale proportion leur température propre, mais cela n'a pas lieu pour les vallées, où les vents ne peuvent avoir que deux directions, soit qu'ils remontent les vallées, soit qu'ils les descendent. C'est donc de cette cause que résulte leur inégale exposition aux vents de même qu'au Soleil, et cependant l'une est parfaitement indépendante de l'autre. Les parties des versants exposées au Soleil peuvent ne pas l'être au vent chaud ; par exemple, les limites des neiges éternelles et des glaciers descendent du côté où s'écoule l'air froid des sommets et s'élèvent de l'autre côté où l'air chaud remonte vers ces mêmes sommets.

§ 898. De la seule exposition au Soleil ne dépend pas la limite des neiges éternelles; celle-ci est plus élevée sur le versant boréal de l'Himalaya, qui est de 5,067 mètres, et moins élevée sur le versant méridional, qui est de 3956 mètres. De même sur le versant occidental des Andes, sous l'équateur, la limite des neiges est inférieure à 4795 mètres, et sous la latitude sud, 14° à 19°, elle est à 5,130 mètres, comme cela a été constaté par A. Humboldt.

Tous les glaciers se trouvent dans les vallées dont le sommet est suffisamment élevé pour être en communication avec la neige éternelle. C'est donc l'air froid descendant qui protége la neige contre la chaleur des rayons solaires. Au contraire les vallées possèdent une température très-élevée, même à d'assez grandes hauteurs, quand elles sont parcourues par d'abondantes masses d'air chaud; telle est, par exemple, la vallée de l'Adige, par laquelle s'écoule l'air du récipient de l'Adriatique pour passer dans celui des fleuves de l'Ion et du Danube.

§ 899. **Classification climatologique des vallées.** De la conformation géographique de chaque vallée dépend non-seulement le mode de l'écoulement de l'air chaud ou de l'air froid, mais encore les quantités de ces masses d'air: 1° les chaînes de montagnes séparent les récipients des masses d'air qui ne communiquent entre elles que par les *cols*, qui sont les sommets des montagnes les moins élevés, et où, à cause de cela, ont été tracées les routes; telles sont les *vallées de communication*.

2° Les chaînes des montagnes sont traversées ailleurs par des fleuves, et ainsi résultent les *vallées distomes* ou à deux embouchures, dans lesquelles aboutissent les vallées affluentes des deux côtés.

3° Les *vallées anastomotiques* sont celles qui communiquent entre elles par leurs embranchements en formant des *anastomoses* en nombre souvent considérable.

4° *Vallées monostomes* ou à une embouchure; ce sont celles

qui ont leurs commencements au sommet des montagnes qui en descendent, s'unissant successivement à plusieurs embranchements qui affluent vers la vallée principale pour y former une seule embouchure.

§ 900. Mode de la communication de la chaleur ou du froid de l'air aux parties des versants. Soit A (fig. 125) l'embouchure d'une vallée monostome donnant vers les plaines ou vers la mer plus ou moins éloignée. Pendant les jours sereins d'été il sort de la mer un vent qui

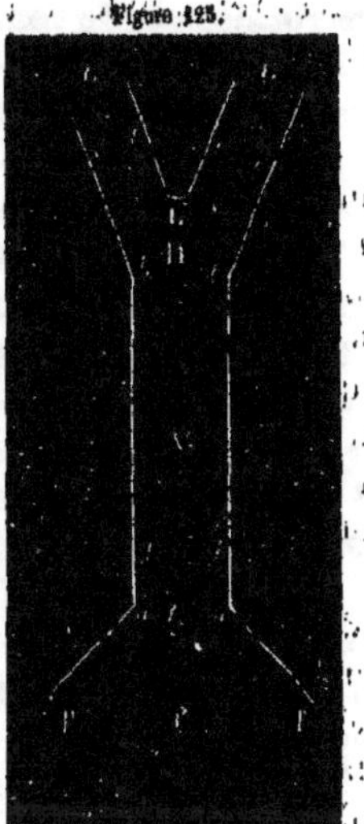

Figure 125.

parcourt les plaines P, P, P et pénètre dans l'embouchure A pour se répandre dans tous les embranchements E, E' de la vallée. Ce vent remontant dure pendant les heures chaudes du jour et s'interrompt vers le coucher du Soleil.

Un autre vent moins fort descendant, commence le soir et se termine le lendemain, une ou deux heures après le lever du Soleil. Ce vent ayant son origine aux sommets des versants afflue par les embranchements différents pour arriver à l'embouchure A, d'où il se répand sur la plaine pour arriver aux côtes et pénétrer dans la mer; la température de ce vent descendant est toujours inférieure à celle du vent montant.

§ 901. Parties des versants chauffées par le vent du jour. Les parties ab, $a'b'$ des deux versants, unies sont également atteintes par l'air et en reçoivent la même quantité de chaleur θ quand elles ne sont pas différemment chauffées par le Soleil. Cette chaleur θ des versants ab, $a'b'$ est inférieure à celle $\theta + d + \beta$ communiquée aux parties $a\alpha$, $a'\alpha$ ambiantes de l'embouchure qui éprouvent le plus grand frottement d'air. Cet air, arrivé au carrefour H, est pressé contre les versants inférieurs b, b' des embouchures des vallées v, v', et il y communique pour céla la chaleur supérieure $\theta + \alpha$, tandis que les versants supérieurs Ll. $L'l'$ sont légèrement pressés par l'air, et que, pour cette raison, il n'y arrive qu'une chaleur inférieure $\theta - \alpha$. Ainsi, du même vent chaud résultent quatre portions différentes de chaleur dont chacune est communiquée à des parties déterminées des versants de la vallée.

§ 902. **Parties des versants refroidies par le vent de la nuit.** L'air froid qui descend des sommets des versants de la vallée E, arrivé à H, se divise pour pénétrer dans les vallées V et v' : il touche ainsi le versant supérieur lL plus fortement que le versant inférieur b. De même l'air qui descend de l'autre vallée v' touche plus fortement le versant $L'l'$ supérieur que le versant b' inférieur. De sorte que l'air froid produit une inégalité plus grande entre les quantités $\theta + \alpha$ et $\theta - \alpha$ de chaleur que ces versants reçoivent pendant le jour. Cela n'a pas lieu pour les versants ab, $a'b'$ de la vallée V; mais ce sont les versants extérieurs $a\alpha$, $a'\alpha'$ qui restent entièrement protégés contre l'air froid émergeant de la vallée.

§ 903. **Température réelle des différentes parties des versants.** Après avoir indiqué les parties des vallées et les portions de chaleur aérienne qu'elles reçoivent, pour déterminer aussi les portions de chaleur solaire de chacune d'elles, il est nécessaire de connaître leur exposition. La portion de cette chaleur est $\theta' + \alpha' + \beta$ pour les parties exposées au sud, $\theta' + \alpha'$ pour celles exposées à l'ouest, θ' pour celles exposées à l'est, et $\theta' - \alpha'$ pour les parties exposées au nord. La somme des portions de chaleur aérienne et de chaleur solaire de chaque partie des versants détermine donc la température réelle observée, qui est la même que celle qui se manifeste dans les espèces de plantes cultivées avec succès sur certaines parties des versants, tandis qu'elles ne peuvent pas prospérer sur d'autres qui en sont pourtant peu éloignées.

II. — MODE DE LA DISTRIBUTION DES PLANTES DE CULTURE SUR LES VERSANTS.

§ 904. Il y a peu de parties en Europe où l'on puisse cultiver en plein air les orangers et les citronniers ; la culture des oliviers, des vignobles, du maïs et des autres céréales est plus répandue. Il faut pour les oliviers une température $T + T'$, qui résulte en Europe de la somme des grandes portions de chaleur $T = \theta + \alpha + \beta$ et $T' = \theta' + \alpha' + \beta'$. Pour les vignobles, il suffit d'une température inférieure $T + T' - \beta - \beta'$; $T + \alpha + T'$; $T + T' - \alpha'$. Pour le maïs, il faut une température $T + \alpha + T' - \alpha' - \beta'$ ou $T + \alpha + \beta + T' - \alpha' - \beta'$, qui dépend plus de la chaleur propre de l'air que de celle du soleil. Le blé prospère sur les plaines où sont également distribuées les deux sources de chaleur ; il prospère aussi, comme le maïs, dans les vallées larges.

§ 905. **Distribution des oliviers.** En parcourant les côtes de la Méditerranée, on ne rencontre en Europe les plantations d'oliviers qu'autour des embouchures αaa, $\alpha' a' d$ qui reçoivent du soleil la chaleur $\theta' + \alpha' + \beta'$ et de l'air la chaleur $\theta + \alpha + \beta$. En plusieurs parties des embouchures la portion de la chaleur solaire est θ' ou même $\theta' - \alpha$, et cependant les oliviers prospèrent encore avec la chaleur aérienne, surtout quand les vallées sont monostomes et de grande étendue, comme celles de la rivière du Var et de Lucques. Les vallées du fleuve du Tibre et de l'Arno ont une grande étendue, mais il y a des amastomoses par lesquelles pénètre l'air des couches supérieures de l'atmosphère et souvent celui du nord, comme cela a lieu aussi pour la vallée du Rhône.

Le climat si doux de Nice est produit par la vallée monostome de la rivière du Var, dont l'étendue considérable sollicite l'introduction de grandes masses d'air de la Méditerranée. La vallée de Lucques est également monostome d'une étendue moindre; il y a moins de chaleur aérienne et plus de chaleur solaire. A Florence l'air froid descend fréquemment des régions supérieures des versants des Apennins et celui du nord arrive par les anastomoses; ainsi la température y baisse, et en hiver le froid devient très-sensible. A Rome l'air froid arrive également en hiver par les anastomoses supérieures de la vallée du Tibre; aussi dans ces pays existe-t-il souvent l'hiver un froid plus grand qu'à Lucques et à Nice. Le climat doux de Pau résulte du vent du nord, qui y conduit l'air chaud de l'Atlantique comme le vent du sud conduit l'air de la Méditerranée à Nice, où manque le *strocco* qui est à Rome et à Florence.

L'embouchure de la vallée de l'Adige se trouve à l'extrémité nord de l'Italie; par le col, à Méran, cette vallée communique avec celles de l'Inn et du Danube. Chaque vent du sud ne pénètre dans les récipients étendus de ces deux fleuves que par la vallée de l'Adige. La chaleur de l'air reste donc en grande partie sur la surface de ces versants, d'où résulte le climat doux qui se propage jusqu'aux environs d'Inspruck, où se trouve l'embouchure dont l'air chaud se répand dans la vallée de l'Inn. Si l'on s'éloigne seulement d'une lieue à gauche ou à droite dans les courts embranchements de la vallée de l'Adige, on rencontre des lieux dont la basse température ne permet pas la culture des vignobles. De même les plantations d'oliviers très-étendues au-devant de l'embouchure de cette vallée autour de Vicence manquent absolument dans tous les environs.

§ 906. **Distribution climatologique des vignobles sur les versants des vallées.** Dans les pays chauds, les vignobles réussissent même dans les plaines; mais dans les pays moins chauds, il leur faut les parties des versants qui reçoivent des portions supérieures de chaleur solaire et de chaleur aérienne, et cela d'autant plus que la latitude est plus élevée. Pour cette raison, sous les latitudes inférieures, il y a une plus grande partie des versants couverte de vignobles que dans les vallées des latitudes supérieures ; les vallées du Rhône, de la Loire, de la Gironde, par exemple, ont la plus grande superficie des versants couverte de vignobles ; cette superficie, que nous pourrions nommer œnophore, diminue dans les vallées de la Marne et de la Seine, et encore plus dans les vallées du Rhin et du Neckar ; dans la vallée de l'Elbe, les vignobles n'existent plus que sur une petite superficie, et en Bohême, au devant de l'embouchure de la vallée de la Moldau, où l'accumulation de la chaleur aérienne a lieu d'une manière toute particulière.

§ 907. **Distribution climatologique du maïs.** Cette plante exotique prospère dans les versants inférieurs des vallées, quoique la rosée nocturne n'y est plus abondante que sur les plaines ou sur les plateaux. La rosée s'écoule jusqu'aux racines le long des larges feuilles de cette plante, dont chacune développe un cône de graines, et cette quantité d'eau remonte pendant le jour à la surface des feuilles. Pour cette raison, cette plante résiste plusieurs mois contre la sécheresse. La chaleur solaire est nécessaire pour faire remonter l'eau à la surface des feuilles et la transformer par la lumière en substance végétale qui retourne vers l'intérieur de la plante par le froid de la nuit.

§ 908. **Distribution climatologique de la culture du blé.** Les feuilles de cette plante offrent une surface plus restreinte que celle du maïs, de même la quantité de fruit est en rapport : au lieu de porter, comme le maïs, un cône de fruit sous chaque feuille, chaque tige de blé ne porte qu'un seul épi. La rosée fournit aux feuilles du blé une quantité d'eau, mais les nuits sont courtes quand le fruit se forme ; pour cette raison, elle ne suffit pas pour soutenir la végétation de la plante pendant les longues journées, surtout quand il y a une très-haute température. Pour cette raison le blé réussit aux endroits où est recueilli le maïs, mais le contraire n'a pas toujours lieu, car le blé, avec les pluies du printemps, réussit sur les plaines étendues, et même sur les plateaux, tandis que cela n'a pas lieu pour le maïs.

§ 909. **Manque de fertilité sur les plateaux.** Les superficies unies dont les bords sont les sommets des versants des vallées, sont toujours les plus stériles parties des domaines, et cela résulte du manque de chaleur aérienne. Pendant le jour, quand l'air chaud remonte les versants des vallées, il ne se répand pas sur les plateaux mais s'élève vers les régions supérieures de l'atmosphère. Au contraire l'air froid de la nuit arrive sur les plateaux pour pénétrer dans les vallées.

Les plateaux reçoivent du Soleil une quantité de chaleur égale à celle des plaines, mais celles-ci reçoivent pendant le jour une quantité de chaleur aérienne et en perdent pendant la nuit une quantité moindre que les plateaux, parce que l'air en sortant des vallées est moins froid que quand il y entre. Pour cette raison le niveau des vignobles s'élève dans les parties où augmente la masse d'air chaud ascendant, et il baisse dans les parties des versants où se multiplie l'air froid descendant.

§ 910. **Rapport entre la fertilité des pays et leur température d'été et d'hiver.** Les plantes annuelles ou *lipocormes*, dont la tige disparaît l'hiver et dont les racines sont persistantes, végètent dans les pays où l'été est chaud, et elles ne végètent pas dans les pays où l'été a une température médiocre. Si en ces pays l'hiver est doux, cela fait augmenter la chaleur annuelle; au contraire, les hivers très-froids font diminuer la chaleur annuelle des pays où l'été est chaud; cependant cette diminution de chaleur en hiver, au lieu d'être nuisible, est plus favorable à la végétation durant l'été.

§ 911. **Comparaison entre les cultivateurs anciens**

et modernes. Pour connaître si le maïs, les vignobles, les oliviers ou toute autre espèce de plantes réussissent dans un pays, les propriétaires font des essais multipliés sur toutes les parties du sol, et c'est ainsi qu'avec beaucoup de temps et de peines on est parvenu à tracer les limites des oliviers, celles des vignobles, du maïs, etc. Quand ensuite on a demandé aux chimistes agricoles en quoi consiste la propriété des parties *œnophores* des versants, ils répondirent que c'était dans les *différences minéralogiques du sol;* mais lorsque, plus tard, on eut acquis la certitude que ces différences minéralogiques n'existent pas et que les versants de la vallée de Marne sont composés uniquement de craie, tandis que d'autres vallées reposent sur des espèces de minerais tout à fait différentes, les chimistes n'ont pas pour cela renoncé à leur hypothèse; ces chimistes forment plutôt un rameau de l'industrie qu'une branche des sciences : c'est pourquoi il n'est pas étonnant qu'ils ignorent comment les anciens cultivaient leurs propriétés accidentées, telles, par exemple, que le sont celles de la Grèce. Chacun sait que le magistrat nommé *agronome* avait pour charge de classifier les parties de la superficie des versants, et d'indiquer, sur des tables nommées πλάκες ἀγρόνομοι, les espèces de plantes qui convenaient au sol et les époques favorables pour les semer ou les planter.

On ne trouve indiqué nulle part dans les ouvrages géoponiques si, dans cette opération, les agronomes étaient guidés par les espèces de plantes qui végètent naturellement sur les parties différentes des versants, ou bien s'ils connaissaient la communication de la chaleur ou du froid des masses d'air qui touchent certaines parties pendant le jour et les échauffent, tandis que pendant la nuit les masses d'air touchent d'autres parties des versants et les refroidissent.

Hippocrate a écrit divers ouvrages sur l'air et sur l'eau, et sur des procédés hygiéniques tendant à faire cesser la fièvre endémique dans une localité en interrompant le coureste d'air froid provenant de l'embouchure d'une vallée. De ces ouvrages, ainsi que d'un grand nombre d'autres faits du témoignage, on peut conclure que les anciens connaissaient l'influence thermométrique de l'air sur les parties différentes des versants nommés κλίματα, et c'est pour cela qu'un considérable de faits de cette nature constitue la science nommée Κλιματολογία, dont la signification diffère de celle attribuée au mot *Climatologie* dans les ouvrages des auteurs modernes. [...]

III. — PREUVE DES CHANGEMENTS DE TEMPÉRATURE SUR LA TERRE.

§ 912. Nous trouvons dans les zones tempérées et les zones glaciales, à l'état fossile, les restes des animaux et des plantes d'espèces qui ne pouvaient être produits et exister dans ces pays s'il n'y régnait pas une température supérieure à celle de nos jours. D'autre part, nous trouvons sur la surface de plusieurs vallées des diaphragmes transversaux composés de roches et de blocs anguleux détachés des rochers des parties supérieures des versants de la vallée. De tels diaphragmes, nommés *moraines*, se trouvent actuellement au-devant des glaciers, et si ceux-ci viennent à disparaître par une élévation de température, les diaphragmes resteront comme un indice de l'existence d'une période où la température était inférieure.

§ 913. **Mode de la conservation de la neige en été sur les élévations inférieures.** Les glaciers sont des masses de neige et de glace contenues dans des vallées qui ont le sommet supérieur à la hauteur des neiges éternelles. Il y a plusieurs vallées semblables. Cependant la neige s'y fond en été et ne peut pas se conserver jusqu'au prochain hiver. Pour que la neige ne fonde pas en été, il faut qu'elle se trouve dans une vallée où manque le courant d'air chaud, tandis que domine le courant descendant et froid; cela n'est possible que dans les embranchements les plus éloignés de la vallée principale, et de pareils embranchements éloignés n'existent que dans les grandes élévations des montagnes dont le sommet se trouve dans les couches d'air d'une température de zéro ou inférieure.

Les vents ascendants et chauds manquent dans les vallées de glaciers; ainsi elles ne reçoivent point de chaleur aérienne, mais seulement la chaleur solaire qui, en été, y élève la température au-dessus de 20°, ce qui est suffisant pour faire mûrir les céréales cultivées dans les parties voisines. Il y a aussi au fond de la vallée la chaleur du sol et sur sa surface la chaleur solaire.

La chaleur du sol fait fondre la couche du glacier en contact avec les versants de la vallée et l'eau produite forme un torrent; la chaleur solaire fond la couche superficielle; mais l'eau produite pénètre dans les crevasses transversales des glaciers qui résultent de l'avancement continuel du fond vers l'embouchure de la vallée et de l'affaissement des parties inférieures de la masse totale. On appelle *puits* les masses d'eau contenues dans les crevasses transversales. Cette eau gèle l'hiver, et il en résulte des lames épaisses triangulaires de glace qui, au printemps suivant, divisent la masse totale des neiges en un grand nombre de lames en forme triangulaire ayant le sommet au fond de la vallée et la base à la surface du glacier. Quand en été fondent les couches en contact avec le sol, les sommets des lames triangulaires avancent, et décrivent un arc autour de leur base qui avance très-lentement.

Ce mouvement de rotation fait s'élever les sommets des lames triangulaires vers la surface du glacier; ainsi diminue la profondeur des puits qui deviennent obliques, et on voit arriver à la surface du glacier les roches enterrées les années précédentes à une hauteur supérieure de la vallée et à une profondeur de plusieurs mètres.

Les roches placées sur la surface des glaciers empêchent

par leur face supérieure l'air froid d'avancer vers leur face inférieure; celle-ci se trouve ainsi protégée contre l'air froid et il en résulte la fusion de la neige voisine; pendant ce temps, au contraire, se trouve empêchée la fusion de la neige autour de la face supérieure de la roche. Donc, quand il se forme une excavation suffisante au-devant de la roche, celle-ci culbute et s'y précipite.

De cette manière tous les corps hétérogènes sont amenés par la masse du glacier vers son extrémité inférieure où ils restent pour former un diaphragme transversal nommé *muraine*, comme nous l'avons dit plus haut, et qui indique la limite inférieure du glacier. Si une élévation de température produite par la chaleur solaire ou par celle de l'air fait fondre les glaciers, les muraines resteront comme des monuments géologiques de l'existence d'une période pendant laquelle, dans ces régions, régnait une température inférieure.

§ 914. **Monuments chronologiques.** Dans plusieurs vallées on rencontre des muraines sans qu'il y existe de glaciers, et les géologues en ont reconnu une période pendant laquelle la température y était inférieure; mais comme ils ne distinguaient pas la chaleur solaire de celle de l'air, ils n'étaient pas en état de connaître si, pendant cette période, ces régions de la Terre recevaient moins de chaleur du Soleil ou de l'air. Après qu'il a été prouvé ici que le Soleil perd toujours de la chaleur, il est impossible, par conséquent, d'admettre son accroissement, au contraire la température peut éprouver une élévation par la chaleur aérienne, et cela de deux manières différentes : 1° par l'augmentation des courants d'air chaud du jour dans les vallées, dont résulte une élévation de température locale, ou 2° par un accroissement de l'épaisseur de l'atmosphère, dont résulte une élévation universelle de température, qui paraît avoir eu lieu.

Mais, à l'examen des fossiles, on reconnaît également que,

pendant leur existence, la température de la Terre était
plus élevée qu'aujourd'hui, sans qu'on puisse cependant
admettre une diminution aussi rapide de la chaleur solaire;
ainsi, nous sommes conduits à constater, au moyen de
ces fossiles, l'existence d'une période pendant laquelle,
dans les deux hémisphères, l'épaisseur de l'atmosphère
était beaucoup supérieure à celle qui règne de nos jours.
Dans la zone torride, on ne rencontre pas de fossiles d'espèce de plantes et d'animaux dont l'existence serait impossible dans la période actuelle. Il en résulte que, malgré
la disparition de certaines espèces animales dans cette zone,
la température n'y était pas élevée proportionnellement à
celle des deux hémisphères, mais qu'elle était à peu près
celle d'aujourd'hui.

Ainsi, en suivant l'ordre chronologique des périodes des
changements de température, non pas sur la zone torride,
mais dans les deux zones tempérée et glaciale, on est conduit à prouver directement: 1° qu'avant la période de l'é-
paisseur actuelle de l'atmosphère, il en exista une où cette
épaisseur a été inférieure; 2° qu'avant cette dernière période il en exista une autre pendant laquelle l'épaisseur de
l'atmosphère était beaucoup supérieure à celle d'aujourd'hui.
Ce sont donc les pluies torrentielles de cette période qui ont
produit les vallées spacieuses, dans lesquelles se trouvèrent,
dans la période postérieure, des glaciers disparus et dans
lesquelles se trouvent les glaciers de la période actuelle.

On remarque souvent de grandes discordances chez les
historiens au sujet de la chronologie, et cela à cause de
l'absence de dates; de pareilles divergences ne sauraient
exister chez les auteurs qui traitent de la chronologie du
Monde, parce que les monuments terrestres et célestes
n'étant pas produits par la main de l'homme, ne peuvent
éprouver aucune modification; il suffit que l'intelligence de
l'homme ne se laisse pas égarer par des préjugés qui l'empêchent de suivre l'ordre chronologique dans la production

des changements opérés toujours suivant la loi physique. Cette loi est la seule et unique qui puisse conduire dans la voie de la vérité : espérons qu'aucun auteur, à l'avenir, ne s'en éloignera.

IV. — DU MODE DE LA PRODUCTION DES SAISONS PAR LE MÉLANGE DE LA CHALEUR SOLAIRE ET LA CHALEUR AÉRIENNE.

§ 915. La température, observée toutes les vingt-quatre heures de jour et huit, ou celle observée de cette manière pendant les douze mois de l'année, ne correspond pas à la chaleur solaire d'un jour ni à celle d'une année qui se répand directement sur un pays, parce qu'elle n'est la même ni pour tous les pays de même latitude, ni pour les deux hémisphères de la terre.

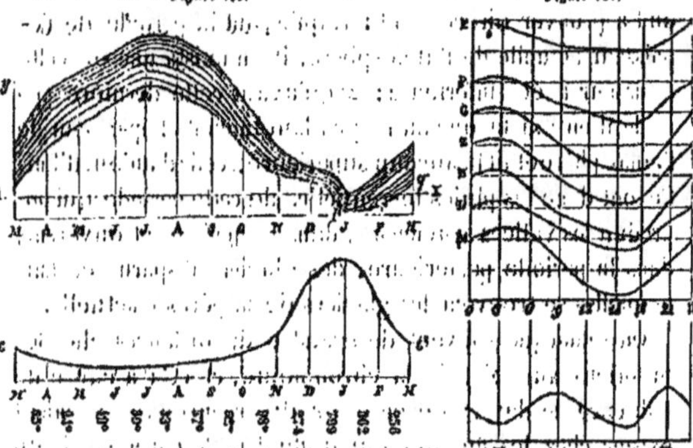

Ce désaccord résulte de ce que la température observée dépend de la chaleur solaire Θ' et de celle de l'air Θ'' qui arrive des pays avoisinants avec leur chaleur locale. Les changements diurnes et annuels très-irréguliers en apparence se trouvent représentés par les courbes des figures 126, 127.

Les courbes F, P, G, Z, B, L, M indiquent les variations
diurnes observées entre le 14 juillet et le 30 août au Faulhorn, à Paris, à Genève, à Zurich, à Berne, à Lucerne et
à Milan. Les courbes q (fig. 426) indiquent les variations
thermométriques de plusieurs années observées à Halle. Les
courbes o, o', m, m' inférieures indiquent les variations de
l'électricité atmosphérique pendant les époques correspondantes à celles de la température.

A. CAUSE DOUBLE DES VARIATIONS THERMOMÉTRIQUES DIURNES.

§ 916. **Mode de la production des variations
thermométriques diurnes sur les mers.** La chaleur
lumineuse pénètre tout entière dans l'eau de la mer, et l'air
ambiant en reçoit un maximum à midi, quand y arrivent
les rayons solaires les plus denses. Ensuite, la température
de l'air commence à baisser, et cela dure jusqu'au lendemain au lever du Soleil, lorsqu'elle atteint son minimum.
Après le lever du Soleil le thermomètre commence à monter
pour atteindre à midi son maximum.

§ 917. **Mode de la production des variations
thermométriques sur les montagnes.** Sur les montagnes comme sur la mer, la température de l'air ne dépend
que de la densité des rayons solaires, qui atteint à midi son
maximum. Ces rayons avec leur chaleur sont réfléchis vers
l'espace par la neige, et c'est ainsi que celui-ci acquiert à
midi le maximum de chaleur solaire, et son minimum de
chaleur arrive le lendemain au lever du Soleil, comme il
est indiqué par la courbe F du Faulhorn.

§ 918. **Mode de la production des variations
thermométriques sur les continents.** Les rayons solaires n'y pénètrent pas comme dans l'eau de la mer; ils ne
sont pas réfléchis non plus comme par la neige des montagnes; ils se décomposent en lumière qui est dispersée et

en chaleur qui reste sur la couche superficielle du sol, d'où elle se répand par sa propre expansion en directions divergentes vers la couche inférieure de la Terre et vers la couche d'air c' ambiante. De cette couche c' la chaleur se propage vers les couches c supérieures en produisant les variations thermométriques indiquées dans los six courbes de la figure 127, parce que la courbe F indique les variations observées sur les montagnes.

A midi la couche ambiante du sol reçoit le maximum de la chaleur solaire Θ', et en même temps elle reçoit une partie de la chaleur du sol qui se propage lentement par l'air, car en été le sol atteint à midi, dans nos climats, 50 à 60°, température que l'air n'atteint jamais; car celle-ci résulte de la chaleur solaire Θ' et de celle $\Theta^\alpha - \theta$ qui est communiquée du sol à l'air.

1° *Intervalle entre midi et le trope thermométrique.* Après midi, la température s'élève, parce que la chaleur aérienne devenant $\Theta^\alpha - \theta + \theta'$, dans la couche c' augmente plus rapidement que la la chaleur $\Theta^\alpha - \theta$ qui s'en éloigne vers la couche c; l'élévation de la température s'opère lentement, parce que la différence entre $\theta' - \theta$ et θ diminue très-peu. Cette marche du thermomètre se reconnaît par la médiocre élévation des courbes pendant deux ou trois heures après midi jusqu'à l'époque du *trope du jour.*

2° *Intervalle entre le trope du jour et celui de la nuit.* Depuis le trope du jour la couche c' d'air reçoit du sol la chaleur $\Theta - \tau$ et perd la chaleur $\Theta - \tau + \tau'$ élevée vers la couche c. Au coucher du Soleil, la chaleur solaire disparaît et il ne reste que celle du sol qui continue de diminuer. La chaleur $\Theta^\alpha - \theta + \theta'$ remonte aux couches supérieures, et elle est remplacée par une quantité inférieure. Cette diminution dans l'émission de la chaleur continue de la part du sol, mais sa propagation diminue aussi plus rapidement vers la hauteur de la couche d'air ambiante supérieure; pour cette raison, avant le lever du Soleil, le thermomètre atteint son minimum et le trope arrive quand l'air ambiant du thermomètre émet moins de chaleur que celle qui arrive du sol.

3° *Intervalle entre le trope nocturne et midi.* Depuis le trope nocturne, le thermomètre monte lentement jusqu'au lever du Soleil quand l'air commence à recevoir la chaleur solaire. Le sol cependant continue de répandre toujours, comme la nuit, une quantité médiocre de chaleur, parce que celle qui arrive du Soleil vient remplacer la chaleur consommée pendant la nuit. Dès que cette chaleur est remplacée, l'élévation de température de l'air commence par celle du sol. Vers neuf heures du matin c'est la somme $\Theta^s + \Theta^a$ des deux sources de chaleur qui produit cette rapide élévation du thermomètre qui ne dure que jusqu'à midi.

§ 919. **Vitesses thermométriques.** Il y a deux maxima de vitesse thermométrique : l'un, le plus grand, avant midi, et l'autre, le moins grand et le plus court, au coucher du Soleil ; à ces deux maxima de vitesse thermométrique, indiqués par les inclinaisons supérieures des courbes, correspondent les deux maxima de l'intensité de l'électricité atmosphérique indiqués dans la courbe inférieure *mm* par leurs grandes élévations. Aux deux minima de vitesse thermométrique qui ont lieu pendant les heures des deux tropes correspondent les minima de l'intensité de l'électricité atmosphérique. Les inclinaisons des courbes thermométriques sont très-médiocres et les élévations des courbes électrométriques sont très-petites pendant les deux époques des tropes (fig. 127).

B. Cause double des variations thermométriques annuelles.

§ 920. On a vu que la température diurne dépend de la chaleur solaire et de celle de l'air qu'il reçoit du sol ; il en est de même pour la température annuelle qui dépend également de la chaleur solaire et de celle de l'air; cet air chaud ne reçoit pas la chaleur locale du sol, comme on l'admettait, mais il arrive des latitudes inférieures et amène une partie de leur chaleur. Connaissant ces deux sources de chaleur annuelle, il devient possible d'indiquer l'ordre suivant lesquels s'arrangent les faits thermométriques annuels.

§ 921. **Intervalle** i **entre le solstice et le trope estival.** Au solstice d'été, les pays de la zone tempérée et de la zone glaciale reçoivent du Soleil le maximum de chaleur Θ^s, tandis la chaleur aérienne $\Theta^d - \theta$ n'est pas alors dans son maximum, parce qu'elle résulte d'une masse d'air partie de l'extrémité de la zone torride, quand le Soleil était encore vers l'équateur. Et la masse d'air A qui part le jour du solstice de la zone torride doit employer, pour arriver aux pays P, un certain espace de temps pour parcourir la distance D non pas en ligne droite ni avec la même vitesse.

Après le solstice comme après midi, la chaleur solaire diminue et devient $\Theta^s - \tau$, tandis que celle de l'air augmente et devient $\Theta^h - \theta + \theta'$. La température observée indique la somme $\Theta^s - \tau + \Theta - \theta + \theta''$ de chaleur, où tous les jours croissent les quantités τ et θ'; cependant θ' croît plus rapidement, et l'élévation de température ne résulte que de la différence $\theta' - \tau$: pour cette raison elle est très-lente, comme on peut le voir, par l'élévation médiocre de toutes les courbes q qui correspondent à l'espace de temps entre le jour du solstice et celui du trope thermométrique estivale (fig. 126).

§ 922. *Durée différente de l'intervalle i.* Le temps que met la masse d'air pour arriver de l'extrémité de la zone torride aux différentes régions de la zone tempérée depend de la vitesse plutôt que de la distance. La moitié occidentale de l'Europe reçoit l'air qui arrive par l'Atlantique où règne le vent de sud-ouest; pour cette raison, la durée de l'intervalle t diffère peu pour les différents pays où ont été faites les observations.

La durée t en question augmente pour les pays où, pendant ce temps, règnent les vents du nord, du nord-ouest ou du nord-est, comme cela a lieu pour toutes les côtes d'Afrique en partant de l'île de Las-Palmas, les Canaries et passant par Alger, Tunis jusqu'à Alexandrie et au Caire; le même effet a lieu pour Toulouse et toute l'étendue le long des Pyrénées. Dans tous ces pays le trope estival thermométrique s'étend au delà de la première moitié du mois d'août l'intervalle est $t + t'$.

Tout le contraire a lieu pour Péking où le trope estival a lieu une semaine après le solstice, et cela à cause du vent de sud-est qui y règne pendant cette saison; on y a $t - t'$.

§ 923. **Intervalle entre le trope estival et le solstice d'hiver.** L'abaissement de la température résulte de la diminution de la chaleur solaire et encore de celle de l'air. La somme de ces deux sources de chaleur $\Theta^z - \tau +$ $\Theta^z - \theta'$ produit un décroissement de température rapide indiqué par la somme $\tau + \theta'$ où τ croît en même temps que θ'; il en résulte ainsi un abaissement rapide jusqu'au jour du solstice, comme il se trouve exprimé dans l'inclinaison de la courbe qui correspond aux mois de septembre, d'octobre et une partie de novembre (fig. 126).

§ 924. **Intervalles entre le jour du solstice et le trope d'hiver.** Pendant cet intervalle croît la chaleur solaire $\Theta^z + \tau$, mais décroît celle de l'air qui devient $\Theta^z - \theta - \theta'$; la température résulte de la somme $\Theta^z + \tau +$ $\Theta^z - \theta - \theta'$, où la quantité τ croît lentement, tandis que θ' augmente rapidement; la différence $\theta + \theta' - \tau$ indique l'abaissement du thermomètre qui s'opère avec une grande vitesse, comme cela est indiqué dans la partie de la courbe qui représente la température du mois de décembre et d'une partie du mois de janvier.

§ 925. **Intervalle entre le trope d'hiver et le

solstice d'été. La chaleur de l'air cesse de diminuer et celle du Soleil continue à croître : ainsi l'élévation de température est proportionnelle à la somme $\Theta' + \tau + \Theta^\alpha - \theta'$ de chaleur, mais τ est supérieure à θ'. La vitesse de l'élévation de la température est grande seulement au commencement, ensuite elle diminue parce que la chaleur locale θ' de l'air résulte de celle du Soleil et non pas de celle de la zone torride comme en été quand le Soleil se trouve au nord de l'équateur en s'éloignant du solstice.

La différence entre la température d'été et de printemps provient donc de celle $\Theta^\alpha + \theta'$ et $\Theta^\alpha - \theta + \theta'$ de l'air, parce que, dans ces deux saisons, la chaleur solaire Θ' est la même. Quand le Soleil va de l'équateur au solstice, la zone tempérée reçoit la chaleur $\Theta^\alpha - \theta - \theta'$ de la zone torride avec l'air parti pendant que le Soleil avançait du solstice d'hiver vers l'équateur, tandis qu'en été cette chaleur est supérieure $\Theta^\alpha + \theta$, parce qu'elle part de la zone torride quand le Soleil se trouve au nord de l'équateur.

§ 926. **Saisons intertropicales.** Au nord de l'équateur chaque pays a deux étés et deux hivers, tandis qu'au sud de l'équateur les pays de la zone torride n'ont qu'un été et un hiver. Quoique les deux hémisphères reçoivent du Soleil d'égales quantités de chaleur, celui du nord a une température supérieure, car il y est amené une quantité de chaleur avec la masse d'air A qui passe par les trois océans du sud au nord de l'équateur. C'est donc cet éloignement de l'air A qui fait disparaître les saisons doubles de la moitié méridionale de la zone torride.

I. *Saisons doubles au nord de l'équateur.* Quand le Soleil se trouve à l'un des solstices, l'hiver de chaque pays commence et dure avec le printemps jusqu'à son arrivée au zénith du pays. Comme la distance D du solstice du nord est inférieure à celle D + *d* de celui du sud, un des deux hivers est court et l'autre est long. L'été commence avec l'éloignement du Soleil du zénith et dure avec l'automne jusqu'à l'arrivée aux solstices ; ainsi l'été qui correspond à notre automne est plus long que celui qui correspond à notre printemps.

II. *Saisons simples au sud de l'équateur.* Le long été et le long hiver y existent ; le court été et le court hiver y font défaut. Quand le Soleil est au solstice nord, l'hiver commence et il dure avec le printemps, non pas jusqu'à l'arrivée du Soleil au zénith, mais jusqu'à son rapprochement du solstice sud. Alors commence l'été qui dure, non pas jusqu'à l'arrivée du Soleil au zénith, mais davantage ; l'automne dure ensuite jusqu'à son arrivée au solstice nord. Il n'y a pas d'été court, parce que l'air passe à l'hémisphère nord et ne retourne pas au sud pour s'y échauffer, ainsi que cela a lieu au nord de l'équateur.

§ 927. **Rapport entre l'intensité de l'électricité atmosphérique et la vitesse des changements thermométriques.** Les observations sur l'électricité atmosphérique faites à Londres, à Bruxelles et à Munich, ont donné comme résultat les variations annuelles indiquées par la courbe CC'. Cette courbe, comparée aux courbes q thermométriques, prouve que les vitesses thermométriques des mois de novembre, de décembre, de janvier et de février, correspondent aux grandes intensités d'électricité atmosphérique, et les minima de l'intensité électrique correspondent aux mois de mai, de juin, de juillet et d'août. Cet accord est encore mieux exprimé par les nombres qui indiquent l'intensité de l'électricité atmosphérique de chaque mois (fig. 126).

Le même rapport a lieu entre les résultats des observations diurnes des vitesses thermométriques et des intensités de l'électricité atmosphérique, de sorte que ces deux espèces de faits sont liés entre eux par la loi physique qui n'est pas inconnue, mais dont l'application manquait (fig. 127).

CHAPITRE IV.

ATMOSPHÉROLOGIE SIMPLIFIÉE

PAR

L'APPLICATION DE LA LOI AÉROSTATIQUE AU MODE DE LA PRODUCTION
DU BROUILLARD ET DES PLUIES, DES NUAGES ET DES PLUIES ORAGEUSES,
DE LA GRÊLE, DES TROMBES, DES VENTS, AVEC LEUR RAPPORT
AUX ÉTATS BAROMÉTRIQUES ET AUX DISTRIBUTIONS
DE LA CHALEUR.

§ 928. Nous possédons les plus exacts résultats des observations de ce genre de faits dont le mode de production était resté inconnu; nous allons d'abord exposer ici la loi physique suivant laquelle les faits atmosphériques sont produits, et comme exemples nous en rapporterons quelques-uns. Les genres de faits dont le mode de production va être exposé sont les suivants:

1° Mode de production du brouillard avec les pluies fines et une élévation de température;

2° Mode de la production de la rosée et les variations diurnes du baromètre et des vents;

3° Mode de production des nuages avec les pluies orageuses, la grêle, les trombes, l'abaissement du baromètre et le vent;

4° Mode de la production de l'air dans les mers et des combinaisons de ses éléments dans les continents et dans les régions des calmes;

5° Mode de la distribution de la chaleur et du froid par les vents;

6° Mode de la perturbation de l'atmosphère pendant les équinoxes;

7° Pourquoi en certains pays la formation des pluies est impossible.

I. — MODE DE LA PRODUCTION DU BROUILLARD SEC OU HUMIDE ET DE LA FORMATION DES PLUIES FINES AVEC ÉLÉVATION DE TEMPÉRATURE.

§ 929. L'état des enveloppes aqueuses dont sont formées les vésicules de la vapeur dépend de la température ambiante; de cette même température dépend aussi la quantité des vésicules contenues dans un espace e limité.

§ 930. **Opacité de la vapeur.** La vapeur ne manque jamais dans l'atmosphère, et cependant elle est quelquefois transparente et d'autres fois opaque. Les diamètres des vésicules ont été trouvés de $0^{mm},02752$ en hiver et de $0^{mm},04402$ en été; l'épaisseur des enveloppes croît pour devenir $0^{mm},06$, et cependant il n'existait aucune explication de la cause qui produit l'opacité non-seulement de la vapeur du brouillard humide, mais aussi de celui qui ne l'est pas.

Pour que la vapeur contenue dans l'espace e soit opaque, il ne faut pas que les rayons de la lumière y pénètrent, mais ils doivent éprouver une dispersion qui ne peut résulter que d'une inégalité de la surface des enveloppes. Ces inégalités ont toujours lieu quand un certain nombre d'enveloppes crèvent; alors l'eau qui en résulte se dépose sur les enveloppes des vésicules qui restent, et l'opacité apparaît à cause de la diminution du nombre des vésicules, diminution bien constatée dans chaque abaissement de température. C'est pourquoi nous pensons que personne ne contestera cette cause évidente de l'opacité des vésicules, qui disparaît quand le superflu d'eau se dépose dans l'espace limité e ou quand cette eau se transforme de nouveau en vapeur par l'élargissement de l'espace e qui devient $e + e'$.

§ 931. **Changements des enveloppes de la vapeur par la température.** Celle-ci peut être : 1° au-dessus de 100°; 2° entre 100° et 0°, ou 3° au-dessous de 0°. Les enveloppes aqueuses sont, avec la température ambiante, dans les mêmes rapports que l'eau.

1° À une température au-dessus de 100°, l'eau est toujours transformée en vapeur, et celle-ci ne diffère pas des gaz qui, dans toutes les densités, restent transparents. L'eau donc ne peut pas être soutenue dans les enveloppes, parce qu'elle se transforme en vésicules dont les dimensions diminuent avec l'augmentation de la densité.

2° Entre 100° et 0°, l'espace e ne peut contenir, à toute température de $100° - t$, qu'une quantité limitée de vésicules v'; celles-ci diminuent et deviennent $v - v'$ quand la température baisse à $100° - t - t'$. Les enveloppes des vésicules v' crevées se déposent à l'état liquide sur celles $v - v'$ qui restent, et c'est ainsi qu'apparaît une opacité momentanée, parce que l'eau s'écoule au fond du vase et que les vésicules $v - v'$ restent à l'état transparent à la température $100° - t - t'$.

3° Au-dessous de zéro, les vésicules diminuant davantage, il ne reste plus que $v - v' - v''$ dans l'espace e; leurs enveloppes gèlent sans pour cela devenir opaques, parce qu'elles restent avec les enveloppes de surface unie.

§ 932. **Cause de l'opacité du brouillard sec.** L'existence d'une disparition de la transparence de l'atmosphère pendant un état sec ne peut pas être contestée; en 1783, un brouillard s'étendit sur toute l'Europe et persista pendant plus d'un mois. Ce brouillard fut précédé, un mois auparavant, par l'éruption des volcans d'Islande, où des volcans nouveaux surgirent dans la mer dont la fumée épaisse persista jusqu'à la fin de juillet. En 1831, un brouillard sec apparut en France, sur les côtes d'Afrique venant de l'Amérique à différentes époques du mois d'août. Ces brouillards secs ont été attribués à l'existence d'une poussière volcanique impalpable et aux particules de charbon qui résultent des cheminées de grandes villes. Toutefois il restait toujours inexplicable comment les molécules, même à l'état impalpable, peuvent se soutenir des semaines ou des mois entiers dans l'atmosphère, et pourquoi, si cela est une fois reconnu possible, elles n'y restent pas toujours?

Si les physiciens connaissaient la cause de l'opacité des vésicules du brouillard humide, on n'aurait trouvé aucune difficulté dans la production d'un état analogue par la déposition de quelques parcelles impalpables sur les enveloppes des vésicules. En cet état ces enveloppes de surface inégale dispersent les rayons et rendent opaque l'espace qu'elles occupent; d'autre part, chaque vésicule vide au milieu et douée, à cause de la grande raréfaction, d'un volume supérieur, devient capable de soutenir dans l'atmosphère une ou plusieurs molécules de la poussière impalpable. C'est donc précisément la petite quantité de vapeur qui favorise, en cas pareil, l'opacité des enveloppes.

§ 933. **Mode de la production du brouillard sur les fleuves.** Après avoir indiqué en quoi consiste l'opacité des enveloppes des vésicules, nous allons nous servir, non plus comme preuves, mais comme d'exemples, des descriptions d'un nombre de cas bien connus, mais inexplicable jusqu'à présent.

Figure 128.

Soit C (fig. 128) la surface d'un fleuve d'une température supérieure à celle de l'air, comme cela se présente en automne quand les jours sont chauds et les nuits froides, surtout vers le matin. La

couche d'air en contact avec l'eau reçoit en même temps
une élévation de température et un état de saturation d'humidité ; cet air s'élève par la diminution de son poids spécifique, et alors il perd de sa chaleur ; ainsi ne pouvant plus
soutenir la même quantité de vapeur, les enveloppes commencent à crever, et l'eau qui en résulte se dépose sur les
autres qui restent, et c'est ainsi que leur surface devenue
inégale disperse les rayons qui arrivent des objets et fait
apparaître une masse opaque dans l'espace a occupé par
des vésicules pareilles.

L'air qui s'élève de la surface G du fleuve est remplacé
par une masse égale d'air froid et sec qui afflue des rives A
et B, et celui-ci est aussi remplacé par l'air refroidi et contenant les vésicules opaques qui se déposent autour des
rives A et B sur le sol froid. Il existe donc, pendant un
état calme de l'atmosphère, une circulation d'air dans l'espace limité à une élévation Sr. Une partie d'eau est transférée du fleuve en haut et puis dans les rives, et une vapeur
opaque étendue sur le fleuve disperse les rayons qui y arrivent directement ou des plaines voisines. Les voyageurs
qui sont dans la cabine chaude du bateau ne perçoivent
point l'existence de brouillard, pas plus que ceux qui sont
loin des rives du fleuve.

§ 934. En Suisse la production du brouillard sur les lacs
est habituelle, surtout quand l'eau qui entre ne vient pas
directement de la région des neiges ; tel est le lac profond
de Zug. Quand en hiver le Danube est gelé en Hongrie et en
Valachie, la température de l'air baisse au-dessous de — 20°
et la partie de la Porte-de-Fer où sont les cataractes reste
libre de glace. La température de l'eau étant au-dessus de
zéro se communique à l'air ambiant qui, saturé de vapeur
s'élève, et alors la vapeur devient opaque et visible.

Sur l'eau des salines qui ne gèle qu'à une basse température, le brouillard se soutient habituellement en hiver ;
dans les eaux stagnantes où l'on trempe le chanvre il se

produit une élévation de température qui occasionne l'apparition du brouillard. Kaemtz vit une colonne de brouillard s'élever d'une prairie fauchée, entourée des pâturages couverts d'une herbe très-haute qui, s'échauffant moins que la surface fauchée, maintenaient l'air à une température inférieure à celle de l'air qui s'élevait de la surface presque nue du sol. Ainsi cet air chaud et humide produit sur les champs le même effet que celui de la surface des fleuves et des lacs.

Dans les cas indiqués et dans tous les autres pareils l'apparition de la vapeur produit une élévation de température, car l'air froid reçoit une quantité de chaleur de l'air chaud, et c'est ainsi que sa vapeur v éprouve une diminution par la destruction des enveloppes de vésicules v', dont l'eau se dépose sur les enveloppes de celles $v + v'$ qui restent.

§ 935. L'air chaud et humide, au lieu de s'élever de la surface d'un fleuve et de venir en contact avec l'air le moins chaud, cet air froid peut être dans un pays à une certaine distance de l'eau dont l'air chaud et humide est transféré comme un vent à ce pays froid. Quand donc cet air chaud et humide vient en contact avec le sol froid, il doit se produire immanquablement une vapeur opaque ou du brouillard, ainsi qu'une élévation de température. Ainsi naît une série de faits qui ne diffèrent des précédents qu'en ce que l'air chaud et humide, au lieu de s'élever perpendiculairement pour venir en contact avec l'air le moins chaud, il s'écoule horizontalement, et vient ainsi en contact avec le sol froid. De sorte que les vésicules, devenues opaques, se répandent sur une étendue horizontale très-considérable ; l'eau des vésicules opaques se dépose sur le sol et les autres objets, et c'est ainsi que les vésicules devenues transparentes s'éloignent pour céder leur place aux autres qui continuent d'arriver sous forme de vent humide.

§ 936. **Mode de la production des brouillards par les vents chauds et humides.** L'air qui s'écoule sur la surface de la mer en reçoit sa température; mais pour devenir humide jusqu'au point de saturation, il faut l'absence des rayons denses du soleil, qui font décomposer l'eau laquelle se transforme en air, qui reste, et la vapeur disparaît pour atteindre son minimum précisément à midi. Cette décomposition de l'eau n'a pas lieu la nuit ni à une température médiocre pendant le jour; tel est donc l'état du temps propre pour faire se répandre de la mer un vent humide. Quant à l'apparition des vésicules opaques, cela ne dépend que de la température inférieure du pays où le vent arrive; car le sol perd par le rayonnement plus de chaleur que l'air, et c'est ainsi qu'il a toujours une température inférieure.

L'opacité des vésicules résulte donc de la même cause, et il n'y a d'autre différence que celle de la disposition des couches d'air dont la moins chaude est en contact avec le sol froid et le vent humide et chaud conduit l'air du dessus. L'air chaud perdant une partie de sa chaleur vers le sol devient opaque ne pouvant plus soutenir la même quantité de vapeur. Il ne faut donc qu'une minute pour qu'une masse d'air, conduite par le vent, se répande sur une grande superficie froide et y fasse apparaître une couche de brouillard dont l'épaisseur augmente par la différence entre la température basse du sol et celle élevée de l'air humide.

Les vents froids du nord ou de l'est venant sur une contrée moins froide et même à l'état saturé d'humidité, deviennent chauds et pour cela secs, en absorbant la chaleur du sol et de l'air de la couche ambiante.

§ 937. **Détails de la production du brouillard dans les îles Britanniques.** Rien n'empêche ici de constater la cause de chacun des faits. Les îles Britanniques sont habituellement parcourues par les vents de sud-ouest, d'ouest et de nord-ouest qui sont humides, mais en été, surtout vers midi, ils sont secs pendant les jours sereins. C'est en

automne que la température du sol reste beaucoup au-
dessous de celle des vents humides, c'est donc la couche
froide du sol qui fait s'abaisser la température du vent et
devenir opaque une partie $v - v'$ de ses vésicules v; et cela
à cause de l'eau produite par les enveloppes des vésicules v'
détruites qui se dépose sur les enveloppes de celles $v - v'$
qui restent.

§ 938. **Brouillards des grandes villes et de Londres.** Dans les campagnes unies le brouillard est moins
fréquent et d'une durée moindre que dans les villes; jusqu'à présent ce fait bien constaté n'avait été l'objet d'aucune
explication; et elle se présente ici spontanément. L'air
froid forme autour du sol une couche mince sur les plaines
nues, parce qu'il s'éloigne pour céder la place à l'air du
vent. Ce déplacement de l'air froid est moins favorisé dans
les villes où l'air chaud et humide s'écoule au-dessus des
toits, et en se refroidissant par la couche inférieure qui a
une épaisseur égale à la hauteur des maisons, abandonne
une partie de sa vapeur dont les enveloppes crevées laissent l'eau se déposer sur celles des vésicules qui restent.

L'épaisseur du brouillard ou la densité des vésicules opaques ne dépend que de la différence entre la température
basse du sol ou des toits et celle plus élevée de la surface
de la mer d'où arrive le vent chaud contenant de la vapeur
presque jusqu'à sa saturation. Ces différences de températures peuvent avoir lieu pendant chaque saison, cependant
elles ne sont mieux favorisées qu'en automne, quand les
nuits sont longues et froides, tandis que l'air de la mer n'est
pas encore froid; il échauffe même les côtes et il y produit
une diminution de brouillard et un temps clair.

II. — DES DEUX CAUSES DES VARIATIONS DU BAROMÈTRE.

§ 939. Les abaissements du baromètre n'indiquent qu'une diminution de la pression atmosphérique sur le sol sans déterminer le mode de la diminution de cette pression. Jusqu'à présent il n'y avait de bien connu que la pression exercée par le poids de la colonne d'air; elle a été constatée : 1° par l'abaissement constant du baromètre quand on remonte les versants des montagnes, et 2° par celui qui a lieu quand on avance suivant la direction des vents. Dans le premier cas, le poids P de la colonne diminue sur les hauteurs et devient P — p, parce que le poids p indique celui de la couche inférieure. Dans le second cas, ce poids p correspond à la différence entre le poids P de la couche d'où souffle le vent et celui P — p de celle où le vent est dirigé, car sans une destruction pareille de l'équilibre le déplacement de l'air est impossible.

Ces deux espèces de faits sont bien constatés au moyen des résultats des observations barométriques par les élévations aux hauteurs des montagnes et par la comparaison des états barométriques des pays parcourus par les mêmes vents. Toutefois il n'en résulte pas que toute autre cause soit exclue, car la pression normale P peut également éprouver une diminution par un courant d'air ascendant dont l'existence ne peut être contestée par personne. De sorte qu'on peut attribuer ce défaut plutôt à un oubli qu'à un manque de connaissances; pour cette raison, toute personne qui lira cette remarque ne contestera pas les abaissements barométriques observés simultanément avec l'élévation des colonnes de poussière et des autres corps, précisément quand tout indique une accumulation d'air et d'eau dans la colonne d'air dont le poids ne diminue pas, mais au contraire croît beaucoup.

Avant les orages il se manifeste toujours à l'ouverture des mines un courant ascendant qui dure tant que le baromètre baisse. Kaemtz remarqua cette coexistence; cependant il n'est pas allé plus loin, car il attribue le courant à la diminution du poids de la colonne atmosphérique. Quelque chose d'analogue à ce courant ascendant des mines se remarque dans certaines sources et puits d'où jaillissent des masses abondantes d'eau pendant l'abaissement du baromètre avant un orage jusqu'à son commencement. Ensuite quand le baromètre monte, ces sources tarrissent pour quelques heures et ensuite recommencent à jaillir comme précédemment. En Valachie, au village de Tchovárnachani, près Tourno-Severin, il y a une petite source qui jouit de la même propriété et qui, de plus, est affectée même par les variations diurnes et périodiques du baromètre.

§ 940. Cause des courants d'air ascendants et des abaissements du baromètre. Il a été prouvé que les poids des colonnes atmosphériques diffèrent sur la mer et les sommets des montagnes ou dans les régions d'où les vents soufflent et celles où ils sont dirigés; les abaissements du baromètre qui précèdent les orages et ses variations périodiques, diurnes et annuelles, n'indiquent pas des changements analogues dans le poids des colonnes d'air, mais une diminution de pression qui résulte de l'élévation de l'air de la couche inférieure; l'existence de cette élévation est incontestable, et si l'on veut admettre un éloignement d'air de la couche de l'extrémité supérieure de l'atmosphère, on ne le peut pas, parce que les observations indiquent que les élévations ont lieu seulement jusqu'à une hauteur qui ne surpasse pas les sommets des montagnes de 2 à 3.000 mètres de hauteur; sur les sommets des montagnes en même temps, au lieu d'un abaissement de baromètre, il se produit une élévation. Les faits mêmes indiqués relativement aux sources prouvent que la pression d'air diminue sur les embouchures et en même temps qu'elle augmente sur les som-

mets des montagnes qui communiquent avec le bassin sou-
terrain dont l'eau se rend aux sources par des canaux
courbes qui descendent et puis remontent.

Tous les faits trouvent leur explication dans leur cause
physique qui est ici la combinaison des éléments d'air et
la production de la vapeur d'eau qui reste dans l'espace *e*
occupé précédemment par l'air, sans cependant opposer la
même résistance aux masses d'air ambiant. Ainsi cet espace
e se présente comme un espace raréfié vers lequel est sollicité l'écoulement de l'air. Celui de la couche inférieure
remonte et fait diminuer la pression atmosphérique; celui
qui descend des couches supérieures fait augmenter la
pression du baromètre sur les montagnes.

§ 941. Les météorologistes ont pu se convaincre que les
changements de l'état atmosphérique ne résultent pas des
déplacements des masses d'air de la couche extrême de
l'atmosphère, mais toujours de la rencontre des deux
masses d'air, l'une chaude et l'autre froide. Après ces observations, un dernier pas restait à faire, et nous l'avons
fait en prouvant que *c'est l'oxygène de l'air froid qui se combine avec l'azote de l'air chaud pour produire la vapeur d'eau;*
faits qu'on ne peut pas contester.

Il y a donc : 1° rencontres d'air chaud et d'air froid,
2° combinaisons des éléments de l'air, 3° production de
vapeur, 4° apparition des espaces raréfiés, 5° affluence d'air
chaud de bas en haut et d'air froid de haut en bas qui
viennent en rencontre pour amener la répétition de cette
périodicité des faits. Ainsi cette même périodicité est communiquée aux écoulements d'air ou aux vents; ils se manifestent par bouffées, dont chacune commence avec un
maximum de poussée qui diminue pour atteindre un minimum après un intervalle assez court, et c'est alors qu'apparaît une autre bouffée commençant également par un
maximum.

Cette propriété inhérente aux vents, quoique bien connue

cependant, n'a été mentionnée par personne, parce qu'elle
renversait toutes les hypothèses, qu'on s'acharnait à conserver quand même, jusqu'à l'apparition de la véritable
cause des vents. Ce que nous faisons ici, chacun pouvait le
faire, parce que, 1° les anciens connaissaient le changement
de l'eau en air, nommé *exaérose* et le changement de l'air
en eau nommé *exhydatose*, et ils ignoraient la loi aérostatique. 2° Les modernes connaissent cette loi et ignorent
l'exaérose et l'exhydatose; il n'a donc fallu qu'unir les connaissances déjà existantes pour résoudre le problème qui
occupa tous les physiciens anciens et modernes.

§ 942. **Mode des variations locales du baromètre par les courants verticaux.** Les abaissements locaux du baromètre n'indiquent aucune diminution du poids
de la colonne d'air, mais des courants verticaux qui font
diminuer la pression. Nous possédons donc dans le baromètre un instrument qui permet d'explorer deux états différents de l'atmosphère : son nom ne correspond qu'à l'un
de ces états, et par rapport à l'autre il devrait être nommé
piezomètre, parce qu'il n'indique que les degrés de la pression atmosphérique. Celle-ci a pour cause les combinaisons
des éléments d'air provenant du rapprochement de la couche d'air chaud et de celle de l'air froid.

§ 943. **Mode des abaissements du baromètre
par les décroissances de température avec la
hauteur.** En montant des plaines à différentes élévations
de l'atmosphère, on rencontre un abaissement de température, mais, pour 1 degré, la hauteur h à monter n'est pas la
même pour les différentes heures des jours sereins; elle
diffère aussi pour les mêmes heures aux élévations différentes H, H'. Avant d'indiquer les résultats obtenus par les
observations faites simultanément en été, 1° entre Milan,
Genève, Zurich et le Faulhorn, ou 2° entre Genève et le
Saint-Bernard, il faut exposer la différence entre la chaleur θ arrêtée dans l'atmosphère par les rayons solaires

affluants et celle $\Theta + \theta$ que reçoit l'air du sol en été et en hiver.

L'air ne peut séparer qu'une quantité insignifiante de chaleur mêlée avec la lumière; celle-ci, repoussée du sol, y abandonne la chaleur à l'état obscur, et il en résulte une température de 50° ou 60°. Dans cette accumulation de chaleur obscure les atomes repoussés se séparent et vont, les uns θ vers l'intérieur de la terre et les autres θ' vers l'air pour se propager aux hauteurs H, H', H"... A cause de la résistance r de la part de l'air, il faut une certaine densité δ d'atomes de chaleur pour la vaincre. De cette cause physique résulte la différence de la hauteur h qu'il faut monter pour obtenir l'abaissement de 1 degré à différentes heures du jour.

Mais de cette même différence h de hauteur résultent les courants thermoélectriques qui entraînent l'azote de l'air chaud et l'oxygène de l'air moins chaud pour les faire se combiner et produire des vésicules de vapeur et des espaces raréfiés, 1° vers lesquels s'élève l'air des couches inférieures qui fait baisser le baromètre des plaines, 2° vers les mêmes espaces baisse l'air des couches supérieures et il fait monter le baromètre des sommets des montagnes. 1° De là la diminution de la hauteur h pour 1 degré; 2° l'abaissement du baromètre dans les plaines, et 3° l'élévation du baromètre sur les sommets des montagnes, trois espèces de faits qui sont liés entre eux comme causes et effets. Pour découvrir cette liaison, nous n'avons pas eu recours à des hypothèses, mais à la loi physique seule; pour cette raison les explications sont ici simples, et toutes les espèces de faits se disposent naturellement pour être liés comme causes et effets.

Hauteur h pour 1 degré à toutes les heures de la journée d'été entre Milan, Genève et Zurich.

HEURES.	DÉCROISSANCE DE 1 DEGRÉ pour la hauteur h vers les sommets en été			DÉCROISSANCE DE 1 DEGRÉ EN HIVER entre Zurich et le Rigi:		
	du Rigi.	du col Géant.	du Faulhorn.	Température.	Température.	Hauteurs.
	mètres.	mètres.	mètres.	degrés.	degrés.	mètres.
Midi.	130,81	147,93	155	—0,50	—9,0	687
1	131,75	»	»	—0,30	[illegible]	719
2	128,83	150,94	»	—0,30	[illegible]	[illegible]
3	127,08	»	150	—0,90	[illegible]	[illegible]
4	124,35	141,80	»	[illegible]	[illegible]	[illegible]
5	121,81	»	»	[illegible]	[illegible]	[illegible]
6	122,01	140,92	150	[illegible]	[illegible]	[illegible]
7	127,86	»	»	[illegible]	[illegible]	[illegible]
8	135,05	115,00	»	[illegible]	[illegible]	[illegible]
9	144,42	»	160	[illegible]	[illegible]	[illegible]
10	152,02	159,90	»	[illegible]	[illegible]	[illegible]
11	158,40	»	»	[illegible]	[illegible]	[illegible]
12	165,01	170,93	200	[illegible]	[illegible]	[illegible]
13	168,40	»	»	[illegible]	[illegible]	[illegible]
14	174,63	189,00	»	[illegible]	[illegible]	[illegible]
15	180,68	»	200	[illegible]	[illegible]	[illegible]
16	185,16	209,91	»	[illegible]	[illegible]	[illegible]
17	180,33	»	»	[illegible]	[illegible]	[illegible]
18	178,92	191,90	190	[illegible]	[illegible]	[illegible]
19	168,01	»	»	[illegible]	[illegible]	[illegible]
20	155,19	170,90	»	—4,8	[illegible]	[illegible]
21	144,42	»	160	—3,0	—5,5	719
22	130,56	100,02	»	—2,0	—4,4	913
23	121,05	»	»	—2,0	—2,75	1838

§ 944. Remarques sur les variations de la hauteur h et du baromètre. 1° Vers cinq heures du soir, la hauteur *h* atteint un minimum qui correspond au minimum du baromètre des plaines indiqué par les courbes de la figure 129 qui sont :

M courbe de Milan.	G courbe de Genève.
L do Lucerne.	P de Paris.
B do Berne.	F du Faulhorn.
Z de Zurich.	F' état local du Faulhorn.

2° Avant minuit, l'accroissement de la hauteur *h* obtient un minimum de décroissement ou un état stationnaire qui correspond à la fois au maximum du baromètre des plaines

et à celui des sommets des montagnes observés simultanément *comme il est indiqué dans la courbe F de Faulhorn*,
parce que la variation barométrique de la même localité
indiquée par la courbe F' a une élévation très-médiocre
avant minuit.

3° Après minuit l'accroissement de la hauteur *h* est médiocre et cet état correspond à un abaissement médiocre du
baromètre qui atteint un se-
cond minimum vers le lever
du Soleil.

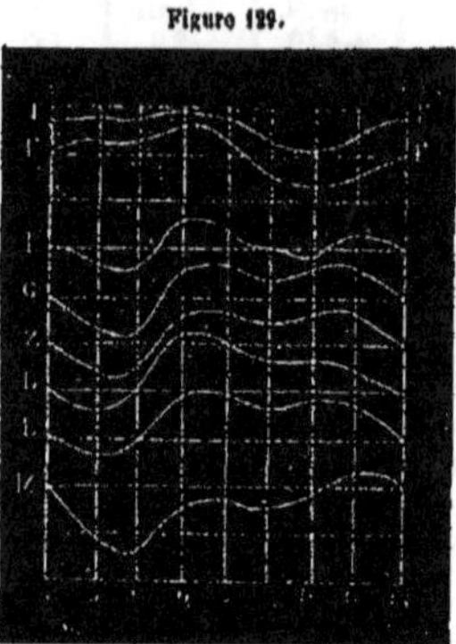
Figure 129.

4° La décroissance de la
hauteur *h* obtient un deuxième
minimum vers neuf heures du
matin quand le baromètre atteint un maximum qui est
souvent supérieur à celui du
soir.

5° Entre neuf heures et
midi, la hauteur *h* obtient un
maximum de vitesse de dé-
croissance qui correspond à celle de son accroissement
entre le couche du Soleil et minuit. A ce décroissement de
la hauteur *h* correspond l'abaissement du baromètre des
plaines, tandis que celui des montagnes continue de monter
jusqu'à midi.

§ 945. **Mode de la liaison entre les variations
du thermomètre et du baromètre des plaines et
des montagnes.** Nous insistons sur la discussion de ces
détails, parce qu'il en résulte directement les preuves de la
combinaison des éléments de l'air quand les couches d'air
chaud se trouvent peu éloignées de celles d'air moins chaud.

I. *Intervalle entre midi et les minima de la hauteur h
et du baromètre.* Le minimum de la hauteur *h* est 121^m,81
pour le Rigi, 140 mètres pour le col du Géant, et 139 mètres
pour le Faulhorn ; il en résulte qu'aux couches inférieures

de l'atmosphère la décroissance de la température est plus rapide qu'aux couches supérieures. La hauteur *h* est en raison inverse de l'intensité des courants thermoélectriques et celle des combinaisons des éléments de l'air dont résultent, 1° les espaces raréfiés, 2° la vapeur, 3° l'élévation de

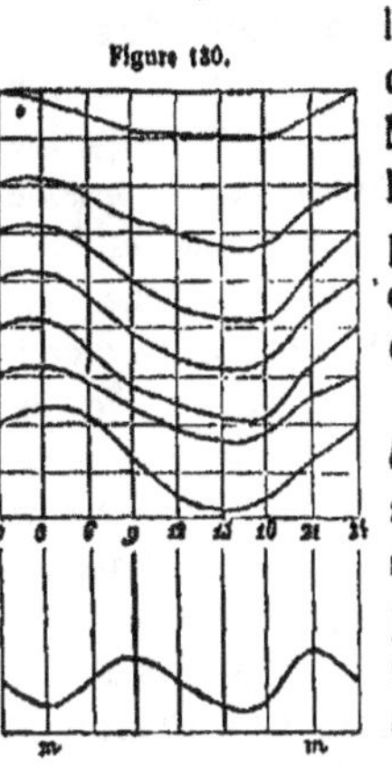

Figure 130.

l'air des couches inférieures indiquée par l'abaissement des courbes M, L, B... P (fig. 130), et 4° l'abaissement de l'air des couches supérieures indiqué par l'élévation du baromètre représentée par la courbe FF.

II. *Intervalle entre les minima de la hauteur h et les maxima des baromètres.* Tous les baromètres observés simultanément dans les plaines et aux sommets des montagnes obtiennent entre neuf heures et minuit un maximum qui ne correspond pas à un maximum de

hauteur *h*, mais à un minimum de vitesse de son accroissement qui est 163,94 — 158,46 = 5,45 ou 168,40 — 163,91 = 4,49 à cette époque.

III. *Intervalle entre le maximum et le minimum du baromètre.* La vitesse d'accroissement de la hauteur *h* augmente après minuit, et alors résulte un abaissement des baromètres des plaines et des montagnes qui atteignent en même temps leur minimum matinal ; à cette époque la hauteur *h* atteint son maximum dans l'élévation inférieure H.

IV. *Intervalle entre le minimum du baromètre et son maximum matinal.* Pendant que la hauteur *h* se soutient dans son maximum jusqu'au *commencement de son accroissement*, on voit monter les baromètres des plaines et des montagnes.

V. *Intervalle entre le maximum du baromètre des plaines et midi.* La hauteur *h* décroît rapidement, le baromètre baisse dans les plaines et il continue de s'élever sur les sommets des montagnes, et la hauteur h atteint un minimum.

§ 946. Hauteur H des combinaisons d'air de jour et hauteur H + H′ de leurs combinaisons nocturnes. Pendant le jour la chaleur obscure remonte du sol vers l'air ambiant et sa température élevée sollicite la combinaison de son azote avec l'oxygène de la couche supérieure; ils sont entraînés par les deux électricités affluentes en densités d'autant plus fortes que la hauteur h est inférieure; celle-ci atteint son minimum avant le coucher du Soleil, quand le baromètre par son minimium indique un maximun d'intensité du courant ascendant, et en même temps il y a production de vapeur et apparition des espaces raréfiés.

Par le mélange de l'air froid et de l'air moins froid qui conduisent un excédant d'azote en bas et un excédant d'oxygène en haut, la hauteur h augmente dans l'élévation H; ainsi les combinaisons entre les éléments d'air s'y interrompent, mais elles se déplacent avec l'élévation de la chaleur à une hauteur supérieure H+H′. Pendant cet intervalle où le baromètre des plaines remonte, on voit s'arrêter celui des montagnes qui montait pendant l'abaissement de celui des plaines; parce que l'air qui descend à la hauteur H exerce une pression qui fait monter le baromètre placé à une hauteur supérieure H + H′ — H″.

Quand les combindisons d'air s'établissent dans la couche C′ de la hauteur H + H′ qui est au-dessus des sommets des montagnes, l'air qui remonte vers les espaces raréfiés fait diminuer la pression atmosphérique vers minuit et baisser à la fois les baromètres des sommets des montagnes et ceux des plaines; leur minimum arrive quand la hauteur h atteint son maximum à H le lendemain vers le lever du Soleil.

Au lever du Soleil les combinaisons d'air atteignent dans la hauteur H+H′ leur maximum et les baromètres leur minimum sur les montagnes aussi bien que dans les plaines. Après cette époque les combinaisons d'air se rétablissent dans la hauteur inférieure H ; le baromètre continue de monter aux sommets des montagnes, mais il commence à baisser dans les plaines.

§ 947. Hauteur h des décroissements de 1° en hiver. Il y a une diminution de la hauteur h analogue à celle de l'été qui indique un abaissement de baromètre très-médiocre ; mais le maximum de la hauteur h arrive à midi, et correspond à une élévation de température provenant, non pas du sol, mais du vent.

§ 948. Amplitudes des variations diverses du baromètre. Après avoir constaté le rapport inverse entre

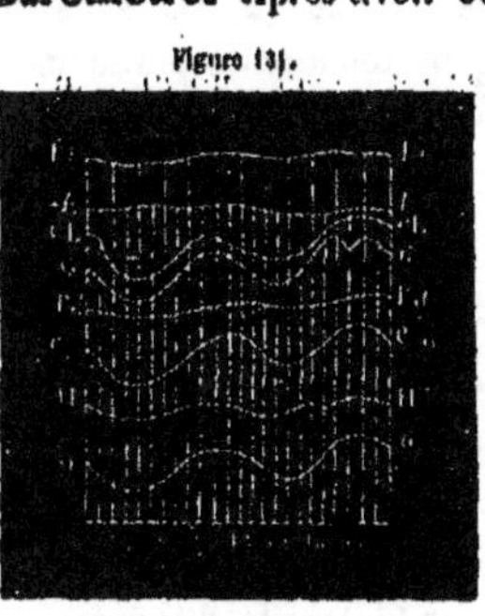
Figure 131.

les degrés de chaleur du sol et la hauteur h de décroissement de 1°, il est facile de concevoir comment, dans les régions tropicales, les combinaisons d'air sont mieux favorisées qu'aux latitudes supérieures où les rayons solaires arrivent en densités inférieures. Dans la fig. 131 les amplitudes entre 2 et 3 millimètres sont indiquées par les courbes

OO du grand Océan.   G de la Guyane,
Cm de Cumane.   CL de Calcutta.

Les amplitudes très-médiocres des latitudes supérieures sont indiquées par les courbes

Pd de Padoue.   A d'Âbo.
H de Halle.   Pt de Pétersbourg.

Les courbes de latitudes inférieures de la figure 129 expriment mieux les amplitudes diverses du baromètre pendant les jours sereins, quand elles ne résultent que de la hauteur h indiquant l'épaisseur de l'atmosphère dont la face supérieure a une température $t - 1°$ quand sa face inférieure a la température t. Aux régions tropicales manquent les abaissements des baromètres pendant les orages, parce que l'air consommé y est immédiatement remplacé par celui qui est produit dans les mers voisines.

Ces amplitudes diverses barométriques ont leurs analogues dans les amplitudes annuelles indiquées dans la courbe M (fig. 132), pour Milan et dans celle H pour Halle. Elles sont presque indépendantes de celles qui résultent des perturbations des pluies, parce que dans ces pays, les plus abondantes pluies ont lieu en automne, quand les courbes indiquent une diminution d'amplitudes.

Figure 132.

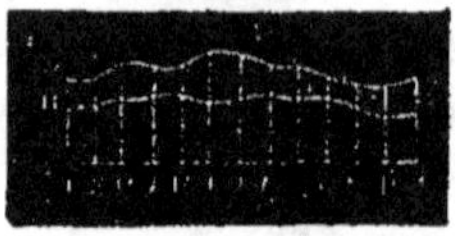

III. — CAUSE DE LA PÉRIODICITÉ DIURNE DE L'HYGROMÈTRE.

§ 949. Après avoir constaté que de la combinaison des éléments de l'air résultent : 1° la vapeur, 2° les espaces raréfiés, et 3° les variations périodiques du baromètre, il s'ensuit que comme celui-ci indique l'intensité du courant ascendant, de même l'hygromètre doit indiquer la quantité de vapeur produite. Le grand abaissement des baromètres indique donc l'intensité d'un courant ascendant qui veut rétablir l'équilibre détruit par la combinaison de grandes masses d'air et l'apparition d'espaces raréfiés rempli de vapeur d'un poids égal à celui de l'air disparu.

Il a été prouvé que les combinaisons d'air s'opèrent le jour dans une couche C de hauteur H inférieure à celle des sommets des montagnes, et qu'elles s'opèrent la nuit dans une couche C′ d'une hauteur H + H′ plus élevée que les sommets des montagnes où elles atteignent un maximum vers le lever du Soleil. La vapeur produite pendant le jour s'abaisse et elle est indiquée par l'élévation de l'hygromètre, qui, vers le coucher du Soleil, monte rapidement; ensuite son élévation devient très-lente et elle atteint son maximum au lever du Soleil quand le baromètre atteint son minimum matinal ; et c'est alors que l'hygromètre indique le total de vapeur produite le jour précédent et la nuit dans les hauteurs H et H + H'.

Ensuite la vapeur diminue, l'hygromètre baisse pour arriver vers neuf heures à un degré qui diffère peu de celui qui était la veille au coucher du Soleil. Ensuite l'hygromètre continue de baisser pour atteindre à midi un minimum qui dure pendant les heures chaudes des jours sereins.

§ 950. **Cause de la périodicité diurne de l'hygromètre.** La vapeur de l'air pendant les jours sereins et chauds n'arrive pas de la mer ou des fleuves, parce qu'elle y diminue précisément quand l'eau disparaît, et quand les vents en directions divergentes éloignent l'air de la mer. L'augmentation de la vapeur ne commence à paraître dans l'atmosphère qu'après le minimum du baromètre, qui indique une élévation de l'air vers les espaces raréfiés, précisément quand la hauteur h du décroissement de 1° est la plus petite.

On sait que l'hygromètre atteint son minimum à la surface de l'Océan vers midi, et qu'il se maintient deux ou trois heures. Uhle trouva le même état sur la surface du Nil à différentes stations au-dessus du Caire, et cela pendant l'hiver,

Humidité observée sur le Nil entre le Caire et Philœ.

MOIS.	SOLEIL levant.	A 9 HEURES.	A 2 HEURES du soir.	A 10 HEURES du soir.	MOYENNES.
Décembre.	82	09	15	68	65,9
Janvier.	51	50	35	47	46,6
Février.	55	16	31	50	42,2
Mars.	01	44	20	50	45,0
Maxima.	95,3	85,8	73,8	87,2	85,52
Minima.	22,0	51,2	8,8	18,2	20,05

Pour éviter le moindre doute que pourrait faire naître quelque inexactitude des hygromètres, l'air a été recueilli sur la surface de la mer entre midi et une heure, et les décompositions chimiques prouvèrent également qu'il est très-sec. Cependant l'oxygène de cet air représente, non plus 21, mais environ 20,5 volumes dans 100 volumes d'air. Ce résultat était jusqu'à présent inexplicable pour les chimistes, mais ici il se coordonne avec l'absence de l'humidité qui résulte de la décomposition des 4 atomes d'eau en 1 atome d'oxygène et 1 atome double d'azote : 1° ces atomes mêlés donnent pour 100 volumes 80 volumes d'azote et 20 volumes d'oxygène et forment l'air A aquatique; 2° dans l'air A' atmosphérique il entre 1 volume d'oxygène des plantes qui deviennent 21 volumes d'oxygène; 3° dans l'air maritime A" il entre un mélange des deux précédents, et pour cela dans 100 volumes de ce mélange on trouve 20,5 d'oxygène.

§ 951. **Périodicité annuelle de l'hygromètre.** L'état hygrométrique diurne de l'atmosphère a un rapport direct avec le dépôt de la vapeur en forme de rosée, et son état annuel est en rapport avec les épaisseurs de couches de rosée des jours sereins et de celles qui résultent des brouillards. Des courbes M, H (fig. 132), il résulte que l'hygromètre à Milan est plus élevé en été et au printemps : alors les pluies sont moins fréquentes qu'en automne, époque où elles le sont bien plus. Le même effet a lieu pour la courbe H qui indique l'humidité annuelle de Halle.

§ 952. **Hygromètre de Saussure.** Il est constitué par un cheveu AB (fig. 133) bien dégraissé fixé en C, roulé autour d'une poulie C' très-mobile et tendu par un poids P. A l'axe de la poulie est fixée par son centre de gravité une aiguille αC' dont l'extrémité α parcourt un arc divisé. Pour marquer l'humidité extrême, soit 100°, on place l'instrument sous une cloche mouillée, et reposant sur l'eau. Pour noter le zéro on le place sous une cloche dans laquelle il y a du chlorure de calcium, de la chaux vive ou de l'acide sulfurique concentré.

Cet hygromètre indique directement la quantité de vapeur sans dépendre de la température de l'air; car il ne change pas, quand dans la cloche l'air est chauffé ou refroidi, sans cependant dépasser l'état de saturation; car alors une partie v' de vapeur se condense et il ne reste que $v - v'$ qui fait baisser l'hygromètre. À bord des navires, sur le Nil ou sur l'Océan, à midi l'hygromètre indique un minimum, mais, introduit sous une cloche reposant sur l'eau, il remonte à 100°. Ainsi se trouve encore une fois prouvé le manque de vapeur dans l'air, et cela, non pas à cause de sa température, mais à cause de la présence des rayons solaires. Le soir, la température baisse peu et l'humidité augmente pendant toute la nuit pour

Figure 133.

atteindre un maximum le lendemain au lever du Soleil. Dès que les rayons commencent à arriver, ils décomposent les atomes d'eau de la vapeur; l'hygromètre baisse pour atteindre à midi son minimum.

IV. — MODE DU DÉPOT DE LA VAPEUR SOUS FORME DE ROSÉE.

§ 953. L'eau qui produit la rosée se trouve à l'état de vésicules de vapeur dans l'air, comme cela est indiqué par l'hygromètre; le dépôt même de la rosée dure tant que l'hygromètre monte. Dans la périodicité de l'hygromètre les physiciens ignoraient le mode de la disparition de la vapeur et en même temps celui de son apparition; dans le dépôt de la rosée, l'existence de la vapeur est connue, mais les météorologistes ne pouvaient pas se rendre compte de la manière dont elle se dépose sur les corps. Pour fixer les idées à ce sujet, nous exposerons les résultats obtenus par Melloni au moyen d'un appareil inventé par lui-même.

Supposons deux disques en fer-blanc mn, aa' (fig. 134) : un anneau de la partie centrale vv' du disque mn a été recouvert des deux côtés o, o' d'une couche épaisse de vernis, la largeur l des anneaux o, o' est égale à un tiers du diamètre vv' du disque. Le petit disque aa' a un diamètre inférieur et il est maintenu à une distance de 5 millimètres du premier par un fil de fer. Cet appareil ayant été exposé horizontalement en plein air par un ciel pur, la partie vernie rv, $r'v'$ de l'anneau o qui dépasse de 5 millimètres la périphérie du disque aa' se couvrit de rosée qui se propagea vers le centre sur cet anneau verni o au-dessous du disque aa'. En même temps l'anneau o' de la surface inférieure du disque mn se couvrit de rosée. Le dépôt de la rosée a été limité dans les deux anneaux o, o' ; la couche d'eau n'était inférieure que dans la petite périphérie de l'anneau supérieur o qui se trouvait à 5 millimètres au-dessous du disque aa'. La rosée manqua sur ce disque ainsi que sur toutes les parties non vernies des deux faces du grand disque mn.

Figure 134.

§ 954. **Mode de dépôt de la vapeur et d'apparition de la rosée.** La couche épaisse de vernis ne diffère du fer-blanc que par sa conductibilité moindre pour la chaleur. Celle-ci y reste tandis qu'elle s'écoule de la surface métallique non vernie. Entre la température basse de l'air $T - T'$ et celle du fer-blanc il n'existe aucune différence, et pour cela les courants thermoélectriques y manquent ; mais la température T supérieure des anneaux vernis donne naissance à des courants thermoélectriques. L'électricité positive affluente entraîne donc les vésicules de vapeur en quantité d'autant plus grande qu'il y en a plus dans l'air ambiant. Il y a en conséquence deux causes de l'apparition de la rosée : 1° il faut qu'il existe de la vapeur dans l'air, et 2° il faut des courants thermoélectriques pour entraîner les vésicules de vapeur vers la surface des corps moins froids. Le manque de rosée dans un air sec ne présentait aucune difficulté, mais celle-ci devenait grande quand il s'agissait du manque de rosée sur les métaux et sur les navires dont les cordages se mouillent sur les côtes et même à quelques lieues loin de celles-ci.

Les physiciens citent, il est vrai, dans leurs ouvrages, le refroidissement rapide des métaux et l'air froid conduit par les vents des continents vers les côtes pendant la nuit, mais ce sont là des descriptions et non pas des explications. Malgré une connaissance exacte de la cause des courants thermoélectriques, Melloni, par un oubli étrange, n'est pas parvenu à reconnaître que ces courants se rétablissent entre l'air froid et les anneaux vernis du disque *mn*, et qu'ils manquent entre l'air et la surface métallique des disques, car ils sont aussi froids que l'air. De l'existence des courants thermoélectriques il eût infailliblement conclu à la translation des vésicules de vapeur sur les anneaux vernis.

§ 955. **Détails sur le dépôt de la rosée.** Dès que la cause véritable du dépôt de la vapeur sous forme de rosée est connu, il ne peut plus rester aucun fait inexplicable; le manque de la rosée ne résulte que de l'absence des courants thermoélectrique, par exemple quand l'air des continents ne se refroidit pas à cause d'un ciel couvert, ou quand celui des mers reste chaud les nuits à cause du manque de refroidissement de l'eau. Les vents forts éloignent les molécules d'air et leurs vésicules de vapeur qui, sans cela, seraient déposées sur les corps.

L'air en contact avec le sol se refroidit très-vite, parce que la chaleur s'en sépare promptement, ensuite elle se propage lentement vers les couches d'air supérieures. La différence T' entre la température $T - T'$ du sol et de l'air ambiant, et celle T de l'air de la couche de 1 mètre au-dessus du sol, résulte donc de deux causes : 1° de la séparation prompte de chaleur du sol, et 2° de sa propagation lente par le milieu de l'air. Une différence pareille n'existe pas : 1° quand le ciel est couvert; 2° quand il existe quelque vent; 3° au bord des navires; 4° elle est médiocre aux sommets des montagnes; 5° elle est plus active dans les vallées, et 6° elle atteint son maximum sur les plaines et les collines peu élevées.

Les courants thermoélectriques se rétablissent entre l'air froid et les corps qui perdent lentement leur chaleur sur les plaines, la rosée est abondante parce qu'il y a une grande différence entre la température $T - T'$ de l'air et celle T des plantes ; aux sommets des montagnes l'air refroidi s'éloigne et il est remplacé par d'autre; et c'est ainsi que le dépôt de la rosée se fait moins facilement. Dans la vallée la différence T' de température est médiocre entre celle $T - T'$ de l'air en contact avec le sol et celle T à une élévation de 1 mètre à cause du vent nocturne.

Après avoir constaté la différence T' entre la température $T - T'$ de l'air en contact avec le sol et celle T de l'air à une élévation de 1 mètre, Wels trouva pour T' les valeurs entre 2° et 8° ; ensuite il plaça un flocon l de laine pesant 10 grains sur le sol découvert et un autre pareil l' au fond d'un cylindre en terre de 80 centimètres de hauteur et de 30 centimètres de largeur. Le premier l se chargea de 16 grains d'eau et l'autre l' de 2 grains seulement. Cette différence $16 - 2 = 14$ grains correspond à la grande différence T'' des températures $T - T'$ du sol libre et celle $T - T' + T''$ du sol entouré. Par suite la température T des flocons l, l' sollicita des courants thermoélectriques vers le flocon l de l'air de la température $T - T'$, plus forts que ceux dirigés vers le flocon l' de l'air à la température $T - T' + T''$. Ni Wels ni aucun autre physicien ne pouvaient aller au delà des résultats obtenus par les observations.

Le fait suivant, rapporté également quand il s'agit du dépôt de la rosée, trouve ici son explication. Quand un miroir froid est introduit dans un appartement chaud, il se couvre aussitôt d'une couche de rosée, dont l'épaisseur dépend : 1° de la différence T' de la température $T - T'$ et de celle T de l'appartement ; 2° de l'humidité de celui-ci. Le même effet a lieu pour les carafes ou les verres après qu'on les a remplis d'eau froide. On dit simplement que l'air refroidi dépose sa vapeur sur le verre ; cette répétition de description est considérée comme une explication, et c'est ainsi qu'on fermait aux lecteurs la voie qui les eût conduits à la cause physique du phénomène.

Le verre a la propriété de ne pas laisser s'écouler l'électricité positive ; celle-ci s'y accumule dans le contact avec l'air chaud, et c'est elle qui sollicite l'affluence d'électricité négative qui amène sur le verre la vapeur de l'air chaud, précisément comme l'électricité positive amène sur les anneaux vernis et sur les herbes la vapeur de l'air froid. Pour s'en convaincre davantage, il faut comparer les couches de rosée qui, à une même hauteur du sol, se déposent sur les boutons avant leur éclosion avec une plus grande épaisseur que sur les feuilles minces des mêmes plantes.

Dans les déserts, où aucune évaporation n'a lieu, l'hygromètre n'en indique pas moins l'existence d'une périodicité de production de vapeur, qui disparaît pendant les heures chaudes du jour et se multiplie le matin. L'absence de rosée ne doit pas être attribuée à l'absence de la vapeur, mais au manque d'inégalité de température entre l'air au contact du sol et celui qui existe à une élévation de

1 mètre, d'où il résulte que la température des corps ne diffère pas de celle de l'air, comme cela a lieu dans la mer.

Les métaux qui sont bons conducteurs de la chaleur, tels que le cuivre, l'or et l'argent, ne reçoivent point de rosée; on en trouve un peu sur ceux qui conduisent moins facilement la chaleur : tels sont le fer, le plomb et le zinc. L'ensemble des faits que nous avons exposés comme provenant tous d'une cause commune, doit être suffisant pour convaincre le lecteur que tout autre fait de ce genre ne peut pas manquer d'y trouver également son explication.

V. — MODE DE LA PRODUCTION DES PLUIES FINES, DE LA NEIGE ET DE L'EAU DES SOURCES.

§ 956. Au moyen de la liaison qui existe entre les périodicités diverses du baromètre, de l'hygromètre et du dépôt de la vapeur dont résulte la rosée, nous sommes parvenus à connaître le mode de la production de tous les changements opérés dans l'atmosphère; car ils ont tous pour cause la hauteur h, qui est l'épaisseur d'une couche d'air dont les faces ont les températures T et T — 1°. Pour chaque changement atmosphérique, il faut une diminution de l'épaisseur h de la couche d'air.

Les météorologistes connaissent bien la nécessité d'un rapprochement des deux masses d'air, l'une chaude et l'autre froide, pour qu'il se manifeste quelque changement dans l'état atmosphérique, mais ils ne pouvaient pas lier cette cause avec l'effet produit, car ils ignoraient la loi physique; mais ce qu'il y a de pis, c'est qu'ils croient fermement la connaître, et la formulent ainsi.

§ 957. **Hypothèse des physiciens.** Soit A la masse d'air froid de température T — T' à l'état saturé d'humidité, A' la masse d'air de température T également à l'état saturé. Le mélange A + A' des deux masses d'air admis dans la température T—T' n'est pas capable de soutenir la même quantité de vapeur $v + v'$ que soutenait l'air A' de température T, et c'est ainsi que la partie v' de vapeur doit se précipiter en forme de gouttes, de pluies fines, de pluies orageuses, de grêle, de neige, etc.

§ 958. **Réfutation de l'hypothèse.** L'hypothèse ainsi exposée en amène plusieurs autres, qui ne paraissent pas avoir plus de réalité : 1° Aucune observation hygrométrique n'indique quelque part autour de la terre un état d'air saturé d'humidité; l'air chaud, au contraire, avant que les orages éclatent, est généralement très-sec. 2° On sait très-bien aussi que les masses égales A, A' d'air ou d'eau de températures T—T' et T donnent un mélange dont la température est $T - \frac{1}{2}T'$. Il est donc absolument impossible qu'il se produise de l'humidité par les mélanges des deux masses d'air; celle qui en résulte provient de la combinaison d'un atome d'oxygène de l'air A froid avec l'atome double d'azote de l'air A' chaud. Les séries suivantes de faits vont servir comme exemples de telles combinaisons des éléments d'air dont résultent : 1° les pluies fines, 2° la neige, 3° l'eau des sources, et 4° celle des pluies orageuses.

§ 959. I. **Mode de la production de l'eau des pluies fines ou hyètes.** Ces pluies manquent dans les régions tropicales; elles manquent aussi en été sous les latitudes élevées et elles y règnent pendant les autres saisons, surtout en automne, alors qu'on y voit diminuer la densité et la quantité des rayons solaires et de sa chaleur conduite au sol, tandis que la chaleur aérienne amenée par les vents est au contraire supérieure, surtout dans les contrées peu éloignées de la mer. Il y a donc inégalité de températures entre celle T—T' de l'air en contact avec le sol peu échauffé et celle T de l'air qui arrive en Europe, avec les vents de sud, de sud-ouest ou d'ouest, de l'Atlantique et de la Méditerranée. C'est donc cette inégalité T' des températures qui donne naissance aux combinaisons des éléments d'air et des productions de vapeur, avec abaissements du baromètre et élévation de température.

Les faits qui résultent de cette cause se présentent différemment sur les côtes des îles ou des continents et aux distances D, D + D', D + D' + D'' ..... des côtes. 1° La température T de l'air se communique promptement au sol des côtes d'où le vent souffle; ainsi y disparaissent les combinaisons d'air et le temps s'éclaircit, comme cela a lieu pour toutes les côtes méridionales des îles Britanniques.

Si le vent continue, les pluies fines et le brouillard disparaissent des pays qui sont à la distance D des côtes où la température est devenue T, et ainsi de suite, le temps s'éclaircit et la température s'élève dans les pays les plus éloignés parcourus par le même vent, qui conduit l'air aux régions des pluies. Ces régions ont, dans les îles Britanniques, une superficie beaucoup moins étendue que celle des régions pluviales de l'Europe, où arrive l'air de l'Atlantique par les côtes occidentales, et en partie de la Méditerranée, par les côtes méridionales d'Europe.

Les îles Britanniques reçoivent la même densité de rayons solaires que les pays de la même latitude en Russie et en Amérique; la différence du climat ne résulte que de la température des vents. L'air chauffé du *Gulf-Stream* est conduit en Europe, tandis qu'en Amérique arrive l'air de l'océan Pacifique, qui a déjà consommé sa chaleur. De même en Russie, durant l'hiver, arrive l'air de l'Atlantique, de la Méditerranée et celui de l'océan Pacifique, après qu'ils ont consommé leur chaleur; cet air froid de température $T - T'$ égale à celle du sol ne produit ni combinaison de l'oxygène avec l'azote ni élévation de température. Le même effet a lieu aux îles Britanniques et en France ou partout ailleurs, quand, en hiver, souffle un vent froid, que le temps est clair et la température basse $T - T'$.

Mais alors aux côtes sud ou sud-ouest d'Europe arrive l'air chaud des couches inférieures en contact avec l'air froid des couches supérieures, dont résultent : 1° des combinaisons rapides des éléments d'air; 2° des pluies abondantes orageouses, et 3° des tempêtes furieuses. Tous ces changements atmosphériques simultanés aux côtes sud ou sud-ouest d'Europe et aux pays intérieurs ont pu être constatés par les télégraphes.

§ 960. II. **Mode de la production de la neige.** Les enveloppés aqueuses des vésicules gèlent à une température au-dessous de zéro, sans devenir opaques ou d'un poids spécifique supérieur à celui de l'air; en cet état, elles se soutiennent aux élévations des sommets des montagnes. Les flocons de neige résultent de la multiplication des vésicules dont les enveloppes s'attachent avant de geler ou pendant la congélation, et, par la raison qu'il résulte de leur forme régulière, toutes les vésicules sont entraînées par leur électricité. Aux régions polaires, les flocons de neige se décomposent en leurs vésicules gelées, qui s'élèvent dans l'air par leur poids spécifique inférieur. Les physiciens n'avaient donc aucun moyen d'expliquer le mode de la formation de la neige.

§ 961. **Quantités d'eau recueillies sur les terrasses et dans les cours.** L'épaisseur de la couche des nuages en hiver n'est pas considérable; dans sa moitié inférieure, qui s'étend jusqu'au sol, est supérieure la densité des vésicules de vapeur. De l'eau produite par les enveloppes des vésicules crevées se forment de petites gouttelettes qui s'augmentent en s'agglomérant avec une foule d'autres enveloppes crevées; elles arrivent ainsi au sol. En effet, en partant du sol, on trouve dans la même superficie une quantité d'eau inférieure. A Londres, par exemple, sur une terrasse de 23 mètres d'élévation, on recueille une mesure d'eau, et dans la cour 1,29. La différence de l'eau diminue à Paris avec une terrasse élevée de 27 mètres; pour une mesure d'eau qu'on y recueille, il y en a 1,14 dans la cour. Cette différence n'existe pas pen-

dant les pluies orageuses; pour cette raison, elle manque
à Pavie, où sont très-rares les pluies fines.

§ 962. III. **Mode de la production de l'eau des
sources.** Les géologues attribuaient l'eau des sources à
l'infiltration de l'eau pluviale dans le sol; en effet, après les
averses, il y a des crues et plusieurs sources se troublent;
mais cet état dure à peine un ou deux jours. Cette hypothèse a été réfutée par des géologues russes qui constatèrent que le sol en Sibérie reste toujours gelé à de très-
grandes profondeurs; de sorte qu'une infiltration d'eau est
impossible. D'autre part, l'eau de toutes les sources, très-
abondantes et nombreuses en Sibérie, a une température
de plusieurs degrés. Aux pays de latitudes inférieures,
quand les pluies en été sont très-rares, les sources sont
abondantes; elles diminuent, et quelques-unes même taris-
sent en automne, malgré l'abondance des pluies à cette
époque.

§ 963. **Production de l'eau dans les excavations
souterraines.** L'existence de grandes excavations dans
l'intérieur des montagnes est connue; on sait même que les
masses solides en ont été enlevées par l'eau des sources qui
contient les sels dissous. Personne ne pensa que ces excavations servent comme de grands appareils pour la production de l'eau par la combinaison des éléments de l'air.
En hiver et en été, la température moyenne T se soutient
dans ces souterrains et dans l'air qui s'y trouve. L'air extérieur est en été à la température de $T + T'$, et en hiver,
de $T - T'$. Par suite, il y a une différence T' de température dont résultent les combinaisons des éléments de l'air
aussi bien en hiver qu'en été. Mais cette différence T' se
soutient en été pendant les jours chauds, et elle diminue
pendant les nuits qui sont plus froides, tandis qu'en
hiver l'air atmosphérique reste froid jour et nuit.

D'autre part, la différence T' des températures diminue
en été à cause de la production de chaleur θ par les combi-

naisons des éléments de l'air; ainsi elle devient $T'—\theta$. Au contraire, elle augmente en hiver et devient $2T'+\theta+\theta'$ par la chaleur $\theta+\theta'$ qui résulte des combinaisons d'air opérées en quantités supérieures; c'est ainsi qu'est produite en hiver la masse abondante de l'eau. 1° En été, l'air consommé dans les souterrains est remplacé par l'air chaud, *qui doit se refroidir et puis se combiner avec l'air chaud extérieur.* 2° En hiver, l'air chaud consommé dans les souterrains est remplacé par l'air froid, qui acquiert promptement une température supérieure. 3° Au printemps, l'air est chaud pendant le jour quand il remonte des couches inférieures; il est froid les nuits quand il descend des couches supérieures où se trouvent encore les neiges des montagnes. Ces températures $T\pm T'$ d'air extérieur favorisent les combinaisons avec l'air des souterrains de température T. 4° En automne, la neige manque sur les montagnes; l'air n'est ni chaud comme en été ni froid comme en hiver; sa température $T\pm\alpha$ diffère peu de celle T de l'air des souterrains; pour cette raison, en cette saison les sources diminuent beaucoup. Mais si après un froid il neige sur les montagnes et ensuite que la température s'élève, il se produit en automne des crues analogues à celles du printemps. (Voir le texte de l'*Atlas météorologique*, p. 314.)

§ 964. IV. **Sources minérales.** La chaleur dans l'intérieur de la terre ne se trouve pas accumulée comme on l'admet généralement; mais c'est l'eau qui se décompose par le charbon de terre, et laisse libre sa chaleur latente, qui se répand dans les eaux minérales et dans les volcans. Dans 18 grammes d'eau, par exemple, on trouve à l'état latent 18×79 calories θ; cette eau, décomposée par 12 grammes de charbon de terre, produit 22 grammes d'acide carbonique et 8 grammes de gaz des marais, et les $18\times79\theta$ calories deviennent libres et se répandent dans l'eau minérale avec les gaz ou dans les volcans, pour y produire une élévation de température.

VI. — DES ORAGES D'HIVER ET DES ORAGES D'ÉTÉ.

§ 965. Le mode de production des nuages non limités, des pluies fines et de la neige sert à connaître celui de la formation des orages d'hiver, qui se distinguent de ceux d'été produits également des combinaisons des éléments de l'air ; mais en ce dernier cas, la couche d'air chaud est du côté du sol, tandis que celle d'air froid est au-dessus. De cette cause purement physique résulte donc une série de faits qui sont propres aux orages d'hiver, et d'autres espèces de faits qui produisent les orages d'été ; cependant tous ces faits consistent en forts mouvements d'air provenant des espaces raréfiés. Les orages d'hiver sont favorisés par le froid, et pour cela ont lieu aux mois de décembre et de janvier, tandis que les orages forts d'été ont lieu aux mois de juillet et d'août, quand la température est très-élevée.

§ 966. I. **Mode de la production des orages d'été.** Cette production ayant pour cause l'inégalité T' de température entre celle $T + T'$ d'air chaud et celle T d'air froid, n'est le mieux favorisée qu'aux mois les plus chauds, aux heures du jour où la température est le plus élevée, et encore aux endroits où arrivent davantage en contact l'air chaud et l'air froid. Ces endroits sont surtout les arêtes des montagnes formées des sommets des versants des deux vallées qui ont les embouchures, l'une vers le sud ou le sud-ouest, et l'autre vers le nord ou le nord-est. Par exemple, le Rigi, en Suisse, a l'un de ses versants dans la vallée par laquelle remonte l'air chaud du sud-ouest, et l'autre dans la vallée du côté de Zurich, par où remonte l'air le moins chaud du nord-est.

Quand, l'après-midi, les vents remontent des plaines vers les versants des vallées, la différence T' entre les températures $T + T'$ et T de l'air A' chaud et de l'air froid A, aug-

mente beaucoup; et en même temps augmente l'intensité
des vents. C'est donc de cette double cause, qui ne se répète
pas tous les jours au même degré, que résulte la combinaison des éléments de l'air en degrés analogues, 1° à l'inégalité T' entre les températures $T + T'$ et T de l'air, et
2° aux masses M et M' d'air qui remontent les deux vallées.
On ne peut révoquer en doute ce fait, parce que, grâce à
lui, les météorologistes ont pu se convaincre, comme nous,
que chaque changement dans l'atmosphère ne résulte que
de la rencontre de masses d'air A' chaud et d'air A froid.

S'il fallait nous arrêter ici, cet ouvrage ne serait pas
paru; mais après avoir démontré que les nuages et les
masses d'eau ne résultent pas d'une masse de vapeur déjà
existante dans l'air comme l'admettaient tous les physiciens,
parmi lesquels Deluc seulement et les anciens savaient que
ce sont les éléments de l'air qui se combinent pour produire l'eau, mais nous sommes allé plus loin, en prouvant
aux chimistes le mode de la transformation de l'eau en air
et de l'air en eau.

§ 967. **Détails des périodes des orages depuis
leur commencement jusqu'à leur fin.** Ces détails ne
sont ni les mêmes ni au même degré dans tous les orages;
leur différence cependant diminue beaucoup quand on fait
la comparaison entre les totalités des orages qui ont, comme
les incendies, le commencement et la fin semblables, mais
qui diffèrent beaucoup par leur durée et leur étendue. Si les
villes incendiées étaient élevées dans l'air, chacun des observateurs des pays différents aurait dû observer différentes
périodes du même incendie.

Dans les orages, il faut distinguer les faits opérés dans
l'atmosphère et les apparences de leurs effets observés dans
la mer, dans les continents ou sur les sommets des versants et dans l'intérieur des vallées.

§ 968. I. **Faits produits dans l'atmosphère.** Les
atomes d'oxygène de l'air froid A sont entraînés par l'élec-

tricité positive vers les atomes doubles d'azote, qui sont
en même temps entraînés par l'électricité négative de l'air
A chaud. Ces éléments rencontrés se combinent, et produisent des vésicules de vapeur en même temps qu'apparaissent des espaces raréfiés, dont résulte une rupture de
l'équilibre atmosphérique qui sollicite l'affluence de l'air;
celui de la couche inférieure remonte, tandis que descend
l'air froid de la couche supérieure. De leur rencontre résultent de nouvelles combinaisons d'air, et des espaces
raréfiés. La vapeur ainsi multipliée est au commencement
transparente, ensuite elle devient opaque, et de ses enveloppes détruites résulte l'eau de l'averse. L'air chaud de
chaque pays voisin se consomme dans la production de la
vapeur, et il est remplacé par l'air froid. La progression
des orages s'opère par la consommation de l'air chaud
de chaque pays, comme celle des incendies est, soutenue
par la consommation des combustibles de chaque maison.
Quand l'air froid s'abaisse jusqu'à la surface du sol de
tous les côtés pour pénétrer dans les espaces raréfiés, c'est
alors que les combinaisons s'interrompent à cause du
manque d'air chaud, de même que les incendies s'arrêtent, quand il n'y a plus de combustibles. De même que
des maisons incendiées, il ne reste que les matériaux non
combustibles, ainsi, après les orages, arrive l'air froid et
humide, à la place de l'air chaud et sec consommé.

Des gouttes produites se précipitent, mais en rencontrant la bouffée du courant ascendant, elles sont forcées
de rebrousser chemin; alors leur volume croît par l'adjonction des vésicules de vapeur sur leur surface; ensuite elles
retournent vers la Terre, cependant elles n'y arrivent pas
encore, parce que le courant ascendant les repousse; enfin
leur volume grossit suffisamment pour pouvoir résister à
la poussée des bouffées de vent, et ainsi l'averse commence.

§ 969. **Faits observés dans les pays parcourus
par un orage.** Pour ces observations sont employés le

baromètre, l'anémomètre, l'hygromètre, l'ombromètre et le thermomètre.

1° *Faits indiqués par le baromètre.* Le courant ascendant qui conduit l'air aux espaces raréfiés fait diminuer la pression atmosphérique dont résulte l'abaissement du baromètre à Milan, par exemple, mais le courant descendant qui conduit l'air aux mêmes espaces raréfiés fait augmenter la pression atmosphérique dont résulte une élévation de baromètre, à Saint-Bernard et sur tous les sommets des montagnes voisines. Si la vitesse de l'abaissement du baromètre va jusqu'à croître de quelques millimètres par heure, l'orage est imminent : cette remarque est de la plus haute importance pour les marins; au contraire, si la vitesse commence à diminuer, il n'y a aucun danger.

2° *Faits indiqués par l'anémomètre.* Quand les espaces raréfiés sont aux régions zénithales, le baromètre baisse et le calme domine dans une atmosphère étouffante et lourde, parce que l'air remonte des pays voisins. Ainsi les observateurs de ces pays connaissent, 1° par les directions de la girouette, la région où les espaces raréfiés se trouvent; 2° par ces directions et par l'intensité du vent, combinées avec la vitesse croissante ou diminuante de l'abaissement du baromètre, on conclut si l'orage s'approche ou s'il s'éloigne.

3° *Faits optiques.* La vapeur produite se disperse dans l'air sec et s'y soutient à l'état transparent; pour cette raison il n'apparaît rien au ciel quand le baromètre baisse et que le vent souffle, ou quand, dans le cas indiqué, le calme domine. L'air atteint enfin le degré de sa saturation, la vapeur devient alors opaque, et c'est ainsi qu'apparaît un nuage qui, médiocrement élevé, n'est visible que pour les observateurs les plus rapprochés. Le nuage apparaît aux observateurs voisins en chaque point du ciel; son volume ne croît pas par accumulation des vapeurs amenées du dehors dont l'air arrive très-sec, celle-ci est engendrée au milieu des nuages où disparaissent les masses d'air qui y affluent, le chaud A' de bas en haut, et le froid A de haut en bas. Les observateurs éloignés ne voient encore rien au ciel.

4° *Apparition de la progression des orages.* Les observateurs éloignés aperçoivent sur l'horizon un nuage noir et épais qui, grossissant, s'élève vers le zénith; la vitesse de l'abaissement du baromètre croît, et quand la limite antérieure surpasse le zénith, un coup de courant ascendant soulève des colonnes de poussière en les conduisant aux limites précédentes des nuages où se trouvent les espaces raréfiés les plus vastes. Immédiatement après commencent à se précipiter des gouttes grosses et rares qui se multiplient quand l'observateur est au milieu des espaces raréfiés, mais s'il se trouve à leur extrémité gauche ou droite, tout disparaît en un court espace de temps.

5° *Faits indiqués par l'ombromètre.* La quantité d'eau recueillie sur une terrasse ne diffère pas de celle recueillie dans la cour, comme dans le cas des pluies fines, parce que, pendant l'averse, l'air reste sec comme avant et ne devient humide qu'à la fin de l'averse.

6° *Faits indiqués par l'hygromètre et le thermomètre.* Après la consommation de l'air chaud de la région où l'observateur se trouve et sa transformation en eau qui se précipite, l'espace de cet air chaud devient occupé par des masses d'air descendues des régions supérieures où se trouvaient ces masses; l'hygromètre monte pour indiquer la vapeur et le thermomètre descend pour indiquer la nouvelle masse d'air amenée des couches supérieures. Le calme se rétablit, et la pression atmosphérique reprend son état normal indiqué par l'élévation du baromètre.

7° *Faits observés par les voyageurs.* Il arrive souvent aux voyageurs d'être surpris par un orage quand ils remontent un versant des vallées; ils sont en cas pareils entourés d'un brouillard épais, voient des éclairs, entendent des éclats de tonnerre, et reçoivent une averse abondante;

puis tout cela disparaît au bout d'un quart d'heure, quand on arrive au-dessus des nuages où le ciel est clair et où le vent froid est dirigé vers les nuages.

8° *Faits observés par les aéronautes.* Ces voyageurs aériens ne rencontrent nulle part des masses d'eau analogues à celles qui se précipitent des nuages. Letestu ayant été entraîné avec son aérostat par le courant vers les espaces raréfiés, a suivi leur progression pendant trois heures, et il n'en pouvait sortir parce que l'air y affluait de toutes les directions. Il entendait un bruit étourdissant, sa nacelle recevait des flocons de neige et de la grêle; le dessin en or de son drapeau était scintillant, et le drapeau lui-même se trouva percé.

§ 970. **Distances différentes parcourues par les orages.** La superficie sur laquelle peut s'étendre un incendie dépend des combustibles qu'il rencontre et de la direction du vent; le même effet a lieu pour les orages où l'air chaud remplace les combustibles et l'air froid l'oxygène. Dans les cas où les masses d'air chaud peuvent être amenées en quantité suffisante, l'orage ne se termine pas de suite, mais avance vers les pays où se trouve l'air chaud. Pour qu'un orage prenne fin, il faut absolument une diminution de l'air chaud du côté où l'orage avance, car c'est alors que l'air froid vient du dessous des espaces raréfiés et que s'interrompent les rencontres entre l'air chaud et l'air froid.

Distances courtes parcourues des orages. Sur Terre des orages éclatent dans les embranchements des vallées éloignées de l'embouchure principale, parce que l'air chaud consommé ne peut pas être remplacé promptement par une autre masse égale qui doit venir des plaines par l'embouchure, et remonter toute la distance D+D pour arriver auxdits embranchements. L'air froid pénètre dans cette distance, et c'est ainsi que l'orage éloigné s'interrompt, mais l'air froid descendu peut occasionner le commencement d'un nouvel orage ou même de plusieurs dans les embranchements de la vallée voisins de l'embouchure principale.

Orages parcourant de grandes distances. Quand les orages se multiplient dans les environs de l'embouchure, ils en sortent et avancent dans les plaines : 1° *en colonne* pour former une bande longue et étroite, ou 2° *en masse et de front* pour former une bande large et courte. L'avancement ne s'interrompt plus dans les plaines pour recommencer, mais l'orage se termine sur les continents au devant des versants des montagnes dont ne peut plus arriver l'air chaud.

§ 971. II. **Mode de la production des orages d'hiver.** Ces orages ne le cèdent pas en impétuosité à ceux d'été, dont ils ne diffèrent qu'en ce que c'est l'air froid qui est dans la couche inférieure, tandis que l'air chaud est amené de la mer par un vent dont l'étendue peut augmenter beaucoup. Les orages de ce genre en Europe ont leur origine dans l'extrémité occidentale de la mer de fucus qu'on voit dans l'Atlantique et qui est aussi celle de la bande des calmes. Du vent chaud de cette mer et du vent froid qui arrivent du nord-est en Europe résultent des combinaisons qui produisent les espaces raréfiés et les orages. Ceux-ci avancent vers les régions où est l'air froid et une pression atmosphérique inférieure. Cet air froid afflue du nord-est ou de l'est contre l'air chaud du vent d'ouest ou de sud-ouest ; comme dans les orages d'été, c'est toujours l'air froid qui est en excédant et l'air chaud se consomme plus promptement, ce qui occasionne l'interruption de l'orage du côté par où il arrive. Mais l'air froid consommé est remplacé par des masses nouvelles d'une température inférieure, et c'est ainsi que de cet air et de celui qui était arrivé avec le vent chaud résultent d'autres combinaisons et espaces raréfiés ; leur propagation s'étend vers la région d'où les masses d'air froid arrivent en rencontres avec celles d'air chaud.

§ 972. *Manque de continuité dans les orages d'hiver.* Comme

des orages d'été interrompus dans des embranchements
supérieurs des vallées, il en résulte plusieurs autres dans
les embranchements inférieurs, de même d'un orage d'hiver
interrompu dans une région de l'Atlantique ou d'Europe, il
en naît un autre des plus vastes espaces raréfiés du côté
d'où arrive l'air froid. La consommation des masses d'air
chaud s'opère pendant plusieurs jours. Alors domine un
vent froid au nord-est et un vent chaud venant de l'Atlantique au sud-ouest de la région orageuse où a lieu une
averse de neige très-forte.

Dans l'hiver de 1854-55, pendant le siége de Sébastopol,
on observa un orage d'hiver qui traversa l'Atlantique du
soud-ouest au nord-est ; ensuite il parcourt toute la largeur
de l'Europe de l'ouest à l'est, passant par la France, la Ba-
vière, la Bohême, la Hongrie, la Valachie, la mer Noire, la
Crimée, et dont on ne peut suivre les traces plus loin.

Les pays que nous venons de citer, après avoir subi un
vent froid et violent d'est ou de nord-est, furent surpris par
un orage de neige et ensuite par un vent fort d'ouest ou
de sud-ouest, et alors la température éprouva une élévation.
Ces tourmentes atmosphériques augmentaient de durée et
de violence à mesure qu'elles avançaient vers l'est ; j'ai eu
l'occasion de les observer à Prague.

Au moyen des télégraphes, il est facile de déterminer *à
priori* la direction que l'orage va prendre et même le temps
qu'il doit mettre pour arriver d'un pays à un autre. Dans
le cas cité plus haut, on aurait pu prévenir les assiégeants
au moins une semaine auparavant de l'imminence du trouble
atmosphérique contre lequel ils eussent pu se précau-
tionner, de même que les capitaines des vaisseaux.

VII. — MODE DE LA PRODUCTION DE LA GRÊLE ET DES TROMBES.

§ 973. Dans l'atmosphère, il ne peut se produire d'autres
changements que des combinaisons des éléments d'air dont

résultent les espaces raréfiés, les vapeurs, les affluences d'air
et les averses indiqués déjà. La grêle n'est qu'un orage dans
lequel les vésicules gèlent et forment des flocons de neige
aux hauteurs supérieures. Ces flocons peuvent être remplacés par des débris de feuilles ou par des graines de
plantes qu'amène dans les espaces raréfiés le courant ascendant. Les trombes sont des orages dont les espaces raréfiés
sont tout près de la terre ou de la mer. Ainsi ces cas différents ne doivent être considérés que comme des exemples
différents de l'apparition des faits qui résultent de la combinaison des éléments de l'air opérés à une petite distance
de la terre.

§ 974. I. **Mode de la production de trois espèces
de grêle.** Suivant leurs grêlons les averses se distinguent :
1° en averses avec grêlons à un noyau et à une couche ;
2° en averses avec grêlons recomposés d'un certain nombre
des précédents qui tous ensemble se trouvent enveloppés
dans une couche de glace, et 3° en averses avec grêlons à
un noyau et à un grand nombre des couches glaciales.

1° *Averses de grêlons à un noyau et à une couche.* C'est au
printemps, quand les neiges existent encore sur les montagnes peu élevées, que les vésicules de vapeur gèlent et
s'attachent pour former des flocons de neige. Mais, en descendant, ils rencontrent de fortes bouffées ascendantes qui
leur font rebrousser chemin et recevoir sur leur surface
l'eau des enveloppes crevées. La poussée exercée sur ces
flocons mouillés leur donne la forme conique à base bom-
bée. Cette forme reste conservée après la congélation de
l'eau, et les grêlons ainsi formés se précipitent ayant tous,
sans exception, la forme indiquée.

2° *Averses de grêlons composés.* En été, quand la température est élevée et devenue $T + T' + T''$, celle des couches
supérieures change peu et reste T ; ainsi la différence augmente et devient $T' + T''$, ce qui aide beaucoup aux combinaisons des éléments d'air chaud et froid. Les grêlons se

forment comme les précédents, mais au lieu de se précipiter comme au printemps, ils sont forcés de rebrousser chemin, et venant en contact deux ou plusieurs ensemble, ils s'attachent et reçoivent sur leur surface les enveloppes des vésicules dont l'eau forme une couche qui gèle dans la rencontre avec l'air froid, et cet état subsiste sur les grêlons précipités.

3° *Averses de grêlons à plusieurs couches.* Le poids des grêlons, au lieu d'augmenter par la jonction de plusieurs grains, augmente par suite d'un grand nombre de va-et-vient, dont chacun amène la formation d'une nouvelle couche sur les précédentes. Ces couches se distinguent entre elles par le mode de leur cristallisation qui résulte des températures différentes auxquelles se forme chaque couche. On distingue 5 à 10 couches pareilles dans les grêlons des grandes averses.

§ 975. **Averses de grêle le 13 juillet 1788 et le 28 du même mois de 1835.** L'averse de 1788 commença aux Pyrénées, traversa la France et la Hollande pour finir dans la Baltique; elle était composée de deux bandes de grêle et de trois bandes de pluie, dont la largeur totale était d'environ 20 lieues; en chaque pays l'averse ne durait que 7 à 8 minutes. L'averse de 1835 commença au nord des Pyrénées sur l'Océan, vers dix heures du matin; elle avança de l'ouest à l'est, à midi elle traversait le département de la Creuse, vers une heure elle entrait dans celui du Puy-de-Dôme et se termina sur Clermont, après avoir parcouru 360 kilomètres en $4^h,5$. Les grêlons allaient en grossissant; ils étaient d'abord comme des noisettes, puis comme des œufs de poule et enfin de dinde, tant pour la grosseur que pour la forme. Le sommet du Puy-de-Dôme ne reçut pas de grêle, tandis que le petit Puy-de-Dôme (de 1,200 mètres) en fut couvert.

Vitesse progressive des averses. Dans les deux averses la vitesse était de 80 kilomètres par heure; le mouvement progressif ne résulte ni d'une pression venant du sud ni d'une attraction venant du nord; ce mouvement avait pour cause la destruction de l'équilibre atmosphérique entretenue par les combinaisons des éléments d'air chaud et d'air froid. L'espace antérieur de l'air chaud consommé se transformait en espaces raréfiés, et disparaissaient de la partie postérieure ceux qui existaient, car ils devenaient occupés par l'air froid affluant des régions supérieures.

Le poids de l'air chaud et de l'air froid consommé était représenté par celui de l'eau précipitée. La progression résultait, 1° de la consommation de l'air chaud des pays antérieurs où cessait la résistance, et 2° de la pression de l'air froid qui, des couches supérieures, descendait vers les pays postérieurs.

Dimensions des espaces raréfiés. De la vitesse de 80 kilomètres par heure et de la durée de 7 à 8 minutes de l'averse, il résulte que sa longueur était de 10 kilomètres ; il a été dit que la largeur était de 20 lieues ou de 80 kilomètres; l'épaisseur ne pouvait pas être évaluée directement, mais elle est déduite de celle de la couche d'eau.

Poids d'eau produit par un égal poids d'air consommé. On n'a pas indiqué la couche d'eau recueillie, mais de ce que quelques grêlons pesaient jusqu'à un tiers de kilogramme, on peut admettre comme minimum une épaisseur de 1 centimètre, et cela pour une surface superficielle de 900 kilomètres de longueur sur 90 de largeur, ou $S = 900.000 \times 90.000 = 81$ milliards de mètres carrés couverts d'une couche d'eau de 1 centimètre dont résultent 810 millions de tonneaux d'eau. Ces chiffres servent à démontrer aux physiciens combien ils sont éloignés de la vérité en cherchant l'eau pluviale dans la vapeur de l'air.

§ 976, II. **Mode de la production des trombes terrestres.** Les espaces raréfiés peuvent se trouver à toute distance de la Terre ou de la mer. On doit entendre par le mot *trombe* ces mêmes espaces à une distance de quelques mètres seulement de la Terre. Alors diminue l'épaisseur de la couche d'air chaud, et en même temps s'opèrent les rencontres entre cet air chaud et l'air froid sur une superficie médiocre et limitée à quelques centaines de mètres carrés. Des faits produits 1° les uns résultent de la poussée de l'air précipité vers les espaces raréfiés, et 2° les autres de la thermoélectricité.

La superficie moindre des espaces raréfiés n'affecte pas la forme d'un cercle, mais une forme irrégulière : pour cette raison les directions de l'air affluant ne sont pas rectilignes mais courbes et spirales comme le sont des tourbillons des colonnes de poussières soulevées par les courants ascendants. Les espaces raréfiés s'élargissent de bas en haut pour produire un cône renversé et incliné vers le côté d'où il vient. Par sa face antérieure arrive l'air chaud des couches inférieures et antérieures ; et par sa face postérieure et supérieure arrive l'air froid.

Du contact de ces masses d'air résultent les deux électricités : la positive entraîne l'oxygène, et la négative l'atome double d'azote pour les faire se combiner et produire 4 atomes d'eau à l'état de vapeur qui reste à la place de l'air disparu ; mais l'espace devient alors raréfié, et il est envahi en plus grande partie par l'air froid, de sorte que la rencontre suivante s'opère dans un espace avancé vers le côté d'où arrive l'air chaud. Cette progression successive de la trombe correspond aux bouffées qui se répètent presqu'à chaque seconde.

1 *Vitesse du mouvement progressif.* Elle est quelquefois si faible qu'on peut suivre la trombe en marchant un peu vite : en même temps l'on sent la poussée de l'air ambiant qui s'écoule vers le sommet du cône nuageux, parce que la vapeur produite devient opaque. Au sommet du cône, qui est une espèce de bouche enflammée, s'opère la rencontre des deux électricités dont résulte une lumière pareille à la flamme d'un grand fourneau. Si l'on s'arrête un moment pour laisser

avancer la trombe, on se trouve repoussé par un air très-froid dans la même direction; ensuite arrive une pluie froide ou de la grêle, et tout finit bientôt : le ciel s'éclaircit, il se produit une élévation du baromètre et de l'hygromètre, comme cela a lieu après chaque orage.

2° *Cause des déviations du mouvement progressif.* Sur les plaines unies les trombes avancent en ligne droite, mais elles dévient à gauche et à droite vers les grands bâtiments isolés ou vers les rangées des arbres les moins éloignées. Ces objets arrêtant une certaine quantité d'air, font diminuer la résistance de leur part vers les espaces raréfiés où la pression n'éprouve d'autre côté aucune diminution. La trombe du 15 août 1845, par exemple, en traversant obliquement la vallée de Cailly, au nord de Rouen, a détruit quatre usines isolées et non pas en ligne droite; leurs cheminées ont été renversées non pas dans la direction que la trombe suivait, mais vers l'usine qu'elle allait attaquer.

3° *Mode de la production des dégâts par les trombes.* Les gros arbres déracinés sur les plaines ont les sommets en directions convergentes vers la route suivie par la trombe, ce qui permet de constater l'affluence d'air et son intensité. Les carreaux des croisées, subissant une pression du dehors, ont été cassés; l'air agit ensuite sur les toits des quatre usines au-dessus desquels se trouvaient les espaces raréfiés, et ils furent soulevés et transportés au loin dans la plaine, après voir décrit un arc. Dans la première usine a été aussi soulevé le plafond de l'étage supérieur avec quelques ouvriers qui n'éprouvèrent qu'un fort coup de vent pour tout mal. Entre cette usine et le ravin d'où la trombe a descendu dans la vallée, est une maison aussi grande que l'usine détruite. La maîtresse de cette maison, Mme Bruilleul, m'a dit qu'elle se hâta de fermer les volets des croisées et les portes au moment où apparut un nuage noir sur le versant de la vallée. Un instant après elle entendit un coup de vent qui frappa contre les murs sans produire le moindre dégât.

4° *Cause de l'élévation de la trombe à des hauteurs supérieures.* La quatrième usine où ont été foudroyés environ cinquante ouvriers était au pied du versant de la vallée. Le prolongement du plan de ce versant vers les couches supérieures de l'atmosphère détermina la voie que suivit la trombe en sortant de la vallée, parce que l'air chaud arrivait de cette direction. Les objets légers repoussés par l'air de l'intérieur de l'usine, tels que les planches, les papiers, les livres, le coton, etc., parurent tomber du ciel dans les pays situés à 18 kilomètres au nord de ladite vallée.

§ 977. III. **Mode de la production des trombes maritimes.** Ces trombes se forment dans les ports et les golfes où arrivent les espaces raréfiés en sortant des embouchures voisines des vallées. Les faits résultent de la même cause que les précédents, mais sous un aspect modifié, ayant pour cause la surface liquide sur laquelle se soutiennent les espaces raréfiés. Et comme le plus souvent le nuage manque, tous les phénomènes peuvent être bien observés.

1° *Formation d'un cône aqueux renversé.* Au milieu d'un bassin produit par la dépression du niveau s'élève un cône de 4 à 5 mètres de hauteur projetant vers le ciel sa base écumante. La dépression du niveau résulte de l'affluence de l'air chaud qui, en s'élevant, entraîne une quantité d'eau vers les espaces raréfiés produits au-dessus de la base du cône où cet air chaud vient en rencontre avec l'air froid. En ce cas les vésicules de vapeur se déposent sur la base du cône et ne deviennent pas opaques de manière à former comme un nuage; ainsi l'eau du cône s'écoule du sommet dans la mer et elle est remplacée par celle de la vapeur.

2° *Mode de l'avancement et des déviations des cônes.* La progression des cônes est déterminée par la poussée inférieure de la part de l'air chaud. La différence P' entre la poussée P'+P de l'air froid et celle P de l'air chaud est presque la même dans les trombes terrestres et les trombes maritimes, mais le volume de celles-ci est petit et le poids est grand; pour cette raison la vitesse est très-médiocre. Les navires produisent sur mer les mêmes déviations que celles qui résultent sur terre des édifices ; ils interceptent une partie de l'air chaud dirigé vers le cône, et font diminuer la poussée de leur part, tandis que de tous les autres côtés se soutient la poussée normale.

Les cônes remontent au bord; en ce moment le navire éprouve un fort coup de vent qui, au lieu de le faire avancer, le fait tourner sur lui-même dans ur sens. Les marins qui se trouvent au-dessous du sommet du cône ont la moitié du côté supérieur du corps toute trempée et ils sentent que l'eau est douce et non pas amère. Le cône avançant lentement descend dans la mer, et à ce moment de séparation le navire éprouve un second coup de vent et tourne en sens inverse.

§ 978. IV. **Vitesse de l'air et vitesse des espaces raréfiés.** Les molécules d'air portées par les vents parcourent en une seconde les distances d, $d+d'$, $d+d'+d''$... qui dépendent du degré de la rupture de l'équilibre aérostatique. Mais la progression des espaces raréfiés est un fait de nature tout à fait différente; elle est comparable au feu d'un grand incendie qui se communique successivement à plusieurs maisons. Comme les matériaux de chaque maison entretiennent le feu local, de même l'air chaud de chaque pays fait apparaître des espaces raréfiés en se combinant avec l'air froid qui arrive. Les combustibles disparaissent des maisons incendiées, et des pays grêlés disparaît l'air chaud.

Les physiciens admettent, comme tout le monde, que les nuages portent avec eux une masse d'eau toute préparée pour être versée sur la terre dans tous les pays que l'orage

doit parcourir ; ils se trouvent ainsi à l'abri de toute réfutation, parce qu'ils ne donnent aucune explication. Ceux
qui montèrent en ballon pour aller chercher des masses
d'eau dans l'atmosphère n'en trouvèrent nulle part.

VIII. — DES VENTS, OU ANÉMOLOGIE.

§ 979. **Cause des vents admise par les physiciens.**
Comme la cause véritable provenant de la loi physique
était inconnue, il a fallu recourir aux hypothèses, et cela,
pour obtenir une association des faits observés, parce que,
parmi les véritables physiciens, il n'en est aucun qui considère comme sérieuse l'explication suivante que l'on trouve
cependant dans leurs ouvrages.

« Si sur une grande superficie du sol ACB (fig. 128),
« une partie C est dénudée, la température s'y élèvera
« plus qu'aux pays A et B humides ou couverts de végéta
« tion. L'air qui recouvre la partie C, devenu plus dilaté
« que celui qui l'entoure, monte, et il est remplacé par l'air
« qui afflue horizontalement des régions A et B. La colonne
« $a\,b\,m\,n$, s'élevant au-dessus de la limite mn des colonnes
« voisines, se déverse sur elles en directions divergentes.
« Ainsi résultent des courants supérieurs divergeant en sens
« contraire des courants inférieurs convergents. Les physi
« ciens paraissent vouloir appuyer cette explication de
« l'expérience suivante faite par Franklin. »

1° Si l'on ouvre la porte de communication entre la
chambre C froide et celle C' chaude en tenant une bougie dans
la moitié inférieure de la porte, la flamme est poussée par
l'air froid qui passe de la chambre C dans l'autre C'. Mais
si l'on tient la bougie dans la moitié supérieure de la porte,
la flamme est poussée par l'air chaud qui passe en sens
inverse de la chambre chaude C' à l'autre C. 2° Ces faits
sont également produits quand on chauffe le milieu d'une

feuille de tôle, car l'air chaud s'élève et cède la place à des masses égales d'air froid affluant de tous les côtés.

Pour faire ressortir davantage la prétendue supériorité de cette explication sur celle des anciens, les physiciens modernes, soit par ignorance, soit qu'ils l'aient fait à dessein, ne la comparent pas avec l'*exaérose* de l'eau et l'*exhydatose* de l'air qui étaient connues; mais ils se plaisent à rappeler l'Éole de la fable qui produisait les vents en soufflant par la bouche. Toutefois, même dans ces contes mythologiques, on trouve encore la supériorité des anciens qui indiquaient par cela que les écoulements d'air ne sont pas continuels dans le vent comme l'est l'eau dans les fleuves, mais qu'ils se manifestent par des bouffées analogues à celles qu'on produit quand on souffle avec la bouche.

Malgré la distance très-médiocre h qui est la hauteur de la porte entre les faces f, f' de la couche d'air dont la face supérieure f' à la température $T + 1°$, et l'inférieure f celle T, on ne remarque aucune vapeur opaque, quand même il y a des masses d'eau dans la chambre C' de la même température $T + T'$ que l'air. Une production de vapeur cependant ne manque pas, mais elle est très-médiocre, car elle est analogue à la quantité d'air chaud qui sort de la chambre chaude C' dans une chambre froide ou dans la cour. C'est en hiver que cette observation se fait avec l'air très-chaud des calorifères qu'on laisse se répandre dans la cour pour faire apparaître la vapeur opaque.

Contradictions dans l'hypothèse annoncée. — *Aucun* des faits observés ne correspond à cette hypothèse; par exemple : 1° Il en résulte un écoulement d'air continuel, tandis que les vents sont toujours composés de bouffées séparées par des intervalles variables; 2° D'après l'hypothèse il ne s'agit que des vents froids, et cependant personne ne nie l'existence du *sirocco* au sud de l'Europe, des *chamsins* en Egypte, des *harmattans* au Sahara, etc.; 3° Suivant l'hypothèse l'élévation graduelle diurne de température ne produit que

des déplacements d'air à peine perceptibles par les déviations de la flamme d'une bougie, et cependant les marins
luttent souvent contre des ouragans et des typhons qui
coupent comme un fil d'araignée les plus solides chaînes de
leurs ancres; 4° Il y a des vents périodiques qui soufflent
les jours sereins de la mer vers les continents et la nuit en
sens inverse; 5° Dans les vallées l'air chaud va les jours
sereins de l'embouchure vers les embranchements, et la
nuit, l'air froid s'écoule en sens inverse.

Après avoir ainsi réfuté l'hypothèse admise par les physiciens comme cause des vents, et constaté 1° l'*exaérose* où
la décomposition de 4 atomes d'eau en 1 atome d'oxygène
et 1 atome double d'azote, et 2° l'*exhydatose* ou la combinaison d'un atome froid d'oxygène avec un atome double
chaud d'azote; on a les données nécessaires pour résoudre
le problème suivant en suivant la loi aérostatique.

PROBLÈME ANÉMOLOGIQUE A RÉSOUDRE.

§ 980. *Étant données* 1° *les conformations géographiques
des mers et des continents, et* 2° *la position du Soleil, déterminer les directions des vents qui conduisent l'air des parties
tropicales des océans vers les régions pluviales des continents.*

Trois espèces de faits sont à distinguer dans chaque
vent : 1° *la direction* de l'écoulement d'air avec sa poussée;
2° les *hauteurs* $H + h$, H; $H - h$..., barométriques dans la
région R d'où le vent commence; dans celle R' où se trouve
l'observateur, et dans la région R″ des pluies où le vent se
termine; 3° la température $T + T'$ de l'air dans la région R,
celle $T + T' + T''$ dans la région R″ des pluies tropicales,
et celle T dans la région R‴ des pluies des latitudes supérieures.

Ayant pour guides ces trois espèces de faits inséparables,
il est impossible de ne pas obtenir les deux autres quand

l'une est connue; si toutes les trois espèces de faits sont déjà obtenues par les observations, elles doivent être contrôlées avec celles trouvées par la loi physique pour faire mieux ressortir l'exactitude des résultats ou leurs erreurs.

§ 981. **Calmes provenant des vents divergents.** Avant de discuter la distribution des vents sur le globe, il est nécessaire de bien fixer leurs deux extrémités, le commencement et la fin, qui ne servent pas à déterminer en même temps les directions des vents, parce que celles-ci ne sont pas rectilignes ; mais, ainsi que les fleuves, les vents font de grands écarts avant d'arriver à leur destination.

Deux causes peuvent produire le calme dans l'air suivant la loi aérostatique : 1° Quand son écoulement est limité et par suite empêché ou ; 2° quand il est également sollicité vers les régions ambiantes. Comme l'air n'est jamais limité dans l'atmosphère, chaque calme n'y peut résulter que d'un équilibre provenant de la sollicitation égale vers toutes les directions divergentes. Les molécules d'air μ, μ' produites dans une région des calmes de la mer, se partagent également par directions divergentes vers les régions ambiantes dont les molécules μ', μ'', μ'''..., d'air se mêlent avec celles μ du calme, et, en se multipliant par celles produites dans les régions qui séparent les côtes des calmes, deviennent une masse M qui passe de la mer au continent.

§ 982. **Force ou poussée des vents.** L'effet mécanique résulte du produit vm de la masse m multipliée par la vitesse v, quand un corps en mouvement vient en rencontre avec un autre corps. Dans les molécules μ, μ d'air des calmes, et dans celles μ', μ'', μ''' produites entre les calmes et les côtes, le mouvement résulte de l'inégalité des pressions P, P—p, P—p—p' indiquée par les hauteurs H+h, H, H—h du baromètre; qui décroît graduellement par les éloignements des calmes. Ainsi nous constatons que la vitesse v ne change pas dans la mer, et que les poussées Π, Π+π, Π+π+π' ne résultent que des masses M, M+M',

M+M'+M" qui, se multipliant, atteignent aux côtes leur
maximum où la pression barométrique est H—h. Soit MC
(fig. 135) la surface de la mer, M la région des calmes, et C
les côtes ; la masse d'air en mouvement y est représentée
par l'épaisseur ou la hauteur CA=e qui est nulle dans la
région M des calmes ; la vitesse v n'augmente que pendant
des orages, car la poussée normale ev devient, dans les
orages, $e(v+v')$.

Figure 135.

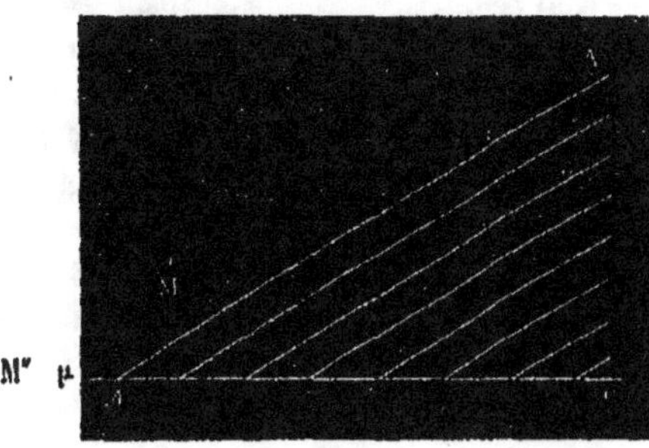

§ 983. **Mode de la production des orages dans les
régions des calmes.** L'air qui y est produit oscille jusqu'à ce qu'il prenne la direction qui présente la moindre
résistance. Celle-ci augmente quand diminuent la consommation de l'air et les pluies dans les continents ; au contraire elle diminue quand les pluies se multiplient. En ce
dernier cas, il part de la région M de calmes une masse
supérieure d'air qui ne peut être remplacé que par celui
qui descend de la couche supérieure M' avec une température inférieure, car celle du côté M",μ s'éloigne de la région M. L'air froid venant ainsi en contact avec l'air chaud
de la couche inférieure fait : 1° se combiner leurs éléments ; 2° apparaître les espaces raréfiés ; 3° éclater les
tempêtes et les orages par l'affluence de l'air ambiant ; et
4° se précipiter une pluie forte, mais d'une courte durée.

§ 984. Cause des perturbations équinoxiales. Les pluies tropicales ne se soutiennent qu'en Afrique où elles se déplacent successivement en suivant les positions du Soleil; mais cela n'a pas lieu pour les autres continents, parce que quand le Soleil passe d'un hémisphère à l'autre, à cause du manque de continuité entre les continents, les pluies commencent dans l'hémisphère où le Soleil arrive sans cesser encore dans l'autre. A cette époque l'air des mers tropicales voisines n'est plus conduit vers les continents d'un seul hémisphère, comme pendant les mois précédants, quand le Soleil y était, mais il est sollicité simultanément ou alternativement vers les continents de l'un et de l'autre hémisphère. Ainsi se multiplient aux régions des calmes de toutes les mers, les abaissements de l'air froid des couches M' supérieures; les tempêtes et orages deviennent universels et fréquents, et cet état dure tant que les pluies diminuent ou disparaissent de l'hémisphère abandonné par le Soleil.

A. Vents de l'océan Pacifique et ses bandes des calmes.

§ 985. L'air consommé dans tous les continents est produit en plus grande partie de l'eau de ce grand bassin, surtout de celle de sa superficie méridionale qui est la supérieure. La décomposition de l'eau ne se soutient pas toute l'année au même état; mais elle devient plus active dans l'hémisphère où le Soleil se trouve, parce qu'il en reçoit les rayons les plus denses. En même temps se multiplient les pluies de cet hémisphère, et c'est ainsi que l'air qui y est consommé, est remplacé par celui produit dans les mers avoisinantes. Cependant ce cas n'est pas le même pour les deux hémisphères.

Dans l'hémisphère sud, la masse $M+M'$ d'air est produite sur une superficie $S+S'$ des mers, et la masse M est con-

sommée sur une superficie *s* des continents ; il reste donc
un excédant M' d'air qui doit passer dans l'hémisphère
nord, où la masse M d'air est produite sur une superficie S
des mers, et où la masse M+M' est consommée sur une superficie *s + s'* des continents.

La masse 2M+M' d'air produite de l'eau de l'océan Pacifique se divise en deux grandes moitiés, l'orientale et l'occidentale ; dans leurs limites au milieu de la superficie est
la *bande méridionale des calmes* C' C' C' (fig. 136).

1° La masse M+$\frac{1}{2}$M' d'air de la moitié occidentale se
subdivise en deux parties inégales $\frac{1}{2}$M et $\frac{1}{2}$(M+M') ; l'une
$\frac{1}{2}$M pour les pluies d'Australie et d'Afrique méridionale,
et l'autre $\frac{1}{2}$(M+M') pour les pluies d'Asie et de l'Afrique
boréale ; elles sont séparées par une *bande équatoriale des
calmes* C" C".

2° La masse M+$\frac{1}{2}$M' d'air de la moitié orientale se subdivise en trois parties : 1° la *centrale* $\frac{1}{2}$M' qui pénètre par
l'isthme de Panama et l'Amérique centrale pour dévier
ensuite vers l'hémisphère où se trouvent le Soleil et les
pluies tropicales ; 2° La *partie boréale* $\frac{1}{2}$M + *m* s'écoule
par toute la superficie du bassin qui est limitée par la bande
méridionale C'C' et l'Amérique septentrionale. La masse d'air
$\frac{1}{2}$M passe par dessus les Andes et par leur extrémité boréale,
en décrivant des grands arcs pour pénétrer au versant
oriental et y remplacer l'air consommé par la production
des pluies dont l'eau s'écoule par les fleuves dans l'Atlantique. La masse inférieure *m* d'air passe dans la mer de
Groenland et dans la mer polaire pour arriver jusqu'aux
côtes d'Europe et d'Asie ; 3° la partie australe $\frac{1}{2}$M—*m* s'é-
coule par toute la superficie du bassin qui est limitée par
la bande méridionale C'C' et l'Amérique du Sud. Cette masse
d'air passe par-dessus les Andes et par leur extrémité
méridionale, en décrivant des grands arcs qui s'étendent
jusqu'à la mer polaire, elle va au versant oriental pour
y remplacer l'air consommé dans la production des pluies.

Toute la masse d'eau qui en résulte s'écoule dans l'Atlantique.

Entre la partie $\frac{1}{2}$M' centrale d'air et les deux autres latérales $\frac{1}{2}$M$+m$ et $\frac{1}{2}$M$-m$, dans les limites de séparation, sont deux *bandes isthmiques des calmes* CC, dont 1° la boréale a une direction du nord-ouest vers le sud-est, et 2° la méridionale diverge par une direction du sud-ouest vers le nord-est.

La superficie totale de l'océan Pacifique se trouve ainsi partagée par les quatre bandes des calmes en cinq *anémoépicraties* ou régions des vents, dont chacune peut prendre le nom du continent vers lequel l'air s'écoule.

1° *Vent dirigé vers l'Asie.* Il commence à l'est dans la *bande méridionale des calmes* C'C', et au sud dans la *bande équatoriale* c"c"; celle-ci déplace en été un peu vers le nord, à cause de la multiplication de la décomposition de l'eau dans l'hémisphère nord, d'où résulte une masse d'air supérieure à celle qui se consomme pour les pluies.

2° *Vent dirigé vers l'Australie.* Ce vent commence comme le précédent, dans les bandes des calmes méridionale C'C' et équatoriale c"c". Quand le Soleil est au sud de l'équateur, l'eau de la mer s'y décompose promptement, et la bande équatoriale des calmes va vers l'équateur, parce que la masse produite dans l'hémisphère sud surpasse celle qui se consomme; l'excédant M' passe alors au nord de l'équateur.

3° *Vent dirigé vers l'Amérique centrale.* Il commence, 1° à l'ouest, dans la bande méridionale C'C' des calmes; 2° au nord-ouest, dans la bande boréale isthmique cc des calmes; 3° au sud-ouest, dans la bande australe isthmique cc, ces deux bandes se déplacent en été et en hiver.

4° *Vent dirigé vers l'Amérique du Nord et la mer polaire.* De l'ouest il commence dans la bande méridionale des calmes C'C', et du sud dans la bande isthmique cc boréale; ce vent se répand sur toute la superficie entre ces deux bandes.

5° *Vent dirigé vers l'Amérique du Sud et la mer polaire.*
Comme le précédent, il commence à l'ouest, dans la bande
méridionale C'C' et dans la bande isthmique *cc* australe. Ce vent
occupe toute la superficie contenue entre les deux bandes.

*Vents conduisant l'air de l'océan Pacifique vers les continents et bandes
des calmes indiquant l'origine des vents divergents.*

Figure 136.

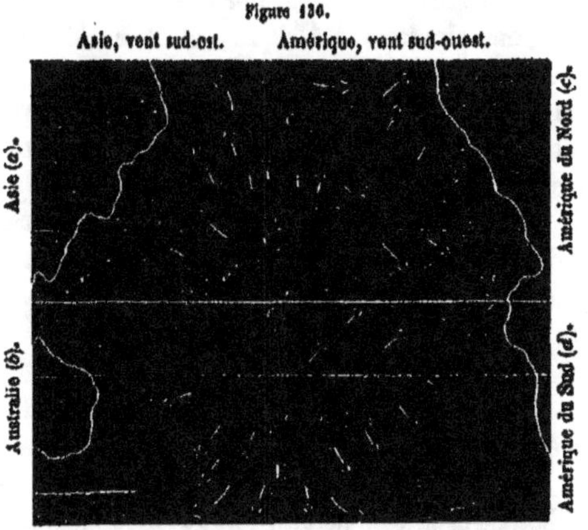

(a) Régions des pluies annuelles d'Asie, où arrive l'air par la moitié boréale de
l'alizé.

(b) Régions des pluies annuelles d'Australie, où arrive l'air de l'alizé sud.

(c) Régions des pluies tropicales de l'Amérique du Nord, où arrive l'air de l'alizé
atlantique et de la mousson de l'océan Pacifique passant par l'Isthme.

(d) Région des pluies tropicales de l'Amérique du Sud, où arrive l'air de l'alizé
atlantique et de la mousson de l'océan Pacifique.

B. Vents de l'océan Atlantique et bandes des calmes.

§ 986. La masse $2M + M'$ d'air produite de l'eau de cet
océan se divise en deux parties, l'occidentale M' et l'orientale $M + M'$, qui se sont séparées par la mer de fucus, qui
est aussi une *bande de calmes méridionale* C'C'C'C' (fig. 137).
Chacune de ces deux parties reçoit à son tour les subdivisions suivantes :

I. La masse M d'air de la partie occidentale se subdivise en deux parties : $\frac{1}{2}$M + m' pour l'Amérique du Sud, et $\frac{1}{2}$M — m' seulement pour des régions de pluies tropicales de l'Amérique du Nord. Ces deux masses d'air, en s'éloignant de la superficie de l'Océan, produisent une *bande de calmes équatoriale* $c''c''$ aux limites de leur séparation.

II. La masse M + M' d'air de la partie orientale se subdivise, 1° en M + m qui va, par différentes directions, vers les régions pluviales d'Afrique, et 2° en M' — m qui est conduite aux régions pluviales d'Europe.

La superficie totale de l'Atlantique est partagée en quatre *anémoépicraties* ou régions des vents, dont chacun porte le nom du continent vers lequel s'écoule l'air.

1° *Vent dirigé vers l'Amérique du Sud.* Il commence 1° à l'est de la bande des calmes méridionale C'C', et 2° au nord de la bande équatoriale $c''c''$, sans cependant se répandre sur toute la superficie entre ces bandes, parce que, par l'extrémité sud de l'Atlantique, pénètre des deux côtés l'air produit dans l'océan Pacifique. La branche b' occidentale va vers l'Amérique et la branche b orientale vers l'Afrique. Ces deux branches sont séparées entre elles par une autre bande méridionale et se confondent, l'une b' avec l'air de la masse $\frac{1}{2}$M + m', conduite en Amérique, et l'autre b avec la masse M + m d'air conduite en Afrique.

3° *Vent dirigé vers l'Amérique du Nord.* Il commence à l'est dans la bande C'C' des calmes méridionale, et au sud dans la bande $c''c''$ équatoriale ; il n'occupe pas toute la superficie entre ces deux bandes, parce que l'air de l'océan Pacifique se répand dans les latitudes supérieures du continent ; pour cette raison, l'air de l'Atlantique, de la moitié occidentale, ne va pas vers ces latitudes d'Amérique, mais il arrive aux régions pluviales d'Europe, en parcourant obliquement toute la largeur $c''c''$ de l'océan Atlantique.

3° *Vent dirigé vers l'Afrique.* Ce vent, très-étendu, commence à l'ouest dans la bande $c'c'$ des calmes méridionale, qui ne se termine pas aux latitudes de la Méditerranée M, mais avance jusqu'à celle *c* de l'Espagne. Ainsi, de ces latitudes et par le golfe de Gascogne existe une bande *c* des calmes *africo-européenne*, dans laquelle s'opère la séparation d'une branche *b″* d'air qui est conduite en été par un vent du nord, le long des Pyrénées, par l'Algérie et le Sahara, jusqu'aux régions des pluies tropicales d'Afrique.

4° *Vent dirigé vers l'Europe.* Le commencement de ce vent est dans l'extrémité nord de la bande méridionale *c′c′*, qui se propage vers l'ouest, suivant la limite boréale *c″c″* de l'alize nord où résulte une seconde *bande de calmes* c″c″ *parallèle* à l'équatoriale. Au nord de ces deux bandes *c″, c′* des calmes, la superficie de l'Atlantique est parcourue par la masse M—m d'air produite de l'eau de cet océan, jusqu'à la mer du Groënland, où arrive l'air de l'océan Pacifique.

Vents conduisant l'air de l'Atlantique vers les continents, et bandes des calmes avec mers de fucus indiquant l'origine des vents divergents.

Figure 137.

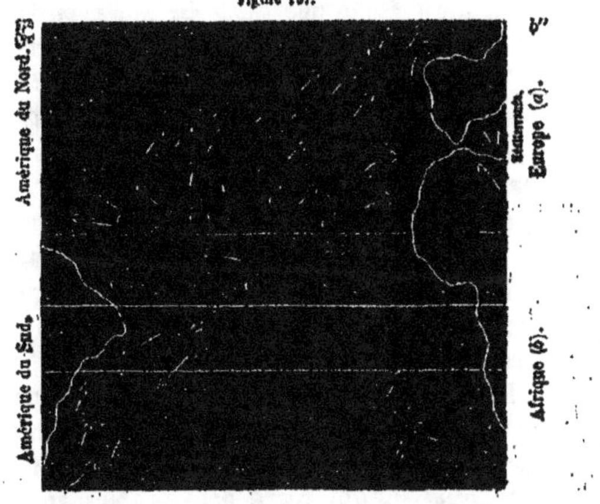

(a) Dans le golfe de Gascogne se sépare une branche *b″* qui conduit l'air vers l'Afrique le long des Pyrénées.

(b) Régions des pluies tropicales d'Afrique en été et en hiver, où va l'air *b″* de la mousson atlantique et celui de l'océan Pacifique traversant la largeur de l'océan Indien. 2° Une autre branche conduit l'air par les côtes de la France vers son intérieur. 3° Par la vallée du Rhin va la branche qui conduit l'air en Allemagne. 4° Une autre branche pénètre dans la Baltique pour arriver en Russie.

C. VENTS DE L'OCÉAN INDIEN.

§ 987. La superficie de cet océan se trouve, pour la plus grande partie, dans l'hémisphère sud : 1° quand le Soleil s'y trouve, l'eau se décompose en très-grandes masses $2m - m'$, dont la partie $m + m$ passe en Afrique, la partie $m + m$ en Australie, et la partie m' passe au nord de l'équateur. 2° Quand le Soleil est au nord de l'équateur, les pluies tropicales sont en Asie et dans l'Afrique du Nord. L'air consommé pour la production de ces pluies est remplacé par les masses $M + M'$ qui sont produites dans l'océan Pacifique, et par celles $2m + m'$ produites dans l'océan Indien.

I. *En été*, l'air m produit dans la moitié orientale se sépare de l'air $m + m'$ produit dans la partie occidentale de l'Océan. Ainsi résulte une *bande des calmes méridionale* CC (fig. 138), d'où partent les vents pour l'Asie et pour l'Afrique.

II. *En hiver*, la masse totale $2M + M'$ se divise en trois parties qui sont séparées 1° par une *bande des calmes méridionale* CC (fig. 139), 2° par une *bande équatoriale* au sud de l'équateur C'C', et 3° par une bande boréale C"C".

La superficie totale de l'océan Indien est, 1° en été, partagée en deux anémoépicraties ou *régions des vents*, et 2° en hiver, elle est partagée en trois ; les vents qui parcourent ces régions reçurent leur nom des continents où ils sont dirigés.

I. En été, il y a deux vents, celui dirigé vers l'*Asie* et celui dirigé vers l'*Afrique*. Pendant les six mois que les pluies tropicales règnent en Asie, c'est 1° le *vent vers l'Asie*, nommé *mousson*, qui règne dans la plus grande partie orientale de l'Océan, et 2° le *vent vers l'Afrique du Nord* règne dans la partie occidentale du même Océan. Les deux vents ont leur commencement dans l'extrémité sud $c'c'$ de l'océan Indien, où sont les limites du vent d'est qui conduit l'air de l'océan Pacifique dans l'Atlantique; il y a donc une bande des calmes parallèle $c'c'$. Les deux vents dirigés vers l'Asie et vers l'Afrique sont séparés par une bande des calmes méridionale cc.

II. En hiver, les vents sont dirigés vers l'Afrique du Sud, vers l'Australie et vers l'Asie, où les pluies apparaissent quelquefois; ces vents commencent de la bande des calmes parallèle $C'C'$ et sont séparés entre eux par deux bandes méridionales CC, $C'C'$; car une autre branche boréale d'air se sépare d'une branche qui arrive de l'océan Pacifique par le détroit entre l'Asie et l'Australie; de la bande $C''C''$ des calmes se séparent le vent d'Asie et la mousson d'hiver dirigés vers l'Afrique.

Vents conduisant l'air, en été, de l'océan Indien vers l'Asie et l'Afrique, et bandes des calmes indiquant l'origine des vents divergents.

Figure 131.

Régions des pluies tropicales d'Asie en été, où arrive l'air de la mousson de l'océan Indien.

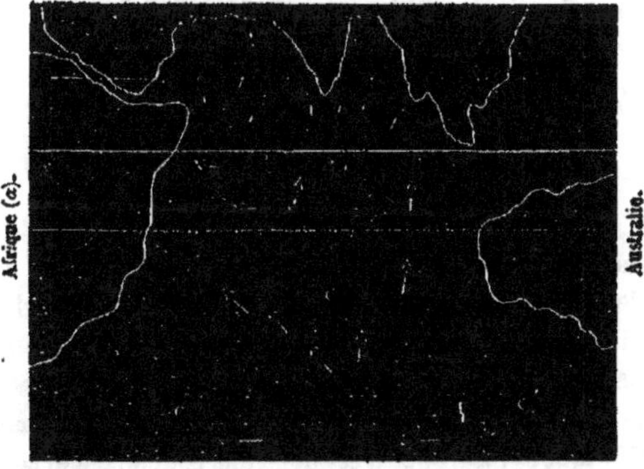

(a) Région des pluies tropicales d'Afrique en été, où arrive l'air de l'océan Indien et de l'océan Pacifique en parcourant toute la largeur d'Asie.

Vents conduisant l'air, en hiver, de l'océan Indien vers les continents, et bandes des calmes indiquant l'origine des vents divergents.

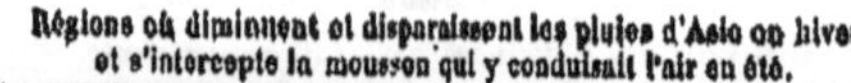

Figure 139,

Régions où diminuent et disparaissent les pluies d'Asie en hiver et s'intercepte la mousson qui y conduisait l'air en été.

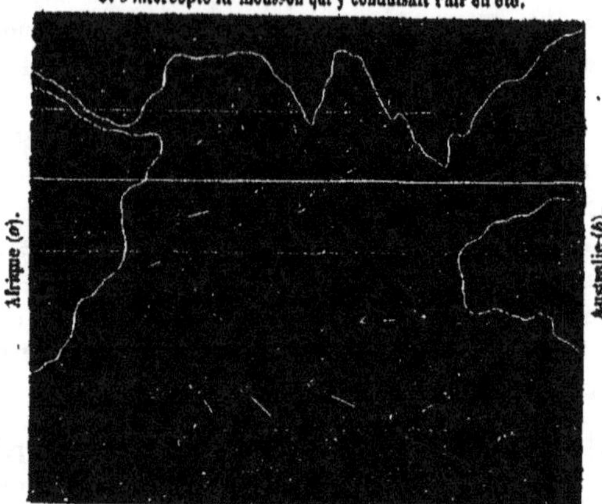

Régions C'C' de l'océan Indien parcourues par l'air produit dans l'océan Pacifique.

(a) Régions des pluies tropicales d'Afrique en hiver, où arrive l'air de la mousson partant des bandes C'C, C"C" des calmes l'océan Indien.
(b) Régions des pluies tropicales en Australie.

D. CALMES PERMANENTS ET CALMES MOBILES.

§ 988. I. **Calmes permanents.** En fait de calmes immobiles, il n'en existe qu'un seul dans l'Atlantique, au nord de la limite de l'alizé et entre les commencements des vents dirigés vers l'Afrique et des vents dirigés vers l'Europe. La permanence de ces calmes résulte des étendues constantes de l'alizé et des deux autres systèmes des vents dirigés vers l'Afrique et l'Europe. C'est donc une couche d'eau stagnante qui occupe même les régions, et pour cela elle se couvre

de plantes marines et de *fucus*. L'eau chaude du *Gulf-Stream*
passe par l'extrémité boréale de cette région des calmes *c'*,
c', *c'* (fig. 136) occupée par des plantes et nommée pour
cela *mer de fucus*.

Les marins savent bien que le vent reste contraire jusqu'à cette mer et qu'il devient favorable de l'autre côté;
pour cette raison les premiers navigateurs qui parcoururent
cette mer de fucus, la considéraient comme le sommet des
montagnes maritimes. Les plantes aquatiques se produisent
également dans les étangs et les lacs où l'eau s'écoule lentement, mais elles ne peuvent pas exister sur les fleuves ou
les rivières dont l'eau est agitée.

§ 989. II. **Calmes mobiles.** Partout ailleurs, excepté
dans la région de la *mer de fucus*, l'eau est déplacée et agitée
dans les mers comme dans les fleuves, et c'est pour cela que
les plantes marines y manquent. Cette agitation de l'eau
résulte en partie des courants maritimes, mais en général
elle est un effet des poussées de la part de masses d'air
pareilles à celle qui déprime le niveau de la mer par l'abaissement des courants et soulève une masse d'eau sous forme
d'un cône de 5 à 7 mètres de hauteur par les courants
ascendants. Il a été constaté dans les trombes maritimes
que les vapeurs produites dans les couches inférieures font
apparaître des espaces raréfiés et de violents coups de vent
sans la présence des nuages, parce que ces vapeurs se déposent immédiatement sur la surface de l'eau.

Il y a, dans la région des calmes mobiles, des orages et
tempêtes, forts, mais courts, qui apparaissent pendant le
déplacement de la région des calmes. La poussée ne résulte
que de la vitesse du mouvement qui correspond au degré
de la destruction de l'équilibre aérostatique. Sur les côtes
les orages résultent également des combinaisons des éléments d'air et de l'apparition des espaces raréfiés; cependant la masse M d'air qui se précipite dans ces espaces ne
se trouve pas à l'état d'immobilité, mais a déjà un mouve-

ment de vitesse v, et la vitesse qui résulte est la somme $v+v'$, provenant de celle v qui existe déjà et de celle v' qui résulte de la rupture de l'équilibre.

§ 990. III. **Orages maritimes d'été.** Les typhons et les ouragans n'éclatent donc pas dans les régions des calmes, mais, 1° sur les côtes d'Asie, dans la mer des Indes, où toute la masse d'air est en mouvement; 2° sur les côtes sud de Madagascar; 3° sur les côtes sud d'Asie, et 4° dans la mer des Antilles. Le même effet a lieu pour les tempêtes fréquentes de la Méditerranée sur les côtes d'Europe où se terminent les versants des Alpes et des Apennins, et pour celles de la mer Noire, de la Baltique et de la mer Caspienne. En été les tempêtes, dans ces quatre dernières mers, ne sont pas très-fortes, parce que l'air y est produit et que, pour cela, il n'est pas tout en mouvement. Mais en hiver, quand l'air n'y est pas produit, en arrivant de loin, il est déjà tout en mouvement; de sorte que les espaces raréfiés, ou même ceux qui sont moins vastes, produisent en hiver des coups de vent et des tempêtes beaucoup plus forts que ceux d'été.

IX. — DÉPLACEMENT DE LA CHALEUR SOLAIRE PAR LES VENTS.

§ 991. La chaleur lumineuse traverse l'atmosphère et une couche d'eau d'une épaisseur considérable, mais le sol repousse la lumière et ne livre passage qu'à la chaleur obscure; pour cette raison, l'eau de la superficie de mers tropicales a une température presque égale à celle de l'air, tandis que le sol obtient une température au-dessus de 60°, quand celle de l'air est de 25° ou 30°. Dans la mer s'opère graduellement la séparation de la lumière et de la chaleur; mais celle-ci reste à l'état obscur à des profondeurs différentes et non pas dans la couche superficielle.

Les molécules μ d'air partent de la région des calmes et reçoivent successivement celles μ', μ'', μ'''.... produites dans les régions de la mer tropicale; en même temps ces régions communiquent une partie θ de leur chaleur aux molécules μ dont la température T s'élève pour devenir $T + T'$ sur les côtes, et $T + T' + T''$ dans les régions des pluies tropicales.

L'air qui avance avec sa température $T + T'$ vers les latitudes supérieures communique à ces pays une partie θ de sa chaleur, et c'est ainsi que sa température baisse pour devenir T, et puis $T - T' - T''$ quand il arrive aux régions polaires ; ainsi il y a une élévation de température locale.

Enfin, l'air de température polaire $T - T' - T''$, en avançant vers les latitudes inférieures, absorbe une partie θ de leur chaleur solaire; les pays éprouvent ainsi un abaissement de température et deviennent aussi froids que les régions polaires de température $T - T' - T''$.

§ 992. **Élévation de température des vents des régions tropicales.** C'était une chose inexplicable pour les physiciens que l'inégale distribution de température dans les deux hémisphères et dans les mêmes latitudes de chacun des deux hémisphères. Ici cette inégalité de température se trouve physiquement liée avec les vents, de sorte que les faits d'une espèce servent à contrôler ceux de l'autre espèce.

L'air ne possède dans les mers tropicales sa température locale que dans les régions des calmes méridionales ; en partant de ces régions en directions divergentes, les molécules μ d'air reçoivent, des régions qu'elles parcourent, une partie θ de chaleur, et ainsi, leur température T s'élevant, devient $T + T'$ sur les côtes. Toutes les observations thermométriques donnent des résultats d'un parfait accord. Ainsi, les régions des calmes méridionales sont indiquées dans les océans Pacifique et Atlantique par un minimum de température. (Voir *Atlas météorologique*.)

Les maxima de température ne se trouvent que dans les continents situés vers les régions pluviales ; celui qu'on trouve dans l'Amérique du Sud est le plus faible, ensuite

viennent ceux des côtes du golfe du Mexique, de l'Asie, et
c'est celui d'Abyssinie qui surpasse tous les autres ; la température s'y élève même jusqu'à 50°. Chacun de ces maxima
correspond à la distance que doit parcourir l'air pour arriver à la région pluviale ; cette distance D est médiocre
pour les pluies d'Amérique ; elle est plus grande, D + D',
pour celle d'Asie, et elle est très-grande, D + D' + D'', pour
les pluies d'Abyssinie, car c'est l'air de l'océan Pacifique
qui traverse toute la largeur de l'Asie, au nord de l'Himalaya, et arrive en Afrique.

§ 993. II. **Élévation de température des zones
tempérées par les vents.** Dans les pays où règnent, en
été et en hiver, les mêmes vents, les amplitudes A thermométriques annuelles sont médiocres ; celles-ci sont considérables, A + A', dans les pays où règnent en été les vents
du sud et en hiver les vents du nord. Les vents du sud qui
parcourent les continents amènent une chaleur plus grande
que ceux qui parcourent l'Atlantique. En été les pays situés
dans l'Asie et l'Europe orientale reçoivent, par les vents
sud, l'air séparé de l'alizé boréal de l'océan Pacifique, l'air
de la Méditerranée et des mers Noire et Caspienne ; cet air
chaud y produit une élévation de température T + T' + T''
supérieure à celle T + T' de l'Europe occidentale qui résulte
de l'air atlantique moins chaud.

§ 994. III. **Abaissement de la température des
pays par les vents.** En hiver la production de l'air s'interrompt dans les mers Noire et Caspienne ; elle diminue dans la
Méditerranée, et ne conserve son activité que dans les mers
tropicales de l'hémisphère sud, d'où, par l'Atlantique, l'air
arrive dans l'Europe occidentale, tandis qu'en Asie et dans
l'Europe orientale, il n'arrive, par les vents du sud, qu'une
masse médiocre d'air ; le reste est conduit par l'océan Pacifique vers les régions polaires, et cet air avec la température polaire T — T' — T'', se propage aux latitudes inférieures comme vents de nord-ouest, de nord et de nord-est

pour se rendre aux régions pluviales qui se déplacent dans
la moitié sud de la zone tempérée, comme les régions tropicales se déplacent au sud de l'équateur.

§ 995. **IV. Amplitudes thermométriques annuelles.**
Elles sont insignifiantes aux hauteurs des Andes du Mexique
et du Pérou ou règnent perpétuellement les vents d'ouest
conduisant l'air produit dans l'océan Pacifique. Les vents
de sud-ouest règnent aux îles britanniques sur les côtes occidentales d'Europe et de l'Amérique du Nord ; sur celles de
l'Amérique du Sud règnent les vents de nord-ouest ; sur
les côtes orientales d'Australie, ceux de nord-est. En tous
ces pays l'hiver n'est jamais très-froid, et ainsi sont médiocres
les amplitudes ; elles sont de 10° environ sur les côtes d'Europe et aux îles Britanniques, et de 20° à Vienne. En s'é-
loignant des côtes occidentales d'Europe, les amplitudes
croissent et atteignent leur maximum, soit de 56°,10 au
milieu de l'Asie et de l'Europe, à Iakoutsk.

§ 996. **V. Rapport entre les amplitudes annuelles
et les saisons des pluies.** En Europe, au *nord-est*, les
pluies se soutiennent par les combinaisons des éléments d'air
produits en été de la décomposition ou de l'eau des mers
Noires, Caspienne et Méditerranée. En Europe, au *sud-ouest*
se soutiennent les pluies par l'air de l'Atlantique et de la
Méditerranée ; de sorte qu'il n'y a aucune différence entre les couches d'eau des pluies esti-
vales.

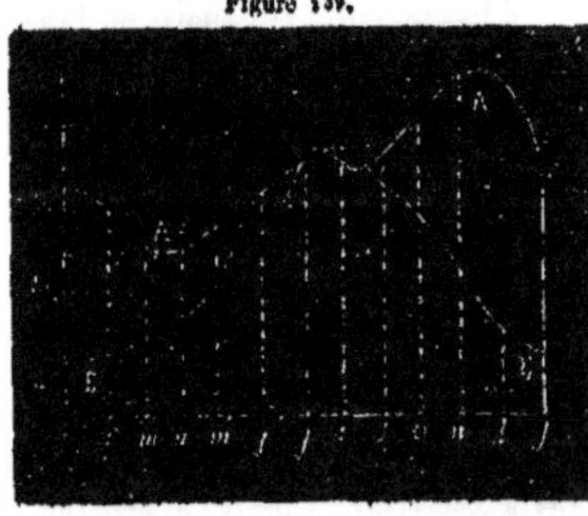
Figure 139.

En hiver, les mers Noire et Caspienne ne produisent pas d'air, la Méditerranée en produit peu ; ce manque de production d'air n'a aucune influence sur les pluies hivernales
d'Europe, au *sud-ouest* ; ainsi les pluies se multiplient en

automne et surtout en hiver, tandis qu'elles diminuent beaucoup en Europe, au *nord-est.*

La courbe EE (fig. 139) indique les pluies d'Europe au nord-est et AA celles d'Europe au sud-ouest; en été il n'existe pas de différence; mais celle-ci résulte des pluies des autres saisons. En faisant donc la comparaison entre les ordonnées des deux courbes, on y trouve des différences qui correspondent aux amplitudes indiquées dans le tableau suivant.

Amplitudes thermométriques annuelles en Europe.

LIEUX.	HIVER.	ÉTÉ.	AMPLI-TUDE.
	degrés.	degrés.	degrés
Iles Britanniques.			
Feroë.	5,90	11,60	6,70
Ile Unst (Shetland)	4,05	11,92	7,87
Ile de Man. . . .	5,59	15,08	9,49
Edimbourg. . . .	5,47	14,07	10,60
Aberdeen. . . .	5,59	14,57	11,18
Kinfanus-Castle.	2,94	14,17	11,25
Londres.	5,22	16,75	15,53
Lancastre. . . .	5,58	15,32	11,74
Kendal.	2,03	14,52	12,29
Penzance. . . .	7,06	15,85	8,79
Holston.	6,19	16,00	8,81
France et Hollande.			
Amsterdam. . .	2,67	18,79	16,12
Middelbourg. . .	1,92	16,92	15,00
Maestricht. . . .	2,84	18,12	15,28
Bruxelles. . . .	2,56	19,01	16,45
Franeker.	2,56	19,57	17,01
La Haye.	3,46	18,63	15,17
Saint-Malo. . .	5,67	19,90	13,25
Dunkerque. . . .	5,56	17,68	14,12
La Rochelle. . .	4,78	19,22	14,44
Paris.	3,50	18,01	14,42
Montmorency. .	3,21	18,96	15,72

LIEUX.	HIVER.	ÉTÉ.	AMPLI-TUDE.
	degrés.	degrés.	degrés.
Allemagne.			
Danzig.	—1,11	16,62	17,85
Baireuth	—1,20	16,03	17,23
Berlin.	—1,01	17,18	18,19
Augsbourg. . . .	—1,08	16,80	17,88
Apenrade. . . .	0,75	16,24	15,48
Dresde.	—1,20	17,21	18,41
Cuxhaven. . . .	0,51	16,76	16,25
Tubingue. . . .	—0,02	17,01	17,03
Sagan.	—2,65	18,20	20,85
Munich.	0,12	17,96	17,84
Ratisbonne. . . .	—1,93	19,68	21,61
Hambourg. . . .	0,40	18,96	18,56
Lunebourg. . . .	0,05	17,25	16,50
Prague.	—0,44	19,93	20,57
Vienne.	0,18	20,30	20,18
Russie.			
Pétersbourg. . .	— 8,70	15,96	23,66
Abo.	5,79	16,14	21,91
Moscou.	—10,22	17,53	27,77
Kasan.	—15,06	17,35	31,11
Barnaoul.	—14,11	16,57	30,68
Slataoust.	—16,49	16,08	32,57
Irkoutsk.	—17,88	16,00	33,88
Jakoutsk.	—38,90	17,20	56,10

§ 997. Régions anombres ou sans pluies. Dans les régions pareilles les amplitudes thermométriques annuelles sont très-médiocres, parce qu'elles ne se trouvent qu'autour des régions des pluies tropicales, et sont, à cause de cela, parcourues continuellement par des vents invariables. Par exemple, les pluies tropicales d'Afrique sont entretenues, en été et en hiver, du côté du nord 1° par les masses d'air de l'Atlantique et de la Méditerrannée qui parcourent le Sahara, et 2° par celle de l'océan Pacifique qui parcourent les déserts de Libye, d'Arabie et de Mongolie. Il en est de même pour les pluies tropicales d'Amérique qui ne manquent jamais sur le versant oriental des Andes; la moitié occidentale de ces pluies est entretenue par l'air de l'océan Pacifique qui s'écoule continuellement sans que sa direction change beaucoup. Le même effet a lieu pour les alizés.

Les molécules d'air partent des mers comme elles se trouvent en contact entre elles, sans éprouver les divers changements de température qui sont nécessaires pour l'apparition des courants thermoélectriques et les combinaisons des éléments d'air dont provient l'eau.

X. — ABAISSEMENTS DU BAROMÉTRE INDIQUANT LES VENTS VERTICAUX
OU LES VENTS HORIZONTAUX.

§ 998. La rupture de l'équilibre aérostatique est la cause des déplacements de l'air vers les espaces qui présentent une résistance inférieure; l'abaissement du baromètre indique une diminution de pression de la part de l'atmosphère. Cette diminution résulte à la fois d'une diminution réelle d'air et d'un courant ascendant vers les espaces raréfiés, où existe aussi une diminution d'air, mais non pas un manque d'éléments matériels, car les masses d'eau s'y multiplient. Pour mettre mieux en relief les deux causes de l'abaissement du baromètre, il faut comparer celle dont

résultent les périodicités diurnes des vents et du baromètre
avec celle dont résultent les directions des vents des régions dont la grande masse d'air est indiquée par le baromètre élevé vers les régions dont la masse inférieure d'air
est indiquée par le baromètre moins élevé.

§ 999. I. **Cause des périodicités diurnes des
vents et des baromètres.** La chaleur obscure, en s'élevant lentement du sol, produit dans l'atmosphère des couches, dont l'épaisseur h a dans la face inférieure f' une
température T, et dans sa face f supérieure $T - 1°$. Les
éléments d'air se combinent promptement dans les couches
où est petite l'épaisseur h qui varie pour chaque couche
jour et nuit, suivant les quantités de chaleur Θ ou $\Theta \pm \theta$ que
chaque pays reçoit du Soleil, comme cela résulte de la
comparaison entre les courbes thermométriques (fig. 127)
et les courbes barométriques (129 A du tableau, § 943).

Les vents de jour qui conduisent l'air des côtes et des
plaines dans les vallées correspondent à l'abaissement du
baromètre, qui résulte des combinaisons d'air dans les élévations médiocres H au-dessous des sommets des montagnes où le baromètre monte; alors l'hygromètre indique
un manque de vapeur dans la couche inférieure.

Il se manifeste un calme vers le coucher du Soleil;
quand la vapeur produite pendant la durée du jour descend, l'hygromètre monte et la rosée apparaît; pendant ce
calme, le baromètre monte, parce que les combinaisons
d'air s'interrompent presque dans la hauteur H, et qu'elles
commencent avant minuit dans la hauteur H + H', où diminue l'épaisseur h des couches dont les faces f' et f ont les
températures T', $T' - 1°$. A cette époque commence le vent
de nuit qui conduit l'air des couches supérieures le long des
versants des vallées vers les plaines et les côtes pour remplacer les masses d'air qui s'élèvent vers les espaces raréfiés
dans la hauteur H + H'.

La masse d'air du vent nocturne est médiocre; pour

cette raison, elle ne suffit pas pour que ce vent se prolonge beaucoup dans l'intérieur de la superficie de la mer, comme cela est constaté par la rosée qui n'apparaît sur les cordages des navires que quand les côtes ne sont pas fort éloignées.

Le lendemain, au lever du Soleil, le baromètre est dans son minimum et l'hygromètre dans son maximum. Plus tard, le vent du jour recommence avec l'abaissement du baromètre et de l'hygromètre. On peut alors constater l'abaissement du baromètre par un courant d'air ascendant qui arrive de la mer où il est produit.

§ 1000. II. **Cause barométrique des vents horizontaux.** L'eau des mers se décompose pour se transformer en air, et les éléments de l'air se combinent dans les continents pour produire les pluies. Il y a donc une rupture d'équilibre indiquée aux régions des calmes par le maximum du baromètre, et aux régions pluviales des latitudes supérieures par un minimum barométrique. Pour étudier les abaissements graduels de la pression atmosphérique, il faut suivre la voie de chaque vent. Le vent qui conduit l'air des extrémités des alizés de l'océan Pacifique aux îles de Kamtchatka résulte d'une inégalité de pression de 12^{mm},88. 1° Dans l'Atlantique, le maximum de pression atmosphérique se trouve dans les calmes de la mer de fucus; elle diminue graduellement, non pas suivant les latitudes géographiques, mais suivant la succession des pays que le même vent parcourt. Le même effet a lieu pour le vent qui parcourt l'Italie, en amenant l'air de la Méditerranée aux régions pluviales des Alpes, et pour le vent polaire qui amène l'air de l'océan Pacifique par l'extrémité nord de l'Amérique dans la mer du Groënland et dans la mer Polaire. Les résultats suivants des observations ne sont pas en défaut, parce qu'ils sont d'accord avec ceux trouvés suivant la loi aérostatique.

I. Vent de la Méditerrannée et abaissements graduels du baromètre.

Tripoli.	707,41	Bologne.	762,18
Palerme.	762,54	Padoue.	762,18
Naples.	762,54	Avignon.	762,02
Rome.	762,40	Florence.	761,05

II. Vent de l'Atlantique et abaissement graduel du baromètre.

Madère.	765,18	Edimbourg.	758,28
Paris.	761,41	Christiania.	758,04
Londres.	760,98	Hardanger.	756,94
Altona.	760,42	Reiklavig.	752,00
Danzig.	760,10	Goldthaab.	751,94
Apenrade.	759,58		

III. Vent de l'océan Pacifique et abaissement du baromètre.

Ile Melville.	759,08	Spitzberg.	756,28
Groënland.	758, ?		

Cet écoulement d'air de la bande des calmes méridionale *c'c'* de l'océan Pacifique produit une élévation du baromètre dans les latitudes supérieures du récipient atlantique. Il en résulte qu'aux pays où règne le vent atlantique, le baromètre s'élève par les vents qui y conduisent l'air de la mer du Groënland et de la mer Polaire, ainsi que cela résulte de la loi aérostatique avec laquelle s'accordent les résultats du tableau suivant obtenus par les observations locales.

*Pressions barométriques sous les roses des vents dans les pays
de la région du vent atlantique.*

VILLES.	VENTS							
	N.	N.-E.	E.	S.-E.	S.	S.-O.	O.	N.-O.
Paris.	759,09	759,49	757,24	754,03	753,15	753,52	755,57	757,78
Londres.	759,20	760,71	758,95	756,83	754,57	755,93	757,28	757,05
Apenrade.	758,52	700,55	759,52	760,55	754,01	750,90	758,50	758,97
Middelbourg. . .	762,61	701,75	701,52	756,99	753,29	754,40	758,07	757,04
Hambourg.	758,86	759,76	756,64	758,41	755,48	754,80	756,83	758,41
Copenhague. . . .	764,59	765,13	763,69	759,40	759,54	759,11	761,07	763,49
Minden.	760,15	760,37	759,83	756,49	754,07	755,28	756,58	760,15
Carlsruhe	755,14	755,59	754,73	752,34	750,61	752,36	755,38	754,67
Berlin.	758,08	759,36	758,77	754,69	751,35	752,57	756,00	757,68
Halle.	755,61	756,00	754,51	752,14	751,10	751,59	752,31	754,24
Stockholm.	757,01	758,88	757,31	754,73	755,90	754,12	750,01	756,56
Pétersbourg. . . .	759,72	761,97	762,00	762,25	759,90	759,88	759,45	757,68
Moscou.	743,07	743,06	743,90	741,74	740,65	740,34	741,06	741,76
Vienne.	745,88	745,14	745,78	748,30	747,74	745,89	745,74	749,10
Bade.	745,08	744,00	743,85	745,82	741,88	740,52	742,77	743,75

Il avait été jusqu'à présent impossible de comprendre la
grande différence entre les élévations du baromètre sur les
côtes et dans l'intérieur des continents, comme cela résulte
des chiffres des trois dernières villes du tableau, comparés
avec ceux de Londres et de Pétersbourg. Encore moins était-
on en état de relier les hauteurs barométriques avec les
vents des directions différentes.

Résumé. 1° Tous les vents ont leur origine dans les
régions des calmes au milieu des mers. 2° Tous ils ont
leur fin aux régions pluviales. 3° Le baromètre atteint
la plus grande hauteur aux régions des calmes, et son
point le plus bas aux régions pluviales. 4° Dans les latitudes tropicales, la plus basse température est dans les
régions des calmes, et elle s'élève avec l'éloignement de
l'air conduit par le vent pour atteindre un maximum dans

les régions pluviales; le maximum thermométrique des régions pluviales d'Abyssinie surpasse tous les autres, parce qu'il est analogue à la grande distance que parcourt l'air du milieu de l'océan Pacifique. 5° Au milieu de chacun des trois océans, la température est inférieure entre l'équateur et le tropique sud et supérieure entre l'équateur et le tropique nord, parce que l'air chaud équatorial passe au nord et qu'il est remplacé par l'air moins chaud produit de l'eau des mers de l'hémisphère sud. 6° Cet abaissement de température de l'hémisphère sud est d'un degré supérieur dans l'espace parcouru par le vent de sud-ouest, qui conduit l'air de l'océan Pacifique vers l'isthme de Panama. Le même effet a lieu dans l'océan Indien en été, quand la mousson conduit l'air aux régions pluviales d'Asie.

De l'ensemble de ces faits, des amplitudes barométriques diurnes et annuelles, de celles sous les voies des vents différents et des amplitudes thermométriques de tous les pays, il résulte que la rupture de l'équilibre dans l'atmosphère est produite : 1° par l'augmentation de la masse d'air sur les mers provenant de la décomposition de l'eau, et 2° par la diminution de la masse d'air aux régions pluviales, où ses éléments se combinent pour reproduire l'eau dont ils ont été produits eux-mêmes ; ainsi les vents résultent en même temps d'une impulsion et d'une aspiration.

CHAPITRE V.

THERMOÉLECTRICITÉ

PRODUISANT

LES ÉCLAIRS, LES TONNERRES, LES AURORES BORÉALES, LES COURANTS
MAGNÉTIQUES ET LA LUMIÈRE ZODIACALE.

§ 1001. Toutes les espèces de faits résultent, dans la
Terre, des éléments de l'eau et de ceux des rayons solaires.
Ce sont les éléments impondérables de l'électricité qui,
doués d'une tendance innée à se dilater, c'est-à-dire à augmenter de volume, communiquent leur mouvement aux
atomes matériels de l'eau qui obéissent en même temps à
la pesanteur. Les différences entre les faits ne résultent donc
pas de la cause motrice qui est toujours la *thermoélectricité*,
mais des corps dont le milieu est parcouru par elle. Ces corps
sont : 1° l'air, 2° la masse solide de la Terre, 3° la masse
liquide; ensuite l'écoulement de la thermoélectricité s'opère
1° entre les continents et l'air, 2° entre les mers et l'air, et
3° entre la masse solide et l'eau.

§ 1002. Les inégalités T' des températures ou les amplitudes thermométriques résultent 1° de l'inégale distribution
des rayons solaires sur la surface du globe; 2° de l'inégale
pénétration de la chaleur lumineuse dans le sol et dans les
mers. Nous savons que des espaces où ils sont en densité
supérieure, les atomes de chaleur se dispersent vers les directions où ils trouvent le minimum de résistance. C'est alors

que ces atomes de chaleur se décomposent en électricité négative qui s'éloigne et sollicite l'affluence de la positive qui se sépare des atomes de lumière stationnaire. La densité δ de chaleur en écoulement donne naissance à une densité égale des électricités positive et négative qui s'écoulent en direction opposée.

Pour rendre plus claire la production des faits dans l'atmosphère et dans la Terre, après avoir constaté l'inégalité T' entre les températures ou leur amplitude thermométrique, nous déterminons les directions des courants et leurs effets qui se manifestent : 1° comme lumière quand s'opère la combinaison d'un excédant d'électricité positive avec la négative ; 2° comme une poussée quand l'aiguille magnétique dévie en indiquant leur direction et leur densité ; 3° comme une poussée double quand dans l'atmosphère l'électricité positive entraîne les atomes d'oxygène d'air et que la négative en entraîne les atomes doubles d'azote pour les faire se mêler et produire des atomes d'eau, ou quand dans les mers l'électricité positive sépare de 4 atomes d'eau 1 atome d'oxygène et fait en résulter un reste qui est 1 atome double d'azote.

1. — MODE DE LA PRODUCTION DE FAITS ÉLECTRIQUES DANS L'ATMOSPHÈRE.

§ 1003. Nous en distinguerons les espèces suivantes : 1° celle qui est observée comme *électricité atmosphérique* pendant les jours sereins, et qui se présente pendant les états orageux et nommée *électricité des orages*. Il est déjà reconnu par tous les physiciens qu'il n'existe aucune différence entre la thermoélectricité et l'électricité des piles ou des machines.

§ 1004. **Périodicité double de l'électricité diurne des jours sereins.** Il y a le matin, en été, vers neuf heures, un maximum d'électricité, et le soir, un autre après le cou-

cher du Soleil; des deux minima l'un est de deux à trois
heures du soir et l'autre le lendemain au lever du Soleil, ou
un peu avant. La périodicité des densités des courants électriques indique l'existence d'une périodicité de l'écoulement
des atomes de chaleur : 1° le matin la chaleur s'écoule du
sol vers la couche c' inférieure de l'atmosphère, il en résulte
une élévation rapide du thermomètre, et 2° le soir la chaleur s'écoule de la couche inférieure d'air c' vers la couche
c supérieure, d'où résulte un abaissement rapide du thermomètre.

Les deux minima d'électricité correspondent aux deux
époques des tropes thermométriques, quand la couche inférieure c' reçoit du sol une quantité de chaleur égale à celle
qui s'en éloigne vers la couche c. Pendant ces deux époques
thermométriques existent les minima de variations de l'é-
paisseur h de la couche d'air qui a la température T dans
sa face f inférieure et celle T — 1° dans sa face f supérieure
(§ 943).

§ 1005. **Liaison physique entre les périodicités
de tous les instruments méthéorologiques.** 1° Les
quantités Θ ou $\Theta — \Theta'$ d'atomes de chaleur en écoulement
dans la couche c' d'air, qui commence à 1 mètre environ
au-dessus du sol, déterminent les quantités qE ou $(q — q')$E
d'éléments électriques en écoulement; ainsi correspondent
les maxima de la vitesse du mouvement du thermomètre, à
ceux de l'intensité ou de la densité des éléments électriques,
de même que les deux minima correspondent aux deux
tropes du thermomètre.

2° Quand dans la face f' inférieure de la couche c' d'air s'é-
coule le minimum de chaleur $\Theta — \Theta'$ aux deux époques indiquées, il s'en écoule le maximum Θ dans la face supérieure f de la même couche dont l'épaisseur, qui est h après
midi, devient $h + h'$ après minuit. Cette chaleur Θ décomposée produit les électricités $q\bar{E}$ et $q\bar{E}$ dont la négative $q\bar{E}$
entraîne les atomes doubles d'azote en haut, et la positive

$q\tilde{E}$ entraîne les atomes d'oxygène en bas ; de la combinaison des atomes résulte donc la vapeur d'eau, et les espaces raréfiés vers lesquels remonte l'air de la couche c', et il fait diminuer la pression de la colonne atmosphérique qui produit l'abaissement du baromètre. Son abaissement du soir correspond aux combinaisons d'air opérées dans la hauteur H et celui du matin correspond à celle opérées dans la hauteur $H + H$.

3° La vapeur produite pendant le jour dans la hauteur H ne commence à descendre que quand s'affaiblit le courant ascendant ; premièrement, l'hygromètre commence à monter et puis le baromètre. Le baromètre atteint un maximum, quand les combinaisons d'air s'interrompent dans la hauteur H et vont commencer dans celle $H + H'$, l'hygromètre continue de monter très-lentement ou il reste stationnaire pendant que les combinaisons d'air s'opèrent dans la hauteur $H + H'$; alors le baromètre baisse pour atteindre son minimum matinal. Immédiatement après se précipite la vapeur produite dans la hauteur $H + H'$, et c'est alors que l'hygromètre atteint son unique maximum.

Vers neuf heures le baromètre atteint son maximum matinal, la vapeur diminue et reste presque comme elle était au coucher du Soleil de la veille. A cette époque commence à s'écouler du sol une quantité de chaleur Θ supérieure à celle $\Theta - \Theta'$ qui s'éloigne de la couche c', la vitesse de l'élévation du thermomètre augmente et l'intensité électrique aussi.

4° Quand les combinaisons d'air commencent à s'opérer dans la hauteur H, le baromètre baisse et apparaît le vent qui va de la mer vers les côtes et des plaines vers les vallées pour remonter les versants de leurs embranchements jusqu'à la hauteur H des espaces raréfiés. Quant la nuit ceux-ci se transfèrent dans la hauteur $H + H'$, les masses d'air qui s'y élèvent des plaines et des mers ne sont plus remplacées par de nouvelles masses produites des éléments de l'eau ; pour cette raison alors descendent d'autres masses d'air des couches supérieures c de l'atmosphère, elles s'écoulent le long des versants des embranchements des vallées et arrivent aux plaines et aux côtes pour pénétrer à quelques lieues dans l'intérieur de la superficie de la mer.

§ 1006. **Électricité des orages et éclairs.** Il y a ici à distinguer deux espèces de cohsommation d'électricité produite en masses supérieures à cause du grand rapprochement de l'air chaud du courant ascendant et de l'air froid qui descend. De ces masses d'air une partie se combine par la consommation d'une masse $q'E$ d'électricité ; il reste alors la positive $q\overset{+}{E}$ accumulée dans l'air froid, et la négative $q\overset{-}{E}$ dans l'air chaud où sont répandues les vapeurs à l'état opaque et visible comme nuages épais. Ces électricités se trouvent isolées par une masse d'air a qui empêche leurs rencontres ; celle-ci apparaît comme éclairs, dès que la vapeur pénètre dans l'air du milieu a pour faire diminuer la résistance. En même temps le thermomètre se soutient invariable autour du sol, et pour cela il n'y apparaît aucune production de thermo-électricité.

Éclairs. Les deux électricités obtiennent des accumulations rapides analogues aux masses d'atomes $\Theta + \Theta'$ de chaleur décomposée par le rapprochement des masses d'air A' chaud et d'air A froid : ce rapprochement est occasionné par les combinaisons des atomes d'oxygène avec les atomes doubles d'azote. Ainsi les atomes $\Theta + \Theta'$ de chaleur se décomposent dans les espaces raréfiés, d'où il ne résulte pas des combinaisons des éléments d'air ; mais les électricités produites s'accumulent dans les nuages où elles se déchargent et se combinent pour produire du bruit, de la chaleur et de la lumière, comme cela a lieu dans toutes les étincelles obtenues dans les décharges d'électricité des machines.

§ 1007. **Production de vapeur sans éclairs, et éclairs sans production de vapeur.** I. Dans tous les cas où il se combine de petites quantité d'atomes d'air, celles qui les remplacent sont également petites, de sorte que la température n'y éprouve qu'un changement trop médiocre pour donner naissance à une accumulation de masses de thermo-électricité ; cela a lieu également dans les productions diverses de vapeur indiquées par l'hygromètre, et dans celles dont résultent les pluies fines.

II. Les décharges électriques s'opèrent chaque fois qu'il y a accumulation d'électricité positive ou d'électricité négative, mais pour cela il faut une diminution de résistance de la part de l'air ambiant. A la suite de longues sécheresses, apparaissent le soir des éclairs qui durent plusieurs heures sans qu'il existe nulle part le moindre nuage. Il a été prouvé qu'il existe un manque absolu de pluies dans les déserts parcourus continuellement par un seul et même vent ; telle est également la cause des longues sécheresses. Il y a, en pareil cas, accumulation d'électricité dans la couche supérieure c de l'atmosphère, et c'est elle qui occasionne les éclairs observés le soir, quand l'air humide exerce une résistance moindre que l'air sec du jour.

Ainsi les éclairs et les foudres ne sont pas inséparables de la combinaison de l'oxygène avec l'azote, et la production de la vapeur et des nuages ; quand celle-ci est très-active, les éclairs ne peuvent pas manquer, mais il n'en résulte pas que les combinaisons des éléments d'air doivent toujours accompagner les éclairs ou les décharges électriques ; en effet, ceux-ci répétés au moyen des appareils les plus puissants, ne donnent aucun signe de combinaison entre des éléments d'air pour produire de l'eau.

III. Quand dans un orage commence à baisser la température dans la couche c', il apparaît une électricité en rapport avec la vitesse de l'abaissement du thermomètre ; mais les physiciens la considèrent comme abaissée avec la pluie : le même effet a lieu à un degré supérieur, pendant les averses de la grêle.

IV. Les voyageurs sur les hauteurs des versants des vallées, ou les aéronautes, dans les espaces raréfiés, se trouvent enveloppés dans un nuage épais et y voient la lumière des étincelles électriques, ils en entendent le bruit, et souvent ont été foudroyés ceux qui se trouvent aux passages des courants qui conduisent l'électricité positive accumulée aux masses froides d'air vers la négative qui se trouve accumulée dans l'air le moins froid et dans le sol.

§ 1008. **Tonnerres.** Les tonnerres consistent souvent en un bruit qui se prolonge avec un roulement; d'autres fois le bruit est fort, court, sec, et interrompu sans diminution graduelle : il y a des éclairs qui ne sont suivis d'aucun tonnerre, il y a aussi du tonnerre qui n'est pas précédé d'éclair. Les bruits forts des tonnerres se distinguent de ceux des canons de gros calibre, non pas par une intensité inférieure, mais par leur propagation qui ne va pas au delà de 1 ou 2 kilomètres, tandis que le bruit des canons, quoique moindre, s'étend au delà de dix lieues. Dans la vallée de Clairy, d'une largeur presque d'un kilomètre, les tonnerres étaient entendus dans le versant nord, et non pas dans le versant sud, pendant le passage de la trombe de 1845 (§ 976). Cette étendue moindre des bruits forts de tonnerre dépend exclusivement de celle des ondes sonores; car l'air, dans lequel elles se propagent avec une vitesse de 340^m par $1''$, recule vers les espaces raréfiés avec une vitesse presque égale, et c'est ainsi que le bruit des tonnerres est limité, tandis que celui des canons, s'il arrive qu'il soit limité dans une direction par l'effet d'un fort vent contraire, s'étendra d'autant plus de l'autre côté.

§ 1009. **Chocs en retour.** Il y a aussi des foudres sans éclairs et sans tonnerres : on connaît bien le mode de leur production qui est le suivant. Un corps isolé V (fig. 141), chargé d'électricité positive $q\ddot{E}$ repousse, des atomes $q\ddot{E}\ddot{E}^2$

de chaleur de l'intervalle AV d'air, une égale quantité $q\ddot{E}$
d'éléments homonymes qui vont à l'extrémité B du corps
AB isolé et il ne reste à l'extrémité A que les éléments $q\ddot{E}$
d'électricité négative. Tout cela s'opère sans que rien soit
ressent dans le corps AB par une personne qui s'y trouverait; comme cela peut arriver quand le corps V est un
nuage d'air froid contenant de la vapeur à l'état opaque,
et dont l'élévation est médiocre. Si la décharge s'opère
entre ce nuage V et le sol A, il y a un éclair et un éclat de
foudre; mais si l'électricité $q\ddot{E}$ du nuage se décharge vers
la négative $q\ddot{E}$ d'un autre nuage V', ou d'un autre point du
sol A', il aura dans la surface AB une précipitation des deux
électricités $q\ddot{E}$ et $q\ddot{E}$, dont résulte un éclat de foudre sans
éclair ni tonnerre; les effets produits par ces foudres sont
nommés *chocs en retour*.

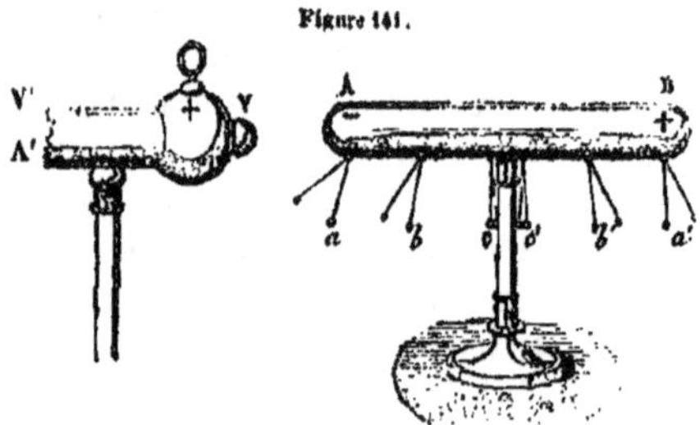

Figure 141.

Les tonnerres sont d'une intensité médiocre quand la
lumière des éclairs est produite par une foule de décharges
successives médiocres, alors la lumière se multiplie, mais le
bruit devient insensible comme cela a lieu dans les éclairs
des sécheresses. J'ai observé souvent les éclairs pareils en
Valachie et en Thrace; quelques fois ils y apparaissent tous
les soirs presque une semaine durant, et cela annonce généralement l'approche de la pluie qui, dans ces pays, manque
souvent deux ou trois mois pendant l'été.

II. — MODE DE L'AIMANTATION DE LA TERRE PAR LE SOLEIL ET DU FER PAR LA TERRE.

§ 1010. État de la Terre aimantée. Il serait impossible d'arriver à cette découverte de la plus haute importance sans être guidé par les directions des courants thermoélectriques et par le mode de l'inégale distribution de la chaleur durant l'été et l'automne, ou durant le printemps et l'hiver, quand chaque pays reçoit du Soleil pendant les deux saisons des rayons égaux à ceux qu'il reçoit pendant les deux autres. Nous savons qu'il y a, 1° superpositions des 183 couches de chaleur 2θ introduites dans autant de profondeurs $p, p+p', p+p'+p''$... du sol, quand le Soleil s'éloigne de l'hémisphère nord, et 2° superpositions des 183 autres couches de chaleur $2\theta-\theta$ introduites dans autant de profondeurs $\pi, \pi+\pi', \pi+\pi'+\pi''$... du sol.

De la chaleur 2θ la quantité $\theta+\theta'$ reste dans le sol de l'hémisphère nord quand le Soleil s'en éloigne et $\theta-\theta'$ passe dans le sol de l'hémisphère sud ; au contraire, quand le Soleil s'éloigne de l'hémisphère sud, il y reste dans le sol la chaleur $\theta+\theta'$ supérieure, et il ne passe dans le sol de l'hémisphère nord que le reste $\theta-\theta'$. Les couches C', C', C'... chaudes de l'hémisphère nord, où est la chaleur $\theta+\theta'$, ont la même direction hélicoïdale que les couches C, C, C... froides de l'hémisphère sud, où est la chaleur $\theta-\theta'$. Mais les couches K', K', K'... chaudes de l'hémisphère sud et celles K, K, K... froides de l'hémisphère nord ont une direction hélicoïdale en sens inverse déterminée par celle du Soleil quand il s'éloigne de l'hémisphère sud.

Les courants thermoélectriques étant dirigés dans chacun des deux hémisphères des couches froides K, K, K..., ou C, C, C... vers les couches chaudes C', C', C' ou K', K', K'... doivent suivre : 1° dans l'hémisphère nord la direction hélicoïdale du Soleil quand il s'en éloigne, et 2° de même dans l'hémisphère sud ils doivent suivre la direction du Soleil quand il s'en éloigne. De sorte que les deux systèmes de courants hélicoïdaux en sens inverse convergent vers l'équateur. L'état de la Terre aimantée consiste : 1° en courants de thermoélectricité en *directions hélicoïdales convergents*, et 2° en *courants méridionaux* qui conduisent la thermoélectricité des régions les plus froides vers les régions les moins froides de la zone torride.

§ 1011. **État du fer aimanté.** Pour obtenir un état aimanté de la Terre, la distribution indiquée de la chaleur solaire est nécessaire ; pour obtenir un état aimanté du fer, il faut les courants hélicoïdaux et méridionaux de la Terre. Une barre F de fer, suspendue dans la direction des courants méridionaux, en éprouve une poussée communiquée dans le même sens à toutes les lames $l, l, l...$ cristallines qui constituent le fer doux. Les faces $f', f', f'...$ électronégatives de ces lames tournent contre les directions méridionales et hélicoïdales, d'où arrivent les éléments de l'électricité positive, et cela pour en exercer le minimum de résistance. De mêmes lames $l, l, l...$ les faces $f, f, f...$ électropositives tournent dans les directions méridionales et hélicoïdales contre les éléments d'électricité négative.

Cet arrangement des lames cristallines $l, l, l...$ qui constitue le fer est constaté au moyen des deux propriétés que la barre F de fer obtient en restant une semaine environ dans la position du méridien.

1° Si la barre F suspendue éprouve une poussée latérale pour dévier de sa position, elle éprouve ainsi des courants méridionaux une grande poussée et leur oppose une résistance égale ; pour que la poussée et la résistance diminuent, la barre est forcée de revenir en sa position méridionale et de livrer passage aux éléments électriques des courants méridionaux.

2° Si la barre reste dans le plan du méridien, mais avec les extrémités N, S renversées, il serait possible de trouver

une position dans laquelle elle éprouve une égale poussée
de tous les côtés de la part des courants méridionaux, mais
cela n'est plus le cas par rapport des courants hélicoïdaux,
dont ceux de nord-est forcent l'extrémité S de la barre à
dévier vers l'ouest, pour décrire une demi-révolution et venir
se placer dans la même direction, mais avec l'extrémité N
vers le nord.

Sans la connaissance de la structure cristalline et du
minimum de résistance de la part des faces hétéroélectriques
des lames qui constituent les cristaux, il serait impossible
de constater la disposition indiquée des lames qui ne résulte
que des poussées exercées de la part des courants terrestres.
Pour se convaincre que cet état du fer aimanté résulte de ses
atomes arrangés et non pas d'une influence des fluides impondérables, on aimante deux barres F, F' qu'on jette par terre
en laissant l'une F revenir à son état amorphe et en donnant
à l'autre F' tous les jours des coups de marteau, et on la
maintient ainsi dans son état aimanté. En effet si, au bout
d'une semaine, on suspend ces deux barres dans la position
méridionale et qu'on les repousse pour les en éloigner, la
barre F y reste sans revenir au plan méridional où revient
la barre F' qui a conservé son état aimanté au moyen des
coups reçus qui ont empêché les lames cristallines de se
déplacer.

Pour se convaincre davantage de la réalité de cet arrangement, les coups de marteau ont été employés sur la barre
F' quand elle était, comme l'autre F, à l'état amorphe. Elles
ont été suspendues parallèlement sur le plan méridional :
l'une F' recevait tous les jours un certain nombre de coups
de marteau, et l'autre F n'en recevait pas ; au bout de deux
semaines la barre F était parfaitement aimantée, tandis que
l'autre F' se trouva dans son état amorphe, telle qu'elle était
dès le commencement de la suspension.

Dans l'*Électrostatique*, page 237, nous avons indiqué en
quoi consiste la trempe et le changement du fer en acier ;

le mode de l'aimantation de celui-ci pour obtenir des magnètes où reste conservé l'arrangement des faces f, f' des lames cristallines l, l, l sans que rien puisse y être ensuite changé par les courants terrestres, quand la barre reste abandonnée dans chaque position. L'arrangement des lames peut être représenté de la manière suivante :

$$f\ldots+\,|\!-\!-+\,|\!-\!-+\,|\!-\!-+\,|\!-\!-\ldots+\,|\!-\!-\ldots m \ldots+\,|\!-\!-\ldots+\,|\!-\!-+\,|\!-\!-+\,|\!-\!-+\,|\!-\!-\ldots f'.$$

Cette disposition des lames empêche la casse, et l'effet attribué à l'*élasticité* n'est qu'une rupture d'équilibre électrique, parce que la densité des éléments électriques augmente du côté où la face φ devient concave et diminue de l'autre où l'autre face φ' est convexe, comme cela a lieu dans les ressorts montés.

§ 1012. Les lames qui constituent les cristaux se trouvent également dans un arrangement pareil à celui des lames de l'acier, mais elles ne peuvent pas changer de position pour prendre celle des directions hélicoïdales des courants terrestres, comme cela a lieu dans les lames cristallines de l'acier, qui acquiert de cette manière la propriété d'avoir toujours l'extrémité N tournée vers le nord.

Les autres métaux, surtout le bismuth, sont constitués également par des lames cristallines qui affectent une disposition analogue à celle des cristaux et à celle de l'acier ; ils obéissent pour cette raison aux courants terrestres méridionaux quand, au moyen des électro-magnètes, les courants terrestres hélicoïdaux sont arrêtés. Les faits de ce genre, attribués par Faraday au *diamagnétisme*, se trouvent exposés dans tous leurs détails dans l'*Électrostatique*. On n'a qu'à poursuivre les directions des courants hélicoïdaux des électro-magnètes et celles des courants terrestres, pour obtenir les explications géométriques de toutes espèces des faits produits au moyen des électro-magnètes.

III.—MODE D'OBSERVATION DES COURANTS THERMOÉLECTRIQUES TERRESTRES AU MOYEN DU MAGNÈTE; MAGNÉTOGRAPHIE TERRESTRE.

§ 1013. Quand on connaît la distribution des parties chaudes et des parties moins chaudes dans la Terre, on peut déterminer la direction des courants thermoélectriques méridionaux. Quand, de l'autre part, les courants des électrodes mobiles suivent la direction d'une hélice parallèle à celle suivie par les courants terrestres, on reconnaît par là que cette hélice doit prendre une position parallèle à celle dans laquelle s'opère l'écoulement des courants terrestres, car c'est ainsi qu'ils en éprouvent le minimum de résistance. C'est donc d'après cette position de l'hélice qu'est déterminée celle des courants terrestres; mais d'une autre part, les magnètes suspendus affectent d'eux-mêmes la même position que l'hélice; nous parvenons ainsi à constater dans les faces f, f' des lames cristallines $l, l, l,$ des magnètes une disposition analogue à celle des atones matériels qui constituent l'hélice.

§ 1014. **Magnètes et courants terrestres.** Pour que l'hélice soit entraînée par les courants terrestres il faut qu'elle soit mobile comme le magnète et parcourue par un courant électrique; un tel courant n'est pas nécessaire au magnète, dont les faces $f' f' f' ....$ électronégatives des lames sont arrangées en forme hélicoïdale et opposent le minimum de résistance aux éléments électriques positifs $\ddot E$ des courants terrestres.

§ 1015. **Magnètes et courants électriques rectilignes.** En employant à la place du magnète une hélice suspendue et parcourue par un courant, elle prend une position perpendiculaire à celle de la direction d'un autre courant voisin, parce que se sont alors les points voisins des anneaux qui se placent parallèlement à ce courant; il en est de même pour le magnète dont les lames sont disposées

de manière à former une hélice. En approchant le magnète
de l'hélice, ils obéissent tous les deux aux courants terrestres et restent parallèles.

§ 1016. **Éléments magnétiques.** On nomme ainsi la
déclinaison, l'*inclinaison et la force* de l'aiguille; on peut en
compter encore un quatrième qui est la *polarité*, parce que
les extrémités des magnètes ne peuvent pas être renversées.
La *déclinaison* se trouve dans la position de l'aiguille équilibrée qui l'indique ensemble avec l'*inclinaison*. Après
avoir prouvé en quoi consiste la liaison entre les courants
thermoélectriques terrestres et l'arrangement hélicoïdal des
lames cristallines des magnètes, il ne reste plus qu'à indiquer
comme exemples quelques séries de faits d'espèces différentes.

L'*inclinaison, la déclicaison* et *la force* sont trois éléments
soumis aux variations diverses annuelles et séculaires,
parce que 1° le sol est le matin plus chaud dans l'hémisphère oriental et que le soir c'est dans l'occidental que se
trouve le soleil; 2° il est, en été, plus chaud dans l'hémisphère Boréal et en hiver dans l'Austral; 3° il devient plus
chaud dans un pays cultivé que dans un pays qui est
couvert de forêts; et c'est ainsi que l'homme peut faire
changer les éléments magnétiques par celui de la température du sol. Nous tâcherons d'exposer ces espèces de faits
d'une manière tellement claire qu'il ne restera plus l'ombre
même d'un prétexte aux plus opiniâtres défenseurs des
ténèbres et de la confusion qui, jusqu'à ce jour ont dominé
dans le *Monde Savant*, par rapport au magnétisme terrestre.

Comme il a été traité de cet objet dans le texte de l'*Atlas
météorologique* et dans l'*Electrostatique*, dans tous les détails
pour toute la surface du globe terrestre nous choisirons ici
comme exemples les faits de l'hémisphère nord, en comptant,
comme à l'ordinaire, les déclinaisons dans les angles γ ou $-\gamma$
formés à chaque pays par son méridien et par la déviation γ
à l'ouest ou $-\gamma$ à l'est. Cette déviation est nulle γ aux pays

où la direction des magnètes coïncide avec celle du méridien géographique; on nomme *méridien magnétique* le plan déterminé par la direction du magnète et par le zénith du pays.

A. — DISTRIBUTION DES DEUX SYSTÈMES DE COURANTS THERMOÉLECTRIQUES DANS L'HÉMISPHÈRE NORD.

§ 1017. Dans cet hémisphère se trouvent deux régions froides dont l'une avance du pôle par la Sibérie vers l'Asie, et l'autre du pôle vers l'Amérique. Dans ces régions, en hiver, le froid est très-grand; il donne naissance aux deux sources des courants thermoélectriques divergents; il y a donc les *courants sibériens* et les *courants américains* qui ne diffèrent que par leurs directions et les densités des éléments électriques qui constituent ces courants. Comme pour chaque courant électrique, nous employons également le magnète pour déterminer les courants terrestres.

1° De la position horizontale de l'aiguille est déterminée la direction qui résulte de la moyenne de toutes les poussées exercées de la part des courants sibériens et des courants américains : cette position de l'aiguille indique la *déclinaison* γ ou $-\gamma$ ou le manque de déclinaison γ°.

2° L'aiguille équilibrée prend une position telle qu'on forme avec sa longueur et l'horizon un angle Γ; cet angle Γ est l'*inclinaison*.

3° Pour déplacer l'aiguille de sa position, il faut employer une poussée φ suffisante pour surmonter la densité des éléments électriques dont sont constitués les courants terrestres : cette poussée φ est la *force*.

§ 1018. **Distributions des deux systèmes de courants thermoélectriques.** En partant du milieu de la Sibérie, des environs de Iakoutsk, où 56° représente l'amplitude thermométrique annuelle d'un point p (fig. 144), où est nulle la déclinaison, on trouve, au nord et au sud, une série des points p, p, p, ... de déclinaison nulle, indiquée par γ°. La ligne NS qui passe par les points pareils est considérée comme une partie centrale du lit des courants où le magnète éprouve une égale poussée vers l'est et vers l'ouest. Cette ligne est ici nommée *axe magnétique central sibérien*, pour le distinguer de l'*axe magnétique central américain* N'S' qui résulte également des points p', p', p' ..... où la déclinaison est nulle.

Axes magnétiques isodynames. Les axes ns, $n's'$ résultent également des deux séries de points P, P, P....., P', P', P' ....., où la déclinaison est nulle, et cela indique que le magnète y éprouve une égale poussée vers l'est et l'ouest, comme dans les axes centraux NS, N'S' qui passent par le milieu des pays les plus froids en hiver. Voici comment des deux systèmes de courants résultent les deux axes isodynames ns, $n's'$.

I. En s'éloignant de l'axe sibérien NS vers l'ouest, la déclinaison est orientale $-\gamma$, et en s'éloignant de l'axe américain N'S' vers l'est, la déclinaison est occidentale $+\gamma$, parce que, dans le premier pays, les courants vont du nord-est au sud-ouest, et que dans l'autre ils vont du nord-ouest au sud-est. En continuant de s'éloigner de la manière indiquée des axes NS, N'S', on arrive aux pays π, π, π ....., où la déviation $-\gamma^m$ est maximum, et aux pays π', π', π' ...., où est la déviation maximum γ^m.

II. Au delà des pays π, π, π ....., vers l'ouest commence à diminuer la déviation $-\gamma^m$, de même que celle γ^m commence à diminuer au delà des pays π', π', π' ..... vers l'est. Ainsi on arrive aux pays P, P, P ....., où est nulle la déclinaison γ°. La ligne ns qui unit ces pays est nommée *axe magnétique isodyname américo-européen*, parce que le magnète y éprouve une poussée égale de la part des courants qui viennent du côté de l'Amérique et du côté de l'Europe.

III. Un autre *axe magnétique isodyname américo-sibérien* $n's'$ passe par les pays P', P', P' de l'Asie orientale, où est nulle la déclinaison γ°, parce que le magnéto éprouve une égale poussée des deux systèmes de courants. En s'éloignant de l'axe NS sibérien à l'est, la déclinaison est occidentale $+\gamma$ et elle croît avec les distances jusqu'aux pays Π, Π, Π..... pour atteindre un maximum $+\gamma^\mu$. De même, en s'éloignant de l'axe américain N'S' à l'ouest, la déclinaison est orientale $-\gamma$; elle croît avec les distances jusqu'aux pays Π', Π', Π'..... pour atteindre un maximum $-\gamma^\mu$. Au delà des pays Π, Π, Π, vers l'est, diminue la déclinaison $+\gamma^\mu$. De même que celle $-\gamma^\mu$ diminue au delà des pays Π', Π', Π'... vers l'ouest. On arrive ainsi aux pays P', P', P', où est nulle la déclinaison γ°.

1° Distribution de l'hémisphère nord par déclinaisons en quatre régions magnétiques.

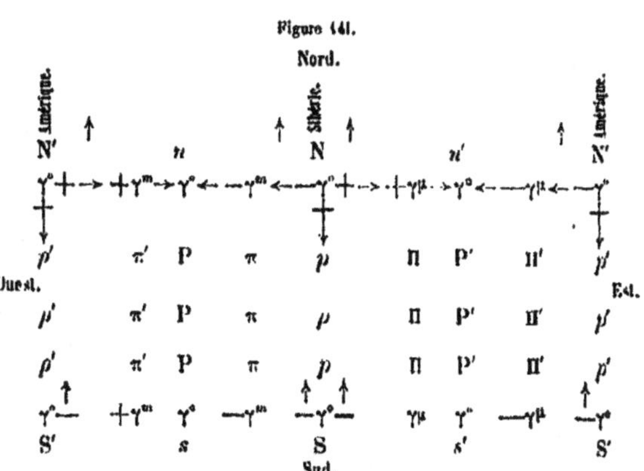

§ 1019. I. **Région magnétique sibérienne.** Cette région occupe la superficie comprise entre les pays π, π, π, ..., Π, Π, Π..... des maxima des déclinaisons $+\gamma^\mu$, $-\gamma^m$ à l'est et à l'ouest de la Sibérie, parce que la poussée exercée de la part des courants américains y est insensible au magnète, et qu'il n'obéit qu'aux courants locaux sibériens.

§ 1020. II. **Région magnétique américaine.** La superficie p', p', p ....., Π', Π', Π ..... avec celle p', p', p' .....,
π, π, π ..... constitue cette région magnétique américaine,
parce que la poussée de la part des courants sibériens y est
insensible au magnète.

Dans toute cette superficie, le magnète n'obéit qu'à la
poussée provenant des courants locaux d'Amérique jusqu'aux maxima des déclinaisons $+\gamma^m$ et $-\gamma^\mu$.

§ 1021. III. **Région magnétique mixte américo-européenne.** Au delà des limites des maxima $-\gamma^m$, $+\gamma^m$
ou $+\gamma^\mu$, $-\gamma^\mu$, commence à devenir sensible au magnète
la poussée contraire provenant de la part des courants externes.

En s'éloignant de l'une des sources des courants qui
s'affaiblissent, on s'approche, à l'est ou à l'ouest, de l'autre
dont la poussée des courants augmente. Ainsi on est conduit aux pays P, P, P ..... ou P', P', P, qui sont parcourus
par les courants sibériens et américains exerçant sur le
magnète une égale poussée, les uns vers l'est et les autres
vers l'ouest du méridien local. Les lignes ns et $n's'$ qui
unissent les pays P, P, P ....., P', P', P' ..... sont des *axes
isodynames* pour les distinguer des *axes centraux* NS, N'S'.
Toute la superficie π, π, π ....., π', π', π' ..... entre les pays
des maxima $-\gamma^m$, $+\gamma^m$ de déclinaison est *mixte américo-européenne*, parce que le magnète y obéit aux poussées
exercées de la part des deux systèmes de courants.

§ 1022. IV. **Région magnétique mixte américo-sibérienne.** Cette région occupe la superficie Π, Π, Π ...,
Π', Π', Π' ..... entre les pays de maxima $+\gamma^\mu$, $-\gamma^\mu$ de
déclinaisons; le magnète y obéit également aux poussées
contraires exercées de la part des courants venant de Sibérie et d'Amérique.

1023. **Différence entre les axes magnétiques cen-**

traux et les axes isodynames. Quand on est en un pays A d'une déclinaison nulle indiquée par γ', il est impossible de connaître si, par le pays, passe un axe central ou un axe isodyname. Pour s'éclairer là-dessus, on s'en éloigne à l'est pour obtenir une déclinaison qui, étant $+\gamma$ occidentale, prouve que c'est un axe central qui passe par le pays A. Se trouvant en un autre pays A', si l'on s'éloigne à l'est et que la déclinaison qui apparaît soit $-\gamma$ orientale, on connaît que par le pays A' passe un axe isodyname.

2° Séparation de la surface de la Terre par l'inclinaison en deux hémisphères magnétiques.

Il y a dans la zone torride une série de pays z, z, z... où l'aiguille reste horizontale et où est nulle l'inclinaison indiquée par Γ°. Cette position résulte des deux poussées ou résistances R, R' égales qu'éprouvent les extrémités N, S du magnète de la part des courants thermoélectriques venant de l'un et de l'autre hémisphère. La ligne qui unit les pays z, z, z... est nommée *équateur magnétique*. 1° En s'éloignant de cet équateur vers le sud, c'est l'extrémité S du magnète qui y éprouve une résistance inférieure dans les courants thermoélectriques hélicoïdaux, et ainsi se montre l'inclinaison $-\Gamma$ qui résulte de la longueur du magnète et l'horizon. 2° En s'éloignant vers le nord de l'équateur magnétique, c'est l'extrémité N du magnète qui éprouve la résistance inférieure, et c'est pour cela qu'elle baisse vers l'horizon et produit l'inclinaison Γ.

Cet abaissement de l'extrémité N du magnète croît avec les latitudes, parce qu'il dépend des courants hélicoïdaux et non pas des méridionaux de la Sibérie ou d'Amérique dont dépend la déclinaison. Le magnète prend une position verticale ou une inclinaison maximum 90° au pays P par lequel passe l'axe des courants hélicoïdaux; pour cette raison, ce point P de la Terre est nommé *pôle magnétique*. En

58

s'éloignant de ce pays, le magnète cesse d'éprouver le minimum de résistance de la part de sa face supérieure; aussi, en avançant du pôle P vers l'Amérique, la face A du magnète y éprouve-t-elle une résistance inférieure, et alors elle s'incline; si l'on avance vers l'Asie, c'est l'autre face A′ du magnète qui y éprouve une résistance inférieure, et c'est elle qui s'incline vers la Terre.

3° Distribution des forces magnétiques sur la surface de la Terre.

La poussée φ qui soutient le magnète dans sa position résulte de l'écoulement des éléments électriques, et les mots *force magnétique* correspondent à cette poussée qui augmente ou diminue et devient $\varphi \pm \alpha$, quand la densité δ des éléments électriques augmente ou diminue et devient $\delta \pm \alpha'$. Mais cette densité δ est, 1° en rapport direct avec les amplitudes T′ thermométriques entre les températures T et T — T′ des pays P′ chauds et des pays P froids, et 2° elle est en rapport inverse avec les distances d et $d \pm d'$ qui séparent les pays P′ et P. On a donc $\varphi = a \times T'$ et $\varphi = \dfrac{1}{a'd}$ où $\varphi^2 = \dfrac{aT'}{a'd}$.

Dans l'hémisphère magnétique nord, le maximum de poussée se trouve dans la longueur des côtes d'Amérique qui sont baignées par l'eau chaude du *Gulf-Stream*. Cette partie des côtes prend en hiver une température très-basse, et l'eau chaude du golfe du Mexique fait diminuer beaucoup la distance d; ainsi augmente la valeur $\varphi^2 = \dfrac{aT'}{a'd}$ qui est 1,803 pour New-York, et 1,624 pour les régions du pôle magnétique.

La même élévation de force magnétique se produit sur les côtes chaudes du Pérou baignées par le courant froid de l'archipel des Galapagos où l'eau est de 14 à 16°, tandis que la température des côtes s'élève au-dessus de 27.

Entre la Sibérie et l'Asie méridionale on trouve la distance $d + d'$ supérieure; pour cette raison la valeur $\varphi' = \dfrac{aT'}{d'd}$ n'augmente pas trop, malgré la très-grande amplitude T' thermométrique.

Les minima de force magnétique se trouvent dans les régions magnétiques mixtes autour des axes isodynames ns, $n's'$ (fig. 141), où sont les plus petites amplitudes T' annuelles et les plus grandes distances entre les régions chaudes et les régions froides.

Ainsi, par rapport aux trois éléments magnétiques, la superficie terrestre reçoit trois distributions différentes déterminées, l'une par la déclinaison, l'autre par l'inclinaison, et la troisième par la densité des courants ou la force magnétique.

B. CHANGEMENTS DES DIRECTIONS DES COURANTS MÉRIDIONAUX PAR CELUI DE LA TEMPÉRATURE LOCALE.

§ 1024. Il y a deux changements de température périodiques, l'un diurne et l'autre annuel; les autres sont accidentels et résultent des éruptions volcaniques, ou de la culture du sol, car alors l'ombre disparaît de celui-ci par le défrichement des forêts, et il commence à recevoir directement toute la chaleur solaire. Pendant les siècles précédents la culture s'étendit en Allemagne dont les forêts disparurent. Depuis le commencement du siècle actuel, la culture a fait de grands progrès aux États-Unis où disparaissent aussi les forêts. Ces faits historiques produisirent des modifications correspondantes aux courants terrestres et amenèrent le déplacement de l'axe isodyname américo-européen qui s'éloigne des régions où la culture du sol fait des progrès.

§ 1025. **Changements périodiques des éléments magnétiques.** 1° Le matin, quand est chaud l'hémisphère oriental, les courants sibériens s'affaiblissent à

Paris et dans l'Europe occidentale, et l'aiguille est entraînée à l'ouest par ceux qui arrivent d'Amérique. Le soir,
quand l'hémisphère occidental est échauffé par le Soleil, ce
sont les courants américains qui deviennent faibles à Paris
et dans l'Europe occidentale ; alors l'aiguille cédant à ceux
qui viennent de Sibérie, où est l'hémisphère moins chaud,
dévie à l'est.

2° Les amplitudes $+\gamma\pm\alpha$ correspondent aux différences
$T'\mp T\alpha$ entre les températures $T+T'$ du jour et celle $T\mp\alpha$
de nuit, qui sont en été plus grandes qu'en hiver, et encore
en été sont-elles médiocres pendant les jours couverts et
pluvieux. Il est donc impossible de méconnaître cette relation constante et si exacte entre les déviations des éléments
magnétiques et les amplitudes thermométriques diurnes.

§ 1026. **Changements des éléments magnétiques
par les éruptions volcaniques.** La lave et la vapeur
brûlante produisent sur le sol une élévation de température
dont résultent, vers le sud, un affaiblissement, et, vers le
nord, une augmentation de force des courants thermoélectriques. Jusqu'aujourd'hui, on s'est borné à noter ces
changements comme faits anormaux, ou perturbations
magnétiques, sans en concevoir l'arrangement physique.

§ 1027. **Modification des éléments magnétiques
par les changements du temps.** Dans les cas où de tels
changements résultent d'amplitudes thermométriques considérables et de superficies étendues, il y a affaiblissement
des courants si la température éprouve une élévation;
mais si elle baisse davantage, les courants deviennent plus
forts. Des changements brusques de temps résulte souvent
une apparition de lumière locale. Au lieu donc d'attribuer
ces deux espèces de faits à leur cause commune, les physiciens croient que les perturbations des éléments magnétiques résultent de la lumière, laquelle est attribuée à des
causes magnétiques de nature inconnue.

§ 1028. **Modifications des éléments magnétiques**

par la culture du sol. Les observations de la déclinaison
magnétique commencèrent à Paris et à Londres depuis 1580,
et à Copenhague depuis 1643. Les résultats concordants ont
prouvé que le sol éprouva du côté oriental une élévation de
température analogue à celle que, les jours sereins, lui fait
éprouver le Soleil qui s'y trouve quand il n'est pas encore
midi dans les villes que nous venons de nommer. En effet,
personne ne conteste le vaste défrichement des forêts qui a
eu lieu en Russie et surtout en Allemagne ; le sol, précédemment ombragé et froid, acquit, sous l'influence des
rayons solaires, une température supérieure. L'inégalité T'
diminua donc entre la température $T + T'$ de l'Europe
occidentale, et celle T de l'Europe orientale, et cette diminution de la différence T' a fait diminuer la densité des
courants sibériens dans l'Europe occidentale où aucune
modification n'affectait les courants américains ; c'est pour
cela que l'aiguille déviait vers l'ouest. Quand ensuite se
multiplièrent les colons en Amérique, le défrichement des
forêts y fit de grands progrès ; le sol, précédemment froid,
devint chaud, comme cela a lieu quand il est échauffé par
le Soleil, les jours sereins, pendant les heures où en Europe
règne le soir. Ainsi donc, comme précédemment la culture dans l'Europe orientale a fait diminuer la densité des
courants sibériens ; de même diminua dans l'Europe occidentale la densité des courants américains, par l'élévation de
la température du sol, et cela parce qu'il résulta une diminution de l'inégalité T' entre la température $T + T'$ du sol
de l'Europe occidentale et celle T' du sol d'Amérique. Les
nombres du tableau suivant ne permettent pas de révoquer
en doute l'influence des défrichements de forêts non-seulement sur la déclinaison, mais aussi sur l'inclinaison.

LONDRES.

Années de l'observation.	Déclinaisons observées.	Changements moyens annuels.
1580	11° 15' E.	7' 5"
1622	6 0	9 6
1634	4 0	10 6
1657	0 0	10 9
1665	1 22 O.	9 7
1672	2 30	10 5
1692	6 0	6 0
1725	14 7	8 1
1748	17 40	9 5
1773	21 9	4 7
1787	23 19	1 2
1795	23 57	0 7
1802	24 0	2 10
1805	24 8	0 25
1817	24 30	— 1
1820	24 54	

PARIS.

Années de l'observation.	Déclinaisons observées.	Changements moyens annuels.
1580	11° 30' E.	5' 30"
1618	8 0	18 40
1663	0 0	0 0
1683	1 30 O.	18 11
1700	8 10	8 1
1767	18 16	9 48
1780	19 55	25 0
1785	22 00	0 1
1814	22 34	— 0 — 4
1816	22 25	— 1 — 4
1835	22 4	»
1853	20 17	— 0 0

COPENHAGUE.

Années de l'observation.	Déclinaisons observées.	Changements moyens annuels.
1649	1° 30' E.	12 51
1656	0 0	13 20
1672	3 35 O.	0 0
1806	18 25	— 2 — 10
1817	17 58	

C. CHANGEMENT DE L'INTENSITÉ DES COURANTS HÉLICOÏDAUX PAR CELUI DE LA TEMPÉRATURE LOCALE.

PARIS.

Années de l'observation.	Inclinaisons observées.	Changements moyens annuels.
1671	75° 0'	
1754	72 15	— 2' 0"
1779	72 25	+ 0 28
1780	71 48	— 9 0
1791	70 52	5 0
1798	69 51	8 26
1806	69 12	4 52
1810	68 50	3 32
1814	68 36	5 50
1816	68 40	2 0
1818	68 55	+ 2 50
1820	68 30	— 2 50
1822	68 11	4 50
1825	68 00	+ 0 10
1829	67 40	— 4 50
1831	67 40	0 30
1835	67 24	5 12
1851	66 35	3 4
1853	66 28	3 30

LONDRES.

Années de l'observation.	Inclinaisons observées.	Changements moyens annuels.
1781	72° 5'	0' 0"
1787	72 5	0 0
1788	72 4	1 0
1789	71 55	9 0
1790	71 54	1 0
1791	71 21	39 0
1795	71 11	5 15
1797	70 50	6 0
1798	70 55	4 0
1799	70 52	5 0
1801	70 56	8 0
1803	70 32	2 0
1805	70 31	5 50

§ 1029. L'inclinaison résulte de la diminution de résistance exercée par l'aiguille contre les courants hélicoïdaux, non pas comme la déclinaison qui résulte de la poussée des courants sibériens et des courants américains. Les courants hélicoïdaux ne diffèrent que dans l'hémisphère nord et dans l'hémisphère sud ; ainsi l'inclinaison diminue quand la culture s'étend dans l'hémisphère nord et reste invariable l'état du sol de l'hémisphère sud. En effet, la déclinaison a changé, mais l'inclinaison continue de diminuer à cause des progrès de la culture en Europe et aux États-Unis ; de pareils progrès ne se sont pas encore produits dans l'hémisphère sud.

IV.—AURORES BORÉALES, LUMIÈRE ZODIACALE PRODUITE DES COURANTS DU MAGNÉTISME TERRESTRE.

§ 1030. Ces espèces de faits, ainsi que tous les précédents, n'ont pour cause que les amplitudes T' thermométrique entre les températures $T + T'$ et T qui donnent naissance à l'écoulement des atomes de chaleur $\bar{E}\bar{E}^2$ composés, comme ceux de la lumière $\bar{E}^2\bar{E}$ des deux électricités. Celles-ci apparaissent comme une *thermoélectricité*, d'où résultent les faits correspondants : 1° d'une part à l'amplitude T' thermométrique, et 2° de l'autre, aux objets qu'atteint l'écoulement des éléments $\bar{E}, \bar{E}$ des deux électricités.

§ 1031. I. **Mode de la production de la lumière des aurores et des perturbations magnétiques par les changements du temps.** Un vent chaud fait subir au sol une élévation de température, comme le fait la présence du Soleil, une éruption volcanique ou le défrichement des forêts ; un vent froid produit un effet analogue à celui qui résulte de l'éloignement du Soleil et de l'ombre des forêts. Les modifications des courants thermoélectriques ne sont pas limitées à la superficie où s'opèrent les changements de température, mais souvent elles sont plus prononcées et s'étendent plus loin que le pays où la température a éprouvé le changement, et cela en deux sens inverses.

Le défrichement des forêts en Allemagne, qui a affaibli les courants de Sibérie vers l'Europe occidentale, les a rendus plus forts dans l'Europe orientale, à cause de la diminution de la distance entre le sol froid de la Sibérie et le sol de l'Allemagne devenu plus chaud. Au contraire un vent froid en Allemagne fait augmenter la force des courants sibériens dans l'Europe occidentale, et la fait diminuer dans ses limites orientales. Pour se convaincre davantage que les aurores ne sont qu'une lumière électrique produite par la thermoélectricité des changements de temps, on n'a qu'à comparer la périodicité annuelle des aurores indiquées ci-dessous à celle des changements du temps de chaque saison.

Le nombre 3,243 représente les aurores observées aux mois de

Mois		Mois	
Janvier	229	Juillet	87
Février	307	Août	217
Mars	440	Septembre	405
Avril	312	Octobre	497
Mai	181	Novembre	285
Juin	65	Décembre	225

Les deux maxima coïncident avec ceux des changements de temps, de même que les deux minima ; en été les changements de temps sont moins fréquents qu'en hiver, tandis qu'ils sont au contraire plus fréquents en automne et de plus longue durée qu'au printemps.

§ 1032. *Lumière électrique.* Voulant se former une opinion certaine de ces faits, A de la Rive a produit, au moyen de l'électricité des machines et d'un fer aimanté, des phénomènes optiques correspondants à ceux de l'aurore; toutefois ce savant physicien s'est arrêté là et n'a pas constaté que c'est de la thermoélectricité que les faits optiques résultent toujours par un changement brusque de temps, parce qu'alors l'amplitude T' thermométrique est grande.

Perturbations magnétiques. Les courants thermoélectriques éprouvent des changements qui sont indiqués par les perturbations des magnètes, changements qui se produisent non-seulement quand il y a apparition d'aurore, mais aussi quand elle manque. Pour l'apparition des aurores il faut : 1° que l'abaissement de température soit aux directions où elles apparaissent, ou 2° qu'il y ait une élévation subite de température au sud de l'observateur, toujours dans le plan du méridien magnétique. Les perturbations du magnète indiquent indifféremment chaque changement de température du sol, et c'est ainsi qu'à l'avenir ils serviront à connaître non-seulement les changements de la température du sol par les vents, mais encore la direction dans laquelle un tel changement a eu lieu.

§ 1033. II. **Lumière zodiacale.** Le soir, pendant l'équinoxe du printemps, et le matin, pendant l'équinoxe d'automne, il se montre une ou plusieurs bandes lumineuses après le coucher du Soleil ou avant son lever. De la position des bandes lumineuses résulte qu'il existe un anneau lumineux dans un plan qui n'est pas exactement celui de l'écliptique, mais on n'est pas allé plus loin, et l'on n'a pas reconnu que cet anneau de lumière se trouve dans le plan de l'équateur magnétique ; encore moins a-t-on reconnu que la lumière en question est produite dans les rencontres de l'électricité positive affluant des régions polaires, et de la négative qui va en directions divergentes vers ces régions froides.

§ 1034. III. **Lumière magnétique.** Cette lumière, trop faible pour être visible à l'œil, existe dans les deux extrémités des magnètes ou des barres de fer placées dans la direction du méridien. Ce genre de faits, découvert par le baron *Reichenbach*, qui les attribua à un fluide nommé *ode,* ont été vérifiés par moi. C'est un berger de la Thrace nommé

Tzonco, qui m'a servi à faire un grand nombre d'observations, et cela parce qu'il avait les nerfs chargés d'un excès d'électricité. 1° Dans un appartement obscur était placée sur une table une barre de fer dans la direction de l'aiguille; Tzonco, interrogé s'il ne voyait pas quelque part une lumière, répondit qu'il en voyait deux : l'une, qui paraissait bleue, du côté de la porte par où il était entré et qui donnait au nord; l'autre, qui était jaune, du côté de la fenêtre. 2° Quand il fut invité à toucher les parties lumineuses, il trouva froide celle du côté de la porte et chaude celle du côté de la fenêtre. (Voir *Photostatique*, page 138, et *Électrostatique*, page 740.)

V. — MODE DE PRODUCTION DES CORPS ORGANISÉS PRIMITIFS
PAR LES COURANTS TERRESTRES.

§ 1035. L'arrangement des lames cristallines du fer, qui leur permet d'exercer le minimum de résistance aux courants hélicoïdaux terrestres, prouve que ces courants doivent également produire des poussées sur toutes espèces de molécules matérielles. En effet, les nerfs et les veines des animaux et les canaux des plantes sont constitués par des fils disposés de manière à former des hélices microscopiques à pas très-petit. Ces formes, communes aux corps organisés et aux courants terrestres, d'une part, et le rapport entre l'apparition des ondes sonores et l'organe de l'ouïe (page 64), de l'autre, ont conduit à connaître le mode de la formation des corps organisés *primitifs;* alors que la très-grande pression atmosphérique donnait une grande intensité aux ondes sonores et aux courants terrestres produits par les grandes amplitudes T' thermométriques.

§ 1036. Ce mode de production primitive donna naissance aux organes de la reproduction (page 64), de sorte que la conservation des corps organisés devint indépendante du mode de leur production primitive. Cette apparition postérieure de la reproduction est même, dans l'Écriture, trop évidemment indiquée pour être méconnue. C'est le membre d'Adam indiqué par la forme du serpent, dont l'aspect a produit la tentation chez Ève, et ce membre a dû être couvert par les feuilles d'un figuier, pour éviter la répétition de pareilles tentations ; mais cette précaution vint trop tard ; la reproduction de l'homme devait se soutenir par les souffrances de la femme.

La reproduction s'opère également par les courants électriques ; ceux qui partent de l'homme donnent naissance aux filles et ceux qui partent de la femme donnent naissance aux garçons. (Voir *Reproduction*, page 66.)

CHAPITRE VI.

ORIGINE DES ÉTOILES FILANTES, DES BOLIDES ET DES AÉROLITHES.

§ 1037. L'existence de ces trois espèces de corps est incontestable; il a été même suffisamment constaté que les étoiles filantes sont de petits corps qui circulent comme la Terre autour du Soleil, tandis que les bolides et les aérolithes circulent comme la Lune autour de la Terre. Dans les aérolithes, on a trouvé les éléments minéralogiques des corps terrestres; quant aux bolides, ils éclatent dans l'air où apparaît souvent un petit nuage de vapeur qui disparaît et rien n'en arrive jusqu'à la Terre.

Ces trois espèces de météores répandent une lumière vive qui n'est pas celle du Soleil, comme l'est la lumière de la Lune et des planètes; elle n'est pas non plus émise de leur masse enflammée ou d'une insolation de cette masse, mais elle résulte des courants thermo-électriques produits par le froid de ces corps et par la chaleur qui s'éloigne de la Terre. La température de ces trois espèces de corps est celle de l'espace — 160°, mais la quantité de chaleur qui s'éloigne de chaque colonne de l'atmosphère diffère pour les différentes heures de nuit et pour les différents mois. Ainsi, la quantité de chaleur éloignée chaque heure et chaque mois est en rapport direct avec les quantités des étoiles filantes et les bolides qui deviennent visibles, à cause de la plus grande quantité de lumière produite après minuit et pendant les mois de l'été, c'est-à-dire juillet, août et septembre.

Comme tous les corps célestes ne sont, dans le principe, constitués que par de la vapeur brûlante, dont les vésicules refroidies gèlent et produisent des flocons de neige dont l'ensemble forme un globe de glace vide au milieu, il en est de même pour les étoiles filantes et les bolides. Les planètes extrêmes mêmes, telles que Neptune et Uranus, ne sont que des globes pareils de glace; la Terre a aussi passé par cet état à la fin de sa période astronomique, et elle ne revêtit son état actuel que pendant sa période géologique, cette période fait défaut aux corps privés de rotation.

I. — ORIGINE ET NATURE DES ÉTOILES FILANTES.

§ 1038. Ces petits corps célestes que l'on compte par millions correspondent aux petites planètes qui circulent autour du Soleil dans des orbites entre celles de Mars et de Jupiter. Elles sont en plus grand nombre que les étoiles filantes, mais nous n'en pouvons voir que les plus grosses. Parmi les étoiles filantes, il n'y a pour nous de visibles que celles qui arrivent à une très-petite distance de la Terre; car, comme celle-ci, les petites planètes circulent autour du Soleil, mais dans des orbites placés à tous les éloignements de l'écliptique. Ces corps ne diffèrent des planètes que par leur moindre grosseur; les étoiles filantes peuvent être nommées *petites terres* ou *microgées* (μικρός, petit; γῆ, terre).

Les étoiles filantes n'apparaissent que comme une raie de lumière d'une durée trop courte pour permettre de déterminer leur vitesse; ainsi, tout se borne à connaître leur direction et les nombres des étoiles apparues avant ou après minuit et pendant les mois différents. Quant à leurs directions, elles varient dans tous les sens; mais les nombres

sont en rapport direct avec la quantité de chaleur diurne
et mensuelle qui s'éloigne de l'atmosphère, et cela parce
qu'elle occasionne une plus grande production de lumière
qui rend visible un plus grand nombre d'étoiles qui ne pouvaient pas être aperçues dans la lumière inférieure.

II. — ORIGINE ET NATURE DES BOLIDES.

§ 1039. Les petits corps, moins nombreux que les précédents, n'en diffèrent point par leur constitution physique,
car ils sont également de globes de glace vides au milieu,
qui circulent autour de la Terre dans les orbites qui ont
tous les éloignements de celle de la Lune; ainsi, les bolides
s ontde petites lunes ou *microsélènes* (σελήνη, lune).

Quand les bolides passent à de grandes distances de la
Terre, ils ont l'aspect de petites étoiles filantes, et quand
celles-ci, à leur tour, passent à de petites distances de la
Terre, ils apparaissent comme de gros bolides. Cependant la
vitesse des bolides est inférieure à celle des étoiles filantes,
car elle est très-médiocre dans les cas où le mouvement de
la Terre et des bolides s'opère dans le même sens; au contraire, elle paraît très-grande quand les mouvements sont
en sens opposés.

Quoique les diamètres des étoiles filantes soient supérieurs à ceux des bolides, ils sont à peine perceptibles à
cause de leur distance plus grande. Dans le cas où l'un de
ces corps s'approche de la Terre, on peut remarquer son
diamètre, mais il ne produit qu'un gros trait de lumière
qui disparaît instantanément, à cause de sa grande vitesse.

1040. **Éclat des bolides.** Il y a peu de lecteurs qui
n'aient eu occasion de voir des globes lumineux parcourir
l'atmosphère et disparaître sans laisser de traces, tandis
que d'autres sont suivis d'une traînée de lumière et éclatent
comme les fusées en dispersant des étincelles et produisant

un bruit et un petit nuage de vapeur qui se dissipe. Le bruit, entendu comme le tonnerre peu après l'éclat, résulte de la brisure du globe qui occasionne la précipitation de l'air dans l'espace vide. Nous produisons un bruit pareil par l'éloignement de l'air d'une cloche fermée par une vessie qui éclate. La glace fondue se transforme en vapeur, qui devient opaque et visible sous forme de nuage; mais elle se disperse et rien n'en arrive à la Terre, et cela a lieu même quand ils sont très-gros et produisent des explosions comparables à celles de batteries de pièces de siége; parfois il se répand une odeur de soufre qui résulte de l'oxygène ozoné et non pas d'une substance précipitée, car on ne trouve rien nulle part.

III. — ORIGINE DES AÉROLITHES.

§ 1041. Toutes les hypothèses créées par l'intelligence fertile des naturalistes ont été épuisées dans l'explication de l'origine des éléments minéralogiques des aérolithes, de la cause de leur mouvement orbiculaire et de celle de leur chute. Chacune de ces trois questions a rapport à des faits qui font partie de la mécanique, de l'astronomie et de la chimie, même de l'*alchimie*. Tant que les naturalistes n'uniront pas par la pensée toutes les espèces de faits, il leur sera impossible de parvenir à la découverte de l'origine des aérolithes.

§ 1042. **Éléments minéralogiques des aérolithes.** Ces corps consistent en fer métallique, qui y entre pour plus de 90 pour 100; les autres minerais sont en très-petites quantités, et leurs combinés sont les suivants :

1° *Fer métallique* contenant peu de nickel et de cobalt, de magnésium, de manganèse, d'étain, de cuivre, de soufre et de carbone;

2° *Sulfure de fer* avec proportion égale de soufre et de fer;

3° *Fer magnétique* ;

4° *Olivine météorique*. Elle constitue la moitié du résidu qu'on obtient quand on enlève les métaux attirables à l'aimant; sa composition est la même que celle de l'olivine actuelle;

5° *Des silicates*, des combinaisons *de chaux, de magnésie, d'oxyde de fer, de manganèse, d'argile, de soude, de potasse,* insolubles dans les acides, dans lesquels l'acide silicique est en proportion double de tous les autres corps;

6° Du *chromate de fer* en petites portions, mais constant.

7° De l'*oxyde d'étain;*

§ 1043. **Quantité des aérolithes.** Sur toutes les parties de la surface de la terre on a trouvé des corps semblables dont le plus volumineux, que Pallas découvrit en Sibérie dans l'année 1771, pèse 700 kilogrammes. Les aérolithes qui tombent dans les mers restent naturellement inconnus; il en est de même pour tous ceux qui sont tombés sur les continents à toutes les époques où vivaient les espèces et les familles des animaux dont les restes se trouvent dans les terrains stratifiés; de même encore pour l'époque antérieure la formation de la couche d'alluvion. Ainsi l'on est conduit à connaître, d'après le poids des aérolithes ramassés, que leur masse totale peut être comparée à celle de la lune; il est donc absurde de prétendre que les aérolithes aient pu être produits dans la Lune.

§ 1044. **Origine des aérolithes.** Ces masses minérales ont été produites, dans les foyers volcaniques (§ 834) entre les couches de substances végétales et celles de silice, des atomes de ces substances dont se séparait l'oxygène avec une partie de carbone seul, ou de carbone et d'hydrogène. Ainsi le soufre, le fer et les autres métaux sont constitués par les mêmes éléments que les substances végétales; ces corps, sans être simples, sont indécomposables, parce qu'ils ne sont pas des combinés, mais des restes de la séparation de quelques éléments primitifs.

§ 1045. **Éruption volcaniques et expulsions des**

aérolithes. Nous avons indiqué (§ 844) le mode des soulèvements des montagnes ou des pyramides des masses ignées. Dans les cas où la vapeur et les gaz brûlants avaient une grande expansion, ils perçaient le basalte encore liquide et s'écoulaient par son milieu en entraînant avec eux des masses de fer et d'autres métaux produits dans le foyer, où n'existaient ni terrains stratifiés ni animaux. Les cristaux d'olivine ont été formés dans les cavités du fer après leur expulsion du foyer et pendant leur refroidissement.

§ 1046. **Formes des aérolithes.** Dans les masses en apparence de forme irrégulière se distinguent toujours celles des pyramides obliques ou des prismes irréguliers. Ainsi on y trouve les traces imprimées par la masse liquide ou demi-liquide du basalte qui formait le bord du cratère d'où s'échappèrent les gaz brûlants qui chassèrent les masses métalliques à l'état de pâte; cette pâte, en passant par les bords du cratère, prit la forme de leur contour, forme qui se conserva après le refroidissement immédiat.

§ 1047. **Époques de l'expulsion des aérolithes.** Il a été prouvé (§ 832) que chaque période cométogénique se terminait par la séparation des deux aérocônes et qu'à chaque époque pareille disparaissait la pression P que ces aérocônes exerçaient sur les couches minérales et sur les pyramides des masses ignées qui couvraient le foyer des gaz brûlants; alors la répulsion R centrifuge de ces gaz devenait suffisante pour soulever de nouvelles couches des masses ignées. C'est en de telles occasions que les gaz s'échappaient en masses abondantes avec une violence extraordinaire et expulsaient des masses métalliques énormes en leur imprimant une forte poussée centrifuge.

§ 1048. **Indices du manque d'atmosphère.** Les aérolithes ont une écorce de $0^m,55$ d'épaisseur d'une dureté suffisante pour faire feu avec le briquet. Pour obtenir une écorce pareille, il faut fondre cette masse dans le vide et la laisser s'y refroidir. Cette observation chimique très-ingénieuse prouve directement que la masse incandescente expulsée du foyer volcanique se trouva immédiatement dans le vide, où elle a été refroidie promptement dans le froid de l'espace, de sorte que s'y conserva la forme moulée dans le cratère des bords à l'état demi-liquide.

Outre ces données, il résulte encore de l'espace parcouru par les aérolithes que cela ne serait pas possible dans le cas de l'existence d'une atmosphère, car l'air devait amortir le mouvement centrifuge d'autant plus promptement que la vitesse centrifuge serait plus grande. Nous avons fait voir que la Terre se trouva une vingtaine de fois séparée des aérocônes; ainsi a été occasionnée l'expulsion des masses énormes métalliques, dont une partie se précipita, et une autre partie supérieure circule encore avec les bolides autour de la Terre.

§ 1049. **Origine du mouvement orbiculaire des aérolithes.** Les masses expulsées même maintenant des volcans prennent une direction vers l'est, le nord-est ou le sud-est, parce qu'en pénétrant dans le cratère elles éprouvent un choc tangentiel de la partie occidentale de son bord. Il a été indiqué (§ 982) que les éruptions volcaniques en Islande ont produit un brouillard sec en Europe; on trouve également dans l'histoire des circonstances où les éruptions du Vésuve ont produit une poussière répandue jusqu'à Constantinople. Les éruptions volcaniques étaient plus violentes après les séparations des aérocônes, et les masses expulsées pouvaient parcourir d'énormes distances en sens centrifuge, après avoir éprouvé le choc tangentiel, qui était d'autant plus fort que ces masses provenaient d'une profondeur supérieure et peu éloignée de l'axe terrestre, où est très-faible le mouvement rotatoire, qui est au contraire très-fort dans la surface de la Terre, où s'opéra le choc tangentiel d'où résulta la poussée centrifuge et le mouvement orbiculaires des aérolithes (§ 811).

§ 1050. **Cause de la chute des bolides et des aérolithes.** Le mouvement orbiculaire résulte toujours d'un choc tangentiel ; il s'ensuit qu'un tel mouvement ne peut s'arrêter que par l'amortissement de l'effet du choc éprouvé ; et un tel amortissement ne peut résulter que d'un autre choc en sens opposé. Il a été prouvé que les étoiles filantes circulent autour du Soleil, tandis que les bolides et les aérolithes circulent autour de la Terre ; ainsi il arrive fréquemment que ces corps qui circulent autour de la Terre se rencontrent avec ceux qui circulent autour du Soleil. Ces rencontres détruisent la forme elliptique des orbites pour la réduire en une circonférence ; c'est ainsi que la chute des corps périphériques sur leur corps central devient inévitable.

Le raccourcissement du grand axe des orbites des comètes n'est pas inconnu aux astronomes : il a été constaté avec une grande exactitude dans la comète d'Encke ; mais au lieu d'en attribuer la cause aux rencontres entre les comètes et les petits corps qui circulent avec les planètes autour du Soleil, ils ont cherché dans l'espace une matière très-dilatée sans se rappeler que cette matière devait produire dans chaque évolution une égale accélération, tandis qu'on en trouve de différentes et d'irrégulières, fait qui prouve que les accélérations résultent des résistances qui n'agissent pas régulièrement.

§ 1051. **Union d'un aérolithe avec un bolide ou une étoile filante.** Dans les rencontres d'un aérolithe avec un globe de glace, les deux corps restants attachés, prennent un mouvement qui est la moyenne de leurs mouvements précédents multipliés par leur masse. Ainsi résultent des aérolithes accompagnés d'un bolide. Durant la chute des corps pareils le bolide éclate dans l'atmosphère et l'aérolithe se précipite. Ces cas, quoique très-rares, ont fait au commencement considérer les éclats des bolides comme le résultat des aérolithes.

Quelquefois les aérolithes sont de petits fragments qui restent répandus sur la surface du sol; mais les plus volumineux s'enfoncent dans la Terre, et il n'est possible que dans des cas très-rares, de les rencontrer à des profondeurs de plus d'un mètre; il sont alors accompagnés d'un bolide qui devient visible, et ainsi on peut remarquer la direction qu'a suivie l'aérolithe précipité sur la Terre, où on peut le trouver..

IV. — ORIGINE ALCHIMIQUE DES AÉROLITHES.

§ 1052. Depuis la découverte de la nouvelle mine qui consiste en résidus obtenus par l'élimination des éléments de certains produits chimiques qui forment des branches de l'industrie, le nombre des métaux a augmenté rapidement; le *rubium*, le *cœsium* et le *thallium*, ont été découverts dans ces résidus en un espace de temps très-court. Nous avons annoncé que les masses métalliques des aérolithes sont produites dans les foyers volcaniques. Il s'agit de prouver 1° si les nouveaux métaux découverts sont composés des éléments qui existent comme tels dans les corps dont on élimine les éléments des produits chimiques de l'industrie, ou 2° si les nouveaux corps ne sont que les restes de l'élimination d'un élément primitif dont résulte non pas un combiné qui serait décomposable, mais *un reste* qui ne peut être un corps décomposable ni un corps simple.

§ 1053. **Mode de l'extraction du thallium.** Dans la fabrication de l'acide sulfurique on emploie le soufre pur ou la *pyrite* qui est un combiné d'un atome de fer avec deux atomes de soufre; cette pyrite chauffée abandonne 1 atome de soufre qui se transforme en vapeur et se combine avec l'oxygène de l'air pour former l'acide sulfurique qui se combine avec la vapeur d'eau et se dépose dans la couche d'eau. Parmi les minerais c'est le plomb seul qui résiste le mieux à l'acide sulfurique ; pour cette raison, la vapeur de l'eau et du soufre sont conduites dans des chambres tapissées de lames de plomb d'une épaisseur de quelques millimètres, qui se conservent plusieurs années pendant la consommation de centaines de mille de kilos de soufre ; ainsi a été constatée la petite consommation dn plomb qui paraît ne pas trop différer de la quantité de thallium obtenu dans le résidu de la vapeur du soufre et du plomb. Ce résidu est sous forme d'un sulfate de thallium $ThOSO^s$; au moyen de zinc, on précipite le thallium à l'état métallique en formant le sulfate de zinc $ZnOSO^s$.

Observations. Tant que le thallium n'était observé que comme une raie verte dans le spectre, les chimistes n'hésitaient pas, contre toute raison, à admettre l'existence des éléments hétérogènes en minime quantité et pour cela imperceptibles. Mais depuis que Lamy a commencé à extraire des lingots du thallium des résidus provenant de la vapeur du soufre et du plomb, certains chimistes s'aperçurent que de telles quantités de thallium ne peuvent exister ni dans le soufre ni dans le plomb, sans qu'elles soient décelées par les réactifs chimiques ; autrement, on serait forcé de renverser tous les résultats basés sur les calculs de la stœchiométrie chimique.

S'ils veulent rester conséquents, les chimistes, sans s'écarter de la loi physique, sont conduits à se convaincre que la nouvelle mine est inépuisable, parce que les métaux qu'on y découvre résultent précisément de l'élimination de quelques éléments primitifs, et chaque nouveau métal est indécomposable, parce qu'il est un reste et non un combiné. Soit, par exemple, le combiné $PbS^7\overline{HO}^4$ composé d'un atome de plomb, de 7 atomes de soufre et de 4 atomes d'eau, si l'on en éloigne 1 atome de soufre et 4 atomes d'oxygène, au moyen du zinc, il résulte un *reste* PbS^4H^4, qui est le thallium indécomposable.

En considérant le soufre comme un corps qui contient

.les mêmes éléments matériels que le gaz des marais, le thallium est un reste du combiné $PbS^7 — C^2$ de 1 atome de plomb avec 7 atomes de soufre, dont s'est séparé 1 atome double de carbone. Alors la différence entre le soufre et le gaz des marais ne résulte que de leurs éléments électriques, comme cela se manifeste dans plusieurs corps et dans les propriétés du soufre solide ou liquide, qui est un combustible comme l'hydrogène et le carbone; tandis que la vapeur du soufre entretient la combustion des métaux.

§ 1054. **Monuments archéologiques découverts dans les aérolithes.** Il n'existe nulle part un ensemble aussi complet de monuments archéologiques que dans les *aérolithes*; ces monuments, disposés en ordre chronologique, forment une histoire ou une biographie de la Terre de longue durée, divisée en une vingtaine de périodes cométogéniques; pendant ces périodes, au moyen des aérolithes, nous avons découvert les faits suivants,

I. *Origine des éléments des aérolithes.* Les métaux ont été produits dans les foyers volcaniques des atomes des substances végétales par l'élimination de l'acide carbonique seul ou avec une partie d'hydrogène.

II. *Quantités des aérolithes.* D'après le nombre des aérolithes authentiquement constatés, on ne peut douter que, sur la quantité totale qui se précipite dans le cours d'un seul siècle, il n'en soit trouvé qu'une partie bien minime, quelque chose comme une centaine de kilos. Des masses pareilles sont encore en circulation, et se précipiteront dans les siècles à venir : on peut donc évaluer à des millions et milliards de kilos la quantité d'aérolithes qui a couvert la Terre depuis leur première apparition.

III. *Époques des expulsions des aérolithes.* A la fin de chaque période cométogénique, la séparation des deux aérocônes occasionnait de violentes éruptions volcaniques, qui expulsaient les aérolithes brûlants, qui ensuite se recouvrirent d'une écorce solide dans le froid où manquait l'air, et c'est ainsi qu'il a été reconnu qu'en même temps manquait la résistance de la part de l'air qui aurait empêché l'éloignement des masses expulsées.

IV. *Mouvement orbiculaire.* Sans un choc tangentiel, la longue conservation des aérolithes serait impossible dans l'espace, car ils devaient rebrousser chemin, sollicités qu'ils sont par la pesanteur.

V. *Forme des aérolithes.* En sortant à l'état demi-liquide du cratère ouvert dans les masses demi-liquides du basalte, les aérolithes épousaient la forme du contour de ce cratère.

VI. *Cause de la chute des aérolithes.* L'amortissement du choc tangentiel ne peut pas résulter des vitesses différentes des bolides et des aérolithes qui circulent autour de la Terre dans le même sens, mais tel n'est plus le cas pour les rencontres entre ces deux espèces de corps et les étoiles filantes qui circulent autour du Soleil et produisent souvent des chocs en sens opposés.

VII. *Fusion des aérolithes avec les étoiles filantes.* C'est dans les rencontres de ces deux espèces de corps que leur fusion s'opère et se conserve jusqu'à ce qu'éclate le globe glacial qui se transforme en vapeur, et l'aérolithe se précipite sur la terre.

APPENDICE.

TÉLÉGRAPHES SOUS-MARINS SANS CABLES.

§ 1055. Dans les télégraphes terrestres, on employait au commencement deux fils métalliques f, f' dont les extrémités étaient en contact : 1° avec les pôles Π, Π' de la pile P de la station S, et 2° avec les pôles π, π' de la pile P' de l'autre station S'. Ensuite on a écarté le fil f', et pour cela il a fallu mettre le pôle Π' de la pile P en communication avec le sol au moyen d'un conducteur C' (fig. 143); et le pôle $+\pi$ de l'autre pile P' au moyen du conducteur C également en communication avec les sols, le circuit des télégraphes actuels s'opère : 1° par le fil f qui conduit les deux électricités en sene inverse, et 2° par le sol qui fait retourner les mêmes électricités aux piles dont elles ont été émises.

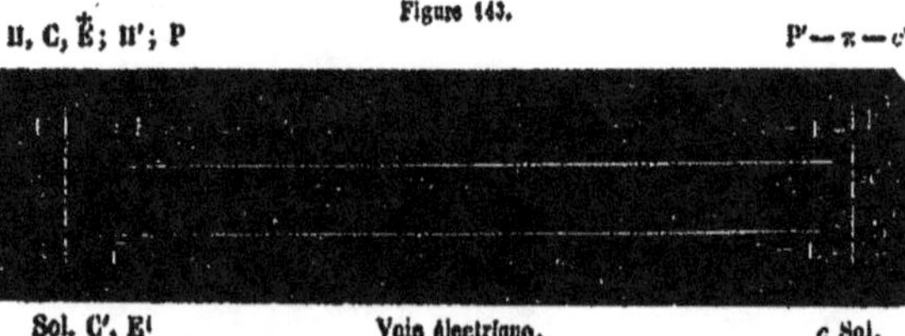

§ 1056. **Télégraphes terrestres sans fils métalliques.** Pour éloigner le fil f, il faut soutenir dans le sol une voie électrique pareille à celle qui est entre les stations S, S'.

Cela s'opère de la manière suivante. Soit S la station où est la pile P qui communique avec le sol par le conducteur C' ; l'autre conducteur C conduit l'électricité positive au fil f, qu'on enfonce dans la terre à 100 ou 400 mètres loin du conducteur C', auquel on adapte aussi le fil f' pour réduire le circuit à l'état où il était au commencement. La pile P' se trouve dans la station S, et la communication s'opère entre les deux piles par les fils raccourcis ou les conducteurs c, c', C, C'.

On coupe ces conducteurs dont on laisse les extrémités m, m' dans la station S, comme elles se trouvaient avant la coupe des fils ; ensuite, après avoir bien enterré, avec une terre humectée, les conducteurs qui communiquent avec la pile P', on éloigne celle-ci en tirant avec elle les conducteurs c, c' pour éloigner leur extrémité n, n' de celles m, m' des conducteurs C, C'.

Les intervalles mn', $m'n$ remplis de terre humide, n'interceptent pas la circulation des deux électricités ; il a été ainsi constaté qu'au moyen d'une mince tranche de terrain, on peut également remplacer le fil actuel métallique f ; il ne faut pour cela qu'ouvrir une *voie électrique de communication* dans une profondeur où le sol est humide et où les changements diurnes de température ne sont pas sensibles.

Les profondeurs s, s' du sol où les conducteurs C, c' arrivent sont différentes, par exemple, l'une s' à 1 mètre, et l'autre s à 3 mètres, et c'est la plus profonde qui doit conduire l'électricité positive du nord au sud pour correspondre avec le courant magnétique, qui est plus constant dans la plus grande profondeur. Les conducteurs doivent être de gros fils isolés et platinés dans son extrémité m. Le nombre des couples dans les piles P, P' sera un peu augmenté pour les très-grandes distances entre les stations S, S', parce que le sol ne conduit pas l'électricité aussi bien que le fer.

§ 1057. **Télégraphes maritimes sans câbles.** Après avoir reconnu le moyen d'ouvrir des voies électriques dans le sol entre les piles P, P' dans les continents, nous aurons plus de facilité à les ouvrir au fond de la mer. Soit P la pile dans un port, par exemple, à Marseille, ses pôles + Π, — Π' émettent les deux électricités dont le câble c (fig. 144) conduit la positive au fond de la mer, dans une profondeur de 10 mètres environ ; l'autre câble c' conduit du pôle Π' l'électricité négative également au fond de la mer à une profondeur de 5 mètres et à une distance de 100 ou 500 mètres loin du précédent pour éviter la confusion des courants.

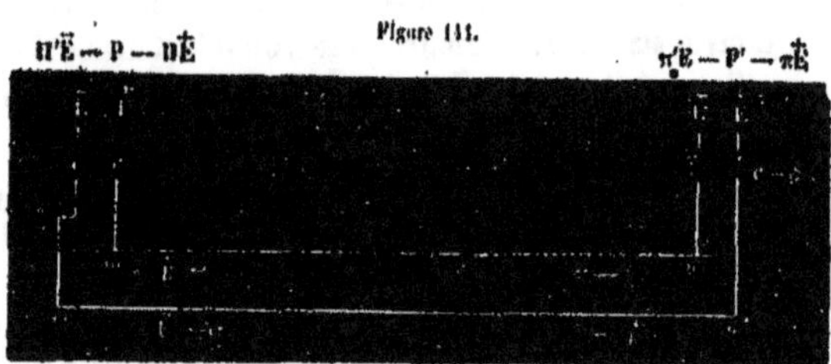

Sur un bateau est la pile P' dont le câble c conduit l'électricité positive au câble C', d'où provient la négative, et le câble c' conduit l'électricité négative au câble C qui émet la positive. Ainsi est établi un circuit entre les deux piles au moye de câbles dont les extrémités sont presque en contact. Pour ouvrir les voies électriques mn', m'n au fond de la mer, il ne faut point interrompre la production d'électricité dans les deux piles ; alors, en laissant toujours en contact les extrémités n, n' avec le fond de la mer, on les éloigne de celles m, m' des câbles fixes C, C' ; les électricités hétéronymes provenant des extrémités m, n' parcourent l'intervalle m'n occupé par le sol, absolument comme elles le font quand, dans cet intervalle où se trouve un fil métallique ; le même effet a lieu pour l'intervalle m'n éloigné. Après avoir obtenu cet effet, en petites dimensions, il n'existe plus aucun doute qu'il en sera de même pour les cas où le bateau, avec la pile P et les câbles c, c', traverse la Méditerranée pour aller à Alger. Quand on y arrivera, la pile P sera mise en terre, et les câbles raccourcis resteront fixés à 500 mètres l'un de l'autre et dirigés vers les câbles c', c qui conduisent les électricités hétéronymes, en évitant le croisement des voies électriques au moyen d'un autre bateau.

L'affluence des courants magnétiques est en ce cas tout à fait indifférente; car un courant neutralise l'autre, et c'est ainsi que le circuit n'en éprouve aucune modification, et qu'il est entretenu par l'électricité des piles, dont le nombre des couples doit être suffisant pour vaincre la résistance qui résulte de la part du sol, précisément comme cela a lieu pour les télégraphes terrestres sans fils électriques.

§ 1058. **Télégraphe naval.** Au lieu d'avoir un contact avec le fond de la mer, les extrémités n, n' des deux câbles c, c', on y en laisse un seul c, et l'autre c', raccourci, reste plongé à la profondeur de quelques mètres. Après avoir mis en contact les extrémités m, n' et m', n des câbles pour établir la communication entre les électricités des deux piles P, P', le bateau s'éloigne du port ayant, comme dans le cas précédent, l'extrémité n au fond de la mer, et l'extrémité n' se trouve à une distance H de ce fond. Ce circuit ne s'interrompt pas, parce que c'est un filet f d'eau qui conduit l'électricité positive de l'extrémité m du câble c vers celle n' du câble C' d'où provient l'électricité négative qui est conduite sans interruption par le même filet f d'eau au câble c.

En ce cas, le filet f d'eau est un moins bon conducteur que la tranche f' du sol du fond, et cela a également lieu pour les courants terrestres; donc, pour utiliser une plus grande partie de leur électricité, il faut faire aller l'électricité positive par le fond de la mer et la négative par l'eau, quand on se dirige de l'Amérique vers l'Europe, ou de l'Europe vers l'Afrique, parce que telles sont les directions des courants terrestres.

Les bateaux qui partent du même port peuvent ainsi correspondre entre eux au moyen du port; cependant on a l'inconvénient du câble quand il va jusqu'au fond de la mer ; en raccourcissant ce câble, la communication se maintient par un nouveau filet f'' d'eau vertical. Il sera déterminé par l'expérience si ce filet f'' sera conservé comme l'autre f ; c'est alors qu'il sera aussi décidé si le câble C' doit rester en contact avec le fond de la mer ou s'il peut être raccourci.

En ce dernier cas, la correspondance devient très-facile entre les bateaux d'une flotte avec le *vaisseau-amiral*, et, par suite, avec les autres qui se trouvent dans la même mer. Il ne faut cependant jamais que la fonction des piles s'interrompe, parce qu'alors les voies électriques s'interrompent également.

———

PROGRÈS DE LA NAVIGATION PAR L'APPLICATION DES TÉLÉGRAPHES A LA CONNAISSANCE DU TEMPS.

§ 1059. Rien n'occupa autant l'homme que la prognose des changements atmosphériques ; la résolution de ce problème était restée impossible jusqu'à présent, parce qu'il fallait avant tout connaître le mode de la formation de changements pareils. Il a été prouvé ici qu'à l'époque où les montagnes ne s'élevaient pas suffisamment au-dessus du niveau de la mer, les pluies manquaient. Actuellement les pluies et les changements atmosphériques ont lieu dans toutes les régions ; cependant ce sont les pluies continentales qui donnent naissance à toutes les perturbations atmosphériques sur la surface des continents et des mers.

Chaque orage n'est d'abord que les résultats de combinaisons locales d'air qui sont décelées par l'abaissement du baromètre dans les plaines ou les vallées, ou par son élévation aux sommets des montagnes. En même temps apparaît le courant d'air qui est ascendant dans les plaines et les vallées et descendant sur les sommets des montagnes. Grâce aux télégraphes, on détermine la direction que prennent les espaces raréfiés, et ainsi on peut avertir d'avance les habitants des pays qui vont être atteints par l'orage encore en formation.

§ 1060. **Changements du temps autour des côtes.**
Les masses d'air consommées dans la production des pluies continentales arrivent des mers voisines dont l'eau se décompose sous l'influence du Soleil, et remplace l'air consommé sans qu'il se manifeste d'abaissement au baromètre. Dans la Méditerranée, la mer Caspienne, etc., cela a lieu seulement l'été. La multiplication des pluies d'une région continentale fait augmenter l'étendue et la force des vents qui y conduisent l'air des mers voisines.

Ainsi sont occasionnées des rencontres entre des masses d'air de températures différentes qui donnent naissance aux combinaisons nouvelles des éléments de l'air dont résultent ces nuages que les météorologistes considèrent comme engagés dans une lutte l'un contre l'air. Ces rencontres des masses d'air dépendent de la conformation géographique de chaque pays et des côtes, et c'est ainsi que les plus violents typhons, ouragans, tempêtes, sont habituelles dans certaines mers, telles que celle de la Chine, du sud de Madagascar, des Antilles, du golfe de Lyon, etc., où viennent en rencontres les vents qui conduisent l'air chaud et l'air moins chaud.

§ 1061. **Changements du temps dans les régions des calmes.** Ces calmes se soutiennent tant qu'il y a séparation d'air en deux directions divergentes ; mais si les pluies se multiplient dans un des continents voisins, ou si elles diminuent dans le continent de l'autre direction, l'éloignement d'air se multiplie dans la direction des régions pluviales, et c'est ainsi qu'apparaît dans la bande des calmes le vent qui est dirigé vers les pluies. Ce renversement de directions des écoulements d'air occasionne aux régions des calmes des rapprochements de l'air froid qui descend des couches supérieures vers l'air chaud, et alors résultent des combinaisons rapides d'air, d'espaces raréfiés, de tempêtes furieuses, mais courtes et limitées (§ 983).

§ 1062. **Avertissements des changements de temps par terre et par mer.** Tous les changements de temps résultent des combinaisons des éléments d'air aux lieux de rencontres de l'air chaud et de l'air moins chaud; les espaces pareils dépendent de la conformation géographique des vallées et de la température de l'air dans chacun des embranchements; pour cette raison, tout pays des montagnes ou des plaines voisines a un point où apparaissent plus habituellement les orages en été.

En partant de ces foyers connus des orages, on peut avertir les habitants des divers pays de l'état des espaces raréfiés et de l'orage qui menace. Aux côtes voisines, on observe l'augmentation de la force des vents, mais leur durée et leur étendue ne dépendent que de celles des pluies; ainsi, on est déjà en état de connaître s'il y aura des orages secondaires et s'ils seront longs et violents. De même aux régions des calmes, on saura s'il y aura des tempêtes, quelle sera leur direction et leur étendue.

Sans l'aide de la télégraphie terrestre et navale, il eût été impossible d'avertir à temps les habitants ou les navigateurs de l'imminence des orages et de la vitesse de leur progression sur terre et sur mer. Les orages des côtes ont un caractère différent, ils se soutiennent longtemps aux mêmes régions quand les pluies se répètent aux continents. Les tempêtes des régions des calmes sont subites, fortes, mais d'une courte durée. Les exemples suivants rendront plus évidents les faits exposés.

§ 1063. **Liaison entre les pluies, les vents et les températures.** Comme les incendies sont entretenus par la consommation de l'oxygène, de même les pluies résultent des deux éléments d'air chaud et de l'air froid; leur multiplication sollicite l'affluence des vents qui résultent suivant la loi aérostatique. Chaque vent conduit l'air des pays qu'il parcourt, la température de l'air des pays éloignés est communiquée aux pays voisins des régions pluviales.

1° Durant les mois de novembre et décembre 1862, il est tombé, sur les côtes du golfe de Lyon et à Marseille, des pluies torrentielles ; en même temps les télégraphes annonçaient un froid excessif dans tous les pays à l'est et au nord-est du même golfe, tandis qu'une température douce régnait généralement dans l'Europe occidentale. On signala à Florence un froid de — 7°, à Vienne de — 8°, à Leipzig de — 7° ; le Danube gela, ainsi que la mer d'Azof ; on avait — 20° à Moscou et — 2° à Pétersbourg. En même temps le thermomètre se soutenait entre 5° et 10° en France, en Hollande et aux îles Britanniques. Les pluies manquèrent à un degré tel dans le bassin du Rhin, que le niveau de ce fleuve est descendu au-dessous du minimum habituel.

2° Les neiges et les pluies furent très-abondantes dans le bassin du Danube, jusqu'au Bosphore, pendant la période 1861-62 ; le froid était alors excessif à l'est et au nord-est de ces régions. Le mercure gela à Moscou, il resta deux mois dans cet état à Irkoutsk. A l'ouest et au nord-ouest du même bassin, l'hiver était très-doux. La neige n'a point apparu à Paris, et cela parce que l'Europe sud-ouest était parcourue par les vents qui conduisaient l'air de l'Atlantique et de la Méditerranée, tandis que la Russie et l'Europe nord-est étaient exposées aux vents qui conduisaient l'air des régions polaires. Les vieux habitants de Constantinople n'ont pas oublié la neige épaisse de décembre 1812.

3° Au mois de juin 1856, alors que les pluies torrentielles inondaient la France, toute l'Europe du sud a souffert d'une chaleur excessive et d'une longue sécheresse ; en même temps la température baissa dans toute l'Europe du nord, et l'on eut de la glace en Suède et dans plusieurs parties de l'Allemagne.

§ 1064. **Changements artificiels de l'état atmosphérique.** Comme l'homme est capable d'arrêter les incendies avant leur développement, de même il lui est possible d'empêcher le rapprochement et le contact des masses d'air chaud et froid opéré toujours au-dessus des arêtes formées par les versants des deux vallées. Si l'on établit dans ces régions des machines pour faire diminuer les rencontres de telles masses d'air, il n'y aura pas de combinaisons des atomes d'air ni de production des orages des montagnes.

Au contraire, pour occasionner de telles combinaisons d'air, il ne faut que faire descendre en quantité considérable l'air froid des sommets des montagnes, ou mieux, faire monter l'air chaud des vallées aux sommets des montagnes par des tuyaux très-larges. J'ai observé une telle communication entre le sommet des Carpathes, en Valachie, près de la ville *Tirgozii* et les embouchures des fontaines. Dans l'ouverture supérieure, il se forme, l'après-midi, un nuage les jours sereins et très-chauds d'été, quand le baromètre baisse, il s'établit un fort courant : c'est l'air ambiant qui s'écoule dans les embouchures ; ledit nuage occasionne des orages pendant les heures les plus chaudes des jours sereins d'été.

Dans le Balkan, en Thrace, dans le village de Cotyle (Kazan), il y a aussi de pareilles ouvertures de souterrains au-dessus des sources, il y apparaît également des courants d'air ascendants très-forts. Le peuple attribue ces faits à des habitants supposés de ces souterrains, et l'on raconte qu'une fois ils ont entraîné une fille du pays dans l'intérieur des ouvertures.

FIN DE LA THERMOSTATIQUE.

TABLE DES MATIÈRES.

LIVRE TROISIÈME.

THERMOSTATIQUE, OU LA CHALEUR RAMENÉE, COMME LES GAZ, AUX CALCULS STŒCHIOMÉTRIQUES ET AUX LOIS AÉROSTATIQUES.

ERRATA.

Page 66, ligne 20, *au lieu de :* sons, *lisez :* garçons.
Page 887, *au lieu de :* Figure 130, *lisez :* Figure 110.

Paris. — Imprimé par E. Thunot et Cⁱᵉ, rue Racine, 26.

TABLE DES MATIÈRES.

I

Réforme produite par l'arrangement de faits cosmiques en ordre chronologique.

OUVRAGES DU MÊME AUTEUR.

Paris. — Imprimé par E. Thunot et Cⁱᵉ, rue Racine, 25.

TABLE DES MATIÈRES.

II

Réforme produite par l'arrangement de faits thermométriques de toutes les espèces en ordre de la loi thermostatique.

OUVRAGES DU MÊME AUTEUR.

Paris. — Imprimé par E. Thunot et Cᵉ, rue Racine, 26.

TABLE DES MATIÈRES.

III

OUVRAGES DU MÊME AUTEUR.

Paris. — Imprimé par E. Thunot et Cie, rue Racine, 26.

TABLE DES MATIÈRES.

IV

Réforme produite par la découverte du mode de la production stœchiométrique de la chaleur analogue à celle de l'eau. Influence de l'appareil de MM. Despretz sur la production des calories 79, et de celui de MM. Silbermann et Favre sur la production des calories 79 par la combustion d'une égale quantité d'hydrogène.

OUVRAGES DU MÊME AUTEUR.

Paris. — Imprimé par E. Thunot et Cⁱᵉ, rue Racine, 26.

TABLE DES MATIÈRES.

Réforme produite par la découverte, 1° de la dilatation des corps par les éléments électriques de la chaleur, et 2° du nouveau système de machines à vapeur.

OUVRAGES DU MÊME AUTEUR.

Paris. — Imprimé par E. Thunot et Cⁱᵉ, rue Racine, 26.

TABLE DES MATIÈRES.

OUVRAGES DU MÊME AUTEUR.

Paris. — Imprimé par E. Thunot et Cⁱᵉ, rue Racine, 26.